建筑工程技术文件编制系列丛书

工程技术文件一本通

王立信　主编

中国建筑工业出版社

图书在版编目（CIP）数据

工程技术文件一本通/王立信主编. —北京：中国建筑工业出版社，2009
（建筑工程技术文件编制系列丛书）
ISBN 978-7-112-11527-3

Ⅰ. 工… Ⅱ. 王… Ⅲ. 建筑工程-文件-编制 Ⅳ. TU71

中国版本图书馆 CIP 数据核字（2009）第 196129 号

本书根据《建筑工程资料管理规程》（JGJ/T 185—2009）编写。本书的主要内容包括：工程文件的归档与保管；工程准备与竣工验收阶段文件；工程监理文件；施工文件；优良工程评价技术文件；工程文件组排、立卷及移交。其中，施工文件包括：工程质量记录资料组成与要求；单位（子单位）工程质量控制资料核查记录；单位（子单位）工程安全和功能检验资料核查及主要功能抽查记录。专业内容涵盖建筑与结构、给水排水与采暖、建筑电气、通风与空调、电梯、建筑智能化。

本书可供建设单位、施工管理及建筑施工人员、工程质量监督、工程监理、资料员使用。

* * *

责任编辑：郭　栋
责任设计：董建平
责任校对：陈　波　王雪竹

建筑工程技术文件编制系列丛书
工程技术文件一本通
王立信　主编
*
中国建筑工业出版社出版、发行（北京西郊百万庄）
各地新华书店、建筑书店经销
霸州市顺浩图文科技发展有限公司制版
北京市安泰印刷厂印刷
*
开本：787×1092 毫米　1/16　印张：77¼　字数：1928 千字
2010 年 6 月第一版　2010 年 6 月第一次印刷
印数：1—2500 册　定价：**158.00** 元
ISBN 978-7-112-11527-3
（18771）

本书编委会

主　　编　王立信

编写人员　王立信　郭晓冰　赵志刚　王常丽
陈美玲　王春娟　徐金峰　邢文阁
郝淑敏　郝滏阳　任振洪　郭　彦
刘伟石　赵和平　李秋雪　李申亭
付长宏　王建刚　王军方　张菊花
王　薇　王　倩　王丽云

前 言

《建筑工程技术文件编制系列丛书 工程技术文件一本通》，是一本包括建设、监理、施工文件，内容较为齐全的工具书。

它依据现行国家标准：

建筑工程施工质量验收统一标准和相关专业规范

《建筑工程施工质量验收统一标准》(GB 50300—2001)；

《建筑地基基础工程施工质量验收规范》(GB 50202—2002)；

《砌体工程施工质量验收规范》(GB 50203—2002)；

《混凝土结构工程施工质量验收规范》(GB 50204—2002)；

《钢结构工程施工质量验收规范》(GB 50205—2001)；

《木结构工程施工质量验收规范》(GB 50206—2002)；

《屋面工程质量验收规范》(GB 50207—2002)；

《地下防水工程质量验收规范》(GB 50208—2001)；

《建筑地面工程施工质量验收规范》(GB 50209—2002)；

《建筑装饰装修工程质量验收规范》(GB 50210—2001)；

《建筑给水排水及采暖工程施工质量验收规范》(GB 50242—2002)；

《建筑电气工程施工质量验收规范》(GB 50303—2002)；

《通风与空调工程施工质量验收规范》(GB 50243—2002)；

《电梯工程施工质量验收规范》(GB 50310—2002)；

《智能建筑施工质量验收规范》(GB 50339—2003)。

建设工程监理规范

《建设工程监规范》(GB 50319—2000)。

建筑工程文件归档整理规范

《建设工程文件归档整理规范》(GB/T 50328—2001)。

国家对工程建设政策法规的相关规定

主要包括：建筑市场与工程建设管理制度、工程质量管理条件及强制性条文、环境保护、执行资格与资质管理、安全生产及其他等。

结合行业标准《建筑工程资料管理规程》(JGJ/T 185—2009) 等。

按照上述标准、规范、规程、规定对资料提送内容、数量及要求编写的。是一本包括建设、监理、施工的文件（资料)。

1. 建设文件

依据建筑法及相关文件编制，其主要包括：工程准备与竣工验收阶段文件：决策立项文件；建设用地、征地、拆迁文件；勘察、测绘、设计文件；招投标文件；开工审批文件；建设工程质量监督；财务文件；工程竣工验收文件。

2. 监理文件

依据《建设工程监理规范》(GB 319—2000)及相关文件编制，其主要包括：工程监理文件；监理准备工作技术文件；施工单位与项目监理机构工作联系技术文件；项目监理机构与建设单位、承包单位工作联系用表及文件资料；各方通用表；监理资料的整理与归存；建设工程安全监理文件。

3. 施工文件

《建筑工程施工质量验收统一标准》(GB 50300—2001)及相关专业规范(计 15 册)已于 2001 年 7 月至 2008 年 7 月 1 日期间陆续发布。至此，《建筑工程施工质量验收统一标准》(GB 50300—2001)及相关专业规范圆满完成了发布与实施。

《建筑工程施工质量验收统一标准》(GB 50300—2001)及相关专业规范对资料的提供规定了两个方面的要求。

(1)《建筑工程施工质量验收统一标准》(GB 50300—2001)规定了按“类别”要求应提供：

①“单位(子单位)工程质量控制资料核查记录”，例如：原材料出厂合格证；试(检)验报告；施工试验报告；隐蔽工程验收；施工记录等。

②“单位(子单位)工程安全和功能检验资料核查及主要功能抽查”。规定了在分部(子分部)验收时，按专业要求应进行核查和抽查的项目。

(2)相关专业规范在各自的分项工程质量标准中提出了检查数量和检查方法，保证了工程质量的检查频率和质量。

新标准和各专业规范已发布并实施数年，由于不同施工单位对其理解上的差异，在报送的内容和数量上与标准要求尚有一定距离。

作者根据标准规定的思路，按照有关施工技术文件(资料)的条目确立必须满足工程的结构安全和使用功能要求。按照相关专业规范检查方法中要求提供的核查资料的要求，提出了施工技术文件组排序目表。

施工文件的管理，从施工准备、规范要求、重要原材料的技术性能和检验、施工过程的试验、施工记录、隐蔽工程验收、竣工验收、验收准备等方面，施工文件均应按施工技术文件组排序目表进行收集、整理和审查。

该书共 6 章：

1. 工程文件分类：工程文件的归档与保管。
2. 建设文件：工程准备与竣工验收阶段文件。
3. 工程监理文件。
4. 施工文件。
5. 优良工程评价技术文件。
6. 工程文件组排、立卷及移交。

这是一本编制工程技术文件的应用工具书，附有大量的有关技术文件中需用的数据与资料可供参阅，可供一般工业与民月建筑工程使用，一册在手，即可基本解决工程技术文件编审中的绝大部分问题。

限于水平，本书的不足和错误之处在所难免，敬请读者批评指正。

目 录

给水排水与采暖

建筑电气

通风与空调

电 梯

智能建筑

Ⅹ 夯实水泥土桩法

Ⅺ 砂桩法

桩基、有支护土方资料

Ⅰ 混凝土预制桩

Ⅱ 静力压桩

Ⅲ 钢桩

Ⅳ 混凝土灌注桩

Ⅰ 电梯安装工程性能检测

Ⅱ 电梯安装工程质量记录

Ⅲ 电梯安装工程尺寸偏差及限值实测

Ⅳ 电梯安装工程观感质量

Ⅳ 电梯安装工程观感质量

1 工程文件的归档与保管

1.1 工程文件要目

工程建设一般将工程文件分为四个部分。

(1) 工程准备及验收阶段文件。主要包括工程可研、立项、审批、征地、拆迁、勘察、设计、招投标、开工审批、概预算及工程竣工验收等阶段的项目建设文件与资料，由建设单位整理提供。按惯例以A字打头编号。

(2) 监理文件。主要包括监理规划、进度控制、质量控制、投资控制、监理通知、工程总结、合同、勘察、设计、施工等实施过程的监理资料，由监理单位整理提供。按惯例以B字打头编号。

(3) 施工文件。主要包括工程质量验收、工程质量控制、工程安全与功能检验、观感质量检查和竣工图等资料，由施工单位整理提供。按惯例以C字打头编号。

(4) 工程档案文件。主要包括工程档案立卷及移交等，由建设单位整理提供。按惯例以D字打头编号。

1.2 工程文件归档范围与保管期限

工程文件归档范围与保管期限见表1-1。

工程文件归档范围与保管期限表 表1-1

序号	资料名称	应用表式编号	保存单位和期限			
			施工单位	监理单位	建设单位	城建档案馆
1	**工程准备与竣工验收阶段文件**	**A**				
1.1	**决策立项文件**	**A1**				
1.1.1	项目建议书	A1-1			永	√
1.1.2	项目建议书审批文件及前期工作通知书	A1-2			永	√
1.1.3	可行性研究报告及附件	A1-3			永	√
1.1.4	可行性研究报告审批意见	A1-4			永	√
1.1.5	工程立项的会议纪要及领导讲话	A1-5			永	√
1.1.6	工程立项的专家建议文件	A1-6			永	√
1.1.7	工程项目的调查资料及项目评估研究材料	A1-7			长	√
1.1.8	计划任务书审批文件	A1-8			永	√
1.2	**建设用地、征地、拆迁文件**	**A2**				

续表

序号	资料名称	应用表式编号	保存单位和期限			
			施工单位	监理单位	建设单位	城建档案馆
1.2.1	选址申请及选址规划意见通知书	A2-1			永	√
1.2.2	用地申请报告及县以上人民政府用地批准书	A2-2			永	√
1.2.3	拆迁安置意见、协议、方案等	A2-3			长	√
1.2.4	建设用地规划许可证及附件	A2-4			永	√
1.2.5	划拨建设用地文件	A2-5			永	√
1.2.6	国有土地使用许可证	A2-6			永	√
1.2.7	工程建设项目报建资料	A2-7				
1.3	**勘察、测绘、设计文件**	**A3**				
1.3.1	工程地质勘察报告	A3-1			永	√
1.3.2	水文地质勘察报告、自然条件、地震调查	A3-2			永	√
1.3.3	建设用地钉桩通知单	A3-3			永	√
1.3.4	地形测量和拨地测量成果报告	A3-4			永	√
1.3.5	规划设计条件通知书	A3-5			永	√
1.3.6	初步设计图纸及说明	A3-6			长	
1.3.7	技术设计图纸和说明	A3-7			长	
1.3.8	审定设计方案通知书及审查意见	A3-8			长	√
1.3.9	有关行政主管部门（人防、环保、消防、交通、园林、河湖、市政、文物、通信、保密、教育等）的批准文件或协议文件	A3-9			永	√
1.3.10	施工图设计及其说明	A3-10			长	
1.3.11	设计计算书	A3-11			长	
1.3.12	施工图设计审查、审批文件	A3-12			永	√
1.4	**招投标文件**	**A4**				
1.4.1	勘察设计招投标文件	A4-1			长	
1.4.2	勘察设计承包合同	A4-2			长	√
1.4.3	施工招投标文件	A4-3			长	
1.4.4	施工承包合同	A4-4	长		长	√
1.4.5	工程监理招投标文件	A4-5			长	
1.4.6	监理委托合同	A4-6		长	长	√
1.5	**开工审批文件**	**A5**				
1.5.1	建设项目列入年度计划申报文件	A5-1			永	√
1.5.2	建设项目列入年度计划批复文件或年度计划项目表	A5-2			永	√
1.5.3	规划审批申请表及报送的文件和图纸	A5-3			永	
1.5.4	建设工程规划许可证及其附件	A5-4			永	√
1.5.5	建设工程开工许可申请表	A5-5			永	√
1.5.6	建设工程施工许可证	A5-6			永	√
1.5.7	投资许可证、审查证明、缴纳绿化建设费等证明	A5-7			长	√

续表

序号	资料名称	应用表式编号	保存单位和期限			
			施工单位	监理单位	建设单位	城建档案馆
1.6	**建设工程质量监督**	**A6**				
1.6.1	建设工程质量监督实施	A6-1			长	✓
1.6.2	建设工程质量监督文件	A6-2			长	✓
1.6.2.1	建设工程手续办理情况一览表	A6-2-1			长	✓
1.6.2.2	工程建设项目监督管理注册登记表	A6-2-2			长	✓
1.6.2.3	施工企业现场质量、安全保证体系审查登记	A6-2-3			长	✓
1.6.2.4	建设单位现场代表资格审查登记表有见证取样和送检见证人备案书	A6-2-4			长	✓
1.6.3	建设工程质量整改通知单	A6-3			长	✓
1.6.4	建设工程质量监督报告	A6-4	长	长	长	
1.7	**财务文件**	**A7**				
1.7.1	工程投资估算资料	A7-1			短	
1.7.2	工程设计概算书	A7-2			短	
1.7.3	工程施工图预算书	A7-3			短	
1.7.4	工程决算书	A7-4	长		永	✓
1.7.5	交付使用固定资产清单	A7-5	长		永	✓
1.8	**工程竣工验收文件**	**A8**				
1.8.1	工程竣工验收文件组成					
1.8.1.1	工程概况表	A8-1	长	长	永	✓
1.8.1.2	工程竣工总结	A8-2	长	长	永	✓
1.8.1.3	单位(子单位)工程的质量验收	A8-3	长	长	永	✓
1.8.1.4	单位(子单位)工程质量控制资料核查记录	A8-4	长	长	永	✓
1.8.1.5	单位(子单位)工程安全和功能检验资料核查及主要功能抽查记录	A8-5	长	长	永	✓
1.8.1.6	单位(子单位)工程观感质量检查记录	A8-6	长	长	永	✓
1.8.1.7	建设工程竣工验收报告	A8-7	长	永		
1.8.1.8	工程竣工专项验收文件	A8-8			永	✓
1.8.8.1	规划验收认可文件	A8-8-1			永	✓
1.8.8.2	公安消防验收意见书	A8-8-2			永	✓
1.8.8.3	环保验收合格证	A8-8-3		永	✓	
1.8.8.4	其他专项验收认可证明	A8-8-4			永	✓
1.8.2	建设工程竣工验收备案组成	A8-9	永			✓
1.8.2.1	建设工程竣工验收备案表					
1.8.2.2	建设工程竣工验收备案证明书					
1.8.2.3	工程竣工验收、备案的实施说明					
1.8.3	工程竣工验收鉴定书	A8-10	永			✓
1.8.4	工程开工、施工、竣工录音、录像、照片资料	A8-11				
1.8.5	交付使用财产总表和财产明细表资料	A8-12	长		永	✓
1.9	**其他文件**	**A9**				
1.9.1	住宅质量保证书(仅商品住宅提供)、《住宅使用说明》	A9-1			长	✓
1.9.2	沉降观测记录	A9-2			长	✓
1.10	**建设、施工、监理机构及负责人**	**A10**			长	✓

续表

序号	资料名称	应用表式编号	保存单位和期限			
			施工单位	监理单位	建设单位	城建档案馆
1.10.1	工程项目管理机构(项目经理部)及负责人名单	A10-1			长	√
1.10.2	工程项目监理机构(项目监理部)及负责人名单	A10-2			长	√
1.10.3	工程项目施工管理机构(施工项目经理部)及负责人名单	A10-3			长	√
2	**工程监理文件**	**B**				
2.1	**施工单位与项目监理机构工作联系技术文件**	**B1**				
2.1.1	工程开工报审表	B1-1	长	长	长	√
2.1.2	复工报审表	B1-2	长	长	长	√
2.1.3	施工组织设计(方案)报审表	B1-3	长	长	长	
2.1.4	分包单位资格报审表	B1-4	长	长	长	
2.1.5	主要施工机械设备报审表	B1-5	短	短	短	
2.1.6	施工测量放线报验单	B1-6	长	长	长	
2.1.7	______工程报验单	B1-7	长	长	长	
2.1.8	工程款支付申请表	B1-8	短	短	短	
2.1.9	监理工程师通知回复单	B1-9	长	长	长	
2.1.10	工程临时延期报审表	B1-10	长	长	长	
2.1.11	费用索赔报审表	B1-11	长	长	长	
2.1.12	工程材料/构配件/设备报审表	B1-12	长	长	长	√
2.1.13	工程竣工预验报验单	B1-13	短	短	短	
2.1.14	试验室资格报审表	B1-14		长	长	
2.1.15	工程计量报审表	B1-15	短	短	短	
2.1.16	工程变更费用报审表	B1-16	长	长	长	
2.1.17	工程质量事故报告单	B1-17	长	长	长	√
2.1.18	工程质量事故处理方案报审表	B1-18	长	长	长	√
2.1.19	施工进度计划(调整计划)报审表	B1-19	长	长	长	
2.1.20	施工单位申请表(通用)	B1-20	短	短	短	
2.2	**项目监理机构与建设单位、承包单位工作联系用表及文件资料**	**B2**				
2.2.1	监理通知	B2-1	长	长	长	
2.2.2	工程暂停令	B2-2	长	长	长	√
2.2.3	工程款支付证书	B2-3		短	短	
2.2.4	工程质量整改通知	B2-4	长	长	长	
2.2.5	工程最终延期审批表	B2-5	长	长	永	√
2.2.6	砌体/混凝土分项(检验批)工程检验认可通知	B2-6	长	长	长	
2.2.7	监理规划	B2-7		短	长	√
2.2.8	监理实施细则	B2-8		短	长	√
2.2.9	监理月报	B2-9		长	长	√
2.2.10	______监理会议纪要	B2-10		长	长	√

续表

序号	资料名称	应用表式编号	保存单位和期限			
			施工单位	监理单位	建设单位	城建档案馆
2.2.11	专题报告(总结)	B2-11		短	长	
2.2.12	合同争议处理意见、违约报告处理意见	B2-12	长	长	长	✓
2.2.13	合同变更资料	B2-13	长	长	长	✓
2.2.14	工程质量评估报告	B2-14		长	长	✓
2.2.15	工程竣工结算审核意见书	B2-15	长	长	长	✓
2.2.16	监理工作总结	B2-16		长	长	✓
2.2.17	监理日志	B2-17		短		
2.3	**各方通用表**	**B3**				
2.3.1	监理工作联系单	B3-1		短	短	
2.3.2	工程变更单	B3-2		长	长	✓
3	**施工文件**	**C**				
(3.1)	**(工程质量验收文件)**	**(C1)**				
3.2	**工程质量控制资料核查记录**	**C2**				
	建筑与结构					
3.2.1	图纸会审、设计变更、洽商记录	C2-1-1～3	长	长	永	✓
3.2.2	工程定位测量、放线记录	C2-2-1～3	长	长	永	✓
3.2.3	原材料出厂合格证书及进场检(试)验报告	C2-3-1～48	长	长	长	✓
3.2.4	施工试验报告及见证检测报告	C2-4-1～18	长	长	长	✓
3.2.5	隐蔽工程验收记录(基础、主体、防水、高程控制等)	C2-5	长	长	长	✓
3.2.6	施工记录	C2-6-1～16	长	长	永	✓
3.2.7	预制构件、预拌混凝土合格证	C2-7-1～3	长	长	长	✓
3.2.8	地基、基础、主体结构检验及抽样检测资料	C2-8-1～6	长	长	永	✓
3.2.9	工程质量事故及事故调查处理资料	C2-9-1～3	长	长	永	✓
3.2.10	分部(子分部)工程质量验收记录	C2-10	长	长	永	✓
3.2.11	分项、检验批工程质量验收记录	C2-11	长	长	长	
3.2.12	幕墙工程验收记录	C2-12	长	长	永	✓
3.2.13	新材料、新工艺施工记录	C2-6-1	长	长	长	✓
	给水排水与采暖					
3.2.14	图纸会审、设计变更、洽商记录	C2-1-1～3	长	长	永	✓
3.2.14	材料、配件、设备出厂合格及进场检(试)验报告	C2-3-1～2 C2-14-3	长	长	长	✓
3.2.15	管道、设备强度试验、严密性试验记录	C2-15	长	长	长	✓
3.2.16	隐蔽工程验收记录	C2-5	长	长	长	✓
3.2.17	系统清洗、灌水、通水、通球试验记录	C2-17-1～3	长	长	长	✓
3.2.18	施工记录	C2-6-1 C2-18-1～4	长	长	长	✓
3.2.19	分部(子分部)工程质量验收记录	C2-10	长	长	永	✓
3.2.20	分项、检验批工程质量验收记录	C2-11	长	长	长	

续表

序号	资料名称	应用表式编号	保存单位和期限			
			施工单位	监理单位	建设单位	城建档案馆
	建筑电气					
3.2.21	图纸会审、设计变更、洽商记录	C2-1-1～3	长	长	永	√
3.2.22	材料、配件、设备出厂合格证及进场检（试）验报告	C2-3-1～2 C2-14-3	长	长	长	√
3.2.23	设备调试记录	C2-23	长	长	长	√
3.2.24	接地、绝缘电阻测试记录	C2-24-1～2	长	长	长	√
3.2.25	隐蔽工程验收记录	C2-5	长	长	长	√
3.2.26	施工记录	C2-6-1	长	长	长	√
3.2.27	分部(子分部)工程质量验收记录	C2-10	长	长	永	√
3.2.28	分项、检验批工程质量验收记录	C2-11	长	长	长	
	通风与空调					
3.2.29	图纸会审、设计变更、洽商记录	C2-1-1～3	长	长	永	√
3.2.30	材料、配件、设备出厂合格证及进场检（试）验报告	C2-14-3 C2-3-1～2	长	长	永	√
3.2.31	制冷、空调、水管道强度试验、严密性试验记录	C2-31-1～2	长	长	长	√
3.2.32	隐蔽工程验收记录	C2-5	长	长	长	√
3.2.33	制冷设备运行调试记录	C2-33-1～2	长	长	长	√
3.2.34	通风、空调系统调试记录	C2-34-1～7	长	长	长	√
3.2.35	施工记录	C2-6-1	长	长	长	√
3.2.36	分部(子分部)工程质量验收记录	C2-10	长	长	永	√
3.2.37	分项、检验批工程质量验收记录	C2-11	长	长	长	
	电梯					
3.2.38	图纸会审、设计变更、洽商记录	C2-1-1～3	长	长	长	√
3.2.39	材料、配件、设备配件出厂合格证及进场检（试）验报告	C2-3-1～2 C2-14-3	长	长	长	√
3.2.40	隐蔽工程验收记录	C2-5	长	长	长	√
3.2.41	施工记录	C2-6-1	长	长	长	√
3.2.42	接地、绝缘电阻测试记录	C2-24-1～2	长	长	长	√
3.2.43	负荷试验、安全装置检查记录	C2-43-1～15	长	长	长	√
3.2.44	分部(子分部)工程质量验收记录	C2-10	长	长	永	√
3.2.45	分项、检验批工程质量验收记录	C2-11	长	长	长	
	建筑智能化					
3.2.46	图纸会审、设计变更、洽商记录	C2-1-1～3	长	长	永	√
3.2.47	材料、设备、配件出厂合格证及进场检（试）验报告	C2-3-1～2 C2-14-3	长	长	长	√
3.2.48	隐蔽工程验收记录	C2-5	长	长	长	√
3.2.49	系统功能测定及设备调试记录	C2-49-1～2	长	长	长	√
3.2.50	系统检测报告	C2-50-1～3	长	长	长	√
3.2.51	系统技术、操作和维护手册	厂家提供			长	

续表

序号	资料名称	应用表式编号	保存单位和期限			
			施工单位	监理单位	建设单位	城建档案馆
3.2.52	系统管理、操作人员培训记录	培训单位提供			长	
3.2.53	分部(子分部)工程质量验收记录	C2-10	长	长	永	✓
3.2.54	分项、检验批工程质量验收记录	C2-11	长	长	长	
	桩基资料、有支护土方资料					
3.2.55	图纸会审、设计变更、洽商记录	C2-1-1～3	长	长	长	✓
3.2.56	不同桩位测量放线定位图	C2-2-1	长	长	永	✓
3.2.57	材料出厂合格证及进场检(试)试验报告	C2-3-1～19	长	长	长	✓
3.2.58	施工试验报告及见证检测报告	C2-4-1～16	长		长	✓
3.2.59	隐蔽工程验收记录	C2-5	长	长	长	✓
3.2.60	施工记录	C2-6-1 C2-60-2～64	长	长	长	✓
3.2.61	预制构件、预拌混凝土合格证	C2-3-1～3	长	长	长	✓
3.2.62	桩基检测资料	检测单位现行用表	长	长	长	✓
3.2.63	工程质量事故调查处理报告	C2-9-1～2	长	长	永	✓
3.2.64	子分部工程质量验收记录	C2-10	长	长	永	✓
3.2.65	分项、检验批工程质量验收记录	C2-11		长	长	长
	地基处理资料					
3.2.66	图纸会审、设计变更、洽商记录	C2-1-1～3	长	长	长	✓
3.2.67	工程测量放线定位平面图	C2-2-1	长	长	长	✓
3.2.68	材料出厂合格证及进场检(试)验报告	C2-3-1～19	长	长	长	✓
3.2.69	隐蔽工程验收记录	C2-5	长	长	长	✓
3.2.70	施工记录	C2-6-1 C2-70-1～5	长	长	长	✓
3.2.71	试验检测报告	C2-4-1～20	长	长	永	✓
3.2.72	工程质量事故调查处理报告	C2-9-1～2	长	长	长	✓
3.2.73	子分部工程质量验收记录	C2-10	长	长	永	✓
3.2.74	分项、检验批工程质量验收记录	C2-11	长	长	长	
3.3	**工程安全和功能检验资料及主要功能抽查记录**	**C3**				
	建筑与结构					
3.3.1	屋面淋水试验记录	C3-1	长	长	长	✓
3.3.2	地下室防水效果检查记录	C3-2	长	长	长	✓
3.3.3	有防水要求的地面蓄水试验记录	C3-1	长	长	长	✓
3.3.4	建筑物垂直度、标高、全高测量记录	C3-4	长	长	长	
3.3.5	抽气(风)道、垃圾道检查记录	C3-5	短	短	短	
3.3.6	幕墙及外窗气密性、水密性、耐风压检测报告	C3-6	长	长	永	✓
3.3.7	沉降观测记录	A9-2	长	长	长	✓
3.3.8	节能、保温测试记录	C3-8	长	长	长	✓
3.3.9	室内环境检测报告	C3-9	长	长	长	✓

续表

序号	资料名称	应用表式编号	保存单位和期限			
			施工单位	监理单位	建设单位	城建档案馆
	给水排水与采暖					
3.3.10	给水管道通水试验记录	C2-17-2	长	长	长	√
3.3.11	暖气管道、散热器压力试验记录	C2-15	长	长	长	√
3.3.12	卫生器具满水试验记录	C3-12	长	长	长	√
3.3.13	消防管道、燃气管道压力试验记录	C3-15	长	长	长	√
3.3.14	排水干管通球试验记录	C3-17-3	长	长	长	√
	建筑电气					
3.3.15	照明全负荷试验记录	C3-15	长	长	长	√
3.3.16	大型灯具牢固性试验记录	C3-16	长	长	长	√
3.3.17	避雷接地电阻测试记录	C3-17	长	长	长	√
3.3.18	线路、插座、开关接地检验记录	C3-18	长	长	长	√
	通风与空调					
3.3.19	通风、空调系统试运行记录	C3-19	长	长	长	√
3.3.20	风量、温度测试记录	C3-34-1	长	长	长	√
3.3.21	洁净室洁净度测试记录	C3-34-6	长	长	长	√
3.3.22	制冷机组试运行调试记录	C3-33-2	长	长	长	√
	电梯					
3.3.23	电梯运行记录	C3-23	长	长	长	√
3.3.24	电梯安全装置检测报告	C2-43-1～12				
	智能建筑					
3.3.25	系统试运行记录	C3-25	长	长	长	√
3.3.26	系统电源及接地检测报告	C3-24-1～2	长	长	长	√
3.4	**工程管理文件(《安全与管理及竣工图技术文件一本通》)**	**C4**				
	工程管理					
3.4.1	工程开工报审表	C4-1	长	长	长	√
3.4.2	施工组织设计	C4-2	长		长	
3.4.3	技术交底记录	C4-3	长	长	长	
3.4.4	施工日志	C4-4	短		短	
3.4.5	预检工程记录	C4-5	短	短	短	
3.4.6	施工现场质量管理检查记录	C4-6	长	长	长	√
3.4.7	工程竣工施工总结	C4-7	长		长	
3.4.8	工程质量保修书	C4-8	短		短	
3.5	**竣工图(《安全与管理及竣工图技术文件一本通》)**	C5-1	长		永	√
3.5.1	竣工图的编制					
3.5.2	竣工图的折叠					
4	**工程文件的组排、立卷及移交**	D				
4.1	施工文件的序列组排	D-1	长	长	长	√
4.2	工程文件的立卷及移交	D-2	长	长	长	√

注：1. "√"表示应向城建档案馆移交。　2. 各种式样向城建档案馆领取。

2 工程准备与竣工验收阶段文件

从事工程建设活动根据法律、法规的规定必须按照工程建设程序办事，按照先后次序完成一个建设项目要依次经过项目可行性研究、立项报批、建设用地和城市规划许可、工程勘察、工程设计、工程施工、竣工验收、交付使用等阶段。工程建设资料也应依序在实施中形成。

2.1 决策立项文件（A1）

2.1.1 项目建议书（A1-1）

实施要点

（1）项目建议书是用书面形式把投资机会分析结果给予具体表现，是一项建议性文件，主要由文字组成。

（2）项目建议书、审批文件由建设单位编制申报，按国家规定的划定审批权限的上级部门批复，以上级审批文件直接归存。

（3）项目建议书的主要内容：

1）单位名称、生产经营情况、主管单位名称、合作对象名称、注册国家和法定地址和法定代表姓名、职务等；

2）建设项目提出的背景，投资的必要性、可能性和依据。引进技术、进口设备需证明国内外的技术差距和概况及进口的理由；

3）产品方案、拟建规模和建设地点的初步设想；产品的销售地区（是否返销到国内）及市场分析。产品销售市场情况的初步调研和预测报告；

4）资源情况、建设条件、协作关系和引进国别、厂房的初步分析；

5）投资结算和资金等筹措设想。利用外资项目要说明利用外资的可能性，偿还贷款能力的大体测算；

6）项目的进度安排；

7）经济效果和社会效益的初步估计。

（4）项目建议书的审批程序和审批单位：

1）按照建设总规模和限额的划分：

① 大中型和限额以上的项目建议书，由各省市区及计划单列市、国务院各部门（总公司）或计划单列企业集团负责提出；

② 中央与地方合资建设的重大项目（如石油化工、港口、电站等），其项目建议书由中央有关部门（总公司）与项目所在省市区联合组织编制、审议并提出；

③ 小型或限额以下项目建议书的编制，由中央各部门（总公司）、省市区及计划单列

市的项目提出单位负责编制。

2）项目建议书按要求编制完成后，应按照建设总规模和限额划分的审批权限报批。项目建议书审批程序、审批内容和审批单位的具体规定见表 A1-1。

表 A1-1

<table>
<tr><th colspan="2">项目的性质</th><th>审批程序</th><th>审　批　内　容</th><th>审批单位</th><th>备　　注</th></tr>
<tr><td colspan="2" rowspan="2">大中型或限额以上的项目</td><td>初审</td><td>资金来源、建设布局资源合理利用、经济合理性、技术政策</td><td>行业主管部门</td><td rowspan="7">(1)对于重大项目还要委托有资格的工作咨询单位评估后审批
(2)超过 2 亿元的经国家计委审批后由国务院审批
(3)对国家需要加强控制、问题较严重的少数产品的固定资产投资项目，除按规模和限额分级审批外，还要按照国家产业政策和建设、改造、规模相结合的审批办法进行管理，凡列入目录的产品，不论其规模大小、投资多少，资金来源，一律由省、自治区、市和计划单列市计委(计经委)、经委，按现行审批基本建设、技术改造项目的分工，报经国家行业归口部门按国家产业政策和国家批准的固定资产投资规模核准后，再按现行审批程序审批</td></tr>
<tr><td>终审</td><td>建设总规模、生产力布局、资源优化配置、资金供应可能、外部协作条件等，进行综合平衡</td><td>国家计委</td></tr>
<tr><td rowspan="5">小型或限额以下的项目</td><td>一般情况</td><td>终审</td><td></td><td>中央各部门(公司)各省、自治区、市及计划单列市计经委</td></tr>
<tr><td>1000 万元以上</td><td>审批</td><td></td><td>省计委</td></tr>
<tr><td>1000 万元以上</td><td>审批</td><td></td><td>各专区、市计委</td></tr>
<tr><td>300 万元以上</td><td>审批</td><td></td><td>市计委</td></tr>
<tr><td>300 万元以上</td><td>审批</td><td></td><td>各区、局(公司)</td></tr>
</table>

2.1.2　项目建议书审批文件及前期工作通知书（A1-2）

指上级审批的项目建议书批准文件及前期工作通知书，以此文件直接归存。

2.1.3　可行性研究报告及附件（A1-3）

实施要点

(1) 可行性研究报告由建设单位委托有资质的工程咨询单位编制。

(2) 可行性研究报告审批按国家规定的上级审批的文件直接归存。

项目建议书审查批准后，即可开始可行性研究。即对建设项目在技术上是否可行，经济上是否合理，进行科学、全面的分析和论证，应做多方案比较，推荐最佳方案，提出可行性研究报告。

(3) 可行性研究报告的内容：

1）根据经济预测、市场预测确定的项目建设规模和产品方案包括：需求预测；国内现有企业的生产能力估计；销售预测、价格分析、产品竞争能力。外销产品需进行国外需求情况预测和进入国际市场前景分析；拟建项目规模、产品方案和发展方向的技术经济比较和分析。扩建项目需说明对原有固定资产的利用情况。

2）资源、原材料、燃料及公用设施落实情况包括：经批准的资源质量、品位、成分及开采利用条件；原料、辅助材料、燃料的种类、来源、数量和供应可能；所需公用设施的数量、供应方式和供应条件。

3）建厂条件和厂址方案：建厂的地理位置，气象、水文、地质、地形条件和社会经济现状；交通、运输及水、电、气现状和发展趋势；厂址比较与选择意见。

4）技术工艺、主要设备选型、建设标准和相应的技术经济指标，成套设备进口项目（应具有维修材料）、辅料及配件供应的安排；引进技术、设备来源国别、设备的国内外分交或与外商合作制造的设想；对有关部门协作配套供应的要求。

5）主要单项工程，公共辅助设施，全厂布置方案和土建工程量结算。

6）环境保护、城市规划、防裂、防洪、防空、文物保护等要求和采取相应措施方案。

7）企业组织、劳动定员和人员培训设想。

8）建设工期和实施进度。

9）投资结算和资金筹措：

① 主体工程和辅助配套工程所需投资（利用外资项目和引进技术项目则包括用汇额）；

② 生产流动资金结算；

③ 资金来源、筹措方式及贷款的偿付方式。

10）经济效果和社会效益。

（4）可行性研究报告的审批：

1）大中型建设项目的可行性研究报告由各主管部、省、市、自治区或全国性工业公司负责预审，报国家计委审批或国家计委负责的有关单位审批。

2）重大项目和特殊项目，报国家计委会同有关部门预审后报国务院审批。

3）小型项目按隶属关系由各主管部门，各省、市、自治区或全国性专业公司审批。

咨询或设计单位提出的可行性研究报告和有关文件，按项目大小应在预审前1～3个月提交预审主持单位。预审主持单位组织有关设计、科研机构、企业和有关方面的专家参加，广泛听取意见，对可行性研究报告提出预审意见。

（5）可行性研究报告的修改与复审

1）发生下列一种情况即应对可行性研究报告进行修改和复审：

① 进一步工作后，发现可行性研究报告有原则性错误。

② 可行性研究的基础依据或社会环境条件有重大变化。

2）可行性研究报告的修改与复审仍由原编制单位和预审单位按规定进行。

（6）建设项目环境影响报告书的内容及审批

1）环境影响报告书的内容：

① 编制环境影响报告书的目的、依据、采用标准、控制与保护目标；

② 建设项目概况；

③ 建设项目周围地区环境状况调查；

④ 近期和远期环境影响分析和预测，建设过程投产、服务期间的正常与异常情况；

⑤ 环境监测制度建议；

⑥ 环境影响经济效益简要分析；

⑦ 主要结论：

包括：对环境的影响、建设规模、性质、选址是否合理和符合环保要求、防治措施是否可行、经济合理程度；

⑧ 存在的问题与建议。

2）环境影响报告书的审批：

① 凡对环境有影响的建设项目，环境影响的报告书或环境影响报告表由建设单位提出；

② 大中型、限额以上投资项目由省以上（含省级）的项目主管部门审批，报国家环保总局备案；

③ 大中型、限额以上投资项目属跨省、自治区、直辖市的建设项目或特殊性质的项目，环境报告书报国家环保总局审批，特大型报国务院审批；

④ 小型基建项目和限额以下的项目按各地规定的审批权限办理；

⑤ 对环境新有争议的建设项目可报上一级环保部门批准；

⑥ 建设项目的性质、规模、建设地点等发生较大改变时，应适时修改重新报批。

注：境外投资项目可行性研究报告的主要内容与要求：

（1）基本情况：

1）拟办企业名称、法定地址，合作各方名称、注册国家（地区）、法定地址和法定代表名称、职务、国籍。

2）拟建项目总投资、注册资本、合营各方出资比例，中方股本额及自有资金额、出资方式、资金来源构成。

3）合作期限、合作各方利润分配和亏损应承担的责任。

4）项目可行性研究的概况、结论、问题和建议。

（2）产品方案及市场需求情况。包括销售预测、销售方向、产品竞争能力（如产品返销国内，要有国内市场情况分析）、产品方案、建设规模和发展方向等。

（3）资源、原材料、能源、交通等配套情况。

（4）建厂条件及厂址选择方案。

（5）技术设备和工艺过程的选择及其依据。包括技术来源、生产方法、主要工艺技术和设备选型方案的比较、引进技术、设备的来源等。

（6）生产组织结构及经营管理方式。

（7）建设方式、建设进度及其依据。

（8）投资估算及资金筹措。包括资金总额（含固定资产投资、流动资金和建设期利息）、资金来源与筹措方式及贷款的偿还能力、方式及担保方等。

（9）项目经济分析与投资环境评价。包括财务分析、国民经济分析、不确定性分析及政治、法律环境评估。要采用动态法、敏感性分析法为主进行项目效益和收支情况的分析。

（10）主要附件（略）。

2.1.4　可行性研究报告审批意见（A1-4）

实施要点

（1）可行性研究报告审批意见是对可行性研究报告的客观性、全面性、精确性进行评估与抉择，以过程形成文件和上级审批文件直接归存。

（2）项目评估研究资料，是对可行性研究报告的客观性、全面性、精确性进行评估，并提出评估报告。经批准后审批立项，下达批准文件。

（3）建设项目评估的基本内容：

1）项目建设的必要性；

2）建设规模和产品方案；

3）工艺、技术和设备的先进性、适用性和可靠性；

4）厂址（地址或线路方案）；

5）建设工程的方案和标准；

6）外部协作配合条件和配套项目；

7）环境保护；

8）投资结算及投资来源；

9）财务评价；

10）国民经济评价；

11）不确定性分析；

12）社会效益评价；

13）项目总评估。

（4）审批立项的有关会议纪要、领导指示、专家评议等由建设单位或上级单位组织，根据过程记录整理形成并汇总整理。

（5）工程建设项目评估研究资料由建设单位组织汇总整理。

（6）计划任务书及其审批文件按上级批复文件汇总整理。

2.1.5 工程立项的会议纪要及领导讲话（A1-5）

指工程立项过程中的会议纪要及领导批示等文件资料，按实际形成的文件资料直接汇总整理。

2.1.6 工程立项的专家建议文件（A1-6）

指工程立项过程中的专家建议资料，按实际形成的文件资料直接归存。

2.1.7 工程项目的调查资料及项目评估研究材料（A1-7）

实施要点

（1）项目评估研究资料，是指对可行性研究报告的客观性、全面性、精确性进行评估与抉择，并提出评估报告。经批准后审批立项，下达批准文件。

（2）建设项目评估的基本内容：

1）项目建设的必要性；

2）建设规模和产品方案；

3）工艺、技术和设备的先进性、适用性和可靠性；

4）厂址（地址或线路方案）；

5）建设工程的方案和标准；

6）外部协作配合条件和配套项目；

7）环境保护；

8）投资结算及投资来源；

9）财务评价；

10）国民经济评价；

11）不确定性分析；

12）社会效益评价；

13）项目总评估。

（3）工程建设项目评估研究资料由建设单位组织汇总整理。

2.1.8 计划任务书审批文件（A1-8）

指各级政府计划部门审批的计划任务书及其审批文件按上级批复文件汇总整理。

2.2 建设用地、征地、拆迁文件（A2）

2.2.1 选址申请及选址规划意见通知书（A2-1）

1. 实施要点

（1）指城市规划行政主管部门最终审批的工程项目选址申请及选址规划意见通知书，以此文件直接归存，按当地城市规划行政主管部门的统一表式执行。

（2）各级政府计划部门审批项目建议书时，征求同级政府城市规划行政主管部门的意见，即城市规划行政主管部门对确定安排在城市规模区内的建设项目从城市规划方面提出的选址意见书。可行性研究报告请批时，必须附有城市规划行政主管部门的选址意见书。

1）建设项目选址意见书应包括的内容：

① 建设项目的基本情况：名称、性质、用地、建设规模、供水、能源、运输、三废排放方式与数量等。

② 选址依据：经批准的项目建议书应与城市规划、布局、交通、通信、能源、市政、防灾、配套生活设施、环境污染、环保与风景名胜、文物保护等协调。

③ 项目选址、用地范围及规划要求。

2）建设项目选址意见书审批权限实行分级管理，审批单位应符合分级管理权限要求的规定。申请建设项目选址意见书的一般程序：

① 建设单位向当地市、县人民政府规划行政主管部门提出选址申请；

② 城市规划行政主管部门分级核发建设项目选址意见书；

③ 对应由上级城市规划部门核发选址意见书的建设项目，市、县、城市规划行政主管部门应对建设单位的选址报告进行审核并提出选址意见，然后上报审批核发建设项目选址意见书。

3）建设项目选址报告的基本内容：

① 选址的依据及选址经过简况。

② 选址方案的比较：选址方案优缺点比较；选址方案的投资比较；选址方案的经济费用比较（原料、装料、费用、三废、给排水、动力等）；选址的推荐方案。

③ 城市规划行政主管部门核发：《建设项目选址意见书》、《建设用地规划许可证》、《建设工程规划许可证》。

④ 主要附件：各项协议文件。

2. 建设项目选址意见书

中华人民共和国

建设项目
选址意见书

注：封面中央中部有国徽

（封面）

中华人民共和国
建设项目选址意见书

选字第　　　　　　　　　号

根据《中华人民共和国城乡规划法》第三十六条和国家有关规定，经审核，本建设项目符合城乡规划要求，颁发此证。

核发机关

日　　期

（第二页）

基本情况	建设项目名称	
	建设单位名称	
	建设项目依据	
	建设项目拟选位置	
	拟用地面积	
	拟建设规模	
附图及附件名称		

遵守事项：

一、建设项目基本情况一栏依据建设单位提供的有关材料填写。

二、本书是城乡规划主管部门依法审核建设项目选址的法定凭据。

三、未经核发机关审核同意，本书的各项内容不得随意变更。

四、本书所需附图与附件由核发机关依法确定，与本书具有同等法律效力。

（第三页）

中华人民共和国住房和城乡建设部监制

（封底）

2.2.2 用地申请报告及县以上人民政府用地批准书（A2-2）

实施要点

1. 土地征用申请书

（1）以建设单位持批准的可行性研究报告或县以上人民政府批准的有关文件，向县以上人民政府土地管理部门提出的项目建设申请书（城市规划区内的需征得城市规划管理部门同意）。

（2）建设单位持批准的建设项目可行性研究报告或县以上人民政府批准的有关文件，向县以上人民政府土地管理部门提出项目建设用地申请。

2. 政府批准的土地征用文件

（1）以政府批准的征用农田文件汇总整理。

（2）由当地人民政府有关部门批准文件形成。

2.2.3 拆迁安置意见、协议、方案等（A2-3）

实施要点

（1）根据《城市房屋拆迁管理条例》按征地、拆迁过程经双方同意，实际形成的并经当地建设行政主管部门签证的协议书汇总整理。

（2）由当地人民政府有关部门批准文件形成。

2.2.4 建设用地规划许可证及附件（A2-4）

1. 实施要点

建设用地规划许可证是由建设单位和个人提出建设用地申请，城市规划行政主管部门根据规划和建设项目的用地需要，确定建设用地位置、面积、界限的法定凭证。

（1）建设用地规划许可证的申办

1）申办程序：

① 凡在城市规划区内进行建设需要申请用地的，必须按国家批准的建设项目的有关文件，向城市规划行政主管部门提出定点申请；

② 城市规划行政主管部门根据用地项目的性质、规模等，按城市规划要求，初步选定用地项目的具体位置和界限；

③ 根据需要，征求有关行政主管部门对用地位置和界限的具体意见；

④ 城市规划行政主管部门向用地单位提供规划设计条件；

⑤ 审核用地单位提供的规划设计总图；

⑥ 核发建设用地规划许可证；

⑦ 据此，向县以上地方人民政府土地管理部门申请用地。

2）建设用地规划许可证应包括内容：

① 标有建设用地具体界限的附图和明确具体规划要求的附件；

② 附图和附件是建设用地规划许可证的配套证件，具有同等的法律效力；

③ 附图和附件由发证单位根据法律、法规的规定和实际情况制定；

④ 用地规划许可证的发放由市、县规划行政主管部门核发。

(2) 建设用地来源及征用土地的审批程序

1) 明确建设用地来源：

① 集体土地；国家可依法对集体所有土地实行征用；

② 国有土地；国家可实行有偿划拨和无偿划拨。

2) 申请用地：

① 持有按国家基本建设程序批准的可行性研究报告等文件、资料，向当地县以上人民政府土地管理部门申请建设用地。在城市规划区内进行建设，还应先征得城市规划管理部门的同意。申请用地单位应具有法人地位。

② 拟定征地方案签订补偿安置协议。土地管理部门会同城建规划部门组织建设单位和被征用、划拨土地单位按国家和地方法律、法规和有关规定，商定补偿费用标准和劳动力安置方案，签订补偿和安置协议。

③ 审查批准。按照法定的权限呈报县以上人民政府批准。

④ 划拨土地。在县以上人民政府土地管理部门主持下，由建设单位和被征（拨）用土地单位进行协商，修订征（拨）用地补偿安置协议，结算各项费用，填发建设用地批准书，一次或分期划拨土地。

⑤ 颁发土地使用证。竣工验收后由用地单位到当地土地管理部门办理土地登记申请，注册登记，颁发土地使用证。

2. 建设工程规划许可证

中华人民共和国

建设用地
规划许可证

注：封面中央中部有国徽　　（封面）

中华人民共和国
建设用地规划许可证

建字第　　　　　　　　　　号

根据《中华人民共和国城乡规划法》第三十七条、第三十八条规定，经审核，本用地项目符合城乡规划要求，颁发此证。

发证机关

日　期

（第二页）

用地单位	
用地项目名称	
用地位置	
用地性质	
用地面积	
建设规模	
附图及附件名称	

遵守事项：

一、本证是经城乡规划主管部门依法审核，建设用地符合城乡规划要求的法律凭证。

二、未取得本证，而取得建设用地批准文件、占用土地的，均属违法行为。

三、未经发证机关审核同意，本证的各项规定不得随意变更。

四、本证所需附图与附件由发证机关依法确定，与本证具有同等法律效力。

（第三页）

中华人民共和国住房和城乡建设部监制

（封底）

2.2.5　划拨建设用地文件（A2-5）

指县以上人民政府批准用地位置、面积、界线的文件，以批准文件汇总整理。

2.2.6　国有土地使用许可证（A2-6）

1. 实施要点

（1）按当地土地管理部门统一表式执行，必须是经县以上人民政府依法批准，项目所在地土地管理部门颁发的土地使用证汇总整理。

（2）由县以上人民政府土地管理部门核发土地使用许可证明。

2. 国有土地使用证

中华人民共和国
国有土地使用证

（封面）

注：封面中央上部有国徽

国用（　　）第　　　号

<table>
<tr><td>土地使用权人</td><td colspan="4"></td></tr>
<tr><td>座落</td><td colspan="4"></td></tr>
<tr><td>地号</td><td></td><td colspan="2">图号</td><td></td></tr>
<tr><td>地类（用途）</td><td></td><td colspan="2">取得价格</td><td></td></tr>
<tr><td>使用权类型</td><td></td><td colspan="2">终止日期</td><td></td></tr>
<tr><td rowspan="2">使用权面积</td><td rowspan="2">m²</td><td rowspan="2">其中</td><td>独用面积</td><td>m²</td></tr>
<tr><td>分摊面积</td><td>m²</td></tr>
</table>

根据《中华人民共和国宪法》、《中华人民共和国土地管理法》和《中华人民共和国城市房地产管理法》等法律法规，为保护土地使用权人的合法权益，对土地使用权人申请登记的本证所列土地权利，经审查核实，准予登记，颁发此证。

＿＿＿＿人民政府（章）

年　　月　　日

（第二页）

记　事

附图粘贴线

登记机关

（章）

年　　月　　日

证书监制机关

№

（第三页）

※本证是土地登记的法律凭证，由土地权利人持有，登记的内容受法律保护。本证书经监制机关、县级以上人民政府和土地登记机关共同盖章有效。

※土地登记内容发生变更及土地他项权利设定、变更、注销的，持证人及有关当事人必须办理变更土地登记。

※土地抵押必须按规定办理抵押登记。直接以本证作抵押的，抵押无效。

※未经批准，不得改变土地用途。

※本证应妥善保管，凡有遗失、损毁等情况，须按规定申请补发。

※本证不得擅自涂改，擅自涂改的证书一律无效。

※土地登记机关有权查验本证，持证人应按规定出示本证。

中华人民共和国国土资源部监制

（封底）

2.2.7　工程建设项目报建资料（A2-7）

实施要点

（1）按当地建设行政主管部门的统一表式执行，以当地建设行政主管部门最终审批的文件归存。

（2）工程项目报建由建设单位或其代理机构在工程项目可行性研究报告或其他立项文件审批后向当地建设行政主管部门或其授权机构进行报建。

凡在我国境内投资兴建的工程建设项目，包括外国独资、合资、合作的工程建设项目，都必须实行报建制度，接受当地建设行政主管部门或其授权机构的监督管理。

1）报建内容：

包括：工程名称；建设地点；投资规模；资金来源；当年投资额；工程规模；开工、竣工日期；发包方式；工程筹建情况。

2）报建程序：

① 建设单位到建设行政主管部门或其授权机构领取《工程建设项目报建表》；

② 建设单位按建表的内容认真填写；

③ 向建设行政主管部门或其授权机构报送《工程建设项目报建表》，并按要求进行招标准备。

未办理报建的工程建设项目，不得办理招投标手续和发放施工许可证，设计、施工单位不得承接该项工程的设计和施工任务。

2.3　勘察、测绘、设计文件（A3）

勘察、测绘、设计类的文件应是由具有相应资质的勘察、测绘、设计单位提供的具有满足内容深度要求的上述单位的责任制单位、人员签章齐全的文件。

2.3.1 工程地质勘察报告（A3-1）

指建设单位委托勘察设计单位按批准的建设用规划界线勘察的工程地质勘察技术文件。

2.3.2 水文地质勘察报告、自然条件、地震调查（A3-2）

指建设单位委托勘察设计单位对水文地质勘察、自然条件、地震调查后，提出的技术文件（初勘、详勘）。

2.3.3 建设用地钉桩通知单（A3-3）

指建设单位委托测绘设计单位根据划拨用地等文件提供的用地测绘资料。

2.3.4 地形测量和拨地测量成果报告（A3-4）

指建设单位委托测绘设计单位进行地形测量和拨地测量成果的结果报告资料。

2.3.5 规划设计条件通知书（A3-5）

指规划行政主管部门出具的规划设计条件文件，并附建设单位申报的规划设计方案。

2.3.6 初步设计图纸及说明（A3-6）

指建设单位委托设计单位提出的初步设计阶段的技术文件资料。

2.3.7 技术设计图纸和说明（A3-7）

指建设单位委托设计单位提出的技术设计阶段的技术文件资料。

2.3.8 审定设计方案通知书及审查意见（A3-8）

指有关部门或建设单位组织审查后，形成的文件资料，下发的审定设计方案通知书及审查意见。

2.3.9 有关行政主管部门（人防、环保、消防、交通、园林、河湖、市政、文物、通信、保密、教育等）的批准文件或协议文件（A3-9）

指上述有关行政主管部门对项目涉及的相关方面审查批准文件或协议文件。

2.3.10 施工图设计及其说明（A3-10）

指建设单位委托设计单位提供的施工图设计技术文件资料及其说明。

2.3.11 设计计算书（A3-11）

指建设单位委托设计单位提供的设计计算资料。

2.3.12 施工图设计审查、审批文件（A3-12）

指政府有关部门和经审批成立的施工图审查机构对施工图设计文件的审批意见。如施工图设计、消防、防震、节能等的审查或其他明文规定进行的审查。

2.4　招投标文件（A4）

2.4.1　勘察设计招投标文件（A4-1）

实施要点

指建设单位选择工程项目勘察设计单位过程中所进行招标、投标活动的文件资料。

工程招投标及承包合同文件包括：勘察、设计招投标文件；建筑安装工程招投标文件；设备招投标文件；监理招投标文件；建筑安装工程监理招投标文件；设备监理招投标文件；勘察、设计合同文件；施工合同文件；监理合同文件；设备制造或供应合同文件。均按当地建设行政主管部门规定的表式及文本执行。

1. 工程勘察招标

(1) 实行勘察招标的建设项目应具备的条件

1）具有经过有审批权限的机关批准的设计任务书；

2）具有建设规划管理部门同意的用地范围许可文件；

3）有符合要求的地形图。

(2) 工程勘察招投标的工作程序

1）办理招标登记、组织招标工作机构、组织评标小组、编制招标文件；

2）报名参加投标，对投标单位进行资格审查、领取招标文件、进行招标文件签额、编制投标书并送达招标单位；

3）开标、评标、决标、选定中标单位、发出中标通知、签订勘察合同。

2. 工程设计招标

(1) 建设项目进行项目设计招标应具备的条件

1）建设单位必须是法人或依法成立的组织；

2）有与招标的工程项目相适应的技术、经济管理人员；

3）具有编制招标文件，审查投标单位资格和组织招标、开标、评标、定标的能力。

不具备上述条件时必须委托具有相应资质和能力的建设监理、咨询服务单位代理。

(2) 进行设计招标的建设项目应具备的条件

1）具有经过审批机关批准的设计任务书，如进行可行性研究招标，必须有批准的项目建议书；

2）具有工程设计所需要的可靠基础资料。

(3) 设计招标程序

1）编制招标文件，发布招标广告或发出招标通知书，领取招标文件，投标单位报送申请书及提供资格预审文件，对投标者进行资格审查；

2）组织投标单位现场踏勘，对招标文件进行签额，编制投标书并按规定送达；

3）当众开标、组织评标、确定中标单位、与中标单位签订合同。

3. 勘察、设计招标方式

(1) 勘察招标方式：招标单位发布通知，以法定方式吸引勘察单位参加竞争，经审查合格的勘察单位按招标文件要求在规定的时间内向招标单位填报标书，择优选择勘察单位；

（2）设计招标方式：公开招标或邀请招标（必须三家以上）。

2.4.2 勘察设计承包合同（A4-2）

指建设单位同中标或委托的勘察设计单位签订的勘察设计合同。

按建设与勘察、设计单位签订的合同文件直接归存。

2.4.3 施工招投标文件（A4-3）

指建设单位选择工程项目施工单位过程中所进行的招标、投标活动的文件资料。

1）建设项目施工招标应具备的条件

① 拟算已经批准；

② 项目已正式引入国家部门或地方的年度固定投资计划；

③ 建设用地的征用工作已经完成；

④ 有能够满足施工需要的施工图纸及技术资料；

⑤ 建设资金和主要建筑材料、设备来源已经落实；

⑥ 已经建设项目所在地规划部门批准，施工现场的“三通一平”已经完成或一并列入施工招标范围。

2）建设工程施工招标程序

① 建设单位组织招标工作机构；

② 向招标投标办事机构提出招标申请书；

③ 编制招标文件；

④ 制定标底，报招标、投标办事机构审定；

⑤ 发布招标公告或招标邀请书；

⑥ 对投标单位进行资质预审，并将审查结果通知各申请投标者；

⑦ 分发招标文件等资料；

⑧ 组织投标单位现场踏勘，并对招标文件签额；

⑨ 建议评标组织，制定评标、定标办法；

⑩ 召开开标会议，审查投标书；

⑪ 组织评标，决定中标单位；

⑫ 发出中标通知书；

⑬ 建设单位与中标单位签订承发包合同。

2.4.4 施工承包合同（A4-4）

指建设单位同中标或委托的施二总承包单位签订的施工合同。

按建设与施工单位签订的合同文件直接归存。

2.4.5 工程监理招投标文件（A4-5）

指建设单位选择工程项目监理单位过程中所进行的招标、投标活动的文件资料。

2.4.6 监理委托合同（A4-6）

指建设单位同中标或委托的监理单位签订的监理合同。

按建设与监理单位签订的合同文件直接归存。

2.5　开工审批文件（A5）

2.5.1　建设项目列入年度计划申报文件（A5-1）

指建设单位列入年度工程项目建设进度计划申请报告，以该报告直接存档。

2.5.2　建设项目列入年度计划批复文件或年度计划项目表（A5-2）

指有关部门对工程建设项目列入年度计划的批复文件或批复的年度计划项目表，以该表直接存档。

2.5.3　规划审批申请表及报送的文件和图纸（A5-3）

指建设单位向规划行政主管部门提出的建设工程规划申请文件及图纸，经整理后存档。

实施要点

（1）由建设单位向当地建设规划管理部门提出。

（2）申办程序：

1）凡在城市规划区新建、改建和扩建的工程设施，均需持有关批准文件向城市规划行政主管部门提出申请；

2）城市规划行政主管部门根据城市规划，提出建设工程规划的设计要求；

3）城市规划行政主管部门征求并综合协调有关行政主管部门对建设工程设计方案的意见，审定建设工程初步设计方案；

4）城市规划行政主管部门审核建设单位或个人提供的工程施工图后，核发建设工程规划许可证；

5）据此，方可申请办理开工手续。

2.5.4　建设工程规划许可证及其附件（A5-4）

实施要点

建设工程规划许可证是由城市行政主管部门核发的，用于确认建设工程是否符合城市规划要求的法律凭证。

《城市规划法》第三十二条规定：在城市规划区内新建、扩建和改建建筑物、构筑物、道路、管线和其他工程设施，必须持有关批准文件向城市规划行政主管部门提出申请，由城市规划行政主管部门根据城市规划提出的规划设计要求，核发建设工程规划许可证。

建设工程规划许可证及其附件指建设规划行政主管部门颁发的规划许可证书和批准的文件、附图等。

（1）以当地建设规划部门颁发并经批准的规划许可证书、附件及附图归存。

（2）建设工程规划许可证应包括内容：

1）附图和附件按不同工程的不同要求，由发证单位根据法律、法规和实际情况制定；

2）附图和附件是建设工程许可证的配套证件，具有同等法律效力；

3）工程规划许可证由市、县规划行政主管部门核发。

建设工程规划许可证

中华人民共和国

建设工程
规划许可证

注：封面中央中部有国徽 （封面）

中华人民共和国
建设工程规划许可证

建字第＿＿＿＿＿＿＿＿＿＿号

根据《中华人民共和国城乡规划法》第四十条规定，经审核，本建设工程符合城乡规划要求，颁发此证。

发证机关

日　　期

（第二页）

建设单位（个人）	
建设项目名称	
建设位置	
建设规模	
附图及附件名称	

遵守事项：

一、本证是经城乡规划主管部门依法审核，建设工程符合城乡规划要求的法律凭证。

二、未取得本证或不按本证规定进行建设的，均属违法建设。

三、未经发证机关许可，本证的各项规定均不得随意变更。

四、城乡规划主管部门依法有权查验本证，建设单位（个人）有责任提交查验。

五、本证所需附图与附件由发证机关依法确定，与本证具有同等法律效力。

（第三页）

中华人民共和国住房和城乡建设部监制

（封底）

2.5.5 建筑工程开工许可申请表（A5-5）

实施要点

（1）以当地建设行政主管部门颁发的施工许可证归存。

（2）建设工程开工实行许可制度，建设单位应在工程开工前，按国家有关规定向工程所在地县以上人民政府建设行政主管部门办理施工许可证手续，申请施工许可证应具备以下条件：

1）已经办理该工程的用地批准手续；

2）在城市规划区内的工程，已取得规划许可证；

3）需要拆迁的，其拆迁进度符合施工要求；

4）已经确定建筑施工企业；

5）有满足施工需要的施工图纸及技术资料；

6）有保证工程质量和安全的具体措施；

7）建设资金已经落实；

8）法律、行政法规规定的其他条件。

未取得施工许可的建设单位不得擅自组织开工。取得施工证后，应在自批准之日起 3 个月内组织开工；不按期开工又不申请延期或超过时限的，已批准的施工许可证自行作废。

2.5.6 建设工程施工许可证（A5-6）

指建设行政主管部门颁发的《中华人民共和国建筑工程施工许可证》。

以当地建设行政主管部门颁发的施工许可证归存。

2.5.7 投资许可证、审查证明、缴纳绿化建设费等证明（A5-7）

指按现行明文规定有关部门的审计、投资许可、审查证明及建设单位应交纳的各项建设费用。

2.6 建设工程质量监督（A6）

2.6.1 建设工程质量监督实施（A6-1）

（1）工程质量监督手续由建设单位在施工许可证领取前，向当地建设行政主管部门委托的工程质量监督部门申报报监备案登记。

（2）建设工程竣工质量验收监督的实施：

1）监督实施范围：凡在本行政区域内，投资额在 20 万元或建筑面积在 500mm^2 及其以上的土木建筑、建筑工程、设备安装、管线敷设、装饰装修以及市政设施等工程的竣工验收，必须由各级质量监督机构对其实施监督。

2）实施监督过程中，发现有违反国家有关建设工程质量管理规定的行为或工程质量达不到合格要求的，质量监督机构有权责令建设单位进行整改。

建设单位接到整改通知书后必须立即进行整改，并将整改情况书面报质量监督机构。

3）建设单位在质量监督机构监督下进行的工程竣工验收通过后，5日内未收到工程质量监督机构签发的整改通知书，即可进入验收备案程序。

4）工程质量监督机构在工程竣工验收通过并收到建设单位的竣工报告5个工作日内，向负责竣工验收备案部门提交建设工程质量监督报告。

(3) 申请实施监督根据质量监督机构管理多年的经验，建议应用下列资料在质量监督过程实施（不包括单位整改阶段）中应用。

2.6.2　建设工程质量监督文件（A6-2）

2.6.2.1　建设工程手续办理情况一览表（A6-2-1）

1. 资料表式

建设工程手续办理情况一览表

请用碳素笔认真填写所发表格　　　　　　　　　　　　　　　工程编号

工程名称		建设单位		施工单位	
工程地址		联系人及联系电话		联系人及联系电话	
造价/面积					
①集中收费		②质量安全监督注册		③稽查备案	
费用名称	办理情况	资料名称	办理情况	资料名称	办理情况
劳保基金		注册登记表		建设工程项目登记表、计划书	
意外伤害保险		建设单位现场代表见证取样备案		规划许可证	
质监费		施工单位质、安保体系表		工程施工合同（副本）	
农民工保证金		施工图设计文件审查报告		工程监理合同（副本）	
印花税		平、立、剖面		中标备案书	
		全套施工蓝图（盖章）		外埠施工企业备案	
		地质报告（原件）		施工企业资质证（盖章）	
		质量责任书		工程设计合同、资质证	
		安全备案表		工程勘察合同、资质证	
		建筑工程项目安全生产条件现场审查内容及标准		招标代理合同、资质证	
				责任书、承诺书	
				土地证、图审表	
				建设资金证明	
经办人： 办理时间： 年　月　日		经办人： 办理时间： 年　月　日		经办人： 办理时间： 年　月　日	

2. 实施要点

该表是省级以下建设行政主管部门执行“统一办公”时办理建设工程手续时应提供的可供参照的相关技术文件。通常应包括集中收费项目，质量、安全监督注册项目，稽查备案等，均应由经办人分别填写办理日期（年、月、日）。

2.6.2.2 工程建设项目监督管理注册登记表（A6-2-2）

1. 资料表式

工程建设项目监督管理注册登记表

建设单位（章）： 年 月 日 编号：

工程名称			工程地址		
结构类型			建筑面积		
工程造价		万元	层数		
计划开工日期		年 月 日	计划竣工日期		年 月 日
工程批准号			建筑规划许可证号		
提交施工图			套张		中标书、施工合同
建设单位		联系人		电话	
勘察单位		联系人		电话	
设计单位		联系人		电话	
监理单位		联系人		电话	
施工单位	名称		营业执照号		
	电话		资质等级		
	法人代表		安全许可证书编号		
	项目经理		联系电话		
	质量检查员		安全检查员		
审批部门意见	（章） 年 月 日				

注：本表一式五份，建设单位、施工企业各一份，监督管理部门三份。

2. 实施要点

（1）工程建设项目监督管理注册登记表是建设工程项目接受政府监督的注册登记表。

（2）审批部门意见（章）：指注册登记表中相关事项的审查意见。由批准注册登记表的当地建设行政主管部门或其委托的安全监督机构填写审查意见。

2.6.2.3 施工企业现场质量、安全保证体系审查登记（A6-2-3）

1. 资料表式

施工企业现场质量、安全保证体系审查登记表

施工企业（章）：　　　　　　　　　　　　　　　　　　　　年　　月　　日　　编号：

<table>
<tr><td colspan="2">施工企业名称</td><td colspan="2"></td><td>施工企业主管部门</td><td></td></tr>
<tr><td colspan="2">工程名称</td><td colspan="2"></td><td>建筑面积（m^2）</td><td></td></tr>
<tr><td colspan="6">现场质量保证体系机构人员名单</td></tr>
<tr><td>姓名</td><td>年龄</td><td>专业</td><td>职务（职称）</td><td>责任分工</td><td>职称证件编号</td></tr>
<tr><td></td><td></td><td></td><td>项目经理</td><td></td><td></td></tr>
<tr><td></td><td></td><td></td><td>技术负责人</td><td></td><td></td></tr>
<tr><td></td><td></td><td></td><td>质量检查员</td><td></td><td></td></tr>
<tr><td></td><td></td><td></td><td></td><td></td><td></td></tr>
<tr><td></td><td></td><td></td><td></td><td></td><td></td></tr>
<tr><td colspan="6">现场安全保证体系机构人员名单</td></tr>
<tr><td>姓名</td><td>年龄</td><td>专业</td><td>职务（职称）</td><td>责任分工</td><td>职称证件编号</td></tr>
<tr><td></td><td></td><td></td><td>项目经理</td><td></td><td></td></tr>
<tr><td></td><td></td><td></td><td>安全技术负责人</td><td></td><td></td></tr>
<tr><td></td><td></td><td></td><td>安全检查员</td><td></td><td></td></tr>
<tr><td></td><td></td><td></td><td></td><td></td><td></td></tr>
<tr><td></td><td></td><td></td><td></td><td></td><td></td></tr>
<tr><td colspan="6">审核部门意见：

（章）
年　　月　　日</td></tr>
</table>

注：1. 本表一式四份，建设单位、施工企业各一份、监督管理部门两份；

2. 项目经理、安全技术负责人、安全检查员设专人负责（1 万 m^2 以下设一名专职安检员，1～5 万 m^2 设 2～3 名专职安检员，5 万 m^2 以上设专职安全管理组），主要工种必须要兼职安全员；

3. 项目经理、技术负责人、质量检查员及主要工种必须设专人负责。

2. 实施要点

（1）施工企业现场质量、安全保证体系审查登记表是施工企业派驻施工现场的质量安全保证体系的人员的审查登记表。

（2）审核部门意见（章）：指审查登记表中相关事项的审查意见。由批准审查登记表的当地建设行政主管部门或其委托的安全监督机构填写审查意见。

2.6.2.4 建设单位现场代表资格审查登记表有见证取样和送检见证人备案书（A6-2-4）

1. 资料表式

建设单位现场代表资格审查登记表有见证取样和送检见证人备案书

建设单位（章）： 年 月 日 编号：

<table>
<tr><td colspan="2">建设单位名称</td><td colspan="2"></td><td colspan="2">工程名称</td><td></td></tr>
<tr><td colspan="7">现场代表名单</td></tr>
<tr><td>姓名</td><td>年龄</td><td>专业</td><td>职务（职称）</td><td colspan="2">责任分工</td><td>职称证件编号</td></tr>
<tr><td></td><td></td><td></td><td></td><td colspan="2"></td><td></td></tr>
<tr><td></td><td></td><td></td><td></td><td colspan="2"></td><td></td></tr>
<tr><td></td><td></td><td></td><td></td><td colspan="2"></td><td></td></tr>
<tr><td></td><td></td><td></td><td></td><td colspan="2"></td><td></td></tr>
<tr><td></td><td></td><td></td><td></td><td colspan="2"></td><td></td></tr>
<tr><td colspan="7">有见证取样和送检见证人名单</td></tr>
<tr><td>姓名</td><td>年龄</td><td>专业</td><td colspan="2">工作单位</td><td colspan="2">见证取样证编号</td></tr>
<tr><td></td><td></td><td></td><td colspan="2"></td><td colspan="2"></td></tr>
<tr><td></td><td></td><td></td><td colspan="2"></td><td colspan="2"></td></tr>
<tr><td></td><td></td><td></td><td colspan="2"></td><td colspan="2"></td></tr>
<tr><td></td><td></td><td></td><td colspan="2"></td><td colspan="2"></td></tr>
<tr><td></td><td></td><td></td><td colspan="2"></td><td colspan="2"></td></tr>
<tr><td colspan="4">有见证取样和送检印章</td><td colspan="3">见 证 人 签 字</td></tr>
<tr><td colspan="4"></td><td colspan="3"></td></tr>
<tr><td>备注</td><td colspan="6"></td></tr>
</table>

注：本表一式三份，建管办、建设单位、施工企业各一份。

2. 实施要点

（1）该表是建设单位为工程实施派驻施工现场的代表，需进行资格审查登记和有见证取样和送检见证人备案的表式。应在表上加盖有见证取样和送检印章，并经本人在表上签字。

（2）建设单位派驻现场代表和确认的有见证取样和送检见证人应保证其人员素质，且应专业齐全，真正能够代表建设单位处理工程中出现的相关问题。

（3）建设单位派驻现场的代表，能代表建设单位处理且胜任其相关工作，应由建设单位出具委托书，明确职务和分工，人员数量应能适应现场工作需要；有见证取样和送检见证人应经批准，并保证其人员素质，能秉公办事、认真工作。

2.6.3 建设工程质量整改通知单（A6-3）

建设工程质量整改通知单　　　　　　　　　　　　**表 A6-3**

质监（　）改字第　号

________________________________： 你单位________________________________工程，经查存在下列质量问题：
处理意见： 1. 边施工，边整改。 2. 需对发生问题的部位暂缓施工，进行整改。 3. 对上述问题处理后重新组织竣工验收。 4. 以上问题需在________________________________日内整改完毕，报我站复查。 工程质量监督站（章） 签发人： 通知单接受人签字：　　　　年　月　日

整改通知单实施说明

建设工程质量整改通知单以本表格形式或当地建设行政主管部门授权部门下发的表式汇总整理。

（1）质量监督机构实施监督过程中，对违反国家和省有关建设工程质量规定的行为或工程质量达不到合格要求的，下达建设工程质量整改通知单，责令建设单位进行整改。

（2）建设单位接到整改通知后，必须立即进行整改。

（3）表列子项：

1）处理意见栏有四种情况，属哪种情况在其序号上画"√"；

2）通知单接受人应是主送单位人员。

2.6.4 建设工程质量监督报告（A6-4）

当地建设行政主管部门委托的质量监督部门在完成工程质量监督后，向当地建设行政主管部门提交工程质量监督报告书。

2.7 财务文件（A7）

2.7.1 工程投资估算资料（A7-1）

指由建设单位委托工程设计单位、咨询单位或勘察设计单位编制的工程投资估算资料，以此文件汇总整理入档。

投资估算是指在整个投资决策过程中，依照现有资料和一定的方法对建设项目的投资数额进行的估计，是项目可行性研究报告的重要组成部分，是项目决策的基本依据之一。

投资估算内容应根据建设项目费用研究制定，包括：建设工程费、预备及工具购置费、工程建设其他费、固定资产投资方向调节税、建设期贷款利息、预备费以及经营性项目铺底流动资金。

2.7.2 工程设计概算书（A7-2）

指由建设单位委托工程设计单位编制的设计概算资料，以此文件汇总整理归档。

工程设计概算通常是指初步设计概算。设计概算由于各类建设项目的建设内容、性质不同，其内容也不尽相同。就工业项目而言，一般应包括：设计依据和设计指导思想；建设规模、产品方案、生产原材料、燃料动力用量及其来源、外部协作条件；工艺流程、主要设备选型；主要建筑物、构筑物、公用辅助设施和生活福利设施建设；总图运输布置；占地面积和土地利用情况；综合利用、环境保护、“三废”处理、抗震设防和人防措施、生产组织劳动定员和主要技术经济指标；建设顺序和期限；总概算等以及设计图纸和设计说明书。

初步设计的深度应能满足设计方案的评选优化、主要设备及材料订货、土地征用、投资贷款和资金筹措、施工图设计和施工组织设计的绘制和确定、施工准备和生产准备等要求。因此，初步设计文件要科学、合理、准确地反映拟建工程的建设规模、建设标准、建设条件和功能要求，并保证设计质量。

按建设程序规定，设计单位在初步设计阶段必须编制总概算，技术设计阶段必须编制修正概算。设计单位和设计人员必须树立经济核算的观念，克服重技术轻经济、设计保守浪费、脱离国情的倾向；设计人员和工程经济人员要密切配合，严格按照批准的可行性研究报告规定的建设规模、建设标准和投资估算，做好多方案的技术经济比较，将工程造价控制在批准的投资估算范围以内，并力争有所降低。在设计过程中，通过对工程造价的分析对比，反馈造价信息，积极进行限额设计，既要按照批准的可行性研究报告及投资估算控制初步设计及概算，又要在保证功能要求的前提下，按各专业分配的造价限额进行设计，保证初步设计的概算不突破造价限额。

2.7.2.1 初步设计概算的内容

设计概算是指在初步设计或扩大初步设计阶段，根据设计要求对工程造价进行的概略计算，是设计文件的组成部分。

设计概算分为三级，即单位工程概算、单项工程综合概算、建设项目总概算。

（1）单位工程概算：是确定单项工程中的各单位工程建设费用的文件，是编制单项工程综合概算的依据。单位工程概算分为建筑工程概算和设备及安装工程概算两大类。建筑工程概算分为土建工程概算、给排水工程概算、采暖工程概算、通风工程概算、电气照明工程概算、工业管道工程概算、特殊构筑物工程概算。设备及安装工程概算分为机械设备及安装工程概算，电气设备及安装工程概算，器具、工具及生产家具购置费概算等。

（2）单项工程综合概算：是确定一个单项工程所需建设费用的文件，是根据单项工程内各专业单位工程概算汇总编制而成的。单项工程综合概算的组成内容：

1）建筑工程概算

组成内容：一般土建工程概算；给排水工程概算；采暖工程概算；通风工程概算；电气照明工程概算；工业管道工程概算；特殊构筑物工程概算。

2）设备及安装工程概算

组成内容：机械设备及安装工程概算；电气设备及安装工程概算；器具、工具及生产家具购置费概算。

3）工程建设其他费用（当不编总概算时列此项费用）

（3）建设项目总概算：建设项目总概算是确定整个建设项目从筹建到竣工验收所需全部费用的文件。它是由各个单项工程综合概算以及工程建设其他费用和预备费用概算汇总编制而成的，建设项目总概算的组成内容。

1）工程费用

组成内容：主要工程项目综合概算；辅助和服务性工程项目综合概算；住宅、宿舍、文化福利和公共建筑项目综合概算；室外工程项目综合概算；场外工程项目综合概算。

2）工程建设其他费用

组成内容：土地使用费；建设单位管理费；勘察设计费和研究试验费；联合试运转费和生产准备费；施工机构迁移费；引进技术、进口设备项目的其他费；供电贴费；临时设施费；办公和生活用家具购置费；工程监理费、工程保险费、财务费用；经营项目铺底流动资金。

3）预备费、投资方向调节税、建设期贷款利息等

2.7.3　工程施工图预算书（A7-3）

由建设单位委托承接工程的施工总包单位编制的预算资料，以此文件直接归存。

施工图预算是确定建筑工程预算造价的文件。是以施工图设计为依据，根据预算定额、取费标准以及地区人工、材料、机械台班的预算价格进行编制的。

2.7.3.1　施工图预算的编制

由于各工程项目在设计时所含单位工程不尽相同，因此在编制施工图预算时，要编制哪些单位工程预算书，应视其设计文件内容中所含单位工程加以确定，两者是相辅相成的。一个典型的工程项目的施工图预算分为建筑工程施工图预算和设备及其安装工程施工图预算。

1. 建筑工程施工图预算的编制

（1）一般土建单位工程预算：各种房屋及一般构筑物工程；铁路、公路及其附属构筑物工程；厂区围墙、道路工程。

（2）卫生技术单位工程预算：室内给排水管道工程；采暖通风（包括室外暖气管道）工程；室内外煤气管道工程；卫生工程中的附属构筑物工程；属于卫生工程中的有关设备（如水泵、锅炉等）。

（3）工业管道单位工程预算：蒸汽管道工程；氧气管道工程；压缩空气管道工程；煤气管道工程；生产用给排水管道工程；重油管道工程；润滑系统管道工程；其他工业管道工程等。

（4）特殊构筑物单位工程预算：设备基础工程；工业管道用隧道及地沟工程；设备的金属结构支架工程；炉衬工程；设备的绝缘工程；各种工业炉砌筑工程；烟囱和烟道工程；涵洞、栈桥、高架桥工程；以及其他特殊构筑物工程等。

（5）电气照明单位工程预算：室内照明工程；室内照明及室外线路工程；照明的变配电工程。

2. 安装工程施工图预算的编制

（1）机械设备及其安装工程预算：各种切削、锻压、铸造、起重、输送设备和电梯、风机、泵安装以及压缩机、工业炉、煤气发生设备安装工程等。

（2）热力设备及其工程预算：各种锅炉、汽轮发电机、燃煤供应等设备安装工程。

（3）化学工业设备及其安装工程预算：各种容器、反应器、热交换器、塔类设备安装工程；干燥、过滤等设备安装工程；工业炉安装等。

（4）电气设备及其安装工程预算：各种变压器、配电装置安装；动力、照明控制设备安装；电机、调相机、起重设备电气装置、电梯电气装置等安装工程。

（5）通信设备及其安装工程预算：各种通信电源设备、交换设备、通信设备、传真设备；通信线路工程、共用天线电视系统及有线广播等安装工程。

（6）此外，还有工艺管道工程、通风空调工程、自动化控制装置及仪表工程、工艺金属结构工程、炉窑砌筑工程等预算。

2.7.4 工程决算书（A7-4）

工程决算通常是指工程的竣工决算，以承接工程的施工单位提出的经有资质的造价审查单位核准的工程决算书归档。

2.7.4.1 竣工决算的内容

竣工决算由竣工决算报表、竣工情况说明书和竣工决算附表三部分组成，分大中型建设项目和小型建设项目两种。

大中型建设项目的竣工决算报表，一般包括竣工工程概况表、竣工财务决算表、基本建设交付使用财产总表、基本建设项目建成交付使用后投资效益表、交付使用财产明细表等。

小型建设项目可将竣工工程概况表和竣工财产决算表合并为小型建设项目竣工决算总表，将交付使用财务总表和交付使用财产明细表合并为交付使用财产明细表。

竣工决算附表包括设备材料结余明细表、应收应付款明细表、施工用固定资产明细表。

竣工财务情况说明书主要内容有：工程概预算（投资包干）和建设计划及执行情况，建设拨款（贷款）的使用情况，建设成本和投资效果的分析，主要经验和存在的问题及处理意见等。

交付使用财产明细表用来反映建成交付使用的固定资产和流动资产的详细情况，作为财产交接和考核交付使用财产成本的具体依据，也是使用部门建立财产明细表和登记新增财产价值的依据。

2.7.4.2　竣工决算的编制

1. 施工企业建安工程竣工决算的编制

当一项建筑安装工程的竣工验收和竣工结算完毕之后，施工企业的财务部门的工程成本管理人员，就可以依据各种原始凭证和工程施工资料编制竣工决算。

建筑安装工程竣工决算的编制程序和方法如下：

(1) 备齐决算必需的各种基础资料。包括工程竣工结算书，开工和竣工时间，材料领用（含向建设单位领料或承担构件加工的单位转账）凭证，施工机械使用等原始记录，以及实际发生各种费用的会计凭证等。

(2) 对工程剩余材料盘点，并一一办理退库手续。

(3) 检查各项费用是否已及时、准确、完整地记入建筑安装工程成本，计算该工程自开工至竣工的全部实际成本。

(4) 将实际成本与预算成本比较，计算工程成本降低率和降低额。

(5) 将竣工工程成本资料与竣工决算合并保存，作为工程经济档案备查。

2. 建设单位基本建设项目竣工决算的编制

建设单位的基本建设项目竣工决算的内容，按大、中、小型建设项目分别制订，竣工决算的各项数字，要准确、可靠，并应有必要的文字说明。它主要根据国家建委《关于基本建设项目竣工验收暂行规定》来进行。

基本建设项目竣工决算的编制程序和方法如下：

(1) 在全部工程竣工前后，认真做好各项账务、物资以及债权债务的清理工作，为竣工决算做好准备。

(2) 全面清点核实各种材料、设备。对建设项目的剩余材料和设备（不列入决算实际成本的部分）作出适当处理。

(3) 收集、整理、归拢各种有关文件和资料，包括设计任务书、概预算书、竣工结算书、建设成本其他费用的支付凭证、竣工实物量统计表、主要材料消耗和有关施工记录等。

(4) 根据建设项目的规模等级，相应地填写诸种竣工决算表。主要有：

大、中型建设项目竣工工程概况表；

小型建设项目竣工决算总表；

大、中型建设项目竣工财务决算表；

大、中型建设项目交付使用财产总表；

大、中、小型建设项目交付使用财产明细表；

竣工决算表式，按国家颁发的统一表式执行。

(5) 在按要求完成竣工决算以后，即可拟写编制说明。主要内容有：工程项目概况，建成新增生产能力规模，投资计划及执行情况，建设成本及投资效果分析，验收及试生产情况主要经验教训，存在问题及处理意见等。

2.7.5　交付使用固定资产清单（A7-5）

由建设单位根据工程投资经审查核实的实际形成的固定资产编制的清单形成。

2.8 工程竣工验收文件（A8）

2.8.1 工程竣工验收文件的组成

2.8.1.1 工程概况表（A8-1）

1. 资料表式

工程概况表

<table>
<tr><td rowspan="11">一般情况</td><td>工程名称</td><td></td><td>建设单位</td><td colspan="2"></td></tr>
<tr><td>建设用途</td><td></td><td>设计单位</td><td colspan="2"></td></tr>
<tr><td>建设地点</td><td></td><td>监理单位</td><td colspan="2"></td></tr>
<tr><td>总建筑面积</td><td></td><td>施工单位</td><td colspan="2"></td></tr>
<tr><td>开工日期</td><td>年 月 日</td><td>竣工日期</td><td colspan="2">年 月 日</td></tr>
<tr><td>结构类型</td><td></td><td>基础类型</td><td></td><td rowspan="6"></td></tr>
<tr><td>层数(地上/地下)</td><td></td><td>建筑檐高</td><td></td></tr>
<tr><td>地上面积</td><td></td><td>地下室面积</td><td></td></tr>
<tr><td>人防等级</td><td></td><td>抗震等级</td><td></td></tr>
</table>

<table>
<tr><td rowspan="8">构造
特征</td><td>地基与基础</td><td></td></tr>
<tr><td>柱、内外墙</td><td></td></tr>
<tr><td>梁板楼盖</td><td></td></tr>
<tr><td>外墙装饰</td><td></td></tr>
<tr><td>楼地面装饰</td><td></td></tr>
<tr><td>屋面防水</td><td></td></tr>
<tr><td>内墙装饰</td><td></td></tr>
<tr><td>防火装备</td><td></td></tr>
<tr><td colspan="2">机电系统简要描述</td><td></td></tr>
<tr><td colspan="2">建设单位：(章)</td><td>制表：</td></tr>
</table>

2. 工程概况表填表说明

(1) 概况子目说明：

1) 建设用途：按可行性研究或初步设计文件界定的建设用途填写。

2) 建设地点：按施工图设计总平面图标注的建设位置的地点填写。

3) 总建筑面积：按施工图设计根据建筑面积计算规定计算的单位工程或单项工程的建筑面积。

4) 开工日期：按当地建设行政主管部门批准发给的施工许可证（开工证）的开工日期填写或按经项目监理机构核准的各单位工程的开工日期。按年、月、日填写。

5) 竣工日期：按施工合同约定的各单位工程的竣工日期填写，或按经项目监理机构核准的竣工日期。按年、月、日填写。

6）结构类型：按施工图设计标注的各单位工程的结构类型填写。如砖混、框架、框-剪、框筒等。

7）基础类型：按施工图设计标注的各单位工程的基础类型填写。如条形基础、筏形基础、箱形基础等。

8）层数（地上/地下）：按施工图设计标注的各单位工程的建筑层数填写。分别填写地上/地下的层数。

9）建筑檐高：按施工图设计标注的各单位工程的建筑物的檐高填写。

10）地上面积：按施工图设计根据建筑面积计算规定计算的单位工程或单项工程的地上建筑面积。

11）地下室面积：按施工图设计根据建筑面积计算规定计算的单位工程或单项工程的地下室的建筑面积。

12）人防等级：按施工图设计标注的各单位工程的建筑物的人防等级填写。

13）抗震等级：按施工图设计标注的各单位工程的建筑物的抗震等级填写。

（2）构造特征：指建筑物承受内力的各单位工程的构架形式构成的构造特征。按实际填写。

1）地基与基础：指竣工验收工程的各单位工程的地基和基础形式。地基，如天然地基、复合地基、桩基、箱基等；基础，如条形基础、筏形基础、箱形基础等。

2）柱、内外墙：指竣工验收工程各单位工程的柱、内外墙的构造作法。如框架柱、预制柱等；内外墙如砖墙、混凝土墙、加气混凝土墙等。

3）梁板楼盖：指竣工验收工程各单位工程的梁板楼盖的构造作法。如现浇钢筋混凝土梁板楼盖、预制钢筋混凝土梁板楼盖等。

4）外墙装饰：指竣工验收工程各单位工程内的外墙装饰作法。

5）楼地面装饰：指竣工验收工程各单位工程内的楼地面装饰作法。

6）屋面防水：指竣工验收工程各单位工程的屋面防水作法。

7）内墙装饰：指竣工验收工程各单位工程内的内墙装饰作法。

8）防火装备：指竣工验收工程各单位工程内的防火装备。

（3）机电系统简要描述：指对该工程机电系统进行的描述。

工程概况表指工程竣工验收合格后由建设单位组织编报的被验收工程的一般情况、工程构造特征及机电系统（即建筑设备安装工程系统）的简要描述，以及各参建单位的记录。

2.8.1.2　工程竣工总结（A8-2）

工程竣工总结指工程竣工验收后，由建设单位组织编制的工程竣工总结报告。

2.8.1.3　单位（子单位）工程的质量验收（A8-3）

单位（子单位）工程的质量验收表式与说明详见工程质量验收文件的相关文件。

2.8.1.4　单位（子单位）工程质量控制资料核查记录（A8-4）

单位（子单位）工程质量控制资料核查记录表式与说明详见 C4-2。

单位（子单位）工程质量控制资料核查记录是对施工质量控制资料进行汇总，供竣工验收时核查。

2.8.1.5 单位（子单位）工程安全和功能检验资料核查及主要功能抽查记录（A8-5）

单位（子单位）工程安全和功能检验资料核查及主要功能抽查记录表式与说明详见C4-3。

单位（子单位）工程安全和功能检验资料核查及主要功能抽查记录是对工程安全和功能施工记录及核查和抽查的汇总，是对工程质量的综合检验，并供竣工验收时核查和检查。

2.8.1.6 单位（子单位）工程观感质量检查记录（A8-6）

单位（子单位）工程观感质量检查记录表式与说明详见C4-4。

单位（子单位）工程观感质量检查记录的汇总，供竣工验收时共同确定是否通过验收。由总监理工程师组织验收，施工单位认可。

2.8.1.7 建设工程竣工验收报告（A8-7）

资料表式

封页

建设工程竣工验收报告

×××建设厅制

填 报 说 明

1. 竣工验收报告由建设单位负责填写。

2. 竣工验收报告一式四份，一律用钢笔书写，字迹要清晰工整。建设单位、施工单位、城建档案管理部门、建设行政主管部门或其他有关专业工程主管部门各存一份。

3. 报告内容必须真实、可靠；如发现虚假情况，不予备案。

4. 报告须经建设、设计、施工图审查机构、施工、工程监理单位法定代表人或其委托代理人签字，并加盖单位公章后方为有效。

竣工项目审查　　　　**表1**

<table>
<tr><td>工程名称</td><td></td><td>工程地址</td><td colspan="3"></td></tr>
<tr><td>建设单位</td><td></td><td>结构形式</td><td colspan="3"></td></tr>
<tr><td>勘察单位</td><td></td><td>层　数</td><td></td><td>栋数</td><td></td></tr>
<tr><td>设计单位</td><td></td><td>工程规模</td><td colspan="3"></td></tr>
<tr><td>施工图审查机构</td><td></td><td>开工日期</td><td colspan="3">年　月　日</td></tr>
<tr><td>监理单位</td><td></td><td>竣工日期</td><td colspan="3">年　月　日</td></tr>
<tr><td>施工单位</td><td></td><td>施工许可证号</td><td></td><td>总造价</td><td></td></tr>
<tr><td colspan="3">审查项目及内容</td><td colspan="3">审查情况</td></tr>
<tr><td colspan="3">一、完成设计项目情况
1. 基础、主体、室内外装饰工程
2. 给排水工程、燃气工程、消防工程
3. 建筑电气安装工程
4. 通风与空调工程
5. 电梯、电扶梯安装工程
6. 室外工程</td><td colspan="3"></td></tr>
<tr><td colspan="3">二、完成合同约定情况
1. 总包合同约定
2. 分包合同约定
3. 专业承包合同约定</td><td colspan="3"></td></tr>
<tr><td colspan="3">三、技术档案和施工管理资料
1. 建设前期、施工图设计审查等技术档案
2. 监理技术档案和管理资料
3. 施工技术档案和管理资料</td><td colspan="3"></td></tr>
<tr><td colspan="3">四、试验报告
1. 主要建筑材料
2. 构配件
3. 设备</td><td colspan="3"></td></tr>
<tr><td colspan="3">五、质量合格文件
1. 勘察单位
2. 设计单位
3. 施工图审查单位
4. 施工单位
5. 监理单位</td><td colspan="3"></td></tr>
<tr><td colspan="3">六、工程质量保修书
1. 总、分包单位
2. 专业承包单位</td><td colspan="3"></td></tr>
<tr><td colspan="6">审查结论

建设单位工程负责人：
年　月　日</td></tr>
</table>

竣工项目审查填表说明：

工程地址：按施工图设计总平面图标注的建设位置的地点填写。

结构形式：按施工图设计标注的各单位工程的结构类型填写。如砖混、框架、框剪、框筒…。

层数：按施工图设计标注的各单位工程的建筑层数填写。

栋数：按施工总平面图设计标注的各单位工程的建筑栋数的合计数填写。

工程规模：按设计文件界定的建设工程规模填写。

施工图审查机构：指经省级建设行政主管部门批准的施工图审查机构。填写施工图审查机构全称。

开工日期：按当地建设行政主管部门批准发给的施工许可证（开工证）的开工日期填写或按经项目监理机构核准的单位工程的开工日期。按年、月、日填写。

竣工日期：按施工合同约定的单位工程的竣工日期填写，或按经项目监理机构核准的竣工日期。按年、月、日填写。

施工许可证号：填写当地建设行政主管部门批准发给的施工许可证（开工证）的编号。

总造价：按施工图设计根据预算定额计算规定计算的单位工程或单项工程的总造价。

审查项目及内容：指表列一～六项所列的项目及内容。

审查情况：指表列一～六项所列内容的审查情况。

一、完成设计项目情况

指下列1～6项所列单位工程内的分部工程完成设计项目的情况。

1. 基础、主体、室内外装饰工程：按完成的基础、主体、装饰工程的实际填写。例如，是全部完成还是有遗留项目等。

2. 给排水工程、燃气工程、消防工程：按完成的给排水工程、燃气工程、消防工程的实际填写。例如，是全部完成还是有遗留项目等。

3. 建筑电气安装工程：按完成的建筑电气安装工程实际填写。例如，是全部完成还是有遗留项目等。

4. 通风与空调工程：按完成的通风与空调工程实际填写。例如，是全部完成还是有遗留项目等。

5. 电梯、电扶梯安装工程：按完成的电梯、电扶梯安装工程实际填写。例如，是全部完成还是有遗留项目等。

6. 室外工程：按完成的室外工程实际填写。例如，是全部完成还是有遗留项目等。

二、完成合同约定情况

指下列1～3项所列合同单位的完成合同约定情况。

1. 总包合同约定：指总包合同单位完成总包合同约定情况。

2. 分包合同约定：指分包合同单位完成的分包合同约定情况。

3. 专业承包合同约定：指专业承包合同单位完成专业承包合同约定情况。

应在审查情况栏内填写：已按合同约定期限完成了设计文件规定的内容。

三、技术档案和施工管理资料

指下列1～3项所列内容的技术档案和施工管理资料。

1. 建设前期、施工图设计审查等技术档案：指建设单位提交的建设前期、施工图设计审查等的技术档案。

2. 监理技术档案和管理资料：指监理单位提交的监理技术档案和管理资料。

3. 施工技术档案和管理资料：指承包单位提交的施工技术档案和管理资料。

应在审查情况栏内填写：建设单位、监理单位和承包单位已按标准要求提交了合格的技术档案和管理资料。

四、试验报告

指下列 1～3 项所列内容的试验报告。

1. 主要建筑材料：指承包单位提供的主要建筑材料的试验报告。

2. 构配件：指承包单位提供的构配件试验报告。

3. 设备：指承包单位提供设备的试验报告。

应在审查情况栏内填写：承包单位按标准要求提供了主要建筑材料试验报告份；构配件的试验报告份；设备的试验报告份。

五、质量合格文件

指下列 1～5 项所列 5 个单位的质量合格文件。

分别指勘察单位、设计单位、施工图审查单位、施工单位、监理单位已经提交了质量检查合格文件。

应在审查情况栏内填写：勘察、设计、施工图审查、施工、监理单位均已分别按要求提供了质量合格文件、竣工报告、质量评估报告。

六、工程质量保修书

指下列 1～2 项所列单位的工程质量保修书。

1. 总、分包单位：指总包施工单位和与总包施工单位签订分包合同的分包单位提交了工程质量保修书。

2. 专业承包单位：指专业承包施工单位提交了工程质量保修书。

应在审查情况栏内填写：总包单位、分包单位、专业承包单位均已分别提交了各自的工程质量保修书。

审查结论：指竣工项目审查表中所列审查项目及内容的审查结论意见。

建设单位工程负责人：应填合同书上签字人或签字人以文字形式委托的代表——工程的项目负责人。工程完工后竣工验收备案表中的单位项目负责人应与此一致。

工程质量评定（一）

<table>
<tr><th>分部工程评定</th><th>质量保证资料</th><th>观感质量评定</th></tr>
<tr><td>共　　分部
其中符合要求　　分部
地基与基础分部质量情况
主体分部质量情况
装饰分部质量情况
安装主要分部　　项</td><td>共核查　　项
其中符合要求　　项
经鉴定符合要求　　项</td><td>好
一般
差</td></tr>
<tr><td colspan="3">单位工程评定等级
建设单位负责人：　　　（公章）
年　　月　　日</td></tr>
<tr><td colspan="3">存在问题：</td></tr>
</table>

工程质量评定（一）填表说明：

分部工程评定：指单位工程内的各分部工程的质量评定情况。

共　　分部：指单位工程内的分部工程数量。

其中符合要求分部：指单位工程内的分部工程数量内的符合要求分部的数量。

地基与基础分部质量情况：指单位工程内的地基与基础分部工程验收的质量情况。

主体分部质量情况：指单位工程内的主体分部工程验收的质量情况。

装饰分部质量情况：指单位工程内的装饰分部工程验收的质量情况。

安装主要分部质量情况：指单位工程内的安装主要分部工程验收的质量情况。

质量保证资料：指单位工程内的质量保证资料（即工程质量控制资料核查和工程安全和功能检验资料核查及主要功能抽查记录）的评定情况。

共核查　　　项：指单位工程内的质量保证资料（即工程质量控制资料核查和工程安全和功能检验资料核查及主要功能抽查记录）总计核查的项数。

其中符合要求　　项：指单位工程内的质量保证资料（即工程质量控制资料核查和工程安全和功能检验资料核查及主要功能抽查记录）总计核查项数中符合要求的项数。

经鉴定符合要求　　　项：指单位工程内的质量保证资料（即工程质量控制资料核查和工程安全和功能检验资料核查及主要功能抽查记录）总计核查项数中经鉴定符合要求的项数。

观感质量评定：指单位工程观感质量验收的评定情况。

单位工程评定等级：指被验收单位工程的质量评定等级。应达到合格等级及其以上。

建设单位负责人：应填合同书上签字人或签字人以文字形式委托的代表——工程的项目负责人。工程完工后竣工验收备案表中的单位项目负责人应与此一致。

存在问题：指被验收的单位工程质量存在的问题。

工程质量评定（二）

<table>
<tr><th>各专业工程名称</th><th>评定等级</th><th>质量保证资料</th><th>观感质量评定</th></tr>
<tr><td>道路工程</td><td></td><td rowspan="8">共核查　　项，其中符合要求　　项，经鉴定符合要求　　项</td><td rowspan="8">好
一般
差</td></tr>
<tr><td>桥梁工程</td><td></td></tr>
<tr><td>给水工程</td><td></td></tr>
<tr><td>电力工程</td><td></td></tr>
<tr><td>电信工程</td><td></td></tr>
<tr><td>路灯工程</td><td></td></tr>
<tr><td>燃气工程</td><td></td></tr>
<tr><td>灯光工程</td><td></td></tr>
<tr><td colspan="4">单位工程评定等级

（公章）
建设单位负责人：　　年　　月　　日</td></tr>
<tr><td colspan="4">存在问题：</td></tr>
<tr><td rowspan="6">执行标准</td><td>道路工程</td><td colspan="2"></td></tr>
<tr><td>桥梁工程</td><td colspan="2"></td></tr>
<tr><td>给水、排水工程</td><td colspan="2"></td></tr>
<tr><td>电力、电信工程</td><td colspan="2"></td></tr>
<tr><td>路灯、灯光工程</td><td colspan="2"></td></tr>
<tr><td>燃气工程</td><td colspan="2"></td></tr>
</table>

工程质量评定（二）填表说明：

各专业工程名称：指表列项下的道路、桥梁、给水、排水、电力、电信、路灯、燃气、灯光等的工程名称。

评定等级：指表列项下的道路、桥梁、给水、排水、电力、电信、路灯、燃气、灯光等的工程质量的评定等级。

质量保证资料：指专业工程内的质量保证资料的评定情况。

共核查　　　项：指单位工程内的质量保证资料总计核查的项数。

其中符合要求　　　项：指单位工程内的质量保证资料总计核查项数中符合要求的项数。

经鉴定符合要求　　　项：指单位工程内的质量保证资料总计核查项数中经鉴定符合要求的项数。

观感质量评定：指专业工程观感质量验收的评定情况。

建设单位负责人：应填合同书上签字人或签字人以文字形式委托的代表——工程的项目负责人。工程完工后竣工验收备案表中的单位项目负责人应与此一致。

存在问题：指被验收的单位工程质量存在的问题。

执行标准：指被验收的道路、桥梁、给水、排水、电力、电信、路灯、灯光、燃气工程施工质量验收的执行标准。

竣工验收情况

一、验收机构

1. 领导层

主　任	
副主任	
成　员	

2. 各专业组

验收专业组	组　长	组　员
建　筑　工　程		
给排水、燃气工程		
建筑电气安装工程		
通风与空调工程		
室　外　工　程		

注：建设、监理、设计、施工及施工图审查机构等单位的专业人员均必须参加相应的验收专业组。

二、验收组织程序

1. 建设单位主持验收会议；
2. 施工单位介绍施工情况；
3. 监理单位介绍监理情况；
4. 各验收专业组核查质保资料，并到现场检查；
5. 各验收专业组总结发言，建设单位做好记录。

竣工验收结论：				
建设单位法人： 项目负责人： （章） 年　月　日	设计单位法人： 设计负责人： （章） 年　月　日	施工图审查 单位法人： 审查负责人： （章） 年　月　日	监理单位： 法　　人： 总监理 工程师： （章） 年　月　日	施工单位法人： 技术负责人： （章） 年　月　日

竣工验收情况填表说明：

一、验收机构

1. 领导层：指竣工验收领导层成员主任、副主任、成员的人员姓名。应分别填写。

2. 各专业组：指竣工验收各专业组（验收专业组、建筑工程、给排水工程、燃气工程、建筑电气安装工程、通风与空调工程、室外工程）的组长和组员姓名。应分别填写。

二、验收组织程序

应按下列验收组织程序进行：

1. 建设单位主持验收会议

2. 施工单位介绍施工情况

3. 监理单位介绍监理情况

4. 各验收专业组核查质保资料，并到现场检查

5. 各验收专业组总结发言，建设单位做好记录

竣工验收结论：指验收机构按验收专业组的实际验收结果填写。结论应填写被验收工程是否合格。

建设单位法人：指建设单位与施工（或设计、监理）单位签订的施工合同中建设单位的法人姓名。

项目负责人：指建设单位与施工（或设计、监理）单位签订的施工合同中建设单位的项目负责人姓名。

设计单位法人：指建设单位与设计（或施工、监理）单位签订的设计合同中设计单位的法人姓名。

设计负责人：指建设单位与设计（或施工、监理）单位签订的设计合同中设计单位的设计负责人姓名。

施工图审查单位法人：指施工图审查单位的法人姓名。

审查负责人：指施工图审查单位的审查负责人姓名。

监理单位法人：指建设单位与监理（或设计、施工）单位签订的监理委托合同中监理单位的法人姓名。

总监理工程师：填写由监理单位法定代表人授权，全面负责委托监理合同的履行、主持项目监理机构工作的监理工程师的姓名。

施工单位法人：指施工单位与建设单位签订的施工合同中施工单位的法人姓名。

技术负责人：指施工单位与建设单位签订的施工合同中施工单位的技术负责人姓名。

2.8.1.8 工程竣工专项验收文件

1. 工程竣工验收与备案的实施

(1) 县级以上建设行政主管部门负责本行政区域内建设工程竣工验收的监督及备案工作。建设工程竣工验收工作由建设单位负责组织实施。

(2) 建设行政主管部门可以委托工程质量监督机构对工程竣工验收实施监督。

2. 工程竣工验收应具备的条件

(1) 工程符合下列要求方可进行竣工验收：

1) 完成工程设计和合同约定的各项内容。

2）承包单位在工程完工后对工程质量进行了检查，确认工程质量符合有关法律、法规和工程建设强制性标准，符合设计文件及合同要求，并提出工程竣工报告。工程竣工报告应经项目经理和承包单位有关负责人审核签字。

3）对于委托监理的项目，监理单位对工程进行了质量评估，具有完整的监理资料，并提出工程质量评估报告（监理的工程质量评估报告详见附件1）。工程质量评估报告应经总监理工程师和监理单位有关负责人审核签字。

4）勘察、设计单位对勘察、设计文件及施工过程中由设计单位签署的设计变更通知书进行了检查，并提出质量检查报告。质量检查报告应经该项目勘察、设计负责人和勘察、设计单位有关负责人审核签字。

5）有完整的技术档案和施工管理资料。

6）有工程使用的主要建筑材料、建筑构配件和设备的进场试验报告。

7）建设单位已按合同约定支付工程款。

8）有施工单位签署的工程质量保修书。

9）城乡规划行政主管部门对工程是否符合规划设计要求进行检查，并出具认可文件。

10）由公安消防、环保等部门出具的认可文件或者准许使用文件。

11）建设行政主管部门及其委托的工程质量监督机构等有关部门责令整改的问题全部整改完毕。

3. 建设工程竣工验收

应当按如下程序进行：

(1) 施工单位完成设计图纸和合同约定的全部内容后，应先自行组织验收，并按国家有关技术标准自评质量等级，编制竣工报告，由施工单位法定代表人和技术负责人签字，并加盖单位公章，提交给监理单位，未委托监理的工程直接提交建设单位。

竣工报告应当包括工程情况、技术档案和施工管理资料情况、建筑设备安装调试情况、工程质量评定情况等内容。

(2) 监理单位核查竣工报告，对工程质量等级作出评价。竣工报告经总监理工程师、监理单位法定代表人签字，并加盖监理单位公章后，由施工单位向建设单位申请竣工验收。

(3) 建设单位提请规划、公安消防、环保、城建档案等有关部门进行专项验收（专项验收程序按各有关部门的规定执行），按专项验收部门提出的意见整改完毕，取得合格证明文件或准许使用文件。

(4) 建设单位审查竣工报告，并组织设计、施工、监理和施工图审查机构等单位进行竣工验收。

(5) 建设单位编制建设工程竣工验收报告。

建设工程竣工验收报告应当包括下列内容：工程概况、施工许可证号、施工图设计文件审查批准书号、工程质量情况以及建设、设计、施工图审查机构、施工、监理等单位签署的质量合格意见。

4. 工程竣工验收的监督

(1) 建设单位组织工程竣工验收前，应提前3个工作日通知工程质量监督机构，并提交有关工程质量文件和质量保证资料。工程质量监督机构应派员对验收工作进行监督。

(2) 工程质量监督机构对验收工作中的组织形式、程序、验评标准的执行情况及评定结果进行监督，发现有违反国家有关建设工程质量管理规定的行为或工程质量不合格的，应责令建设单位进行整改，并签发责令整改通知书。建设单位应当立即进行整改，重新组织竣工验收。竣工验收日期以最终通过验收的日期为准。

参加验收各方对工程质量验收结论意见不一致时，建设（监理）单位向负责该建设工程质量监督的机构申请仲裁。

（3）建设单位如在竣工验收通过后5个工作日内未收到质量监督机构签发的责令整改书，即可进入验收备案程序。

（4）质量监督机构应在工程竣工验收通过后5个工作日内，向主管部门提交建设质量及竣工验收监督报告。

工程验收时，应提交的附件资料应齐全。主要包括：监理单位工程质量评估报告；地质勘察、设计、施工图审查单位的工程验收质量检查报告；建设工程专项验收报告。见附件1、附件2、附件3。

附件1：监理单位工程质量评估报告

小区住宅楼工程质量评估报告

一、工程概况

该工程建筑面积4558m^2，投资388.8万元。砖混结构，地下1层，地上6层，筏形基础。地下室层高2.5m，1～6层住宅层高2.9m。梁板混凝土强度等级均为C25。梁、板主筋为HRB335级钢筋。砌体外墙370mm，内墙240mm，砂浆强度等级均为M5.0。

屋面工程为60mm厚聚苯板保湿，1∶6水泥炉渣找坡，1∶3水泥砂浆找平，防水层为SBS改性沥青防水卷材。

装饰工程外墙为水泥砂浆抹面，适度分格，刮水泥腻子，刷米黄色涂料。地面为水泥砂浆找平搓毛，内门为木质三合板门，窗为塑钢窗，分户门为喷塑防盗铁门。

二、工程实体质量评价

1. 主要建筑材料

该工程基础与主体的钢筋，全部使用的邯郸钢铁公司的钢材；基础与主体的水泥全部为太行山牌矿渣硅酸盐水泥，结构混凝土用砂为沙河细砂；钢材、水泥按种类、批量进场时均有合格证，且进行了现场见证取样，复试结果合格；水暖、电气材料（各种管材、电线开关、插座等）均有合格证、准用证、检测报告等质量合格证明。

2. 地基验槽

地基钎探完成后，由建设、勘察、设计、施工、监理有关单位的工程技术负责人进行了地基验槽，结论为：

（1）基槽岩土与《岩土工程勘察报告》相符，持力层下300mm土质较软弱，但土质均匀。

（2）钎探布点合理，钎探深度为2.1m，符合要求，钎探使用的工具为N_{10}轻便触探器符合要求。

（3）地基钎探记录的锤击数与现场抽测得到的锤击数基本相符，钎探记录真实。

（4）经研究确定换填2∶8砂石垫层厚450mm。

3. 基础工程

基础为钢筋混凝土筏形基础，基础梁为 500mm×700mm，混凝土强度等级 C25，施工过程中重点控制混凝土搅拌、筏形基础一次浇筑完成。混凝土严格按配合比计量，浇筑过程中经常进行砂、石料的外观（粒径、含泥量、级配情况）检查，每日检查混凝土坍落度 4 次，上午、下午各 2 次。混凝土强度达到 120.6%。混凝土未发现蜂窝、麻面、露筋等质量缺陷。

钢筋的种类、直径、间距、排距、根数总量、绑扎等均符合设计及施工规范要求。

4. 主体结构部分

该工程为砖混结构，建设、监理、设计、施工各方参加验收结果主体结构质量良好。结构实体检验同条件养护混凝土强度等级，根据混凝土试块的测试结果，平均混凝土强度：标养试块 121%；同条件养护混凝土试块为 116.2%。

(1) 钢筋工程：施工中对钢筋焊接，严格检查各焊接接头外观质量，对外观质量有怀疑的进行抽样，做物理性能检验。对梁、板部位的钢筋作为重点严格把关，对不符合设计施工图和抗震节点构造要求的部位进行整改，符合要求后方可进行下道工序施工。

为防止钢筋过大的位置偏差，在绑扎钢筋时按钢筋间距，弹好墨线后进行钢筋绑扎，采取了有效手段严格控制了梁、柱钢筋的水平、竖直位置。钢筋绑扎符合施工规范的要求。

(2) 混凝土工程：对原材料质量控制严格把关，水泥为峰峰太行山牌硅酸盐水泥（回转窑生产），施工时对模板工程作为一道关键工序控制，保证模板位置准确、不漏浆。混凝土浇筑中，施工人员严格按操作规程作业。根据结构特点，易发生质量问题的部位进行了严格管理，保证了梁、板的几何尺寸，混凝土没有超出施工规范规定的麻面等质量缺陷。总的来说，混凝土质量较好。

(3) 砌体工程：外墙和内承重墙为多孔砖砌体，砌筑前强调多孔砖必须洇水，防止砂浆失水过快，影响砂浆强度。砂浆强度测试结果符合设计要求。为保证砌体的观感质量要求，按皮数杆双面挂线进行砌筑，灰缝厚度控制在 8～12mm 且保持均匀。砌体质量检查垂直、平整均符合要求。

三、工程技术资料核查情况

工程质量控制资料：建筑与结构应 115 份，实际 115 份；给排水与采暖应 72 份，实际 72 份；建筑电气应 55 份，实际 55 份。工程安全和功能检验资料及主要功能抽查记录：建筑与结构应 5 份，实际 5 份；给排水与采暖应 5 份，实际 5 份；建筑电气应 4 份，实际 4 份。

四、观感和使用功能质量评价

1. 观感质量总体较好

(1) 外墙面为水泥砂浆抹面，水平、竖直分格能做到横平竖直，色泽比较均匀，观感较好。

(2) 内装为初装修，墙面顶棚平整，线角基本顺直方正，观感质量尚可。

(3) 地面为初装，用 30mm 厚水泥砂浆找平搓毛。地面平整度、强度符合要求。

(4) 上水、下水、暖气安装及管道转弯半径符合要求，细部质量一般。

2. 使用功能

(1) 门窗几何尺寸和外观检查符合要求，门窗开启灵活，不走扇。

(2) 厨卫间地面砖，坡度坡向地漏；泼水试验，地面不积水。

(3) 卫生洁具排水通畅，接口部位不渗水。

(4) 室内设备管道、电气开关位置安装合理，使用方便，符合设计要求。

五、室内环境质量评价

工程中使用的建筑材料经检测对室内环境没有污染。

六、工程质量问题的处理情况

在基础工程施工前设计变更在⑥、⑬轴各增加 500mm×700mm 梁一道，混凝土工程质量施工结果较好。

七、质量综合评价意见

该工程在施工的各环节中，认真执行法律、法规和强制性标准的规定。地基与基础、主体结构、建筑屋面等分部（子分部）工程均满足设计要求。工程质量控制资料、工程安全和功能检验资料及主要功能抽查资料基本齐全，施工技术文件真实、完整。室内环境测试符合标准要求。

结论：该工程质量等级达到合格标准。

总监理工程师：袁××（总监本人签字）

监理公司法人代表：田××（公司法人本人签字）

监理公司：××市××工程建设监理公司（加盖单位公章）

2008 年 11 月 15 日

附件 2：工程地质勘察、设计、施工图审查单位工程验收质量检查报告

附 2-1 工程地质勘察单位工程验收质量检查报告

1. 资料表式

工程地质勘察单位工程验收质量检查报告

<table>
<tr><td>工程名称</td><td></td><td>工程地址</td><td></td></tr>
<tr><td>建设单位</td><td colspan="3"></td></tr>
<tr><td>勘察单位</td><td></td><td>地基承载力
标 准 值</td><td></td></tr>
<tr><td colspan="4">

项目负责人(签字)： 法定代表人(签字)：
技术负责人(签字)： 地质勘察单位(章)：
日期：</td></tr>
</table>

2. 资料要求

(1) 本表由工程地质勘察单位填写，应加盖公章，填写验收意见。质量检查报告的结论必须真实。

(2) 工程地质勘察单位必须加盖公章，不盖章无效。

3. 实施要点

工程地质勘察单位工程质量检查报告是工程地质勘察单位收到建设单位的工程竣工验收通知后，依据工程地质勘察的法律、法规、工程建设强制性标准，对工程项目进行质量验收的书面意见书。

（1）地质勘察单位工程验收质量检查报告是工程地质勘察单位通过对已建成工程实际的验收，依据勘察技术文件提供的有关土工数据、土层描述及图示、地质剖面层示、内外业对工程地质的评价等，通过对比分析提出的工程验收质量检查报告。

（2）地质勘察单位工程验收质量检查报告应说明验收的工程地质的地层状况、持力层地质条件的选择是否正确、下卧层深度分析、工程地质是否存在质量隐患、地基承载力等状况如何。与原工程地质勘察报告结论是否一致。

（3）地质勘察单位工程验收质量检查报告应有明确的结论，工程质量是否存在问题、合格还是不合格、施工结果符合还是不符合工程地质勘察技术文件的要求、同意还是不同意验收。

（4）对地基验槽采取的手段及方法，验槽量测的有关数据进行评价。

（5）当地基土需要处理时，处理结果的检测数据是否满足设计要求。

（6）从工程地质勘察角度分析，工程的地基土或地基处理是否存在问题。

（7）表列子项：

1）工程地址：指委托工程地质勘察的工程所在地，按路、街名称及其方位填写。

2）地基承载力标准值：指工程地质勘察报告给定的地基承载力标准值。

3）项目负责人（签字）：应是勘察合同书中签字人或签字人以文字形式委托的该项目的负责人，工程完工后竣工验收备案表中的单位项目负责人也应与此一致，签字有效。

4）法定代表人（签字）：应是勘察合同书中法人签字人或法人签字人以文字形式委托的该项目的负责人，工程完工后竣工验收备案表中的法定代表人也应与此一致，签字有效。

5）技术负责人（签字）：是指勘察单位的技术负责人，签字有效。

6）地质勘察单位（章）：加盖合同文件中的地质勘察单位名称章。

附 2-2　设计单位工程验收质量检查报告

1. 资料表式

设计单位工程验收质量检查报告

工程名称		工程地址	
建设单位			
设计单位		设计合理使用年限	
项目负责人(签字)： 技术负责人(签字)：		法定代表人(签字)： 设计单位(章)： 日期：	

2. 资料要求

（1）本表由设计单位填写，应加盖公章，填写验收意见。质量检查报告的结论必须真实。

（2）设计单位必须加盖公章，不盖章无效。

3. 实施要点

设计单位工程验收质量检查报告是设计单位收到建设单位的工程竣工验收通知后，依据有关设计方面的法律、法规、工程建设强制性标准，对设计文件的实施结果进行质量验收的书面意见书。

（1）设计单位工程验收质量检查报告是设计单位依据经过施工图审查单位审查要求修改后的施工图设计。依据设计技术文件提供的包括：建筑、结构、防火、抗震设防、水暖、通风与空调、建筑电气、电梯等设计技术文件与验收工程相应部分的有关技术要求及实施结果，根据对已建成工程实际的验收，通过对比分析提出的工程质量验收检查报告。

（2）设计单位工程验收质量检查报告应说明验收的工程内容是否齐全、是否严格按设计文件施工、工程质量是否合格、质量控制资料核查、安全和主要使用功能核查及抽查结果、观感质量验收等是否满足设计要求。

（3）设计单位工程验收质量检查报告应有明确的结论，工程质量是否存在问题、合格还是不合格、施工结果符合还是不符合设计技术文件的要求、同意还是不同意验收。

（4）对设计文件进行的图纸会审记录的有关内容、设计变更等是否通过施工图审查单位的批准。

（5）有无因施工图设计原因造成的工程质量问题。

（6）表列子项：

1）工程地址：指委托工程地质勘察的工程所在地，按路、街名称及其方位填写。

2）设计合理使用年限：指施工图设计文件按标准规定的设计使用年限填写。

3）项目负责人（签字）：应是设计合同书中签字人或签字人以文字形式委托的该项目的负责人，工程完工后竣工验收备案表中的单位项目负责人也应与此一致，签字有效。

4）法定代表人（签字）：应是设计合同书中法人签字人或法人签字人以文字形式委托的该项目的负责人，工程完工后竣工验收备案表中的法定代表人也应与此一致，签字有效。

5）技术负责人（签字）：是指设计单位的技术负责人，签字有效。

附 2-3　施工图审查机构工程验收质量检查报告

1. 资料表式

施工图审查机构工程验收质量检查报告

<table>
<tr><td>工程名称</td><td></td><td>工程地址</td><td></td></tr>
<tr><td>建设单位</td><td colspan="3"></td></tr>
<tr><td>勘察单位</td><td colspan="3"></td></tr>
<tr><td>设计单位</td><td colspan="3"></td></tr>
<tr><td>地基承载力
标　准　值</td><td></td><td>设计合理
使用年限</td><td></td></tr>
<tr><td colspan="4">

项目负责人(签字)：　　　　法定代表人(签字)：

技术负责人(签字)：　　　　审查机构(章)：
日期：</td></tr>
</table>

2. 资料要求

(1) 本表由施工图审查机构填写，应加盖公章，填写验收意见。质量检查报告的结论必须真实。

(2) 施工图审查机构必须加盖公章，不盖章无效。

3. 实施要点

施工图审查机构工程验收质量检查报告是施工图审查机构收到建设单位的工程竣工验收通知后，依据有关设计方面的法律、法规、工程建设强制性标准，对施工图设计审查的实施结果进行质量验收的书面意见书。

(1) 施工图审查机构工程验收质量检查报告是施工图审查机构对已审查的施工图设计的实施结果进行核查，对已建成的工程在实施中是否依据审查后的施工图设计进行施工，有无违背。该验收工程是否有违强制性标准、施工图设计、工程地质勘察报告的有关技术要求。

(2) 施工图审查机构工程验收质量检查报告应有明确的结论，工程质量是否存在问题、合格还是不合格、施工结果符合还是不符合经施工图审查机构批准的设计技术文件的要求、同意还是不同意验收。

(3) 按审查后施工图设计的实施结果，是否符合有关设计规范和工程建设强制性标准要求。

(4) 应检查是否有因施工图审查原因造成的工程质量问题。

(5) 表列子项：

1）工程地址：指委托工程地质勘察的工程所在地，按路、街名称及其方位填写。
2）地基承载力标准值：指工程地质勘察报告给定的地基承载力标准值。
3）设计合理使用年限：指施工图设计文件按标准规定的设计使用年限填写。
4）项目负责人（签字）：是指施工图审查单位的项目负责人，签字有效。
5）法定代表人（签字）：应是施工图审查单位的法定代表人，签字有效。
6）技术负责人（签字）：是指施工图审查单位的技术负责人，签字有效。
7）审查机构（章）：加盖施工图审查单位名称章。

附件3：建设工程专项验收报告

附3-1 建设工程规划验收合格证

1. 资料表式

建设工程规划验收合格证 **（封页）**

中华人民共和国

建设工程规划验收合格证

编号：

根据《中华人民共和国城市规划法》第三十二条规定，经审定，该建设工程符合城市规划要求。

特发此证

发证机关

日期： 年 月 日

（内页）

建设单位	
建设项目名称	
建设位置	
建设规模	
附图及附件名称	

遵守事项：

1. 本证是城市规划区内，经城市规划行政主管部门审定，许可建设各类工程的法律凭证。
2. 凡未取得本证或不按本证规定建设，均属违法建设。
3. 本证附图与附件由发证机关依法确定，与本证具有同等法律效力。
4. 本证不得涂改。

2. 资料要求

（1）本证由城市规划行政主管部门签发，应加盖公章，填写验收意见。

（2）城市规划行政主管部门必须加盖公章，不盖章无效。

3. 实施要点

规划管理部门收到建设单位的工程竣工验收申请后，依据《中华人民共和国城市规划法》及规划设计审批文件和有关政策规定，对工程进行规划验收并确认符合规划要求后签发的建设工程规划验收合格证。

（1）建设工程规划验收合格证签发必须符合《中华人民共和国城市规划法》第三十二条规定。

（2）对规划验收结果存在问题及其处理意见应详尽、具体，存在问题未按处理意见完成之前，不得签发建设工程规划验收合格证。

（3）表列子项：

1）建设项目名称：按建设单位与施工单位合同书中的工程名称或施工图设计图注的工程名称，按全称填写。

2）建设位置：按施工图设计总平面图标注的建设位置的地点填写。

3）建设规模：按可行性研究或初步设计或施工图设计标注的建设规模填写。

4）附图及附件名称：指申报规划验收时必须的附图及附件名称，照实际填写。

附 3-2 建设工程公安消防验收意见书

1. 资料表式

建设工程公安消防验收意见书

工程名称		工程地址	
建设单位			
设计单位			
施工单位			
验收人(签字)： 技术负责人(签字)：		单　位(签字)： 法定代表人(章)：	日期：

2. 资料要求

（1）消防验收意见书应加盖公章，填写验收意见。消防验收必须符合国家消防技术标准。

（2）消防验收意见书必须加盖公章，不盖章无效。

3. 实施要点

建设工程公安消防审批机构收到建设单位的工程竣工验收申请后，依据国家消防技术标准及消防工程审查意见，对工程进行消防验收签发的书面意见书。

（1）建设工程公安消防验收意见书是公安消防审批机构对已审查批准的施工图设计的实施结果进行核查，对已建成的工程在实施中是否依据审查后的施工图设计中有关规定进行施工，有无违背。该验收工程是否有违消防强制性标准的有关技术要求。

（2）验收结论意见必须明确说明是否符合消防设计要求，能否满足消防使用功能。

（3）对消防验收不合格的，验收机构必须明确指出存在的问题和所依据的技术规范，并应提出复验要求。

（4）建设工程公安消防验收意见书应有明确的结论，工程质量是否存在问题、合格还是不合格、施工结果符合还是不符合消防的有关要求、同意还是不同意验收。

（5）表列子项：

1）工程地址：指委托工程地质勘察的工程所在地，按路、街名称及其方位填写。

2）验收人（签字）：是指公安消防审批单位参加消防验收人员姓名，签字有效。

3）单位（章）：加盖公安消防审批单位章。

4）技术负责人（签字）：是指公安消防审批单位的技术负责人，签字有效。

5）法定代表人（签字）：是指公安消防审批单位的法定代表人，签字有效。

附 3-3　环保验收合格证

1. 资料表式

（封页）

市环境保护局

小型（非生产性）建设项目验收意见书

编号：　　　　　　　　（内封）

项目名称				联系人	×××
建设单位				电　话	
建设地点				项目性质	新□改□扩□
项目总投资（万元）		建设面积（m^2）		占地面积（m^2）	
环评分类	报告书□ 报告表□ 登记表□			审批时间	
施工单位				申请验收时间	
工程情况概述：					
存在问题及整改措施：					
验收意见： 市环境保护局(章) 年　月　日 经办人(签字)：　　负责人(签字)：					
备注					

本表只适用于小型填报环境影响登记表的非生产性建设项目，填报环境影响报告表和环境影响报告书的应另附环保设施监测报告和建设项目环境保护设施竣工验收申请报告。本表一式三份。

2. 资料要求

(1) 环保验收合格证应加盖公章，填写验收意见。环保验收必须符合国家环保的有关技术标准。

(2) 环保验收合格证必须加盖公章，不盖章无效。

3. 实施要点

环保验收合格证是环保监督管理部门收到建设单位验收通知后，依据《中华人民共和国环境保护法》的要求，对建设工程项目环境质量评价的书面意见。

（1）环保验收合格证是环保监督管理部门对已审查批准的施工图设计的实施结果进行核查，对已建成的工程在实施中是否依据审查后的施工图设计中有关规定进行施工，有无违背。该验收工程是否有违环保强制性标准的有关技术要求。

（2）环保验收的主要内容

1）应填写内页表内的一般工程概况，如建设地点、项目性质、项目总投资、建筑面积、环保分类、施工单位、申请验收时间等。

2）工程情况概述应说明环保工程的地点、规模、用途、环保名称、环保目标值等。

3）存在问题及整改措施应说明验收后的环保工程存在的问题和整改建议及措施。

4）验收意见应写明：

① 工程项目对大气环境、水环境的影响情况；

② 工程项目对水土流失、生态环境的影响情况；

③ 工程项目所产生的噪声对声环境的影响程度；

④ 工程项目使用后产生的固体垃圾对周围环境的影响程度。

（3）验收结论意见必须明确说明是否符合环保要求，能否满足环保使用功能。

（4）对消防验收不合格的，验收机构必须明确指出存在的问题和所依据的技术规范，并应提出复验要求。

（5）建设工程公安消防验收意见书应有明确的结论，工程质量是否存在问题、合格还是不合格、施工结果符合还是不符合消防的有关要求、同意还是不同意验收。

（6）表列子项：

1）项目名称：指验收的环保项目的名称。

2）建设地点：指委托工程地质勘察的工程所在地，按路、街名称及其方位填写。

3）项目性质：指验收的环保项目的使用类别，照实际填写。

4）项目总投资（万元）：指验收的环保项目的项目总投资。

5）建设面积（m^2）：指验收的环保项目的项目建设面积。

6）占地面积（m^2）：指验收的环保项目的项目占地面积。

7）环评分类（报告书□ 报告表□ 登记表□）：指验收的环保项目评议的类别，可在报告书、报告表、登记表处画√。

8）审批时间：指验收的环保项目的审批时间。

9）申请验收时间：指验收的环保项目的申请验收时间。

10）工程情况概述：是指环保工程的地点、规模、用途、环保名称、环保目标值等。

11）存在问题及整改措施：是指验收后的环保工程存在的问题和整改建议及措施。

12）验收意见：是指验收的环保项目的验收意见，应明确说明是否符合环保要求，能否满足环保使用功能。

13）市环境保护局（章）：指环保验收单位加盖的公章。

14）经办人（签字）：指验收环保项目时的具体经办人。填写经办人姓名，本人签字有效。

15）负责人（签字）：指验收环保项目时的负责人。填写负责人姓名，本人签字有效。

附 3-4 人防工程验收报告

1. 资料表式

人防工程验收报告

工程名称		建设单位	
建设地点		施工单位	
建筑面积		设计单位	
工程类别		开工时间	
防护标准		竣工时间	
结构形式		验收时间	
战时用途		地面建筑面积	
平时用途		未建设原因	
出入口		验收情况	
工程总造价		存在问题	
人防工程验收情况			
存在的主要问题			
整改要求			
验收组意见		人防办公室意见	

2. 资料要求

(1) 本表由人民防空主管部门填写，加盖公章，填写验收意见。

(2) 人民防空主管部门必须加盖公章，不盖章无效。

3. 实施要点

人防工程的竣工验收报告是人民防空主管部门收到建设单位的工程竣工验收申请通知后，按照国家人民防空工程建设的法律、法规、工程建设强制性标准、设计文件进行验收的书面意见书。

(1) 人防工程验收报告的主要内容：

1) 应填写人防工程验收报告表内的工程名称、建设单位、建设地点、施工单位、建筑面积、设计单位、工程类别、开工时间、防护标准、竣工时间、结构形式、验收时间、战时用途、地面建筑面积、平时用途、未建设原因、出入口数量、验收情况、工程总造价、存在问题等。

2) 人防工程验收情况应说明：工程中人防部分的防护标准、结构形式是否符合设计及有关规定的要求；工程中人防部分的防火，战时、平时用途，防水、通风、给排水、电气、空调、采暖等是否符合设计及有关规定的要求。

3）存在主要问题：应指出不符合人防要求的部分，违反了国家及有关部门规定的哪些具体条款。

4）整改要求：应指出人防工程验收后需要整改的问题，说明问题性质，提出整改要求。

5）验收意见：应有明确的结论，工程质量是否存在问题、合格还是不合格、施工结果符合还是不符合人防设计技术文件的要求、同意还是不同意验收。

6）人防办公室意见：对发出的人防工程验收报告及验收意见是同意还是不同意，为什么。

（2）表列子项：

1）建设地点：指委托工程的工程所在地，按路、街名称及其方位填写。

2）建筑面积：指人防工程实际施工的建筑面积。

3）工程类别：指人防工程的建设用途。

4）开工时间：指建设单位与承包单位签订的施工合同中确定的开工时间。

5）防护标准：按人防工程设计标定的防护标准填写。

6）竣工时间：指建设单位与承包单位签订的施工合同中确定的竣工时间或经专业监理工程师批准工程延期后的实际竣工时间。

7）结构形式：指人防工程设计的结构形式。

8）验收时间：按实际人防工程的验收时间填写（年、月、日）。

9）战时用途：指人防工程设计标注的战时用途。

10）地面建筑面积：指人防工程设计或经修改后的人防工程施工图的占地面积。

11）平时用途：指人防工程设计标注的平时用途。

12）未建设原因：（略）

13）出入口：指人防工程设计的出入口数量或经修改后的人防工程建成的实际出入口。照实际填写。

14）工程总造价：指人防工程建成后的工程总造价。

15）存在问题：应指出不符合人防要求的部分，违反了国家及有关部门规定的哪些具体条款。

16）人防工程验收情况：应说明工程中人防部分的防护标准，结构形式是否符合设计及有关规定的要求；工程中人防部分的防火，战时、平时用途，防水、通风、给排水、电气、空调、采暖等是否符合设计及有关规定的要求。

17）整改要求：应指出人防工程验收后需要整改的问题，应说明问题性质，提出整改要求。

18）验收组意见：应有明确的结论，工程质量是否存在问题、合格还是不合格、施工结果符合还是不符合人防设计技术文件的要求、同意还是不同意验收。

19）人防办公室意见：对发出的人防工程验收报告及验收意见是同意还是不同意，简明扼要地说明为什么。

附 3-5　建筑节能专项验收报告

1. 资料表式

建筑节能专项验收报告

工程名称		工程地址	
建设单位		施工单位	
验收人(签字)：　　　　单　位(签字)： 日期：			

2. 资料要求

(1) 建筑节能专项验收报告应加盖公章，填写验收意见。建筑节能验收必须符合国家有关法律、法规、强制性标准和建筑节能技术要求。

(2) 建筑节能专项验收报告必须加盖公章，不盖章无效。

3. 实施要点

建筑节能专项验收机构收到建设单位的工程竣工验收申请后，依据国家建设工程的法律、法规、强制性标准和建筑节能技术要求，对工程进行建筑节能验收的书面意见书。

(1) 建筑节能专项验收报告是建筑节能审批单位对已审查批准的有关建筑节能部分的施工图设计的实施结果进行核查，对已建成的工程在实施中是否依据审查后的施工图设计进行施工，有无违背。该验收工程是否有违建筑节能的强制性标准的有关技术要求。

(2) 建筑节能专项验收报告应有明确的结论，建筑节能工程质量是否存在问题、合格还是不合格、施工结果符合还是不符合经建筑节能审查机构批准的设计技术文件的要求、同意还是不同意验收。

（3）建筑节能的核查说明：

1）县级以上地方人民政府建设行政主管部门负责本行政区域内民用建筑节能的管理与监督；建设行政主管部门根据实际工作需要，可以委托建筑节能机构负责建筑节能的日常工作。

2）建设行政主管部门或者其委托的设计审查单位，在进行施工图设计审查时，应当审查节能设计的内容，并签署意见。

3）建筑节能设计是建筑工程施工图设计文件的一个不可分割的组成部分，建筑节能设计审查是建筑工程施工图设计文件审查的重要组成内容之一，建筑工程施工图设计文件审查已经包含了建筑节能设计审查。

4）民用建筑节能审查与工程施工图设计文件审查一并进行。由建设行政主管部门委托具备有施工图设计文件审查资格的单位进行审查，审查结果须由审查负责人签字并加盖建筑节能设计审查专用章，未加盖建筑节能设计审查专用章的，不得出具建筑工程施工图设计文件审查报告。

（4）施工单位应按照节能设计进行施工，保证工程施工质量。对未加盖节能审查专用章的施工设计图，施工单位应向建设单位提出，并向当地建设行政主管部门报告。

（5）建设工程质量监督机构应将建筑节能纳入工程质量监督的必要内容，对工程项目执行节能设计标准的情况，应在质量监督文件中予以注明。

（6）实行节能产品认证和淘汰制度。

（7）表列子项

1）工程地址：指委托工程的工程所在地，按路、街名称及其方位填写。

2）验收人（签字）：是指建筑节能办公室建筑节能专项验收时的参加建筑节能的验收人员姓名，签字有效。

3）单位（章）：加盖建筑节能办公室建筑节能专项验收审批单位章。

附 3-6 电梯合格证

1. 资料要求

（1）电梯合格证应加盖公章，填写验收意见。颁发电梯运行合格证明必须符合国家有关法律、法规、强制性标准和施工图设计的有关技术要求。

（2）电梯合格证必须加盖公章，不盖章无效。签章齐全为符合要求，否则为不符合要求。

2. 实施要点

电梯合格证是电梯监管部门收到建设单位电梯分部（子分部）工程验收通知后，对电梯工程进行专项检验测试合格后颁发的书面认可文件。

电梯检验的主要内容：

1）电梯档案审查情况：应提供的电梯设备、安装技术文件资料应齐全、真实。

2）机房布置情况：应满足施工图设计要求。

3）电梯安全装置检查情况：应检查的电梯安全装置必须全数检查。

4）电梯负荷运行试验情况：电梯负荷运行试验应达到运行平稳、制动可靠、连续运行无故障。不论是电力驱动电梯或液压电梯均必须按产品设计规定的每小时启动次数运行

1000 次（每天不少于 8h）。

5）电梯负荷运行试验曲线图（确定平衡系数）情况：各类电梯的平衡系数应为40%～50%。

6）电梯噪声测试情况：电力驱动电梯或液压电梯均必须满足规范对噪声控制的要求。

7）电梯加减速度和轿厢运行的垂直、水平振动速度试验情况：电梯加减速度和轿厢运行的垂直、水平振动速度应满足产品设计和规范的规定。

8）曳引机检查与试验情况：曳引机检查与试验应满足产品设计和规范的规定。

9）限速器试验情况：限速器检查与试验应满足产品设计和规范的规定。

10）安全钳试验情况：安全钳必须与其形式试验证书相符；限时式安全钳或渐进式安全钳试验的检查与试验应满足产品设计和规范的规定。

11）缓冲器试验情况：缓冲器必须与其形式试验证书相符；蓄能性（弹簧）缓冲器或耗能式（液压）缓冲器的检查与试验应满足产品设计和规范的规定。

12）层门和开门机械试验情况：不论是机械强度试验、门运行试验、滑动门保护装置试验，均应满足规范规定的运行功能试验要求。

13）门锁试验情况：门锁试验应满足层门强迫关门装置必须动作正常；层门锁钩必须动作灵活，在证实锁紧的电气安全装置动作之前，锁紧元件的最小啮合长度为 7mm。

14）绳头组合拉力试验情况：绳头组合拉力试验应满足产品设计和规范的规定。

15）选层器钢带试验情况：选层器钢带试验应满足产品设计和规范的规定。

16）轿厢试验情况：轿厢试验应进行轿厢顶刚度试验（记录变形情况和数据）和轿厢过载装置试验（记录过载信号在轿厢内加多载荷时产生）。

17）控制屏试验情况：控制屏试验应进行绝缘试验、耐压试验和控制功能试验。控制柜屏的安装位置应符合电梯土建布置图中的要求。

18）电源及布线情况：电源及布线应符合施工图设计的要求。

19）井道复核情况：井道复核结果应满足电梯安装的需要。导轨及支架必须满足设计和保证安装结果符合 GB 7588 的有关规定。

附 3-7　锅炉验收合格证

1. 资料要求

（1）锅炉合格证应加盖公章，填写验收意见。锅炉合格证必须符合国家有关法律、法规、强制性标准和锅炉合格证要求。

（2）锅炉合格证专项验收报告必须加盖公章，不盖章无效。

2. 实施要点

锅炉合格证是锅炉安全生产监管部门收到建设单位供热锅炉子分部工程验收通知后，对供热锅炉工程进行专项检验测试合格后颁发的书面认可文件。

（1）锅炉验收应由当地劳动局所属的安全检查部门进行。

（2）锅炉在烘炉、煮炉合格后，应进行 48h 的带负荷连续试运行，同时就安全阀的热状态定压检验和调整。

（3）锅炉的工作压力、试验压力、烘炉时间、烘炉方法、煮炉时间、煮炉方法等，均应符合锅炉试验等规范的有关规定。

2.8.2 建设工程竣工验收备案组成

2.8.2.1 建设工程竣工验收备案表（A8-8）

1. 资料表式

封页

建设工程竣工验收备案表

××× 建设厅制

建设工程竣工验收备案表

编号：

工 程 名 称			
建 设 单 位		申报人	
施 工 单 位			
设 计 单 位			
施工图审查单位			
监 理 单 位			
规 划 许 可 证 号		施工许可证号	
所需文件审核情况（并将资料原件附后）			
文 件 名 称	编　号	核发机关、日期	
竣工验收报告			
规划验收认可文件			
消防验收意见书			
环保验收合格证			
工程档案验收许可书			
工程质量保修书			
住宅使用说明书			
以下由建设行政主管部门填写			
验收监督报告			
备 案 情 况	已备案： 经办人（签字）：　　负责人（签章）		

建设工程竣工验收备案以本表格式形式或当地建设行政主管部门授权部门下发的表式归存。

2.8.2.2 建设工程竣工验收备案证明书（A8-9）

1. 资料表式

建设工程竣工验收备案证明书
（正本）

根据国务院《建设工程质量管理条例》和建设部《房屋建筑工程和市政基础设施工程竣工验收备案管理暂行办法》，______________________工程，经建设单位__________于______年______月______日组织设计、施工、工程监理和有关专业工程主管部门验收，并于______年______月______日备案。

特此证明。

备案机关：

日　期：　　年　　月　　日

2.8.2.3 工程竣工验收备案的实施说明

1. 工程竣工验收及备案实施

工程竣工验收与备案由建设单位负责组织实施。工程竣工验收及备案分三步进行：工程竣工验收前的准备工作→工程竣工验收→工程竣工验收备案。

我国多数建设单位，由于对基本建设程序与管理缺乏必须的竣工验收基本知识，工程竣工验收或实施备案时有一定困难，由于委托了工程监理，故一般情况下该项工作多由监理单位协助建设单位完成工程竣工验收与备案。因此，项目监理机构必须对工程竣工验收与备案工作十分熟悉，才能真正协助建设单位做好该项工作。

工程竣工验收与备案的技术文件属建设单位收集整理的文件内容，建设单位收集整理的文件内容包括：决策立项文件资料（A1）；建设用地、征地、拆迁文件（A2）；勘察、测绘、设计文件（A3）；招投标文件（A4）；开工审批文件（A5）；工程质量监督手续（A6）；财务文件（A7）；工程竣工验收与备案文件（A8）。

常规工程技术文件按以下方法编序：

建设单位用A字打头编号；

监理单位用B字打头编号；

施工单位用C字打头编号；

工程资料立卷与移交用D字打头编号。

2. 建设工程竣工验收的备案

建设工程竣工验收报告、竣工验收备案表式、竣工验收备案证明书，是指建设工程按设计要求经施工单位自检质量验收合格并经监理单位复验合格后由建设单位组织的建设工程竣工验收。

（1）建设单位应当在建设工程竣工验收合格后15日内向建设工程所在地县级以上建设行政主管部门进行备案。省建设行政主管部门对备案机关另有规定的，从其规定。建设单位向建设行政主管部门申请备案应提交下列资料：

1）备案表一份；

2）建设工程竣工验收报告；

3）规划部门出具的工程规划验收认可文件；

4）公安消防部门出具的《建设工程消防验收意见书》；

5）环保部门出具的建设工程环保验收认可文件；

6）城建档案管理部门出具的建设工程档案验收认可文件；

7）施工单位签署的工程质量保修书；

8）法律、法规、规章规定的其他材料。

商品住宅还应提交《住宅质量保证书》和《住宅使用说明书》。

（2）建设工程竣工验收备案按照下列程序进行：

1）建设单位向主管部门领取《建设工程竣工验收备案表》；

2）建设单位持加盖单位公章和法定代表人签名的《建设工程竣工验收备案表》及本说明第9条规定的材料，向建设行政主管部门备案；

3）建设行政主管部门在收齐、验证备案材料后15日内出具《××省建设工程竣工验收备案证明书》。

（3）建设行政主管部门发现建设单位在竣工验收过程中有违反质量管理规定行为的，应当在收讫竣工验收备案文件15日内，责令建设单位停止使用，重新组织竣工验收，重新办理备案手续，并依法给予行政处罚。

（4）建设单位将未经验收的工程擅自交付使用，或将不合格的工程作为合格的工程擅自交付使用，或将备案机关责令停止使用、重新组织竣工验收的工程擅自继续使用给他人造成损失的，由建设单位依法承担赔偿责任。

（5）建设工程竣工验收合格后建设单位应当在6个月内，向城建档案管理部门移交一套完整的工程建设档案。

（6）竣工验收备案文件齐全，备案机关及其工作人员不办理备案手续的，由有关机关责令改正，对直接责任人员给予行政处分。

（7）建设工程竣工验收备案应提交的资料，各方应分别签章齐全有效。

2.8.3　工程竣工验收鉴定书

指政府有关部门对规划、公安消防、环保等进行的验收认可，表式按有关部门规定用表。

1. 规划验收认可文件（A8-9-1）
2. 公安消防验收意见书（A8-9-2）
3. 环保验收合格证（A8-9-3）
4. 人防工程验收报告（A8-9-4）
5. 建筑节能专项验收报告（A8-9-5）
6. 建设工程档案专项认可书（A8-9-6）

7. 其他专项验收认可证明（A8-9-7）

（1）电梯验收报告（A8-9-7-1）；

（2）锅炉验收报告（A8-9-7-2）。

2.8.4 工程开工、施工、竣工录音、录像、照片资料（A8-10）

工程开工、施工、竣工录音、录像、照片的相关资料按实际形成的文件资料汇整。

2.8.5 交付使用财产总表和财产明细表资料（A8-11）

交付使用财产总表和财产明细表资料按实际形成的文件资料汇整。

2.9 其他文件（A9）

2.9.1 住宅质量保证书（仅商品住宅提供）、《住宅使用说明书》（A9-1）

指建设单位向用户就工程的质量、性能、服务及使用情况等给予保证和说明的资料。

2.9.2 沉降观测记录（A9-2）

1. 资料表式

沉降观测记录表 表 A9-2

工程编号：＿＿＿＿ 工程名称：＿＿＿＿ 施工单位：＿＿＿＿

控制水准点编号：＿＿＿＿ 控制水准点所在位置：＿＿＿＿ 控制水准点高程：＿＿＿＿

观测日期：自 年 月 日至 年 月 日止

观测点	观测阶段	实测标高（m）	本期沉降量（cm）	总沉降量（cm）	说明
观测单位：		计算：	测量：		年 月 日

2. 资料要求

(1) 设计图纸有要求的按设计要求，无要求的按有关规定办。子项填写齐全。

(2) 沉降观测点按设计要求或有关规定执行。

(3) 要求填写齐全、正确为符合要求，不按要求填写、子项不全、涂改原始测量记录以及后补者均为不符合要求。

(4) 设计或规范规定应进行沉降观测的，没有进行沉降观测资料，为不符合要求。

(5) 沉降观测的各项记录，必须注明观测时的气象情况和荷载变化情况。

(6) 沉降观测资料应绘制：沉降量、地基荷载与连续时间三者关系曲线图及沉降量分布曲线图；计算出建筑物、构筑物的平均沉降量、相对弯曲和相对倾斜；水准点平面布置图和构造图。

3. 实施要点

为保证建筑物质量满足设计对建筑使用年限的要求而对该建筑物进行的沉降观测，以保证建筑物的正常使用。

(1) 水准基点的设置：

1) 水准基点应引自城市固定水准点。基点的设置以保证其稳定、可靠、方便观测为原则。对于安全等级为一级的建筑物，宜设置在基岩上。安全等级为二级的建筑物，可设在压缩性较低的土层上。

2) 水准基点的位置应靠近观测对象，但必须在建筑物的地基变形影响范围以外，并避免交通车辆等因素对水准基点的影响。在一个观测区内，水准基点一般不少于三个。水准标石的构造可参照图 A9-2-1、图 A9-2-2。

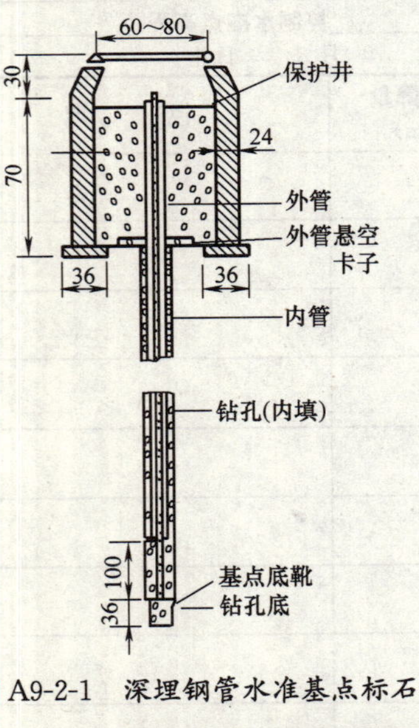

图 A9-2-1　深埋钢管水准基点标石

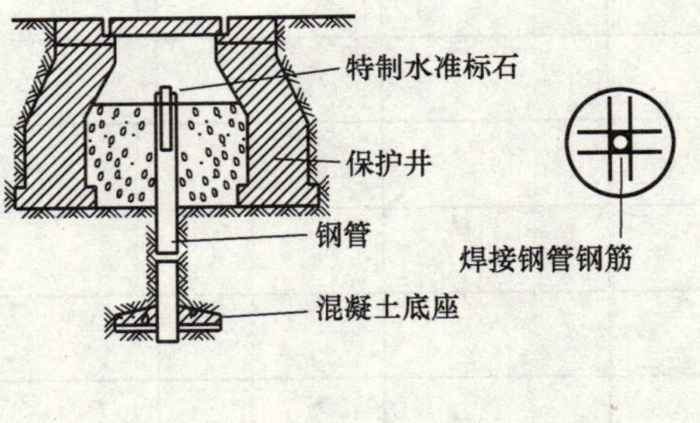

图 A9-2-2　浅埋钢管水准标石

3) 确定水准点离观测建筑物的最近距离，可按下列经验公式估算：

$$L=10\sqrt{s_{\infty}}$$

式中　L——水准点离观测建筑物的最近距离 (m)；

s_{∞}——观测建筑物最终沉降量的理论计算值 (cm)。

4）观测水准点是沉降观测的基本依据，应设置在沉降或振动影响范围之外，并符合工程测量规范的规定。

5）沉降点的布设应根据建筑物的体形、结构、工程地质条件、沉降规律等因素综合考虑，要求便于观测和不易遭到损坏，标志应稳固、明显、结构合理，不影响建筑物和构筑物的美观和使用。沉降点一般可设在下列各处：

① 建筑物的角点、中点及沿周边每隔 6～12m 设一点；建筑物宽度大于 15m 的内部承重墙（柱）上；圆形、多边形的构筑物宜沿纵横轴线对称布点；

② 基础类型、埋深和荷载有明显不同处及沉降缝、新老建筑物连接处的两侧，伸缩缝的任一侧；

③ 工业厂房各轴线的独立柱基上；

④ 箱形基础底板，除四角外还宜在中部设点；

⑤ 基础下有暗浜或地基局部加固处；

⑥ 重型设备基础和动力基础的四角。

注：单座建筑的端部及建筑平面变化处，观测点宜适当加密。

⑦ 观测点的位置应避开障碍物，便于观测和长期保存。

6）观测点可设置在地面以上或地面以下。对于要求长期观测的建筑物，观测点宜设在室外地面以下，以便于长期观测和保护。观测点的埋设高度应方便观测，也应考虑沉降对观测点的影响。观测点应采取保护措施，避免在施工和使用期间受到破坏。观测点的构造可参照图 A9-2-3。

（2）观测的时间和次数，应按设计规定并符合下列要求：

1）施工期观测：基槽开挖时，可用临时测点作为起始读数，基础完成后换成永久性测点。

2）荷载变化期间：沉降观测周期应符合下列要求：

① 高层建筑施工期间每增加 1～2 层，电视塔、烟囱等每增高 10～15m 应观测一次；工业建筑应在不同荷载阶段分别进行观测，整个施工期间的观测不应少于 4 次。

② 基础混凝土工程浇筑，回填土及结构安装等增加较大荷载前后应进行观测。

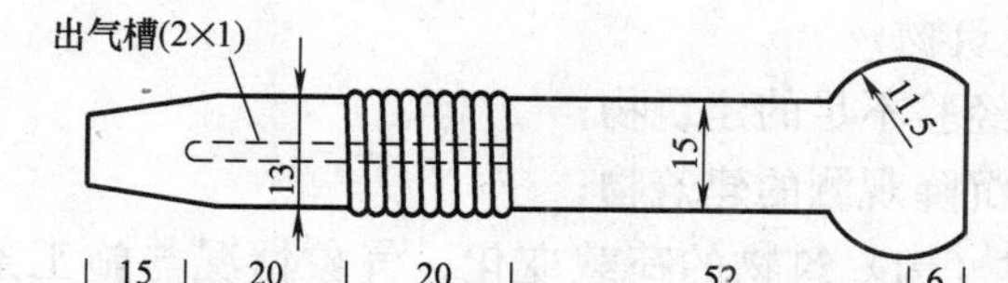

图 A9-2-3 螺栓式标志

（适用于墙体上埋设，单位：mm）

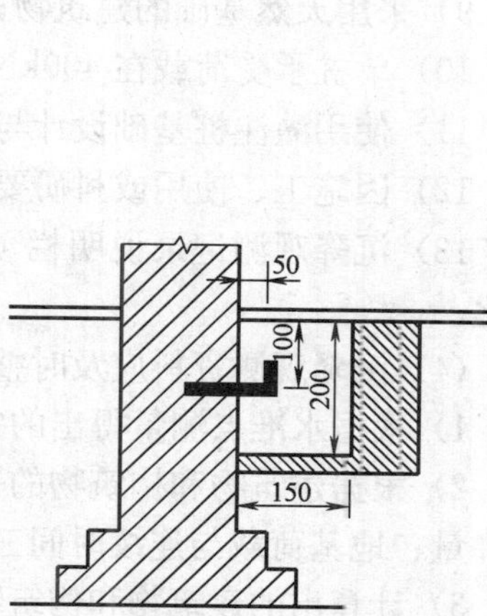

图 A9-2-4 窨井式标志

（适用于建筑物内部埋设，单位：mm）

③ 基础周围大量积水、挖方、降水及暴雨前后应观测。

④ 出现不均匀沉降时，根据情况应增加观测次数。

⑤ 施工期间因故暂停施工，超过三个月，应在停工时及复工前进行观测。

3）结构封顶至工程竣工，沉降观测周期应符合下列要求：

① 均匀沉降且连续三个月平均沉降量不超过 1mm 时，每三个月观测一次。

② 连续两次每三个月平均沉降量不超过 2mm 时，每六个月观测一次。

③ 外界发生剧烈变化应及时观测。

④ 交工前观测一次。

4）使用期一般第一年至少观测 5～6 次，即每 2～3 个月观察一次，第二年起约每季度观测一次，即每隔 4 个月左右观察一次，第四年以后每半年一次，至沉降稳定为止。

观测期限一般为：砂土地基，二年；黏性土地基，五年；软土地基，十年或十年以上。

5）当建筑物发生过大沉降或产生裂缝时，应增加观测的次数，必要时应进行裂缝观测。

6）沉降稳定标准可采用半年沉降量不超过 2mm。当工程有特殊要求时，应根据要求进行观测。

（3）一般需进行沉降观测的建（构）筑物：

1）高层建筑物和高耸构筑物；重要的工业与民用建筑物；造型复杂的 14 层以上的高层建筑；

2）湿陷性黄土地基上建筑物、构筑物；对地基变形有特殊要求的建筑物；

3）地下水位较高处建筑物、构筑物；

4）三类土地基上较重要建筑物、构筑物；

5）不允许沉降的特殊设备基础；

6）在不均匀或软弱地基上的较重要建筑物；

7）因地基变形或局部失稳使结构产生裂缝或损坏而需要研究处理的建筑物；

8）建设单位要求进行沉降观测的建筑物；

9）采用天然基础的建筑物；

10）单桩承受荷载在 400kN 以上的建筑物；

11）使用灌注桩基础设计与施工人员经验不足的建筑物；

12）因施工、使用或科研要求进行的沉降观测的建筑物；

13）沉降观测记录说明栏可填写：建（构）筑物的荷载变化；气象情况与施工条件变化。

（4）沉降观测资料应及时整理和妥善保存，并应附有下列各项资料：

1）根据水准点测量得出的每个观测点高程和其逐次沉降量；

2）根据建筑物和构筑物的平面图绘制的观测点的位置图，根据沉降观测结果绘制的沉降量、地基荷载与连续时间三者的关系曲线图及沉降量分布曲线图；

3）计算出的建筑物和构筑物的平均沉降量，对弯曲和相对倾斜值；

4）水准点的平面布置图和构造图，测量沉降的全部原始资料。

（5）沉降观测网应布设附合或闭合路线。

2.10 建设、施工、监理机构及负责人（A10）

根据《建设工程质量管理条例》对违反条例行为实行责任追溯、《建设工程文件归档整理规范》（GB/T 50328—2001），对从工程实施过程的参建人员实施名册入档制度的规定，分别制定了建设、监理、施工单位各方参建人员名录表。勘察设计单位的参建人员的责任制名录由建设单位按此表格式请勘察设计单位填报，填报后交建设单位与施工资料一并编序归存。

（1）建设单位建筑工程施工实施参建人员责任制名录见表A10-1。

建设单位建筑工程施工实施参建人员责任制名录 表A10-1

工程名称				建设单位名称			
序号	姓名	职务	职称	专业	参加时间	变更时间	所在时段
1							
2							
3							
4							
5							
6							
7							
8							
说明							

注：1. 本表序号从1开始，第一人为建设单位法人或委托法人代表。依序为建设单位技术负责人、专业技术负责人。专业技术人员以部门所设以专业技术人员排序填报。

2. 本表填写完成后，需由建设单位加盖公章。

3. 本表在工程竣工前由建设单位完成汇总监理、施工单位的参建单位责任制名录后，随同施工资料一起报送当地建设行政主管部门辖属的城建档案部门归存。

（2）监理单位建筑工程施工实施参建人员责任制名录见表 A10-2。

监理单位建筑工程施工实施参建人员责任制名录　　**表 A10-2**

工程名称				监理单位名称			
序号	姓名	职务	职称	专业	参加时间	变更时间	所在时段
1							
2							
3							
4							
5							
6							
7							
8							
9							
10							
11							
12							
13							
14							
15							
16							
17							
说明							

注：1. 本表序号从 1 开始第一人为监理企业的法人或委托法人代表。依序为企业技术负责人、总监理工程师。以下按部门所设专业监理工程师、监理员、试验员、信息员等。

2. 本表填写完成后，需由监理单位加盖公章。

3. 本表在工程竣工前，由合同监理单位根据实际与施工资料同期完成后，报建设单位。

（3）施工单位建筑工程施工实施参建人员责任制名录见表 A10-3。

施工单位建筑工程施工实施参建人员责任制名录 **表 A10-3**

工程名称				施工单位名称			
序号	姓名	职务	职称	专业	参加时间	变更时间	所在时段
1							
2							
3							
4							
5							
6							
7							
8							
9							
10							
11							
12							
13							
14							
15							
16							
说明							

注：1. 本表序号从 1 开始第一人为施工企业的法人或委托法人代表。依序为企业技术负责人、项目经理、子项目负责人、子项目技术负责人。第 6 序号以下为管理或专业技术人员，按部门主要包括：专业工程师（土建、水、暖、通、电、机械等）、经济师、专职质量检查员、试验员、材料员、信息管理员、作业队长及主要班组长。

2. 本表填写完成后，需由施工单位加盖公章。

3. 本表在工程竣工前，由合同施工单位根据工程实际与施工资料同期完成随同施工资料一起报送建设单位。

3　工程监理文件

工程监理文件是指监理单位的项目监理机构在实施监理工作中形成的工程监理文件。

在实际工作中，工程监理文件往往是和施工技术文件匹配使用的。因此，专业监理工作师不仅要熟悉工程监理文件，同时也应熟悉施工文件；更应了解工程监理文件和施工文件内容的内在联系及要求，才能较好地完成工程监理文件的控制、填报与要求。

建设监理工作除应按监理规范和有关文件规定要求进行“四控二管一协调”之外，一项重要工作是对施工过程中形成的监理、施工文件进行整理、核查与判评，核查中应着重以下几点：

1）要注意发现被核查文件中表述的事实与时间的关系；

2）要注意分析被核查文件中记录的内容是否与正常施工规律相符合；

3）要注意发现被核查文件中记载的内容与事实有无矛盾；

4）要注意考查笔迹，鉴定其责任制的真伪。

这些是核查工程监理文件和其他与工程监理文件相关文件的重点。

Ⅰ　对工程监理文件的总体要求

（1）工程监理文件（资料）的编制范围以单位工程施工图设计为单位，即每一个单位工程的工程监理文件都必须单独编报、备审、归档。

（2）工程监理文件（资料）的收集、整理必须及时，资料来源必须真实、可信，资料填报必须子项齐全，应填子项不得缺漏。

（3）属于监理核查资料应是在按要求内容进行自检的基础上，根据法定程序经有权单位核审签章后的方为有效资料。

（4）材料必须先试后用，工程实体必须先检后交或先检后用，违背此规定需对已用材料、已交（用）的工程实行重新检测，确定是否满足设计要求，否则应为资料不符合要求。

（5）国家标准或地方法规规定，实行见证取样的材料、构配件、工程实体检验等均必须实行见证取样、送样并签字及盖章。

（6）工程检验其试验方法必须按专业标准或规范提出的试验方法进行，否则该项检（试）验应为无效试（检）验。

（7）试件试验的代表批量和使用数量的代表批量应相一致。

（8）属于施工试验类的测试，“建筑与结构、给水排水与采暖、建筑电气、通风与空调、电梯、智能建筑”等所有提请试验的试件其代表批量、试件数量、测试内容、测试方法、测试结果均应符合设计和相应规范的规定。试验报告单的试验结论要明确，试验单位应明确判定试验结果是否符合设计和规范要求。

（9）对施工文件（资料）的工程质量控制资料、工程安全和功能检验资料核查及主要功能抽查的审查结论为不符合要求时，不得批准进行竣工验收。

Ⅱ 对工程监理文件的核（审）查要求

（1）被核（审）资料属相关专业规范的原材料出厂合格证书及进场检（试）验、施工试验报告及见证检测的核（审）查要求

1）工程用材料应有出厂合格证书、试验报告，出厂合格证书、试验报告应按不同材料的品种、规格、数量按其进场时间分别进行汇总整理不应缺漏，因出厂合格证规格、尺寸不一致，为了资料的完整，应在合格证粘贴表上进行分类粘贴。审核人、整理人分别签字。

2）所有原材料均应有材料（设备）进场验收记录。凡进场材料没有材料（设备）进场验收记录，而所进材料又未进行复试，该材料为不符合要求。

3）工程用材料出厂合格证、试验报告施工单位应保证一份为原件。当采用抄件或影印件时应加盖抄件（注明原件存放单位及钢材批量）或影印件单位章，经手人签字。

4）工程用材料试件的试验报告，试样来源及名称填写要清楚。试验单子项填写齐全，不应漏填或错填，复试单上必须有试验编号，以防弄虚作假。必须填写报告日期，以检查是否为先试验后施工，先用后试应为不符合要求。

5）属于施工试验类的测试，“建筑与结构、给水排水与采暖、建筑电气、通风与空调、电梯、智能建筑”等所有提请试验的代表批量、试件数量、测试内容、测试方法、测试结果均应符合设计和相应规范的规定。试验报告单的试验结论要明确，试验单位应明确判定试验结果是否符合依据标准或规范要求。试件试验的代表批量和使用数量的代表批量应相一致。

6）被核（审）资料中需要提供的附件资料应齐全、真实、正确，并符合设计要求。

（2）被核（审）资料属相关专业规范的隐蔽工程验收、施工记录的核（审）查要求

1）属隐蔽工程验收应严格按工程质量验收的要求进行，应检查验收的项目不缺项，记录齐全、真实。

2）属施工记录，施工中应记录的项目齐全，文字简单、通顺，技术用语规范。

（3）被核（审）资料的判别与评审要求

1）工程监理文件（资料）达到真实、准确、齐全，符合有关标准与规定，填报规范化，为符合要求；

2）被核（审）的施工文件（资料）达到真实、准确，齐全程度基本符合有关标准与规定，填报规范化，不足部分的资料不影响结构安全和使用功能，为基本符合要求，经复查后确定是否通过；

3）被核（审）的施工文件（资料）不齐或出现一项不符合有关标准与规定，内容失真，评为不符合要求；

4）工程用材料类试件无合格证或未试验均为不符合要求；有合格证无复试报告为不符合要求。使用材料与规范及设计要求不符为不符合要求；材料试验内容、试验方法不符合规范要求的该材料的试验报告为不符合要求；应试验的项目未进行试验，或试验不符合

质量标准又无处理结论者，本项应为不符合要求；

5）提请试验的试件试验不符合要求，经处理（降级使用、有鉴定结论等）能满足设计和使用要求者，如其结论准确、处理时间在使用之前，可视为符合要求项目；

6）凡用于工程的材料，第一次复试不符合标准要求的，应为双倍试件数量；如试验仍不符合要求，该批材料为不合格；

7）《建设工程监理规范》（GB 50319—2000）规定的监理用资料，表列项目、内容必须填写完整，属记录性内容应齐全、详细、准确，真实反映工程具体情况，技术用语规范，文字简练、明了，为符合要求。

Ⅲ　其他要求

（1）合格等级的单位工程，技术文件评定必须符合要求或基本符合要求。技术文件评为不符合要求的单位工程，其质量等级判为不合格工程，单位工程应进行检查和处理。

（2）核查施工文件（资料）如不符合要求，该工程不得进行竣工验收。

（3）凡资料中规定的责任制度，必须按规定要求该加盖公章的加盖公章，该本人签字的本人签字。签字一律不准代签，否则为虚假资料、无效资料。

（4）对工程资料进行涂改、伪造、随意抽撤或损毁、丢失的，应按有关法规予以处罚；情节严重的，依法追究法律责任。

（5）工程监理文件、施工文件用表全国各省市所有表式均不尽相同，但其每一种表的表列内容却基本一致，因此，不管表式组成式样如何，只要表列内容要求基本一致，主要子项要求满足设计或标准、规范要求，施工和监理用表均可配合使用。

3.1　监理准备工作技术文件

在工程开工前，无论承包单位还是监理或建设单位都要做大量的施工前准备工作。监理对开工条例的系统审查要根据不同工程、不同项目的特点及工程进展情况有针对性地检查项目，也可有选择地增减。建设监理对开工条件进行全面系统、严格审查的目的，是可以使承包商的施工准备工作更充分，更能够有效地保证施工阶段的质量和进度的控制，也能够使监理工作更加规范和有效。

3.1.1　项目监理机构与监理设施

3.1.1.1　项目监理机构

3.1.1.1-1　项目监理机构的进驻与撤离

监理单位与建设单位签订施工阶段委托监理合同后，按合同约定的时间实施工程监理：

（1）必须在施工现场建立和进驻项目监理机构。

（2）完成委托监理合同约定的监理工作后可撤离现场。撤离前监理单位应书面通知建设单位，并办理相应的移交手续。

3.1.1.1-2 项目监理机构的组织形式和规模

1. 组织形式的设置原则

有利于监理目标的控制、承包合同的管理、监理决策和信息的沟通、监理人员的职能发挥和分工协作；符合适应、精简、高效的原则；应根据委托监理合同规定的服务内容、服务期限、工程类别、工程规模、技术复杂程度、工作现场等因素确定组织形式和规模。

2. 组织形式的种类

（1）直线制监理组织形式：是指项目监理机构中各种职位是按垂直系统直线排列的，详见图 3.1.1.1-2A。该组织形式是总监理工程师负责整个项目的规划、组织和领导，并着重整个项目范围内各方面的协调工作，子项目的监理组负责子项目的目标控制。该形式具有领导现场专项监理的工作形式。

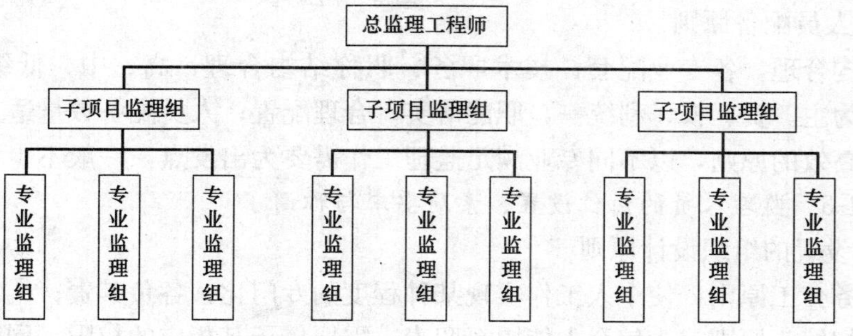

图 3.1.1.1-2A 直线制监理组织形式

（2）职能制监理组织形式：是在总监理工程师负责制下设一些职能机构，分别从职能角度对基层监理组进行业务管理，这些职能机构可在总监理工程师授权范围内，就其主管的业务范围，向下下达命令和指示。详见图 3.1.1.1-2B。

（3）直线职能制监理组织形式：是吸收了直线制组织形式和职能制组织形式的优点构成的一种组织形式。这种形式可以达到集中领导、职责清楚、办事效率比较高等优点。但其职能部门与指挥部门容易产生矛盾，传送路线长，不利于互通情报，详见图 3.1.1.1-2C。

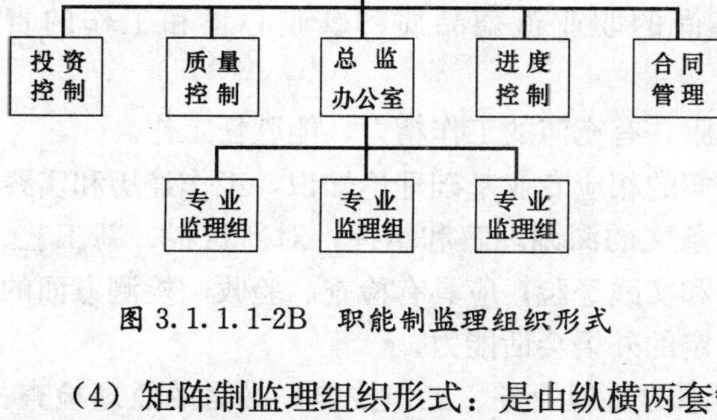

图 3.1.1.1-2B 职能制监理组织形式

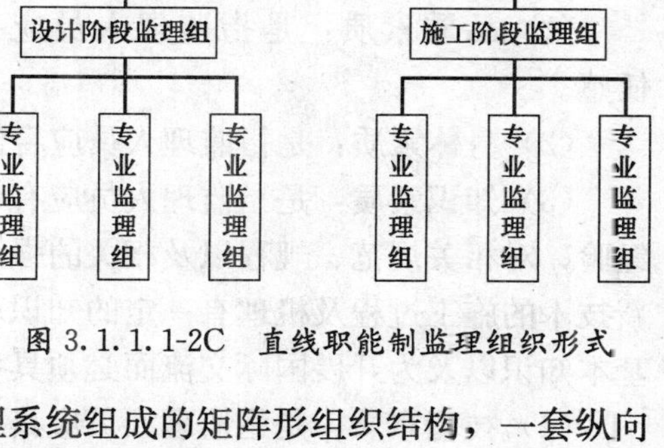

图 3.1.1.1-2C 直线职能制监理组织形式

（4）矩阵制监理组织形式：是由纵横两套管理系统组成的矩阵形组织结构，一套纵向职能系统，另一套是横向的子项目系统。详见图 3.1.1.1-2D。

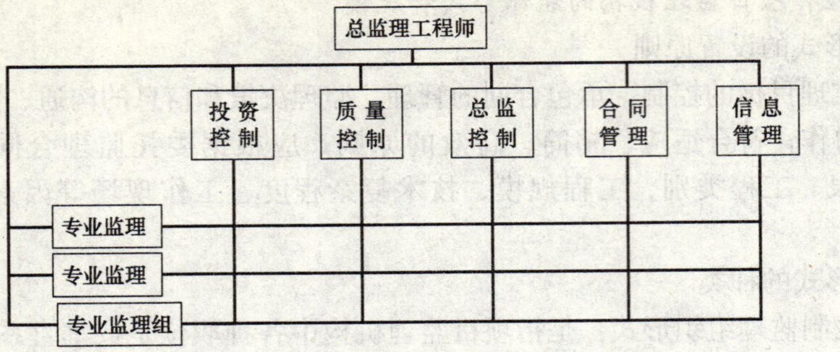

图 3.1.1.1-2D　矩阵制监理组织形式

这种形式加强了各职能部门的横向联系，适应性和机动性好，把上下、左右集权和分权实行最优结合，对业务能力培养有利；缺点：协调量大，处理不好会扯皮。

3. 监理人员配备原则

专业结构合理，各专业配套；技术职务、职称结构合理，高、中、低级人员比例适宜，以中级为主。责、权、利统一，职能落实，合理配置；人员配备数量适宜，应本着适应、精干、高效的原则，以不同专业满足监理工作需要为出发点，一般不少于 3 人。

3.1.1.1-3　监理人员的岗位设置、素质要求与称谓

1. 岗位设置的组织设计原则

(1) 职务分工原则：使个人工作实现某种程度的专门化，各负其责；

(2) 责权统一原则：为使个人能履行职责，需要授予其相应的权限，同时必须担负其履职责任有职有权；

(3) 指挥统一原则：指上级对下级的指挥必须统一；

(4) 管理幅度适当原则：指按其才能，量才就职实施管理的原则。

监理机构按其监理工作，通过对监理任务的分析、归纳与组合，绘制组织结构图，选配适当的监理人员，制定岗位职责、工作标准、工作流程等环节，完成组织机构的优化配置。

2. 对监理人员的基本素质要求

工程监理是工程技术与工程管理的结合，监理工作人员的素质要求，不仅要有扎实的技术理论基础，还要有较丰富的工程技术与管理经验；不仅要有一定的工程经济、法律知识，还应有较强的社交能力、组织能力和协调能力。

(1) 品质素质：是指监理人员应有高尚的职业道德品质、事业心强和工作的责任感。

(2) 身体素质：是指监理人员应身体健康，有充沛的工作精力，能胜任工作。

(3) 知识素质：是指监理人员应有较扎实的相应专业基础理论知识，工作经历和实践经验；对相关规范、规程以及相关的强制性条文的深刻理解和掌握；对新材料、新工艺、新技术的施工过程及机理有一定的知识基础和实践经验；应具有检查、验收、检测方面的基本知识以及为开展国际交流而必须具备一定的外语会话能力。

(4) 技能素质：是指监理人员应具有熟悉的监理业务、工作技能；必需的监理检查、验收、检测技能。

(5) 能力素质（工作和协调能力）：是指监理人员应具有观察和识别事物的属性，分析事物相关关系，处理和协调内部与外界、单位与单位、单位与个人、个人与个人间关系的能力；能用妥善而恰当的方法处理监理实施工作中的有关问题，同时具有文字表达能力。

培养和建立一支有足够数量和相当素质的监理人员队伍是十分重要的。需要制定一整套完善的确保监理工作正常运作的管理机制，加强监理人员的培训、考核和廉政建设的具体措施，使监理工作真正满足工程建设的需要。

3. 对总监理工程师的素质要求

(1) 总监理工程师：应由具有三年以上同类工程监理工作经验的人员担任。

(2) 对本专业的专业技术知识必须精通，监理工作具有专业交叉渗透覆盖面宽的特点，所以其他专业的主要技术业务可以通过专家和其他监理人员帮助可以胜任。

(3) 必须具有较好的管理知识宽度。总监理工程师不仅需要专业知识，更需要管理知识和才能，必须在管理理论和管理技术上训练有素，并能灵活运用。

(4) 有较好的领导艺术和组织协调能力。作为监理班子的带头人，应有：

1) 榜样的力量；

2) 实干精神、开拓进取精神、合作精神、团结精神、牺牲精神、不耻下问和雷厉风行的精神；

3) 具有良好的组织才能和优秀的个人素质，头脑冷静、善于分析且具有预见性。

4. 对监理机构其他监理人员的素质要求

(1) 总监理工程师代表：应由具有两年以上同类工程监理工作经验的人员担任；

(2) 专业监理工程师：应由具有一年以上同类工程监理工作经验的人员担任。

专业监理工程师的素质要求：

1) 要有良好的品质。必须爱岗敬业、具有科学态度和综合分析能力、廉洁奉公、为人正直和办事公道、善于同各方合作共事；

2) 要有较高的学历和广泛的理论知识。应具有深厚的现代科技理论知识，精通本专业的知识，同时应具有一定的经济管理知识、法律知识等；

3) 要有丰富的工作经验；

4) 要有健康的体魄和充沛的精力。

注：主要专业，如：建筑、结构、工程测量、工程地质、给水排水、采暖与通风、电气、通信、城市燃气、工程机械、设备安装、焊接工艺、建筑经济等。

(3) 监理员：经过监理业务培训，具有同类工程相关专业知识，从事具体监理工作的监理人员。是监理实务的直接作业者。

(4) 其他监理人员应具有的素质：

1) 有良好的职业道德和敬业精神；

2) 熟悉施工规范，具有一定的施工管理经验和处理实际问题的能力；

3) 要有“四勤”，即“腿勤、嘴勤、手勤、脑勤”；

4) 要自信、自尊、自重、自爱；

5) 处理问题要讲究方法。

监理机构中配备监理人员的数量和专业应根据监理任务的范围、内容、期限、专业类别以及工程的类别、规模、技术复杂程度、工程环境等因素综合考虑，并符合委托监理合同中对监理深度和密度的要求，能体现监理机构的整体素质，满足监理目标控制的要求，监理人员数量一般不少于3人。

监理人员的数量和专业配备可随工程施工进展情况作相应的调整，从而满足不同阶段监理工作的需要。

监理机构中可配备必要的文秘、翻译等人员。

5. 监理人员的称谓

包括：总监理工程师（总监理工程师代表）、专业监理工程师、监理员。

3.1.1.1-4　监理机构设置的时间规定与调整原则

（1）监理机构的设置时间：应于委托监理合同签订10日内，将项目监理机构的组织形式、人员构成及总监理工程师任命书面通知建设单位。

（2）监理人员调整原则：调整总监理工程师需征得建设单位同意，并书面通知建设单位；专业监理工程师、监理员的调整，总监理工程师应书面通知建设单位和承包单位；调整监理人员应考虑监理工作的延续性，并应做好相应的交接工作。

3.1.1.2　监理人员的职责

3.1.1.2-1　一个项目总监理工程师能够担任几项委托监理合同的规定

（1）明确规定一个委托监理合同为一个工程项目，一名总监理工程师只宜担任一项委托监理合同的项目总监理工程师。

（2）当需要同时担任多项委托监理合同的项目总监理工程师工作时，需经建设单位同意。

（3）一个项目总监理工程师最多不得担任超过三个项目委托监理合同的总监理工程师。

3.1.1.2-2　总监理工程师应履行的职责

总监理工程师的工作必须会抓住大事、抓好大事，自始至终遵循公平、公正、科学、诚信的原则从事监理工作。项目总监理工程师的基本工作重点是对工程建设质量、造价、工期和安全监控。围绕这一目标展开日常工作，主要包括：

（1）根据建设单位的委托与授权，负责组织项目的监理工作。确定项目监理机构人员的分工和岗位职责；

（2）根据监理委托合同主持编写项目监理规划、审批项目监理实施细则，并负责管理项目监理机构的日常工作；

（3）审查分包单位的资质，并提出审查意见；

（4）检查和监督监理人员的工作，根据工程项目的进展情况可进行人员调配，对不称职的人员应调换其工作；

（5）主持监理工作会议，签发项目监理机构对外发出的文件和指令，做到及时、完整、准确；

（6）审定承包单位提交的开工报告、施工组织设计、技术方案、进度计划，保证按期完成任务；

（7）审核签署承包单位的申请、支付证书和竣工结算，做好造价控制；

(8) 审查和处理工程变更；

(9) 主持或参与工程质量事故的调查；

(10) 加强合同管理，做好协调工作，按照建设、监理、施工在法律上的平等主体原则，调解建设单位与承包单位的合同争议、处理索赔、审批工程延期；

(11) 组织编写并签发监理月报、监理工作阶段报告、专题报告和项目监理工作总结；

(12) 审核签认分部（子分部）工程和单位（子单位）工程的质量验收评定资料，做好质量控制审查承包单位的竣工申请，组织监理人员对验收的工程项目进行质量检验，参与工程项目的竣工验收；

(13) 做好信息管理，审核、整理、签署工程项目的监理档案资料，做到完整、真实、准确。

3.1.1.2-3 总监理工程师代表应履行的职责

(1) 明确规定必须满足以下三项要求：总监理工程师代表的工作需经"总监"授权；只能行使总监理工程师的部分职责和权力；要经过签订合同的监理单位的法定代表人同意。

(2) 负责总监理工程师指定或交办的其他监理工作。

3.1.1.2-4 总监理工程师必须完成不得委托他人的工作

(1) 主持编写项目监理规划、审批项目监理实施细则；

(2) 签发工程开工/复工报审表、工程暂停令、工程款支付证书、工程竣工报验单；

(3) 审核签认竣工结算；

(4) 调解建设单位与承包单位的合同争议、处理索赔，审批工程延期；

(5) 根据工程项目的进展情况进行监理人员的调配，调换不称职的监理人员。

3.1.1.2-5 专业监理工程师应履行的职责

(1) 负责编制本专业的监理实施细则；

(2) 负责本专业监理工作的具体实施；

(3) 组织、指导、检查和监督本专业监理员的工作，当人员需要调整时，向总监理工程师提出建议；

(4) 审查承包单位提交的涉及本专业的计划、方案、申请、变更，并向总监理工程师提出报告；

(5) 负责本专业检验批、分项工程的质量验收及隐蔽工程验收；

(6) 定期向总监理工程师提交本专业监理工作实施情况报告，对重大问题及时向总监理工程师汇报和请示；

(7) 根据本专业监理工作实施情况记录好监理日记；

(8) 负责本专业监理资料的收集、汇总及整理，参与编写监理月报；

(9) 核查进场材料、设备、构配件的原始凭证、检测报告等质量证明文件及其质量情况，根据实际情况认为有必要时对进场材料、设备、构配件进行平行检验，合格时予以签认；

(10) 负责本专业的工程计量工作，审核工程计量的数据和原始凭证。

3.1.1.2-6 监理员应履行的职责

(1) 在专业监理工程师的指导下开展现场监理工作；

(2) 检查承包单位投入工程项目的人力、材料、主要设备及其使用、运行状况，并做好检查记录；

(3) 复核或从施工现场直接获取工程计量的有关数据并签署原始凭证；

(4) 按施工图设计及有关标准，对承包单位的施工工艺过程或施工工序进行检查和记录，对加工制作及工序施工质量检查结果进行记录；

(5) 担任旁站工作，发现问题及时指出，并向专业监理工程师报告；

(6) 记录好监理日记和有关的监理记录。

3.1.1.2-7　监理实施必须明确的两个观点

(1) 应当明确进行日常的检查和质量控制管理是承包单位质量保证体系的责任，因此项目监理机构的监理人员在实施监理过程中应注意“必须通过承包单位的相关质量保证体系中的责任人员开展监理工作，提出问题所在，绝对不能直接指导工长、施工员或其操作者”。

(2) 监理工程师有责任保证工程质量达到规定的标准，这是监理工程师的义务。

3.1.1.3　监理设施

监理设施的提供方式：项目监理机构的监理设施凡需建设单位提供的，一般应在委托监理合同中明确，并在开工前到位。对建设单位提供的设施，项目监理机构应登记造册，工程结束后送还。

对于监理单位提供设施，可在工作需要时提供，如需在合同中明确时也应明确。

3.1.2　监理合同文件与施工合同文件

监理合同和施工合同是依据有关法律规定，以书面形式订立的规定双方权利和义务以及法律责任的合同文件，是合同双方必须遵守的，因此项目监理机构的监理人员均必须熟悉、领会监理合同与施工合同文本中的有关内容和精神，以全面完成合同约定。

3.1.2.1　监理合同文件

建设工程委托监理合同：委托合同是委托人和受托人约定，由受托人处理委托人事务的合同。受托人应当按照委托人的指示处理委托事务。受托人应当亲自处理委托事务。受托人完成委托事务的，委托人应当向其支付报酬。有偿的委托合同，因受托人的过错给委托人造成损失的，委托人可以要求赔偿损失。无偿的委托合同，因受托人的故意或者重大过失给委托人造成损失的，委托人可以要求赔偿损失。受托人处理委托事务时，因不可归责于自己的事由受到损失的，可以向委托人要求赔偿损失。

(1) 委托合同：是指当事人双方约定一方委托他人处理事务，他人同意为其处理事务的协议。委托合同的标的是劳务；委托合同是诺成、非要式合同，也就是说，委托合同的成立必须以受托人的承诺为条件，其承诺与否决定着委托合同是否成立。委托合同自承诺之时起生效，无须以履行合同的行为或者物的交换作为委托合同的成立的条件；委托合同是双务合同，委托人与受托人都要承担相应的义务；委托合同可以是有偿的，也可以是无偿的。

(2) 标准条件：内容涵盖了合同中所用词语定义，适用范围和法规，签约双方的责任、权利和义务，合同生效、变更与终止，监理报酬，争议解决以及其他一些情况。标准条件是监理合同的通用文本，适用于各类工程建设监理委托，是所有签约工程都应遵守的基本条件。

（3）专用条件：是对标准条件中的某些条款进行的补充、修改。所谓“补充”是指标准条件中的某些条款明确规定，在该条款确定的原则下，在专用条件的条款中进一步明确具体内容，使两个条件中相同序号的条款共同组成一条内容完备的条款。所谓“修改”是指标准条件中规定的程序方面的内容，如果双方认为不合适，可以协议修改。

3.1.2.2 建设工程施工合同

《中华人民共和国合同法》规定：合同当事人的法律地位平等，一方不得将自己的意志强加给另一方。当事人应当遵循公平原则确定各方的权利和义务。当事人订立、履行合同，应当遵守法律、行政法规，尊重社会公德，不得扰乱社会经济秩序，损害社会公共利益。依法成立的合同，对当事人具有法律约束力。当事人应当按照约定履行自己的义务，不得擅自变更或者解除合同。建设工程合同属承诺合同；建设工程委托监理合同属委托合同。

建设工程合同的内容包括工程范围、建设工期、中间交工工程的开工和竣工时间、工程质量、工程造价、技术资料交付时间、材料和设备供应责任、拨款和结算、竣工验收、质量保修范围和质量保证期、双方相互协作等条款。

（1）因施工人的原因致使建设工程质量不符合约定的，发包人有权要求施工人在合同期限内无偿修理或者返工、改建。经过修理或者返工、改建后，造成逾期交付的，施工人应当承担违约责任。

（2）发包人未按照约定的时间和要求提供原材料、设备、场地、资金、技术资料的，承包人可以顺延工程日期，并有权要求赔偿停工、窝工等损失。

（3）因发包人的原因致使工程中途停建、缓建的，发包人应当采取措施弥补或者减少损失，赔偿承包人因此造成的停工、窝工、倒运、机械设备调迁、材料和构件积压等损失和实际费用。

（4）因发包人变更计划，提供的资料不准确，或者未按照期限提供必需的勘察、设计工作条件而造成勘察、设计的返工、停工或者修改设计，发包人应当按照勘察人、设计人实际消耗的工作量增付费用。

（5）发包人未按照约定支付价款的，承包人可以催告发包人在合理期限内支付价款。发包人逾期不支付的，除按照建设工程的性质不宜折价、拍卖的以外，承包人可以与发包人协议将该工程折价，也可申请人民法院将该工程依法拍卖。建设工程的价款就该工程折价或者拍卖的价款优先受偿。

3.1.2.3 建设工程施工合同词语浅释

（1）建设工程施工合同：即建筑安装工程承包合同，是承包人进行工程建设施工，发包人支付价款的合同。建设工程施工合同与其他建设工程合同一样是一种双务合同，应遵守自愿、公平、诚实、信用等原则。

（2）施工合同的文件组成：包括施工合同协议书；中标通知书；投标书及其附件；施

工合同专用条件；施工合同通用条件；标准、规范及有关技术文件；图纸；工程量清单；工程报价单或预算书。

（3）施工合同文件的解释顺序：合同文件应能互相解释、互相说明。当合同文件出现不一致时，合同文件组成的顺序就是合同的优先解释顺序。在不违反法律和行政法规的前提下，当事人可以通过协商变更施工合同的内容。这些变更的协议或文件，其效力高于其他合同文件；且签署在后的协议或文件效力高于签署在先的协议或文件。当合同文件出现含糊不清或者当事人有不同理解时，按照合同争议的解决方式处理。

3.1.3　施工现场开工前必须具备的条件

3.1.3.1　项目监理机构应具备的基础资料

（1）监理委托合同（副本）；
（2）监理企业对总监理工程师的任命书及授权；
（3）项目监理机构的人员及其分工；
（4）已经批准的本工程项目的监理规划。

3.1.3.2　建设单位应向项目监理机构提交的文件及资料

（1）建设工程规划许可证（包括附件）；
（2）建设工程开工审查表；
（3）建设工程开工证、施工许可证；
（4）规划部门签发的建筑红线通知书；
（5）在指定当地工程质量监督机构办理的具体监督业务手续；
（6）经建设行政主管部门审查批准的设计图纸及设计文件；
（7）施工承包合同（副本）；
（8）水准点、坐标点等原始资料；
（9）工程地质勘察报告、水文地质资料；
（10）建设单位驻工地代表及授权；
（11）建设单位与相关部门签订的协议书。

3.1.3.3　施工单位向监理单位提交的资料

（1）施工企业资质证书、营业执照及注册号（复印件）；
（2）国家企业等级证书、信用等级证书（复印件）；
（3）施工企业安全资格审查认可证（复印件）；
（4）企业法人代码证书（复印件）；
（5）质量体系认证证书（复印件）；
（6）施工单位提供的试验室资质证书（复印件）；
（7）工程预算书、工程中标价明细表（复印件）；
（8）工程项目经理、主任工程师及管理人员资格证书、上岗证（复印件）；
（9）特殊工人上岗证（复印件）［特殊作业包括电工作业、起重机构作业、金属焊接

（气割）作业等]；

（10）经各部门负责人签认的施工组织设计（施工方案）；

（11）施工组织设计中开列的按进场的第一批施工机械设备的名称、规格、性能、型号、数量；

（12）水准点和坐标点的复核记录。

3.1.3.4 施工技术文件与施工准备

（1）施工文件（包括图纸、设计变更、规程、规范、标准图集）应是有效版本，并有明显的标识。

（2）施工单位质保体系文件必须齐全，并已开始运转。

（3）施工单位现场管理人员和质保人员全部到场。

（4）施工操作人员（包括电工、焊工、钢筋工、混凝土工、测量人员等）应持证上岗，证件应在有效期内。

（5）进入现场的施工机械设备必须符合施工质量及施工进度需要。

（6）应有的计量器具（包括测量仪器、计量磅秤和测温温控设备）必须经过计量部门的鉴定，鉴定证书齐全、有效。

（7）施工管理环境良好，现场道路畅通、水通、电通、通信通。

（8）开工所需要的原材料已进场，质量控制资料、试验报告齐全、有效。

（9）安全保证体系和安全组织机构健全，安全措施落实到位，现场消防、安全设施符合要求。

3.1.4 第一次工地会议

1. 第一次工地例会是项目监理机构正式接触承包单位和全面开展监理工作的起点

会议由建设单位主持。要求参加人员有：建设单位驻工地代表；承包单位项目经理、现场施工员、质量员、安全员、材料员、资料员；监理单位总监理工程师或项目负责人、专业监理人员、资料员等。有条件时，应邀请质量监督部门委派代表参加。

2. 会议的主要内容

（1）承包单位介绍工程概况。包括开工准备工作、工地四通一平及临时设施情况、原材料进场情况、机构设备进场情况和人员进场情况。

（2）建设单位介绍承包单位情况。包括承包单位资质、对本工程的要求（质量要求、进度要求）；介绍监理单位情况，包括委托监理的范围、授予总监理工程师的权限。

（3）监理单位根据监理合同所授的权限，介绍项目监理机构如何对工程在施工阶段的控制（包括对进场原材料的监控、各施工阶段的质量监控、施工阶段的施工技术资料及监理资料必须与工程进度同步等的要求）。确定例会制度并确定例会主持者、会议召开时间及会议纪律。会议可分定期例会（每周一次）、专题会议（在每分部工程交接阶段召开）、特别会议（如发生质量事故、传达有关文件精神时召开）、不定期会议（工作需要时）。

会后要整理成纪要，经与会代表各方签字，留作存档。

3.1.5　施工现场质量管理检查记录审批

3.1.5.1　施工现场质量管理检查记录

1. 资料表式

施工现场质量管理检查记录　　**表 3.1.5.1**

开工日期：

<table>
<tr><td>工程名称</td><td colspan="3"></td><td>施工许可证(开工证)</td><td></td></tr>
<tr><td>建设单位</td><td colspan="3"></td><td>建设单位项目负责人</td><td></td></tr>
<tr><td>设计单位</td><td colspan="3"></td><td>设计单位项目负责人</td><td></td></tr>
<tr><td>监理单位</td><td colspan="3"></td><td>总监理工程师</td><td></td></tr>
<tr><td>施工单位</td><td></td><td>项目经理</td><td></td><td>项目技术负责人</td><td></td></tr>
<tr><td>序号</td><td colspan="3">项　　目</td><td colspan="2">内　　容</td></tr>
<tr><td>1</td><td colspan="3">现场质量管理制度</td><td colspan="2"></td></tr>
<tr><td>2</td><td colspan="3">质量责任制</td><td colspan="2"></td></tr>
<tr><td>3</td><td colspan="3">主要专业工种操作上岗证书</td><td colspan="2"></td></tr>
<tr><td>4</td><td colspan="3">分包方资质与对分包单位的管理制度</td><td colspan="2"></td></tr>
<tr><td>5</td><td colspan="3">施工图审查情况</td><td colspan="2"></td></tr>
<tr><td>6</td><td colspan="3">地质勘察资料</td><td colspan="2"></td></tr>
<tr><td>7</td><td colspan="3">施工组织设计、施工方案及审批</td><td colspan="2"></td></tr>
<tr><td>8</td><td colspan="3">施工技术标准</td><td colspan="2"></td></tr>
<tr><td>9</td><td colspan="3">工程质量检验制度</td><td colspan="2"></td></tr>
<tr><td>10</td><td colspan="3">搅拌站及计量设置</td><td colspan="2"></td></tr>
<tr><td>11</td><td colspan="3">现场材料、设备存放与管理</td><td colspan="2"></td></tr>
<tr><td>12</td><td colspan="3"></td><td colspan="2"></td></tr>
<tr><td colspan="6">检查结论：

总监理工程师
（建设单位项目负责人）　　年　　月　　日</td></tr>
</table>

2. 资料要求

（1）表列项目、内容必须填写完整。各项事宜已基本完成不影响工程正常进行。

（2）建设、设计、监理单位的有关负责人必须签字。

（3）提请施工现场质量管理检查记录时，施工许可证必须办理完毕，填写施工许可证号。

（4）总监理工程师（建设单位项目负责人）填写检查结论并签字。

3. 实施要点

施工现场质量管理检查记录是承包单位工程开工后提请项目监理机构对有关制度、技术组织与管理等进行的检查与确认。

（1）施工现场质量管理检查记录在开工前由施工单位填写。

（2）项目总监理工程师进行检查并做出检查结论。检查不合格不准开工，检查不合格应改正后重审直至合格。检查资料审查完成后签字退回施工单位。

（3）应附有表列有关附件资料。表列内容栏应填写附件资料名称及数量。

（4）为了控制和保证不断提高施工过程中记录整理资料的完整性，施工单位必须建立必要的质量管理体系和质量责任制度，推行生产控制和合格控制的全过程。质量控制有健全的生产控制和合格控制的质量管理体系，包括材料控制、工艺流程控制、施工操作控制、每道工序质量检查、各道相关工序和它的交接检验、专业工种之间等中间交接环节的质量管理和控制、施工图设计和功能要求的抽检制度，以保证工程质量符合设计和有关规范要求等。

（5）工程开工施工单位应填报施工现场质量管理检查记录，经项目监理机构总监理工程师或建设单位项目负责人核查属实签字后填写检查结论。详见表 3.1.5.1-1。

（6）施工现场质量管理检查记录的检查项目。

应填写各项检查项目文件的名称或编号，并将文件（复印件或原件）附在表的后面供检查，检查后应将文件归还施工单位。

1）现场质量管理制度。主要是图纸会审、设计交底、技术交底、施工组织设计编制审批程序、工序交接、质量检查或验收制度，质量好的奖励及达不到质量要求处罚办法，以及质量例会制度及质量问题处理制度等。

2）质量责任制栏，质量负责人的分工，各项质量责任的落实规定，定期检查及有关人员奖罚制度等。

3）主要专业工种操作上岗证书栏。检查测量、起重、塔吊垂直运输司机、钢筋、混凝土、机械、焊接、瓦工、防水工等建筑结构工种上岗证书。电工、管道等安装工种的上岗证，以地方建设行政主管部门颁发的上岗证书为准。

4）分包方资质与对分包单位的管理制度栏。专业承包单位的资质应在其承包业务的范围内承建工程，超出范围的应办理特许证书，否则不能承包工程。在有分包的情况下，总承包单位应有管理分包单位的制度，主要是质量、技术等管理制度。

5）施工图审查情况栏，是指当地建设行政主管部门出具的施工图审查单位的施工图审查批准书及审查机构出具的审查报告。如果图纸分批交出，施工图审查可分段进行。

6）地质勘察资料栏：有勘察资质的单位出具的正式地质勘察报告，供地下部分施工方案制定和施工组织总平面图编制时参考等。

7）施工组织设计、施工方案及审批栏。施工单位编写施工组织设计、施工方案，经项目监理机构审批，应检查编写内容、有针对性的专项措施，有编制单位、审核单位、批准单位，并有贯彻执行的措施。

8）施工技术标准栏。是操作的依据和保证工程质量的基础，承包企业应编制不低于国家质量验收标准要求的操作规程等企业标准。要有批准程序，由企业的总工程师、技术委员会负责人审查批准，有批准日期、执行日期、企业标准编号及标准名称。企业应建立技术标准档案。施工现场应有的施工技术标准都必须有。可作培训工人、技术交底和施工操作的主要依据，也是质量验收的标准。

9）工程质量检验制度栏。包括三个方面的检验，一是原材料、设备进场检验制度；二是施工过程的试验报告；三是竣工后的抽查检测，应专门制订抽测项目、抽测时间、抽测单位等计划，使监理、建设单位等都做到心中有数。可以单独搞一个计划，也可在施工组织设计中作为一项内容。

10）搅拌站及计量设置栏。主要是说明设置在工地搅拌站的计量设施的精确度、管理制度等内容。预拌混凝土或安装专业可不填写这项内容。

11）现场材料、设备存放与管理栏。这是为保证材料、设备质量必须有的措施。要根据材料、设备性能制定管理制度，建立相应的库房等。

(7) 表列子项

1）施工许可证（开工证）：填写当地建设行政主管部门批准发给的施工许可证（开工证）的编号。

2）建设单位项目负责人：应填合同书上签字人或签字人以文字形式委托的代表——工程的项目负责人。工程完工后竣工验收备案表中的单位项目负责人应与此一致。

3）设计单位项目负责人：应是设计合同书签字人或签字人以文字形式委托的该项目负责人，工程完工后竣工验收备案表中的单位项目负责人也应与此一致。

4）总监理工程师：应是合同或协议书中明确的项目监理的负责人，也可以是监理单位以文件形式明确的该项目监理负责人，必须有监理工程师任职资格证书，专业要对口。

5）项目经理：与合同书中明确的项目经理姓名相一致。项目技术负责人栏与合同中明确的项目技术负责人一致。

表头部分可统一填写，不需具体人员签名，只是明确了负责人的地位。

3.1.5.1-1　施工现场质量管理检查例表简析

以2009年3月15日××房地产××小区2号住宅楼施工现场质量管理检查记录为例，见表3.1.5.1-1。

1. 实例表式

施工现场质量管理检查记录　　　　**表3.1.5.1-1**

开工日期：

工程名称	××房地产××小区2号住宅楼		施工许可证(开工证)	冀邯0200×××
建设单位	××房地产开发公司		建设单位项目负责人	田××
设计单位	××设计事务所		设计单位项目负责人	于××
监理单位	××监理公司		总监理工程师	袁××
施工单位	建安总公司第二项目部	项目经理 王××	项目技术负责人	梁××

序号	项　目	内　容
1	现场质量管理制度	有图纸会审、质量例会、自检互检交接检、质量检评、质量事故处理、月评比和奖励等制度
2	质量责任制	有岗位责任制、设计交底、技术交底、定期质量检查、挂牌制度
3	主要专业工种操作上岗证书	有测量工、钢筋工、起重工、电焊工、架子工等
4	分包方资质与对分包单位的管理制度	
5	施工图审查情况	有审查报告及审查批准书(冀邯0200×)
6	地质勘察资料	有工程地质勘察报告
7	施工组织设计、施工方案及审批	有施工组织设计编制、审查、批准责任制齐全
8	施工技术标准	有模板、钢筋、混凝土浇筑、瓦工、焊接等工艺标准20多种
9	工程质量检验制度	有原材料、构配件试(检)验制度、施工试验制度、见证取样
10	搅拌站及计量设置	有管理制度和计量设施精确度及控制措施
11	现场材料、设备存放与管理	有钢材、砂、石、水泥、砖、玻璃、饰面板、地板砖等管理办法
12		

检查结论：

现场质量管理制度基本完整。

总监理工程师（建设单位项目负责人）　袁××　2009年3月15日

2. 实例释析

施工现场质量管理检查的目的是检查施工单位准备的开工条件是否具备，开工后能否保证工程顺利、连续进行施工。

(1) 实例控检原则

1) 施工现场质量管理检查要点是对报审表内提出的应提供资料的齐全程度、正确性进行全部核查。

2) 对表列内容的制度、标准、技术基础文件、管理等方面均应具备满足开工后施工现场的技术管理应用，该工程所报资料已满足要求。

3.1.6 工程监理文件中表列子项通用名词简释

(1) 承包单位（章）：指与建设单位签订施工合同的法人单位的项目经理部级，签章有效（承包单位或称施工单位）。

(2) 承包单位代表：通常指承包单位派遣参加工程建设某项事宜、工程检查或验收等代表承包单位行使授权范围内事宜的代表人。本人签字有效。

(3) 设计单位：指发包人委托的负责本工程设计并取得相应工程设计资质等级证书的单位。

(4) 设计单位代表：通常指设计单位派遣参加工程建设某项事宜、工程检查或验收等代表设计单位行使授权范围内事宜的代表人。本人签字有效。

(5) 监理单位：通常指建设与监理单位合同书中的监理单位名称，按全称填写或加盖公章。或指发包人委托的负责本工程监理并取得相应工程监理资质等级证书的单位。

(6) 监理单位代表：通常指监理单位派遣参加工程建设某项事宜、工程检查或验收等代表监理单位行使授权范围内事宜的代表人。本人签字有效。

(7) 项目经理：指与建设单位签订施工合同的法人单位的项目经理部级的项目经理，签字有效。项目经理实行持证上岗制度。项目经理资质分为一、二、三、四级：一级项目经理：已取得国家认可的助高级或中级专业技术职称者；二级项目经理：已取得国家认可的中级或初级专业技术职称者；三级项目经理：已取得国家认可的中级或初级专业技术职称者；四级项目经理：已取得国家认可的初级专业技术职称者。

(8) 项目监理机构（章）：指与建设单位签订监理合同的监理单位的法人指派到施工现场的项目监理机构，签章有效。

(9) 总监理工程师：由监理单位法定代表人书面授权，全面负责委托监理合同的履行、主持项目监理机构工作的监理工程师，签字有效。凡质量、技术问题方面的有法律效力的最后签证，只能由项目总监理工程师一个签署。

(10) 专业监理工程师：根据项目监理岗位职责分工和总监理工程师的指令，负责实施某一专业或某一方面的监理工作，具有相应监理文件签发权的监理工程师，签字有效。

(11) 监理员：指监理单位直接参加某项工程协助监理工程师工作的人员，本人签字有效。

(12) 专业监理工程师审查意见：资料所报事宜由专业监理工程师审查提出的审查意见，凡有此项内容，必须填写审查意见，填写审查日期，专业监理工程师本人签字。

(13) 总监理工程师审查意见：总监理工程师对资料所报事宜，认真审核后由总监理工程师本人签字后执行，凡有此项内容，必须填写审查意见，填写审查日期，总监理工程师本人签字。

(14) 开工日期：指发包人、承包人在协议书中约定，承包人开始施工的绝对或相对的日期。

(15) 竣工日期：指发包人、承包人在协议书中约定，承包人完成承包范围内工程的绝对或相对的日期。

3.2　施工单位与项目监理机构工作联系技术文件（B1）

3.2.1　工程开工报审（B1-1）与例表简析

3.2.1.1　工程开工报审表式（B1-1）

1. 资料表式

工程开工报审表　　　　表 3.2.1.1

工程名称：　　　　　　　　　　　　编号：

致＿＿＿＿＿＿＿＿（监理单位） 我方承担的＿＿＿＿＿＿＿＿准备工作已完成。 一、施工许可证已获政府主管部门批准；☐ 二、征地拆迁工作能满足工程进度的需要；☐ 三、施工组织设计已获总监理工程师批准；☐ 四、现场管理人员已到位，机具、施工人员已进场，主要工程材料已落实；☐ 五、进场道路及水、电、通信等已满足开工要求；☐ 六、质量管理、技术管理和质量保证的组织机构已建立；☐ 七、质量管理、技术管理制度已制定；☐ 八、专职管理人员和特种作业人员已取得资格证、上岗证。☐ 特此申请，请核查并签发开工指令。 承包单位(章)：＿＿＿＿ 项目经理：＿＿＿＿日期：＿＿＿＿
审查意见： 监理单位(章)：＿＿＿＿ 总监理工程师：＿＿＿＿日期：＿＿＿＿

本表由承包单位填写，一式四份，送监理机构审核后，建设、监理各一份，承包单位两份。

2. 资料要求

(1) 承包单位提请开工报审时，提供的附件应满足实施要点（7）条中的 1)～7) 款的要求，表列内容的证明文件必须齐全、真实，对任何形式的不符合开工报审条件的工程项目，承包单位不得提请报审，监理单位不得签发报审表。

(2) 承包单位提请开工报审时，应加盖承包单位章，项目经理签字不盖章。

(3) 工程开工报审除监理合同规定须经当地建设行政主管部门批准外，以总监理工程师最终签发有效，项目监理机构盖章总监理工程师签字。

（4）开工报审必须在开工前完成报审，否则为不符合要求。

3. 实施要点

工程开工报审表是项目监理机构对承包单位施工的工程经自查已满足开工条件后提出申请开工且已经项目监理机构审核确已具备开工条件后的报审与批复文件。

（1）承包单位提请开工报审时，提供的附件应满足资料表式中的一～八项附件资料的要求，表列内容的证明文件必须齐全、真实。对任何形式的不符合开工报审条件的工程项目，承包单位不得提请报审，监理单位不得签发报审表。

（2）承包单位提请开工报审时，应加盖法人承包单位章，项目经理签字不盖章。

（3）开工报审必须在开工前完成报审，否则为不符合要求。

（4）表列项目应逐项填写，不得缺项；缺项为不符合开工条件。

（5）本表由施工单位填报，满足表列条件后，监理单位填写审查意见并经总监理工程师批复后执行。

（6）审查开工报告时，承包单位的施工准备工作必须确已完成且具备开工条件时方可提请报审。

（7）项目监理机构应对以下内容进行审查：

1）施工许可证已获政府主管部门批准，并已签发《建设工程施工许可证》，口头讲已获批准无效；

2）征地拆迁工作应能够满足工程施工进度的需要；

3）施工图纸及有关设计文件标准均确已备齐（包括图纸、设计变更、规程、规范、标准图纸。均应为正式版本并有标识）；

4）施工组织设计（施工方案）已经项目监理机构审定，总监理工程师已经批准并签字；

5）施工现场的场地、道路、水、电、通信和临时设施已满足开工要求，地下障碍物已清除或查明；

6）测量控制桩已经项目监理机构复验合格；

7）施工、管理人员（主要指项目经理、技术负责人、施工工长、质量检查员、材料员、信息员等）已按计划到位，相应的组织机构和制度已经建立，施工设备、料具已按需要到场，主要材料供应已落实。

（8）对监理单位审查承包单位现场项目管理机构的要求

1）现场项目管理机构的质量管理体系、技术管理体系和质量保证体系的确认，必须在确能保证工程项目施工质量时，由总监理工程师负责审查完成。

2）现场项目管理机构的质量管理体系、技术管理体系和质量保证体系的确认，必须在确能保证工程项目施工质量时，应在工程项目开工前完成。

3）对承包单位现场项目管理机构的质量管理体系、技术管理体系和质量保证体系，应审查下列内容：质量管理、技术管理和质量保证的组织机构；质量管理、技术管理和制度；专职管理人员和特种作业人员的资格证、上岗证（特种作业指电工、起重机械、金属焊接和高空作业）。

4）应当深刻地认识监理工作必须是在承包单位建立健全质量管理体系、技术管理体系和质量保证体系的基础上才能完成的。如果承包单位不建立质量管理体系、技术管理体系和质量保证体系，是难以保证施工合同履行的。

注：关于质量管理与技术管理的说明：

1. 质量管理是指为保证企业各项技术活动过程、技术工作要素和为提高产品质量或工作质量所进行的质量调查、计划、组织、指挥、协调、控制、信息及反馈等各项工作的总称。为此任务而制定的规章、制度、措施等均属于质量管理的范畴之内。

2. 技术管理是质量管理的组成部分，强调的是对技术工作的管理。其"各项技术活动过程"和"技术工作的各种要素"主要包括：

(1) 各项技术活动过程

技术准备工作：如图纸会审、编制施工组织设计、技术交底、技术检验等。

技术工作实施：如质量技术检查（关键是现场实物检查）、技术核定、技术措施、技术处理、技术标准和规程等（如质量例会、评比、奖罚、三检制度、原材料及施工检验等）。

技术开发工作：如科学研究、技术改造、技术革新、技术培训、新技术试验等。

最关键的是质量控制措施执行的有效性。

(2) 技术工作的各种要素

指的是技术工作赖以进行的技术人才、技术装备、技术情报、技术文件、技术资料、技术档案、技术标准、技术规程、技术责任制等技术管理的基础工作。

(3) 质量保证也是质量管理的组成部分之一，是指生产企业对用户在产品质量方面提供的担保，保证用户购买的产品在寿命期间内质量良好，性能、寿命、可靠性、安全性、经济性等都符合规定要求。质量保证包括两方面的内容：

① 企业生产过程中，企业内部加强各环节的质量控制，直到保证最终出厂成品质量符合要求。

② 产品出厂进入流通领域和使用过程之后，提供完善的售后服务，帮助用户掌握产品性能，保证用户使用；对出现的质量缺陷协助用户迅速修复，保证产品性能正常发挥；对质量事故负责赔偿，自始至终对用户负责。

(9) 经专业监理工程师核查，具备开工条件时报项目总监理工程师审核同意后签发《工程开工报审表》，并报建设单位备案。委托合同规定工程开工报审需经建设单位批准时，项目总监理工程师审核后应报建设单位，由建设单位批准。工期自批准之日起计算。

(10) 整个项目一次开工，只填报一次。如工程项目中涉及较多单位工程，且开工时间不同时，则每个单位工程开工都应填报一次。

(11) 关于延期开工：

1) 承包单位要求的延期开工，监理工程师有权批准是否同意延期开工。当承包单位不能按时开工，应在不迟于协议书约定的开工日期前7天，以书面形式向监理工程师提出延期开工的理由和要求。监理工程师在接到延期开工申请后的48小时内以书面形式答复承包单位。监理工程师在接到延期申请后的48小时内不答复，视为同意承包单位的要求，工期相应顺延。如果监理工程师不同意延期要求，工期不予顺延。如果承包单位未在规定时间内提出延期开工的要求，如在协议书约定的开工日期前5天才提出，工期也不予顺延。

2) 建设单位原因的延期开工，因建设单位的原因不能按照协议书约定的开工日期开工，监理工程师以书面形式通知承包单位后，可推迟开工日期。承包单位对延期开工的通知没有否决权，但建设单位应当赔偿承包单位因此造成的损失，相应顺延工期。

(12) 项目监理机构关于查验施工许可证的控制原则：

1）必须申请领取施工许可证的建筑工程未取得施工许可证的一律不得开工。

2）施工许可证是由建设单位申请办理的，由于监理单位是受建设单位委托，监理单位往往坚持原则不够而妥协，这是不对的。监理单位必须坚持未领取施工许可证不得开工。对有意规避办理、采用虚假证明文件或伪造施工许可证的，监理单位一定要坚持原则。向有关单位讲明利害，坚决制止。

（13）表列子项：

1）致____________监理单位：指发送给建设单位与签订合同的监理单位名称，按全称填写。

2）审查意见：总监理工程师指定专业监理工程师应对承包单位的准备工作情况一至八项等内容进行审查，除所报内容外，还应对施工图纸及有关设计文件是否齐备；施工现场的临时设施是否满足开工要求；地下障碍物是否清除或查明；测量控制桩是否已经项目监理机构复验合格等情况进行审查，专业监理工程师根据所报资料及现场检查情况，如资料是否齐全，有无缺项或开工准备工作是否满足开工要求等情况逐一落实，具备开工条件时，向总监理工程师报告并填写“该工程各项开工准备工作符合要求，同意某年某月某日开工”。

3）承包单位按表列内容逐一落实后，自查符合要求可在该项“□”内画“√”。并需将《施工现场质量管理检查记录》及其要求的有关证件；《建筑工程许可证》；现场专职管理人员资格证、上岗证；现场管理人员、机具、施工人员进场情况；工程主要材料落实情况等资料作为附件同时报送。

3.2.1.2　工程开工报审例表简析

以2009年3月××房地产××小区2号住宅楼工程开工报审为例。

1. 实例表式

工程开工报审表　　表 3.2.1.2

工程名称：××房地产××小区2号住宅楼　　编号：01-001

<table>
<tr><td>
致　市××监理公司　（监理单位）
我方承担的　××××小区2号住宅楼　准备工作已完成。
一、施工许可证已获政府主管部门批准；☑
二、征地拆迁工作能满足工程进度的需要；☑
三、施工组织设计已获总监理工程师批准；☑
四、现场管理人员已到位，机具、施工人员已进场，主要工程材料已落实；☑
五、进场道路及水、电、通信等已满足开工要求；☑
六、质量管理、技术管理和质量保证的组织机构已建立；☑
七、质量管理、技术管理制度已制定；☑
八、专职管理人员和特种作业人员已取得资格证、上岗证。
特此申请，请核查并签发开工指令。☑

承包单位(章)：××××第二项目部
项目经理：王××　日期：2009年3月16日
</td></tr>
<tr><td>
审查意见：
经对8项应提资料逐一审查，表列8项内容按批准原则确认均已全部准备就绪，已具备开工条件，同意开工。
监理单位(章)：××监理公司第二监理部
总监理工程师：袁××　日期：2009年3月17日
</td></tr>
</table>

2. 实例释析

开工报审的目的是检查施工单位准备的开工条件是否具备，开工后能否保证工程顺利、连续进行施工。工程开工报审要点是对报审表内提出的应提供资料的齐全程度、正确性进行核查。

(1) 实例控检原则：

1) 工程开工未经报审不得开工。工程开工报审应审查的条目明确，表列8项内容必须逐一审查、基本落实。只要表列8项基本符合要求，即可批准开工。监理人员应明确开工前施工单位必须报送的资料和开工后可以限定时间提送的资料内容。

2) 工程开工报审属指令性文件，开工报审项目监理机构审查必须实事求是，技术用语严格、恳切，用词准确。

3) 承包单位应充分准备，项目监理机构审查只要主要项目已完成，有些项目在开工后还可以随时改正，对于需要改正的问题可在批复中限定时间改正的，也可批复开工，其原则是不影响开工后的正常施工及管理。只要施工许可证、征拆文件、施工组织设计、现场质保体系、进场工人上岗证齐全，开工后所用的工程材料、设备基本齐全不影响正常施工，主要规章制度基本齐全即可开工。

4) 批复时必须写明批准的开工时间，这是计算总工期的起始时间。必须由总监理工程师批准，签字有效。

5) 工程开工报审是承包单位提请报审，项目监理机构审查的责任文件。不报、不审或不认真审查，都是失职行为。

(2) 应检查的附件资料：

施工许可证（略）；征地、拆迁文件（略）；施工组织设计（略）；专业管理人员和特种作业人员资格证、上岗证（略）。

3.2.2　复工报审（B1-2）与例表简析

3.2.2.1　工程复工报审表式（B1-2）

1. 资料表式

工程复工报审表　　　　表 3.2.2.1

工程名称：　　　　　　　　　　　　　　　　　　编号：

致：＿＿＿＿＿＿＿＿＿＿＿＿＿＿＿＿（监理单位） 鉴于＿＿＿＿＿＿＿＿＿＿＿＿工程，按第＿＿＿＿号工程暂停令已进行整改，并经检查后已具备复工条件，请核查并签发复工指令。 附件：具备复工条件的情况说明 承包单位（章）：＿＿＿＿＿＿ 项目经理：＿＿＿＿＿＿　日期：＿＿＿＿＿＿
审查意见： □　具备复工条件，同意复工； □　不具备复工条件，暂不同意复工。 监理单位：＿＿＿＿＿＿ 总监理工程师：＿＿＿＿＿＿　日期：＿＿＿＿＿＿

本表由承包单位填写，一式三份，送监理机构审核后，建设、监理及承包单位各一份。

2. 资料要求

（1）承包单位提请复工报审时，提供的附件资料应满足具备复工条件的情况和说明，证明文件必须齐全、真实。对任何形式的不符合复工报审条件的工程项目，承包单位不得提请报审，监理单位不得签发复工报审表。

（2）承包单位提请复工报审时，应加盖承包单位章，项目经理签字不盖章。

（3）工程复工报审，项目监理机构盖章，总监理工程师签字，以总监理工程师最终签发有效。

（4）必须进行复工报审，复工报审必须在复工前完成。

3. 实施要点

复工报审必须是承包单位按项目监理机构下发的监理通知、工程质量整改通知或工程暂停指令等提出的问题确已认真改正并具备复工条件时提出的文件资料。

（1）本表由施工单位填报，监理单位的总监理工程师审批，需经建设单位同意时应经建设单位同意后签发。

（2）工程暂停原因消失后，承包单位即可向项目监理机构提请复工报审。

（3）复工报审必须附有复工条件的附件资料，说明整改已经结束，且整改后的结果已符合有关的标准要求。

（4）复工指令的签发原则：

1）工程暂停是由于非承包单位原因引起的，签发复工报审表时，只需要看引起暂停施工的原因是否还存在，如果不存在即可签发复工指令。

2）工程暂停是由于承包单位原因引起时，重点要审查承包单位的管理、或质量、或安全等方面的整改情况和措施，总监理工程师确认：承包单位在采取所报送的措施之后不再会发生类似的问题。否则不应同意复工。对不同意复工的申请应重新按此表再次进行报审。

3）另外应当注意：根据施工合同范本，总监理工程师应当在48小时内答复承包单位书面形式提出的复工要求。总监理工程师未能在规定时间内提出处理意见，或收到承包人复工要求后48小时内未给答复，承包人可自行复工。

（5）表列子项：

1）鉴于……工程，按第……号：是指原监理单位下达的“工程部位暂停指令”、“工程质量整改通知”等的编号，后面填写通知对方恢复施工的时间及工程项目名称。

2）审查意见：由总监理工程师根据核实结果填写并签字有效。总监理工程师应指定专业监理工程师对复工条件进行复核，在施工合同约定的时间内完成对复工申请的审批，符合复工条件在同意复工项“□”内画“√”，并注明同意复工的时间；不符合复工条件在不同意复工项“□”内画“√”，并注明不同意复工的原因和对承包单位的要求。

3.2.2.2 工程复工报审例表简析

以2009年5月，因送样延误无试配报告而停工的复工报审为例。

1. 实例表式

工程复工报审表　　表 3.2.2.2

工程名称：××房地产××小区 2 号住宅楼　　编号：001

<table>
<tr><td>致：市××监理公司（监理单位）
鉴于 ××小区 2 号住宅楼 工程，按第 001 号“工程暂停令”已进行整改，并经检查后已具备复工条件，请核查并签发复工指令。
附件：具备复工条件的情况说明
因送样时间计算上的错误，晚了 1 天，现已收到基础底板梁的试配报告，并已按试配结果进行了现场准备，已对进场的砂、石材料进行了含水率测定，现已具备复工条件，请批复。

承包单位(章)：××××第二项目部
项目经理：王××　日期：2009 年 5 月</td></tr>
<tr><td>审查意见：
情况属实，已进行开盘鉴定，同意复工。
☑ 具备复工条件，同意复工；
☐ 不具备复工条件，暂不同意复工。

监理单位：××监理公司第二监理部
总监理工程师：袁××　日期：2009 年 5 月</td></tr>
</table>

2. 例表简析

(1) 例表控检原则：

1) 审查应根据“停工指令”中提出的问题必须进行逐一核查。以事论事，事事有交代，有改正内容、程度和措施。

2) 复工报审是承包单位提请报审，项目监理机构审查的责任文件。不报、不审或不认真审查，都是失职行为。应核查是否有不报或报而未审就复工的问题。如有，应责令限期停工复审，重新填报复工报审表。

(2) 应检查的附件资料：

见证取样的水泥、砂、石材料送样报告单（注意日期）（略）；试验单位出具的试配报告单（略）；现场砂、石含水率测定记录（略）；开盘鉴定记录（略）；混凝土浇灌申请（略）。

3.2.3 施工组织设计（方案）报审（B1-3）与例表简析

3.2.3.1 施工组织设计（方案）报审表（B1-3）

1. 资料表式

施工组织设计（方案）报审表 **表 3.2.3.1**

工程名称： 编号：

致：____________________(监理单位) 我方已根据施工合同的有关规定完成了____________工程施工组织设计(方案)的编制，并经我单位上报技术负责人审查批准，请予以审查。 附件：施工组织设计(方案) 承包单位(章)：__________ 项目经理：________ 日期：________
专业监理工程师审查意见： 专业监理工程师：________ 日期：________
总监理工程师审核意见： 监理单位：__________ 总监理工程师：________ 日期：________

本表由承包单位填写，一式三份，送监理机构审核后，建设、监理及承包单位各一份。

2. 资料要求

(1) 承包单位提送报审的施工组织设计（施工方案），文件内容必须具有全面性、针对性和可操作性，编制人、单位技术负责人必须签字，报送单位必须加盖公章；

报审表承包单位必须加盖公章，项目经理必须签字。

(2) 施工组织设计或施工方案专业监理工程师先行审查后必须填写审查意见，填写审查日期并签字；

(3) 施工组织设计或施工方案经总监理工程师审查同意后，加盖项目监理机构章、总监理工程师签字后返回承包单位；

(4) 施工组织设计或施工方案报审时间必须在工程项目开工前完成；

(5) 对“文不对题”或敷衍抄袭提供的施工组织设计应退回令其重新编制并报审。

3. 实施要点

施工组织设计（施工方案）是施工单位根据承接工程特点编制的实施施工的方法和措施，提请项目监理机构报审的文件资料。

(1) 施工组织设计的填报、审核与签发本表由施工单位填报，项目监理机构的专业监理工程师审核，总监理工程师签发。需经建设单位同意时应经建设单位同意后签发。

(2) 对施工过程中执行施工组织设计的要求

1) 项目监理机构应要求承包单位必须严格按照批准的（或经过修改后重新批准的）施工组织设计（方案）组织施工。

2) 施工过程中，当承包单位对已批准的施工组织设计进行调整、补充或变动时，应先经专业监理工程师审查，并应由总监理工程师签认。

(3) 对施工中采用新材料、新工艺、新技术、新设备时的工艺措施要求

1) 当采用新材料、新工艺、新技术、新设备时，承包单位应报送相应的施工工艺措施和证明材料，应经专题论证，经审定后确认。

2) 专题论证可以根据工作需要邀请专家进行研讨论证。应用“四新”的总原则应是谨慎从事，确保施工中万无一失。

(4) 对监理单位审查施工组织设计的有关要求

1) 总监理工程师应组织专业监理工程师对承包单位报审的施工组织设计（方案）进行审核。

2) 施工组织设计审查应在工程项目开工前完成。

3) 经总监理工程师审查签认后的施工组织设计应报建设单位。

(5) 施工组织设计审查程序

1) 施工组织设计和审查程序（图 3.2.3.1）。

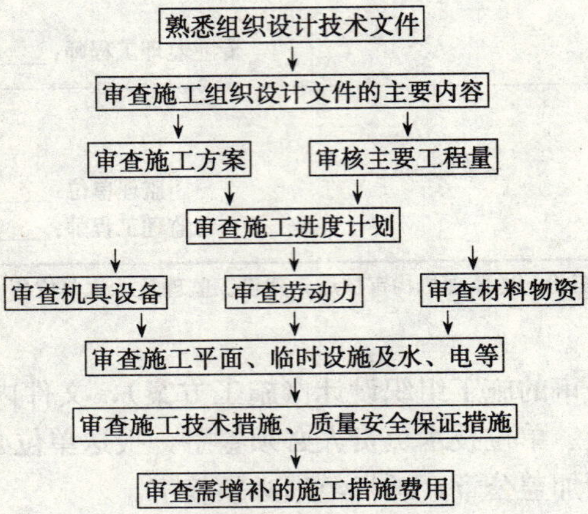

图 3.2.3.1　施工组织设计和审查程序

2) 承包单位必须完成施工组织设计的编制及自审工作，并填写施工组织设计（方案）报审表，报送项目监理机构审查。

3) 总监理工程师应在约定时间内，组织专业监理工程师审查，提出审查意见后，由总监理工程师审定批准。需要承包单位修改时，由总监理工程师签发书面意见，退回承包单位修改后再报审，总监理工程师应重新审定。

4) 已审定的施工组织设计由项目监理机构报送建设单位。

5) 承包单位应按审定的施工组织设计文件组织施工。如需对其内容做较大变更，应在实施前将变更内容书面报送项目监理机构重新审定。

6) 对规模大、结构复杂或属于新结构、特种结构的工程，项目监理机构应在审查施工组织设计后，报送监理单位的技术负责人审查，组织有关专家会审。

(6) 审查施工组织设计的基本要求

1) 施工组织设计应有承包单位负责人签字。

2) 施工组织设计应符合施工合同要求。

3) 施工组织设计应由专业监理工程师审核后，经总监理工程师签认。

4）发现施工组织设计中存在问题应提出修改意见，由承包单位修改后重新报审。

（7）应审查的施工组织设计内容

一般应包括：施工方案和施工方法；主要工程量；施工进度计划；机具设备需用计划；劳动力使用计划；材料物资供应计划；施工平面布置及临时水、电等管线布置；施工技术措施、质量安全保证措施等；需增补的施工措施费用。

施工组织设计的审查，应从工程项目施工的全局、全过程来考虑，必须抓住主要矛盾，对其中的施工方案及施工方法、施工进度计划、施工现场平面布置及需要增加的施工措施费用等进行重点审查。

1）施工方案、施工方法

施工方案与施工方法是施工组织设计的核心环节。要求施工方案与施工方法应能体现科学、合理、安全、经济、可靠的原则，在确保施工安全和质量、进度的前提下节省投资。主要审查以下内容：

① 施工方案主要审查：

a. 施工方案选择是否优化：总的施工程序的确定是否符合基本建设程序，准备工作是否已经完成，诸如：图纸会审，施工图预算编制，"四通一平"，材料、机具、构件、劳动力等的准备；地基是否处理完成且验收合格；是否遵循"先地下后地上"、"先土建后设备"、"先主体后围护"、"先结构后装修"的原则；

b. 施工流向确定的合理性：单层建筑应定出分段（跨）施工在平面上的施工流向；多层建筑除定出平面上的流向外，还应定出分层的施工流向。尚应符合投用的先后时间、适应施工组织的分区分段、材料、构件运输方向是否冲突、适应主导工程的合理施工顺序。

注：主导工程是指较大或技术上较复杂在整个工程中起主导作用的项目，如装配式构件现场预制、组合拼装和结构吊装；多层建筑中砌体、楼板安装（或现浇）和抹灰等。

② 施工方法主要审查：

a. 土石方工程：大量土石方工程施工，采用机械或人工，能否满足工期要求；一般建筑物及构筑物墙、柱基槽、基坑施工方法及放坡要求；石方爆破方法及所需机具、材料的选用；挖、填、运所需机械设备型号、数量；降水采用方法、布置及所需设备；大型土石方调配。

b. 混凝土和钢筋混凝土工程：

（a）应着重于模板工程的工具化和钢筋、混凝土施工的机械化

模板类型和支模方法：根据不同的结构类型、现场条件确定现浇和预制用的各种模板（如工具式钢模、大模、混凝土胎模、钢丝网水泥、竹模板、纤维板模板等），各种支承方法（如钢木立柱、桁架、钢制托具等）和各种施工方法（如分节脱模、重叠支模、滑模、压模等），并分别列出采用的项目、部位和数量，明确加工制作的分工。

隔离剂的选用：如采用水质隔离剂、皂角等。

钢筋加工、运输和安装方法：明确在加工厂或现场加工的范围（如成型程度是加工成单根、网片或骨架）。除锈、调直、切断、弯曲、成型方法、钢筋冷拉、预加应力方法，焊接方法（如对焊、电弧焊、点焊）以及其运输和安装方法，从而提出加工申请计划和所需机具设备计划。

(b) 混凝土搅拌和运输方法：

确定混凝土集中搅拌还是分散搅拌，其砂石筛洗、计量和后台上料方法，混凝土输送方法，并选用搅拌机的型号，以及所需的掺合料、附加剂的品种数量，提出所需材料机具设备数量。

混凝土的浇筑顺序、施工缝位置、分层高度、工作班次、振捣方法和养护制度等。

(c) 结构吊装工程：

按构件的外形尺寸、重量和安装高度，建筑物外形和周围环境，选定所需的吊装机构型号和数量。

确定吊装方法（是逐件流水吊装、节间综合吊装还是扩大节间综合吊装），安排吊装顺序、机械位置和行驶路线以及构件的制作、拼装场地。

构件运输、装卸、堆放方法，以及所需的机具设备（如平板拖车、载重汽车、拖拉机、卷扬机、宽窄轨道车、架子车等）型号、数量和对运输道路的要求。

采用自制设备（俗称"土法"吊装）时，应考虑自制吊装机具的规格、所需材料、配件和设备。

(d) 现场垂直、水平运输：

确定标准层垂直运输量（如砖、砌块、砂浆、模板、钢筋、混凝土、各种预制构件、门窗和各种装修用料、水电材料及工具、脚手等）。

选择垂直运输的方式时，应充分利用构件吊装机构作一部分材料的垂直运输。当吊装机构不能满足要求时，一般可采用钢、木井架（附扒杆）、门架、屋面吊和皮带机等垂直运输设备，并须确定其型号和数量。

选定水平运输的方式，如各种运输车（手推车、机动小翻斗车、架子车、构件安装小车、钢筋小车等）和输送泵及其型号和数量。

确定与上述配套使用的专用工具设备，如砖车、砖笼、混凝土车、灰浆车和料斗车等。

确定地面和楼层上水平运输的行驶路线，预留施工洞口。

合理地布置垂直运输设施的位置，综合安排各种垂直运输设施的任务和服务范围，如划分运送砖、砌块、构件、灰浆、混凝土的时间和工作班次，做到合理分工。

确定搅拌混凝土、灰浆后台上料所需的运输机具，如手推车、皮带运输机、提升料斗、铲车、推土机、装载机或水泥溜槽的型号和数量。

(e) 装修工程：

主要包括室内外抹灰、门窗安装和油漆、玻璃等。

确定采用工厂化、机构化施工方法。如尽可能在工厂里完成某些饰面、油漆等；采用机械喷灰，外墙饰面采用喷涂、滚涂方法；以干作业代替湿作业，取消墙面顶棚抹灰，采用刮腻子喷浆或粘贴壁纸等。根据所采用的方法，提出所需的机具设备。

确定工艺流程和施工组织，组织流水施工。如按室内外抹灰划分组成专业队进行大流水施工等。

确定装修材料（如门窗、隔断板、水电暖卫器材等）逐层配套堆放的平面布置和数量。如在结构工程施工时，充分利用吊装机械，在每层顶板（即楼板）吊装前，把该层所需的装修用料一次运入楼层，堆放在规定的房间内，以减少装修施工时的材料搬运。

(f) 特殊项目的施工方法和技术措施：

如采用新结构、新材料、新工艺和新技术，高耸、大跨和重型构件，以及水下、深基坑和软弱地基项目等应单独编制，其主要内容为：

工艺流程；需要表明的平面、剖面示意图，工程量；施工方法、劳动组织和施工进度，包括相应的冬雨期施工措施；技术要求和质量安全注意事项；材料、构件和机具设备需用量。

(g) 质量和安全技术措施：

在严格执行国家建委 1977 年颁发的两个规定和遵守现行施工规范、规程的前提下，针对工程施工特点，明确有关措施内容。

——工程质量方面：

对于采用的新工艺、新材料、新技术和新结构，须制订有针对性的技术措施，保证工程质量。

确保放线定位正确无误的措施。

确保地基基础，特别是软弱地基、坑穴上的基础、复杂基础的技术措施。

保证主体结构中关键部位的质量措施。

复杂的、特殊的工程施工技术措施等。

——安全施工：

对于采用的新工艺、新材料、新技术和新结构，须制订有针对性的、行之有效的专门安全技术措施，以确保施工安全。

预防自然灾害的措施。如沿海防台风，雨季防雷击，山区防洪排水，夏季防暑降温，冬季防冻防寒防滑等措施。

防火防爆措施。如明火作业（焊接、切割、熬制沥青等）要选择安全地点，使用氧气要防振、防暴晒，使用乙炔防回火等。

高空或立体交叉作业须有防护和保护措施。如在同一空间上下层操作时，应设置隔层或其他防护措施；人员上下要设专用电梯或行走马道等。

安全用电和机电设备的保护措施。如电焊机、电动机、变压器（室外型除外）应有防雨防潮设施和接地、接零措施；传动齿轮和传动皮带要有防护设施；潮湿环境下和手动工具所用的电源线须采用防水绝缘胶皮线或电缆；施工现场临时布线有关电杆距离，架设高度、线路的交叉跨越以及高空作业地点距千伏以上高压线的距离均需按有关规定执行等，以保证安全施工。

2) 审查施工平面布置图

① 垂直运输机械位置的确定：垂直运输设备的位置与仓库、料堆、砂浆、混凝土搅拌机位置及场内道路及水电管网的布置的确定直接相关。例如：塔式起重机的位置是根据现场建筑物四周的施工场地条件及安装工艺确定的，起重臂操作范围内不得有架空线路和原有建、构筑物等；单层装配式工业厂房一般采用履带式或轮胎式起重机，进行节间吊装；平面布置是否合理直接影响起重机的吊装速度。

② 材料、构件、仓库、搅拌站位置的布置：材料、构件堆放位置符合安装顺序，力求直接就位，避免二次搬运，搅拌站位置应做到材料运距最短。

③ 运输道路布置的合理性：尽量做到道路布置成直线；考虑工程开工的顺序；力争

临时与永久道路相结合；施工现场道路最小宽度、转弯半径、最大纵向坡度符合要求；道路质量符合施工需要，不得影响施工正常进行。

④ 暂设工程的布置：主要是行政管理用房、料具仓库、加工间、生活用房等，应按统一设置的原则进行设计，并按其相应的面积参考定额进行设计。

⑤ 水电管网布置的合理性：根据工程需要施工用水管网可按环形、枝形或混合式进行布置，室外消火栓布置应沿道路设置，间距不超过120m，距房屋外墙为1.5～5m，距道路不大于2m，消防管直径不小于100mm，在特定情况下不得小于80mm。

临时用电线路可按枝状系统或网状系统布置。对需要连续供电的机械设备应避免使用枝状线路，最好用网状线路。

3）审查工程进度

① 对进度计划监理工程师必须注意控制总工期，分析网络计划的关键线路是否正确。

② 用于工程的人力、施工设备等是否满足完成计划的需求。人力的数量、工种是否配套；施工设备是否配套、有效，规模和技术状态是否良好，维护保养是否满足。

③ 计划安排中是否预留了足够的动员时间和清理现场时间。

④ 进度计划的修改是否改变了关键线路，是否需要增加劳动力和机械设备。

⑤ 气候因素对工程可能造成的影响，如：冰冻、炎热、潮湿、雨季、台风等。对气候因素可能造成的影响的防范措施。例如：雨、雪、冰冻、潮湿等对土方工程的影响；冰冻、炎热对混凝土工程的影响；大雨、洪水对运输（密、繁）的影响；洪水对隧道施工的影响；台风对海岸工程影响等。

⑥ 分包工程、临时工程可能对工程进度造成的影响。

4）工程进度控制方法

① 检查工程进度情况，进行实际进度与计划进度的比较，分析延误原因及采取措施。

② 修订进度计划。施工单位应根据工程实际进行，对不属于施工原因造成的工程进度延期，施工方有权得到补偿的额外付款。

③ 认真编制年、月、季、旬计划，分项工程施工计划，劳动力、机械设备、材料采购计划。

④ 监理工程师应及时对已经延误的工期及其原因进行分析，及时告知施工方。

⑤ 承包商及时提出合理的施工进度措施或方案，并应得到监理工程师批准。

⑥ 施工单位提交的施工进度计划，经监理工程师批准后，监理工程师应据此请其编制年、季、月度计划，并按此检查执行，对执行中不符合年、季、月度计划的部分应及时检查并提出警告或协商，以保证工程进度按计划实施。对不接受警告或协商者，监理工程师可以建议中止合同。

5）施工用水、用电审查

① 总用水量是否按：生产、生活、消防三方面设计，生产、生活、消防用水量参照相关参考定额进行计算。

② 施工用电量和变压器选择：施工用电包括生产（动力）和照明两个部分，施工动力用电按相关参考定额计算求得动力用电量后，外加10%作为动力、照明的总用电量。

变压器选择：高压输入额定电压必须和当地高压电源电压一致，低压侧必须与工地用电设备的额定电压相一致。通常施工工地用电，高压侧10kV，低压侧为三相四线制380V

或 220V 电压。

施工机具电动机等额定容量可参照相关资料进行。

③ 配电导线截面选择。必须满足：考虑机械强度、安全电流和容许电压降三个基本要求。

6）审查安全生产技术与措施

① 高空作业安全技术与预防高空坠落物体打击事故。

② 起重吊装和垂直运输安全技术与预防起重伤害事故发生措施。

③ 施工现场配电安全技术与触电伤害事故发生措施。

④ 土石方工程安全技术与土方坍塌伤害事故发生措施。

(8) 表列子项

1）附件：指需要审批的施工组织设计或施工方案。

2）审查意见：指对施工组织设计（方案）内容的完整性、符合性、适应性、合理性、可操作性及实现目标的保证措施的审查所得出的结论。

附：单位工程施工组织设计应包括的内容

1. 编制依据。

2. 工程概况：工程建设概况；工程建筑设计概况；工程结构设计概况；建筑设备安装概况；自然条件；工程特点和项目实施条件分析。

3. 施工部署：建立项目管理组织；项目管理目标；总承包管理；各项资源供应方式；施工流水段的划分及施工工艺流程。

4. 主要分部分项工程的施工方案。

5. 施工准备工作计划：施工准备工作计划具体内容；施工准备工作计划。

6. 施工平面布置：施工平面布置的依据；施工平面布置的原则；施工平面布置内容；设计施工平面图步骤；施工平面管理规划。

7. 施工资源计划：劳动力需用量计划；施工工具需要量计划；原材料需要量计划；成品、半成品需要量计划；施工机械、设备需要量计划；生产工艺设备需要量计划；测量装置需用量计划；技术文件配备计划。

8. 施工进度计划：编制施工进度计划依据；施工进度计划编制步骤；施工进度计划编制内容；制定施工进度控制实施细则。

9. 施工成本计划：施工成本计划；编制施工成本计划步骤；施工成本控制措施；降低施工成本技术措施计划。

10. 施工质量计划及保证措施：编制施工质量计划的依据；施工质量计划内容；质量保证措施。

11. 职业安全健康管理方案：施工安全计划内容；制定安全技术措施。

12. 环境管理方案：施工环保计划内容；施工环保计划编制的步骤；施工环保管理目标；环保组织机构；环保事项内容和措施。

13. 施工风险防范。

14. 项目信息管理规划。

15. 新技术应用计划。

16. 主要技术经济指标。

17. 施工方案编制计划。

3.2.3.2　施工组织设计（方案）报审例表简析

以 2009 年 5 月，××房地产××小区 2 号住宅楼施工组织设计（方案）报审为例。

1. 实例表式

施工组织设计（方案）报审表　　**表 3.2.3.2**

工程名称：××房地产××小区 2 号住宅楼　　编号：01-001

致：市××监理公司（监理单位） 我方已根据施工合同的有关规定完成了××小区 2 号住宅楼工程施工组织设计（方案）的编制，并经我单位上报技术负责人审查批准，请予以审查。 附件：施工组织设计（方案） 承包单位（章）：××直属第二项目部 项目经理：王××　日期：2009 年 5 月
专业监理工程师审查意见： 审查发现问题详附件资料，请总监理工程师审核 专业监理工程师：王××　日期：2009 年 5 月
总监理工程师审核意见： 同意按此"施组"文件执行 监理单位：××监理公司第二监理部 总监理工程师：袁××　日期：2009 年 5 月

2. 例表简析

（1）例表控检原则：

施工组织设计报审表属于报送审查资料，项目监理机构仅对报来资料的数量、正确性进行审查。被审资料是施工过程中执行的依据，必须认真对待。

1）施工组织设计未经审查不得开工。

2）施工组织设计报审是一份承包单位提请报审，项目监理机构审查的责任文件。不报、不审或不认真审查，都是失职行为。

3）审查重点是进度、质量、安全三个主要方面。进度控制的重点是网络图中的关键线路，总工期必须在合同规定的工期之内；质量控制重点是重要工程部位、关键工序，应有目标、有工艺、有规程、有措施；安全控制重点是吊装、高空作业、深基坑开挖等，安全措施必须完善。以上基本满足就应批复，有些可以在施工中改正和补充的可在执行中改正和补充。

4）审查可按专业进行分别签认，审查必须提出具体意见，总监理工程师签字有效。

（2）应检查的附件资料：

应提附件施工组织设计（方案）。（略）

3.2.4 分包单位资格报审（B1-4）与例表简析

3.2.4.1 分包单位资格报审表（B1-4）

1. 资料表式

分包单位资格报审表 表 3.2.4.1

工程名称： 编号：

<table>
<tr><td colspan="4">致：________________（监理单位）
经考察，我方认为拟选择的________________（分包单位）具有承担下列工程的施工资质和施工能力，可以保证本工程项目按合同的规定进行施工，分包后，我方仍承担总包单位的全部责任。请准予审查和批准。

附件：1. 分包单位资质材料；
2. 分包单位业绩材料。</td></tr>
<tr><td>分包工程名称（部位）</td><td>工程数量</td><td>拟分包工程合同额</td><td>分包工程占全部工程</td></tr>
<tr><td></td><td></td><td></td><td></td></tr>
<tr><td></td><td></td><td></td><td></td></tr>
<tr><td></td><td></td><td></td><td></td></tr>
<tr><td>合 计</td><td></td><td></td><td></td></tr>
<tr><td colspan="4">
承包单位（章）：________
项目经理：________ 日期：________</td></tr>
<tr><td colspan="4">专业监理工程师审查意见：

专业监理工程师：________ 日期：________</td></tr>
<tr><td colspan="4">总监理工程师审核意见：

监理单位：________
总监理工程师：________ 日期：________</td></tr>
</table>

本表由承包单位填写，一式三份，送监理机构审核后，建设、监理及承包单位各一份。

2. 资料要求

（1）本表由承包单位填报，加盖公章，项目经理签字，经专业监理工程师初审符合要求后签字，由总监理工程师最终审核加盖项目监理机构章，经总监理工程师签字后作为有效资料。

（2）对分包单位资格的审核应满足实施要点（3）的审查内容要求。

3. 实施要点

分包单位资格报审是总包施工单位实施分包时，提请项目监理机构对其分包单位资质进行审核而提请报审的批复。

（1）本表由承包单位填报。项目监理机构专业监理工程师审查，总监理工程师终审并签发。

（2）分包单位资质审查由项目监理机构负责进行。

（3）对监理单位审查分包资格的要求：

1）分包单位的资格报审表和报审所附的分包单位有关资料的审查由专业监理工程师负责完成。

2）分包单位的资格报审表和报审所附的分包单位有关资料的审查必须在分包工程开工前完成。

3）对符合分包资质的分包单位需经总监理工程师审查并予以签认。

4）以上审查是在施工合同中未指明分包单位时，项目监理机构应对该分包单位的资格进行审查。如在施工合同已说明，则不再重新审查。

（4）对分包单位资格应审核以下内容：

1）分包单位的营业执照、企业资质等级证书、特殊行业施工许可证、国外（境外）企业在国内承包工程许可证；

2）分包单位的业绩（指分包单位近三年所承建的分包工程名称、质量等级证书或经建设单位组织验收后形成的各方签章的单位工程质量验收记录应附后）；

3）拟分包工程的内容和范围；

4）专职管理人员和特种作业人员的资格证、上岗证。

（5）施工分包管理说明：

1）施工分包是指建筑业企业将其所承包的房屋建筑和市政基础设施工程中的专业工程或者劳务作业发包给其他建筑业企业完成的活动。施工分包分为专业工程分包和劳务作业分包。

专业工程分包，是指施工总承包企业（以下简称专业分包工程发包人）将其所承包工程中的专业工程发包给具有相应资质的其他建筑业企业（以下简称专业分包工程承包人）完成的活动；劳务作业分包，是指施工总承包企业或者专业承包企业（以下简称劳务作业发包人）将其承包工程中的劳务作业发包给劳务分包企业（以下简称劳务作业承包人）完成的活动。

2）建设单位不得直接指定分包工程承包人。任何单位和个人不得对依法实施的分包活动进行干预。

3）专业工程分包除在施工总承包合同中有约定外，必须经建设单位认可。

4）分包工程发包人和分包工程承包人应当依法签订分包合同，并按照合同履行约定的义务。分包方式以及保证按期支付的相应措施，确保工程款和劳务工资的支付。

5）总包单位应对分包后的工程实施项目管理。

6）分包工程发包人可以就分包合同的履行，要求分包工程承包人提供分包工程履约担保；分包工程承包人在提供担保后，要求分包工程发包人同时提供分包工程付款担保的，分包工程发包人应当提供。

7）禁止将承包的工程进行违法分包。下列行为，属于违法分包：

① 分包工程发包人将专业工程或者劳务作业分包给不具备相应资质条件的分包工程承包人的；

② 施工总承包合同中未有，又未经建设单位认可，分包工程发包人将承包工程中的部分专业工程分包给他人的。

8）分包人必须是具有相应资质的施工总承包或专业承包企业、受包人必须具有相应的专业承包或劳务承包资质，并在其资质等级许可的范围内承接业务。

建筑业企业的生产操作（劳务）人员必须取得相应岗位的《职业资格证书》，涉及国家财产和人民生命安全的关键岗位生产操作人员必须持有《建设职业技能岗位证书》上岗。持证上岗工种包括：木工、砖瓦工、抹灰工、石制作业、油漆工、钢筋工、焊接工、混凝土、架子工、模板工、水暖工、电工、管道工、钣金工、架线工等。

9）合同当事人应当依法履行合同约定的义务。

10）分包人对其承包的工程应当设立项目管理机构，对该工程施工活动进行组织管理。项目管理机构应当具有与承包工程规模、技术复杂程度相适应的技术、经济管理人员，其中项目经理、技术负责人、项目核算负责人、质量管理人员、安全管理人员等必须是本单位的人员，不得外借。

11）实施施工分包的建设工程项目，工程施工项目经理部的技术管理体系、质量保证体系、安全保证体系、进度控制体系、成本控制体系必须由受包人组成。

12）对于分包工程发生质量、安全事故的，分包人和受包人根据有关规定及事故调查结果承担的责任。

对于转包、违法分包或者允许他人挂靠而发生质量、安全事故的，必须依法追究总包或者被挂靠人的责任，并由其承担全部赔偿责任。

（6）关于转包、违法分包和挂靠的界定。

1）转包：凡有下列行为之一的，均属于转包行为：

① 不履行合同约定的责任和义务，将其承包的企业部分工程转包给他人，或者将其承包的全部工程肢解后，以分包的名义分别转包给他人的；

② 分包人对其承包的工程未在施工现场派驻人员配套的项目管理机构，并未对该工程的施工活动进行组织管理的；

③ 法律、法规规定的其他转包行为；

④ 法律、法规规定的其他挂靠行为。

2）违法分包：凡有下列行为之一的均属于违法分包：

① 将专业工程或者劳务作业分包给不具备相应资质条件的受包人的；

② 将工程主体结构的施工分包给他人的（劳务作业除外）；

③ 在总承包合同中没有约定，又未经建设单位的认可，将承包的部分专业分包给他人的；

④ 受包人将其承包的分包工程再分包的；

⑤ 法律、法规规定的其他违法分包行为。

3）挂靠行为：凡有下列行为之一的，均属挂靠行为：

① 转让、出借资质证书或者以其他方式允许他人以本企业名义承揽工程的；

② 项目管理机构的项目经理、技术负责人、项目核算负责人、质量管理人员、安全管理人员等不是本单位人员，与本单位无合法的人事或劳动合同、工资福利及社会保险关系的；

③ 建设单位的工程款直接进入项目管理机构财务的。

（7）对分包单位一定要分清楚，该分包单位是总包单位的一部分，一切受总包单位的管理，分包单位任何违约及存在的质量问题等均由总包单位负责，还是该分包单位是一个独立而又接受总包单位管理的分包单位。第一种情况监理单位应直接对总包单位下达指令以此开展工作，第二种情况监理单位可直接向分包单位下达指令，开展工作。该项确定原则以总分包合同文本为据。

(8) 表列子项：

承包单位提送报审的分包单位资格报审的附件内容必须齐全真实，详细填报分包工程名称、数量、工程合同额，报审表承包单位必须加盖公章，项目经理必须签字。

3.2.4.2　分包单位资格报审例表简析

以2009年5月，××房地产××小区2号住宅楼分包单位资格报审为例。

1. 实例表式

分包单位资格报审表　　表3.2.4.2

工程名称：××房地产××小区2号住宅楼　　编号：01-001

致：市××监理公司（监理单位）

经考察，我方认为拟选择的××公司（分包单位）具有承担下列工程的施工资质和施工能力，可以保证本工程项目按合同的规定进行施工，分包后，我方仍承担总包单位的全部责任。准予审查和批准。

附件：1. 分包单位资质材料；
2. 分包单位业绩材料。

分包工程名称（部位）	工程数量	拟分包工程合同额	分包工程占全部工程
2号住宅楼室外干粘石	1800m²	29000元	0.9%
合计	1800m²	29000元	0.9%

承包单位（章）：××直属第二项目部
项目经理：王××　日期：2009年5月18日

专业监理工程师审查意见：

专业监理工程师：王××　日期：2009年5月20日

总监理工程师审核意见：同意该分包单位承揽该项任务

监理单位：××监理公司第二监理部
总监理工程师：袁××　日期：2009年5月21日

2. 例表简析

该表为当总包单位根据工程需要进行分包时才出现的。不需要分包时，该表不出现为合理缺项；该工程分包是由总承包单位选定的分包单位。

(1) 实例控检原则

分包单位资格报审是一项涉及工程质量和工程进度能否按合同要求正常实施的大事，分包单位素质的优劣直接影响到工程质量和进度的实施。

1) 对分包单位资格审核应满足：

① 对分包单位审核的要点是分包单位必须具有承揽该项任务的能力，以保证工程质量。

② 承包单位和项目监理机构均盖章；项目经理、专业监理工程师、总监理工程师分别签字，不盖章。

③ 分包单位的资格报审表由专业监理工程师负责初审。审查必须在分包工程开工前完成。经总监理工程师审查同意后予以签认。

④ 以上审查是在施工合同中未指明分包单位时，项目监理机构应对该分包单位的资格进行审查。如在施工合同已经过审查且确认，则不再重新审查。

2）分包单位资格报审是承包单位提请报审，项目监理机构审查的责任文件。不报、不审或不认真审查，都是失职行为。

3）由于分包单位的专业特点不同，工种的种类各异。监理对分包单位审查除专业水平外主要为：企业资质、企业业绩两个部分。项目监理机构对选用分包单位有建议权。

（2）应检查的附件资料：

分包单位资质材料（略）；分包单位业绩材料（略）。

3.2.5 主要施工机械设备报审（B1-5）与例表简析

3.2.5.1 主要施工机械设备报审（B1-5）

1. 资料表式

主要施工机械设备报审表 **表 3.2.5.1**

工程名称： 编号：

致：＿＿＿＿＿＿＿＿（监理单位）

下列施工设备已按施工组织设计(方案)要求进场，请核查并准予使用。

设备名称	规格型号	数量	进场日期	技术状况	备注

承包单位(章)：＿＿＿＿＿＿
项目经理：＿＿＿＿＿＿日期：＿＿＿＿＿＿

专业监理工程师审查意见：
经查验

1. 性能数量能满足施工需要的设备：＿＿＿＿＿＿（准予进场使用的设备）
2. 性能不符合施工需要的设备：＿＿＿＿＿＿（需更换后再报的设备）
3. 数量或能力不足的设备：＿＿＿＿＿＿（需补充的设备）

请你方尽快按施工进度要求，配足所需设备。

监理单位：＿＿＿＿＿＿
总监理工程师：＿＿＿＿＿＿日期：＿＿＿＿＿＿

本表由承包单位填写，一式四份，送监理机构审核后，建设、监理各一份，承包单位两份。

2. 资料要求

（1）凡直接影响工程质量和安全生产的施工设备，应填写主要施工机械设备报审表，并附上有关技术说明、调试结果等资料，报项目监理机构审批。

（2）检查的计量设备主要是指直接影响工程质量的衡器、量具、计量装置等。

（3）机械设备选型，主要性能参数选择应合理正确，应做到装备合理、配套使用、有机联系、充分发挥效能。施工机械不得带病工作。

（4）主要施工机械设备报审表由承包单位填报加盖公章，项目经理签字；经专业监理工程师审查同意报总监理工程师审查同意后批复。

（5）主要施工机械报审，项目监理机构的专业监理工程师复核无误后方可签署审查意见。

3. 实施要点

主要施工机械设备报审是项目监理机构对承包单位按施工组织设计（方案）要求配备进场的设备，经自检合格后报审的确认和批复。

（1）本表由承包单位填报

项目监理机构专业监理工程师审查并提出意见，总监理工程师签发。

（2）施工设备报验内容与要求

1）凡直接影响工程质量的施工设备，应填写《主要施工机械设备报审表》，并附上有关技术说明、调试结果等资料，报项目监理机构审核。

2）施工用的衡器、量具、计量装置等设备，承包单位还应向项目监理机构报上有关法定检测部门的检定证明。

3）监理工程师应实地检查进场施工设备安装、调试情况，经审核、检查合格，签认《主要施工机械设备报审表》。

4）在施工过程中，监理工程师应定期检查上述计量和测量设备的技术状况。

（3）对计量设备检查的要求

1）计量设备是指施工中使用的衡器、量具、计量装置等设备。

2）监理机构应定期检查承包单位的计量设备，以专业监理工程师和监理员为主进行检查。

3）检查的计量设备主要是指直接影响工程质量的衡器、量具、计量装置等。

（4）施工机械周转材料名称、数量及说明

1）混凝土搅拌机

常用的有250L和400L两种。进场的为400L。

装料容量为250L（0.25m^3）：混凝土搅拌机台班产量约15～25m^3。一般用5.5kW电动机。

装料容量为400L（0.4m^3）：混凝土搅拌机台班产量约20～50m^3。一般用7.0kW电动机。

2）砂浆搅拌机

常用的为200L。进场的为200L的砂浆搅拌机一台。

装料容量为200L（0.2m^3）的砂浆搅拌机，其台班产量约30m^3。一般用2.8kW电动机。

3）塔式起重机（塔吊）

① 轻型塔吊：有 QT-10 型（红旗吊）和 QT1-2 型（红旗Ⅱ-16 型）两种。额定起重力矩分别为 100kN·m 和 160kN·m，起重臂长为 18m，用于 5 层以下建筑。

② 上旋转轨道塔吊：有 TQ1-6 型和 TQ60/80 型两种。额定起重力矩为 700kN·m，起重臂长为 35m；当起重幅度为 12m 时，起重量为 5.7t，起重高度可达 65m。

③ 下旋转管状轨道塔吊：有 TQ-25、TD-30 和 TD-40 型 3 种。TD-40 型的额定起重力矩为 400kN·m，起重臂长为 20m；当起重幅度为 10m 时，起重量为 4t，起升高度可达 53.8m。

④自升塔吊（液压顶升）：如 QT4-10 型，起重臂长可达 40m，起重幅度为 40m 时，起重量为 5.3t。

注：施工现场常用井字架与周转材料

1. 井字架

常用的为扣件式井架（钢管）和格构式井架（角钢、螺栓连装）。

格构式井架：井架用料规格按钢结构设计规范计算确定。一般 30m^3 以下井架，立柱可用∟63×6，缀杆可用∟50×5，螺栓 ϕ16。

扣件式井架：一般只带单把杆和内吊笼，且需进行局部加固。该井架高度一般已超过 20m，吊重一般不超过 0.5t。吊笼一般用 1t 卷扬机，摇臂一般用 0.5t 卷扬机作动力，井架柱壁应设有保险索。

2. 周转材料

钢管：焊接钢管和无缝钢管；

扣件：直角扣件、回转扣件、底座（套管和底板焊线）；

木、竹脚条杆、板（篾）：立杆、大横杆、十字杆、抛杆等；

安全网：每 m^2 安全网面积上应能承受荷载不小于 1.6kN；

定型钢和木模板：钢模：长：1.8m、1.5m、1.2m、0.9m；宽：0.45m、0.4m、0.3m、0.2m、0.1m 等；阳角板：1.8m×0.15m×0.15m，1.2m×0.15m×0.15m，1.5m×0.15m×0.15m 等；阴角板：0.05m×0.05m×1.2m，0.05m×0.05m×1.5m，0.05m×0.05m×1.8m 等；

木模：1.0m×1.0m、1.0m×0.5m、1.0m×0.4m 等。

4）机具选择注意事项

① 因地制宜。因工程制宜、适用、可靠、安全、方便为原则。

② 注意机构的适用性。例如：预应力张拉设备拉杆式千斤顶只适用于张拉单根粗钢筋的螺丝端杆锚具、张拉钢丝束的锥形螺杆锚具或 DM5A 型镦头夹具；锥锚式千斤顶则适用于张拉钢筋束和钢绞线束的 KT-Z 型锚具，或张拉钢丝束的 JM 型锚具。

③ 机具设备的主要性能参数。以满足施工需要和保证质量为原则。如打桩的桩锤选择，应使锤重大于桩重，以满足“重锤低击”，使锤不产生回跳。

④ 机具设备的使用和操作。应贯彻“人机固定”原则，认真执行规章制度，遵守操作规程。

（5）表列子项

1）设备名称、规格型号、数量：指本次所报验的施工机械、计量设备的名称、规格型号、数量。没有生产厂家、无铭牌的施工设备、自制未经批准的施工设备、明令淘汰的施工设备不得报审。

2）进场日期：指本次施工机械、计量设备的实际进场时间（需现场安装调试的施工机械指其安装调试完毕的时间）。

3）技术状况：指本次施工机械、计量设备的技术性能、运作状态的完好程度。技术性能、运作状态欠佳的设备不得申报。

4）专业监理工程师审查意见：专业监理工程师对施工机械、计量设备及所附资料进行审查，对其施工机械、计量设备等，是否符合批准的施工组织设计、是否能满足施工需要和保证质量要求签署意见，对性能、数量满足施工要求的设备，应准予进场。对数量或性能不足的设备，将其不符合要求的机械、计量设备名称附上，并提出不准进场。当有性能不符合施工要求、数量或性能不足的设备时，还应对承包单位下一步工作提出要求。

（6）主要施工机械设备报审名称

按实际报审的施工机械设备名称逐一列报。

3.2.5.2　主要施工机械设备报审例表简析

以2009年5月，××房地产××小区2号住宅楼第一次列报的主要施工机械设备报审为例。

1. 资料表式

主要施工机械设备报审表　　　　**表3.2.5.2**

工程名称：××房地产××小区2号住宅楼　　　　编号：001

致：市××监理公司第二监理部（监理单位）

下列施工设备已按施工组织设计(方案)要求进场，请核查并准予使用。

设备名称	规格型号	数量	进场日期	技术状况	备注
400L搅拌机	400L	2台	2009年5月16日	良　好	
卷扬机		2台	2009年5月16日	良　好	
对焊机、电渣压力焊机		各2台	2009年5月16日	良　好	
计量设备(磅、秤)		2台	2009年5月16日	良　好	

承包单位(章)：××直属第二项目部

项目经理：王××　日期：2009年5月16日

专业监理工程师审查意见：

经查验

1. 性能数量能满足施工需要的设备：搅拌机2台，卷扬机2台，对焊机、电渣压力焊机各2台，计量设备(磅、秤)2台。

(准予进场使用的设备)

2. 性能不符合施工需要的设备：

(需更换后再报的设备)

3. 数量或能力不足的设备：

(需补充的设备)

请你方尽快按施工进度要求，配足所需设备。

监理单位：××监理公司第二监理部

总监理工程师：袁××　日期：2009年5月18日

2. 例表简析

施工机械报审是施工单位设备进场后必须报审的资料之一。无主要施工机械设备报审为监理资料缺项。

（1）实例控检原则

1）主要施工机械设备均应报审，未经审查不得开工。根据不同工程特点和工期要求，所报施工机械设备的品种、数量应满足施工要求。

2）主要施工机械设备报审是承包单位提请报审，项目监理机构审查的责任文件。不报、不审或不认真审查，都是失职行为。

（2）应检查的附件资料：应提供附件施工机械、设备一览表同报审表（见例表）。

3.2.6 施工测量放线报验单（B1-6）与例表简析

3.2.6.1 施工测量放线报验单（B1-6）

1. 资料表式

施工测量放线报验单 表 3.2.6.1

工程名称： 编号：

致：________________（监理单位） 我单位已完成________________（工程或部位的名称）的放线工作，经自检合格，清单如下，请予查验。 专职测量人员岗位证书编号： 测量设备检定证书编号： 附件：测量放线依据材料及放线成果。		
工程或部位名称	放线内容	备注
承包单位（章）： 项目经理：　　日期：		
专业监理工程师审查意见： □ 查验合格 □ 纠正差错后再报 监理单位（章）： 专业监理工程师：　　日期：		

本表由承包单位填写，一式四份，送监理机构审核后，建设、监理各一份，承包单位两份。

2. 资料要求

（1）本表由承包单位填报，加盖公章，项目经理签字，经专业监理工程师初审符合要求后签字，由总监理工程师最终审核加盖项目监理机构章，经总监理工程师签字后执行。

（2）施工测量报审应提送：专职测量人员岗位证书及测量设备检定证书；测量放线依据资料及放线成果。施工测量报审应认真填写工程或部位名称和放线内容。

（3）对施工测量审核应满足实施要点（11）条中的1)～5）的审查要求。

（4）资料内必须附图，附图应简单易懂，且能全面反映附图质量。

3. 实施要点

施工测量放线报验单是项目监理机构对施工单位的工程或部位的测量放线进行的报验确认和批复。

（1）本表由承包单位填报。专业监理工程师审查无误后批复。

（2）施工测量报审由承包单位填报，由测量专业工程师对报审的施工测量进行复测监控，由专业工程师对报审表进行审核后报总监理工程师批复。

（3）工程定位测量与复测是指建设工程根据当地建设行政主管部门给定总图范围内的建筑物、构筑物及其他建筑物的位置、标高进行的测量与复测，以保证建筑物等的标高、位置。

（4）建设单位应提供测量定位标点的依据点、位置、数据，并应现场交底，如导线点、三角点、水准点和水准点的级别。应符合设计对坐标、标高等精度的要求。

项目监理机构应协同建设单位、承包单位对提供的定位依据进行确认，确认后项目监理机构必须校测红线桩、水准点及定位依据。

（5）重点工程或大型工业厂房应有测量原始记录。甲方定的相对标高应和城市绝对标高相一致，由甲方认证盖章。无城建部门核准的验线、定位、±0.00 标高签字的文件资料为不符合要求。

（6）内容要求：

工程定位测量与复测记录包括平面位置定位、标高定位、测设点位和提供施工技术资料。

1）工程平面位置定位：根据场地上建筑物主轴线控制点或其他控制点，将房屋外墙轴线的交点，用经纬仪投测至地面木桩顶面为标志的小钉上。

2）工程标高定位：根据施工现场水准控制点标高（或从附近引测大地水准点标高），推算±0.000 标高，或根据±0.000 标高与某建筑物、某处标高相对关系，用水准仪和水准尺（或刨光直木杆）在供放线用的龙门桩上标出标高的定位工作。

3）提供竣工资料：是在工程竣工后，将施工中各项测量数据及建筑物的实际位置、尺寸和地下设施位置等资料，按规定格式整理或编绘技术资料。

4）工程施工测量贯穿于施工各个阶段，场地平整、土方开挖、基础及墙体砌筑、构件安装、烟囱、水塔、道路铺设、管道敷设、沉降观测等，并做好记录。鉴于工程测量的重要性，规定凡工程测量均必须进行复测，以确保工程测量正确无误。

民用建筑的核查要点：房屋定位测量、基础施工测量、对房屋皮数杆的检测、楼层轴线投测、楼层间高程传递检测。

工业建筑的复核要点：厂房控制网测量、柱基施工测量、柱网立模轴线与高程检测、厂房结构安装原位检测、动力设备基础与预埋地脚螺栓抽测。

高层建筑复核要点：建筑场地控制测量、基础以上的平面和高程控制、高耸建（构）筑物中垂准检测、高层建筑施工中沉降变形观测。

管线工程复核要点：场区管网与输配电线路定位测量、地下管线施工检测、架空管线施工检测、多种管线交汇点高程检测。

（7）不论民用、工业建筑与构筑物，烟囱、水塔、道路、管道安装等均应提供由城建部门提供的永久水准点的坐标与高程，以此测设单位工程的远控桩、引桩。

（8）复测施工测量控制网。

在工程总平面图上，房屋等的平面位置系用施工坐标系统的坐标来表示。施工控制网起始坐标和起始方向，一般根据测量控制点测定；当测定好建筑物长方向主轴线后，作为施工平面控制网的起始方向。在控制网加密或建筑物定位时，不再利用控制点来定向，否则将会使建筑物产生不同位移和偏转，影响工程质量。在复测施工坐标控制网时，应抽测建筑方格网、高程控制水准网点、标桩埋设位置。

（9）平面位置定位的影响因素应注意：仪器不均匀下沉对测角的影响；对中不准对测角的影响；水平度盘不水平对测角的影响；照准误差对测角的影响；视准轴不垂直横轴和横轴不垂直竖轴对测角的影响；刻度盘刻画不均匀和游标盘偏心差对测角的影响。

（10）标高定位的影响因素应注意：水准仪本身的视准轴和水准管不平行；支架安设在非坚实土上；行人和振动影响；水准仪的位置应尽量安置在水准点与建筑物龙门桩的中间，减少或抵消前后视产生的误差；读数前定平水准管，读数后检查水准管气泡是否居中；读数前对光消除视差影响；扶尺者应保证测尺垂直。

（11）对施工测量、放线成果进行复验和确认。

1）对交桩进行检查，交桩不论建设单位交桩，还是委托设计或监理单位交桩，一定要确保承包单位复测无误才可认桩。如有问题，须请建设单位处理。确认无误后，由承包单位建立施工控制网，并妥善保管。

当由监理单位交桩时，对工程师而言，特别需要做好水准点与坐标控制点的交验，按时提供标准、规范。

2）承包单位在测量放线完毕，应进行自检，合格后填写施工测量放线报验申请表，承建单位填报的《施工测量方案报审表》，应将施工测量方案、专职测量人员的岗位证书及测量设备稳定证书报送项目监理机构审批认可。

3）承包单位按报送的《施工测量方案》对建设单位交给施工单位的红线桩、水准点进行校核复测，并在施工场地设置平面坐标控制网（或控制导线）及高程控制网后，填写《施工测量放线报验申请表》，并应附上相应放线的依据资料及测量放线成果表，供项目监理机构审核查验。

4）当施工单位对交验的桩位通过复测提出质疑时，应通过建设单位邀请当地建设行政主管部门认定的规划勘察部门或勘察设计单位复核红线桩及水准点引测的成果；最终完成交桩过程，并通过会议纪要的方式予以确认。

5）专业监理工程师应实地查验放线精度是否符合规范及标准要求，施工轴线控制桩的位置、轴线和高程的控制标志是否牢靠、明显等。经审核、查验合格，签认施工测量报验申请表。

（12）对测量人员的要求：

1）要有三个精神：实事求是、认真负责的科学态度，勤勤恳恳、一丝不苟的工作精神，不怕苦、不怕累的精神，合作、集体主义和相互配合的精神。

2）技术好、业务精：识图能力强；熟悉设备性能、维护保养好；懂得施工工艺过程。在过程的交谈巡检中获得。

（13）工程测量放线应检查的内容：

1）承包单位专职测量人员的岗位证书及测量设备的检定证书（应具有资质的计量鉴定单位出具的检定证书）。

2）应对报审的控制桩成果、保护措施以及平面控制网、高程控制网和临时水准点测量成果进行校核。

3）检查基准点的设置（包括水准点的引进地点及其编号）。

（14）表列子项：

1）工程或部位名称：工程定位测量填写工程名称，轴线、标高测量填写被测项目部位名称。

2）专职测量人员岗位证书编号：指承担这次测量放线工作的专职测量人员岗位证书编号。

3）测量设备检定证书编号：指这次放线工作所用测量设备的法定检测部门的检定证书编号。

4）测量放线依据材料及放线成果：依据材料指施工测量方案，建设单位提供的红线桩、水准点等材料；放线成果指承包单位测量放线所放出的控制线及其施工测量放线记录表（依据材料应是已经项目监理机构确认）。

5）放线内容：指测量放线工作内容的名称。如：轴线测量、标高测量等。

承包单位提送报审的施工测量报审的附件内容必须齐全真实，详细填报施工测量工程或部位名称、内容，报审表承包单位必须加盖公章，项目经理必须签字。

3.2.6.2 施工测量放线报验例表简析

以 2009 年 5 月，××房地产××小区 2 号住宅楼施工定位测量放线报验为例。

1. 实例表式

施工测量放线报验单　　表 3.2.6.2-1

工程名称：××房地产××小区 2 号住宅楼　　编号：001

致：市××监理公司（监理单位）

我单位已完成 2 号住宅楼的定位（工程或部位的名称）的放线工作，经自检合格，清单如下，请予查验。

专职测量人员岗位证书编号：

测量设备鉴定证书编号：

附件：测量放线依据材料及放线成果。

工程或部位名称	放线内容	备注
工程定位放线测量	2 号住宅楼定位放线	

承包单位（章）：××直属第二项目部

项目经理：王××　日期：2009 年 5 月

专业监理工程师审查意见：

☑ 查验合格

□ 纠正差错后再报

监理单位（章）：××监理公司第二监理部

专业监理工程师：王××　日期：2009 年 5 月 13 日

2. 例表简析

（1）例表控检原则

1）施工测量放线必须报验，监理单位必须复查，未经报验及复测校核不得开工。

2）施工测量放线是确保建筑物位置、轴线、朝向、标高的关键环节，工程施工中施工测量必须进行初测、复测和报验三个环节。报验已是施工单位按其依据进行了初测、复测的产物，是正式施工前的最后一道验审关。施工测量放线由专业监理工程师签认。

3）施工测量放线控检的主要内容是：专职测量人员岗位证书编号；测量设备鉴定证书编号；测量放线依据材料及放线成果。复验结果必须符合设计要求。复测中不论产生何种疑问，都应协同承包单位认真核对，确保施工测量放线报验正确无误。

4）凡施工测量超偏或因施工不报而继续施工，明确由承包单位承担主要责任。明确监理单位承担不督促复验是失职行为；凡承包单位按时提供报审，而监理单位不认真或不复验，发生施工测量超偏，监理单位应承担主要责任。

5）专业监理工程师审查意见的控制要点为：按照当地建设行政主管部门给定的水准点标高，正确无误的应用于工程。审查意见应明确说明查验合格或纠正差错后再报。

6）施工报验时间和监理单位复验时间必须填写清楚，并应填写复验人姓名。

7）施工测量放线报验是一份承包单位提请报审，项目监理机构审查的责任文件。不报、不审或不认真审查均为失职行为。

（2）应检查的附件资料：专职测量人员岗位证书编号（略）；测量设备鉴定证书编号（略）；测量放线依据材料及放线成果。工程定位测量及复测记录详见表 3.2.6.2-2。

附件：

工程定位测量及复测记录表 **表 3.2.6.2-2**

施测单位：建筑总公司第二项目部 日期：2009 年 5 月 16 日

工程名称：××房地产开发公司××小区 2 号住宅楼		
工程编号：02001		
施测部位：2 号楼定位测量		
使用仪器：JGJ2 经纬仪、钢尺		
室外温度：15℃		
施测日期：2009 年 5 月 16 日		
施测人：张× 乔×		
测量依据	坐标	规划平面图
	标高	甲方指定高程点（见 TY－ZH－01 文）
实测情况	坐标	符合规划平面要求
	标高	符合给定标高（－1.2m）
复测意见	符合规划要求	
说明：		

附图：

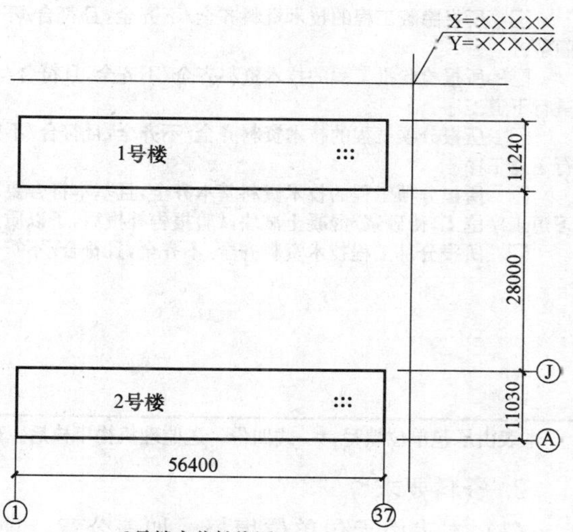

2号楼定位轴线图

项目技术负责人：梁× 质检员：韩×× 复测人：张×、梁×

【例表说明】

（1）2 号楼在 1 号楼南侧。因 2 号楼在小区内，2 号楼引线从建设单位指定的测设点位作为基点。

（2）2 号住宅楼的引测坐标等均按规划批准的总图尺寸施测。

(3) 本工程共有工程定位测量及复测记录2份，一份初测记录表、一份复测记录表，均由当地建设行政主管部门委托的规划测量部门复测，进行定位测量。

注：定位测量与复测是保证建筑物满足设计和规范要求的基础工作，复测工作必须进行且必须做好。定位测量及复测记录附图栏内，图面较大时，可放在后页作为附件。

3.2.7 ________工程报验（B1-7）与例表简析

3.2.7.1 ________工程报验单（B1-7）

1. 资料表式

________工程报验单　　表3.2.7.1

工程名称：　　编号：

致：________________（监理单位） 我单位已完成了________________工程，按设计文件及有关规范进行了自检，质量合格，请予以审查和验收。 附件：1. 工程质量控制资料 2. 安全和功能检验（检测）报告 3. 观感质量验收记录 4. 隐蔽工程验收记录 5. ________质量验收记录 承包单位（章）：________ 项目经理：________日期：________
审查意见： □　所报隐蔽工程的技术资料齐全/不齐全，且符合/不符合要求，经现场检测、核查合格/不合格，同意/不同意隐蔽。 □　所报检验批工程的技术资料齐全/不齐全，且符合/不符合要求，经现场检测、核查合格/不合格，同意/不同意进行下道工序。 □　所报分项工程的技术资料齐全/不齐全，且符合/不符合要求，经现场检测、核查合格/不合格，同意/不同意进行下道工序。 □　所报分项工程的技术资料基本齐全，且基本符合要求，因砂浆/混凝土试块强度试验报告未出具，暂同意进行下道工序施工，待砂浆/混凝土试块试验报告补报后，予以质量认定。 □　所报分部工程技术资料齐全/不齐全，且符合/不符合要求，经现场检测、核查合格/不合格。 监理单位（章）：________ 总/专业监理工程师：________日期：________

本表由承包单位填写，一式四份，送监理机构审核后，建设、监理各一份，承包单位二份。

2. 资料要求

(1) 本表由承包单位填报，加盖公章，项目经理签字，经专业监理工程师初审符合要求后签字，由总监理工程师最终审核加盖项目监理机构章，经总监理工程师签字后执行。

(2) 承包单位提请隐蔽工程、检验批、分项、分部（子分部）工程报验时，提供的附件：应满足对隐蔽工程报验申请的处理与签认；检验批、分项、分部（子分部）工程报验要求，表列附件资料必须齐全、真实，对任何不符合隐蔽工程、检验批、分项、分部（子分部）工程报验条件的工程项目，承包单位不得提请报审，监理单位不得签发报审表。

(3) 资料内必须附图，附图应简单易懂，且能全面反映附图质量。

3. 实施要点

工程报验单是项目监理机构对施工单位自检合格后报验的检验批、分项、分部工程或部位报验的处理确认和批复。

（1）本表由承包单位填报。项目监理机构的专业监理工程师或总监理工程师审查提出意见并签发。

（2）本表是隐蔽工程、检验批、分项、分部（子分部）工程的报验通用表式。报验时应按实际完成工程部位的名称填写。

（3）对隐蔽工程报验申请的处理与签认：

1）承包单位对隐蔽工程作业并自检合格后，应填写隐蔽工程报验申请表，报送项目监理机构。

2）专业监理工程师应对隐蔽工程报验申请表的全部资料进行检查，并组织承包单位有关人员到现场进行检测、核查。

3）对不合格的施工作业，专业监理工程师应签发《监理工程师通知单》，指令承包单位整改，合格后由监理工程师复查。

4）经核查合格，专业监理工程师应签认隐蔽工程报验申请表，承包单位方可进行下一道工序的施工。

5）任何一个验收单元，未经项目监理机构验收确认不得进行下一道工序。

（4）检验批、分项、分部（子分部）工程报验要求：

1）承包单位对已完成的检验批、分项、分部（子分部）工程均必须进行报验。

2）承包单位完成第1）款工程施工并自检合格后，填写____________工程报验单，附上相关的质量证明资料，如隐蔽工程记录，检验批、分项工程质量验收资料等，报送项目监理机构。

3）专业监理工程师对报验的____________工程报验单的全部资料进行核查，并组织承包单位的有关人员到现场进行抽验、核查。

4）对符合要求的检验批、分项工程，专业监理工程师应签认____________工程报验单，并确认质量等级。

5）对不符合要求的检验批、分项工程，专业监理工程师应签发监理通知或工程暂停指令，由承包单位整改，合格后，专业监理工程师按工程质量验收规范进行再一次验收。

6）建筑采暖、卫生与燃气、电气、通风与空调及其他设备安装工程的分项工程签认，必须在检测、试验或试运转完成，并由承包单位自检合格出具资料后进行。

7）承包单位在分部工程完成后，应根据监理工程师签认和验收的分项工程质量验收结果，进行分部工程的质量等级汇总并自评后，填写____________分部工程报验单，并附分部工程质量验收资料，报项目监理机构审核。

8）总监理工程师应组织专业监理工程师对分部工程质量验收资料进行审核：该分部工程所包含的全部检验批、分项工程是否均得到了监理工程师的签认和质量等级确认；对分项工程质量等级统计汇总的正确性进行审核；各项工程质量主控项目、一般项目验收的正确性进行审核。

9）在对分部（子分部）工程质量验收资料进行全面、系统审核后，符合有关工程质量验收规范要求，由总监理工程师签认并初步确认该分部（子分部）工程的质量等级。

(5) 表列子项：

1) 工程质量控制资料：指相应质量验收规范中规定工程验收时应检查的工程质量控制资料文件和记录。

2) 安全和功能检验（检测）报告：指相应质量验收规范中规定工程验收时应对材料及其性能指标进行检验（检测）或复验的项目的检验（检测）报告。

3) 观感质量验收记录：指分部（子分部）观感质量验收记录。

4) 隐蔽工程验收记录：指相应质量验收规范中规定工程验收时的隐蔽验收记录。

5) 项目监理机构的总监理工程师审查意见对所报工程项目资料齐全时划掉不齐全，符合时划掉不符合；反之，即划掉齐全。

6) 隐蔽/检验批/分项/分部工程报验必须及时，提送资料必须齐全，不得不报；如不报应经专题签定，否则应为不符合要求。

7) 审查意见：专业监理工程师对所报隐蔽工程、检验批、分项工程进行认真核查，确认资料是否齐全、填报是否符合要求，并根据现场实际检查情况按表式项目签署审查意见，分部（子分部）工程由总监理工程师组织验收并签署验收意见。

3.2.7.2　混凝土结构子分部工程报验例表简析

为了说明应提供的附件资料，本例选用了混凝土结构子分部来说明，并且附了有关试（检）验资料（每种资料只附1份示意），供参阅。

以2009年5月，××房地产××小区2号住宅楼混凝土结构子分部工程报验为例。

1. 实例表式

工程报验单　　表 3.2.7.2

工程名称：××房地产××小区2号住宅楼　　编号：

致：市××监理公司（监理单位）

我单位已完成了　2号住宅楼主体分部　工程，按设计文件及有关规范进行了自检，质量合格，请予以审查和验收。

附件：1. 工程质量控制资料
2. 安全和功能检验(检测)报告
3. 观感质量验收记录
4. 隐蔽工程验收记录
5. 主体结构分部质量验收记录

承包单位(章)：建总直属第二项目部

项目经理：王××　日期：2009年5月

审查意见：

☑ 所报隐蔽工程的技术资料齐全/~~不齐全~~，且符合/~~不符合~~要求，经现场检测、核查合格/~~不合格~~，同意/~~不同意~~隐蔽。

☑ 所报检验批工程的技术资料齐全/~~不齐全~~，且符合/~~不符合~~要求，经现场检测、核查合格/~~不合格~~，同意/~~不同意~~进行下道工序。

☑ 所报分项工程的技术资料齐全/~~不齐全~~，且符合/~~不符合~~要求，经现场检测、核查合格/~~不合格~~，同意/~~不同意~~进行下道工序。

☑ 所报分项工程的技术资料基本齐全，且基本符合要求，因砂浆/混凝土试块强度试验报告未出具，暂同意进行下道工序施工，待砂浆/混凝土试块试验报告补报后，予以质量认定。

☑ 所报分部工程技术资料齐全/~~不齐全~~，且符合/~~不符合~~要求，经现场检测、核查合格/~~不合格~~。

监理单位(章)：××监理公司第二监理部

总/专业监理工程师：王××　日期：2009年5月13日

2. 例表简析

以2号住宅楼工程报验为例。

工程报验应报资料内容：分部（子分部）工程、分项工程、检验批验收记录；工程材料出厂质量证明文件、试（检）验报告；施工试验资料（主控资料、工程安全与功能抽检项目）；隐蔽验收资料；观感质量验收资料。

（1）例表控检原则

1）工程质量控制资料；安全和功能检验（检测）报告；观感质量验收记录；隐蔽工程验收记录；主体结构分部质量验收记录等资料必须齐全、真实。

2）工程报验承包单位必须加盖公章，项目经理签字，专业监理工程师初审符合要求后签字，总监理工程师最终审核加盖项目监理机构章，总监理工程师签字。

3）附图应简单易懂，且能全面反映附图质量。

4）工程报验是承包单位提请报审，项目监理机构审查的责任文件。不报、不审或不认真审查，都是失职行为。

（2）应检查的附件资料

1）分部（子分部）工程、分项工程、检验批施工质量验收记录；

2）工程质量控制资料：指相应质量验收规范中规定工程验收时应检查的工程质量控制资料文件和记录。主要有：工程材料出厂质量证明、试（检）验报告；施工试验资料；

3）工程安全和功能检验（检测）报告：指相应质量验收规范中规定工程验收时，应对其直接影响结构安全和使用功能的检测资料的性能指标进行检验（检测）或复验（检测）的项目；

4）观感质量验收记录：指分部（子分部）观感质量验收记录；

5）隐蔽工程验收记录：指相应质量验收规范中规定工程验收时的隐蔽工程验收记录。

注：应附各项附件资料（略）。

3.2.8 工程款支付申请（B1-8）与例表简析

3.2.8.1 工程款支付申请（B1-8）

1. 资料表式

工程款支付申请表 **表 3.2.8.1**

工程名称： 编号：

致＿＿＿＿＿＿＿＿＿＿＿＿＿＿＿＿（监理单位）

我方已完成了＿＿＿＿＿＿＿＿＿＿＿＿＿＿＿＿＿＿＿＿＿＿＿＿＿＿＿＿工作，按施工合同规定，建设单位应在＿＿＿＿＿＿＿＿＿＿＿＿＿＿年＿＿＿＿＿＿＿＿月＿＿＿＿＿＿＿＿日前支付该项工程款共（大写）＿＿＿＿＿＿＿＿＿＿＿＿＿＿（小写：＿＿＿＿＿＿＿＿＿＿＿＿＿＿），现报上＿＿＿＿＿＿工程付款申请表，请予以审查并开具工程款支付证书。

附件：1. 工程量清单（工程计量报审表）
2. 计算方法

承包单位（章）：＿＿＿＿＿＿＿＿＿＿＿＿

项目经理：＿＿＿＿＿＿＿＿＿＿ 日期：＿＿＿＿＿＿＿＿

本表一式四份，建设、监理单位各一份，施工单位两份，其中一份入城建档案。

2. 资料要求

(1) 承包单位提请工程款支付申请时，提供的附件：工程量清单、计算方法必须齐全、真实，对任何形式的不符合工程款支付申请的内容，承包单位不得提出申请。

(2) 承包单位应认真填写表列子项内容不得缺漏。工程款支付申请承包单位必须盖章、项目经理签字。

(3) 工程款支付申请中包括合同内工作量、工程变更增减费用、批准的索赔费用、应扣除的预付款、保留金及合同中约定的其他费用。

3. 实施要点

工程款支付申请是施工单位根据项目监理机构对施工单位自检合格后且经项目监理机构验收合格经工程量计算应收工程款的申请书。

(1) 工程款支付申请由承包单位填报。

(2) 承包单位统计报送的工程量必须是经专业监理工程师质量验收合格的工程，才能按施工合同的约定填报工程量清单和工程款支付申请表。

(3) 工程款支付申请一般按以下程序执行：检验批验收合格→施工单位申请批准计量→监理工程师审批计量→施工单位提出支付申请→监理单位审批支付申请→总监核定支付申请→总监签发支付证书→建设单位审核→向施工单位付款。

注：各环节中的审批，凡未获同意，均需说明原因重新报批。

(4) 承包单位报送的工程量清单和工程款支付申请表，专业监理工程师必须按施工合同的约定进行现场计量复核，并报总监理工程师审定。

(5) 总监理工程师指定专业监理工程师对工程款支付申请中包括合同内工作量、工程变更增减费用、经批准的费用索赔、应扣除的预付款、保留金及施工合同约定的其他支付费用等项目应逐项审核，并填写审查记录，提出审查意见报总监理工程师审核签认。

(6) 表列子项：

1) "我方已完成了____________工作"：填写经专业监理工程师验收合格的工程或部位的名称；支付该项工程款共________，填写本支付期内经专业监理工程师验收合格工程的工作量。分别填写大写和小写的数额。

2) 工程量清单（工程计量报审表）：指本次付款申请经过专业监理工程师确认已完成合格工程的工程量清单及经专业监理工程师签认的工程计量报审表。

3) 计算方法：指本次付款申请对经过专业监理工程师确认已完合格工程量按施工合同约定采用的有关定额规定的计算方法求得的工程价款。

3.2.8.2 工程款支付申请（B1-8）例表简析

以2009年5月，××房地产××小区2号住宅楼一层钢筋混凝土工程量清单工程报验为例。

1. 资料表式

工程款支付申请表 **表 3.2.8.2**

工程名称：××房地产××小区2号住宅楼 编号：001

致 市××监理公司 （监理单位） 我方已完成了 2号住宅楼一层砌体、钢筋混凝土工程量清单 工作，按施工合同规定，建设单位应在 2009 年 5 月 15 日前支付该项工程款共（大写） 壹拾叁万玖仟玖佰伍拾叁元（小写： 139953元），现报上 一层钢筋混凝土 工程付款申请表，请予以审查并开具工程款支付证书。 附件：1. 工程量清单（工程计量报审表）； 2. 计算方法：按招标文件的标底一层钢筋混凝土工程数量计。 承包单位（章）： 建总直属第二项目部 项目经理： 王×× 日期： 2009年5月26日

2. 例表简析

（1）实例控制核查原则

1）工程款支付申请单必须是工程计量确认后，承包单位为应收工程款而填写的申请表。非应收款不得申请，如发现应予减除。

2）工程款支付申请是施工单位单方面的责任文件，不报、不审或不认真审查，均为失职行为。

3）工程款提出支付申请其内容必须是已经完成且经验收合格的构成最小验收单位的检验批以上的工程内容，必须依序按工程进度分次申请。

4）承包单位提供的附件：工程量清单、计算方法必须齐全、真实。

5）承包单位必须盖章，项目经理签字。

6）工程款支付申请中可包括合同内工作量、工程变更增减费用、批准的索赔费用、应扣除的预付款、保留金及合同中约定的其他费用。

（2）应检查的附件资料：2号住宅楼一层⑯～㊲轴钢筋混凝土、砌体工程量清单、材料价差表。

3.2.9 监理工程师通知回复单（B1-9）与例表简析

3.2.9.1 监理工程师通知回复单（B1-9）

1. 资料表式

监理工程师通知回复单　　**表 3.2.9.1**

工程名称：　　编号：

<table>
<tr><td>致________________________(监理单位)
我方收到编号为________________的监理通知/工程质量整改通知后，已按要求完成了________________工作，现报上，请予以复查。
详细内容：

承包单位(章)：________________
项目经理：________ 日期：________</td></tr>
<tr><td>复查意见：

监理单位(章)：________________
总/专业监理工程师：________ 日期：________</td></tr>
</table>

本表由承包单位填写，一式三份，送监理机构审核后，建设、监理及承包单位各一份。

2. 资料要求

(1) 承包单位提交的监理工程师通知回复单的附件内容必须齐全、真实，填报详细内容，承包单位加盖公章，项目经理必须签字。

(2) 复查意见由项目监理机构的专业监理工程师先行审查，必须填写审查意见。总监理工程师认真审核后由项目监理机构签章，总监理工程师、专业监理工程师签字执行。

3. 实施要点

监理工程师通知回复单是指监理单位发出监理通知，承包单位对监理通知执行完成后，请求复查的回复。

(1) 本表由承包单位填报。项目监理机构的总监理工程师或专业监理工程师签认后回复。

(2) 承包单位填报的监理通知回复单应复详细内容，包括：《监理通知》、《工程质量整改通知》、《工程暂停指令》等提出的整改内容。

(3) 监理工程师通知回复单应做到技术用语规范，内容有序，字迹清楚。

(4) 表列子项：

1) 详细内容：是针对《监理通知》、《工程质量整改通知》等的要求，具体写明回复意见或整改的过程、结果及自检等情况。《工程质量整改通知》应提出整改方案。

2) 复查意见：专业监理工程师应详细核查承包单位所报的有关资料，符合要求后针对工程质量实体的缺陷整改进行现场检查，填写"已按《监理通知》/《工程质量整改通知》整改完毕/经检查符合要求"的意见；如不符合要求，应具体指明不符合要求的项目或部位，签署"不符合要求，要求承包单位继续整改"的意见，直至承包单位整改符合要求。

3）涉及工程质量整改，承包单位的回复，需经总监理工程师审批。

3.2.9.2 监理工程师通知回复（B1-9）例表简析

1. 资料表式

监理工程师通知回复单 表 3.2.9.2

工程名称：××房地产××小区2号住宅楼 编号：

致 市××监理公司 （监理单位） 我方收到编号为 005 的监理通知/工程质量整改通知后，已按要求完成了 多孔砖浇水、砌体竖向透明缝、多孔砖试验报告、水平灰缝厚度超标等 工作，现报上，请予以复查。 详细内容： 承包单位（章）：建总直属第二项目部 项目经理：王×× 日期：2009年5月
复查意见： 根据005号工程质量整改通知：多孔砖浇水、砌体竖向透明缝、多孔砖试验报告、水平灰缝厚度超标等均已整改完成，同意申请复工。 监理单位（章）：××监理公司第二监理部 总/专业监理工程师：袁×× 日期：2009年5月

2. 例表简析

以2号住宅楼多孔砖洇水、砌体透明缝等事宜发出的监理工程师通知回复单为例。

凡是监理单位发出的监理通知、工程质量整改通知、工程暂停指令后，施工单位已完成整改要求，请监理单位复查时均用此表。

（1）实例控检原则

1）承包单位提交的附件资料内容必须齐全、真实，承包单位和项目监理机构均盖章，项目经理、专业监理工程师、总监理工程师分别签字，不盖章。

2）由专业监理工程师或总监理工程师审核后签章。

3）监理工程师通知回复单是一份承包单位提请报审，项目监理机构审查的责任文件。不报、不审或不认真审查，均为失职行为。

（2）应检查的附件资料：质量检查记录资料；“质量检查记录”中提出问题的复查结果。

3.2.10　工程临时延期报审（B1-10）与例表简析

3.2.10.1　工程临时延期报审表（B1-10）

1. 资料表式

工程临时延期报审表　　　　表 3.2.10.1

工程名称：　　　　　　　　　　　　　　　　　编号：

致____________________（监理单位） 根据施工合同条款__________条的规定，由于____________________的原因，我方申请工程延期，请予以批准。 附件：1. 工程延期的依据及工期计算 合同竣工日期： 申请延长竣工日期： 2. 证明材料 承包单位（章）：________________ 项目经理：____________日期：________
复查意见： □　暂时同意工期延长________日历天。使竣工日期（包括已指令延长的工期）从原来的________年________月________日延迟到________年________月________日，请你方执行。 □　不同意延长工期，请按约定竣工日期组织施工。 说明： 监理单位：________________ 总监理工程师：____________日期：________

本表由承包单位填写，一式三份，送监理机构审核后，建设、监理及承包单位各一份。

2. 资料要求

（1）本表由承包单位填报，加盖公章，项目经理签字，经专业监理工程师初审符合要求后签字，由总监理工程师最终审核加盖项目监理机构章，经总监理工程师签字后执行。

（2）承包单位提请工程临时延期报审时，提供的附件：工程延期的依据及工期计算；合同竣工日期；申请延长竣工日期；证明材料等应齐全、真实；对任何不符合附件要求的材料，承包单位不得提请报审，监理单位不得签发报审表。

3. 实施要点

工程临时延期报审表是指项目监理机构依据施工单位提请报审的工程临时延期的确认

和批复。

（1）工程临时延期的报审

1）工程临时延期报审是发生了施工合同约定由建设单位承担的延误工期事件后，承包单位提出的工期索赔，报项目监理机构审核确认。

2）总监理工程师在签认工程延期前应与建设单位、承包单位协商，宜和是否要求费用索赔一并考虑处理。

3）总监理工程师应在施工合同约定的期限内签发工程临时延期报审表，由于承包单位提供资料不全，监理机构可以发出要求承包单位提交有关延期的进一步详细资料的通知。

（2）关于临时批准

在实际工作中，监理工程师必须在规定的时间内作出决定，否则承包单位可以以延期迟迟未获批准而被迫加快工程进度为由提出费用索赔。为了避免这种情况发生，使监理工程师有比较充裕的时间评审延期，对于某些较为复杂或持续时间较长的延期申请，监理工程师可以根据初步评审，给予一个临时的延期时间，然后再进行详细的研究评审，书面批准有效延期时间。合同条件规定，临时批准的延期时间不能长于最后书面批准的延期时间。

临时批准的优点是：一般是一个合适的估计延期情况，以避免并减少承包商提出索赔费用，同时又可再制订详细的批准计划。

（3）工程延期的审批原则

1）必须符合合同条件。必须是属于承包单位自身以外的原因造成工程延期，否则不能批准工程延期。

2）延期事件的工程部位必须在施工进度计划的关键线路上才可以批准工程延期。如果发生在非关键线路上，且延长时间未超过其总时差时，即使符合批准工程延期，也不能批准工程延期。

3）批准的工程延期必须符合实际情况。承包单位、监理单位均应有详细记载。

（4）申报工程延期的条件

1）监理工程师发出工程变更指令导致工程量增加；

2）合同中列出的任何可能造成工程延期的原因。如延期提交施工图、工程暂停、对合格工程的剥离检查及不利外界条件等；

3）异常恶劣气候条件；

4）由业主造成的任何延误、干扰或障碍，如未及时提供场地、未及时付款等；

5）承包商自身以外的任何原因。

（5）工程延期的控制

1）选择合适的时机下达工程暂停指令；

2）提醒建设单位履行施工合同中规定的义务；

3）妥善处理工程延期事件。

（6）关于工期延期批准的协商

1）项目监理机构在作出临时工程延期或最终工程延期批准之前，均应与建设单位和承包单位协商。

2）项目监理机构审查和批准临时延期或最终工程延期的程序与费用索赔的处理程序相同。

（7）关于工程临时延期报审程序

1）承包单位在施工合同规定的期限内，向项目监理机构提交对建设单位的延期（工期索赔）意向通知书。

2）总监理工程师指定专业监理工程师收集与延期有关的资料。

3）承包单位在承包合同规定的期限内向项目监理机构提交工程临时延期报审表。

4）总监理工程师指定专业监理工程师初步审查工程临时延期报审表是否符合有关规定。

5）总监理工程师进行延期核查，并在初步确定延期时间后，与承包单位及建设单位进行协商。

6）总监理工程师应在施工合同规定的期限内签署工程临时延期报审表，或在施工合同规定期限内，发出要求承包单位提交有关延期的进一步详细资料后，按上述4）、5）、6）条程序进行。

7）总监理工程师在作出临时延期批准时，不应认为其具有临时性而放松控制。

8）临时批准延期时间不能长于最后的书面批准的延期时间。

（8）凡属下列原因经监理工程师确认工期可以顺延的工期延误

1）发包方不能按专用条款的约定提供开工条件；

2）发包方不能按约定日期支付工程预付款、进度款，致使工程不能正常进行；

3）设计变更和工程量增加；

4）一周内非承包单位原因的停水、停电、停气，造成停工累计超过8小时；

5）不可抗力；

6）专用条款中约定或监理工程师同意工期顺延的其他情况。

注：意外情况导致的暂停施工，如发现有价值的文物、不可抗拒事件等，风险责任由建设单位承担，工期相应顺延。

（9）表列子项

1）工程延期的依据及工期计算：工程延期依据是指非承包单位引起的工程延期的原因或理由，以及承包单位提出的延期意向通知，工期计算是指根据工程延期的依据、所列延长时间的计算方式及过程。

2）合同竣工日期：指建设单位与承包单位签订的施工合同中确定的竣工日期。

3）申请延长竣工日期：指包括已指令延长的工期加上本期申请延长工期后的竣工日期。

4）证明材料：指本期申请延长的工期所有能证明非承包单位原因致工程延期的证明材料。

5）确认临时延期的基本条件：工程变更指令导致的工程量增加；合同中涉及的任何可能造成的工程延期的原因；异常恶劣的气候条件；由建设单位造成的任何延误、干扰或障碍等；承包单位自身外的其他原因。

3.2.10.2 工程临时延期报审表（B1-10）例表简析

1. 实例表式

以2号住宅楼工程临时延期报审表为例。

工程临时延期报审表 **表 3.2.10.2**

工程名称：××房地产××小区2号住宅楼 编号：

<table>
<tr><td>致 市××监理公司 （监理单位）
根据施工合同条款 第13. 工期延误13.1(2) 条的规定，由于 建设单位资金拨付不到位，致使工程暂停12天 的原因，我方申请工程延期，请予以批准。
附件：1. 工程延期的依据及工期计算
合同竣工日期：2009年11月28日
申请延长竣工日期：2009年12月10日
2. 证明材料：施工单位申请表

承包单位（章）：建总直属第二项目部
项目经理：王×× 日期：2009年7月3日</td></tr>
<tr><td>复查意见：
☑ 暂时同意工期延长 9 日历天。使竣工日期（包括已指令延长的工期）从原来的 2009 年 11 月 28 日延迟到 2009 年 12 月 7 日，请你方执行。
☐ 不同意延长工期，请按约定竣工日期组织施工。
说明：

监理单位：市××监理公司第二监理部
总监理工程师：袁×× 日期：2009年7月5日</td></tr>
</table>

2. 实例释析

（1）实例控核原则

1）工程临时延期报审表提供的附件：工程延期的依据及工期计算；合同竣工日期；申请延长竣工日期；是否提出金额索赔；证明材料必须齐全、真实。

2）工程临时延期报审表是承包单位提请报审，项目监理机构审查的责任文件。不报、不审或不认真审查，都是失职行为。

（2）应检查的附件资料：

1）工程延期的依据及工期计算；合同竣工日期：2009年11月28日；申请延长竣工日期：2009年12月7日；

2）证明材料：施工单位申请表。

3.2.11　费用索赔报审（B1-11）与例表简析

3.2.11.1　费用索赔报审表（B1-11）

1. 资料表式

费用索赔报审表　　**表 3.2.11.1**

工程名称		编　号	
至＿＿＿＿＿（施工总承包/专业承包单位） 根据施工合同＿＿＿条＿＿＿款的约定，你方提出的＿＿＿＿＿＿＿＿＿＿费用索赔申请（第＿＿＿号），索赔（大写）＿＿＿＿＿＿＿＿＿元，经我方审核评估： □ 不同意此项索赔。 □ 同意此项索赔，金额为（大写）＿＿＿元。 同意/不同意索赔的理由： 索赔金额的计算： 监 理 单 位＿＿＿＿＿＿ 总监理工程师＿＿＿＿＿＿ 日　　　期＿＿＿＿＿＿			

注：1. 本表由承包单位填写，一式三份，送监理机构审核后，建设、监理及承包单位各一份。
2. 费用索赔审批表应符合现行国家标准《建设工程监理规范》GB 50319 的有关规定。

2. 资料要求

（1）承包单位提请报审费用索赔提供的附件：索赔的详细理由及经过、索赔金额的计算、证明材料必须齐全真实，对任何形式的不符合费用索赔的内容，承包单位不得提出申请。

（2）项目监理机构必须认真审查承包单位报送的附件资料，填写复查意见，索赔金额的计算可以付附页计算依据。

3. 实施要点

费用索赔报审表是承包单位向建设单位提出索赔的报审，提请项目监理机构审查、确认和批复。包括工期索赔和费用索赔等。

（1）本表由承包单位填报，由项目监理机构的总监理工程师签发。

（2）项目监理机构受理索赔的基本条件

根据合同法关于赔偿损失的规定及建设工程施工合同条件的约定，必须注意分清：建设单位原因、承包单位原因、不可抗力或其他原因。《建设工程监理规范》第6.3.2条规定了承包单位向建设单位提出索赔成立的基本条件：

1）索赔事件造成了承包单位直接经济损失；

2）索赔事件是由于非承包单位的责任发生的；

3）承包单位已按照施工合同规定的期限和程序提出费用索赔申请表，并附索赔凭证材料；

4）当承包单位提出费用索赔的理由同时满足以上三个条件时，承包单位提出的索赔成立，项目监理机构应予受理；但是依法成立的施工合同另有规定时，按施工合同规定办理；

5）当建设单位向承包单位提出索赔也符合类似的条件时，索赔同样成立。

（3）承包商向建设单位提出的可能产生索赔的内容

1）合同文件内容出错引起的索赔；

2）由于图纸延迟交出造成索赔，勘察、设计出现错误引起的索赔；

3）由于不利的实物障碍和不利的自然条件引起索赔；

4）由于建设单位（或监理单位转提）的水准点、基线等测量资料不准确造成的失误与索赔；

5）承包商根据监理工程师指示，进行额外钻孔及勘探工作引起索赔；

6）由建设单位风险所造成损害的补救和修复所引起的索赔；

7）施工中承包商开挖到化石、文物、矿产等物品，需要停工处理引起的索赔；

8）由于需要加强道路与桥梁结构以承受“特殊超重荷载”而引起的索赔；

9）由于建设单位雇用其他承包单位的影响，并为其他承包单位提供服务而提出的索赔；

10）由于额外样品与试验而引起索赔；

11）由于对隐蔽工程的揭露或开孔检查引起的索赔；

12）由于工程中断引起的索赔；

13）由于建设单位延迟移交土地（或临时占地）引起的索赔；

14）由于非承包单位原因造成了工程缺陷需要修复而引起的索赔；

15）由于要求承包单位调查和检查缺陷而引起的索赔；

16）由于工程变更引起的索赔；

17）由于变更使合同总价格超过有效合同价的15%而引起索赔；

18）由特殊风险引起的工程被破坏和其他款项支付而提出的索赔；

19）因特殊风险使合同终止后的索赔；

20）因合同解除后引起的索赔；

21）建设单位违约引起工程终止等的索赔；

22）由于物价变动引起的工程成本增减的索赔；

23）由于后继法规的变化引起的索赔；

24）由于货币及汇率变化引起的索赔；

25）建设单位指令增、减的工程量引起的索赔。

注：施工单位提出的索赔必须指出：索赔所依据的合同条款，提出的索赔数量必须根据索赔类别，说明计算方法、计算过程、计算结果；否则，即为索赔报告内容不全，可请予重新提出索赔报告。

(4) 可能作为索赔的证据

1) 招标文件、合同文本及附件、其他各种签约（备忘录、修正案）、发包人认可的工程实施计划、各种工程图纸（包括图纸修改指令）、技术规范等；

2) 招标文件；

3) 来往信件（有关合同双方认可的通知和建设单位的变更指令）；

4) 各种会谈纪要（需经各方签署才有法律效率）；

5) 各种会议纪要（发包、承包、监理各方会议形成的纪要且经签认的）；

6) 施工组织设计；

7) 指令和通知（发包、监理方发出的）；

8) 施工进度计划与实际施工进度记录；

9) 施工现场的工程文件（施工记录、备忘录、施工日志、工长和检查员工作日记；监理工程师填写的监理记录和签证、发包人或监理工程师签认的停水、停电、道路封闭、开通记录和证明，其他可以作证的工程文件等）；

10) 工程照片（如表示进度、隐蔽工程、返工等照片，应注明日期）；

11) 气象资料（需经监理工程师签证）；

12) 工程中各种检查验收报告和各种技术鉴定报告；

13) 工程交接记录、图纸和资料交接记录；

14) 建筑材料和设备的采购、订货、运输进场、保管和使用方面记录、凭证和报表；

15) 政府主管部门、工程造价部门发布的材料价格、信息、调整造价方法和指数等；

16) 市场行情资料；

17) 各种公开的成本和会计资料，财务核算资料；

18) 国家发布的法律、法令和政策文件，特别是涉及工程索赔的各类文件；

19) 附加工程（建设单位附加的工程项目）；

20) 不可抗力；

21) 特殊风险（战事、敌对行动、入侵、核装置污染和冲击波破坏、叛乱、暴动、军事政变等）；

22) 其他。

(5) 监理工程师审核和处理索赔准则

1) 依据合同条款及合同，实事求是地对待索赔事件；

2) 各项记录、报表、文件、会议纪要等索赔证据等文档资料必须准确和齐全；

3) 核算数据必须正确无误。

(6) 项目监理机构对费用索赔的审查和处理程序

1) 承包单位在施工合同规定的期限内向项目监理机构提交对建设单位的费用索赔意向通知书；

2) 总监理工程师指定专业监理工程师收集与索赔有关的资料；

3) 承包单位在承包合同规定的期限内，向项目监理机构提交对建设单位的费用索赔申请表；

4）总监理工程师初步审查费用索赔申请，符合《建设工程监理规范》（GB 50319—2000）第6.3.2所规定的条件时予以受理；

5）总监理工程师进行费用索赔审查，并在初步确定一个额度后，与承包单位和建设单位进行协商。

（7）审查和初步确定索赔批准额时，项目监理机构的审查要点

1）索赔事件发生的合同责任；

2）由于索赔事件的发生，施工成本及其他费用的变化和分析；

3）索赔事件发生后，承包单位是否采取了减少损失的措施。承包单位报送的索赔额中是否包含了让索赔事件任意发展而造成的损失额。

（8）审核要点

1）查证索赔原因。监理工程师首先应看到承包单位的索赔申请是否有合同依据，然后查看承包单位所附的原始记录和账目等，与专业监理工程师所保存的记录核对，以了解以下情况：工程遇到怎样的情况减慢或停工的；需要另外雇用多少人才能加快进度，或停工已使多少人员闲置；怎样另外引进所需的设备，或停工已使多少设备闲置；监理工程师曾经采取哪些措施。

2）核实索赔费用的数量

承包单位的索赔费用数量计算一般包括：所列明的数量；所采用的费率。在费用索赔中，承包单位一般采用的费率为：

① 采用工程量清单中有关费率或从工程量清单里有关费率中推算出费率；

② 重新计算费率。

原则上，承包单位提出的所有费用索赔均可不采用工程量清单中的费率而重新计算。监理工程师在审核承包单位提出的费用索赔时应注意：索赔费用只能是承包单位实际发生的费用，而且必须符合工程项目所在国或所在地区的有关法律和规定。另外，绝大部分的费用索赔是不包括利润的，只涉及直接费和管理费。只有遇到工程变更时，才可以索赔到费用和利润。

（9）项目监理机构在确定索赔批准额时，可采用实际费用法。索赔批准额等于承包单位为了某项索赔事件所支付的合理实际开支减去施工合同中的计划开支，再加上应得的管理费和利润。

总监理工程师应在施工合同规定的期限内签署费用索赔审批表。

（10）总监理工程师附送索赔审查报告的内容

总监理工程师在签署费用索赔审批表时，可附一份索赔审查报告。索赔审查报告可包括以下内容：

1）正文：受理索赔的日期，工作概况，确认的索赔理由及合同依据，经过调查、讨论、协商而确定的计算方法及由此而得出的索赔批准额和结论。

2）附件：总监理工程师对索赔评价，承包单位索赔报告及其有关证据、资料。

（11）费用索赔与工期索赔的互联处理

费用索赔与工期索赔有时候会相互关联，在这种情况下，建设单位可能不愿给予工程延期批准或只给予部分工程延期批准，此时的费用索赔批准不仅要考虑费用补偿还要给予赶工补偿。所以，总监理工程师要综合作出费用索赔和工程延期的批准决定。

（12）建设单位向承包单位的索赔处理原则

由于承包单位的原因造成建设单位的额外损失，建设单位向承包单位提出费用索赔时，总监理工程师在审查索赔报告后，应公正地与建设单位和承包单位进行协商，并及时作出答复。

(13) 承包单位提请报审、项目监理机构复查提出和审查后的索赔金额必须大写。

(14) 审核确定索赔数量时应注意的几个具体问题

1) 定价基础

单价和费用构成：施工过程中的工程数量、施工方案、进度计划、工艺操作和招投标时期是不同的，从而构成索赔单价的差异；因施工时间变化对各种建筑材料、子项预算构成单价的价格影响；合同条款对单价和费率的规定。

2) 计算范围：是指索赔涉及的工程范围和数量，是计算索赔的基础。

①应注意索赔涉及的工程范围和数量双方有无争议；

②合同条件以外施工过程中的有关记录中涉及的本次索赔事宜；

③进度计划中延期及采取相应措施中的费用增加；

④专项技术分析原因中涉及索赔，可能计入的索赔范围。

3) 款项或费用的构成

① 单价中包含着工程的直接费、管理费和利润。索赔设计工程往往不应包括管理费和利润。例如机械闲置费不应按台班计算，而应按实际租金或折旧费计算，人工费不应按日工计算，只能按劳务成本（工资、奖金、差旅费、法定补贴、保险费等）计算。

② 在运输道路上承包单位因违章（如运输工具选择不当、超重等对路桥造成损失），不应计入索赔的内容，因为公路章程任何人都应遵守，承包单位属明知故犯。如果发包单位指使或强令承包单位进行此类行为时，其损失可由发包单位负责，可以计入索赔内容。

(15) 对待索赔，合同有关各方都应高度重视，并力求尽早妥善处理好，索赔本身会带来许多意想不到的麻烦，如不尽早按合同要求处理，只会带来更多的问题。应当充分认识索赔绝大部分问题都可以用合同文件来解决，重要的是项目监理机构的专业监理工程师应熟悉索赔事务并能公正而认真地对待索赔。

(16) 表列子项

1) "根据施工合同条款__________条的规定"：填写提出费用索赔所依据的施工合同条目。

2) "由于__________的原因"：填写导致费用索赔事件的名称。

3) 索赔的详细理由及经过：指索赔事件造成承包单位直接经济损失，索赔事件是由于非承包单位的责任发生的等情况的详细理由及事件经过。

4) 索赔金额的计算：指索赔金额计算书。

5) 证明材料：指上述两项所需的各种凭证。

6) 审查意见：专业监理工程师对所报资料审查、与监理同期记录核对、计算，并将审查情况报告总监理工程师。不满足索赔条件，总监理工程师在不同意此索赔前"□"内画"✓"。满足索赔条件，总监理工程师应分别与建设单位、承包单位协商，达成一致或总监理工程师公正地自主决定后，在同意此项索赔前"□"内画"✓"，并填写商定（或自主决定）的金额。

7) 同意/不同意索赔的理由：指由总监理工程师填写的同意、部分同意或不同意索赔的理由和依据。

8) 索赔金额的计算：指项目监理机构对索赔金额的计算过程及方法。

3.2.11.2 费用索赔报审（B1-11）例表简析

1. 例表表式

以2号住宅楼设计变更增加钢筋混凝土⑥轴、㉜轴基础梁费用索赔报审为例。

费用索赔报审表 表3.2.11.2

工程名称：××房地产××小区2号住宅楼 编号：

致 市××监理公司 （监理单位） 根据施工合同条款 十、违约、索赔和争议第36 条的规定，由于 设计变更增加钢筋混凝土⑥轴、㉜轴基础梁 的原因，我方要求索赔金额（大写） 壹仟玖佰柒拾捌 元，请予批准。 附件：1. 索赔的详细理由及经过 2. 索赔金额的计算 3. 证明材料：设计变更文件 承包单位（章）： 建总直属第二项目部 项目经理：王×× 日期： 2009年3月25日
复查意见： ☐ 不同意此项索赔。 ☑ 同意此项索赔，金额为（大写） 壹仟玖佰柒拾捌元 。 同意/~~不同意~~索赔的理由： 该变更为设计变更。为增加基础刚度而修改设计文件。 索赔金额的计算： 详附件资料 监理单位（章）： 市××监理公司第二监理部 总监理工程师： 袁×× 日期： 2009年3月28日

2. 实例释析

（1）实例控制核查原则

1）费用索赔报审（工期索赔或费用索赔）提供的附件：索赔的详细理由及经过，索赔金额的计算、证明材料必须齐全、真实。

2）承包单位加盖公章、项目经理签字；项目监理机构加盖公章、总监理工程师、专业监理工程师分别签字。

3）费用索赔报审是一份承包单位提请报审，项目监理机构审查的责任文件。不报、不审或不认真审查，都是一种失职行为。

（2）应检查的附件资料：应提附件索赔的详细理由及经过；索赔金额的计算；证明材料。

3.2.12 工程材料/构配件/设备报审（B1-12）与实例简析

3.2.12.1 工程材料/构配件/设备报审表（B1-12）

1. 资料表式

工程材料/构配件/设备报审表　　表 3.2.12.1

工程名称：　　编号：

致____(监理单位) 我方于______________年__________月__________日进场的工程材料/构配件/设备数量如下(见附件)。现质量证明书文件及自检结果报上，拟用于下述部位： ____请予以审核。 附件：1. 材料/构配件/设备清单(名称、产地、规格、数量) 2. 材料/构配件/设备质量证明资料 3. 自检结果(复试报告等) 承包单位(章)：____________________ 项目经理：______________日期：__________
审查意见： 经检查上述工程材料/构配件/设备，符合/不符合设计文件和规范的要求，准许/不准许进场，同意/不同意使用于拟定部位。 监理单位：____________________ 专业监理工程师：______________日期：__________

本表一式四份，建设、监理各一份，承包单位两份。

2. 资料要求

（1）本表由承包单位填报，加盖公章，项目经理签字，经专业监理工程师审查符合要求后签字有效，加盖项目监理机构章。

（2）承包单位提请工程材料、构配件、设备报验时提供的附件：数量清单；质量证明文件；自检结果应齐全、真实；对任何不符合附件要求的资料，承包单位不得提请报审，监理单位不得批准报审表。

3. 实施要点

工程材料/构配件/设备报审表是承包单位向项目监理机构提请工程项目用材料、构配件、设备进行的审查、确认和批复文件。

（1）本表由承包单位填报，项目监理机构专业监理工程师审查并签发。

（2）工程原材料、构配件报验单由承包单位提出、监理单位审查，未经报验不得用于工程。

（3）工程原材料报验是指原材料、构配件进场后承包单位向监理单位进行的报验。进场的原材料、构配件等承包单位首先要组织自检自验，并按有关规定进行抽样测试，确认合格后填写工程材料，构配件、设备报验单，连同出厂合格证、质量证明书、复试报告等一并报专业监理工程师进行质量认证。

有的材料、构配件、设备在进场前，曾同建设单位和监理单位看过样品或调研过，这个过程不能代替进场后使用前的报验。

（4）本表由承包单位填报，由项目监理机构审查。报审表内的承包单位、项目监理机构均盖章，不盖章无效。专业监理工程师签字有效、不盖章。监理工程师不签字无效。

（5）工程材料报验的基本要求

1）承包单位对所有的原材料、构配件、设备均应报验，工程完成后，材料报验要和设计的材料、构配件、设备的品种、数量相一致，有遗漏时即为原材料、构配件、设备进场报验数量不足，如有主要原材料、构配件、设备未报验，将直接影响工程质量的验评，并需对总体质量进行重新评审。

2）进场原材料、构配件、设备报验应及时，监理单位可以和承包单位、材料供应单位协商确定进场材料、构配件、设备进场后的报验方法。

监理单位认证不合格的原材料、构配件和设备，应和承包单位协商处理办法，如降级使用或进行技术处理后使用时，需征得设计、建设单位同意，总监理工程师批准。

监理工程师除明令不得使用外，并说明不得进场、退场或其他处理建议。

3）保证材料、构配件、设备质量必须保证检验和试验机构做到：严格执行国家有关技术标准、规范和设计要求；检验、试验机构和人员均必须按照国家标准进行抽样和试验，保证试验设备良好运行，确保试（检）验工作的质量；对不符合质量要求的材料、半成品和成品应出示报告，也可以提出处理意见和解决办法。

4）预制构件厂必须对成品、半成品进行严格检查后，签发出厂合格证，不合格的产品不得出厂。

5）新材料、新产品、新型构配件，要在对其做出技术鉴定或制定出质量标准及操作规程后，才能在工程上使用。

凡采用无国家或省正式标准规范的新材料、新制品、新设备，均应有省级或其以上有关鉴定部门出具正式鉴定文件，否则不准用于工程。

6）在现场配制的建筑材料，如防水材料、防腐蚀材料、耐火材料、绝缘材料、保温材料、润滑材料等，均必须按试验室确定的配合比和操作方法进行施工。

（6）对拟进场工程材料、构配件和设备的报审要求

1）承包单位应对拟进场的工程材料、构配件和设备（包括建设单位采购的工程材料、构配件、设备）填写《工程材料/构配件/设备报审表》并附上相应的准用证明、出厂质量证

明等有关资料报项目监理机构审核、签认。对新材料、新产品，承包单位应报送经有关部门鉴定、确认的证明文件。

对进口材料、构配件和设备，承包单位应报送进口商检证明文件。

2）承包单位应对进场的工程材料按工程质量管理规定进行自检和复试，对构配件进行自检；对设备进行开箱检查，并将复试结果和检查结果报送项目监理机构审核、签认。

3）专业监理工程师应对进场的工程材料、构配件和设备，按照委托监理合同的约定和工程质量管理文件的规定，进行平行检测、见证取样。

4）对进口材料、构配件和设备，应按照事先约定，由建设单位、承包单位、供货单位、项目监理机构及其他有关单位进行联合检查。

5）经专业监理工程师审核，检查合格，签认《工程材料/构配件/设备报审表》。对未经监理工程师验收或验收不合格的工程材料、构配件、设备，监理工程师应拒绝签认，并应签发《工程材料/构配件/设备报审表》，书面通知承包单位限期运出现场。

（7）表列子项

1）拟用于下述部位：指工程材料、构配件、设备拟用于工程的具体部位。应将拟用于工程的材料、构配件、设备的具体部位一一填写清楚。

2）材料/构配件/设备清单：指被报审的材料、构配件或设备的清单表，应按用表格形式填报附后。

3）材料/构配件/设备质量证明资料：指生产单位提供的证明材料/构配件/设备质量的证明资料，如：合格证、性能检测等。凡无国家或省正式标准的新材料、新产品、新设备，应有省级或其以上有关部门的鉴定文件；凡进口的材料、产品、设备，应有商检的证明文件。

4）自检结果：指承包单位进场材料、构配件或设备的验收记录、复试报告和项目监理机构等的见证取样证明。

5）审查意见：专业监理工程师经过所报资料审查，与进场实物核对和观感质量验收，全部符合要求的，将“不符合”、“不准许”、“不同意”用横线划掉；否则将“符合”、“准许”、“同意”用横线划掉，并指出哪些不符合要求。

6）原材料、构配件报验附件资料应齐全，如材料出厂合格证、复试报告、构配件出厂合格证明等。附件资料不齐全，不予报验。

按施工单位提供的附件资料应写清执行的标准或规范的名称或代号，便于核验对照。

7）工程原材料、构配件、设备报验应由承包单位的单位工程技术负责人提出。

3.2.12.2 工程材料/构配件/设备报审（B1-12）例表简析

1. 实例表式

仅以2号住宅楼工程用钢材、水泥材料/构配件/—设备的某一次报审为例。

工程材料/构配件/设备报审表 **表3.2.12.2**

工程名称：××房地产××小区2号住宅楼　　编号：

致　市××监理公司　（监理单位） 我方于 2009 年 3 月 20 日进场的工程材料/构配件/设备数量如下（见附件）。现将质量证明书文件及自检结果报上，拟用于下述部位： ________________请予以审核。 附件：1. 材料/构配件/设备清单（名称、产地、规格、数量） 2. 材料/构配件/设备质量证明资料 3. 自检结果（复试报告等） 承包单位（章）：建总直属第二项目部 项目经理：王××　日期：2009年3月23日
审查意见： 经检查上述工程材料/构配件/设备，符合/不符合设计文件和规范的要求，准许/不准许进场，同意/不同意使用于拟定部位。 监理单位：××监理公司第二监理部 专业监理工程师：王××　日期：2009年3月23日

2. 例表简析

（1）实例控检原则

1）报审资料中所列材料、构配件、设备的附件资料，必须齐全、正确。

2）工程材料/构配件/设备报审是一份承包单位提请报审，项目监理机构审查的责任文件。不报、不审或不认真审查，都是一种失职行为。

注：1. 工程材料/构配件/设备报审中的工程质量控制资料中建筑与结构中的“原材料出厂合格证及进场试（检）验报告”、“预制构件”等；给水排水与采暖、建筑电气、通风与空调、电梯二程中的“材料、配件、设备出厂合格证、检（试）验报告”均应进行报审。

2. 对于外观检查有缺陷的钢筋，应由试验室和施工单位的技术部门提出处理意见，决定可否使用或如何使用。

3. 钢筋入库应检查材质证明，并按品种、等级、规格分别按批编号，分别堆放；取样试验时应将编号写在委托试验单上，做到实物、材质证明和试验报告单的编号完全一致。

4. 对低碳冷拔钢丝，入库时如无材质证明，入库时应逐捆编号、逐捆试验。

(2) 应检查的附件资料：材料/构配件/设备清单（名称、产地、规格、数量）；材料/构配件/设备质量证明资料；自检结果（复试报告等）。

3.2.13　工程竣工预验报验（B1-13）与例表简析

3.2.13.1　工程竣工预验报验单（B1-13）

1. 资料表式

工程竣工预验报验单　　表 3.2.13.1

工程名称：　　编号：

<table>
<tr><td>致＿＿＿＿＿＿＿＿＿＿＿＿＿＿＿＿（监理单位）
根据合同规定，我方已完成了＿＿＿＿＿＿＿＿＿＿＿＿工程项目的全部施工内容，经自检符合合同及设计和施工规范要求，且技术资料齐全，现报请竣工验收，请予以检查和验收。

附件：

承包单位（章）：＿＿＿＿＿＿＿＿
项目经理：＿＿＿＿＿＿日期：＿＿＿＿＿</td></tr>
<tr><td>审查意见：
经初步验收，该工程：
1. 符合/不符合我国现行法律、法规要求；
2. 符合/不符合我国现行工程建设标准；
3. 符合/不符合设计文件要求；
4. 符合/不符合施工合同要求。
经核查，该工程初步验收合格/不合格，可以/不可以组织正式验收。
说明：

监理单位：＿＿＿＿＿＿＿＿
总监理工程师：＿＿＿＿＿＿日期：＿＿＿＿＿</td></tr>
</table>

本表由承包单位填写，一式三份，送监理机构审核后，建设、监理及承包单位各一份。

2. 资料要求

(1) 检验批、分项、分部（子分部）工程资料数量必须齐全，企业技术负责人对单位工程已组织有关人员对工程进行了验收，并达到合格或其以上标准。据此，承包单位根据预验结果向建设、监理单位提请预验收。

(2) 按验收的有关要求进行检查，内容、签章均齐全为正确。

3. 实施要点

工程竣工预验报验单是承包单位对所施工程完成后，经预验合格报请项目监理机构（建设单位）提请（当工程项目确以具备交工条件后），对该工程项目进行的预验申请。

（1）本表由承包单位填报，项目监理机构的总监理工程师审查并签发。

（2）承包单位提交的工程竣工预验收报验的附件内容，工程技术资料（工程质量验收资料、工程质量控制资料核查、工程安全和功能检验资料核查、工程管理资料）等必须齐全、真实，承包单位加盖公章，项目经理必须签字。

（3）竣工预验收及资料

1）竣工预验收必须达到具备交工条件（土建、水、暖、电、通风、电梯等各专业均已具备），应在承包单位预验合格后进行，不具备交工条件的，任何一方不应对未完工程提请提前交工。

确已具备交工验收条件，建设、监理、承包单位均不能因个别原因拒绝进行竣工预验收。

2）交工验收的标准：工程项目按照工程合同规定和设计图纸要求，已全部施工完毕达到国家规定的质量标准，能满足使用要求；交工工程达到窗明地净、水通、灯亮、有采暖通风设备的应达到运转正常；设备调试、试运转达到设计要求；建筑物四周 2m 以内场地整洁；技术资料齐全。

（4）竣工预验收的资料内容：

单位工程竣工预验收资料内容包括：单位（子单位）工程质量竣工验收记录（含分部（子分部）、分项、检验批）、单位（子单位）工程质量控制资料核查记录、单位（子单位）工程安全和功能检验资料核查及主要功能抽查记录、单位（子单位）工程观感质量检查记录。资料应齐全、正确。

（5）工程的竣工预验收

1）单位工程竣工质量的预验收由项目监理机构的总监理工程师组织专业监理工程师进行；建设、施工单位参加。

2）竣工预验收的依据：有关法律、法规、工程建设强制性标准、设计文件及施工合同，对承包单位报送的竣工资料进行预验收；对存在的问题，应及时要求承包单位整改，整改完毕由总监理工程师签署工程竣工报告单，在此基础上提出工程质量评估报告。

工程质量评估报告应经总监理工程师和监理单位的技术负责人审核签字。

（6）竣工预验收的程序：

1）当单位工程达到竣工验收条件后，承包单位应在自审、自查、自评工作完成，编制竣工报告，施工单位的法定代表人和技术负责人签章后填写工程竣工预验报验单，并将全部竣工资料报送项目监理机构，申请竣工预验收。

2）总监理工程师应组织各专业监理工程师对竣工资料及各专业工程的质量情况进行全面检查，对检查出的问题，应督促承包单位及时整改。

3）总监理工程师应组织各专业监理工程师对本专业工程的质量情况进行全面检查、检测，对发现影响竣工验收的问题，签发监理工程师通知单，要求承包单位整改和完善。

4）对需要进行工程安全和功能检验的工程项目（包括单机试车和无负荷试车），监理工程师应督促承包单位及时进行试验，并对试验过程进行现场监督、检查，必要时请建设单位和设计单位参加；监理工程师应认真审查试验报告单。

5）监理工程师督促承包单位搞好成品保护和现场清理。

6）经项目监理机构对竣工资料及实物全面检查、验收合格后，由总监理工程师签署申请工程竣工报验单，并向建设单位提出质量评估报告。请建设单位组织工程竣工验收。

(7) 表列子项

1) 工程项目：指施工合同签订的已经达到竣工要求的工程名称。

2) 附件：指用于证明工程按合同约定完成并符合竣工要求的全部竣工资料。

3) 审查意见：由项目监理机构的专业监理工程师先行审查：该工程符合/不符合我国现行法律、法规要求；符合/不符合我国现行工程建设标准；符合/不符合施工合同要求。然后由总监理工程师组织专业监理工程师按（GB 50300—2001）标准规定的单位（子单位）工程竣工验收的有关规定进行复查并对工程质量进行预验收，根据复查和预验收结果，将“未全部”、“不完整”、“不符合”或“全部”、“完整”、“符合”用横线划掉；全部符合要求的将“不合格”、“不可以”用横线划掉；否则将“合格”、“可以”用横线划掉；并向承包单位列出不符合项目的清单和要求。

3.2.13.2　工程竣工预验报验（B1-13）例表简析

1. 实例表式

本例以市××局住宅楼工程竣工预验收报验为例。

工程竣工预验报验单　　**表 3.2.13.2**

工程名称：××局住宅楼　　编号：001

致 市××监理公司 （监理单位） 根据合同规定，我方已完成了 ××住宅楼 工程项目的全部施工内容，经自检符合合同及设计和施工规范要求，且技术资料齐全，现报请竣工验收，请予以检查和验收。 附件： 承包单位(章)：建总直属第二项目部 项目经理：王×× 日期：2009 年 11 月 28 日
审查意见： 经初步验收，该工程： 1. 符合/~~不符合~~我国现行法律、法规要求； 2. 符合/~~不符合~~我国现行工程建设标准； 3. 符合/~~不符合~~设计文件要求； 4. 符合/~~不符合~~施工合同要求。 经核查，该工程初步验收合格/~~不合格~~，可以/~~不可以~~组织正式验收。 说明： 1. 构成单位工程的各分部工程验收：全部/~~未全部~~验收合格； 2. 文件资料完整/~~不完整~~，符合/~~不符合~~有关规定。 监理单位：建总直属第二项目部 总监理工程师： 袁×× 日期： 2009 年 11 月 29 日

2. 例表简析

(1) 实例控检原则

1) 检验批、分项、分部（子分部）等工程质量验收记录数量齐全、工程质量控制资料、安全和功能检验（检测）报告、观感质量验收记录、隐蔽工程验收记录，企业技术负责人对单位工程已组织有关人员对工程进行了验收，并达到合格或合格以上等级。承包单位根据预验结果向建设、监理单位提请预验。

2) 按验收的有关要求进行检查，内容、签章齐全、正确。

3) 工程竣工预验收报验是承包单位提请报审，项目监理机构审查的责任文件。不报、不审或不认真审查，都是失职行为。

(2) 应检查的附件资料：工程质量验收记录（工程质量验收资料：分部（子分部）、分项、检验批）（略）；工程质量记录资料：工程质量控制资料（略）；安全和功能检验（检测）报告（略）；观感质量验收记录（略）；隐蔽工程验收记录（地基与基础、主体、装饰、给水排水与采暖、电气）（略）。

注：附件资料只列出目录，不附资料子项。

3.2.14 试验室资格报审（B1-14）与例表简析

3.2.14.1 试验室资格报审表（B1-14）

1. 资料表式

试验室资格报审表 **表 3.2.14.1**

工程名称： 编号：

<table>
<tr><td>致______________________________(监理单位)
经考察，我方认为拟选择的______________________(试验室)具有与______________工程相适应的试验资质及试验能力。现报上有关资料，请予以审查和批准。
附件：1. 试验室的资质等级及试验范围；
2. 法定计量部门对试验室出具的计量检定证明；
3. 试验室管理制度；
4. 试验人员的资格证书；
5. 本工程的试验项目及其要求。

承包单位(章)：______________
项目经理：__________ 日期：__________</td></tr>
<tr><td>专业监理工程师审查意见：

监理单位：______________
总监理工程师：__________ 日期：__________</td></tr>
</table>

本表一式三份，送监理机构审核后，建设、监理及承包单位各一份。

2. 资料要求

（1）本表由承包单位填报，加盖公章，项目经理签字，经专业监理工程师审查符合要求后报总监理工程师批准后签字有效，加盖项目监理机构章。

（2）承包单位提请试验室资格报审时提供的附件：试验室的资质等级及试验范围；法定计量部门对试验室出具的计量检定证明；试验室管理制度；试验人员的资格证书；本工程的试验项目及其要求应齐全真实，对任何不符合附件要求的资料，承包单位不得提请报审，监理单位不得签发报审表。

3. 实施要点

试验室资格报审表是承包单位向项目监理机构提请试验室资格报审，以确定承包单位是否具有自有试验室或“外委”试验室进行资质考核、确认和批复。

（1）试验室资格报审表由承包单位填报，项目监理机构的专业监理工程师提出审查意见，总监理工程师签发。

（2）试验室资格报审是承包单位经考察选定具有与某工程相适应的试验室资质及试验能力，而提请项目监理机构审查和批准的文件。并提交如下附件：

1）试验室的资质等级及其试验范围；

2）法定计量部门对试验设备出具的计量检定证明；

3）试验室的管理制度；

4）试验人员的资格证书；

5）本工程的试验项目及其要求。

（3）本表由施工单位填报，由项目监理机构审查。报审表内的承包单位、项目监理机构均盖章，不盖章无效。以专业监理工程师签字有效、不盖章。监理工程师不签字无效。

（4）对试验室考核内容

1）对承包单位的试验室进行考核是指专业监理工程师对承包单位自有试验室或外委试验室的考核。

2）对承包单位试验室的考核由专业监理工程师进行。

3）专业监理工程师进行审核的5个方面：试验室的资质等级及其试验范围；法定计量部门对试验设备出具的计量检定证明；试验室的管理制度；试验人员的资格证书；本工程的试验项目及其要求。必须逐项审查且符合要求。

4）当一个承包单位的试验室供本单位承建的几个工程项目共用时，经查只要符合企业试验室资质国家规定的考核内容即可视为有工地试验室。当该试验室资质不够、试验项目不全时均应进行外委试验。对外委项目或外委试验，承包单位应填写分包单位资格报审表，将拟委托试验室的营业执照、企业资质等级证书、委托试验内容等有关资料报送项目监理机构。专业监理工程师审核合格后，予以签认。

（5）承包单位利用本企业试验室时，应将试验室的资质、试验内容、试验设备的规格、型号、数量及定期检定证明（法定检测部门）、试验室管理制度、试验员资格证书等有关资料报送项目监理机构。专业监理工程师审核合格，予以确认。

（6）表列子项：

1）（试验室）：指拟选定试验室的名称。按全称填写。

2）具有与______工程：指承包单位拟选定试验室承担施工试验的工程名称。

3）试验室的资质等级及试验范围：指当地建设行政主管部门颁发的试验室的资质等级证书及其许可的试验范围。

4）法定计量部门对试验室出具的计量检定证明：指法定计量部门对用于本工程的试验项目的试验设备出具的定期检定证明资料。

5）试验室管理制度：指试验内部用于试验管理方面的管理制度。报审时可把管理制度目录列入附件。

6）试验人员的资格证书：指参与对本工程进行试验人员的岗位资格证书。

7）本工程的试验项目及其要求：指拟定试验室承担本工程的试验项目及其相应要求的清单。

3.2.14.2 试验室资格报审（B1-14）例表简析

1. 实例表式

以2#住宅楼委托市检测中心试验室为外委试验室资格报审为例。

试验室资格报审表 表 3.2.14.2

工程名称：××房地产××小区2#住宅楼 编号：

<table>
<tr><td>致 市××监理公司 （监理单位）
经考察，我方认为拟选择的 市检测中心 （试验室）具有与 ××房地产××小区2#住宅楼 工程相适应的试验资质及试验能力。现报上有关资料，请予以审查和批准。
附件：1. 试验室的资质等级及试验范围；甲级。
2. 法定计量部门对试验室出具的计量检定证明；
3. 试验室管理制度；
4. 试验人员的资格证书；
5. 本工程的试验项目及其要求。

承包单位(章)：建总直属第二项目部
项目经理：王×× 日期：2009年3月18日</td></tr>
<tr><td>专业监理工程师审查意见：
试验室的资质等级及试验范围；法定计量部门对试验室出具的计量检定证明；试验室管理制度；试验人员的资格证书；本工程的试验项目及其要求。均符合承担该项工程的试验资格。
同意市检测中心承担该工程的有关试(检)验项目

监理单位：市××监理公司第二监理部
总监理工程师：袁×× 日期：2009年3月19日</td></tr>
</table>

2. 例表简析

（1）实例控检原则

1）试验室资格报审的控制原则是满足工程的各项试（检）验要求，该试验室的硬件、软件应满足相应试验室资质等级的要求。

2）承包单位提供的附件：试验室的资质等级及试验范围；法定计量部门对试验室出具的计量检定证明；试验室管理制度；试验人员的资格证书；本工程的试验项目及其要求

应齐全、真实。发现资料不真实时，不予批复。

3）承包单位必须加盖公章、项目经理签字；项目监理机构必须加盖公章、总监理工程师签字有效。

4）试验室资格报审的控制原则为被委托的试验单位必须具有对本工程应进行的试（检）验项目的承担能力为原则。

5）试验室资格报审是一份承包单位提请报审，项目监理机构审查的责任文件。不报、不审或不认真审查，均为失职行为。

（2）应检查的附件资料：试验室的资质等级及试验范围（略）；法定计量部门对试验室出具的计量检定证明（市计量局颁发×管016#）（略）；试验室管理制度（同前）（略）；试验人员的资格证书（同前）（略）；本工程的试验项目及其要求。

3.2.15 工程计量报审（B1-15）与例表简析

3.2.15.1 工程计量报审表（B1-15）

1. 资料表式

工程计量报审表 表 3.2.15.1

工程名称： 编号：

致________________________________（监理单位） 兹申报__________年__________月完成的工程量统计报表，请予核验审定，核定的结果将作为我方申请该工程付款的依据 附件：1. 完成工程量统计报表； 2. 工程质量合格证明资料。 承包单位（章）：____________ 项目经理：__________日期：__________
专业监理工程师审查意见： 监理单位：____________ 总监理工程师：__________日期：__________

本表一式四份，送监理机构审核后，建设、监理各一份，承包单位两份。

2. 资料要求

（1）本表由承包单位填报，加盖公章，项目经理签字，经专业监理工程师审查符合要求后报总监理工程师批准后签字有效，加盖项目监理机构章。

（2）承包单位提请工程计量报审，应提供的附件：完成工程量统计报表；隐蔽/分项/

分部工程质量合格证明资料齐全、真实；对任何不符合附件要求的资料，承包单位不得提请报审，监理单位不得批复报审表。

3. 实施要点

工程计量报审表是承包单位向项目监理机构提请检验批、分项工程或分部（子分部）工程完成数量进行的报审、确认和批复。

（1）本表由承包单位填报，由项目监理机构专业监理工程师提出审查意见，总监理工程师批复。报审表内的承包单位、项目监理机构均盖章，不盖章无效。专业监理工程师提出审查意见，总监理工程师签字有效、不盖章。总监理工程师不签字无效。

（2）工程计量报审

1）专业监理工程师进行计量应对验收手续齐全、资料符合验收要求并符合施工合同规定的计量范围内的工程量予以核定。

2）专业监理工程师应建立月完成工程量和工作量统计制度：专业监理工程师工作应由建立月完成工程量和工作量统计表完成；专业监理工程师应对实际完成量与计划完成量进行比较、分析，通过分析制定调整措施；在监理月报中向建设单位报告月完成工程量与工作量。

3）监理工作允许计量的内容包括：工程量清单中全部项目（中标价中包括的全部工程项目）；合同文件中规定的项目；经批准的工程变更的项目。

4）对隐蔽工程实行工序报验，工程计量应清楚，不留余地。

5）工程计量结果凡计入工程量清单的应是工程施工图设计内的实物数量。对于工程变更发生的工程计量的实物量，应按合同约定的单价进行计量支付。

（3）工程计量依据

1）施工图设计。计量的几何尺寸均以施工图设计为准，监理工程师对于施工单位超出设计图纸要求而增加的工程量和自身原因造成的返工而计入的工程量不予计量。

2）经监理工程师验收合格并已签字的工程部位，未经验收合格的工程不予计量。

3）国家颁发的预概算定额中的工程量计算办法。

（4）工程量报审程序：

1）承包单位按施工合同约定的时间，并经专业监理工程师验收合格的工程量，填报《工程计量报审表》，向监理机构报审。

2）专业监理工程师在收到《工程计量报审表》后，对所报资料进行审核，并于7天内会同承包单位按设计图纸进行现场已完工程计量（专业监理工程师应在计量前24小时通知单位，承包单位为计量提供便利条件并派人参加）。承包单位不参加计量，发包方可自行进行计量检验，计量结果有效。并可作为工程款支付依据。

（5）发生工程变更，应经过建设单位、设计单位、承包单位代表签认，并通过项目总监理工程师下达变更指令后，承包单位方可施工。同时承包单位应按照施工合同的有关规定，编制工程变更概（预）算书，填报《工程变更费用报审表》，报监理机构审核确认。经认可后方可进入工程计量，否则不予计量。

（6）关于计量的说明

1）施工合同示范文本第15条规定，承包人按专用条款约定的时间向监理方提交已完工程量报告。

2）监理工程师收到承包单位的报告，必须在7日内按施工图设计通过现场检查核定已完工程量。如项目监理机构收到报告后未进行计量、审核与签认，从第8天起，承包单位报告中开列的工程量即视为已被确认，可作为工程款支付依据；如监理工程师不按约定时间通知承包单位，使承包单位不能按时参加计量，监理单位的计量结果无效。

3）施工、监理双方均应互相协同工作，监理方收到施工方计量报审应在7日内完成审查；施工方在24小时前接到监理方通知，必须派人参加计量予以确认。

4）监理工程师对承包单位超过设计图纸范围和（或）因自身原因返工未经验收建成的工程量，不予计量。

5）项目监理机构和承包单位的计量原则均应为：以施工图设计及设计变更文件为依据，实事求是地进行计量。

（7）表列子项

1）完成工程量统计报表：指承包单位按建设工程施工合同要求（含工程变更工程量）完成工程量的统计报表。

2）工程质量合格证明资料：指经专业监理工程师（分部（子分部）须经总监理工程师）验收合格后签认的工程质量认可文件。

3）专业监理工程师审查意见：签署的工程计量必须是经专业监理工程会同承包单位按施工合同的规定进行现场计量和经审查签认的工程量清单，验收手续齐全，符合验收要求的符合计量范围的工程量予以核定。

3.2.15.2　工程计量报审（B1-15）例表简析

1. 实例表式

以2#住宅楼2009年5月的工程计量报审表为例。

工程计量报审表　　　　表3.2.15.2

工程名称：××房地产××小区2#住宅楼　　　　编号：

致　市××监理公司　（监理单位） 兹申报　2009　年　5　月　25　日完成的工程量统计报表，请予核验审定，核定的结果将作为我方申请该工程付款的依据。 附件：1. 完成工程量统计报表； 2. 工程质量合格证明资料。 承包单位（章）：建总直属第二项目部 项目经理：王××　日期：2009年5月25日
专业监理工程师审查意见： 经复查工程计量正确，同意按此工程量结算。 监理单位：市××监理公司第二监理部 总监理工程师：袁××　日期：2009年5月26日

2. 例表简析

(1) 实例控检原则

1）工程计量监理、施工双方均必须依据施工进度按规定的时间报审和签认。

2）承包单位提请工程计量报审提供的附件：完成工程量统计报表；隐蔽/分项/分部工程质量合格证明资料应齐全、真实。

3）工程计量报审表承包单位必须加盖公章，项目经理签字；项目监理机构必须加盖公章，总监理工程师签字有效。

4）工程计量报审表是承包单位提请报审，项目监理机构审查的责任文件。不报、不审或不认真审查，均为失职行为。

(2) 应检查的附件资料：工程质量合格证明资料；完成工程量统计报表。

3.2.16 工程变更费用报审（B1-16）与例表简析

3.2.16.1 工程变更费用报审表（B1-16）

1. 资料表式

工程变更费用报审表 **表 3.2.16.1**

工程名称： 编号：

<table>
<tr><td>致________________________________(监理单位)
兹申报________年________月________日第____________号的工程变更，申请费用见附表，请审核。
附件：工程变更概(预)算书

承包单位(章)：______________
项目经理：__________ 日期：__________</td></tr>
<tr><td>审查意见：

监理单位：______________
总监理工程师：__________ 日期：__________</td></tr>
</table>

本表一式四份，送监理机构审核后，建设、监理各一份，承包单位二份。

2. 资料要求

（1）本表由承包单位填报，加盖公章，项目经理签字，经专业监理工程师审查符合要求后报总监理工程师批准后签字有效，加盖项目监理机构章。

（2）承包单位提请工程变更费用报审，提供的附件应齐全、真实，对任何不符合附件要求的资料，承包单位不得提请报审，监理单位不得批准报审表。

3. 实施要点

工程变更费用报审表是指由于建设、设计、监理、施工任何一方提出的工程变更，经有关方同意并确认其工程数量后，计算出的工程价款提请报审、确认和批复。

（1）发生工程变更，无论是由设计单位、建设单位或承包单位提出的，均应经过建设单位、设计单位、承包单位和监理单位的代表签认，并通过项目总监理工程师下达变更指令后，承包单位方可进行施工和费用报审。

（2）提请报审的工程变更

1）图纸会审时提出的变更并已实施的；

2）建设单位提出的工程变更并已实施的；

3）由于施工环境、施工技术等原因，施工单位已提请审查并已经建设、监理单位批准且已实施的工程变更；

4）其他原因提出工程变更已经建设、设计、施工、监理各方同意并已实施的工程变更。

（3）工程变更费用的拒审

1）未经监理工程师审查同意，擅自变更设计或修改施工方案进行施工而计量的费用；

2）工序施工完成后，未经监理工程师验收或验收不合格而计量的费用；

3）隐蔽工程未经监理工程师验收确认合格而计量和提出的费用。

（4）工程变更时的造价确定方法

1）发生工程变更，无论是由设计单位、建设单位或承包单位提出的，均应经过建设单位、设计单位、承包单位和监理单位的代表签认，并通过项目总监理工程师下达变更指令后，承包单位方可进行施工。经过批准的工程变更才可以参加计量和计价。

2）承包单位应按照施工合同的有关规定，编制工程变更概算书，报送项目总监理工程师审核、确认，经建设单位、承包单位认可后，方可进入工程计量和工程款支付程序。

（5）表列子项

（1）本表由承包单位填报，由项目监理机构审查。报审表内的承包单位、项目监理机构均盖章，不盖章无效。专业监理工程师提出审查意见，总监理工程师签字有效、不盖章。总监理工程师不签字无效。

1）附件：指应附的工程变更概（预）算书。包括工程设计变更、其他变更的所有变更依据的附件。

2）审查意见：将审查要点的审查结果一一列出，诸如各项变更手续是否齐全，是否经总监理工程师批准；工程变更确认后，是否在 14 日内向专业监理工程师提出变更价款报告（超过期限应视为该项目不涉及合同价款的变更）；核对的工程变更价款是否准确等。报总监理工程师审核，由总监理工程师签署审查意见和暂定价款数。

3.2.16.2 工程变更费用报审表（B1-16）例表简析

1. 实例表式

以2#住宅楼设计变更增加基础梁工程变更费用报审表为例。

工程变更费用报审表　　表3.2.16.2

工程名称：××房地产××小区2#住宅楼　　编号：006

致 市××监理公司 （监理单位） 兹申报 2010 年 3 月 16 日第 006 号的工程变更，申请费用见附表，请审核。 附件：工程变更概（预）算书 承包单位（章）：建总直属第二项目部 项目经理：王×× 日期：2010年4月6日
审查意见： 工程量、费率、材差及税金计算正确。 监理单位：市××监理公司第二监理部 总监理工程师：袁×× 日期：2010年4月7日

2. 例表简析

（1）实例控检原则

1）工程变更属于设计变更，必须有原设计单位的设计变更通知；非结构性的变更，也应通过设计单位或建设、监理单位通过并检查认可的工程变更通知，方可进行工程变更报审。

2）承包单位提供的附件资料应齐全、真实，费用计算正确。

3）承包单位加盖公章、项目经理签字；项目监理机构加盖公章、总监理工程师签字。责任制必须齐全。

4）工程变更费用报审表是承包单位提请报审，项目监理机构审查的责任文件。不报、不审或不认真审查，均为失职行为。

（2）应检查的附件资料：工程变更概（预）算书。

3.2.17 工程质量事故报告（B1-17）与例表简析

3.2.17.1 工程质量事故报告单（B1-17）

1. 资料表式

工程质量事故报告单 **表 3.2.17.1**

工程名称： 编号：

致________________________（监理单位） ________年______月______日______时，在______________发生 ________________________工程质量事故，报告如下： 经过情况、原因、初步分析及处理意见：   承包单位（章）：________________ 项目经理：__________日期：__________

本表一式五份，建设、施工、设计单位各一份、监理单位两份。

2. 资料要求

（1）事故内容及处理方法应填写具体、清楚。

（2）注明日期（质量事故日期、处理日期）。

（3）有当事人及有关领导的签字。

（4）按规定日期及内容及时上报者为符合要求，否则为不符合要求。

3. 实施要点

凡因工程质量不符合规定的质量标准、影响使用功能或设计要求的质量事故提请的工程质量事故报告单，造成质量事故的原因主要包括：设计错误、施工错误、材料设备不合格、指挥不当等。

（1）本表由承包单位填报，项目经理签字，加盖承包单位章。

（2）事故产生的原因：

分为指导责任事故和操作责任事故。事故按其情节性质分为一般事故、重大事故。

（3）工程建设重大质量事故包括：

1）指工程建设过程中发生的重大质量事故；

2）由于勘察设计、施工等过失造成工程质量低劣，而在交付使用后发生的重大质量事故；

3）因工程质量达不到合格标准，而需加固补强、返工或报废，且经济损失额达到重大质量事故级别的。

（4）重大事故发生后，事故发生单位必须及时报告，事故的调查必须坚持实事求是、尊重科学的原则，应当在24小时内写出书面报告，逐级上报，书面报告包括以下内容：

1）事故发生的时间、地点、工程项目、企业名称；

2）事故发生的简要经过、伤亡人数和直接经济损失的初步估计；

3）事故发生原因的初步判断；

4）事故发生后采取的措施及事故控制的情况；

5）事故报告单位。

（5）特别重大事故者，其报告、调查程序，执行国务院发布的《特别重大事故调查程序暂行规定》及有关规定。

注：所称重大质量事故，系指在工程建设过程中违反强制性技术标准及合同约定，达不到建设工程安全、寿命、功能等要求，并造成一定的经济损失或人身伤亡的事故。经济损失不足五千元的列为质量问题。

（6）表列子项

1）“__________时，在__________发生__________工程质量事故”，分别填写质量事故发生的时间（按年、月、日、时）、质量事故发生的工程部位和质量事故的特征。

2）经过情况、原因、初步分析及处理意见：指质量事故发生的经过、现行状况和是否已稳定，事故发生后采取的措施及事故的控制情况，事故发生原因的初步判断及初步处理方案、报告。

工程质量事故分析，一定要注意事故发生的复杂性、严重性和可变性，从而公正进行分析和提出准确的处理建议。

3.2.17.2　工程质量事故报告单（B1-17）例表简析

1. 实例表式

以2#住宅楼外墙干粘石大面积空裂工程质量事故报告单为例。

工程质量事故报告单　　　　表3.2.17.2

工程名称：××房地产××小区2#住宅楼　　　　编号：

致　市××监理公司　（监理单位） 2009　年　8　月　8　日　14　时，在2#住宅楼外墙干粘石施工中　发生大面积空鼓裂缝达380m²工程质量事故，报告如下： 经过情况、原因、初步分析及处理意见：2008年8月26日开始的室外大面积干粘石施工，由××第二项目部分包承做。施工前工长和技术作了技术交底，由于施工班组未认真按操作规程和技术交底施工，造成了外墙干粘石大面积空鼓和裂缝，面积达380m²，特别是阳面尤为严重。在10月8日检查中发现。 开裂原因初步分析为：墙面浇水不透；中间层砂浆强度大于基层砂浆强度，产生收缩应力，把基层与墙面拉空、拉裂；施工时天气干热且有风，未注意按要求对墙面采取养护措施。 处理意见：全部铲除返工重做。 事故等级：一般质量事故。 承包单位(章)：建总直属第二项目部 项目经理：王××　　日期：2009年10月

2. 例表简析

（1）实例控检原则

1）工程质量事故的报告时间、事故内容、事故原因、事故性质、损失情况、当事人及处理方法等均应填写具体、清楚。

2）质量事故发生日期、处理日期应记录清楚。

3）报告时间做到按规定日期及内容上报。

4）工程质量事故报告单是承包单位提请报审的责任文件。不报是失职行为。

（2）应检查的附件资料：应提附件：工程事故报告（经过情况、原因、初步分析、损失情况及处理意见）。

3.2.18 工程质量事故处理方案报审（B1-18）与例表简析

3.2.18.1 工程质量事故处理方案报审表（B1-18）

1. 资料表式

工程质量事故处理方案报审表 **表 3.2.18.1-1**

工程名称： 编号：

<table>
<tr><td colspan="2">致__________________________________（监理单位）
______________年__________月__________日__________时，在______________________________，发生
__________________________________的工程质量事故，已于______________年__________月
__________日提出《工程质量事故报告单》，现报上处理方案，请予审查。

附件：1. 工程质量事故调查报告；
2. 工程质量事故处理方案。

承包单位（章）：____________________
项目经理：__________日期：__________</td></tr>
<tr><td>设计单位意见：

设计单位（章）____________________
设计人：__________日期：__________</td><td>总监理工程师批复意见：

监理单位：____________________
总监理工程师：__________日期：__________</td></tr>
</table>

本表一式五份，建设、承包、设计单位各一份、监理单位两份。

2. 资料要求

（1）事故处理方案应稳妥可靠。

（2）事故处理方案必须是原工程设计单位提供，或经原设计单位委托或同意其他设计单位，提出的设计方案经原设计单位同意后签署意见的事故处理方案。

（3）事故处理方案必须经建设、监理、施工同意并签章。

3. 实施要点

工程质量事故处理方案报审表是有关方对工程质量事故处理，提出处理方案后报请项目监理机构进行的审查、确认。

（1）本表由法人承包单位填报，由设计单位提出事故处理方案、项目监理机构的总监理工程师审查同意后签署批复意见。法人承包单位、设计单位、项目监理机构均必须盖章，不盖章无效。项目经理、设计人和总监理工程师分别签字。

（2）工程质量事故调查报告，一般包括以下内容：

1）质量事故的情况：包括发生的时间、地点、事故情况、有关的现场记录、发展变化趋势、是否已趋稳定等等；

2）事故性质：应区分是结构性问题还是一般问题，是内在的实质性的问题还是表面性的问题，是否需要及时处理，是否采取保护性措施；

3）事故原因：阐明造成质量事故的主要原因，并应附有说服力的资料、数据说明；

4）事故评估：应阐明该质量事故对于建筑物功能使用要求、结构承受力性能及施工安全有何影响，并应附有实测、验算数据和试验资料；

5）质量事故涉及的人员与主要责任者的情况等。

（3）工程质量事故处理方案：质量事故处理方案应在正确分析和判断事故原因的基础上进行。处理方案应体现安全可靠、不留隐患、满足建筑物的功能和使用要求、技术可行、经济合理等原则，一般有以下四类性质的处理方案：

1）修补处理；

2）返工处理；

3）限制使用；

4）不做处理。

（4）监理人员发现施工存在重大质量隐患，可能造成质量事故或已经造成质量事故时，应通过总监理工程师及时下达工程暂停指令，要求承包单位停工整改。整改完毕并经专业监理工程师复查，符合规定要求后总监理工程师应及时签署工程复工报审表。总监理工程师下达工程暂停指令和签署工程复工报审表，宜事先向建设单位报告。

（5）对需要返工处理或加固补强的质量事故，总监理工程师应签发监理指令，要求承包单位报送工程质量事故报告、工程质量事故处理方案。质量事故的技术处理方案应由原设计单位提出，或由设计单位书面委托承包单位或其他单位提出，由设计单位签认，经总监理工程师批复承包单位处理。总监理工程师（必要时请建设单位和设计单位参加）应组织监理人员对处理过程和结果进行跟踪检查和验收。

（6）表列子项

1）附件：包括工程质量事故调查报告和工程质量事故处理方案。

2）设计单位意见：质量事故的技术处理方案应由原设计单位提出，或由设计单位书面委托承包单位或其他单位提出，由设计单位签认。无论设计单位提出或设计单位委托承包单位或其他单位提出的处理方案，设计单位均应签署是否同意的意见。

3）总监理工程师批复意见：针对承包单位提交的“工程质量事故调查报告”及“工程质量事故处理方案”，总监理工程师应组织设计、施工、建设单位等各方进行充分的研究论证，以确认报告及方案的正确合理性；如无意见，签署“同意承包单位按此方案处理”的批复意见；如不同意或部分不同意，应责令承包单位另报。

对重大质量事故的处理方案应请专家进行评议和确认。

3.2.18.2 工程质量事故处理方案报审（B1-18）例表简析

1. 实例表式

以2#住宅楼工程质量事故处理方案报审为例。

工程质量事故处理方案报审表 **表3.2.18.2**

工程名称：××房地产××小区2#住宅楼 编号：001

<table>
<tr><td colspan="2">致 市××监理公司第二监理部 （监理单位）
2009 年 8 月 8 日14时，在2#住宅楼室外干粘石施工中，发生 干粘石大面积开裂 的工程质量事故，已于 2009 年 10 月 8 日提出工程质量事故报告单，现报上处理方案，请予审查。

附件：1. 工程质量事故调查报告；
2. 工程质量事故处理方案。

承包单位(章)：建总直属第二项目部
项目经理：王×× 日期：2009年10月10日</td></tr>
<tr><td>设计单位意见：同意返工重做

设计单位(章)： ××设计事务所
设计人： 陈× 日期： 2009年10月10日</td><td>总监理工程师批复意见：同意返工重做

监理单位： 市信达监理公司第二监理部
总监理工程师： 袁×× 日期： 2009年10月10日</td></tr>
</table>

2. 例表简析

（1）实例控检原则

1）事故处理方案提出的指导思想应实事求是，必须稳妥可靠、科学、正确，处理结果应保证安全、经济合理，必须保证符合设计要求。

2）事故处理方案应是原工程设计单位提供或经原设计单位同意后签署意见的事故处理方案。未经设计单位同意的事故处理方案为不符合要求，项目监理机构应报知相关单位提请专题研究和处理。

3）事故处理方案必须经建设、监理、施工同意并签章。

4）工程质量事故处理方案报审是承包单位提请报审，设计单位提出处理意见、项目监理机构审查的责任文件。不报、不审或不认真审查，均为失职行为。

5）在处理质量事故过程中，必须尊重事实，尊重科学，立场公正，谦虚谨慎，以理服人，多做调查研究与协调工作，与建设、设计、承包单位积极沟通，取得信任，使质量问题圆满解决。

（2）应检查的附件资料：工程质量事故调查报告；工程质量事故处理方案。

3.2.19 施工进度计划（调整计划）报审（B1-19）与例表简析

3.2.19.1 施工进度计划（调整计划）报审表（B1-19）

1. 资料表式

施工进度计划（调整计划）报审表 表 3.2.19.1

工程名称： 编号：

致＿＿＿＿＿＿＿＿（监理单位） 兹上报＿＿＿＿＿＿＿＿工程施工进度计划（调整计划），请审查批准。 附件：施工进度计划表（包括说明、图表、工程量、机械、劳动力计划等） 承包单位（章）：＿＿＿＿ 项目经理：＿＿＿＿ 日期：＿＿＿＿
审查意见： 1. 同意 2. 不同意 3. 建议按以下内容修改补充 监理单位：＿＿＿＿ 总监理工程师：＿＿＿＿ 日期：＿＿＿＿

本表一式三份，送监理机构审核后，建设、监理及承包单位各一份。

2. 资料要求

（1）本表由承包单位填报，加盖公章，项目经理签字，经专业监理工程师审查符合要求后报总监理工程师批准后签字有效，加盖项目监理机构章。

（2）承包单位提请施工进度计划报审，提供的附件应齐全、真实；对任何不符合附件要求的资料，承包单位不得提请报审，监理单位不得批准报审表。

3. 实施要点

施工进度计划（调整计划）报审表是指承包单位根据施工组织设计中的总进度计划要求，编制的施工进度计划（调整计划），提请项目监理机构审查、确认的批复（可为年、季、月、旬计划均用此表进行报审）。

（1）本表由承包单位填报，由项目监理机构的总监理工程师审查并批准。报审表内的承包单位、项目监理机构均盖章，不盖章无效。专业监理工程师提出审查意见，报总监理工程师签字有效、不盖章。总监理工程师不签字无效。

（2）施工进度计划（调整计划）报审程序：

1）承包单位按施工合同要求的时间编制好施工进度计划，并填报施工进度计划（调整计划）报审表报监理机构。

2）总监理工程师指定专业监理工程师对承包单位所报的施工进度计划（调整计划）报审表，以及有关资料进行审查，并向总监理工程师报告。

3）总监理工程师按施工合同要求的时间，对承包单位所报施工进度计划（调整计划）报审表予以确认或提出修改意见。

（3）编制和实施施工进度计划是承包单位的责任，因此，项目监理机构对施工进度的审查或批准，并不解除承包单位对施工进度计划的责任和义务。

（4）进度计划的审查

1）对进度计划监理工程师必须注意控制总工期，分析网络计划的关键线路是否正确。

2）用于工程的人力、施工设备等是否满足完成计划的需求。人力的数量、工种是否配套；施工设备是否配套、有效，规模和技术状态是否良好，维护保养是否满足需要。

3）计划安排中是否预留了足够的动员时间和清理现场时间。

4）进度计划的修改是否改变了关键线路，是否需要增加劳动力和机械设备。

5）气候因素对工程可能造成的影响，如冰冻、炎热、潮湿、雨季、台风等。对气候因素可能造成影响的防范措施，例如：雨、冰冻、潮湿等对土方工程的影响；冰冻、炎热对混凝土工程的影响；大雨、洪水对运输（密、繁）的影响；洪水对隧道的影响；台风对海岸工程影响等。

6）分包工程、临时工程可能对工程进度造成的影响。

（5）进度控制注意事项：

1）坚持事实求是的态度。一定要确定合理的施工工期，其依据是国家制定的工期定额。确定施工工期不能只按日历天数，应考虑到有效工期。

2）注意协调解决好建筑资金，保证按时拨付工程款。

3）落实旬、月计划。应注意资金、机具、材料、劳力等，资源保障体系一定要落实，外部协作条件要衔接。

4）注意保证检验批、分项工程质量合格，不发生质量事故。

（6）进度控制方法

监理工程师必须要做的控制工作包括：

1）检查工程进度情况，进行实际进度与计划进度的比较，分析延误原因，采取相应措施。

2）修订进度计划。承包单位应根据工程实际进行修订；对不属于施工原因造成的工程延期，施工方有权得到补偿的额外付款。

3）认真编制年、季、月、旬计划，分项工程施工计划、劳动力、机械设备、材料采购计划。

4）监理工程师应及时对已经延误的工期及其原因做出分析，及时告知承包单位。

5）承包单位及时提出合理的施工进度措施或方案，并应得到监理工程师批准。

6）承包单位提交的施工进度计划，经监理工程师批准后，监理工程师应据此请其编制年、季、月度计划，并按此检查执行。对执行中不符合年、季、月度计划的部分，应及时检查并提出警告或协商，以保证工程进度按计划实施。对不接受警告或协商者，监理工程师可以建议中止合同。

（7）工程进度控制的分析

进度控制的分析方法主要有定量分析、定性分析和综合分析。定量分析是一种对进度控制目标进行定量计算分析，以数据说明问题的分析方法；定性分析是一种主要依靠文字描述进行总结、分析，说明问题的分析方法；综合分析法是在数据计算的基础上作深层的定性解剖，以数据所具有的准确性和定量的科学性使总结分析更加有力的一种分析方法。进度控制分析必须采用综合分析方法。进度控制分析中应着重强调以下几点：

1）在计划的编制和执行中，应大量积累资料，其中包括数据资料和实际情况记录。

2）总结分析前应对已有资料进行初议，对已取得资料中没有的情况，应进行调查和充实，要把问题摆透。做到总结分析应有提纲、有目标、有准备。

3）建立总结分析制度，利用会议缺席可经常性对执行计划进行阶段性分析，以及早发现进度执行中的问题。

4）参加总结分析的人应当对进度控制情况了解，是进度控制的实践者、内行。

5）分析过程应对定量资料和其他经济活动资料进行对比分析，做到图表、数据、文字并用。

6）充分利用计算机软件储存信息、数据处理等方法。

7）进度控制总结分析应在不同阶段分别进行，即应进行阶段性分析、专题分析和竣工后的全面分析。

8）进度控制总结分析结果应存入档案，供参考应用。

（8）表列子项

1）附件：施工进度计划表（包括说明、图表、工程量、机械、劳动力计划等）：是指承包单位根据经项目监理机构批准的施工组织设计（方案）编制的调整计划。

2）审查意见：

① 总监理工程师指定专业监理工程师根据所报施工进度计划，主要进行如下审核：进度安排是否符合工程项目建设总进度要求，计划中总目标和分目标的要求，是否符合施工合同中开、竣工日期的规定；施工总进度计划中的项目是否有遗漏，分期施工是否满足分批动用的需要和配套动用的要求；施工顺序的安排是否符合施工工艺的要求；劳动力、材料、构配件、施工机具及设备、施工水、电等生产要素的供应计划是否能保证进度计划的实现，供应是否均衡，需求高峰期是否有足够能力实现计划供应；由建设单位提供的施工条件（资金、施工图纸、施工场地、采供的物资设备等），承包单位在施工进度计划中所提出的供应时间和数量是否准确、合理，是否有造成建设单位违约而导致工程延期和费用索赔的可能性存在。工期是否进行了优化，进度安排是否合理；总、分包单位分别编制的各单项工程施工进度计划之间是否相协调，专业分工与计划衔接是否明确、合理；

② 对于调整计划是在原有计划已不适应实际情况，为确保进度控制目标的实现，需

确定新的计划目标时对原有进度计划的调整。进度计划的调整方法一般采用通过压缩关键工作的持续时间来缩短工期及通过组织搭接作业、平行作业来缩短工期两种方法。对于调整计划，不管采取哪种调整方法，都会增加费用或涉及工期的延长，专业监理工程师应慎重对待，尽量减少变更计划的调整。

③ 通过专业监理工程师的审查，提出审查意见报总监理工程师审核后，如同意承包单位所报计划，在“1. 同意”项的后面打“√”；如不同意承包单位所报计划，在“2. 不同意”项的后面打“×”，并就不同意的原因及理由简要列明，提出建议修改补充的意见后，由总监理工程师签发。

3.2.19.2 施工进度计划（调整计划）报审（B1-19）例表简析

1. 实例表式

以2#住宅楼施工进度计划（调整计划）报审为例。

施工进度计划（调整计划）报审表 **表3.2.19.2**

工程名称：××房地产××小区2#住宅楼 编号：

<table>
<tr><td>致 市××监理公司（监理单位）
兹上报 ××房地产××小区2#住宅楼2009年第三季度 工程施工进度计划（调整计划），请审查批准。
附件：施工进度计划表（包括说明、图表、工程量、机械、劳动力计划等）

承包单位（章）：建总直属第二项目部
项目经理：王×× 日期：2009年6月25日</td></tr>
<tr><td>审查意见：

1. 同意 2. 不同意 3. 建议按以下内容修改补充

监理单位：市××监理公司第二监理部
总监理工程师：袁×× 日期：2009年6月27日</td></tr>
</table>

2. 例表简析

（1）实例控检原则

1）年、季、月、旬进度计划必须保证按时编写并报审，报审时间应控制在工程的总工期范围内（或调整后的总工期内）。

2）承包单位提请施工进度计划报审提供的附件必须齐全、真实。

3）所报工程排列进度计划中的关键线路工期值和非关键线路的总时差不超过总计划为原则。

4）认真核查附件资料的正确性，附件资料提供数量、内容齐全。

5）承包单位、项目监理机构加盖公章；项目经理、总监理工程师签字有效。

6）施工进度计划（调整计划）报审是承包单位提请报审，项目监理机构审查的责任文件。不报、不审或不认真审查，都是失职行为。

(2) 应检查的附件资料：应提附件施工进度计划表（包括说明、图表、工程量、机械、劳动力计划等）（略）。

3.2.20　施工单位申请（通用）（B1-20）与例表简析

3.2.20.1　施工单位申请表（通用）（B1-20）

1. 资料表式

施工单位申请表　　　　表 3.2.20.1

工程名称：　　　　　　　　　　　　编号：

致＿＿＿＿＿＿＿＿＿＿＿＿＿＿（监理单位）   承包单位(章)：＿＿＿＿＿＿ 项目经理：＿＿＿＿＿　日期：＿＿＿＿＿
审查意见：   监理单位(章)：＿＿＿＿＿＿ 总/专业监理工程师：＿＿＿＿＿　日期：＿＿＿＿＿

本表一式三份，建设、监理及承包单位各一份。

2. 资料要求

（1）本表由承包单位填报，加盖公章，项目经理签字，经专业监理工程师审查符合要求后报总监理工程师批准后签字有效，加盖项目监理机构章。

（2）承包单位提请施工进度计划报审，提供的附件应齐全、真实，对任何不符合附件要求的资料，承包单位不得提请报审，监理单位不得签发报审表。

3. 实施要点

施工单位申请表（通用）是指没有专用表格，根据合同规定和监理要求又必须向监理工程师提出的申请、报审、请示或报告时的用表。

（1）施工单位申请表（通用）是施工单位必须向监理单位报告的申请、报审、请示的事宜，申请的目的和内容都很明确，对填写申请表的基本要求是事实。项目监理机构是否批准要看该申请与合同、法律、法规和规章的符合性。凡是符合合同、法律、法规和规章的均应批复，否则则不能批复。

（2）本表由承包单位填报，项目监理机构总监理工程师或专业监理工程师审查同意后签署批复意见。项目监理机构均必须盖章，总监理工程师或监理工程师签字，不盖章、不签字无效。

（3）出现下列情况时，承包单位需采用施工单位申请表（通用）向监理机构申请：

1）承包单位认为监理工程师的指令不合理时，应在收到指令后 24 小时内向监理机构提出修改申请；

2）承包单位按照“建筑施工合同”中约定的开工日期不能按时开工时，应当不迟于合同中约定的开工日期前 7 天，提出延期开工的理由和要求；

3）承包单位发现由于自身原因之外造成的工期延误的情况时；

4）中间验收项目中，因特定原因无法按分项、分部（子分部）工程进行报验且又必须进行报验的项目，如建筑物的沉降观测；防水工程的闭水、淋水试验；管道、设备、焊口检查和严密性试验；排水管灌水、通水试验；管道系统吹洗（脱脂）检验；锅炉烘煮炉；机械设备试运转；照明系统相零（地）通电安全检查；电机试运转；高压开关试验，绝缘接地电阻测试；避雷装置检测；通风机安装及试运转；通风系统试车；电梯试运转等。上述项目能够正常进行报验时仍按原规定报验表式填报；

5）可调价格合同中合同价款发生允许价款调整的原因时，应在情况发生后 14 日内，将调整原因、金额以书面形式提出；

6）工程原材料、构配件、设备采购厂家的确定，需监理工程师考察的；

7）费用索赔意向通知，应在索赔事件发生 28 日内向监理工程师提出；

8）发现文物、影响施工的地下障碍物的处置申请；

9）施工测量方案；重要部位、关键工序；砂浆、混凝土强度试验报告及外观检测资料；

10）其他监理规范要求没有专用表格的需申请、报审、请示、申报和报告的事项。

（4）表列子项：

审查意见：专业监理工程师针对承包单位提出的申请、请示等应进行认真的核查，并按所申请内容及时给予答复；对承包单位的申请如有不同意见时，应简要指明；涉及结构工程质量、进度、费用方面的申请，应由总监理工程师批准。

3.2.20.2　施工单位申请表（通用）（B1-20）例表简析

1. 实例表式

施工单位申请表　　　　**表 3.2.20.2**

工程名称：××房地产××小区 2#住宅楼　　　　编号：

致　市××监理公司第二监理部　（监理单位） 根据合同规定，建设单位应在工程进度二层结顶后拨付工程款 90 万元，现工程进度已完成三层①～㊲轴多孔砖砌体和①～⑯轴混凝土工程量，我方现在已实在无力再继续垫付资金施工，如能在近日拨付工程款还可以继续施工，如在一周内还不能拨款，我方请求批准暂停施工，待资金拨付后立即安排施工，请予批准。 承包单位(章)：建总直属第二项目部 项目经理：王××　日期：2009 年 6 月 12 日
审查意见： 经请商建设单位同意，由于要求资金立即拨付尚有困难，同意暂停施工。请对现场已完成品妥为保护。 监理单位：市××监理公司第二监理部 总/专业监理工程师：袁××　日期：2009 年 6 月 13 日

2. 例表简析

以2#住宅楼施工单位申请表为例。

（1）实例控检原则

1）施工单位申请表，承包单位、项目监理机构加盖公章，项目经理、专业监理工程师或总监理工程师签字。

2）申请暂停施工的理由应充分、真实。

3.3 项目监理机构与建设单位、承包单位工作联系用表及文件资料（B2）

3.3.1 监理通知（B2-1）与例表简析

3.3.1.1 监理通知（B2-1）

1. 资料表式

监理通知 表 3.3.1.1

工程名称： 编号：

致：______________________ 事由： 内容：   监理单位：______________ 总监理工程师：__________ 日期：__________

2. 资料要求

(1) 监理通知的办理必须及时、准确，通知内容完整，技术用语规范，文字简练、明了。

(2) 监理通知项目监理机构必须加盖公章和总监理工程师签字，不得代签和加盖手章，不签字无效。

(3) 监理通知需附图时，附图应简单易懂，且能反映附图的内容。

3. 实施要点

监理通知是指监理单位认为在工程实施过程中，需要让建设、设计、勘察、施工、材料供应等各方应知的事项而发出的监理文件。

(1) 监理通知的下发由于各方所处的地位不同认识也不同，因此，监理通知下发前对容易引起不同看法的“通知内容”应事先和有关方协商。监理通知用词要恰当，处理不好会起负作用。

(2) 在监理工作中，项目监理机构应按委托监理合同授予的权限，对承包单位发出指令、提出要求。除另有规定外，均应采用此表。监理工程师现场发出的口头指令及要求。也应采用此表，在规定的时间内予以确认。

(3) 监理通知，承包单位应认真执行，并将执行结果用《监理工程师通知单》报监理机构复核。

(4) 本表由监理单位填写。填写时内容应齐全、完整，文字简明易懂。

(5) 监理通知一般包括如下内容：

1) 监理通知是监理单位在工程实施过程中对与建设工程有关的施工单位、材料供应单位等，由于施工过程中出现了与设计图纸不符，与设计、规范、规程等及与监理工作“三控二管”相违背的问题后，由监理单位向施工单位、材料供应等单位发出的通知，说明违章的内容、程度、建议或改正措施。

2) 建设单位组织协调确定的事项，需要设计、施工、材料等各方实施，且需由监理单位发出通知的事宜。

3) 监理在旁站、巡视过程中发现需要及时纠正的事宜，通知应包括工程部位、地段、发现时间、问题性质、要求处理的程度等。

4) 季节性的天气预报的通知。

5) 工程计量的通知。

6) 试验结果需要说明或指正的内容等。

均需监理单位向有关单位发出监理通知。

(6) 表列子项

1) 致__________：指监理单位发给某单位的单位名称，按全称填写。

2) 事由：指通知事项的主题。

3) 内容：指通知事项的详细说明和对承包单位的工作要求、指令等。照实际通知内容逐条填写，应字迹清楚，技术用语规范、正确，表达清晰、简练。

3.3.1.2 监理通知（B2-1）例表简析

1. 实例表式

监理通知

表 3.3.1.2

工程名称：××房地产××小区 2# 住宅楼　　　　编号：

致：建总直属第二项目部

事由：关于保证基础混凝土浇筑质量事宜。

内容：为保证基础混凝土浇筑质量，现提出如下要求：

1. 在混凝土浇筑过程中，质量保证体系中的人员必须落实到位，并根据其职责跟班检查。

2. 混凝土浇筑前对模板的支护必须进行检查，支撑必须牢固，稳定性必须可靠，接缝严密、不漏浆，模板内杂物清除干净。

3. 混凝土所用水泥经查已具有合格证、试验报告等资料。对砂、石由于场地狭小，㉕～㉜轴需要临时进场部分砂、石，为保证其材料质量，对场地提前进行清理。进场后的砂、石及时复试，保证混凝土施工的连续性。

4. 混凝土配合比必须计量准确，质量检查员应定期检查。

5. 混凝土浇筑应连续进行。当必须间歇时，其间歇时间宜缩短，并应在前层混凝土凝固之前，将上层混凝土浇筑完毕。

6. 在混凝土浇筑过程中应严格振捣，严禁漏振。

7. 混凝土浇筑过程中，在浇筑现场按规范规定留置混凝土试块（标养、同条件养护、备用试块）。

8. 做好混凝土的养护工作。

项目监理机构：市××监理公司第二监理部

总监理工程师：袁××　日期：2010 年 3 月 28 日

2. 例表简析

以 2# 住宅楼监理通知为例。

（1）实例控检原则

1）监理通知必须及时、准确，技术用语规范、通知内容完整。

2）项目监理机构加盖公章、总监理工程师签字有效，不得代签或只加盖手章不本人签字。

3）需附图时附图应简单易懂，且能反映附图的内容。

3.3.2　工程暂停令（B2-2）与例表简析

3.3.2.1　工程暂停令（B2-2）

1. 资料表式

工程暂停令　　表 3.3.2.1

<table>
<tr><td>工程名称</td><td></td><td>编号</td><td></td></tr>
<tr><td colspan="4">至________________(施工总承包单位/专业承包单位)
由于________________原因,现通知你方必须于____年____月____日____时起,对本工程的________________部位(工序)实施暂停施工,并按要求做好下述各项工作:

监 理 单 位__________
总监理工程师__________
日　　期__________</td></tr>
</table>

注：工程暂停令应符合现行国家标准《建设工程监理规范》GB 50319 的有关规定。监理单位签发的工程暂停令应一式四份，并应由建设单位、监理单位各保存一份、施工单位保存三份。其中一份入城建档案。

2. 资料要求

（1）工程暂停指令办理必须及时、准确，通知内容完整，技术用语规范，文字简练、明了。

（2）工程暂停指令项目监理机构必须加盖公章和总监理工程师签字，不得代签和加盖手章，不签字无效。

（3）因试验报告单不符合要求下达停工指令时，应注意在“指令”中说明实验编号，以备核对。

3. 实施要点

工程暂停令是指施工过程中某一个（或几个）部位工程质量不符合标准要求的质量水平，需要返工或进行其他处理时，需暂时停止施工由监理单位下发的指令性文件。

（1）本表由监理单位填写、下发。

（2）监理人员发现施工存在重大质量隐患，可能造成质量事故或已经造成质量事故时，应通过总监理工程师及时下达工程暂停令，要求承包单位停工整改。整改完毕并经监理人员复查符合规定要求后，总监理工程师应及时签署工程复工报审表。总监理工程师下达工程暂停令和签署工程复工报审表，宜事先向建设单位报告。

（3）工程暂停令下达后，该部位未经监理单位下达复工指令不准继续施工。

（4）工程暂停令，由监理工程师提出建议并经总监理工程师批准，经建设单位同意后下发。应当以书面形式要求承包方暂停施工，不论暂停施工的责任在发包方还是在承包方。工程师应当在提出暂停施工要求后48小时内提出书面处理意见。承包方应当按照工程师的要求停止施工，并妥善保护已完工工程。承包方实施工程师作出的处理意见后，可提出书面复工要求，工程师应当在48小时内给予答复。工程师未能在规定时间内提出处理意见，到承包方复工要求后48小时内未予答复，承包方可以自行复工。

如果停工责任在发包方，由发包方承担所发生的追加合同价款，赔偿承包商由此造成的损失，相应顺延工期；如果停工责任在承包方，由承包方承担发生的费用，工期不予顺延。由于工程师不及时作出答复，导致承包方无法复工，由发包方承担违约责任。意外情况导致的暂停施工，如发现有价值的文物、发生不可抗拒事件等，责任应当由发包方承担，应给予承包方工期顺延。

（5）签发工程暂停施工令时相关问题的处理

1）当工程暂停是由于非承包单位的原因造成时，也就是业主的原因和应当由业主承担责任的风险或其他事件时，总监理工程师在签发工程暂停令之后，并在签署复工申请之前，要根据实际的工程延期和费用损失，给予承包单位工期和费用方面的补偿，主动就工程暂停引起的工期和费用补偿等，与承包单位、建设单位进行协商和处理，以免日后再来处理索赔，并应尽可能达成协议。

项目监理机构应如实记录所发生的实际情况，以备查询。

2）由于承包单位的原因导致工程暂停，承包单位申请复工时，除了填报“工程复工报审表”外，还应报送针对导致停工的原因而进行的整改工作报告等有关材料。

3）当引起工程暂停的原因不是非常紧急（如由于建设单位的资金问题、拆迁等），同时工程暂停会影响一方（尤其是承包单位）的利益时，总监理工程师应在签发暂停指令之前就工程暂停引起的工期和费用补偿等与承包单位、建设单位进行协商；如果总监理工程师认为暂停施工是妥善解决的较好办法时，也应当签发工程暂停指令。

（6）施工中出现下列情况之一者，总监理工程师有权下达《工程暂停指令》，要求承包单位停工整改、返工：

1）未经监理工程师审查同意，擅自变更设计或修改施工方案进行施工者；

2）未通过监理工程师审查的施工人员或经审查不合格的施工人员进入现场施工者；

3）擅自使用未经监理工程师审查认可的分包单位进入现场施工者；

4）使用不合格的或未经监理工程师检查验收的材料、构配件、设备或擅自使用未经审查认可的代用材料者；

5）工序施工完成后，未经监理工程师验收或验收不合格而擅自进行下一道工序施工者；

6）隐蔽工程未经监理工程师验收确认合格而擅自隐蔽者；

7）施工中出现质量异常情况，经监理工程师指出后，承包单位未采取有效改正措施或措施不力、效果不好仍继续作业者；

8）已发生质量事故迟迟不按监理工程师要求进行处理；或发生质量隐患、质量事故，如不停工则质量隐患、质量事故将继续发展；或已发生质量事故，承包单位隐蔽不报，私自处理者。

（7）对需要返工处理或加固补强的质量事故，总监理工程师应签发监理指令，要求承包单位报送《质量问题报告》、《质量问题处理意见》。质量问题的技术处理方案应由原设计单位提出，或由设计单位书面委托承包单位或其他单位提出，由设计单位签认，经总监理工程师批复，承包单位处理。总监理工程师（必要时请建设单位和设计单位参加）应组织监理人员对处理过程和结果进行跟踪检查和验收。

施工中发生的质量事故，承包单位应按国家有关规定上报；项目总监理工程师应书面报告监理单位。同时，项目监理机构应将完整的质量问题和质量事故处理记录整理归档。

（8）因试验报告单不符合要求下达工程暂停指令时，应注意在指令中说明不符合要求的试验报告单的编号，以备核对。

（9）表列子项：

1）致＿＿＿＿＿（承包单位）：填写施工该单位工程的施工单位名称，按全称填写。

2）由于：……原因，……截止于　　年　　月　　日　　时……工作：

填写引发工程暂停原因和时间、部位，并提出做好暂停施工的各项工作内容。

3）要求做好各项工作：指工程暂停后要求承包单位所做的有关工作，如对停工工程的保护措施，针对工程质量问题的整改、预防措施等。

3.3.2.2　工程暂停令（B2-2）与例表简析

1. 实例表式

工程暂停令　　　　**表 3.3.2.2**

<table>
<tr><td>工程名称</td><td>××房地产××小区$2^{\#}$住宅楼</td><td>编号</td><td>001</td></tr>
<tr><td colspan="4">致：<u>建筑总公司直属第二项目部</u>（承包单位）

由于：<u>$2^{\#}$住宅楼基础底板梁混凝土试配报告由于你方原因至今尚未收到，①～㊲轴基础底板、梁钢筋虽已提请报验，并已验收合格，尽管基础混凝土水泥、砂、石均已取样送试，由于①～㊲轴基础混凝土在未收到试配报告、未进行开盘鉴定等</u>原因，现通知你方必须于<u>2009</u>年<u>4</u>月<u>22</u>日<u>8</u>时<u>0</u>分起，对本工程的<u>①～㊲轴混凝土</u>部位（工序）实施暂停施工，并按下述要求做好各项工作：
请注意对已验收的①～㊲轴底板梁钢筋做好成品保护。

项目监理机构：<u>市××监理公司第二监理部</u>
总监理工程师：<u>袁××</u>　日期：<u>2009年3月20日</u></td></tr>
</table>

2. 例表简析

以 2# 住宅楼基础底板梁混凝土试配报告工程暂停令为例。

（1）实例控检原则

1）工程暂停指令应办理及时、准确，技术用语规范、通知内容完整。

2）项目监理机构加盖公章和总监理工程师签字，不得代签或只加盖手章不本人签字。

3）项目监理机构签发工程暂停令，应在正文后面写明相关“依据文件”的名称或要点。因试验报告单不符合要求下达的停工指令，应在“指令”中或正文后面说明试验编号。

4）工程暂停令是项目监理机构的责任文件。不认真签发是失职行为。

3.3.3 工程款支付证书（B2-3）与例表简析

3.3.3.1 工程款支付证书（B2-3）

1. 资料表式

工程款支付证书 **表 3.3.3.1**

工程名称： 编号：

<table>
<tr><td>工程名称</td><td></td><td>编号</td><td></td></tr>
<tr><td colspan="4">致：____________________（建设单位）

根据施工合同______条______款的规定，经审核施工单位的支付申请及附件，并扣除有关款项，同意本期支付工程款共（大写）____________________（小写：__________）。请按合同约定及时支付。

其中：
1. 承包单位申报款为：__________
2. 经审核承包单位应得款为：__________
3. 本期应扣款为：__________
4. 本期应付款为：__________

附件：
1. 承包单位的工程付款申请表及附件；
2. 项目监理机构审查记录。

项 目 监 理：__________
总监理工程师：__________
日　　期：__________</td></tr>
</table>

注：工程款支付证书应符合现行国家标准《建设工程监理规范》GB 50319 的有关规定。监理单位填写的工程款支付证书应一式三份，建设单位、监理单位各保存一份，施工单位保存二份。

2. 资料要求

工程款支付证书的办理必须及时、准确，内容填写完整，注文简练、明了。

3. 实施要点

工程款支付证书是承包单位根据合同规定，对已完工程或其他与工程有关的付款事宜，填报的工程款支付申请，经项目监理机构审查确认工程计量和付款额无误后，由项目监理机构向建设单位转呈的支付证明书。

(1) 本表由项目监理机构根据承包单位提请报审的工程款申请表的审查结果填写的工程款支付证书，由总监理工程师签字后报建设单位。

(2) 承包单位统计报送的工程量必须是经专业监理工程师质量验收合格的工程，才能按施工合同的约定填报工程量清单和工程款支付申请表。

(3) 承包单位报送的工程量清单和工程款支付申请表，专业监理工程师必须按施工合同的约定进行现场计量复核，并报总监理工程师审定。

(4) 总监理工程师签署工程款支付证书后，并报建设单位。

(5) 工程量计量和工程款支付方法

1) 专业监理工程师对承包单位报送的工程款支付申请表进行审核时，应会同承包单位对现场实际完成情况进行计量，对验收手续齐全、资料符合验收要求并符合施工合同规定的计量范围内的工程量予以核定。

2) 工程款支付申请中包括合同内工作量、工程变更增减费用、经批准的索赔费用，应扣除的预付款、保留金及施工合同约定的其他支付费用。专业监理工程师应逐项审查后，提出审查意见报总监理工程师审核签认。

(6) 表列子项

1) 承包单位申报款为：指承包单位向监理机构填报《工程款支付申请表》中申报的工程款额。

2) 经审核承包单位应得款为：指经监理机构专业监理工程师对单位向监理机构填报《工程款支付申请表》后，审核核定的工程款额。

3) 本期应扣款为：指施工合同约定应扣除的预付款及其他应扣除的工程款的总和。

4) 本期应付款为：指经审核承包单位应得款额减除本期应扣款额的差额工程款。

5) 附件：

①承包单位的工程付款申请表及附件：指承包单位向监理机构填报的《工程款支付申请表》及其附件。

②项目监理机构审查记录：指总监理工程师指定专业监理工程师，对承包单位向监理机构填报的《工程款支付申请表》及其附件的审查记录。

3.3.3.2　工程款支付证书（B1-3）例表简析

1. 实例表式

工程款支付证书　　　　表 3.3.3.2

工程名称：××房地产××小区 2#住宅楼　　　　编号：

致：××房地产开发公司（建设单位）

根据施工合同的规定，经审核承包单位的付款申请和报表，并扣除有关款项，同意本期支付工程款共（大写）壹拾叁万玖仟玖佰伍拾叁元（小写：139953）。请按合同规定及时付款。

其中：

1. 承包单位申报款为：139953 元
2. 经审核承包单位应得款为：139953 元
3. 本期应扣款为：
4. 本期应付款为：139953 元

附件：

1. 承包单位的工程付款申请表及附件。
2. 项目监理机构审查记录。

监理单位：市××监理公司第二项目部

总监理工程师：袁××　日期：2009 年 5 月 25 日

2. 例表简析

以 2#住宅楼基础土方开挖、基础垫层、钢筋混凝土片筏基础工程款支付证书为例。

（1）实例控检原则

1）工程款支付证书的词意必须恳切，说明是已经项目监理机构审查后应付的工程款。工程款支付证书的签发必须及时、准确，内容填写完整。

2）项目监理机构加盖公章和总监理工程师签字，不得代签和加盖手章，不签字无效。

3）应检查的附件资料：承包单位的工程付款申请表及附件；项目监理机构审查记录。

3.3.4 工程质量整改通知（B2-4）与例表简析

3.3.4.1 工程质量整改通知（B2-4）

1. 资料表式

工程质量整改通知 表 3.3.4.1

工程名称： 编号：

致：________________________（承包单位） 经试验/检验表明________________________部位，不符合________________规定，现通知你方，要求： 附：试验 /（检验）证明资料   监理单位：________________ 总/专业监理工程师：__________日期：__________

本表一式三份，建设、监理及承包单位各一份。

2. 资料要求

工程质量整改通知必须及时发出，整改内容齐全，问题提出准确，技术用语规范，文字简练、明了。

3. 实施要点

工程质量整改通知是指分项（检验批）工程未达到分项工程质量检验评定要求，已经检查发现时，在下达《监理通知》两次后，承包单位未按时限要求改正或不按专业监理工程师下达的《监理通知》要求改正时，由项目监理机构下达的文件。

（1）本表由监理单位填写、总监理工程师或专业监理工程师签字后下发。

（2）当工程出现不符合设计要求、不符合施工技术标准、不符合合同约定时，监理单位必须向承包单位及时发出“工程质量整改通知”，不能只用口头通知改了就算了事。由于承包单位操作人员更换、自检不到位、环境变化、利益驱动等因素，很可能给工程造成隐患，监理单位应予注意。监理单位发出工程质量整改通知的同时，要注意协调建设单位与承包单位之间的关系。

（3）该表不适用于分部工程，分部工程是不能返修加固的，因为一个分部工程不仅涉及一个分项，而是涉及若干个分项，分部工程容许返修质量将难以控制。

对于连续三次检查仍不符合要求的，监理工程师可以采取请求停工（注意征得建设单位同意）、撤换施工人员的措施。

（4）工程质量整改通知的签发一定要谨慎，其界限一定要清楚是两次下发监理通知无效时才签发工程质量整改通知。如果使用监理通知即可改正时应使用监理通知，因为工程质量整改通知要在归档资料中长期保存。

（5）表列子项

1）致________（承包单位）：指接受工程质量整改的施工单位，一般为施工合同中的施工单位或其分包单位，按全称填写。

2）……表明__________部位，不符合_________：指专业监理工程师按施工合同文件、设计文件及施工规范、标准进行试验、检验的记录表明某部位工程质量不符合某项规定的程度。填写某分项的某一个部位或几个部位，也可填写"以下部位"；不符合技术规范要求的部位，应填写技术规范要求条件。当填写以下部位时，应在下面分别1、2、3……逐一列出。

3）附：试验（检验）证明：指工程质量整改通知中需要整改的工程部位的未达到工程质量验收规范项目的试验（检验）证明资料。说明与设计和工程质量验收规定要求不符合的事实。

3.3.4.2 工程质量整改通知（B2-4）与例表简析

1. 实例表式

工程质量整改通知　　　　　　　　表 3.3.4.2

工程名称：××房地产××小区 2#住宅楼　　　　　　　　编号：008

致：市建筑总公司直属第二项目部（承包单位） 经试验/检验表明 2#住宅楼二层①～⑯轴砖砌体 部位，不符合 GB 50203—2002 规范 5.1.4、5.1.11、5.2.1、5.3.2 条的 规定，现通知你方，要求： 按 GB 50203—2002 规范要求进行有针对性整改，整改完成并预验合格后填报监理工程师通知回复单请其进行复查。 附：试验 /（检验）证明资料 详附页 监理单位：××监理公司第二项目部 总/专业监理工程师：袁××　日期：2009 年 4 月 19 日

2. 例表简析

以2#住宅楼二层砖砌体工程质量整改通知为例。

(1) 实例控检原则

1) 工程质量整改通知一定要按照设计和规范规定严格要求、提出时间及时、提出问题具体、问题叙述详细明了，应指明后果。

2) 工程质量整改通知及时发出，应做到需整改内容齐全、问题提出准确。

3) 项目监理机构加盖公章，专业监理工程师、总监理工程师分别签字。

4) 工程质量整改通知是项目监理机构签发的指令性责任文件。不认真签发工程质量整改通知是失职行为。

(2) 应检查的附件资料：二层①～⑯轴砖砌体质量检查记录。

3.3.5　工程最终延期审报（B2-5）与例表简析

3.3.5.1　工程最终延期审报表（B2-5）

1. 资料表式

工程最终延期审报表　　　　表3.3.5

工程名称：　　　　　　　　编号：

致：____________________(承包单位) 根据施工合同条款________条的规定，我方对你方提出的____________工程延期申请(第________号)要求延长工期日历天的要求，经过审核评估： □ 最终同意工期延长________日历天。使竣工日期（包括已指令延长的工期）从原来的________年______月______日延迟到________年______月______日。请你方执行。 □ 不同意延长工期，请按约定竣工日期组织施工。 说明： 监理单位：______________ 总/专业监理工程师：________ 日期：________

本表一式三份，建设、监理及承包单位各一份。

2. 资料要求

(1) 最终延期的提出应依据真实，审报批复必须严格审查，延时必须发生在关键线路上。

(2) 承包单位提出工程延期和批准延期均必须在规范限定的时间内。

(3) 工程最终延期审报项目监理机构必须加盖公章，经专业监理工程师签字，总监理工程师审核同意签字后发出，不得代签和加盖手章不签字为无效。

3. 实施要点

最终延期时间是指承包单位对一次影响工期事件的终结（当临时延期报审执行结果与申请量无误时，可不再下发某一次的最终延期批复，临时申请表即可代替该次的最终延期审批表）或最终延期申请批准后的累计时间。但并不是每一项延期时间的累加，如果后面批准的延期内包含有前一个批准延期的内容，则前一项延期的时间搭接不能予以累计。

（1）本表由项目监理机构填写、总监理工程师或专业监理工程师签字后下发。

（2）工程临时延期与最终工程延期的审批及依据

当影响工期事件具有连续性时，监理机构对承包单位提交的阶段性工程延期申请可按临时延期和最终延期分段进行，目的是保证工作的连续性和正确性。

（3）最终批准

1）工程延期审批的依据

承包商延期申请能够成立并获得监理工程师批准的依据如下：

① 工期拖延事件是否属实，强调实事求是；

② 是否符合本工程合同规定；

③ 延期事件是否发生在工期网络计划图的关键线路上，即延期是否有效合理；

④ 延期天数的计算是否正确，证据资料是否充足。

审批依据的4款中，只有同时满足前三条，延期申请才能成立。至于时间的计算，监理工程师可能根据自己的记录，作出公正、合理的计算。

上述前三条中，最关键的一条就是第三条，即：延期事件是否发生在工期网络计划图的关键线路上。因为在承包商所报的延期申请中，有些虽然满足前两个条件，但并不一定是有效和合理的，只有有效和合理的延期申请才能被批准。也就是说，所发生的工期拖延工程部分项目必须是会影响到整个工程项目工期的工程。如果发生工期拖延的工程部分项目并不影响整个工程完工期，那么批准延期就没有必要了。

项目是否在关键线路上的确定，一般常用方法是：监理工程师根据最新批准的进度计划，可根据进度计划来确定关键线路上的分部工程项目。另外，利用网络图来确定关键线路，是最直观的方法。

（4）延期审批应注意的问题

1）关键线路并不是固定的，随着工程进展关键线路也在变化，而且是动态变化。随着工程进展的实际情况，有时在计划调整后，原来的非关键线路有可能变为关键线路，监理工程师要随时记录并注意。

2）关键线路的确定，必须是依据最新批准的工程进度计划。

3）总监理工程师在作出临时延期批准时，要按正常的工程延期批准审查的同样程序和同样的要求进行审查。

在最终进行工程延期审查与批准时，总监理工程师应复查与工程延期有关的全部情况。因此，总监理工程师在作出临时延期批准时，不应认为其具有临时性而放松控制。

工期滞后时间在重新安排计划时应保持整个流水作业面的平衡，通过平衡能保证原施工工期时，不应延长工期。如果工期延长后，在人力、物力、财力的安排上应恰当，应注意承包单位有意延长工期。

（5）加强工程进度控制，尽量避免和减少工期拖延

关于工期拖延问题，应尽量避免和减少，使工程能按期或提早完工，发挥其工程效

益。一般地讲，因拆迁工期拖延，工程暂时停工或工程变更过多等容易引起延期。监理工程师应及时提醒和告知建设单位，做好参谋和顾问。要尽量减少和避免延期，还需建设单位的协调和大力支持。

(6) 工期延期批准的协商和时间确定

1) 延期批准的协商：项目监理机构在作出临时工程延期或最终工程延期批准之前，均应与建设单位和承包单位协商；项目监理机构审查和批准临时延期或最终工程延期的程序与费用索赔的处理程序相同。

2) 工程延期时间的确定：计算工程延期批准值的直接方法就是通过网络分析计算，但是对于一些工程变更或明显处于关键线路上的工程延误，也可以通过比例分析法或实测法得出结果。

(7) 确定工程延期批准的时间和步骤

1) 项目监理机构在审批工程延期时，应依下列情况确定批准工程延期的时间：施工合同中有关工程延期的约定；工期拖延和影响工期事件的事实和程度；影响工期事件对工程影响的量化程度。

2) 在确定各影响工期事件对工期或区段工期的综合影响程度时，可按下列步骤进行：以事先批准的详细的施工进度计划为依据，确定假设工程不受影响工期事件影响时应该完成的工作或应该达到的进度；详细核实受该影响工期事件影响后，实际完成的工作或实际达到的进度；查明因受该影响工期事件的影响而受到延误的作业工种；查明实际的进度滞后是否还有其他影响因素，并确定其影响程度；最后，确定该影响工期事件对工程竣工时间或区段竣工时间的影响值。

(8) 表列子项：

1) "根据施工合同条款_______条的规定，我方对你方提出的_______工程延期申请……"：分别填写处理本次延长工期所依据的施工合同条目和承包单位申请延长工期的原因。

2) "(第________号)"：填写承包单位提出的工程延期申请表编号。

3) 若不符合施工合同约定的工程延期条款或经计算不影响最终工期，项目监理机构在不同意延长工期前"口"内画"√"，需延长工期时在同意延长工期前"口"内画"√"。

4) 同意工期延长的日历天数为：由影响工期事件原因使最终工期延长的总天数。

5) 原竣工日期：指施工合同签订的工程竣工日期或已批准修改的竣工日期。

6) 延迟到的竣工日期：原竣工日期加上同意工期延长的日历天数后的日期。

7) 说明：真实说明本次影响工期事件和工期拖延的事实和程度，处理本次延长工期所依据的施工合同条款，工期延长计算所采用的方法及计算过程等。

3.3.5.2　工程最终延期审报表（B2-5）例表简析（略）

几点说明：

(1) 工程最终延期审报表是项目监理机构对承包商提出的工程延期作出的最终延期批准。既是某次延期经核实后发出的最终延期审批，也可以是工程最后若干次临时延期批复的最后延期审批。

(2) 工程最终延期审报必须做到批复时理由充分、审查详细、计算正确和依法合理。

(3) 工程最终延期审报表是项目监理机构审查批准的工程最终延期的指令性责任文件。

(4) 因以下原因造成工期延误，经工程师确认，工期相应顺延：

1) 发包人未能按专用条款的约定提供图纸及开工条件；

2）发包人未能按约定日期支付工程预付款、进度款，致使施工不能正常进行；

3）工程师未按合同约定提供所需指令、批准等，致使施工不能正常进行；

4）设计变更或工程量增加；

5）一周内非承包人原因停水、停电、停气造成停工累计超过8小时；

6）不可抗力；

7）专用条款中约定或工程师同意工期顺延的其他情况。

3.3.6 砌体/混凝土分项（检验批）工程检验认可通知（B2-6）与例表简析

3.3.6.1 砌体/混凝土分项（检验批）工程检验认可通知（B2-6）

1. 资料表式

砌体/混凝土分项（检验批）工程检验认可通知 **表3.3.6.1**

工程名称： 编号：

致：________________（承包单位） 你单位补报第________号________部位砂浆/混凝土强度试验报告及其原检验批验收资料已于______年______月______日收到，经审查，认为符合/要求，该分项工程质量等级合格/不合格。 附件：1. 砂浆/混凝土强度试验报告 2. 检验批原验收资料 监理单位：________ 专业监理工程师：________日期：________

本表一式四份，建设、监理各一份，施工单位两份。

2. 资料要求

（1）“认可通知”发出时间必须是经项目监理机构复验达到合格或其以上质量等级，在混凝土、砂浆达到“标强”并满足设计要求，后补的附件资料：砂浆、混凝土强度试验报告、外观检测资料必须齐全，且已收到；否则，为不符合要求。

（2）“认可通知”项目监理机构必须加盖公章，经专业监理工程师签字后发出，不得代签和加盖手章，不签字无效。责任制签章齐全为符合要求，未收到有关技术文件不得签发砌体/混凝土检验批、分项工程检验认可通知；否则，为不符合要求。

3. 实施要点

鉴于砌体/混凝土检验批、分项工程系主体工程，直接影响结构安全和使用功能，故砌体/混凝土检验批、分项工程质量验收合格后，项目监理机构根据承包单位报送的砌体/混凝土检验批、分项工程质量验收结果经核实确认质量达到合格或其以上等级（有关技术文件齐全且符合标准规定）后签发的检验认可通知。

(1) 本表由项目监理机构填写、专业监理工程师签字后发出。

(2) 砌体/混凝土分项（检验批）工程质量验收认可通知：按《砌体工程施工质量验收规范》(GB 50203—2002)、《混凝土结构工程施工质量验收规范》(GB 50204—2002) 进行检查与验收，项目监理机构根据承包单位报送的砌体/混凝土检验批、分项工程质量验收结果经核查确认质量达到合格或其以上等级后签发的验收认可通知。

(3) 表列子项：

1) 致＿＿＿＿＿（承包单位）：指建设单位与签订合同的承包单位或分包单位的名称，按全称填写。

2) 附件：砂浆/混凝土强度试验报告：指经项目监理机构审查认可后的实验室出具的与分项工程报验相对应的砂浆/混凝土强度试验报告。

外观检测证明资料：指对砂浆/混凝土分项工程按验收标准进行实测检查的记录资料。

3.3.6.2　砌体/混凝土分项（检验批）工程检验认可通知 (B2-6) 例表简析

1. 实例表式

砌体/混凝土分项（检验批）工程检验认可通知　　表 3.3.6.2

工程名称：××房地产××小区 2# 住宅楼　　编号：001

致：市建筑总公司直属第二项目部（承包单位） 你单位补报第 018 号 二层①～⑯轴 部位砂浆/混凝土强度试验报告及其原检验批验收资料已于 2009 年 4 月 26 日收到，经审查，认为符合/要求，该检验批工程质量等级合格/不合格。 附件：1. 砂浆/混凝土强度试验报告 2. 砖砌体（混水）工程检验批质量验收记录 监理单位：市××监理公司第二项目部 专业监理工程师：王××　日期：2009 年 6 月 2 日

2. 例表简析

以 2# 住宅楼二层①～⑯轴砌体/混凝土分项（检验批）工程检验认可通知为例。

（1）实例控检原则

1）砌体/混凝土分项（检验批）工程检验认可通知是项目监理机构对检验批、分项工程质量验收合格后，根据承包单位报送的砌体/混凝土检验批、分项工程质量验收结果经核实确认质量达到合格或其以上等级砂浆强度试验报告必须满足设计要求和规范规定后签发的检验认可通知。“认可通知”发出时，无后补的附件资料不得签发“认可通知”。

2）被检验认可的检验批、分项工程认可通知，项目监理机构必须严肃认真对待，签发“认可通知”专业监理工程师应经总监理工程师口头同意。

3）砌体/混凝土分项（检验批）工程检验认可通知是项目监理机构审查签发的指令性责任文件。不严格签认是失职行为。

（2）应检查的附件资料：应提附件砂浆强度试验报告；砖砌体（混水）工程检验批质量验收记录。

3.3.7 监理规划（B2-7）与例表简析

3.3.7.1 监理规划（B2-7）

1. 监理规划编制的总体要求

（1）编制基础：监理规划编制必须是在监理机构经过充分分析和研究工程项目的目标、技术、管理、环境以及参与工程建设各方等方面情况后制定的真正能够指导工程项目监理工作的具有可操作性的实施方案。有明确具体的符合要求的工作内容、工作方法、监理措施、工作程序和工作制度。

监理规划是使监理工作规范化、标准化的重要部分，可以避免监理工作的随意性，达到“四控两管”的有效控制。

（2）编制原则：监理规划编制必须是在具有明确具体的、符合项目要求的工作内容、工作方法、监理措施、工作程序和工作制度等，真正能够指导工程项目监理工作的具有可操作性的实施方案。

（3）监理规划编制的作用，主要包括：

1）是项目监理机构全面开展监理工作的具有可操作性的指导性文件；

2）是监理单位的主管部门对监理单位进行静态分析、管理水平、业绩考核、动态检查和了解、评判时的依据资料之一；

3）是建设单位确认监理单位真正实施工作的第一个深刻信任度的文件；可以间接确认监理单位总监理工程师的水平，监理规划是否完整、清晰、亲切、全面，既确认监理工作是为业主服务，又体现公正第三方的立场、观点；

4）可以反映监理工作的活动过程，监理规划是监理资料的重要组成部分；

5）可以使监理工作规范化、标准化，可以避免监理工作的随意性。有序监理可以使“四控二管”达到有效控制。

2. 监理规划的定义、编制程序、依据和编制时间要求

(1) 监理规划的定义。监理规划是监理单位接受委托监理合同后，在总监理工程师组织下，各专业监理工程师参加编制的。经监理单位技术负责人批准，用来指导项目监理工作的全面的指导性文件。

(2) 监理规划的编制程序：由总监理工程师主持、专业监理工程师参加，并经监理单位技术负责人批准。监理规划是否要经建设单位批准或认可，由委托监理合同或双方商定。

(3) 监理规划的编制依据：

1) 建设工程的相关法律、法规及项目审批文件；

2) 与建设工程项目有关的标准、设计文件、技术资料；

3) 监理大纲、委托监理合同文件以及与建设工程项目相关的合同文件；

4) 工程地质、水文地质、气象资料、材料供应、勘察、设计、施工力量、交通、能源、市政公用设施等方面的资料；

5) 工程报建的有关批准文件，招、投标文件及国家、地方政府对建设监理的规定，工程造价管理制度；

6) 勘测、设计、施工、质量检验评定等方面的规范、规程、标准等。

(4) 监理规划的编制时间：应在签订委托监理合同及收到设计文件后开始编制。在召开第一次工地会议前报送建设单位。

3. 监理规划的主要内容

监理规划至少应包括的主要内容包括《建设工程监理规范》(GB 50319—2000) 规范规定的 12 项内容。当工程项目较为特殊时还应增加其他必要的内容。例如：

(1) 工程项目概况：一般应包括：工程名称、工程地址、工程数量、结构类型、层数、建筑面积、开竣工时间、施工总天数、对工程质量、进度、投资的总体要求等。

(2) 监理工作范围：是指监理单位所承担的建设标段或子项目划分确定的工程项目的建设监理范围。应根据监理合同界定的工作范围（或称为业主委托的工作范围）划定监理工作范围。

(3) 监理工作内容：应根据监理工作界定的范围制定监理工作内容，应按事先控制、事中控制、事后控制分别编制，对工程进行“四控、两管”。四控制（投资控制、质量控制、进度控制、安全控制）、两管理（信息管理、合同管理）、一协调的措施与方法：

1) 投资控制：主要包括对投资的分解，编制投资控制流程图，对影响工程成本、控制工程量的难点暂定金使用等方面可能出现问题的分析、预测与措施，投资控制的措施，预测工程风险及可能发生索赔的防范对策，计量报表、工程进度款支付凭证和工程决算审核等；

2) 质量控制：分解质量控制目标，制定出各单位、分部或主要分项工程的质量目标，选好质量控制点，定出具体的控制措施，绘制质量控制流程图，执行两报验认证制度，即材料报验和分项工程质量报验制，对可能出现质量问题的部位、工序进行重点控制或防范，督促施工企业质量保证体系充分发挥作用。

① 监理规划中的质量控制采用巡检、旁站和平行检验的方法。监理规划中必须有旁

站监理的质量控制点（范围、内容、程序和旁站监理人员职责）。房屋建筑工程施工旁站监理管理办法规定：旁站监理是对工程的关键部位、关键工序的施工质量实施全过程现场跟班的监督活动。该办法所规定的房屋建筑工程的关键部位、关键工序，在基础工程上包括：土方回填、混凝土灌注桩浇筑、地下连续墙、土钉墙、后浇带及其他结构混凝土、防水混凝土浇筑、卷材防水层细部构造处理、钢结构安装；在主体结构工程方面包括：梁柱节点钢筋隐蔽过程、混凝土浇筑、预应力张拉、装配式结构安装、钢结构安装、网架结构安装、索膜安装。

② 做好旁站监理记录和监理日志。旁站监理记录是监理工程师或者总监理工程师依法行使有签字权的重要依据。对于需要进行旁站监理关键部位工序施工，凡没有实施监理或者没有旁站监理记录的，监理工程师或总监理工程师不得在相应文件上签字。在工程竣工验收后，监理企业应当将旁站记录存档被查。

注：1. 重要部位：是指建筑工程公布于所在工程的该部位质量的好坏，直接影响到结构安全或使用功能的部位称为重要部位。

2. 关键工序：是指建筑工程施工该过程段，鉴于工程本身的特点，加上操作过程中人、机、料、环境等因素直接影响工程质量的环节（过程段）称为关键工序。

3）进度控制：主要包括项目实施总进度计划，施工进度计划的审查、进度目标风险分析、制定关键路线上的关键工作的进度控制措施，工程实施过程中定期进行实际进度值与计划目标值对比，分析与找出差异，定期组织现场调度会，督促施工单位采取措施解决实际进度滞后计划目标的问题，保证进度目标实现。

4）安全控制：主要包括

① 施工用电量和变压器选择：施工用电包括生产（动力）和照明二个部分，施工动力用电按相关参考定额计算求得动力用电量后，外加10%作为动力、照明的总用电量。

② 变压器选择：高压输入额定电压必须和当地高压电源电压一致，低压侧必须与工地用电设备的额定电压相一致。通常施工工地用电，高压侧10kV，低压侧为三相四线制380V或220V电压。

施工机具电动机等额定容量可参照相关资料进行。

③ 配电导线截面选择。必须满足：考虑机械强度、安全电流和容许电压降三个基本要求。

④ 编制安全生产技术与措施

a. 高空作业安全技术与预防高空坠落物体打击事故。

b. 起重吊装和垂直运输安全技术与预防起重伤害事故发生措施。

c. 施工现场配电安全技术与触电伤害事故发生措施。

d. 土石方工程安全技术与土方坍塌伤害事故发生措施。

5）合同管理：督促合同双方当事人严格履行合同规定的义务，正确行使各自的权利，分析、控制合同中易产生的分歧点并协调分歧，对合同执行情况定期分析，处理好索赔事宜，协调合同文件的补充与修改。

6）信息管理：主要包括：信息流结构图，各部门、层次、单位间的信息关系与传递过程，信息目录表：包括信息名称、来源、时间、信息提供者、接受者、接受形式、信息类型等，会议制度和会议记录，各种会议的名称、时间、地点、参加者、记录人、记录签字者和发放者、保存方式等，信息的处理系统，收集、整理、保存信息制度的措施等。

7）协调：协调建设项目有关各方的分工与配合的原则问题和施工中的技术、管理、经济等方面的问题。协调的最佳效益是“积极因素”的组合，在协调中应尽量减少消极因素，调动积极因素，抓住主要矛盾，带动次要矛盾的解决。抓好协调的关键是严格按程序进行协调，因为程序既是协调依据，又是科学顺序。

（4）监理工作目标：是指监理单位所承担工作项目的投资、工期、质量等的控制目标。应分别按投资、工期、质量控制目标分列。总之，按监理合同确定的监理工作目标为控制目标。

（5）监理工作依据

1）建设工程相关的法律法规及项目审批文件；

2）与建设工程项目有关的规范、标准、设计文件、技术资料；

3）监理大纲，委托监理合同文件以及与建设工程项目相关的合同文件。

监理工作依据的资料与文件应列出主要名称。

（6）项目监理机构的组织形式

按照项目监理机构岗位设置组织设计结果采用的监理组织形式的图或表的形式列出。

（7）项目监理机构的人员的配备计划

应根据监理合同规定的服务内容、服务期限、工程类别、规模、技术复杂程度、工程环境等因素确定。由总监、专业监理工程师和监理员组成。总原则应是专业配套、数量满足工程项目监理工作的需要。

总监理工程师要由监理单位的法定代表人书面授权。

总监代表经监理单位法定代表人同意，总监理工程师书面授权具有总监资格的人担任。

（8）项目监理机构的人员、岗位职责。

（9）监理工作程序：按《建设工程监理规范》（GB 50319—2000）规定的第5章第5.1节的原则编写。

（10）监理工作方法及措施：应具有：针对性、可操作性和认真原则。

（11）监理工作制度。

监理工作制度主要包括：图纸会审制度、技术交底制度、施工组织设计审批制度、隐蔽工程验收制度、工程材料报验制度、工程质量验收制度、旁站监理制度、工程例会制度、专题会议制度、监理月报制度、工程款签认制度、巡检、互检制度、监理人员考查制度、信息汇审制度。

注：监理工作例会制度说明：

1. 监理交底会议：监理合同签订后工程开工前召开，由建设单位代表和总监理工程师主持，由建设、监理、施工单位、分包单位和设计单位代表参加，主要内容是互相认识，建立联系制度，交代监理工作内容、措施和制度，建设单位明确对监理的授权范围和内容。

2. 监理例会的时间和地点（宜每周一次）：

监理例会的参加人员：一般应有总监理工程师、专业监理工程师及其他监理人员，项目经理，建设单位代表，其他应参加的施工人员。

3. 监理例会的主要内容：

(1) 对上次会议提出问题的解决落实和会议纪要进行检查；

(2) 当前工程进展情况通报；

(3) 对下周（或下月）工程进展的预测及计划安排；

(4) 施工单位投入人力、物力及设备情况；

(5) 施工质量、加工订货、设备材料的质量与供应情况；

(6) 有关技术资料；

(7) 工程款支付情况及索赔的说明；

(8) 建设单位对施工单位提出的违约问题等。

4. 专业性监理会议：指总监理工程师或专业监理工程师主持召开的专业性协调会议。

5. 监理机构碰头会，一般宜每周一次，由总监理工程师主持，全体监理人员参加汇报总结一周的监理工作，布置下周监理工作，传达贯彻上级指示精神等。

（12）监理设施：由建设单位提供的监理设施按合同约定应在开工前执行完毕；由监理自备的监理设施应根据工作需要由总监理工程师制订计划经批准后执行。

（13）监理规划编制责任制

1）监理规划由总监理工程师负责主持编制。必须在签订监理合同一个月内完成。

2）重要和大型工程，总监理工程师应组织专业监理工程师编制各专业监理实施细则。

3）监理规划应经监理单位的技术负责人审定批准后实施，并送建设单位。

4. 施工阶段安全生产监理

当前安全生产已成为各行业生产管理的一项重要内容。严重的安全事故对国民经济产生了不小的影响，因此工程施工阶段监理人员必须对施工过程中的安全生产工作的措施进行检查，实施全面监理。

（1）工程项目安全监理的依据

1）施工图设计的施工说明书。

2）建设工程安全生产的有关规程、法令、法规、规定等政策性文件。

3）经过审定的施工组织设计中的安全技术措施及单项安全施工组织设计文件。

4）施工单位制定的项目安全生产规章制度。施工现场防火规定等。

5）施工单位制定的安全生产责任制。

6）有关加强施工现场安全生产管理的若干规定。

（2）安全生产监理方法

1）审查各类有关安全生产的文件。

2）审核进入施工现场各分包单位的安全资质和证明文件。

3）审核施工单位提交的施工方案和施工组织设计中的安全技术措施。

4）工地的安全组织及其管理体系和安全人员的配备。

5）审核新工艺、新材料、新技术、新结构实施中使用的安全技术方案及安全措施。

6）审核施工单位提交的关于工序交接检查、分部（子分部）、分项工程安全检查报告，从中发现安全生产的薄弱环节，以便及时改正。

7）进行现场的监督与检查

① 监理人员根据工程进度情况对各工序安全情况进行日常的跟踪监督、现场检查，看其是否按照安全技术防范措施和按规范进行操作；

② 对主要结构、关键部分的安全状况，除进行日常跟踪检查外，视施工情况必要时

可做抽检或检测工作；

③ 对每道工序检查后，做好记录并给予确认。

8）如遇有下列情况，监理人员可下达“工程暂停指令”

① 施工出现安全异常，经提出后施工单位未采取改进措施或改进措施不合乎要求，对安全造成隐患时；

② 对已发生的工程事故未进行有效处理而继续作业时；

③ 施工单位的安全技术措施未经自检而擅自使用时；

④ 擅自变更设计图纸进行施工时；

⑤ 使用没有合格证明的材料或擅自替换、变更工程材料时；

⑥ 未经安全资质审查的分包单位的施工人员擅自进行施工时。

3.3.7.2 监理规划（B2-7）例表简析

以 2# 住宅楼监理规划为例。

1. 实例控检原则

（1）监理规划是项目监理机构在开工前经过充分分析和研究工程项目的目标、技术、管理、环境以及参与工程建设各方等方面情况后制定的、真正能够指导工程项目监理工作的、具有针对性和可操作性的实施方案。有明确具体的符合要求的工作内容、工作方法、监理措施、工作程序和工作制度。是使监理工作规范化、标准化的重要部分，可以避免监理工作的随意性，达到“三控两管”（如果是在 2004 年后编写的监理规划应为四控）的有效控制。

（2）监理规划内容必须齐全。总监理工程师签字，企业技术负责人批准。

（3）监理规划必须在开工前且召开第一次工地会议前报建设单位。

（4）监理规划是项目监理机构向建设单位报送和向施工单位送交的责任文件。不报、不送是一种失职行为。

2. 应检查的附件资料

2# 住宅楼监理规划。

3.3.8 监理实施细则（B2-8）与例表简析

3.3.8.1 监理实施细则（B2-8）

1. 监理实施细则的一般要求

监理实施细则是指正常施工过程监理的控制内容中需要单独予以细化监理的部分。监理实施细则应对其操作和工艺控制的方法和内容予以安排，细则要细到什么程度，其控制原则是将其重要部位、关键工序的施工控制结果符合施工质量验收要求的标准。规划中不需要细则管理的部分就不必再重新编制。

监理实施细则是监理规划的补充，凡是监理细则中控制的重要部位、关键工序均应进行旁站监理；否则，将难以实现“细则”拟实现的目标。监理细则的监控应有监理记录（在监理日志中叙述），以此说明监理细则监控质量的施工过程及其质量状况。

监理实施细则一定要根据不同工程对象有针对性地编写。

（1）中型及以上或专业性较强的工程项目（是指建设部第16号部令《工程建设监理单位资质管理试行办法》附表中的二等工程项目），项目监理机构应编制监理实施细则。规模较小的、小型的工程不再另行编写监理细则，可将监理规划编制得详细一点。

（2）应符合监理规划的要求，应体现项目监理机构对所监理的工程项目的专业特点，在各专业技术、管理和目标控制方面都有具体要求，即能结合工程项目的专业特点，详细具体，有针对性并具有可操作性。例如：砖混、框架、排架、框-剪、框-筒等不同结构类型均有其特点，应分别编制。

2. 编制监理实施细则的程序和依据

（1）编制程序

1）监理实施细则明确由专业监理工程师编写。

2）监理实施细则可按工程进展情况编写。当某分部或单位工程按专业划分构成一个整体的局部或施工图未出齐就开工等的情况时，可按工程进展情况编写，要求均必须在相应工程开始前编制完成并予实施。

3）监理实施细则实施前必须经总监理工程师批准。

（2）编制依据：

1）已批准的监理规划；

2）与专业工程相关的标准、设计文件和技术资料；

3）施工组织设计。

3. 监理实施细则应包括的主要内容

（1）应按专业工程特点提出相应的监理方法或措施。根据工程特点，对分部（或主要分项、检验批）提出预控措施。

（2）应按监理工作流程提出相应的环节控制要点。提出分部（或主要分项、检验批）工程质量控制点的设置。

（3）应有明确的监理工作的控制要求及目标值、监理工作的方法及措施。

（4）编制监理实施细则，应按相关新的施工质量验收规范要求对影响施工质量的人、机、料、工、环各个要素从施工项目开始到结束设置质量控制点，以设置的质量控制点按规范要求进行质量验收。

（5）应将具体的监理工作的方法及措施阐述明了。诸如旁站监理、平行巡检以及监理过程中的注意事项。监督控制与检查中如何处理可能出现的异常情况等。

（6）编制安全生产监理控制措施。对有特殊安全控制要求的工程，应编制安全生产监理控制措施及安全生产监理方法。

4. 监理目标的实施

（1）首先是监理的目标值要落实到人，要求人人都要按监理目标值执行。

（2）实施中人人都加强领导与管理。

（3）实施过程中需要做到准备工作充分、责任制明确、强调自我控制、加强监督检查、协调及时到位。

1）充分准备：编制目标实施计划、明确工作内容、强调主观能动性。

2）责任明确：要强调核心是责任，要层层负责、人人负责、有职有权、自主完成，责、权、利明确；目标清晰度高，内容明确具体，便于执行。

3）强调自我控制：即在实施中自主管理，充分发挥执行人的最大积极性。

4）加强对目标实现的监督检查：监理监督应按拟定时间、内容进行自检和上一级检查，发现问题及时协调，保证目标实现。

5）及时协调：是对存在问题在详细分析、对矛盾点详细明了的基础上为解决问题而进行的协调。协调中应确保子目标、分目标的实现，以保证总目标的实现。

5. 在监理工作实施过程中，监理实施细则应根据实际情况进行补充、修改和完善。

3.3.8.2　监理实施细则（B2-8）例表简析

以 2# 住宅楼监理实施细则为例。

1. 实例控检原则

（1）监理细则控制主要是质量控制中监理控制方法与措施，细则应具体且具有可操作性。

（2）按专业工程特点提出相应的监理方法或措施；按监理工作流程提出相应的环节控制要点；有明确的监理工作的控制要求及目标值、监理工作的方法及措施；监督控制与检查中如何处理可能出现的异常情况等。

（3）监理实施细则是项目监理机构编写的责任文件，不认真编写是失职行为。

（4）监理细则中对其操作和工艺控制的方法和内容予以安排，对重要部位、关键工序的施工控制结果符合施工质量验收要求的标准。

2. 应检查的附件资料

2# 住宅楼监理实施细则（略）。

3.3.9　监理月报（B2-9）与例表简析

3.3.9.1　监理月报（B2-9）

监理月报是在工程施工过程中项目监理机构就工程实施情况和监理工作定期向建设单位所作的报告，是建设单位了解工程情况及对重大问题做出决策的重要依据。监理月报应依据监理单位的主要工作内容：质量控制、进度控制、投资控制、合同管理、信息管理和组织协调工作进行编写。《建设工程监理规范》（GB 50319—2000）对监理月报的内容作如下规定：

1. 监理月报内容

施工阶段的监理月报应包括以下内容：

（1）本月工程概况。

（2）本月工程形象进度。

（3）工程进度：

1）本月实际完成情况与计划进度比较；

2）对进度完成情况及采取措施效果的分析。

（4）工程质量：

1）本月工程质量情况分析；

2）本月采取的工程质量措施及效果。

（5）工程计量与工程款支付：

1）工程量审核情况；

2）工程款审批情况及月支付情况；

3）工程款支付情况分析；

4）本月采取的措施及效果。

（6）合同其他事项的处理情况：

1）工程变更；

2）工程延期；

3）费用索赔。

（7）本月监理工作小结：概述本月承包单位履行合同的状况、存在问题、改进措施；监理工作在“三控二管和一协调”工作的综合评价；监理工作实施情况和建议等。

1）对本月进度、质量、工程款支付等方面情况的综合评价；

2）本月监理工作情况；

3）有关本工程的意见和建议；

4）下月监理工作的重点。

2. 监理月报的编制与报送

（1）监理月报由总监理工程师组织编制；

（2）总监理工程师签认后报建设单位和本监理单位；

（3）监理月报报送时间由监理单位和建设单位协商确定；

（4）监理月报的封面由项目总监理工程师签字，并加章项目监理机构公章。

3.3.9.2 监理月报（B2-9）例表简析

以 2# 住宅楼监理月报为例。

1. 实例控检原则

（1）监理月报必须按月按规定的时间编制报送，监理月报内容应包括：本月工程概况；本月工程形象进度；工程进度；工程质量；工程计量与工程款支付；合同其他事项的处理情况（例如工程变更、气象等）；本月监理工作小结等。

（2）监理月报汇报的监理工作内容应全面、真实；监理工作中存在问题不论是已解决或已有解决办法应一一列出，不留未了事项。

（3）必须有监理月报；每月向建设单位报送一次。

（4）监理月报是项目监理机构向建设单位报送的责任文件。不报是失职行为。

2. 应检查的附件资料

应提附件 2# 住宅楼 12 月份监理月报。

3.3.10　________监理会议纪要（B2-10）与例表简析

3.3.10.1　________监理会议纪要（B2-10）

1. 资料表式

________监理会议纪要　　表 3.3.10.1

<table>
<tr><td>时间：
地点：
主持人：
与会单位及人员：</td></tr>
<tr><td>主要议题：</td></tr>
<tr><td>解决或议定事项：

签字：　　　　　　　　　　　　　　　　年　月　日</td></tr>
</table>

2. 资料要求

会议纪要必须及时记录、整理，记录内容齐全，对会议中提出的问题记录准确，技术用语规范，文字简练、明了。

3. 实施要点

（1）按项目监理机构施工监理过程中召开的监理会议内容经整理形成，包括工地例会纪要和专题例会纪要。

（2）监理会议纪要指由项目监理机构主持的会议纪要，包括工地例会纪要和专题会议纪要。它是按照一定程序召开的，主要研究建设过程中施工出现的投资、质量、进度等方面的问题，并形成纪要，供与会者确认和落实。

（3）工地例会是总监理工程师定期主持召开的工地会议。其内容包括：

1）检查上次例会议定事项的落实情况，分析未完事项原因；

2）检查分析工程项目进度计划完成情况，提出下一阶段进度目标及其落实措施；

3）检查分析工程项目质量状况，针对存在的质量问题提出改进措施；

4）检查工程量核定及工程款支付情况；

5）解决需要协调的有关事项及其他有关事宜。

（4）专题会议是研究解决施工过程中的某一问题而召开的不定期会议，会议应有主要议题。

（5）会议纪要由项目监理机构起草，与会各方代表签字。

（6）会议记录必须有：会议名称、主持人、参加人及其代表单位、会议时间、地点、会议内容、会议发言人姓名及主要内容、决议事项、决议事项的执行人及完成时间，参加人员签章。

（7）表列子项

1）主要议题：应简明扼要地写清楚会议的主要内容及中心议题（即与会各方提出的主要事项和意见），工地例会还包括检查上次例会议定事项的落实情况。

2）解决或议定事项：应写清楚会议达成的一致意见、下步工作安排和对未解决问题的处理意见。

3.3.10.2 ________监理会议纪要（B2-10）例表简析（略）

几点说明

1. 会议纪要的记录应及时，记录内容齐全，会议中提出的问题记录准确。所有应当作为监理会议纪要的，应全部附有纪要内容文件。

2. 会议记录必须有：会议名称、主持人、参加人及其代表单位、会议时间、地点、会议内容、会议发言人姓名及主要内容、决议事项、决议事项的执行人及完成时间，参加人员签章。

3. 会议的主要议题应简明、扼要地写清楚会议的主要内容及中心议题（即与会各方提出的主要事项和意见），工地例会还包括检查上次例会议定事项的落实情况。

4. 解决或议定事项应写清楚会议达成的一致意见、下步工作安排和对未解决问题的处理意见。

3.3.11 专题报告（总结）（B2-11）与例表简析

3.3.11.1 专题报告（总结）（B2-11）

1. 专题报告是施工过程中，项目监理机构就某项工作、某一问题、某一任务或某一事件向建设单位所做的报告。

2. 专题报告应用标题点明报告的事由和性质，主体内容应详尽地阐述报告事项的事实、问题和建议或效果结论。

3. 专题报告由报告人、总监理工程师签字，并加盖项目监理机构公章。

4. 施工过程中的合同争议、违约处理等可采用专题报告（总结），并附有关记录。

3.3.11.2 专题报告（总结）（B2-11）例表简析（略）

几点说明

1. 专题报告的事由和性质，主体内容详尽，阐述报告事项的事实、问题和建议或效果结论明确。报告的格式应合理。

2. 专题报告必须报告人、总监理工程师签字，加盖项目监理机构公章。

3.3.12 合同争议处理意见、违约报告处理意见（B2-12）与例表简析

3.3.12.1 合同争议处理意见、违约报告处理意见（B2-12）

1. 工程实施过程中出现合同争议时，项目监理机构为调解合同争议所达成（提出）

的处理意见。

2. 合同争议的调解应符合《建设工程监理规范》(GB 50319—2000) 6.5 节的规定。

3. 合同争议处理意见由总监理工程师签字盖章，并在施工合同约定的时间内送达建设单位和承包单位。

4. 合同争议处理方法

(1) 发包人、承包人在履行合同时发生争议，可以和解或者要求有关主管部门调解。当事人不愿和解、调解或者和解、调解不成的，双方可以在专用条款内约定以下一种方式解决争议：

① 第一种解决方式：双方达成仲裁协议，向约定的仲裁委员会申请仲裁；

② 第二种解决方式：向有管辖权的人民法院起诉。

(2) 发生争议后，除非出现下列情况的，双方都继续履行合同，保持施工连续，保护好已完工程：

1) 单方违约导致合同确已无法履行，双方协议停止施工；

2) 调解要求停止施工，且为双方接受；

3) 仲裁机构要求停止施工；

4) 法院要求停止施工。

5. 常见合同争议出现的内容

(1) 文物和地下障碍物

1) 在施工中发现古墓、古建筑遗址等文物及化石或其他考古、地质研究等价值的物品时，承包人应立即保护好现场并 4h 内以书面形式通知工程师，工程师应于收到书面通知后 24h 内报告当地文物管理部门，发包人、承包人按文物管理部门的要求采取妥善保护措施。发包人承担由此发生的费用，顺延延误的工期。

如发现后隐瞒不报，致使文物遭受破坏，责任者依法承担相应责任。

2) 施工中发现影响施工的地下障碍物时，承包人应于 8h 内以书面形式通知工程师，同时提出处置方案，工程师收到处置方案后 24h 内予以认可或提出修正方案。发包人承担由此发生的费用，顺延延误的工期。

所发现的地下障碍物有归属单位时，发包人应报请有关部门协同处置。

(2) 合同解除

1) 发包人、承包人协商一致，可以解除合同。

2) 发包人不按合同约定支付工程款（进度款）双方又未达成延期付款协议，导致施工无法进行，承包人可停止施工，由发包人承担违约责任。停止施工超过 56 天，发包人仍不支付工程款（进度款），承包人有权解除合同。

3) 承包人不得将其承包的全部工程转包给他人，也不得将其承包的全部工程肢解以后以分包的名义分别转包给他人。承包人将其承包的全部工程转包给他人或者肢解以后以分包的名义分别转包给他人时，发包人有权解除合同。

4) 有下列情形之一的，发包人、承包人可以解除合同：因不可抗力致使合同无法履行；因一方违约（包括因发包人原因造成工程停建或缓建）致使合同无法履行。

5) 一方依据《建设工程施工合同》"44. 合同解除"中 44.2、44.3、44.4 款约定要求解除合同的，应以书面形式向对方发出解除合同的通知，并在发出通知前 7 天告知对方，通知到达对方时合同解除。对解除合同有争议的，按建设工程施工合同通用条款第37条关于争议的约定处理。

6）合同解除后，承包人应妥善做好已完工程和已购材料、设备的保护和移交工作，按发包人要求将自有机械设备和人员撤出施工场地。发包人应为承包人撤出提供必要的条件，支付以上所发生的费用，并按合同约定支付已完工程价款。已经订货的材料、设备由订货方负责退货解除订货合同，不能退还的货款和因退货、解除订货合同发生的费用，由发包人承担；因未及时退货造成的损失，由责任方承担。除此之外，有过错的一方就应当赔偿因合同解除给对方造成的损失。

7）合同解除后，不影响双方在合同中约定的结算和清理条款的效力。

6. 合同争议仲裁或诉讼的证据提供

（1）当合同争议调解无效时，才进行仲裁或诉讼；

（2）当仲裁机构或法院要求监理机构提供证据时，监理机构有义务向仲裁或法院提供有关证据；

（3）监理机构向仲裁机构或法院提供证据时，必须实事求是地按时提供。

3.3.12.2 合同争议处理意见（B2-12）例表简析（略）

几点说明

1. 合同争议处理、调解符合《建设工程监理规范》（GB 50319—2000）和合同文件的规定。总监理工程师签字盖章，并在施工合同约定的时间内送达建设单位和承包单位。

2. 合同争议处理应采取先调解后仲裁，不行再诉讼的原则，尽量不诉讼。

3.3.13 合同变更资料（B2-13）与例表简析

3.3.13.1 合同变更资料（B2-13）

1. 合同变更资料是指施工过程中建设单位与承包单位的合同补充协议和合同解除的有关资料。

2. 施工合同解除必须符合法律程序，合同解除项目监理机构应依据《建设工程监理规范》（GB 50319—2000）6.6节的规定处理善后工作，并翔实记录处理的过程和有关事项等。

3. 合同的解除

（1）施工合同解除的法律程序

1）合同变更和解除应遵守的法律程序

① 变更或解除施工合同的通知或协议，应采取书面形式（包括文书、电报）。协议未达成前，原施工合同仍然有效。

② 施工合同的变更或解除如涉及国家指令性产品或项目，在签订变更或解除协议前应报下达计划的国家业务主管部门批准。

③ 变更或解除施工合同的建议和答复，均应在事件发生后一定期限内提出。

④ 如果发生必须的合同变更或解除应尽量提前，以尽量减少损失。

（2）建设单位违约造成合同解除的处理

当建设单位违约导致施工合同最终解除时，项目监理机构应就承包单位按施工合同规定应得到的款项与建设单位和承包单位协商，并应按施工合同规定从下列应得的款项中确定承包单位应得到的全部款项，并书面通知建设单位和承包单位：

① 承包单位完成的工程量表中所列的各项工作所应得的款项；

② 按批准的采购计划订购的工程材料、设备、构配件的款项；

③ 承包单位撤离施工设备至原基地或其他目的地的合理费用；

④ 承包单位所有人员的合理追返的费用；

⑤ 合理的利润补偿；

⑥ 施工合同规定的建设单位应支付的违约金。

（3）承包单位违约造成合同解除的处理

由于承包单位违约导致施工合同终止后，项目监理机构应按下列程序清理承包单位的应得款项，或偿还建设单位的相关款项，并书面通知建设单位和承包单位：

1）施工合同终止时，清理承包单位已按施工合同规定实际完成的工作所应得到的款项和已经得到支付的款项；

2）施工现场余留的材料、设备及临时工程的价值；

3）对已完成工程进行检查和验收、移交工程资料、该部分工程的清理、质量缺陷修复等所需的费用；

4）施工合同规定的承包单位应支付的违约金；

5）总监理工程师按照施工合同的规定，在与建设单位和承包单位协商后，书面提交承包单位应得款项或偿还建设单位款项的证明。

（4）不可抗力或非建设单位、承包单位原因造成合同解除的处理。

1）由于不可抗力或由于一方当事人虽无过失但无法防止的外因，故使施工合同无法履行；

2）由于一方违约，使施工合同履行成为不必要。

3.3.13.2　合同变更资料（B2-13）例表简析（略）

几点说明

1. 合同变更资料包括施工过程中建设单位与承包单位的合同补充协议和合同解除的有关资料。

2. 施工合同解除必须符合法律程序，合同解除项目监理机构应依据《建设工程监理规范》(GB 50319—2000) 6.6 节的规定处理善后工作，并翔实记录处理的过程和有关事项等。

3. 合同变更资料是监理单位实施监理过程中发生合同变更时必须报送的资料。

4. 监理人员必须熟悉合同文本的全部内容，尤其是专用条件内容。

5. 合同变更（补充、解除）一定要按照合同程序办理，这样可以减少失误。补充合同文本应注意符合合同对等原则。

3.3.14　工程质量评估报告（B2-14）与例表简析

3.3.14.1　工程质量评估报告（B2-14）

1. 工程质量评估报告是项目监理机构对被监理工程的单位（子单位）工程施工质量

进行总体评价的技术性文件。监理单位应在工程完成且与验收评定后一周内完成。

2. 工程质量评估报告是在项目监理机构签认单位（子单位）工程预验收后，总监理工程师组织专业监理工程师编写。

3. 工程监理质量评价经项目监理机构对竣工资料及实物全面检查、验收合格后，由总监理工程师签署工程竣工报验单，并向建设单位提出质量评估报告。

4. 工程质量估报告由总监理工程师和监理单位技术负责人签字，并加盖监理单位公章。

5. 工程质量评估报告编写的主要依据

（1）坚持独立、公正、科学的准则；

（2）以平时质量验收并经各方签认的质量验收记录；

（3）建设、监理、施工单位竣工预验收汇总整理的：单位（子单位）工程质量竣工验收记录、单位（子单位）工程质量控制资料核查记录、单位（子单位）安全和功能资料核查及主要功能抽查记录、单位（子单位）工程观感质量检查记录。

6. 工程质量评估报告应包括下列主要内容：

1）工程概况；

2）单位（子单位）工程所包含的分部（子分部）、分项工程，并逐项说明其施工质量验收情况。主要包括：

① 天然地基施工：地基验槽与地基钎探情况；地基局部处理情况；地基处理中设计参数的满足程度；地基处理中混合料的配比材质、铺筑、夯实等情况；取样检验情况等。

② 复合地基施工：复合地基用材料质量、配比及试验、成孔、分层夯填及夯实情况；复合地基用水泥土、灰土、砂、砂石等的测试结果及评价；复合地基总体检测结果与评价，满足设计及规范要求情况。

③ 桩基础施工：灌注桩成孔（孔径、深度、清淤、垂直度等）质量；灌注桩钢筋笼检查；灌注桩混凝土浇筑（计量、坍落度、灌注时间等）；试块取样数量及试验；打入桩桩身质量、贯入锤击数试验、打入等满足设计情况；接桩（电焊或硫磺胶泥）施工情况；静压桩的最终试验结果及满足设计情况。

④ 主体工程的总体质量评价。

按相关建筑安装工程施工质量验收规范所列主体分部内的主要检验批、分项工程质量实施评定结果分别进行质量评价。

⑤ 幕墙材料与安装质量实施验收结果总体评价。

⑥ 装饰工程质量实施验收结果总体评价。

⑦ 建筑材料质量实施验收结果的总体评价。

⑧ 对建筑设备安装工程中需要进行功能试验的工程项目包括单机试车和无负荷试车等。

⑨ 质量控制资料验收情况。

⑩ 工程所含分部工程有关安全和功能的检测验收情况及检测资料的完整性核查情况。

7. 竣工资料核查情况。

8. 观感质量验收情况。

9. 施工过程质量事故及处理结果。

10. 对工程施工质量验收意见的建议。

3.3.14.2 工程质量评估报告（B2-14）例表简析

1. 几点说明

（1）工程质量评估报告内容包括：工程概况；单位（子单位）工程所包含的分部（子分部）、分项工程逐项说明其施工质量验收情况；竣工资料核查情况；观感质量验收情况；施工过程质量事故及处理结果；对工程施工质量验收意见的建议。

（2）工程质量评估报告监理单位应在工程完成且验收合格后一周内完成，总监理工程师和监理单位技术负责人分别签字，加盖监理单位公章。

2. 监理单位工程质量评估报告

以某小区住宅楼工程质量评估报告为例

（1）工程概况

该工程建筑面积 4558m^2，投资 388.8 万元。砖混结构，地下 1 层，地上 6 层，筏形基础。地下室层高 2.5m，一～六层住宅层高 2.9m。梁板混凝土强度等级均为 C25。梁、板主筋为 HRB335 级钢筋。砌体外墙 370mm，内墙 240mm，砂浆强度等级均为 M5.0。

屋面工程为 60mm 厚聚苯板保温，1∶6 水泥炉渣找坡，1∶3 水泥砂浆找平，防水层为 SBS 改性沥青防水卷材。

装饰工程外墙为水泥砂浆抹面，适度分格，刮水泥腻子，刷米黄色涂料。地面为水泥砂浆找平搓毛，内门为木质三合板门，窗为塑钢窗，分户门为喷塑防盗铁门。

（2）工程实体质量评价

1）主要建筑材料

该工程基础与主体的钢筋，全部使用的邯郸钢铁公司的钢材；基础与主体的水泥全部为太行山牌矿渣硅酸盐水泥，结构混凝土用砂为沙河细砂；钢材、水泥按种类、批量进场时均有合格证，且进行了现场见证取样，复试结果合格；水暖、电气材料（各种管材、电线开关、插座等）均有合格证、准用证、检测报告等质量合格证明。

2）地基验槽

地基钎探完成后，由建设、勘察、设计、施工、监理有关单位的工程技术负责人进行了地基验槽，结论为：

① 基槽岩土与《岩土工程勘察报告》相符，持力层下 300mm 土质较软弱，但土质均匀。

② 钎探布点合理，钎探深度为 2.1m，符合要求；钎探使用的工具为 N_{10} 轻便触探器，符合要求。

③ 地基钎探记录的锤击数与现场抽测得到的锤击数基本相符，钎探记录真实。

④ 经研究确定换填 2∶8 砂石垫层厚 450mm。

3）基础工程

基础为钢筋混凝土筏形基础，基础梁为 500mm×700mm，混凝土强度等级 C25，施工过程中重点控制混凝土搅拌、筏形基础一次浇筑完成。混凝土严格按配合比计量，浇筑过程中经常进行砂、石料的外观（粒径、含泥量、级配情况）检查，每日检查混凝土坍落度 4 次，上午、下午各 2 次。混凝土强度等级达到 120.6%。混凝土未发现蜂窝、麻面、露筋等质量缺陷。

钢筋的种类、直径、间距、排距、根数总量、绑扎等均符合设计及施工规范要求。

4）主体结构部分

该工程为砖混结构，建设、监理、设计、施工各方参加验收结果主体结构质量良好。结构实体检验同条件养护混凝土强度等级，根据混凝土试块的测试结果，平均混凝土强度：标养试块 121%；同条件养护混凝土试块为 116.2%。

① 钢筋工程：施工中对钢筋焊接，严格检查各焊接接头外观质量，对外观质量有怀疑的进行抽样，做物理性能检验。对梁、板部位的钢筋作为重点严格把关，对不符合设计施工图和抗震节点构造要求的部位进行整改，符合要求后方可进行下道工序施工。

为防止钢筋过大的位置偏差，在绑扎钢筋时，按钢筋间距弹好墨线后进行钢筋绑扎，采取有效手段严格控制了梁、柱钢筋的水平、竖直位置。钢筋绑扎符合施工规范的要求。

② 混凝土工程：对原材料质量控制严格把关，水泥为峰峰太行山牌硅酸盐水泥（回转窑生产），施工时对模板工程作为一道关键工序控制，保证模板位置准确，不漏浆。混凝土浇筑中，施工人员严格按操作规程作业。根据结构特点，对易发生质量问题的部位，进行了严格管理，保证了梁、板的几何尺寸，混凝土没有超出施工规范规定的麻面等质量缺陷。总的来说，混凝土质量较好。

③ 砌体工程：外墙和内承重墙为多孔砖砌体，砌筑前强调多孔砖必须洇水，防止砂浆失水过快，影响砂浆强度。砂浆强度测试结果符合设计要求。为保证砌体、观感质量要求，按皮数杆双面挂线进行砌筑，灰缝厚度控制在 8～12mm 且保持均匀。砌体质量检查垂直、平整均符合要求。

（3）工程技术资料核查情况

工程质量控制资料：建筑与结构应 115 份，实际 115 份；给排水与采暖应 72 份，实际 72 份；建筑电气应 55 份，实际 55 份。工程安全和功能检验资料及主要功能抽查记录：建筑与结构应 5 份，实际 5 份；给排水与采暖应 5 份，实际 5 份；建筑电气应 4 份，实际 4 份。

（4）观感和使用功能质量评价

1）观感质量总体较好

① 外墙面为水泥砂浆抹面，水平、竖直分格能做到横平竖直，色泽比较均匀，观感较好。

② 内装为初装修，墙面顶棚平整，线角基本顺直方正，观感质量尚可。

③ 地面为初装，用 30mm 厚水泥砂浆找平搓毛。地面平整度、强度符合要求。

④ 上、下水、暖气安装及管道转弯半径符合要求，细部质量一般。

2）使用功能

① 门窗几何尺寸和外观检查符合要求，门窗开启灵活，不走扇。

② 厨、卫间地面砖、坡度坡向地漏、泼水试验，地面不积水。

③ 卫生洁具排水通畅，接口部位不渗水。

④ 室内设备管道、电气开关位置安装合理，使用方便，符合设计要求。

（5）室内环境质量评价

工程中使用的建筑材料经检测，对室内环境没有污染。

（6）工程质量问题的处理情况

在基础工程施工前设计变更在⑥、⑬轴各增加 500mm×700mm 梁一道，混凝土工程质量施工结果较好。

（7）质量综合评价意见

该工程在施工的各环节中，认真执行法律、法规和强制性标准的规定。地基与基础、主体结构、建筑屋面等分部（子分部）工程均满足设计要求。工程质量控制资料、工程安全和功能检验资料及主要功能抽查资料基本齐全，施工技术文件真实、完整。室内环境测试符合标准要求。

结论：该工程质量等级达到合格标准。

总监理工程师：袁××

监理公司法人代表：田×

监理公司：××工程建设监理公司

2008 年 11 月 15 日

3.3.15　工程竣工结算审核意见书（B2-15）与例表简析

3.3.15.1　工程竣工结算审核意见书（B2-15）

1. 工程竣工结算审核意见书指总监理工程师签发的工程竣工结算文件或提出的工程竣工结算合同争议的处理意见。

2. 工程竣工结算审查应在工程竣工报告确认后，依据施工合同及有关规定进行。

3. 竣工结算审查程序应符合《建设工程监理规范》（GB 50319—2000）第 5.5.2 条的规定。当工程竣工结算的价款总额与建设单位和承包单位无法协商一致时，应按《建设工程监理规范》（GB 50319—2000）6.5 节的规定进行处理，提出工程竣工结算合同争议处理意见。

4. 工程竣工结算审核意见书应包括下列内容：

1）合同工程价款、工程变更价款、费用索赔合计金额、依据合同规定承包单位应得的其他款项；

2）工程竣工结算的价款总额；

3）建设单位已支付工程款、建设单位向承包单位的费用索赔合计金额、质量保修金额、依据合同规定应扣承包单位的其他款项；

4）建设单位应支付金额。

5. 竣工结算编制与支付

（1）工程竣工报告经发包人认可后 28 天内，承包人向发包人递交竣工结算报告及完整的结算资料，双方按照协议书约定的合同价款及专用条款约定的合同价款调整内容，进行工程竣工结算。

（2）发包人收到承包人递交的竣工结算报告及结算资料后 28 天内进行核实，给予确认或者提出修改意见。发包人确认竣工结算报告后，通知经办银行向承包人支付工程竣工结算价款。承包人收到竣工结算价款后 14 天内，将竣工工程交付发包人。

（3）发包人收到竣工结算报告及结算资料后 28 天内无正当理由不支付竣工结算价款，

从第29天起，按承包人同期向银行贷款利率支付拖欠工程价款的利息，并承担违约责任。

（4）发包人收到竣工结算报告及结算资料后28天内不支付工程竣工结算价款，承包人可以催告发包人支付结算价款。发包人在收到竣工报告及结算资料后56天内仍不支付的，承包人可以与发包人协议将该工程折价，也可以由承包人申请人民法院将该工程依法拍卖，承包人就该工程折价或者拍卖的价款优先受偿。

（5）工程竣工报告经发包人认可后28天内，承包人未能向发包人递交竣工结算报告及完整的结算资料造成工程竣工结算不能正常进行或工程竣工结算价款不能及时支付，发包人要求交付工程的，承包人应当交付；发包人不要求交付工程的，承包人承担保管责任。

（6）发包人、承包人对工程竣工结算价款发生争议时，按本通用条款37条关于争议的约定处理。

3.3.15.2 工程竣工结算审核意见书（B2-15）例表简析（略）

几点说明

1. 工程竣工结算审核意见书是总监理工程师签发的工程竣工结算文件或提出的工程竣工结算合同争议的处理意见。

2. 工程竣工结算的价款总额建设单位和承包单位无法协商一致时，按《建设工程监理规范》（GB 50319—2000）6.5节的规定进行处理后，签发工程竣工结算合同争议处理意见。

3. 工程竣工结算审核意见书价款总额建设单位和承包单位协商一致时，由监理单位总监理工程师在工程竣工报告确认后签发。

4. 工程竣工结算审核意见书内容包括：合同工程价款、工程变更价款、费用索赔合计金额、依据合同规定承包单位应得的其他款项；工程竣工结算的价款总额；建设单位已支付工程款、建设单位向承包单位的费用索赔合计金额、质量保修金额、依据合同规定应扣承包单位的其他款项；建设单位应支付金额。

3.3.16 监理工作总结（B2-16）与例表简析

3.3.16.1 监理工作总结（B2-16）

1. 资料要求

（1）应能客观、公正、真实地反映工程监理的全过程；

（2）能对监理效果进行综合描述和正确评价；

（3）能反映工程的主要质量状况、结构安全、投资控制及进度目标实现的情况。

2. 实施要点

监理工作总结是指监理单位对履行委托监理合同情况及监理工作的综合性总结。监理工作总结由总监理工程师组织项目监理机构有关人员编写。

监理工作总结的内容应符合《建设工程监理规范》（GB 50319—2000）第7.3.1条的规定。一般应包括：

（1）工程概况：主要包括：工程名称（填写全称）；工程地址（填写详细地址）；工程项目的单位工程数量；不同单位工程的结构类型；不同单位工程的建筑层数及高度；不同单位工程的建筑面积；开工时间、竣工时间和施工总天数；工程质量、进度、投资的总体状况等。

(2) 勘察、设计技术文件简况

勘察、设计技术文件简况，包括：勘察、设计单位名称、资质等级；勘察、设计技术文件的交收状况（应说明建设方交来技术文件的数量、交回技术文件的数量）。

(3) 施工单位项目组织状况：包括：施工单位的名称、资质等级；施工单位的施工项目组织状况、质保体系的实际配置状况，应写明质保体系人员的姓名、职务、职称、专业。

(4) 建设项目监理机构设置与实际变化过程。包括不同时间在监理现场的：总监：姓名、职务、职称；各专业监理工程师：姓名、职务、职称、专业；监理员：姓名、职务、职称、专业；监理工作运作过程中的人员实际变化过程概况：姓名、职务、职称、专业、变化时间。

(5) 投资、质量、进度控制与合同管理的措施与方法

监理工作的投资、质量、进度控制和合同管理，组织协调是监理工作的基本内容。总结应讲明白采取的措施、实现措施的技术保证，应用数据予以说明。

① 投资控制：月度工程量计量控制和签证情况，月度工程量计量总合数应等于其工程量的总计数；月度工程款签认情况，工作量计算结果应符合该段工程量预算结果合计数；工程决算的审查控制：工程决算与工程预算的对比及其原因分析；如何进行投资预控管理；投资控制的成效和存在问题。合同变更与设计变更控制成效。

② 质量控制：对施工单位质保体系控制；质量目标的控制结果；地基处理的质量控制情况；不同结构类型的质量控制要点（砖混、框架、框-剪、框-筒等）及监控结果；质量控制的成效及存在问题；施工试验及旁站监理情况；工程质量验收后的质量等级。

③ 进度控制：进度控制总目标的控制简况；按合同要求如何强化和细化进度监督与控制，采取何种控制方法细化进度监控；进度控制成效及进度控制存在问题。

④ 合同管理：建设、监理、施工三方执行合同情况；公正处理各种纠纷情况（数量和方法）；协调建设、设计、施工等单位各方关系情况，各方的索赔情况。

(6) 材料报验和工程报验情况（报验的数量和质量）

① 材料报验（含材料、设备、构配件等）：主要材料、设备、构配件报验的名称和数量，主要包括：土建材料的设备、构配件；电气材料与设备；水暖、热力、燃气、通风空调材料与设备；电梯材料与设备的名称与数量。

② 工程报验：分项（检验批）工程报验数量、质量等级及存在问题；分部（子分部）工程报验数量、质量等级及存在问题；单位工程报验情况及存在问题。

③ 工程报验评定结果：分项（检验批）工程验收结果；分部（子分部）工程验收结果；单位工程验收的结果。

④ 混凝土、砂浆试验报告的报验与评定：混凝土试验报告的报验数量及评定结果是否满足标准要求。评定按（GB 50107）进行（分别按标准要求应执行的评定方法：统计方法即标准差已知、标准差未知或非统计方法进行）；砂浆试验报告的报验数量与评定结果是否满足标准要求。评定按《砌体工程施工质量验收规范》（GB 50203—2002）进行。

(7) 监理工作情况：监理工作制度化、标准化、规范化的开展情况；监理工作是如何开展的；如何提高人员素质（监理、施工单位）；如何取得业主的信任；业主方的总体信任度及评价。

监理工作应做到和有关方配合默契、互相信任、以诚相待，这是做好监理工作的

基础。

(8) 经验与教训：监理工作成效；监理工作存在问题；对监理工作的建议。

(9) 工程交付使用后的注意事项：应根据不同工程特点提出。

3. 几点说明

(1) 监理工作总结由项目总监理工程师、监理单位负责人签字盖章。施工阶段监理工作结束时，监理单位向建设单位提交。

(2) 监理工作总结可按——阶段、竣工后分别进行总结和报告。应注意总结应在总监和专业监理工程师在小结的基础上进行归纳和编制，内容应翔实、公正、准确。

3.3.16.2 监理工作总结（B2-16）例表简析（略）

几点说明

1. 监理工作总结应能客观、公正、真实地反映工程监理的全过程；对监理效果进行综合描述，正确评价工程的主要质量状况、结构安全、投资控制及进度目标实现的情况。

2. 监理工作总结的内容包括：工程概况；勘察、设计技术文件简况；施工单位项目组织状况；投资、质量、进度控制与合同管理的措施与方法；材料报验和工程报验情况（报验的数量和质量）；监理工作情况；经验与教训；工程交付使用后的注意事项。

3. 监理工作总结，总监理工程师、监理单位负责人签字盖章。施工阶段监理工作结束时，监理单位向建设单位提交。

3.3.17 监理日志（B2-17）与例表简析

3.3.17.1 监理日志（B2-17）

1. 资料表式

监 理 日 志 **表 3.3.17.1**

日期： 年 月 日 气象： 风力： 温度：

施工记录
主要事项记载： 记录人： （页码）

2. 资料要求

监理日志必须及时记录、整理，应做到记录内容齐全、详细、准确，真实反映当天的工程具体情况。技术用语规范，文字简练、明了；重要事项要于当日专题书面报告总监理工程师。

3. 实施要点

监理日志是项目监理机构在被监理工作施工期间每日记录气象、施工记录、监理工作及有关事项的日记。是一项重要的信息归档资料。

注：1. 日志：是指记录每天所遇到的、感受到的和所做的多指非个（私）人的事情。

2. 气象记录是判别是否遇有“异常恶劣气象条件”时的重要的参考资料。故应详细记录天气状况。

3. 监理日志记录不全或不准确，是项目监理机构对监理工作的失职。

（1）监理日志以单位工程为记录对象，从工程开工之日始至工程竣工日止，由专人或相关人逐日记载，记载内容应保持其连续性和完整性。

（2）监理日志应使用统一制式的《监理日志》，每册封面应标明工程名称、册号、记录时间段及建设、设计、施工、监理单位名称，并由总监理工程师签字。

（3）监理人员巡检、专检或工作后应及时填写监理日记并签字。

（4）监理日记不得补记，不得隔页或扯页，以保持其记录的原始性。

总监理工程师原则上应每天阅示一次监理日志。

（5）监理工作在工程巡检中的监理日记记录内容：

监理日志是监理资料中重要的组成部分，是监理服务工作量和价值的体现，是工程实施过程中最真实的工作证据，也是监理人员素质和技术水平的体现。不同工程专业记录的内容与要求。

1）砌体工程应记录：

① 明确记录工程巡检的区段与范围；

② 对总体砌体质量如：组砌方法、灰缝（十皮砖平均高度、平均灰缝厚度、最大、最小灰缝宽度，是否超规范）、砖的质量及洇水情况、墙面平整度、砌体加筋（钢筋弯钩、伸入长度、钢筋的数量及断面）、砌体留槎（同时砌筑或留置凸槎）、构造柱（马牙槎、斜面割砖、凸凹尺寸）、砂浆（稠度、和易性和砂浆饱满度）等予以记录。

2）混凝土工程应记录：

① 明确记录工程巡检的区段与范围；

② 对总体混凝土质量如：混凝土工程用材料（水泥、砂、石子、外加剂、掺合料等的质量及出厂合格证及试验报告单）、混凝土配合比（试配、施工配合比、盘、磅、实际计量等）、模板（清理、浇水湿润、平整度、粘贴缝条、标高、构件断面、模板支撑）、混凝土拌合时间、混凝土稠度（坍落度测试）、混凝土运输、现场浇筑、振捣、混凝土浇筑（部位、数量、厚度、坡度、有无冷缝）、施工缝处理、混凝土养护等。

3）其他诸如：地基与基础工程、钢筋混凝土工程的钢筋工程、装饰装修工程、屋面工程、地面工程、地下防水工程、木结构工程、钢结构工程、给水排水与采暖、建筑电气、通风与空调工程、电梯工程、智能化工程等均应根据其工程的施工内容，通过旁站、巡检等方式进行监理并按工艺特点、重要环节予以记录。

（6）表列子项：

1）施工记录：指承包单位参与施工的施工人数、作业内容及部位，使用的主要施工设备、材料等；对主要的分部分项工程开工、完工做出标记。

2）主要事项记载：指记载当日的下列监理工作内容和有关事项。

① 施工过程巡视检查和旁站监理、见证取样；

② 施工测量放线、工程报验情况及验收结果；

③ 材料、设备、构配件和主要施工机械设备进场情况及进场验收结果；
④ 施工单位资质报审及审查结果；
⑤ 施工图交接、工程变更的有关事项；
⑥ 所发监理通知（书面或口头）的主要内容及签发、接收人；
⑦ 建设单位、施工单位提出的有关事宜及处理意见；
⑧ 工地会议议定的有关事项及协调确定的有关问题；
⑨ 工程质量事故（缺陷）及处理方案；
⑩ 异常事件（可能引发索赔的事件）及对施工的影响情况；
⑪ 设计人员到工地及处理、交代的有关事宜；
⑫ 质量监督人员、有关领导来工地检查、指导工作情况及有关指示；
⑬ 其他重要事项。

3.3.17.2 监理日志（B2-17）例表简析

1. 实例表式

以 2# 住宅楼，Ⓐ～Ⓓ轴段与①～⑯轴区段。2009 年 5 月 12 日上午 9 时砌体抽检记录的监理日志为例。

监 理 日 志 **表 3.3.17.2**

日期：2009 年 5 月 12 日　　气象：晴间多云　　风力：2～3 级　　温度：22℃

施工记录：1. 抽检时间：2009 年 5 月 12 日上午 9 时。
2. 检查部位：2# 住宅楼横轴Ⓐ～Ⓓ轴段与①～⑯轴区段。
3. 检查内容：(1)砌体材料：多孔砖规格 240mm×115mm×90mm；(2)砌体断面与组砌方法等有关质量现状检查：断面：外墙：370mm、内墙：240mm；(3)组砌方法：一顺一丁排砖法。
主要事项记载： **检查结果：** **1. 灰缝厚度：**抽检①、③、⑤、⑧轴共 4 个抽样点，每点检查抽测 5 批砖，墙高控制 500mm 范围内测量，检查结果分别为①轴点：平均：10.5mm，最大：12mm，最小 9.5mm；③轴点：平均：10mm，最大 12mm，最小 9mm；⑤轴点：同③轴点；⑧轴点：平均 10.5mm，最大 12.5mm，最小 8.5mm。 检查中最大灰缝厚度有一处超标，但墙高控制 50mm 范围砌体高度折算不超标，已指出请其注意改正。 **2. 砖及砂浆：** 1)砖：使用的砖为经过抽检见证取样的多孔砖，检查中发现个别砖在高度断面内开裂 1/2 或以上，已请其剔除，不得用于工程。 2)砂浆：砂浆为使用时拌制，颜色、稠度目测可以，沉入度试验结果为 80mm。 **3. 砂浆饱满度检查：**①、③、⑤轴测 3 点，⑧轴测 2 点，共 5 点，结果为：①轴点：81%；③轴点：92%；⑤轴点：100%；⑧轴点：85%。饱满度均大于 80%。 **4. 砌体组砌与留槎：**该建筑物每柱网均设构造柱，无接槎要求（即没有接槎要求可按留凸槎和砌体加筋要求处理）。 **5. 砌体加筋：**断面 240mm，均为每 5 皮砖设 2φ6，伸入长度分别为：1000mm，钢筋均为：90°弯钩，检查 4 处均合格；①轴砖角处检查 3φ6，各伸出墙外 1000mm，符合要求。 **6. 构造柱：**马牙槎为先退后进，斜砌处为切割，马牙槎凹进 60mm，高度在 300mm 共检查①、③、⑤轴 3 处符合要求。其中一处因切割砖用完了，即用人工打截砖，不合格已令拆除。构造柱钢筋 4φ12，箍筋间距 200mm，加密区钢筋上下各 500mm 范围内分别为 6 根，箍筋总根数 18 根符合要求。 **7. 一般项目计数检查：**表面平整度：检查内墙，混水墙用 2m 靠尺量测，偏差为 6mm，合格；门窗洞口高度和宽度：检查 4 个洞口（如为验收应检查洞口的 10%），洞口尺寸为 1.8m×2.2m，按施工图的分布尺寸量测，偏差值为 −3mm，符合要求；外墙上下洞口偏移：与一层外墙窗口用线坠吊线，偏差值为 10mm，符合要求；水平灰缝平直度：分别拉①、③、⑤、⑧轴形成 4 个自然间，进深尺寸均为 4.8m，平直度差量测结果为①轴房间：8mm；③轴房间：14mm（已令其返工，另行复查验收）；⑤轴 10mm；⑧轴 8mm。 记录人：王×× （页码）

2. 例表简析

实例控检原则：

(1) 监理工作在施工期间每日必须记录气象、施工记录、监理工作及有关事项。

(2) 监理日志必须及时记录、整理，做到记录内容齐全、详细、准确，真实反映当天的工程具体情况。技术用语规范，文字简练明了；记录人签章。

(3) 监理日志是项目监理机构实施监理工作必须记录的重要信息档案资料，不认真记录是失职行为。

3.3.18 旁站监理记录（B2-18）与例表简析

3.3.18.1 旁站监理记录（B2-18）

1. 资料表式

旁站监理记录表 **表 3.3.18.1**

工程名称： 编号：

<table>
<tr><td>工程名称</td><td colspan="3"></td><td>编号</td><td></td></tr>
<tr><td>开始时间</td><td></td><td>结束时间</td><td></td><td>日期及天气</td><td></td></tr>
<tr><td colspan="6">监理的部位或工序：</td></tr>
<tr><td colspan="6">施工情况：</td></tr>
<tr><td colspan="6">监理情况：</td></tr>
<tr><td colspan="6">发现问题：</td></tr>
<tr><td colspan="6">处理结果：</td></tr>
<tr><td colspan="6">备注：</td></tr>
<tr><td colspan="3">监理单位名称：________
旁站监理人员（签字）：________</td><td colspan="3">施工单位名称：________
质检员（签字）：________</td></tr>
</table>

注：旁站监理记录应符号现行国家标准《建设工程监理规范》GB 50319 的有关规定。监理单位填写的旁站监理记录应一式三份，并应由建设单位、监理单位、施工单位各保存一份。

2. 资料要求

（1）旁站监理必须坚决执行并记录，记录应及时、真实、准确；内容完整、齐全，书写工整清晰，全面反映旁站监理有关情况，技术用语规范，文字简练明了。

（2）旁站监理记录是监理工程师或总监理工程师依法行使有签字权的重要依据。对于需要旁站监理的关键部位，关键工序施工，凡没有实施旁站监理或者没有旁站监理记录的，监理工程师或总监理工程师不得在相应文件上签字。

3. 实施要点

旁站监理是监理单位执行法律和规范规定的应尽职责，是监理企业为保证工程质量体现自身价值的体现。

（1）旁站监理的范围：

房屋建筑工程施工旁站监理管理办法（试行）规定：施工阶段监理中对房屋建筑工程的关键部位、关键工序的施工质量实施全过程现场跟班监督活动。

旁站监理对重要工序间的检查必须严格执行，重要工序间未经监理人员检查不得进行下道工序施工。例如：基槽、基坑开挖完成后，未经验槽和量测标高、尺寸，不得浇筑垫层混凝土；模板完成后未经检验，不得进行钢筋安装；钢筋架立完成未经检验（含隐蔽验收）不得浇筑混凝土等等。

关键部位：是指建筑工程分布于所在工程的该部位质量的好坏，直接影响到结构安全或使用功能的部位称重要部位。

关键工序：是指建筑工程施工该过程段，鉴于工程本身的特点，加上操作过程中人、机、料、环境等因素直接影响工程质量的环节（过程段）称为关键工序。

重要部位与关键工序的质量控制，不同结构类型，工程其控制内容是不同的。

在地基基础工程方面包括：土方回填、混凝土灌注桩浇筑、地下连续墙、土钉墙、后浇带、其他结构混凝土、防水混凝土浇筑、卷材防水组部构造处理、钢结构安装；

在主体结构方面包括：梁柱节点钢筋隐蔽过程、混凝土浇筑、预应力张拉；装配式结构安装、钢结构安装、网架结构安装、索膜安装。

凡是主体结构部位，有可能涉及结构安全的部位，以及这些部位的关键工序，隐蔽工程的隐蔽过程、下道工序施工完成后难以检查的重点部位，都必须实行旁站监理。

（2）监理企业在编制监理规划时，应当制定旁站监理方案，明确旁站监理的范围、内容、程序和旁站监理人员的职责等。旁站监理人员应在专业监理工程师指导下开展监理工作，发现问题及时指出并向专业监理工程师报告。旁站监理必须会同施工单位的质检员一起旁站，旁站工作完成后双方需要在旁站监理记录表上共同签字。

（3）旁站监理的主要任务

1）旁站监理人员应当认真履行职责，对需要实施旁站监理的关键部位、关键工序在施工现场跟班监督，及时发现和处理旁站监理过程中出现的质量问题。见证整个被施单项产品质量的形成过程，因此必须注意记录齐全，发现问题必须及时解决。

2）监督施工单位严格按照设计和规范要求施工。旁站监理时，发现施工企业违反工程建设强制性条文行为的，有权责令其立即改正。发现其施工活动已经或者可能危及工程质量的，应当及时向监理工程师或总监理工程师报告，由总监理工程师下达局部暂停施工指令或其他应急措施。

（4）旁站监理应记录的内容要点

① 旁站监理工作的部位或工序或称监理的程部位名称（什么样的工程子项执行旁站监理）。

② 旁站监理：起讫时间、地点、气候与环境（如冬期、酷夏、特殊天时）。

③ 旁站监理施工中执行规范、设计等的情况。例如混凝土工程：坍落度、和宜性、浇筑厚度、施工缝处理、后浇带施工等，钢筋位移、保护层厚度、预埋件固定等控制情况等，是否符合设计要求；又如：钻孔灌注桩的试成孔过程应记录：轴线位置、开孔时间、成孔时间、孔深、成孔时的土质情况、沉渣厚度、泥浆相对密度、混凝土充盈系数等，是否符合设计要求。

④ 旁站监理工作中对所监重点部位、工序等的质量控制情况，对旁站监理的系统的工程质量的总体评价。

⑤ 旁站监理工作中发现的操作、工艺、质量等方面的问题；旁站监理中有无突发性事故发生；如有是什么内容，提出了那些解决办法。

⑥ 旁站监理是全过程质量控制，对所有影响某一系统工程质量，施工过程中均应进行质量控制；你“旁监”的工程质量结果如何。

⑦ 其他应记录的内容。

（5）旁站监理工作的主要操作程序：

1）检查用于该旁站监理的全部工程的材料、半成品和构配件是否经过检验，该报验是否合格。建筑材料、构配件、设备和商品混凝土试（检）验报告必须齐全、真实，否则不准进行施工。

2）检查施工企业的质量检查人员必须到岗，检查特殊工种的上岗操作证书，无证不准上岗。

3）检查施工机械、设备运行是否正常。运转不正常的施工机械应修理或更换。

4）检查施工环境是否对工程质量产生不利影响。

5）按批准执行的施工方案、操作工艺检查操作的人员的技术水平，操作条件是否达到卫生标准要求，是否经过技术交底。

6）检查施工是否按技术标准、规范、规程和批准的设计文件、施工组织设计、“工程建设标准强制性条文”施工。

7）施工方的质量管理人员、质量检查人员，必须在岗并定期进行检查。

8）对已施工的工程进行检查，看其是否存在质量和安全隐患，发现问题及时上报。

9）做好监理的有关资料填报、整理、签审、归档等工作。

（6）旁站监理必须进行考核，其主要内容包括：

1）旁站监理的时间考核，必须保证全过程监理。

2）旁站监理的工程质量考核，必须保证旁站监理的工程质量符合设计和规范规定的质量标准。

3）旁站监理的绩效考核，保证旁站监理的质量效果达到100％。

3.3.18.2 旁站监理记录（B2-18）例表简析

1. 实例表式

以2#住宅楼6月10日上午，4层⑯～㊲轴段混凝土浇筑旁站监理记录为例。

旁站监理记录表 **表 3.3.18.2**

工程名称：××房地产××小区2#住宅楼 编号：

<table>
<tr><td>工程名称</td><td colspan="3">编号</td><td></td><td></td></tr>
<tr><td>开始时间</td><td></td><td>结束时间</td><td></td><td>日期及天气</td><td></td></tr>
<tr><td colspan="6">施工情况：
6月10日上午8时开始施工，首先对6月9日开盘鉴定的：混凝土配合比、计量、水泥、砂、石材料进行核查，无误后，核查了4层⑯～㊲轴段的钢筋检验批验收记录及现场情况，钢筋安装验收合格，验收记录表责任制签记齐全。上午9时正式开盘，同时制作一组混凝土试块，10时、16时、11日2时、11日8时分别进行了坍落度检查，16时制作第二组混凝土试块，次日4时制作第三组试块，直至混凝土浇筑完成。混凝土搅拌、运输、浇筑基本顺利。</td></tr>
<tr><td colspan="6">监理情况：
(1)确定专业监理工程师王××负责，田××监理员参加旁站监理工作，全过程监理。(2)10日上午8时开始进行开盘鉴定。对混凝土配合比、计量、水泥、砂、石材料及4层⑯～㊲轴段的钢筋检验批验收情况进行了复检。(3)检验批钢筋的品种、规格、间距、保护层、负弯矩钢筋、加密区钢筋复检结果符合要求。(4)8时、16时、11日8时见证制作三组混凝土试块并编号(0817、0818、0819)。(5)详细记录了天气状况：温度(18～30.5℃)、风力(2～3级)。</td></tr>
<tr><td colspan="6">发现问题：
(1)保护层砂浆垫块有的压碎，发现后令其更换。(2)钢筋安装发现3处绑扎不牢，发现后已令其修正。(3)零点以后一段时间钢筋工跟班不到位，发现后派专人对该段钢筋进行复检修理，并令其保证跟班到位。(4)11日8时检查混凝土坍落度正常。</td></tr>
<tr><td colspan="6">处理意见：
均属操作不当造成，旁站过程中随时发现令其随时纠正。</td></tr>
<tr><td colspan="6">备注：</td></tr>
<tr><td colspan="3">施工企业：市建筑总公司
项目经理部：市建总第二项目部
质检员(签字)：牛××
年 月 日</td><td colspan="3">监理企业：市××监理公司
项目监理机构：市××监理公司第二项目部
旁站监理人员(签字)：王×× 田××
2009年6月11日</td></tr>
</table>

2. 例表简析

(1) 实例控检原则

1) 旁站监理必须坚决执行。记录及时、准确；内容完整、齐全。

2) 监理工程师或总监理工程师签章齐全。

3) 旁站监理记录是项目监理机构实施细则监控的责任文件。不认真实施和记录是失职行为。

3.3.19　见证取、送样与见证记录

3.3.19.1　见证取样和送样见证人员备案表（B2-19-1）

见证取样和送检见证人员备案表　　　　表 B2-19-1

工程名称		编号	
质量监督站		日期	
检测单位			
施工总承包单位			
专业承包单位			
见证人员签字		见证取样和送检印章	
建设单位(章)		监理单位(章)	

注：监理单位填写的见证取样和送检见证人员备案表应一式五份，质量监理站、检测单位、建设单位、监理单位、施工单位各保存一份。

3.3.19.2　见证记录（B2-19-2）

见证记录　　　　表 B2-19-2

工程名称			编号		
样品名称		试件编号		取样数量	
取样部位/地点			取样日期		
见证取样说明					
见证取样和送检印章					
签字栏	取样人员		见证人员		

注：监理单位填写的见证记录应一式三份，并应由建设单位、监理单位、施工单位各保存一份。

3.4 各方通用表（B3）

3.4.1 监理工作联系（B3-1）与例表简析

3.4.1.1 监理工作联系单（B3-1）

1. 资料表式

监理工作联系单 表 3.4.1.1-1

工程名称： 编号：

致：＿＿＿＿＿＿＿＿＿＿＿＿＿＿＿＿
事由：
内容：
单位（章）：＿＿＿＿＿＿ 负责人： 日期：

本表一式四份，建设、监理单位各一份，施工单位两份，其中一份入城建档案。

2. 资料要求

监理单位和其他参建单位传递意见、建议、决定、通知等的工作联系单时可采用本表格式。当不需回复时应有签收记录，并应注明收件人的姓名、单位和收件日期。

监理工作联系单的办理必须及时、准确；联系单内容完整、齐全，技术用语规范，文字简练、明了。

3. 实施要点

监理工程联系单是指监理单位涉及与参与工程各方需要在监理实施过程中进行联系时，发出的联系文件，是联系单不是指令、通知，该表具有协商性质。联系单涉及各方面的内容，因此，应当及时、准确办理。

注：联系单是指将相关联的事情，有关方用文字形式连接备忘。

（1）监理联系单要及时办理，注意不遗留未了事项。

(2) 表列子项

1) 事由：指需要联系事项的主题；

2) 内容：指需要联系的详细内容一般包括：

① 召开某种会议的时间、地点安排；

② 建设单位向监理机构提供的设施、物品及监理机构在监理工作完成后向建设单位移交设施及剩余物品；

③ 建设单位、承包单位就本工程及本合同需要向监理机构提出保密的有关事项；

④ 建设单位向监理机构提供的与本工程合作的原材料、构配件、机械设备生产厂家名录以及与本工程有关的协作单位、配合单位的名录；

⑤ 按《建设单位委托监理合同》监理单位权利中需向委托人书面报告的事项；

⑥ 监理单位调整总监及监理人员；

⑦ 建设单位要求监理单位更换监理人员；

⑧ 监理合同的变更与终止；

⑨ 监理费用支付通知；

⑩ 项目监理机构提出的合理化建议；

⑪ 建设单位派驻及变更施工场地履行合同的代表姓名、职务、职权；

⑫ 承包单位认为不合理的指令提出的修改意见；

⑬ 紧急情况下无法与专业监理工程师联系时，项目经理在采取保证人员生命和财产安全的紧急措施，并在采取措施后48小时内向专业监理工程师提交的报告；

⑭ 对不能按时开工提出延期开工理由和要求的报告；

⑮ 实施爆破作业、在放射毒害环境中施工及使用毒害性、腐蚀性物品施工，承包单位在施工前14天以内向专业监理工程师提出的书面通知；

⑯ 可调价合同发生实体调价的情况时，承包单位向专业监理工程师发出的调整原因、金额的书面通知；

⑰ 索赔意向通知；

⑱ 发生不可抗力事件，承包单位向专业监理工程师通报受害损失情况，承包单位提出使用专利技术和特殊工艺，向专业监理工程师提出的书面报告及专业监理工程师的认可；

⑲ 在施工中发现的文物、地下障碍物向专业监理工程师提出的书面汇报等其他各方需要联系的事宜。

3) 责任制：

① 单位：指提出监理工作联系事项的单位，如建设单位、监理单位、承包单位等。

② 负责人：建设单位为驻工地代表，监理单位为项目总监理工程师，承包单位为项目经理。其他单位为联系事项单位的主管负责人。

3.4.1.2　监理工作联系单（B3-1）例表简析

1. 实例表式

以2#住宅楼更换专业监理人员的监理工作联系单为例。

监理工作联系单 **表 3.4.1.2**

工程名称：××房地产××小区 2#住宅楼 编号：016

致：××房地产开发公司 事由：**更换专业监理人员** 内容：根据监理工作需要，我监理部将土建专业监理工程师王×调出，现派土建专业监理工程师李×接替王×的工作，特此通知。如有异议可再联系。 单位（章）：市××监理公司 负责人：田× 日期：2009 年 5 月 2 日

2. 例表简析

（1）实例控检原则

1）监理工作联系单的办理必须及时、技术用语准确、内容完整、齐全。

2）监理机构加盖公章和负责人签字，不得代签和加盖手章，不签字无效。

3）监理工作联系单是监理工作与相关方之间工作往来的联系单，大家都是平等的，不要用命令类的词语，这样不利于工作开展。

3.4.2 工程变更（B3-2）与例表简析

3.4.2.1 工程变更单（B3-2）

1. 资料表式

工 程 变 更 单 **表 3.4.2.1**

工程名称： 编号：

致：________________（监理单位） 由于__________原因，兹提出__________工程变更（内容见附件），请予审批。 附件： 提出单位（章）：__________ 代表人：__________ 日期：__________			
一致意见：			
建设单位代表 签字： 日期：__________	设计单位代表 签字： 日期：__________	项目监理机构 签字： 日期：__________	承包单位代表 签字： 日期：__________

本表一式四份，建设、设计、监理及承包单位各一份。

2. 资料要求

(1) 工程变更单，设计变更必须是建设单位同意，有设计单位出具设计变更通知；洽商变更必须经建设、监理、施工三方签章，否则为不符合要求。

(2) 工程变更单必须及时办理，必须是先变更后施工。紧急情况下，必须是在标准规定时限内办理完成工程变更手续，否则为不符合要求。

3. 实施要点

工程变更单是在施工过程中，建设单位、承包单位提出工程变更要求报项目监理机构审核确认时的用表。

(1) 本表由提出单位填写，经建设、设计、监理、施工等单位协商同意并签字后为有效工程变更单。

(2) 工程变更实质上是指合同文件中有关条款的变更。工程的变更可能引起设计变更、进度计划的变更、施工条件的变更、技术规范或标准变更、施工工艺或工序变更、工程数量变更、合同条款的修改或补充以及招标文件、合同条款、工程量清单中没有包括但又必须增加的工程项目等内容。由此可见，工程变更对整个建设工程的建设过程可能产生较大影响，因此必须严加控制。

(3) 监理规范关于监理工程师对工程变更处理的程序要求

1) 设计单位对原设计存在的缺陷提出的工程变更，由设计单位编制设计变更文件；

建设单位或承包单位提出的工程变更，应首先交总监理工程师，然后由总监理工程师组织专业监理工程师审查同意后，由建设单位转交原设计单位，经设计单位审查同意后，编制设计变更文件发送建设单位。

当工程变更涉及安全、环保、消防等内容时，应按规定经有关部门审定。

2) 项目监理机构应了解实际情况和收集与工程变更有关的资料。

3) 总监理工程师必须根据实际情况、设计变更文件和其他有关资料，按照施工合同的有关条款，在指定专业监理工程师完成下列工作后，对工程变更的费用和工期作出评估：

确定工程变更项目与原工程项目之间的类似程度和难易程度；

确定工程变更项目的工程量；

确定工程变更的单价或总价。

4) 总监理工程师应就工程变更费用及工期的评估情况与承包单位和建设单位进行协商。

5) 总监理工程师签发工程变更单，应包括工程变更要求、工程变更说明、工程变更费用和工期、必要的附件等内容，有设计变更文件的工程变更应附设计变更文件。

6) 项目监理机构应根据工程变更单监督承包单位实施。

(4) 项目监理机构在处理工程变更中的权限

建设工程监理规范规定项目监理机构处理工程变更的权力有：

1) 所有工程变更必须经过总监理工程师的签发，承包单位方可实施。这是项目监理机构保证工程项目的实施处于受控状态的一个非常重要的方面。在许多的工程项目中，工程变更不通过项目监理机构，监理人员开展监理工作时非常被动。

2) 建设单位或承包单位提出工程变更时要经过总监理工程师审查。总监理工程师要从工程项目建设的大局来审查工程变更的建议或要求。

3）项目监理机构对工程变更的费用和工期作出评估只是作为与建设单位、承包单位进行协商的基础。没有建设单位的充分授权，项目监理机构无权确定工程变更的最终价格。

4）项目监理机构在工程变更的质量、费用和工期方面取得建设单位授权后，应按施工合同规定与承包单位进行协商，经协商达成一致后，总监理工程师应将协商结果向建设单位通报，并由建设单位与承包单位在变更文件上签字。项目监理机构无权代理。

5）当建设单位与承包单位就工程变更的价格等未能达成一致时，项目监理机构有权确定暂定价格来指令承包单位继续施工和便于工程进度款的支付。

6）在项目监理机构未能就工程变更的质量、费用和工期方面取得授权时，总监理工程师应协助建设单位和承包单位进行协商，并达成一致。应注意这只是协助。

7）项目监理机构应按照委托监理合同的约定进行工程变更的处理，不应超越所授权限，并应协助建设单位与承包单位签订工程变更的补充协议。

8）如果建设单位委托监理单位有权处理工程变更时，监理单位一定要谨慎使用这一权利，一切以为建设单位负责为出发点。

9）工程变更审批的原则：工程变更的管理与审批的一般原则：

① 考虑工程变更对工程进展是否有利；

② 考虑工程变更可能对工程带来的影响是节约工程造价还是超过造价；

③ 考虑工程变更应兼顾业主、承包商或工程项目之外其他第三方的利益，不能因工程变更而损害任何一方的正当权益；

④ 必须保证变更工程符合本工程的技术标准要求；

⑤ 工程受阻，遇有特殊风险、人为阻碍、合同一方当事人违约等不得不变更工程。

总之，监理工程师应注意处理好工程变更问题，并对合理的确定工程变更后的估价与费率非常熟悉，以免引起索赔或合同争端。

10）工程变更的实施原则：

① 在总监理工程师签发工程变更单之前，承包单位不得实施工程变更；

② 未经总监理工程师审查同意而实施的工程变更，项目监理机构不得予以计量；

③ 工程变更的实施必须经总监理工程师批准并签发工程变更单。

（5）施工合同范本约定的工程变更程序：

1）建设单位提前书面通知承包人有关工程变更，或承包单位提出变更申请经监理工程师和发包人同意予以变更；

2）由原设计单位出图并在实施前 14 天交承包单位。如超出原设计标准或设计规模时，应由发包人按原程序报审；

3）承包人必须在确定工程变更后 14 天内提出变更价款，提交监理工程师确认；

4）监理工程师在收到变更价款报告后的 14 天内必须审查完变更价款报告后，并确认变更价款；

5）监理工程师不同意承包人提出的变更价款时，按合同争议的方式解决。

（6）工程变更的内容

为了有效地解决工程变更问题，一般合同中都有一条专门的变更条款，对有关工程变更的问题作出具体规定。

1）工程设计变更：我国施工合同范本规定承包人可以按照经监理工程师审查批准后发出的变更通知进行下列变更，也就是：更改工程的有关标高、基线、位置和尺寸；增减合同中约定的工程量；改变有关工程的施工时间和顺序；其他有关工程变更需要的附加工作。

2）其他变更

① 其他变更是指发包人要求变更工程质量要求及发生其他实质性变更。如建设单位提出的工程变更并已实施的。

② 由于施工环境、施工技术等原因，施工单位已提请审查并已经建设、监理单位批准且已经实施的。

③ 其他原因提出的工程变更已经建设、设计、监理各方同意并已实施的。

（7）工程变更的估价

我国施工合同范本对确定工程变更价款的规定："承包人在工程变更确定后14天内，提出变更工程价款的报告，经监理工程师确认后调整合同价款。变更合同价款按下列方法进行：

1）合同中已有适用于变更工程的价格，按合同已有的价格变更合同价款；

2）合同中只有类似于变更工程的价格，可以参照类似价格变更合同价款；

3）合同中没有适用或类似于变更工程的价格，由承包人提出适当的变更价格，经监理工程师确认后执行。"

4）如果监理工程师与承包商的意见不一致时，监理工程师可以确定一个他认为合适的价格，同时通知建设单位和承包商，任何一方不同意都可以提请仲裁。

（8）工程工程变更后的合同变化应及时反映出来，以便于及时报呈建设单位，对工程投资做到心中有数。

（9）工程变更的审查原则

1）工程变更应在保证生产能力和使用功能的前提下，适用、经济、安全、方便生活、有利生产、不降低使用标准为出发点。

2）工程变更应进行技术经济分析，必须保证在技术上可行、施工工艺上可靠、经济上合理，不增加项目投产后的经常性维护费用。

3）凡属于重大的设计变更，如改变工艺流程、资源、水文地质、工程地质有重大变化引起设计方案的变动，设计方案的改变，增加单项工程、追加投资等，均应在建设单位或由建设单位报原主管审批部门批准后方可办理变更。

4）工程变更应力求在使用前进行，以避免和减少不必要的损失，并认真审核工程数量。

5）对工程变更要严肃、公正、完整，对必须变更的才予以变更，同时要考虑由此影响工期和对承建单位造成的损失，以达到控制投资的目的。

6）工程变更要严格按程序进行，手续要齐全。有关变更的申请，变更的依据，变更的内容及图纸、资料、文件等清楚完整和符合规定。

7）严禁通过工程变更扩大建设规模，增加建设内容、提高建筑标准。

（10）表列子项

1）提出单位：指提出工程变更的单位。

2）附件：应包括工程变更的详细内容、变更的依据，对工程造价及工期的影响程度，对工程项目功能、安全的影响分析及必要的图示。

3）一致意见：指各方对所提工程变更达成的一致意见。

4）建设单位代表：指建设单位派驻施工现场履行合同的代表。

5）设计单位代表：指负责某变更专业的设计人员或负责人。应具有中级以上职称。

6）项目监理机构：指监理单位派驻工程项目负责履行监理委托合同的组织机构。由项目总监理工程师签字。

7）承包单位代表：指负责工程项目的项目经理。设计单位对原设计存在的缺陷提出的工程变更，承包单位无须签认。

3.4.2.2 工程变更单（B3-2）例表简析

1. 实例表式

以 2# 住宅楼⑥轴和㉜轴增加矩形梁工程设计变更单为例。

工程变更单 **表 3.4.2.2**

工程名称：××房地产××小区 2# 住宅楼 编号：

致： 市××监理公司 （监理单位） 由于 两端局部基土软弱，经验算基础需增加刚度 原因，兹提出 2# 住宅楼筏基基础在⑥轴和㉜轴各增加矩形梁 1 根的 工程变更（内容见附件），请予审批。 附件： 提出单位（章）：××设计事务所 代表人：于× 日期：2009 年 4 月 6 日			
一致意见：经研究同意设计方的修改意见，同意⑥轴和㉜轴各增加矩形梁 1 根。			
建设单位代表 签字： 田×× 日期：2009 年 4 月 9 日	设计单位代表 签字： 于× 日期：2009 年 4 月 9 日	项目监理机构 签字： 袁×× 日期：2009 年 4 月 9 日	承包单位代表 签字： 王×× 日期：2009 年 4 月 9 日

2. 例表简析

（1）实例控检原则

1）工程变更单中的设计变更必须是建设单位同意，有设计单位出具设计变更通知；洽商变更必须经建设、监理、施工三方签章。

2）工程变更单必须是先变更后施工。紧急情况下，必须是在标准规定时限内办理完成工程变更手续。责任制签章齐全。

3）工程变更单是提出单位提请报审，项目监理机构审查同意，同时征得建设、设计、承包单位同意的提出单位和相关单位的责任文件。不认真核查办理是失职行为。

(2) 应检查的附件资料：工程设计变更通知单。

3.5　监理资料的整理与归存

3.5.1　监理资料表式类别与数量

3.5.1.1　承包单位与项目监理机构工作联系用表

B1-1　工程开工报审表
B1-2　复工报审表
B1-3　施工组织设计（方案）报审表
B1-4　分包单位资格报审表
B1-5　主要施工机械设备报审表
B1-6　施工测量放线报验单
B1-7　工程报验单
B1-8　工程款支付申请表
B1-9　监理工程师通知回复单
B1-10　工程临时延期报审表
B1-11　费用索赔报审表
B1-12　工程材料/构配件/设备报审表
B1-13　工程竣工预验报验单
B1-14　试验室资格报审表
B1-15　工程计量报审表
B1-16　工程变更费用报审表
B1-17　工程质量事故报告单
B1-18　工程质量事故处理方案报审表
B1-19　施工进度计划（调整计划）报审表
B1-20　施工单位申请表（通用）

3.5.1.2　项目监理机构与建设单位、承包单位工作联系用表及文件资料

B2-1　监理通知
B2-2　工程暂停令
B2-3　工程款支付证书
B2-4　工程质量整改通知
B2-5　工程最终延期审报表
B2-6　砌体/混凝土分项（检验批）工程检验认可通知砌体/混凝土分项工程检验认可通知
B2-7　监理规划
B2-8　监理实施细则
B2-9　监理月报

B2-10 监理会议纪要
B2-11 专题报告（总结）
B2-12 合同争议处理意见、违约报告处理意见
B2-13 合同变更资料
B2-14 工程质量评估报告
B2-15 工程竣工结算审核意见书
B2-16 监理工作总结
B2-17 监理日志
B2-18 旁站监理记录

3.5.1.3 各方通用表

B3-1 监理工作联系单
B3-2 工程变更表

3.5.2 监理单位内部存档入卷资料分类与目录（共9卷）

3.5.2.1 监理规划卷

B2-7 监理规划
B2-8 监理实施细则
B1-3 施工组织设计（方案）报审表

3.5.2.2 进度控制卷

B1-1 工程开工报审表
B1-2 复工报审表
B2-2 工程暂停令
B1-19 施工进度计划（调整计划）报审表

3.5.2.3 质量控制卷

B1-5 主要施工机械设备报审表
B1-6 施工测量放线报验单
B1-7 工程报验单
B1-12 工程材料/构配件/设备报审表
B1-13 工程竣工预验报验单
B1-17 工程质量事故报告单
B1-18 工程质量事故处理方案报审表
B1-20 施工单位申请表（通用）
B2-4 工程质量整改通知
B2-6 砌体/混凝土分项（检验批）工程检验认可通知
B3-2 工程变更表

3.5.2.4　造价控制卷

B1-8　工程款支付申请表
B1-15　工程计量报审表
B1-16　工程变更费用报审表
B2-3　工程款支付证书
B2-15　工程竣工结算审核意见书

3.5.2.5　分包资质卷

B1-4　分包单位资格报审表
B1-14　试验室资格报审表

3.5.2.6　监理通知卷

B2-1　监理通知
B1-9　监理工程师通知回复单

3.5.2.7　合同争议、违约报告及处理意见卷

B1-10　工程临时延期报审表
B1-11　费用索赔报审表
B2-5　工程最终延期审批表
B2-12　合同争议处理意见、违约报告处理意见
B2-13　合同变更资料

3.5.2.8　监理工作总结卷

B2-9　监理月报
B2-11　专题报告（总结）
B2-14　工程质量评估报告
B2-16　监理工作总结
B2-17　监理日志

3.5.2.9　监理会议纪要卷

B2-10　监理会议纪要
B3-1　监理工作联系单

3.5.3　监理单位向城建档案馆移交资料分类与目录

3.5.3.1　承包单位与项目监理机构工作联系用表（B1）

B1-1　工程开工报审表
B1-2　复工报审表
B1-6　施工测量放线报验单

B1-10 工程临时延期报审表
B1-12 工程材料/构配件/设备报审表
B1-16 工程变更费用报审表
B1-17 工程质量事故报告单

3.5.3.2 项目监理机构与建设单位、承包单位工作联系用表及文件资料（B2）

B2-2 工程暂停令
B2-4 工程质量整改通知
B2-5 工程最终延期审批表
B2-7 监理规划
B2-8 监理实施细则
B2-12 合同争议处理意见、违约报告处理意见
B2-13 合同变更资料
B2-14 工程质量评估报告
B2-15 工程竣工结算审核意见书
B2-16 监理工作总结

3.5.3.3 各方通用表（B3）

B3-2 工程变更表

3.6 建设工程安全监理文件

1. 资料要求

（1）施工单位提请资料核查时，提供的附件资料必须齐全、真实。

（2）施工单位应认真填写表列子项的应填内容不应缺漏，施工单位必须盖章，施工项目负责人签字。

（3）项目监理机构的专业监理工程师、总监理工程师按照规定分别本人签字。

（4）施工单位、项目监理机构的责任制签章齐全为符合要求，否则为不符合要求。

2. 实施要点

（1）对工程监理单位的安全控制要求。

1）监理单位工程安全监理的职责是：督促承包单位落实安全生产的组织保证体系，建立健全安全生产责任制；审查施工方案及安全技术措施并督促其实施；督促承包单位严格按照强制性标准组织施工；定期组织施工现场安全生产专项检查，每月向工程受监安监站报告工地安全生产情况。

2）工程监理单位在实施监理过程中，发现存在安全事故隐患的，应当要求施工单位整改；情况严重的，应当要求施工单位暂时停止施工，并及时报告建设单位。施工单位拒不整改或者不停止施工的，工程监理单位应当及时向有关主管部门报告。

3）工程监理单位和监理工程师应当按照法律、法规和工程建设强制性标准实施监理，并对建设工程安全生产承担监理责任。监理工作者在执行安全监理时，必须深刻认识：**“安全责任重于泰山”**。

(2)《建设工程安全生产管理条例》规定：工程监理单位有下列行为之一的，责令限期改正；逾期未改正的，责令停业整顿，并处10万元以上30万元以下的罚款；情节严重的，降低资质等级，直至吊销资质证书；造成重大安全事故，构成犯罪的，对直接责任人员，依照刑法有关规定追究刑事责任；造成损失的，依法承担赔偿责任：

1）未对施工组织设计中的安全技术措施或者专项施工方案进行审查的；

2）发现安全事故隐患未及时要求施工单位整改或者暂时停止施工的；

3）施工单位拒不整改或者不停止施工，未及时向有关主管部门报告的；

4）未依照法律、法规和工程建设强制性标准实施监理的。

(3) 对施工现场安全监理单位的要求：

1）安全监理人员必须安全监理业务教育培训考核合格证持证上岗；

2）监理规划必须要有安全监理方案；

3）监理实施细则必须有安全监理的具体措施；

4）监理单位要有审查施工单位安全措施的记录；

5）要建立对施工单位存在的安全事故隐患整改及复查的处理台账；

6）安全监理资料必须齐全：

① 安全监理日记；

② 安全监理月报表和安全监理工作评述；

③ 规定应记录的安全文件应齐全，不应缺漏。

3.6.1　建设工程开工安全工作报审表

1. 资料表式

建设工程开工安全工作报审表　　**表 3.6.1**

工程名称：　　　　　　　　　　　　　　　编号：

致＿＿＿＿＿＿＿＿＿＿＿＿＿＿＿＿＿＿＿＿＿(监理单位) 我方承担的＿＿＿＿＿＿＿＿＿＿＿＿＿＿工程，开工前安全准备工作已完成，并报请审查如下资料： 一、施工单位资质和安全生产许可证；☐ 二、安全生产保证的组织机构；☐ 三、专职安全生产管理人员任命文件；☐ 四、安全生产责任制、安全生产规章制度；☐ 五、项目负责人、专职安全生产管理人员安全生产考核证书；☐ 六、特种作业人员的操作资格证书；☐ 七、施工组织设计中安全技术措施已审核签认；☐ 八、结合本工程编制的应急救援预案经审核签认；☐ 九、安全防护措施费用使用计划已编制、审核签认。☐ 以上情况请审查并批准开工。 施工单位(章)：＿＿＿＿＿＿＿＿ 项目经理：＿＿＿＿＿＿日期：＿＿＿＿
审查意见： 项目监理机构(章)：＿＿＿＿＿＿＿＿ 总监理工程师：＿＿＿＿＿＿日期：＿＿＿＿

注：本表由施工单位填写，监理单位，施工单位、建设单位各存一份。

2. 实施要点

为保证工程实施安全，在开工前施工单位向项目监理机构提请对安全准备工作完成情况进行报审的表。

(1) 安全工作报审必须在开工前完成，未经报审同意不准开工。

(2) 安全工作报审应以确保安全施工为原则，一般以施工现场为报审单元。但如开工间隔较大时，应对单位工程开工进行安全工作复检。

(3) 安全工作报审必须按表列内容逐项审查完成，符合要求后方可签字批准。

(4) 施工单位、项目监理机构的责任制应齐全、完整，总监理工程师必须填写审查意见。无审查意见只签字盖章为不完整报审表，应予复查后重新签字批准。

3.6.2 主要施工机械设施安全报审表

1. 资料表式

主要施工机械设施安全报审表 **表 3.6.2**

工程名称： 编号：

<table>
<tr><td colspan="6">致：______________________________(监理单位)
下列施工机械、设施已进场，请核查并准予使用。</td></tr>
<tr><td>设备名称</td><td>规格型号</td><td>数量</td><td>进场日期</td><td>技术状况</td><td>备 注</td></tr>
<tr><td></td><td></td><td></td><td></td><td></td><td></td></tr>
<tr><td></td><td></td><td></td><td></td><td></td><td></td></tr>
<tr><td></td><td></td><td></td><td></td><td></td><td></td></tr>
<tr><td></td><td></td><td></td><td></td><td></td><td></td></tr>
<tr><td colspan="6">施工单位(章)：__________
项目经理：__________日期：__________</td></tr>
<tr><td colspan="6">监理工程师审查意见：
经查验
1. 安全许可验收手续齐全的设备：______________________
(准予使用的设备)
2. 安全许可验收手续不齐全的设备：______________________
(完善后再报的设备)
项目监理机构(章)：__________
监理工程师：__________日期：__________</td></tr>
</table>

注：本表由施工单位填写，监理单位，施工单位、建设单位各存一份。

2. 实施要点

(1) 为保证工程实施安全，开工前施工单位向项目监理机构提请对主要施工机械设施进行报审的表。

(2) 主要施工机械设施主要是指锅炉、压力容器、电梯、起重机械、场内机动车辆、大型娱乐设施、客运索道等。

(3) 主要施工机械设施进行报审时，应对设备的：安全管理机构和管理人员到位情况；设备的档案管理和信息化管理情况；操作人员持证上岗情况和安全操作水平情况；设备管理情况和设备缺陷情况、操作规程执行情况、经常性检验计划制订等进行检查。

(4) 应对主要施工机械设施进行现场检查，并填写主要施工机械安全状况年度现场检查表。

(5) 专项审查主要施工机械年审标志。

3.6.3 施工现场起重机械安装/拆卸报审表

1. 资料表式

施工现场起重机械安装/拆卸报审表　　表 3.6.3

工程名称：　　　　编号：

<table>
<tr><td colspan="4">致：________________（监理单位）
我方已完成对________________安装，拆卸方案及安装，拆卸资质、检测报告、人员上岗证等资料的审查，请你单位复核。</td></tr>
<tr><td>租赁单位</td><td></td><td>安装/拆卸单位</td><td></td></tr>
<tr><td>起重机械名称及型号</td><td></td><td>起重机械统一编号</td><td></td></tr>
<tr><td colspan="4">附：1. 专项安装/拆卸方案：　有□　无□
2. 起重机械性能检测报告及合格证：有□　无□
3. 操作人员及拆装人员操作证书：　有□　无□
4. 拆装单位资质：　有□　无□
5. 群塔作业施工方案：　有□　无□
6. 其他资料。
项目机械或安全负责人(签字)：　年　月　日
项目负责人(签字)：　年　月　日</td></tr>
<tr><td colspan="4">自验说明：
年　月　日</td></tr>
<tr><td colspan="4">复核意见：
监理工程师(签字)：　总监理工程师(签字)：
年　月　日　年　月　日</td></tr>
</table>

注：本表由施工单位填写。监理单位，施工单位、建设单位各存一份。

2. 实施要点

(1) 为保证工程实施安全，开工前施工单位向项目监理机构提请对施工现场起重机械安装/拆卸进行报审的表。

(2) 施工现场起重机械安装/拆卸的指挥人员和操作人员均应持证上岗。

(3) 施工现场起重机械安装/拆卸在露天有六级以上大风或大雨、大雪、大雾等恶劣天气应停止作业。

(4) 表列的六项内容，监理人员应进行现场核查，包括现场条件和设备的实际情况。必须按表列内容逐项检查并均应符合要求，否则不得批复实施。施工现场起重机械安装/拆卸必须具备规定的条件方可进行安装/拆卸。

(5) 表列责任制应填写齐全，均应其本人签字。自检说明由报审单位填写，复核意见由总监理工程师填写。

(6) 起重机械是安全事故的多发源，报审单位和项目监理机构均必须认真对待。

3.6.4 施工现场起重机械验收核查表

1. 资料表式

施工现场起重机械验收核查表 **表 3.6.4**

工程名称： 编号：

<table>
<tr><td colspan="4">致：________________________(监理单位)
根据本市建设工程安全监理工作要求，________________工程的等施工起重机械已验收合格，验收手续齐全，现将__________报送给你们，请查收。</td></tr>
<tr><td>租赁单位</td><td></td><td>拆装单位</td><td></td></tr>
<tr><td>起重机械名称及型号</td><td></td><td>起重机械统一编号</td><td></td></tr>
<tr><td colspan="4">附件：1. 起重机械拆装验收表；
2. 起重机械验收许可及备案证书；
6. 其他资料。

项目机械或安全负责人(签字)： 年 月 日

项目负责人(签字)： 年 月 日</td></tr>
<tr><td colspan="4">监理单位意见：

验收手续齐全，同意使用 □
验收手续不齐全，整改后再报 □

监理工程师(签字) 总监理工程师(签字)：
年 月 日 年 月 日</td></tr>
</table>

注：本表由施工单位填写，监理单位，施工单位、建设单位各存一份。

2. 实施要点

(1) 施工现场起重机械验收核查由项目监理机构的总监理工程师主持协同专业监理工程师共同进行。

(2) 施工现场起重机械必须按设备出场使用说明书规定的技术性能、承载能力和使用条件，正确操作合理使用，严禁违反。

(3) 项目监理机构核查时，验收手续齐全，同意使用或验收手续不齐全，整改后再报可在其后面的□内根据检查结果打√选择。

（4）表列责任制应填写齐全，均应其本人签字。监理单位意见由总监理工程师选择。

（5）验收核查注意事项

1）机械必须按照出厂使用说明书规定的技术性能、承载能力和使用条件，正确操作，合理使用，严禁超载作业或任意扩大使用范围。

2）机械上的各种安全防护装置及监测、指示、仪表、报警等自动报警、信号装置应完好齐全，有缺损时应及时修复。安全防护装置不完整或已失效的机械不得使用。

3）机构使用的润滑油（脂），应符合出厂使用说明书所规定的种类和牌号，并应按时、按季、按质更换。

3.6.5　安全防护、文明施工措施费用支付申请表

1. 资料表式

安全防护、文明施工措施费用支付申请表　　　　表 3.6.5

工程名称：　　　　　　　　　　　　编号：

致：____________________（监理单位） 我方已落实了____________________安全防护、文明施工措施。按施工合同规定，建设单位应在____年___月___日前支付该项费用共计（大写）__________（小写）__________，现报上安全防护、文明施工措施项目落实清单，请予以审查并开具费用支付证书。 附件：安全防护、文明施工措施项目落实清单。 施工单位（章）：________　　项目负责人（签字）：________ 年　月　日

注：本表由施工单位填写，监理单位，施工单位、建设单位各存一份。

2. 实施要点

（1）安全防护、文明施工措施费用支付申请表是施工单位发生安全防护、文明施工措施费用需要支付时向监理单位提出的申请表。

（2）施工单位在开工前制定安全防护措施必须具有安全防护、文明施工措施项目落实清单，并按有关规定保证安全防护、文明施工措施项目落实清单中计列的费用专款专用。

(3) 施工单位报送的安全防护、文明施工措施项目落实清单必须实事求是，应符合安全防护、文明施工措施规定的要求。

(4) 建设单位应当按照《建筑工程安全防护、文明施工措施费用及使用管理规定》及合同约定及时向施工单位支付安全防护、文明施工措施费，并督促施工企业落实安全防护、文明施工措施。

3.6.6 安全防护、文明施工措施费用支付证书

1. 资料表式

安全防护、文明施工措施费用支付证书 **表 3.6.6**

工程名称： 编号：

致：____________________(监理单位) 根据施工合同规定，经审核施工单位的支付申请表，同意本期支付安全防护、文明施工措施费用，共计人民币： (大写)____________元。 (小写)____________元。 请按合同约定(或有关规定)付款。 附件： 1. 施工单位付款申请及附件 2. 项目监理机构审查记录 监理单位(章)：____________ 总监理工程师(签字)：____________日期：____________

注：本表由监理单位填写，施工单位，建设单位单位、监理单位各存一份。

2. 实施要点

(1) 本表是施工单位提请报审的安全防护、文明施工措施费用支付证书，费用经项目监理机构根据审查结果，由总监理工程师签发，报请建设单位支付该款的证书文件。

(2) 防护及文明施工费用应是措施项目清单中列计的内容。对增加项目应实事求是并符合安全防护、文明施工措施规定。支付证书的附件资料应齐全、正确、真实。施工方应保证措施费用专款专用。

(3) 支付证书的由项目监理机构加盖公章，总监理工程师签字。

3.6.7　危险性较大分部分项工程确认报审表

1. 资料表式

危险性较大分部分项工程确认报审表　　**表 3.6.7**

工程名称：　　　　　　　　　　　　　　　　　　编号：

<table>
<tr><td>致：________________________________（监理单位）
我单位已对______________(工程)中危险性较大的分部分项工程确认，请予以审查。

附：1. 危险源识别、评价记录；重大危险源台账；
2. 危险性较大分部分项工程清单

施工单位(章)：______________
工程项目负责人(签字)：__________日期：__________</td></tr>
<tr><td>监理单位意见：

监理单位(章)__________
总监理工程师(签字)：__________日期：__________</td></tr>
</table>

注：本表由施工单位填写，监理单位，施工单位、建设单位各存一份。

2. 实施要点

(1) 本表是施工单位根据现场实际编制的施工组织设计中确认的危险性较大分部、分项工程向项目监理机构报审并请确认的文件。

(2) 危险性较大分部分项工程确认报审附件资料应齐全、真实。对危险性较大分部分项工程的识别与评价、原始分析资料，确认后应记录台账。

(3) 危险性较大分部分项工程确认报审表由项目监理机构加盖公章，总监理工程师签字。

3.6.8 建设工程专项施工方案报审表

1. 资料表式

建设工程专项施工方案报审表 **表 3.6.8**

工程名称： 编号：

致：______________________________（监理单位） 我单位已完成____________（分部分项工程）的专项施工方案编制（应进行专家论证的进行了专家论证），请予以审查。 附件： 1. 专项施工方案 2. 专家论证审查报告 施工单位（章）：____________ 项目负责人（签字）：__________日期：________
监理工程师审查意见： 监理工程师（签字）：__________日期：________
总监理工程师审查意见： 监理单位（章）：____________ 总监理工程师（签字）：__________日期：________

注：本表由施工单位填写，监理单位，施工单位、建设单位各存一份。

2. 实施要点

（1）本表系施工单位编制的专项施工方案向项目监理机构提请报审的文件。报审中需专家论证的部分应附专家论证文件。

（2）建设工程专项施工方案报审应是经监理工程师审查同意后转送总监理工程师审查，审查同意后由项目监理机构加盖公章，总监理工程师签字。

（3）建设工程专项施工方案报审必须在开工前完成。

（4）本表报审时施工单位加盖公章，项目负责人签字；监理工程师审查同意并签字，总监理工程师审查同意后，项目监理机构加盖公章，总监理工程师签字。

附：危险性较大分部分项工程施工方案专家论证表

危险性较大分部分项工程施工方案专家论证表

工程名称				编号		
施工总承包单位				项目负责人		
专业承包单位				项目负责人		
分项工程名称						
专家一览表						
姓名	性别	年龄	工作单位	职务	职称	专业
专家论证意见： 年　月　日						
签字栏	组长： 专家：					

注：施工单位填报危险性较大分部分项工程施工方案专家论证表应一式两份，并应由监理单位、施工单位各保存一份。

3.6.9　建设工程分包单位安全生产条件报审表

1. 资料表式

建设工程分包单位安全生产条件报审表 **表 3.6.9**

工程名称： 编号：

致：____________________（监理单位）

经考察。我方认为____________________（分包单位）具有承担下列工程的施工资质和施工能力，可以保证本工程项目按合同的规定进行施工。分包后，我方仍承担施工总承包单位的全部责任。现报送分包单位有关资料，请予审查确认。

附件：1. 施工总承包单位对分包单位安全生产条件审核意见；
2. 分包单位安全生产许可证；
3. 分包部位安全技术保证措施；
4. 分包部位特种作业人员的岗位操作证书；
5. 施工总承包单位与分包单位的安全协议书。

分包工程名称	工程数量	拟分包工程合同额

施工单位(章)：____________________
项目负责人(签字)：____________ 日期：____________

监理工程师审查意见：

监理工程师(签字)：____________ 日期：____________

总监理工程师审核意见：

监理单位(章)：____________________
总监理工程师(签字)：____________ 日期：____________

注：本表由施工单位填写，监理单位，施工单位、建设单位各存一份。

2. 实施要点

(1) 本表是施工单位确认分包单位后，向项目监理机构报审的建设工程分包单位安全生产条件的报审文件。

(2) 建设工程分包单位安全生产条件报审应是经监理工程师审查同意后转送总监理工程师审查，审查同意后由项目监理机构加盖公章，总监理工程师签字。

(3) 建设工程分包单位安全生产条件报审必须在开工前完成。

(4) 本表报审时施工单位加盖公章，项目负责人签字；监理工程师审查同意并签字，总监理工程师审查同意后，项目监理机构加盖公章，总监理工程师签字。

3.6.10　建设工程安全监理整改通知单

1. 资料表式

建设工程安全监理整改通知单　　表 3.6.10

工程名称：　　　　　　　　　　　　编号：

<table>
<tr><td>致：________________________________(施工单位)

经检查发现你单位施工的__________________工程，因__________________不符合__________
建筑安全有关规定，现通知你方：
1. ____________________
2. ____________________
3. ____________________
4. ____________________
5. ____________________

以上各项必须按照有关规定要求进行整改并在______日内整改完毕，经自检合格后，报送我单位复检。

监理单位(章)　　　　　　　　监理工程师：(签字)
　　年　月　日　　　　　　　　　　年　月　日</td></tr>
<tr><td>

签收日期：　年　月　日　　　　　施工单位签收人：(签字)</td></tr>
</table>

注：本表由监理单位填写，建设单位，施工单位、监理单位各存一份。

2. 实施要点

(1) 本表是项目监理机构在安全检查中，发现施工单位在某工程或环节中存在安全隐患后向施工单位发出的建设工程安全监理整改通知单。

(2) 建设工程安全监理整改通知单，项目监理机构必须加盖公章，监理工程师签字。

(3) 施工单位收到建设工程安全监理整改通知单后，应由签收人签字，签收人必须是项目经理部确认的成员。

3.6.11 监理工程师安全整改通知回复单

1. 资料表式

监理工程师安全整改通知回复单 **表 3.6.11**

工程名称： 编号：

<table>
<tr><td>致：________________________________(监理单位)

我方接到编号为______________的工程安全监理整改通知单后，已按要求完成了工作，请予以复查。

详细内容：

施工单位(章)：________________
项目经理(签字)：__________ 日期：________</td></tr>
<tr><td>复查意见：

监理单位(章)：________________
总/监理工程师(签字)：__________ 日期：________</td></tr>
</table>

注：本表由施工单位填写，监理单位，施工单位、建设单位各存一份。

2. 实施要点

(1) 本表为施工单位接到项目监理机构的整改通知后，按照通知要求进行了整改并以符合要求后，施工单位向项目监理机构发出的监理工程师安全整改通知回复单。

(2) 施工单位在回复单中应将整改的详细内容予以叙述，文字应简练且应说明事宜详情。

(3) 监理工程师安全整改通知回复单施工单位应加盖公章，项目经理签字；项目监理机构审查同意后，由项目监理机构加盖公章，总/监理工程师签字。

3.6.12　建设工程安全监理暂时停工报告书

1. 资料表式

建设工程安全监理暂时停工报告书　　**表 3.6.12**

工程名称：　　　　　　　　　　　　　　　　　　　　　　编号：

<table>
<tr><td>
致：________________________________(建设单位)
经我单位_____年____月____日检查，由____________________施工的____________项目存在如下严重安全隐患：
1. ____________________
2. ____________________
3. ____________________
4. ____________________

不符合建筑安全有关规定。
如不立即停工整改，可能发生重大伤亡事故或者造成其他严重后果，我单位拟向下发《工程安全监理暂停令》，待该企业消除事故隐患，检查合格后再予复工。
特此报告。
附：工程安全监理暂停令

监理单位(章)　　　　　　　　　　　　项目总监：(签字)

年　　月　　日
</td></tr>
<tr><td>
建设单位意见：

建设单位签字：
年　　月　　日
</td></tr>
</table>

注：本表由监理单位填写，监理单位。施工单位、建设单位各存一份。

2. 实施要点

(1) 本表是项目监理机构检查发现安全隐患必须停工整改时，项目监理机构向建设单位提请的建设工程安全监理暂时停工报告书。

(2) “报告书”应详细记录需要停工整改的项目内容，并应说明其严重性。报告时应附工程安全监理暂停令。

(3) “报告书”项目监理机构加盖公章，项目总监理工程师签字；建设单位审查同意后，由建设单位代表签字。

3.6.13 建设工程安全监理暂停令

1. 资料表式

建设工程安全监理暂停令 表 3.6.13

工程名称： 编号：

致：________________________________(施工单位)

你单位施工的________________，由于________________________原因，已违反建筑安全有关规定，报经业主方同意后，现通知你方必须于____年___月___日___时起，对本工程的部位(工序)实施暂停施工，并按下述要求做好各项整改工作：

整改过程中请注意保证安全，整改完毕后报送监理单位复查。

建设单位(签字)： 项目总监(签字)：

监理单位(章)：

年 月 日

施工单位签收人：(签字) 签收日期： 年 月 日

注：本表由监理单位填写，监理单位，施工单位、建设单位各存一份。

2. 实施要点

(1) 本表是项目监理机构对安全隐患需要暂停施工并已报请建设单位同意，向施工单位发出的建设工程安全监理暂停令。暂停令应写明暂停施工的起始年、月、日。

(2) “暂停令”建设单位代表应签字；项目总监理工程师签字，项目监理机构加盖公章；施工单位的签收人签字并应填写签收日期。

(3) 项目监理机构凡下达暂停令必须有复查，必须有监理工程师安全整改通知回复单。

3.6.14 建设工程安全生产隐患监理报告书

1. 资料表式

建设工程安全生产隐患监理报告书 表 3.6.14

工程名称： 编号：

<table>
<tr><td>
致：________________________(建筑行业主管部门或安全监理机构)
由________________________(监理单位)负责监理的______________工程，其施工单位为______________(施工单位)。经检查，该施工项目存在以下安全隐患：
1. ________________________
2. ________________________
3. ________________________
4. ________________________
5. ________________________
报经建设单位同意，我单位项目监理机构已于__________年__________月__________日下达______________(　　号)，但该企业不服从我单位的安全监理，拒不停工/整改，请予监督检查。
特此报告。
附：安全监理整改通知单或工程安全监理暂停令

建设单位：(公章) 建设单位：(签字)
监理单位：(公章) 总监理工程师：(签字)

年 月 日
</td></tr>
<tr><td>
主管部门签收人：(签字) 签收日期： 年 月 日
</td></tr>
</table>

注：本表由监理单位填写，监理单位，施工单位、建设单位各存一份。

2. 实施要点

(1) 本表是建设单位和项目监理机构在工程实施中，发现安全隐患需要向当地建设行政主管部门或当地安全管理机构发出安全生产隐患报告时的安全生产隐患监理报告书。

(2)“报告书”应详细计列安全生产隐患内容，并附安全监理整改通知单或工程安全监理暂停令。

(3)“报告书”建设单位应加盖公章，建设单位代表应签字；项目总监理工程师签字，项目监理机构加盖公章；主管部门收到报告书后，主管部门签收人应签字并应填写签收日期。

3.6.15 建设工程开工前施工现场移交单

1. 资料表式

建设工程开工前施工现场移交单 **表 3.6.15**

工程名称： 编号：

致：______________________________(施工单位) 现将由你单位负责施工的________________施工区域内的现场有关资料移交你方，望按照现场实际情况制定保护措施，保障生产正常进行。 附件： 1. 施工现场及毗邻区域内地上、地下、管线资料； 2. 相邻建筑物、构筑物、地下工程有关资料； 3. 其他资料。 建设单位(公章) 建设单位(签字) 施工单位(公章) 施工单位(签字) 年 月 日 年 月 日

注：本表由建设单位填写，监理单位，施工单位、建设各存一份。

2. 实施要点

(1) 本表是建设工程开工前，建设单位向施工单位移交的建设工程开工前施工现场移交单。施工单位应全面、详细地对施工现场及其应提供的附件资料进行检查。

(2) 提供的附件资料：施工现场及毗邻区域内地上、地下、管线资料；相邻建筑物、构筑物、地下工程有关资料；其他资料等应齐全、真实。

(3) 建设单位应加盖公章，建设单位代表签字；施工单位加盖公章，施工单位代表签字。

3.6.16　安全监理工作月报表

1. 资料表式

安全监理工作月报表（______年______月第______期）　　　　**表 3.6.16**

工程名称：	施工单位：
建设单位：	分包单位：

施工现场安全情况评述	
安全监理工作（本月小结下月打算）	
监理单位：	总监理工程师：

本表一式三份、建设、监理单位各一份，安监部门一份。　　　　报告日期：

2. 实施要点

（1）安全监理工作月报表是项目监理机构向建设单位和当地建设行政主管部门委托的安全监督部门按月报送的工作汇报。

（2）安全监理工作月报的编制与报送。

1）安全监理工作月报由总监理工程师组织编制；

2）总监理工程师签认后报建设单位和当地建设行政主管部门委托的安全监督部门；

3）安全监理工作月报报送时间由监理单位和建设单位协商确定；

4）安全监理工作月报的封面由项目总监理工程师签字，并加章项目监理机构公章。

（3）安全监理工作月报必须按月报送。项目监理机构的总监理工程师签字。

（4）按月报送、总监理工程师签字为符合要求，否则为不符合要求。

（5）几点说明

1）监理单位报送的安全监理工作月报必须按月报送，填写表列子项内容真实。总监理工程师签字。

2）安全监理工作月报应包括的内容：

① 施工现场的主要结构、关键部位的安全生产状况，有无安全生产薄弱环节，是否存在安全生产隐患。

② 施工现场的安全技术防范措施的执行情况。

③ 应用新材料、新工艺、新技术、新结构时有无安全技术方案和措施。

4 施工文件

施工文件组成包括：工程质量验收文件；工程质量记录文件；工程安全、管理文件与竣工图。

“工程质量验收文件”的实施参阅《建筑工程技术文件编制系列丛书 工程质量验收文件一本通》；

“工程质量记录文件”的实施参阅《建筑工程技术文件编制系列丛书 工程技术文件一本通》；

“工程安全与管理技术文件、竣工图”的实施参阅《建筑工程技术文件编制系列丛书 安全与管理文件及竣工图文件一本通》。

工程质量记录资料

4.1 工程质量记录资料组成与要求

4.1.1 工程质量记录资料组成

工程质量记录资料通常包括：工程质量控制资料核查和工程安全与功能检验资料核查及主要功能抽查记录。这两个部分资料是施工过程中形成的各个环节质量状况的基本数据和原始记录，统称为工程质量记录资料。这些资料是建筑工程在建造过程中随着工程进度，根据工程需要，按照设计、规范要求进行的测试和检验，这些资料在形成过程中，经过施工、检测部门、监理、建设等环节的检审，有的通过见证取样、送样形成的，可以说这样形成的资料是比较真实的。这些资料是说明工程质量的一个重要组成部分，是工程技术资料的核心。

工程质量记录资料组成按工程质量控制资料和工程安全与功能检验资料分别编整：

(1) 单位（子单位）工程质量控制资料（C2）

(2) 单位（子单位）工程安全和功能检验资料核查及主要功能抽查记录（C3）

4.1.2 工程质量记录资料表列子项中的通用名词简释

(1) 工程名称：指建设单位与施工单位合同书中的工程名称或施工图设计图注的单位工程名称，按全称填写。

(2) 建设单位

1) 建设单位名称：按与施工、设计、监理等单位合同书中的建设单位名称，按全称填写或加盖公章。

2）建设单位代表：指建设单位派遣参加工程建设某项事宜、工程检查或验收等代表建设单位行使授权范围内事宜的代表人。本人签字有效。

3）建设单位项目负责人：指建设单位派驻施工现场代表建设单位（甲方）行使建设项目实施中的工程负责人。本人签字有效。

（3）监理单位

1）监理单位名称：指建设与监理单位合同书中的监理单位名称，按全称填写或加盖公章。

2）监理单位代表：指监理单位派遣参加工程建设某项事宜、工程检查或验收等代表监理单位行使授权范围内事宜的代表人。签字有效。

3）总监理工程师：由监理单位法定代表人书面授权，全面负责委托监理合同的履行、主持项目监理机构工作的监理工程师。签字有效。

4）专业监理工程师：根据项目监理岗位职责分工和总监理工程师的指令，负责实施某一专业或某一方面的监理工作，具有相应监理文件签发权的监理工程师。签字有效。

5）监理员：指监理单位直接参加某项工程协助监理工程师工作的人员。本人签字有效。

（4）施工单位

1）施工单位名称：指建设与施工单位合同书中的施工单位名称，按全称填写或加盖公章。

2）项目经理：指企业法人指派在承包的建设工程施工项目上的委托代理人。本人签字有效。

3）施工单位代表：指施工单位派遣参加工程建设某项事宜、工程检查或验收等代表施工单位行使授权范围内事宜的代表人。本人签字有效。

4）工长（或专业工长）：通常指施工单位的单位工程专业技术负责人。本人签字有效。

5）质检员（或专职质检员）：指负责该单位工程的某一专业的专职质检员。本人签字有效。

6）施工班组长：指施工单位直接参加某项工程施工操作班组长。本人签字有效。

7）试验员：指施工单位直接参加某项工程试验的试验人员。本人签字有效。

（5）勘察、设计单位

1）勘察、设计单位名称：按建设与勘察、设计单位合同书中的勘察、设计单位名称，按全称填写或加盖公章。

2）勘察、设计单位代表：指勘察、设计单位派遣参加工程建设某项事宜、工程检查或验收等代表勘察、设计单位行使授权范围内事宜的代表人。本人签字有效。

3）勘察、设计单位项目负责人：指勘察、设计单位派往施工现场代表勘察、设计单位行使授权建设项目工程的负责人。本人签字有效。

（6）试验单位

1）试验单位：指承接某项试验的具有相应资质的试验单位。通常需加盖单位公章。

2）技术负责人：指承接某项试验具有相应资质的试验单位的技术负责人。本人签字有效。

3）试样名称：指提请试验的试样名称，填写实际试样名称。

4）检验类别：检验类别分别为委托、仲裁、抽样、监督、对比，按实际检验类别填写。

5）代表数量：指“试件”所能代表的用于某工程或部位的代表数量。

6）报告日期：指实际发出报告的时间，填写实际发出报告的年、月、日。

7）审核：指承接某项试验的具有相应资质的试验单位的专业技术负责人。本人签字有效。

8）试验：指试验单位的参与试验的人员。本人签字有效。

9）依据标准：指提请某项试验时依据国家规定执行的标准，填写依据标准的名称及编号。

10）检验结果：指提请某项试验时，依据其国家规定的标准及其试验方法进行的检验所得到的结果，试验结果有数据时填写试验数据，无数据时应填写是否符合设计和规范要求。

11）检验结论：指某项试验结果经技术负责人根据规范或标准判定其试验结果的结论。应全面、准确，核心是是否符合标准规定，可用性如何及使用中应注意的问题，应明确说明符合还是不符合某种标准规定和要求。

12）复试（或试验）报告日期：指抽样复试（或试验）材料的复试（或试验）报告的发出时间。

（7）其他

1）审核：指施工、监理单位具有相应职称的负责人，对某项资料审查后需本人签字时，在审核栏内由本人签字有效。

2）生产厂家：指该进厂批材料的生产厂家，照原合格证上的生产厂家名称填写。

3）合格证编号：指进厂批材料出厂合格证上的编号，照原合格证上的合格证编号名称填写。

4.1.3 对施工文件的总体要求

（1）施工文件（资料）的编制范围以单位工程施工图设计为单位，即每一个单位工程的施工文件都必须单独编报、备审、归档。

（2）资料的收集、整理必须及时，资料来源必须真实、可信，资料填报必须子项齐全，应填子项不应缺漏。

（3）施工文件（资料）的收集、编制应与工程进度同步进行，施工文件（资料）的核查验收应与工程验收同步进行。

（4）施工文件（资料）应是在按要求内容进行自检的基础上，根据法定程序经有权单位核审签章后的方为有效资料。

（5）材料、半成品、构配件等以及工程实体的检验。材料必须先试后用，工程实体必须先检后交或先检后用，违背此规定需对已用材料、已交（用）的工程实行重新检测，确定是否满足设计要求，否则应为施工文件（资料）不符合要求。

（6）国家标准或地方法规规定，实行见证取样的材料、构配件、工程实体检验等均必须实行见证取样、送样并签字及盖章。试验室应在见证取样人名单上加盖公章和经手人签字。

(7) 专业标准或规范对某项试验提出的试验要求，其试验方法必须按专业标准或规范提出的试验方法进行，否则该项检（试）验应为无效试（检）验。

(8) 资料表式中规定的责任制度，必须按规定要求该加盖公章的应加盖公章，该本人签字的本人签字。签字一律不准代签，否则可视为虚假资料或无效资料。

(9) 对工程资料进行涂改、伪造、随意抽撤或损毁、丢失的，应按有关法规予以处罚，情节严重的，依法追究法律责任。

4.1.4　对工程质量记录资料核查通用要求

(1) 工程用材料应有出厂合格证书、试验报告，出厂合格证书、试验报告应按不同材料的品种、规格、数量按其进场时间分别进行汇总整理不应缺漏，因出厂合格证规格、尺寸不一致，为了资料的完整应在合格证粘贴表上进行粘贴。审核、整理人分别签字。

(2) 所有原材料均应有材料（设备）进场验收记录。凡进场材料没有材料（设备）进场验收记录，而所进材料又未进行复试，该材料为不符合要求。

(3) 工程用材料出厂合格证、试验报告施工单位应保证一份为原件，当采用抄件或影印件时应加盖抄件（注明原件存放单位及钢材批量）或影印件单位章，经手人签字。

(4) 工程用材料试件的试验报告，试样来源及名称应填写清楚。试验单子项填写齐全，不应漏填或错填，复试单试验编号必须填写，以防弄虚作假。必须填写报告日期，以检查是否为先试验后施工，先用后试应视为不符合要求。

(5) 合格等级的单位工程，技术文件评定必须符合要求或基本符合要求。技术文件评为不符合要求的单位工程，其质量等级判为不合格工程，单位工程应进行检查和处理。

(6) 属于施工试验类的测试，“建筑与结构、给排水与采暖、建筑电气、通风与空调、电梯、智能建筑”等所有提请试验的试件其代表批量、试件数量、测试内容、测试方法、测试结果均应符合设计和相应规范的规定。试验报告单的试验结论要明确，试验单位应明确判定试验结果是否符合设计和规范要求。

(7) 试件试验的代表批量和使用数量的代表批量应相一致。

(8) 施工文件（资料）不符合要求，不得进行竣工验收。

(9) 内文中未提出资料要求的均应按“对施工文件的总体要求、对工程质量记录资料核查要求”的要求办理。

(10) 对各项施工文件（资料）评定的定性要求

1) 施工文件（资料）达到真实、准确、齐全，符合有关标准与规定，填报规范化，为符合要求。

2) 施工文件（资料）达到真实、准确、齐全程度基本符合有关标准与规定，填报规范化，不足部分的资料不影响结构安全和使用功能，为基本符合要求，经复查后确定是否通过。

3) 施工文件（资料）不齐或出现一项不符合有关标准与规定，内容失真，评为不符合要求。

4) 工程用材料类试件无合格证或未试验均为不符合要求；有合格证无复试报告为不符合要求。使用材料与规范及设计要求不符为不符合要求；材料试验内容、试验方法不符合规范要求的该材料的试验报告为不符合要求；应试验的项目未进行试验，或试验不符合质量标准又无处理结论者，本项应为不符合要求。

5）提请试验的试件试验不符合要求，经处理（降级使用、有鉴定结论等）能满足设计和使用要求者，如其结论准确、处理时间在使用之前，可视为符合要求项目。

6）凡用于工程的材料，第一次复试不符合标准要求的，应为双倍试件数量。如试验仍不符合要求，该批材料为不合格。

4.1.5 工程概况表

工程概况表　　表 4.1.5

工程名称			编号	
一般情况	建设单位			
	建设用途		设计单位	
	建设地点		勘察单位	
	建筑面积		监理单位	
	工　期		施工单位	
	计划开工日期		计算竣工日期	
	结构类型		基础类型	
	层　次		建筑檐高	
	地上面积		地下面积	
	人防等级		抗震等级	
构造特征	地基与基础			
	柱、内外墙			
	梁、板、楼盖			
	外墙装饰			
	内墙装饰			
	楼地面装饰			
	屋面构造			
	防火设备			
机电系统名称				
其　他				

施工单位填写的工程概况表应一式四份，并应由建设单位、监理单位、施工单位、城建档案馆各保存一份。

4.2 单位（子单位）工程质量控制资料核查记录（C2）

根据《建筑工程施工质量验收统一标准》（GB 50300—2001）附录G表G.0.1-2单位（子单位）工程质量控制资料核查记录目次对照相关专业规范经分解细化后编制的单位（子单位）工程质量控制资料核查记录序目表见表4.2。

单位（子单位）工程质量控制资料核查记录序目表　　表 4.2

序号	资　料　名　称	应用表式编号	说明
1	**建筑与结构**		
1.1	**图纸会审、设计变更、洽商记录**	C2-1	
1.1.1	图纸会审	C2-1-1	
1.1.2	设计变更	C2-1-2	
1.1.3	工程洽商记录	C2-1-3	
1.2	**工程定位测量、放线记录**	C2-2	
1.2.1	工程定位测量及复测记录	C2-2-1	
1.2.2	基槽及各层放线、测量与复测记录	C2-2-2	
1.2.3	建筑物沉降观测记录	C2-2-3	
1.3	**原材料出厂合格证书及进场检(试)验报告**	C2-3	
1.3.1	合格证、试验报告汇总表(通用)	C2-3-1	

续表

序号	资 料 名 称	应用表式编号	说明
1.3.2	______合格证粘贴表(通用)	C2-3-2	
1.3.2.1	有环境要求的材料合格证	C2-3-2-1	
1.3.3	______材料检验报告(通用)	C2-3-3	
1.3.4	钢(材)筋合格证、试验报告汇总表	C2-3-4	
1.3.5	钢(材)筋出厂合格证	C2-3-5	
1.3.6	钢筋机械性能试验报告	C2-3-6	
1.3.7	钢材试验报告	C2-3-7	
1.3.8	预应力钢筋合格证	C2-3-8	
1.3.9	预应力钢筋(钢绞线)试验报告	C2-3-9	
1.3.10	预应力筋用锚具、夹具和连接器合格证、出厂检验报告	C2-3-10	
1.3.11	预应力筋用锚具、夹具和连接器静载荷性能复试报告	C2-3-11	
1.3.12	金属螺旋管合格证	C2-3-12	
1.3.13	金属螺旋管复试报告	C2-3-13	
1.3.14	焊接试(检)验报告、焊条(剂)合格证汇总表	C2-3-14	
1.3.15	焊条(剂)合格证	C2-3-15	
1.3.16	水泥、外加剂、掺合料出厂合格证、试验报告汇总表	C2-3-16	
1.3.17	水泥出厂合格证	C2-3-17	
1.3.18	水泥试验报告	C2-3-18	
1.3.19	预应力孔道灌浆用水泥合格证	C2-3-19	
1.3.20	预应力孔道灌浆用水泥试验报告	C2-3-20	
1.3.21	混凝土外加剂合格证、出厂检验报告	C2-3-21	
1.3.22	混凝土外加剂试验报告	C2-3-22	
1.3.23	预应力孔道灌浆用外加剂合格证	C2-3-23	
1.3.24	预应力孔道灌浆用外加剂试验报告	C2-3-24	
1.3.25	砌筑砂浆用外加剂合格证	C2-3-25	
1.3.26	砌筑砂浆用外加剂试验报告	C2-3-26	
1.3.27	掺合料(粉煤灰等)合格证	C2-3-27	
1.3.28	掺合料(粉煤灰等)试验报告	C2-3-28	
1.3.29	混凝土拌合用水水质试验报告(有要求时)	C2-3-29	
1.3.30	砖(砌块)类材料出厂合格证、试验报告汇总表	C2-3-30	
1.3.31	砖(砌块)类材料出厂合格证	C2-3-31	
1.3.32	砖(砌块)试验报告	C2-3-32	
1.3.33	陶质釉面砖与陶瓷墙地砖等出厂合格证、出厂检验报告	C2-3-33	
1.3.34	陶质釉面砖与陶瓷墙地砖等试验报告	C2-3-34	
1.3.35	粗细骨料、轻骨料合格证、试验报告汇总表	C2-3-35	
1.3.36	粗细骨料合格证、轻骨料合格证粘贴表	C2-3-36	
1.3.37	砂子试验报告	C2-3-37	
1.3.38	石子试验报告	C2-3-38	
1.3.39	轻骨料试验报告	C2-3-39	
1.3.40	防水材料(卷材、涂料)合格证、试验报告汇总表	C2-3-40	
1.3.41	防水材料(卷材、涂料)合格证粘贴表	C2-3-41	
1.3.42	防水卷材试验报告	C2-3-42	
1.3.43	防水涂料试验报告	C2-3-43	
1.3.44	新型防水材料复试报告	C2-3-44	
1.3.45	保温材料合格证、出厂检验、试验报告汇总表与合格证粘贴表	C2-3-45	
1.3.46	保温材料试验报告	C2-3-46	
1.3.47	其他建筑材料出厂合格证(出厂检验报告)和试验报告	C2-3-47	
1.3.47.1	其他建筑材料出厂合格证(出厂检验报告)和试验报告汇总表与合格证粘贴表	C2-3-47-1	
1.3.47.2	饰面板(砖)产品合格证、出厂检验报告	C2-3-47-2	

续表

序号	资 料 名 称	应用表式编号	说明
1.3.47.3	饰面板(砖)试验报告	C2-3-47-3	
1.3.47.4	吊顶(隔墙)龙骨产品合格证	C2-3-47-4	
1.3.47.5	隔墙墙板以及吊顶、隔墙面板产品合格证	C2-3-47-5	
1.3.47.6	人造木板合格证	C2-3-47-6	
1.3.47.7	人造木板甲醛含量检测报告	C2-3-47-7	
1.3.47.8	玻璃产品合格证、出厂性能检测报告	C2-3-47-8	
1.3.47.9	室内外用大理石、花岗石、水磨石等合格证、出厂检测报告	C2-3-47-9	
1.3.47.10	天然大理石、天然花岗石性能检测报告	C2-3-47-10	
1.3.47.11	涂料产品合格证、出厂性能检验报告	C2-3-47-11	
1.3.47.12	裱糊用壁纸、墙布产品合格证、出厂性能检验报告	C2-3-47-12	
1.3.47.13	软包面料、内衬产品合格证、出厂性能检验报告	C2-3-47-13	
1.3.47.14	地面材料产品合格证、出厂性能检验报告	C2-3-47-14	
1.3.48	幕墙材料出厂合格证和试验报告	C2-3-48	
1.3.48.1	幕墙材料出厂质量证书汇总表	C2-3-48-1	
1.3.48.2	幕墙材料出厂质量证书粘贴表	C2-3-48-2	
1.3.48.3	幕墙材料试验报告(通用)	C2-3-48-3	
1.3.48.3A	幕墙金属材料试验报告	C2-3-48-3A	
1.3.48.3B	幕墙密封材料试验报告	C2-3-48-3B	
1.3.48.3B1	硅酮结构胶相容性试验报告	C2-3-48-3B1	
1.3.48.3B2	结构胶随批单元件切割粘结性试验	C2-3-48-3B2	
1.3.48.3C	幕墙五金配件、转接件与连接件材料试验报告	C2-3-48-3C	
1.3.48.3D	幕墙玻璃面板材料试验报告	C2-3-48-3D	
1.3.48.3E	幕墙石材材料放射性试验报告	C2-3-48-3E	
1.3.48.3F	幕墙石材面板弯曲强度试验报告	C2-3-48-3F	
1.3.48.3G	金属板幕墙面板材料试验报告	C2-3-48-3G	
1.3.48.3H	幕墙人造板材材料试验报告	C2-3-48-3H	
1.3.48.3I	石材幕墙挂装组合单元挂装强度试验报告	C2-3-48-3N	
1.3.48-3J	石材幕墙挂装系统结构强度试验报告	C2-3-48-3J	
1.3.48-3K	石材幕墙防冻系数测试报告	C2-3-48-3K	
1.3.48-3L	人造板材幕墙挂件与人造板材强度试验报告	C2-3-48-3L	
1.3.48-3M	人造板材幕墙挂件与人造板材组合单元结构强度试验报告	C2-3-48-3M	
1.3.48.3N	幕墙后置埋件现场拉拔试验报告	C2-3-48-3N	
1.4	施工试验报告及见证检测报告	C2-4	
1.4.1	______检验报告	C2-4-1	
1.4.2	钢(材)筋焊接连接试验报告	C2-4-2	
1.4.2.1	钢筋焊接接头拉伸、弯曲试验报告	C2-4-2-1	
1.4.2.2	钢筋电阻点焊制品力学性能报告	C2-4-2-2	
1.4.3	钢筋机械连接试验报告	C2-4-3	
1.4.3.1	钢筋锥螺纹接头拉伸试验报告	C2-4-3-1	
1.4.3.2A	钢筋锥螺纹加工检验记录	C2-4-3-2A	
1.4.3.2B	钢筋锥螺纹接头质量检查记录	C2-4-3-2B	
1.4.4	钢结构钢材连接试验报告	C2-4-4	
1.4.4.1	钢结构焊接试验报告	C2-4-4-1	
1.4.4.2	建筑钢结构焊接工艺评定报告	C2-4-4-2	
1.4.5	钢结构连接副抗滑移系数复(检)验	C2-4-5	
1.4.5.1	扭剪型高强度螺栓连接副预拉力复验	C2-4-5-1	
1.4.5.2	高强度大六角头螺栓连接副扭矩系数复验	C2-4-5-2	
1.4.5.3	高强度螺栓连接副施工扭矩检验	C2-4-5-3	
1.4.5.4	高强度螺栓连接摩擦面的抗滑移系数检验	C2-4-5-4	

续表

序号	资料名称	应用表式编号	说明
1.4.6	钢(材)筋探伤检验报告	C2-4-6	
1.4.6.1	钢筋焊接接头疲劳试验报告	C2-4-6-1	
1.4.6.2	钢材焊接接头冲击试验报告	C2-4-6-2	
1.4.6.3	钢材焊接接头硬度试验报告	C2-4-6-3	
1.4.6.4	焊缝射线探伤报告	C2-4-6-4	
1.4.6.5	焊缝超声波探伤报告	C2-4-6-5	
1.4.6.6	焊缝磁粉探伤报告	C2-4-6-6	
1.4.6.7	金相试验报告	C2-4-6-7	
1.4.7	预应力钢丝镦头强度试验报告	C2-4-7	
1.4.8	幕墙性能测试通用表式	C2-4-8	
1.4.9	幕墙性能试验与特定项目试验	C2-4-9	
1.4.9.1	幕墙通用性能试验	C2-4-9-1	
1.4.9.1A	抗风压性能试验(型式检验、交收检验为必试项目)	C2-4-9-1A	
1.4.9.1B	水密性能试验(型式检验、交收检验为必试项目)	C2-4-9-1B	
1.4.9.1C	气密性能试验(型式检验、交收检验为必试项目)	C2-4-9-1C	
1.4.9.1D	热工性能试验(型式检验为必试、交收检验为设计或用户有要求时试验)	C2-4-9-1D	
1.4.9.1E	空气声隔声性能试验(型式检验为必试、交收检验为设计或用户有要求时试验)	C2-4-9-1E	
1.4.9.1F	平面内变形性能和抗震要求试验(型式检验为必试、交收检验为有抗震要求时试验)	C2-4-9-1F	
1.4.9.1G	耐撞击性能试验(型式检验为必试、交收检验为非必检项目)	C2-4-9-1G	
1.4.9.1H	光学性能试验(交收检验为非必检项目)	C2-4-9-1H	
1.4.9.1I	承重力性能试验(交收检验为非必检项目)	C2-4-9-1I	
1.4.9.1J	防雷功能试验(中间检验、交收检验为非必检项目)	C2-4-9-1J	
1.4.9.2	不同构造形式的幕墙工程特定检验项目与要求	C2-4-9-2	
1.4.9.2A	不同构造形式幕墙的组件组装质量检验	C2-4-9-2A	
1.4.9.2A1	构件式玻璃幕墙组件组装质量要求	C2-4-9-2A1	
1.4.9.2A2	石材幕墙组件组装质量要求	C2-4-9-2A2	
1.4.9.2A3	金属板幕墙组件组装质量要求	C2-4-9-2A3	
1.4.9.2A4	人造板幕墙组件组装质量要求	C2-4-9-2A4	
1.4.9.2A5	单元式幕墙组件组装质量要求	C2-4-9-2A5	
1.4.9.2A6	点支承幕墙组件组装质量要求	C2-4-9-2A6	
1.4.9.2A7	全玻幕墙组件组装质量要求	C2-4-9-2A7	
1.4.9.2A8	双层幕墙组件组装质量要求	C2-4-9-2A8	
1.4.9.2B	不同构造形式幕墙的外观质量检验	C2-4-9-2B	
1.4.9.2B1	构件式玻璃幕墙外观质量要求	C2-4-9-2B1	
1.4.9.2B2	石材幕墙外观质量	C2-4-9-2B2	
1.4.9.2B3	金属板幕墙外观质量	C2-4-9-2B3	
1.4.9.2B4	人造板幕墙外观质量	C2-4-9-2B4	
1.4.9.2B5	单元式幕墙外观质量	C2-4-9-2B5	
1.4.9.2B6	点支承幕墙外观质量	C2-4-9-2B6	
1.4.9.2B7	全玻幕墙外观质量	C2-4-9-2B7	

续表

序号	资料名称	应用表式编号	说明
1.4.9.2B8	双层幕墙外观质量	C2-4-9-2B8	
1.4.10	土样密度试验报告	C2-4-10	
1.4.10A	环刀法试验	C2-4-10A	
1.4.10B	蜡封法试验	C2-4-10B	
1.4.10C	灌水法试验	C2-4-10C	
1.4.10D	灌砂法试验	C2-4-10D	
1.4.10E	贯入测试	C2-4-10E	
1.4.10.1	室内填土土样密度试验报告	C2-4-10-1	
1.4.10.2	基槽(坑)回填土土样密度试验记录	C2-4-10-2	
1.4.10.3	场地填土土样密度试验报告	C2-4-10-3	
1.4.10.4	地基局部处理土样密度试验报告	C2-4-10-4	
1.4.10.5	其他土样密度试验报告	C2-4-10-5	
1.4.11	土壤击实试验报告	C2-4-11	
1.4.12	地表土壤氡浓度检测报告	C2-4-12	
1.4.13	混凝土试块强度试验报告	C2-4-13	
1.4.13.1	混凝土试块强度试验报告汇总表	C2-4-13-1	
1.4.13.2	混凝土强度试配报告单	C2-4-13-2	
1.4.13.3	混凝土外加剂适用性试验报告	C2-4-13-3	
1.4.13.4	混凝土试块试验报告单	C2-4-13-4	
1.4.13.5	混凝土抗渗性能试验报告单	C2-4-13-5	
1.4.13.6	混凝土抗冻性能试验报告单	C2-4-13-6	
1.4.13.7	装配式结构拼缝、接头处理混凝土强度试验报告单	C2-4-13-7	
1.4.13.8	特种混凝土试块试验报告	C2-4-13-8	
1.4.13.9	混凝土试块强度评定	C2-4-13-9	
1.4.13.9A1	混凝土强度统计方法评定汇总表	C2-4-13-9A1	
1.4.13.9A2	统计方法评定	C2-4-13-9A2	
1.4.13.9B	非统计方法评定	C2-4-13-9B	
1.4.13.9C	混凝土试块强度代表值的确定	C2-4-13-9C	
1.4.13.9D	混凝土试块强度评定核查注意事项	C2-4-13-9D	
1.4.14	砂浆抗压强度试验报告	C2-4-14	
1.4.14.1	砂浆抗压强度试验报告汇总表	C2-4-14-1	
1.4.14.2	砂浆试配报告单	C2-4-14-2	
1.4.14.3	砂浆试块试验报告	C2-4-14-3	
1.4.14.4	特种砂浆试块试验报告	C2-4-14-4	
1.4.14.5	外墙饰面砖粘结强度检测报告	C2-4-14-5	
1.4.14.6	预应力灌浆用水泥浆试块试验报告	C2-4-14-6	
1.4.15	混凝土强度检测报告	C2-4-15	
1.4.15.1	回弹法检测混凝土强度报告	C2-4-15-1	
1.4.15.2	钻芯法检测混凝土强度报告	C2-4-15-2	
1.4.15.3	超声回弹综合法检测混凝土强度报告	C2-4-15-3	
1.4.15.4	超声法检测混凝土缺陷报告	C2-4-15-4	
1.4.16	钢结构涂装试验报告	C2-4-16	

续表

序号	资 料 名 称	应用表式编号	说明
1.4.16.1	钢结构防火涂料粘结强度、抗压强度试验报告	C2-4-16-1	
1.4.16.2	防腐涂料干漆膜总厚度测试报告	C2-4-16-2	
1.4.17	保温层厚度测试报告	C2-4-17	
1.4.18	砌体强度检测报告	C2-4-18	
1.5	隐蔽工程验收	C2-5	
1.5.1	隐蔽工程验收记录表(通用)	C2-5-1	
1.5.2	钢筋隐蔽工程验收记录	C2-5-2	
1.5.3	预应力钢筋隐蔽工程验收记录	C2-5-3	
1.5.4	钢结构焊接隐蔽工程验收记录	C2-5-4	
1.5.5	地下防水转角处、变形缝、穿墙管道、后浇带、埋设件、施工缝留槎位置、穿墙管止水环与主管或翼环与套管等细部做法隐蔽工程验收记录	C2-5-5	
1.5.6	盾构法隧道管片拼装接缝隐蔽工程验收记录	C2-5-6	
1.5.7	渗排水、盲沟排水、复合式衬砌缓冲排水层隐蔽工程验收记录	C2-5-7	
1.5.8	注浆工程的注浆孔、注浆控制压力、钻孔埋管等隐蔽工程验收记录	C2-5-8	
1.5.9	地下连续墙的槽段接缝及墙体与内衬结构接缝隐蔽工程验收记录	C2-5-9	
1.5.10	屋面卷材防水、涂膜防水、刚性防水的防水层基层;密封防水处理部位;细部构造的天沟、檐口、檐沟、水落口、泛水、变形缝和伸出屋面管道的防水构造;防水层的搭接宽度和附加层;刚性保护层与卷材、涂膜防水层之间设置的隔离层等的隐蔽工程验收记录	C2-5-10	
1.5.11	抹灰(一般、装饰等)工程隐蔽工程验收记录	C2-5-11	
1.5.12	门窗预埋件和锚固件隐蔽工程验收记录	C2-5-12	
1.5.13	门窗隐蔽部位的防腐、填嵌处理隐蔽工程验收记录	C2-5-13	
1.5.14	吊顶工程隐蔽工程验收记录	C2-5-14	
1.5.15	轻质隔墙(板材骨架、活动隔墙、玻璃隔墙)工程隐蔽工程验收记录	C2-5-15	
1.5.16	饰面板(砖)工程隐蔽工程验收记录	C2-5-16	
1.5.17	细部工程护栏与预埋件(或后置埋件)连接节点隐蔽工程验收记录	C2-5-17	
1.5.18	幕墙隐蔽工程验收记录	C2-5-18	
1.5.19	建筑地面各构造层隐蔽工程验收记录	C2-5-19	
1.6	**施工记录**	C2-6	
1.6.1	______施工记录表(通用)	C2-6-1	
1.6.2	地基钎探记录	C2-6-2	
1.6.3	地基验槽记录	C2-6-3	
1.6.4	砌筑工程施工记录	C2-6-4	
1.6.5	砌筑砂浆使用施工记录	C2-6-5	
1.6.6	混凝土施工记录	C2-6-6	
1.6.6.1	混凝土浇灌申请书	C2-6-6-1	
1.6.6.2	混凝土开盘鉴定	C2-6-6-2	
1.6.6.3	混凝土工程施工记录	C2-6-6-3	
1.6.6.4	混凝土后浇带施工检查记录	C2-6-6-4	
1.6.6.5	混凝土坍落度检查记录	C2-6-6-5	
1.6.6.6	冬期施工混凝土日报	C2-6-6-6	
1.6.6.7	______混凝土养护测温记录	C2-6-6-7	

续表

序号	资料名称	应用表式编号	说明
1.6.6.8	混凝土同条件养护测温记录	C2-6-6-8	
1.6.6.9	混凝土养护情况记录	C2-6-6-9	
1.6.7	钢构件、预制混凝土构件、木构件吊装记录	C2-6-7	
1.6.8	预应力施工记录	C2-6-8	
1.6.8.1	电热法施加预应力记录	C2-6-8-1	
1.6.8.2	现场施加预应力筋张拉记录	C2-6-8-2	
1.6.8.3	钢筋冷拉记录	C2-6-8-3	
1.6.8.4	预应力灌浆施工记录	C2-6-8-4	
1.6.9	无粘结预应力筋锚具外观检验、无粘结预应力钢丝镦头外观检验施工记录	C2-6-9	
1.6.10	钢结构施工记录	C2-6-10	
1.6.10.1	钢构件焊接预、后热施工记录	C2-6-10-1	
1.6.10.2	钢零件、钢部件矫正和成型、边缘加工施工记录	C2-6-10-2	
1.6.10.3	钢结构单层、多层及高层主体结构的整体垂直度和整体平面弯曲测量施工记录	C2-6-10-3	
1.6.10.4	预拼装构件检查记录	C2-6-10-4	
1.6.10.5	焊缝外观及尺寸检查记录	C2-6-10-5	
1.6.10.6	柱脚及网架支座检查记录	C2-6-10-6	
1.6.10.7	高强度螺栓连接副施工质量检查施工记录	C2-6-10-7	
1.6.10.8	钢网架结构接点承载力试验施工记录	C2-6-10-8	
1.6.10.9	钢网架结构挠度测量施工记录	C2-6-10-9	
1.6.10.10	压型金属板安装施工记录	C2-6-10-10	
1.6.10.11	钢结构防腐、防火涂料涂装施工记录	C2-6-10-11	
1.6.11	幕墙工程施工记录	C2-6-11	
1.6.11.1	幕墙节点联结、防火处理、安装与固定、变形缝处理等施工记录	C2-6-11-1	
1.6.11.2	幕墙结构胶粘结剥离试验施工记录	C2-6-11-2	
1.6.11.3	密封胶、密封材料和衬垫材料检查验收施工记录	C2-6-11-3	
1.6.11.4	注胶施工记录	C2-6-11-4	
1.6.12	装饰装修工程施工记录	C2-6-12	
1.6.12.1	抹灰(一般、装饰等)施工记录	C2-6-12-1	
1.6.12.2	门窗预埋件、锚固件、防腐、填嵌处理施工记录	C2-6-12-2	
1.6.12.3	吊顶工程施工记录	C2-6-12-3	
1.6.12.4	轻质隔墙(板材骨架、活动隔墙、玻璃隔墙等)工程施工记录	C2-6-12-4	
1.6.12.5	饰面板(砖)施工记录	C2-6-12-5	
1.6.12.6	涂饰、裱糊与软包工程施工记录	C2-6-12-6	
1.6.12.7	细部工程护栏与预埋件(或后置埋件)连接节点施工记录	C2-6-12-7	
1.6.13	地下防水工程施工记录	C2-6-13	
1.6.13.1	地下防水转角处、变形缝、穿墙管道、后浇带、埋设件、施工缝留槎位置、穿墙管止水环与主管或翼环与套管等细部做法施工记录	C2-6-13-1	
1.6.13.2	盾构法隧道管片拼装接缝施工记录	C2-6-13-2	
1.6.13.3	渗排水、盲沟排水、隧道、坑道排水施工记录	C2-6-13-3	
1.6.13.4	注浆工程的注浆孔、注浆控制压力、钻孔埋管等施工记录	C2-6-13-4	

续表

序号	资 料 名 称	应用表式编号	说明
1.6.13.5	地下连续墙的槽段接缝及墙体与内衬结构接缝施工记录	C2-6-13-5	
1.6.14	屋面防水施工记录	C2-6-14	
1.6.15	建筑地面各构造层施工记录	C2-6-15	
1.6.16	建筑节能施工记录	C2-6-16	
1.7	预制构件、预拌混凝土合格证	C2-7	
1.7.1	预制构件、钢构件、木构件(门窗)合格证汇总表	C2-7-1	
1.7.2	预制构件、钢构件、木构件(门窗)合格证	C2-7-2	
1.7.2.1	预制构件合格证	C2-7-2-1	
1.7.2.2	钢构件合格证	C2-7-2-2	
1.7.2.3	木构件(门窗)合格证	C2-7-2-3	
1.7.3	预拌(商品)混凝土	C2-7-3	
1.7.3.1	预拌(商品)混凝土出厂质量证书	C2-7-3-1	
1.7.3.2	预拌混凝土订货与交货	C2-7-3-2	
1.8	地基、基础、主体结构检验及抽样检测资料	C2-8	
1.8.1	地基、基础检查验收记录	C2-8-1	
1.8.2	主体结构验收记录	C2-8-2	
1.8.3	钢(网架)结构验收记录	C2-8-3	
1.8.4	中间交接检查验收记录	C2-8-4	
1.8.5	单项工程竣工验收记录(通用)	C2-8-5	
1.8.6	结构实体检验记录	C2-8-6	
1.8.6.1	结构实体检验用同条件养护试件强度检验(GB 50204—2002)	C2-8-6-1	
1.8.6.2	结构实体钢筋保护层厚度检验	C2-8-6-2	
1.9	**工程质量事故及事故调查处理资料**	C2-9	
1.9.1	工程质量事故报告	C2-9-1	
1.9.2	建设工程质量事故调(勘)查处理记录	C2-9-2	
1.9.3	工程质量事故技术处理方案	C2-9-3	
1.10	**新技术、新工艺、新材料施工记录**	C2-10	
	给水排水与采暖		
1.11	**图纸会审、设计变更、洽商记录**	C2-11	
1.11.1	图纸会审	C2-11-1	
1.11.2	设计变更	C2-11-2	
1.11.3	洽商记录	C2-11-3	
1.12	材料、配件、设备出厂合格证书及进场检(试)验报告	C2-12	
1.12.1	材料、设备出厂合格证、试(检)验报告汇总表	C2-12-1	
1.12.2	材料、设备出厂合格证	C2-12-2	
1.12.3	主要设备开箱检验记录	C2-12-3	
1.13	**管道、设备强度试验、严密性试验记录**	C2-13	
1.13.1	______管道、设备强度试验、严密性试验记录(通用)	C2-13-1	
1.13.2	室内给水管道水压试验记录	C2-13-2	
1.13.3	水泵试运转记录	C2-13-3	
1.13.4	室内热水供应系统水压试验记录	C2-13-4	

续表

序号	资料名称	应用表式编号	说明
1.13.5	室内热水供应辅助设备(太阳能集热器、热交换器等)水压试验记录	C2-13-5	
1.13.6	室内采暖系统水压试验记录	C2-13-6	
1.13.7	低温热水地板辐射采暖系统水压试验记录	C2-13-7	
1.13.8	散热器水压试验、金属辐射板水压试验记录	C2-13-8	
1.13.9	室外给水管网水压试验记录	C2-13-9	
1.13.10	室外消防管道系统(含水泵接合器及室外消火栓)水压试验记录	C2-13-10	
1.13.11	室外供热管网水压试验记录	C2-13-11	
1.13.12	建筑中水系统给水管网水压试验记录	C2-13-12	
1.13.13	游泳池水加热系统水压试验记录	C2-13-13	
1.13.14	阀门强度和严密性试验记录	C2-13-14	
1.13.15	室内消防系统水压试验及消火栓试射试验记录	C2-13-15	
1.13.16	密闭水箱水压试验记录	C2-13-16	
1.13.17	供热锅炉水压试验记录	C2-13-17	
1.13.18	锅炉辅助设备分汽缸(分水器、集水器)水压试验记录	C2-13-18	
1.13.19	地下直埋油罐气密性试验记录	C2-13-19	
1.13.20	锅炉和省煤器安全阀的定压和调整记录	C2-13-20	
1.13.21	锅炉辅助设备热交换器水压试验记录	C2-13-21	
1.14	**给排水、采暖隐蔽工程验收记录**	C2-14	
1.14.1	隐蔽或埋地给水、排水、雨水、采暖、热水等管道隐蔽工程验收记录	C2-14-1	
1.14.2	井道、地沟、吊顶内的给水、排水、雨水、采暖、热水等隐蔽工程验收记录	C2-14-2	
1.14.3	低温热水地板辐射采暖地面、楼面下敷设盘管隐蔽工程验收记录	C2-14-3	
1.14.4	锅炉及附属设备安装隐蔽工程验收记录	C2-14-4	
1.15	**管道系统清洗、灌水、通水、通球试验记录**	C2-15	
1.15.1	管道系统吹洗(脱脂)检验记录	C2-15-1	
1.15.1.1	室内给水管道及配件冲洗试验记录	C2-15-1-1	
1.15.1.2	室内热水管道及配件冲洗试验记录	C2-15-1-2	
1.15.1.3	室内采暖管道及配件冲洗试验记录	C2-15-1-3	
1.15.1.4	室外给水管网、消防管道冲洗试验记录	C2-15-1-4	
1.15.1.5	室外供热管道及配件冲洗试验记录	C2-15-1-5	
1.15.1.6	煤气管网的吹扫试验记录	C2-15-1-6	
1.15.1.7	建筑中水系统及游泳池水系统管道冲洗试验记录	C2-15-1-7	
1.15.2	排水管道灌水(通水)试验记录	C2-15-2	
1.15.2.1	室内给排水系统通水试验记录	C2-15-2-1	
1.15.2.2	室内给水设备敞口水箱满水试验记录	C2-15-2-2	
1.15.2.3	室内排水系统灌水试验记录	C2-15-2-3	
1.15.2.4	雨水管道及配件灌水试验记录	C2-15-2-4	
1.15.2.5	室内热水供应敞口水箱满水试验记录	C2-15-2-5	
1.15.2.6	卫生器具满水和通水试验记录	C2-15-2-6	
1.15.2.7	室外排水管网灌水和通水试验记录	C2-15-2-7	
1.15.2.8	建筑中水系统及游泳池排水系统灌水、通水试验记录	C2-15-2-8	

续表

序号	资料名称	应用表式编号	说明
1.15.2.9	锅炉敞口箱、罐满水试验记录	C2-15-2-9	
1.15.3	室内排水管道通球试验记录	C2-15-3	
1.16	**施工记录**	C2-16	
1.16.1	施工记录(给排水、采暖)	C2-16-1	
1.16.2	主要管道施工及管道穿墙、穿楼板套管安装施工记录	C2-16-2	
1.16.3	伸缩器安装预拉伸施工记录	C2-16-3	
1.16.4	设备安装施工记录	C2-16-4	
1.16.5	烘炉检查记录	C2-16-5	
1.16.6	煮炉检查记录	C2-16-6	
1.16.7	锅炉试运行记录	C2-16-7	
1.16.8	锅炉报警及联动保护装置试验记录	C2-16-8	
1.16.9	管道焊接检查记录	C2-16-9	
1.16.10	生活给水消毒记录	C2-16-10	
	建筑电气		
1.17	**图纸会审、设计变更、洽商记录**	C2-17	
1.17.1	图纸会审	C2-17-1	
1.17.2	设计变更	C2-17-2	
1.17.3	洽商记录	C2-17-3	
1.18	**材料、设备出厂合格证及进场检(试)验报告**	C2-18	
1.18.1	材料、设备出厂合格证、检(试)验报告汇总表	C2-18-1	
1.18.2	材料、设备出厂合格证粘贴表	C2-18-2	
1.18.3	主要设备开箱检验记录	C2-18-3	
1.19	**设备调试记录**	C2-19	
1.19.1	电气设备调试记录	C2-19-1	
1.19.2	设备调试的交接试验规定	C2-19-2	
1.19.2.1	同步发电机及调相机调试记录	C2-19-2-1	
1.19.2.2	直流电机调试记录	C2-19-2-2	
1.19.2.3	中频发电机调试记录	C2-19-2-3	
1.19.2.4	交流电动机调试记录	C2-19-2-4	
1.19.2.5	电力变压器调试记录	C2-19-2-5	
1.19.2.6	电抗器及消弧线圈调试记录	C2-19-2-6	
1.19.2.7	互感器调试记录	C2-19-2-7	
1.19.2.8	油断路器调试记录	C2-19-2-8	
1.19.2.9	空气及磁吹断路器调试记录	C2-19-2-9	
1.19.2.10	真空断路器调试记录	C2-19-2-10	
1.19.2.11	六氟化硫断路器调试记录	C2-19-2-11	
1.19.2.12	六氟化硫封闭式组合电器调试记录	C2-19-2-12	
1.19.2.13	隔离开关、负荷开关及高压熔断器调试记录	C2-19-2-13	
1.19.2.14	套管调试记录	C2-19-2-14	
1.19.2.15	悬式绝缘子和支柱绝缘子调试记录	C2-19-2-15	

续表

序号	资料名称	应用表式编号	说明
1.19.2.16	电力电缆线路调试记录	C2-19-2-16	
1.19.2.17	电容器调试记录	C2-19-2-17	
1.19.2.18	绝缘油和 SF_6 气体	C2-19-2-18	
1.19.2.19	避雷器调试记录	C2-19-2-19	
1.19.2.20	电除尘器调试记录	C2-19-2-20	
1.19.2.21	二次回路调试记录	C2-19-2-21	
1.19.2.22	1kV 及以下电压等级配电装置和馈电线路调试记录	C2-19-2-22	
1.19.2.23	1kV 以上架空电力线路调试记录	C2-19-2-23	
1.19.2.24	接地装置调试记录	C2-19-2-24	
1.19.2.25	低压电器调试记录	C2-19-2-25	
1.20	**绝缘、接地电阻测试记录**	C2-20	
1.20.1	绝缘电阻测试记录	C2-20-1	
1.20.2	接地电阻测试记录	C2-20-2	
1.21	**隐蔽工程验收记录**	C2-21	
1.21.1	电气工程隐蔽工程验收记录	C2-21-1	
1.21.2	电导管安装工程隐蔽工程验收记录	C2-21-2	
1.21.3	电线导管、电缆导管和线槽敷设隐蔽工程验收记录	C2-21-3	
1.21.4	重复接地(防雷接地)工程隐蔽工程验收记录	C2-21-4	
1.21.5	配线敷设施工隐蔽工程验收记录	C2-21-5	
1.22	**施工记录**	C2-22	
1.22.1	建筑电气施工记录	C2-22-1	
1.22.1.1	变压器、箱式变电所安装施工记录	C2-22-1-1	
1.22.1.2	成套配电柜、控制柜(屏、台)和动力、照明配电箱(盘)安装施工记录	C2-22-1-2	
1.22.1.3	低压电动机、电加热器及电动执行机构检查接线施工记录	C2-22-1-3	
1.22.1.4	不间断电源安装施工记录	C2-22-1-4	
1.22.1.5	低压电气动力设备试验和试运行施工记录	C2-22-1-5	
1.22.1.6	电缆及导线安装施工记录	C2-22-1-6	
1.22.1.6A	裸母线、封闭母线、插接式母线安装	C2-22-1-6A	
1.22.1.6B	电缆桥架安装和桥架内电缆敷设施工记录	C2-22-1-6B	
1.22.1.6C	电缆沟内和电缆竖井内电缆敷设施工记录	C2-22-1-6C	
1.22.1.7	普通灯具安装施工记录	C2-22-1-7	
1.22.1.8	专用灯具安装施工记录	C2-22-1-8	
1.22.1.9	开关、插座、风扇安装施工记录	C2-22-1-9	
1.22.1.10	接地装置安装施工记录	C2-22-1-10	
1.22.1.11	避雷引下线和变配电室，接地干线敷设施工记录	C2-22-1-11	
1.22.1.12	接闪器安装施工记录	C2-22-1-12	
1.22.1.13	建筑物等电位联结施工记录	C2-22-1-13	
	通风与空调		
1.23	**图纸会审、设计变更、洽商记录**	C2-23	
1.23.1	图纸会审	C2-23-1	

续表

序号	资 料 名 称	应用表式编号	说明
1.23.2	设计变更	C2-23-2	
1.23.3	洽商记录	C2-23-3	
1.24	**材料、设备出厂合格证书及进场检(试)验报告**	C2-24	
1.24.1	材料、设备出厂合格证书及进场检(试)验报告汇总表	C2-24-1	
1.24.2	材料、设备出厂合格证书粘贴表	C2-24-2	
1.24.3	主要设备开箱检验记录	C2-24-3	
1.25	**制冷、空调、水管道强度试验、严密性试验记录**	C2-25	
1.25.1	制冷、空调、水管道气密性试验记录(通用)	C2-25-1	
1.25.2	制冷、空调、水管道压力试验记录	C2-25-2	
1.25.3	空调水管道强度、气密性试验记录	C2-25-3	
1.25.4	制冷剂管道用阀门强度、气密性试验记录	C2-25-4	
1.25.5	风机盘管机组水压试验记录	C2-25-5	
1.25.6	风管及部件严密性试验记录	C2-25-6	
1.25.7	水箱、集水缸、分水缸、储冷罐满水或水压试验记录	C2-25-7	
1.25.8	通风与空调工程设备、管道吹(扫)洗记录	C2-25-8	
1.26	**隐蔽工程验收记录**	C2-26	
1.26.1	井道、吊顶内管道或设备隐蔽验收记录	C2-26-1	
1.26.2	设备朝向、位置及地脚螺栓隐蔽验收记录	C2-26-2	
1.27	**制冷设备运行调试记录**	C2-27	
1.27.1	设备单机试车记录	C2-27-1	
1.27.1.1	通风机、空调机组中的风机运行调试记录	C2-27-1-1	
1.27.1.2	水泵运行调试记录	C2-27-1-2	
1.27.1.3	冷却塔运行调试记录	C2-27-1-3	
1.27.1.4	制冷机组、单元式空调机组运行调试记录	C2-27-1-4	
1.27.1.5	电控防火、防排烟风阀(口)运行调试记录	C2-27-1-5	
1.27.1.6	风机、空调机组、风冷热泵运行调试记录	C2-27-1-6	
1.27.1.7	风机盘管机组运行调试记录	C2-27-1-7	
1.27.1.8	除尘器、空气过滤器和换热器运行调试记录	C2-27-1-8	
1.27.1.9	风量、温度测试记录	C2-27-1-9	
1.27.1.10	各房间室内风量测量记录	C2-27-1-10	
1.27.1.11	管网风量平衡记录	C2-27-1-11	
1.27.1.12	空气净化系统检测记录	C2-27-1-12	
1.28	**通风、空调系统调试记录**	C2-28	
1.28.1	通风、空调系统调试记录表	C2-28-1	
1.28.1.1	通风工程系统无生产负荷联动试运转及调试记录	C2-28-1-1	
1.28.1.2	系统总风量测定与调整记录	C2-28-1-2	
1.28.1.3	舒适空调温度、湿度测定与调整记录	C2-28-1-3	
1.28.1.4	设备及主要部件联动试运转及调整记录	C2-28-1-4	
1.28.1.5	各风口或吸风罩风量测定与调整记录	C2-28-1-5	
1.28.1.6	湿式除尘器供水与排水系统运行与调整记录	C2-28-1-6	
1.28.2	空调工程系统无生产负荷联动试运转及调试记录	C2-28-2	

续表

序号	资 料 名 称	应用表式编号	说明
1.28.2.1	空调冷热水、冷却水总流量测试与调试记录	C2-28-2-1	
1.28.2.2	空调工程水系统连续运行与调试记录	C2-28-2-2	
1.28.2.3	空调系统设备(水泵、电机)连续运行与调整记录	C2-28-2-3	
1.28.2.4	各空调机组水流量测定与调整记录	C2-28-2-4	
1.28.2.5	各种自动计量检测元件和执行机构工作测定与调整记录	C2-28-2-5	
1.28.2.6	多台冷却塔联动运行冷却塔进、出水量测试与调整记录	C2-28-2-6	
1.28.2.7	空调室内噪声测定与调试记录	C2-28-2-7	
1.28.2.8	有压差房间、厅堂与相邻房间的压差调整记录	C2-28-2-8	
1.28.2.9	制冷、空调机组的环境噪声测定与调整记录	C2-28-2-9	
1.28.3	防排烟系统联合试运行与调试记录	C2-28-3	
1.28.4	净化空调系统联合试运行与调试记录	C2-28-4	
1.28.4.1	单向流洁净室的系统总风量测试记录	C2-28-4-1	
1.28.4.2	单向流洁净室的系统室内截面平均风速测定与调试记录	C2-28-4-2	
1.28.4.3	相邻不同级别洁净室之间和洁净室与非洁净室之间静压差调试记录	C2-28-4-3	
1.28.5	制冷系统吹污试验记录	C2-28-5	
1.28.6	凝结水盘及管道充水试验记录	C2-28-6	
1.29	**施工记录**	C2-29	
1.29.1	风管及部件加工制作记录	C2-29-1	
1.29.2	风管系统、管道系统安装记录	C2-29-2	
1.29.2A	金属风管系统、管道系统安装	C2-29-2A	
1.29.2B	非金属风管的安装	C2-29-2B	
1.29.3	防火阀、防排烟阀、防爆阀等安装记录	C2-29-3	
1.29.4	设备(含水泵、风机、空气处理设备、空调机组和制冷设备等)安装记录	C2-29-4	
1.29.4A	通风机的安装施工记录	C2-29-4A	
1.29.4B	除尘设备的安装施工记录	C2-29-4B	
1.29.4C	洁净室空气净化设备的安装施工记录	C2-29-4C	
1.29.4D	装配式洁净室的安装施工记录	C2-29-4D	
1.29.4E	洁净层流罩的安装施工记录	C2-29-4E	
1.29.4F	风机过滤器单元(FFU、FMU)安装施工记录	C2-29-4F	
1.29.4G	消声器安装施工记录	C2-29-4G	
	电梯		
1.30	**土建布置图纸会审、设计变更、洽商记录**	C2-30	
1.30.1	图纸会审	C2-30-1	
1.30.2	设计变更	C2-30-2	
1.30.3	洽商记录	C2-30-3	
1.31	**设备出厂合格证书及开箱检验记录**	C2-31	
1.31.1	设备出厂合格证书、检验报告汇总表	C2-31-1	
1.31.2	设备出厂合格证书粘贴表	C2-31-2	
1.31.3	主要设备开箱检验记录	C2-31-3	
1.32	**电梯隐蔽工程验收记录**	C2-32	

续表

序号	资料名称	应用表式编号	说明
1.32.1	电梯承重梁、起重吊环埋设验收记录	C2-32-1	
1.32.2	电梯钢丝绳头灌注隐蔽检查验收记录	C2-32-2	
1.33	**施工记录**	C2-33	
1.33.1	机房(如有时)、井道土建交接验收检查记录	C2-33-1	
1.33.2	机械、电气、零(部)件安装施工记录	C2-33-2	
1.33.2.1	电梯、自动扶梯、人行道安装施工记录	C2-33-2-1	
1.33.2.1A	驱动主机安装	C2-33-2-1A	
1.33.2.1B	液压系统安装	C2-33-2-1B	
1.33.2.1C	导轨及支架安装	C2-33-2-1C	
1.33.2.1D	门系统安装	C2-33-2-1D	
1.33.2.1E	安全部件的安装	C2-33-2-1E	
1.33.2.1F	对重	C2-33-2-1F	
1.33.2.1G	悬挂装置与补偿器装置	C2-33-2-1G	
1.33.2.1H	机房、井道、层站等有关电气装置	C2-33-2-1H	
1.33.2.1I	自动扶梯(人行道)的桁架、梯级(踏板、胶带)梳齿板、围裙板、护壁板、盖板、扶手支架及导轨零部件安装记录	C2-33-2-1I	
1.33.2.1J	整机安装的施工过程情况及有关安装质量、尺寸、准确程度	C2-33-2-1J	
1.34	**接地、绝缘电阻测试记录**	C2-34	
1.34.1	接地电阻测试记录	C2-34-1	
1.34.2	绝缘电阻测试记录	C2-34-2	
1.35	**负荷试验、安全装置检查记录**	C2-35	
1.35.1	电梯安全装置检查记录	C2-35-1	
1.35.2	电梯负荷运行试验记录	C2-35-2	
1.35.3	电梯负荷运行试验曲线图(确定平衡系数)	C2-35-3	
1.35.4	电梯噪声测试记录	C2-35-4	
1.35.5A	电梯加、减速度和轿厢运行的垂直、水平振动速度试验记录	C2-35-5A	
1.35.5B	电梯加、减速度和轿厢运行的垂直、水平振动速度试验记录	C2-35-5B	
1.35.6	曳引机检查与试验记录	C2-35-6	
1.35.7	限速器试验记录	C2-35-7	
1.35.8	安全钳试验记录	C2-35-8	
1.35.9	缓冲器试验记录	C2-35-9	
1.35.10	层门和开门机试验记录	C2-35-10	
1.35.11	门锁试验记录	C2-35-11	
1.35.12	绳头组合拉力试验记录	C2-35-12	
1.35.13	选层器钢带试验记录	C2-35-13	
1.35.14	轿厢试验记录	C2-35-14	
1.35.15	控制屏试验记录	C2-35-15	
	智能建筑		
1.36	**图纸会审、设计变更、洽商记录、竣工图及设计说明**	C2-36	
1.36.1	图纸会审	C2-36-1	
1.36.2	设计变更	C2-36-2	

续表

序号	资 料 名 称	应用表式编号	说明
1.36.3	洽商记录	C2-36-3	
1.37	**材料、设备出厂合格证及技术文件及进场检(试)验报告**	C2-37	
1.37.1	材料、设备出厂合格证、检(试)验报告汇总表	C2-37-1	
1.37.2	材料、设备出厂合格证粘贴表	C2-37-2	
1.37.3	主要设备开箱检验记录	C2-37-3	
1.38	**施工记录**	C2-38	
1.39	**隐蔽工程验收记录**	C2-39	
1.39.1	管道排列、走向、弯曲处理、固定方式隐蔽工程验收记录	C2-39-1	
1.39.2	管道连接、管道搭铁、接地隐蔽工程验收记录	C2-39-2	
1.39.3	管口安放、接线盒及桥架、线缆对管道及线间绝缘电阻、线缆接头处理隐蔽工程验收记录	C2-39-3	
1.39.4	缆线暗敷隐蔽工程验收记录	C2-39-4	
1.40	**系统功能测试及设备调试记录**	C2-40	
1.40.1	系统功能测试记录	C2-40-1	
1.40.2	通信网络系统的系统测试	C2-40-2	
1.40.2.1	通信系统的系统测试或系统调试	C2-40-2-1	
1.40.2.2	卫星数字电视及有线电视系统	C2-40-2-2	
1.40.2.3	公共广播与紧急广播系统测试	C2-40-2-3	
1.40.3	信息网络系统测试	C2-40-3	
1.40.3.1	连通性测试	C2-40-3-1	
1.40.3.2	网络管理软件测试	C2-40-3-2	
1.40.3.3	系统安全性测试	C2-40-3-3	
1.40.3.4	设备容错测试	C2-40-3-4	
1.40.4	建筑设备监控系统测试	C2-40-4	
1.40.4.1	空调与通风系统测试	C2-40-4-1	
1.40.4.2	变配电系统测试	C2-40-4-2	
1.40.4.3	公共照明系统测试	C2-40-4-3	
1.40.4.4	给排水系统测试	C2-40-4-4	
1.40.4.5	热源和热交换系统测试	C2-40-4-5	
1.40.4.6	冷冻和冷却水系统测试	C2-40-4-6	
1.40.4.7	电梯和自动扶梯系统测试	C2-40-4-7	
1.40.4.8	中央管理工作站与操作分站安装测试	C2-40-4-8	
1.40.5	火灾自动报警及消防联动系统测试	C2-40-5	
1.40.5.1	火灾和可燃气体探测系统测试	C2-40-5-1	
1.40.5.2	火灾报警控制系统测试	C2-40-5-2	
1.40.5.3	消防联动系统测试	C2-40-5-3	
1.40.6	安全防范系统测试	C2-40-6	
1.40.6.1	视频安防监控系统测试	C2-40-6-1	
1.40.6.2	巡更管理系统测试	C2-40-6-2	
1.40.6.3	入侵报警系统测试	C2-40-6-3	
1.40.6.4	出入口控制(门禁)系统测试	C2-40-6-4	

续表

序号	资 料 名 称	应用表式编号	说明
1.40.6.5	停车场(库)管理系统测试	C2-40-6-5	
1.40.7	综合布线系统测试	C2-40-7	
1.40.7.1	综合布线测试记录	C2-40-7-1	
1.40.7.2	光纤损耗测试记录	C2-40-7-2	
1.40.8	智能化系统集成测试	C2-40-8	
1.40.9	电源与接地测试	C2-40-9	
1.40.9.1	智能建筑电源的设备接线、调试	C2-40-9-1	
1.40.9.2	防雷和接地测试	C2-40-9-2	
1.40.10	环境系统测试	C2-40-10	
1.40.10.1	环境系统测试的空间环境检测	C2-40-10-1	
1.40.10.2	环境系统测试的视觉照明环境检测	C2-40-10-2	
1.40.10.3	环境电磁辐射检测	C2-40-10-3	
1.40.10.4	室内空调环境检测	C2-40-10-4	
1.40.10.5	室内噪声检测	C2-40-10-5	
1.40.11	住宅(小区)智能化系统测试	C2-40-11	
1.40.11.1	住宅(小区)智能化的安全防范系统的系统测试	C2-40-11-1	
1.40.11.2	住宅(小区)智能化的监控与管理系统测试	C2-40-11-2	
1.40.11.3	住宅(小区)智能化的家庭控制器测试	C2-40-11-3	
1.40.12	视频系统末端测试记录	C2-40-12	
1.40.13	系统检测报告	C2-40-13	
1.40.14	设备调试记录	C2-40-14	
1.41	**施工试验**	C2-41	
1.41.1	硬件、软件产品设备测试记录	C2-41-1	
	系统试运行调试记录	C2-41-2	
	系统技术与管理	C2-42	
1.42	系统技术、操作和维护手册	C2-42-1	
1.43	系统管理、操作人员培训记录	C2-42-2	
	地基处理与桩基文件(资料)		
	Ⅰ 地基处理工程文件(资料)		
1.43	**地基处理工程设计变更、洽商记录**	C2-43	
1.43.1	设计变更	C2-43-1	
1.43.2	洽商记录	C2-43-2	
1.44	**工程测量放线定位平面图**	C2-44	
1.45	**原材料出厂合格证及进场检(试)验报告**	C2-45	
1.46	**施工试验报告及见证检测报告**	C2-46	
1.47	**隐蔽工程验收记录**	C2-47	
1.47.1	隐蔽工程验收记录表	C2-47-1	
1.47.2	钢筋隐蔽工程验收记录	C2-47-2	
1.47.3	地下连续墙的槽段接缝及墙体与内衬结构接缝隐蔽工程验收记录	C2-47-3	
1.48	**地基处理施工记录**	C2-48	
	Ⅰ 换填垫层法		
1.48.1	灰土地基施工记录	C2-48-1	

续表

序号	资 料 名 称	应用表式编号	说明
1.48.2	砂和砂石地基施工记录	C2-48-2	
1.48.3	土工合成材料地基施工记录	C2-48-3	
1.48.4	粉煤灰地基施工记录	C2-48-4	
	Ⅱ 强夯法和强夯置换法		
1.48.5	强夯施工现场试夯记录	C2-48-5	
1.48.6	强夯地基施工记录	C2-48-6	
	Ⅲ 注浆法		
1.48.7	注浆地基施工记录	C2-48-7	
	Ⅳ 预压法		
1.48.8	预压地基施工记录	C2-48-8	
	Ⅴ 振冲法		
1.48.9	振冲地基施工记录	C2-48-9	
	Ⅵ 高压喷射注浆法		
1.48.10	高压喷射注浆地基施工记录	C2-48-10	
	Ⅶ 水泥土搅拌法		
1.48.11	水泥土搅拌法施工记录	C2-48-11	
1.48.11.1	水泥土搅拌桩地基施工记录	C2-48-11-1	
1.48.11.2	水泥土搅拌桩供灰记录	C2-48-11-2	
1.48.11.3	水泥土搅拌轻便触探检测记录	C2-48-11-3	
	Ⅷ 灰土挤密桩法和土挤密桩法		
1.48.12	土桩和灰土挤密桩施工记录	C2-48-12	
1.48.12-1	土桩和灰土挤密桩桩孔施工记录	C2-48-12-1	
1.48.12-2	土桩和灰土挤密桩孔分填施工记录	C2-48-12-2	
	Ⅸ 水泥粉煤灰碎石桩法(CFG桩)		
1.48.13	水泥粉煤灰碎石桩施工记录	C2-48-13	
	Ⅹ 夯实水泥土桩法		
1.48.14	夯实水泥土桩施工记录	C2-48-14	
	Ⅺ 砂桩法		
1.48.15	砂桩地基	C2-48-15	
1.48.16	地基处理测试报告	C2-48-16	
	桩基、有支护土方资料		
1.49	**桩基工程设计变更、洽商记录**	C2-49	
1.49.1	设计变更	C2-49-1	
1.49.2	洽商记录	C2-49-2	
1.50	**不同桩位测量放线定位图**	C2-50	
1.51	**材料出厂合格证、进厂材料检(试)验报告**	C2-51	
1.52	施工试验报告及见证检测报告	C2-52	
1.53	隐蔽工程验收记录	C2-53	
1.53.1	隐蔽工程验收记录表	C2-53-1	
1.53.2	钢筋隐蔽工程验收记录表	C2-53-2	
1.54	施工记录	C2-54	

续表

序号	资 料 名 称	应用表式编号	说明
	Ⅰ 混凝土预制桩		
1.54.1	试打桩情况记录	C2-54-1	
1.54.2	钢筋混凝土预制桩打桩记录	C2-54-2	
1.54.3	钢筋混凝土预制桩接桩试验记录	C2-54-3	
1.54.3.1	钢筋混凝土预制桩焊接、法兰接桩试验记录	C2-54-3-1	
1.54.3.2	钢筋混凝土预制桩硫磺胶泥锚接接桩试验记录	C2-54-3-2	
1.54.4	钢筋混凝土预制桩补桩资料	C2-54-4	
	Ⅱ 静力压桩		
1.54.5	静力压桩施工记录	C2-54-5	
	Ⅲ 钢桩		
1.54.6	钢管桩施工记录	C2-54-6	
	Ⅳ 混凝土灌注桩		
1.54.7	混凝土灌注桩施工记录	C2-54-7	
1.54.7.1	泥浆护壁成孔的灌注桩施工记录	C2-54-7-1	
1.54.7.2	干作业成孔灌注桩施工记录	C2-54-7-2	
1.54.7.3	套管成孔灌注桩施工记录	C2-54-7-3	
1.54.7.4	挖孔类桩成孔质量检查记录	C2-54-7-4	
1.55	**降低地下水**	C2-55	
1.55.1	井点施工记录(通用)	C2-55-1	
1.55.2	轻型井点降水记录	C2-55-2	
1.55.3	喷射井点降水记录	C2-55-3	
1.55.4	电渗井点降水记录	C2-55-4	
1.55.5	管井井点降水记录	C2-55-5	
1.55.6	深井井点降水记录	C2-55-6	
1.56	**基坑工程**	C2-56	
1.56.1	地下连续墙	C2-56-1	
1.56.1.1	地下连续墙挖槽施工记录	C2-56-1-1	
1.56.1.2	地下连续墙泥浆护壁质量检查记录	C2-56-1-2	
1.56.1.3	地下连续墙混凝土浇筑记录	C2-56-1-3	
1.56.2A	锚杆成孔记录	C2-56-2A	
1.56.2B	锚杆安装记录	C2-56-2B	
1.56.2C	预应力锚杆张拉与锁定施工记录	C2-56-2C	
1.56.2D	注浆及护坡混凝土施工记录	C2-56-2D	
1.56.3A	土钉墙土钉成孔施工记录	C2-56-3A	
1.56.3B	土钉墙土钉钢筋安装施工记录	C2-56-3B	
1.56.3C	土钉墙土钉注浆及护坡混凝土施工记录	C2-56-3C	
1.57	**沉井与沉箱**	C2-57	
1.57.1	沉井下沉施工记录	C2-57-1	
1.57.2	沉井、沉箱下沉完毕检查记录	C2-57-2	
1.58	**预制桩、钢桩、预拌混凝土发货单、预拌混凝土质量证书**	C2-58	

续表

序号	资料名称	应用表式编号	说明
1.58.1	钢筋混凝土预制桩、钢桩合格证	C2-58-1	
1.58.2	预拌混凝土发货单、预拌混凝土质量证书	C2-58-2	
1.59	**桩基检测资料**	C2-59	
1.59.1	桩基检测报告实施说明	C2-59-1	
1.59.2	基桩钻芯法试验检测报告	C2-59-2	
1.59.3	地下连续墙钻芯法试验检测报告	C2-59-3	
1.59.4	单桩竖向抗压静载试验检测报告	C2-59-4	
1.59.5	单桩竖向抗拔静载试验	C2-59-5	
1.59.6	单桩水平静载试验检测报告	C2-59-6	
1.59.7	基桩低应变法检测报告	C2-59-7	
1.59.8	基桩高应变法检测报告	C2-59-8	
1.59.9	基桩声波透射法检测报告	C2-59-9	
1.59.10	复合地基载荷试验	C2-59-10	
1.60	**工程质量事故调(勘)查处理资料**	C2-60	
1.60.1	工程质量事故报告	C2-60-1	
1.60.2	建设工程质量事故调(勘)查处理资料	C2-60-2	

注：上列为应报单位（子单位）工程质量控制资料检查记录件，合理缺项除外。

单位（子单位）工程质量控制资料核查记录说明

（1）单位（子单位）工程质量控制资料核查是在施工过程中在相互监督机制中通过见证取样或其他有监机制进行的测试与检验，该资料是利用科学方法和手段得到的实际质量结果，是相对真实的工程技术资料。它反映了建筑工程施工过程中各环节工程质量状况的基本数据和原始记录的实际结果，反映了完工项目的测试结果和记录。工程质量控制资料是工程技术资料的核心，同时是评价工程质量的主要依据。

（2）工程质量控制资料标准规定应完整，强制性条文实施指南作了如下解释：

“应有的工程质量控制资料，主要强调建筑结构、设备性能、使用功能方面的主要技术性检验。主要包括：图纸会审及变更记录、定位测量放线记录、施工操作依据、原材料、构配件等质量证书、按规定进行检验的检测报告、隐蔽工程验收记录、施工中有关的施工试验、测试、检验等，以及抽样检测项目的检测报告等。”

据此可以说工程质量控制资料应完整，即统一标准质量检测资料表列子项中应检项目齐全、真实、能够反映结构安全和使用功能且满足设计要求（合理缺项除外）即为工程质量控制资料完整。

该项资料应由总监理工程师进行核查确认，不同分部（子分部）工程应分别核查，也可综合抽查。

（3）表列子项

1）工程名称项下项目栏：工程质量控制资料核查共六项：建筑与结构、给排水与采暖、建筑电气、通风与空调、电梯、建筑智能化。核查项目不得增加或减少。

2）资料名称：6个项目共48项核查内容，按单位（子单位）工程实际形成的资料逐项核查，合理缺项除外。

I　单位（子单位）工程质量控制资料核查

建筑与结构

4.2.1　图纸会审、设计变更、洽商记录（C2-1）

4.2.1.1　图纸会审（C2-1-1）

1. 资料表式

图纸会审记录　　表 C2-1-1

工程名称			编　号	
			日　期	
设计单位			专业名称	
地　点			页　数	共　页，第　页
序号	图号	图纸问题	答复意见	
签字栏	建设单位	监理单位	设计单位	施工单位

注：施工单位整理汇总的图纸会审记录应一试五份，并应由建设单位、设计单位、监理单位、施工单位、城建档案馆各保存一份。表中设计单位签字栏应为项目专业技术负责人的签字，建筑单位、监理单位、施工单位签字栏应为项目技术负责人或相关专业负责人的签字。

图纸会审记录　　续页

记录内容：
记录人：

2. 资料要求

（1）应按要求组织图纸会审。重点工程，应有设计单位对工程质量的技术交底记录，应有对重要部位的技术要求和施工程序要求等的技术交底资料。

（2）要求参加人员签字齐全，日期、地点填写清楚。

（3）有关专业均应有专人参加会审，会审记录整理完整成文，签字盖章齐全为正确。

（4）会审记录内容基本符合要求，签章齐全为基本正确。

（5）会审记录内容不符合要求，与设计、施工规范有矛盾，且记录中没有说明原因；签章不全者均为不正确。

3. 实施要点

图纸会审记录是对已正式签署的设计文件进行技术交底、审查和会审，对提出的问题予以记录的技术文件。

（1）正式施工前，施工图设计由建设单位组织，设计单位、监理单位、施工单位参加共同进行的图纸会审，将施工图设计中将要遇到的问题提前予以解决。图纸会审是设计和施工双方的技术文件交接的一种方式，是明确、完善设计质量的一个过程，也是保证工程顺利施工的措施。

（2）图纸会审时，各专业的会审记录资料应分别整理。当图纸会审分次进行时，其经整理完成的记录依序组排。

（3）设计图纸和有关设计技术文件资料，是施工单位赖以施工的、带根本性的技术文件，必须认真地组织学习和会审。会审的目的：

1）通过事先认真的熟悉图纸和说明书，以达到了解设计意图、工程质量标准及新结构、新技术、新材料、新工艺的技术要求，了解图纸间的尺寸关系、相互要求与配合等内存的联系，更能采取正确的施工方法去实现设计能力；

2）在熟悉图纸、说明书的基础上，通过有设计、建设、监理、施工等单位土建、安装等专业人员参加的会审，将有关问题解决在施工之前，给施工创造良好的条件。

凡参加该工程的建设、施工、监理各单位均应参加图纸会审，在施工前均应对施工图设计进行学习（熟悉）；各工种间对施工图初审；各专业间对施工图设计进行会审，解决好专业间有关联的事宜；总分包单位之间按施工图要求进行专业间的协作、配合事项的会商性综合会审。

（4）会审方法

1）图纸会审应由建设单位组织，设计单位交底，施工、监理单位参加。

2）会审分两个阶段进行，一是内部预审，由施工单位的有关人员负责在一定期限内完成。提出施工图纸中的问题，并进行整理归类，会审时候一并提出；监理单位同时也应进行类似的工作，为正确开展监理工作奠定基础。二是会审，由建设单位组织、设计单位交底、施工、监理单位参加，对预审及会审中提出的问题要逐一解决。

3）图纸会审是对已正式签署的设计文件进行交底和审查，对提出问题提出的实施办法应会签图纸、记录会审纪要。加盖各参加单位的公章，存档备查。

4）对提出问题的处理，一般问题设计单位同意的，可在图纸会审记录中注释进行修改，并办理手续；较大的问题必须由建设（或监理）、设计和施工单位洽商，由设计单位修改，经监理单位同意后向施工单位签发设计变更图或设计变更通知单方为有效；如果设计变更影响了建设规模和投资方向，要报请原批准初步设计的单位同意方准修改。

(5) 图纸的会审内容

1) 建筑、结构、设备安装等设计图纸是否齐全，手续是否完备；设计是否符合国家有关的经济和技术政策、规范规定，图纸总的做法说明（包括分项工程做法说明）是否齐全、清楚、明确，与建筑、结构、安装图、装饰和节点大样图之间有无矛盾；设计图纸（平、立、剖、构件布置，节点大样）之间相互配合的尺寸是否符合，分尺寸与总尺寸、大样图、小样图、建筑与结构图、土建图与水电安装图之间互相配合的尺寸是否一致，有无错误和遗漏；设计图纸本身、建筑构造与结构构造、结构各构件之间，在立体空间上有无矛盾，预留孔洞、预埋件、大样图或采用标准构配件图的型号、尺寸有无错误与矛盾。

2) 总图的建筑物坐标位置与单位工程建筑平面图是否一致；建筑物的设计标高是否可行；地基与基础的设计与实际情况是否相符，结构性能如何；建筑物与地下构筑物及管线之间有无矛盾。

3) 主要结构的设计在强度、刚度、稳定性等方面有无问题，主要部位的建筑构造是否合理，设计能否保证工程质量和安全施工。

4) 设计图纸的结构方案、建筑装饰，与施工单位的施工能力、技术水平、技术装备有无矛盾；采用新工艺、新技术，施工单位有无困难，所需特殊建筑材料的品种、规格、数量能否解决，专用机械设备能否保证。

5) 安装专业的设备、管架、钢结构立柱、金属结构平台、电缆、电线支架以及设备、基础是否与工艺图、电气图、设备安装图和到货的设备相一致；传动设备、随机到货图纸和出厂资料是否齐全，技术要求是否合理，是否与设计图纸及设计技术文件相一致，底座同土建基础是否一致，管口相对位置、接管规格、材质、坐标、标高是否与设计图纸一致；管道、设备及管件需防腐衬里、脱脂及特殊清洗时，设计结构是否合理，技术要求是否切实可行。

(6) 表列子项

1) 工程编号：指施工企业按施工顺序组排或按设计图注编号。

2) 结构类型：按设计文件确定的结构类型填写。

3) 参加人员：指表列单位参加会审的人员，应分别签记参加人姓名。

4) 建设单位、施工单位、监理单位、设计单位：以上单位参加图纸会审，单位盖章有效。

5) 会审日期：填写会审时的年、月、日。

6) 主持人：一般由建设单位主持或建设、设计单位共同主持，有几个人主持时可以分别签记姓名。

7) 记录内容：记录会审中发现所有需要记录的内容。已解决的注明解决办法，未解决的注明解决时间及方式。

记录由设计、施工的任一方整理，可在会审时协商确定。

8) 建设、设计、施工、监理单位：应分别盖章有效，不盖章无效。

4.2.1.2　设计变更（C2-1-2）

1. 资料表式

设计变更通知单的表式按表 C2-1-2 或以设计单位签发的设计变更文件为准。

设计变更通知单 **表 C2-1-2**

工程名称			编　号	
			日　期	
设计单位			专业名称	
变更摘要			页　数	共　页 第　页
序号	图　号	变　更　内　容		
签字栏	建设单位	设计单位	监理单位	施工单位

注：设计单位签发的设计变更通知单应一式五份，并应由建设单位、设计单位、监理单位、施工单位、城建档案馆各保存一份。

2. 资料要求

（1）工程设计变更图纸内容明确、具体，办理及时。

（2）洽商记录按签订日期先后顺序编号，要求责任制明确签字齐全。

（3）应先有变更然后施工。特殊情况需先施工后变更者，必须先征得设计单位同意，设计变更在一周内补上。

（4）设计变更（包括土建、水、暖、电、文件等），无设计部门盖章者无效。

（5）先有设计变更后施工者为符合要求。

（6）先施工一周内后补设计变更者可为基本符合要求。

（7）无变更不按图纸施工者为不符合要求，该分项、分部工程应评为不合格工程。并需专题研究处理。

（8）影响结构和使用功能的洽商记录，应及时办理，否则应为不符合要求。

（9）建设单位对主体结构和电器安装等有损使用功能和人身安全的自行变更者，应为不符合要求。

3. 实施要点

设计变更的表式以设计单位签发的设计变更文件为准汇整。

设计变更是施工过程中由于设计图纸本身差错，设计图纸与实际情况不符，施工条件变化，原材料的规格、品种、质量不符合设计要求，及职工提出合理化建议等原因，需要对设计，图纸部分内容进行修改而办理的变更设计的文件。

（1）设计变更是施工图的补充和修改的记载，应及时办理，内容要求明确具体，必要时附图，不得任意涂改和后补。

（2）工程设计变更由施工单位提出：例如钢筋代换，细部尺寸修改等施工单位提出的重大技术问题，必须取得设计单位和建设、监理单位的同意。并加盖同意单位章。

（3）工程设计变更由设计单位提出：如设计计算错误，做法改变，尺寸矛盾，结构变更等问题，必须由设计单位提出变更设计联系单或设计变更图纸，由施工单位根据施工准备和工程进展情况，做出能否变更的决定。

（4）遇有下列情况之一时，必须由设计单位签发设计变更通知单（或施工变更图纸）：

1）当决定对图纸进行较大修改时；

2）施工前及施工过程中发现图纸有差错、做法、尺寸矛盾、结构变更或与实际情况不符时；

3）由建设单位提出，对建筑构造、细部做法、使用功能等方面提出的修改意见，必须经过设计单位同意，并提出设计变更通知书或设计变更图纸。

由设计单位或建设单位提出的设计图纸修改，应由设计部门提出设计变更联系单；由施工单位提出的属于设计错误时，应由设计部门提供设计变更联系单；由施工单位的技术、材料等原因造成的设计变更，由施工单位提出洽商，请求设计变更，并经设计部门同意，以洽商记录作为变更设计的依据。

4.2.1.3　工程洽商记录（技术核定单）(C2-1-3)

1. 资料表式

工程洽商记录（技术核定单）　　表 C2-1-3

工程名称			编　号	
			日　期	
提出单位			专业名称	
洽商摘要			页　数	共　页，第　页
序号	图　号	洽　商　内　容		
签字栏	建设单位	设计单位	监理单位	施工单位

注：工程洽商提出单位填写的工程洽商记录应一式五份，并应由建设单位、设计单位、监理单位、施工单位、城建档案馆各保存一份。

2. 资料要求

(1) 洽商记录按签订日期先后顺序编号，要求责任制明确签字齐全。

(2) 应先有变更然后施工。特殊情况需先施工后变更者，必须先征得设计单位同意，洽商记录需在一周内补上。

(3) 设计变更（包括土建、水、暖、电、文件等），无设计部门盖章者无效。

(4) 先有洽商记录后施工者为符合要求。

(5) 无洽商不按图纸施工者为不符合要求，该分项、分部工程应评为不合格工程。并需专题研究处理。

(6) 影响结构和使用功能的洽商记录，应及时办理，否则应为不符合要求。

(7) 建设单位对主体结构和电气安装等有损使用功能和人身安全的自行变更者，应为不符合要求。

3. 实施要点

洽商记录是施工过程中，由于设计图纸本身差错，设计图纸与实际情况不符，施工条件变化，原材料的规格、品种、质量不符合设计要求，及职工提出合理化建议等原因，需要对设计图纸部分内容进行修改，上述问题由实施单位发现并提出需要办理的工程洽商记录文件。

(1) 洽商记录是施工图的补充和修改的记载，应及时办理，应详细叙述洽商内容及达成的协议或结果，内容要求明确具体，必要时附图，不得任意涂改和后补。

（2）洽商记录由施工单位提出：例如钢筋代换、细部尺寸修改等施工单位提出的重大技术问题，必须取得设计单位和建设、监理单位的同意。洽商记录施工单位盖章，核查同意单位也应签章方为有效。

（3）遇有下列情况之一时，必须由设计单位签发设计变更通知单，不得以洽商记录办理。

1）当决定对图纸进行较大修改时；

2）施工前及施工过程中发现图纸有差错、做法、尺寸矛盾、结构变更或与实际情况不符时；

3）由建设单位提出，对建筑构造、细部做法、使用功能等方面提出的修改意见，必须经过设计单位同意，并提出设计通知书或设计变更图纸。

由设计单位或建设单位提出的设计图纸修改，应由设计部门提出设计变更联系单；由施工单位提出的属于设计错误时，应由设计部门提供设计变更联系单；由施工单位的技术、材料等原因造成的设计变更，由施工单位提出洽商，请求设计变更，并经设计部门同意，以洽商记录作为变更设计的依据。

（4）当洽商与分包单位工作有关时，应及时通知分包单位参加洽商讨论，必要时（合同允许）参加会签。

注：施工单位在施工过程中遇到问题，请求设计单位进行设计变更或其他事因需洽商时，均需经过队以上技术负责人核定后方准提出。

（5）表列子项

洽商事项：按提请洽商变更的事项逐一填写。

注：施工单位在施工过程中遇到问题，请求设计单位进行设计变更或其他事因需洽商时，均需经过队以上技术负责人核定后方准提出。

4.2.2 工程定位测量、放线记录（C2-2）

4.2.2.1 工程定位测量记录（C2-2-1）

1. 资料表式

工程定位测量记录表 表 C2-2-1

工程名称		编　号			
		图纸编号			
委托单位		施测日期			
复测日期		平面坐标依据			
高程依据		使用仪器			
允许误差		仪器校验日期			
定位抄测示意图：					
复测结果：					
签字栏	施工单位		测量人员岗位证书号	专业技术负责人	
	施工测量负责人		复测人	施测人	
	监理或建设单位			专业工程师	

注：施工单位填写的工程定位测量记录应一式四份，并应由建设单位、设计单位、施工单位、城建档案馆各保存一份。

2. 资料要求

(1) 建设单位应提供测量定位近点的依据点、位置、数据，并应现场交底，如导线点、三角点、水准点和水准点的级别。

(2) 测量定位、闭合差符合《工程测量规范》要求。

(3) 定向应取两个以上后视点（避免算错、测错）。

(4) 定位量距离时，量往返距离误差一般在万分之一内，或符合设计要求。

(5) 应符合设计对坐标、标高等精度的要求。

(6) 重点工程或大型工业厂房应有测量原始记录。

(7) 甲方定的相对标高应和城市绝对标高相一致，由甲方认证盖章。

(8) 无甲方提供的定位放线依据手续证明的不符合要求。

(9) 无城建部门核准的验线、定位、±0.00 标高签字的文件资料为不符合要求。

3. 实施要点

工程定位测量与复测是指建设工程根据当地建设行政主管部门给定总图范围内的建筑物、构筑物及其他建设物的位置、标高进行的测量与复测，以保证建筑物等的标高、位置。

(1) 测量与复测的内容要求

工程测量与复测记录包括平面位置定位、标高定位、测设点位和提供施工技术资料。

1) 工程平面位置定位：根据场地上建筑物主轴线控制点或其他控制点，将房屋外墙轴线的交点，用经纬仪投测至地面木桩顶面为标志的小钉上。

2) 工程的标高定位：根据施工现场水准控制点标高（或从附近引测的大地水准点标高），推算±0.000 标高，或根据±0.000 标高与某建筑物、某处标高的相对关系，用水准仪和水准尺（或刨光的直木杆）在供放线用的龙门桩上标出标高的定位工作。

3) 测设点位：是将已经设计好的各种不同的建（构）筑物的几何尺寸和位置，按照设计要求，运用测量仪器和工具标定到地面及楼层上，并设置相应的标志，作为施工的依据。

4) 提供竣工资料：是在工程竣工后，将施工中各项测量数据及建筑物的实际位置、尺寸和地下设施位置等资料，按规定格式，整理或编绘技术资料。

5) 工程施工测量（在工程施工阶段进行的测量工作）贯穿于施工各个阶段，场地平整、土方开挖、基础及墙体砌筑、构件安装、烟囱、水塔、道路铺设、管道敷设、沉降观测等，应做好记录。鉴于工程测量的重要性，规定凡工程测量均必须进行复测，以确保工程测量正确无误。

(2) 不论民用、工业建筑与构筑物，烟囱、水塔、道路、管道安装等均应提供由城建部门提供的永久水准点的位置与高度，以此测设单位工程的远控桩、引桩。

(3) 水准点是用水准测量方法，测定其高程达到一定精度的高程控制点。经测定高程的固定标点，作为水准测量的依据点。水准点测量是测量各点高程的作业。高程（标高）是某点沿铅垂线方向到绝对基面的距离，称为绝对高程，简称高程。某点沿铅垂线方向到某假定水准基面的距离，称假定高程。水准点复测是对以完成的水准测量进行校核的测量作业。

(4) 复测施工测量控制网

在工程总平面图上，房屋等的平面位置系用施工坐标系统的坐标来表示。施工控制网起始坐标和起始方向，一般是根据测量控制点来测定的。当测定好建筑物的长方向主轴线后，作为施工平面控制网的起始方向。在控制网加密或建筑物定位时，不再利用控制点来定向，否则将会使建筑物产生不同位移和偏转，影响工程质量。在复测施工质量坐标控制网时，应抽测建筑方格网、高程控制水准网点、标桩埋设位置。

（5）民用建筑施工测量的复核要点：房屋定位测量、基础施工测量、对墙体皮数杆检测、楼层轴线投测、楼层之间高程传递检测。

（6）工业建筑施工测量的复核要点：厂房控制网测量、柱基施工测量、柱网立模轴线与高程检测、厂房结构安装原位检测、动力设备基础与预埋地脚螺栓抽测。

（7）高层建筑施工测量的复核要点：建筑场地控制测量、基础以上的平面和高程控制、高耸建（构）筑物中垂准检测、高层建筑施工中沉降变形观测。

（8）管线工程施工测量的复核要点：场区管网与输配电线路定位测量、地下管线施工检测、架空管线施工检测、多种管线交会点高程抽测。

工程测量既是施工准备阶段的重要内容，又贯穿在设计、施工、竣工交付使用的全过程，监理工程师必须把它当作保证质量的一种重要监控手段。

（9）工程测量放线应检查的内容

1）承包单位专职测量人员的岗位证书及测量设备的检定证书（应具有有资质的计量鉴定单位出具的检定证书）。

2）应对报审的控制桩成果、保护措施以及平面控制网、高程控制网和临时水准点测量成果进行校核。

3）检查基准点的设置（包括水准点的引进地点及其编号）。

（10）平面位置定位的影响因素应注意：仪器不均匀下沉对测角的影响；对中不准对测角的影响；水平度盘不水平对测角的影响；照准误差对测角的影响；视准轴不垂直横轴和横轴不垂直竖轴对测角的影响；刻度盘刻画不均匀和游标盘偏心差对测角的影响。

（11）标高定位的影响因素应注意：水准仪本身的视准轴和水准管不平行；支架安设在非坚实土上；行人和振动影响；水准仪的位置应尽量安置在水准点与建筑物龙门柱的中间，减少或抵消前后视产生的误差；读数前定平水准管，读数后检查水准管气泡是否居中；读数前对光消除视差影响；扶尺者应保证测尺垂直。

（12）对施工测量、放线成果进行复验和确认

1）对交桩进行检查，交桩不论建设单位交桩，还是委托设计或监理单位交桩一定要确保承包单位复测无误才可认桩。如有问题须请建设单位处理；确认无误后，由承包单位建立施工控制网，并妥善保管。

当由监理单位交桩时，对工程师而言，特别需要做好水准点与坐标控制点的交验。

2）承包单位在测量放线完毕，应进行自检，合格后填写施工测量放线报验申请表，承建单位填报的《施工测量方案报审表》，应将施工测量方案、专职测量人员的岗位证书及测量设备鉴定证书报送项目监理机构审批认可。

3）承包单位按《施工测量方案》对建设单位交给施工单位的红线桩、水准点进行校核复测，并在施工场地设置平面坐标控制网（或控制导线）及高程控制网后，填写《施工

测量放线报验申请表》，并应附上相应放线的依据资料及测量放线成果表，供项目监理机构审核查验。

4）当施工单位对交验的桩位通过复测提出质疑时，应通过建设单位邀请当地建设行政主管部门认定的规划勘察部门或勘察设计单位复核红线桩及水准点引测的成果；最终完成交桩过程，并通过会议纪要的方式予以确认。

5）专业监理工程师应实地查验放线精度是否符合规范及标准要求，施工轴线控制桩的位置、轴线和高程的控制标志是否牢靠、明显等。经审核、查验合格，签认施工测量报验申请表。

（13）对测量人员的要求

1）要有三个精神：实事求是、认真负责的科学态度，勤勤恳恳、一丝不苟的工作精神，不怕苦、不怕累的精神，合作、集体主义和相互配合的精神。

2）技术好、业务精：识图能力强；熟悉设备性能，维护保养好；懂得施工工艺过程。

注：1. 建筑施工的标高概念有两种：绝对标高与相对标高，绝对标高是国家测绘部门在全国统一测定的海拔标高（青岛黄海平均海平面定为绝对标高零点），并在适当地点设置标准水准点，城建部门提供的即此标高：相对标高一般以首层地面上皮为±0.00，施工单位定位放线应根据城建部门提供的绝对标高引出远控桩（即保险桩），一般设置在距建筑物1.5倍高度的距离处，以此为基准测设引桩。中心桩宜与引桩一起测设。远控桩、引桩、中心桩必须妥善保护。

2. 基础、砖墙必须设置皮数杆，以此控制标高，用水准仪校核。

3. 测量标记就是在地面上标定测量控制点位置的标石、觇标和其他标记的总称。测量标志以标石中心为基准，分永久性（天文点、三角点、导线点、军控点、水准点以及其他标石点等）和临时性两种。各城市根据需要均设有国家、军队和专业系统需要的永久性测量标志。基本建设施工单位根据工程需要可向当地城建主管部门申请建设项目的测量标志。

（14）表列子项

1）工程编号：施工企业按顺序编号或按设计图注的编号填写。

2）施测部位：照实际施测部位填写。

3）使用仪器：如经纬仪、水平仪等。

4）室外温度：无测温记录时可按当日天气预报填写，有测温记录时照实测温度填写。

5）施测日期：填写实际施施日期的年、月、日。

6）施测人：填写施测人姓名，签字不盖章。

7）测量依据：

位置与标高按城建或建设单位提供的水准点位置与标高、高程或桩号。不准简单地填写以马路牙或散水为准等。

8）实测情况：位置与标高按实测位置与实际测定的标高值填写。

9）复测意见：当复测与初测相同或偏差较小可以不必改正时，填“初测无误同意施工”；当复测与初测偏差较大需要纠正时，注明偏差方向、数值后，填“按复测后有关数值施工”。

10）附图：注明原水准点的方向、距离、标高；注明建筑物的位置和邻界关系。

4.2.2.2　基槽及各层放线、测量与复测记录（C2-2-2）

1. 资料表式

基槽及各层放线、测量与复测记录表 **表 C2-2-2**

日期：　　年　月　日

<table>
<tr><td colspan="2">工程名称及部位</td><td colspan="3"></td></tr>
<tr><td colspan="2">轴线定位方法说明</td><td colspan="3"></td></tr>
<tr><td colspan="2">标高确定方法说明</td><td colspan="3"></td></tr>
<tr><td colspan="2">测量仪器名称及编号</td><td colspan="3"></td></tr>
<tr><td colspan="2">轴线简图</td><td colspan="3"></td></tr>
<tr><td colspan="2">测量或复测结果</td><td colspan="3"></td></tr>
<tr><td colspan="2">检查人员签字</td><td colspan="3"></td></tr>
<tr><td rowspan="3">参加人员</td><td>监理(建设)单位</td><td colspan="3">施　工　单　位</td></tr>
<tr><td rowspan="2"></td><td>项目技术负责人</td><td>质检员</td><td>初、复测人</td></tr>
<tr><td></td><td></td><td></td></tr>
</table>

2. 资料要求

（1）基槽及各层放线测量与复测记录应符合设计要求。轴线、坐标、标高等精度应符合测量规范的要求。

（2）重点工程或大型工业厂房应有测量原始记录。

（3）作为原点的甲方定的相对标高应和城市绝对标高相联系，由甲方认证盖章。

（4）无甲方的依据、手续、证明的不符合要求。

（5）无城建部门或甲方验线、定位、±0.00 标高签字的，为不符合要求。

3. 实施要点

基槽及各层放线测量与复测记录是指建筑工程根据施工图设计给定的位置、轴线、标高进行的测量与复测，以保证建筑物的位置、轴线、标高正确。

（1）基槽验线主要包括：轴线、四廓线、断面尺寸、基底高程、坡度等的检测与检查。

（2）楼层放线主要包括：各层墙柱轴线、边线、门窗洞口位置线和皮数杆等；楼层 0.5m（或 1m）水平控制线、轴线竖向投测控制线。

（3）不同类别的工程应分别提供基槽及各层放线测量与复测记录。

1）各类民用建筑。

① 基础工程测量：轴线投测、标高控制。

② 各层间墙体测量：轴线投测、标高控制。

2）工业建筑。

① 基础工程测量：轴线投测、标高控制。

② 柱子安装测量：定位投测，标高控制，中心线。

③ 吊车梁安装测量：定位投测，标高控制，中心线。

④ 吊车轨道测量：中心线、轨距、轨顶标高。

⑤ 屋架测量：柱顶标高、跨距、屋架定位。

⑥ 屋架垂直控制。

3）烟囱。

① 资料附图应有定位与轴线控制桩的位置。

② 中心线投测（含基础、筒身两部分）。

③ 筒径施工标高控制与传递（一般每步测量一次数据，每步测四个点）。

④ 锥度收坡控制（以锥度靠尺板贴靠烟囱外壁，每量一次记录一次，一般每步架测一次，一般检查4个点）。

⑤ 总标高投测控制（用水准仪在烟囱外壁上测设出＋0.5m或任一整分米数的标高线，以该标高线向上量取垂直高度）。

4）管道（单项工程中各类管道是指给水、排水、热力、煤气、电缆等管道的施工）。

① 管道中心线测设（管道的起点、终点、转折点等尺寸数据，及中心线与邻近原有或现有建筑物、公路主管干线等关系数据）。

② 管道高程与坡度的测设与控制数据。

5）设备基础。

① 轴线位置测设。

② 标高控制测设。

（4）表列子项

1）工程名称及部位：指被测基槽及各层放线测量与复测的项目。如×××基槽、一层、二层等，是测量还是复测应在此栏予以注明。

2）工程项目：指被测基槽及各层放线测量与复测的项目。如基槽、一层、二层等，是测量还是复测应在此栏予以注明。

3）轴线定位方法说明：指轴线定位的依据、施用工具等。

4）标高确定方法说明：指标高确定的依据、施用工具等。

5）轴线简图：由测量人员绘制轴线简图。

6）放线人员：指初测时的放线人员，签字有效。

7）测量或复测结果：分别按测量或复测的平面位置、标高及合格点数和合格率填写。

8）责任制：

① 初测人：一般为工长以上技术人员，签字有效。

② 复测人：一般为工程项目经理部级的技术人员，签字有效。

4.2.2.3　建筑物沉降观测记录（C2-2-3）

实施要点

（1）为保证建筑物质量满足设计对建筑使用年限的要求而对该建筑物进行的沉降观测，以保证建筑物的正常使用。

（2）建筑物沉降观测记录按A9-2相关说明实施。

（3）工程竣工时应提供以下沉降观测资料：

1）根据水准点测量得出的每个观测点和其逐次沉降量（沉降观测成果表）。

2）根据建筑物和构筑物的平面图绘制的观测点的位置图、沉降观测结果绘制的沉降量、地基荷载与延续时间三者的关系曲线图，要求每一观测点均应绘制曲线图。

3）计算出建筑物和构筑物的平均沉降量、相对弯曲和相对倾斜值。

4）水准点的平面布置图和构造图，测量沉降的全部原始资料。

5）根据上述内容编写的沉降观测分析报告（其中应附有工程地质和工程设计的简要说明）。

（4）经有资质的测量单位出具的沉降观测报告必须签名、盖章（公章）齐全，结论明确，并应在报告后附企业的资质证明。

4.2.3 原材料出厂合格证书及进场检（试）验报告（C2-3）

（1）材料质量检验的目的：是通过一系列的检测手段，将所取的材料试验数据与材料质量标准相比较，借以判断材料质量的可靠性，能否使用于工程。

材料质量的抽样和检验方法，要能反映该批材料质量的性能。重要材料或非匀质材料应酌情增加取样数量。

（2）材料质量标准是用于衡量材料质量的尺度，也是作为验收、检验材料的依据。不同材料应用不同的质量标准，应分别对照执行。

（3）材料质量控制的内容主要有：材料的质量标准，材料的性能，材料的取样、试验方法，材料的适用范围和施工要求。

（4）进口材料、设备应会同商检局检验，如核对凭证中发现问题，应取得供方商检人员签署的商务记录。

4.2.3.1 合格证、试验报告汇总表（通用）（C2-3-1）

1. 资料表式

合格证、试验报告汇总表（通用） 表 C2-3-1

工程名称：

序号	材料名称规格品种	生产厂家	进场		合格证编号	复试报告日期	试验结论	主要使用部位及有关说明
			数量	时间				
填表单位：			审核：				制表：	

注：本表除有名称对象的合格证、试验报告汇总表外均用此表进行合格证、试验报告汇总。

2. 实施要点

合格证、试验报告汇总表是指核查用于工程的各种材料的品种、规格、数量，通过汇总对某种乃至全部材料达到便于检查的目的。

(1) 本表适用于砂、石、砖、水泥、钢筋、防水材料、隔热保温材料、防腐材料、轻集料等，上述材料均应进行整理汇总。

(2) 合格证、试验报告的整理按工程进度为序进行，如地基基础、主体工程等。

(3) 某种材料的品种、规格，应满足设计要求的品种、规格要求，否则为合格证、试验报告不全。由核查人判定是否符合该要求。

(4) 表列子项

1) 材料名称、规格、品种：照合格证、试验报告上材料的名称、规格、品种的实际汇总。

2) 主要使用部位及有关说明：指进厂批材料主要使用在何处及需要说明的事宜。

4.2.3.2　__________合格证粘贴表（通用）（C2-3-2）

1. 资料表式

__________合格证粘贴表（通用）　　表 C2-3-2

审核：	整理：	年　　月　　日

2. 实施要点

__________合格证粘贴表是为整理不同厂家提供的出厂合格证，因规格、形式不一，为统一规格而规定的表式。

(1) 本表适用于砂、石、砖、水泥、钢筋、防水材料、隔热保温材料、防腐材料、轻集料等的出厂合格证的整理粘贴，上述材料的合格证均应进行整理粘贴。

(2) 合格证的整理粘贴应按工程进度为序，如地基基础、主体工程。应按品种分别整理粘贴。

(3) 某种材料合格证的整理粘贴，其品种、规格、数量应满足设计要求。性能质量应满足相应标准质量要求。

4.2.3.2-1　有环境要求的材料合格证粘贴表

实施要点

（1）合格证粘贴按表C2-3-2依序粘贴。

（2）对有环境保护要求所用材料，因其材料的特殊性应单独进行粘贴，以便于核查。

4.2.3.3 ＿＿＿＿＿材料检验报告表（通用）（C2-3-3）

1. 资料表式

＿＿＿＿＿材料检验报告表（通用） 表C2-3-3

委托单位： 试验编号：

工程名称		委托日期	
使用部位		报告日期	
试样名称及规格、型号		检验类别	
生产厂家		批　号	

序　号	检　验　项　目	标　准　要　求	实测结果	单项结论
依据标准：				
检验结论：				
备　注：				
试验单位：	技术负责人：	审核：	试(检)验：	

2. 实施要点

材料检验报告表是指为保证建筑工程质量而对用于工程的除已明确有对象的试验表式以外的材料，根据标准要求应用本表进行有关指标的测试，由试验单位出具试验证明文件。

（1）掺合料、外加剂、砌块等材料的检验报告均可用此表式。

（2）掺合料、外加剂、砌块等材料应有出厂合格证、试验报告。

（3）材料检验的目的、抽样与内容：

1）材料质量检验的目的：是通过一系列的检测手段，将所取的材料试验数据与材料质量标准相比较，借以判断材料质量的可靠性，以确认能否使用于工程。

材料质量的抽样数量和检验方法，要能反映该批材料质量的性能。重要材料或非匀质材料应酌情增加取样数量。

2）材料质量标准是用于衡量材料质量的尺度，也是作为验收、检验材料的依据，不同材料应用不同的质量标准，应分别对照执行。受检材料必须满足相应标准质量要求。

3）材料质量控制的内容主要有：材料的质量标准，材料的性能，材料的取样、试验方法，材料的适用范围和施工要求。

4）进口材料、设备应会同商检局检验，如核对凭证时发现问题，应取得供方商检人员签署的合格的商务记录。

（4）表列子项

1）标准要求：指标准对测试有关项目质量指标的要求，由试验部门填写。

2）实测结果：指试验室测定的实际结果，由试验部门填写。

3）单项结论：指材料的单项试验结果，由试验室填写能否使用的单项结论。

4.2.3.4 钢（材）筋合格证、试验报告汇总表（C2-3-4）

实施要点

(1) 钢（材）筋合格证、试验报告汇总表式按 C2-3-1 表式执行。

(2) 钢（材）筋合格证、试验报告汇总表是指对用于工程的钢（材）筋的合格证、试验报告及品种、规格、数量等进行整理汇总，通过整理汇总，对钢材达到便于检查的目的。

4.2.3.5 钢（材）筋出厂合格证（C2-3-5）

(1) 钢（材）筋出厂合格证表式见表 C2-3-2。

(2) 钢（材）筋合格证是指对用于工程的钢（材）筋的合格证及品种、规格、数量等进行的整理粘贴，可按工程进度依次进行整理，贴入表内。

(3) 钢材的品种、规格，主要受力钢（材）筋应满足设计要求的品种、规格，否则为合格证、试验报告不全。由核查人判定是否符合要求。

4.2.3.6 钢筋机械性能试验报告（C2-3-6）

1. 资料表式

钢筋机械性能试验报告 **C2-3-6**

委托单位： 试验编号：

<table>
<tr><td>工程名称</td><td colspan="6"></td><td>委托日期</td><td></td></tr>
<tr><td>使用部位</td><td colspan="6"></td><td>报告日期</td><td></td></tr>
<tr><td>试样名称</td><td colspan="6"></td><td>检验类别</td><td></td></tr>
<tr><td>产　地</td><td colspan="2"></td><td colspan="2">代表数量</td><td colspan="2"></td><td>炉 批 号</td><td></td></tr>
<tr><td rowspan="2">规　格
(mm)</td><td colspan="2">屈服点
(MPa)</td><td colspan="2">抗拉强度
(MPa)</td><td colspan="2">伸长率
(%)</td><td rowspan="2">弯曲条件</td><td rowspan="2">弯曲结果</td></tr>
<tr><td>标准要求</td><td>实测值</td><td>标准要求</td><td>实测值</td><td>标准要求</td><td>实测值</td></tr>
<tr><td></td><td></td><td></td><td></td><td></td><td></td><td></td><td></td><td></td></tr>
<tr><td></td><td></td><td></td><td></td><td></td><td></td><td></td><td></td><td></td></tr>
<tr><td></td><td></td><td></td><td></td><td></td><td></td><td></td><td></td><td></td></tr>
<tr><td>依据标准</td><td colspan="8"></td></tr>
<tr><td>检验结论</td><td colspan="8"></td></tr>
<tr><td>备　　注</td><td colspan="8"></td></tr>
<tr><td colspan="2">试验单位：</td><td colspan="3">技术负责人：</td><td colspan="2">审核：</td><td colspan="2">试(检)验：</td></tr>
</table>

注：钢筋机械性能试验报告表式，可根据当地的使用惯例制定的表式应用，但屈服点、抗拉强度、伸长率、弯曲条件、弯曲结果 5 项试验内容必须齐全。

2. 实施要点

钢筋机械性能试验报告是指为保证用于建筑工程的钢筋机械性能（屈服强度、抗拉强度、伸长率、弯曲条件）满足设计或标准要求而进行的试验项目。

（1）钢筋的技术要求

Ⅰ《钢筋混凝土用钢 第1部分：热轧光圆钢筋》(GB 1499.1—2008)

1）热轧光圆钢筋的屈服强度特征值分为235、300级。牌号为HPB235、HPB300。

2）热轧光圆钢筋的公称横截面面积与理论重量见表C2-3-6-1。

表 C2-3-6-1

公称直径(mm)	公称横截面面积(mm^2)	理论重量(kg/m)
6(6.5)	28.27(33.18)	0.222(0.260)
8	50.27	0.395
10	78.54	0.617
12	113.1	0.888
14	153.9	1.21
16	201.1	1.58
18	254.5	2.00
20	314.2	2.47
22	380.1	2.98
注：表中理论重量按密度为7.85g/cm^3计算。公称直径6.5mm的产品为过渡性产品。		

3）光圆钢筋的尺寸及理论重量允许偏差：光圆钢筋的长度允许偏差范围为0～+50mm；理论重量允许偏差：公称直径为6～12mm，实际重量与理论重量的偏差为±7%；公称直径为14～22mm，实际重量与理论重量的偏差为±5%。

4）技术要求

① 钢筋牌号及化学成分（熔炼分析）应符合表C2-3-6-2的规定。

表 C2-3-6-2

牌 号	化学成分(质量分数)(%) 不大于				
	C	Si	Mn	P	S
HPB235	0.22	0.30	0.65	0.045	0.050
HPB300	0.25	0.55	1.50		

注：1. 钢中残余元素铬、镍、铜含量应各不大于0.30%，供方如能保证可不作分析。

2. 钢筋的成品化学成分允许偏差应符合GB/T 222的规定。

② 力学性能、工艺性能

A. 钢筋的屈服强度R_{eL}、抗拉强度R_m、断后伸长率A、最大力总伸长率A_{gt}等力学性能特征值，应符合表C2-3-6-3的规定。

表 C2-3-6-3

<table>
<tr><td rowspan="2">牌　号</td><td>R_{eL} (MPa)</td><td>R_m (MPa)</td><td>A (%)</td><td>A_{gt} (%)</td><td rowspan="2">冷弯试验 180°
d—弯芯直径
a—钢筋公称直径</td></tr>
<tr><td colspan="4">不小于</td></tr>
<tr><td>HPB235</td><td>235</td><td>370</td><td rowspan="2">25.0</td><td rowspan="2">10.0</td><td rowspan="2">$d=a$</td></tr>
<tr><td>HPB300</td><td>300</td><td>420</td></tr>
</table>

B. 根据供需双方协议，伸长率类型可从 A 或 A_{gt} 中选定。如伸长率类型未经协议确定，则伸长率采用 A，仲裁检验时采用 A_{gt}。

C. 弯曲性能：按表 C2-3-6-3 规定的弯芯直径弯曲 180°后，钢筋受弯曲部位表面不得产生裂纹。

③ 表面质量

A. 钢筋应无有害的表面缺陷，按盘卷交货的钢筋应将头尾有害缺陷部分切除。

B. 试样可使用钢丝刷清理，清理后的重量、尺寸、横截面积和拉伸性能满足本部分的要求，锈皮、表面不平整或氧化铁皮不作为拒收的理由。

C. 当带有 B 规定缺陷以外的表面缺陷的试样不符合拉伸性能或弯曲性能要求时，则认为这些缺陷是有害的。

5）每批钢筋的检验项目，取样方法和试验方法应符合表 C2-3-6-4 的规定。

表 C2-3-6-4

<table>
<tr><td>序　号</td><td>检验项目</td><td>取样数量</td><td>取样方法</td><td>试验方法</td></tr>
<tr><td>1</td><td>化学成分
（熔炼分析）</td><td>1</td><td>GB/T 20066</td><td>GB/T 223
GB/T 4336</td></tr>
<tr><td>2</td><td>拉伸</td><td>2</td><td>任选两根钢筋切取</td><td>GB/T 228、本部分 8.2</td></tr>
<tr><td>3</td><td>弯曲</td><td>2</td><td>任选两根钢筋切取</td><td>GB/T 232、本部分 8.2</td></tr>
<tr><td>4</td><td>尺寸</td><td>逐支(盘)</td><td colspan="2">本部分 8.3</td></tr>
<tr><td>5</td><td>表面</td><td>逐支(盘)</td><td colspan="2">目视</td></tr>
<tr><td>6</td><td>重量偏差</td><td colspan="2">本部分 8.4</td><td>本部分 8.4</td></tr>
<tr><td colspan="5">注：对化学分析和拉伸试验结果有争议时，仲裁试验分别按 GB/T 223、GB/T 228 进行。</td></tr>
</table>

① 力学性能、工艺性能试验

A. 拉伸、弯曲试验试样不允许进行车削加工。

B. 计算钢筋强度用截面面积采用表 C2-3-6-1 所列公称横截面面积。

C. 最大力总伸长率 A_{gt} 的检验，除按表 C2-3-6-4 规定采用 GB/T 228 的有关试验方法外，也可采用《钢筋混凝土用钢　第 1 部分：热轧光圆钢筋》（GB 1499.1—2008）附录 A 的方法。

② 尺寸测量：钢筋直径的测量应精确到 0.1mm。

③ 重量偏差的测量

A. 测量钢筋重量偏差时，试样应从不同根钢筋上截取，数量不少于 5 支，每支试样长度不小于 500mm。长度应逐支测量，应精确到 1mm。测量试样总重量时，应精确到不大于总重量的1%。

B. 钢筋实际重量与理论重量的偏差（%）按下式计算：

$$重量偏差=\frac{试样实际总重量-(试样总长度\times理论重量)}{试样总长度\times理论重量}\times100$$

6）检验规则

① 组批规则

A. 钢筋应按批进行检查和验收，每批由同一牌号、同一炉罐号、同一尺寸的钢筋组成。每批重量通常不大于60t；超过60t的部分，每增加40t（或不足40t的余数），增加一个拉伸试验试样和一个弯曲试验试样。

B. 允许由同一牌号、同一冶炼方法、同一浇筑方法的不同炉罐号组成混合批。各炉罐号含碳量之差不大于0.02%，含锰量之差不大于0.15%。混合批的重量不大于60t。

② 钢筋检验项目和取样数量：应符合表C2-3-6-4及组批规则A的规定。

③ 各检验项目的检验结果应符合GB 1499.1—2008标准的有关规定。

Ⅱ《钢筋混凝土用钢　第2部分：热轧带肋钢筋》(GB 1499.2—2007)

1）钢筋的公称横截面面积与理论重量列于表C2-3-6-5。

表 C2-3-6-5

公称直径(mm)	公称横截面面积(mm^2)	理论重量(kg/m)
6	28.27	0.222
8	50.27	0.395
10	78.54	0.617
12	113.1	0.888
14	153.9	1.21
16	201.1	1.58
18	254.5	2.00
20	314.2	2.47
22	380.1	2.98
25	490.9	3.85
28	615.8	4.83
32	804.2	6.31
36	1018	7.99
40	1257	9.87
50	1964	15.42
注：表C2-3-6-5中理论重量按密度为7.85g/cm^3计算。		

2）技术要求

① 牌号和化学成分

A. 钢筋牌号及化学成分和碳当量（熔炼分析）应符合表C2-3-6-6的规定。根据需要，钢中还可加入V、Nb、Ti等元素。

钢筋牌号及化学成分和碳当量（熔炼分析）　　表 C2-3-6-6

牌　号	化学成分（质量分数）（%）　不大于					
	C	Si	Mn	P	S	C_{eq}
HRB335 HRBF335	0.25	0.80	1.60	0.045	0.045	0.52
HRB400 HRBF400	0.25	0.80	1.60	0.045	0.045	0.54
HRB500 HRBF500	0.25	0.80	1.60	0.045	0.045	0.55

B. 碳当量 C_{eq}（百分比）值可按下式计算

$$C_{eq}=C+Mn/6+(Cr-V+Mo)/5+(Cu+Ni)/15$$

C. 钢的氮含量应不大于 0.012%。供方如能保证，可不作分析。钢中如有足够数量的氮结合元素，含氮量的限制可适当放宽。

D. 钢筋的成品化学成分允许偏差应符合 GB/T 222 的规定，碳当量 C_{eq}的允许偏差为 +0.03%。

② 力学性能

A. 钢筋的屈服强度 R_{eL}、抗拉强度 R_m、断后伸长率 A、最大力总伸长率 A_{gt} 等力学性能特征值应符合表 C2-3-6-7 的规定。表 C2-3-6-7 所列各力学性能特征值，可作为交货检验的最小保证值。

热轧带肋钢筋的力学性能　　表 C2-3-6-7

编　号	A_{gt}(%)	R_{eL}(MPa)	R_m(MPa)	A(%)
		不　小　于		
HRB335 HRBF335	7.5	335	455	17
HRB400 HRBF400	7.5	400	540	16
HRB500 HRBF500	7.5	500	630	15

B. 直径 28～40mm 各牌号钢筋的断后伸长率 A 可降低 1%；直径大于 40mm 各牌号钢筋的断后伸长率 A 可降低 2%。

C. 有较高要求的抗震结构适用牌号为：在《钢筋混凝土用钢　第 2 部分：热轧带肋钢筋》（GB 1499.2—2007）表 1 中已有牌号后加 E（例如：HRB400E、HRBF400E）的钢筋。该类钢筋除应满足以下 a)、b)、c) 的要求外，其他要求与相对应的已有牌号钢筋相同。

（a）钢筋实测抗拉强度与实测屈服强度之比 R_m^0/R_{eL}^0不小于 1.25。

（b）钢筋实测屈服强度与表 C2-3-6-7 规定的屈服强度特征值之比 R_{eL}^0/R_{eL}不大于 1.30。

（c）钢筋的最大力总伸长率 A_{gt}不小于 9%。

注：R_m^0 为钢筋实测抗拉强度；R_{eL}^0为钢筋实测屈服强度。

D. 对于没有明显屈服强度的钢，屈服强度特征值 R_{eL} 应采用规定非比例延伸强度 $R_{p0.2}$。

E. 根据供需双方协议，伸长率类型可从 A 或 A_{gt} 中选定。如伸长率类型未经办议确定，则伸长率采用 A，仲裁检验时采用 A_{gt}。

③ 工艺性能

A. 弯曲性能：按表 C2-3-6-8 规定的弯芯直径弯曲 180°后，钢筋受弯曲部位表面不得产生裂纹。

热轧带肋钢筋的弯曲性能 **表 C2-3-6-8**

牌　　号	公称直径 a (mm)	弯曲试验 弯心直径
HRB335 HRBF335	6～25	$3a$
	28～50	$4a$
	>40～50	$5d$
HRB400 HRBF400	6～25	$4a$
	28～50	$5a$
	>40～50	$6d$
HRB500 HRBF500	6～25	$6a$
	28～50	$7a$
	>40～50	$8d$

B. 反向弯曲性能：

(a) 根据需方要求，钢筋可进行反向弯曲性能试验。

(b) 反向弯曲试验的弯心直径比弯曲试验相应增加一个钢筋公称直径。

(c) 反向弯曲试验：先正向弯曲 90°后，再反向弯曲 20°。两个弯曲角度均应在去载之前测量。经反向弯曲试验后，钢筋受弯曲部位表面不得产生裂纹。

④ 疲劳性能：如需方要求，经供需双方协议，可进行疲劳性能试验。疲劳试验的技术要求和试验方法，由供需双方协商确定。

⑤ 焊接性能

A. 钢筋的焊接工艺及接头的质量检验与验收应符合相关行业标准的规定。

B. 普通热轧钢筋在生产工艺、设备有重大变化及新产品生产时进行型式检验。

C. 细晶粒热轧钢筋的焊接工艺应经试验确定。

⑥ 晶粒度：细晶粒热轧钢筋应做晶粒度检验，其晶粒度不粗于 9 级。如供方能保证，可不做晶粒度检验。

⑦ 表面质量

A. 钢筋应无有害的表面缺陷。

B. 只要经钢丝刷刷过的试样的重量、尺寸、横截面积和拉伸性能不低于本部分的要求，锈皮、表面不平整或氧化铁皮不作为拒收的理由。

C. 当带有“表面质量中 B 款”规定的缺陷以外的表面缺陷的试样不符合拉伸性能或弯曲性能要求时，则认为这些缺陷是有害的。

⑧ 每批钢筋的检验项目，取样方法和试验方法应符合表 C2-3-6-9 的规定。

表 C2-3-6-9

序号	检验项目	取样数量	取样方法	试验方法
1	化学成分(熔炼分析)	1	GB/T 20066	GB/T 223、GB/T 4336
2	拉伸	2	任选两根钢筋切取	GB/T 228、本部分 8.2
3	弯曲	2	任选两根钢筋切取	GB/T 232、本部分 8.2
4	反向弯曲	1		YB/T 5126、本部分 8.2
5	疲劳试验	供需双方协议		
6	尺寸	逐支		本部分 8.3
7	表面	逐支		目视
8	重量偏差	本部分 8.4		本部分 8.4
9	晶粒度	2	任选两根钢筋切取	GB/T 6394

注：对化学分析和拉伸试验结果有争议时，仲裁试验分别按 GB/T 223、GB/T 228 进行。

⑨ 拉伸、弯曲、反向弯曲试验

A. 拉伸、弯曲、反向弯曲试验试样不允许进行车削加工。

B. 计算钢筋强度用截面面积采用表 C2-3-6-5 所列公称横截面面积。

C. 最大力总伸长率 A_{gt} 的检验，除按表 C2-3-6-9 规定采用 GB/T 228 的有关试验方法外，也可采用《钢筋混凝土用钢　第 2 部分：热轧带肋钢筋》GB 1499.2—2007 附录 A 的方法。

D. 反向弯曲试验时，经正向弯曲后的试样，应在 100℃温度下保温不少于 30min，经自然冷却后再反向弯曲。当供方能保证钢筋经人工时效后的反向弯曲性能时，正向弯曲后的试样亦可在室温下直接进行反向弯曲。

⑩ 交货检验

A. 组批规则

(a) 钢筋应按批进行检查和验收，每批由同一牌号、同一炉罐号、同一规格的钢筋组成。每批重量通常不大于 60t。超过 60t 的部分，每增加 40t（或不足 40t 的余数），增加一个拉伸试验试样和一个弯曲试验试样。

(b) 允许由同一牌号、同一冶炼方法、同一浇筑方法的不同炉罐号组成混合批，但各炉罐号含碳量之差不大于 0.02%，含锰量之差不大于 0.15%，混合批的重量不大于 60t。

B. 检验结果：各检验项目的检验结果应符合（GB 1499.2—2007）标准中尺寸、外形、重量及允许偏差和技术要求的规定。见表 C2-3-6-6、表 C2-3-6-7、表 C2-3-6-8 和表 C2-3-6-9。

Ⅲ　《碳素结构钢》(GB/T 700—2006)

1）技术要求

① 钢的牌号和化学成分（熔炼分析）应符合表 C2-3-6-10 的规定。

表 C2-3-6-10

<table>
<tr><th rowspan="2">牌号</th><th rowspan="2">统一数字代号[a]</th><th rowspan="2">等级</th><th rowspan="2">厚度(或直径)(mm)</th><th rowspan="2">脱氧方法</th><th colspan="5">化学成分(质量分数)(%)不大于</th></tr>
<tr><th>C</th><th>Si</th><th>Mn</th><th>P</th><th>S</th></tr>
<tr><td>Q195</td><td>U11952</td><td>—</td><td>—F、Z</td><td>0.12</td><td>0.30</td><td>0.50</td><td>0.035</td><td>0.040</td><td></td></tr>
<tr><td rowspan="2">Q215</td><td>U12152</td><td>A</td><td rowspan="2">—F、Z</td><td rowspan="2">0.15</td><td rowspan="2">0.35</td><td rowspan="2">1.20</td><td rowspan="2">0.045</td><td>0.050</td><td rowspan="2"></td></tr>
<tr><td>U12155</td><td>B</td><td>0.045</td></tr>
<tr><td rowspan="4">Q235</td><td>U12352</td><td>A</td><td rowspan="4">—</td><td rowspan="2">F、Z</td><td>0.22</td><td rowspan="4">0.35</td><td rowspan="4">1.40</td><td rowspan="2">0.045</td><td>0.050</td></tr>
<tr><td>U12355</td><td>B</td><td>0.20[b]</td><td>0.044</td></tr>
<tr><td>U12358</td><td>C</td><td>Z</td><td rowspan="2">0.17</td><td>0.040</td><td>0.040</td></tr>
<tr><td>U12359</td><td>D</td><td>TZ</td><td>0.035</td><td>0.035</td></tr>
<tr><td rowspan="5">Q275</td><td>U12752</td><td>A</td><td>—</td><td>F、Z</td><td>0.24</td><td rowspan="5">0.35</td><td rowspan="5">1.50</td><td>0.45</td><td>0.050</td></tr>
<tr><td rowspan="2">U12755</td><td rowspan="2">B</td><td>≤40</td><td rowspan="2">Z</td><td>0.21</td><td rowspan="2">0.045</td><td rowspan="2">0.045</td></tr>
<tr><td>>40</td><td>0.22</td></tr>
<tr><td>U12758</td><td>C</td><td rowspan="2">—</td><td>Z</td><td rowspan="2">0.20</td><td>0.040</td><td>0.040</td></tr>
<tr><td>U12759</td><td>D</td><td>TZ</td><td>0.035</td><td>0.035</td></tr>
</table>

a 表中为镇静钢、特殊镇静钢牌号的统一数字，沸腾钢牌号的统一数字代号如下：
Q195 F—U11950；
Q215AF—U12150，Q215BF—U12153；
Q235AF—U12350，Q235BF—U12353；
Q275AF—U12750。

b 经需方同意，Q235B 的碳含量可不大于 0.22%。

A. D级钢应有足够细化晶粒的元素，并在质量证明书中注明细化晶粒元素的含量。当采用铝脱氧时，钢中酸溶铝含量应不小于 0.015%，或总铝含量应不小于 0.020%。

B. 钢中残余元素铬、镍、铜含量应各不大于 0.30%，氮含量应不大于 0.008%。如供方能保证，均可不做分析。

氮含量允许超过本条 B 的规定值，但氮含量每增加 0.001%，磷的最大含量应减少 0.005%，熔炼分析氮的最大含量应不大于 0.012%；如果钢中的酸溶铝含量不小于 0.015%或总铝含量不小于 0.020%，氮含量的上限值可以不受限制。固定氮的元素应在质量证明书中注明。

经需方同意，A 级钢的铜含量可不大于 0.35%。此时，供方应做铜含量的分析，并在质量证明书中注明其含量。

C. 钢中砷的含量应不大于 0.080%。用含砷矿冶炼生铁所冶炼的钢，砷含量由供需双方协议规定；如原料中不含砷，可不做砷的分析。

D. 在保证钢材力学性能符合（GB/T 700—2006）标准规定的情况下，各牌号 A 级钢的碳、锰、硅含量可以不作为交货条件，但其含量应在质量证明书中注明。

E. 在供应商品连铸坯、钢锭和钢坯时，为了保证轧制钢材各项性能达到（GB/T 700—2006）标准要求，可以根据需方要求规定各牌号的碳、锰含量下限。

② 成品钢材、连铸坯、钢坯的化学成分允许偏差应符合 GB/T 222—2006 中表 1 的规定。

氮含量允许超过规定值，但必须符合本条 B 相关规定值的要求，成品分析氮含量的最大值应不大于 0.014%；如果钢中的铝含量达到本条 B 规定值规定的含量，并在质量证明书中注明，氮含量上限值可不受限制。

沸腾钢成品钢材和钢坯的化学成分偏差不作保证。

③ 力学性能

A. 钢材的拉伸和冲击试验结果应符合表 C2-3-6-11 的规定，弯曲试验结果应符合表 C2-3-6-12 的规定。

表 C2-3-6-11

牌号	等级	屈服强度[a] R_{eH}(N/mm²)，不小于						抗拉强度[b] R_m (N/mm²)	断后伸长率 A(%)，不小于					冲击试验（V 形缺口）	
		厚度（或直径）(mm)							厚度（或直径）(mm)						
		≤16	>16～40	>40～60	>60～100	>100～150	>150～200		≤40	>40～60	>60～100	>100～150	>150～200	温度（℃）	冲击吸收功（纵向）(J) 不小于
Q195	—	195	185	—	—	—	—	315～430	33	—	—	—	—	—	—
Q215	A	215	205	195	185	175	165	335～450	31	30	29	27	26	—	—
	B													+20	27
Q235	A	235	225	215	215	195	185	370～500	26	25	24	22	21	—	—
	B													+20	27[c]
	C													0	
	D													−20	
Q275	A	275	265	255	245	225	215	410～540	22	21	20	18	17	—	—
	B													+20	27
	C													0	
	D													−20	

a Q195 的屈服强度值仅供参考，不作交货条件。

b 厚度大于 100mm 的钢材，抗拉强度下限允许降低 20N/mm²。宽带钢（包括剪切钢板）抗拉强度上限不作交货条件。

c 厚度小于 25mm 的 Q235B 级钢材，如供方能保证冲击吸收功值合格，经需方同意，可不做检验。

B. 用 Q195 和 Q235B 级沸腾钢轧制的钢材，其厚度（或直径）不大于 25mm。

C. 做拉伸和冷弯试验时，型钢和钢棒取纵向试样；钢板、钢带取横向试样，断后伸长率允许比表 C2-3-6-11 降低 2%（绝对值）。窄钢带取横向试样如果受宽度限制时，可以取纵向试样。

D. 如供方能保证冷弯试验符合表 C2-3-6-12 的规定，可不做检验。A 级钢冷弯试验合格时，抗拉强度上限可以不作为交货条件。

E. 厚度不小于 12mm 或直径不小于 16mm 的钢材应做冲击试验，试样尺寸为 10mm×10mm×55mm。经供需双方协议，厚度为 6～12mm 或直径为 12～16mm 的钢材可以做冲击试验，试样尺寸为 10mm×7.5mm× 55mm 或 10mm×5mm×55mm 或 10mm×产品厚度×55mm。在《碳素结构钢》（GB/T 700—2006）附录 A 中给出规定的冲击吸收功值，如：当采用 10mm×5mm×55mm 试样时，其试验结果应不小于规定值的 50%。

F. 夏比（V 形缺口）冲击吸收功值按一组 3 个试样单值的算术平均值计算，允许其中 1 个试样的单个值低于规定值，但不得低于规定值的 70%。

如果没有满足上述条件，可从同一抽样产品上再取 3 个试样进行试验，先后 6 个试样的平均值不得低于规定值，允许有 2 个试样低于规定值，但其中低于规定值 70%的试样只允许有 1 个。

表 C2-3-6-12

<table>
<tr><th rowspan="4">牌　　号</th><th rowspan="4">试样方向</th><th colspan="2">冷弯试验 180°　β=2a[a]</th></tr>
<tr><th colspan="2">钢材厚度（或直径）[b]（mm）</th></tr>
<tr><th>≤60</th><th>>60～100</th></tr>
<tr><th colspan="2">弯心直径 d</th></tr>
<tr><td rowspan="2">Q195</td><td>纵</td><td>0</td><td rowspan="2">—</td></tr>
<tr><td>横</td><td>0.5a</td></tr>
<tr><td rowspan="2">Q215</td><td>纵</td><td>0.5a</td><td>1.5a</td></tr>
<tr><td>横</td><td>a</td><td>2a</td></tr>
<tr><td rowspan="2">Q235</td><td>纵</td><td>a</td><td>2a</td></tr>
<tr><td>横</td><td>1.5a</td><td>2.5a</td></tr>
<tr><td rowspan="2">Q215</td><td>纵</td><td>1.5a</td><td>2.5a</td></tr>
<tr><td>横</td><td>2a</td><td>3a</td></tr>
<tr><td colspan="4">a　β为试样宽度，a 为试样厚度（或直径）。
b　钢材厚度（或直径）大于 100mm 时，弯曲试验由双方协商确定。</td></tr>
</table>

④ 钢材的表面质量应分别符合钢板、钢带、型钢和钢棒等有关产品标准的规定。

2）试验方法

① 每批钢材的检验项目、取样数量、取样方法和试验方法应符合表 C2-3-6-13 的规定。

表 C2-3-6-13

<table>
<tr><th>序号</th><th>检验项目</th><th>取样数量/个</th><th>取样方法</th><th>试 验 方 法</th></tr>
<tr><td>1</td><td>化学分析</td><td>1（每炉）</td><td>GB/T 20066</td><td>第 2 章中 GB/T 223
系列标准、GB/T 4336</td></tr>
<tr><td>2</td><td>拉伸</td><td rowspan="2">1</td><td rowspan="3">GB/T 2975</td><td>GB/T 228</td></tr>
<tr><td>3</td><td>冷弯</td><td>GB/T 232</td></tr>
<tr><td>4</td><td>冲击</td><td>3</td><td>GB/T 229</td></tr>
</table>

② 拉伸和冷弯试验，钢板、钢带试样的纵向轴线应垂直于轧制方向；型钢、钢棒和受宽度限制的窄钢带试样的纵向轴线应平行于轧制方向。

③ 冲击试样的纵向轴线应平行轧制方向。冲击试样可以保留一个轧制面。

3）检验规则

① 钢材应成批验收，每批由同一牌号、同一炉号、同一质量等级、同一品种、同一尺寸、同一交货状态的钢材组成。每批重量应不大于 60t。

公称容量比较小的炼钢炉冶炼的钢轧成的钢材，同一冶炼、浇注和脱氧方法、不同炉号、同一牌号的 A 级钢或 B 级钢，允许组成混合批，但每批各炉号含碳量之差不得大于 0.02%，含锰量之差不得大于 0.15%。

② 钢材的夏比（V 形缺口）冲击试验结果不符合（GB/T 700—2006）5.4.6 规定时，抽样产品应报废，再从检验批的剩余部分取两个抽样产品，在每个抽样产品上各选取新的一组 3 个试样，这两组试样的复验结果均应合格，否则该批产品不得交货。

③ 钢材其他检验项目的复验和检验规则应符合《钢板和钢带包装、标志及质量证明书的一般规定》（GB/T 247—2008）和《型钢验收、包装、标志及质量证明书的一般规定》（GB/T 2101—2008）的规定。

Ⅳ《冷轧带肋钢筋》（GB 13788—2008）

冷轧带肋钢筋的试验项目、取样方法及试验方法　　表 C2-3-6-14

序号	试验项目	试验数量	取样方法	试验方法
1	拉伸试验	每盘 1 个	在每(任)盘中随机切取	GB/T 228
2	弯曲试验	每批 2 个		GB/T 232
3	反复弯曲试验	每批 2 个		GB/T 238
4	应力松弛试验	定期 1 个		GB/T 10120 GB 13788—2008 第 7.3
5	尺寸	逐盘		GB 13788—2008 第 7.4
6	表面	逐盘		目　视
7	重量偏差	每盘 1 个		GB 13788—2008 第 7.5

注：表中试验数量栏中的“盘”指生产钢筋的“原料盘”。

冷轧带肋钢筋力学性能和工艺性能　　表 C2-3-6-15

牌号	$R_{P0.2}$(MPa) 不小于	R_m(MPa) 不小于	伸长率(%) 不小于		弯曲试验 180°	反复弯曲次数	应力松弛 初始应力应相当于公称抗拉强度的 70% 1000h 松弛率(%) 不大于
			$A_{11.3}$	A_{100}			
CRB550	500	550	8.0	—	$D=3d$	—	—
CRB650	585	650	—	4.0	—	3	8
CRB800	720	800	—	4.0	—	3	8
CRB970	875	970	—	4.0	—	3	8

注：表中 D 为弯心直径，d 为钢筋公称直径。

冷轧带肋钢筋用盘条的参考牌号和化学成分　　表 C2-3-6-16

钢筋牌号	盘条牌号	化学成分(质量分数)(%)					
		C	Si	Mn	V、Ti	S	P
CRB550	Q215	0.09～0.15	≤0.30	0.25～0.55	—	≤0.050	≤0.045
CRB650	Q235	0.14～0.22	≤0.30	0.30～0.65	—	≤0.050	≤0.045
CRB800	24MnTi	0.19～0.27	0.17～0.37	1.20～1.60	Ti:0.01～0.05	≤0.045	≤0.045
	20MnSi	0.17～0.25	0.40～0.80	1.20～1.60	—	≤0.045	≤0.045
CRB970	41MnSiV	0.37～0.45	0.60～1.10	1.00～1.40	V:0.05～0.12	≤0.045	≤0.045
	60	0.57～0.65	0.17～0.37	0.50～0.80	—	≤0.035	≤0.035

Ⅴ 《冷轧扭钢筋》(JG 190—2006)

冷轧扭钢筋为低碳钢热轧圆盘条经专用钢筋冷轧扭机调直、冷轧并冷扭（或冷滚）一次成型，具有规定截面形式和相应节距的连续螺旋状钢筋（见图 C2-3-6-1）。

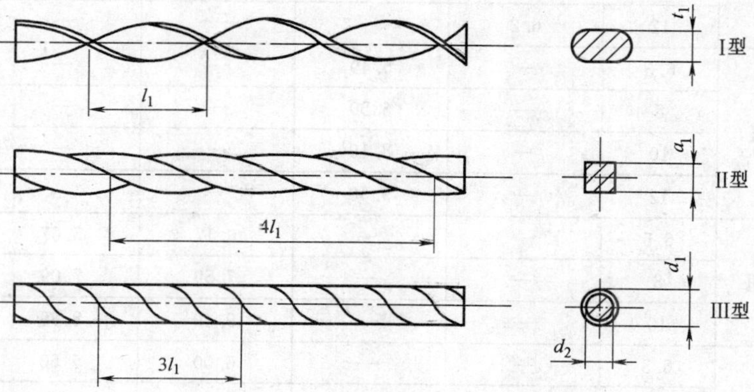

图 C2-3-6-1 冷轧扭钢筋形状及截面控制尺寸

1）分类和标记

① 分类

冷轧扭钢筋按其截面形状不同分为三种类型：近似矩形截面为Ⅰ型；近似正方形截面为Ⅱ型；近似圆形截面为Ⅲ型。

冷轧扭钢筋按其强度级别不同分为两级：550 级、650 级。

② 标记

冷轧扭钢筋的标记由产品名称代号、强度级别代号、标志代号、主参数代号以及类型代号组成。

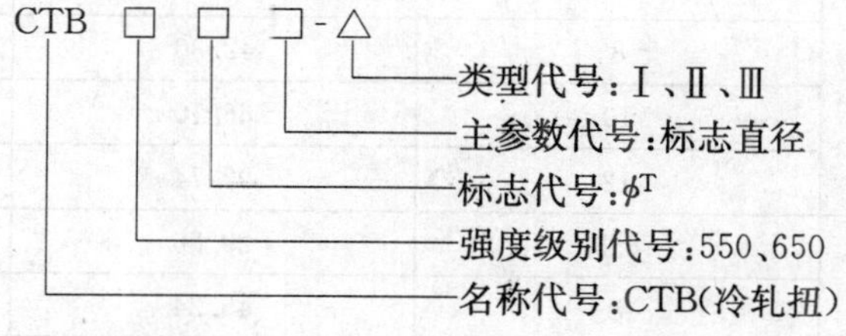

示例 1：冷轧扭钢筋 550 级Ⅱ型，标志直径 10mm，标记为：CTB5500ϕ^T10-Ⅱ。

示例 2：冷轧扭钢筋 650 级Ⅲ型，标志直径 8mm，标记为：CTB650ϕ^T10-Ⅲ。

2）要求

① 原材料：生产冷轧扭钢筋用的原材料应选用符合 GB/T 701 规定的低碳钢热轧圆盘条。采用低碳钢的牌号应为 Q235 或 Q215。当采用 Q215 牌号时，其碳的含量不应低于 0.12%。550 级Ⅱ型和 650 级Ⅲ型冷轧扭钢筋应采用 Q235 牌号。

② 冷轧扭钢筋截面控制尺寸、节距、公称截面面积、理论质量和允许偏差。

A. 冷轧扭钢筋的截面控制尺寸、节距应符合表 C2-3-6-17 的规定。

截面控制尺寸、节距　　表 C2-3-6-17

强度级别	型号	标志直径 d(mm)	截面控制尺寸(mm) 不小于				节距 l_1(mm) 不大于
			轧扁厚度 t_1	正方形边长 a_1	外圆直径 d_1	内圆直径 d_2	
CTB550	Ⅰ	6.5	3.7	—	—	—	75
		8	4.2	—	—	—	95
		10	5.3	—	—	—	110
		12	6.2	—	—	—	150
	Ⅱ	6.5	—	5.40	—	—	30
		8	—	6.50	—	—	40
		10	—	8.10	—	—	50
		12	—	9.60	—	—	80
	Ⅲ	6.5	—	—	6.17	5.67	40
		8	—	—	7.59	7.09	60
		10	—	—	9.49	8.89	70
CTB650	Ⅲ	6.5	—	—	6.00	5.50	30
		8	—	—	7.38	6.88	50
		10	—	—	9.22	8.67	70

B. 冷轧扭钢筋的公称横截面面积和理论质量应符合表 C2-3-6-18 的规定。

公称横截面面积和理论质量　　表 C2-3-6-18

强度级别	型号	标志直径 d(mm)	公称横截面面积 A_s(mm^2)	理论质量(kg/m)
CTB550	Ⅰ	6.5	29.50	0.232
		8	45.30	0.356
		10	68.30	0.536
		12	96.14	0.755
	Ⅱ	6.5	29.20	0.229
		8	42.30	0.332
		10	66.10	0.519
		12	92.74	0.728
	Ⅲ	6.5	29.86	0.234
		8	45.24	0.355
		10	70.69	0.555
CTB650	Ⅲ	6.5	28.20	0.221
		8	42.73	0.335
		10	66.76	0.524

C. 冷轧扭钢筋实际质量与理论质量的负偏差不应大于 5%。

D. 冷轧扭钢筋定尺长度尺寸允许偏差：单根长度大于 8m 时为±15mm；单根长度小于或等于 8m 时为±10mm。

③ 冷轧扭钢筋力学性能和工艺性能应符合表 C2-3-6-19 的规定。

力学性能和工艺性能指标 **表 C2-3-6-19**

强度级别	型号	抗拉强度 σ_b (N/mm^2)	伸长率 A(%)	180°弯曲试验（弯心直径=$3d$）	应力松弛率(%)（当 $\sigma_{com}=0.7f_{ptk}$）	
CTB550	Ⅰ	≥550	$A_{11.3}\geq4.5$	受弯曲部位钢筋表面不得产生裂纹	—	—
	Ⅱ	≥550	$A\geq10$		—	—
	Ⅲ	≥550	$A\geq12$		—	—
CTB650	Ⅳ	≥650	$A_{100}\geq4$		≤5	≤8

注 1：d 为冷轧扭钢筋标志直径。

注 2：A、$A_{11.3}$分别表示以标距 $5.56\sqrt{s_0}$或$\sqrt{s_0}$（s_0 为试样原始截面面积）的试样拉断伸长率，A_{100}表示标距为 100mm 的试样拉断伸长率。

注 3：σ_{con}为预应力钢筋张拉控制应力；f_{ptk}为预应力冷轧扭钢筋抗拉强度标准值。

④ 外观：冷轧扭钢筋表面不应有影响钢筋力学性能的裂纹、折叠、结疤、机械损伤或其他影响使用的缺陷。

⑤ 交货状态：对于 550 级Ⅰ、Ⅱ和Ⅲ型冷轧扭钢筋，均应以冷加工状态直条交货；对于 650 级Ⅲ型钢筋，可采用冷加工状态盘条交货。

3）测试方法

① 抽样：冷轧扭钢筋的试样应由钢筋验收批中随机抽取。取样部位应距钢筋末端不小于 500mm。试样长度宜取偶数倍节距（不宜小于 4 倍节距），且不小于 400mm。

② 尺寸测量：

A. 轧扁厚度用精度为 0.02mm 的游标卡尺在试样两端量取。每端分别测其截面两边缘和中央部件厚度，取其算术平均值为一端厚度，再取两端厚度的算术平均值为Ⅰ型冷轧扭钢筋横截面面积的轧扁厚度（T_1）。

B. Ⅱ型冷轧扭钢筋的边长用精度为 0.02mm 的游标卡尺在试样的两端量取两方向的边长值，再取两端的算术平均值为边长值（a_1）。

C. Ⅲ型冷轧扭钢筋的外（内）圆直径测量用精度为 0.02 mm 的游标卡尺，测试样三个不同位置的两个方向外圆直径值，取其算术平均值为外圆直径 d；用滑尺端插入螺旋状纵肋根底测其肋高，在试样两端和中间三条不同纵肋处测其结果取其算术平均值为肋高 h_1。然后，按下式计算内圆直径 d_2：

$$d_2=d_1-2h_1$$

D. 节距用精度为 1.0mm 的直尺量取不少于 3 个整节距长度，取其平均值为节距（l_1）值。

E. 冷轧扭钢筋定尺长度用精度为 1.0mm 的钢尺测量试样长度。

③ 冷轧扭钢筋质量测量用精度为 1.0g 台秤称重，用精度为 1.0mm 钢尺测量其长度，然后计算其质量。计算时，钢的密度采用 7850kg/m³，试样长度不应小于 400mm。

质量偏差按下式计算：

$$\Delta G=\frac{G'-LG}{LG}\times100$$

式中 ΔG——质量偏差（%）；

G'——实测试样质量（kg）；

G——冷轧扭钢筋的理论质量，（kg/m）；

L——实测试样长度，（m）。

④ 原材料化学成分分析应符合《钢铁及合金化学分析方法》GB 223.69 的规定。

⑤ 冷轧扭钢筋试样的拉伸试验应符合《金属材料 室温拉伸试验方法》GB/T 228 和附录 A（规范性附录）的规定。

⑥ 冷轧扭钢筋 180°角的弯曲试验应符合《金属材料 弯曲试验方法》GB/T 232 的规定。

4）检验规则

检验分类

① 冷轧扭钢筋的出厂检验以验收批为基础，冷轧扭钢筋交货时应按表 C2-3-6-20 的规定进行检验。

② 冷轧扭钢筋验收批应由同一型号、同一强度等级、同一规格尺寸、同一台（套）轧机生产的钢筋组成，且每批不应大于 20t，不足 20t 按一批计。

③ 判定规则

A. 当全部检验项目均符合《冷轧扭钢筋》（JG 190—2006）标准规定时，则该批型号的冷轧扭钢筋判定为合格。

B. 当检验项目中一项或几项检验结果不符合《冷轧扭钢筋》（JG 190—2006）标准相关规定时，则应从同一批钢筋中重新加倍随机抽样，对不合格项目进行复检。若试样复检后合格，则可判定该批钢筋合格；否则，应根据不同项目按下列规则判定：

（a）当抗拉强度、伸长率、180°弯曲性能不合格或质量负偏差大于 5%时，判定该批钢筋为不合格。

（b）当钢筋力学与工艺性能合格，但截面控制尺寸（轧扁厚度、边长或内外圆直径）小于《冷轧扭钢筋》（JG 190—2006）标准规定值或节距大于《冷轧扭钢筋》（JG 190—2006）标准规定值时，该批钢筋应降直径规格使用。

冷轧扭钢筋检验项目、取样数量和试验方法 **表 C2-3-6-20**

序号	检验项目	取样数量		试验方法	备 注
		出厂检验	形式检验		
1	外观	逐根	逐根	目测	
2	截面控制尺寸	每批 3 根	每批 3 根	标准 6.2.1～6.2.3	
3	节 距	每批 3 根	每批 3 根	标准 6.2.4	
4	定尺长度	—	每批 3 根	标准 6.2.5	
5	质 量	每批 3 根	每批 3 根	标准 6.3	
6	化学成分	—	每批 3 根	GB 223.69	仅当材料的力学性能指标不符合本标准时进行
7	拉伸试验	每批 2 根	每批 3 根	标准附录 A	可采用前五项同批试样
8	180°弯曲试验	每批 1 根	每批 3 根	GB/T 232	可采用前五项同批试样

注：表中标准系指《冷轧扭钢筋》（JG 190—2006）。

附：低碳钢热轧圆盘条的化学成分要求见表 C2-3-6-21。

低碳钢热轧圆盘条的化学成分要求 **表 C2-3-6-21**

<table>
<tr><th rowspan="3">牌 号</th><th colspan="5">化学成分(质量分数)(%)</th></tr>
<tr><th rowspan="2">C</th><th rowspan="2">Mn</th><th>Si</th><th>S</th><th>P</th></tr>
<tr><th colspan="3">不 大 于</th></tr>
<tr><td>Q195</td><td>≤0.12</td><td>0.25～0.50</td><td>0.30</td><td>0.040</td><td>0.035</td></tr>
<tr><td>Q215</td><td>0.09～0.15</td><td>0.25～0.60</td><td rowspan="3">0.30</td><td rowspan="3">0.045</td><td rowspan="3">0.045</td></tr>
<tr><td>Q235</td><td>0.12～0.20</td><td>0.30～0.70</td></tr>
<tr><td>Q275</td><td>0.14～0.22</td><td>0.40～1.00</td></tr>
</table>

注：本表选自《低碳钢热轧圆盘条》（GB/T 701—2008）。

Ⅵ 《钢筋混凝土用余热处理钢筋》（GB 13014—91）

钢筋的力学性能工艺性能表 **表 C2-3-6-22**

<table>
<tr><th rowspan="2">表面形状</th><th rowspan="2">钢筋级别</th><th rowspan="2">强度等级代号</th><th rowspan="2">公称直径</th><th>屈服点 σ_s (MPa)</th><th>抗拉强度 σ_s (MPa)</th><th>伸长率 δ (%)</th><th rowspan="2">冷弯
d—弯芯直径
a—钢筋公称直径</th></tr>
<tr><th colspan="3">不小于</th></tr>
<tr><td rowspan="2">月牙肋</td><td rowspan="2">Ⅲ</td><td rowspan="2">RL400</td><td>8～25</td><td rowspan="2">440</td><td rowspan="2">600</td><td rowspan="2">14</td><td>90° $d=3a$</td></tr>
<tr><td>28～40</td><td>90° $d=4a$</td></tr>
</table>

注：征得需方同意，在 KL400Ⅲ级钢筋性能符合表 5 规定，且伸长率冷弯试验符合 GB 1499.2 中Ⅱ级钢筋的要求时，可按 RL335Ⅱ级钢筋交货。此时应在质量证明书中注明。

钢筋的化学成分要求 **表 C2-3-6-23**

<table>
<tr><th rowspan="3">表面形状</th><th rowspan="3">钢筋级别</th><th rowspan="3">强度代号</th><th rowspan="3">牌号</th><th colspan="5">化 学 成 分（%）</th></tr>
<tr><th rowspan="2">C</th><th rowspan="2">Si</th><th rowspan="2">Mn</th><th>P</th><th>S</th></tr>
<tr><th colspan="2">不 大 于</th></tr>
<tr><td>月牙肋</td><td>Ⅲ</td><td>KL400</td><td>20MnSi</td><td>0.17～0.25</td><td>0.40～0.80</td><td>1.20～1.60</td><td>0.045</td><td>0.045</td></tr>
</table>

注：本表选自《钢筋混凝土用余热处理钢筋》（GB 13014—91）。

Ⅶ 进口热轧变形钢筋

（1）进口钢筋进场后，其机械性能的检验应按国家现行标准或规范要求进行复试。当检验结果符合国产钢筋的机械性能要求时，可按国家对进口钢筋应用范围的有关规定执行。

（2）当进口钢筋需要焊接施工时，应进行化学成分检验，热轧变形钢筋的化学成分可按表 C2-3-6-24、表 C2-3-6-25 执行。

（3）特种进口钢筋应按国家相应的技术规定进行复试和应用。

进口热轧变形钢筋的化学成分要求　　　　表 C2-3-6-24

国别		日本	日本	日本	日本	日本、澳大利亚、阿根廷、新加坡	墨西哥	巴西
材料标准		JISG 3112	JISG 3112	JISG 3112	JISG 3112	JISG A615～75	ASTM A615～75	ASTM
钢筋代号		SD30	SD40	SD550	特殊 35	SD35	60 级	60 级
化学成分(%)	碳(C)	—	<0.29	<0.32	0.12～0.22	<0.27	0.35～0.44	0.25～0.35
	锰(Mn)	—	<1.80	<1.80	1.20～1.60	<1.60	>1.0	>1.0
	磷(P)	<0.05	<0.05	<0.05	<0.05	<0.05	0.03	0.05
	硫(S)	<0.05	<0.05	<0.05	<0.05	<0.05	0.044	0.05
	硅(Si)							
	铝(Al)	—	—	—	—			
	铌(Nb)	—	—	—	—			
碳当量 C+Mn/6		—	<0.50	<0.60	—	<0.50		

注：表内的化学成分是外贸订货时的协议规定供参考。

进口热轧变形钢筋化学成分要求　　　　表 C2-3-6-25

国别		荷兰		德国		西班牙	意大利	法国	比利时
材料标准		DIN 488	DIN 488	DIN 488	DIN 488	DIN 488	DIN 488	DIN 488	DIN 488
钢筋代号		BSt42/50RU	BSt42/50RU	BSt42/50RU	BSt42/50RU	BSt42/50RU	BSt42/50RU	BSt42/50RU	BSt42/50RU
化学成分(%)	碳(C)	0.15～0.30	0.15～0.28	0.32～0.43	0.41～0.45	0.15～0.27	0.30～0.40	0.12～0.25	0.12～0.25
	锰(Mn)	0.45～1.60	0.45～1.60	0.9～1.20	1.0～1.2	0.8～1.6	0.8～1.6	0.8～1.6	0.8～1.6
	磷(P)	≤0.05	≤0.05	≤0.05	≤0.04	≤0.05	≤0.05	≤0.05	≤0.05
	硫(S)	≤0.05	≤0.05	≤0.05	≤0.04	≤0.05	≤0.05	≤0.05	≤0.05
	硅(Si)	0.02～0.07	0.02～0.07	0.2～0.4	0.15～0.35	0.2～0.4	0.3～0.5	—	—
	铝(Al)	—	—	—	0.025～0.07	—	—	—	—
	铌(Nb)	<0.04	<0.04	—	—	—	—	—	—
碳当量		—	—	—	—	—	—	—	—

注：表内的化学成分是外贸订货时的协议规定供参考。

（4）钢筋的标准应用

1）标准应用应和出厂合格证上钢材生产厂家提供的应用标准相一致。对合格证上没有应用标准说明时，应根据提供试件的钢种，分别按实际使用的钢材执行《碳素结构钢》（GB 700）、《优质碳素结构钢技术条件》（GB 699）、《低合金结构钢》（GB 1591）和《合金结构钢》（GB 3077）现行标准。

Ⅷ 低合金高强度结构钢

低合金高强度结构钢牌号及化学成分 **表 C2-3-6-26**

牌号	质量等级	化学成分[a,b]（质量分数）（%）														
		C	Si	Mn	P	S	Nb	V	Ti	Cr	Ni	Cu	N	Mo	B	Als
					不大于											不小于
Q345	A	≤0.20	≤0.50	≤1.70	0.035	0.035	0.07	0.15	0.20	0.30	0.50	0.30	0.012	0.10	—	—
	B				0.035	0.035										
	C				0.030	0.030										0.015
	D	≤0.18			0.030	0.025										
	E				0.025	0.020										
Q390	A	≤0.20	≤0.50	≤1.70	0.035	0.035	0.07	0.20	0.20	0.30	0.50	0.30	0.15	0.10	—	—
	B				0.035	0.035										
	C				0.030	0.030										0.015
	D				0.030	0.025										
	E				0.025	0.020										
Q420	A	≤0.20	≤0.50	≤1.70	0.035	0.035	0.07	0.20	0.20	0.30	0.80	0.30	0.015	0.20	—	—
	B				0.035	0.035										
	C				0.030	0.030										0.015
	D				0.030	0.025										
	E				0.025	0.020										
Q460	C	≤0.20	≤0.60	≤1.80	0.030	0.030	0.11	0.20	0.20	0.30	0.80	0.55	0.015	0.20	0.004	0.015
	D				0.030	0.025										
	E				0.025	0.020										
Q500	C	≤0.18	≤0.60	≤1.80	0.030	0.030	0.11	0.12	0.20	0.60	0.80	0.55	0.015	0.20	0.004	0.015
	D				0.030	0.025										
	E				0.025	0.020										
Q550	C	≤0.18	0.60	≤2.00	0.030	0.030	0.11	0.12	0.20	0.80	0.80	0.80	0.015	0.30	0.004	0.015
	D				0.030	0.025										
	E				0.025	0.020										
Q620	C	≤0.18	≤0.60	≤2.00	0.030	0.030	0.11	0.12	0.20	1.00	0.80	0.80	0.015	0.30	0.004	0.015
	D				0.030	0.025										
	E				0.025	0.020										
Q690	C	≤0.18	≤0.60	≤2.00	0.030	0.030	0.11	0.12	0.20	1.00	0.80	0.80	0.015	0.30	0.004	0.015
	D				0.030	0.025										
	E				0.025	0.020										

[a]型材及棒材P、S含量可提高0.005%，其中A级钢上限可为0.045%。

[b]当细化晶粒元素组合加入时，20(Nb+V+Ti)≤0.22%，20(Mo+Cr)≤0.30%。

低合金高强度结构钢钢材的拉伸性能 **表 C2-3-6-27**

牌号	质量等级	拉伸试验[a,b,c]																					
		以下公称厚度(直径、边长)下屈服强度 R_{eL} (MPa)									以下公称厚度(直径、边长)抗拉强度 R_m (MPa)							断后伸长率 A(%) 公称厚度(直径、边长)					
		≤16mm	>16mm ~ 40mm	>40mm ~ 63mm	>63mm ~ 80mm	>80mm ~ 100mm	>100mm ~ 150mm	>150mm ~ 200mm	>200mm ~ 250mm	>250mm ~ 400mm	≤40mm	>40mm ~ 63mm	>63mm ~ 80mm	>80mm ~ 100mm	>100mm ~ 150mm	>150mm ~ 200mm	>250mm ~ 400mm	≤40mm	>40mm ~ 63mm	>63mm ~ 100mm	>100mm ~ 150mm	>150mm ~ 250mm	>250mm ~ 400mm
Q345	A	≥345	≥335	≥325	≥315	≥305	≥285	≥275	≥265	—	470~630	470~630	470~630	470~630	450~600	450~600	—	≥20	≥19	≥19	≥18	≥17	—
	B																						
	C																	≥21	≥20	≥20	≥19	≥18	
	D									≥265							450~600						≥17
	E																						
Q390	A	≥390	≥370	≥350	≥330	≥330	≥310	—	—	—	490~650	490~650	490~650	490~650	470~620	—	—	≥20	≥19	≥19	≥18	—	—
	B																						
	C																						
	D																						
	E																						
Q420	A	≥420	≥400	≥380	≥360	≥360	≥340	—	—	—	520~680	520~680	520~680	520~680	500~650	—	—	≥19	≥18	≥18	≥18	—	—
	B																						
	C																						
	D																						
	E																						
Q460	C	≥460	≥440	≥420	≥400	≥400	≥380	—	—	—	550~720	550~720	550~720	550~720	530~700	—	—	≥17	≥16	≥16	≥16	—	—
	D																						
	E																						

续表

牌号	质量等级	拉伸试验[a,b,c]																					
		以下公称厚度（直径、边长）下屈服强度 R_{eL}（MPa）									以下公称厚度（直径、边长）抗拉强度 R_m（MPa）							断后伸长率 A(%) 公称厚度（直径、边长）					
		⩽16mm	>16mm～40mm	>40mm～63mm	>63mm～80mm	>80mm～100mm	>100mm～150mm	>150mm～200mm	>200mm～250mm	>250mm～400mm	⩽40mm	>40mm～63mm	>63mm～80mm	>80mm～100mm	>100mm～150mm	>150mm～200mm	>250mm～400mm	⩽40mm	>40mm～63mm	>63mm～100mm	>100mm～150mm	>150mm～250mm	>250mm～400mm
Q500	C																						
	D	⩾500	⩾480	⩾470	⩾450	⩾440				—	610～770	600～760	590～750	540～730	—	—	—	⩾17	⩾17	⩾17	—	—	—
	E																						
Q550	C																						
	D	⩾550	⩾530	⩾520	⩾500	⩾490	—	—	—	—	670～830	620～810	600～790	590～780	—	—	—	⩾16	⩾16	⩾16	—	—	—
	E																						
Q620	C																						
	D	⩾620	⩾600	⩾590	⩾570	—	—	—	—	—	710～880	690～880	670～860	—	—	—	—	⩾15	⩾15	⩾15	—	—	—
	E																						
Q690	C																						
	D	⩽690	⩾670	⩾660	⩾640	—	—	—	—	—	770～940	750～920	730～900	—	—	—	—	⩾14	⩾14	⩾14	—	—	—
	E																						

[a] 当屈服不明显时，可测量 $R_{p0.2}$ 代替下屈服强度。

[b] 宽度不小于 600mm 扁平材，拉伸试验取横向试样；宽度小于 600mm 的扁平材、型材及棒材取纵向试样，断后伸长率最小值相应提高 1%（绝对值）。

[c] 厚度>250～400mm 的数值适用于扁平材。

Ⅸ　铸造碳钢件、高强度螺栓性能表

铸造碳钢件的化学成分表　　　　表 C2-3-6-28

牌　号	化学成分(%)≤					
	碳	硅	锰	硫	磷	残余元素
ZG200-400	0.20	0.50	0.80	0.040	0.040	镍 0.30
ZG230-450	0.30	0.50	0.90	0.040	0.040	铬 0.35
ZG270-500	0.40	0.50	0.90	0.040	0.040	铜 0.30
ZG310-570	0.50	0.60	0.90	0.040	0.040	钼 0.20
ZG340-640	0.60	0.60	0.90	0.040	0.040	钒 0.05

注：① 残余元素总和≤1.00；② 对上限每减少 0.01%碳，允许增加 0.04%锰。对 ZG 200—400，锰含量最高至 1.00%，其余四个牌号锰含量最高至 1.20%。

铸造碳钢件的力学性能表　　　　表 C2-3-6-29

牌　号	室温下试样力学性能≥				
	屈服点或屈服强度	抗拉强度	伸长率	收缩率	(V形)冲击吸收功* A_{kv}(J)
	(MPa)		(%)		
ZG200-400	200	400	25	40	30
ZG230-450	230	450	22	32	25
ZG270-500	270	500	18	25	22
ZG310-570	310	570	15	21	15
ZG340-640	340	640	10	18	10

注：① 表列数值适用于小于或等于 100mm 的铸件；对于厚度＞100mm 的铸件，仅屈服强度数值可供设计用。如需从经热处理的铸件上或从代表铸件的大型试块上切取试样时，其数值须由供需双方协商确定；②* 对收缩率和冲击吸收功，如需方无要求，即由制造厂选择保证其中一项。

高强度螺栓的性能等级和机械性能表　　　　表 C2-3-6-30

螺栓种类	性能等级	采用的钢号	屈服强度(N/mm^2)		抗拉强度(N/mm^2)	
			≥			
大六角头高强度螺栓	8.8 级	45 号钢、35 号钢	630	660	850～1050	830～1030
	10.9 级	20MnTiB 钢	950	940	1060～1260	1040～1240
		40B 钢				
扭剪型高强度螺栓	10.9 级	20MnTiB 钢	950	940	1060～1260	1040～1240

注：①对高强度螺栓（即高强度大六角头螺栓连接副、扭剪型高强度螺栓连接副和钢网架用高强度螺栓共 3 种）的进场检验按包装箱配套供货，包装箱上应标明批号、规格、数量及生产日期。按包装箱数检查 5%，且不应少于 3 箱。②对高强度大六角头螺栓连接副，按 GB 50205—2001 规范附录 B 检验其扭矩系数，每批随机抽取 8 套连接副进行复验。③对扭剪型高强度螺栓连接副，按 GB 50205—2001 规范附录 B 检验其预拉力，每批随机抽取 8 套连接副进行复验。④对钢网架用高强度螺栓，（对建筑结构安全等级为一级，跨度 40m 及以上的螺栓球节点钢网架结构）进行表面硬度试验（按规格检查 8 只）；对 8.8 级高强度螺栓，硬度应为 HRC21～29；对 10.9 级高强度螺栓，硬度应为 HRC32～36；表面不能有裂纹或损伤。⑤对螺栓、螺母、垫圈等外观表面应涂油保护，不应出现生锈和沾染脏物，螺纹不应损伤。

2）标准应用中应检查标准应用是否符合某标准规定的使用范围，如果钢材试件应用标准的使用范围不符合某标准的使用要求时，该批钢材应予查明，否则该批钢材不能用于工程。

3）《钢筋混凝土用钢 第一部分：热轧光圆钢筋》（GB 1499.1—2008）取代《低碳钢热轧圆盘条》（GB/T 701—1997）中建筑用盘条部分和《钢筋混凝土用热轧光圆钢筋》（GB 13013—1991）。

4）《钢筋混凝凝土用钢 第2部分：热轧带肋钢筋》（GB 1499.2—2007）等标准中规定，该标准不适用于由成品钢再次轧制成的再生钢筋及余热处理钢筋。再生钢筋的材质成分比较复杂，必须严格控制。

5）GB 50204 规定：对有抗震要求的框架结构纵向受力钢筋应满足设计要求，检验所得的强度实测值应符合：钢筋的抗拉强度实测值与屈服强度实测值的比值不应小于1.25；钢筋的屈服强度实测值与钢筋的强度标准的比值，不应大于1.30。

（5）钢材的检验项目规定

1）优质碳素结构钢（GB/T 699）：包括：化学成分、低倍组织、断口、硬度、拉伸试验、冲击试验、脱碳、晶粒度、非金属夹杂物、显微组织、顶锻试验、尺寸检验、表面质量；

2）碳素结构钢（GB/T 700）：包括：化学成分、拉伸、冷弯、冲击；

3）低合金结构钢（GB 1591）：包括：化学成分、拉伸、冷弯、常温冲击、低温冲击；

4）《钢筋混凝凝土用钢 第2部分：热轧带肋钢筋》（GB 1499.2—2007）：包括：化学成分、拉伸、弯曲、反向弯曲、尺寸检验、表面质量、重量偏差、晶粒度；

5）余热处理钢筋（GB 13014）：包括：化学成分、拉伸、冷弯、尺寸检验、表面质量、重量偏差；

6）光圆钢筋（GB 1499.1—2008）：包括：化学成分、拉伸、冷弯、尺寸检验、表面质量、重量偏差。

（6）冷轧带肋钢筋的检查验收

1）冷轧带肋钢筋技术要求和各项质量指标应符合国标《冷轧带肋钢筋》GB 13788—2008 规定。

2）550级和650级冷轧带肋钢筋的母材应符合国标《低碳钢热轧圆盘条》GB/T 701—2008 或行业标准《低碳钢无扭控冷热轧盘条》YB 4027—91 的有关规定。800级钢筋的盘条应符合行业标准《预应力混凝土用低合金钢丝》YB/T 038—93 中关于公称直径6.5mm 盘条的有关规定。650级和800级成盘供应钢筋每盘由一根组成；550级成盘或成捆供应，成捆供应钢筋每捆应由同一炉罐号的母材轧制而成。

3）进厂（场）的冷轧带肋钢筋应按下列规定进行检查和验收。

① 钢筋应成批验收。每批由同一钢号、同一规格和同一级别的钢筋组成，每批不大于50t。每批钢筋应有出厂合格证书，每盘或捆均应有标牌。

② 每批抽取5%（但不少于5盘或5捆）进行外形尺寸、表面质量和重量偏差的检查。检查结果应符合冷轧带肋钢筋的技术性能指标。检查结果如其中有一盘或一捆不合格，则应对该批钢筋逐盘或逐捆检查。

③ 钢筋的力学性能和工艺性能应逐盘进行检验，从每盘任一端截去500mm以后取两个试样，一个做抗拉强度和伸长率试验，另一个做冷弯试验。检查结果如有一项指标不符合冷轧带肋钢筋技术性能指标的规定，则判该盘钢筋不合格。

④ 对成捆供应的550级钢筋应逐捆检验，从每捆中同一根钢筋上截取两个试样，一个做抗拉强度和伸长率试验，另一个做冷弯试验。检查结果如有一项指标不符合冷轧带肋钢筋技术性能指标的规定，应从该捆钢筋中取双倍数量的试件进行复验；复验结果如仍有一个试样不合格，则判该捆钢筋不合格。

(7) 钢筋试（检）验报告核查要点。

1) 钢筋进场时应有包括炉号、型号、规格、机械性能、化学成分、数量（指每批的代表数量）、生产厂家名称、出厂日期等内容的出厂合格证，又要在施工现场取样进行复试，提供机械性能试验报告。合格证必须包括机械性能、化学成分，两者缺一不可。无出厂合格证时，使用国产钢材均应增加化学成分试验，主要受力钢筋若只有物理性能试验即为不符合要求。国产钢筋在加工中发现脆断、焊接性能不良或机械性能显著不正常现象，应进行化学成分检验或其他专项性能检验。使用进口钢筋应复试机械性能和化学成分，有焊接要求的应做可焊接试验。冷拉钢筋通过试验确定冷拉率，符合国产二级钢筋要求的日本SD35和荷兰、西班牙、西德BST42/50RU（35/50RU、35/50RU）钢筋，作非预应力筋时，可代替国产二级钢筋使用，经冷拉加工后可作预应力钢筋使用。

注：质量证明文件的抄件（复印件）应保留原件的所有内容，并注明原件存放处。

2) 钢筋集中加工，应将钢筋复验单及钢筋加工出厂证明抄送施工单位（钢筋出厂证明及复验单原件由钢筋加工厂保存）。直接发到现场或构件厂的钢筋，复验由使用单位负责。

3) 当钢材出厂合格证为抄件时，抄件应注明原件存放单位、抄件人（应有技术职称）和抄件单位，签字盖公章后方为有效。

4) 检查试验编号是否填写。检查钢材试验单的试验数据是否准确无误，各项签字和报告日期是否齐全。这是防止弄虚作假、备查试验室台账、核实报告试验数据正确性的重要依据。

5) 钢筋的强度变异主要影响因素是：钢筋直径；试验时的加速度；钢筋截面面积的正负公差。检查钢筋的出厂合格证和试验报告、现场外观检查时，均应注意验查这些内容。

注：没有出厂合格证又无现场抽样试验报告时，钢材不得盲目使用；钢材出厂合格证本身不符合要求，填写混乱，该批钢材不得用于工程。

(8) 表列子项

1) 使用部位：按委托单上的使用部位填写。

2) 产地：照实际。应写明产地的县、乡、村的地名。

3) 炉批号：照钢材出厂合格证或质量证明书上的炉批号填写。

4) 规格：指复试钢材的规格，照实际填写。

5) 屈服点：必检项目之一，试验室按实测的屈服点强度填写。

6) 抗拉强度：必检项目之一，试验室按实测的抗拉强度填写。

7) 伸长率：必检项目之一，试验室按实测的伸长率填写。

8）弯曲条件：必检项目之一，试验室按反复弯曲试验的结果填写。

9）弯曲结果：指弯曲试验结果合格还是不合格。试验室按实际弯曲试验的结果填写。

4.2.3.7 钢材试验报告（C2-3-7）

1. 资料表式

钢材试验报告表 **表 C2-3-7**

委托单位： 试验编号：

工程名称				使用部位									
委托日期				报告日期									
试样名称				检验类别									
产　地				代表数量									
试件规格	机械性能				硬度	冲击韧性（MPa）	化学成分（%）						
	屈服点（MPa）	抗拉强度（MPa）	伸长率 δ_5（%）	冷弯 $d=a$			碳（C）	硫（S）	锰（Mn）	磷（P）	硅（Si）		
依据标准和结论													
备注													
试验单位：		技术负责人：			审核：			试（检）验：					

注：1. 当需要进行化学分析时应用此表。

2. 钢筋机械性能试验报告表式，可根据当地的使用惯例制定的表式应用，但机械性能：屈服点、抗拉强度、伸长率、弯曲条件、弯曲结果；化学成分：碳（C）、硫（S）、锰（Mn）、磷（P）、硅（Si）等项试验内容必须齐全。

2. 实施要点

钢材试验报告是指为保证用于建筑工程的钢材性能（屈服强度、抗拉强度、伸长率、弯曲条件及化学成分）满足设计或标准要求而进行的试验。

（1）本表为当钢材（筋）试验需进行化学成分检验时采用。有关实施要点详见钢筋机械性能试验报告。

（2）钢材进场后，应根据国家标准和订货协议进行检查，对要求不很严格的产品可用抽查的方法进行，对重要的产品应进行普查。对任何一种钢材都应用卡尺、千分尺、塞尺和各种形状的极限样板进行表面缺陷、几何形状和尺寸公差检查。应经工地技术负责人确认检查合格后，明确使用该批钢材的单位工程名称和部位后方可使用。

(3) 钢材复试的品种、规格必须齐全，钢材试验报告单的品种、规格是否和图纸上的品种、规格相一致，并应满足批量要求；钢材试验报告单上的试验项目，子目应齐全，应将试验结果与标准数据相对比，检查其是否符合要求。

(4) 钢材必须先试验后使用，对复试不合格的钢材，在使用前企业技术负责人应签署处理意见，并注明使用部位，必要时应征得设计单位同意。

(5) 型钢的取样方法与取样数量：

1) 样坯切取要求

根据国家标准《钢及钢产品力学性能试验取样位置及试样制备》（GB 2975—1998）的要求：

① 样坯应在外观尺寸合格的钢材上切取。

② 切取样坯时，应防止因受热、加工硬化及变形而影响其力学及工艺性能。

③ 用烧割法切取样坯时，从样坯切割线至试样边缘必须留有足够的加工余量，一般应不小于钢材的厚度或直径，但最小不得少于 20mm。对厚度或直径大于 60mm 的钢材，其加工余量可根据供需双方协议适当减少。

④ 冷剪样坯所留的加工余量，可按表 C2-3-7-1 选取。

冷剪样坯加工余量 **表 C2-3-7-1**

厚度或直径(mm)	加工余量(mm)
≤4	4
4～10	厚度或直径
10～20	10
20～35	15
>35	20

2) 样坯切取位置及方向

① 对截面尺寸小于或等于 60mm 的圆钢、方钢和六角钢，应在中心切取拉力试验样坯；截面尺寸大于 60mm，则在直径或对角线距外端四分之一处切取（见图 C2-3-7-1）。

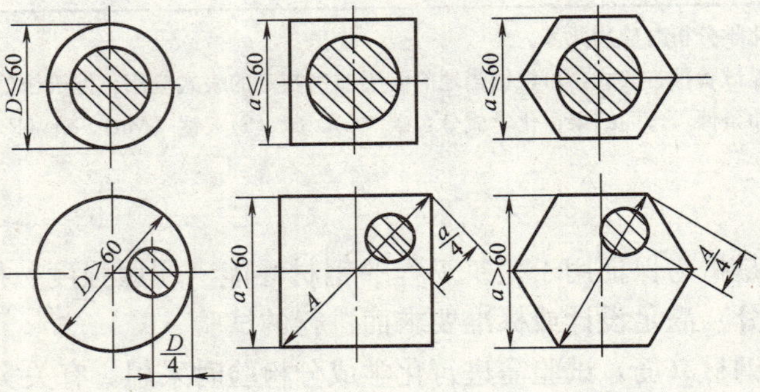

图 C2-3-7-1

② 样坯不需要热处理时，截面尺寸小于或等于 40mm 的圆钢、方钢和六角钢，应使用全截面进行拉力试验。当试验机械条件不能满足要求时，应加工成《金属材料 室温拉伸试验方法》(GB/T 228—2002) 中相应的圆形比例试样。

③ 样坯需要热处理时，应按有关产品标准规定的尺寸，从圆钢、方钢和六角钢上切取。

④ 应从圆钢和方钢端部沿轧制方向切取弯曲样坯，截面尺寸小于或等于 35mm 时，应以钢材全截面进行试验；截面尺寸大于 35mm 时，圆钢应加工成直径 25mm 的圆形试样，并应保留宽度下大于 5mm 的表面层；方钢应加工成厚度为 20mm 并保留一个表面层的矩形试样（见图 C2-3-7-2）。

⑤ 应从工字钢和槽钢腰高四分之一处沿轧制方向切取矩形拉力、弯曲样坯。拉力、弯曲试样的厚度应是钢材厚度（见图 C2-3-7-3）。

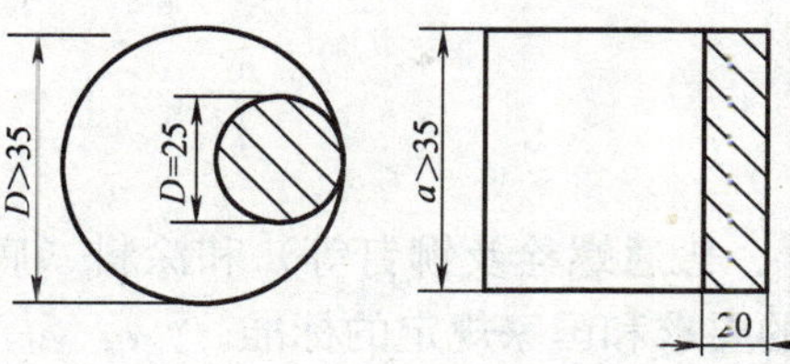

图 C2-3-7-2

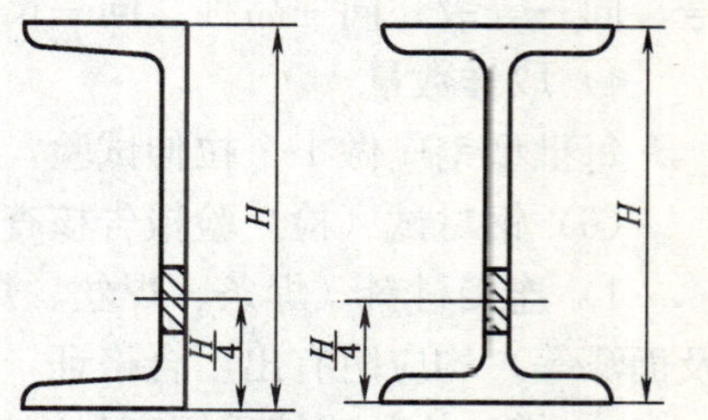

图 C2-3-7-3

⑥ 应从角钢和乙字钢腿长以及 T 形钢和球扁钢腰高三分之一处切取矩形拉力、弯曲样坯（见图 C2-3-7-4）。

⑦ 应从扁钢端部轧制方向在距边缘为宽度三分之一处切取拉力、弯曲样坯（见图C2-3-7-5）。

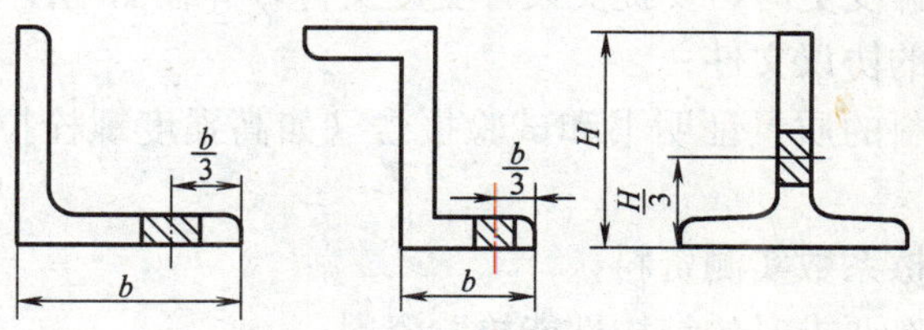

图 C2-3-7-4

⑧ 型钢尺寸如不能满足上述要求时，可使样坯中心线向中部移动或以其全截面进行试验。

⑨ 应在钢板端部垂直于轧制方向切取拉力、弯曲样坯。对纵轧钢板，应在距边缘为板宽四分之一处切取样坯（见图 C2-3-7-6）；对横轧钢板，则可在宽度的任意位置切取样坯。

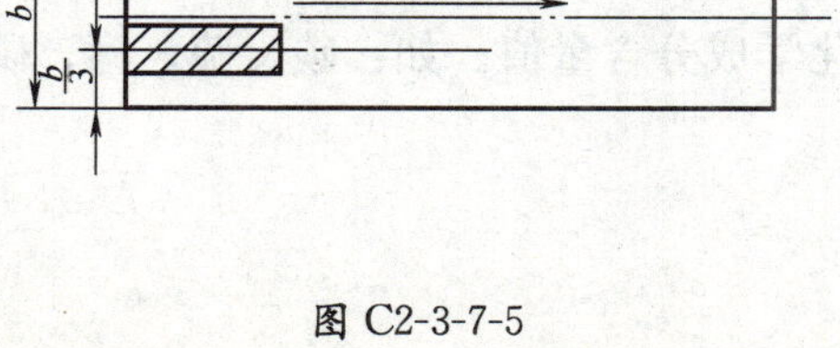

图 C2-3-7-5

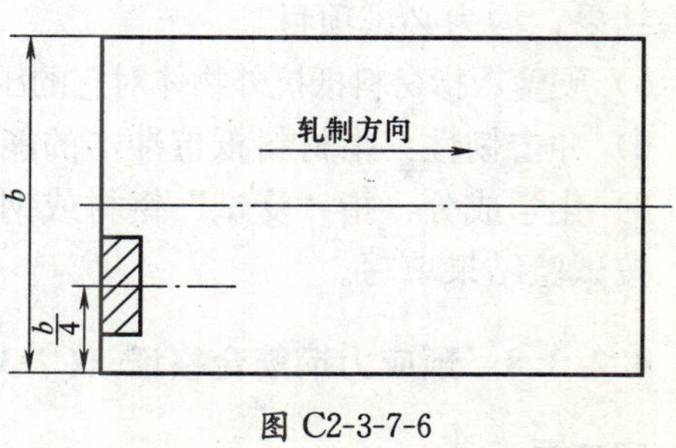

图 C2-3-7-6

⑩ 从厚度小于或等于 25mm 的钢板及扁钢上取下的样坯应加工成保留原表面层的矩形拉力试样。当试验条件不能满足要求时，应加工成保留一个表面层的矩形试样。厚度大于 25mm 时，应根据钢材厚度，加工成 GB/T 228 中相应的圆形比例试样。试样中心线尽可能接近钢材表面，即在头部保留不大显著的氧化皮。

钢板及扁钢小于或等于 30mm 时，弯曲样坯厚度应为钢材厚度；大于 30mm 时，样坯应加工成厚度为 20mm 的试样，并保留一个表面层。

3）取样规则

型钢应按批进行检查和验收，每批重量不得大于 60t。每批应由同一牌号、同一炉罐号、同一等级、同一品种、同一尺寸、同一交货状态组成。

4）取样数量

每批型钢应做 1 个拉伸试验，1 个弯曲试验。

（6）钢材试（检）验报告核查要点：

1）连接材料（焊条、焊丝、焊剂、高强度螺栓、普通螺栓及铆钉等）和涂料（底漆及面漆等）均应附有出厂合格证，并符合设计文件的要求和国家规定的标准。

2）钢结构的连接采用高强度螺栓时，必须对构件摩擦面进行加工处理，处理后的摩擦系数应符合设计要求。有摩擦系数要求的构件，出厂时必须附有三组同材质、同处理方法的试件，以供复验摩擦系数。抗滑移系数检验的最小值必须等于或大于设计值，否则即为构件摩擦面没有处理好，即不符合设计要求。

3）钢结构构件不论在加工厂或在施工现场制作，制作单位应提交出厂合格证和下列技术文件：

① 钢结构施工图有设计变更时，要提交设计更改文件，并在图中注明修改部位；

② 制作中对问题处理的协议文件；

③ 所用钢材和其他材料的质量证明书和试验报告（如高强度螺栓拉力试验、材料机械性能试验）；

④ 高强度螺栓连接摩擦系数实测资料；

⑤ 外观几何尺寸设计有要求时的结构性能检验资料。

（7）表列子项：

1）使用部位：按委托单上提供的使用部位填写。

2）产地：照实际。应写明产地的县、乡、村的地名。

3）试件规格：指“受试”钢材或钢筋的规格。如：光圆钢筋 ϕ18 等。

4）机械性能：指钢材机械性能的试验值。包括：屈服点、抗拉强度、伸长率、冷弯试验结果，均为必试项目。

5）硬度：指材料抵抗外物体对它的压入能力，是材料一种机械性能指标，必要时复试。

6）冲击韧性：指材料抵抗冲击的能力，是材料的一种机械性能指标，必要时复试。

7）化学成分：指“受试”钢材或钢筋的主要化学成分含量值。如：碳、硫、锰、磷、硅，按试验结果填写。

4.2.3.8　预应力钢筋合格证（C2-3-8）

实施要点

（1）预应力钢筋合格证按 C2-3-2 表式执行。

（2）预应力钢筋合格证是指对用于工程的预应力钢筋合格证的品种、规格、数量等进行的整理与粘贴，可按工程进度依次进行整理，贴入表内。

（3）预应力钢筋合格证的品种、规格，主要受力钢筋（材）应满足设计要求的品和、规格，否则为合格证不全。由核查人判定是否符合要求。

（4）常用材料及验收：

1）预应力筋

冷处理低合金钢筋：是指经过冷加工处理提强后，经应力消除处理已满足性能要求。直径从 19～32mm。钢筋两端滚压，有丝口，通过螺帽进行锚固。

热处理高强钢筋：是指采用各种热处理工艺而获得比热轧钢筋强度更高的预应力筋。大直径钢筋两端滚压成丝扣，配以标准螺帽和连接套筒，张拉、锚固和接长均很方便。小直径盘条供货多用于混凝土桩、电杆和轨枕。

用预应力钢筋宜选用冷拉 HRB335（Ⅱ级）、HRB400（Ⅲ级）、HRB500（Ⅳ级）钢筋。

预应力筋常用的品种有钢丝、钢绞线、热处理钢筋等。

① 预应力钢丝

预应力钢丝根据深加工要求不同，可分为冷拉钢丝和消除应力钢丝两类。消除应力钢丝按应力松弛性能不同，又可分为普通松弛钢丝和低松弛钢丝。

预应力钢丝按表面形状不同，可分为光圆钢丝、刻痕钢丝和螺旋肋钢丝。

A. 冷拉钢丝；冷拉钢丝是经冷拔后直接用于预应力混凝土的钢丝。其盘径基本等于拔丝机卷筒的直径，开盘后钢丝呈螺旋状，没有良好的伸长值。这种钢丝存在残余应力，屈强比低，伸长率小，仅用于铁路轨枕、压力水管和电杆等。

B. 普通松弛型消除应力钢丝：普通松弛型消除应力钢丝是冷拔后经高速旋转的矫直辊筒矫直，并经回火（350～400℃）处理的钢丝。其盘径不小于 1.5m。钢丝矫直回火后，可消除钢丝冷拔中产生的残余应力，提高钢丝的比例极限、屈强比和弹性模量，并改善塑性，同时获得良好的伸直性，施工方便。

C. 低松弛型消除应力钢丝：低松弛型消除应力钢丝是冷拔后在张力状态下经中频回火处理的钢丝。钢丝的张力为抗拉强度的 30%～50%。钢丝在热张力状态下产生微小变形（约 0.9%～1.3%），从而使钢丝在恒应力下抵抗位错转移的能力大为提高，达到稳定化目的。经稳定化处理的钢丝，弹性极限和屈服强度提高，应力松弛率大大降低。

D. 刻痕钢丝：刻痕钢丝是用冷轧或冷拔方法使钢丝表面产生周期变化的凹痕或凸纹的钢丝。钢丝表面凹痕或凸纹可增加与混凝土的握裹力。这种钢丝可用于先张法预应力混凝土构件。

E. 螺旋肋钢丝：螺旋肋钢丝是通过专用拔丝模冷拔方法使钢丝表面沿长度方向上产生规则间隔的肋条的钢丝，钢丝表面螺旋肋可增加与混凝土的握裹力。这种钢丝可用于先张法预应力混凝土构件。

② 预应力钢绞线

预应力钢绞线是由多根冷拉钢丝在绞线机上成螺旋形绞合，并经消除应力回火处理而成的。钢绞线由 2、3、7 根或 19 根高强钢丝扭结的一种高强预应力钢绞线。

预应力钢绞线按捻制结构不同可分为1×2钢绞线、1×3钢绞线、1×7钢绞线等。1×7钢绞线是由6根外层钢丝围绕着1根中心钢丝（直径加大2.5%）绞成，1×2钢绞线、1×3钢绞线仅用于先张法预应力混凝土构件。钢绞线根据深加工要求不同又可分为：标准型钢绞线、刻痕钢绞线和模拔钢绞线。

A. 标准型钢绞线：标准型钢绞线即消除应力（低松弛）钢绞线。在预应力钢绞线新标准中，取消了普通松弛钢绞线。低松弛钢绞线的力学性能优异、质量稳定、价格适中，是我国土木建筑工程中用量最大的一种预应力筋。

B. 刻痕钢绞线：刻痕钢绞线是由刻痕钢丝捻制成的钢绞线，可增加与混凝土的握裹力。其力学性能与低松弛钢绞线相同。

C. 模拔钢绞线：模拔钢绞线是在捻制成型后，再经模拔处理制成。这种钢绞线内的钢丝在模拔时被压扁，各根钢丝成为面接触，使钢绞线的密度提高约18%。在相同截面面积时，该钢绞线的外径较小，可减小孔道直径；在相同直径的孔道内，可使钢绞线的数量增加，而且其与锚具的接触面较大，易于锚固。

③预应力用热处理钢筋

预应力用热处理钢筋是由普通热轧中碳低合金钢筋经淬火和回火的调质热处理或轧后控制冷却方法制成。按其螺纹外形，可分为带纵肋和无纵肋两种。这种钢筋的强度高、松弛值低、粘结性好，大盘供货，无需焊接与调直，但易出现匀质性差。主要用于铁路轨枕，也有用于先张法预应力混凝土楼板等。

④无粘结预应力钢绞线及防腐润滑涂料、护套材料

无粘结预应力钢绞线是用防腐润滑油脂涂敷在钢绞线上，并外包塑料护套制成。主要用于后张预应力混凝土结构中的无粘结预应力筋，也可用于暴露或腐蚀环境中的体外索、拉索等。无粘结钢绞线应符合国家现行行业标准《无粘结预应力钢绞线》JG 161—2004的规定。

无粘结预应力钢绞线中使用的钢绞线为1×7结构，直径有9.5mm、12.7mm、15.2mm、15.7mm等。其质量应符合现行国家标准《预应力混凝土用钢绞线》GB/T 5224—2003。

无粘结预应力筋的防腐润滑油脂应具有良好的化学稳定性，对周围材料无侵蚀作用；不透水、不吸湿；抗腐蚀性能好，摩阻力小；在规定温度范围内高温不流淌、低温不变脆，并有一定韧性。其质量应符合行业标准《无粘结预应力筋专用防腐润滑脂》JG 3007的要求。护套材料应符合国家标准《聚乙烯（PE）树脂》GB/T 11115—2009的规定。

2）预应力筋常用锚具

预应力筋常用的锚具有：镦头锚具、冷铸镦头锚具、钢质锥形锚具、JM型锚具、单孔夹片锚具、多孔夹片锚固体系等。

3）预应力筋常用的夹具

预应力筋常用的夹具有：单根镦头夹具、圆套筒三片式夹具、方套筒二片式夹具、锥销夹具。

4）预应力筋常用的连接器

预应力筋常用的连接器有：钢丝束连接器、单根钢绞线连接器（锚头连接器、接长连接器）、多根钢绞线连接器、精轧螺纹钢筋连接器。

5）孔道成型材料

后张法有粘结预应力筋孔道成型材料常用的有胶管、薄壁钢管、镀锌钢管和金属螺旋管等。浇筑混凝土过程中不应变形，其咬口及连接处不应漏浆。成型后的管道应能有效地传递灰浆和周围混凝土的粘结力。

6）灌浆材料

① 灌浆用的水泥应按设计要求选用。当设计无要求时，应采用普通硅酸盐水泥，强度等级不得低于 42.5MPa。

② 用流淌法测定流动度时，先将流淌器（见图 C2-3-8）放在玻璃板上，再把拌好的水泥浆装入流淌器内，抹平后双手迅速将其垂直提起，在水泥浆自然流淌 30s 后，量垂直两个方向流淌后的直径长度，连续做三次，取其平均值即为流动度。

③ 为改善水泥浆性能，可掺减水剂和膨胀剂（可使水泥浆获得 2%～3%的膨胀率），其掺量应经试验确定。

④ 水泥浆中不得掺入氯化物等对预应力筋有腐蚀作用的物质。

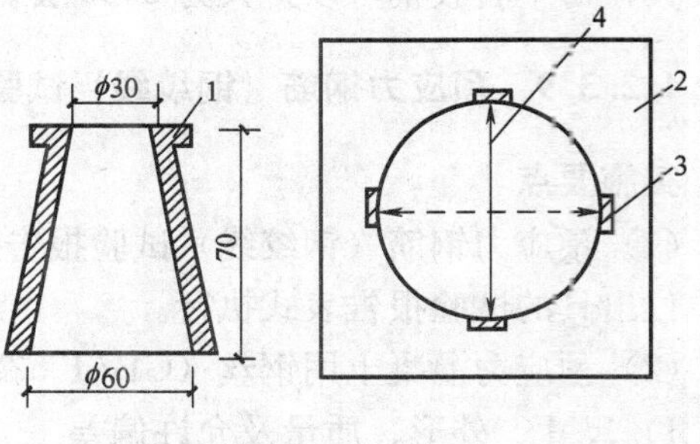

图 C2-3-8 流动度测定

1—测定器；2—玻璃；3—手柄；4—测量直径

7）预应力钢丝验收

① 外观检查

预应力钢丝的外观质量，应逐盘检查。钢丝表面不得有油污、氧化铁皮、裂纹或机械损伤，但表面允许有浮锈和回火色。镀锌钢丝的锌层应光滑、均匀，无裂纹。钢丝直径检查，按 10%盘选取，但不得少于 6 盘。

② 力学性能试验

钢丝的力学性能，应抽样试验。每验收批应由同一牌号、同一规格、同一生产工艺制成的钢丝组成，重量不大于 60t。

钢丝外观检查合格后，从同一批中任意选取 10%（不少于 6 盘）钢丝，每盘在任意位置截取两根试件，一根做拉伸试验（抗拉强度和伸长率），一根做反复弯曲试验。如果有某一项试验结果不符合《预应力混凝土用钢丝》GB/T 5223—2002（见附录表 C.1.2-1～表 C.1.2-3）的要求，则该盘钢丝为不合格品；并从同一批未经试验的钢丝盘中再取双倍数量的试件进行复试，如仍有一项试验结果不合格，则该批钢丝判为不合格品，或逐盘检验取用合格品。

对设计文件有指定要求的疲劳性能、可镦性等，应再进行抽样试验。

8）钢绞线验收

① 外观检查

钢绞线的外观质量，应逐盘检查。钢绞线的捻距应均匀，切断后不松散，其表面不得带有油污、锈斑或机械损伤，但允许有浮锈和回火色。镀锌或环氧涂层钢绞线、无粘结钢绞线等涂层表面应均匀、光滑无裂纹、明显折皱。

无粘结预应力筋的油脂重量与护套厚度，应按 60t 为一批，抽取 3 个试件进行检验。其测试结果应符合行业标准《无粘结预应力钢绞线》JG 161—2004 的规定。

② 力学性能试验

钢绞线的力学性能，应抽样检验。每验收批应由同一牌号、同一规格、同一生产工艺制度的钢绞线组成，重量不大于60t。

钢绞线外观检查合格后，从同一批中任意选取3盘钢绞线，每盘在任意位置截取一根试件进行拉伸试验。如有某一项试验结果不符合《预应力混凝土用钢绞线》GB/T 5224—2003（见附录C.2）的要求，则不合格盘报废。再从未试验过的钢绞线中取双倍数量的试件进行复验。如仍有一项不合格，则该批钢绞线判为不合格品。

对设计文件有指定要求的疲劳性能、偏斜拉伸性能等，应再进行抽样检验。

9）锚具、夹具和连接器验收

锚固多根预应力筋的锚具以不超过1000套为一个验收批；锚固单根预应力筋的锚具或夹具，每个验收批可以扩大为2000套。连接器的每个验收批不宜超过500套。

4.2.3.9　预应力钢筋（钢绞线）试验报告（C2-3-9）

实施要点

（1）预应力钢筋（钢绞线）试验报告按经省级以上有权部门批准的具有相应资质的试验单位出具的试验报告表式执行。

（2）预应力混凝土用钢丝（GB/T 5223—2002）

1）尺寸、外形、质量及允许偏差

① 光圆钢丝的尺寸及允许偏差应符合表C2-3-9-1的规定。每米质量参见表C2-3-9-1，计算钢丝每米参考质量时，钢的密度为7.85g/cm³。

② 螺旋肋钢丝的尺寸及允许偏差应符合表C2-3-9-2的规定，钢丝的公称横截面积、每米参考质量与光圆钢丝相同。

光圆钢丝尺寸及允许偏差、每米参考质量　　表C2-3-9-1

公称直径 d_n(mm)	直径允许偏差(mm)	公称横截面积 S_n(mm^2)	每米参考质量(g/m)
3.00	±0.04	7.07	55.5
4.00		12.57	98.6
5.00	±0.05	19.63	154
6.00		28.27	222
6.25		30.68	241
7.00		38.48	302
8.00	±0.06	50.26	394
9.00		63.62	499
10.00		78.54	616
12.00		113.1	888

③ 三面刻痕钢丝的尺寸及允许偏差应符合表C2-3-9-3的规定。钢丝的横截面积、每米参考质量与光圆钢丝相同。三条痕中的其中一条倾斜方向与其他两条相反。

螺旋肋钢丝的尺寸及允许偏差 **表 C2-3-9-2**

公称直径 d_n(mm)	螺旋肋数量(条)	基圆尺寸		外轮廓尺寸		单肋尺寸	螺旋肋导程 C(mm)
		基圆直径 D_1(mm)	允许偏差(mm)	外轮廓直径 D(mm)	允许偏差(mm)	宽度 a(mm)	
4.00	4	3.85	±0.05	4.25	±0.05	0.90～1.30	24～30
4.80	4	4.60		5.10		1.30～1.70	28～36
5.00	4	4.80		5.30			
6.00	4	5.80		6.30		1.60～2.00	30～38
6.25	4	6.00		6.70			30～40
7.00	4	6.73		7.46	±0.10	1.80～2.20	35～45
8.00	4	7.75		8.45		2.00～2.40	40～50
9.00	4	8.75		9.45		2.10～2.70	42～52
10.00	4	9.75		10.45		2.50～3.00	45～58

三面刻痕钢丝尺寸及允许偏差 **表 C2-3-9-3**

公称直径 d_n(mm)	刻痕深度		刻痕长度		节距	
	公称深度 a(mm)	允许偏差(mm)	公称长度 b(mm)	允许偏差(mm)	公称节距 L(mm)	允许偏差(mm)
≤5.00	0.12	±0.05	3.5	±0.05	5.5	±0.05
>5.00	0.15		5.5		8.0	
注：公称直径指横截面积等同于光圆钢丝横截面积时所对应的直径。						

④ 根据需方要求可生产表 C2-3-9-1、表 C2-3-9-2、表 C2-3-9-3 以外规格的钢丝。

⑤ 光圆及螺旋肋钢丝的不圆度不得超出其直径公差的 1/2。

⑥ 盘重：每盘钢丝由一根组成，其盘重不小于 500kg，允许有 10％的盘数小于 500kg 但不小于 100kg。

⑦ 盘内径：

A. 冷拉钢丝的盘内径应不小于钢丝公称直径的 100 倍。

B. 消除应力钢丝的盘内径不小于 1700mm。

2）技术要求

① 牌号及化学成分

制造钢丝用钢的牌号和化学成分应符合 YB/T 146 或 YB/T 170 的规定，也可采用其他牌号制造。

② 力学性能

A. 冷拉钢丝的力学性能应符合表 C2-3-9-4 的规定。规定非比例伸长应力 $\sigma_{p0.2}$ 值不小于公称抗拉强度的 75％。除抗拉强度、规定非比例伸长应力外，对压力管道用钢丝还需进行断面收缩率、扭转次数、松弛率的检验；对其他用途钢丝，还需进行断后伸长率、弯曲次数的检验。

B. 消除应力的光圆及螺旋肋钢丝的力学性能应符合表 C2-3-9-5 的规定。规定非比例伸长应力 $\sigma_{p0.2}$ 值，对低松弛钢丝应不小于公称抗拉强度的 88％，对普通松弛钢丝应不小于公称抗拉强度的 85％。

C. 消除应力的刻痕钢丝的力学性能应符合表 C2-3-9-6 规定。规定非比例伸长应力

$\sigma_{p0.2}$值，对低松弛钢丝应不小于公称抗拉强度的88％，对普通松弛钢丝应不小于公称抗拉强度的85％。

D. 为便于日常检验，表C2-3-9-4中最大力下的总伸长率可采用$L_0=200$mm的断后伸长率代替，但其数值应不少于1.5％；表C2-3-9-5和表C2-3-9-6中最大力下的总伸长率可采用$L_0=200$mm的断后伸长率代替，但其数值应不少于3.0％。仲裁试验以最大力下总伸长率为准。

冷拉钢丝的力学性能　　**表C2-3-9-4**

公称直径 d_n(mm)	抗拉强度 σ_b(MPa) 不小于	规定非比例伸长应力 $\sigma_{p0.2}$(MPa) 不小于	最大力下总伸长率 ($L_0=200$mm) δ_{gt}(％) 不小于	弯曲次数 (次/180°) 不小于	弯曲半径 R(mm)	断面收缩率 ψ(％) 不小于	每210mm扭距的扭转次数 n不小于	初始应力相当于70％公称抗拉强度时，1000h后应力松弛率 r(％)不大于
3.00	1470 1570 1670 1770	1100 1180 1250 1330	1.5	4	7.5	—	—	8
4.00				4	10	35	8	
5.00				4	15		8	
6.00	1470 1570 1670 1770	1100 1180 1250 1330		5	15	30	7	
7.00				5	20		6	
8.00				5	20		5	

消除应力光圆及螺旋肋钢丝的力学性能　　**表C2-3-9-5**

公称直径 d_n(mm)	抗拉强度 σ_b(MPa) 不小于	规定非比例伸长应力 $\sigma_{p0.2}$(MPa) 不小于		最大力下总伸长率 ($L_0=200$mm) σ_{gt}(％) 不小于	弯曲次数 (次/180°) 不小于	弯曲半径 R(mm)	应力松弛性能		
							初始应力相当于公称抗拉强度的百分数(％)	1000h后应力松弛率 r(％)不大于	
								WLR	WNR
		WLR	WNR				对所有规格		
4.00	1470 1570 1670 1770 1860	1290 1380 1470 1560 1640	1250 1330 1410 1500 1580	3.5	3	10			
4.80					4	15	60	1.0	4.5
5.00									
6.00	1470 1570 1670 1770	1290 1380 1470 1560	1250 1330 1410 1500		4	15	70	2.0	8
6.25					4	20	80	4.5	12
7.00					4	20			
8.00	1470 1560	1290 1380	1250 1330		4	20			
9.00					4	25			
10.00	1470	1290	1250		4	25			
12.00					4	30			

E. 每一交货批钢丝的实际强度不应高于其公称强度级200MPa。

消除应力的刻痕钢丝的力学性能　　表 C2-3-9-6

<table>
<tr><th rowspan="3">公称直径
d_n(mm)</th><th rowspan="3">抗拉强度
σ_b(MPa)
不小于</th><th colspan="2" rowspan="2">规定非比例
伸长应力
$\sigma_{p0.2}$(MPa)
不小于</th><th rowspan="3">最大力下
总伸长率
(L_0=200mm)
δ_{gt}(%)
不小于</th><th rowspan="3">弯曲次数
(次/180°)
不小于</th><th rowspan="3">弯曲半径
R(mm)</th><th colspan="3">应力松弛性能</th></tr>
<tr><th rowspan="2">初始应力相当于公称抗拉强度的百分数(%)</th><th colspan="2">1000h 后应力松弛率 r(%)
不大于</th></tr>
<tr><th>WLR</th><th>WNR</th><th>WLR</th><th>WNR</th></tr>
<tr><td></td><td></td><td></td><td></td><td></td><td></td><td></td><td colspan="3">对所有规格</td></tr>
<tr><td rowspan="5">≤5.0</td><td>1470</td><td>1290</td><td>1250</td><td rowspan="9">3.5</td><td rowspan="9">3</td><td rowspan="5">15</td><td rowspan="3">60</td><td rowspan="3">1.0</td><td rowspan="3">4.5</td></tr>
<tr><td>1570</td><td>1380</td><td>1330</td></tr>
<tr><td>1670</td><td>1470</td><td>1410</td></tr>
<tr><td>1770</td><td>1560</td><td>1500</td><td rowspan="3">70</td><td rowspan="3">2.0</td><td rowspan="3">8</td></tr>
<tr><td>1860</td><td>1640</td><td>1580</td></tr>
<tr><td rowspan="4">>5.0</td><td>1470</td><td>1290</td><td>1250</td><td rowspan="4">20</td></tr>
<tr><td>1570</td><td>1380</td><td>1330</td><td rowspan="3">80</td><td rowspan="3">4.5</td><td rowspan="3">12</td></tr>
<tr><td>1670</td><td>1470</td><td>1410</td></tr>
<tr><td>1770</td><td>1560</td><td>1500</td></tr>
</table>

3）检验规则

钢丝的检验规则按 GB/T 2103 及 GB/T 17505 的规定。

① 检查和验收：钢丝的工厂检查由供方技术监督部门按表 C2-3-9-7 进行，需方可按标准规定进行检查验收。

② 组批规则：钢丝应成批检查和验收，每批钢丝由同一牌号、同一规格、同一加工状态的钢丝组成，每批质量不大于 60t。

③ 检验项目及取样数量：

A. 不同品种钢丝的检验项目应按照表 C2-3-9-4、表 C2-3-9-5、表 C2-3-9-6 相应的规定进行，取样数量应符合表 C2-3-9-7 的规定。

供方出厂常规检验项目及取样数量　　表 C2-3-9-7

序号	检验项目	取样数量	取样部位	检验方法
1	表面	逐盘	在每(任一)盘中任意一端截取	目视
2	外形尺寸	逐盘		按标准 8.2 规定执行
3	消除应力钢丝伸直性	1 根/盘		用分度值为 1 mm 的量具测量
4	抗拉强度	1 根/盘		按标准 8.4.1 规定执行
5	规定非比例伸长应力	3 根/每批		按标准 8.4.2 规定执行
6	最大力下总伸长率	3 根/每批		按标准 8.4.3 规定执行
7	断后伸长率	1 根/盘		按标准 8.4.4 规定执行
8	弯曲	1 根/盘		按标准 8.5 规定执行
9	扭转	1 根/盘		按标准 8.6 规定执行
10	断面收缩率	1 根/盘		按标准 8.4.5 规定执行
11	镦头强度	3 根/每批		按标准 8.8 规定执行
12*	应力松弛性能	不少于 1 根/每合同批		按标准 8.7 规定执行

注：* 合同批为一个订货合同的总量。在特殊情况下，松弛试验可以由工厂连续检验提供同一种原料、同一生产工艺的数据所代替。表中标准指《预应力混凝土用钢丝》(GB/T 5223—2002)

B. 1000h 应力松弛试验和疲劳性能试验只进行形式检验，即当原料、生产工艺、设备有较大变化，新产品投产及停产后重新生产时应进行检验。

(3) 预应力混凝土用钢绞线（GB/T 5224—2003）

1）尺寸、外形、质量及允许偏差

① 1×2 结构钢绞线的尺寸及允许偏差、每米参考质量应符合表 C2-3-9-8 的规定，外形见图 C2-3-9-1。

② 1×3 结构钢绞线尺寸及允许偏差、每米参考质量应符合表 C2-3-9-9 的规定，外形见图 C2-3-9-2。

③ 1×7 结构钢绞线尺寸及允许偏差、每米参考质量应符合表 C2-3-9-10 的规定，外形见图 C2-3-9-3。

④ 经供需双方协商，可提供表 C2-3-9-1～表 C2-3-9-3 以外规格的钢绞线。

⑤ 盘重：每盘卷钢绞线质量不小于 1000 kg，允许有 10％的盘卷质量小于 1000kg，但不能小于 300kg。

⑥ 盘径：钢绞线盘卷内径不小于 750mm，卷宽为 750mm±50mm，或 600mm±50mm。供方应在质量证明书中注明盘卷尺寸。

1×2 结构钢绞线尺寸及允许偏差、每米参考质量　　表 C2-3-9-8

钢绞线结构	公称直径		钢绞线直径允许偏差(mm)	钢绞线参考截面积 S_n(mm²)	每米钢绞线参考质量(g/m)
	钢绞线直径 D_n(mm)	钢丝直径 d(mm)			
1×2	5.00	2.50	+0.15 −0.05	9.82	77.1
	5.80	2.90		13.2	104
	8.00	4.00	+0.20 −0.10	25.1	197
	10.00	5.00		39.3	309
	12.00	6.00		56.5	444

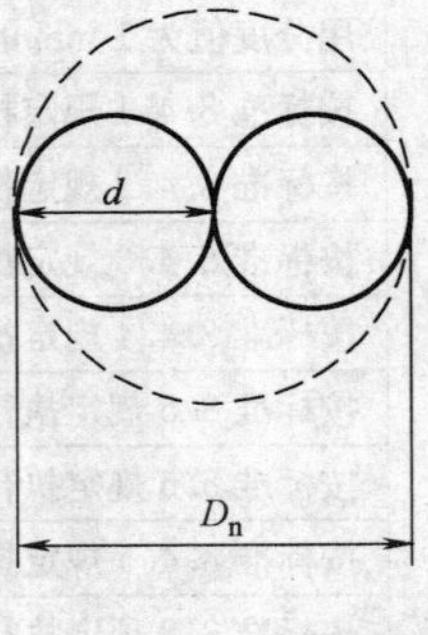

图 C2-3-9-1　1×2 结构钢绞线外形示意图

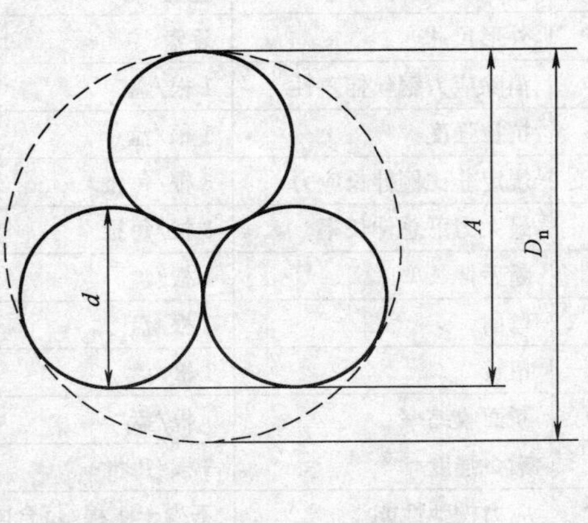

图 C2-3-9-2　1×3 结构钢绞线外形示意图

1×3 结构钢绞线尺寸及允许偏差、每米参考质量　　表 C2-3-9-9

钢绞线结构	公称直径		钢绞线测量尺寸 A(mm)	测量尺寸 A 允许偏差(mm)	钢绞线参考截面积 S_n(mm²)	每米钢绞线参考质量(g/m)
	钢绞线直径 D_n(mm)	钢丝直径 d(mm)				
1×3	6.20	2.90	5.41	+0.15 −0.05	19.8	155
	6.50	3.00	5.60		21.2	166
	9.60	4.00	7.46	+0.20 −0.10	37.7	296
	8.74	4.05	7.56		38.6	303
	10.80	5.00	9.33		58.9	462
	12.90	6.00	11.2		84.8	666
1×3I	8.74	4.05	7.56		38.6	303

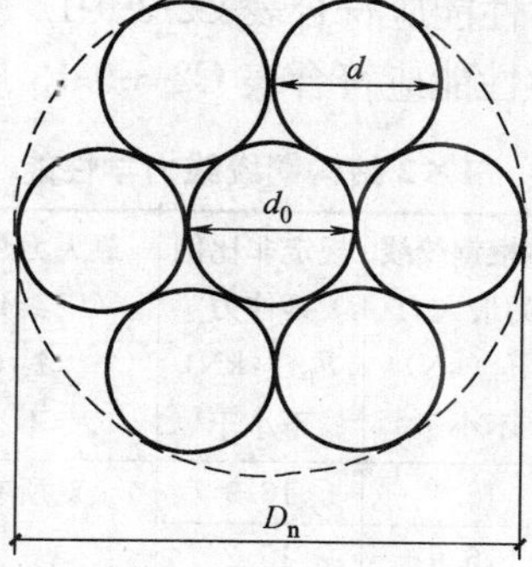

图 C2-3-9-3　1×7 结构钢绞线外形示意图

1×7 结构钢绞线的尺寸及允许偏差、每米参考质量　　表 C2-3-9-10

钢绞线结构	公称直径 D_n(mm)	直径允许偏差(mm)	钢绞线参考截面积 S_n(mm²)	每米钢绞线参考质量(g/m)	中心钢丝直径 D_0 加大范围(%) 不小于
1×7	9.50	+0.30 −0.15	54.8	430	2.5
	11.10		74.2	582	
	12.70	+0.40 −0.20	98.7	775	
	15.20		140	1101	
	15.70		150	1178	
	17.80		191	1500	
(1×7)C	12.70	+0.40 −0.20	112	890	
	15.20		165	1295	
	18.00		223	1750	

2）技术要求

① 牌号及化学成分：制造钢绞线用钢由供方根据产品规格和力学性能确定。牌号和化学成分应符合 YB/T 146 或 YB/T 170 的规定，也可采用其他的牌号制造。成分不作为交货条件。

② 制造：

A. 制造钢绞线用盘条应为索氏体化盘条，经冷拉后捻制成钢绞线。捻制刻痕钢绞线的钢丝应符合 GB/T 5223 中相应条款的规定。

B. 钢绞线的捻距为钢绞线公称直径的 12～16 倍。模拔钢绞线其捻距应为钢绞线公称直径的 14～18 倍。钢绞线内不应有折断、横裂和相互交叉的钢丝。

C. 钢绞线的捻向一般为左（S）捻，右（Z）捻需在合同中注明。

D. 捻制后，钢绞线应进行连续的稳定化处理。

E. 成品钢绞线应用砂轮锯切割，切断后应不松散；如离开原来位置，可以用手复原到原位。

F. 成品钢绞线只允许保留拉拔前的焊接点。

③ 力学性能：

A. 1×2 结构钢绞线的力学性能应符合表 C2-3-9-11 规定。

B. 1×3 结构钢绞线的力学性能应符合表 C2-3-9-12 规定。

C. 1×7 结构钢绞线的力学性能应符合表 C2-3-9-13 规定。

1×2 结构钢绞线力学性能　　表 C2-3-9-11

钢绞线结构	钢绞线公称直径 D_n(mm)	抗拉强度 R_m(MPa) 不小于	整根钢绞线的最大力 F_m(kN) 不小于	规定非比例延伸力 $F_{p0.2}$(kN) 不小于	最大力总伸长率 (L_0≥400mm) A_{gt}(%) 不小于	应力松弛性能：初始负荷相当于公称最大力的百分数(%)	应力松弛性能：1000h 后应力松弛率 r(%) 不大于
1×2	5.00	1570	15.4	13.9	对所有规格	对所有规格	对所有规格
		1720	16.9	15.2			
		1860	18.3	16.5			
		1960	19.2	17.3			
	5.80	1570	20.7	18.6		60	1.0
		1720	22.7	20.4			
		1860	24.6	22.1			
		1960	25.9	23.3	3.5	70	2.5
	8.00	1470	36.9	33.2			
		1570	39.4	35.5			
		1720	43.2	38.9		80	4.5
		1860	46.7	42.0			
		1960	49.2	44.3			
	10.00	1470	57.8	52.0			
		1570	61.7	55.5			
		1720	67.6	60.8			
		1860	73.1	65.8			
		1960	77.0	69.3			
	12.00	1470	83.1	74.8			
		1570	88.7	79.8			
		1720	97.2	87.5			
		1860	105	94.5			

注：规定非比例延伸力 $F_{p0.2}$ 值不小于整根钢绞线公称最大力 F_m 的 90%。

1×3 结构钢绞线力学性能 **表 C2-3-9-12**

<table>
<tr><th rowspan="2">钢绞线结构</th><th rowspan="2">钢绞线公称直径 D_n(mm)</th><th rowspan="2">抗拉强度 R_m(MPa) 不小于</th><th rowspan="2">整根钢绞线的最大力 F_m(kN) 不小于</th><th rowspan="2">规定非比例延伸力 $F_{p0.2}$(kN) 不小于</th><th rowspan="2">最大力总伸长率 ($L_0 \geqslant 400$mm) A_{gt}(%) 不小于</th><th colspan="2">应力松弛性能</th></tr>
<tr><th>初始负荷相当于公称最大力的百分数(%)</th><th>1000h 后应力松弛率 r(%)不大于</th></tr>
<tr><td rowspan="25">1×3</td><td rowspan="4">6.20</td><td>1570</td><td>31.1</td><td>28.0</td><td>对所有规格</td><td>对所有规格</td><td>对所有规格</td></tr>
<tr><td>1720</td><td>34.1</td><td>30.7</td><td rowspan="27">3.5</td><td rowspan="27">60
70
80</td><td rowspan="27">1.0
2.5
4.5</td></tr>
<tr><td>1860</td><td>36.8</td><td>33.1</td></tr>
<tr><td>1960</td><td>38.8</td><td>34.9</td></tr>
<tr><td rowspan="4">6.50</td><td>1570</td><td>33.3</td><td>30.0</td></tr>
<tr><td>1720</td><td>36.5</td><td>32.9</td></tr>
<tr><td>1860</td><td>39.4</td><td>35.5</td></tr>
<tr><td>1960</td><td>41.6</td><td>37.4</td></tr>
<tr><td rowspan="5">8.60</td><td>1470</td><td>55.4</td><td>49.9</td></tr>
<tr><td>1570</td><td>59.2</td><td>53.3</td></tr>
<tr><td>1720</td><td>64.8</td><td>58.3</td></tr>
<tr><td>1860</td><td>70.1</td><td>63.1</td></tr>
<tr><td>1960</td><td>73.9</td><td>66.5</td></tr>
<tr><td rowspan="3">8.74</td><td>1570</td><td>60.6</td><td>54.5</td></tr>
<tr><td>1670</td><td>64.5</td><td>58.1</td></tr>
<tr><td>1860</td><td>71.8</td><td>64.6</td></tr>
<tr><td rowspan="5">10.80</td><td>1470</td><td>86.6</td><td>77.9</td></tr>
<tr><td>1570</td><td>92.5</td><td>83.3</td></tr>
<tr><td>1720</td><td>101</td><td>90.9</td></tr>
<tr><td>1860</td><td>110</td><td>99.0</td></tr>
<tr><td>1960</td><td>115</td><td>104</td></tr>
<tr><td rowspan="5">12.90</td><td>1470</td><td>125</td><td>113</td></tr>
<tr><td>1570</td><td>133</td><td>120</td></tr>
<tr><td>1720</td><td>146</td><td>131</td></tr>
<tr><td>1860</td><td>158</td><td>142</td></tr>
<tr><td>1960</td><td>166</td><td>149</td></tr>
<tr><td rowspan="3">1×3I</td><td rowspan="3">8.74</td><td>1570</td><td>60.6</td><td>54.5</td></tr>
<tr><td>1670</td><td>64.5</td><td>58.1</td></tr>
<tr><td>1860</td><td>71.8</td><td>64</td></tr>
<tr><td colspan="8">注：规定非比例延伸力 $F_{p0.2}$ 值不小于整根钢绞线公称最大力 F_m 的 90%。</td></tr>
</table>

D. 供方每一交货批钢绞线的实际强度不能高于其抗拉强度级别 200MPa。

E. 钢绞线弹性模量为 195±10GPa，但不作为交货条件。

F. 允许使用推算法确定 1000h 松弛率（允许用至少 1000h 的测试数据推算 1000h 的松弛率值）。

3）检验规则

钢绞线的检验规则应按《钢及钢产品交货一般技术要求》（GB/T 17505）的规定。

1×7 结构钢绞线力学性能 表 C2-3-9-13

钢绞线结构	钢绞线公称直径 D_n(mm)	抗拉强度 R_m(MPa)不小于	整根钢绞线的最大力 F_m(kN)不小于	规定非比例延伸力 $F_{p0.2}$(kN)不小于	最大力总伸长率($L_0 \geqslant 400$mm) A_{gt}(%)不小于	应力松弛性能	
						初始负荷相当于公称最大力的百分数(%)	1000h 后应力松弛率 r(%)不大于
1×7	9.5	1720	94.3	84.9	对所有规格	对所有规格	对所有规格
		1860	102	91.8			
		1960	107	96.3			
	11.10	1720	128	115			
		1860	138	124		60	1.0
		1960	145	131			
	12.70	1720	170	153			
		1860	184	166	3.5	70	2.5
		1960	193	174			
	15.20	1470	206	185			
		1570	220	198		80	4.5
		1670	234	211			
		1720	241	217			
		1860	260	234			
		1960	274	247			
	15.70	1770	266	239			
		1860	279	251			
	17.80	1720	327	294			
		1860	353	318			
(1×7)C	12.70	1860	208	187			
	15.20	1820	300	270			
	18.00	1720	384	346			

注:规定非比例延伸力 $F_{p0.2}$ 值不小于整根钢绞线公称最大力 F_m 的 90%。

① 检查和验收：产品的检查由供方技术监督部门按表 C2-3-9-7 的规定进行，需方可按标准规定进行检查验收。

② 组批规则：钢绞线应成批验收，每批钢绞线由同一牌号、同一规格、同一生产工艺捻制的钢绞线组成。每批质量不大于 60t。

③ 检验项目及取样数量：

A. 钢绞线的力学性能要求按表 C2-3-9-11、表 C2-3-9-12、表 C2-3-9-13 的相应规定进行检验。检验项目及取样数量应符合表 C2-3-9-14 的规定。

B. 1000h 的应力松弛性能试验、疲劳性能试验、偏斜拉伸试验只进行形式检验，仅在原料、生产工艺、设备有重大变化及新产品生产、停产后复产时进行检验。

④复验与判定规则：

当 A. 中规定的某一项检验结果不符合《预应力混凝土用钢绞线》（GB/T 5224—2003）规定时，则该盘卷不得交货。并从同一批未经试验的钢绞线盘卷中取双倍数量的试样进行该不合格项目的复验，复验结果即使有一个试样不合格，则整批钢绞线不得交货，或进行逐盘检验合格后交货。供方有权对复验不合同产品进行重新组批提交验收。

供方出厂常规检验项目及取样数量 表 C2-3-9-14

序号	检验项目	取样数量	取样部位	检验方法
1	表面	逐盘卷		目视
2	外形尺寸	逐盘卷		按标准 8.2 规定执行
3	钢绞线伸直性	3 根/每批	在每(任)盘卷中任意一端截取	用分度值为 1mm 的量具测量
4	整根钢绞线最大力	3 根/每批		按标准 8.4.1 规定执行
5	规定非比例延伸力	3 根/每批		按标准 8.4.2 规定执行
6	最大力总伸长率	3 根/每批		按标准 8.4.3 规定执行
7	应力松弛性能	不少于 1 根/每合同批〔注〕		按标准 8.5 规定执行

注：合同批为一个订货合同的总量。在特殊情况下，松弛试验可以由工厂连续检验提供同一原料、同一生产工艺的数据所代替。表中标准指《预应力混凝土用钢绞线》（GB/T 5224—2003）。

（4）预应力混凝土用钢棒

预应力混凝土用钢棒应符合《预应力混凝土用钢棒》GB 5223.3—2005 的规定。

（5）无粘结预应力筋的涂包质量要求

1）无粘结预应力筋外包层材料，应采用高密度聚乙烯；有可靠实践经验时，也可采用聚丙烯，严禁使用聚氯乙烯。其性能应符合下列要求：

① 在规定温度范围内，低温不脆化，高温化学稳定性好；

② 必须具有足够的韧性、抗磨及抗冲击性；

③ 对周围材料（如混凝土、钢材）无侵蚀作用；

④ 防水性好。

2）无粘结预应力筋涂料层应采用专用防腐油脂，其性能应符合下列要求：

① 在规定温度范围内，高温不流淌，低温不裂缝变脆，并有一定韧性；

② 使用期内，化学稳定性好；

③ 对周围材料（如混凝土、钢材和外包材料）无侵蚀作用；

④ 不透水，不吸湿，防水性好；

⑤ 防腐性能好；

⑥ 润滑性能好，摩阻力小。

4.2.3.10 预应力筋用锚具、夹具和连接器合格证、出厂检验报告（C2-3-10）

实施要点

（1）预应力筋用锚具、夹具和连接器合格证、出厂检验报告按 C2-3-2 表式执行。

（2）合格证、出厂检验报告应按施工过程中依序整理形成的合格证、出厂检验报告，经核查符合要求后全部粘贴表内，不得缺漏。

4.2.3.11 预应力筋用锚具、夹具和连接器静载荷性能复试报告（C2-3-11）

实施要点

（1）预应力筋用锚具、夹具和连接器静载荷性能试验报告按当地建设行政主管部门批准的试验室出具的试验报告表式执行。

（2）预应力筋用锚具、夹具和连接器静载荷性能试验报告应由具有相应资质等级的实验单位提供。

（3）预应力筋用锚具、夹具和连接器静载荷性能试验结果必须符合《预应力筋用锚具、夹具和连接器》（GB/T 14370—2007）的规定。

（4）取样批量：以同一材料和同一生产工艺、不超过 200 套为一批。

（5）静载锚固性能试验应测量下列项目：

1）试件的实测极限拉力 F_{apu}（F_{gpu}）；

2）达到实测极限拉力时的总应变 ε_{gpu}。

3）试验过程中，还应观测下列项目：

① 各根预应力筋与锚具、夹具或连接器之间的相对位移；

② 锚具、夹具或连接器各零件之间的相对位移；

③ 在达到预应力钢材抗拉强度标准值的 80%以后，持荷 1h 时间内，锚具、夹具或连接器的变形；

④ 试件的破坏部位与破坏形式。

全部试验结果均应作出记录，并据此确定锚具、夹具或连接器的锚固效率系数 η_a 和 η_g。

（6）锚固性能检验：从同一批中抽取 6 套锚具，将锚具装在预应力筋的两端，组成 3 个预应力筋锚具组装体；锚具的锚固能力不得低于预应力筋标准抗拉强度的 90%，锚固时预应力筋的内缩量，不超过锚具设计要求的数值；螺丝端杆锚具的强度，不得低于预应力筋的实际抗拉强度。如有一套不合格，则取双倍数量的锚具重新检验；再不合格，则该批锚具为不合格。

（7）使用要求：

1）预应力筋用锚具、夹具或连接器应由专人保管。贮存、运输及使用期间均应妥善维护，避免锈蚀、沾污，遭受机械损伤和混淆、散失。保管期间的临时性维护措施，应不影响使用性能和永久性防锈措施的实施。

2）预应力筋用锚具、夹具或连接器安装前必须清洗干净。凡按设计规定需要在锚固零件上涂抹改善锚固性能的物质，应在安装时涂抹。

3）为保证锚具和连接器安装时与孔道对中，锚垫板上宜设置对中止口或对中标志。

4）预应力筋张拉前施工单位应组织技术培训，负责张拉的技术人员和操作工应严格执行规程和其他有关规定，以确保张拉工作顺利进行。

5）张拉过程中必须严格执行各项安全措施，以确保人身及设备安全。

6）当用超张拉方法补偿预应力筋的松弛损失和孔道摩擦损失时，预应力筋的张拉应符合现行国家标准《混凝土结构工程施工质量验收规范》（GB 50204—2002）的有关规定。

7）利用螺母锚固的支承式锚具，安装前应逐个检查螺纹的配合情况。对于大直径螺纹的表面应涂润滑脂，以确保张拉或锚固过程中顺利旋合。

8）夹片式、锥塞式等具有自锚性能的锚具，在预应力筋张拉和锚固过程中以及锚固以后，均不得大力敲击或振动，防止因锚固失效，导致预应力筋飞出伤人。

9）预应力筋锚固后，如因故必须放松时，对于支承式锚具可用张拉设备松开锚具，将预应力逐渐缓慢地卸除；对于夹片式、锥塞式等具有自锚性能的锚具，宜用专门的放松设备将锚具松开，不宜直接将锚具切去。

10）预应力筋张拉锚固完毕后，应尽快灌浆。切割外露于锚具的预应力筋必须用砂轮锯或氧乙炔焰，严禁使用电弧。当用氧乙炔焰切割时，火焰不得接触锚具，切割过程中还应用水冷却锚具，切割后预应力筋的外露长度不应小于 30mm。

11）预应力筋张拉锚固及灌浆完毕后，对暴露于结构外部的锚具或连接器必须尽快实施永久性防护措施，防止水分和其他有害介质侵入。防护措施还应具有符合设计要求的防水隔热功能。

（8）预应力筋端部锚具的制作质量应符合下列要求：

1）挤压锚具制作时压力表油压应符合操作说明书的规定，挤压后预应力筋外端应露出挤压套筒 1～5mm；

2）钢绞线压花锚成形时，表面应清洁、无油污，梨形头尺寸和直线段长度应符合设计要求；

3）钢丝镦头的强度不得低于钢丝强度标准值的 98％。

4.2.3.12 金属螺旋管合格证（C2-3-12）

实施要点

（1）金属螺旋管合格证按 C2-3-2 表式执行。

（2）金属螺旋管合格证应按施工过程中依序形成的以上表式，经核查符合要求后全部粘贴表内（C2-3-2），不应缺漏。

4.2.3.13 金属螺旋管复试报告（C2-3-13）

实施要点

（1）金属螺旋管复试报告应由具有相应资质等级的实验单位提供。

（2）预应力混凝土用金属螺旋管的尺寸和性能应符合国家现行标准《预应力混凝土用金属波纹管》JG 225—2007 的规定。

注：对金属螺旋管用量较小的一般工程，当有可靠依据时，可不作径向刚度、抗渗漏性能的进场复验。

（3）预应力混凝土用金属螺旋管在使用前应进行外观检查，其内外表面应清洁，无锈蚀，不应有油污、孔洞和不规则的褶皱，咬口不应有开裂或脱扣。

4.2.3.14 焊接试（检）验报告、焊条（剂）合格证汇总表（C2-3-14）

1. 资料表式

2. 实施要点

焊接试（检）验报告、焊条（剂）合格证汇总表的汇整要求按 C2-3-1 的相关内容办理。

焊接试（检）验报告、焊条（剂）合格证汇总表　　表 C2-3-14

工程名称：　　年　月　日

序号	报告类别	焊接类型	钢材品种和规格	出厂合格证编号	焊接试验报告			主要使用部位
					日期	编号	结论	
填表单位：						审核：	制表：	

4.2.3.15　焊条（剂）合格证（C2-3-15）

实施要点

（1）焊条（剂）合格证表按 C2-3-2 表式执行。

（2）工程上使用的电焊条、焊丝和焊剂，必须有出厂合格证。

（3）焊接材料（焊条、焊丝、焊剂、合成粉末及焊接用气体）管理与主要技术性能：

1）焊接材料管理

① 焊接材料应由了解焊接材料用途和重要性并应按择优定点或指定供货单位原则进行采购。

② 焊接材料管理人员对烘干、保温、发放与回收应做详细记录，以达到焊接材料使用的可溯性。

③ 焊丝、焊带表面必须光滑、整洁，对非镀铜或防腐处理的焊丝及焊带，使用前应除油、除锈及清洗处理。

④ 使用过程中应保持焊接材料的识别标志，以保证正确使用，焊接材料的回收应满足：标记清楚、整洁，无污染。

⑤ 焊剂一般不宜重复使用。当新、旧焊剂为同批号且旧焊剂的混合比在 50％以下（一般控制在 30％左右）；在混合前，旧焊剂的熔渣、杂质及粉尘已清除或混合焊剂的颗粒度符合规定要求时，允许重复使用。

（4）焊条、焊剂的主要技术性能：

1）《碳钢焊条》（GB/T 5117—1995）

① E43 系列—熔敷金属抗拉强度≥420MPa（43kgf/mm²）；屈服点：330MPa（34kgf/mm²）；伸长率：E4312、E4313、E4324 为 17％；E4322 不要求；其他，如

E4300、E4328 等为 22%。

② E50 系列—熔敷金属抗拉强度≥490MPa（50kgf/mm²）；屈服点：400MPa（41kgf/mm²）；E5018M 为 365～500MPa（37～51kgf/mm²）；伸长率：E5018M 为 24%；E5014、E5023、E5024 为 17%；E5015、E5016、E5018、E5027、E5028、E5048 为 22%；E5001、E5003、E5010、E5011 为 20%。

注：1. 上述的单值均为最小值；

2. E5024-1 型焊条的伸长率最低值为 22%。

3. E5018M 型焊条熔敷金属抗拉强度 490MPa（50kgf/mm²），直径为 2.5mm 焊条的屈服点不大于 530MPa（54kgf/mm²）。

③ 焊接材料的取样数量、方法：每批焊条由同一批号焊芯、同一批号主要涂料原料、以同样涂料配方及制造工艺制成。E××01、E××03 及 E4313 型焊条的每批最高量为 100t，其他型号焊条的每批最高量为 50t。

焊条取样方法：每批焊条试验时，按照需要数量至少在 3 个部位平均取有代表性的样品。

④ 焊接材料的合格判定：角焊缝检验结果应符合《碳钢焊条》（GB/T 5117—1995）的有关规定；每批焊条的熔敷金属化学成分检验结果应符合表 C2-3-15-1 规定。除 E5018M 型焊条外，其他型号焊条熔敷金属化学成分中的 Cr、Ni、Mo、V 等元素及 Mn、Cr、Ni、Mo、V 总量在保证符合表 C2-3-15-1 的规定时，可不按批检验；每批焊条的熔敷金属性能应符合 C2-3-15-2 规定；对焊条有特殊要求时，可由供需双方协议。

熔敷金属化学成分（%） **表 C2-3-15-1**

<table>
<tr><th>焊条型号</th><th>C</th><th>Mn</th><th>Si</th><th>S</th><th>P</th><th>Ni</th><th>Cr</th><th>Mo</th><th>V</th><th>Mn Ni Cr Mo V</th></tr>
<tr><td>E4300、E4301
E4303、E4310
E4311、E4312
E4313、E4320
E4322、E4323
E4324、E4327
E5001、E5003
E5010、E5011</td><td colspan="3">—</td><td rowspan="4">0.035</td><td rowspan="4">0.040</td><td colspan="5">—</td></tr>
<tr><td>E5015、E5016
E5018、E5027</td><td>—</td><td>1.60</td><td>0.75</td><td rowspan="3">0.30</td><td rowspan="3">0.20</td><td rowspan="3">0.30</td><td rowspan="3">0.08</td><td>1.75</td></tr>
<tr><td>E4315、E4316
E4328、E5014
E5023、E5024</td><td>—</td><td>1.25</td><td rowspan="2">0.90</td><td>1.50</td></tr>
<tr><td>E5028、E5048</td><td>—</td><td>1.60</td><td>1.75</td></tr>
<tr><td>E5018M</td><td>0.12</td><td>0.40～1.60</td><td>0.80</td><td>0.020</td><td>0.030</td><td>0.25</td><td>0.15</td><td>0.35</td><td>0.05</td><td>—</td></tr>
</table>

注：表中单值均为最大值。

复验：任何一项检验不合格时，该项检验应加倍复验。当复验拉伸试验时，抗拉强度、屈服点及伸长率同时作为复验项目。其试样可在原试板或新焊的试板上截取。加倍复验结果应符合对该项检验的规定。

焊接材料力学性能见表 C2-3-15-2。

熔敷金属拉伸试验及 E4322 型焊条焊缝横向拉伸试验表　　表 C2-3-15-2

<table>
<tr><th rowspan="2">焊 条 型 号</th><th colspan="2">抗拉强度 σ_b</th><th colspan="2">屈服点 σ_s</th><th>伸长率 δ_5</th></tr>
<tr><th>MPa</th><th>(kgf/mm²)</th><th>MPa</th><th>(kgf/mm²)</th><th>%</th></tr>
<tr><td colspan="6">E43 系列</td></tr>
<tr><td>E4300、E4301、E4303、
E4310、E4311、E4315、
E4316、E4320、E4323、
E4327、E4328</td><td rowspan="3">420</td><td rowspan="3">(43)</td><td rowspan="2">330</td><td rowspan="2">(34)</td><td>22</td></tr>
<tr><td>E4312、E4313、E4324</td><td>17</td></tr>
<tr><td>E4322</td><td colspan="3">不要求</td></tr>
<tr><td colspan="6">E50 系列</td></tr>
<tr><td>E5001、E5003、E5010、E5011</td><td rowspan="4">490</td><td rowspan="4">(50)</td><td rowspan="3">400</td><td rowspan="3">(41)</td><td>20</td></tr>
<tr><td>E5015、E5016、E5018、
E5027、E5028、E5048</td><td>22</td></tr>
<tr><td>E5014、E5023、E5024</td><td>17</td></tr>
<tr><td>E5018M</td><td>365～500</td><td>(37～51)</td><td>24</td></tr>
</table>

注：1. 表中的单值均为最小值。

2. E5024-1 型焊条的伸长率最低值为 22%。

3. E5018M 型焊条熔敷金属抗拉强度 490MPa（50kgf/mm²），直径为 2.5mm 焊条的屈服点不大 530MPa（50kgf/mm²）。

2）《低合金钢焊条》(GB/T 5118)

① 焊条熔敷金属力学性能：E50 系列熔敷金属抗拉强度≥490MPa（50kgf/mm²）；E55 系列熔敷金属抗拉强度≥540MPa（55kgf/mm²）；E60 系列熔敷金属抗拉强度≥590MPa（60kgf/mm²）；E70 系列熔敷金属抗拉强度≥690MPa（70kgf/mm²）；E75 系列熔敷金属抗拉强度≥740MPa（75kgf/mm²）；E80 系列熔敷金属抗拉强度≥780MPa（80kgf/mm²）；E85 系列熔敷金属抗拉强度≥830MPa（85kgf/mm²）；E90 系列熔敷金属抗拉强度≥880MPa（90kgf/mm²）；E100 系列熔敷金属抗拉强度≥980MPa（100kgf/mm²）。

② 取样数量及方法：每批焊条由同一批号焊芯、主要涂料原料，以同样的涂料配方及制造工艺制成。每批焊条取样数量应符合表 C2-3-15-3 规定；焊条取样方法：每批焊条检验时，按照需要数量至少在 3 个部位平均取有代表性的样品。

低合金钢焊条取样数量规定　　表 C2-3-15-3

<table>
<tr><th>焊 条 型 号</th><th>每批最高量(t)</th><th>焊 条 型 号</th><th>每批最高量(t)</th></tr>
<tr><td>E××03－×　E××13－×</td><td>50</td><td rowspan="2">E××16－×　E××18－×
E××20－×　E××27－×</td><td rowspan="2">30</td></tr>
<tr><td>E××00－×　E××10－×
E××11－×　E××15－×</td><td>30</td></tr>
</table>

③ 合格判定：每批焊条的角焊缝检验结果、每批焊条的熔敷金属力学性能检验结果均应符合《碳钢焊条》(GB/T 5117) 和《低合金钢焊条》(GB/T 5118) 标准要求。

复验：任何一项检验不合格时，该项检验应加倍复验。当复验拉伸试验时，抗拉强度、屈服强度及伸长率同时作为复验项目。其试样可在原试板或新焊的试板上截取。加倍复验结果应符合对该项检验的规定。

3)《碳素钢埋弧焊用焊剂》(GB 5293)

① 焊缝金属拉伸力学性能

焊缝金属拉伸力学性能要求——第一位数字含义 表 C2-3-15-4

焊剂型号	抗拉强度 (kgf/mm²)	屈服强度 (kgf/mm²)	伸长率 (%)
HJ3×₂×₃－H×××	42.0～56.0	≥31.0	≥22.0
HJ4×₂×₃－H×××		≥33.6	
HJ5×₂×₃－H×××	49.0～66.0	≥40.6	

注：HJ—表示埋弧焊用焊剂；$\times_1$—表示焊缝金属的拉伸力学性能；$\times_2$—表示拉伸试样和冲击试样的状态；$\times_3$—表示焊缝金属冲击值≥3.5 (kgf·m)/cm² 时的最低试验温度；H×××—焊丝牌号。

② 焊缝金属的冲击值：所有焊剂型号内在试验温度 0～－60℃情况下冲击值均≥3.5 (kgf·m)/cm²。

③ 碳素钢埋弧焊用焊剂使用说明：每批焊剂系指用批号不变的原材料，按同一配方，以相同的制造工艺所生产的焊剂而言，且每批焊剂的重量不得超过 50t；在焊剂使用说明书中应注明焊剂的类型（熔炼型、陶质型或烧结型）、渣系、焊接电流种类及极性、使用前的烘干温度、使用注意事项等内容。

4)《气体保护电弧焊用碳钢、低合金钢焊丝》(GB/T 8110—95)

① 气体保护电弧焊用碳钢、低合金钢焊丝见表 C2-3-15-5。

② 焊丝的强度应能使焊丝均匀、连续送进。焊丝盘（卷、筒）抗拉强度见表 C2-3-15-6。

(5) 取样数量及方法

成品焊丝按批验收。每批焊丝由同一炉号、同规定、同样制造工艺生产的焊丝组成。每批焊丝的最大重量应符合表 C2-3-15-7 的规定。

每批焊丝中按盘（卷）、筒数任选 3%，但不少于两盘（卷）、筒，分别取样进行化学分析。

每批焊丝中按盘（卷）、筒数任选 1%，但不少于两盘（卷）、筒，分别取样检查镀铜层的结合力、焊丝的抗拉强度、焊丝的松弛直径和翘距。

焊丝直径在同一横截面两个互相垂直方向测量，测量部位不少于两处。

(6) 复验：任何一项检验不合格时，该项检验应加倍复验。当复验拉伸试验时，抗拉强度、屈服强度及伸长率同时作为复验项目。其试样取自原来的试件或新焊的试件，复验结果均应符合对该项检验的要求。

注：钢结构连接用材料包括螺栓、焊条、焊丝、焊钉（螺柱）、焊剂、保护焊用气体等，应与有关钢材匹配使用。

(7) 必须实行见证取样和送样。试验室必须在试验报告单的适当位置注明见证取样人的单位、姓名和见证资质证号。对必须实行见证取样、送样的试验报告单上不注有见证取样人单位、姓名和见证资质证号的试验报告单，按无效试验报告单处理。

4.2.3.16 水泥、外加剂、掺合料出厂合格证、试验报告汇总表（C2-3-16）

水泥、外加剂、掺合料出厂合格证、试验报告汇总表按 C2-3-1 表式及有关说明执行。

气体保护电弧焊用碳钢、低合金钢焊丝熔敷金属拉伸试验力学性能　表 C2-3-15-5

<table>
<tr><th>焊丝型号</th><th>保护气体</th><th>抗拉强度 σ_b
(MPa)</th><th>屈服强度 $\sigma_{0.2}$
(MPa)</th><th>伸长率 δ_5
(%)</th></tr>
<tr><td>ER49-1</td><td rowspan="9">CO_2</td><td>≥490</td><td>≥372</td><td>≥20</td></tr>
<tr><td>ER50-2</td><td rowspan="6">≥500</td><td rowspan="6">≥420</td><td rowspan="6">≥22</td></tr>
<tr><td>ER50-3</td></tr>
<tr><td>ER50-4</td></tr>
<tr><td>ER50-5</td></tr>
<tr><td>ER50-6</td></tr>
<tr><td>ER50-7</td></tr>
<tr><td>ER55-D2-Ti</td><td rowspan="8">≥550</td><td rowspan="4">≥470</td><td rowspan="2">≥17</td></tr>
<tr><td>ER55-D2</td></tr>
<tr><td>ER55-B2</td><td rowspan="2">A_r+1%～5%O_2</td><td rowspan="3">≥19</td></tr>
<tr><td>ER55-B2L</td></tr>
<tr><td>ER55-B2-MnV</td><td rowspan="2">A_r%+20%CO_2</td><td rowspan="2">≥440</td></tr>
<tr><td>ER55-B2-Mn</td><td>≥20</td></tr>
<tr><td>ER55-C1</td><td rowspan="5">A_r+1%～5%O_2</td><td rowspan="3">≥470</td><td rowspan="3">≥24</td></tr>
<tr><td>ER55-C2</td></tr>
<tr><td>ER55-C3</td></tr>
<tr><td>ER55-62-B3</td><td rowspan="2">≥620</td><td rowspan="2">≥540</td><td rowspan="2">≥17</td></tr>
<tr><td>ER55-62-B3L</td></tr>
<tr><td>ER55-69-1</td><td rowspan="2">A_r+1%～2%O_2</td><td rowspan="3">≥690</td><td rowspan="3">610～700</td><td rowspan="3">≥16</td></tr>
<tr><td>ER55-69-2</td></tr>
<tr><td>ER55-69-3</td><td>CO_2</td></tr>
<tr><td>ER55-76-1</td><td rowspan="2">A_r+2%O_2</td><td>≥760</td><td>660～740</td><td>≥15</td></tr>
<tr><td>ER83-1</td><td>≥830</td><td>730～840</td><td>≥14</td></tr>
<tr><td>ER××－G</td><td colspan="4">供需双方协商</td></tr>
</table>

注：ER50-2、ER50-3、ER50-4、ER50-5、ER50-6、ER50-7 型焊丝，当伸长率超过最低值时，每增加 1%，屈服强度和抗拉强度可减少 10MPa，但抗拉强度最低值不得小于 480MPa，屈服强度最低值不得小于 400MPa。

焊丝盘抗拉强度表　表 C2-3-15-6

焊丝直径(mm)	焊丝抗拉强度(MPa)
0.8、1.0、1.2	≥930
1.4、1.6、2.0	≥860
2.5、3.0、3.2	≥550

注：焊丝抗拉强度只适用于绕成直径＞200mm 焊丝盘、焊丝卷和焊丝筒的焊丝。

焊丝重量　表 C2-3-15-7

焊丝型号	每批最大重量(t)
ER49-× ER50-×	30
ER55-×	20
ER62-× ER69-× ER76-× ER83-×	15

4.2.3.17 水泥出厂合格证（C2-3-17）

水泥出厂合格证表均分类按序贴于此表上。水泥出厂合格证按 C2-3-2 表式执行。

4.2.3.18 水泥试验报告（C2-3-18）

1. 资料表式

水泥试验报告 **表 C2-3-18**

委托单位： 试验编号：

工程名称				使用说明	
水泥品种		强度等级		委托日期	
批　号				检验类别	
生产厂		代表批量		报告日期	
检验项目	标准要求	实测结果	检验项目	标准要求	实测结果
细　度			初　凝		
标准稠度用水量			终　凝		
胶砂流动度			安定性		

强度检验	抗折强度(MPa) 3d	抗折强度(MPa) 28d	抗压强度(MPa) 3d	抗压强度(MPa) 28d	快测强度(MPa)
标准要求					
测定值					
实测结果					

依据标准：

检验结论：

备　注：

试验单位： 技术负责人： 审核： 试(检)验：

注：水泥试验报告表式，可根据当地的使用惯例制定的表式应用，但抗折强度、抗压强度、初凝、终凝、安定性、依据标准、检验结论等项试验内容必须齐全。

2. 实施要点

水泥试验报告是为保证建筑工程质量，对用于工程中的水泥的强度、安定性和凝结时间等指标进行测试后由试验单位出具的质量证明文件。

(1) 水泥的意义

建筑工程用水泥按其工程需要应用水泥可分为通用水泥、专用水泥和特性水泥。通用水泥是指一般土木建筑工程通常采用的水泥；专用水泥是指具有专门用途的水泥；特性水泥是指某种性能比较突出的水泥。应按设计要求和标准规定实施。

通用硅酸盐水泥包括：硅酸盐水泥、普通硅酸盐水泥、矿渣硅酸盐水泥、火山灰质硅酸盐水泥、粉煤灰硅酸盐水泥、复合硅酸盐水泥。

(2) 水泥的品质标准

包括物理性质和化学成分。物理性质包括细度、标准稠度用水量、凝结时间、体积安定性（与游离 CaO、MgO、SO_2 和含碱量 Na_{20}、K_{20}等有关）和强度等；化学成分主要是限制其中的有害物质，如氧化镁、三氧化硫等。水泥的品质必须符合国家有关标准的规定。

(3) 水泥的技术要求与应用

《通用硅酸盐水泥》(GB 175—2007)

通用硅酸盐水泥是以硅酸盐水泥熟料和适量的石膏及规定的混合材料制成的水硬性胶凝材料。

1) 强度等级

① 硅酸盐水泥的强度等级分为 42.5、42.5R、52.5、52.5R、62.5、62.5R 六个等级。

② 普通硅酸盐水泥的强度等级分为 42.5、42.5R、52.5、52.5R 四个等级。

③ 矿渣硅酸盐水泥、火山灰质硅酸盐水泥、粉煤灰硅酸盐水泥、复合硅酸盐水泥的强度等级分为 32.5、32.5R、42.5、42.5R、52.5、52.5R 六个等级。

2) 技术要求

① 通用硅酸盐水泥化学指标应符合表 C2-3-18-1 的规定。

通用硅酸盐水泥化学指标（%）　　表 C2-3-18-1

品　种	代号	不溶物（质量分数）	烧失量（质量分数）	三氧化硫（质量分数）	氧化镁（质量分数）	氯离子（质量分数）
硅酸盐水泥	P·Ⅰ	≤0.75	≤3.0	≤3.5	≤5.0[a]	≤6.0[c]
	P·Ⅱ	≤1.50	≤3.5			
普通硅酸盐水泥	P·O	—	≤5.0[a]			
矿渣硅酸盐水泥	P·S·A	—	—	≤4.0	≤6.0[b]	
	P·S·B	—	—	≤3.5	—	
火山灰质硅酸盐水泥	P·P	—	—		≤6.0[b]	
粉煤灰硅酸盐水泥	P·F	—	—			
复合硅酸盐水泥	P·C	—	—			

a　如果水泥压蒸试验合格，则水泥中氧化镁的含量（质量分数）允许放宽至 6.0%。

b　如果水泥中氧化镁的含量（质量分数）大于 6.0%时，需进行水泥压蒸安定性试验并合格。

c　当有更低要求时，该指标由买卖双方确定。

② 碱含量（选择性指标）：水泥中碱含量按 $Na_2O + 0.658K_2O$ 计算值表示。若使用活性骨料，用户要求提供低碱水泥时，水泥中的碱含量应不大于 0.60％或由买卖双方协商确定。

③ 物理指标：

A. 凝结时间：硅酸盐水泥初凝时间不小于 45min，终凝时间不大于 390min；普通硅酸盐水泥、矿渣硅酸盐水泥、火山灰质硅酸盐水泥、粉煤灰硅酸盐水泥和复合硅酸盐水泥初凝不小于 45min，终凝不大于 600min。

B. 安定性：沸煮法合格。

C. 强度：不同品种、不同强度等级的通用硅酸盐水泥，其不同龄期的强度应符合表 C2-3-18-2 的规定。

通用硅酸盐水泥强度指标（MPa） **表 C2-3-18-2**

品　种	强度等级	抗压强度		抗折强度	
		3d	28d	3d	28d
硅酸盐水泥	42.5	≥17.0	≥42.5	≥3.5	≥6.5
	42.5R	≥22.0		≥4.0	
	52.5	≥23.0	≥52.5	≥4.0	≥7.0
	52.5R	≥27.0		≥5.0	
	62.5	≥28.0	≥62.5	≥5.0	≥8.0
	62.5R	≥32.0		≥5.5	
普通硅酸盐水泥	42.5	≥17.0	≥42.5	≥3.5	≥6.5
	42.5R	≥22.0		≥4.0	
	52.5	≥23.0	≥52.5	≥4.0	≥7.0
	52.5R	≥27.0		≥5.0	
矿渣硅酸盐水泥 火山灰硅酸盐水泥 粉煤灰硅酸盐水泥 复合硅酸盐水泥	32.5	≥10.0	≥32.5	≥2.5	≥5.5
	32.5R	≥15.0		≥3.5	
	42.5	≥15.0	≥42.5	≥3.5	≥6.5
	42.5R	≥19.0		≥4.0	
	52.5	≥21.0	≥52.5	≥4.0	≥7.0
	52.5R	≥23.0		≥4.5	

D. 细度（选择性指标）：硅酸盐水泥和普通硅酸盐水泥的细度以比表面积表示，其比表面积不小于 $300m^2/kg$；矿渣硅酸盐水泥、火山灰质硅酸盐水泥、粉煤灰硅酸盐水泥和复合硅酸盐水泥的细度以筛余表示，其 $80\mu m$ 方孔筛筛余不大于 10％或 $45\mu m$ 方孔筛筛余不大于 30％。

3）试验方法

强度：按 GB/T 17671 进行试验。火山灰质硅酸盐水泥、粉煤灰硅酸盐水泥、复合硅酸盐水泥和掺火山灰质混合材料的普通硅酸盐水泥在进行胶砂强度检验时，其用水量按 0.50 水灰比和胶砂流动度不小于 180mm 来确定。当流动度小于 180mm 时，应以 0.01 的整倍数递增的方法将水灰比调整至胶砂流动度不小于 180mm。

胶砂流动度试验按 GB/T 2419 进行，其中胶砂制备按 GB/T 17671 规定进行。

比表面积：按 GB/T 8074 进行试验。

80μm 和 45μm 筛余：按 GB/T 1345 进行试验。

4）检验规则

① 编号及取样：水泥出厂前按同品种、同强度等级编号和取样。袋装水泥和散装水泥应分别进行编号和取样。每一编号为一取样单位。水泥出厂编号按年生产能力规定为：

200×10^4t 以上，不超过 4000t 为一编号；

120×10^4t～200×10^4t 以上，不超过 2400t 为一编号；

60×10^4t～120×10^4t 以上，不超过 1000t 为一编号；

30×10^4t～60×10^4t 以上，不超过 600t 为一编号；

10×10^4t～30×10^4t 以上，不超过 400t 为一编号；

10×10^4t 以下，不超过 200t 为一编号。

取样方法按 GB 12573 进行。可连续取，亦可从 20 个以上不同部位取等量样品，总量至少 12kg。当散装水泥运输工具的容量超过该厂规定出厂编号吨数时，允许该编号的数量超过取样规定吨数。

② 出厂检验：出厂检验项目为化学指标、凝结时间、安定性和强度。

③ 判定规则：

A. 检验结果符合化学指标、凝结时间、安定性和强度的规定为合格品。

B. 检验结果不符合化学指标、凝结时间、安定性和强度中的任何一项技术要求为不合格品。

④ 检验报告：检验报告内容应包括出厂检验项目、细度、混合材料品种和掺加量、石膏和助磨剂的品种及掺加量、属旋窑或立窑生产及合同约定的其他技术要求。当用户需要时，生产者应在水泥发出之日起 7d 内寄发除 28d 强度以外的各项检验结果，32d 内补报 28d 强度的检验结果。

⑤ 交货与验收：

A. 交货时水泥的质量验收可抽取实物试样以其检验结果为依据，也可以生产者同编号水泥的检验报告为依据。采取何种方法验收由买卖双方商定，并在合同或协议中注明。卖方有告知买方验收方法的责任。当无书面合同或协议，或未在合同、协议中注明验收方法的，卖方应在发货票上注明“以本厂同编号水泥的检验报告为验收依据”字样。

B. 以抽取实物试样的检验结果为验收依据时，买卖双方应在发货前或交货地共同取样和签封。取样方法按 GB 12573 进行，取样数量为 20kg，缩分为二等份。一份由卖方保存 40d，一份由买方按标准规定的项目和方法进行检验。

在 40d 以内，买方检验认为产品质量不符合本标准要求，而卖方又有异议时，则双方应将卖方保存的另一份试样送省级或省级以上国家认可的水泥质量监督检验机构进行仲裁检验。水泥安定性仲裁检验时，应在取样之日起 10d 以内完成。

C. 以生产者同编号水泥的检验报告为验收依据时，在发货前或交货时买方在同编号水泥中取样，双方共同签封后由卖方保存 90d，或认可卖方自行取样、签封并保存 90d 的同编号水泥的封存样。

在 90d 内，买方对水泥质量有疑问时，则买卖双方应将共同认可的试样送省级或省级以上国家认可的水泥质量监督检验机构进行仲裁检验。

（4）水泥进场检查及使用要求

1）水泥供料单位应按国家规定，及时、完整地交付有关水泥出厂资料。所有进场水泥均必须有出厂合格证。水泥出厂合格证应具有标准规定天数的抗压、抗折强度和安定性试验结果。抗折、抗压强度、安定性试验均必须满足该强度等级的标准要求。

2）水泥进场时应对其品种、级别、包装或散装仓号、出厂日期等进行检查，并应对其强度、安定性及其他必要的质量性能指标进行复验，其质量必须符合现行国家标准《通用硅酸盐水泥》（GB 175—2007）的规定。

3）水泥的品种、数量、强度等级、立窑还是回转窑生产应核查清楚（由于立窑水泥的生产工艺上的某种缺陷，水泥安定性容易出现问题），水泥进场日期不应超期，超期应复试，出厂合格证上的试验项目必须齐全，并符合标准要求等。

4）无出厂合格证的水泥、有合格证但已超期水泥、进口水泥、立窑生产的水泥或对水泥材质有怀疑的，应按规定取样做二次试验，其试验结果必须符合标准规定。

注：水泥需要复试的原则为：用于承重结构、使用部位有强度等级要求的混凝土用水泥，或水泥出厂超过3个月（快硬硅酸盐水泥为1个月）和进口水泥，使用前均必须进行复试，并提供复试报告。

5）核查是否有主要结构部位所使用水泥无出厂合格证明（或试验报告），或品种、强度等级不符，或超期而未进行复试，或试验内容缺少"必试"项目之一或进口或立窑水泥未做试验等。

6）重点工程或设计有要求必须使用某品种、强度等级水泥时，应核查实际使用是否保证设计要求。

7）水泥应入库堆放，水泥库底部应架空，保证通风防潮，并应分品种、按进厂批量设置标牌分垛堆放。贮存时间一般不应超过3个月（按出厂日期算起，在正常干燥环境中存放3个月，强度约降低10%～20%；存放6个月，强度约降低15%～30%；存放一年，强度约降低20%～40%）。为此，水泥出厂时间在超过3个月以上时，必须进行检验，重新确定强度等级，按实际强度使用。对于非通用水泥品种的贮存期规定，如表C2-3-18-3所示。

水泥的贮存期规定 **表 C2-3-18-3**

水泥品种	贮存期规定	过期水泥处理
快硬硅酸盐水泥	1个月	必须复试，按复试强度等级使用
高铝水泥	2个月	必须复试，按复试强度等级使用
硫铝酸盐早强水泥	2个月	必须复试，按复试强度等级使用

8）水泥试验单的子目应填写齐全，要有品种、强度等级、结论等。水泥质量有问题时，在可使用条件下，由施工技术部门或其技术负责人签注使用意见，并在报告单上注明使用工程项目的部位。安定性不合格时，不准在工程上使用。

混凝土、砂浆试块试验报告单上注明的水泥品种、强度等级应与水泥出厂证明或复验单上的相一致。

9）当核查出厂合格证或试验报告时，除强度指标应符合标准规定外，应特别注意水泥中有害物质含量是否超标。如氧化镁（MgO）、三氧化硫（SO_3）、碱含量等。

水泥中含有氧化镁会增加水泥在凝结硬化后期的体积膨胀，可能使水泥石产生有害的内应力而引起破坏。水化过程中含有氧化镁的水泥，颗粒表面会产生Mg（$OH)_2$，它的溶解度较小，阻碍水浸透入颗粒内部，减慢了水硬化过程。在水泥的其他成分已经水化硬化之后，Mg（OH)$_2$ 还会在有水的条件下长期进行水化，并使体积膨胀，容易引起水泥石的破坏。标准规定水泥中氧化镁含量不得超过5%，水泥经蒸压安定性合格允许放宽到6%。

水泥中的最大石膏含量均有限制，如标准规定，硅酸盐、普通硅酸盐、火山灰、粉煤灰水泥，水泥的三氧化硫含量不超过3.5%，矿渣水泥三氧化硫含量不超过4%。

10）水泥含碱量及骨料活性成分

水泥中的碱含量，标准规定按 $Na_2O+0.658K_2O$ 计算值来表示，若使用活性骨料(目前已被确定的有蛋白石、玉髓、鳞石英和方石英等，一般规定含量不超过1%)：

① 当水泥中碱含量大于0.6%时，需对骨料进行碱-骨料反应试验；当骨料中活性成分含量高，可能引起碱-骨料反应时，应根据混凝土结构或构件的使用条件进行专门试验，以确定是否可用。

② 如必须采用的骨料是碱活性的，就必须选用低碱水泥（当量 Na_2O<0.06%），并限制混凝土总碱量不超过2.0～3.0kg/m^3。

③ 如无低碱水泥，则应掺入足够的活性混合材料，如粉煤灰不小于30%，矿渣不小于30%或硅灰不小于7%，以缓解破坏作用。

④ 碱-骨料反应的必要条件是水分。混凝土构件长期处在潮湿环境中（即在有水的条件下）会助长发生碱-骨料反应；而干燥状态下则不会发生反应，所以混凝土的渗透性对碱-骨料反应有很大影响，应保证混凝土密实性和重视建筑物排水，避免混凝土表面积水和接缝存水。

11）对于安定性不合格的水泥，不得用于工程。

12）表列子项：

① 使用部位：按委托单上的使用部位填写。

② 水泥品种：如普通硅酸盐水泥、矿渣硅酸盐水泥、火山灰质硅酸盐水泥等，照实际的水泥品种填写。

③ 强度等级：如32.5、42.5等。照实际送试的水泥强度等级填写。

④ 检验项目：

A. 细度：水泥经标准筛的筛余量的百分数，或者水泥的比表面积来表示，照试验的实际结果填写。

B. 标稠用水量：即标准稠度用水量，照标稠用水量的试验结果填写。

C. 胶砂流动度：是为了确定水泥胶砂的适宜水量而需要测定的一项内容，按水泥胶砂强度检验方法执行，照胶砂流动度的实际试验结果填写。

D. 初凝：从水泥加水拌合起到围卡仪试针沉入净浆中，距底板0.5～1mm的时间，为初凝时间，照实际试验的初凝时间填写。

E. 终凝：试针深入净浆不超过1mm时的时间为终凝时间，照实际试验的终凝时间填写。

F. 安定性：是反映水泥浆硬化后，体积膨胀不均匀产生变形的重要质量指标，用试饼法及压蒸法测定。照实际试验安定性的结果填写。安定性不合格的水泥为废品。

⑤ 强度检验：即水泥强度的检查与试验，分为抗折强度和抗压强度，由试验室填写。

⑥ 抗折强度：指水泥抵抗折断的强度，照实际试验结果填写。

⑦ 抗压强度：指水泥抵抗压力的强度，照实际试验结果填写。

⑧ 快测强度：快速推定水泥强度的一种测试方法，照实际快测强度填写。

4.2.3.19 预应力孔道灌浆用水泥合格证（C2-3-19）

实施要点

（1）预应力孔道灌浆用水泥材料的合格证均应进行整理粘贴，按 C2-3-2 表式执行。

（2）孔道灌浆用水泥应符合设计要求，一般应采用普通硅酸盐水泥。

（3）孔道灌浆用水泥的应用与保管见 C2-3-18 水泥试验报告实施要点有关部分。

（4）孔道灌浆用水泥当设计无明确要求时，水泥可以按水泥出厂合格证一并统计。该项可作为合理缺项处理。

4.2.3.20 预应力孔道灌浆用水泥试验报告（C2-3-20）

实施要点

（1）预应力孔道灌浆用水泥必须进行复试，试验报告按 C2-3-18 表式执行。

（2）孔道灌浆用水泥应采用普通硅酸盐水泥，其质量应符合（GB 50204—2002）规范第 7.2.1 条的规定。孔道灌浆用外加剂的质量应符合（GB 50204—2002）规范第 7.2.2 条的规定。

注：7.2.1 水泥进场时应对其品种、级别、包装或散装仓号、出厂日期等进行检查，并应对其强度、安定性及其他必要的性能指标进行复验，其质量必须符合现行国家标准《通用硅酸盐水泥》GB 175 等的规定。

当在使用中对水泥质量有怀疑或水泥出厂超过三个月（快硬硅酸盐水泥超过一个月）时，应进行复验，并按复验结果使用。

钢筋混凝土结构、预应力混凝土结构中，严禁使用含氯化物的水泥。

7.2.2 混凝土中掺用外加剂的质量及应用技术应符合现行国家标准《混凝土外加剂》GB 8076、《混凝土外加剂应用技术规范》GB 50119 和有关环境保护的规定。

预应力混凝土结构中，严禁使用含氯化物的外加剂。钢筋混凝土结构中，当使用含氯化物的外加剂时，混凝土中氯化物的总含量应符合现行国家标准《混凝土质量控制标准》GB 50164 的规定。

（3）混凝土中氯化物和碱的总含量应符合现行国家标准《混凝土结构设计规范》GB 50010 和设计的要求。

（4）灌浆用水泥浆的水灰比不应大于 0.45，搅拌后 3h 泌水率不宜大于 2%，且不应大于 3%。泌水应能在 24h 内全部重新被水泥浆吸收。

（5）灌浆用水泥浆的抗压强度不应小于 $30N/mm^2$。

注：1. 一组试件由 6 个试件组成，试件应标准养护 28d（试件边长为 70.7mm 立方体）；

2. 抗压强度为一组试件的平均值，当一组试件中抗压强度最大值或最小值与平均值相差超过 20%时，应取中间 4 个试件强度的平均值。

4.2.3.21 混凝土外加剂合格证、出厂检验报告（C2-3-21）

实施要点

（1）混凝土外加剂合格证、出厂检验报告均应进行整理粘贴，按 C2-3-2 表式执行。

(2) 混凝土外加剂合格证、出厂检验报告是指由混凝土外加剂生产厂家提供的出厂合格证和出厂检验报告，应按施工过程中依序形成的以上表式，经核查符合要求后全部粘贴表内（C2-3-2），不得缺漏。

(3) 混凝土外加剂合格证、出厂检验报告的应用与保管，见 4.2.3.18 水泥试验报告实施要点有关部分。

4.2.3.22 混凝土外加剂试验报告（C2-3-22）

(1) 外加剂试验报告按试验室提供的外加剂试验报告表式汇整。

(2) 外加剂试验报告是指承包单位根据设计要求的混凝土强度等级需掺加外加剂，由于外加剂质量或其他原因需要提请试验单位进行试验并出具质量证明文件时进行的试验。

(3) 外加剂必须有质量证明书或合格证。提请试验单位进行试验的试验室应具有相应资质等级。

(4) 混凝土外加剂的应用选择与质量控制

1) 外加剂的选择

① 外加剂的品种应根据工程设计和施工要求选择，通过试验及技术经济比较确定。

② 严禁使用对人体产生危害、对环境产生污染的外加剂。

③ 掺外加剂混凝土所用水泥，宜采用硅酸盐水泥、普通硅酸盐水泥、矿渣硅酸盐水泥、火山灰质硅酸盐水泥、粉煤灰硅酸盐水泥和复合硅酸盐水泥，并应检验外加剂与水泥的适应性，符合要求方可使用。

④ 掺外加剂混凝土所用材料如水泥、砂、石、掺合料、外加剂均应符合国家现行的有关标准的规定。试配掺外加剂的混凝土时，应采用工程使用的原材料，检测项目应根据设计及施工要求确定，检测条件应与施工条件相同。当工程所用原材料或混凝土性能要求发生变化时，应再进行试配试验。

⑤ 不同品种外加剂复合使用时，应注意其相容性及对混凝土性能的影响，使用前应进行试验，满足要求方可使用。

2) 外加剂掺量

① 外加剂掺量应以胶凝材料总量的百分比表示，或以 mL/kg 胶凝材料表示。

② 外加剂的掺量应按供货单位推荐掺量、使用要求、施工条件、混凝土原材料等因素通过试验确定。

③ 对含有氯离子、硫酸根等离子的外加剂应符合《混凝土外加剂应用技术规范》(GB 50119—2003) 规范及有关标准的规定。

④ 处于与水相接触或潮湿环境中的混凝土，当使用碱活性骨料时，由外加剂带入的碱含量（以当量氧化钠计）不宜超过 $1kg/m^3$，混凝土总碱含量尚应符合有关标准的规定。

3) 外加剂的质量控制

① 选用的外加剂应有供货单位提供的下列技术文件：

A. 产品说明书，并应标明产品主要成分；

B. 出厂检验报告及合格证；

C. 掺外加剂混凝土性能检验报告。

② 外加剂运到工地（或混凝土搅拌站）应立即取代表性样品进行检验，进货与工程

试配时一致，方可入库、使用；若发现不一致时，应停止使用。

③ 外加剂应按不同供货单位、不同品种、不同牌号分别存放，标识应清楚。

④ 粉状外加剂应防止受潮结块，如有结块，经性能检验合格后应粉碎至全部通过0.63mm筛后方可使用。液体外加剂应放置阴凉干燥处，防止日晒、受冻、污染、进水或蒸发；如有沉淀等现象，经性能检验合格后方可使用。

⑤ 外加剂配料控制系统标识应清楚、计量应准确，计量误差不应大于外加剂用量的2%。

（5）普通减水剂及高效减水剂的适用范围与施工

1）减水剂的品种

① 混凝土工程中可采用木质素磺酸盐类：木质素磺酸钙、木质素磺酸钠、木质素磺酸镁及丹宁等的普通减水剂。

② 混凝土工程中可采用多环芳香族磺酸盐类：萘和萘的同系磺化物与甲醛缩合的盐类、胺基磺酸盐等；水溶性树脂磺酸盐类：磺化三聚氰胺树脂、磺化古码隆树脂等；脂肪族类：聚羧酸盐类、聚丙烯酸盐类、脂肪族羟甲基磺酸盐高缩聚物等；其他：改性木质素磺酸钙、改性丹宁等的高效减水剂。

2）适用范围

① 普通减水剂及高效减水剂可用于素混凝土、钢筋混凝土、预应力混凝土，并可制备高强高性能混凝土。

② 普通减水剂宜用于日最低气温5℃以上施工的混凝土，不宜单独用于蒸养混凝土；高效减水剂宜用于日最低气温0℃以上施工的混凝土。

③ 当掺用含有木质素磺酸盐类物质的外加剂时应先做水泥适应性试验，合格后方可使用。

3）减水剂的施工

① 普通减水剂、高效减水剂进入工地（或混凝土搅拌站）的检验项目应包括pH值、密度（或细度）、混凝土减水率，符合要求方可入库、使用。

② 减水剂掺量应根据供货单位的推荐掺量、气温高低、施工要求，通过试验确定。

③ 减水剂以溶液掺加时，溶液中的水量应从拌合水中扣除。

④ 液体减水剂宜与拌合水同时加入搅拌机内，粉剂减水剂宜与胶凝材料同时加入搅拌机内，需二次添加外加剂时，应通过试验确定，混凝土搅拌均匀方可出料。

⑤ 根据工程需要，减水剂可与其他外加剂复合使用，其掺量应根据试验确定。配制溶液时，如产生絮凝或沉淀等现象，应分别配制溶液并分别加入搅拌机内。

⑥ 掺普通减水剂、高效减水剂的混凝土采用自然养护时，应加强初期养护；采用蒸养时，混凝土应具有必要的结构强度才能升温，蒸养制度应通过试验确定。

（6）引气剂及引气减水剂的适用范围与施工

1）引气剂及引气减水剂的品种

① 混凝土工程中可采用下列引气剂：

A. 松香树脂类：松香热聚物、松香皂类等；

B. 烷基和烷基芳烃磺酸盐类：十二烷基磺酸盐、烷基苯磺酸盐、烷基苯酚聚氧乙烯醚等；

C. 肪醇磺酸盐类：脂肪醇聚氧乙烯醚、脂肪醇聚氧乙烯磺酸钠、脂肪醇硫酸钠等；

D. 皂甙类：三萜皂甙等；

E. 其他：蛋白质盐、石油磺酸盐等。

② 混凝土工程中，可采用由引气剂与减水剂复合而成的引气减水剂。

2）适用范围

① 引气剂及引气减水剂，可用于抗冻混凝土、抗渗混凝土、抗硫酸盐混凝土、泌水严重的混凝土、贫混凝土、轻骨料混凝土、人工骨料配制的普通混凝土、高性能混凝土以及有饰面要求的混凝土。

② 引气剂、引气减水剂不宜用于蒸养混凝土及预应力混凝土，必要时应经试验确定。

3）引气剂及引气减水剂的施工

① 引气剂及引气减水剂进入工地（或混凝土搅拌站）的检验项目应包括 pH 值、密度（或细度）、含气量，引气减水剂应增测减水率，符合要求方可入库、使用。

② 抗冻性要求高的混凝土，必须掺引气剂或引气减水剂，其掺量应根据混凝土的含气量要求，通过试验确定。

掺引气剂及引气减水剂混凝土的含气量，不宜超过表 C2-3-22-1 规定的含气量；对抗冻性要求高的混凝土，宜采用表 C2-3-22-1 规定的含气量数值。

掺引气剂及引气减水剂混凝土的含气量　　表 C2-3-22-1

粗骨料最大粒径(mm)	20(19)	25(22.4)	40(37.5)	50(45)	80(75)
混凝土含气量(%)	5.5	5.0	4.5	4.0	3.5
注：括号内数值为《建筑用卵石、碎石》GB/T 14685 中标准筛的尺寸。					

③ 引气剂及引气减水剂，宜以溶液掺加，使用时加入拌合水中，溶液中的水量应从拌合水中扣除。

④ 引气剂及引气减水剂配制溶液时，必须充分溶解后方可使用。

⑤ 引气剂可与减水剂、早强剂、缓凝剂、防冻剂复合使用。配制溶液时，如产生絮凝或沉淀等现象，应分别配制溶液并分别加入搅拌机内。

⑥ 施工时，应严格控制混凝土的含气量。当材料、配合比，或施工条件变化时，应相应增减引气剂或引气减水剂的掺量。

⑦ 检验掺引气剂及引气减水剂混凝土的含气量，应在搅拌机出料口进行取样，并应考虑混凝土在运输和振捣过程中含气量的损失。对含气量有设计要求的混凝土，施工中应每间隔一定时间进行现场检验。

⑧ 掺引气剂及引气减水剂混凝土，必须采用机械搅拌，搅拌时间及搅拌量应通过试验确定。出料到浇筑的停放时间也不宜过长，采用插入式振捣时，振捣时间不宜超过 20s。

（7）缓凝剂、缓凝减水剂及缓凝高效减水剂的适用范围与施工

1）缓凝剂、缓凝减水剂及缓凝高效减水剂的品种

① 混凝土工程中可采用下列缓凝剂及缓凝减水剂：

A. 糖类：糖钙、葡萄糖酸盐等；

B. 木质素磺酸盐类：木质素磺酸钙、木质素磺酸钠等；

C. 羟基羧酸及其盐类：柠檬酸、酒石酸钾钠等；

D. 无机盐类：锌盐、磷酸盐等；

E. 其他：胺盐及其衍生物、纤维素醚等。

② 混凝土工程中可采用由缓凝剂与高效减水剂复合而成的缓凝高效减水剂。

2）缓凝剂、缓凝减水剂及缓凝高效减水剂的适用范围

① 缓凝剂、缓凝减水剂及缓凝高效减水剂可用于大体积混凝土、碾压混凝土、炎热气候条件下施工的混凝土、大面积浇筑的混凝土、避免冷缝产生的混凝土、需较长时间停放或长距离运输的混凝土、自流平免振混凝土、滑模施工或拉模施工的混凝土及其他需要延缓凝结时间的混凝土。缓凝高效减水剂可制备高强高性能混凝土。

② 缓凝剂、缓凝减水剂及缓凝高效减水剂宜用于日最低气温 5℃以上施工的混凝土，不宜单独用于有早强要求的混凝土及蒸养混凝土。

③ 柠檬酸及酒石酸钾钠等缓凝剂不宜单独用于水泥用量较低、水灰比较大的贫混凝土。

④ 当掺用含有糖类及木质素磺酸盐类物质的外加剂时应先做水泥适应性试验，合格后方可使用。

⑤ 使用缓凝剂、缓凝减水剂及缓凝高效减水剂施工时，宜根据温度选择品种并调整掺量，满足工程要求方可使用。

3）缓凝剂、缓凝减水剂及缓凝高效减水剂的施工

① 缓凝剂、缓凝减水剂及缓凝高效减水剂进入工地（或混凝土搅拌站）的检验项目应包括 pH 值、密度（或细度）、混凝土凝结时间。缓凝减水剂及缓凝高效减水剂应增测减水率，合格后方可入库、使用。

② 缓凝剂、缓凝减水剂及缓凝高效减水剂的品种及掺量应根据环境温度、施工要求的混凝土凝结时间、运输距离、停放时间、强度等来确定。

③ 缓凝剂、缓凝减水剂及缓凝高效减水剂以溶液掺加时计量必须正确，使用时加入拌合水中，溶液中的水量应从拌合水中扣除。难溶和不溶物较多的应采用干掺法，并延长混凝土搅拌时间 30s。

④ 掺缓凝剂、缓凝减水剂及缓凝高效减水剂的混凝土浇筑、振捣后，应及时抹压并始终保持混凝土表面潮湿，终凝以后应浇水养护。当气温较低时、应加强保温、保湿养护。

（8）早强剂及早强减水剂的适用范围与施工

1）早强剂及早强减水剂的品种

① 混凝土工程中可采用下列早强剂：

A. 强电解质无机盐类早强剂：硫酸盐、硫酸复盐、硝酸盐、亚硝酸盐、氯盐等；

B. 水溶性有机化合物：三乙醇胺、甲酸盐、乙酸盐、丙酸盐等；

C. 其他：有机化合物、无机盐复合物。

② 混凝土工程中可采用由早强剂与减水剂复合而成的早强减水剂。

2）早强剂及早强减水剂的适用范围

① 早强剂及早强减水剂适用于蒸养混凝土及常温、低温和最低温度不低于－5℃环境中施工的有早强要求的混凝土工程。炎热环境条件下不宜使用早强剂、早强减水剂。

② 掺入混凝土后对人体产生危害或对环境产生污染的化学物质严禁用作早强剂。含有六价铬盐、亚硝酸盐等有害成分的早强剂严禁用于饮水工程及与食品相接触的工程。硝铵类严禁用于办公、居住等建筑工程中。

③ 下列结构中严禁采用含有氯盐配制的早强剂及早强减水剂：

A. 预应力混凝土结构；

B. 相对湿度大于80%环境中使用的结构，处于水位变化部位的结构，露天结构及经常受水淋、受水流冲刷的结构；

C. 大体积混凝土；

D. 直接接触酸、碱或其他侵蚀性介质的结构；

E. 经常处于温度为60℃以上的结构，需经蒸养的钢筋混凝土预制构件；

F. 有装饰要求的混凝土，特别是要求色彩一致的或是表面有金属装饰的混凝土；

G. 薄壁混凝土结构，中级和重级工作制吊车的梁、屋架、落锤及锻锤混凝土基础等结构；

H. 使用冷拉钢筋或冷拔低碳钢丝的结构；

I. 骨料具有碱活性的混凝土结构。

④在下列混凝土结构中严禁采用含有强电解质无机盐类的早强剂及早强减水剂：

A. 与镀锌钢材或铝铁相接触部位的结构，以及有外露钢筋预埋铁件而无防护措施的结构；

B. 使用直流电源的结构以及距高压直流电源100m以内的结构。

⑤ 含钾、钠离子的早强剂用于骨料具有碱活性的混凝土结构时，应符合《混凝土外加剂应用技术规范》(GB 50119—2003) 第2.2.4条的规定。

3) 早强剂及早强减水剂的施工

①早强剂、早强减水剂进入工地（或混凝土搅拌站）的检验项目应包括密度（或细度），1d、3d抗压强度及对钢筋的锈蚀作用。早强减水剂应增测减水率。混凝土有饰面要求的还应观测硬化后混凝土表面是否析盐。符合要求，方可入库、使用。

② 常用早强剂掺量应符合表C2-3-22-2中的规定。

常用早强剂掺量限值　　　　**表 C2-3-22-2**

混凝土种类	使用环境	早强剂名称	掺量限值 (水泥重量%) 不大于
预应力混凝土	干燥环境	三乙醇胺 硫酸钠	0.05 1.0
钢筋混凝土	干燥环境	氯离子[Cl^-] 硫酸钠	0.6 2.0
钢筋混凝土	干燥环境	与缓凝减水剂复合的硫酸钠 三乙醇胺	3.0 0.05
	潮湿环境	硫酸钠 三乙醇胺	1.5 0.05
有饰面要求的混凝土		硫酸钠	0.8
素混凝土	氯离子[Cl^-]	1.8	
注：预应力混凝土及潮湿环境中使用的钢筋混凝土中不得掺氯盐早强剂。			

③ 粉剂早强剂和早强减水剂直接掺入混凝土干料中，应延长搅拌时间30s。

④ 常温及低温下使用早强剂或早强减水剂的混凝土采用自然养护时宜使用塑料薄膜覆盖或喷洒养护液。终凝后应立即浇水潮湿养护。最低气温低于0℃时，除塑料薄膜外还应加盖保温材料。最低气温低于－5℃时，应使用防冻剂。

⑤ 掺早强剂或早强减水剂的混凝土采用蒸汽养护时，其蒸养制度应通过试验确定。

(9) 防冻剂的适用范围与施工

1) 防冻剂的品种

① 混凝土工程中可采用下列防冻剂：

A. 强电解质无机盐类：氯盐类：以氯盐为防冻组分的外加剂；氯盐阻锈类：以氯盐与阻锈组分为防冻组分的外加剂；无氯盐类：以亚硝酸盐、硝酸盐等无机盐为防冻组分的外加剂。

B. 水溶性有机化合物类：以某些醇类等有机化合物为防冻组分的外加剂。

C. 有机化合物与无机盐复合类。

D. 复合型防冻剂：以防冻组分复合早强、引气、减水等组分的外加剂。

2) 防冻剂的适用范围

①含强电解质无机盐的防冻剂用于混凝土中，必须符合《混凝土外加剂应用技术规范》(GB 50119—2003) 第6.2.3条、第6.2.4条的规定。

② 含亚硝酸盐、碳酸盐的防冻剂严禁用于预应力混凝土结构。

③ 含有六价铬盐、亚硝酸盐等有害成分的防冻剂，严禁用于饮水工程及与食品相接触的工程，严禁食用。

④含有硝铵、尿素等产生刺激性气味的防冻剂，严禁用于办公、居住等建筑工程。

⑤ 强电解质无机盐防冻剂应符合《混凝土外加剂应用技术规范》(GB 50119—2003) 第6.2.5条的规定，其掺量应符合《混凝土外加剂应用技术规范》(GB 50119—2003) 第6.3.2条的规定。

⑥ 有机化合物类防冻剂可用于素混凝土、钢筋混凝土及预应力混凝土工程；

⑦ 有机化合物与无机盐复合防冻剂及复合型防冻剂可用于素混凝土、钢筋混凝土及预应力混凝土工程，并应符合《混凝土外加剂应用技术规范》(GB 50119—2003) 第7.2.1条、第7.2.2条、第7.2.3条、第7.2.4条、第7.2.5条的规定。

⑧ 对水工、桥梁及有特殊抗冻融性要求的混凝土工程，应通过试验确定防冻剂品种及掺量。

3) 防冻剂的施工

① 防冻剂的选用应符合下列规定：

A. 在日最低气温为0～－5℃，混凝土采用塑料薄膜和保温材料覆盖养护时，可采用早强剂或早强减水剂；

B. 在日最低气温为－5～－10℃、－10～－15℃、－15～－20℃，采用上款保温措施时，宜分别采用规定温度为－5℃、－10℃、－15℃的防冻剂；

C. 防冻剂的规定温度为按《混凝土防冻剂》(JC 475) 规定的试验条件成型的试件，在恒负温条件下养护的温度。施工使用的最低气温可比规定温度低5℃。

② 防冻剂运到工地（或混凝土搅拌站）首先应检查是否有沉淀、结晶或结块。检验

项目应包括密度（或细度），R_{-7}、R_{+28}抗压强度比，钢筋锈蚀试验。合格后方可入库、使用。

③ 掺防冻剂混凝土所用原材料，应符合下列要求：

A. 宜选用硅酸盐水泥、普通硅酸盐水泥。水泥存放期超过 3 个月时，使用前必须进行强度检验，合格后方可使用；

B. 粗、细骨料必须清洁，不得含有冰、雪等冻结物及易冻裂的物质；

C. 当骨料具有碱活性时，由防冻剂带入的碱含量、混凝土的总碱含量，应符合《混凝土外加剂应用技术规范》（GB 50119—2003）第 2.2.4 条的规定；

D. 储存液体防冻剂的设备应有保温措施。

④ 掺防冻剂的混凝土配合比，宜符合下列规定：

A. 含引气组分的防冻剂混凝土的砂率，比不掺外加剂混凝土的砂率可降低 2%～3%；

B. 混凝土水灰比不宜超过 0.6，水泥用量不宜低于 300kg/m³，重要承重结构、薄壁结构的混凝土水泥用量可增加 10%，大体积混凝土的最少水泥用量应根据实际情况而定。强度等级不大于 C15 的混凝土，其水灰比和最少水泥用量可不受此限制。

⑤ 掺防冻剂混凝土采用的原材料，应根据不同的气温，按下列方法进行加热：

A. 气温低于－5℃时，可用热水拌合混凝土：水温高于 65℃时，热水应先与骨料拌合，再加入水泥；

B. 气温低于－10℃时，骨料可移入暖棚或采取加热措施。骨料冻结成块时须加热，加热温度不得高于 65℃，并应避免灼烧；用蒸汽直接加热骨料带入的水分，应从拌合水中扣除。

⑥ 掺防冻剂混凝土搅拌时，应符合下列规定：

A. 严格控制防冻剂的掺量；

B. 严格控制水灰比，由骨料带入的水及防冻剂溶液中的水，应从拌合水中扣除；

C. 搅拌前应用热水或蒸汽冲洗搅拌机，搅拌时间应比常温延长 50%；

D. 掺防冻剂混凝土拌合物的出机温度，严寒地区不得低于 15℃；寒冷地区不得低于 10℃。入模温度，严寒地区不得低于 10℃，寒冷地区不得低于 5℃。

⑦ 防冻剂与其他品种外加剂共同使用时，应先进行试验，满足要求方可使用。

⑧ 掺防冻剂混凝土的运输及浇筑，除应满足不掺外加剂混凝土的要求外，还应符合下列规定：

A. 混凝土浇筑前，应清除模板和钢筋上的冰雪和污垢，不得用蒸汽直接融化冰雪，避免再度结冰；

B. 混凝土浇筑完毕，应及时对其表面用塑料薄膜及保温材料覆盖。掺防冻剂的商品混凝土，应对混凝土搅拌运输车罐体包裹保温外套。

⑨ 掺防冻剂混凝土的养护，应符合下列规定：

A. 在负温条件下养护时，不得浇水。混凝土浇筑后，应立即用塑料薄膜及保温材料覆盖，严寒地区应加强保温措施。

B. 初期养护温度不得低于规定温度。

C. 当混凝土温度降到规定温度时，混凝土强度必须达到受冻临界强度；当最低气温不低于－10℃时，混凝土抗压强度不得小于3.5MPa；当最低温度不低于－15℃时，混凝土抗压强度不得小于4.0MPa；当最低温度不低于－20℃时，混凝土抗压强度不得小于5.0MPa。

D. 拆模后混凝土的表面温度与环境温度之差大于20℃时，应采用保温材料覆盖养护。

4）掺防冻剂混凝土的质量控制

① 混凝土浇筑后，在结构最薄弱和易冻的部位，应加强保温防冻措施，并应在有代表性的部位或易冷却的部位布置测温点。测温测头埋入深度应为100～150mm，也可为板厚的1/2或墙厚的1/2。在达到受冻临界强度前应每隔2h测温一次，以后应每隔6h测一次，并应同时测定环境温度。

② 掺防冻剂混凝土的质量应满足设计要求，并应符合下列规定：

A. 应在浇筑地点制作一定数量的混凝土试件进行强度试验。其中一组试件应在标准条件下养护，其余放置在工程条件下养护。在达到受冻临界强度时，拆模前，拆除支撑前及与工程同条件养护28d，再标准养护28d均应进行试压。试件不得在冻结状态下试压，边长为100mm立方体试件，应在15～20℃室内解冻3～4h或应浸入10～15℃的水中解冻3h；边长为150mm立方体试件，应在15～20℃室内解冻5～6h或浸入10～15℃的水中解冻6h，试件擦干后试压；

B. 检验抗冻、抗渗所用试件，应与工程同条件养护28d，再标准养护28d后进行抗冻或抗渗试验。

（10）膨胀剂的适用范围与施工

1）膨胀剂的品种

① 混凝土工程可采用下列膨胀剂：

A. 硫铝酸钙类；

B. 硫铝酸钙-氧化钙类；

C. 氧化钙类。

2）适用范围

① 膨胀剂的适用范围应符合表C2-3-22-3的规定。

膨胀剂的适用范围 表C2-3-22-3

用途	适用范围
补偿收缩混凝土	地下、水中、海水中、隧道等构筑物，大体积混凝土（除大坝外），配筋路面和板、屋面与厕浴间防水、构件补强、渗漏修补、预应力混凝土、回填槽等
填充用膨胀混凝土	结构后浇带、隧洞堵头、钢管与隧道之间的填充等
灌浆用膨胀砂浆	机械设备的底座灌浆、地脚螺栓的固定、梁柱接头、构件补强、加固等
自应力混凝土	仅用于常温下使用的自应力钢筋混凝土压力管

② 含硫铝酸钙类、硫铝酸钙-氧化钙类膨胀剂的混凝土（砂浆）不得用于长期环境温度为80℃以上的工程。

③ 含氧化钙类膨胀剂配制的混凝土（砂浆）不得用于海水或有侵蚀性水的工程。

④ 掺膨胀剂的混凝土适用于钢筋混凝土工程和填充性混凝土工程。

⑤ 掺膨胀剂的大体积混凝土，其内部最高温度应符合有关标准的规定，混凝土内外温差宜小于25℃。

⑥ 掺膨胀剂的补偿收缩混凝土刚性屋面宜用于南方地区，其设计、施工应按《屋面工程质量验收规范》GB 50207 执行。

3）掺膨胀剂混凝土（砂浆）的性能要求

① 施工用补偿收缩混凝土，其性能应满足表 C2-3-22-4 的要求，抗压强度的试验应按《普通混凝土力学性能试验方法标准》GB/T 50081 进行。

补偿收缩混凝土的性能　　**表 C2-3-22-4**

项目	限制膨胀率（$\times10^{-4}$）	限制干缩率（$\times10^{-4}$）	抗压强度（MPa）
龄期	水中 14d	水中 14d，空气中 28d	28d
性能指标	≥1.5	≤3.0	≥25

② 填充用膨胀混凝土，其性能应满足表 C2-3-22-5 的要求。

填充用膨胀混凝土的性能　　**表 C2-3-22-5**

项目	限制膨胀率（$\times10^{-4}$）	限制干缩率（$\times10^{-4}$）	抗压强度（MPa）
龄期	水中 14d	水中 14d，空气中 28d	28d
性能指标	≥2.5	≤3.0	≥30

③ 掺膨胀剂混凝土的抗压强度试验应按《普通混凝土力学性能试验方法标准》GB/T 50081 进行。填充用膨胀混凝土的强度试件应在成型后第 3 天拆模。

④ 灌浆用膨胀砂浆：其性能应满足表 C2-3-22-6 的要求。灌浆用膨胀砂浆用水量按砂浆流动度 250±10mm 的用水量。抗压强度采用 40mm×40mm×160mm 试模，无振动成型，拆模、养护、强度检验应按《水泥胶砂强度检验方法（ISO 法）》GB/T 17671 进行。

灌浆用膨胀砂浆性能　　**表 C2-3-22-6**

流动度（mm）	竖向膨胀率（$\times10^{-4}$）		抗压强度（MPa）		
	3d	7d	1d	3d	28d
250	≥10	≥20	≥20	≥30	≥60

⑤ 自应力混凝土：掺膨胀剂的自应力混凝土的性能应符合《自应力硅酸盐水泥》JC/T 218 的规定。

4）膨胀剂的设计要求

① 掺膨胀剂的补偿收缩混凝土应在限制条件下使用，构造（温度）钢筋的设计和特殊部位的附加筋，应符合《混凝土结构设计规范》（GB 50010）规定。

② 墙体易于出现竖向收缩裂缝，其水平构造筋的配筋率宜大于 0.4%，水平筋的间距宜小于 150mm，墙体的中部或顶端 300～400mm 范围内水平筋间距宜为 50～100mm。

③ 墙体与柱子连接部位宜插入长度 1500～2000mm、ϕ8～10mm 的加强钢筋，插入柱子 200～300mm，插入边墙 1200～1600mm，其配筋率应提高 10%～15%。

④ 结构开口部位、变截面部位和出入口部位应适量增加附加筋。

⑤ 楼板宜配置细而密的构造配筋网，钢筋间距宜小于 150mm，配筋率宜为 0.6%左右；现浇补偿收缩钢筋混凝土防水屋面应配双层钢筋网，构造筋间距宜小于 150mm，配筋率宜大于 0.5%。楼面和屋面后浇缝最大间距不宜超过 50m。

⑥ 地下室和水工构筑物的底板和边墙的后浇缝最大间距不宜超过 60m，后浇缝回填时间应不少于 28d。

5）膨胀剂的施工

① 掺膨胀剂混凝土所采用的原材料应符合下列规定：

A. 膨胀剂：应符合《混凝土膨胀剂》GB 23439—2009 标准的规定；膨胀剂运到工地（或混凝土搅拌站）应进行限制膨胀率检测，合格后方可入库、使用；

B. 水泥：应符合现行通用水泥国家标准，不得使用硫铝酸盐水泥、铁铝酸盐水泥和高铝水泥。

② 掺膨胀剂的混凝土的配合比设计应符合下列规定：

A. 胶凝材料最少用量（水泥、膨胀剂和掺合料的总量）应符合表 C2-3-22-7 的规定；

胶凝材料最少用量　表 C2-3-22-7

膨胀混凝土种类	胶凝材料最少用量（kg/m^3）
补偿收缩混凝土	300
填充用膨胀混凝土	350
自应力混凝土	500

B. 水胶比不宜大于 0.5；

C. 用于有抗渗要求的补偿收缩混凝土的水泥用量应不小于 $320kg/m^3$；当参入掺合料时，其水泥用量不应小于 $280kg/m^3$；

D. 补偿收缩混凝土的膨胀剂掺量不宜大于 12%，不宜小于 6%；填充用膨胀混凝土的膨胀剂掺量不宜大于 15%，不宜小于 10%；

E. 以水泥和膨胀剂为胶凝材料的混凝土。设基准混凝土配合比中水泥用量为 m_{c0}，膨胀剂取代水泥率为 K，膨胀剂用量 $m_E = m_{c0} \cdot K$，水泥用量 $m_c = m_{c0} - m_E$；

F. 以水泥、掺合料和膨胀剂为胶凝材料的混凝土，设膨胀剂取代胶凝材料率为 K，设基准混凝土配合比中水泥用量为 $m_{c'}$ 和掺合料用量为 $m_{F'}$，膨胀剂用量 $m_E = (m_{c'} + m_{F'}) \cdot K$，掺合料用量 $m_F = m_{F'}(1-K)$，水泥用量 $m_c = m_{c'}(1-K)$。

③ 其他外加剂用量的确定方法：膨胀剂可与其他混凝土外加剂复合使用，应有较好的适应性，膨胀剂不宜与氯盐类外加剂复合使用。与防冻剂复合使用时应慎重，外加剂品种和掺量应通过试验确定。

④ 粉状膨胀剂应与混凝土其他原材料一起投入搅拌机，拌合时间应延长 30s。

⑤ 混凝土浇筑应符合下列规定：

A. 在计划浇筑区段内连续浇筑混凝土，不得中断；

B. 混凝土浇筑以阶梯式推进，浇筑间隔时间不得超过混凝土的初凝时间；

C. 混凝土不得漏振、欠振和过振；

D. 混凝土终凝前，应采用抹面机械或人工多次抹压。

⑥ 混凝土养护应符合下列规定：

A. 对于大体积混凝土和大面积板面混凝土，表面抹压后用塑料薄膜覆盖，混凝土硬化后，宜采用蓄水养护或用湿麻袋覆盖，保持混凝土表面潮湿，养护时间不应少于14d；

B. 对于墙体等不易保水的结构，宜从顶部设水管喷淋，拆模时间不宜少于3d，拆模后宜用湿麻袋紧贴墙体覆盖，并浇水养护，保持混凝土表面潮湿，养护时间不宜少于14d；

C. 冬期施工时，混凝土浇筑后，应立即用塑料薄膜和保温材料覆盖，养护期不应少于14d。对于墙体，带模板养护不应少于7d。

⑦ 灌浆用膨胀砂浆施工应符合下列规定：

A. 灌浆用膨胀砂浆的水料（胶凝材料＋砂）比应为0.14～0.16，搅拌时间不宜少于3min；

B. 膨胀砂浆不得使用机械振捣，宜用人工插捣排除气泡，每个部位应从一个方向浇筑；

C. 浇筑完成后，应立即用湿麻袋等覆盖暴露部分，砂浆硬化后应立即浇水养护，养护期不宜少于7d；

D. 灌浆用膨胀砂浆浇筑和养护期间，最低气温低于5℃时，应采取保温、保湿养护措施。

6）混凝土的品质检查

① 掺膨胀剂的混凝土品质，应以抗压强度、限制膨胀率和限制干缩率的试验值为依据。有抗渗要求时，还应做抗渗试验。

② 掺膨胀剂混凝土的抗压强度和抗渗检验，应按《普通混凝土力学性能试验方法标准》GB/T 50081和《普通混凝土长期性能和耐久性能试验方法》GB/T 50082进行。

(11) 泵送剂的适用范围与施工

1）泵送剂的品种

混凝土工程中，可采用由减水剂、缓凝剂、引气剂等复合而成的泵送剂。

2）适用范围

泵送剂适用于工业与民用建筑及其他构筑物的泵送施工的混凝土；特别适用于大体积混凝土、高层建筑和超高层建筑；适用于滑模施工等；也适用于水下灌注桩混凝土。

3）泵送剂的施工

① 泵送剂运到工地（或混凝土搅拌站）的检验项目应包括pH值、密度（或细度）、坍落度增加值及坍落度损失。符合要求方可入库、使用。

② 含有水不溶物的粉状泵送剂应与胶凝材料一起加入搅拌机中；水溶性粉状泵送剂宜用水溶解后或直接加入搅拌机中，应延长混凝土搅拌时间30s。

③ 液体泵送剂应与拌合水一起加入搅拌机中，溶液中的水应从拌合水中扣除。

④ 泵送剂的品种、掺量应按供货单位提供的推荐掺量和环境温度、泵送高度、泵送距离、运输距离等要求经混凝土试配后确定。

⑤ 配制泵送混凝土的砂、石应符合下列要求：

A. 粗骨料最大粒径不宜超过 40mm；泵送高度超过 50m 时，碎石最大粒径不宜超过 25mm；卵石最大粒径不宜超过 30mm；

B. 骨料最大粒径与输送管内径之比，碎石不宜大于混凝土输送管内径的 1/3；卵石不宜大于混凝土输送管内径的 2/5；

C. 粗骨料应采用连续级配，针片状颗粒含量不宜大于 10%；

D. 细骨料宜采用中砂，通过 0.315mm 筛孔的颗粒含量不宜小于 15%，且不大于 30%，通过 0.160mm 筛孔的颗粒含量不宜小于 5%。

⑥ 掺泵送剂的泵送混凝土配合比设计应符合下列规定：

A. 应符合《普通混凝土配合比设计规程》JGJ 55、《混凝土结构工程施工质量验收规范》GB 50204 及《粉煤灰混凝土应用技术规范》GBJ 146 等；

B. 泵送混凝土的胶凝材料总量不宜小于 300kg/m³；

C. 泵送混凝土的砂率宜为 35%～45%；

D. 泵送混凝土的水胶比不宜大于 0.6；

E. 泵送混凝土含气量不宜超过 5%；

F. 泵送混凝土坍落度不宜小于 100mm。

⑦ 在不可预测情况下造成商品混凝土坍落度损失过大时，可采用后添加泵送剂的方法掺入混凝土搅拌运输车中，必须快速运转。搅拌均匀后，测定坍落度符合要求后方可使用。后添加的量应预先试验确定。

（12）防水剂的适用范围与施工

1）防水剂的品种

① 无机化合物类：氯化铁、硅灰粉末、锆化合物等。

② 有机化合物类：脂肪酸及其盐类、有机硅表面活性剂（甲基硅醇钠、乙基硅醇钠、聚乙基羟基硅氧烷）、石蜡、地沥青、橡胶及水溶性树脂乳液等。

③ 混合物类：无机类混合物、有机类混合物、无机类与有机类混合物。

④ 复合类：上述各类与引气剂、减水剂、调凝剂等外加剂复合的复合型防水剂。

2）防水剂的适用范围

① 防水剂可用于工业与民用建筑的屋面、地下室、隧道、巷道、给排水池、水泵站等有防水抗渗要求的混凝土工程。

② 含氯盐的防水剂可用于素混凝土、钢筋混凝土工程，严禁用于预应力混凝土工程，并应符合《混凝土外加剂应用技术规范》（GB 50119—2003）第 6.2.3 条、第 6.2.4 条、第 6.2.5 条的规定；其掺量应符合《混凝土外加剂应用技术规范》（GB 50119—2003）第 6.3.2 条的规定。

3）防水剂的施工

① 防水剂进入工地（或混凝土搅拌站）的检验项目应包括 pH 值、密度（或细度）、钢筋锈蚀，符合要求方可入库、使用。

② 防水混凝土施工应选择与防水剂适应性好的水泥。一般应优先选用普通硅酸盐水泥。有抗硫酸盐要求时，可选用火山灰质硅酸盐水泥，并经过试验确定。

③ 防水剂应按供货单位推荐掺量掺入，超量掺加时应经试验确定，符合要求方可使用。

④ 防水剂混凝土宜采用 5～25mm 连续级配石子。

⑤ 防水剂混凝土搅拌时间应较普通混凝土延长 30s。

⑥ 防水剂混凝土应加强早期养护，潮湿养护不得少于 7d。

⑦ 处于侵蚀介质中的防水剂混凝土，当耐腐蚀系数小于 0.8 时，应采取防腐蚀措施。防水剂混凝土结构表面温度不应超过 100℃，否则必须采取隔断热源的保护措施。

(13) 速凝剂的适用范围与施工

1) 速凝剂的品种

① 在喷射混凝土工程中可采用的粉状速凝剂：以铝酸盐、碳酸盐等为主要成分的无机盐混合物等。

② 在喷射混凝土工程中可采用的液体速凝剂：以铝酸盐、水玻璃等为主要成分，与其他无机盐复合而成的复合物。

2) 速凝剂的适用范围

速凝剂可用于采用喷射法施工的喷射混凝土，亦可用于需要速凝的其他混凝土。

3) 速凝剂的施工

① 速凝剂进人工地（或混凝土搅拌站）的检验项目应包括密度（或细度）、凝结时间、1d 抗压强度，符合要求方可入库、使用。

② 喷射混凝土施工应选用与水泥适应性好、凝结硬化快、回弹小、28d 强度损失少、低掺量的速凝剂品种。

③ 速凝剂掺量一般为 2%～8%，掺量可随速凝剂品种、施工温度和工程要求适当增减。

④ 喷射混凝土施工时，应采用新鲜的硅酸盐水泥、普通硅酸盐水泥、矿渣硅酸盐水泥，不得使用过期或受潮结块的水泥。

⑤ 喷射混凝土宜采用最大粒径不大于 20mm 的卵石或碎石，细度模数为 2.8～3.5 的中砂或粗砂。

⑥ 喷射混凝土的经验配合比为：水泥用量约 400kg/m^3，砂率 45%～60%，水灰比约为 0.4。

⑦ 喷射混凝土施工人员应注意劳动防护和人身安全。

4.2.3.23　预应力孔道灌浆用外加剂合格证（C2-3-23）

实施要点

(1) 预应力孔道灌浆用水泥的外加剂合格证均应进行整理粘贴，按 C2-3-2 表式执行。

(2) 孔道灌浆用水泥的外加剂应符合设计要求。

(3) 孔道灌浆用水泥的外加剂应用与保管见表 C2-3-22 水泥外加剂试验报告实施要点有关部分。

4.2.3.24　预应力孔道灌浆用外加剂试验报告（C2-3-24）

实施要点

(1) 预应力孔道灌浆用水泥的外加剂必须进行复试，试验报告按具有相应资质等级试验单位提供的表式汇整。

（2）孔道灌浆用水泥的外加剂试验报告应符合下列规定：

1）混凝土中掺用外加剂的质量及应用技术应符合现行国家标准《混凝土外加剂》GB 8076、《混凝土外加剂应用技术规范》GB 50119 等和有关环境保护的规定。

2）预应力混凝土结构中，严禁使用含氯化物的外加剂。钢筋混凝土结构中，当使用含氯化物的外加剂时，混凝土中氯化物的总含量应符合现行国家标准《混凝土质量控制标准》GB 50164 的规定。

4.2.3.25 砌筑砂浆用外加剂合格证（C2-3-25）

实施要点

（1）砌筑砂浆用外加剂合格证均应进行整理粘贴，按 C2-3-2 表式执行。

（2）砌筑砂浆用外加剂合格证是指由外加剂生产厂家提供的出厂合格证和出厂检验报告，应按施工过程中依序形成的以上表式，经核查符合要求后全部粘贴表内（C2-3-2），不应缺漏。

（3）砌筑砂浆用外加剂合格证的应用与保管，见水泥外加剂试验报告实施要点有关部分。

4.2.3.26 砌筑砂浆用外加剂试验报告（C2-3-26）

实施要点

（1）砌筑砂浆用外加剂试验报告的质量及应用技术应符合现行国家标准《混凝土外加剂》GB 8076、《混凝土外加剂应用技术规范》GB 50119 等和有关环境保护的规定。

（2）凡在砂浆中掺入有机塑化剂、早强剂、缓凝剂、防冻剂等，应经检验和试配符合要求后，方可使用。有机塑化剂应有砌体强度的形式检验报告。

（3）砌筑砂浆用外加剂试验报告的应用与保管，见水泥外加剂试验报告实施要点有关部分。

4.2.3.27 掺合料（粉煤灰等）合格证（C2-3-27）

实施要点

（1）掺合料（粉煤灰等）合格证均应进行整理粘贴，按 C2-3-2 表式执行。

（2）掺合料（粉煤灰等）合格证是指由粉煤灰厂家提供的出厂合格证和出厂检验报告，应按施工过程中依序形成的以上表式，经核查符合要求后全部粘贴表内（C2-3-2），不应缺漏。

4.2.3.28 掺合料（粉煤灰等）试验报告（C2-3-28）

实施要点

（1）掺合料（粉煤灰等）试验报告按材料检验报告表（通用）C2-3-3 表式执行。

（2）掺合料（粉煤灰等）试验报告是指掺合料（粉煤灰）应用于混凝土中作为矿物掺合料时提供的试验报告。其质量应符合现行国家标准《用于水泥和混凝土中的粉煤灰》GB/T 1596 等的规定。矿物掺合料的掺量应通过试验确定，应按进场的批次和产品的抽样检验方案确定抽检数量。

（3）掺合料

1）依据标准

评定与检验标准　　表 C2-3-28-1

评定标准	检验标准
建筑生石灰 JC/T 479—92 建筑生石灰粉 JC/T 480—92 建筑消石灰粉 JC/T 481—92 用于水泥和混凝土中的粉煤灰 GB/T 1596—2005 粉煤灰混凝土应用技术规范 GBJ 146—90	建筑石灰试验方法　物理试验方法 JC/T 478.1—92 建筑石灰试验方法　化学分析方法 JC/T 478.2—92 石灰取样方法 JC/T 620—1996

2）检验项目

检验项目　　表 C2-3-28-2

序号	种　类	检验项目
1	建筑生石灰	CaO＋MgO 含量，未消化残渣含量
2	建筑生石灰粉	CaO＋MgO 含量
3	建筑消石灰粉	CaO＋MgO 含量
4	用于水泥和混凝土中的粉煤灰	细度、需水量比、烧失量、含水量、三氧化硫

3）取样要求

① 建筑生石灰

批量：同一厂家、同一类别、同一等级不超过 100t 为一批。

取样：从整批材料的不同部位选取，取样点不少于 25 个，每个点的取样量不少于 2kg，缩分至 4kg 装入密封容器内。

② 建筑生石灰粉

批量：同一厂家、同一类别、同一等级不超过 100t 为一批。

取样：散装生石灰粉可随机取样或使用自动取样器取样。袋装生石粉应从本批产品中随机抽取 10 袋，样品总量不少于 3kg。试样在采集过程中应贮存于密封容器内。

③ 建筑消石灰粉

批量：检验批按生产规模划分。100t 为一批量，小于 100t 仍作一批量。

取样：从每一批量的产品中抽取 10 袋样品，从每袋不同位置抽取 100g 样品，总数量不小于 1kg，混合均匀，用四分法缩取，最后 250g 样品供检验用。

④ 粉煤灰

批量：以连续供应的 200t 相同等级的粉煤灰为一批，不足 200t 者按一批论，粉煤灰的数量按干灰（含水量小于 10%）的重量计算。

取样：散装灰从运输工具、贮灰库或料堆中的不同部位取 15 份试样，每份试样 2kg，混合拌匀。袋装灰从每批任抽 10 袋，从每袋中分取试样不小于 1kg，按散装灰取样方法混合缩取均匀试样。

4）各类掺合料技术性能指标

①建筑生石灰

建筑生石灰技术指标 **表 C2-3-28-3**

项目		钙质生石灰			镁质生石灰		
		优等品	一等品	合格品	优等品	一等品	合格品
CaO+MgO 含量(%)	不小于	90	85	80	85	80	75
未消化残渣含量(5mm 圆孔筛余)(%)	不大于	5	10	15	5	10	15
CO_2(%)	不大于	5	7	9	6	8	10
产浆量（L/kg)	不大于	2.8	2.3	2.0	2.8	2.3	2.0

② 建筑生石灰粉

建筑生石灰粉技术指标 **表 C2-3-28-4**

项目			钙质生石灰			镁质生石灰		
			优等品	一等品	合格品	优等品	一等品	合格品
CaO+MgO 含量(%)		不小于	85	80	75	80	75	70
CO_2(%)		不大于	7	9	11	8	10	12
细度	0.90mm 筛的筛余(%)	不大于	0.2	0.5	1.5	0.2	0.5	1.5
	0.125mm 筛的筛余(%)	不大于	7.0	12.0	18.0	7.0	12.0	18.0

③ 建筑消石灰粉

建筑消石灰粉技术指标 **表 C2-3-28-5**

项目			钙质生石灰			镁质生石灰			白云石消石灰粉		
			优等品	一等品	合格品	优等品	一等品	合格品	优等品	一等品	合格品
CaO+MgO 含量(%)		不小于	70	65	60	65	60	55	65	60	55
游离水(%)			0.4～2	0.4～2	0.4～2	0.4～2	0.4～2	0.4～2	0.4～2	0.4～2	0.4～2
体积安定性			合格	合格	—	合格	合格	—	合格	合格	—
细度	0.90mm 筛的筛余(%)	不大于	0	0	0.5	0	0	0.5	0	0	0.5
	0.125mm 筛的筛余(%)	不大于	3	10	15	3	10	15	3	10	15

④ 粉煤灰

粉煤灰技术指标 **表 C2-3-28-6**

序号	指标		级别		
			Ⅰ	Ⅱ	Ⅲ
1	细度(0.045mm 方孔筛的筛余)(%)	不大于	12	20	45
2	需水量比(%)	不大于	95	105	115
3	烧失量(%)	不大于	5	8	15
4	含水量(%)	不大于	1	1	不规定
5	三氧化硫(%)	不大于	3	3	3

4.2.3.29 混凝土拌合用水水质试验报告（有要求时）(C2-3-29)

实施要点

(1) 混凝土拌合用水水质试验报告表式，以具有相应资质出具的试验报告表式执行。

(2) 混凝土拌合用水水质宜采用饮用水；当采用其他水源时，水质应符合国家现行标准《混凝土用水标准》JGJ 63 的规定。

(3) 混凝土拌合用水技术要求：

1) 混凝土拌合用水

① 混凝土拌合用水水质要求应符合表C2-3-29的规定。对于设计使用年限为100年的结构混凝土，氯离子含量不得超过500mg/L；对使用钢丝或经热处理钢筋的预应力混凝土，氯离子含量不得超过350mg/L。

混凝土拌合用水水质要求 **表 C2-3-29**

项 目	预应力混凝土	钢筋混凝土	素混凝土
pH 值	≥5.0	≥4.5	≥4.5
不溶物(mg/L)	≤2000	≤2000	≤5000
可溶物(mg/L)	≤2000	≤5000	≤10000
Cl^-(mg/L)	≤500	≤1000	≤3500
SO_4^{2-}(mg/L)	≤600	≤2000	≤2700
碱含量(mg/L)	≤1500	≤1500	≤1500

注：碱含量按 $Na_2O+0.658K_2O$ 计算值来表示。采用非碱活性骨料时，可不检验碱含量。

② 地表水、地下水、再生水的放射性应符合现行国家标准《生活饮用水卫生标准》GB 5749 的规定。

③ 被检验水样应与饮用水样进行水泥凝结时间对比试验。对比试验的水泥初凝时间差及终凝时间差均不应大于30min；同时，初凝和终凝时间应符合现行国家标准《通用硅酸盐水泥》GB 175 的规定。

④ 被检验水样应与饮用水样进行水泥胶砂强度对比试验，被检验水样配制的水泥胶砂3d和28d强度不应低于饮用水配制的水泥胶砂3d和28d强度的90%。

⑤ 混凝土拌合用水不应有漂浮明显的油脂和泡沫，不应有明显的颜色和异味。

⑥ 混凝土企业设备洗刷水不宜用于预应力混凝土、装饰混凝土、加气混凝土和暴露于腐蚀环境的混凝土；不得用于使用碱活性或潜在碱活性骨料的混凝土。

⑦ 未经处理的海水严禁用于钢筋混凝土和预应力混凝土。

⑧ 在无法获得水源的情况下，海水可用于素混凝土，但不宜用于装饰混凝土。

2) 混凝土养护用水

① 混凝土养护用水可不检验不溶物和可溶物，其他检验项目应符合1) 混凝土拌合用水①和②的要求。

② 混凝土养护用水可不检验水泥凝结时间和水泥胶砂强度。

3) 检验方法

① pH值的检验应符合现行国家标准《水质 pH值的测定玻璃电极法》GB/T 6920的

要求，并宜在现场测定。

② 不溶物的检验应符合现行国家标准《水质悬浮物的测定重量法》GB/T 11901 的要求。

③ 可溶物的检验应符合现行国家标准《生活饮用水标准检验法》GB 5750 中溶解性总固体检验法的要求。

④ 氯化物的检验应符合现行国家标准《水质氯化物的测定硝酸银滴定法》GB/T 11896 的要求。

⑤ 硫酸盐的检验应符合现行国家标准《水质硫酸盐的测定重量法》GB/T 11899 的要求。

⑥ 碱含量的检验应符合现行国家标准《水泥化学分析方法》GB/T 176 中关于氧化钾、氧化钠测定的火焰光度计法的要求。

⑦ 水泥凝结时间试验应符合现行国家标准《水泥标准稠度用水量、凝结时间、安定性检验方法》GB/T 1346 的要求。试验应采用 42.5 级硅酸盐水泥，也可采用 42.5 级普通硅酸盐水泥；出现争议时，应以 42.5 级硅酸盐水泥为准。

⑧ 水泥胶砂强度试验应符合现行国家标准《水泥胶砂强度检验方法（ISO 法）》GB/T 17671 的要求。试验应采用 42.5 级硅酸盐水泥，也可采用 42.5 级普通硅酸盐水泥；出现争议时，应以 42.5 级硅酸盐水泥为准。

4）检验规则

① 取样

A. 水质检验水样不应少于 5L；用于测定水泥凝结时间和胶砂强度的水样不应少于 3L。

B. 采集水样的容器应无污染；容器应用待采集水样冲洗三次再灌装，并应密封待用。

C. 地表水宜在水域中心部位、距水面 100mm 以下采集，并应记载季节、气候、雨量和周边环境的情况。

D. 地下水应在放水冲洗管道后接取，或直接用容器采集；不得将地下水积存于地表后再从中采集。

E. 再生水应在取水管道终端接取。

F. 混凝土企业设备洗刷水应沉淀后，在池中距水面 100mm 以下采集。

② 检验期限和频率

A. 水样检验期限应符合下列要求：水质全部项目检验宜在取样后 7d 内完成；放射性检验、水泥凝结时间检验和水泥胶砂强度成型宜在取样后 10d 内完成。

B. 地表水、地下水和再生水的放射性应在使用前检验；当有可靠资料证明无放射性污染时，可不检验。

C. 地表水、地下水、再生水和混凝土企业设备洗刷水在使用前应进行检验；在使用期间，检验频率宜符合下列要求：地表水每 6 个月检验一次；地下水每年检验一次；再生水每 3 个月检验一次；在质量稳定一年后，可每 6 个月检验一次；混凝土企业设备洗刷水每 3 个月检验一次；在质量稳定一年后，可一年检验一次；当发现水受到污染和对混凝土性能有影响时，应立即检验。

5）结果评定

① 符合现行国家标准《生活饮用水卫生标准》GB 5749 要求的饮用水，可不经检验作为混凝土用水。

② 符合混凝土拌合用水要求的水，可作为混凝土用水；符合混凝土养护用水要求的水，可作为混凝土养护用水。

③ 当水泥凝结时间和水泥胶砂强度的检验不满足要求时，应重新加倍抽样复检一次。

4.2.3.30　砖（砌块）类材料出厂合格证、试验报告汇总表（C2-3-30）

砖（砌块）类材料出厂合格证、试验报告汇总表按 C2-3-1 表式及有关说明执行。

4.2.3.31　砖（砌块）类材料出厂合格证（C2-3-31）

砖（砌块）类材料出厂合格证按 C2-3-2 表式及有关说明执行。

4.2.3.32　砖（砌块）试验报告（C2-3-32）

1. 资料表式

砖（砌块）试验报告　　　　**表 C2-3-32**

委托单位：　　　　　　　　试验编号：

<table>
<tr><td>工程名称</td><td colspan="4"></td><td colspan="2">委托日期</td><td colspan="2"></td></tr>
<tr><td>使用部位</td><td colspan="4"></td><td colspan="2">报告日期</td><td colspan="2"></td></tr>
<tr><td>强度级别</td><td></td><td>代表批量</td><td colspan="2"></td><td colspan="2">检验类别</td><td colspan="2"></td></tr>
<tr><td>生　产　厂</td><td colspan="2"></td><td colspan="2">规格尺寸</td><td colspan="4"></td></tr>
<tr><td rowspan="3">砖</td><td colspan="3">强度平均值（MPa）</td><td colspan="3">强度标准值/最小值（MPa）</td><td rowspan="2">强度标准差（MPa）</td><td rowspan="2">变异系数</td></tr>
<tr><td>标准要求</td><td colspan="2">实测结果</td><td colspan="2">标准要求</td><td>实测结果</td></tr>
<tr><td></td><td colspan="2"></td><td colspan="2"></td><td></td><td></td><td></td></tr>
<tr><td rowspan="3">砌　块</td><td colspan="3">抗压强度（MPa）</td><td colspan="3" rowspan="2">干燥表观密度（kg/m³）</td><td colspan="2">抗折强度（MPa）</td></tr>
<tr><td>平均值</td><td colspan="2">最小值</td><td>最大值</td><td>最小值</td></tr>
<tr><td></td><td colspan="2"></td><td colspan="3"></td><td></td><td></td></tr>
<tr><td>检验项目</td><td>泛　霜</td><td colspan="2">石灰爆裂</td><td colspan="2">冻　融</td><td>吸 水 率</td><td>饱和系数</td><td>尺寸偏差</td></tr>
<tr><td>实测结果</td><td></td><td colspan="2"></td><td colspan="2"></td><td></td><td></td><td></td></tr>
<tr><td colspan="9">依据标准：</td></tr>
<tr><td colspan="9">检验结论：</td></tr>
<tr><td colspan="9">备　注：</td></tr>
<tr><td>试验单位：</td><td colspan="3">技术负责人：</td><td colspan="3">审核：</td><td colspan="2">试（检）验：</td></tr>
</table>

注：砖试验报告表式，可根据当地的使用惯例制定的表式应用，但表式内容：抗压检验（强度平均值、强度标准值/最小值、强度标准差、变异系数）、外观质量、尺寸偏差、泛霜、石灰爆裂、冻融、吸水率、饱和系数等项试验内容必须齐全。必试项目按工程需要确定。

2. 实施要点

砖（砌块）试验报告是对用于工程中的砖（砌块）强度等指标进行复试后由有相应资

质的试验单位出具的质量证明文件。

（1）砖、砌块的标准应用

1）《烧结普通砖》（GB/T 5101）标准：适用于以黏土为主要原料，经焙烧而成的普通砖。烧结普通砖以页岩、煤矸石、粉煤灰等为主要原料经过焙烧而成的实心和孔隙率不大于25%的都称为烧结普通砖。

2）《蒸压灰砂砖》（GB 11945）标准：适用于以石灰、砂子为主要原料，经坯料制备、压制成型、饱和蒸汽蒸压、养护而成的砌体材料，为实心砖，统一规格尺寸为长240mm、宽115mm、厚53mm。

3）《粉煤灰砖》（JC 239）标准：属蒸压实心砖，适用于以粉煤灰、石灰为主要原料，掺加适量石膏和骨料，经坯料制备、压制成型，常压或高压蒸汽养护而成的墙体材料。统一的规格尺寸为长240mm、宽115mm、厚53mm。

4）《粉煤灰砌块》（JC 238）标准：适用于以粉煤灰、石灰、石膏和集料等原料，经加水搅拌、振动成型、蒸汽养护制成的砌块墙体材料，可用于工业与民用建筑的墙体和基础。主要规格为：长880、1180mm，高380mm，厚180、190、200、240mm。标准规定了砌块的技术要求、检验方法和质量验收规则，并对经人工碳化后的强度试验和抗冻试验方法做了规定。

5）《普通混凝土小型空心砌块》（GB 8239）标准：适用于工业与民用建筑用普通混凝土小型空心砌块。规格尺寸为：长390mm，宽190mm，高190。

6）《蒸压加气混凝土砌块》（GB 11968）标准：适用于作民用与工业建筑物墙体和绝热使用的蒸压加气混凝土砌块。规格尺寸为：长600mm，高200、250、300mm，厚75、100、125、150、175、200、250mm。

7）砌墙砖的外观质量、抗压及抗折强度、抗冻性能检验方法：执行GB 2542标准。

8）常用饰面砖材料标准：《陶瓷砖》（GB/T 4100）；《玻璃马赛克》（GB 7697）；《耐酸砖》（GB 8488）；《陶瓷马赛克》（JC/T 456）；《天然花岗石荒料》（JC/T 204）；《水泥荒砖》（JC 410）；《建筑水磨石制品》（ZBQ 21001）。

（2）砖出厂合格证、试验报告核查要点

1）用于工程各种品种、强度等级的砖，进场后不论有无出厂合格证均必须按（在工地取样）规定批量进行复试。“必试”项目为抗压，设计有要求时进行抗折强度。合格证应注明砖的分等（特等、一等、二等）指标和砖的强度等级和耐久性能试验、砖的代表数量。有冻融要求时，冬期施工正温条件下均应浇水或洒水并进行浸水试验，合格证不包括上述内容时，复试时应加试。

2）外墙釉面砖应复试，并应符合《陶瓷砖》（GB/T 4100）标准的规定（吸水率不大于10%）；经急冷急热循环不出现炸裂或裂纹，经20次冻融循环不出现破裂、剥落或裂纹；弯曲强度平均值不低于24.5MPa。

（3）砖进场的外观检查

检查砖的规格、尺寸、长、宽、厚；检查缺棱掉角程度、数量；砖的花纹检查；检查棱边弯曲和大面翘曲程度；检查有无石灰爆裂现象；检查砖的煅烧程度。

（4）砖的堆放

进入施工现场的砖应按品种、规格堆放整齐，堆置高度不易超过 2m。

(5) 取样方法及数量

1) 烧结普通砖

批量：验收批的批量在 3.5～15 万块的范围内，不足 3.5 万块按一批计。

抽样：外观质量检验的样品用随机法在每一检验批的产品堆垛中抽取，尺寸偏差检验的样品用随机法从外观质量检验后的样品中抽取，其他项目的样品用随机法从外观质量和尺寸偏差检验后的样品中抽取，抽样数量如表 C2-3-32-1。

烧结普通砖抽样数量　　表 C2-3-32-1

序号	检验项目	抽样数量(块)
1	外观质量	50($n_1=n_2=50$)
2	尺寸偏差	20
3	强度等级	10
4	泛霜	5
5	石灰爆裂	5
6	冻融	5
7	吸水率和饱和系数	5

2) 蒸压灰砂砖

批量：每 10 万块砖为一批，不足 10 万块砖亦为一批，但不得少于 2 万块。

抽样：用随机抽样法抽取 100 块砖进行尺寸偏差、外观检验。从尺寸偏差、外观质量合格的砖样中按随机抽样法抽取 4 组 20 块砖样（每组 5 块）。其中 2 组进行抗压和抗折强度试验，1 组进行抗冻试验，1 组备用。

3) 烧结多孔砖

批量：每 5 万块为一批，不足该数量时，仍按一批计。

抽样：尺寸偏差、外观质量检查采用随机抽样法在每批产品堆垛中抽取 200 块。强度、物理性能试验的砖样从尺寸偏差和外观质量检查合格的砖样中用随机抽样法抽取，共需 35 块。其中，抗压强度、抗折强度、冻融、泛霜、石灰爆裂、吸水率试验各 5 块，备用 5 块。

4) 烧结空心砖和空心砌块

批量：每 3 万块为一批，不足该数量时，仍按一批计。

抽样：尺寸偏差、外观质量检查采用随机抽样法在每批产品堆垛中抽取 100 块。其他各项试验从尺寸偏差、外观质量合格的砖样中按随机抽样法抽取。强度抽样 10 块，冻融 5 块，密度、孔洞及其排数、吸水率、泛霜和石灰爆裂各 5 块，备用 5 块。

5) 粉煤灰砖

批量：第 10 万块为一批，不足 10 万块亦为一批。

抽样：用随机抽样法抽取 100 块砖进行尺寸偏差、外观检验。从外观质量合格的砖样中按随机抽样法抽取 3 组 30 块（每一组 10 块），其中 1 组进行抗折强度和抗压强度试验，1 组进行抗冻试验，1 组备用。干燥收缩试验从外观质量合格的砖样中，按随机抽样法抽取 1 组 3 块。

6）炉渣砖

批量：每10万块为一批，不足10万块亦为一批。

抽样：用随机抽样法抽取100块砖进行尺寸偏差和外观质量的检验。从尺寸偏差和外观质量合格的砖样中按随机抽样法抽取2组20块（每组10块），其中1组进行抗压强度与抗折强度试验，另1组备用。抗冻性和碳化后强度的检验，亦从尺寸偏差和外观质量合格的砖样中各抽10块，共20块。

7）蒸压灰砂空心砖

批量：每10万块为一批，不足10万块亦为一批。

抽样：用随机抽样法抽取50块砖进行尺寸偏差、外观质量检验，从外观质量合格的砖样中随机抽取2组10块（NF砖为2组20块）进行抗压强度试验，其中1组作抗冻性试验。

8）混凝土路面砖

批量：每批路面砖应为同一类别、同一规格、同一等级。每2万块为一批，不足2万块，亦按一批计。

抽样：规格尺寸及外观质量按机械随机抽样法抽取50块。强度和耐磨性从规格尺寸及外观质量合格的试件中仍按机械随抽样法抽取15块（其中5块备用）。吸水率、抗冻性能抽样同强度试验取样，同样共取15块（包括备用块）。

9）水泥花砖

批量：提交检验的批应由同一规格的水泥花砖构成，批量可与销售批相同或不同。

抽样：当批量为3000～10000块时，各项检验可按表C2-3-32-2抽取。

水泥花砖取样数量　　表C2-3-32-2

序　号	检　验　项　目	块　数
1	外观质量	80
2	尺寸偏差	32
3	物理力学性能和结构性能	15

外观质量检查的样品从整批中随机抽取，尺寸偏差检验的样本从外观质量合格的样本中抽取，物理力学性能和结构性能检验的样本从外观和尺寸均合格的样本中抽取。

10）耐酸耐温砖

批量：以相同工艺生产的同一品种规格的5000～20000块作为一批，少于5000块时，由供需双方协商验收方法。

抽样：用随机法抽取表C2-3-32-1中检验项目所需的全部样品。

（6）砖类的试验评定

1）《烧结普通砖》（GB 5101—2003）。

烧结普通砖应符合表C2-3-32-3、表C2-3-32-4的规定。

烧结普通砖外观质量、泛霜、石灰爆裂（mm）　　　　**表 C2-3-32-3**

项　　目		优等品	一等品	合格品
外观质量	两条面高度差　≤	2	3	4
	弯曲　≤	2	3	4
	杂质凸出高度　≤	2	3	4
	缺棱掉角的三个破坏尺寸不得同时大于	5	20	30
	裂纹长度　≤			
	a. 大面上宽度方向及其延伸至条面的长度	30	60	80
	b. 大面上长度方向及其延伸至顶面的长度或条顶面水平裂纹的长度	50	80	100
	完整面[a]　不得少于	二条面和二顶面	一条面和一顶面	—
	颜色	基本一致	—	—
泛　　霜		无泛霜	不允许出现中等泛霜	不允许严重泛霜
石灰爆裂		不允许出现最大破坏尺寸大于 2mm 爆裂区域	a. 最大破坏尺寸大于 2mm 且小于 10mm 的爆裂区域，每组砖样不得多于 15 处 b. 不允许出现最大破坏尺寸大于 10mm 的爆裂区域	a. 最大破坏尺寸大于 2mm 且小于等于 15mm 爆裂区域，每组砖样不得多于 15 处，其中大于 10mm 的不得多于 7 处 b. 不允许出现最大破坏尺寸大于 15mm 的爆裂区域

注：1. 为装饰而施加的色差、凹凸纹、拉毛、压花等不算作缺陷。

2. 本表根据 GB 5101—2003 汇总整理。

a　凡有下列缺陷之一者，不得称为完整面。

① 缺损在条面或顶面上造成的破坏面尺寸同时大于 10mm×10mm。

② 条面或顶面上裂纹宽度大于 1mm，其长度超过 30mm。

③ 压陷、粘底、焦花在条面或顶面上的凹陷或凸出超过 2mm，区域尺寸同时大于 10mm×10mm。

烧结普通砖强度等级（MPa）　　　　**表 C2-3-32-4**

强度等级	抗压强度平均值 $\bar{f}\geqslant$	变异系数 $\delta\leqslant0.21$	变异系数 $\delta>0.21$
		强度标准值 $f_k\geqslant$	单块最小抗压强值 $f_{min}\geqslant$
MU30	30.0	22.0	25.0
MU25	25.0	18.0	22.0
MU20	20.0	14.0	16.0
MU15	15.0	10.0	12.0
MU10	10.0	6.5	7.5

2）《蒸压灰砂砖》（GB 11945—1999）

蒸压灰砂砖力学性能应符合表 C2-3-32-5 的规定。

蒸压灰砂砖力学性能　　　　**表 C2-3-32-5**

强度级别	抗压强度(MPa)		抗折强度(MPa)	
	平均值不小于	单块值不小于	平均值不小于	单块值不小于
MU25	25.0	20.0	5.0	4.0
MU20	20.0	16.0	4.0	3.2
MU15	15.0	12.0	3.3	2.6
MU10	10.0	8.0	2.5	2.0

3）《烧结多孔砖》（GB 13544—2000）

烧结多孔砖应符合表C2-3-32-6、表C2-3-32-7、表C2-3-32-8的规定。

烧结多孔砖外观质量（mm） 表C2-3-32-6

项目	优等品	一等品	合格品
1. 颜色（一条面和一顶面）	一致	基本一致	—
2. 完整面 不得少于	一条面和一顶面	一条面和一顶面	—
3. 缺棱掉角的三个破坏尺寸不得同时大于	15	20	30
4. 裂纹长度 不大于			
a. 大面上深入孔壁15mm以上宽度方向及其延伸到条面的长度	60	80	100
b. 大面上深入孔壁15mm以上长度方向及其延伸到顶面的长度	60	100	120
c. 条顶面上的水平裂纹	80	100	120
5. 杂质在砖面上造成的凸出高度 不大于	3	4	5

注：1. 为装饰而施加的色差、凹凸纹、拉毛、压花等不算缺陷。

2. 凡有下列缺陷之一者，不能称为完整面：

a. 缺损在条面或顶面上造成的破坏面尺寸同时大于20mm×30mm。

b. 条面或顶面上裂纹宽度大于1mm，其长度超过70mm。

c. 压陷、焦花、粘底在条面或顶面上的凹陷或凸出超过2mm，区域尺寸同时大于20mm×30mm。

烧结多孔砖强度等级规定（MPa） 表C2-3-32-7

强度等级	抗压强度平均值 $\bar{f}\geqslant$	变异系数 $\delta\leqslant0.21$	变异系数 $\delta>0.21$
		强度标准值 $f_k\geqslant$	单块最小抗压强度值 $f_{min}\geqslant$
MU30	30.0	22.0	25.0
MU25	25.0	18.0	22.0
MU20	20.0	14.0	16.0
MU15	15.0	10.0	12.0
MU10	10.0	6.5	7.5

烧结多孔砖抽样数量 表C2-3-32-8

序号	检验项目	抽样数量（块）
1	外观质量	50（$n_1=n_2=50$）
2	尺寸偏差	20
3	强度等级	10
4	孔型孔洞率及孔洞排列	5
5	泛霜	5
6	石灰爆裂	5
7	冻融	5
8	吸水率和饱和系数	5

4）《烧结空心砖和空心砌块》（GB 13545—2003）

烧结空心砖和空心砌块应符合表 C2-3-32-9、表 C2-3-32-10、表 C2-3-32-11 的规定。

烧结空心砖和空心砌块外观质量（mm）　　表 C2-3-32-9

项目		优等品	一等品	合格品
1. 弯曲	≤	3	4	5
2. 缺棱掉角的三个破坏尺寸不得	同时＞	15	30	40
3. 垂直度差	≤	3	4	5
4. 未贯穿裂纹长度 ①大面上宽度方向及其延伸到条面的长度 ②大面上长度方向或条面上水平面方向的长度	≤	 不允许 不允许	 100 120	 120 140
5. 贯穿裂纹长度 ①大面上宽度方向及其延伸到条面的长度 ②壁、肋沿长度方向、宽度方向及其水平面方向的长度		 不允许 不允许	 40 40	 60 60
6. 肋、壁内残缺长度	≤	不允许	40	60
7. 完整面[a]	不少于	一条面和一大面	一条面或一大面	—

a：凡有下列缺陷之一者，不能称为完整面：
①缺损在大面、条面上造成的破坏面尺寸同时大于 20mm×30mm。
②大面、条面裂纹宽度大于 1mm，其长度超过 70mm。
③压陷、粘底、焦花在大面、条面上的凹陷或凸出超过 2mm，区域尺寸同时大于 20mm×30mm。

烧结空心砖和空心砌块强度等级　　表 C2-3-32-10

强度等级	抗压强度(MPa)			密度等级范围/(kg/m³)
	抗压强度平均值 $f\geqslant$	变异系数 $\delta\leqslant0.21$	变异系数 $\delta>0.21$	
		强度标准值 $f_k\geqslant$	单块最小抗压强度值 $f_{min}\geqslant$	
MU10.0	10.0	7.0	8.0	≤1100
MU7.5	7.5	5.0	5.8	
MU5.0	5.0	3.5	4.0	
MU3.5	3.5	2.5	2.8	
MU2.5	2.5	1.6	1.8	≤800

密度级别（kg/m³）　　表 C2-3-32-11

密度级别	五块密度平均值
800	≤800
900	801～900
1000	901～1000
1100	1001～1100

5）蒸压加气混凝土砌块（GB 11968—2006）

蒸压加气混凝土砌块应符合表 C2-3-32-12～表 C2-3-32-17 的规定。

蒸压加气混凝土砌块等级：按尺寸偏差与外观质量、干密度、抗压强度和抗冻性分为：优等品（A）、合格品（B）两个等级。

① 产品规格、强度、干密度及等级

A. 砌块的规格尺寸见表C2-3-32-12。

蒸压加气混凝土砌块的规格尺寸（单位为毫米） 表C2-3-32-12

长度 L	宽度 B	高度 H
600	100 120 125 150 180 200 240 250 300	200 240 250 300
注：如需要其他规格，可由供需双方协商解决。		

B. 砌块按强度和干密度分级：强度级别有：A1.0，A2.0，A2.5，A3.5，A5.0，A7.5，A10七个级别；干密度级别有：B03，B04，B05，B06，B07，B08六个级别。

C. 砌块等级：砌块按尺寸偏差与外观质量、干密度、抗压强度和抗冻性分为：优等品（A）、合格品（B）两个等级。

D. 砌块产品标记：示例：强度级别为A3.5、干密度级别为B05、优等品、规格尺寸为600mm×200mm×250 mm的蒸压加气混凝土砌块，其标记为：ACB A3.5 B05 600×200×250A GB 11968。

② 产品要求

A. 尺寸偏差和外观

蒸压加气混凝土砌块尺寸偏差和外观 表C2-3-32-13

项目			指标	
			优等品(A)	合格品(B)
尺寸允许偏差(mm)	长度	L	±3	±4
	宽度	B	±1	±2
	高度	H	±1	±2
缺棱掉角	最小尺寸不得大于(mm)		0	30
	最大尺寸不得大于(mm)		0	70
	大于以上尺寸的缺棱掉角个数，不多于(个)		0	2
裂纹长度	贯穿一棱二面的裂纹长度不得大于裂纹所在面的裂纹方向尺寸总和的		0	1/3
	任一面上的裂纹长度不得大于裂纹方向尺寸的		0	1/2
	大于以上尺寸的裂纹条数，不多于(条)		0	2
爆裂、粘模和损坏深度不得大于(mm)			10	30
平面弯曲			不允许	
表面疏松、层裂			不允许	
表面油污			不允许	

蒸压加气混凝土砌块的立方体抗压强度（MPa）　　表 C2-3-32-14

强度级别	立方体抗压强度	
	平均值不小于	单组最小值不小于
A1.0	1.0	0.8
A2.0	2.0	1.6
A2.5	2.5	2.0
A3.5	3.5	2.8
A5.0	5.0	4.0
A7.5	7.5	6.0
A10.0	10.0	8.0

蒸压加气混凝土砌块的干密度（kg/m^3）　　表 C2-3-32-15

干密度级别		B03	B04	B05	B06	B07	B08
干密度	优等品(A)≤	300	400	500	600	700	800
	合格品(B)≤	325	425	525	625	725	825

蒸压加气混凝土砌块的强度级别　　表 C2-3-32-16

干密度级别		B03	B04	B05	B06	B07	B08
强度级别	优等品(A)	A1.0	A2.0	A2.5	A3.5	A5.0	A7.5
	合格品(B)	A1.0	A2.0	A3.5	A5.0	A7.5	A10.0

蒸压加气混凝土砌块干燥收缩、抗冻性和导热系数　　表 C2-3-32-17

干密度级别				B03	B04	B05	B06	B07	B08
干燥收缩值[a]	标准法(mm/m)		≤	0.50					
	快速法(mm/m)		≤	0.80					
抗冻性	质量损失(%)		≤	5.0					
	冻后强度(MPa)≥	优等品(A)		0.8	1.6	2.8	4.0	6.0	8.0
		合格品(B)		0.8	1.6	2.0	2.8	4.0	6.0
导热系数(干态)〔W/(m·K)〕			≤	0.10	0.12	0.14	0.16	0.18	0.20

a　规定采用标准法、快速法测定砌块干燥收缩值，若测定结果发生矛盾不能判定时，则以标准法测定的结果为准。

③ 检验规则

A. 出厂检验的项目包括：尺寸偏差、外观质量、立方体抗压强度、干密度。

B. 抽样规则：

同品种、同规格、同等级的砌块，以 10000 块为一批，不足 10000 块亦为一批，随机抽取 50 块砌块，进行尺寸偏差、外观检验。

从外观与尺寸偏差检验合格的砌块中，随机抽取 6 块砌块制作试件，进行如下项目检验：

a）干密度：　　3 组 9 块；

b）强度级别：　　3 组 9 块。

C. 判定规则：

若受检的 50 块砌块中，尺寸偏差和外观质量不符合表 C2-3-32-13 规定的砌块数量不超过5块时，判定该批砌块符合相应等级；若不符合表C2-3-32-13规定的砌块数量超过5块时，判定该砌块不符合相应等级。

以3组干密度试件的测定结果平均值判定砌块的干密度级别，符合表C2-3-32-15时则判定该批砌块合格。

以3组抗压强度试件测定结果按表C2-3-32-14判定其强度级别。当强度和干密度级别关系符合表C2-3-32-15、16规定，同时，3组试件中各个单组抗压强度平均值全部大于表C2-3-32-4规定的此强度级别的最小值时，判定该批砌块符合相应等级；若有1组或1组以上此强度级别的最小值时，判定该批砌块不符合相应等级。

出厂检验中受检验产品的尺寸偏差、外观质量、立方体抗压强度、干密度各项检验全部符合相应等级的技术要求规定时，判定为相应等级；否则，降等或判定为不合格。

注：出厂产品应有产品质量证明书。证明书应包括：生产厂名、厂址、商标、产品标记、本批产品主要技术性能和生产日期。

6)《粉煤灰砖》(JC 239—2001)

粉煤灰砖应符合表C2-3-32-18、表C2-3-32-19的规定。

粉煤灰砖外观质量及干燥收缩试验的规定（mm）　　表C2-3-32-18

项目			优等品	一等品	合格品
尺寸偏差	长度		±2	±3	±4
	宽度		±2	±3	±4
	高度		±1	±2	±3
外观质量	对应高度差	不大于	1	2	3
	每一缺棱掉角的最小破坏尺寸	不大于	10	15	20
	完整面	不少于	二条面和一顶面或二顶面和一条面	一条面和一顶面	一条面和一顶面
	裂纹长度	不大于			
	a. 大面上宽度方向的裂纹(包括延伸到条面上的长度)		30	50	70
	b. 其他裂纹		50	70	100
	层裂		不允许		
干燥收缩值(mm/m)		不大于	0.65	0.65	0.75

注：在条面或顶面上破坏面的两个尺寸同时大于10mm和20mm者为非完整面。

粉煤灰砖强度指标　　表C2-3-32-19

强度等级	抗压强度(MPa)		抗折强度(MPa)	
	10块平均值不小于	单块值不小于	10块平均值不小于	单块值不小于
MU30	30.0	24.0	6.2	5.0
MU25	25.0	20.0	5.0	4.0
MU20	20.0	16.0	4.0	3.2
MU15	15.0	12.0	3.3	2.6
MU10	10.0	8.0	2.5	2.0

注：强度级别以蒸汽养护后1d的强度为准。

7)《炉渣砖》(JC/T 525—2007)

炉渣砖应符合表 C2-3-32-20 的规定。

炉渣砖强度等级 (MPa)　　表 C2-3-32-20

强度等级	抗压强度平均值 $\bar{f}$≥	变异系数 δ≤0.21	变异系数 δ≥0.21
		强度标准值 f_k≥	单块最小抗压强度 f_{min}≥
MU25	25.0	19.0	20.0
MU20	20.0	14.0	16.0
MU15	15.0	10.0	12.0

8)《蒸压灰砂空心砖》(JC/T 637—1996)

蒸压灰砂空心砖应符合表 C2-3-32-21 的规定。

蒸压灰砂空心砖抗压强度规定　　表 C2-3-32-21

强度级别	抗压强度(MPa)	
	5 块平均值　≥	单块值　≥
25	25.0	20.0
20	20.0	16.0
15	15.0	12.0
10	10.0	8.0
7.5	7.5	6.0

注：优等品的强度级别应不低于 15 级，一等品的强度级别应不低于 10 级。

9)《混凝土路面砖》(JC/T 446—2000)

混凝土路面砖应符合表 C2-3-32-22～表 C2-3-32-24 的规定。

外观质量 (mm)　　表 C2-3-32-22

项　目			优等品	一等品	合格品
正面粘皮及缺损的最大投影尺寸		≤	0	5	10
缺棱掉角的最大投影尺寸		≤	0	10	20
裂　纹	非贯穿裂纹长度最大投影尺寸	≤	0	10	20
	贯穿裂纹		不允许		

力学性能 (MPa)　　表 C2-3-32-23

边长/厚度	<5		≥5		
抗压强度等级	平均值≥	单块最小值≥	抗折强度等级	平均值≥	单块最小值
C_c30	30.0	25.0	$C_f3.5$	3.50	3.00
C_c35	35.0	30.0	$C_f4.0$	4.00	3.20
C_c40	40.0	35.0	$C_f5.0$	5.00	4.20
C_c50	50.0	42.0	$C_f6.0$	6.00	5.00
C_c60	60.0	50.0	—	—	—

物理性能 表 C2-3-32-24

质量等级	耐磨性		吸水率(%) ≤	抗冻性
	磨抗长度(mm) ≤	耐磨度 ≥		
优等品	28.0	1.9	5.0	冻融循环试验后，外观质量必须符合表 C2-3-32-22 的规定，强度损失不得大于 20.0%
一等品	32.0	1.5	6.5	
合格品	35.5	1.2	8.0	

注：磨抗长度与耐磨度两项试验只做一项即可。

10）《水泥花砖》（JC 410-91（96））

水泥花砖应符合表 C2-3-32-25～表 C2-3-32-27 的规定。

水泥花砖外观质量规定（mm） 表 C2-3-32-25

项目		一等品	合格品
正面	缺棱	长×宽>10×2，不允许	长×宽>20×2，不允许
	掉角	长×宽>2×2，不允许	长×宽>4×4，不允许
掉底		长×宽<20×20 深≤1/3 砖厚允许 1 处	长×宽<30×30 深≤1/3 砖厚允许 1 处
越线		越线距离<1.0 长度<10.0 允许 1 处	越线距离<2.0 长度<20.0 允许 1 处
图案偏差		≤1.0	≤3.0

注：水泥花砖不允许有裂纹、露底和起鼓；不得有明显的色差、污迹和麻面。

水泥花砖抗折破坏荷载（N） 表 C2-3-32-26

品种	规格(mm)	一等品		合格品	
		平均值	单块最小值	平均值	单块最小值
F	200×200	900	760	760	600
W		600	500	500	420
F	200×150	680	580	520	440
W		460	380	380	320
F	1500×150	1080	920	840	720
W		720	610	600	500

水泥花砖耐磨性（g） 表 C2-3-32-27

品种	一等品		合格品	
	平均磨耗量	最大磨耗量	平均磨耗量	最大磨耗量
F	5.0	6.0	7.5	9.0

注：墙砖（W）不要求耐磨指标。

11)《耐酸耐温砖》(JC 424—2005)

耐酸耐温砖应符合表 C2-3-32-28、表 C2-3-32-29 的规定。

耐酸耐温砖外观质量(mm) **表 C2-3-32-28**

缺陷类别		要求	
		优等品	合格品
裂纹	工作面	长 3～5,允许 3 条	长 5～10,允许 3 条
	非工作面	长 5～10,允许 3 条	长 5～15,允许 3 条
磕碰	工作面	伸人工作面 1～3,深不大于 5,总长不大于 30	伸人工作面 1～4,深不大于 8,总长不大于 40
	非工作面	长 5～20,允许 5 处	长 10～20,允许 5 处
开裂		不允许	
疵点	工作面	最大尺寸 1～3,允许 3 个	最大尺寸 2～3,允许 3 个
	非工作面	最大尺寸 2～3,每面允许 3 个	最大尺寸 2～4,每面允许 4 个

注:1. 缺陷不允许集中,$10cm^2$ 正方形内不得多于五处。

2. 标形砖应有一个大面(230mm×113mm)达到表 C2-3-32-28 对于工作面的要求。如订货时需方指定工作面,则该面应符合表 C2-3-32-28 的要求。

耐酸耐温砖物理力学性能 **表 C2-3-32-29**

项目		要求	
		NSW1	NSW2
吸水率(%)	≤	5.0	8.0
耐酸度(%)	≥	99.7	99.7
压缩强度(MPa)	≥	80	60
耐急冷急热性(℃)		试验温差 200℃	试验温差 250℃
		试验一次后,试样不得有新生裂纹、剥落等破损现象	

12)《耐酸砖》(GB/T 8488—2008)

耐酸砖应符合表 C2-3-32-30、表 C2-3-32-31 的规定。

耐酸砖外观质量规定(mm) **表 C2-3-32-30**

缺陷类别	要求	
	优等品	合格品
裂纹	工作面:不允许 非工作面:宽不大于 0.25,长 5～15 允许 2 条	工作面:宽不大于 0.25,长 5～15 允许 1 条 非工作面:宽不大于 0.5,长 5～20 允许 2 条
开裂	不允许	不允许
磕碰损伤	工作面:深入工作面 1～2;砖厚小于 2 时,深不大于 3;砖厚 20～30 时,深不大于 5;砖厚大于 30 时,深不大于 10 的磕碰 2 处;总长不大于 35 非工作面:深 2～4,长不大于 35,允许 3 处	工作面:深入工作面 1～4;砖厚小于 20 时,深不大于 5;砖厚 20～30 时,深不大于 8;砖厚大于 30 时,深大于 10 的磕碰 2 处;总长不大于 40 非工作面:深 2～5,长不大于 40,允许 4 处
疵点	工作面:最大尺寸 1～2,允许 3 个 非工作面:最大尺寸 1～3,每个面允许 3 个	工作面:最大尺寸 2～4,允许 3 个 非工作面:最大尺寸 3～6,每个面允许 4 个
釉裂	不允许	不允许

耐酸砖的物理化学性能 表 C2-3-32-31

项目	要求			
	Z-1	Z-2	Z-3	Z-4
吸水率(%)	≤0.2	≤0.5	≤2.0	≤4.0
弯曲强度(MPa)	≥58.8	≥39.2	≥29.4	≥19.6
耐酸度(%)	≥99.8	≥99.8	≥99.8	≥99.7
耐急冷急热性(℃)	温差 100℃	温差 100℃	温差 130℃	温差 150℃
	试验一次后，试样不得有裂纹、剥落等破损现象			

(7) 表列子项

1) 使用部位：按委托单上的使用部位填写。

2) 强度级别：例如（GB 5101—2003）标准规定烧结普通砖强度等级为 5 级，即 MU10～MU30，按设计要求的强度等级填写。

3) 规格尺寸：指烧结普通砖的规格尺寸，照实际规格尺寸填写。

4) 抗压强度试验：是砖的“必试”项目之一。每组试验 5 块，按每块砖的实际长度、宽度计算得出承压面积、破坏荷载、极限强度和平均值，并分别填写。

5) 外观质量、尺寸偏差：试验室按砖的检查结果填写。

6) 物理性能试验结果：按不同标准要求进行试验和评定，填写其结果。

4.2.3.33 陶质釉面砖与陶瓷墙地砖等出厂合格证、出厂检验报告（C2-3-33）

实施要点

(1) 陶质釉面砖与陶瓷墙地砖等出厂合格证、出厂检验报告均应进行整理粘贴，应用表 C2-3-2。

(2) 陶质釉面砖与陶瓷墙地砖等是指由陶质釉面砖与陶瓷墙地砖厂家提供的出厂合格证和出厂检验报告，应按施工过程中依序形成的以上表式，经核查符合要求后全部粘贴表内（表 C2-3-2），不应缺漏。

4.2.3.34 陶质釉面砖与陶瓷墙地砖等试验报告（C2-3-34）

实施要点

(1) 陶质釉面砖与陶瓷墙地砖等是指用于建筑物内部饰面、护墙，建筑物墙面、地面等材料进场后经抽样检测提供的试验报告。

(2) 陶质釉面砖与陶瓷墙地砖等试验报告应根据设计和相应标准要求进行有关测试，主要包括：尺寸允许偏差、表面质量、变形、理化性能（吸水率、耐急冷急热性能、抗冻性能、弯曲强度、耐磨性、耐化学腐蚀等）。试验结果应符合设计要求和相应标准要求。

(3) 陶质釉面砖与陶瓷墙地砖等试验的抽样方案及抽样方法应按《釉面砖抽样方案及抽样方法》（GB 3810）执行。

(4) 陶质釉面砖与陶瓷墙地砖等试验报告其质量应符合现行国家标准《陶瓷砖》（GB/T 4100—2006）、《陶瓷马赛克》（JC/T 456—2005）、《玻璃马赛克》（GB/T 7697）等的规定。

(5) 陶瓷砖分类见表 C2-3-34-1。

陶瓷砖按成型方法和吸水率分类表　　表 C2-3-34-1

<table>
<tr><td>成型方法</td><td>Ⅰ类
E≤3%</td><td>Ⅱa类
3%<E≤6%</td><td>Ⅱb类
3%<E≤10%</td><td>Ⅲ类
E>10%</td></tr>
<tr><td rowspan="2">A(挤压)</td><td rowspan="2">AⅠ类
(见附录 A)</td><td>AⅡa1 类[a)]
(见附录 B)</td><td>AⅡb1 类[a)]
(见附录 D)</td><td rowspan="2">AⅢ类
(见附录 F)</td></tr>
<tr><td>AⅡa2 类[a)]
(见附录 C)</td><td>AⅡb1 类[a)]
(见附录 E)</td></tr>
<tr><td rowspan="2">B(干压)</td><td>BⅠa类
瓷质砖 E≤0.5%
(见附录 G)</td><td rowspan="2">BⅡa类
细炻砖
(见附录 J)</td><td rowspan="2">BⅡb类
炻质砖
(见附录 K)</td><td rowspan="2">BⅢa类[b)]
陶质砖
(见附录 L)</td></tr>
<tr><td>BⅠb类
瓷质砖 0.5%<E≤3%
(见附录 H)</td></tr>
<tr><td>C(其他)</td><td>CⅠ类</td><td>CⅡa类</td><td>CⅡb类</td><td>CⅢ类</td></tr>
<tr><td colspan="5">a) AⅡa类和AⅡb类按照产品不同性能分为两个部分。
b) BⅢ类仅包括有釉砖。此类不包括吸水率大于10%的干压成型无釉砖。
附录指《陶瓷砖》(GB/T 4100—2006)附录。</td></tr>
</table>

不同用途陶瓷砖的产品性能要求见表 C2-3-34-2。

不同用途陶瓷砖的产品性能要求　　表 C2-3-34-2

性　能	地　砖		墙　砖		试验方法
尺寸和表面质量	室内	室外	室内	室外	标准号
长度和宽度	×	×	×	×	GB/T 3810.2
厚度	×	×	×	×	GB/T 3810.2
边直度	×	×	×	×	GB/T 3810.2
直角度	×	×	×	×	GB/T 3810.2
表面平整度(弯曲度和翘曲度)	×	×	×	×	GB/T 3810.2
物理性能	室内	室外	室内	室外	标准号
吸水率	×	×	×	×	GB/T 3810.3
破坏强度	×	×	×	×	GB/T 3810.4
断裂模数	×	×	×	×	GB/T 3810.4
无釉砖耐磨深度	×	×			GB/T 3810.6
有釉砖表面耐磨性	×	×			GB/T 3810.7
线性热膨胀[a)]	×	×	×	×	GB/T 3810.8
抗热震性[a)]	×	×	×	×	GB/T 3810.9
有釉砖抗釉裂性	×	×	×	×	GB/T 3810.11
抗冻性[b)]		×		×	GB/T 3810.12
磨擦系数	×	×			附录 M
湿膨胀[a)]	×	×	×	×	GB/T 3810.10
小色差[a)]	×	×	×	×	GB/T 3810.16
抗冲击性[a)]	×	×			GB/T 3810.5
抛光砖光泽度	×	×	×	×	GB/T 13891
化学性能	室内	室外	室内	室外	标准号
有釉砖耐污染性	×	×	×	×	GB/T 3810.14
无釉砖耐污染性[a)]	×	×	×	×	GB/T 3810.14

续表

性能	地砖		墙砖		试验方法
耐低浓度酸和碱化学腐蚀性	×	×	×	×	GB/T 3810.13
耐高浓度酸和碱化学腐蚀性[a]	×	×	×	×	GB/T 3810.13
耐家庭化学试剂和游泳池盐类化学腐蚀性	×	×	×	×	GB/T 3810.13
有釉砖铅和镉的深出量[a]	×	×	×	×	GB/T 3810.15
a）见《陶瓷砖》GB/T 4100—2006 附录 Q 试验方法。 b）砖在有冰冻情况下使用时。					

4.2.3.35 粗细骨料、轻骨料合格证、试验报告汇总表（C2-3-35）

（1）粗细骨料合格证、试验报告汇总按 C2-3-1 表式及有关说明执行。

（2）粗细骨料合格证、轻骨料合格证粘贴表按 C2-3-2 表式及有关说明执行。

4.2.3.36 粗细骨料合格证、轻骨料合格证粘贴表（C2-3-36）

粗细骨料合格证、轻骨料合格证粘贴表按 C2-3-2 表式及有关说明执行。

4.2.3.37 砂子试验报告（C2-3-37）

1. 资料表式

砂子试验报告表 表 C2-3-37

委托单位： 试验编号：

工程名称				委托日期	
砂种类				报告日期	
产地		代表批量		检验类别	
检验项目	标准要求	实测结果	检验项目	标准要求	实测结果
表观密度（kg/m³）			氯离子含量（%）		
堆积密度（kg/m³）			含水率（%）		
紧密密度（kg/m³）			吸水率（%）		
含泥量（%）			云母含量（%）		
泥块含量（%）			轻物质含量（%）		
有机物含量			硫酸盐、硫化物含量（%）		
压碎值指标（%）			人工砂 石粉含量（%）		
坚固性质量损失率（%）			人工砂 MB值		
碱活性			贝壳含量（%）		

颗 料 级 配

公称粒径		10.0mm	5.00mm	2.50mm	1.25mm	630μm	315μm	160μm	细度模数
砂级颗配粒区	Ⅰ区	0	10～0	35～5	65～35	85～71	95～80	100～90	
	Ⅱ区	0	10～0	25～0	50～10	70～41	92～70	100～90	
	Ⅲ区	0	10～0	15～0	25～0	40～16	85～55	100～90	
实际累计筛余（%）									级配区属区砂

检验结论：

备注：

试验单位： 技术负责人： 审核： 试（检）验：

2. 实施要点

(1) 砂子试验报告是对用于工程中的砂子筛分以及含泥量、泥块含量等指标进行复试后，由试验单位出具的质量证明文件。

(2) 细骨料应有工地取样的试验报告单，应试项目齐全，试验编号必须填写，并应符合有关规范要求。

(3) 对重要工程混凝土使用的砂，应采用化学法和砂浆长度法进行集料的碱活性检验。经检验判断为有潜在危害时，应采取下列措施：

1) 使用含碱量小于0.6%的水泥或采取能抑制碱-集料反应的掺合料；

2) 当使用含钾、钠离子的外加剂时，必须进行专门试验。

(4) 泵送混凝土用砂宜选用中砂。

(5) 砂的质量应符合《普通混凝土用砂、石质量及检验方法标准》(JGJ 52—2006) 的规定。

1) 砂的粗细程度按细度模数 μ_f 分为粗、中、细、特细四级，其范围应符合下列规定：

粗砂：$\mu_f=3.7\sim3.1$　　中砂：$\mu_f=3.0\sim2.3$

细砂：$\mu_f=2.2\sim1.6$　　特细砂：$\mu_f=1.5\sim0.7$

2) 砂筛应采用方孔筛。砂的公称粒径、砂筛筛孔的公称直径和方孔筛筛孔边长应符合表 C2-3-37-1 的规定。

砂的公称粒径、砂筛筛孔的公称直径和方孔筛筛孔边长尺寸　　表 C2-3-37-1

砂的公称粒径	砂筛筛孔的公称直径	方孔筛筛孔边长
5.00mm	5.00mm	4.75mm
2.50mm	2.50mm	2.36mm
1.25mm	1.25mm	1.18mm
630μm	630μm	600μm
315μm	315μm	300μm
160μm	160μm	150μm
80μm	80μm	75μm

除特细砂外，砂的颗粒级配可按公称直径 630μm 筛孔的累计筛余量（以质量百分率计，下同），分成三个级配区（见表 C2-3-37-2），且砂的颗粒级配应处于表 C2-3-37-2 中的某一区内。

砂的实际颗粒级配与表 C2-3-37-2 中的累计筛余相比，除公称粒径为 5.00mm 和 630μm 的累计筛余外，其余公称粒径的累计筛余可稍有超出分界线，但总超出量不应大于 5%。

当天然砂的实际颗粒级配不符合要求时，宜采取相应的技术措施，并经试验证明能确保混凝土质量后，方允许使用。

砂的颗粒级配区　　表 C2-3-37-2

公称粒径＼累计筛余（%）＼级配区	Ⅰ区	Ⅱ区	Ⅲ区
5.00mm	10～0	10～0	10～0
2.50mm	35～5	25～0	15～0
1.25mm	65～35	50～10	25～0
630μm	85～71	70～41	40～16
315μm	95～80	92～70	85～55
160μm	100～90	100～90	100～90

配制混凝土时宜优先选用Ⅱ区砂。当采用Ⅰ区砂时，应提高砂率，并保持足够的水泥用量，满足混凝土的和易性；当采用Ⅲ区砂时，宜适当降低砂率；当采用特细砂时，应符合相应的规定。配制泵送混凝土，宜选用中砂。

3）天然砂中含泥量应符合表 C2-3-37-3 的规定。

天然砂中含泥量　　表 C2-3-37-3

混凝土强度等级	≥C60	C35～C30	≤C25
含泥量(按质量计,%)	≤2.0	≤3.0	≤5.0

对于有抗冻、抗渗或其他特殊要求的小于或等于 C25 混凝土用砂，其含泥量不应大于 3.0%。

4）砂中泥块含量应符合表 C2-3-37-4 的规定。

砂中的泥块含量　　表 C2-3-37-4

混凝土强度等级	≥C60	C35～C30	≤C25
含泥量(按质量计,%)	≤0.5	≤1.0	≤2.0

对于有抗冻、抗渗或其他特殊要求的小于或等于 C25 混凝土用砂，其泥块含量不应大于 1.0%。

5）人工砂或混合砂中石粉含量应符合表 C2-3-37-5 的规定。

人工砂或混合砂中石粉含量　　表 C2-3-37-5

混凝土强度等级		≥C60	C35～C30	≤C25
石粉含量(%)	*MB*<1.4(合格)	≤5.0	≤7.0	≤10.0
	MB≥1.4(不合格)	≤2.0	≤3.0	≤5.0

6）砂的坚固性应采用硫酸钠溶液检验，试样经 5 次循环后，其质量损失应符合表 C2-3-37-6 的规定。

砂的坚固性指标　　表 C2-3-37-6

混凝土所处的环境条件及其性能要求	5 次循环后的质量损失(%)
在严寒及寒冷地区室外使用并经常处于潮湿或干湿交替状态下的混凝土 对于有抗疲劳、耐磨、抗冲击要求的混凝土 有腐蚀介质作用或经常处于水位变化区的地下结构混凝土	≤8
其他条件下使用的混凝土	≤10

7）人工砂的总压碎值指标应小于30%。

8）当砂中含有云母、轻物质、有机物、硫化物及硫酸盐等有害物质时，其含量应符合表C2-3-37-7的规定。

砂中的有害物质含量　　**表C2-3-37-7**

项　目	质量指标
云母含量（按质量计，%）	≤2.0
轻物质含量（按质量计，%）	≤1.0
硫化物及硫酸盐含量（折算成SO_3按质量计，%）	≤1.0
有机物含量（用比色法试验）	颜色不应深于标准色，当颜色深于标准色时，应按水泥胶砂强度试验方法进行强度对比试验，抗压强度比不应低于0.95

对于有抗冻、抗渗要求的混凝土用砂，其云母含量不应大于1.0%。

当砂中含有颗粒状的硫酸盐或硫化物杂质时，应进行专门检验，确认能满足混凝土耐久性要求后，方可采用。

9）对于长期处于潮湿环境的重要混凝土结构用砂，应采用砂浆棒（快速法）或砂浆长度法进行骨料的碱活性检验。经上述检验判断为有潜在危害时，应控制混凝土中的碱含量不超过3kg/m³，或采用能抑制碱-骨料反应的有效措施。

10）砂中氯离子含量应符合下列规定：

① 对于钢筋混凝土用砂，其氯离子含量不得大于0.06%（以干砂的质量百分率计）；

② 对于预应力混凝土用砂，其氯离子含量不得大于0.02%（以干砂的质量百分率计）。

11）海砂中贝壳含量应符合表C2-3-37-8的规定。

海砂中贝壳含量　　**表C2-3-37-8**

混凝土强度等级	≥C40	C35～C30	C25～C15
贝壳含量（按质量计，%）	≤3	≤5	≤8

对于有抗冻、抗渗或其他特殊要求的小于或等于C25混凝土用砂，其贝壳含量不应大于5%。

12）砂的取样规定

① 每验收批取样方法应按下列规定执行：

A. 从料堆上取样时，取样部位应均匀分布。取样前应先将取样部位表层铲除，然后由各部位抽取大致相等的砂8份，石子为16份，组成各自一组样品。

B. 从皮带运输机上取样时，应在皮带运输机机尾的出料处用接料器定时抽取砂4份、石8份，组成各自一组样品。

C. 从火车、汽车、货船上取样时，应从不同部位和深度抽取大致相等的砂8份、石16份，组成各自一组样品。

② 除筛分析外，当其余检验项目存在不合格项时，应加倍取样进行复验。当复验仍

有一项不满足标准要求时，应按不合格品处理。

注：如经观察，认为各节车皮间（汽车、货船间）所载的砂、石质量相差甚为悬殊时，应对质量有怀疑的每节列车（汽车、货船）分别取样和验收。

③ 对于每一单项检验项目，砂、石的每组样品取样数量应分别满足表 C2-3-37-9、表 C2-3-38 的规定。当需要做多项检验时，可在确保样品经一项试验后不致影响其他试验结果的前提下，用同组样品进行多项不同的试验。

每一单项检验项目所需砂最少取样质量　　表 C2-3-37-9

试验项目	最少取样质量(g)
筛分析	4400
表观密度	2600
吸水率	4000
紧密密度和堆积密度	5000
含水率	1000
含泥量	4400
泥块含量	20000
石粉含量	1600
人工砂压碎值指标	分成公称粒级 5.00～2.50mm；2.50～1.25mm；1.25mm～630μm；630～315μm；315～160μm，每个粒级各需 1000g
有机物含量	2000
云母含量	600
轻物质含量	3200
坚固性	分成公称粒级 5.00～2.50mm；2.50～1.25mm；1.25mm～630μm；630～315μm；315～160μm，每个粒级各需 100g
硫化物及硫酸盐含量	50
氯离子含量	2000
贝壳含量	10000
碱活性	20000

（6）细骨料使用注意事项：

1）砂粒的粗细，对混凝土拌合物有着重要的影响，相同条件下，砂子越细，总表面积越大，在混凝土中砂的表面都需要水泥浆包裹，较细的砂水泥用量相对多一些。反之，水泥就用的少一些。水泥用量太少，混凝土拌合物的和易性不良。一般情况下，C20以上混凝土应选用中砂偏粗为宜。

2）严格执行海砂的使用规定。因海砂中含有比较多的氯盐，对钢筋有严重腐蚀作用，应建立和健全使用海砂配制混凝土的管理规定，定期检查和取样试验。

3）使用特细砂配制混凝土，应认真执行《特细砂混凝土配制及应用规程》。细度模数小于0.7，且通过0.16mm筛的量大于30%的特细砂，在无实践依据和相应技术措施的情况下，一般不得用来配制混凝土。

4）严格细骨料的复试。严格按《普通混凝土用砂、石质量及检验方法标准》（JGJ52—2006）执行。试验项目按标准要求，必试项目为颗粒级配、含泥量、泥块含量、有害物质含量，必要时对坚固性等进行试验。

5）骨料混凝土被污染，这会使混凝土配合比失去准确性和降低水泥的粘结力，影响混凝土质量。

6）对重要工程混凝土使用的砂，应采用化学法和砂浆长度法进行集料的碱活性检验。经上述检验判断为有潜在危害时，应采取下列措施：

① 使用含碱量小于0.60%的水泥或采用能抑制碱-集料反应的掺合料；

② 当使用含锂、钠离子的外加剂时，必须进行专门试验。

7）采用海砂配制混凝土时，其氯离子含量应符合下列规定：

① 对素混凝土，海砂中氯离子含量不予限制；

② 对钢筋混凝土，海砂中氯离子含量不应大于0.06%（以干砂重的百分率计，下同）；

③ 对预应力混凝土不宜用海砂。若必须使用海砂时，则应经淡水冲洗，其氯离子含量不得大于0.02%。

（7）表列子项：

1）砂子产地：注明产地省、市、县、乡、村的地名。

2）砂种类：指河砂、海砂还是其他，照实际填写。

3）实测结果：

① 按其不同筛孔尺寸的筛余量进行颗粒级配分析，经计算得出。砂子颗粒级配应合理。颗粒级配不合理时，应由技术负责人签注技术处理意见后方准使用。

② 由试验室按筛分结果填写应试项目。一般砂子试验项目为：颗粒级配、细度模数、含水率、泥块含量、含泥量。

4）混凝土强度等级：一般指设计的混凝土强度等级，照实际填写。

5）筛分结果：指砂子试验时实际筛分的结果，照实际填写。

6）细度模数：指砂子试验结果，经计算得出的细度模数。是判别粗、中、细、特细砂的标准。

7）级配区属：指砂子试验时，进行级配分析时的分区，照实际由试验单位填写。

4.2.3.38 石子试验报告（C2-3-38）

1. 资料表式

石子试验报告表 **表 C2-3-38**

委托单位： 试验编号：

工程名称				委托日期	
石子种类				报告日期	
产　地		代表批量		检验类别	
检验项目	标准要求	实测结果	检验项目	标准要求	实测结果
表观密度(kg/m^3)			有机物含量		
堆积密度(kg/m^3)			坚固性质量损失率(%)		
紧密密度(kg/m^3)			岩石强度(N/mm^2)		
含泥量(%)			压碎值指标(%)		
泥块含量(%)			SO_3 含量(%)		
吸水率(%)			碱活性		
针状和片状颗粒总含量(%)					
含水率(%)					

颗粒级配											
公称粒径(mm)	80.0	63.0	50.0	40.0	31.5	25.0	20.0	16.0	10.0	5.00	2.50
标准颗粒级配范围累积筛余(%)											
实际累计筛余(%)											
检验结果：											
结　论：											
备　注：											
试验单位：			技术负责人：			审核：			试(检)验：		

2. 实施要点

(1) 石子试验报告是对用于工程中的石子的表观密度、堆积密度、紧密密度、筛分、含泥量、泥块含量、针片状含量、压碎指标以及石子有机物含量等进行复试后由试验单位出具的质量证明文件。

(2) 石及其他粗骨料应有工地取样的试验报告单，应试项目齐全，试验编号必须填写，并应符合有关规范要求。

对重要工程混凝土使用的碎石或卵石应进行碱活性检验。

(3) 粗骨料试验报告：必须是经省及其以上建设行政主管部门或其委托单位批准的试验室出具的试验报告方为有效报告。

(4) 当怀疑砂中因含有活性二氧化硅而可能引起碱-骨料反应时，应根据混凝土结构构件的使用条件进行专门试验，以确定其是否可用。

(5) 混凝土工程所使用的石按产地不同和批量要求进行试验，一般混凝土工程的石必须试验项目为颗粒级配、含水率、相对密度、密度、含泥量、泥块含量。对超过规定但仍可在某些部位使用的应由技术负责人签注，注明使用部位及处理方法。

对C30及C30以上的混凝土、防水混凝土、特殊部位混凝土，设计提出要求的或无可信质量证明依据的，应加试有害杂质含量等。

混凝土强度等级为C40及其以上混凝土或设计有要求时，应对所用石子硬度进行试验。

(6) 对有抗渗或其他特殊要求的混凝土，其所用碎石或卵石的含泥量不应大于1%；泥块含量不应大于0.5%；等于及小于C10的混凝土用碎石或卵石，含泥量可放宽到2.5%，泥块含量可放宽到1%。

(7) 石的质量应符合《普通混凝土用砂、石质量及检验方法标准》(JG J52—2006)的规定。

1) 石筛应采用方孔筛。石的公称粒径、石筛筛孔的公称直径与方孔筛筛孔边长应符合表C2-3-38-1的规定。

石筛筛孔的公称直径与方孔筛尺寸(mm)　　表C2-3-38-1

石的公称粒径	石筛筛孔的公称直径	方孔筛筛孔边长
2.50	2.50	2.36
5.00	5.00	4.75
10.0	10.0	9.5
16.0	16.0	16.0
20.0	20.0	19.0
25.0	25.0	26.5
31.5	31.5	31.5
40.0	40.0	37.5
50.0	50.0	53.0
63.0	63.0	63.0
80.0	80.0	75.0
100.0	100.0	90.0

碎石或卵石的颗粒级配，应符合表C2-3-38-2的要求。混凝土用石应采用连续粒级。

单粒级宜用于组合成满足要求的连续粒级；也可与连续粒级混合使用，以改善其级配或配成较大粒度的连续粒级。

当卵石的颗粒级配不符合表C2-3-38-2要求时，应采取措施并经试验证实能确保工程质量后，方允许使用。

2) 碎石或卵石中针、片状颗粒含量应符合表C2-3-38-3的规定。

3) 碎石或卵石中含泥量应符合表C2-3-38-4的规定。

对于有抗冻、抗渗或其他特殊要求的混凝土，其所用碎石或卵石中含泥量不应大于1.0%。当碎石或卵石的含泥是非黏土质的石粉时，其含泥量可由表C2-3-38-4的0.5%、1.0%、2.0%，分别提高到1.0%、1.5%、3.0%。

4) 碎石或卵石中泥块含量应符合表C2-3-38-5的规定。

碎石或卵石的颗粒级配范围 表 C2-3-38-2

级配情况	公称粒级(mm)	累计筛余，按质量(%)											
		方孔筛筛孔边长尺寸(mm)											
		2.36	4.75	9.5	16.0	19.0	26.5	31.5	37.5	53	63	75	90
连续粒级	5～10	95～100	80～100	0～15	0	—	—	—	—	—	—	—	—
	5～16	95～100	85～100	30～60	0～10	0	—	—	—	—	—	—	—
	5～20	95～100	90～100	40～80	—	0～10	0	—	—	—	—	—	—
	5～25	95～100	90～100	—	30～70	—	0～5	0	—	—	—	—	—
	5～31.5	95～100	95～100	70～90	—	15～45	—	0～5	0	—	—	—	—
	5～40	—	95～100	70～90	—	30～65	—	—	0～5	0	—	—	—
单粒级	10～20	—	95～100	85～100	—	0～15	0	—	—	—	—	—	—
	16～31.5	—	95～100	—	85～100		—	0～10	0	—	—	—	—
	20～40	—	—	95～100	—	80～100	—	—	0～10	0	—	—	—
	31.5～63	—	—	—	95～100	—	—	75～100	45～75	—	0～10	0	—
	40～80	—	—	—	—	95～100	—	—	70～100	—	30～60	0～10	0

注：公称粒级的上限为该粒级的最大粒径。

针、片状颗粒含量 表 C2-3-38-3

混凝土强度等级	≥C60	C55～C30	≤C25
针、片状颗粒含量(按质量计，%)	≤8	≤15	≤25

碎石或卵石中的含泥量 表 C2-3-38-4

混凝土强度等级	≥C60	C55～C30	≤C25
含泥量(按质量计，%)	≤0.5	≤1.0	≤2.0

碎石或卵石中的泥块含量 表 C2-3-38-5

混凝土强度等级	≥C60	C55～C30	≤C25
泥块含量(按质量计，%)	≤0.2	≤0.5	≤0.7

对于有抗冻、抗渗或其他特殊要求的强度等级小于 C30 的混凝土，其所用碎石或卵石中泥块含量不应大于 0.5%。

5）碎石的强度可用岩石的抗压强度和压碎值指标表示。岩石的抗压强度应比所配制的混凝土强度至少高 20%。当混凝土强度等级大于或等于 C60 时，应进行岩石抗压强度检验。岩石强度首先应由生产单位提供，工程中可采用压碎值指标进行质量控制。碎石的压碎值指标宜符合表 C2-3-38-6 的规定。

碎石的压碎值指标　　表 C2-3-38-6

岩石品种	混凝土强度等级	碎石压碎指标值(%)
沉积岩	C60～C40 ≤C35	≤10 ≤16
变质岩或深成的火成岩	C60～C40 ≤C35	≤12 ≤20
喷出的火成岩	C60～C40 ≤C35	≤13 ≤30

注：沉积岩包括石灰岩、砂岩等。变质岩包括片麻岩、石英岩等。深成的火成岩包括花岗岩、正长岩、闪长岩和橄榄岩等。喷出的火成岩包括玄武岩和辉绿岩等。

卵石的强度可用压碎值指标表示。其压碎值指标宜符合表 C2-3-38-7 的规定。

卵石的压碎值指标　　表 C2-3-38-7

混凝土强度等级	C60～C40	≤C35
压碎指标值(%)	≤12	≤16

6）碎石或卵石的坚固性应用硫酸钠溶液法检验，试样经 5 次循环后，其质量损失应符合表 C2-3-38-8 的规定。

碎石或卵石的坚固性指标　　表 C2-3-38-8

混凝土所处的环境条件及其性能要求	5 次循环后的质量损失(%)
在严寒及寒冷地区室外使用并经常处于潮湿或干湿交替状态下的混凝土；有腐蚀介质作用或经常处于水位变化区的地下结构或有抗疲劳、耐磨、抗冲击要求的混凝土	≤8
其他条件下使用的混凝土	≤12

7）碎石或卵石中的硫化物和硫酸盐含量以及卵石中有机物等有害物质含量，应符合表 C2-3-38-9 的规定。

碎石或卵石中的有害物质含量　　表 C2-3-38-9

项　　目	质 量 要 求
硫化物及硫酸盐含量(折算成 SO_3 按质量计)　(%)	≤1.0
卵石中有机质含量 (用比色法试验)	颜色应不深于标准色。当颜色深于标准色时，应配制成混凝土进行强度对比试验，抗压强度比应不低于 0.95

当碎石或卵石中含有颗粒状硫酸盐或硫化物杂质时，应进行专门检验，确认能满足混凝土耐久性要求后，方可采用。

8）对于长期处于潮湿环境的重要结构混凝土，其所使用的碎石或卵石应进行碱活性检验。

进行碱活性检验时，首先应采用岩相法检验碱活性骨料的品种、类型和数量。当检验出骨料中含有活性二氧化硅时，应采用快速砂浆棒法和砂浆长度法进行碱活性检验；当检验出骨料中含有活性碳酸盐时，应采用岩石柱法进行碱活性检验。

经上述检验，当判定骨料存在潜在碱-碳酸盐反应危害时，不宜用作混凝土骨料；否则，应通过专门的混凝土试验，做最后评定。

当判定骨料存在潜在碱-硅反应危害时，应控制混凝土中的碱含量不超过 $3kg/m^3$，或采用能抑制碱-骨料反应的有效措施。

9）石的取样规定

①每验收批取样方法应按下列规定执行：

A. 从料堆上取样时，取样部位应均匀分布。取样前应先将取样部位表层铲除，然后由各部位抽取大致相等的砂 8 份、石 16 份，组成各自一组样品。

B. 从皮带运输机上取样时，应在皮带运输机机尾的出料处用接料器定时抽取砂 4 份、石 8 份，组成各自一组样品。

C. 从火车、汽车、货船上取样时，应从不同部位和深度抽取大致相等的砂 8 份、石 16 份，组成各自一组样品。

② 除筛分析外，当其余检验项目存在不合格项时，应加倍取样进行复验。当复验仍有一项不满足标准要求时，应按不合格品处理。

注：如经观察，认为各节车支间（汽车、货船间）所载的砂、石质量相差甚为悬殊时，应对质量有怀疑的每节列车（汽车、货船）分别取样和验收。

③ 对于每一单项检验项目，砂、石的每组样品取样数量应分别满足表 C2-3-37-9、表 C2-3-38-10 的规定。当需要做多项检验时，可在确保样品经一项试验后不致影响其他试验结果的前提下，用同组样品进行多项不同的试验。

④ 每一单项检验项目所需碎石或卵石的最小取样质量见表 C2-3-38-10。

每一单项检验项目所需碎石或卵石的最小取样质量（kg）　　表 C2-3-38-10

试验项目	最大粒径(mm)							
	10	16	20	25	31.5	40	63	80
筛分析	10	15	16	20	25	32	50	64
表观密度	8	8	8	8	12	16	24	24
含水率	2	2	2	2	3	3	4	6
吸水率	8	8	16	16	16	24	24	32
堆积密度、紧密密度	40	40	40	40	80	80	120	120
含泥量	8	8	24	24	40	40	80	80
泥块含量	8	8	24	24	40	40	80	80
针、片状含量	1.2	4	8	12	20	40	—	—
硫化物、硫酸盐	1.0							

注：有机物含量、坚固性、压碎值指标及碱-骨料反应检验，应按试验要求的粒级及质量取样。

（8）粗骨料使用注意事项：

1）混凝土用石取样后，每组样品应妥善包装，避免细料散失及防止污染。并附样品卡片，标明样品的编号、取样时间、代表数量、产地、样品量、要求检验项目及取样方法等。

2）石子颗粒级配检验，应根据级配情况和公称粒级，按表 C2-3-38-1 要求确定筛子规格；核对报告结果时，也要按该表规定进行。

3）对重要工程的混凝土所使用的碎石或卵石应进行碱活性检验。

进行碱活性检验时，首先应采用岩相法检验碱活性骨料的品种、类型和数量（也可由地质部门提供）。若骨料中含有活性二氧化硅时，应采用化学法和砂浆长度法进行检验；若含有活性碳酸盐骨料时，应采用岩石柱法进行检验。

经上述检验，骨料判定为有潜在危害时，属碱-碳酸盐反应的不宜做混凝土骨料，如必须使用，应以专门的混凝土试验结果作出最后评定。

潜在危害属碱-硅反应的，应遵守以下规定方可使用：

①使用含碱量小于0.6%的水泥或采用能抑制碱-骨料反应的掺合料；

②当使用含钾、钠离子的混凝土外加剂时，必须进行专门的试验。

4）重视粗骨料的选择和使用。按工程需要，合理选择粗骨料的级配、形状等。低强度等级的混凝土用卵石，高强度等级宜用碎石。

（9）表列子项：

1）石子产地：注明产地省、市、县、乡、村的地名。

2）石子种类：一般分为碎石、卵石等，照实际填写。

3）实测结果：

① 按其不同筛孔尺寸的筛余量进行石子级配分析，经计算得出。石子级配应合理。石子级配不合理时，应由技术负责人签注技术处理意见后方准使用。

② 由试验室按试验分析结果填写应试项目。一般石子试验项目为：石子级配、含水率、泥块含量、含泥量。

4）混凝土强度等级：一般指设计的混凝土强度等级，照实际填写。

5）筛分结果：指石子试验时实际筛分的结果，照实际试验结果填写。

4.2.3.39　轻骨料试验报告（C2-3-39）

1. 资料表式

轻骨料试验报告　　　　**表 C2-3-39**

委托单位：　　　　　　　　　　　　试验编号：

<table>
<tr><td colspan="2">工程名称</td><td colspan="3"></td><td>委托日期</td><td></td></tr>
<tr><td colspan="2">轻骨料种类</td><td></td><td>密度等级</td><td></td><td>报告日期</td><td></td></tr>
<tr><td colspan="2">产　地</td><td></td><td>代表批量</td><td></td><td>检验类别</td><td></td></tr>
<tr><td colspan="4">检验项目</td><td colspan="3">实测结果</td></tr>
<tr><td rowspan="8">试
验
结
果</td><td rowspan="3">一、筛分析</td><td colspan="2">1. 细度模数(细骨料)</td><td colspan="3"></td></tr>
<tr><td colspan="2">2. 最大粒径(粗骨料)</td><td colspan="3"></td></tr>
<tr><td colspan="2">3. 级配情况</td><td colspan="3"></td></tr>
<tr><td>二、表观密度</td><td colspan="5"></td></tr>
<tr><td>三、堆积密度</td><td colspan="5"></td></tr>
<tr><td>四、筒压强度</td><td colspan="5"></td></tr>
<tr><td>五、吸水率(1h)</td><td colspan="5"></td></tr>
<tr><td>六、其他</td><td colspan="5"></td></tr>
<tr><td colspan="7">依据标准：</td></tr>
<tr><td colspan="7">检验结论：</td></tr>
<tr><td colspan="7">试验单位：　　　技术负责人：　　　审核：　　　计算：　　　试(检)验：</td></tr>
</table>

注：1. 轻骨料试验报告表式，可根据当地的使用惯例制定的表式应用，但筛分析（细度模数（细骨料）、最大粒径（粗骨料）、级配情况）、表观密度、堆积密度、筒压强度、吸水率（1h）、其他、依据标准、检验结果等项试验内容必须齐全。实际试验项目根据工程实际择用。

2. 表内其他栏：指轻骨料设计或工程需要时的测试项目。如：空隙率、软化系数、含泥量及黏土块含量、粒型系数、匀质性指标的统计检验、煮沸质量损失、硫化物或硫酸盐含量、烧失量、有机物含量等。

2. 实施要点

（1）轻骨料试验报告是对用于工程中的轻骨料的筛分指标等进行复试后由试验单位出具的质量证明文件。

（2）轻骨料：凡骨料粒径在5mm以上，松散密度小于1000kg/m^{3}者，称为轻粗骨料；粒径小于5mm，松散密度小于1200kg/m^{3}者，称为轻细骨料。

轻骨料又可分为超轻骨料、普通轻骨料和高强轻骨料。

超轻骨料：堆积密度不大于500kg/m^{3}的保温用或结构保温用的轻粗骨料。

普通轻骨料：堆积密度大于510kg/m^{3}的轻粗骨料。

高强轻骨料：强度等级不小于25MPa的结构用轻粗骨料。

轻骨料主要有：黏土陶粒和陶砂、页岩陶粒和陶砂、粉煤灰陶粒、浮石、火山渣、煤渣、自燃煤矸石、膨胀矿渣珠等。

注：粒径小于5mm的黏土陶粒和页岩陶粒称为黏土陶砂和页岩陶砂。

（3）取样数量及方法

轻骨料按品种、种类、密度等级和质量等级分批检验与验收。每200m^{3}为一批，不足200m^{3}亦以一批论。

（4）合格判定：

产品检验（含复验）后，各项性能指标都符合相应标准的相应等级规定时，可判为符合该等级。若有一项性能指标不符合相应标准要求时，则应从同一批轻骨料中加倍取样，对不符合标准要求的项目进行复验。复验后仍然不符合相应标准要求时，则该产品判为降等或不合格。

产品出厂时，生产厂应提供质量合格证书，内容包括：轻骨料品种名称和生产厂名；合格证编号及发放日期；检验结果及执行标准编号；批量编号及供货数量；检验部门及检验人员签章。

轻骨料一般用于结构或结构保温用混凝土或保温用轻混凝土。

（5）轻骨料的主要性能测试包括：筛分析、表观密度、筒压强度、堆积密度、吸水率等。

（6）表列子项：

1）产地：指轻骨料的生产地。当移地中转时，轻骨料也应填写原生产地。

2）试验结果：

① 筛分析：筛分析是测定粒状材料颗粒级配的一种方法，常应用于砂子、石子、轻骨料等的试验。按实际试验结果填写。

② 表观密度：即骨料的视比重。是指包括骨料内部封闭孔在内的单位体积烘干重量。照测试验结果填写。

③ 堆积密度：是测定轻骨料在自然状态下单位体积重量，评定轻骨料质量，计算空隙率和配合比设计。按试验室的试验结果填写。

④筒压强度：是测定轻骨料颗粒的平均相对强度指标，评定粗骨料质量的试验内容之一，按试验结果填写。

⑤吸水率：是测定干燥状态粗骨料的吸水率，评定粗骨料质量和确定混凝土拌合物附加水量，按实验室的试验结果填写。

4.2.3.40　防水材料（卷材、涂料）合格证、试验报告汇总表（C2-3-40）

防水材料合格证、试验报告汇总表是指对用于工程的防水材料的合格证、试验报告及品种、规格、数量等进行分类整理、汇总按 C2-3-1 表式及有关说明执行。

4.2.3.41　防水材料（卷材、涂料）合格证粘贴表（C2-3-41）

(1) 防水材料的出厂合格证（包括商标上有技术指标），内容应包括品种、强度等级等各项技术指标。使用单位应在出厂合格证上注明设计要求的品种、强度等级。

(2) 防水材料合格证粘贴按 C2-3-2 表式及有关说明执行。

4.2.3.42　防水卷材试验报告（C2-3-42）

1. 资料表式

防水卷材试验报告表　　**表 C2-3-42**

试验编号：

工程名称				委托日期		
生产厂家				报告日期		
使用部位				检验类别		
代表数量		规格型号			批号	
试验结果	一、拉力试验	1. 拉力(N)	纵		横	
		2. 拉伸强度	纵	MPa	横	MPa
	二、断裂伸长率(延伸率)		纵	%	横	%
	三、剥离强度(屋面)					MPa
	四、粘合性(地下)					MPa
	五、耐热度	温度(℃)			评定	
	六、不透水性(抗渗透性)					
	七、柔韧性(低温柔性、低温弯折性)	温度(℃)			评定	
	八、其他					
依据标准：						
结论：						
备注：						
试验单位：		技术负责人：		审核：		试(检)验：

注：防水卷材试验报告表式，可根据当地的使用惯例制定的表式应用，但拉力试验［拉力（N）、拉伸强度］、断裂伸长率（延伸率）、剥离强度（屋面）、粘合性（地下）、耐热度［温度（℃）、评定］、不透水性（抗渗透性）、柔韧性（低温柔性、低温弯折性）：［温度（℃）、评定］、其他、依据标准、检验结果等项试验内容必须齐全。实际试验项目根据工程实际择用。

2. 实施要点

（1）防水卷材试验报告是对用于工程中的防水卷材的耐热度、不透水性、拉力、柔度等指标进行复试后，由试验单位出具的质量证明文件。

（2）屋面防水用卷材厚度应按表 C2-3-42-1 执行。

屋面防水用卷材厚度选用表 **表 C2-3-42-1**

层面防水等级	设防道数	合成高分子防水卷材	高聚物改性沥青防水卷材	沥青防水卷材
Ⅰ级	三道或三道以上设防	不应小于 1.5mm	不应小于 3mm	—
Ⅱ级	二道设防	不应小于 1.2mm	不应小于 3mm	—
Ⅲ级	一道设防	不应小于 1.2mm	不应小于 4mm	三毡四油
Ⅳ级	一道设防	—	—	二毡三油

（3）新型防水材料性能必须符合设计要求并应有合格证和有效鉴定材料，进场后必须复试。

（4）防水材料的进场检查：

1）防水材料品种繁多，性能各异，应按各自标准要求进行外观检查，并应符合相应标准的规定。

2）检查出厂合格证，与进场材料分别对照检查商标品种、强度等级、各项技术指标。

3）检查不合格的防水材料应由专业技术负责人签发不合格防水材料处理使用意见书，提出降级使用或作他用、退货等技术措施，确认必须退换的材料不得用于工程。

4）按规定在现场进行抽样复检，对试件进行编号后按见证取样规定送试验室复试。

（5）卷材防水层应采用高聚物改性沥青防水卷材、合成高分子防水卷材或沥青防水卷材。所选用的基层处理剂、接缝胶粘剂、密封材料等配套材料应与铺贴的卷材材性相容，使之粘结良好。

（6）取样要求：

各类防水材料的取样方法、数量、代表批量 **表 C2-3-42-2**

序号	名　称	方法及数量	代 表 批 量
1	石油沥青纸胎油毡、油纸	在重量检查合格的 10 卷中取重量最轻的，外观、面积合格的无接头的一卷作为物理性能试样，若最轻的一卷不符合抽样条件时，可取次轻的一卷，切除距外层卷头 2.5m 后顺纵向截取 0.5m 长的全幅卷材两块	同品种、标号、等级 1500 卷
2	弹性体改性沥青防水卷材	在卷重检查合格的样品中取重量最轻的，外观、面积、厚度合格的，无接头的一卷作为物理性能试验样品，若最轻的一卷不符合抽样条件时，可取次轻的一卷，切除距外层卷头 2.5m 后，顺纵向截取长度 0.5m 的全幅卷材两块	同品种、标号、等级 1000 卷
3	塑性体改性沥青防水卷材		
4	改性沥青聚乙烯胎防水卷材	从卷重、外观、尺寸偏差均合格的产品中任取一卷，在距端部 2m 处顺纵向取长度 1m 的全幅卷材两块	
5	聚氯乙烯防水卷材	外观、表面质量检验合格的卷材，任取一卷，在距端部 0.3m 处截取长度 3m 的全幅卷材两块	同类型、同规格 $5000m^2$
6	氯化聚乙烯防水卷材		

续表

序号	名　称	方法及数量	代表批量
7	三元丁橡胶防水卷材	从规格尺寸、外观合格的卷材中任取一卷，在距端部3m处，顺纵向截取长度0.5m的全幅卷材两块	同规格、等级300卷
8	三元乙丙片材	从规格尺寸、外观合格的卷材中任取一卷，在距端部0.3m处，顺纵向截取长度1.5m的全幅卷材两块	同规格、等级3000m²
9	水性沥青基防水涂料	任取一桶，使之均匀，按上、中、下三个位置，用取样器取出4kg，等分两等份，分别置于洁净的瓶内，并密封置于5～35℃的室内	5t
10	水性聚氯乙烯焦油防水涂料		5t
11	聚氨酯防水涂料	取样方法同上，取样数量为甲、乙组分总量2kg两份	甲组分5t，乙组分按与甲组分重量比
12	沥　青	取样时从每个取样单位的不同部位分五处取数量大致相等的洁净试样，共2kg，混合均匀等分成两等份	20t

(7) 防水材料标准：

执行如下防水材料标准，并应分别符合其相关质量要求。

1)《石油沥青纸胎油毡》(GB 326—2007)

石油沥青纸胎油毡的卷重　　**表C2-3-42-3**

类　型		Ⅰ型	Ⅱ型	Ⅲ型
卷重(kg/卷)	≥	17.5	22.5	28.5

石油沥青纸胎油毡的物理性能　　**表C2-3-42-4**

项　目			指　标		
			Ⅰ型	Ⅱ型	Ⅲ型
单位面积浸涂材料总量(g/m²)		≥	600	750	1000
不透水性	压力(MPa)	≥	0.02	0.02	0.10
	保持时间(min)	≥	20	30	30
吸水率(%)		≤	3.0	2.0	1.0
耐热度			(85±2)℃，2h涂盖层无滑动、流淌和集中性气泡		
拉力(纵向)(N/50mm)		≥	240	270	340
柔度			(18±2)℃，绕φ20mm棒或弯板无裂纹		
注：本标准Ⅲ型产品物理性能要求为强制性的，其余为推荐性的。					

2）《弹性体改性沥青防水卷材》（GB 18242—2008）

弹性体改性沥青防水卷材材料性能 **表 C2-3-42-5**

序号	项目			指标				
				Ⅰ		Ⅱ		
				PY	G	PY	G	PYG
1	可溶物含量(g/m²)≥	3mm		2100				—
		4mm		2900				—
		5mm		3500				
		试验现象		—	胎基不燃	—	胎基不燃	—
2	耐热性	℃		90		105		
		≤mm		2				
		试验现象		无流淌、滴落				
3	低温柔性(℃)			−20		−25		
				无裂缝				
4	不透水性 30min			0.3MPa	0.2MPa	0.3MPa		
5	拉力	最大峰拉力(N/50mm)	≥	500	350	800	500	900
		次高峰拉力(N/50mm)	≥	—	—	—	—	800
		试验现象		拉伸过程中，试件中部无沥青涂盖层开裂或与胎基分离现象				
6	延伸率	最大峰时延伸率(%)	≥	30	—	40	—	—
		第二峰时延伸率(%)	≥	—		—		15
7	浸水后质量增加(%) ≤	PE、S		1.0				
		M		2.0				
8	热老化	拉力保持率(%)	≥	90				
		延伸率保持率(%)	≥	80				
		低温柔性(℃)		−15		−20		
				无裂缝				
		尺寸变化率(%)	≤	0.7	—	0.7	—	0.3
		质量损失(%)	≤	1.0				
9	渗油性	张数	≤	2				
10	接缝剥离强度(N/mm)		≥	1.5				
11	钉杆撕裂强度[a](N)		≥	—				300
12	矿物粒料粘附性[b](g)		≤	2.0				
13	卷材下表面沥青涂盖层厚度[c](mm)		≥	1.0				
14	人工气候加速老化	外观		无滑动、流淌、滴落				
		拉力保持率(%)	≥	80				
		低温柔性(℃)		−15		−20		
				无裂缝				

[a] 仅适用于单层机械固定施工方式卷材。
[b] 仅适用于矿物粒料表面的卷材。
[c] 仅适用于热熔施工的卷材。

3）《塑性体改性沥青防水卷材》（GB 18243—2008）

塑性体改性沥青防水卷材材料性能　　表 C2-3-42-6

序号	项　目			指标 Ⅰ PY	Ⅰ G	Ⅱ PY	Ⅱ G	Ⅱ PYG
1	可溶物含量（g/m²）≥	3mm		2100				—
		4mm		2900				—
		5mm		3500				
		试验现象		—	胎基不燃	—	胎基不燃	—
2	耐热性	℃		110		130		
		≤mm		2				
		试验现象		无流淌、滴落				
3	低温柔性（℃）			−7		−15		
				无裂缝				
4	不透水性 30min			0.3MPa	0.2MPa	0.3MPa		
5	拉力	最大峰拉力（N/50mm）	≥	500	350	800	500	900
		次高峰拉力（N/50mm）	≥	—	—	—	—	800
		试验现象		拉伸过程中，试件中部无沥青涂盖层开裂或与胎基分离现象				
6	延伸率	最大峰时延伸率（%）	≥	25	—	40		—
		第二峰时延伸率（%）	≥	—		—		15
7	浸水后质量增加（%）≤	PE、S		1.0				
		M		2.0				
8	热老化	拉力保持率（%）	≥	90				
		延伸率保持率（%）	≥	80				
		低温柔性（℃）		−2		−10		
				无裂缝				
		尺寸变化率（%）	≤	0.7	—	0.7	—	0.3
		质量损失（%）	≤	1.0				
9	接缝剥离强度（N/mm）		≤	1.0				
10	钉杆撕裂强度[a]（N）		≥	—				300
11	矿物粒料粘附性[b]（g）		≥	2.0				
12	卷材下表面沥青涂盖层厚度[c]（mm）		≥	1.0				
13	人工气候加速老化	外观		无滑动、流淌、滴落				
		拉力保持率（%）	≥	80				
		低温柔性（℃）		−2		−10		
				无裂缝				

a　仅适用于单层机械固定施工方式卷材。

b　仅适用于矿物粒料表面的卷材。

c　仅适用于热熔施工的卷材。

4）《改性沥青聚乙烯胎防水卷材》（GB 18967—2009）

改性沥青聚乙烯胎防水卷材物理力学性能表 　　表 C2-3-42-7

序号	项目			技术指标				
				T				S
				O	M	P	R	M
1	不透水性			0.4MPa，30min 不透水				
2	耐热性(℃)			90				70
				无流淌、无起泡				无流淌、无起泡
3	低温柔性(℃)			−5	−10	−20	−20	−20
				无裂纹				
4	拉伸性能	拉力(N/50mm) ≥	纵向	200			400	200
			横向					
		断裂延伸率(%) ≥	纵向	120				
			横向					
5	尺寸稳定性		℃	90				70
			% ≤	2.5				
6	卷材下表面沥青涂盖层厚度(mm) ≥			1.0				—
7	剥离强度(N/mm) ≥		卷材与卷材	—				1.0
			卷材与铝板					1.5
8	钉杆水密性			—				通过
9	持粘性(min) ≥			—				15
10	自粘沥青再剥离强度(与铝板)(N/mm) ≥			—				1.5
11	热空气老化	纵向拉力(N/50mm) ≥		200			400	200
		纵向断裂延伸率(%) ≥		120				
		低温柔性(℃)		5	0	−10	−10	−10
				无裂纹				

5）《聚氯乙烯防水卷材》（GB 12952—2003）。

N 类卷材理化性能 　　表 C2-3-42-8

序号	项目		Ⅰ型	Ⅱ型
1	拉伸强度(MPa) ≥		8.0	12.0
2	断裂伸长率(%) ≥		200	250
3	热处理尺寸变化率(%) ≤		3.0	2.0
4	低温弯折性		−20℃无裂纹	−25℃无裂纹
5	抗穿孔性		不渗水	
6	不透水性		不透水	
7	剪切状态下的粘合性(N/mm) ≥		3.0 或卷材破坏	
8	热老化处理	外观	无起泡、裂纹、粘结和孔洞	
		拉伸强度变化率(%)	±25	±20
		断裂伸长率变化率(%)		
		低温弯折性	−15℃无裂纹	−20℃无裂纹
9	耐化学侵蚀	拉伸强度变化率(%)	±25	±20
		断裂伸长率变化率(%)		
		低温弯折性	−15℃无裂纹	−20℃无裂纹
10	人工气候加速老化	拉伸强度变化率(%)	±25	±20
		断裂伸长率变化率(%)		
		低温弯折性	−15℃无裂纹	−20℃无裂纹

注：非外露使用可以不考核人工气候加速老化性能。

L类及W类卷材理化性能　表C2-3-42-9

序号	项目			Ⅰ型	Ⅱ型
1	拉力(N/cm)	≥		100	160
2	断裂伸长率(%)	≥		150	200
3	热处理尺寸变化率(%)	≤		1.5	1.0
4	低温弯折性			−20℃无裂纹	−25℃无裂纹
5	抗穿孔性			不渗水	
6	不透水性			不透水	
7	剪切状态下的粘合性(N/mm)	≥	L类	3.0或卷材破坏	
			W类	6.0或卷材破坏	
8	热老化处理	外观		无起泡、裂纹、粘结和孔洞	
		拉力变化率(%)		±25	±20
		断裂伸长率变化率(%)			
		低温弯折性		−15℃无裂纹	−20℃无裂纹
9	耐化学侵蚀	拉力变化率(%)		±25	±20
		断裂伸长率变化率(%)			
		低温弯折性		−15℃无裂纹	−20℃无裂纹
10	人工气候加速老化	拉力变化率(%)		±25	±20
		断裂伸长率变化率(%)			
		低温弯折性		−15℃无裂纹	−20℃无裂纹
注：非外露使用可以不考核人工气候加速老化性能。					

6)《三元丁橡胶防水卷材》(JC/T 645—1996)

三元丁橡胶防水卷材性能表　表C2-3-42-10

产品等级		一等品	合格品
不透水性	压力(MPa)　不小于	0.3	
	保持时间(min)　不小于	90,不透水	
纵向拉伸强度(MPa)　不小于		2.2	2.0
纵向断裂伸长率(%)　不小于		200	150
低温弯折性　(−30℃)		无裂纹	
耐碱性	纵向拉伸强度的保持率(%)　不小于	80	
	纵向断裂伸长的保持率(%)　不小于	80	
热老化处理	纵向拉伸强度保持率(80±2℃,168h)(%)　不小于	80	
	纵向断裂伸长保持率(80±2℃,168h)(%)　不小于	70	
热老化处理尺寸变化率(80±2℃,168h)(%)　不小于		+4,+2	
人工加速气候老化27周期	外观	无裂纹,无气泡,不粘结	
	纵向拉伸强度的保持率(%)　不小于	80	
	纵向断裂伸长的保持率(%)　不小于	70	
	低温弯折性	−20℃,无裂缝	

7）《高分子防水卷材》（GB 18173.1—2006）

均质片的物理性能 **表 C2-3-42-11**

项目			指标										适用试验条目
			硫化橡胶类				非硫化橡胶类			树脂类			
			JL1	JL2	JL3	JL4	JF1	JF2	JF3	JS1	JS2	JS3	
断裂拉伸强度（MPa）	常温	≥	7.5	6.0	6.0	2.2	4.0	3.0	5.0	10	16	14	6.3.2
	60℃	≥	2.3	2.1	1.8	0.7	0.8	0.4	1.0	4	6	5	
扯断伸长率（%）	常温	≥	450	400	300	200	400	200	200	200	550	500	
	−20℃	≥	200	200	170	100	200	100	100	15	350	300	
撕裂强度（kN/m）		≥	25	24	23	15	18	10	10	40	60	60	6.3.3
不透水性（30min）			0.3MPa 无渗漏		0.2MPa 无渗漏		0.3MPa 无渗漏	0.2MPa 无渗漏		0.3MPa 无渗漏			6.3.4
低温弯折温度（℃）		≤	−40	−30	−30	−20	−30	−20	−20	−20	−35	−35	6.3.5
加热伸缩量（mm）	延伸	≤	2	2	2	2	2	4	4	2	2	2	6.3.6
	收缩	≤	4	4	4	4	4	6	10	6	6	6	
热空气老化（80℃×168h）	断裂拉伸强度保持率（%）	≥	80	80	80	80	90	60	80	80	80	80	6.3.7
	扯断伸长率保持率（%）	≥	70	70	70	70	70	70	70	70	70	70	
耐碱性（饱和 $Ca(OH)_2$ 溶液常温×168h）	断裂拉伸强度保持率（%）	≥	80	80	80	80	80	70	70	80	80	80	6.3.8
	扯断伸长率保持率（%）	≥	80	80	80	80	90	80	70	80	90	90	
臭氧老化（40℃×168h）	伸长率 40%，500×10^{-8}		无裂纹	—	—	—	无裂纹	—	—	—	—	—	6.3.9
	伸长率 20%，500×10^{-8}		—	无裂纹	—	—	—	—	—	—	—	—	
	伸长率 20%，100×10^{-8}		—	—	无裂纹	无裂纹	—	无裂纹	无裂纹	—	—	—	
人工气候老化	断裂拉伸强度保持率（%）	≥	80	80	80	80	80	70	80	80	80	80	6.3.10
	折断伸长率保持率（%）	≥	70	70	70	70	70	70	70	70	70	70	
粘度剥离强度（片材与片材）	N/mm（标准伸直和件）	≥	1.5										6.3.11
	浸水保持率（常温×168h）（%）	≥	70										

注：1. 人工气候老化和粘合性能项目为推荐项目。

2. 非外露使用可以不考核臭氧老化、人二气候老化、加热伸缩量，60℃抗拉伸强度性能。

复合片的物理性能　　　　**表 C2-3-42-12**

项目			指标				适用试验条目
			硫化橡胶类	非硫化橡胶类	树脂类		
					FS1	FS2	
断裂拉伸强度(N/cm)	常温	≥	80	60	100	60	6.3.2
断裂拉伸强度(N/cm)	60℃	≥	30	20	40	30	6.3.2
拉断伸长率(%)	常温	≥	300	250	150	400	6.3.2
拉断伸长率(%)	−20℃	≥	150	50	10	10	6.3.2
撕裂强度(N)		≥	40	20	20	20	6.3.3
不透水性(0.3MPa,30min)			无渗漏	无渗漏	无渗漏	无渗漏	6.3.4
低温弯折温度(℃)		≤	−35	−20	−30	−20	6.3.5
加热伸缩量(mm)	延伸	≤	2	2	2	2	6.3.6
加热伸缩量(mm)	收缩	≤	4	4	2	4	6.3.6
热空气老化(80℃×168h)	断裂拉伸强度保持率(%)	≥	80	80	80	80	6.3.7
热空气老化(80℃×168h)	扯断伸长率保持率(%)	≥	70	70	70	70	6.3.7
耐碱性[质量分数为10%的 $Ca(OH)_2$ 溶液,常温×168h]	断裂拉伸强度保持率(%)	≥	80	60	80	80	6.3.8
耐碱性[质量分数为10%的 $Ca(OH)_2$ 溶液,常温×168h]	扯断伸长率保持率(%)	≥	80	60	80	80	6.3.8
臭氧老化[3](40℃×168h),200×10^{-8}			无裂纹	无裂纹	—	—	6.3.9
人工气候老化	断裂拉伸强度保持率(%)	≥	80	70	80	80	6.3.10
人工气候老化	扯断伸长率保持率(%)	≥	70	70	70	70	6.3.10
粘结剥离温度(片材与片材)	N/mm(标准试验条件)	≥	1.5	1.5	1.5	1.5	6.3.11
粘结剥离温度(片材与片材)	浸水保持率(常温×168h)(%)	≥	70	70	70	70	6.3.11
复合强度(FS2 型表层与芯层)(N/mm)		≥	—	—		1.2	6.3.12

注1:人工气候老化和粘合性能项目为推荐项目。

2:非外露使用可以不考核臭氧老化、人工气候老化、加热伸缩量、60℃断裂拉伸强度性能。

(8) 表列子项:

1) 试验委托人:指委托试验单位的具体办理委托试验的人,一般应为建设、施工或监理单位委托试验的人,填写委托试验人姓名。

2) 拉力试验:试件以被拉断时的应力(N)为测定值。分别进行拉力(N)、拉伸强度试验,按实际试验结果填写。

3) 断裂伸长率(延伸率):指卷材在一定温度和外力作用下的变形能力,照实际试验结果填写。

4) 剥离强度(层面):卷材的测试项目之一,照实际试验结果填写。

5) 粘合性:卷材的测试项目之一,照实际试验结果填写。

6) 耐热度:卷材的测试项目之一,在 80±2℃温度下,恒温无效时,无皱纹、起泡现象,照实际试验结果填写。

7) 不透水性:卷材的测试项目之一,在 20±2℃动水压法,0.1MPa 保持 30min 不透水。照实际试验结果填写。

8）柔韧性：卷材的测试项目之一，在 0℃、18±2℃、25±2℃和－20℃情况下试验无裂纹为合格，照实际试验结果填写。

9）结论：由试验室按试验结果填写，结论应明确：合格或不合格。

4.2.3.43 防水涂料试验报告（C2-3-43）

1. 资料表式

防水涂料试验报告 **表 C2-3-43**

委托单位： 试验编号：

<table>
<tr><td colspan="2">工程名称及使用部位</td><td colspan="2"></td><td>委托日期</td><td></td></tr>
<tr><td colspan="2">试样名称及规格、型号</td><td colspan="2"></td><td>报告日期</td><td></td></tr>
<tr><td colspan="2">生 产 厂 家</td><td colspan="2"></td><td>检验类别</td><td></td></tr>
<tr><td colspan="2">代 表 数 量</td><td colspan="2"></td><td>批 号</td><td></td></tr>
<tr><td rowspan="9">试验结果</td><td>一、延伸性</td><td colspan="4">mm</td></tr>
<tr><td>二、拉伸强度</td><td colspan="4">MPa</td></tr>
<tr><td>三、断裂伸长率</td><td colspan="4">%</td></tr>
<tr><td>四、粘结性</td><td colspan="4">MPa</td></tr>
<tr><td>五、耐热度</td><td>温度(℃)</td><td></td><td>评定</td><td></td></tr>
<tr><td>六、不透水性</td><td colspan="4"></td></tr>
<tr><td>七、柔韧性(低温)</td><td>温度(℃)</td><td></td><td>评定</td><td></td></tr>
<tr><td>八、固体含量</td><td colspan="4"></td></tr>
<tr><td>九、其他</td><td colspan="4"></td></tr>
<tr><td colspan="6">依据标准：</td></tr>
<tr><td colspan="6">检验结论：</td></tr>
<tr><td colspan="6">备 注：</td></tr>
<tr><td colspan="6">试验单位： 技术负责人： 审核： 试(检)验：</td></tr>
</table>

注：防水涂料试验报告表式，可根据当地的使用惯例制定的表式应用，但延伸性（mm）、拉伸强度（MPa）、断裂伸长率（%）、粘结性（MPa）、耐热度［温度（℃）、评定］、不透水性、柔韧性（低温）：［温度（℃）、评定］、固体含量、其他、依据标准、检验结果等项试验内容必须齐全。实际试验项目根据工程实际择用。

2. 实施要点

防水涂料试验报告是对用于工程中的防水涂料的耐热度、不透水性、拉伸强度、柔度等指标进行复试后由试验单位出具的质量证明文件。

（1）建筑防水涂料一般应进行固体含量、耐热度、粘结性、延伸性、拉伸性、加热伸缩率、低温柔性、干燥时间、不透水性和人工加速老化等性能试验。

（2）厚质涂料涂刷量为（180±0.1)g/mm；薄质涂料涂刷量为（56±0.1)g/mm；

（3）防水材料标准：

执行如下防水材料标准，并应分别符合其相关质量要求。

1)《水乳型沥青防水涂料》(JC/T 408—2005)

水乳型沥青防水涂料物理力学性能表　　表 C2-3-43-1

<table>
<tr><th colspan="3">项　目</th><th>L</th><th>H</th></tr>
<tr><td colspan="2">固体含量(%)</td><td>≥</td><td colspan="2">45</td></tr>
<tr><td colspan="3" rowspan="2">耐热度(℃)</td><td>80±2</td><td>110±2</td></tr>
<tr><td colspan="2">无流淌、滑动、滴落</td></tr>
<tr><td colspan="3">不透水性</td><td colspan="2">0.10MPa,30min 无渗水</td></tr>
<tr><td colspan="2">粘结强度(MPa)</td><td>≥</td><td colspan="2">0.30</td></tr>
<tr><td colspan="2">表干时间(h)</td><td>≤</td><td colspan="2">8</td></tr>
<tr><td colspan="2">实干时间(h)</td><td>≤</td><td colspan="2">24</td></tr>
<tr><td rowspan="4">低温柔度[a](℃)</td><td colspan="2">标准条件</td><td>-15</td><td>0</td></tr>
<tr><td colspan="2">碱处理</td><td rowspan="3">-10</td><td rowspan="3">5</td></tr>
<tr><td colspan="2">热处理</td></tr>
<tr><td colspan="2">紫外线处理</td></tr>
<tr><td rowspan="4">断裂伸长率(%)≥</td><td colspan="2">标准条件</td><td colspan="2" rowspan="4">600</td></tr>
<tr><td colspan="2">碱处理</td></tr>
<tr><td colspan="2">热处理</td></tr>
<tr><td colspan="2">紫外线处理</td></tr>
<tr><td colspan="5">[a] 供需双方可以商定温度更低的低温柔度指标。</td></tr>
</table>

2)《聚氨酯防水涂料》(GB/T 19250—2003)

聚氨酯防水涂料物理性能表　　表 C2-3-43-2

<table>
<tr><th>序号</th><th colspan="3">项　目</th><th>Ⅰ</th><th>Ⅱ</th></tr>
<tr><td>1</td><td colspan="2">拉伸强度(MPa)</td><td>≥</td><td>1.9</td><td>2.45</td></tr>
<tr><td>2</td><td colspan="2">断裂伸长率(%)</td><td>≥</td><td>550</td><td>450</td></tr>
<tr><td>3</td><td colspan="2">撕裂强度(N/mm)</td><td>≥</td><td>12</td><td>14</td></tr>
<tr><td>4</td><td colspan="2">低温弯折性(℃)</td><td>≤</td><td colspan="2">-40</td></tr>
<tr><td>5</td><td colspan="3">不透水性 0.3MPa 30min</td><td colspan="2">不透水</td></tr>
<tr><td>6</td><td colspan="2">固体含量(%)</td><td>≥</td><td colspan="2">80</td></tr>
<tr><td>7</td><td colspan="2">表干时间(h)</td><td>≤</td><td colspan="2">12</td></tr>
<tr><td>8</td><td colspan="2">实干时间(h)</td><td>≤</td><td colspan="2">24</td></tr>
<tr><td rowspan="2">9</td><td rowspan="2">加热伸缩率(%)</td><td colspan="2">≤</td><td colspan="2">1.0</td></tr>
<tr><td colspan="2">≥</td><td colspan="2">-4.0</td></tr>
<tr><td>10</td><td colspan="2">潮湿基面粘结强度[a](MPa)</td><td>≥</td><td colspan="2">0.50</td></tr>
<tr><td rowspan="2">11</td><td rowspan="2">定伸时老化</td><td colspan="2">加热老化</td><td colspan="2">无裂纹及变形</td></tr>
<tr><td colspan="2">人工气候老化[b]</td><td colspan="2">无裂纹及变形</td></tr>
</table>

续表

序号	项目			Ⅰ	Ⅱ
12	热处理	拉伸强度保持率(%)		80～150	
		断裂伸长率(%)	≥	500	400
		低温弯折性(℃)	≤	−30	
13	碱处理	拉伸强度保持率(%)		60～150	
		断裂伸长率(%)	≥	500	400
		低温弯折性(℃)	≤	−35	
14	酸处理	拉伸强度保持率(%)		80～150	
		断裂伸长率(%)	≥	500	400
		低温弯折性(℃)	≤	−35	
15	人工气候老化[b]	拉伸强度保持率(%)		80～150	
		断裂伸长率(%)	≥	500	400
		低温弯折性(℃)	≤	−35	

[a]仅用于地下工程潮湿基面时要求。
[b]仅用于外露使用的产品。

多组分聚氨酯防水涂料物理力学性能 表 C2-3-43-3

序号	项目			Ⅰ	Ⅱ
1	拉伸强度(MPa)		≥	1.9	2.45
2	断裂伸长率(%)		≥	450	450
3	撕裂强度(N/mm)		≥	12	14
4	低温弯折性(℃)		≤	−35	
5	不透水性 0.3MPa 30min			不透水	
6	固体含量(%)		≥	92	
7	表干时间(h)		≤	8	
8	实干时间(h)		≤	24	
9	加热伸缩率(%)		≤	1.0	
			≥	−4.0	
10	潮湿基面粘结强度[a](MPa)		≥	0.50	
11	定伸时老化	加热老化		无裂纹及变形	
		人工气候老化[b]		无裂纹及变形	
12	热处理	拉伸强度保持率(%)		80～150	
		断裂伸长率(%)	≥	400	
		低温弯折性(℃)	≤	−30	
13	碱处理	拉伸强度保持率(%)		60～150	
		断裂伸长率(%)	≥	400	
		低温弯折性(℃)	≤	−30	

续表

序号	项目			Ⅰ	Ⅱ
14	酸处理	拉伸强度保持率(%)		80～150	
		断裂伸长率(%)	≥	400	
		低温弯折性(℃)	≤	−30	
15	人工气候老化[b]	拉伸强度保持率(%)		80～150	
		断裂伸长率(%)	≥	400	
		低温弯折性(℃)	≤	−30	
[a]仅用于地下工程潮湿基面时要求。 [b]仅用于外露使用的产品。					

3)《建筑石油沥青》(GB/T 494—1998)

建筑石油沥青物理性能表 **表 C2-3-43-4**

项目	质量指标			试验方法
	10号	30号	40号	
针入度(25℃,100g,5s)(1/10mm)	10～25	26～35	36～50	GB/T 4509
延度(25℃,5cm/min)(cm)不小于	1.5	2.5	3.5	GB/T 4508
软化点(环球法)(℃)不于	95	75	60	GB/T 4507
溶解度(三氯甲烷、三氯乙烯、四氯化碳或苯)(%)不小于	99.5			GB/T 11148
蒸发损失(163℃,5h)(%)不大于	1			GB/T 11964
蒸发后针入度比(%)不小于	65			1)
闪点(开口)(℃)不低于	230			GB/T 267
脆点(℃)	报告			GB/T 4510

注:测定蒸发损失后样品的针入度与原针入度之比乘以100后,所得的百分比,称为蒸发后针入度比。

(4) 表列子项:

1) 断裂伸长率(延伸率):指涂料在一定温度和外力作用下的变形能力,照实际试验结果填写。

2) 拉伸强度:涂料的测试项目之一,涂料作拉伸试验时的拉断时的强度值,以MPa表示,照实际试验结果填写。

3) 粘结性:涂料的测试项目之一,在20±2℃温度下,用8字模法测抗拉强度不小于0.2MPa,照实际试验结果填写。

4) 耐热度:涂料的测试项目之一,在80±2℃温度下,恒温无效时无皱纹、起泡现象,照实际试验结果填写。

5) 不透水性:涂料的测试项目之一,在20±2℃动水压法,0.1MPa保持30min不透水。照实际试验结果填写。

6) 柔韧性:涂料的测试项目之一,在−10℃温度下通过ϕ10mm圆棒,无裂纹、裂缝、剥落现象为合格,照实际试验结果填写。

4.2.3.44 新型防水材料复试报告（C2-3-44）

1. 资料表式

新型防水材料复试报告 **表 C2-3-44**

试验编号：

工程名称及使用部位			委托日期	
特种防水材料名称及规格、型号			报告日期	
生产厂家		批号	检验类别	
序号	检验项目	标准要求	实测结果	单项结论
依据标准：				
检验结论：				
备　注：				
试验单位：	技术负责人：	审核：	试(检)验：	

2. 实施要点

新型防水材料复试报告是指为保证防水工程质量对用于工程的新型防水材料进行有关指标测试，由试验单位出具的试验证明文件。

该表为新型防水材料复试报告的参考用表。

4.2.3.45 保温材料合格证、出厂检验、试验报告汇总表与合格证粘贴表（C2-3-45）

实施要点

（1）保温材料合格证、出厂检验、试验报告汇总表按表 C2-3-1 相关内容办理。

（2）保温材料合格证均应进行整理粘贴，应用表 C2-3-2。

（3）保温材料合格证是指由保温材料生产厂家提供的出厂合格证和出厂检验报告，应按施工过程中依序形成的以上表式，经核查符合要求后全部粘贴表内（C2-3-2），不应缺漏。

4.2.3.46 保温材料试验报告（C2-3-46）

实施要点

（1）保温材料试验报告表式可按材料检验报告（通用）C2-3-3 执行。

（2）松散材料保温层的含水率应符合设计要求；松散保温材料应分层铺设并压实，压实的程度与厚度应经试验确定；保温层施工完成后，应及时进行找平层和防水层的施工；雨期施工时，保温层应采取遮盖措施。

（3）板状材料保温层应紧靠在需保温的基层表面上，并应铺平垫稳；分层铺设的板块上下层接缝应相互错开；板间缝隙应采用同类材料嵌填密实。

（4）整体现浇（喷）保温层：沥青膨胀蛭石、沥青膨胀珍珠岩宜用机械搅拌，色泽均匀、一致，无沥青团；压实程度根据试验确定，其厚度应符合设计要求，表面应平整；硬质聚氨酯泡沫塑料应按配比准确计量，发泡厚度均匀一致。

（5）保温材料的堆积密度或表观密度、导热系数以及板材的强度、吸水率，必须符合设计要求。

对管道保温绝热，设计采用不燃或难燃材料时，应进行点燃试验。

4.2.3.47　其他建筑材料出厂合格证（出厂检验报告）和试验报告（C2-3-47）

实施要点

（1）其他建筑材料出厂合格证和出厂检验报告均应进行整理粘贴，应用表C2-3-2。

（2）其他建筑材料出厂合格证和出厂检验报告是指由混凝土外加剂生产厂家提供的出厂合格证和出厂检验报告，应按施工过程中依序形成的以上表式，经核查符合要求后全部粘贴表内（C2-3-2），不应缺漏。

（3）其他建筑材料出厂合格证和出厂检验报告的质量及应用技术应符合现行国家标准的规定。

（4）其他建筑材料试验报告表按C2-3-3执行。试验结果应符合现行国家标准的规定。

4.2.3.47-1　其他建筑材料出厂合格证（出厂检验报告）和试验报告汇总表与合格证粘贴表（C2-3-47-1）

其他建筑材料出厂合格证（出厂检验报告）和试验报告汇总表按C2-3-1表式执行。合格证粘贴表按C2-3-2表式执行。

4.2.3.47-2　饰面板（砖）产品合格证、出厂检验报告（C2-3-47-2）

实施要点

（1）饰面板（砖）产品合格证、出厂检验报告均应进行整理粘贴，应用表C2-3-2。

（2）饰面板（砖）产品合格证、出厂检验报告是指由饰面板（砖）生产厂家提供的出厂合格证和出厂检验报告，应按施工过程中依序形成的以上表式，经核查符合要求后全部粘贴表内（C2-3-2），不应缺漏。

4.2.3.47-3　饰面板（砖）试验报告（C2-3-47-3）

实施要点

（1）饰面板（砖）产品试验报告按C2-3-3表式执行或按当地建设行政主管部门或其委托单位批准的具有相应资质的试验室提供的复试报告表式执行。

（2）饰面板（砖）产品试验报告的质量及应用技术应符合现行国家标准的规定。

（3）天然大理石、花岗石的技术等级、光泽度、外观等质量要求应符合建材行业标准《天然大理石建筑板材》（GB/T 19766—2005）、《天然花岗石建筑板材》（GB/T 18601—2009）的规定；预制板块的强度等级、规格、质量应符合设计要求；水磨石板块尚应符合国家现行行业标准《建筑水磨石制品》JC 507的规定；饰面板、砖的品种、规格、图案、颜色和性能应符合设计要求。木龙骨、木饰面板和塑料饰面板的燃烧性能等级应符合设计要求。

（4）面层与下一层应结合牢固，无空鼓。饰面砖粘贴必须牢固。铺设水泥混凝土板块、水磨石板块、水泥花砖、陶瓷锦砖、陶瓷地砖、缸砖、料石、大理石和花岗石面层等的结合层和填缝的水泥砂浆，在面层铺设后，表面应覆盖、湿润，其养护时间不应少于7d。

当板块面层的水泥砂浆结合层的抗压强度达到设计要求后，方可正常使用。

(5) 大理石、花岗石面层采用天然大理石、花岗石（或碎拼大理石、碎拼花岗石）板材、料石面层采用天然条石和块石，均应在结合层上铺设。

(6) 采用湿作业法施工的饰面板工程，石材应进行防碱背涂处理。饰面板与基体之间的灌注材料应饱满、密实。

(7) 饰面板上的孔洞应套割吻合，边缘应整齐。饰面板安装的允许偏差和检验方法应符合（GB 50210—2001）规范的规定。

4.2.3.47-4 吊顶（隔墙）龙骨产品合格证（C2-3-47-4）

实施要点

(1) 吊顶（隔墙）龙骨产品合格证均应进行整理粘贴，表式按C2-3-2执行。

(2) 吊顶（隔墙）龙骨产品合格证是指由饰面板（砖）生产厂家提供出厂合格证和出厂检验报告，应按施工过程中依序形成以上表式，经核查符合要求后全部粘贴表内（C2-3-2），不应缺漏。

4.2.3.47-5 隔墙墙板以及吊顶、隔墙面板产品合格证（C2-3-47-5）

实施要点

(1) 隔墙墙板以及吊顶、隔墙面板产品合格证表式，按C2-3-2执行。

(2) 隔墙墙板以及吊顶、隔墙面板产品合格证是指由饰面板（砖）生产厂家提供的出厂合格证和出厂检验报告，应按施工过程中依序形成的以上表式，经核查符合要求后全部粘贴表内（C2-3-2），不应缺漏。

(3) 隔墙板材的品种、规格、性能、颜色应符合设计要求。有隔声、隔热、阻燃、防潮等特殊要求的工程，板材应有相应性能等级的检测报告。

(4) 隔墙板材安装必须牢固。安装隔墙板材所需预埋件、连接件的位置、数量及连接方法应符合设计要求。现制钢丝网水泥隔墙与周边墙体的连接方法应符合设计要求，并应连接牢固。

(5) 隔墙上的孔洞、槽、盒应位置正确、套割方正、边缘整齐。

(6) 骨架隔墙所用龙骨、配件、墙面板、填充材料及嵌缝材料的品种、规格、性能和木材的含水率应符合设计要求。有隔声、隔热、阻燃、防潮等特殊要求的工程，材料应有相应性能等级的检测报告。

(7) 骨架隔墙中龙骨间距和构造连接方法应符合设计要求。木龙骨及木墙面板的防火和防腐处理，必须符合设计要求。

(8) 骨架隔墙的墙面板应安装牢固，无脱层、翘曲、折裂及缺损。骨架隔墙上的孔洞、槽、盒应位置正确、套割吻合、边缘整齐。

(9) 骨架隔墙安装、板材隔墙安装的允许偏差和检验方法应符合（GB 50210—2001）规范的规定。

4.2.3.47-6 人造木板合格证（C2-3-47-6）

实施要点

(1) 人造木板合格证均应进行整理粘贴，按C2-3-2表式执行。

(2) 塑料板面层：

1) 塑料板面层应采用塑料板块材、塑料板焊接，塑料卷材以胶粘剂在水泥类基层上铺设。

2) 塑料板面层所用的塑料板块材和卷材的品种、规格、颜色、等级应符合设计要求和国家标准的规定。

3) 塑料板面层应表面洁净，图案清晰，色泽一致，接缝严密、美观。拼缝处的图案、花纹吻合，无胶痕；与墙边交接严密，阴阳角收边方正。

4) 塑料板面层允许偏差应符合（GB 50209—2002）规范表 6.1.8 的规定。

(3) 活动地板面层：

1) 活动地板面层是用于防尘和防静电要求的专业用房的建筑地面工程。用特制的平压刨花板为基材，表面饰以装饰板和底层用镀锌板经粘结胶合组成的活动地板块，配以横梁、橡胶垫条和可供调节高度的金属支架，组装成架空板，铺设在水泥类面层（或基层）上。

2) 活动地板面层包括标准地板、异形地板和地板附件（即支架和横梁组件）。采用的活动地板块应平整、坚实，面层承载力不得小于 7.5MPa，其系统电阻：A 级板为 $1.0\times10^5\sim1.0\times10^8\Omega$；B 级板为 $1.0\times10^5\sim1.0\times10^{10}\Omega$。

3) 当活动地板不符合模数时，其不足部分在现场根据实际尺寸将板块切割后镶补，并配装相应的可调支撑和横梁。切割边不经处理不得镶补安装，并不得有局部膨胀变形情况。

4) 面层材质必须符合设计要求，且应具有耐磨、防潮、阻燃、耐污染、耐老化和导静电等特点。

4.2.3.47-7　人造木板甲醛含量检测报告（C2-3-47-7）

实施要点

(1) 人造木板甲醛含量复验报告（指现场取样的复验）按 C2-3-3 表式执行，或按当地建设行政主管部门或其委托单位批准的具有相应资质的试验室提供的复试报告表式执行。

(2) 胶粘剂选用应符合现行国家标准《民用建筑工程室内环境污染控制规范》GB 50325 的规定。其产品应按基层材料和面层材料使用的相容性要求，通过试验确定。

4.2.3.47-8　玻璃产品合格证、出厂性能检测报告（C2-3-47-8）

实施要点

(1) 玻璃产品合格证、出厂性能检测报告均应进行整理粘贴，按 C2-3-2 表式执行。

(2) 玻璃产品合格证、出厂性能检测报告是指由玻璃生产厂家提供的出厂合格证和出厂检验报告，应按施工过程中依序形成的以上表式，经核查符合要求后全部粘贴表内（C2-3-2），不应缺漏。

4.2.3.47-9　室内外用大理石、花岗石、水磨石等合格证、出厂检验报告（C2-3-47-9）

实施要点

(1) 室内装饰装修工程用大理石、花岗石、水磨石等面积大于 $500m^2$ 时，材料必须实行进场检验。进场验收时，供货单位必须提供产品合格、物理性能检验报告。室内装饰装修工程用大理石、花岗石，必须提供建筑材料放射性指标检验报告。

(2) 大理石、花岗石、水磨石等面层所用板块的品种、质量，应符合设计要求。

（3）天然大理石、花岗石、水磨石等的技术等级、光泽度、外观等质量要求，应符合建材行业标准《天然大理石建筑板材》（GB/T 19766—2005）、《天然花岗石建筑板材》（GB/T 18601—2009）及水磨石生产厂的质量标准规定。

（4）铺设大理石、花岗石面层前，板材应浸湿、晾干；结合层与板材应分段同时铺设。

4.2.3.47-10　天然大理石、天然花岗石性能检测报告（C2-3-47-10）

实施要点

（1）天然大理石、天然花岗石性能检测报告

指现场取样的复验。按当地建设行政主管部门或其委托单位批准的具有相应资质试验室提供的检测报告表式（A4 幅面）执行。检测结果应符合相应标准规定。

（2）天然大理石技术要求

1）规格尺寸允许偏差

① 普型板规格尺寸允许偏差，应符合表 C2-3-47-10-1 的规定。

普型板规格尺寸允许偏差（mm）　**表 C2-3-47-10-1**

项目		允许偏差		
		优等品	一等品	合格品
长度、宽度		0 −1.0		0 −1.5
厚度	≤12	±0.5	±0.8	±1.0
	>12	±1.0	±1.5	±2.0
干挂板材厚度		+2.0 0		+3.0 0

② 圆弧板壁厚最小值应不小于 20mm，规格尺寸允许偏差应符合表 C2-3-47-10-2 的规定。

圆弧板规格尺寸允许偏差（mm）　**表 2-3-47-10-2**

项　目	允许偏差		
	优等品	一等品	合格品
弦长	0 −1.0		0 −1.5
高度	0 −1.0		0 −1.5

2）平面度允许公差

① 普型板平面度允许公差，应符合表 C2-3-47-10-3 规定。

普型板平面度允许公差（mm）　**表 C2-3-47-10-3**

项　目	允许偏差		
	优等品	一等品	合格品
≤400	0.2	0.3	0.5
>400~≤800	0.5	0.6	0.8
>800	0.7	0.8	1.0

② 圆弧板直线度与线轮廓度允许公差，应符合表 C2-3-47-10-4 规定。

圆弧板直线度与线轮廓度允许公差（mm） **表 C2-3-47-10-4**

项目		允许偏差		
		优等品	一等品	合格品
直线度（按板材高度）	≤800	0.6	0.8	1.0
	>800	0.8	1.0	1.2
线轮廓度		0.8	1.0	1.2

3）角度允许公差

① 普型板角度允许公差，应符合表 C2-3-47-10-5 的规定。

普型板角度允许公差（mm） **表 C2-3-47-10-5**

项目	允许偏差		
	优等品	一等品	合格品
≤400	0.3	0.4	0.5
>400	0.4	0.5	0.7

② 圆弧板角度允许公差：优等品为 0.4mm，一等品为 0.6mm，合格品为 0.8mm。

③ 普型板拼缝板材正面与侧面的夹角不得大于 90°。

④ 圆弧板侧面角 α 应不小于 90°。

4）外观质量

① 同一批板材的色调应基本调和，花纹应基本一致。

② 板材正面的外观缺陷的质量要求应符合表 C2-3-47-10-6 规定。

板材正面的外观缺陷的质量要求 **表 C2-3-47-10-6**

名称	规定内容	优等品	一等品	合格品
裂纹	长度超过 10mm 的不允许条数(条)	0		
缺棱	长度不超过 8mm，宽度不超过 1.5mm(长度≤4mm，宽度≤1mm 不计)，每米长允许个数(个)	0	1	2
缺角	沿板材边长顺延方向，长度≤3mm，宽度≤3mm(长度≤2mm，宽度≤2mm 不计)，每块板允许个数(个)			
色斑	面积不超过 6cm²(面积小于 2cm² 不计)，每块板允许个数(个)			
砂眼	直径在 2mm 以下		不明显	有，不影响装饰效果

③ 板材允许粘结和修补。粘结和修补后应不影响板材的装饰效果和物理性能。

5）物理性能

① 镜面板材的镜向光泽值应不低于 70 光泽单位，若有特殊要求，由供需双方协商确定。

② 板材的其他物理性能指标应符合表 C2-3-47-10-7 的规定。

板材的其他物理性能指标　　表 C2-3-47-10-7

项目			指标
体积密度(g/cm³)		≥	2.30
吸水率(%)		≤	0.50
干燥压缩强度(MPa)		≥	50.0
干燥	弯曲强度(MPa)	≥	7.0
水饱和			
耐磨度[a](1/cm³)		≥	10
a　为了颜色和设计效果，以两块或多块大理石组合拼接时，耐磨度差异应不大于5，建议适用于经受严重踩踏的阶梯、地面和月台使用的石材耐磨度最小为12。			

6）检验规则

① 检验项目

A. 普型板：规格尺寸偏差，平面度公差，角度公差，镜向光泽度，外观质量。

B. 圆弧板：规格尺寸偏差，角度公差，直线度公差，线轮廓度公差，镜向光泽度，外观质量。

② 组批：同一品种、类别、等级的板材为一批。

③ 抽样：采取 GB/T 2828 一次抽样正常检验方式，检查水平为Ⅱ。合格质量水平（AQL 值）取为 6.5；根据抽样判定表抽取样本（见表 C2-3-47-10-8）。

表 C2-3-47-10-8

批量范围	样本数	合格判定数(Ac)	不合格判定数(Re)
≤25	5	0	1
26～50	8	1	2
51～90	13	2	3
91～150	20	3	4
151～280	32	5	6
281～500	50	7	8
501～1200	80	10	11
1201～3200	125	14	15
≥3201	200	21	22

④ 判定：

A. 单块板材的所有检验结果均符合技术要求中相应等级时，则判定该块板材符合该等级。

B. 根据样本检验结果，若样本中发现的等级不合格品数小于或等于合格判定数（Ac），则判定该批符合该等级；若样本中发现的等级不合格品数大于或等于不合格判定数（Re），则判定该批不符合该等级。

7）标志

① 包装箱上应注明企业名称、商标、标记；须有“向上”和“小心轻放”的标志并符合《包装储运图示标志》GB/T 191—2008 中的规定。

② 对安装顺序有要求的板材，应标明安装序号。

8）包装

① 按板材品种、类别、等级分别包装，并附产品合格证（包括产品名称、规格、等级、批号、检验员、出厂日期）。

② 包装应满足在正常条件下安全装卸、运输的要求。

（3）天然花岗石建筑板材技术要求

1）等级

按加工质量和外观质量分为：

① 毛光板按厚度偏差、平面度公差、外观质量等，将板材分为优等品（A）、一等品（B）、合格品（C）三个等级。

② 普型板按规格尺寸偏差、平面度公差、角度公差、外观质量等，将板材分为优等品（A）、一等品（B）、合格品（C）三个等级。

③ 圆弧板按规格尺寸偏差、直线度公差、线轮廓度公差、外观质量等，将板材分为优等品（A）、一等品（B）、合格品（C）三个等级。

2）标记

① 名称：采用 GB/T 17570 规定的名称或编号。

② 标记顺序为：名称、类别、规格尺寸、等级、标准编号。

③ 示例：用山东济南青花岗石荒料加工的 600mm×600mm×20mm、普型、镜面、优等品板材示例如下：

标记：济南青花岗石（G3701）PXJM600×600×20A GB/T 18601—2009。

3）要求

① 一般要求

A. 天然花岗石建筑板材的岩矿结构应符合商业花岗石的定义范畴。

B. 规格板的尺寸系列见表 C2-3-47-10-9，圆弧板、异型板和特殊要求的普型板规格尺寸由供需双方协商确定。

规格板的尺寸系列　　　　表 C2-3-47-10-9

边长系列	300[a]、305[a]、400、500、600[a]、800、900、1000、1200、1500、1800
厚度系列	10[a]、12、15、18、20[a]、25、30、35、40、50
a　常用规格	

② 加工质量

A. 毛光板的平面度公差和厚度偏差应符合表 C2-3-47-10-10 的规定。

毛光板的平面度公差和厚度偏差（mm）　　　　表 C2-3-47-10-10

项　目		技术指标					
		镜面和细面板材			粗面板材		
		优等品	一等品	合格品	优等品	一等品	合格品
平面度		0.80	1.00	1.50	1.50	2.00	3.00
厚度	≤12	±0.5	±1.0	+1.0 −1.5			
	＞12	±1.0	±1.5	±2.0	+1.0 −2.0	±2.0	+2.0 −3.0

B. 普型板规格尺寸允许偏差见表 C2-3-47-10-11。

普型板规格尺寸允许偏差 **表 C2-3-47-10-11**

项目		技术指标					
		镜面和细面板材			粗面板材		
		优等品	一等品	合格品	优等品	一等品	合格品
长度、宽度		0 −1.0		0 −1.5	0 −1.0		0 −1.5
厚度	≤12	±0.5	±1.0	+1.0 −1.5	—		
	>12	±1.0	±1.5	±2.0	+1.0 −2.0	±2.0	+2.0 −3.0

C. 圆弧板壁厚最小值应不小于 18mm，规格尺寸允许偏差见表 C2-3-47-10-12。

圆弧板壁厚及规格尺寸允许偏差（mm） **表 C2-3-47-10-12**

项目	技术指标					
	镜面和细面板材			粗面板材		
	优等品	一等品	合格品	优等品	一等品	合格品
弦长	0 −1.0		0 −1.5	0 −1.5	0 −2.0	0 −2.0
高度				0 −1.0	0 −1.0	0 −1.5

D. 普型板平面度允许公差见表 C2-3-47-10-13。

普型板平面度允许公差（mm） **表 C2-3-47-10-13**

项目	技术指标					
	镜面和细面板材			粗面板材		
	优等品	一等品	合格品	优等品	一等品	合格品
$L \leqslant 400$	0.20	0.35	0.50	0.60	0.80	1.00
$400 < L \leqslant 800$	0.50	0.65	0.80	1.20	1.50	1.80
$L > 800$	0.70	0.85	1.00	1.50	1.80	2.00

E. 圆弧板直线度与线轮廓度允许公差见表 C2-3-47-10-14。

圆弧板直线度与线轮廓度允许公差（mm） **表 C2-3-47-10-14**

项目		技术指标					
		镜面和细面板材			粗面板材		
		优等品	一等品	合格品	优等品	一等品	合格品
直线度（按板材高度）	≤800	0.8	1.00	1.20	1.00	1.20	1.50
	>800	1.00	1.20	1.50	1.50	1.50	2.00
线轮廓度		0.80	1.00	1.20	1.00	1.50	2.00

4）角度允许公差

① 普型板角度允许公差见表 C2-3-47-10-15。

普型板角度允许公差 **表 C2-3-47-10-15**

板材长度(L)mm	技术指标		
	优等品	一等品	合格品
$L \leqslant 400$	0.30	0.50	0.80
$L > 400$	0.40	0.60	1.00

② 圆弧板端面角度允许公差：优等品为 0.40mm，一等品为 0.60mm，合格品为 0.80mm。

③ 普型板拼缝板材正面与侧面的夹角不得大于 90°。

④ 圆弧板侧面角 α 应不小于 90°。

⑤ 镜面板材的镜向光泽度应不低于 80 光泽单位，特殊需要的圆弧板由供需双方协商确定。

5）外观质量

① 同一批板材的色调应基本调和，花纹应基本一致。

② 板材正面的外观缺陷应符合表 C2-3-47-10-16 规定，毛光板外观缺陷不包括缺棱和缺角。

板材正面的外观缺陷 **表 C2-3-47-10-16**

<table>
<tr><th rowspan="2">缺陷名称</th><th rowspan="2">规定内容</th><th colspan="3">技术指标</th></tr>
<tr><th>优等品</th><th>一等品</th><th>合格品</th></tr>
<tr><td>缺棱</td><td>长度≤10mm，宽度≤1.2mm（长度＜5mm，宽度＜1.0mm不计），周边每米长允许个数(个)</td><td rowspan="5">0</td><td rowspan="3">1</td><td rowspan="3">2</td></tr>
<tr><td>缺角</td><td>沿板材边长，长度≤3mm，宽度≤3mm（长度≤2mm，宽度≤2mm 不计），每块板允许个数(个)</td></tr>
<tr><td>裂纹</td><td>长度不超过两端顺延至板边总长度的 1/10（长度＜20mm 不计），每块板允许条数(条)</td></tr>
<tr><td>色斑</td><td>面积≤15mm×30mm（面积＜10mm×10mm 不计），每块板允许个数(个)</td><td rowspan="2">2</td><td rowspan="2">3</td></tr>
<tr><td>色线</td><td>长度不超过两端顺延至板边总长度的 1/10（长度＜40mm 不计），每块板允许条数(条)</td></tr>
<tr><td colspan="5">注：干挂板材不允许有裂纹存在。</td></tr>
</table>

6）物理性能

天然花岗石建筑板材的物理性能应符合表 C2-3-47-10-17 的规定；工程对石材物理性能项目及指标有特殊要求的，按工程要求执行。

7）放射性

天然花岗石建筑板材的物理性能 表 C2-3-47-10-17

项目			技术指标	
			一般用途	功能用途
体积密度(g/cm^3)	≥		2.56	2.56
吸水率(%)	≤		0.60	0.40
压缩强度(MPa)	≥	干燥	100	131
		水饱和		
弯曲强度(MPa)	≥	干燥	8.0	8.3
		水饱和		
耐磨性[a]($1/cm^3$)	≥		25	25
a 使用在地面、楼梯踏步、台面等严重踩踏或磨损部位的花岗石石材应检验此项。				

天然花岗石建筑板材应符合 GB 6566 的规定。

8）检验规则

① 检验项目

A. 毛光板为厚度偏差、平面度公差、镜向光泽度、外观质量。

B. 普型板为规格尺寸偏差，平面度公差，角度公差，镜向光泽度，外观质量。

C. 圆弧板为规格尺寸偏差，角度公差，直线度公差，线轮廓度公差，镜向光泽度，外观质量。

② 组批

同一品种、类别、等级、同一供货批的板材为一批；或按连续安装部位的板材为一批。

③ 抽样

采用 GB/T 2828.1 一次抽样正常检验方式，检查水平为Ⅱ，合格质量水平（AQL 值）取为 6.5；根据表 C2-3-47-10-18 抽取样本。

④ 判定

A. 单块板材的所有检验结果均符合技术要求中相应等级时，则判定该块板材符合该等级。

B. 根据样本检验结果，若样本中发现的等级不合格数小于或等于合格判定数（Ac），则判定该批符合该等级；若样本中发现的等级不合格品数大于或等于不合格判定数（Re），则判定该批不符合该等级。

表 C2-3-47-10-18

批量范围	样本数	合格判定数(Ac)	不合格判定数(Re)
≤25	5	0	1
26～50	8	1	2
51～90	13	2	3
91～150	20	3	4

续表

批量范围	样本数	合格判定数(Ac)	不合格判定数(Re)
151～280	32	5	6
281～500	50	7	8
501～1200	80	10	11
1201～3200	125	14	15
≥3201	200	21	22

9）标志

① 包装箱上应注明企业名称、商标；须有"向上"和"小心轻放"的标志并符合《包装储运图示标志》GB/T 191—2008 中的规定。

② 对安装顺序有要求的板材，应标明安装序号。

10）包装

① 按板材品种、类别、等级分别包装，并附产品合格证（包括产品名称、规格、等级、批号、检验员、出厂日期）。

② 包装应满足在正常条件下安全装卸、运输的要求。

4.2.3.47-11　涂料产品合格证、出厂性能检验报告（C2-3-47-11）

实施要点

（1）涂料产品合格证、出厂性能检测报告均应进行整理粘贴，按 C2-3-2 表式执行。

（2）涂料产品合格证、出厂性能检测报告是指由涂料生产厂家提供的出厂合格证和出厂检验报告，应按施工过程中依序形成以上表式，经核查符合要求后全部粘贴表内（C2-3-2），不应缺漏。

（3）水性涂料涂饰工程所用涂料的品种、型号和性能，溶剂型涂料涂饰工程所选用涂料的品种、型号和性能，美术涂饰所用材料的品种、型号和性能均应符合设计要求。

4.2.3.47-12　裱糊用壁纸、墙布产品合格证、出厂性能检验报告（C2-3-47-12）

实施要点

（1）裱糊用壁纸、墙布产品合格证、出厂性能检测报告均应进行整理粘贴按 C2-3-2 执行。

（2）裱糊用壁纸、墙布产品合格证、出厂性能检测报告是指由裱糊用壁纸、墙布生产厂家提供的出厂合格证和出厂检验报告，应按施工过程中依序形成的以上表式，经核查符合要求后全部粘贴表内（C2-3-2），不应缺漏。

（3）壁纸、墙布的种类、规格、图案、颜色和燃烧性能等级必须符合设计要求及国家现行标准的有关规定。

（4）复合压花壁纸的压痕及发泡壁纸的发泡层应无损坏。

注：裱糊用壁纸、墙布产品当需要复试时，试验报告表式以当地建设行政主管部门批准的试验室出具的试验报告表式为准。

4.2.3.47-13　软包面料、内衬产品合格证、出厂性能检验报告（C2-3-47-13）

实施要点

（1）软包面料、内衬产品合格证、出厂性能检测报告均应进行整理粘贴，表式按

C2-3-2执行。

（2）软包面料、内衬产品合格证、出厂性能检测报告是指由软包面料、内衬生产厂家提供的出厂合格证和出厂检验报告，应按施工过程中依序形成的以上表式，经核查符合要求后全部粘贴表内（C2-3-2），不应缺漏。

（3）软包面料、内衬材料及边框的材质、颜色、图案、燃烧性能等级和木材的含水率应符合设计要求及国家现行标准的有关规定。

（4）单块软包面料不应有接缝，四周应绷压严密。

注：软包面料、内衬产品当需要复试时，试验报告表式以当地建设行政主管部门批准的试验室出具的试验报告表式为准。

4.2.3.47-14 地面材料产品合格证、出厂性能检验报告（C2-3-47-14）

实施要点

（1）地面材料产品合格证、出厂性能检测报告均应进行整理粘贴，按 C2-3-2 表式执行。

（2）地面材料产品合格证、出厂性能检测报告是指由地面材料生产厂家提供的出厂合格证和出厂检验报告，应按施工过程中依序形成的以上表式，经核查符合要求后全部粘贴表内（C2-3-2），不应缺漏。

注：地面材料产品当需要复试时，试验报告已有表式不足以使用时，应以当地建设行政主管部门批准的试验室出具的试验报告表式汇整。

4.2.3.48 幕墙材料出厂合格证和试验报告（C2-3-48）

实施要点

（1）幕墙材料出厂合格证按 C2-3-2 表式执行。幕墙材料试验报告按试验室出具的试验报告表式执行。

（2）隐框、半隐框幕墙所采用的结构粘结材料必须是中性硅酮结构密封胶，其性能必须符合《建筑用硅酮结构密封胶》（GB 16776—2005）的规定；硅酮结构密封胶必须在有效期内使用。

（3）硅酮结构胶的检测单位必须是国家经贸委认可的法定检测机构，并采用国家经贸委通过认可的生产企业（目前国内生产企业 8 家，国外生产企业 4 家）生产的产品（共 25 个品牌）。

注：1. 幕墙资料包括：设计图纸、文件、设计修改文件；材料出厂质量证书，结构硅酮密封胶相容性试验报告、幕墙材料物理性能检验报告；幕墙框、支构件出厂合格证书；专项特定试（检）验报告隐蔽工程验收文件；施工安装自检记录。以上资料不应缺漏。

2. 幕墙结构计算书包括：位移、挠度计算；板材（玻璃）应力计算；横梁、立柱承载力计算；硅酮结构密封胶的强度验算；幕墙与主体结构连接件承载力计算等。

4.2.3.48-1 幕墙材料出厂质量证书汇总表（C2-3-48-1）

幕墙材料出厂质量证书汇总表按 C2-3-1 表式执行。

4.2.3.48-2 幕墙材料出厂质量证书粘贴表（C2-3-48-2）

幕墙材料出厂质量证书按 C2-3-2 表式执行。

4.2.3.48-3 幕墙材料试验报告（通用）（C2-3-48-3）

1. 资料表式

幕墙材料试验报告（通用）

（　　　　　　）　　　　　　　　　　　　　　　　　　表 C2-3-48-3

工程名称		施工单位	
测试日期	年　月　日	测试部位	
测试内容			
依据标准			
测试结果			
测试结论			
备注			
试验单位：	技术负责人：	审核：	试(检)验：

注：幕墙材料试验凡没有专用表式时，均可采用此表。

2. 资料要求

资料要求除应执行“对施工文件的总体要求、对工程质量记录资料核查要求”外，尚应符合：

（1）幕墙材料应主要包括：金属材料（铝合金、优质碳素结构钢、碳素结构钢、薄钢板及钢带、不锈钢及不锈钢棒、低合金钢等）、密封材料（胶、橡胶密封条）、五金配件、紧固件、转接件、金属挂装件、玻璃面板、石材面板、金属板、人造板材等。

（2）幕墙材料不合格不得用于工程并必须通过技术负责人专项处理，签署退场处理意见。

3. 实施要点

幕墙材料试验报告（通用）是为满足幕墙材料试验设置的表式，是幕墙工程用材料，按规范要求必须进行测试时，用该表出具的试验报告单。

（1）幕墙所用材料的执行标准：

1）铝合金材料标准：《变形铝及铝合金化学成分》（GB/T 3190）；《一般工业用铝及铝合金板、带材》（GB/T 3190）；《铝合金建筑型材》（GB/T 3190 所有部分）；《铝及铝合金阳极氧化与有机聚合物膜》（GB/T 8013）；《建筑用铝型材、铝板氟碳涂层》（JG/T 133）。

2）钢材及表面处理标准：《优质碳素结构钢》（GB/T 699）；《碳素结构钢》（GB/T 700）；《碳素结构钢和低合金结构钢热轧薄钢板及钢带》（GB/T 912）；《不锈钢棒》（GB/

T 1220）；《低合金高强度结构钢》（GB/T 1591）；《连续热镀锌钢板和钢带》（GB 2518）；《碳素结构钢和低合金结构钢热轧厚钢板及钢带》（GE/T 3274）；《不锈钢冷轧钢板和钢带》（GB/T 3280）；《焊接结构用耐候钢》（GB/T 4172）；《不锈钢冷加工棒》（GB/T 4226）；《不锈钢热轧钢板和钢带》（GB/T 4237）；《结构用无缝钢管》（GB/T 8162）；《不锈钢复合钢板和钢带》（GB/T 8165）；《彩色涂层钢板及钢带》（GB/T 12754）；《优质碳素结构钢冷轧薄钢板和钢带》（GB/T 13237）；《金属覆盖层 钢铁制件热浸镀锌层 技术要求及试验方法》（GB/T 13912）；《金属覆盖层 钢铁制品热浸镀铝 技术条件》（GB/T 18592）；《不锈钢建筑型材》（JG/T 73）；《建筑用铝型材、铝板氟碳涂层》（JG/T 133）。

3）密封材料标准：《工业用橡胶板》（GB/T 5574）；《建筑密封材料试验方法 污染性的测定》（GB/T 13477.20）；《建筑用硅酮结构密封胶》（GB 16776）；《建筑橡胶密封垫预成型实心硫化的结构密封垫用材料规范》（HG/T 3099）；《建筑门窗用密封胶条》（JG/T 187）；《中空玻璃用弹性密封胶》（JC/T 486）；《幕墙玻璃接缝用密封胶》（JC/T 882）；《石材用建筑密封胶》（JC/T 883）；《彩色涂层钢板用建筑密封胶》（JC/T 884）；《干挂石材幕墙用环氧胶粘剂》（JC/T 887）；《中空玻璃用丁基热熔密封胶》（JC/T 914）；《非结构承载用石材粘胶剂》（JC/T 989）。

4）玻璃标准：《夹层玻璃》（GB 9962）；《浮法玻璃》（GB 11614）；《中空玻璃》（GB/T 11944）；《建筑用安全玻璃 防火玻璃》（GB 15763.1）；《建筑用安全玻璃 第 2 部分 钢化玻璃》（GB 15763.2）；《幕墙用钢化玻璃与半钢化玻璃》（GB 17841）；《着色玻璃》（GB/T 18701）；《镀膜玻璃 第 1 部分 阳光控制镀膜玻璃》（GB/T 18915.1）；《镀膜玻璃 第 2 部分 低辐射镀膜玻璃》（GB/T 18915.2）；《热弯玻璃》（JG/T 915）。

5）天然石材标准：《建筑饰面材料镜向光泽度测定方法》（GB/T 13891）；《天然花岗石建筑板材》（GB/T 18601）；《天然大理石建筑板材》（GB/T 19766）；《天然大理石荒料》（JC/T 202）；《天然花岗石荒料》（JC/T 204）；《干挂饰面石材及其金属挂件 第 1 部分：干挂饰面石材》（JC 830.1）；《干挂饰面石材及其金属挂件 第 2 部分：金属挂件》（JC 830.2）。

6）有色金属板材标准：《非接触食物搪瓷制品》（QB/T 1855）；《铜及铜合金板材》（GB/T 2040）；《钛及钛合金板》（GB/T 3621）；《冲压用冷轧薄钢板和钢带》（GB/T 5213）；《铝塑复合板》（GB/T 17748）；《铝蜂窝夹层结构通用规范》（GJB/T 1719）；《铝蜂窝芯材用胶粘接规范》（HB/T 7062）；《铝幕墙板 板基》（YS/T 429.1）；《铝幕墙板 氟碳喷漆铝单板》（YS/T 429.2）；《铝及铝合金彩色涂层板、带材》（YS/T 431）；《铝塑复合板用铝带》（YS/T 432）。

7）人造板材标准：《陶瓷砖》（GB/T 4100）；《陶瓷砖和卫生陶瓷分类和术语》（GE/T 9195）；《建筑装饰用微晶玻璃》（JC/T 872）；《建筑幕墙用瓷板》（JG/T 217）。

（2）符合《玻璃幕墙工程技术规范》（JGJ 102）；《金属与石材幕墙工程技术规范》（JGJ 133）；《建筑玻璃应用技术规程》（JGJ 113）的规定。

（3）幕墙用材料应具有抗腐蚀能力，符合国家节约资源和环境保护要求。性能应满足设计要求。

4.2.3.48-3A 幕墙金属材料试验报告（C2-3-48-3A）

实施要点

(1) 幕墙材料试验报告可按表 C2-3-48-3 执行。

(2) 铝合金材料执行标准与表面处理要求。

1) 铝合金型材和板材执行标准为 4.2.3.48-3　幕墙材料试验报告（通用）项下 1) 铝合金材料标准。型材精度为高精级。表面处理层的厚度应满足表 C2-3-48-3A 的要求。

铝合金型材表面处理要求　　**表 C2-3-48-3A**

表面处理方法		膜层级别（涂层种类）	厚度（$t/\mu m$）平均膜厚	厚度（$t/\mu m$）局部膜厚	检测方法
阳极氧化		AA15	$t\geqslant15$	$t\geqslant12$	测厚仪
电泳涂漆	阳极氧化膜	B	$t\geqslant10$	$t\geqslant8$	测厚仪
	漆膜	B	—	$t\geqslant7$	测厚仪
	复合膜	B	—	$t\geqslant16$	测厚仪
粉末喷涂		—	—	$40\leqslant t\leqslant120$	测厚仪
氟碳喷涂	二涂	—	$t\geqslant30$	$t\geqslant25$	测厚仪
	三涂	—	$t\geqslant40$	$t\geqslant35$	测厚仪

2) 铝合金隔热型材执行标准：《铝合金建筑型材》（GB 5237　所有部分），执行其中的 GB 5237.6。

(3) 钢材执行标准与要求：

1) 幕墙构件与支承结构所选用的结构钢执行标准为 4.2.3.48-3　幕墙材料试验报告（通用）项下 2) 钢材及表面处理标准。

2) 不锈钢材宜采用奥氏体不锈钢，执行标准为 4.2.3.48-3　幕墙材料试验报告（通用）项下 2) 钢材及表面处理标准。

3) 不锈钢复合钢管、板材执行标准为 4.2.3.48-3　幕墙材料试验报告（通用）项下 (1) 幕墙所用材料执行标准。应符合其中《不锈钢复合钢板和钢带》（GB/T 8165）的规定。

4) 钢材表面应具有抗腐蚀能力，并采取措施避免双金属的接触腐蚀。

4.2.3.48-3B　幕墙密封材料试验报告（C2-3-48-3B）

实施要点

(1) 密封材料试验报告可按表 C2-3-48-3 执行。

(2) 胶材料执行标准与表面处理要求。

1) 玻璃幕墙用硅酮结构密封胶、硅酮接缝密封胶及金属、石材用密封胶，必须在有效期内使用。

2) 幕墙接缝密封胶执行标准为 4.2.3.48-3　幕墙材料试验报告（通用）项下 3) 密封材料标准。位移能力级别应符合设计位移量的要求，不宜小于 20 级。

3) 干挂石材幕墙用环氧胶粘剂执行标准为 4.2.3.48-3　幕墙材料试验报告（通用）项下 3) 密封材料标准。

4) 所有与多孔性材料面板接触、粘结的密封胶、密封剂执行标准为 4.2.3.48-3 幕墙材料试验报告（通用）项下3）密封材料标准，应符合其中《石材用建筑密封胶》（GB/T 23261—2009）的规定。对面材的污染程度应符合设计的要求。

5）中空玻璃用丁基密封胶和中空玻璃弹性密封胶执行标准为4.2.3.48-3 幕墙材料试验报告（通用）项下3）密封材料标准。

6）玻璃幕墙用硅酮结构密封胶的宽度、厚度尺寸应通过计算确定，结构胶厚度不宜小于6mm且不宜大于12mm，其宽度不宜小于7mm且不大于厚度的2倍。

7）硅酮结构密封胶、硅酮密封胶同相粘结的幕墙基材、饰面板、附件和其他材料应具有相容性，随批单元件切割粘结性达到合格要求。

（3）橡胶密封条：

幕墙用橡胶材料宜采用三元乙丙橡胶、氯丁橡胶或硅橡胶，执行标准为4.2.3.48-3 幕墙材料试验报告（通用）项下3）密封材料标准。应符合其中《建筑橡胶密封垫预成型实心硫化的结构密封垫用材料规范》（HG/T 3099）和《工业用橡胶板》（GB/T 5574）的规定。幕墙可开启部分用的密封胶条可参照《建筑门窗用密封胶条》（JG/T 187）标准。

（4）石材幕墙金属挂件与石材间粘接固定材料宜选用干挂石材用环氧胶粘剂，不应使用不饱和聚酯类胶粘剂。环氧胶粘材料执行标准为4.2.3.48-3 幕墙材料试验报告（通用）项下3）密封材料标准，应符合其中的《干挂石材幕墙用环氧胶粘剂》（JC/T 887）的规定。

（5）人造板材幕墙金属挂件与人造板材粘接固定材料宜选用环氧系列胶粘剂，环氧型胶粘材料执行标准4.2.3.48-3 幕墙材料试验报告（通用）项下3）密封材料标准，应符合其中的《干挂石材幕墙用环氧胶粘剂》（JC/T 887）的规定。

4.2.3.48-3B1 硅酮结构胶相容性试验报告（C2-3-48-3B1）

实施要点

（1）硅酮结构胶相容性试验报告是指为保证幕墙工程质量对工程用硅酮结构密封胶进行有关的相容性测试后，由有相应资质的试验单位出具的质量证明文件。硅酮结构胶相容性试验报告按有相应资质的试验单位出具的质量证明文件汇整。

（2）幕墙工程所用硅酮结构胶应有认定证书和抽查合格证明，进口硅酮结构胶应有商检证明。

（3）隐框、半隐框幕墙所采用的结构粘结材料必须是中性硅酮结构密封胶，其性能必须符合《建筑用硅酮结构密封胶》（GB 16776）规定（为强制性标准）；硅酮结构密封胶必须在有效期内使用。

幕墙结构胶和密封胶的打注应饱满、密实、连续、均匀、无气泡，宽度和厚度应符合设计要求和技术标准的规定。

（4）国家指定的检测机构据2002年资料介绍共3家，分别在北京、苏州和成都。对检测机构的审查一定要慎重，检查其资质是否已被国家正式批准。应注意不具有正式资质出具的试验报告无效。

（5）硅酮结构胶相容性试验报告应由有资质的检测单位测检，出具试验报告单。

（6）硅酮结构密封胶物理力学性能见表C2-3-48-3B1。

硅酮结构密封胶物理力学性能 表 C2-3-48-3B1

序号	项目			技术指标
1	下垂度	垂直放置(mm) 不大于		3
		水平放置		不变形
2	挤出性(s) 不大于			10
3	适用期(min) 不小于			20
4	表干时间(h) 不大于			3
5	硬度(ShoreA)			20～60
6	拉伸粘结性	拉伸粘结强度(MPa)不小于	23℃	0.60
			90℃	0.45
			−30℃	0.45
			浸水后	0.45
			水—紫外线光照后	0.45
		粘结破坏面积(%) 不大于		5
7	热老化	热失重(%) 不大于		10
		龟裂		无
		粉化		无

4.2.3.48-3B2 *结构胶随批单元件切割粘结性试验*（C2-3-48-3B2）

实施要点

（1）结构胶随批单元件切割粘结性试验报告，可按表 C2-3-48-3 执行。

（2）结构胶随批单元件切割粘结性试验说明：

1）玻璃幕墙用硅酮结构密封胶、硅酮接缝密封胶及金属、石材用密封胶，必须在有效期内使用。

2）幕墙接缝密封胶执行标准 4.2.3.48-3 幕墙材料试验报告（通用）项下 3）密封材料标准。位移能力级别应符合设计位移量的要求，不宜小于 20 级。

3）干挂石材幕墙用环氧胶粘剂执行标准 4.2.3.48-3 幕墙材料试验报告（通用）项下 3）密封材料标准，应符合“密封材料”中相关标准的规定。

4）所有与多孔性材料面板接触、粘结的密封胶、密封剂执行标准为 4.2.3.48-3 幕墙材料试验报告（通用）项下 3）密封材料标准，应符合其中《石材用建筑密封胶》(JC/T 883）的规定，对面材的污染程度应符合设计的要求。

5）中空玻璃用丁基密封胶和中空玻璃弹性密封胶执行标准为 4.2.3.48-3 幕墙材料试验报告（通用）项下 3）密封材料标准中相关标准的规定。

6）玻璃幕墙用硅酮结构密封胶的宽度、厚度尺寸应通过计算确定，结构胶厚度不宜小于 6mm 且不宜大于 12mm，其宽度不宜小于 7mm 且不大于厚度的 2 倍。

7）硅酮结构密封胶、硅酮密封胶同相粘结的幕墙基材、饰面板、附件和其他材料应具有相容性，随批单元件切割粘结性达到合格要求。

（3）结构胶随批单元件切割粘结性试验执行标准为 4.2.3.48-3 幕墙材料试验报告（通用）项下 3）密封材料标准，应符合《建筑用硅酮结构密封胶》(GB 16776）的规定。

4.2.3.48-3C *幕墙五金配件、转接件与连接件材料试验报告*（C2-3-48-3C）

实施要点

(1) 幕墙五金配件、转接件与连接件材料试验报告，可按表 C2-3-48-3 执行。

(2) 幕墙专用五金配件应符合相关标准的要求，主要五金配件的使用寿命应满足设计要求。

(3) 转接件与连接件：

1) 紧固件规格和尺寸应根据设计计算确定，应有足够的承载力和可靠性。

2) 转接件：幕墙采用的转接件及其材料应满足设计要求，应具有足够的承载力和可靠性；宜具有三维位置可调能力。

3) 金属挂装件：

① 石材连接用挂件执行标准为 4.2.3.48-3 幕墙材料试验报告（通用）项下 5）天然石材标准，应符合其中《干挂饰面石材及其金属挂件 第 2 部分：金属挂件》(JC 830.2) 的规定。

② 背栓、蝶形背卡应符合相关标准的要求，材料型号、尺寸、机械性能应满足设计要求。背栓材料的耐火性、耐腐蚀性、耐久性应不低于后部支承结构所用材料的相应标准，应采用不低于 316 的不锈钢制作。

③ 板材挂装系统宜设置防脱落装置。

④ 支承构件与挂装组合单元的挂装强度，以及板材挂装系统结构强度，应满足设计要求。

4.2.3.48-3D *幕墙玻璃面板材料试验报告*（C2-3-48-3D）

实施要点

(1) 幕墙玻璃面板材料试验报告可按表 C2-3-48-3 执行。

(2) 玻璃面板：

1) 幕墙玻璃宜采用安全玻璃，执行标准为 4.2.3.48-3 幕墙材料试验报告（通用）项下 4）玻璃标准，应符合其中应用玻璃的使用标准（如：夹层、浮法、中空、安全、防火、钢化、着色、镀膜、热弯等玻璃所列标准）的规定。

2) 幕墙玻璃的公称厚度应经过强度和刚度验算后确定，单片玻璃、中空玻璃的任一片玻璃厚度不宜小于 6mm。夹层玻璃的单片玻璃厚度不宜小于 5mm，夹层玻璃、中空玻璃的两片玻璃厚度差不应大于 3mm。

3) 幕墙玻璃边缘应进行磨边和倒角处理。

4) 幕墙玻璃的反射比不应大于 0.3。

5) 幕墙用中空玻璃的间隔铝框可采用连续折弯型或插角型。中空玻璃气体层厚度不应小于 9mm，宜采用双道密封，其中明框玻璃幕墙的中空玻璃可采用丁基密封胶和聚硫密封胶，隐框和半隐框玻璃幕墙的中空玻璃应采用丁基密封胶和硅酮结构密封胶。

6) 幕墙用钢化玻璃宜经过热浸处理。

(3) 金属材料、密封材料、五金配件、转接件和连接件要求同 C2-2-3-48-3C 幕墙材料检验与要求。

(4) 单元式幕墙的专项玻璃面板材料检验要求：

1) 幕墙采用的玻璃要求按“不同构造形式的幕墙工程特定材料检验项目与要求”构件式玻璃面板的规定执行。

2) 点支承玻璃幕墙应采用钢化玻璃及其制品，采用浮头式连接时玻璃厚度不应小于

6mm；采用沉头式连接件时，玻璃厚度不应小于 8mm。玻璃肋支承的点支承玻璃幕墙，其玻璃肋应采用钢化夹层玻璃。

(5) 全玻幕墙的专项玻璃面板材料检验要求：

1) 幕墙采用的玻璃应符合 (2) 玻璃面板材料的相关要求。

2) 全玻幕墙的面板玻璃的厚度不宜小于 10mm；夹层玻璃单片厚度不宜小于 8mm；玻璃肋的厚度不应小于 12mm，断面宽度不应小于 100mm。

(6) 双层幕墙的专项面板材料检验要求：

玻璃应根据设计要求的功能分别选用适宜品种，应符合实施要点中 2) 和 4) 中的②的要求。内层幕墙或窗门系统玻璃根据设计要求确定。

4.2.3.48-3E　*幕墙石材材料放射性试验报告*（C2-3-48-3E）

实施要点

(1) 幕墙石材材料放射性试验报告可按表 C2-3-48-3 执行。

(2) 幕墙选用的石材的放射性应符合《建筑材料放射性核素限量》(GB/T 6566) 中 A 级、B 级和 C 级的要求。

(3) 幕墙用材料的放射性检测报告（指现场取样的复验）按当地建设行政主管部门或其委托单位批准的具有相应资质试验室提供的放射性检测报告表式执行。检测结果应符合相应标准规定。

4.2.3.48-3F　*幕墙石材面板弯曲强度试验报告*（C2-3-48-3F）

实施要点

(1) 幕墙石材面板弯曲强度试验报告可按表 C2-3-48-3 执行。

(2) 石材面板弯曲强度标准值应符合表 C2-3-48-3F 的规定，应按照《天然饰面石材试验方法　第 2 部分：干燥、水饱和弯曲强度试验方法》(GB/T 9966.2) 的规定进行检测，宜参照《建筑幕墙》(GB/T 21086—2007) 标准附录 C 的要求计算确定。

(3) 石材选用与要求：

1) 幕墙用石材宜选用花岗石，可选用大理石、石灰石、石英砂岩等。

2) 石材面板的性能应满足建筑物所在地的地理、气候、环境及幕墙功能的要求。执行标准 4.2.3.48-3　幕墙材料试验报告（通用）项下 5) 天然石材标准中相关标准的规定。

3) 石材面板应符合表 C2-3-48-3F 的要求。

石材面板的弯曲强度、吸水率、最小厚度和单块面积要求　　表 C2-3-48-3F

项　目	天然花岗石	天然大理石	其他石材	
(干燥及水饱和) 弯曲强度标准值(MPa)	≥8.0	≥7.0	≥8.0	8.0≥f≥4.0
吸水率(%)	≤0.6	≤0.5	≤5	≤5
最小厚度(mm)	≥25	≥35	≥35	≥40
单块面积(m^2)	不宜大于 1.5	不宜大于 1.5	不宜大于 1.5	不宜大于 1.0

4) 弯曲强度标准值小于 8.0MPa 的石材面板，应采取附加构造措施保证面板的可靠性。

5）在严寒和寒冷地区，幕墙用石材面板的抗冻系数不应小于0.8。

6）石材表面宜进行防护处理。对于处在大气污染较严重或处在酸雨环境下的石材面板，应根据污染物的种类和污染程度及石材的矿物化学性质、物理性质选用适当的防护产品对石材进行保护。

4.2.3.48-3G 金属板幕墙面板材料试验报告（C2-3-48-3G）

实施要点

（1）金属板幕墙面板材料试验报告可按表C2-3-48-3执行。

（2）面板材料：

1）金属板幕墙可按建筑设计的要求，选用单层铝板、铝塑复合板、蜂窝铝板、彩色钢板、搪瓷涂层钢板、不锈钢板、锌合金板、钛合金板、铜合金板作为面板与支承结构相连接时，应采取措施避免双金属接触腐蚀。

2）铝板幕墙的表面宜采用氟碳喷处理。单层铝板执行标准为4.2.3.48-3 幕墙材料试验报告（通用）项下6）有色金属板材标准，应符合其中《铝幕墙板 氟碳喷漆铝单板》（YS/T 429.2）的要求。

3）铝塑复合板执行标准为4.2.3.48-3 幕墙材料试验报告（通用）项下6）有色金属板材标准，应符合其中《铝塑复合板》（GB/T 17748）的幕墙用铝塑板部分规定的技术要求。

4）蜂窝铝板夹层结构执行标准为4.2.3.48-3 幕墙材料试验报告（通用）项下6）有色金属板材标准，应符合其中《铝蜂窝夹层结构通用规范》（GJB/T 1719）的要求，铝蜂窝芯材用胶粘剂应符合《铝蜂窝芯材用胶粘接规范》（HB/T 7062）的要求。

5）单层铝板材料性能执行标准为4.2.3.48-3 幕墙材料试验报告（通用）项下6）有色金属板材标准，应符合其中《铝幕墙板 板基》（YS/T 429.1）的要求；滚涂用的铝卷材材料性能应符合《铝及铝合金彩色涂层板、带材》（YS/T 431）的要求，铝塑复合板用铝带应符合《铝塑复合板用铝带》（YS/T 432）的要求，并优先选用3×××系列及5×××系列铝合金板材。

6）彩色涂层钢板执行标准为4.2.3.48-3 幕墙材料试验报告（通用）项下6）有色金属板材标准，应符合其中《彩色涂层钢板及钢带》（GB/T 12754）的要求。

7）搪瓷涂层钢板执行标准为4.2.3.48-3 幕墙材料试验报告（通用）项下6）有色金属板材标准，应符合其中《非接触食物搪瓷制品》（QB/T 1855）的要求，钢板宜采用主要化学成分（质量分数）如表C2-3-48-3G1的结构钢板。钢板的内外表层应上底釉，外表面搪瓷瓷层厚度要求如表C2-3-48-3G2。

搪瓷涂层钢板用钢板主要化学成分 **表C2-3-48-3G1**

元素	碳	锰	磷	硫
质量分数(%)	≤0.008	≤0.40	≤0.020	≤0.030

搪瓷涂层钢板外表搪瓷瓷层厚度 **表C2-3-48-3G2**

<table>
<tr><th colspan="2">瓷　层</th><th>瓷层厚度最大值(mm)</th><th>检测方法</th></tr>
<tr><td colspan="2">底釉</td><td>0.08～0.15</td><td>测厚仪</td></tr>
<tr><td rowspan="2">底釉+层面釉</td><td>干法涂搪</td><td>0.12～0.30(总厚度)</td><td>测厚仪</td></tr>
<tr><td>湿法涂搪</td><td>0.30～0.45(总厚度)</td><td>测厚仪</td></tr>
</table>

8）锌合金板的化学成分要求应符合表 C2-3-48-3G3 的要求。产品表面应光滑，无水泡，无开裂纹。

锌合金板化学成分（质量分数）　　**表 C2-3-48-3G3**

元素	铜(Cu)	钛(Ti)	铝(Al)	锌(Zn)
质量分数(%)	0.08～1.0	0.06～0.2	≤0.015	余留部分且 含锌量不低于 99.99%

9）钛合金板执行标准为 4.2.3.48-3　幕墙材料试验报告（通用）项下 6）有色金属板材标准，应符合其中《钛及钛合金板》（GB/T 3621）的要求。

10）铜合金板材执行标准为 4.2.3.48-3　幕墙材料试验报告（通用）项下 6）有色金属板材标准，应符合其中《铜及铜合金板材》（GB/T 2040）的要求。宜选用 TU1、TU2 牌号的无氧铜。

（3）金属构件材料、密封材料、五金配件、转接件和连接件要求同 C2-3-48-3C 幕墙材料检验与要求。

4.2.3.48-3H　*幕墙人造板材材料试验报告*（C2-3-48-3H）

实施要点

（1）幕墙人造板材材料试验报告可按表 C2-3-48-3 执行。

（2）面板材料：

1）人造板材幕墙用面板，可根据建筑设计要求选用瓷板、微晶玻璃和陶板。

2）瓷板执行标准为 4.2.3.48-3　幕墙材料试验报告（通用）项下，应符合《建筑幕墙用瓷板》（JG/T 217）的规定。

3）微晶玻璃执行标准为 4.2.3.48-3　幕墙材料试验报告（通用）项下，应符合其中《建筑装饰用微晶玻璃》（JC/T 872）的要求。

4）陶板执行标准为 4.2.3.48-3　幕墙材料试验报告（通用）项下，应符合其中《陶瓷砖》（GB/T 4100）和《外墙饰面砖工程施工及验收规程》（JGJ 126）的要求。在不同的气候分区中应用时应符合下列规定：

① 在Ⅰ、Ⅵ、Ⅶ区吸水率不宜大于 3%；在Ⅱ区吸水率不宜大于 6%。

② 在Ⅲ、Ⅳ、Ⅴ区，冰冻期一个月以上的地区吸水率不宜大于 6%。

③ 在Ⅰ、Ⅵ、Ⅶ区，冻融循环应满足 50 次；在Ⅱ区，冻融循环应满足 40 次。抗冻性能试验按《建筑幕墙》（GB/T 21086—2007）标准中"试验方法"和"标志、使用说明书"中的相关条款进行。

5）人造板材物理指标值应符合表 C2-3-48-3H 的要求。

人造板材物理指标值　　**表 C2-3-48-3H**

板材分类		吸水率(%)	弯曲强度(MPa)	断裂模数(MPa)	湿胀系数(mm/m)	抗冻性
瓷板		≤0.5	—	平均 30,最小值不小于 27	≤1.6%	满足 GB/T 3810.12 的要求
陶板		$3<E\leq6$	—	≥20(单值≥18)[a]	≤1.6%	符合 9.2.1.4 要求
		$6<E\leq10$	—	≥17.5(单值≥15)[a]	≤1.6%	
微晶玻璃板		≤0.1	≥30	—	—	—

a　对穿孔断面的板材或复杂形状板材，此值可根据国家认可的检测机构出具的检测数据适当降低。

4.2.3.48-3I 石材幕墙挂装组合单元挂装强度试验报告（C2-3-48-3I）

实施要点

（1）石材幕墙挂装组合单元挂装强度试验报告表式按当地行政主管部门批准的具有相应资质等级的试验单位提供的表式执行。

（2）支承构件与挂装组合单元的挂装强度，应满足设计要求。

（3）板材挂装系统宜设置防脱落装置。

（4）均匀静态压差检测石材、人造板材挂装系统结构承载力试验，应按照 GB/T 9966.8 的规定进行。

4.2.3.48-3J 石材幕墙挂装系统结构强度试验报告（C2-3-48-3J）

实施要点

（1）石材幕墙挂装系统结构强度试验报告表式按当地行政主管部门批准的具有相应资质等级的试验单位提供的表式执行。

（2）支承构件与挂装系统结构强度，应满足设计要求。

（3）板材挂装系统宜设置防脱落装置。

（4）均匀静态压差检测石材、人造板材挂装系统结构承载力试验，应按照 GB/T 9966.8 的规定进行。

4.2.3.48-3K 石材幕墙防冻系数测试报告（C2-3-48-3K）

实施要点

（1）石材幕墙防冻系数测试报告表式按当地行政主管部门批准的具有相应资质等级的试验单位提供的表式执行。

（2）石材面板抗冻系数试验执行标准参见《建筑幕墙》（GB/T 21086—2007）标准附录 A，应符合其中 JC 830.1 的规定。

（3）陶板抗冻性应按 GB/T 3810.12 的方法进行试验，其中低温环境温度采用（−30±2）℃，保持 2h 后放入不低于 10℃ 的清水中融化，2h 为一个循环。

4.2.3.48-3L 人造板材幕墙挂件与人造板材强度试验报告（C2-3-48-3L）

实施要点

（1）人造板材幕墙挂件与人造板材强度试验报告表式按当地行政主管部门批准的具有相应资质等级的试验单位提供的表式执行。

（2）人造板材幕墙所采用的五金附件、转接件、连接件应符合《建筑幕墙》（GB/T 21086—2007）标准 7.2.3 的要求。

（3）人造板材的挂装强度试验应按照 GB/T 9966.7 的规定进行。

（4）均匀静态压差检测人造板材挂装系统结构承载力试验应按照 GB/T 9966.8 的规定进行。

4.2.3.48-3M 人造板材幕墙挂件与人造板材组合单元结构强度试验报告（C2-3-48-3M）

实施要点

（1）人造板材幕墙挂件与人造板材组合单元结构强度试验报告表式按当地行政主管部门批准的具有相应资质等级的试验单位提供的表式执行。

（2）人造板材幕墙所采用的五金附件、转接件、连接件应符合《建筑幕墙》（GB/T 21086—2007）标准 7.2.3 的要求。

(3) 人造板材的挂装强度试验应按照 GB/T 9966.7 的规定进行。

(4) 均匀静态压差检测人造板材挂装系统结构承载力试验应按照 GB/T 9966.8 的规定进行。

4.2.3.48-3N　幕墙后置埋件现场拉拔试验报告（C2-3-48-3N）

实施要点

(1) 幕墙后置埋件现场拉拔试验报告应由具有相应资质等级的试验单位提供的试验报告表式执行。

(2) 后置埋件现场拉拔试验报告是指为保证建筑工程质量对用于工程的后置埋件现场拉拔试验进行的有关指标测试，由试验单位出具的试验证明文件。

(3) 凡属后置埋件，相应规范、标准规定或施工图设计要求必须进行拉拔试验的，均应对后置埋件进行后置埋件现场拉拔试验，并提供后置埋件现场拉拔试验报告，试验结果必须符合设计和规范、标准的有关要求。

4.2.4　施工试验报告及见证检测报告（C2-4）

4.2.4.1　________检验报告（C2-4-1）

1. 资料表式

________检验报告（通用）　　表 C2-4-1

委托单位：　　试验编号：

工程名称及使用部位			委托日期		
试样名称及规格、型号			报告日期		
生　产　厂　家		批号		检验类别	
检测内容：					
依据标准：					
检验结论：					
备　　注：					
试验单位：	技术负责人：		审核：	试(检)验：	

2. 实施要点

（1）检验报告是指为保证建筑工程质量对用于工程的无特定试验报告表式而进行的有关指标测试时的用表，由具有相应资质试验单位出具的该试验的证明文件。没有相应资质的试验单位出具的检测报告无效。

（2）表列子项：

试样名称及规格型号：指无特定表式受试材料的名称及规格型号，照实际填写。

4.2.4.1-1 见证试验检测汇总表（C2-4-1-1）

见证试验检测汇总表 **表 C2-4-1-1**

工程名称			编　　号	
			填表日期	
建设单位			检测单位	
监理单位			见证人员	
施工单位			取样人员	
试验项目	应试验组/次数	见证试验组/次数	不合格次数	备注
制表人（鉴字）				

注：施工单位填写的见证试验检测汇总表应一式两份，并应由监理单位、施工单位各保存一份。

4.2.4.2 钢（材）筋焊接连接试验报告（C2-4-2）

4.2.4.2-1 钢筋焊接接头拉伸、弯曲试验报告（C2-4-2-1）

1. 资料表式

钢筋焊接接头拉伸、弯曲试验报告 **表 C2-4-2-1**

试验编号：

<table>
<tr><td colspan="2">工程名称</td><td colspan="7"></td></tr>
<tr><td colspan="2">委托单位</td><td colspan="3"></td><td colspan="2">工程取样部位</td><td colspan="2"></td></tr>
<tr><td colspan="2">钢筋级别</td><td colspan="3"></td><td colspan="2">试验项目</td><td colspan="2"></td></tr>
<tr><td colspan="2">焊接操作人</td><td colspan="3"></td><td>施焊证</td><td></td><td>焊接方法或焊条型号</td><td></td></tr>
<tr><td colspan="2">试样代表数量</td><td colspan="3"></td><td colspan="2">送检日期</td><td colspan="2"></td></tr>
<tr><td rowspan="2">试样编号</td><td rowspan="2">钢筋直径（mm）</td><td colspan="2">拉伸试验</td><td rowspan="2">试样编号</td><td rowspan="2">钢筋直径（mm）</td><td colspan="2">弯曲试验</td><td rowspan="2">评定</td></tr>
<tr><td>抗拉强度（MPa）</td><td>断裂位置及特征（mm）</td><td>弯心直径（mm）</td><td>弯曲角（°）</td></tr>
<tr><td></td><td></td><td></td><td></td><td></td><td></td><td></td><td></td><td></td></tr>
<tr><td></td><td></td><td></td><td></td><td></td><td></td><td></td><td></td><td></td></tr>
<tr><td></td><td></td><td></td><td></td><td></td><td></td><td></td><td></td><td></td></tr>
<tr><td></td><td></td><td></td><td></td><td></td><td></td><td></td><td></td><td></td></tr>
<tr><td></td><td></td><td></td><td></td><td></td><td></td><td></td><td></td><td></td></tr>
<tr><td></td><td></td><td></td><td></td><td></td><td></td><td></td><td></td><td></td></tr>
<tr><td colspan="9">依据标准：</td></tr>
<tr><td colspan="9">检验结果：
试验单位：(印章)
年 月 日</td></tr>
<tr><td colspan="3">技术负责：</td><td colspan="3">审核：</td><td colspan="3">试验：</td></tr>
</table>

注：钢筋焊接接头拉伸、弯曲试验报告表式，可根据当地的使用惯例制定的表式应用，但试样编号、钢筋直径（mm）、拉伸试验［抗拉强度（MPa）、断裂位置及特征（mm）］、弯曲试验［弯心直径（mm）、弯曲角（°）］、评定、依据标准、检验结果等项试验内容必须齐全。实际试验项目根据工程实际择用。

2. 资料要求

资料要求除应执行“对施工文件的总体要求、对工程质量记录资料核查要求”外，尚应符合：

（1）钢筋焊接接头，按规定每批各取 3 件分别进行抗剪（点焊）、拉伸及弯曲试验，试验报告单的子项应填写齐全。对不合格焊接件应重新抽样复试，并对焊件进行补焊。

（2）钢结构构件按设计要求应分别按要求进行Ⅰ、Ⅱ、Ⅲ级焊接质量检验。一、二级焊缝，即承受拉力或压力要求与母材有同等强度的焊缝，必须有超声波检验报告，一级焊缝还应有 X 射线伤检验报告。

注：超声波探伤是一种利用超声波不能穿透任何固体、气体界面而被全部反射的特性来进行探伤的。超声波探伤器发出波长很短的超声波，射入被检锻件，并接受从锻件底面或缺陷处反射回来的超声波，将其信号显示在示波屏上。当探头放在无缺陷部位的表面上时，示波屏上只呈现始脉冲和底脉冲。当探测到内部的小缺陷时，示波屏上就呈现始脉冲、底脉冲；当探测到大缺陷时，示波屏显示始脉冲和缺陷脉冲而无底脉冲。

（3）受力预埋件钢筋 T 形接头必须做拉伸试验，且必须符合设计或规范规定。

（4）电焊条、焊丝和焊剂的品种、牌号及规格和使用应符合设计要求和规范规定，应有出厂合格证（如包装商标上有技术指标时，也可将商标揭下存档，无技术指标时应进行复试）并应注明使用部位及设计要求的型号。质量指标包括机械性能和化学分析，低氢型碱性焊条以及在运输中受潮的酸性焊条，应烘后再用并填写烘焙记录。

（5）不同预应力钢筋的焊接均必须符合设计或规范要求（先焊后拉）。

（6）预埋件焊接有试验要求的，没有试验为不符合要求。

（7）有烘焙要求的焊条，不烘焙为不符合要求。

（8）无焊工合格证的人员进行施焊，为不符合要求。

3. 实施要点

（1）钢筋焊接接头拉伸、弯曲试验报告

是指为保证建筑工程焊接质量对用于工程的不同形式的焊接构件、弯曲构件的连接进行的有关指标的测试，该表是具有相应资质试验单位出具的试验证明文件。

（2）钢筋焊接连接试验方法

钢筋焊接接头的基本性能试验方法：包括拉伸、抗剪和弯曲试验三种；特殊性能试验方法包括冲击、疲劳、硬度和金相试验四种。

钢筋焊接接头，各种试验一般应在常温（10～36℃）下进行，如有特殊要求，亦可根据有关规定在其他温度下进行。

（3）一般焊接的试验项目

1）焊接钢筋骨架和焊接钢筋网片　　抗剪、拉伸试验。

2）钢筋闪光对焊接头　　拉伸、弯曲试验。

3）钢筋电弧焊接头　　拉伸试验。

4）钢筋电渣压力焊接头　　拉伸试验。

5）预埋件钢筋 T 形接头　　拉伸试验。

6）钢材焊接接头　　拉伸试验等。

7）钢筋气压焊　　拉伸试验。

注：常见钢筋接头的检验项目包括接头的抗拉强度和外观质量（外观质量由工地自检），对于闪光对焊以及在梁板水平连接中的气压焊接头还须进行冷弯性能试验。

（4）取样要求

1）常用钢筋接头机械性能试验的代表批量及取样数量见表 C2-4-2-1A。

钢筋接头机械性能试验的代表批量及取样数量 表 C2-4-2-1A

连接方法	验收批组成	每批数量	取样数量
闪光对焊	每批由同台班、同焊工、同焊接参数的组成。数量较少时可一周内累计计算	≤300 个	从每批成品中随机切取拉伸、冷弯试样各 3 个
电弧焊	工厂焊接时，每批由同级别、同接头形式的组成。现场焊接时，每批由一至二楼层、同级别、同接头形式的组成	≤300 个	从每批成品中随机切取 3 个拉伸试样
电渣压力焊	现浇多层结构中，每批由同楼层或施工区段、同级别的组成	≤300 个	从每批成品中随机切取 3 个拉伸试样
气压焊	每批由同一楼层的组成	≤300 个	随机切取 3 个拉伸试样，在梁板的水平连接中须另切取 3 个冷弯试样
钢筋焊接骨架	凡钢筋级别、直径及尺寸相同的焊接骨架应视为同一类型制品，应按一批计算	≤200 件	热轧钢筋焊点抗剪试件为 3 件，冷拔丝焊件增加 3 件拉伸试件
机械连接	每批由同施工条件、同材料、同形式的组成	≤500 个	在工程结构中随机切取 3 个拉伸试样

2）外观质量的取样数量

闪光对焊接头每批抽检 10%，且不少于 10 个，电弧焊、电渣压力焊以及气压焊接头间应逐个进行外观检查。

3）弯曲试验试样长度

弯曲试验试样长度宜为两支辊内侧距离另加 150mm，具体尺寸见表 C2-4-2-1B。

钢筋焊接接头弯曲试验参数表 表 C2-4-2-1B

钢筋公称直径（mm）	钢筋级别	弯心直径（mm）	支辊内侧距（$D+2.5d$）(mm)	试样长度（mm）
12	Ⅰ	24	54	200
	Ⅱ	48	78	230
	Ⅲ	60	90	240
	Ⅳ	84	114	260
14	Ⅰ	28	63	210
	Ⅱ	56	91	240
	Ⅲ	70	105	250
	Ⅳ	98	133	280
16	Ⅰ	32	72	220
	Ⅱ	64	104	250
	Ⅲ	80	120	270
	Ⅳ	112	152	300
18	Ⅰ	36	81	230
	Ⅱ	72	117	270
	Ⅲ	90	135	280
	Ⅳ	126	171	320

续表

钢筋公称直径 (mm)	钢筋级别	弯心直径 (mm)	支辊内侧距 ($D+2.5d$)(mm)	试样长度 (mm)
20	Ⅰ Ⅱ Ⅲ Ⅳ	40 80 100 140	90 130 150 190	240 280 300 340
22	Ⅰ Ⅱ Ⅲ Ⅳ	44 88 110 154	99 143 165 209	250 290 310 360
25	Ⅰ Ⅱ Ⅲ Ⅳ	50 100 125 175	113 163 188 237	260 310 340 390
28	Ⅰ Ⅱ Ⅲ Ⅳ	80 140 168 224	154 210 238 294	300 360 390 440
32	Ⅰ Ⅱ Ⅲ	96 160 192	176 240 259	330 390 410
36	Ⅰ Ⅱ Ⅲ	108 180 216	198 270 306	350 420 460
40	Ⅰ Ⅱ Ⅲ	120 200 240	220 300 340	370 450 490

注：试样长度根据（$D+2.5d$）+150mm 修约而得。

（5）钢筋各种焊接接头机械性能试验

1）钢筋闪光对焊接头的质量检验，应分批进行外观检查和力学性能试验。

① 闪光对焊接头拉伸试验结果应符合要求：

A. 3 个热轧钢筋接头试件的抗拉强度均不得小于该级别钢筋规定的抗拉强度；

B. 余热处理Ⅲ级钢筋接头试件的抗拉强度均不得小于热轧Ⅲ级钢筋抗拉强度 570MPa；

C. 应至少有 2 个试件断于焊缝之外，并呈延性断裂。

当试验结果有 1 个试件的抗拉强度小于上述规定值，或有 2 个试件在焊缝或热影响区发生脆性断裂时，应再取 6 个试件进行复验。复验结果，当仍有 1 个试件的抗拉强度小于规定值时，或有 3 个试件断于焊缝或热影响区，呈脆性断裂，应确认该批接头为不合格品。

② 预应力钢筋与螺丝端杆闪光对焊接头拉伸试验结果，3 个试件应全部断于焊缝之外，呈延性断裂。

当试验结果，有 1 个试件在焊缝或影响区发生脆性断裂时，应从成品中再切取 3 个试件进行复验。复验结果，当仍有 1 个试件在焊缝或热影响区发生脆性断裂时，应确认该批接头为不合格品。

③ 模拟试件的试验结果不符合要求时，应从成品中再切取试件进行复验，其数量和要求应与初始试验时相同。

④ 闪光对焊接头弯曲试验时，应将受压面金属毛刺和镦粗变形部分消除，且与母材外表齐平。

弯曲试验可在万能试验机、手动或电动液压弯曲试验器上进行，焊缝应处于弯曲中心点，弯心直径和弯曲角应符合表 C2-4-2-1C 的规定，当弯至 90°，至少有 2 个试件不得发生破断。

闪光对焊接头弯曲试验指标　　表 C2-4-2-1C

钢筋级别	弯心直径	弯曲角(°)
Ⅰ级	$2d$	90
Ⅱ级	$4d$	90
Ⅲ级	$5d$	90
Ⅳ级	$7d$	90

注：1. d 为钢筋直径（mm）；

2. 直径大于 25mm 的钢筋对焊接头，弯曲试验弯心直径应增加 1 倍钢筋直径。

当试验结果，有 2 个试件发生破断时，应再取 6 个试件进行复验。复验结果，当仍有 3 个试件发生破断，应确认该批接头为不合格品。

2）钢筋电弧焊接头外观检查时，应在清渣后逐个进行目测或量测。当进行力学性能试验时，钢筋电弧焊接头拉伸试验结果应符合要求：3 个热轧钢筋接头试件的抗拉强度均不得小于该级别钢筋规定的抗拉强度；余热处理Ⅲ级钢筋接头试件的抗拉强度均不得小于热轧Ⅲ级钢筋规定的抗拉强度 570MPa；3 个接头试件均应断于焊缝之外，并应至少有 2 个试件呈延性断裂；当试验结果，有 1 个试件的抗拉强度小于规定值，或有 1 个试件断于焊缝，或有 2 个试件发生脆性断裂时，应再取 6 个试件进行复验。复验结果当有 1 个试件抗拉强度小于规定值，或有 1 个试件断于焊缝，或有 3 个试件呈脆性断裂时，应确认该批接头为不合格品。

模拟试件的数量和要求应与从成品中切取时相同。当模拟试件试验结果不符合要求时，复验应再从成品中切取，其数量和要求应与初始试验时相同。

3）钢筋电渣压力焊应逐个进行外观检查。当进行力学性能试验时，电渣压力焊接头拉伸试验结果，3 个试件的抗拉强度均不得小于该级别钢筋规定的抗拉强度。

当试验结果有 1 个试件的抗拉强度低于规定值，应再取 6 个试件进行复验。复验结果，当仍有 1 个试件的抗拉强度小于规定值，应确认该批接头为不合格品。

4）钢筋气压焊应逐个进行外观检查。当进行力学性能试验时，气压焊接头拉伸试验结果，3 个试件的抗拉强度均不得小于该级别钢筋规定的抗拉强度，并应断于压焊面之外，呈延性断裂。当有 1 个试件不符合要求时，应切取 6 个试件进行复验；复验结果，当仍有 1 个试件不符合要求，应确认该批接头为不合格品。

气压焊接头进行弯曲试验时，应将试件受压面的凸起部分消除，并应与钢筋外表面齐平。弯心直径应符合表 C2-4-2-1D 的规定。

气压焊接头弯曲试验弯心直径 表 C2-4-2-1D

钢筋等级	弯心直径	
	d≤25mm	d>25mm
Ⅰ	2d	3d
Ⅱ	4d	5d
Ⅲ	5d	6d

注：d 为钢筋直径（mm）。

弯曲试验可在万能试验机、手动或电动液压弯曲试验器上进行；压焊面应处在弯曲中心点，弯至 90°，3 个试件均不得在压焊面发生破断。

当试验结果有 1 个试件不符合要求，应再切取 6 个试件进行复验。复验结果，当仍有 1 个试件不符合要求，应确认该批接头为不合格品。

5）预埋件钢筋 T 形接头应进行外观检查，当进行力学性能试验时，预埋件钢筋 T 形接头 3 个试件拉伸试验结果，其抗拉强度应符合要求：Ⅰ级钢筋接头均不得小于 350MPa；Ⅱ级钢筋接头均不得小于 490MPa；当试验结果有 1 个试件的抗拉强度小于规定值时，应再取 6 个试件进行复验。复验结果，当仍有 1 个试件的抗拉强度小于规定值时，应确认该批接头为不合格品。对于不合格品，采取补强焊接后，可提交二次验收。

（6）焊接接头的外观质量要求

焊接接头的外观质量要求 表 C2-4-2-1E

接头类型	外观质量要求
闪光对焊	1. 不得有横向裂纹； 2. 不得有明显烧伤； 3. 接头弯折角≤3° 4. 轴线偏移≤0.1d，且≤2mm
电弧焊	1. 焊缝表面平整，无凹陷或焊瘤； 2. 接头区域不得有裂纹； 3. 弯折角≤3°； 4. 轴线偏移≤0.1d，且≤3mm； 5. 帮条焊纵向偏移≤0.5d
电渣压力焊	1. 钢筋与电极接触处无烧伤缺陷； 2. 四周焊包凸出钢筋表面高度≥4mm； 3. 弯折角≤3°； 4. 轴线偏移≤0.1d，且≤2mm
气压焊	1. 偏心量≤0.15d，且≤4mm； 2. 弯折角≤3°； 3. 镦粗直径≥1.4d； 4. 镦粗长度≥1.2d； 5. 压焊面偏移≤0.2d

（7）进口钢筋的焊接

1）进口钢筋焊接前，应分批进行化学分析试验。当钢筋化学成分符合下列规定时，可采用电弧焊或闪光接触对焊。

含碳量≤0.3%；

碳当量 $C_H \leqslant 0.55\%$，碳当量可近似按 $C_H=\left(C+\frac{M_n}{6}\right)\%$计算；

含硫量≤0.05%；含磷量≤0.05%。

〔例〕 进口钢筋在焊接前，抽样进行化学分析，测得其含碳量为0.17%，含锰量为1.20%，问碳当量是否符合焊接规定？

〔解〕 碳当量 $(C_H)=\left(0.17+\frac{1.2}{6}\right)=0.37\%$

按碳当量规定：$C_H \leqslant 0.55\%$，所以该种钢筋碳当量符合要求。

如需与国产钢筋预埋件焊接时，应预先进行焊接试验和质量检验。焊接接头质量不合格时，不得采用焊接连接。

如需采用接触点焊和接触电渣焊时，必须先进行焊接试验，并根据试验结果确定能否采用这种焊接方法。

2）进口钢筋严禁采用电弧点焊和在非焊接部位上打火。

3）进口钢筋的闪光接触对焊的焊接工艺方法应参照我国的有关规程和规范执行；焊接工艺参数可通过试验确定。

（8）注意事项

1）钢筋接头的取样应严格按照验收批分批取样，不同焊工、不同焊接参数的闪光对焊接头不能组为一批。

2）钢筋焊接接头的热影响区宽度主要取决于焊接方法和焊接时的线能量（或热输入）。当采用较大线能量（或热输入）时，对不同焊接接头其热影响区宽度如下：

钢筋电阻点焊焊点 $0.5d$；钢筋闪光对焊接头 $0.7d$；钢筋电弧焊接头6～10mm；钢筋电渣压力焊接头 $0.8d$；钢筋气压焊接头 $1.0d$；预埋件钢筋埋弧压力焊接头 $0.8d$。

注：d—钢筋直径（mm）。

3）钢筋焊接接头断裂特征一般分两种，一种是延性断裂，一种是脆性断裂。试验报告中应注明断裂特征。

4）委托焊接件检验时，应填写使用部位、焊接方法、代表批量、焊接人等。

5）钢筋机械接头的破坏形态有三种：钢筋母材拉断、连接件拉断、钢筋从连接件中滑脱。只要满足标准中规定的性能要求，任何破坏形态均判为合格，但破坏形态应在试验报告中注明。

（9）焊接试（检）验报告，焊条（剂）合格证核查要点

1）凡对钢筋进行点焊、电弧焊、闪光对焊、电渣压力焊、埋弧焊接等，均应按《钢筋焊接及验收规程》（JGJ 18）的规定进行焊接试验，并应分批进行质量检查和验收。气压焊接根据《钢筋焊接及验收规程》（JGJ 18）进行焊接试验，焊接试验结果应符合有关标准、规范的规定方为合格。

采用某产品的标准来评价该产品的质量时，检验方法必须根据产品标准中规定的检验方法进行试验。

注：1. 点焊：即钢筋电阻点焊。是将两筋安放成交叉叠接形式，压紧于两电极之间，利用电阻热熔化母材金属，加压形成焊点的一种压焊方法。

2. 电弧焊：即钢筋电弧焊。是以焊条作为一极，钢筋为另一极，利用焊接电流通过产生的电弧热进行焊接的一种熔焊方法；钢筋窄间隙电弧焊是将两钢筋安放成水平对接形式，并置于铜模内，中间留有

少量间隙，用焊条从接头根部引弧，连续向上焊接，完成的一种电弧焊方法。

3. 闪光对焊：即钢筋闪光对焊。是将钢筋安放成对接形式，利用电阻热使接触点金属熔化，产生强烈飞溅，形成闪光，迅速施加顶锻力完成的一种压焊方法。

4. 电渣压力焊：即钢筋电渣压力焊。是将两钢筋安放成竖向对接形式，利用焊接电流通过两钢筋端面间隙，在焊剂层下形成电弧过程和电渣过程，产生电弧热和电阻热，熔化钢筋，加压完成的一种压焊方法。

5. 埋弧焊接：预埋件钢筋埋弧压力焊。是将钢筋与钢板安放成T形接头形式，利用焊接电流通过，在焊剂层下产生电弧，形成熔池，加压完成的一种压焊方法。

6. 气压焊：即钢筋气压焊。是采用氧乙炔火焰或其他火焰对两钢筋对接处加热，使其达到塑性状态，或熔化状态后，加压完成的一种压焊方法。

2）电焊条、焊丝和焊剂，必须有足以证明其各种性能的出厂质量合格证明，包括规格、机械性能、化学成分和抗裂性。凡无合格证或对其质量有怀疑时不准使用。应根据设计要求和实际使用的母材材质及焊接形式，对照检查所选用焊条品种、规格是否符合《钢筋焊接及验收规程》（JGJ 18）及《钢结构工程施工质量验收规范》（GB 50205）的要求。首次采用的钢种和焊接材料的钢结构必须进行焊接工艺性能和力学性能试验，符合要求后方可在工程上采用。

3）焊接材料质量包装检验：

① 检验焊接材料是否符合标准要求，是否完好，有无破损、受潮现象；

② 质量证明书检验：核对其质量证明书提供的数据是否齐全并符合规定要求；

③ 外观检验：检验其外表面是否污染，有无质量缺陷，识别标志是否清晰、牢固，与产品实物是否相符；

④ 成分及性能试验：即根据要求进行相应的试验；

⑤ 检验结果：试验报告的有关数据应符合产品质量标准要求。

4）焊接如发现断裂时，断裂实际状况应反映在试验报告单上，各级别的钢筋均应按焊接规定办理，Ⅲ级钢筋不可以进行按Ⅱ级钢筋焊接。Ⅲ级钢筋试验结果达不到Ⅲ级钢筋的机械性能指标的，不允许按Ⅱ级钢筋的焊接要求进行施焊，应由企业技术负责人对此作出是否使用的决定。

5）焊接试验报告内容应写明焊工姓名，结构类型，使用部位，母材及焊条的品种、规格、代表数量、外观检查和机械性能试验结果。

6）施焊应由取得焊工合格证的人员进行，并在报告单上注明焊接人员的姓名，无焊工合格证不得进行施焊。焊接试件应由所有施焊焊工进行的焊件中随机抽取。

（10）其他

不同形式的钢材连接试验，应分别符合相应专业规范的要求。

（11）表列子项

1）使用部位：按委托单上提供的使用部位填写。

2）原材料号：指原钢材出厂合格证书或复试单上的编号，试验内容符合要求的按复试单上的编号填写。

3）焊接人：指实际操作的施焊人，填写施焊人姓名，必须是持证上岗人员。

4）规格：即焊件的实际规格、尺寸，照实际规格、尺寸填写。

5）屈服强度：必检项目之一，由试验室按屈服强度的试验结果填写。

6）抗拉强度：必检项目之一，由试验室按抗拉强度的试验结果填写。

7）冷弯：必检项目之一，由试验室按冷弯的试验结果填写。

屈服强度、抗拉强度、抗剪强度、冷弯试验均必须满足标准规定的有关要求。

8）断口特征及位置：由试验室按实际试验的断口特征及位置结果填写。

4.2.4.2-2　钢筋电阻点焊制品力学性能报告（C2-4-2-2）

1. 资料表式

钢筋电阻点焊制品剪切、拉伸试验报告　　**表 C2-4-2-2**

试验编号：

委托单位		施工单位	
工程取样部位		制品名称	
钢筋级别		制品用途	
送检日期		批量	
剪　切　试　验		拉　伸　试　验	
试样编号	抗剪载荷(N)	试样编号	抗拉强度(MPa)
依据标准：			
结论： 试验单位：(印章) 年　月　日			
技术负责：	审核：	试验：	

注：钢筋电阻点焊制品剪切、拉伸试验报告表式，可根据当地的使用惯例制定的表式应用，但剪切试验（试样编号、抗剪载荷（N））、拉伸试验（试样编号、抗拉强度（MPa））、依据标准、检验结果等项试验内容必须齐全。实际试验项目根据工程实际择用。

2. 实施要点

钢筋焊接接头拉伸、弯曲试验报告是指为保证建筑工程焊接质量对用于工程的不同形式的焊接构件、弯曲构件的连接进行的有关指标的测试，该表是具有相应资质试验单位出具的试验证明文件。

注：点焊：即钢筋电阻点焊。是将两筋安放成交叉叠接形式，压紧于两电极之间，利用电阻热熔化母材金属，加压形成焊点的一种压焊方法。

（1）点焊焊点的抗剪试验结果，应符合表 C2-4-2-2A 的规定；拉伸试验结果，不得小于冷拔低碳钢丝乙级规定的抗拉强度。

（2）焊接网的力学性能试验应包括拉伸试验、弯曲试验和抗剪试验。

1）拉伸试验应符合下列规定：冷轧带肋钢筋或冷拔低碳钢丝的焊点应作拉伸试验；拉伸试验时，两夹头之间的距离不应小于 20 倍试件受拉钢筋的直径，且不小于 180mm；对于双根钢筋，非受拉钢筋应在离交叉焊点约 20mm 处切断；试件数量应为纵向钢筋 1 个，横向钢筋 1 个；拉伸试验结果，不得小于 LL550 级冷轧带肋钢筋规定的抗拉强度或冷

点焊焊点的抗剪试验规定 表 C2-4-2-2A

钢筋级别	较小钢筋直径(mm)							
	3	4	5	6	6.5	8	10	12	14
Ⅰ级	—	—	—	6640	7800	11810	18460	26530	36170
Ⅱ级	—	—	—	—	—	16840	26310	37390	51560
冷拔低碳钢丝	2530	4490	7020	—	—	—	—	—	—

拔低碳钢丝乙级规定的抗拉强度。

2）弯曲试验应符合下列规定：冷轧带肋钢筋焊点应作弯曲试验；弯曲试件，在单根钢筋焊接网中，应取钢筋直径较大的1根；在双根钢筋焊接网中，应取双根钢筋中的1根；试件长度应大于或等于200mm；弯曲试件的受弯曲部位与交叉点的距离应大于或等于25mm；试件数量应为纵向钢筋1个，横向钢筋1个；当弯曲至180°时，其外侧不得出现横向裂纹。

3）抗剪试验应符合下列规定：热轧钢筋、冷轧带肋钢筋或冷拔低碳钢丝的焊点应作抗剪试验；抗剪试件应沿同一横向钢筋随机切取，其受拉钢筋为纵向钢筋；对于双根钢筋，非受拉钢筋应在焊点外切断，且不应损伤受拉钢筋焊点；试件数量应为3个；抗剪试验结果，3个试件抗剪力的平均值应符合下式计算的抗剪力：

$$F \geqslant 0.3 \times A_0 \times \sigma_s$$

式中 F——抗剪力（N）；

A_0——较大钢筋的横截面面积（mm^2）；

σ_s——该级别钢筋（丝）规定的屈服强度（MPa）。

注：1. 冷拔低碳钢丝的屈服强度按 0.65×550 计算，取 360MPa。

2. 冷轧带肋钢筋的屈服强度按 LL550 级钢筋的屈服强度 500MPa 计算。

4）当焊接网的拉伸试验、弯曲试验结果不合格时，应从该批焊接网中再切取双倍数量试件进行不合格项目的检验；复验结果合格时，应确认该批焊接网为合格品。

焊接网的抗剪试验结果，按平均值计算，当不合格时，应在取样的同一横向钢筋上所有交叉焊点取样检查；当全部试件平均值合格时，应确认该批焊接网为合格品。

4.2.4.3 钢筋机械连接试验报告（C2-4-3）

钢筋机械连接是指通过钢筋与连接件的机械咬合作用或钢筋端面的承压作用，将一根钢筋中的力传递至另一根钢筋的连接方法。

常用钢筋机械连接接头类型有：

套筒挤压接头：通过挤压力使连接件钢套筒塑性变形与带肋钢筋紧密咬合形成的接头；

锥螺纹接头：通过钢筋端头特制的锥形螺纹和连接件锥螺纹咬合形成的接头；

镦粗直螺纹接头：通过钢筋端头镦粗后制作的直螺纹和连接件螺纹咬合形成的接头；

滚轧直螺纹接头：通过钢筋端头直接滚轧或剥肋后滚轧制作的直螺纹和连接件螺纹咬合形成的接头；

熔融金属充填接头：由高热剂反应产生熔融金属充填在钢筋与连接件套筒间形成的接头；

水泥灌浆充填接头：用特制的水泥浆充填在钢筋与连接件套筒间硬化后形成的接头。

4.2.4.3-1　钢筋锥螺纹接头拉伸试验报告（C2-4-3-1）

1. 资料表式

钢筋锥螺纹接头拉伸试验报告　　表 C2-4-3-1

工程名称		结构层数		构件名称		接头等级	
试件编号	钢筋规格 d (mm)	横截面积 A (mm^2)	屈服强度标准值 f_{yk} (N/mm^2)	抗拉强度标准值 f_{tk} (N/mm^2)	极限拉力实测值 P (kN)	抗拉强度实测值 $f^0_{mst}=P/A$ (N/mm^2)	评定结果
评定结论							
备　注	1. $f^0_{mst} \leqslant f_{tk}$ 且 $f^0_{mst} \geqslant 0.9f^0_{st}$ 为 A 级接头； 2. $f^0_{mst} \geqslant 1.35f_{yk}$ 为 B 级接头； 3. f^0_{st} 一钢筋母材抗拉强度实测值。						

试验单位（盖章）：　　负责人：　　试验员：　　试验日期：

注：1. 本表选自《钢筋锥螺纹接头技术规程》JGJ 109—96。

2. 其他机械连接接头拉伸试验报告表式可参照本表使用。

2. 实施要点

(1) 钢筋锥螺纹接头拉伸试验报告是指为保证建筑工程质量对用于工程的不同形式的钢筋锥螺纹接头拉伸试验进行的有关指标的测试，由试验单位出具的试验证明文件。

(2) 机械连接接头形式的锥螺纹连接和套筒挤压连接

1) 钢筋锥螺纹接头是一种能承受拉、压两种作用的机械接头。锥螺纹接头可用来连接 HPB235、HRB335、HRB400 级钢筋，进口钢筋也可参考应用。

2) 带肋钢筋套筒挤压连接技术与传统的搭接和焊接相比，具有接头性能可靠、质量稳定、不受气候及焊工技术水平影响、连接速度快、安全、无明火、不需大功率电源、可焊与不可焊钢筋均能可靠连接等优点。

套筒挤压接头适用于各种规格和各种强度等级的带肋钢筋连接。套筒挤压接头暂应用在直径为 16～40mm 的Ⅱ、Ⅲ级带肋钢筋和余热处理钢筋。对于进口带肋钢筋可参考应用，但需进行补充试验，符合接头性能要求后方可采用。

3) 钢筋机械连接接头根据受力条件，共分为Ⅰ级、Ⅱ级、Ⅲ级三个性能等级。

注：1. 混凝土结构中要求充分发挥钢筋强度或对接头延性要求较高的部位，应采用Ⅰ级或Ⅱ级

接头。

2. 混凝土结构中钢筋应力较高但对接头延性要求不同的部位，可采用Ⅲ级接头。

4）钢筋锥螺纹接头拉伸试验。

4.2.4.3-2A 钢筋锥螺纹加工检验记录（C2-4-3-2A）

钢筋锥螺纹加工检验记录 表 C2-4-3-2A

工程名称				结构所在层数	
接头数量		抽检数量		构件种类	
序号	钢筋规格	螺纹牙形检验	小端直径检验	检验结论	备 注
注：1. 按每批加工钢筋锥螺纹丝头数的10%检验； 2. 牙形合格、小端直径合格的打“√”；否则打“×”。					

检查单位： 负责人： 检查人员： 日 期：

4.2.4.3-2B 钢筋锥螺纹接头质量检查记录（C2-4-3-2B）

钢筋锥螺纹接头质量检查记录 表 C2-4-3-2B

工程名称					检验日期	
结构所在层数					构件种类	
钢筋规格	接头位置	无完整丝扣外露	规定力矩值（N·m）	施工力矩值（N·m）	检验力矩值（N·m）	检验结论
注：1. 检验结论：合格“√”；不合格“×”。						

检查单位： 负责人： 检查人员： 日 期：

（3）钢筋机械连接现场检验与验收

1）工程中应用钢筋机械连接接头时，应由该技术提供单位提交有效的型式检验报告。

2）钢筋连接工程开始前及施工过程中，应对每批进场钢筋进行接头工艺检验，工艺检验应符合下列要求：

① 每种规格钢筋的接头试件不应少于3根；

② 钢筋母材抗拉强度试件不应少于3根，且应取自接头试件的同一根钢筋；

③ 3根接头试件的抗拉强度均应符合表C2-4-3-2B1的规定；对于Ⅰ级接头，试件抗拉强度尚应大于等于钢筋抗拉强度实测值的0.95倍；对于Ⅱ级接头，应大于0.90倍。

Ⅰ级、Ⅱ级、Ⅲ级接头的抗拉强度应符合表C2-4-3-2B1规定。

3）现场检验应进行外观质量检查和单向拉伸试验。对接头有特殊要求的结构，应在设计图纸中另行注明相应的检验项目。

4）接头的现场检验按验收批进行。同一施工条件下采用同一批材料的同等级、同型式、同规格接头，以500个为一个验收批进行检验与验收，不足500个也作为一个验收批。

接头的抗拉强度　　**表C2-4-3-2B1**

接头等级	Ⅰ级	Ⅱ级	Ⅲ级
抗拉强度	$f^0_{mst} \geqslant f^0_{st}$ 或 $\geqslant 1.10 f_{uk}$	$f^0_{mst} \geqslant f_{uk}$	$f^0_{mst} \geqslant 1.35 f_{yk}$

注：f^0_{mst}——接头试件实际抗拉强度；
f^0_{st}——接头试件中钢筋抗拉强度实测值；
f_{uk}——钢筋抗拉强度标准值；
f_{yk}——钢筋屈服强度标准值。

5）对接头的每一验收批，应在工程结构中随机截取3个接头试件作抗拉强度试验，按设计要求的接头等级进行评定。

当3个接头试件的抗拉强度均符合《钢筋机械连接通用技术规程》（JGJ 107—2003）表3.0.5中相应等级的要求时，该验收批应评为合格。

如有1个试件的强度不符合要求，应再取6个试件进行复检。复检中如仍有1个试件的强度不符合要求，则该验收批评为不合格。

6）现场检验连续10个验收批抽样试件抗拉强度试验1次合格率为100%时，验收批接头数量可扩大1倍。

7）外观质量检验的质量要求、抽样数量、检验方法、合格标准以及螺纹接头所必需的最小拧紧力矩值由各类型接头的技术规程确定。锥螺纹接头最小拧紧力矩值见表C2-4-3-2B2。

接头拧紧力矩值　　**表C2-4-3-2B2**

钢筋直径（mm）	16	18	20	22	25～28	32	36～40
拧紧力矩（N·m）	118	145	177	216	275	314	343

8）现场截取抽样试件后，原接头位置的钢筋允许采用同等规格的钢筋进行搭接连接，或采用焊接及机械连接方法补接。

9）对抽检不合格的接头验收批，应由建设方会同设计等有关方面研究后提出处理方案。

4.2.4.4 钢结构钢材连接试验报告（C2-4-4）

4.2.4.4-1 钢结构焊接试验报告（C2-4-4-1）

1. 资料表式

钢结构焊接试验报告 **表 C2-4-4-1**

委托单位： 试验编号：

工程名称				委托日期	
使用部位				报告日期	
钢材类别		原材料号		检验类别	
接头类型		代表数量		焊 接 人	
公称直径（mm）	屈服点（MPa）	抗拉强度（MPa）	断口特征及位置	冷弯条件	冷弯结果
依据标准：					
检验结论：					
备　注：					
试验单位：	技术负责人：		审核：	试(检)验：	

注：钢结构钢材连接试验报告表式，可根据当地的使用惯例制定的表式应用，但委托单位、试验编号、工程名称、委托日期、使用部位、报告日期、钢材类别、检验类别、接头类型、代表数量、焊接人、屈服点（MPa）、抗拉强度（MPa）、断口特征及位置、冷弯条件、冷弯结果、依据标准、检验结论等项试验内容必须齐全。

2. 实施要点

（1）钢结构钢材连接试验报告是指为保证建筑工程质量对用于工程的钢材根据设计要求进行的钢结构钢材连接试验有关指标测试，由试验单位出具的试验证明文件。

（2）建筑钢结构焊接

钢结构焊接节点构造的焊接坡口形状和尺寸、不同焊接要求焊缝的计算厚度、组焊构件的焊接节点、为防止翼缘板材产生层状撕裂节点的构造设计、构件制作焊接节点形式和工地安装焊接节点形式要求以及承受动载与抗震的焊接节点形式等，均应满足《建筑钢结构焊接技术规程》（JGJ 81—2002）的规定。

1）基本规定

① 建筑钢结构工程的焊接难度区分原则可以分为一般、较难和难三种情况。施工单位在承担钢结构焊接工程时，应具备与焊接难度相适应的技术条件。监理、监督及管理部门应核查承担钢结构焊接工程的施工单位是否具备与焊接难度相适应的技术条件。焊接难度区分原则见表 C2-4-4-1A。

建筑钢结构工程的焊接难度区分原则　　**表 C2-4-4-1A**

焊接难度影响因素 / 焊接难度	节点复杂程度和拘束度	板厚(mm)	受力状态	钢材碳当量① C_{eq}(%)
一般	简单对接、角接，焊缝能自由收缩	$t<30$	一般静载拉、压	<0.38
较难	复杂节点或已施加限制收缩变形的措施	$30\leqslant t\leqslant 80$	静载且板厚方向受拉或间接动载	0.38～0.45
难	复杂节点或局部返修条件而使焊缝不能自由收缩	$t>80$	直接动载、抗震设防烈度大于8度	>0.45
注：①按国际焊接学会(IIW)计算公式，$C_{eq}(\%)=C+\frac{Mn}{6}+\frac{C_r+M_o+V}{5}+\frac{C_u+N_i}{15}(\%)$(适用于非调质钢)				

注：本表摘自《建筑钢结构焊接技术规程》(JGJ 81—2002)。

② 施工图中应标明下列焊接技术要求：应明确规定结构构件使用钢材和焊接材料的类型和焊缝质量等级。有特殊要求时，应标明无损探伤的类别和抽查百分比；应标明钢材和焊接材料的品种、性能及相应的国家现行标准，并应对焊接方法、焊缝坡口形式和尺寸、焊后热处理要求等作出明确规定。对于重型、大型钢结构，应明确规定工厂制作单元和工地拼装焊接的位置，标注工厂制作或工地安装焊缝符号。

③ 承担钢结构工程焊接的设计、制作与安装单位均应具有国家和地方规定并取得相应资质的单位和人员承担。从事相关专业的设计、制作、安装、检测的人员均应具有规定的相关资格。

④ 建筑钢结构焊接有关人员的职责应符合下列规定：

A. 焊接技术责任人员负责组织进行焊接工艺评定，编制焊接工艺方案及技术措施和焊接作业指导书或焊接工艺卡，处理施工过程中的焊接技术问题；

B. 焊接质检人员负责对焊接作业进行全过程的检查和控制，根据设计文件要求确定焊缝检测部位、填报签发检测报告；

C. 无损探伤人员应按设计文件或相应规范规定的探伤方法及标准，对受检部位进行探伤，填报签发检测报告；

D. 焊工应按焊接作业指导书或工艺卡规定的工艺方法、参数和措施进行焊接，当遇到焊接准备条件、环境条件及焊接技术措施不符合焊接作业指导书要求时，应要求焊接技术责任人员采取相应整改措施，必要时应拒绝施焊；

E. 焊接预热、后热处理人员应按焊接作业指导书及相应的操作规程进行作业。

⑤ 建筑钢结构用钢材及焊接填充材料的选用应符合设计图的要求，并应具有钢厂和焊接材料厂出具的质量证明书或检验报告；其化学成分、力学性能和其他质量要求必须符合国家现行标准规定。当采用其他钢材和焊接材料替代设计选用的材料时，必须经原设计单位同意。

钢结构工程中选用的新材料必须经过新产品鉴定。钢材应由生产厂提供焊接性资料、指导性焊接工艺、热加工和热处理工艺参数、相应钢材的焊接接头性能数据等资料；焊接材料应由生产厂提供贮存及焊前烘焙参数规定、熔敷金属成分、性能鉴定资料及指导性施焊参数，经专家论证、评审和焊接工艺评定合格后，方可在工程中采用。

4.2.4.4-2 建筑钢结构焊接工艺评定报告（C2-4-4-2）

实施要点

（1）焊接工艺评定要求：凡符合以下情况之一者，应在钢结构构件制作及安装施工前进行焊接工艺评定：

1）国内首次应用于钢结构工程的钢材（包括钢材牌号与标准相符但微合金强化元素的类别不同和供货状态不同，或国外钢号国内生产）；

2）国内首次应用于钢结构工程的焊接材料；

3）设计规定的钢材类别、焊接材料、焊接方法、接头形式、焊接位置、焊后热处理制度以及施工单位所采用的焊接工艺参数、预热后热措施等各种参数的组合条件为施工企业首次采用。

（2）焊接工艺评定试验完成后，应由评定单位根据检测结果提出焊接工艺评定报告，连同焊接工艺评定指导书、评定记录、评定试样检验结果一起报工程质量监督验收部门和有关单位审查备案。报告及表格见《建筑钢结构焊接技术规程》（JGJ 81—2002）建筑钢结构焊接工艺评定报告有关表式。

（3）钢结构焊接质量检查

1）质量检查人员的主要职责应为：

① 对所用钢材及焊接材料的规格、型号、材质以及外观进行检查，均应符合图纸和相关规程、标准的要求；

② 监督检查焊工合格证及认可施焊范围；

③ 监督检查焊工是否严格按焊接工艺技术文件要求及操作规程施焊；

④ 对焊缝质量按照设计图纸、技术文件及《建筑钢结构焊接技术规程》（JGJ 81—2002）规程要求进行验收检验。

2）抽样检查时，应符合下列要求：

① 焊缝处数的计数方法：工厂制作焊缝长度小于等于1000mm时，每条焊缝为1处；长度大于1000mm时，将其划分为每300mm为1处；现场安装焊缝，每条焊缝为1处；

② 可按下列方法确定检查批：

A. 按焊接部位或接头形式分别组成批；

B. 工厂制作焊缝可以同一工区（车间）按一定的焊缝数量组成批；多层框架结构可以每节柱的所有构件组成批；

C. 现场安装焊缝可以区段组成批；多层框架结构可以每层（节）的焊缝组成批；

D. 抽样检查除设计指定焊缝外应采用随机取样方式取样。

③ 批的大小宜为300～600处。

3）抽样检查的焊缝数如不合格率小于2%时，该批验收应定为合格；不合格率大于5%时，该批验收应定为不合格；不合格率为2%～5%时，应加倍抽检，且必须在原不合格部位两侧的焊缝延长线各增加一处。如在所有抽检焊缝中不合格率不大于3%时，该批验收应定为合格，大于3%时该批验收应定为不合格。当批量验收不合格时，应对该批余下焊缝的全数进行检查。当检查出一处裂纹缺陷时，应加倍抽查。如在加倍抽检焊缝中未

检查出其他裂纹缺陷时，该批验收应定为合格；当检查出多处裂纹缺陷或加倍抽检又发现裂纹缺陷时，应对该批余下焊缝的全数进行检查。

4）所有焊缝应冷却到环境温度后进行外观检查，Ⅱ、Ⅲ类钢材的焊缝应以焊接完成24h后检查结果作为验收依据，Ⅳ类钢应以焊接完成48h后的检查结果作为验收依据。

5）外观检查一般用目测，裂纹的检查应辅以5倍放大镜并在合适的光照条件下进行，必要时可采用磁粉探伤或渗透探伤，尺寸的测量应用量具、卡规。

6）焊缝外观质量应符合下列规定：

① 一级焊缝不得存在未焊满、根部收缩、咬边和接头不良等缺陷，一级焊缝和二级焊缝不得存在表面气孔、夹渣、裂纹和电弧擦伤等缺陷；

② 二级焊缝的外观质量除应符合本条第一款的要求外，尚应满足表C2-4-4-2K的有关规定；

③ 三级焊缝的外观质量应符合表C2-4-4-2A的有关规定。

焊缝外观质量允许偏差　　**表C2-4-4-2A**

检查项目＼焊缝质量等级	二　级	三　级
未焊满	≤0.2+0.02t且≤1mm，每100mm长度焊缝内未焊满累积长度≤25mm	≤0.2+0.04t且≤2mm，每100mm长度焊缝内未焊满累积长度≤25mm
根部收缩	≤0.2+0.02t且≤1mm，长度不限	≤0.2+0.04t且≤2mm，长度不限
咬边	≤0.05t且≤0.5mm，连续长度≤100mm，且焊缝两侧咬边总长≤10%焊缝全长	≤0.1≤1mm，长度不限
裂纹	不允许	允许存在长度≤5mm的弧坑裂纹
电弧擦伤	不允许	允许存在个别电弧擦伤
接头不良	缺口深度≤0.05t且≤0.5mm，每1000mm长度焊缝内不得超过1处	缺口深度≤0.1t且≤1mm，每1000mm长度焊缝内不得超过1处
表面气孔	不允许	每50mm长度焊缝内允许存在直径<0.4t且≤3mm的气孔2个；孔距应≥6倍孔径
表面夹渣	不允许	深≤0.2t，长≤0.5t且≤20mm

7）焊缝尺寸应符合下列规定：

① 焊缝焊脚尺寸允许偏差应符合表C2-4-4-2B的规定；

② 焊缝余高及错边允许偏差应符合表C2-4-4-2C的规定。

8）栓钉焊焊后应进行打弯检查。合格标准：当焊钉打弯至30°时，焊缝和热影响区不得有肉眼可见的裂纹，检查数量应不小于焊钉总数的1%。

9）电渣焊、气电立焊接头的焊缝外观成形应光滑，不得有未熔合、裂纹等缺陷；当板厚小于30mm时，压痕、咬边深度不得大于0.5mm；板厚大于或等于30mm时，压痕、咬边深度不得大于1.0mm。

10）无损检测应在外观检查合格后进行。

11）焊缝无损检测报告签发人员必须持有相应探伤方法的Ⅱ级或Ⅱ级以上资格证书。

12）**设计要求全焊透的焊缝，其内部缺陷的检验应符合下列要求：**

焊缝焊脚尺寸允许偏差 **表 C2-4-4-2B**

序号	项目	示意图	允许偏差(mm)	
1	一般全焊透的角接与对接组合焊缝	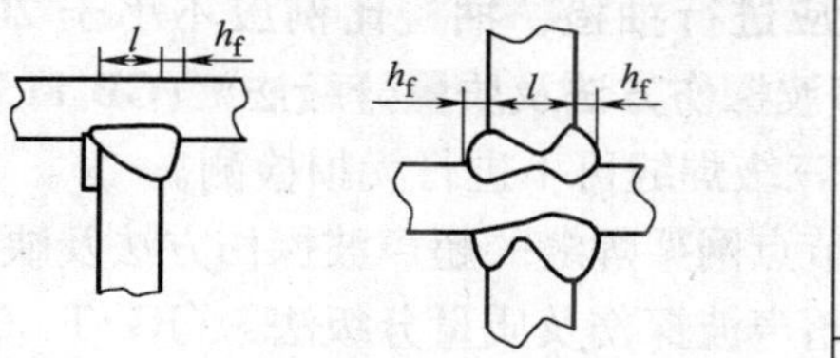	$h_f \geqslant \left(\frac{t}{4}\right)_0^{+4}$ 且$\leqslant 10$	
2	需经疲劳验算的全焊透角接与对接组合焊缝	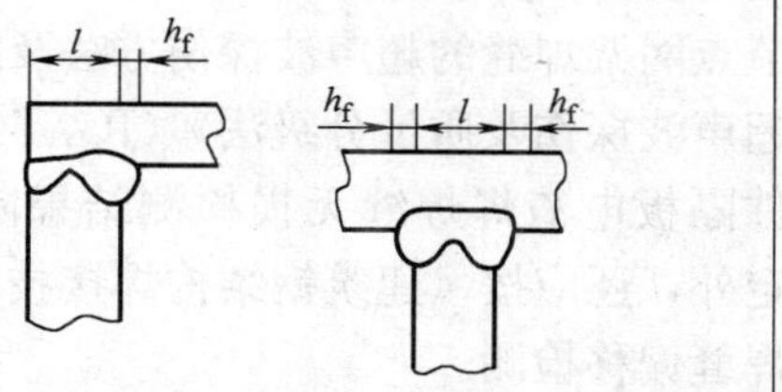	$h_f \geqslant \left(\frac{t}{2}\right)_0^{+4}$ 且$\leqslant 10$	
3	角焊缝及部分焊透的角接与对接组合焊缝	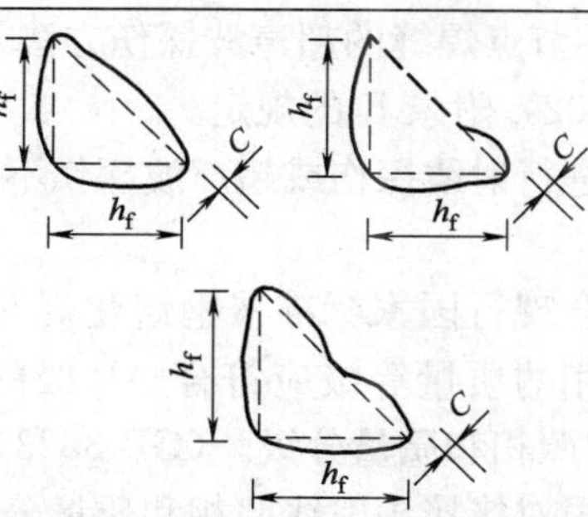	$h_f \leqslant 6$时 0～1.5	$h_f > 6$时 0～3.0
注：1 $h_f > 8.0$mm的角焊缝其局部焊脚尺寸允许低于设计要求值1.0mm，但总长度不得超过焊缝长度的10%； 2 焊接H形梁腹板与翼缘板的焊缝两端在其两倍翼缘板宽度范围内，焊缝的焊脚尺寸不得低于设计要求值。				

焊缝余高和错边允许偏差 **表 C2-4-4-2C**

序号	项目	示意图	允许偏差(mm)	
			一、二级	三级
1	对接焊缝余高(C)	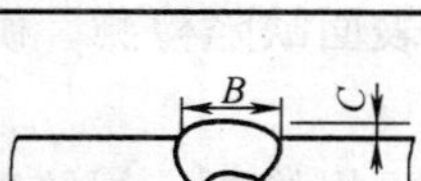	$B<20$时，C为0～3；$B \geqslant 20$时，C为0～4	$B<20$时，C为0～3.5；$B \geqslant 20$时，C为0～5
2	对接焊缝错边(d)	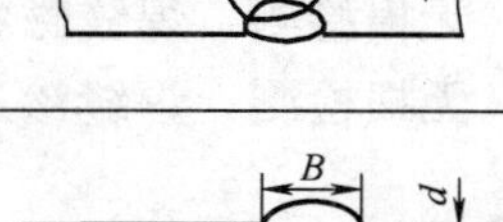	$d<0.1t$ 且$\leqslant 2.0$	$d<0.15t$ 且$\leqslant 3.0$
3	角焊缝余高(C)	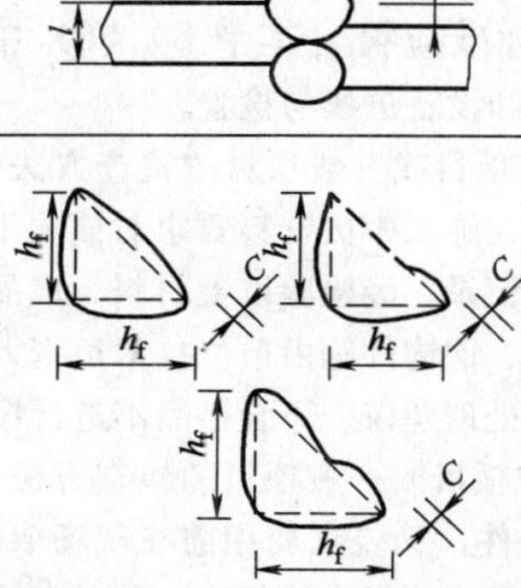	$h_f \leqslant 6$时C为0～1.5； $h_f > 6$时C为0～3.0	

① 一级焊缝应进行100%的检验，其合格等级应为现行国家标准《钢焊缝手工超声波探伤方法及质量分级法》(GB 11345) B级检验的Ⅱ级及Ⅱ级以上；

② 二级焊缝应进行抽检，抽检比例应不小于20%，其合格等级应为现行国家标准《钢焊缝手工超声波探伤方法及质量分级法》(GB 11345) B级检验的Ⅲ级及Ⅲ级以上；

③ 全焊透的三级焊缝可不进行无损检测。

13）焊接球节点网架焊缝的超声波探伤方法及缺陷分级应符合国家现行标准《焊接球节点钢网架焊缝超声波探伤及质量分级法》(JG/T 3034.1) 的规定。

14）螺栓球节点网架焊缝的超声波探伤方法及缺陷分级应符合国家现行标准《螺栓球节点钢网架焊缝超声波探伤及质量分级法》(JG/T 3034.2) 的规定。

15）箱形构件隔板电渣焊焊缝无损检测结果除应符合（3）钢结构焊接质量检查第12）款的有关规定外，还应按《建筑钢结构焊接技术规程》(JGJ 81—2002) 附录C进行焊缝熔透宽度、焊缝偏移检测。

16）圆管T、K、Y节点焊缝的超声波探伤方法及缺陷分级应符合《建筑钢结构焊接技术规程》(JGJ 81—2002) 附录D的规定。

17）设计文件指定进行射线探伤或超声波探伤不能对缺陷性质作出判断时，可采用射线探伤进行检测、验证。

18）射线探伤应符合现行国家标准《钢熔化焊对接接头射线照相和质量分级》(GB 3323) 的规定，射线照相的质量等级应符合AB级的要求。一级焊缝评定合格等级应为《钢熔化焊对接接头射线照相和质量分级》(GB 3323) 的Ⅱ级及Ⅱ级以上，二级焊缝评定合格等级应为《钢熔化焊对接接头射线照相和质量分级》(GB 3323) 的Ⅲ级及Ⅲ级以上。

19）下列情况之一应进行表面检测：

① 外观检查发现裂纹时，应对该批中同类焊缝进行100%的表面检测；

② 外观检查怀疑有裂纹时，应对怀疑的部位进行表面探伤；

③ 设计图纸规定进行表面探伤时；

④ 检查员认为有必要时。

20）铁磁性材料应采用磁粉探伤进行表面缺陷检测。确因结构原因或材料原因不能使用磁粉探伤时，方可采用渗透探伤。

21）磁粉探伤应符合国家现行标准《无损检测　焊缝磁粉检测》(JB/T 6061—2007) 的规定，渗透探伤应符合国家现行标准《无损检测　焊缝渗透检测》(JB/T 6062—2007) 的规定。

22）磁粉探伤和渗透探伤的合格标准应符合本节5）、6）中外观检验的有关规定。

注：关于材料、成品、半成品、构配件和设备进场与检验。

1. 凡相关专业施工质量验收规范中主控项目或一般项目的检查方法中要求对材料、成品、半成品、构配件或设备等检查进场验收记录的，均应在施工中按资料要求对该项工程的材料、成品、半成品、构配件或设备进行进场检验，并填报进场验收记录。经检验以上材料、成品、半成品、构配件或设备不合格时，对设备、设计结构安全的混凝土构件、钢构件等由单位技术负责人做出处理建议。其他不合格品时由单位工程技术负责人做出处理，并提出处理建议。不合格品不进行报验。

2. 凡相关专业施工质量验收规范中主控项目或一般项目的检查方法中要求对材料、成品、半成品、构配件或设备等既提供出厂质量合格证明文件，又要求使用前在现场取样复试的材料、成品、半成品、构配件或设备，建设、监理、施工各方均应严格执行上述规定，并对有关资料进行汇整、存留。

4.2.4.5 钢结构连接副抗滑移系数复（检）验（C2-4-5）

4.2.4.5-1 扭剪型高强度螺栓连接副预拉力复验（C2-4-5-1）

实施要点

（1）扭剪型高强度螺栓连接副预拉力复验报告应由省级及其以上建设行政主管部门或其委托单位批准的具有相应资质试验单位提供的试验报告表式执行。

（2）取样方法、数量与复验：

1）扭剪型高强度螺栓连接副应按批进行检验。同批由同一性能等级、材料、炉号、螺纹规格、长度、机械加工、热处理工艺、表面处理工艺的螺栓组成。

2）复验用的螺栓应在施工现场待安装的螺栓批中随机抽取，每批应抽取 8 套连接副进行复验。

3）连接副预拉力可采用经计量检定、校准合格的轴力计进行测试。

4）试验用的电测轴力计、油压轴力计、电阻应变仪、扭矩扳手等计量器具，应在试验前进行标定，其误差不得超过 2%。

5）采用轴力计方法复验连接副预拉力时，应将螺栓直接插入轴力计。紧固螺栓分初拧、终拧两次进行，初拧应采用手动扭矩扳手或专用定扭电动扳手；初拧值应为预拉力标准值的 50%左右。终拧应采用专用电动扳手，至尾部梅花头拧掉，读出预拉力值。

6）每套连接副只应做一次试验，不得重复使用。在紧固中垫圈发生转动时，应更换连接副，重新试验。

7）复验螺栓连接副的预拉力平均值和标准偏差应符合表 C2-4-5-1 的规定。

扭剪型高强度螺栓紧固预拉力和标准偏差（kN） **表 C2-4-5-1**

螺栓直径(mm)	16	20	(22)	24
紧固预拉力的平均值$\overline{P}$	99～120	154～186	191～231	222～270
标准偏差 σ_P	10.1	15.7	19.5	22.7

附：紧固件连接工程检验项目的螺栓实物最小载荷检验

1. 螺栓实物最小载荷检验的目的和检检验方法

（1）目的：测定螺栓实物的抗拉强度是否满足现行国家标准《紧固件机械性能　螺栓、螺钉和螺柱》（GB 3098.1）的要求。

（2）检验方法：用专用卡具将螺栓实物置于拉力试验机上进行拉力试验，为避免试件承受横向载荷，试验机的夹具应能自动调正中心，试验时夹头张拉的移动速度不应超过 25mm/min。

螺栓实物的抗拉强度应根据螺纹应力截面积（A_s）计算确定，其取值应安现行国家标准《紧固件机械性能　螺栓、螺钉和螺柱》GB 3098.1 的规定取值。

进行试验时，承受拉力载荷的末旋合的螺纹长度应为 6 倍以上螺距；当试验拉力达到现行国家标准《紧固件机械性能　螺栓、螺钉和螺柱》GB 3098.1 中规定的最小拉力载荷（$A_s \cdot \sigma_b$）时不得断裂。当超过最小拉力载荷直至拉断时，断裂应发生在杆部或螺纹部分，而不应发生在螺头与杆部的交接处。

4.2.4.5-2 高强度大六角头螺栓连接副扭矩系数复验（C2-4-5-2）

实施要点

(1) 高强度大六角头螺栓连接副扭矩系数复验报告应由省级及其以上建设行政主管部门或其委托单位批准的具有相应资质试验单位提供的试验报告表式执行。

(2) 取样方法、数量与复验：

1) 大六角高强度螺栓连接副应按批进行检验。同批由同一性能等级、材料、炉号、螺纹规格、长度、机械加工、热处理工艺、表面处理工艺的螺栓组成。

2) 复验用螺栓应在施工现场待安装的螺栓批中随机抽取，每批应抽取 8 套连接副进行复验。

3) 连接副扭矩系数复验用的计量器具应在试验前进行标定，误差不得超过 2%。

4) 每套连接副只应做一次试验，不得重复使用。在紧固中垫圈发生转动时，应更换连接副，重新试验。

5) 连接副扭矩系数的复验应将螺栓穿入轴力计，在测出螺栓预拉力 P 的同时，应测定施加于螺母上的施拧扭矩值 T，并应按下式计算扭矩系数 K。

$$K=\frac{T}{P\cdot d}$$

式中 T——施拧扭矩（N·m）；

d——高强度螺栓的公称直径（mm）；

P——螺栓预拉力（kN）。

6) 进行连接副扭矩系数试验时，螺栓预拉力值应符合表 C2-4-5-2 的规定。

螺栓预拉力值范围（kN）　　　　表 C2-4-5-2

螺栓规格(mm)		M16	M20	M22	M24	M27	M30
预拉力值 P	10.9s	93～113	142～177	175～215	206～250	265～324	325～390
	8.8s	62～78	100～120	125～150	140～170	185～225	230～275

7) 每组 8 套连接副扭矩系数的平均值应为 0.110～0.150，标准偏差小于或等于 0.010。

8) 扭剪型高强度螺栓连接副当采用扭矩法施工时，其扭矩系数亦按规范的规定确定。

注：1. 对高强度螺栓（即高强度大六角头螺栓连接副、扭剪型高强度螺栓连接副和钢网架用高强度螺栓共 3 种）的进场检验按包装箱配套供货，包装箱上应标明批号、规格、数量及生产日期。按包装箱数检查 5%，且不应少于 3 箱。

2. 对钢网架用高强度螺栓：(对建筑结构安全等级为一级，跨度 40m 及以上的螺栓球节点钢网架结构）进行表面硬度试验（按规格检查 8 只)：对 8.8 级高强度螺栓，硬度应为 HRC21～29；对 10.9 级高强度螺栓，硬度应为 HRC32～36；表面不能有裂纹或损伤。

3. 对螺栓、螺母、垫圈等外观表面应涂油保护，不应出现生锈和沾染脏物，螺纹不应损伤。

4.2.4.5-3　高强度螺栓连接副施工扭矩检验（C2-4-5-3）

实施要点

(1) 高强度螺栓连接副施工扭矩检验报告应由省级及其以上建设行政主管部门或其委托单位批准的具有相应资质试验单位提供的试验报告表式执行。

(2) 高强度螺栓连接副施工扭矩检验。

高强度螺栓连接副扭矩检验含初拧、复拧、终拧扭矩的现场无损检验。检验所用的扭矩扳手其扭矩精度误差应不大于 3%。

高强度螺栓连接副扭矩检验分扭矩法检验和转角法检验两种，原则上检验法与施工法应相同。扭矩检验应在施拧 1h 后，48h 内完成。

1）扭矩法检验。

检验方法：在螺尾端头和螺母相对位置画线，将螺母退回 60°左右，用扭矩扳手测定拧回至原来位置时的扭矩值。该扭矩值与施工扭矩值的偏差在 10%以内为合格。

高强度螺栓连接副终拧扭矩值按下式计算：

$$T_c = K \cdot P_c \cdot d$$

式中 T_c——终拧扭矩值（N·m）；

P_c——施工预拉力值标准值（kN），见表 C2-4-4-3；

d——螺栓公称直径（mm）；

K——扭矩系数，按（GB 50205—2001）附录 B.0.4 的规定试验确定。

高强度大六角头螺栓连接副初拧扭矩值 T_0 可按 $0.5T_c$ 取值。

扭剪型高强度螺栓连接到初拧扭矩值 T_0 可按下式计算：

$$T_0 = 0.065 P_c \cdot d$$

式中 T_0——初拧扭矩值（N·m）；

P_c——施工预拉力标准值（kN），见表 C2-4-5-3；

d——螺栓公称直径（mm）。

2）转角法检验。

检验方法：

① 检查初拧后在螺母与相对位置所画的终拧起始线和终止线所夹的角度是否达到规定值。

② 在螺尾端头和螺母相对位置画线，然后全部卸松螺母，在按规定的初拧扭矩和终拧角度重新拧紧螺栓，观察与原画线是否重合。终拧转角偏差在 10°以内为合格。

终拧转角与螺栓的直径、长度等因素有关，应由试验确定。

3）扭剪型高强度螺栓施工扭矩检验。

检验方法：观察尾部梅花头拧掉情况。尾部梅花头被拧掉者视同其终拧扭矩达到合格质量标准；尾部梅花头未被拧掉者应按上述扭矩法或转角法检验。

高强度螺栓连接副施工预拉力标准值（kN） **表 C2-4-5-3**

螺栓的性能等级	螺栓公称直径（mm）					
	M16	M20	M22	M24	M27	M30
8.8s	75	120	150	170	225	275
10.9s	110	170	210	250	320	390

4.2.4.5-4 高强度螺栓连接摩擦面的抗滑移系数检验（C2-4-5-4）

实施要点

（1）高强度螺栓连接摩擦面的抗滑移系数检验报告应由省级及其以上建设行政主管部门或其委托单位批准的具有相应资质试验单位提供的试验报告表式执行。

（2）取样方法、数量与复验：

1）制造厂和安装单位应分别以钢结构制造批为单位进行抗滑移系数试验，制造批可按分部（子分部）工程划分规定的工程量每 2000t 为一批，不足 2000t 的可视为一批。选用两种及两种以上表面处理工艺时，每种处理工艺应单独检验。每批三组试件。

抗滑移系数试验应采用双摩擦面的二栓拼接的拉力试件（图 C2-4-5-4）。

2）抗滑移系数试验用的试件应由制造厂加工，试件与所代表的钢结构构件应为同一材质、同批制作、采用同一摩擦面处理工艺和具有相同的表面状态，并应用同批同一性能等级的高强度螺栓连接副，在同一环境条件下存放。

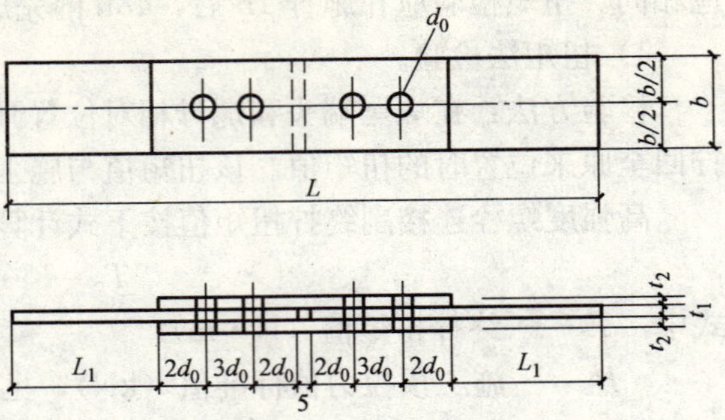

图 C2-4-5-4　抗滑移系数拼接试件的形式和尺寸

3）试件钢板的厚度 t_1、t_2 应根据钢结构工程中有代表性的板材厚度来确定，同时应考虑在摩擦面滑移之前，试件钢板的净截面始终处于弹性状态；宽度 b 可参照表 C2-4-5-4 规定取值。L_1 应根据试验机夹具的要求确定。

试件板的宽度（mm）　　　　表 C2-4-5-4

螺栓直径 d	16	20	22	24	27	30
板宽 b	100	100	105	110	120	120

4）试件板面应平整，无油污，孔和板的边缘无飞边、毛刺。

（3）试验方法

1）试验用的试验机误差应在 1%以内。

2）试验用的贴有电阻片的高强度螺栓、压力传感器和电阻应变仪应在试验前用试验机进行标定，其误差应在 2%以内。

3）试件的组装顺序应符合下列规定：

先将冲钉打入试件孔定位，然后逐个换成装有压力传感器或贴有电阻片的高强度螺栓，或换成同批经预拉力复验的扭剪型高强度螺栓。

4）紧固高强度螺栓应分初拧、终拧。初拧应达到螺栓预拉力标准值的 50%左右。终拧后，螺栓预拉力应符合下列规定：

① 对装有压力传感器或贴有电阻片的高强度螺栓，采用电阻应变仪实测控制试件每个螺栓的预拉力值应在（0.95～1.05）P（P 为高强度螺栓设计预拉力值）之间；

② 不进行实测时，扭剪型高强度螺栓的预拉力（紧固轴力）可按同批复验预拉力的平均值取用。

5）试件应在其侧面画出观察滑移的直线。

6）将组装好的试件置于拉力试验机上，试件的轴线应与试验机夹具中心严格对中。

7）加荷时，应先加 10%的抗滑移设计荷载值，停 1min 后，再平稳加荷，加荷速度为 3～5kN/s。直拉至滑动破坏，测得滑移荷载 N_v。

8）在试验中当发生以下情况之一时，所对应的荷载可定为试件的滑移荷载：

① 试验机发生回针现象；

② 试件侧面画线发生错动；

③ X—Y 记录仪上变形曲线发生突变；

④ 试件突然发生“嘣”的响声。

9）抗滑移系数，应根据试验所测得的滑移荷载 N_v 和螺栓预拉力 P 的实测值，按下式计算，宜取小数点二位有效数字。

$$\mu = \frac{N_v}{n_f \cdot \sum_{i=1}^{m} P_i}$$

式中 N_v——由试验测得的滑移荷载（kN）；

n_f——摩擦面面数，取 $n_f=2$；

$\sum_{i=1}^{m} P_i$——试件滑移一侧高强度螺栓预拉力实测值（或同批螺栓连接副的预拉力平均值）之和（取三位有效数字）（kN）；

m——试件一侧螺栓数量，取 $m=2$。

4.2.4.6 钢（材）筋探伤检验（C2-4-6）

4.2.4.6-1 钢筋焊接接头疲劳试验报告（C2-4-6-1）

1. 资料表式

钢筋焊接接头疲劳试验报告 表 C2-4-6-1

试验编号：

委托单位					试验机型号					
试验名称					试样组数					
钢筋级别					表面情况					
钢筋直径					试样处理					
焊接方法					送检日期					
试样编号	载荷		应力		应力比 (ρ)	频率 (Hz)	循环次数 ($\times10^6$)	断口特征	断裂位置	
	P_{max} (N)	P_{min} (N)	σ_{max} (MPa)	σ_{min} (MPa)						
依据标准：										
检验结果： 试验单位：（印章） 年 月 日										
技术负责人：			审核：				试验：			

注：钢筋焊接接头疲劳试验报告表式，可根据当地的使用惯例制定的表式应用，但试验机型号、试样组数、表面情况、试样处理、焊接方法、试样编号、载荷［P_{max}（N）、P_{min}（N）］、应力［σ_{max}（MPa）、σ_{min}（MPa）］、应力比（ρ）、频率（Hz）、循环次数（$\times10^6$）、断口特征、断裂位置、依据标准、检验结果等项试验内容必须齐全。实际试验项目根据工程实际择用。

2. 实施要点

钢筋焊接接头疲劳试验报告是指为保证建筑工程质量对用于工程不同形式的钢筋在常

温下的轴向拉伸疲劳试验的有关指标的测试，是测定和检验钢筋焊接接头在确定应力比和应力循环次数下的条件疲劳极限。由试验单位出具的试验证明文件。

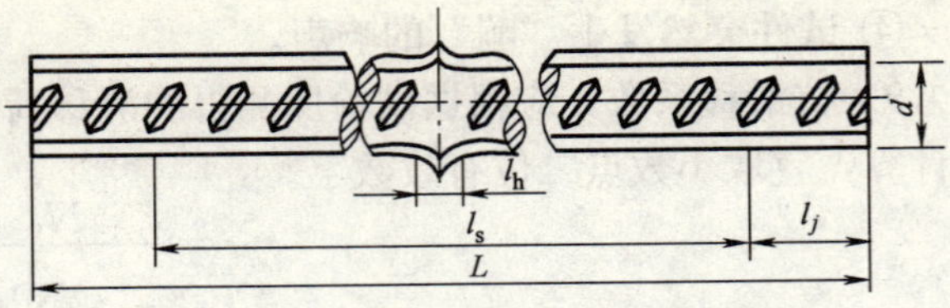

图 C2-4-6-1　钢筋焊接接头疲劳试件

l_s—受试长度；l_h—焊缝长度；l_j—夹持长度；L—试件长度；d—钢筋直径

（1）试件长度

1）疲劳试验的试件的长度一般不得小于疲劳受试区（包括焊缝和母材）与两个夹持长度和；其中，受试区长度不宜小于500mm（见图C2-4-6-1）。

当试验机不能适应上述试件长度时，应在报告中注明试件的实际长度。

高频疲劳试件的长度根据试验机的具体条件确定。

2）试件的外观应仔细检查，不得有气孔、烧伤、压伤、咬边等焊接缺陷。试件的中心线应成一直线。

3）为避免试件断于夹持部分，对夹持部分可采取下列措施：

① 对夹持部分进行冷作强化处理；

② 采用与钢筋外形相适应的铜模套；

③ 采用与钢筋直径相适应的带有环形内槽的钢模套，并灌注环氧树脂。

（2）试验报告内容

钢筋焊接接头疲劳试验过程中，应及时记录各项原始记录，试验完毕，提出试验报告。报告内容应包括：试验机型号、试样组数、表面情况、试样处理、焊接方法、试样编号、载荷［P_{max}(N)、P_{min}(N)］、应力［σ_{max}(MPa)、σ_{min}(MPa)］、应力比（ρ）、频率(Hz)、循环次数（$\times10^6$）、断口特征、断裂位置、依据标准、检验结果等。

4.2.4.6-2　钢材焊接接头冲击试验报告（C2-4-6-2）

1. 资料表式

钢材焊接接头冲击试验报告　　**表 C2-4-6-2**

委托单位：　　　　　　　　试验编号：

钢筋级别及直径					焊接方法及接头型式								
试件编号	试验温度(℃)	试件尺寸(mm)	缺口型式	缺口底部截面积(cm²)	冲击吸收功 A_k(J)				冲击韧性值 a_k(J/cm²)				备注
					焊缝区	熔合区	过热区	母材	焊缝区	熔合区	过热区	母材	
结论	试验单位：(印章)　年　月　日												
备注													
试验单位：		技术负责人：				审核：				试(检)验：			

注：钢材焊接接头冲击试验报告表式，可根据当地的使用惯例制定的表式应用，但钢筋级别及直径、焊接方法及接头型式、试件编号、试验温度（℃）、试件尺寸（mm）、缺口型式、缺口底部截面积（cm²）、冲击吸收功 A_k（J）（焊缝区、熔合区、过热区、母材）、冲击韧性值 a_k（J/cm²）（焊缝区、熔合区、过热区、母材）、结果分析等项试验内容必须齐全。实际试验项目根据工程实际择用。

2. 实施要点

钢材焊接接头冲击试验报告是指为保证建筑工程质量对用于工程的钢材焊接接头进行的夏比冲击试验的有关指标测试，测定焊接接头各部位的冲击吸收功或冲击韧性值，由试验单位出具的试验证明文件。

（1）钢材焊接冲击试验是测试焊缝质量的方法之一，为设计有要求时的试验内容。冲击试验即通常说的夏比冲击试验（夏比缺口冲击试验和夏比冲击断口测定）。

（2）试验目的是测定焊接接头各部位的冲击吸收功或冲击韧性值。

（3）冲击试验的试样按《钢筋焊接接头试验方法》（JGJ 27）执行。

（4）冲击断口测定报告应包括的内容：产品名称、材料、炉批号和试样编号；试样类型和尺寸；试验温度；纤维（或晶状）断面率；侧膨胀值。

注：如果试样未折断，应在报告中注明“未折断”。

（5）表列子项

1）钢筋级别及直径：指钢筋焊接接头使用的钢筋级别和直径，照实际填写。

2）焊接方法及接头型式：指焊接接头的焊接方法及接头型式，如对焊、电弧焊等。

3）试件编号：指试验室收做的焊接件对该试件进行的编号。

4）试验温度：指按金属常温冲击韧性试验或低温冲击韧性试验条件要求的试验温度，照实际试验条件的试验温度填写。

5）试件尺寸：试件尺寸分为标准试件尺寸和非标准试件尺寸，试件尺寸应符合标准要求的规定，照实际的试件尺寸填写。

6）缺口型式：冲击试验缺口型式分为：试件缺口开在焊缝金属或开在近缝区，由试验要求确定。

7）缺口底部截面积：照实际填写。

8）冲击吸收功：即破断吸收能；缺口试样在冲击试验机上，受冲击弯曲载荷折断时，所消耗的功，应分别按焊缝区、熔合区、过热区、母材分别填写。

9）冲击韧性值：即缺口处单位横截面积所消耗的功，应分别按焊缝区、熔合区、过热区、母材分别填写。

4.2.4.6-3 钢材焊接接头硬度试验报告（C2-4-6-3）

1. 资料表式

钢材焊接接头硬度试验报告 **表 C2-4-6-3**

委托单位： 试验编号：

钢筋级别及直径	焊接方法及接头型式	焊接工艺参数	试验机型号及荷载
测点位置简图		硬度测定结果	
备　注			
试验单位：	技术负责人：	审核：	试(检)验：

2. 实施要点

钢材焊接接头硬度试验报告是指为保证建筑工程质量对用于工程的钢材焊接接头进行硬度的有关指标测试，由试验单位出具的试验证明文件。

(1) 钢材焊接接头硬度试验是测试焊缝质量的方法之一，为设计有要求时的试验内容。

(2) 试验目的是了解各区域的硬度差异及其变化。采用洛氏或维氏硬度计测试。洛氏硬度用符号 HR 表示，HR 前面为硬度数值，HR 后面为使用的标尺。例如 50HRC 表示用 C 标尺测定的邵氏硬度值为 50。试验报告中给出的邵氏硬度值应精确至 0.5 个洛氏硬度单位。

(3) 试样：试样在制备过程中，应尽量避免由于受热、冷加工等对试样表面硬度的影响；试样的试验面尽可能是平面，不应有氧化皮及其他污物，表面粗糙度 Ra 一般不大于 0.80μm；试样或试验层厚度应不小于 e 的十倍。试验后，试样背面不得有肉眼可见变形痕迹。

注：e——去除主试验力后，在初始试验力下的残余压痕深度增量，用 0.002mm 为单位表示。

(4) 表列子项

1) 钢筋级别及直径：指焊接接头疲劳强度试验的钢筋级别及直径，照实际填写。

2) 焊接方法及接头型式：指焊接接头的焊接方法及接头形式，如对焊、电弧焊等。

3) 焊接工艺参数：照该焊接试件的焊接方法及工艺参数填写。

4) 试验机型号及荷载：硬度测试分为维氏硬度、显微维氏硬度，试验机型号及荷载应根据不同的硬度测试要求确定其试验机型号及荷载，照实际填写。

5) 测点位置简图：应在钢筋焊接接头硬度试验报告表上绘制测点位置简图。

6) 硬度测定结果：以实测的硬度值和测点位置写出的报告，判定硬度测试结果，照实际填写。

4.2.4.6-4　焊缝射线探伤报告（C2-4-6-4）

1. 资料表式

焊缝射线探伤报告　　　　**表 C2-4-6-4**

委托单位：　　　　　　　　　　　　试验编号：

工程名称		焊接类型		报告日期			
工程编号		规　格		母材试验单编号			
设备型号		焦距		管电压			
曝光时间				管电流			
透度计型号		胶片型号		胶片尺寸		有效长度	
增感方式				冲洗方式			
焊缝全长：　m；　探伤比例：　%；　长度：　m 探伤部位： 射线拍片共　张；其中纵缝：　张，环缝：　张，其他部位　张 Ⅰ级片　张，占总片数　% Ⅱ级片　张，占总片数　% Ⅲ级片　张，占总片数　% 附：探伤位置图和探伤记录							
试验单位：　技术负责人：　审核：　试(检)验：							

2. 实施要点

（1）焊缝射线探伤报告是指为保证建筑工程质量对用于工程的焊接试件进行的焊缝射线探伤的有关指标测试，由试验单位出具的试验证明文件。

（2）焊缝射线探伤报告是指钢熔化焊对接接头（焊缝）用X射线或γ射线照相方法提供的焊缝射线探伤报告。是无损探伤焊缝试（检）验的项目之一，应按相应标准规定执行。

注：碳素结构钢应在焊缝冷却到环境温度、低合金结构钢应在完成焊接24h以后，方可进行焊缝探伤检验。

（3）射线探伤分级与评定

1）对接焊缝的射线探伤按《钢熔化焊对接接头射线照相和质量分级》（GB 3323）的有关规定进行［按所需要达到的底片影像质量，射线照相方法分为A级（普通级）、AB级（较高级）和B级（高级）。选用B级时，焊缝余高应磨平］。

2）每个焊缝射线检验点都应作出明显的识别标记，并在焊缝边缘母材上打检测编号钢印。

3）建筑钢结构焊缝射线探伤的质量标准分两级：一级相当于GB 3323标准中的二级；二级相当于GB 3323标准中的三级。

4）射线探伤不合格的焊缝，要在其附近再选2个检验点进行探伤。如这2个检验点中又发现1处不合格，则该焊缝必须全部进行射线探伤。

（4）探伤报告应包括：

1）被检管线情况：管线名称、编号、材质及规格、坡口形式、焊接方法、焊条牌号。

2）探伤条件：仪器型号、增感方式、管电压、管电流、曝光时间、透照方法。

3）探伤要求：探伤比例、执行标准、合格级别。

4）探伤结果：探伤数量，通修扩探情况。

5）探伤人员姓名、资格日期、探伤时间。

注：底片存档应至少保存5年。

（5）表列子项

1）焊接类型：指受试焊缝射线探伤焊接件的焊接类别，如：对焊、电弧焊等，照实际填写。

2）工程编号：指受试焊缝射线探伤焊接件用于该工程的工程编号。

3）规格：指原焊接件的试件规格，照实际填写。

4）母材试验单编号：指原焊接件母材试验报告单的编号，照实际填写。

5）设备型号：照实际用作射线探伤的设备型号填写。

6）焦距：指射线探伤选定的焦距，焦距选定应合理，一般不用短焦距，照实际填写。

7）管电压：照实际填写，管电压应不超过不同透照厚度所允许的最高管电压。

8）管电流：照实际管电流强度填写。

9）曝光时间：应根据设备、胶片和增感屏按具体条件制作和选用的合适的曝光曲线。曝光量推荐选用不低于15mA・min。以防止用短焦距和高管电压引起的不良影响，照实际选用的曝光时间填写。

10）透度计型号：是进行X射线探伤的应用仪器之一，透度计的型式和规格选用、透度计的灵敏度与焊缝厚度等，均应符合规范的要求。照实际透度计的型号填写。

11）胶片型号：指射线探伤应用的胶片型号，照实际填写。

12）胶片尺寸：指射线探伤应用胶片的尺寸，照实际填写。

13）有效长度：指射线探伤应用胶片的实际长度，照实际填写。

14）增感方式：一般用增感屏（金属增感屏或下用增感屏）。个别情况射线照拍方法为A级时，也可用荧光增感屏或金属荧光增感屏，照实际填写。

15）冲洗方式：照实际填写。

16）焊缝全长：指被焊件的焊缝的全部长度。

17）探伤比例：指被焊件的焊缝全长与射线探伤长度之比，照检查时的实际结果填写。

18）探伤部位：照实际的探伤部位填写。

注：1. 底片存档应至少保存5年。

2. 探伤报告应包括：

(1) 被检管线情况：管线名称、编号、材质及规格、坡口形式、焊接方法、焊条牌号；

(2) 探伤条件：仪器型号、增感方式、管电压、管电流、曝光时间、透照方法。

(3) 探伤要求：①探伤比例；②执行标准；③合格级别。

(4) 探伤结果：①探伤数量；②通修扩探情况。

(5) 探伤人员姓名、资格日期、探伤时间。

4.2.4.6-5　焊缝超声波探伤报告（C2-4-6-5）

1. 资料表式

焊缝超声波探伤报告　　**表 C2-4-6-5**

委托单位：

工程名称			焊接类型			试验编号	
工程编号			规格			报告日期	
仪器型号			探伤方法			探测频率	
探头直径			探头K值			探头移动方式	
耦合剂			检验标准			试块	
探测灵敏度		增益		抑制		输出		粗调	

焊缝全长：　m；探伤比例：　%；长度：　m

探伤部位：

缺陷记录：

（附探伤位置图）

试验单位：　技术负责人：　审核：　试(检)验：

2. 实施要点

（1）焊缝超声波探伤报告是指为保证建筑工程质量对用于工程的焊接试件进行的焊缝超声波探伤报告的有关指标测试，由试验单位出具的试验证明文件。

（2）焊缝超声波探伤报告是无损探伤焊缝试（检）验项目的内容之一，应按相应标准规定执行。

注：碳素结构钢应在焊缝冷却到环境温度、低合金结构钢应在完成焊接 24h 以后，方可进行焊缝探伤检验。

（3）超声波探伤的分级和评定

1）建筑钢结构对接焊缝的超声波探伤，应按《钢制压力容器对接焊缝超声波探伤》(JB 1152) 的有关规定进行。角焊缝及 T 形接头焊缝的探伤方法和灵敏度可按 JB 1152 标准采用，其推荐操作方法见《钢制压力容器对接焊缝超声波探伤》(JB 1152) 附录八。

2）每个焊缝超声波检验点都应有明显的识别标记，并在焊缝边缘母材上打检测编号钢印。

3）建筑钢结构焊缝（包括角焊缝和 T 形接头焊缝）超声波探伤的质量标准分两组：一级相当于 JB 1152 标准中的一级；二级相当于 JB 1152 标准中的二级。对于要求焊透的吊车梁上翼缘与腹板的 T 形接头焊缝，可允许单个条性缺陷长度小于 50mm，但在 1000mm 焊缝长度内条性缺陷的总和应小于 100mm。

4）超声波探伤的每个探测区焊缝长度应不少于 300mm。对超声波探伤不合格的检验区，要在其附近再选 2 个检验区进行探伤；如这 2 个检验区中又发现 1 处不合格，则该焊缝必须全部进行超声波探伤。

（4）表列子项

1）焊接类型：指受试焊缝射线探伤焊接件的焊接类别，如：对焊、电弧焊等，照实际填写。

2）工程编号：指受试焊缝超声探伤焊接件用于该工程的工程编号。

3）规格：指原焊接件的试件规格，照实际填写。

4）仪器型号：指超声探伤仪的型号。超声探伤仪的探头系统性能（灵敏度余量、远场分辨率）应符合《钢焊缝手工超声波探伤方法和探伤结果分级》(GB 11345—89) 规范规定，斜探头及系统性能应符合该规范定期检查周期的要求。

5）探伤方法：指超声波探伤时应用的探伤方法，照实际填写。

6）探测频率：指超声波探伤时应用的探测频率，照实际填写。

7）探头直径：照实际选用探头直径填写。

8）探头 K 值：K 值的选择与探头的型号、角度、测试方法等有关，K 值选择应符合有关规范的要求，照实际选用的 K 值填写。

9）探头移动方式：探头移动方式（垂直、平行、前后 10°～15°转动等）和范围应保证扫查到全部焊缝截面及热影响区，照实际填写。

10）耦合剂：应选用适当的液体和糊状物作为耦合剂（典型的耦合剂为水、机油、甘油和浆糊及适量的润湿剂）。

11）探测灵敏度：照实测时的灵敏度填写。探伤灵敏度应不低于评定线的灵敏度，灵敏度应定期检查。增益、抑制、输出，照实际操作记录填写。

12）焊缝全长：指被焊件的焊缝全长，照实际填写。

13）探伤比例：指被焊件的焊缝全长与射线探伤长度之比，检查的结果照实际填写。

14）探伤部位：实际的探伤部位填写。

15）缺陷记录：照实际测试发现的缺陷填写。

4.2.4.6-6　焊缝磁粉探伤报告（C2-4-6-6）

1. 资料表式

焊缝磁粉探伤报告表　　　　表 C2-4-6-6

委托单位：　　　　　　　　试验编号：

工程名称		主品名称		日　期	
工程编号		产品编号		规　格	
设备型号		材　质		壁　厚	
仪器型号		激磁方式		灵 敏 度	
磁粉和磁悬液体配制					
焊缝全长：　m；　探伤比例：　%；　长度：　m 探伤部位： 探伤结果： （附探伤位置图）					
试验单位：　技术负责人：　审核：　试(检)验：					

2. 实施要点

（1）焊缝磁粉探伤报告是指为保证建筑工程质量对用于工程的焊接试件进行的焊缝磁粉探伤报告的有关指标测试，由试验单位出具的试验证明文件。

（2）焊缝磁粉探伤报告是无损探伤焊缝试（检）验项目的内容之一，应按相应标准规定执行。

（3）磁粉粒度选用：用湿法探伤时，磁粉粒度应不小于 200 目；用干法探伤时应为 80～120 目。

（4）磁粉探伤应优先选用交叉磁轮式旋转磁化法，也可以使用磁轮法（即电磁铁）或触头法（即局部通电法）。

（5）表列子项

1）主品名称：照实际选用的主品名称填写。

2）工程编号：指受试焊缝磁粉探伤焊接件用于该工程的工程编号。

3）产品编号：指主品的产品编号，照实际填写。

4）规格：指原焊接件的规格，照实际填写。

5）设备型号：照实际选用磁粉探伤设备填写。该设备必须满足《磁粉探伤机》GB 3721—83的要求。

6）材质：指主品的材料质量，照实际填写。

7）壁厚：指被试焊接件的壁厚，照实际填写。

8）仪器型号：指磁场指示器的型号，照实际填写。

9）激磁方式：有直接通电磁化和间接磁化。整体磁化（全波或半波整流电流）、中心导体磁化（磁场与工件同轴、工件内表面磁场强度最大）、局部磁化（如触头法）、照实际填写。

10）灵敏度：如磁粉材料组成，磁粉探伤设备，操作技术和磁场值等应定期检验（注意保留校验结果），整个系统的灵敏度均应进行评价，照实际填写。

11）磁粉和磁悬液体配制：应注意磁粉质量、磁粉颜色与被检工件具有最大对比度，湿磁粉的应用，磁悬液必须保证探伤效果，对载液的性能要求（如油剂、含添加剂水性能），照实际填写。

12）焊缝全长：指被试焊件的焊缝总长度。

13）探伤比例：指被试焊件的焊缝总长度与探伤面积的比例。

14）探伤部位：指实际探伤部位，照实际填写。

15）探伤结果：指实际探伤结果，照实际填写。

4.2.4.6-7 金相试验报告（C2-4-6-7）

1. 资料表式

金相试验报告 **表C2-4-6-7**

委托编号： 试验编号：

工程名称				试样编号	
委托单位				试验委托人	
材质及规格				试件名称	
代表数量		来样日期	年 月 日	试验日期	年 月 日
试验情况与结果：					
结论：					
试验单位：	技术负责人：		审核：		试(检)验：

2. 实施要点

(1) 金相试验报告是指为保证建筑工程质量对用于工程的钢材根据设计要求进行的金相试验有关指标测试，由试验单位出具的试验证明文件。

(2) 金相试验报告是无损探伤焊缝试（检）验项目的内容之一，应按相应标准规定行。

试验目的是了解接头各区域的组织差异和变化，以及检查焊接缺陷。

(3) 金相检验：是通过金相显微镜，在放大100～2000（一般为50～1000）倍下，观察和研究金属的组织和缺陷。它可以测定金属晶粒大小，显示金属的组织特征；鉴定金属夹杂物和缺陷等。

金相检验所需的试样要经过特殊制备。试样的制备过程是：先选择具有代表性的试样，经磨削、抛光后，进行腐蚀，显露出金属的显微组织，然后将试样放在金相显微镜下观察组织。一般应先用低倍来观察，了解组织的全貌后，逐渐提高放大倍数。

(4) 金相试验报告内容包括：试样的原始条件、试样的宏观组织和各区域的显微组织、放大倍数、焊接缺陷等。金相组织一般以照片表示，可能条件下附以分析性意见。

4.2.4.7 预应力钢丝镦头强度试验报告（C2-4-7）

实施要点

(1) 预应力钢丝镦头强度试验报告应由经省级以上建设行政主管部门批准，且具有相应资质等级的试验单位提供的试验报告表式汇整。

(2) 预应力钢丝镦头强度试验报告是指为保证建筑工程质量对用于工程的预应力钢丝镦头进行的预应力钢丝镦头强度试验的有关指标测试，由试验单位出具的试验证明文件。

(3) 采用镦头夹具时，预应力筋端头应进行镦粗。钢筋（丝）的镦头一般有热镦和冷镦两种工艺，冷镦又有机械式镦头与液压式镦头。

(4) 热镦法是在UN_1—75型或UN_1—100型手动对焊机上进行。操作时注意加热加压应根据钢筋软化程度缓慢、均匀地进行，钢筋的中心线必须对准紫铜棒的中心线；以保证镦头的外形不歪斜和镦头附近不烧伤。

(5) 冷镦法机械式镦头，将钢筋放入夹具中后，利用机械力量进行冷镦。

镦粗头质量的要求：除逐根进行外观检查，不得有镦头歪斜或烧伤缺陷等外，在第一次作镦头时，还应取镦头总数的3%作抗拉试验，其抗拉强度不得小于母材的抗拉强度98%；若有一个试件不合格，应加倍取样试验；如仍有试件不合格，则应逐根试验。

4.2.4.8 幕墙性能测试通用表式（C2-4-8）

幕墙性能测试记录表（通用）见表C2-4-8。

1. 资料表式

幕墙性能测试记录表（通用）　　**表 C2-4-8**

施工单位：

<table>
<tr><td colspan="2">工程名称</td><td colspan="2"></td><td>施工日期</td><td colspan="2"></td></tr>
<tr><td colspan="2">测试单位</td><td colspan="2"></td><td>验收日期</td><td colspan="2"></td></tr>
<tr><td>测试内容</td><td colspan="6"></td></tr>
<tr><td>问题及处理</td><td colspan="6"></td></tr>
<tr><td>测试结论</td><td colspan="6"></td></tr>
<tr><td rowspan="3">参加人员</td><td>建设单位代表</td><td>监理单位代表</td><td colspan="4">施　工　单　位</td></tr>
<tr><td rowspan="2"></td><td rowspan="2"></td><td>项目负责人</td><td>专业技术负责人</td><td>质检员</td><td>试验员</td></tr>
<tr><td></td><td></td><td></td><td></td></tr>
</table>

2. 资料要求

资料要求除应执行“对施工文件的总体要求、对工程质量记录资料核查要求”外，尚应符合：

（1）幕墙测试内容应符合规范规定，应测项目必须测试，缺项为不符合要求，并应重新补充测试。

（2）幕墙性能测试记录，建设单位代表、监理单位代表均必须签字；施工单位的项目负责人、专业技术负责人、试验员、质检员均须签字。

幕墙性能测试记录须填写，测试结论应明确说明是否符合设计和规范要求。

3. 实施要点

（1）幕墙工程施工难度大，结构复杂，安全度要求非常高，施工单位应按标准要求的幕墙性能、工艺质量、产品质量均应严格按标准规定执行。任何疏忽或不严肃都可能对幕墙质量带来难以估量的损失和危险。

（2）表列子项

1）测试单位：一般为建设行政主管部门委托的测试单位，照实际填写。

2）测试内容：应按标准要求逐项进行。

3）问题及处理：指测试过程中出现的问题和问题的处理方法，按实际填写。

4.2.4.9　幕墙性能试验与特定项目试验（C2-4-9）

《建筑幕墙》（GB/T 21086—2007）标准通用要求规定，幕墙检验项目包括：抗风压性能、水密性能、现场淋水试验、气密性能、热工性能、空气声隔声性能、平面内变形性能、振动台抗震性能、耐撞击性能、光学性能、承重力性能、防雷功能。

《建筑工程施工质量验收统一标准》（GB 50300—2001）规定，单位（子单位）工程安全和功能检验资料核查及主功能抽查记录中规定幕墙及外窗气密性、水密性、耐风压检测报告需进行复查和验证性测试。幕墙的气密性、水密性、耐风压检测见其相关说明。

4.2.4.9-1　幕墙通用性能试验（C2-4-9-1）

幕墙抗风压性能、水密性能试验、气密性能试验表式按单位（子单位）工程安全和功能检验资料核查及主要功能抽查记录表 C3-6 执行。

4.2.4.9-1A　抗风压性能试验（C2-4-9-1A）（型式检验、交收检验为必试项目）

（1）幕墙的抗风压性能指标应根据幕墙所受的风荷载标准值 W_k 确定，其指标值不应低于 W_k，且不应小于 1.0kPa。风荷载标准值 W_k 的计算应符合建筑结构荷载规范的规定。

（2）在抗风压性能指标值作用下，幕墙的支承体系和面板的相对挠度和绝对挠度不应大于表 C2-4-9-1A1 的要求。

幕墙支承结构、面板相对挠度和绝对挠度要求　　**表 C2-4-9-1A1**

支承结构类型		相对挠度（L 跨度）	绝对挠度（mm）
构件式玻璃幕墙 单元式幕墙	铝合金型材	$L/180$	20(30)[a]
	钢型材	$L/250$	20(30)[a]
	玻璃面板	短边距/60	—
石材幕墙 金属板幕墙 人造板材幕墙	铝合金型材	$L/180$	—
	钢型材	$L/250$	—
点支承玻璃幕墙	钢结构	$L/250$	—
	索杆结构	$L/200$	—
	玻璃面板	长边孔距/60	—
全玻璃幕墙	玻璃肋	$L/200$	—
	玻璃面板	跨距/60	—

a　括号内数据适用于跨距超过 4500mm 的建筑幕墙产品。

（3）开放式建筑幕墙的抗风压性能应符合设计要求。

（4）抗风压性能分级指标 P_3 应符合第（1）条的规定，并符合表 C2-4-9-1A2 的要求。

建筑幕墙抗风压性能分级　　**表 C2-4-9-1A2**

分级代号	1	2	3	4	5	6	7	8	9
分级指标值 P_3(kPa)	$1.0 \leqslant P_3 < 1.5$	$1.5 \leqslant P_3 < 2.0$	$2.0 \leqslant P_3 < 2.5$	$2.5 \leqslant P_3 < 3.0$	$3.0 \leqslant P_3 < 3.5$	$3.5 \leqslant P_3 < 4.0$	$4.0 \leqslant P_3 < 4.5$	$4.5 \leqslant P_3 < 5.0$	$P_3 \geqslant 5.0$

注1：9 级时需同时标注 P_3 的测试值。如：属 9 级(5.5kPa)。
　2：分级指标值 P_3 为正、负风压测试值绝对值的较小值。

4.2.4.9-1B　水密性能试验（C2-4-9-1B）（型式检验、交收检验为必试项目）

（1）幕墙水密性能指标应按如下方法确定：

1）GB 50178 中，ⅢA 和ⅣA 地区，即热带风暴和台风多发地区按下式计算，且固定部分不宜小于 1000Pa，可开启部分与固定部分同级。

$$P=1000\mu_z\mu_c\omega_o$$

式中 P——水密性能指标，单位：Pa；

μ_z——风压高度变化系数，应按 GB 50009 的有关规定采用；

μ_c——风力系数，可取 1.2；

ω_o——基本风压（kN/m^2），应按 GB 50009 的有关规定采用；

2）其他地区可按 1）条计算值的 75%进行设计，且固定部分取值不宜低于 700Pa，可开启部分与固定部分同级。

（2）水密性能分级指标值应符合表 C2-4-9-1B 的要求。

建筑幕墙水密性能分级 **表 C2-4-9-1B**

分级代号		1	2	3	4	5
分级指标值 ΔP(Pa)	固定部分	$500\leqslant\Delta P<700$	$700\leqslant\Delta P<1000$	$1000\leqslant\Delta P<1500$	$1500\leqslant\Delta P<2000$	$\Delta P\geqslant2000$
	可开启部分	$250\leqslant\Delta P<350$	$350\leqslant\Delta P<500$	$500\leqslant\Delta P<700$	$700\leqslant\Delta P<1000$	$\Delta P\geqslant1000$
注：5 级时需同时标注固定部分和开启部分 ΔP 的测试值。						

（3）有水密性要求的建筑幕墙在现场淋水试验中，不应发生水渗漏现象。

（4）开放式建筑幕墙的水密性能可不作要求。

说明：现场淋水试验在中间检验、交收检验中为设计或用户有要求时检验。

4.2.4.9-1C 气密性能试验（C2-4-9-1C）（型式检验、交收检验为必试项目）

（1）气密性能指标应符合 GB 50176、GB 50189、JGJ 132-2001、JGJ 134、JGJ 26 的有关规定，并满足相关节能标准的要求。一般情况可按表 C2-4-9-1C1 确定。

建筑幕墙气密性能设计指标一般规定 **表 C2-4-9-1C1**

地区分类	建筑层数、高度	气密性能分级	气密性能指标小于	
			开启部分 q_L [$m^3/(m\cdot h)$]	幕墙整体 q_A [$m^3/(m^2\cdot h)$]
夏热冬暖地区	10 层以下	2	2.5	2.0
	10 层及以上	3	1.5	1.2
其他地区	7 层以下	2	2.5	2.0
	7 层及以上	3	1.5	1.2

（2）开启部分气密性能分级指标 q_L 应符合表 C2-4-9-1C2 的要求。

建筑幕墙开启部分气密性能分级 **表 C2-4-9-1C2**

分级代号	1	2	3	4
分级指标值 q_L/[$m^3/(m\cdot h)$]	$4.0\geqslant q_L>2.5$	$2.5\geqslant q_L>1.5$	$1.5\geqslant q_L>0.5$	$q_L\leqslant0.5$

（3）幕墙整体（含开启部分）气密性能分级指标 q_A 应符合表 C2-4-9-1C3 的要求。

建筑幕墙整体气密性能分级　表 C2-4-9-1C3

分级代号	1	2	3	4
分级指标值 q_A[$m^3/(m^2\cdot h)$]	$4.0\geqslant q_A>2.0$	$2.0\geqslant q_A>1.2$	$1.2\geqslant q_A>0.5$	$q_A\leqslant 0.5$

(4) 开放式建筑幕墙的气密性能不作要求。

4.2.4.9-1D　热工性能试验（C2-4-9-1D）（型式检验为必试、交收检验为设计或用户有要求时试验）

(1) 建筑幕墙传热系数应按《民用建筑热工设计规范》GB 50176 的规定确定，并满足 GB 50189、JGJ 132—2001、JGJ 134、JGJ 26 和 JGJ 75 的要求。玻璃（或其他透明材料）幕墙遮阳系数应满足《公共建筑节能设计标准》GB 50189 和《夏热冬暖地区居住建筑节能设计标准》JGJ 75 的要求。

(2) 幕墙传热系数应按相关规范进行设计计算。

(3) 幕墙在设计环境条件下应无结露现象。

(4) 对热工性能有较高要求的建筑，可进行现场热工性能试验。

(5) 幕墙传热系数分级指标 K 应符合表 C2-4-9-1D1 的要求。

建筑幕墙传热系数分级　表 C2-4-9-1D1

分级代号	1	2	3	4	5	6	7	8
分级指标值 K [$(W/(m^2\cdot K)$]	$K\geqslant 5.0$	$5.0>K\geqslant 4.0$	$4.0>K\geqslant 3.0$	$3.0>K\geqslant 2.5$	$2.5>K\geqslant 2.0$	$2.0>K\geqslant 1.5$	$1.5>K\geqslant 1.0$	$K<1.0$
注：8 级时需同时标注 K 的测试值。								

(6) 玻璃幕墙的遮阳系数应符合：

1) 遮阳系数应按相关规范进行设计计算。

2) 玻璃幕墙的遮阳系数分级指标 SC 应符合表 C2-4-9-1D2 的要求。

玻璃幕墙遮阳系数分级　表 C2-4-9-1D2

分级代号	1	2	3	4	5	6	7	8
分级指标值 SC	0.9≥SC>0.8	0.8≥SC>0.7	0.7≥SC>0.6	0.6≥SC>0.5	0.5≥SC>0.4	0.4≥SC>0.3	0.3≥SC>0.2	SC≤0.2
注：1. 8 级时需同时标注 SC 的测试值。 2. 玻璃幕墙遮阳系数＝幕墙玻璃遮阳系数×外遮阳的遮阳系数×$\left(1-\frac{非透光部分面积}{玻璃幕墙总面积}\right)$								

(7) 开放式建筑幕墙的热工性能应符合设计要求。

4.2.4.9-1E　空气声隔声性能试验（C2-4-9-1E）（型式检验为必试、交收检验为设计或用户有要求时试验）

(1) 空气声隔声性能以计权隔声量作为分级指标，应满足室内声环境的需要，符合《民用建筑隔声设计规范》GBJ 118 的规定。

(2) 空气声隔声性能分级指标 R_w 应符合表 C2-4-9-1E 的要求。

建筑幕墙空气声隔声性能分级 **表 C2-4-9-1E**

分级代号	1	2	3	4	5
分级指标值 R_w(dB)	$25\leqslant R_w<30$	$30\leqslant R_w<35$	$35\leqslant R_w<40$	$40\leqslant R_w<45$	$R_w\geqslant45$
注：5 级时需同时标注 R_w 测试值。					

（3）开放式建筑幕墙的空气声隔声性能应符合设计要求。

4.2.4.9-1F 平面内变形性能和抗震要求试验（C2-4-9-1F）（型式检验为必试、交收检验为有抗震要求时试验）

（1）抗震性能应满足《建筑抗震设计规范》GB 50011 的要求。

（2）平面内变形性能

1）建筑幕墙平面内变形性能以建筑幕墙层间位移角为性能指标。在非抗震设计时，指标值应不小于主体结构弹性层间位移角控制值；在抗震设计时，指标值应不小于主体结构弹性层间位移角控制值的 3 倍。主体结构楼层最大弹性层间位移角控制值可按表 C2-4-9-1F1的规定执行。

主体结构楼层最大弹性层间位移角 **表 C2-4-9-1F1**

结构类型		建筑高度 H(m)		
		$H\leqslant150$	$150<H\leqslant250$	$H>250$
钢筋混凝土结构	框架	1/550	—	—
	板柱-剪力墙	1/800	—	—
	框架-剪力墙、框架-核心筒	1/800	线性插值	—
	筒中筒	1/1000	线性插值	1/500
	剪力墙	1/1000	线性插值	—
	框支层	1/1000	—	—
多、高层钢结构		1/300		

注：1. 表中弹性层间位移角$=\Delta/h$，Δ 为最大弹性层间位移量，h 为层高。
2. 线性插值系指建筑高度在 150～250m，层间位移角取 1/800(1/1000)与 1/500 线性插值。

2）平面内变形性能分级指标 γ 应符合表 C2-4-9-1F2 的要求。

建筑幕墙平面内变形性能分级 **表 C2-4-9-1F2**

分级代号	1	2	3	4	5
分级指标值 γ	$\gamma<1/300$	$1/300\leqslant\gamma<1/200$	$1/200\leqslant\gamma<1/150$	$1/150\leqslant\gamma<1/100$	$\gamma\geqslant1/100$
注：表中分级指标为建筑幕墙层间位移角。					

（3）建筑幕墙应满足所在地抗震设防烈度的要求。对有抗震设防要求的建筑幕墙，其试验样品在设计的试验峰值加速度条件下不应发生破坏。幕墙具备下列条件之一时应进行振动台抗震性能试验或其他可行的验证试验：

1）面板为脆性材料，且单块面板面积或厚度超过现行标准或规范的限制；

2）面板为脆性材料，且与后部支承结构的连接体系为首次应用；

3）应用高度超过标准或规范规定的高度限制；

4）所在地区为 9 度以上（含 9 度）设防烈度。

4.2.4.9-1G 耐撞击性能试验（C2-4-9-1G）（型式检验为必试、交收检验为非必检项目）

（1）耐撞击性能应满足设计要求。人员流动密度大或青少年、幼儿活动的公共建筑的建筑幕墙，耐撞击性能指标不应低于表C2-4-9-1G中2级。

（2）撞击能量E和撞击物体的降落高度H分级指标和表示方法应符合表C2-4-9-1G的要求。

建筑幕墙撞击性能分级　表C2-4-9-1G

分级代号		1	2	3	4
室内侧	撞击能量E(N·m)	700	900	>900	—
	降落高度H(mm)	1500	2000	>2000	—
室外侧	撞击能量E(N·m)	300	500	800	>800
	降落高度H(mm)	700	1100	1800	>1800

注：1. 性能标注时应按：室内侧定级值/室外侧定级值。例如：2/3为室内2级，室外3级。
2. 当室内侧定级值为3级时标注撞击能量实际测试值，当室外侧定级值为4级时标注撞击能量实际测试值。例如：1200/1900室内1200N·m，室外1900N·m。

4.2.4.9-1H　光学性能试验（C2-4-9-1H）（交收检验为非必检项目）

（1）有采光功能要求的幕墙，其透光折减系数不应低于0.45。有辨色要求的幕墙，其颜色透视指数不宜低于Ra80。

（2）建筑幕墙性能分级指标透光折减系数T_T应符合表C2-4-9-1H的要求。

建筑幕墙采光性能分级　表C2-4-9-1H

分级代号	1	2	3	4	5
分级指标值T_T	$0.2 \leqslant T_T < 0.3$	$0.3 \leqslant T_T < 0.4$	$0.4 \leqslant T_T < 0.5$	$0.5 \leqslant T_T < 0.6$	$T_T \geqslant 0.6$

注：5级时需同时标注T_T测试值。

（3）玻璃幕墙的光学性能应满足《玻璃幕墙光学性能》（GB/T 18091）的规定。

4.2.4.9-1I　承重力性能试验（C2-4-9-1I）（交收检验为非必检项目）

（1）幕墙应能承受自重和设计时规定的各种附件的重量，并能可靠地传递到主体结构。

（2）在自重标准值作用下，水平受力构件在单块面板两端跨距内的最大挠度不应超过该面板两端跨距的1/500，且不应超过3mm。

4.2.4.9-1J　防雷功能试验（C2-4-9-1J）（中间检验、交收检验为非必检项目）

建筑幕墙的防火、防雷功能应符合《玻璃幕墙工程技术规范》（JGJ 102）、《金属与石材幕墙工程技术规范》（JGJ 133）的规定。

4.2.4.9-2　不同构造形式的幕墙工程特定检验项目与要求（C2-4-9-2）

不同构造形式的幕墙工程包括：构件式玻璃幕墙、石材幕墙、金属板幕墙、人造板幕墙、单元式幕墙、点支承幕墙、全玻幕墙、双层幕墙。

幕墙工程特定检验项目在不同构造形式的幕墙工程中均包括：组件制作工艺质量、组件组装质量和外观质量的检验。组件制作工艺质量定为非必检项目，仅设计或用户在中间检验有要求时定为必检项目。如设计或用户在中间检验有要求时可按《建筑幕墙》（GB/T 21086—2007）的规定进行检验。

组件组装质量和外观质量的检验《建筑幕墙》（GB/T 21086—2007）定为交收检验的

必检项目。

4.2.4.9-2A 不同构造形式幕墙的组件组装质量检验（C2-4-9-2A）

4.2.4.9-2A1 构件式玻璃幕墙组件组装质量要求（C2-4-9-2A1）

（1）幕墙竖向和横向构件的组装允许偏差，应符合表C2-4-9-2A1a的要求。

幕墙竖向和横向构件的组装允许偏差 （单位为毫米） 表C2-4-9-2A1a

项目	尺寸范围	允许偏差(不大于)		检测方法
		铝构件	钢构件	
相邻两竖向构件间距尺寸(固定端头)	—	±2.0	±3.0	钢卷尺
相邻两横向构件间距尺寸	间距≤2000mm	±1.5	±2.5	钢卷尺
	间距>2000mm	±2.0	±3.0	
分格对角线差	对角线长≤2000mm	3.0	4.0	钢卷尺或伸缩尺
	对角线长>2000mm	3.5	5.0	
竖向构件垂直度	高度≤30m	10	15	经纬仪或铅垂仪
	高度≤60m	15	20	
	高度≤90m	20	25	
	高度≤150m	25	30	
	高度>150m	30	35	
相邻两横向构件的水平高差	—	1.0	2.0	钢板尺或水平仪
横向构件水平度	构件长≤2000mm	2.0	3.0	水平仪或水平尺
	构件长>2000mm	3.0	4.0	
竖向构件直线度	—	2.5	4.0	2m靠尺
竖向构件外表面平面度	相邻三立柱	2	3	经纬仪
	宽度≤20m	5	7	
	宽度≤40m	7	10	
	宽度≤60m	9	12	
	宽度≥60m	10	15	
同高度内横向构件的高度差	长度≤35m	5	7	水平仪
	长度>35m	7	9	

（2）幕墙组装就位后允许偏差应符合表C2-4-9-2A1b的要求。

幕墙组装就位后允许偏差 （单位为毫米） 表C2-4-9-2A1b

项目		允许偏差	检测方法
竖缝及墙面垂直度(幕墙高度 H)	H≤30m	≤10	激光仪或经纬仪
	30m<H≤60m	≤15	
	60m<H≤90m	≤20	
	90m<H≤150m	≤25	
	H>150m	≤30	
幕墙平面度		≤2.5	2m靠尺、钢板尺
竖缝直线度		≤2.5	2m靠尺、钢板尺
横缝直线度		≤2.5	2m靠尺、钢板尺
缝宽度(与设计值比较)		±2	卡尺
两相邻面板之间接缝高低差		≤1.0	深度尺

(3) 幕墙的附件应齐全并符合设计要求，幕墙和主体结构的连接应牢固可靠。

(4) 幕墙开启窗应符合设计要求，安装牢固可靠，启闭灵活。

(5) 幕墙外露框、压条、装饰构件、嵌条、遮阳板等应符合设计要求，安装牢固、可靠。

4.2.4.9-2A2　*石材幕墙组件组装质量要求*（C2-4-9-2A2）

(1) 石材面板挂装系统安装偏差应符合表 C2-4-9-2A2 的规定。

石材面板挂装系统安装允许偏差　（单位为毫米）　表 C2-4-9-2A2

<table>
<tr><th colspan="2">项　目</th><th>通槽长钩</th><th>通槽短钩</th><th>短槽</th><th>背卡</th><th>背栓</th><th>检测方法</th></tr>
<tr><td colspan="2">托板(转接件)标高</td><td colspan="4">±1.0</td><td>—</td><td>卡尺</td></tr>
<tr><td colspan="2">托板(转接件)前后高低差</td><td colspan="4">≤1.0</td><td>—</td><td>卡尺</td></tr>
<tr><td colspan="2">相邻两托板(转接件)高低差</td><td colspan="4">≤1.0</td><td>—</td><td>卡尺</td></tr>
<tr><td colspan="2">托板(转接件)中心线偏差</td><td colspan="4">≤2.0</td><td>—</td><td>卡尺</td></tr>
<tr><td colspan="2">勾锚入石材槽深度偏差</td><td colspan="4">+1.0
0</td><td>—</td><td>深度尺</td></tr>
<tr><td colspan="2">短钩中心线与托板中心线偏差</td><td>—</td><td colspan="2">≤2.0</td><td>—</td><td>—</td><td>卡尺</td></tr>
<tr><td colspan="2">短钩中心线与短槽中心线偏差</td><td>—</td><td colspan="2">≤2.0</td><td>—</td><td>—</td><td>卡尺</td></tr>
<tr><td colspan="2">挂钩与挂槽搭接深度偏差</td><td>—</td><td colspan="2">+1.0
0</td><td>—</td><td>—</td><td>卡尺</td></tr>
<tr><td colspan="2">插件与插槽搭接深度偏差</td><td>—</td><td colspan="2">+1.0
0</td><td>—</td><td>—</td><td>卡尺</td></tr>
<tr><td colspan="2">挂钩(插槽)中心线偏差</td><td colspan="4"></td><td>≤2.0</td><td>钢直尺</td></tr>
<tr><td colspan="2">挂钩(插槽)标高</td><td colspan="4">—</td><td>±1.0</td><td>卡尺</td></tr>
<tr><td colspan="2">背栓挂(插)件中心线与孔中心线偏差</td><td colspan="4">—</td><td>≤1.0</td><td>卡尺</td></tr>
<tr><td colspan="2">背卡中心线与背卡槽中心线偏差</td><td colspan="3">—</td><td>≤1.0</td><td>—</td><td>卡尺</td></tr>
<tr><td colspan="2">左右两背卡中心线偏差</td><td colspan="3">—</td><td>≤3.0</td><td>—</td><td>卡尺</td></tr>
<tr><td colspan="2">通长勾距板两端偏差</td><td>±1.0</td><td colspan="4">—</td><td>卡尺</td></tr>
<tr><td rowspan="3">同一行石材上端水平偏差</td><td>相邻两板块</td><td colspan="5">≤1.0</td><td rowspan="3">水平尺</td></tr>
<tr><td>长度≤35mm</td><td colspan="5">≤2.0</td></tr>
<tr><td>长度>35mm</td><td colspan="5">≤3.0</td></tr>
<tr><td rowspan="3">同一列石材边部垂直偏差</td><td>相邻两板块</td><td colspan="5">≤1.0</td><td rowspan="3">卡尺</td></tr>
<tr><td>长度≤35mm</td><td colspan="5">≤2.0</td></tr>
<tr><td>长度>35mm</td><td colspan="5">≤3.0</td></tr>
<tr><td>石材外表面平整度</td><td>相邻两板块高低差</td><td colspan="5">≤1.0</td><td>卡尺</td></tr>
<tr><td colspan="2">相邻两石材缝宽(与设计值比)</td><td colspan="5">±1.0</td><td>卡尺</td></tr>
</table>

(2) 幕墙竖向构件和横向构件的组装允许偏差应符合表 C2-4-9-2A1a 的要求。

(3) 幕墙组装就位后允许偏差应符合表 C2-4-9-2A1b 的要求。

(4) 石材面板安装到位后，横向构件不应发生明显的扭转变形，板块的支撑件或连接托板端头纵向位移应不大于 2mm。

(5) 相邻转角板块的连接不应采用粘结方式。

4.2.4.9-2A3　*金属板幕墙组件组装质量要求*（C2-4-9-2A3）

(1) 幕墙的竖向构件和横向构件的组装允许偏差应符合表 C2-4-9-2A1a 的要求。

（2）幕墙组装就位后允许偏差应符合表C2-4-9-2A1b的要求。

（3）幕墙的附件应齐全并符合设计要求，幕墙和主体结构的连接应牢靠。

（4）金属板幕墙组件采用插接或立边接缝系统进行组装时，插接用固定块及接缝用固定夹和滑动夹的固定部位应牢固、可靠。

（5）锌合金板背面未带防潮保护层时，锌合金板幕墙宜采用后部通风系统。

（6）搪瓷涂层钢板幕墙的面板不应在施工现场进行切割和钻孔，搪瓷涂层应保持完好。

4.2.4.9-2A4 人造板材幕墙组件组装质量要求（C2-4-9-2A4）

（1）幕墙支撑构件的组装允许偏差应符合表C2-4-9-2A1a的要求。

（2）人造板材幕墙组装就位后允许偏差应满足表C2-4-9-2A4的要求。

人造板材幕墙组装就位后允许偏差 **表C2-4-9-2A4**

项目		允许偏差		检测方法
竖缝及墙面垂直度（幕墙高度H）	$H \leqslant 30m$	≤10		激光仪或经纬仪
	$30m < H \leqslant 60m$	≤15		
	$60m < H \leqslant 90m$	≤20		
	$90m < H \leqslant 150m$	≤25		
	$H > 150m$	≤30		
幕墙平面度		平面，抛光面小于2.5		2m靠尺、钢板尺
竖缝直线度		≤2.5		2m靠尺、钢板尺
横缝直线度		≤2.5		2m靠尺、钢板尺
缝宽度（与设计值比较）		≤2.0		卡尺
两相邻面板之间接缝高低差		表面抛光处理、平面、釉面	1.0	深度尺
		毛面	2.0	

4.2.4.9-2A5 单元式幕墙组件组装质量要求（C2-4-9-2A5）

（1）单元锚固连接件的安装位置允许偏差为±1.0mm。

（2）单元部件连接

1）插接型单元部件之间应有一定的搭接长度，竖向搭接长度不应小于10mm，横向搭接长度不应小于15mm。

2）单元连接件和单元锚固连接件的连接应具有三维可调节性，三个方向的调整量不应小于20mm。

3）单元部件间十字接口处应采取防渗漏措施。

4）单元式幕墙的通气孔和排水孔处应采用透水材料封堵。

（3）单元部件组装就位后幕墙的允许偏差应符合表C2-4-9-2A5的要求。

单元式幕墙组装就位后允许偏差 **表C2-4-9-2A5**

项目		允许偏差(mm)	检测方法
墙面垂直度（幕墙高度H）	$H \leqslant 30m$	≤10	经纬仪
	$30m < H \leqslant 60m$	≤15	
	$60m < H \leqslant 90m$	≤20	
	$90m < H \leqslant 150m$	≤25	
	$H > 150m$	≤30	

续表

项　　目	允许偏差(mm)	检测方法
墙面平面度	≤2.5	2m 靠尺
竖缝直线度	≤2.5	2m 靠尺
横缝直线度	≤2.5	2m 靠尺
单元间接缝宽度(与设计值比)	±2.0	钢直尺
相邻两单元接缝面板高低差	≤1.0	深度尺
单元对插配合间隙(与设计值比)	+1.0 0	钢直尺
单元对插搭接长度	±1.0	钢直尺

4.2.4.9-2A6　点支承幕墙组件组装质量要求（C2-4-9-2A6）

(1) 点支承幕墙组装质量应符合表 C2-4-9-2A6a 的要求。

点支承幕墙、全玻璃幕墙组装就位后允许偏差　　表 C2-4-9-2A6a

项　　目		允许偏差	检测方法
幕墙平面垂直度 (幕墙高度 H)	H≤30m	≤10mm	激光仪或经纬仪
	30m<H≤60m	≤15mm	
	60m<H≤90m	≤20mm	
	90m<H≤150m	≤25mm	
	H>150m	≤30mm	
幕墙的平面度		≤2.5mm	2m 靠尺、钢板尺
竖缝的直线度		≤2.5mm	2m 靠尺、钢板尺
横缝的直线度		≤2.5mm	2m 靠尺、钢板尺
胶缝宽度(与设计值比较)		±2mm	卡尺
两相邻面板之间的高低差		≤1.0mm	深度尺
两相邻面板之间的高低差		≤1.0mm	深度尺
全玻幕墙玻璃面板与肋板夹角与设计值偏差		≤1°	量角器

(2) 点支承玻璃幕墙玻璃之间空隙宽度不应小于 10mm，有密封要求时应采用硅酮建筑密封胶密封。

(3) 专承装置的安装偏差应符合表 C2-4-9-2A6b 的要求。

支承装置安装要求表　　表 C2-4-9-2A6b

名　　称		允许偏差(mm)	检测方法
相邻两爪座水平间距		±2.5	激光仪或经纬仪
相邻两爪座垂直间距		±2.0	激光仪或经纬仪
相邻两爪座水平高低差		2	卡尺
爪座水平度		1/100	激光仪或经纬仪
同一标高内爪座高低差	间距不大于 35m	≤5	激光仪或经纬仪
	间距大于 35m	≤7	
单个分格爪座对角线差(与设计尺寸相比)		≤4	钢卷尺
爪座端面平面度(平面幕墙)		≤6	激光仪或经纬仪

4.2.4.9-2A7　全玻幕墙组件组装质量要求（C2-4-9-2A7）

(1) 全玻幕墙组装质量应符合表 C2-4-9-2A6a 的要求。

（2）玻璃与周边结构或装修物的空隙不应小于 8mm，密封胶填缝应均匀、密实、连续。

4.2.4.9-2A8 双层幕墙组件组装质量要求（C2-4-9-2A8）

（1）双层幕墙组装固定后的允许偏差应符合《建筑幕墙》（GB/T 21086—2007）标准第 6、7、8、9、11 章的要求。

（2）采用单元式结构体系的双层幕墙组装固定后的允许偏差应符合《建筑幕墙》（GB/T 21086—2007）标准第 10 章的要求。

4.2.4.9-2B 不同构造形式幕墙的外观质量检验（C2-4-9-2B）

4.2.4.9-2B1 构件式玻璃幕墙外观质量要求（C2-4-9-2B1）

（1）玻璃幕墙表面应平整，外露表面不应有明显擦伤、腐蚀、污染、斑痕。

（2）每平方米玻璃的表面质量应符合表 C2-4-9-2B1a 要求。

每平方米玻璃的表面质量 **表 C2-4-9-2B1a**

项 目	质量要求	检测方法
0.1～0.3mm 宽度划伤痕	长度＜100mm；不超过 8 条	观察
擦伤总面积	≤500mm²	钢直尺

（3）一个分格铝合金型材表面质量应符合表 C2-4-9-2B1b 要求。

一个分格铝合金型材表面质量 **表 C2-4-9-2B1b**

项 目	质量要求	检测方法
擦伤、划伤深度	不大于处理膜层厚度的 2 倍	观察
擦伤总面积	不大于 500mm²	钢直尺
划伤总长度	不大于 150	钢直尺
擦伤和划伤处数	不大于 4	观察

（4）玻璃幕墙的外露框、压条、装饰构件、嵌条、遮阳板等应平整。

（5）幕墙面板接缝应横平竖直，大小均匀，目视无明显弯曲扭斜，胶缝外应无胶渍。

4.2.4.9-2B2 石材幕墙外观质量（C2-4-9-2B2）

（1）每平方米亚光面和镜面板材的正面质量应符合表 C2-4-9-2B2 要求。

细面和镜面板材正面质量的要求 **表 C2-4-9-2B2**

项 目	规 定 内 容
划伤	宽度不超过 0.3mm（宽度小于 0.1mm 不计），长度小于 100mm，不多于 2 条
擦伤	面积总和不超过 500mm²（面积小于 100mm² 不计）
注：1. 石材花纹出现损坏的为划伤。 2. 石材花纹出现模糊现象的为擦伤。	

（2）石材幕墙面板接缝要求应横平竖直，大小均匀，目视无明显弯曲扭斜，胶缝外应无胶渍。

注：可维护性要求：石材幕墙的面板宜采用便于各板块独立安装和拆卸的支承固定系统，不宜采用 T 形挂装系统。

4.2.4.9-2B3　金属板幕墙外观质量（C2-4-9-2B3）

（1）金属板幕墙组件中金属面板表面处理层厚度应满足表 C2-4-9-2B3a 的要求。

金属面板表面的处理层厚度　（单位为微米）　表 C2-4-9-2B3a

表面处理方法	平均厚度 t		检测方法
氧化着色	$t \geqslant 15$		测厚仪
静电粉末喷涂	$120 \geqslant t \geqslant 40$		测厚仪
氟碳喷涂	喷涂	$t \geqslant 30$	测厚仪
	辊涂	$t \geqslant 25$	
聚氨酯喷涂	$t \geqslant 40$		测厚仪
搪瓷涂层	$450 \geqslant t \geqslant 120$		测厚仪

（2）金属板外观应整洁，涂层不得有漏涂。装饰表面不得有明显压痕、印痕和凹凸等残迹。装饰表面每平方米内的划伤、擦伤应符合表 C2-4-9-2B3b 的要求。

装饰表面划伤和擦伤的允许范围　表 C2-4-9-2B3b

项　目	要　求	检测方法
划伤深度	不大于表面处理厚度	目测观察
划伤总长度(mm)	≤100	钢直尺
擦伤总面积(mm^2)	≤300	钢直尺
划伤、擦伤总处数	≤4	目测观察

（3）金属板幕墙面板接缝应横平竖直，大小均匀，目视无明显弯曲扭斜，胶缝外应无胶渍。

4.2.4.9-2B4　人造板材幕墙外观质量（C2-4-9-2B4）

（1）人造板材幕墙外露表面不应有明显擦伤、斑痕、破损。

（2）人造板材幕墙外露表面每平方米内的划伤、擦伤，应符合表 C2-4-9-2B4 要求。

人造板材幕墙每平方米外露表面质量　表 C2-4-9-2B4

项　目	质量要求	检测方法
明显擦伤、划伤	不允许	目测观察
单条长度≤100m 的轻微划伤	不多于 2 条	钢直尺
轻微擦伤总面积(mm^2)	≤300(面积小于 100mm^2 不计)	钢直尺
注:轻微划伤、擦伤是指深度不超过表面处理深度,或站立在 3m 距离处,不可见的擦伤或划伤。		

（3）人造板材幕墙面板接缝应符合横平竖直，大小均匀，目视无明显弯曲扭斜，胶缝外应无胶渍。

4.2.4.9-2B5　单元式幕墙外观质量（C2-4-9-2B5）

（1）面板外观质量应符合《建筑幕墙》（GB/T 21086—2007）标准第 6、7、8、9 章的要求。

（2）幕墙外露表面耐候胶应与面板粘结牢固，幕墙面板接缝应符合横平竖直，大小均匀，目视无明显弯曲扭斜，胶缝外应无胶渍。

4.2.4.9-2B6　点支承幕墙外观质量（C2-4-9-2B6）

（1）钢结构应焊缝平滑，防腐涂层应均匀、无破损，应符合 GB 50205—2001 的规定。

（2）大面应平整，胶缝宽度均匀、表面平滑。

（3）不锈钢件光泽度应与设计相符，且无锈斑。

4.2.4.9-2B7 全玻幕墙外观质量（C2-4-9-2B7）

全玻幕墙的外观质量应符合《建筑幕墙》（GB/T 21086—2007）标准 11.6 和 JGJ/T 139 的规定。

4.2.4.9-2B8 双层幕墙外观质量（C2-4-9-2B8）

（1）双层幕墙组件和构件中，材料装饰表面处理应符合《建筑幕墙》（GB/T 21086—2007）标准第 6、7、8、9、11 章的要求。

（2）双层幕墙外观质量应符合《建筑幕墙》（GB/T 21086—2007）标准第 6、7、8、9、10、11、12 章的相关要求。

注：双层幕墙的构造要求

1. 幕墙热通道尺寸应能够形成有效的空气流动，进出风口分开设置。

2. 宜在幕墙热通道内设置遮阳系统。

3. 外通风双层幕墙进风口和出风口宜设置防虫网和空气过滤装置，宜设置电动或手动的调控装置控制幕墙热通道的通风量，能有效开启和关闭。

4. 外通风双层幕墙内层幕墙或门窗宜采用中空玻璃。内通风双层幕墙外层幕墙宜采用中空玻璃。

5. 外层幕墙悬挑较多时与主体结构的连接部件应进行承载力和刚度校核，幕墙结构体系应能承受附加检修荷载。

6. 双层幕墙的内侧及热通道内的构配件应易于清洁和维护。

7. 内通风双层幕墙应与建筑暖通系统结合设计。

4.2.4.10 土样密度试验报告（C2-4-10）

4.2.4.10A 环刀法试验（C2-4-10A）

1. 资料表式

土样密度试验报告（环刀法） **表 C2-4-10A1**

委托单位： 试验编号：

工程名称				委托日期	
取样部位		试样种类		报告日期	
试样数量		最小干密度		检验类别	
取样编号	取样步次	湿密度（g/cm³）	含水率（%）	干密度（g/cm³）	单个结论
取样位置示意图：					
依据标准：					
检验结论：					
试验单位：	技术负责人：		审核：	检验：	

注：土样密度试验（俗称土样密度试验）报告表式，可根据当地的使用惯例制定的表式应用，但工程名称、委托日期、取样部位、试样种类、报告日期、试样数量、最小干密度、检验类别、取样编号、取样步次、湿密度（g/cm³）、含水率（%）、干密度（g/cm³）、单个结论、取样位置示意图、依据标准、检验结果等项试验内容必须齐全。实际试验项目根据工程实际择用。

2. 实施要点

土样密度试验报告是为保证工程质量，由试验单位对工程中进行的回填夯实类土的干质量密度指标进行测试后出具的质量证明文件。

(1) 回填常用材料

1) 石灰

石灰是一种无机的胶结材料，可分为气硬性和水硬性。它不但能在空气中硬化，而且还能在水中硬化。

灰土垫层中石灰 CaO+MgO 总量达 8%左右，和土的体积比一般以 2∶8 或 3∶7 为最佳（土料较湿时可用 3∶7 灰土，承载力要求不高时可用 1∶9 灰土）。垫层强度随灰量的增加而提高，但当含灰量超过一定值后，灰土强度增加很慢。灰土垫层中所用的石灰宜达到国家三等石灰标准，生石灰标准见表 C2-4-10A2。在施工现场用作灰土的熟石灰应过筛，其粒径不得大于 5mm。熟石灰中不得夹有未熟化的生石灰块，也不得含有过多的水分。所谓熟石灰是指 CaO 加 H_2O 变成的 Ca（OH）$_2$。石灰的贮存时间不宜超过 3 个月，长期存放将会使其活性降低。灰土用石灰应以生石灰消解 3～4 天后过筛使用。

生石灰的技术指标　　**表 C2-4-10A2**

类别 / 等级 / 指标 / 项目	钙质生石灰			镁质生石灰		
	一等	二等	三等	一等	二等	三等
有效钙加氧化镁含量不小于(%)	85	80	70	80	75	65
未消化残渣含量(5mm 圆孔筛的筛孔)不大于(%)	7	11	17	10	14	20

2) 粉煤灰

粉煤灰技术指标　　**表 C2-4-10A3**

序号	指　　标		级　别		
			Ⅰ	Ⅱ	Ⅲ
1	细度(0.045mm 方孔筛的筛余)(%)	不大于	12	20	45
2	需水量比(%)	不大于	95	105	115
3	烧失量(%)	不大于	5	8	15
4	含水量(%)	不大于	1	1	不规定
5	三氧化硫(%)	不大于	3	3	3

符合表 C2-4-10A3 技术要求的为等级品，若其中任何一项不符合要求的应重新加倍取样，进行复检。复检不合格的需降级处理。

凡低于表 C2-4-10A3 要求中最低级别技术要求的粉煤灰为不合格品。

3) 土料

灰土中的土不仅作为填料，而且参与化学反应，尤其是土中的黏粒（<0.005mm）或胶粒（<0.002mm）具有一定活性和胶结性，含量越多（即土的塑性指数越高），则灰土的强度也越高。

在施工现场宜采用就地基坑（槽）中挖出的黏性土（塑性指数宜大于5）拌制灰土。淤泥、耕土、冻土、膨胀土以及有机物含量超过8%的土料都不得使用。土料应予以过筛，其粒径不得大于15mm。

注：简易土工试验用石灰、粉煤灰掺合料不实行见证取样。

（2）取样数量规定

1）《建筑地基处理技术规范》（JGJ 79—2002）规定：采用环刀法取样时，检验数量：大基坑每50～100m^2 应不少于1个检验点；基槽每10～20m应不少于1个点；每个单独柱基应不少于1个点。

2）《建筑地基基础工程施工质量验收规范》（GB 50202—2002）规定：对灰土地基、砂和砂石地基、土工合成材料地基、粉煤灰地基、强夯地基、注浆地基、预压地基，其竣工后的结果（地基强度或承载力）必须达到设计要求的标准。检验数量，每单位工程应不应少于3点；1000m^2 以上工程，每100m^2 至少应有1点；3000m^2 以上工程，每300m^2 至少应有1点。每一独立基础下至少应有1点，基槽每20延米应有1点。

3）采用贯入仪或动力触探检验垫层施工质量时，每分层检验点的间距应不大于4m。

4）垫层法检测可适当多打一些钎探点，以判别地基土的均匀程度，以保证垫层法处理地基基土的均匀性。

5）整片垫层每100m^2 不应少于4点。

（3）环刀法应用说明

1）环刀法取土用容积不小于200cm^3 的环刀，必须每段每层进行检验。

2）环刀取土方法：取土点处先用平口铲挖一个约20cm×20cm的小坑，挖至每（步）压实部，再用环刀（详见图C2-4-10A1、图C2-4-10A2），使环刀口向下，加环盖，用落锤打环盖，使环盖深入土中1～2cm，用平口铲把环刀及环盖取出，轻取环盖，用削土刀修平环刀余土，擦净环刀外壁土。把环刀内土直接取出，称其重量（g/cm^3）。

3）环刀容积：$V=\pi \cdot r^2 \cdot h=3.14\times3.5^2\times5.2=200\text{cm}^3$

取土环刀包括环刀（200cm^3）、环盖及落锤（重1kg）；天平（称量1kg，感量1g）；平口铲；削土刀等。

（4）取样要求及其注意事项

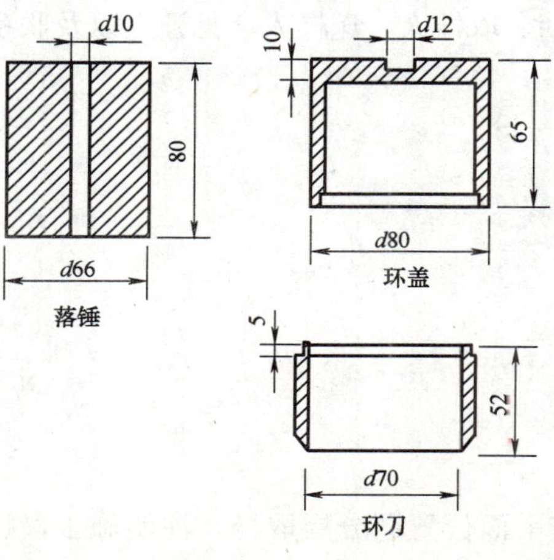

图C2-4-10A1 取土环刀

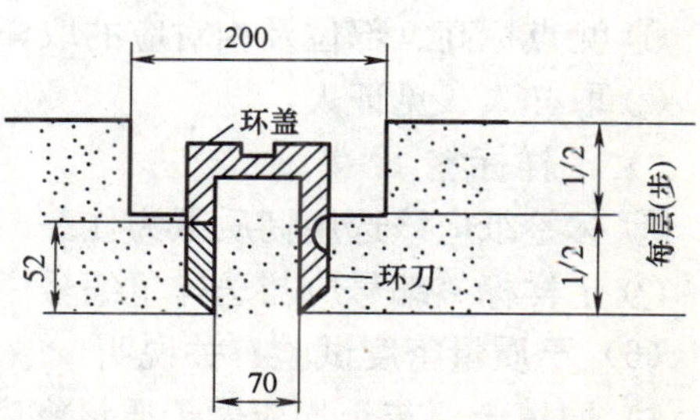

图C2-4-10A2 素土环刀取点处示意图

1）采取的土样应具有一定的代表性，取样数量应满足试验的需要。

2）回填材料应按设计要求每层应按要求夯实，采用环刀取样时应注意以下事项：

① 现场取样必须是在见证人监督下，由取样人员按要求在测点处取样，而取样、见证人员，必须通过资格考核。

② 取样时应使环刀在测点处垂直而下，并应在夯实层 2/3 处取样。

③ 取样时应注意免使土样受到外力作用，环刀内应充满土样；如果环刀内土样不足，应将同类土样补足。

④ 尽量使土样受最低程度的扰动，并使土样保持天然含水量。

⑤ 如果遇到原状土测试情况，除土样尽可能免受扰动外，还应注意保持土样的原状结构及其天然湿度。

3）土样存放及运送

在现场取样后，原则上应及时将土样运送到试验室。土样存放及运送中，还须注意以下事项：

① 土样存放：

A. 将现场采取的土样，立即放入密封的土样盒或密封的土样筒内，同时贴上相应的标签；

B. 如无密封的土样盒和密封的土样筒时，可将取得的土样用砂布包裹，并用蜡熔封密实；

C. 密封土样宜放在室内常温处，使其避免日晒、雨淋及冻融等有害因素的影响。

② 土样运送

关键问题是使土样在运送过程中少受振动。

（5）送样要求

为确保基础回填的公正性、可靠性和科学性，有关人员应认真、准确地填写好土样试验的送样单、现场取样记录及土样标签等有关内容。

1）土工试验送样单

① 在见证人员陪同下，送样人应准确填写下述内容：

委托单位、工程名称、试验项目、设计要求、现场土样的鉴别名称、夯实方法、测点标高、测点编号、取样日期、取样地点、填单日期、取样人、送样人、见证人以及联系电话等。同时，还应附上测点平面图。

② 送样单一式两份，施工单位一份，试验室一份。

2）现场取样记录

① 测点标高、部位及相对应的取样日期。

② 取样人、见证人。

3）土样标签

① 标签纸应该选用韧质纸为佳。

② 土样标签编号应与送样单编号一致。

（6）干质量密度试验有关说明

1）回填土、灰土均应做干质量密度试验。按平面位置图分层取样，注明施工段、层次、标高、取样点。编号清楚，取样数量要符合质量验评标准要求，试验报告要注明种类、试验日期。试验结果未达到要求的部位，应有处理及复试结果。砂土的质量检查宜采用环刀取样，测定干质量密度。分层厚度可用标桩控制，每层密实度经检验合格后方可进行上层的施工。实际测定的密度不应低于最小干质量密度；不符合要求者，应经处理后进行复试，前后测定结果并列于试验单中，不允许存在不符合要求的试验结果。

2）贯入测试：回填土、灰土应用贯入测试法见灌砂法贯入测试有关说明。

3）灰土、填土、砂地基干质量密度参考值见表 C2-4-10A3。

灰土、填土、砂地基干质量密度参考值　　表 C2-4-10A3

序号	项目	最小干密度(g/cm^3)	说　明
1	灰土	粉　土　1.55 粉质黏土　1.50 黏　土　1.45	表内最小干密度为通常的采用值可供参考
2	砂	不小于在中密状态时的干密度 中　砂　1.55～1.60	
3	填土	一般情况下　1.65 黏　土　1.49	

注：灰土可按压实系数 λ_c 鉴定，一般为 0.93～0.95。

（7）核查注意事项

1）填方工程包括大型土方、室内填方及柱基、基坑、基槽和管沟的回填土等。填方工程应按设计要求和施工规范规定，对土壤分层取样试验，提供分层取点平面示意图、编号及试验报告单。试验记录编号应与平面图对应。

2）各层填土压实后，应及时测定干土质量密度，应符合设计要求，且应分散，不得集中。

3）重要的、大型的或设计有要求的填方工程，在施工前应对填料作击实试验，求出填料的干土质量密度-含水量关系曲线，并确定其最大干土质量密度 γ_{dmax} 和最优含水量，并根据设计压实系数，分别计算出各种填料的施工控制干土质量密度。对于一般的小型工程又无击实试验条件的单位，最大干土质量密度可按施工规范计算。

4）砂、砂石、灰土、三合土地基用环刀取样实测，其干土质量密度不应低于设计要求的最小干土质量密度；用贯入仪、钢筋或钢叉等实测贯入度大小，不应低于通过试验所确定的贯入度数值。

（8）表列子项

1）取样部位：按委托单的取样部位或本次试验所取试件的实际部位填写。

2）试样种类：照实际试样种类填写。

3）试样数量：照实际抽取的试样数量填写。

4）最小干密度：即设计干密度，按《建筑地基基础工程施工质量验收规范》的有关标准测试。

5）取样编号：按试点布置示意图的编号依次排列。

6）取样步次：指分层夯实时应分层取样，取样步次照实际填写。

7）湿密度：指试件未烘干时的密度，照实测值填写。

8）含水率：指试件单位体积内的含水率，照实测值填写。

9）干密度：指试件烘干后的密度，按不同步次的实测干密度值填写。

10）单个结论：指单个试件强度的测试结果，照实测值填写。

11）取样位置示意图：按《建筑地基基础工程施工质量验收规范》的要求布点，并绘制简图。

4.2.4.10B　蜡封法试验（C2-4-10B）

1. 资料表式

蜡封法密度试验记录　　　　**表 C2-4-10B**

工程名称________　　　　试验日期________

试样编号	试样质量 (g)	蜡封试样质量 (g)	蜡封试样水中质量 (g)	温度 (℃)	纯水在 T℃时的密度 (g/cm³)	蜡封试样体积 (cm³)	蜡体积 (cm³)	试样体积 (cm³)	湿密度 (g/cm³)	含水率 (%)	干密度 (g/cm³)	平均干密度 (g/cm³)
	(1)	(2)	(3)		(4)	$(5)=\frac{(2)-(3)}{(4)}$	$(6)=\frac{(2)-(1)}{\rho_n}$	(7)=(5)−(6)	$(8)=\frac{(1)}{(7)}$	(9)	$(10)=\frac{(8)}{1+0.01(9)}$	
试验单位：			技术负责人：				审核：			检验：		

2. 实施要点

（1）蜡封法

1）本试验方法适用于易破裂土和形状不规则的坚硬土。

2）蜡封法试验，应按下列步骤进行：

① 从原状土样中，切取体积不小于 30cm³ 的代表性试样，清除表面浮土及尖锐棱角，系上细线，称试样质量，准确至 0.01g。

② 持线将试样缓缓浸入刚过熔点的蜡液中，浸没后立即提出，检查试样周围的蜡膜，当有气泡时应用针刺破，再用蜡液补平，冷却后称蜡封试样质量。

③ 将蜡封试样挂在天平的一端，浸没于盛有纯水的烧杯中，称蜡封试样在纯水中的质量，并测定纯水的温度。

④ 取出试样，擦干蜡面上的水分，再称蜡封试样质量。当浸水后试样质量增加时，应另取试样重做试验。

3）试样的密度，应按下式计算：

$$\rho_0=\frac{m_0}{\dfrac{m_n-m_{nw}}{\rho_{wT}}-\dfrac{m_n-m_0}{\rho_n}}$$

式中　m_0——蜡封试样质量（g）；

m_{nw}——蜡封试样在纯水中的质量（g）；

ρ_{wT}——纯水在 T℃时的密度（g/cm³）；

ρ_n——蜡的密度（g/cm³）。

4）本试验应进行两次平行测定，两次测定的差值不得大于0.03g/cm³，取两次测值的平均值。

4.2.4.10C 灌水法试验（C2-4-10C）

1. 资料表式

灌水法密度试验记录 表C2-4-10C

工程名称________ 试验日期________

试样编号	储水筒水位（cm）		储水筒断面积（cm²）	试坑体积（cm²）	试样质量（g）	湿密度（g/cm³）	含水率（%）	干密度（g/cm³）	试样重度（kN/cm³）
	初始	终了							
	（1）	（2）	（3）	（4）=[（2）−（1）]×（3）	（5）	$(6)=\frac{(5)}{(6)}$	（7）	$(8)=\frac{(6)}{1+0.01(7)}$	（9）=9.81×（8）

试验单位： 技术负责人： 审核： 检验：

2. 实施要点

（1）灌水法

1）本试验方法适用于现场测定粗粒土的密度。

2）灌水法试验，应按下列步骤进行：

① 根据试样最大粒径，确定试坑尺寸见表C2-4-10C1。

试坑尺寸（mm） 表C2-4-10C1

试样最大粒径	试坑尺寸		试样最大粒径	试坑尺寸	
	直径	深度		直径	深度
5(20)	150	200	60	250	300
40	200	250			

② 将选定试验处的试坑地面整平，除去表面松散的土层。

③ 按确定的试坑直径画出坑口轮廓线，在轮廓线内下挖至要求深度，边挖边将坑内的试样装入盛土容器内，称试样质量，准确到10g，并应测定试样的含水率。

④ 试坑挖好后，放上相应尺寸的套环，用水准尺找平，将大于试坑容积的塑料薄膜袋平铺于坑内，翻过套环压住薄膜四周。

⑤ 记录储水筒内初始水位高度，拧开储水筒出水管开关，将水缓慢注入塑料薄膜袋中。当袋内水面接近套环边缘时，将水流调小，直至袋内水面与套环边缘齐平时关闭出水管，持续3～5min，记录储水筒内水位高度。当袋内出现水面下降时，应另取塑料薄膜袋重做试验。

3）试坑的体积，应按下式计算：

$$V_{\mathrm{p}}=(H_1-H_2)\times A_{\mathrm{w}}-V_0$$

式中　V_{p}——试坑体积（cm^3）；

H_1——储水筒内初始水位高度（cm）；

H_2——储水筒内注水终了时水位高度（cm）；

A_{w}——储水筒断面积（cm^2）；

V_0——套环体积（cm^3）。

4）试样的密度，应按下式计算：

$$\rho_0=\frac{m_{\mathrm{p}}}{V_{\mathrm{p}}}$$

式中　m_{p}——取自试坑内的试样质量（g）。

4.2.4.10D　灌砂法试验（C2-4-10D）

1. 资料表式

灌砂法密度试验记录　　　　**表 C2-4-10D**

工程名称________　　　　　　　　试验日期________

试样编号	量砂容器质量加原有量砂质量(g)	量砂容器质量加剩余量砂质量(g)	试坑用砂质量(g)	量砂密度(g/cm^3)	试坑体积(cm^3)	试样加容器质量(g)	容器质量(g)	试样质量(g)	试样密度(cm^3)	试样含水率%	试样干密度(g/cm^3)	试样重度(kN/cm^3)
	(1)	(2)	(3)=(1)−(2)	(4)	$(5)=\frac{(3)}{(4)}$	(6)	(5)	(8)=(6)−(7)	$(9)=\frac{(8)}{(5)}$	(10)	$(11)=\frac{(9)}{1+0.01(10)}$	(12)=9.81×(9)
试验单位：			技术负责人：				审核：			检验：		

2. 实施要点

（1）灌砂法

1）本试验方法适用于现场测定粗粒土的密度。

2）标准砂密度的测定，应按下列步骤进行：

① 标准砂应清洗洁净，粒径宜选用 0.25～0.50mm，密度宜选用 1.47～1.61g/cm^3。

② 组装容砂瓶与灌砂漏斗，螺纹连接处应旋紧，称其质量。

③ 将密度测定器竖立，灌砂漏斗口向上，关阀门，向灌砂漏斗中注标准砂，打开阀门使灌砂漏斗内的标准砂漏入容砂瓶内，继续向漏斗内注砂漏入瓶内。当砂停止流动时迅速关闭阀门，倒掉漏斗内多余的砂，称容砂瓶、灌砂漏斗和标准砂的总质量，准确至 5g。试验中应避免振动。

④ 倒出容砂瓶内的标准砂，通过漏斗向容砂瓶内注水至水面高出阀门，关阀门，倒

掉漏斗中多余的水，称容砂瓶、漏斗和水的总质量，准确到 5g，并测定水温，准确到 0.5℃。重复测定 3 次，3 次测值之间的差值不得大于 3mL，取 3 次测值的平均值。

3）容砂瓶的容积，应按下式计算：

$$V_r=(m_{r2}-m_{r1})/\rho_{wt}$$

式中 V_r——容砂瓶容积（mL）；

m_{r2}——容砂瓶、漏斗和水的总质量（g）；

m_{r1}——容砂瓶和漏斗的质量（g）；

ρ_{wt}——不同水温时水的密度（g/cm^3），查表 C2-4-10D1。

水的密度 **表 C2-4-10D1**

温度（℃）	水的密度（g/cm^3）	温度（℃）	水的密度（g/cm^3）	温度（℃）	水的密度（g/cm^3）
4.0	1.0000	15.0	0.9991	26.0	0.9968
5.0	1.0000	16.0	0.9989	27.0	0.9965
6.0	0.9999	17.0	0.9988	28.0	0.9962
7.0	0.9999	18.0	0.9986	29.0	0.9959
8.0	0.9999	19.0	0.9984	30.0	0.9957
9.0	0.9998	20.0	0.9982	31.0	0.9953
10.0	0.9997	21.0	0.9980	32.0	0.9950
11.0	0.9996	22.0	0.9978	33.0	0.9947
12.0	0.9995	23.0	0.9975	34.0	0.9944
13.0	0.9994	24.0	0.9973	35.0	0.9940
14.0	0.9992	25.0	0.9970	36.0	0.9937

4）标准砂的密度，应按下式计算：

$$\rho_s=\frac{m_{rs}-m_{r1}}{V_r}$$

式中 ρ_s——标准砂的密度（g/cm^3）；

m_{rs}——容砂瓶、漏斗和标准砂的总质量（g）。

5）灌砂法试验，应按下列步骤进行：

① 按灌水法试验步骤第 2）条①～③款的步骤挖好规定的试坑尺寸，并称试样质量。

② 向容砂瓶内注满砂，关阀门，称容砂瓶，漏斗和砂的总质量，准确至 10g。

③ 将密度测定器倒置（容砂瓶向上）于挖好的坑口上，打开阀门，使砂注入试坑。在注砂过程中不应振动。当砂注满试坑时关闭阀门，称容砂瓶、漏斗和余砂的总质量，准确至 10g，并计算注满试坑所用的标准砂质量。

6）试样的密度，应按下式计算：

$$\rho_0=\frac{m_p}{\frac{m_s}{\rho_s}}$$

式中 m_s——注满试坑所用标准砂的质量（g）。

7）试样的干密度，应按下式计算，准确至 0.01g/cm^3。

$$\rho_d=\frac{\frac{m_p}{1+0.01w_1}}{\frac{m_s}{\rho_s}}$$

(2) 罐砂法试验取样说明

用于级配砂石回填或不宜用环刀法取样的土质。采用罐砂（或灌水）法取样时，取样数量可较环刀法适当减少，取样部位应为每层压实后的全步深度。取样应由施工单位按规定在现场取样，将样品包好、编号（编号要与取样平面图上各点的标示一一对应），送试验室试验。如取样器具或标准砂不具备，应请试验室在现场取样进行试验。施工单位取样时，宜请建设单位参加并签认。

(3) 级配砂石干密度取样测定方法与计算实例

用灌砂法，在级配砂石层面挖一小坑约 30 (l)×30 (b)×20 (h) cm（图 C2-4-1A），并烘干（烘箱温度为 105～110℃）坑中取出的砂石。用计算体积器逐次将标准干砂灌入坑内，灌平为止，求得小坑体积。

$$干密度=\frac{烘干砂石重量（g）}{标准干砂体积（cm^3）}$$

最低值与设计值之差不得大于 0.03g/cm^3。

[例] 级配砂石试样经烘干干重为 45kg，用标准干砂灌入小坑体积为 17000cm^3，求其干密度？

[解] $干密度=\frac{45000}{17000}=2.65g/cm^3$

注：级配砂石干密度应按设计规定。无设计规定时，一般以 2.1～2.2g/cm^3 来控制。

4.2.4.10E 贯入测试（C2-4-10E）

测试说明

用钢筋、钢钎、钢叉、动力触探（轻型 N_{10}；中型 N_{28}；重型 $N_{63.5}$）、静力触探等方法，用动力或人力，利用一定的下落能量，将一定尺寸、一定形状的探头打入土中，以贯入度大小测定被检土打入的难易程度的方法通称为贯入测试。以不小于通过试验所确定的贯入度为合格，其基本要求是：

(1) 贯入测试应先进行现场试验，以确定贯入度的具体要求。所使用的器具品种、规格及操作方法应符合有关规定。测试结果应满足试验确定的贯入度要求。

(2) 同一工程所用的测试工具，如钎、锤等必须一致。

(3) 探点与探测深度应按设计要求布置。如设计无要求时，可按附录 X 的要求进行布置；探点在基槽平面位置应编号，并绘图标明。

(4) 贯入测定完毕，应对测试结果进行分析比较。如发现与设计要求、地质情况不一致时，应与有关部门共同协商解决；贯入测试不符合要求时，应处理后重新复测，到符合要求为止。

注：钢筋贯入测定法：用直径为 20mm、长 1250mm 的平头钢筋举离砂层面 700mm 自由下落，插入深度应根据该砂的控制干密度确定。钢叉贯入测定法：用水撼法使用的钢叉举离砂层面 500mm 自由下落，插入深度根据该砂的控制干密度测定。

4.2.4.10-1　室内填土土样密度试验报告（C2-4-10-1）

实施要点

（1）室内填土土样密度试验报告表式按土样密度试验报告（C2-4-10）执行。

（2）回填土质、填土种类、取样数量及分布、最佳含水量、最小干密度、试验时间及试验方法确定，均应符合设计和规范要求。

（3）《建筑地面工程施工质量验收规范》（GB 50209—2002）规范规定：建筑地面工程的基土，对软弱土层应按设计要求进行处理；对填土应分层压（夯实），填土质量应符合现行国家标准《建筑地基基础工程施工质量验收规范》GB 50202的有关规定；填土时应为最优含水量。重要工程或大面积地面填土前应取土样，按击实试验确定最优含水量与相应的最大干密度。

（4）基土严禁用淤泥、腐殖土、冻土、耕植土、膨胀土和含有有机物质大于8%的土作为填土。砂和砂石不得含有草根等有机杂质；砂应采用中砂；石子最大粒径不得大于垫层厚度的2/3。

（5）基土应均匀密实，压实系数应符合设计要求；设计无要求时，不应小于0.90。

（6）灰土垫层应采用熟化石灰与黏土（或粉质黏土、粉土）的拌合料铺设，其厚度不应小于100mm；熟化石灰可采用磨细生石灰，亦可用粉煤灰或电石渣代替；灰土垫层应铺设在不受地下水浸泡的基土上，施工后应有防止水浸泡的措施。

（7）灰土垫层应分层夯实，经湿润养护、晾干后方可进行下道工序施工。

（8）砂垫层厚度不应小于60mm；砂石垫层厚度不应小于100mm。

（9）砂垫层和砂石垫层的干密度（或贯入度）应符合设计要求。

4.2.4.10-2　基槽（坑）回填土土样密度试验记录（C2-4-10-2）

实施要点

（1）基槽（坑）回填土土样密度试验报告表式按土样密度试验报告C2-4-10执行。

（2）填土取样数量规定等按土样密度试验报告C2-4-10实施要点有关内容执行。

（3）回填土质、填土种类、取样数量及分布、最佳含水量、最小干密度、试验时间及试验方法确定，均应符合设计和规范要求。

（4）基坑（槽）、管沟土方工程验收必须确保支护结构安全和周围环境安全为前提。当设计有指标时，以设计要求为依据；如无设计指标时，应按《建筑地基基础工程施工质量验收规范》（GB 50202—2002）表C2-4-10-2的规定。

基坑变形的监控值（cm）　　**表C2-4-10-2**

基坑类别	围护结构墙顶位移监控值	围护结构墙体最大位移监控值	地面最大沉降监控值
一级基坑	3	5	3
二级基坑	6	8	6
三级基坑	8	10	10

注：1　符合下列情况之一，为一级基坑：

1）重要工程或支护结构做主体结构的一部分；

2）开挖深度大于10m；

3）与临近建筑物，重要设施的距离在开挖深度以内的基坑；

4）基坑范围内有历史文物、近代优秀建筑、重要管线等需严加保护的基坑。

2　三级基坑为开挖深度小于7m，且周围环境无特别要求时的基坑。

3　除一级和三级外的基坑属二级基坑。

4　当周围已有的设施有特殊要求时，尚应符合这些要求。

（5）土方开挖前应检查定位放线、排水和降低地下水位系统，合理安排土方运输车的行走路线及弃土场。

（6）施工过程中应检查平面位置、水平标高、边坡坡度、压实度、排水、降低地下水位系统，并随时观测周围的环境变化。

4.2.4.10-3　**场地填土土样密度试验报告**（C2-4-10-3）

实施要点

（1）场地填土土样密度试验报告表式按土样密度试验报告 C2-4-10 执行。

（2）填土取样数量规定等按土样密度试验报告 C2-4-10 实施要点有关内容执行。

（3）回填土质、填土种类、取样数量及分布、最佳含水量、最小干密度、试验时间及试验方法确定，均应符合设计和规范要求。

4.2.4.10-4　**地基局部处理土样密度试验报告**（C2-4-10-4）

实施要点

（1）地基处理土样密度试验报告表式按土样密度试验报告 C2-4-10 执行。

（2）对地基处理的土样密度试验应根据场地的复杂程度在有代表性的场地上进行相应的现场试验，以确定施工参数和加固处理效果。

（3）回填土质、填土种类、取样数量及分布、最佳含水量、最小干密度、试验时间及试验方法确定，均应符合设计和规范要求。

（4）取样数量规定

1）《建筑地基处理技术规范》（JGJ 79—2002）规定：采用环刀法取样时，检验数量：大基坑每 50～100m^2 应不少于 1 个检验点；基槽每 10～20m 应不少于 1 个点；每个单独柱基应不少于 1 个点。

2）《建筑地基基础工程施工质量验收规范》（GB 50202—2002）规定：对灰土地基、砂和砂石地基、土工合成材料地基、粉煤灰地基、强夯地基、注浆地基、预压地基，其竣工后的结果（地基强度或承载力）必须达到设计要求的标准。检验数量，每单位工程应不应少于 3 点；1000m^2 以上工程，每 100m^2 至少应有 1 点；3000m^2 以上工程，每 300m^2 至少应有 1 点；每一独立基础下至少应有 1 点，基槽每 20 延米应有 1 点。

3）采用贯入仪或动力触探检验垫层施工质量时，每分层检验点的间距应不大于 4m。

4）垫层法检测可适当多打一些钎探点，以判别地基土的均匀程度，以保证垫层法处理地基基土的均匀性。

5）整片垫层每 100m^2 不应少于 4 点。

（5）地基处理土样密度试验报告其他有关说明详见土样密度试验报告实施要点有关说明。

4.2.4.10-5　**其他土样密度试验报告**（C2-4-10-5）

实施要点

（1）其他土样密度试验报告表式按土样密度试验报告 C2-4-10 执行。

（2）回填土质、填土种类、取样数量及分布、最佳含水量、最小干密度、试验时间及试验方法确定，均应符合设计和规范要求。

（3）其他土样密度试验报告其他有关说明详见土样密度试验报告实施要点有关说明。

4.2.4.11 土壤击实试验报告（C2-4-11）

1. 资料表式

土壤击实试验报告 **表 C2-4-11**

委托单位： 试验编号：

<table>
<tr><td>工程名称：</td><td colspan="3"></td><td>取样部位</td><td></td></tr>
<tr><td>土壤类别</td><td></td><td colspan="2">最大粒径(mm)</td><td>压实系数</td><td></td></tr>
<tr><td>检验</td><td></td><td>委托日期</td><td></td><td>报告日期</td><td></td></tr>
<tr><td colspan="6"></td></tr>
<tr><td colspan="6">依据标准：</td></tr>
<tr><td colspan="6">检验结论：最佳含水率 %，最大干密度 g/cm³，控制最小干密度 g/cm³</td></tr>
<tr><td colspan="6">备注：</td></tr>
<tr><td colspan="6">试验单位： 技术负责人： 审核： 试验：</td></tr>
</table>

注：土壤击实试验报告表式，可根据当地的使用惯例制定的表式应用，但工程名称、取样部位、土壤类别、最大粒径（mm）、压实系数、检验、委托日期、报告日期、依据标准、检验结论［最佳含水率（%）、最大干密度（g/cm³）、控制最小干密度（g/cm³）］等项试验内容必须齐全。实际试验项目根据工程实际择用。

2. 实施要点

土壤击实试验报告是为保证工程质量，确定回填土的控制最小干密度，由试验单位对工程中的回填土（或其他夯实类土）的干密度指标进行击实试验后出具的质量证明文件。

（1）土壤击实试验是测定压实土壤密度的方法之一，土壤击实试验报告必须由有资质的试验单位提供。无相应资质试验单位提供的报告无效。

（2）压实填土的压实系数

1）《建筑地基基础设计规范》（GB 50007—2002）中山区地基规定：利用压实填土作为地基的工程，其压实系数为：

砌体承重结构、框架结构：地基主要受力层以内：>0.96；
地基主要受力层以下：0.93～0.96。
排架结构：地基主要受力层以内：0.94～0.97；
地基主要受力层以下：0.91～0.93。

作为填土用作地基持力层上述数字可供参考。

2）压实系数：所谓系数，是两个对比数据的计算结果。压实系数是同一个土壤在最优含水率条件下用击实仪压实得到最大干密度和在现场用某种设备压实土壤得到实际干密度，两者的比值即得到现场用某种设备压实土壤的压实系数。如果没有最优含水率条件下用击实仪得到的最大干密度值，只有现场用某种设备压实土壤得到的干密度值，因为只有分子值，没有分母值，是得不到压实系数的。

用最大干密度值乘压实系数即得到现场用某种设备压实土壤得到的某一组的干密度值。试验室用击实仪等到的最大干密度值去除现场得到的某一组的实际干密度值，就是压实系数。

(3) 土样应从现场的回填土（扰动土）中采取土样 15kg（轻型击实试验用）或 30kg（重型击实试验用），在现场或试验室进行击实试验。

击实试验按《土工试验方法标准》(GB/T 50123—1999) 中的规定进行，并按规定计算出试验的干密度（ρ_d）和最优含水量（w_{op}）。

(4) 表列子项

1) 委托单位：提请试验的单位名称，按实际填写。

2) 试验编号：由试验室按收到试件的顺序统一的排序编号。

3) 取样部位：按委托单上的取样部位填写。

4) 土壤类别：照实际填写，如粉土、粉质黏土、素土、灰土等。

5) 最大粒径：指送样的击实土壤试件的最大粒径，照实际填写。

6) 压实系数：指施工图设计要求达到的压实系数，照实际填写。

7) ρ_a-w 关系曲线：由试验单位按实测数据绘制。

附：土壤击实试验方法

用击实法测定土壤密度是土壤试验的方法之一，《土方与爆破工程施工及验收规范》GBJ 201—83 规定，击实试验方法适用于粒经小于 5mm 的土料。《灰土桩和土桩挤密地基设计施工及验收规程》DBJ 24-2-85 规定，灰土的击实方法要求按《城市道路路基工程施工及验收规范》(CJJ 44—91) 土的击实试验执行，该击实试验分为轻型与重型，现分别介绍于后。

I　重型击实试验方法

(1) 适用范围。适用于测定各种细粒土、含砾土等的含水量与干密度的关系，从而确定土的含水量与相应的最大干密度。

(2) 方法概述。击实试验分轻型、重型击实试验方法。采用哪种方法，应根据规范的规定或科学试验的实际需要选定。土样不重复使用。

(3) 本试验既适用于粒径小于 5mm 的土料，也适用于含粒径 5mm 以上颗粒的含砾土。当粒径大于 5mm 的土重小于总土重的 30％时，用小试筒击实；大于 30％时，用大试筒击实。击实筒详见图 C2-4-11A。

(4) 仪器设备

1) 标准击实仪（见图 C2-4-11B)；

2) 烘干箱及干燥器；

3) 天平：感量 0.01g；

4) 台秤：称量 10kg，感量 5g；

5) 圆孔筛：孔径 5mm；

6) 拌合工具：400mm×600mm、深 70mm 的金属盘，土铲；

7）其他：喷水设备、碾土器、盛土器、量筒、推土器、铝盒、修土刀、平直尺等。

击实试验方法种类和试料用量 **表 C2-4-11A**

试验方法	类别	锤底直径（cm）	锤重（kg）	落高（cm）	试筒尺寸			层数	每层锤击次数	试料用量（kg）
					内径（cm）	高（cm）	容积（cm）			
轻型（Ⅰ法）	Ⅰ.1	5	2.5	30	10	12.7	997	3	27	3.0
	Ⅰ.2	5	2.5	30	15.2	12.0	2177	3	59	6.5
重型（Ⅱ法）	Ⅱ.1	5	4.5	4.5	10	12.7	997	3	27	3.0
	Ⅱ.2	5	4.5	4.5	15.2	12.0	2177	3	59	6.5

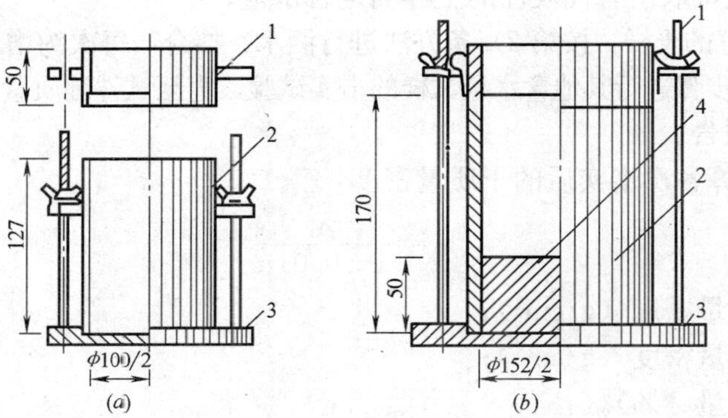

图 C2-4-11A 击实筒

（*a*）小击实筒（直径 10cm）；（*b*）大击实筒（直径 15.2cm）

1—套筒；2—击实筒；3—底板；4—垫块

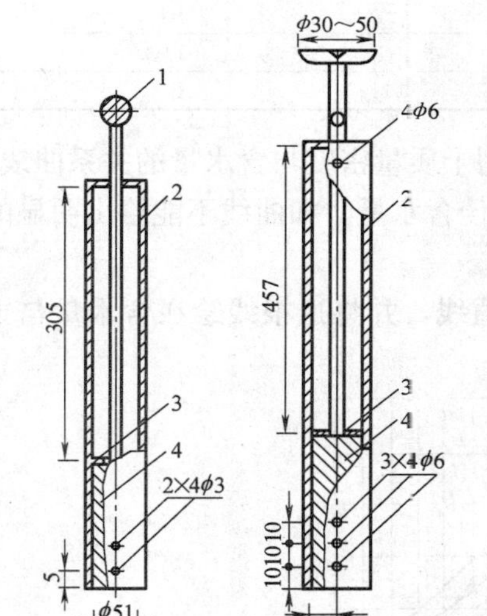

图 C2-4-11B 击锤及导杆 单位：mm

（*a*）2.5kg 击锤（落高 30cm）；

（*b*）4.5kg 击锤（落高 45cm）

1—提手；2—导筒；3—硬橡皮垫；4—击锤

（5）操作步骤

1）将具有代表性的风干（或在低于 50℃温度下烘干）土样放在橡皮板上，用圆木棍或用碾土机碾散，然后过 5mm 筛。对于小试筒按四分法取筛下的土 $N\times$3kg；对于大试筒不必过 5mm 筛，用手将大于 40mm 的碎（砾）石拣除即可，同样按四分法取样约 $N\times$6kg（N 为预估测点数，至少为 4 个）。

2）比初步估计的最佳含水量低 3%～4%左右洒水，将土拌匀风干。土样应放在不吸水的盘上，盖上润湿布或塑料布，闷料一段时间，最好能过夜。

3）根据工程要求，选择击实试验方法种类和试料用量表中规定的轻型或重型试验方法，并视大于 5mm 颗粒的百分率大小，选用小试筒或大试筒进行击实试验。

4）将击实筒放在坚硬的地面上，取制备好的土样分 3 次或 5 次倒入筒内。小筒按三层法时，每次约 800～900g（其量应使击实后的试样等于或略高于筒高的 1/3）；按五层法时，每次约 400～500g（其量应使击实后的试样等于或略高于筒高的 1/5）。对于大试筒，先将垫块放入筒内底板上，按五层法时，每层需试样约 900（细粒土）～1100g（中粒土）；按三层法时，每层需试样 1700g 左右。整平表面并稍加压紧，然后按规定的击数进行第一层土的击实，击实时击锤应自由垂直落下，锤迹必须均匀分布于试样面。第一层击实完后，将试样层面“拉毛”，然后再装上套筒，重复上述方法进行其余各层土的击实。小试筒击实后试样稍高出筒但不大于 5mm，大试筒击实后试样高出筒但不大于 10～40mm。

5）用修土刀沿套筒内壁削刮，使试样与套筒脱离后，扭动并取下套筒，齐筒顶细心削平试样，拆除底板，擦净筒外壁，称量准确至 1g。

6）用推土器推出筒内试样，从试样中心处取样测其含水量，计算至 0.1%。按表 C2-4-11B规定的数量取出有代表性的土样测定含水量。

7）另取准备好的土样，按第 2）条方法进行洒水、拌合，每次约增加 1.5%～2%的含水量。拌匀后按上述步骤进行其他含水量试样的击实试验，直至试件湿质量密度不再增加为止。

（6）计算及报告。

1）按下式计算各次击实后的干质量密度：

$$\rho_a=\frac{\rho_0}{1+0.01w}$$

式中　ρ_a——干质量密度（g/cm³）；

ρ_0——湿质量密度（g/cm³）；

w——含水量（%）。

测定含水量用试样的数量　　**表 C2-4-11B**

最大粒径(mm)	试样质量(g)	个　数
<5	15～20	2
约 5	约 50	1
约 20	约 250	1
约 40	约 500	1

2）以干质量密度为纵坐标，含水量为横坐标，绘制干质量密度与含水量的关系曲线，曲线上峰值点的纵、横坐标分别为最大干质量密度和最佳含水量。如曲线不能绘出明显的峰值点，应进行补点或重做。

3）根据需要，可按下式计算空气体积等于零的等值线，并将这根线绘在含水量与干质量密度的关系图（见图 C2-4-11C）上，以资比较。

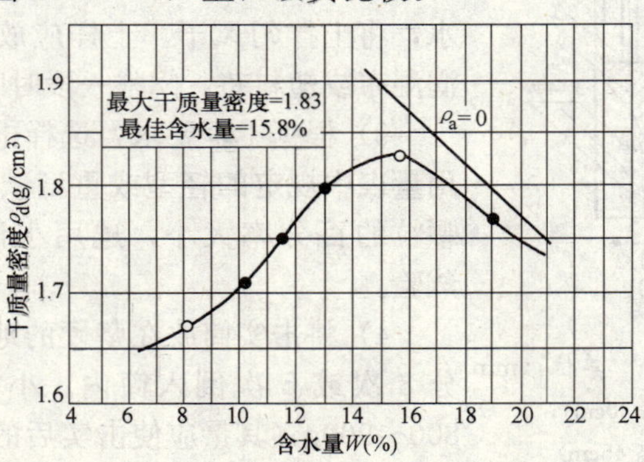

图 C2-4-11C　含水量与干质量密度的关系曲线

$$\rho_a=\frac{1-0.01V}{\frac{1}{\rho_s}+\frac{w}{100}}$$

式中 ρ_a——试样的干质量密度（g/cm³）；

V——空气体积（%）；

ρ_s——土粒的质量密度，对于中颗粒土和细颗粒土，则为粗细颗粒的混合质量密度（g/cm³）；

w——试样的含水量（%）。

4）试验结果，含水量精确到0.1%，质量密度取两位小数（g/cm³）。

5）报告应注明采用何种击实法。

（7）说明

1）击实筒一般放在水泥混凝土地面上试验；如没有这种地面，也可以放在坚硬、平稳、较厚的石头上做试验。

2）对于细粒土可参照其塑限估计最佳含水量。一般较塑限约小3%～6%，对于砂性土接近3%，对于黏性土约为6%。天然砂砾土，级配集料的最佳含水量与集料中的细土含量和塑性指数有关，一般变化在5%～12%之间。对于细土偏少、塑性指数为0的级配碎石，其最佳含水量接近5%；对于细土偏多、塑性指数较大的砂砾土，其最佳含水量在10%左右。

3）当试料中大于5mm颗粒的含量为5%～30%并用小试筒试验时，按下面经验公式分别对试验所得的最大干质量密度和最佳含水量进行校正（大于5mm颗粒的含量小于5%时，可以不进行校正）。

最大干质量密度按下式校正：

$$\rho'_{dmax}=\rho_{dmax}\ (1-0.01\rho)\ +0.09\times0.01\rho_s$$

式中 ρ'_{dmax}——校正后的最大干质量密度（g/cm³）；

ρ_{dmax}——用粒径小于5mm的土样试验所得的最大干质量密度（g/cm³）；

ρ——试料中粒径大于5mm颗粒的百分数（%）；

ρ_s——粒径大于5mm颗粒的毛体积重力密度，计算至0.01g/cm³。

最佳含水量按下式校正：

$$w'_{0pt}=w_{0pt}\ (1-0.01\rho)+0.01\rho' w_s$$

式中 w_{0pt}——用粒径小于5mm的土样试验所得的最佳含水量（%）；

w_s——粒径大于5mm颗粒的吸水量（%）。

Ⅱ 轻型击实试验方法

（1）定义

本试验规定采用击实处击实仪测定土的含水量与密度的关系。试验的目的，是用标准击实法在一定击实次数下确定最优含水量与相应的最大干密度。

（2）适用范围

本试验实用于粒径小于5mm的土料。当土料中粒径大于5mm，砾石重量小于总土重

3%时，可不加校正；在3%～30%范围内，应用计算法对试验结果进行校正。

砂土分三层击实。填土每层击数：砂土和粉土20击，粉质土和黏土30击，压实要求较低的场地平整填土，每层可采用15击。

(3) 仪器设备

1) 南实击实仪（见图C2-4-11D），锤重2.5kg，锤底内径5cm，落高46cm，击实筒直径9.251cm，高15cm，容积1000cm³，每击功能0.345 (kg·s)/cm³。

2) 天平：称量200g，感量0.01g；称量2000g，感量1g。

3) 台称：称量10kg，感量5g。

4) 筛：孔径5mm。

5) 其他：喷水设备、碾土器、盛土器、推土器、修土刀及保湿设备等。

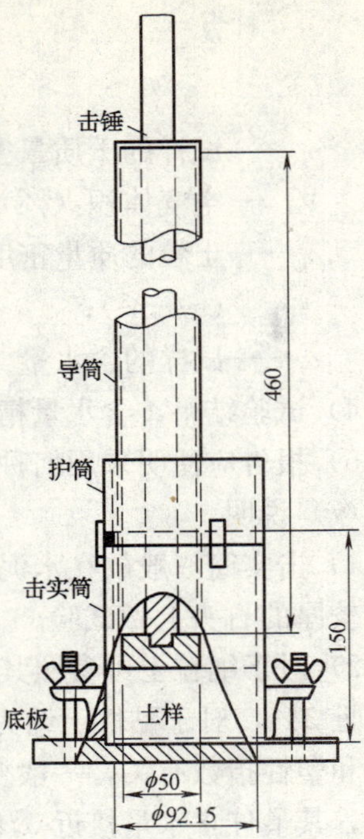

图C2-4-11D 南实处型击实仪

(4) 操作步骤

1) 将有代表性的风干土样（或天然含水量低于塑限并可碾散过筛的土样）15～20kg，放在橡皮板上，用木碾或碾土器碾散，再过5mm筛，拌匀备用。

称大于5mm的土粒重量，并计算其占总土重的百分比。

2) 测定土样已有含水量，参照土的塑限，估计一个最优含水量，再至少预定两个大于、两个小于此最优含水量的不同含水量，依次相差约2%，所需加水量可按下式计算：

$$g_w = \frac{g_s}{(1+0.01w_0)} \times 0.01(w - w_0)$$

式中 g_w——所需的加水量（g或cm³）；

g_s——含水量为w_0时土样重（g）；

w_0——土样已有含水量（%）；

w——要求达到的含水量（%）。

3) 称取土样，每个约2.5kg，平铺于一个不吸水的平板上，用喷水设备往土样上均匀喷洒预定的加水量，充分拌合后装入塑料袋内，或密闭盛样器内浸润备用。浸润的时间：黏土不得少于一昼夜；粉质土和粉土可酌情缩短，但不应少于12h。

4) 将击实仪放在坚实的地面上，取制备好的试样600～800g（其量应使击实后试样略大于筒高的1/3）倒入筒内，整平其表面，并用圆木板稍加压紧，然后进行击实。击实时，击锤应自由垂直落下，击数30次、20次或15次，落距46cm，锤迹必须均匀分布于土面。再安装套环，把土面刨毛。重复上述步骤进行第二层及第三层击实，击完后超出击实筒的余土高度不得大于10mm。

5) 用修土刀沿套环内壁削挖后，旋转并取下套环，齐筒顶细心削平试样，拆除底板，如试样底面超出筒外，亦应削平，擦净筒外壁，称重应准确到1g。

6) 用推土器推出击实筒内试样，从试样中心处取两个，各约15～30g土，测定其含水量，计算至0.1%，其平均误差不得超过1%。

7）按4）～6）条同样步骤进行其他含水量土样的击实试验。

注：如土量不足，允许用击过的土重复进行试验，但尽量减少重复使用次数，并在记录表中注明。易被击碎的脆性颗粒及高液限黏土不宜重复使用。

（5）计算及制图

1）按下列计算击实后各点的干密度：

$$\gamma_d=\frac{\gamma}{1+0.01w}$$

式中　γ_d——干密度（g/cm³）；

γ——湿密度（g/cm³）；

w——含水量（%）。

精确到0.01g/cm³。

2）以干密度为纵坐标，含水量为横坐标，绘制干密度与含水量的关系曲线。此曲线上峰值点的纵、横坐标分别表示土的最大干密度和最优含水重（见图C2-4-11E）。如果曲线不能给出准确峰值点时，应进行补点。

3）粒径大于5mm的砾石重量占总土重的3%～30%时，应按下式计算校正后的最大干密度及最优含水量。

$$\gamma'_{max}=\frac{100}{\frac{100-\rho}{\gamma_{max}}+\frac{\rho}{G}}$$

式中　γ'_{max}——校正后土的最大干密度（g/cm³）；

γ_{max}——粒径小于5mm土样试验所得的最大干密度（g/cm³）；

G——粒径大于5mm砾石的相对密度；

ρ——粒径大于5mm颗粒含量占总土重的百分比（%），计算至0.01g/cm³。

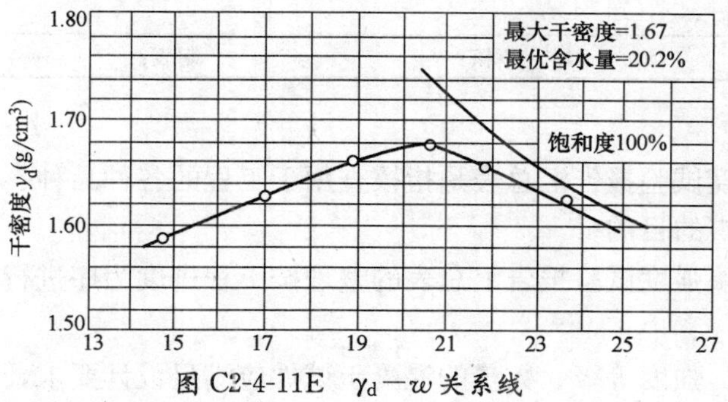

图C2-4-11E　γ_d—w关系线

$$w'_y=w_y(1-0.01\rho)+0.01\rho w_A$$

式中　w'_y——校正后土的最优含水量（%）；

w_y——粒径小于5mm的土样试验所得的最优含水量（%）；

w_A——粒径大于5mm颗粒的吸着含水量（%），计算到0.1%。

（6）记录。详见表C2-4-10A。

4.2.4.12　地表土壤氡浓度检测报告（C2-4-12）

实施要点

(1) 地表土壤氡浓度检测报告应由当地建设行政主管部门或其委托单位批准的具有相应资质等级的实验单位提供的试验报告表式执行。

(2) 地表土壤氡浓度检测报告是指为保证建筑工程质量对用于工程的地表土壤氡浓度检测进行的有关指标测试，由试验单位出具的试验证明文件。

(3) 地表土壤氡浓度检测报告，相应规范、标准规定或施工图设计要求必须进行地表土壤氡浓度检测时，均应对地表土壤氡浓度进行检测，并提供地表土壤氡浓度检测报告。试验结果必须符合设计和规范、标准的有关要求。

4.2.4.13 混凝土试块强度试验报告（C2-4-13）

4.2.4.13-1 混凝土试块强度试验报告汇总表（C2-4-13-1）

1. 资料表式

混凝土试块强度试验报告汇总表 表 C2-4-13-1

工程名称 年 月 日

序号	试验编号	施工部位	留置组数	设计要求强度等级	试块成型日期	龄期	混凝土试块强度等级	备注
填表单位：			审核：			制表：		

2. 实施要点

混凝土试块强度试验报告汇总表是指核查用于工程的各种品种、强度等级、数量，通过汇总达到便于检查的目的。

(1) 混凝土试块强度试验报告汇总表的整理按工程进度为序进行，如地基基础、主体工程等。

(2) 各种品种、强度等级、数量的混凝土试件应满足设计要求，否则为合格证、试验报告不全。由核查人判定是否符合该要求。

(3) 混凝土强度按单位工程设计强度等级、龄期相同及生产工艺条件、配合比基本相同的混凝土为同一验收批进行验收，应按《混凝土强度检验评定标准》（GBJ 107）规定的评定方法进行评定（统计方法或非统计方法）。但验收批仅有一组试块时，其强度不低于 $1.15f_{cu,k}$。

(4) 对混凝土试块留置数量应按 4.2.4.13-4 实施要点的要求进行数量核查，应基本符合要求。经查如试块留置数量不足，应查明原因，并因代表数量不足进行专门研究处理。

(5) 施工企业送交的各种试件，试验结果不符合标准要求时，建议试验单位应发送不合格试件通知单，分别送交建设、设计、施工和质监部门，以便及时采取措施。

（6）表列子项

1）试块成型日期：指试块在浇前地点制作的时日；

2）混凝土试块强度等级：指试验室试压后出具报告上的混凝土抗压强度；

3）试验编号：指试验室收计试块时，试验室进行的试验编号。

（7）施工企业送交的各种试件，试验结果不符合标准要求时，建议试验单位应发送不合格试件通知单，分别送交建设、设计、施工和质监部门，以便及时采取措施。

4.2.4.13-2 *混凝土强度试配报告单*（C2-4-13-2）

1. 资料表式

混凝土强度试配报告单 **表 C2-4-13-2**

委托单位： 试验编号：

工程名称					委托日期	
使用部位					报告日期	
混凝土种类		设计等级			要求坍落度	
水泥品种、强度等级		生产厂家			试验编号	
砂　规　格					试验编号	
石子规格					试验编号	
外加剂种类及掺量					试验编号	
掺合料种类及掺量					试验编号	
配　合　比						
材料名称	水泥	砂	石子	水	外加剂	掺合料
用量(kg/m³)						
质量配合比						
搅拌方法		捣固方法			养护条件	
砂率(%)		水灰比			实测坍落度	
依据标准：						
备　注：						
试验单位：	技术负责人：		审核：		试(检)验：	

2. 资料要求

资料要求除应执行“对施工文件的总体要求、对工程质量记录资料核查要求”外，尚应符合：

（1）不论混凝土工程量大小、弨度等级高低，均应进行试配，并按试配单拌制混凝土，严禁使用经验配合比；不做试配为不正确。

（2）申请试配施工单位应提供混凝土的技术要求，原材料的有关性能，混凝土的搅拌、施工方法和养护方法，设计有特殊要求的混凝土应特别予以详细说明。

（3）非省级以上行业主管部门批准的试验室出具试配报告为不符合要求。

（4）混凝土试配应在原材料试配试验合格后进行。

3. 实施要点

混凝土强度试配报告单是指施工单位根据设计要求的混凝土强度等级提请试验单位进行混凝土试配，根据试配结果出具的报告单。

（1）重要工程，如现浇框架结构、剪力墙结构、现场预制大型构件、重要混凝土基础以及构筑物、大体积混凝土；对混凝土性能有特殊要求时；所有原材料的产地、品种的质量有显著变化时；外加剂和掺合料的品种有变化时；一般建筑工程的不同品种、不同强度等级、不同级配的混凝土均应事先送样申请试配，以保证混凝土强度满足设计要求。应由试验室根据试配结果签发混凝土试配通知单。施工中如材料与送样有变化时应另行送样，申请修改配合比。承接试配的试验室应由省级以上建设行政主管部门或其委托单位批准的具有相应资质的试验室。

（2）混凝土试配中一般混凝土工程基本参数的选取原则。

1）混凝土强度标准差

① 一般要求

混凝土配合比应根据原材料性能及对混凝土的技术要求进行计算并经试验室试配，调整后确定，同时应满足如下要求：

A. 满足混凝土结构设计的强度要求；

B. 满足混凝土结构设计的耐久性要求；

C. 满足施工条件的流动性要求；

D. 节约水泥和降低成本，达到经济、合理要求。

② 配合比设计的步骤

A. 确定混凝土的配制强度

a. 混凝土配制强度应按下式计算：

$$f_{cu,0} \geqslant f_{cu,k} + 1.645\sigma$$

式中 $f_{cu,0}$——混凝土配制强度（MPa）；

$f_{cu,k}$——混凝土立方体抗压强度标准值（MPa）；

σ——混凝土强度标准差（MPa）。

混凝土强度标准差宜根据同类混凝土统计资料计算确定，计算时强度试件组数不应少于25组。

当混凝土强度为C20和C25级，其强度标准差计算值小于2.5MPa时，取σ=2.5MPa；当混凝土强度等于或大于C30级，其强度标准差计算值小于3.0MPa时，计算配制强度用标准差应取不小于3.0MPa；当无近期统计的混凝土强度标准差时，σ值可参照表C2-4-13-2A选取。

混凝土强度标准差 **表C2-4-13-2A**

混凝土强度等级	<C30	C30～C40	>C40
σ(MPa)	3.0	4.0	6.0

注：在采用本表时，施工单位可根据实际情况，对σ值作适当调整。

b. 遇到下列情况时，应提高混凝土配制强度：

现场条件与试验室条件有显著差异时；

C30及其以上强度等级的混凝土，采用非数理统计方法评定时。

B. 计算出相应的水灰比

混凝土强度等级小于C60级时，混凝土水灰比宜按下式计算：

$$W/C = \frac{\alpha_a \cdot f_{ce}}{f_{cu,0} + \alpha_a \cdot \alpha_b \cdot f_{ce}}$$

式中 α_a、α_b——回归系数，其值应根据工程所使用的水泥、骨料，通过试验由建立的水灰比与混凝土强度关系式确定。如不具备上述试验统计资料时，其取值可按以下采用：

采用碎石时，$\alpha_a=0.46$，$\alpha_b=0.07$；

采用卵石时，$\alpha_a=0.48$，$\alpha_b=0.33$；

f_{ce}——水泥28d抗压强度实测值（MPa）；无水泥实际强度数据时，式中的值可按下式确定；也可根据3d强度或快测强度推定28d强度关系式推定得出。

$$f_{ce}=\gamma_c \cdot f_{ce,g}$$

式中 $f_{ce,g}$——水泥强度等级值（MPa）；

γ_c——水泥强度等级值的富余系数，可按实际统计资料确定。

C. 选取每立方米混凝土的用水量，并计算出每立方米混凝土的水泥用量

干硬性和塑性混凝土的用水量，当水灰比在0.40～0.80范围时，根据粗骨料的品种、粒径及施工要求的混凝土拌合物稠度，其用水量可按表C2-4-13-2B、表C2-4-13-2C选取；水灰比小于0.40的混凝土以及采用特殊成形工艺的混凝土用水量应通过试验确定。

a. 干硬性混凝土用水量见表C2-4-13-2B。

干硬性混凝土的用水量（kg/m³） **表C2-4-13-2B**

拌合物稠度		卵石最大粒径(mm)			碎石最大粒径(mm)		
项 目	指 标	10	20	40	16	20	40
维勃稠度(s)	16～20	175	160	145	180	170	155
	11～15	180	165	150	185	175	160
	5～10	185	170	155	190	180	165

b. 塑性混凝土用水量见表C2-4-13-2C。

塑性混凝土的用水量（kg/m³） **表C2-4-13-2C**

拌合物稠度		卵石最大粒径(mm)				碎石最大粒径(mm)			
项 目	指 标	10	20	31.5	40	16	20	31.5	40
坍落度(mm)	10～30	190	170	160	150	200	185	175	165
	35～50	200	180	170	160	210	195	185	175
	55～70	210	190	180	170	220	205	195	185
	75～90	215	195	185	175	230	215	205	195

注：1. 本表用水量系采用中砂时的平均取值，采用细砂时，每立方米混凝土用水量可增加5～10kg，采用粗砂则可减少5～10kg；

2. 掺用各种外加剂或掺合料时，用水量应相应调整。

3. 本表适用于水灰比在0.40～0.80范围。水灰比小于0.40的混凝土以及采用特殊成型工艺的混凝土的用水量应通过试验确定。流动性和大流动性的用水量宜按下列步骤计算：

坍落度按表C2-4-13-2C用水量为基础，按坍落度每增大20mm用水量增加5kg，计算出未掺外加剂时的混凝土的用水量；掺外加剂时的混凝土用水量可按下式计算：

$$m_{wa}=m_{w0}\ (1-\beta)$$

式中 m_{wa}——掺外加剂混凝土每立方米混凝土的用水量（kg）；

m_{w0}——未掺外加剂混凝土每立方米混凝土的用水量（kg）；

β——外加剂的减水率（%）。

外加剂的减水率应经试验确定。

4. 本表选自《普通混凝土配合比设计规程》（JGJ 55—2000）。

c. 混凝土砂率的选用见表C2-4-13-2D。

混凝土的砂率　　　　表 C2-4-13-2D

<table>
<tr><th rowspan="2">水灰比(W/C)</th><th colspan="3">卵石最大粒径(mm)</th><th colspan="3">碎石最大粒径(mm)</th></tr>
<tr><th>10</th><th>20</th><th>40</th><th>16</th><th>20</th><th>40</th></tr>
<tr><td>0.40</td><td>26～32</td><td>25～31</td><td>24～30</td><td>30～35</td><td>29～34</td><td>27～32</td></tr>
<tr><td>0.50</td><td>30～35</td><td>29～34</td><td>28～33</td><td>33～38</td><td>32～37</td><td>30～35</td></tr>
<tr><td>0.60</td><td>33～38</td><td>32～37</td><td>31～36</td><td>36～41</td><td>35～40</td><td>33～38</td></tr>
<tr><td>0.70</td><td>36～41</td><td>35～40</td><td>34～39</td><td>39～44</td><td>38～43</td><td>36～41</td></tr>
</table>

注：1. 本表数值系中砂的选用砂率，对细砂或粗砂，可相应地减小或增大砂率；
2. 只用一个单粒级粗骨料配制混凝土时，砂率应适当增大；
3. 对薄壁构件砂率取偏大值；
4. 本表中的砂率系指砂与骨料总量的重量比；
5. 坍落度大于 60mm 的混凝土砂率，可经试验确定，也可在本表的基础上，按坍落度每增大 20mm，砂率增大 1%的幅度予以调整。
6. 坍落度小于 10mm 的混凝土，其砂率应经试验确定。
7. 本表选自《普通混凝土配合比设计规程》(JGJ 55—2000)。

d. 混凝土最大水灰比和最小水泥用量见表 C2-4-13-2E。

混凝土的最大水灰比和最小水泥用量　　　　表 C2-4-13-2E

<table>
<tr><th colspan="2" rowspan="2">环境条件</th><th rowspan="2">结构物类别</th><th colspan="3">最大水灰比值</th><th colspan="3">最小水泥用量(kg)</th></tr>
<tr><th>素混凝土</th><th>钢　筋
混凝土</th><th>预应力
混凝土</th><th>素混凝土</th><th>钢　筋
混凝土</th><th>预应力
混凝土</th></tr>
<tr><td colspan="2">1. 干燥环境</td><td>·正常的居住或办公用房屋内</td><td>不作规定</td><td>0.65</td><td>0.60</td><td>200</td><td>260</td><td>300</td></tr>
<tr><td rowspan="2">2. 潮湿环境</td><td>无冻害</td><td>·高湿度的室内
·室外部件
·在非侵蚀性土和(或)水中的部件</td><td>0.70</td><td>0.60</td><td>0.60</td><td>225</td><td>280</td><td>300</td></tr>
<tr><td>有冻守</td><td>·经受冻害的室外部件
·在非侵蚀性土和(或)水中且经受冻害的部件
·高湿度且经受冻害中的室内部件</td><td>0.55</td><td>0.55</td><td>0.55</td><td>250</td><td>280</td><td>300</td></tr>
<tr><td colspan="2">3. 有冻害和除冰剂的潮湿环境</td><td>·经受冻害和除冰剂作用的室内和室外部件</td><td>0.50</td><td>0.50</td><td>0.50</td><td>300</td><td>300</td><td>300</td></tr>
</table>

注：1. 当用活性掺合料取代部分水泥时，表中的最大水灰比及最小水泥用量即为替代前的水灰比和水泥用量。
2. 配制 C15 级及其以下等级的混凝土，可不受本表限制。

e. 混凝土配合比设计试配时，外加剂和掺合料的掺量应通过试验确定并应符合国家现行有关标准。

f. 长期处于潮湿和严寒环境中的混凝土，应掺用引气剂或引气减水剂。引气剂的掺入量应根据混凝土的含气量并经试验确定，混凝土的最小含气量应符合表 C2-4-13-2F 的规定；混凝土的含气量亦不宜超过 7%。混凝土中的粗骨料和细骨料应作坚固性试验。

长期处于潮湿和严寒环境中混凝土的最小含气量　　　　表 C2-4-13-2F

粗骨料最大粒径(mm)	最小含气量(%)
40	4.5
25	5.0
20	5.5

注：含气量的百分比为体积比。

(3) 有特殊要求的混凝土用材料要求

1) 抗渗混凝土所用原材料应符合下列规定：

① 粗骨料宜采用连续级配，其最大粒径不宜大于 40mm，含泥量不得大于 1.0%，泥块含量不得大于 0.5%；

② 细骨料的含泥量不得大于 3.0%，泥块含量不得大于 1.0%；

③ 外加剂宜采用防水剂、膨胀剂、引气剂、减水剂或引气减水剂；

④ 抗渗混凝土宜掺用矿物掺合料。

2）抗冻混凝土所用原材料应符合下列规定：

① 应选用硅酸盐水泥或普通硅酸盐水泥，不宜使用火山灰质硅酸盐水泥；

② 宜选用连续级配的粗骨料，其含泥量不得大于 1.0%，泥块含量不得大于 0.5%；

③ 细骨料含泥量不得大于 3.0%，泥块含量不得大于 1.0%；

④ 抗冻等级 F100 及以上的混凝土所用的粗骨料和细骨料均应进行坚固性试验，并应符合现行行业标准《普通混凝土用砂、石质量及检验方法标准》（JGJ 52）的规定；

⑤ 抗冻混凝土宜采用减水剂，对抗冻等级 F100 及以上的混凝土应掺引气剂，掺用后混凝土的含气量应符合混凝土外加剂规范的规定。

3）配制高强混凝土所用原材料应符合下列规定：

① 应选用质量稳定、强度等级不低于 42.5 级的硅酸盐水泥或普通硅酸盐水泥；

② 对强度等级为 C60 级的混凝土，其粗骨料的最大粒径不应大于 31.5mm，对强度等级高于 C60 级的混凝土，其粗骨料的最大粒径不应大于 25mm；针片状颗粒含量不宜大于 5.0%，含泥量不应大于 0.5%，泥块含量不宜大于 0.2%；其他质量指标应符合现行行业标准《普通混凝土用砂、石质量及检验方法标准》（JGJ 52）的规定；

③ 细骨料的细度模数宜大于 2.6，含泥量不应大于 2.0%，泥块含量不应大于 0.5%。其他质量指标应符合现行行业标准《普通混凝土用砂、石质量及检验方法标准》（JGJ 52）的规定；

④ 配制高强混凝土时应掺用高效减水剂或缓凝高效减水剂；

⑤ 配制高强混凝土时应掺用活性较好的矿物掺合料，且宜复合使用矿物掺合料。

4）泵送混凝土所采用的原材料应符合下列规定：

① 泵送混凝土应选用硅酸盐水泥、普通硅酸盐水泥、矿渣硅酸盐水泥和粉煤灰硅酸盐水泥，不宜采用火山灰质硅酸盐水泥；

② 粗骨料宜采用连续级配，其针片状颗粒含量不宜大于 10%；粗骨料的最大粒径与输送管径之比宜符合表 C2-4-13-2G 的规定；

粗骨料的最大粒径与输送管径之比 **表 C2-4-13-2G**

石子品种	泵送高度（m）	粗骨料最大粒径与输送管径比
碎石	＜50	≤1∶3.0
	50～100	≤1∶4.0
卵石	＜50	≤1∶2.5
	50～100	≤1∶3.0
	＞100	≤1∶4.0

③ 泵送混凝土宜采用中砂，其通过 0.315mm 筛孔的颗粒含量不应少于 15%；

④ 泵送混凝土应掺用泵送剂或减水剂，并宜掺用粉煤灰或其他活性矿物掺合料，其质量应符合国家现行有关标准的规定。

5）大体积混凝土所用的原材料应符合下列规定：

① 水泥应选用水化热低和凝结时间长的水泥，如低热矿渣硅酸盐水泥、中热硅酸盐水泥、矿渣硅酸盐水泥、粉煤灰硅酸盐水泥、火山灰质硅酸盐水泥等；当采用硅酸盐水泥或普通硅酸盐水泥时，应采取相应措施延缓水化热的释放；

② 粗骨料宜采用连续级配，细骨料宜采用中砂；

③ 大体积混凝土应掺和缓凝剂、减水剂和减少水泥水化热的掺合料。

（4）混凝土配合比严禁采用经验配合比。

（5）混凝土试配应注意的几个问题：

1）申请试配应提供混凝土的技术要求和原材料的有关性能，试配应采用工程中实际使用的材料。

2）应提供混凝土施工的搅拌、生产使用方法，如搅拌方式、振捣、养护等。

3）设计有特殊要求的混凝土应特别予以详尽说明。

（6）表列子项

1）使用部位：按委托单上的使用部位填写。

2）要求坍落度：根据施工条件与工程特征，由施工单位根据施工需要提出。

3）水泥品种、强度等级、试验编号：指送交试验单位的“送样”批的水泥品种、强度等级及试验编号。

4）石子规格、试验编号：指送交试验单位的“送样”批的石子的规格及试验编号。

5）外加剂种类、试验编号：指送交试验单位的“送样”批的外加剂的种类和名称及试验编号。

6）砂率：指试验单位混凝土试配时根据试配实际使用的含砂率。

7）水灰比：指试验单位混凝土试配时根据委托要求的水灰比（水和水泥之比）。

8）实测坍落度：指试验单位试配时混凝土的实测坍落度。

4.2.4.13-3　混凝土外加剂适用性试验报告（C2-4-13-3）

1. 资料表式

混凝土外加剂适用性检验表式按混凝土强度试配报告单 C2-4-13-2 执行。

2. 实施要点

（1）混凝土外加剂主要包括减水剂、早强剂、缓凝剂、泵送剂、防水剂、防冻剂、膨胀剂、引气剂和速凝剂等。

（2）外加剂必须有质量证明书或合格证、应有相应资质等级检测部门出具的试配报告、产品性能和使用说明书等。承重结构混凝土使用的外加剂应实行有见证取样和送检。

（3）《混凝土结构工程施工质量验收规范》GB 50204—2002 第 7.2.2 条规定：混凝土中掺用外加剂的质量及应用技术应符合现行国家标准《混凝土外加剂》GB 8076、《混凝土外加剂应用技术规范》GB 50119 等和有关环境保护的规定。

预应力混凝土结构中，严禁使用含氯化物的外加剂。钢筋混凝土结构中，当使用含氯化物的外加剂时，混凝土中氯化物的总含量应符合现行国家标准《混凝土质量控制标准》GB 50164 的规定。

（4）抗冻融性要求高的混凝土，必须掺用引气剂或引气减水剂，其掺量应根据混凝土的含气量要求，通过试验确定。

（5）含有六价铬盐、亚硝酸盐等有毒防冻剂，严禁用于饮水工程及与食品接触的部位。

（6）混凝土中氯化物和碱的总含量应符合现行国家标准《混凝土结构设计规范》GB 50010和设计的要求。

（7）试配外加剂应注意外加剂的相容性，对试配结果有怀疑时应进行复试或提请上一级试验单位进行复试。

（8）混凝土外加剂中释放氨的量应不大于0.1%（质量分数）。

（9）外加剂掺法

1）把外加剂直接掺入水泥中：根据外加剂的最佳掺量，把外加剂掺入水泥中。混凝土、砂浆拌合时就可以得到预定的目的，如塑化水泥、加气水泥等，但这种方法在国内不是经常使用。

2）水溶液法：把外加剂先用水配制一定相对密度的水溶液，搅拌混凝土时按掺量量取一定体积，加入搅拌机中进行拌合，这种方法目前在国内应用广泛，采用这种方法的优点是拌合物较均匀，但准确度较低，往往由于水溶液中有大量的外加剂沉淀．因此混凝土、砂浆等拌合物的外加剂掺量偏低，配合比不准，容易造成工程质量事故。

3）干掺法：干掺法是外加剂为基料，以粉煤灰、石粉为载体，经过烘干、配料、研磨、计量、装袋等主要工序生产而成。用干掺法可以得到良好的效果，混凝土、砂浆等拌合物质量较好，强度均匀，和易性与湿掺法相同。用塑料小口袋包袋，搅拌混凝土时倒入，用这种方法操作简单，深受广大建筑工人的欢迎。

用干掺法必须注意所用的外加剂要有足够的细度，粉粒太粗，效果就不好。

为了简化混凝土外加剂操作程序，保证掺量准确，目前国内很多单位在研制混凝土复合外加剂，以解决混凝土搅拌时现场配制减水剂、抗冻剂、早强剂、阻锈剂等多功能外加剂时的繁琐工序，克服掺量不准的缺陷。

注：在预应力混凝土中不得掺入加气剂、引气剂等外加剂，掺入加气、引气外加剂，混凝土的弹性模量减小，预应力损失大，有的会引起超过规范的损失值。

（10）外加剂使用的选择原则

1）外加剂使用前的复试，应注意混凝土中严禁使用对人体产生危害、对环境产生污染的外加剂。要求外加剂在混凝土生产和使用过程中不能损害人体健康、污染环境。

2）使用的外加剂对水泥的适应性是必须着重考虑的，例如：C_3A含量高的水泥减水效果比较差。

3）因混凝土材料中水泥对外加剂的性能影响最大，同一种减水剂由于水泥矿物组成，混合材料品种和掺量、含碱量、石膏品种和掺量等不同，其减水增强效果差别很大。

4）有早强要求的混凝土在使用外加剂时应考虑温度影响，据此，不宜单独使用普通减水剂。

5）用硬石膏或工业副产石膏（如氟石膏、磷石膏）作调凝剂的水泥，掺入木钙、糖蜜缓凝剂会出现速凝、不减水等现象。

（11）各类外加剂

1）依据标准：减水剂、早强剂、缓凝剂、引气剂、防水剂、泵送剂、防冻剂、膨胀剂的评定标准及检验标准如表C2-4-13-3A。

外加剂执行标准　表 C2-4-13-3A

序号	名称	评定标准	检验标准
1	减水剂	GB 8076—2008	GB/T 50080—2002　GB/T 50081—2002 JGJ/T 55—2000　JGJ 63—2006
2	早强剂		
3	缓凝剂		
4	引气剂		
5	防水剂	JC 474—2008	JG/T 603—2004　GB 1346—2008　GB 8076—2008 GB J82—85　GB/T 2419—94
6	泵送剂	JC 473—2001	GB 8076—2008　GB/T 50080—2002 JGJ/T 55—2000
7	防冻剂	JC 475—2004	GB 8076—2008　GB/T 50080—2002
8	膨胀剂	GB 23439—2009	GB/T 1761—1999　GB 8076—2008 GB 1346—2001

2）检验项目：减水剂、早强剂、缓凝剂、引气剂、防水剂、泵送剂、防冻剂、膨胀剂的检验项目如表 C2-4-13-3B。

各种外加剂检验项目　表 C2-4-13-3B

序号	名称	检验项目
1	减水剂	减水率、抗压强度比、钢筋锈蚀、氯离子含量
2	早强剂	凝结时间差、抗压强度比、钢筋锈蚀、氯离子含量
3	缓凝剂	同早强剂
4	引气剂	含气量、抗压强度比、钢筋锈蚀、氯离子含量
5	泵送剂	稠度增加值、稠度保留值、抗压强度比、钢筋锈蚀、氯离子含量、压力泌水率比
6	防冻剂	冻融强度失率比，其他项同减水剂（负温抗压强度比）
7	防水剂	抗压强度比、渗透高度比、钢筋锈蚀、氯离子含量
8	膨胀剂	细度、限制膨胀率、抗压强度、抗折强度

3）取样规定

① 每批外加剂的取样数量一般按其最大掺量不少于 0.5t 水泥所需外加剂量，但膨胀剂的取样数量不应少于 10kg。

② 每批外加剂的取样应从 10 个以上的不同部位取等量样品，混合均匀分成两等份并密封保存。一份对其检验项目按相应标准进行试验，另一份封存半年，以备有疑问时交国家指定的检验机构进行复验或仲裁。

4）代表批量

常用外加剂的代表批量如表 C2-4-13-3C 所示，不足此数量的也按一批计。

外加剂取样代表批量　表 C2-4-13-3C

序号	名称	代表批量
1	减水剂、早强剂、缓凝剂、引气剂	50t
2	泵送剂	50t
3	防冻剂	50t
4	防水剂	50t
5	膨胀剂	60t

5）各类外加剂指标

① 混凝土外加剂：根据《混凝土外加剂》（GB 8076—2008），掺外加剂混凝土性能指标应符合表 C2-4-13-3D 的要求。

掺外加剂混凝土性能指标 表 C2-4-13-3D

项目		外加剂品种												
		高性能减水剂 HPWR			高效减水剂 HWR		普通减水剂 WR			引气减水剂 AEWR	泵送剂 PA	早强剂 Ac	缓凝剂 Re	引气剂 AE
		早强型 HRWR-A	标准型 HPWR-S	缓凝型 HPWR-R	标准型 HWR-S	缓凝型 WR-S	早强型 WR-A	标准型 WR-S	缓凝型 WR-R					
减水率(%)不小于		25	25	25	4	14	8	8	8	10	12	—	—	6
泌水率比(%)不大于		50	60	70	90	100	95	100	100	70	70	100	100	70
含气量(%)		≤6.0	≤6.0	≤6.0	≤3.0	≤4.5	≤4.0	≤4.0	≤5.5	≤3.0	≤5.5	—	—	≥3.0
凝结时间之差(min)	初凝	−90～+120	−90～+120	>+90	−90～+120	>+90	−90～+120	−90～+1200	>+90	−90～+120	—	−90～+90	>+90	−90～+120
	终凝			—		—			—			—	—	
1h经时变化量	坍落度(mm)	—	≤80	≤60	—	—	—	—	—	—	≤80	—	—	—
	含气量(%)	—	—	—						−1.5～+1.5	—			−1.5～+1.5
抗压强度比(%)不小于	1d	180	170	—	140	—	135	—	—	—	—	135	—	—
	3d	170	160	—	130	—	130	115	—	115	—	130	—	95
	7d	145	150	140	125	125	110	115	110	110	115	110	100	95
	28d	130	140	130	120	120	100	110	110	100	110	100	100	90
比缩率比(%)不大于	28d	110	110	110	135	135	135	135	135	135	135	135	135	135
相对耐久性(200次)(%)不小于		—	—	—	—	—	—	—	—	80	—	—	—	80

注1:表中抗压强度比、收缩率比、相对耐久性为强制性指标，其余为推荐性指标。
2:除含气量和相对耐久性外，表中所列数据为掺外加剂混凝土与其准混凝土的差值或比值。
3:凝结时间之差性能指标中的"−"号表示提前，"+"号表示延缓。
4:相对耐久性(200次)性能指标中的"≥80"表示 将28d龄期的受检混凝土试件快速冻融循环200次后，动弹性模量保留值≥80%。
5:1h含气量经时变化量指标中的"−"号表示含气量增加，"+"号表示含气量减少。
6:其他品种的外加剂是否需要测定相对耐久性指标，由供、需双方协商确定。
7:当用户对泵送剂等产品有特殊要求时，需要进行的补充试验项目、试验方法及指标，由供需双方协商决定。

② 混凝土泵送剂：根据《混凝土泵送剂》（JC 473—2001），掺泵送剂混凝土性能指标应符合表 C2-4-13-3E 的要求。

掺泵送剂混凝土性能指标　　**表 C2-4-13-3E**

项　目		性能指标	一等品	合格品
坍落度增加值(mm)	≥		100	80
常压泌水率比(%)	≤		90	100
压力泌水率比(%)	≤		90	95
含气量(%)	≤		4.5	5.5
坍落度保留值(mm)	≥	30min	150	120
		60mm	120	100
抗压强度比(%)	≥	3d	90	85
		7d	90	85
		28d	90	85
收缩率比(%)	≤	28d	135	135
对钢筋锈蚀作用			应说明对钢筋有无锈蚀作用	

注：本表选自《混凝土泵送剂》（JC 473—2001）。

③ 混凝土防冻剂：根据《混凝土防冻剂》（JC 475—2004），掺防冻剂混凝土性能应符合表 C2-4-13-3F 要求。

掺防冻剂混凝土性能指标　　**表 C2-4-13-3F**

试验项目		性　能			指　标		
		一等品			合格品		
减水率(%) ≥		10			—		
泌水率(%) ≤		80			100		
含气量(%) ≥		2.5			2.0		
凝结时间差(min)	初凝	−150～+150			−210～+210		
	终凝						
	规定温度(℃)	−5	−10	−15	−5	−10	−15
	R_{28}	100		95	95		90
	R_{-7+28}	95	90	85	90	85	80
	R_{-7+56}	100			100		
90d 收缩率比(%) ≤		135					
抗渗高度比(%) ≤		100					
50 次冻融强度损失率比(%) ≤		100					
对钢筋锈蚀作用		应说明对钢筋有无锈蚀作用					

注：本表选自《混凝土防冻剂》（JC 475—2004）。

④ 混凝土防水剂：根据《砂浆、混凝土防水剂》（JC 474—2008），掺防水剂混凝土性能、砂浆应符合表 C2-4-13-3G1 和表 C2-4-13-3G2 的要求。

掺防水剂混凝土性能指标 表 C2-4-13-3G1

试验项目			性能指标	
			一等品	合格品
安定性			合格	合格
凝结时间差(min)	初凝		−90[a]	−90[a]
泌水率比(%)		≤	50	70
抗压强度比(%) ≥	3d		100	90
	7d		110	100
	28d		100	90
渗透高度比(%)		≤	30	40
48h 吸水量比(%)		≤	65	75
28d 收缩率比(%)		≤	125	135

注：本表选自《砂浆、混凝土防水剂》(JC 474—2008)。

a“—”表示提前。

掺防水剂砂浆性能指标 表 C2-4-13-3G2

试验项目			性能指标	
			一等品	合格品
安定性			合格	合格
凝结时间	初凝(min)	≥	45	45
	终凝(h)	≤	10	10
抗压强度比(%) ≥	7d		100	85
	28d		90	80
透水压力比(%)		≥	300	200
48h 吸水量比(%)		≤	65	75
28d 收缩率比(%)		≤	125	135

注：本表选自《砂浆、混凝土防水剂》(JC 474—2008)。

⑤ 混凝土膨胀剂：根据《混凝土膨胀剂》(GB 23439—2009)，混凝土膨胀剂性能应符合表 C2-4-13-3H 要求。

混凝土膨胀剂性能指标 表 C2-4-13-3H

项目			指标值	
			Ⅰ型	Ⅱ型
细度	比表面积(m^2/kg)	≥	200	
	1.18mm 筛筛余(%)	≤	0.5	
凝结时间	初凝(min)	≥	45	
	终凝(min)	≤	600	
限制膨胀率(%)	水中 7d	≥	0.025	0.050
	空气中 21d	≥	−0.020	−0.010
抗压强度(MPa)	7d	≥	20.0	
	28d	≥	40.0	
注：本表中的限制膨胀率为强制性的，其余为推荐性的。				

⑥ 检验结论：

a. 减水剂、早强剂、缓凝剂、引气剂、泵送剂、防冻剂、防水剂、膨胀剂经检验各项指标应全部符合相应混凝土（砂浆）技术性能标准要求，否则作为不合格品。

b. 各类外加剂原则上应不含氯离子或含微量氯离子，否则判为不合格。

c. 检验结论中，应有外加剂的名称、规格、等级、掺量，防冻剂还应说明使用温度及掺量。

(12) 外加剂使用注意事项

1) 混凝土工程掺用外加剂，应根据不同的工程工艺和环境等特点及外加剂生产厂家出厂说明书中规定的性能、主要技术指标、应用范围、使用要点等予以应用。

2) 计量和搅拌：减水剂的掺量很小，对减水剂溶液的掺量和混凝土的用水量必须严加控制。尤其减水剂的掺量，应严格遵守厂家的规定，通过试验确定最佳掺量。

减水剂为干粉末时，可按每盘水泥掺入量称量，随拌合水将干粉直接加入搅拌机拌合物内，并适当延长搅拌时间。

粉末受潮结块，则应筛除颗粒。干粉末减水剂也可预先装入小桶内，用定量水稀释后掺入。

减水剂为液状或结晶状使用时，宜先溶解稀释成为一定浓度的溶液，掺入混凝土拌合物内，并根据溶液的浓度，计算出每盘混凝土用水量。

3) 混凝土从出机到入模，其间隔时间应尽量缩短，一般不应超过以下规定：

当混凝土温度为20～30℃时，不超过1h；

当混凝土温度为10～19℃时，不超过1.5h；

当混凝土温度为5～9℃时，不超过2h；用特殊水泥拌制的混凝土，其间隔时间应通过试验确定。

混凝土装入运输车料斗内，不应装得过满，否则车辆颠簸，混凝土沿途流淌严重。此外，高强混凝土单位重量比一般混凝土重0.1～0.2t，模板制作安装时应考虑这一因素。

高强泵送混凝土的捣固应采用高频振动器。混凝土流动性和黏性大，振动时间长，难免产生分离现象。对大流动性混凝土，不宜强烈振动，以免造成泌水和分层离析。

4) 掺有减水剂的混凝土养护，要注重早期浇水。构件拆模后应立即捆上草包或麻袋，喷水养护，养护时间应按规范要求执行，一般不少于7昼夜。蒸养构件则应通过试验确定蒸养制度。

5) 两种或两种以上外加剂复合使用。在配制溶液时，如产生絮凝或沉淀现象，应配制溶液并加入搅拌机内。

6) 在用硬石膏或工业废料石膏作调凝剂的水泥中，掺用木质磺酸盐类减水剂或糖蜜类缓凝剂时，使用前需先做水泥适应性试验，合格后方可使用。

7) 外加剂因受潮结块时，粉状外加剂应再粉碎并通过0.63mm筛子方能使用。液体外加剂存放过久，应重新测定外加剂的固体含量。

4.2.4.13-4 *混凝土试块试验报告单*（C2-4-13-4）

1. 资料表式

混凝土试块试验报告 **表 C2-4-13-4**

委托单位： 试验编号：

工程名称					委托日期	
结构部位					报告日期	
强度等级		试块边长(mm)			检验类别	
配合比编号					养护方法	
试样编号	成型日期	破型日期	龄期(d)	强度值(MPa)	强度代表值(MPa)	达设计强度(%)
依据标准：						
备注：						
试验单位：	技术负责人：		审核：		试(检)验：	

2. 资料要求

资料要求除应执行“对施工文件的总体要求、对工程质量记录资料核查要求”外，尚应符合：

（1）混凝土试块必须在施工现场浇灌地点随机抽取留置试块，并由施工单位提供。

（2）混凝土强度以标准养护龄期 28d 的试块抗压试验结果为准，在冬期施工条件下养护时应增加同条件养护的试块，并有测温记录。

（3）非标养试块应有测温记录，超龄期试块按有关规定换算为 28d 强度进行评定。

（4）混凝土强度以单位工程按《混凝土结构工程施工质量验收规范》（GB 50204—2002）进行质量验收。

注：GBJ 107—87 标准第 2.0.3 条：混凝土强度应分批进行检验评定。一个验收批应由强度等级相同、龄期相同以及生产工艺条件和配合比相同的混凝土组成。对施工现场的现浇混凝土应按单位工程验收划分的检验批构成的混凝土量、台班留置试件，按强度等级相同、龄期相同以及生产工艺条件和配合比相同原则构成检验批每个验收项目应按现行国家标准确定，国家现行标准为《混凝土结构工程施工质量验收规范》（GB 50204—2002）。

（5）有特殊性能要求的混凝土，应符合相应标准并满足施工规范要求。

（6）混凝土试块留置数量不符合要求、代表性不足，应为不符合要求；部位不清、子项填写不全，应为不符合要求。

(7) 混凝土强度等级不按单位工程进行验收或验收不符合标准要求者，应为不符合要求。

3. 实施要点

混凝土试块试验报告是为保证工程质量，由试验单位对工程中留置的混凝土试块的强度指标进行测试后出具的质量证明文件。

(1) 混凝土试块的试验内容：

混凝土试块试验或称混凝土物理力学性能试验，内容有：抗压强度试验、抗拉强度试验、抗折强度试验、抗冻性试验、抗渗性能试验、干缩试验等。对混凝土的质量检验，一般只进行抗压强度试验。对设计有抗冻、抗渗等要求的混凝土，尚应分别按设计有关要求进行试验。

(2) 混凝土试块取样规定

1) 用于检查结构构件混凝土强度的试件，应在混凝土的浇筑地点随机抽取。取样与试件留置应符合下列规定：

① 每拌制 100 盘且不超过 $100m^3$ 的同配合比的混凝土，取样不得少于一次；

② 每工作班拌制的同一配合比的混凝土不足 100 盘时，取样不得少于一次；

③ 当一次连续浇筑超过 $1000m^3$ 时，同一配合比的混凝土每 $200m^3$ 取样不得少于一次；

④ 每一楼层、同一配合比的混凝土，取样不得少于两次（主要构件不少于一组）；

⑤ 每次取样应至少留置一组标准养护试件，同条件养护试件的留置组数应根据实际需要确定。

2) 对有抗渗要求的混凝土结构，应在浇筑地点随机取样。同一工程、同一配合比的混凝土，取样不应少于两次，留置组数可根据实际需要确定。

3) 每次取样应至少留置一组标准试件（每组三个试件）；为确定结构构件的拆模、出池、出厂、吊装、张拉、放张及施工期间的临时负荷时的混凝土强度，应留置同条件养护试件。

注：预拌混凝土除应在预拌混凝土厂内按规定留置试件外，混凝土运到施工现场后，尚应按本条的规定留置试件。

4) 结构混凝土强度等级必须符合设计要求和《混凝土强度检验评定标准》(GBJ 107—87) 要求。

5) 不按规定留置标准试块和同条件养护试块的均应为存在质量问题，必须依据经法定单位出具的检测报告进行技术处理。属于结构的处理，应由设计单位提出处理方案。

6) 混凝土试件的取样应注意其随机性。

7) 当混凝土试件的留置数量大于其要求提供的数量时，在提供试验时不得只挑好的试件送试。

(3) 普通混凝土、加气混凝土、轻骨料混凝土试样

1) 普通混凝土立方体抗压强度和抗冻性试块试样为正立方体，每组 3 块。

混凝土抗压强度试件尺寸选择表　　表 C2-4-13-4A

骨料最大颗粒直径(mm)	试块尺寸(mm)	强度的尺寸换算系数
≤31.5	100×100×100(非标准试块)	0.95
≤40	150×150×150(标准试块)	1.00
≤63	200×200×200(非标准试块)	1.05

注：混凝土中粗骨料的最大粒径选择试件尺寸，立方体试件边长应不小于骨料最大粒径的3倍。如大型构件的混凝土中骨料直径很大而用边长为100mm的立方体试块，试验结果很难有代表性。

2）加气混凝土性能试验用的试件，采用机锯或刀锯在制品发气方向的上、中、下顺序地锯取试件，每种试件尺寸和块数。

加气混凝土试件尺寸与每组块数表　　表 C2-4-13-4B

试验项目	试件尺寸(mm)	每组块数
表观密度、含水率、吸水率	100×100×100(或150×150×150)	6
抗压	100×100×100	3
抗拉	100×100×100	3
抗折	100×100×400	3
轴心抗压	100×100×300	3
静力弹性模量	100×100×300	6
干燥收缩	100×100×160	5
抗冻	100×100×100	12
碳化	100×100×100	15
干湿循环	100×100×100	6
导热系数	200×200×(15～20)	1
	200×200×(60～100)	2

3）轻骨料混凝土试样尺寸及试块数见表 C2-4-13-4C。

轻骨料混凝土试件尺寸与每组块数表　　表 C2-4-13-4C

试验项目	骨料最大粒径(mm)	试件尺寸(mm)	每组块数
抗压	31.5	100×100×100	3
	40	150×150×150	3
抗拉	40	150×150×150	3
抗折	40	150×150×600(或550)	3
轴压、弹性模量	40	150×150×300	3
收缩		100×100×515	3
徐变	31.5	100×100×注①	3
	40	150×150×注①	3
线膨胀系数		100×100×300	3
吸水率与软化系数	31.5	100×100×100	12
	40	150×150×150	12
导热系数		200×100×(20×30)	1
		200×200×(60×100)	2
抗剪	40	150×150×150	3

续表

试验项目	骨料最大粒径(mm)	试件尺寸(mm)	每组块数
抗冻	31.5	100×100×100	3
	40	150×150×150	3
抗渗	—	顶面直径 175，底面直径 185，高 150	6
钢筋锈蚀	31.5	100×100×300	3

注：①试件的长度至少应比拟采用的测量标距长出一个截面边长。

(4) 建筑地面混凝土、砂浆取样规定

1) 建筑地面工程检验水泥混凝土和水泥砂浆强度试块的组数，按每一层（或检验批）建筑地面工程不应小于1组。当每一层（或检验批）建筑地面工程面积大于1000m² 时，每增加1000m² 应增做1组试块，小于1000m² 按1000m² 计算。当改变配合比时，亦应相应地制作其试块组数。

2) 建筑地面水泥混凝土施工质量检验按《混凝土结构工程施工质量验收规范》(GB 50204—2002) 的有关规定执行。

3) 建筑地面的水泥混凝土面层强度应符合设计要求且不应小于C20。

(5) 混凝土试块的制作

混凝土抗压试块以同一龄期者为一组，每组至少有3个属于同盘混凝土、在浇筑地点同时制作的混凝土试块。

1) 在混凝土拌合前，应将试模擦拭干净，并在模内涂一薄层机油；

2) 用振动法捣实混凝土时，将混凝土拌合物一次装满试模，并用捣棒初步捣实，使混凝土拌合物略高出试模，放在振动台上。一手扶住试模，一手用铁抹子在混凝土表面施压，并不断来回擦抹。按混凝土稠度（工作度或坍落度）的大小确定振动时间，所确定的振动时间必须保证混凝土能振捣密实，待振捣时间即将结束时，用铁抹子刮去表面多余的混凝土，并将表面抹平。同一组的试块，每块振动时间必须完全相同，以免密度不均匀，影响强度的均匀性。

注：在施工现场制作试块时，也可用平板式振捣器，振动至混凝土表面水泥浆呈现光亮状态时止。

3) 用插捣法人工捣实试块时，按下述方法进行：

① 对于100mm×100mm×100mm、150mm×150mm×150mm 或 200mm×200mm×200mm 的立方体试块，混凝土拌合物分两层装入，其厚度约相等，每层插捣次数如表 C2-4-13-4D 所示。

混凝土抗压强度试件制作插捣次数表　C2-4-13-4D

试块尺寸(mm)	每层插捣次数
100×100×100	12
150×150×150	25
200×200×200	50

② 插捣时应在混凝土全面积上均匀地进行，由边缘逐渐向中心。

③ 插捣底层时，捣棒应达到试模底面，捣上层时捣棒应插入该层底面以下2～3cm处。

④ 面层插捣完毕后，再用抹刀沿四边模壁插捣数下，以消除混凝土与试模接触面的气泡，并可避免出现蜂窝、麻面现象。然后用抹刀刮去表面多余的混凝土，将表面抹光，使混凝土稍高于试模。

⑤ 静置半小时后，对试块进行第二次抹面，将试块仔细抹光抹平，以使试块与标准尺寸的误差不超过±1mm。

（6）试块的养护

1）试块成型后，用湿布覆盖表面，在室温为16～20℃下至少静放一昼夜，但不得超过两昼夜，然后进行编号及拆模工作；混凝土拆模后，要在试块上写清混凝土强度等级代表的工程部位和制作日期。

2）拆去试模后，随即将试块放在标准养护室（温度20±3℃，相对湿度大于90%，应避免直接浇水），养护至试压龄期为止。

注：1. 现场施工作为检验拆模强度或吊装强度的试块，其养护条件应与构件的养护条件相同。

2. 现场作为检验依据的标准强度试块，允许埋在湿砂内进行养护，但养护温度应控制在16～20℃范围内。

3. 在标准养护室内，试块宜放在铁架或木架上养护，彼此之间的距离至少为3～5cm。

4. 试块从标准养护室内取出，经擦干后即进行抗压试验。

5. 无标准养护室时可以养护池代替，池中水温20±3℃，水的pH值不小于7，养护时间自成型时算起28d。

（7）混凝土用拌合水要求

拌制混凝土宜用饮用水。污水、pH值小于4的酸性水和含硫酸盐量按SO_4计超过1%的水，不得用于生产混凝土构件。水中含有碳酸盐时会引起水泥的异常凝结；含有硝酸盐、磷酸盐时能引起缓凝作用；含有腐殖质、糖类等有机物时有的会引起缓凝、有的发生快硬或不硬化；含有洗涤剂等污水时，由于产生过剩的伴生空气，会使混凝土的各种性能恶化；含有超过0.2%浓度的氯化物时，会产生促凝性，使早期水化热增大，同时收缩增加，易导致混凝土中钢材的腐蚀；应予高度重视。

（8）表列子项

1）结构部位：按试块所在分项工程或分部工程的实际部位填写。

2）配合比编号：按试配通知单建议的施工配合比或试配单配合比编号填写，如经调整，配合比不得低于试配单的建议值。

3）养护方法：指自然、蒸汽，还是其他养护方法，照实际养护方法填写。

4）成型日期：指混凝土构件的实际制模成型日期。

5）破型日期：即实际试压日期。

6）龄期：按需要分为3天、7天、28天，以28天“标准”为准，照实际龄期填写。

7）强度值：破坏荷载除以截面面积后的值为标准强度。当试件尺寸为20cm×20cm×20cm和10cm×10cm×10cm时，应按标准规定换算为15cm×15cm×15cm的强度值。

8）强度代表值：即按标准规定的取值方法，计算得出的强度值。

9）达到设计等级（%）：实测强度与设计强度之比。

注：凡试块试验不合格者（指小于规定的最低值或平均强度达不到规定值者），应有处理措施及结论（如后备试块达到要求强度等级并经设计签认；经设计验算签证不需要进行处理；经法定检测单位鉴定达到要求的强度等级，出具证明，并经设计同意；按设计要求进行加固处理者以及返工重做等）。出

现类似情况，应按国标《建筑工程施工质量验收统一标准》第5.0.6条确定该项目的结论。

注：1. 凡试块试验不合格者（指小于规定的最低值或平均强度达不到规定值者），应有处理措施及结论（如后备试块达到要求强度等级并经设计签认；经设计验算签证不需要进行处理；经法定检测单位鉴定达到要求的强度等级，出具证明，并经设计同意；按设计要求进行加固处理者以及返工重做等）。出现类似情况，应按国标《建筑工程施工质量验收统一标准》第5.0.6条确定该项目的结论。

2. 采用预拌混凝土时，除应按《混凝土强度检验评定标准》（GBJ 107—87）的规定制作、试验混凝土试块并提供资料外，预拌混凝土的订货单、发货单和出厂质量证明书应作为附件资料附后。

4.2.4.13-5　混凝土抗渗性能试验报告单（C2-4-13-5）

1. 资料表式

混凝土抗渗性能试验报告单　　**表 C2-4-13-5**

委托单位：　　　　试验编号：

工程名称		使用部门			
混凝土强度等级	C	设计抗渗等级	P		
混凝土配合比编号		成型日期		委托日期	
养护方法		龄期		报告日期	
试件上表渗水部位及剖开渗水高度(cm)：　实际达到压力(MPa) ①　②　③　④　⑤　⑥ 试块解剖渗水高度(cm)： 1　2　3　4　5　6					
依据标准：					
检验结论：					
备注：					
试验单位：　技术负责人：　审核：　试(检)验：					

注：混凝土抗渗性能试验报告单表式，可根据当地的使用惯例制定的表式应用，但工程名称、使用部门、混凝土强度等级（C）、设计抗渗等级（P）、混凝土配合比编号、成型日期、委托日期、养护方法、龄期、报告日期、试件上表渗水部位及剖开渗水高度（cm）、实际达到压力（MPa）、依据标准、检验结果等项试验内容必须齐全。实际试验项目根据工程实际择用。

2. 资料要求

资料要求除应执行“对施工文件的总体要求、对工程质量记录资料核查要求”外，尚应符合：

（1）不同品种、不同强度等级、不同级配的抗掺混凝土均应在混凝土浇筑地点随机留置试块，且至少有一组在标准条件下养护，试件的留置数量应符合相应标准的规定。

（2）抗掺混凝土强度以标准养护龄期28天的试块抗压试验结果为准，在冬期施工条件下养护时应增加同条件养护的试块，并有测温记录。

（3）抗掺混凝土强度等级按《混凝土结构工程施工质量验收规范》（GB 50204—2002）进行质量验收。

（4）抗掺混凝土试块留置数量应符合规范要求，试块留置数量不足，应为不符合要求。

（5）抗掺混凝土试块用料与设计不符的，虽强度达到设计强度等级仍应为不符合要求。

3. 实施要点

混凝土抗渗性能试验报告是为保证工程质量，由试验单位对工程中留置的抗渗混凝土试块的强度指标进行测试后出具的质量证明文件。

（1）防水混凝土的防渗等级（表C2-4-13-5）

防水混凝土的防渗等级分为：P6、P8、P12、P16、P20五个等级。

防水混凝土的防渗等级 **表C2-4-13-5**

工程埋置深度(m)	最大水头 H 与防水混凝土壁厚 h 的比值(H/h)	抗渗等级(MPa)
＜10	$H/h<10$	P6(0.6)
10～15	$10\leqslant H/h<15$	P8(0.8)
15～25	$15\leqslant H/h<25$	P12(1.2)
25～35	$25\leqslant H/h<35$	P16(1.6)
＞35	$H/h>35$	P20(2.0)

注：1. 本表适用于Ⅳ、Ⅴ级围岩（土层及软弱围岩）。
2. 抗渗等级P8表示其设计抗渗压力为0.8MPa。
3. 高层建筑基础的混凝土强度不宜低于C30。

（2）抗渗混凝土不论工程量大小均必须由具有资质的试验室进行试配并提供试配报告，施工单位根据现场实际经调整后实施施工。无试配报告不得进行施工。

（3）抗渗混凝土试块由施工单位提供。抗渗混凝土不仅需要满足强度要求，而且需要符合抗渗要求，均应根据需要留置试块。

（4）防水混凝土的抗压强度和抗渗压力必须符合设计要求。

（5）防水混凝土的变形缝、施工缝、后浇带、穿墙套管、埋设件等的设置和构造均应符合设计要求，严禁渗漏。

（6）抗渗性能试块基本要求：

1）抗渗试块的尺寸顶面直径为175mm、底面直径为185mm、高为150mm的圆台体，或直径与高度均为150mm的圆柱体试件。

2）混凝土抗渗性能试件应采用标准条件下养护混凝土抗渗试件的试验结果评定，试件应在浇筑地点制作。

连续浇筑混凝土每500m³应留置一组抗渗试件。采用预拌混凝土的抗渗试件，留置组数应视结构的规模和要求而定。同一混凝土强度等级、同一抗渗等级、同一配合比、同一原材料每单位工程不少于两组，每6块为一组。

3）试块应在浇筑地点制作，其中至少一组试块应在标准条件下养护，其余试块应在与构件相同条件下养护。

4）试样要有代表性，应在搅拌后第三盘至搅拌结束前30min之间取样。

5）每组试样包括同条件试块、抗渗试块、强度试块的试样，必须取同一次拌制的混凝土拌合物。

6）试件成型后24h拆模。用钢丝刷刷去两端面水泥浆膜，然后送入标养室。

7）试件一般养护至28d龄期进行试验；如有特殊要求，可在其他龄期进行。

（7）防水混凝土用材料应符合下列规定：

1）水泥品种应按设计要求选用，其强度等级不应低于32.5级，不得使用过期或受潮结块水泥；

2）碎石或卵石的粒径宜为5～40mm，含泥量不得大于1.0%，泥块含量不得大于0.5%；

3）砂宜用中砂，含泥量不得大于3.0%，泥块含量不得大于1.0%；

4）拌制混凝土所用的水，应采用不含有害物质的洁净水；

5）外加剂的技术性能，应符合国家或行业标准一等品及以上的质量要求；

6）粉煤灰的级别不应低于二级，掺量不宜大于20%；硅粉掺量不应大于3%，其他掺合料的掺量应通过试验确定。

（8）防水混凝土的配合比应符合下列规定：

1）试配要求的抗渗水压值应比设计值提高0.2MPa；

2）水泥用量不得少于300kg/m³；掺有活性掺合料时，水泥用量不得少于280kg/m³；

3）砂率宜为35%～45%，灰砂比宜为1∶2～1∶2.5；

4）水灰比不得大于0.55；

5）普通防水混凝土坍落度不宜大于50mm，泵送时入泵坍落度宜为100～140mm。

（9）混凝土拌制和浇筑过程控制应符合下列规定：

1）拌制混凝土所用材料的品种、规格和用量，每工作班检查不应少于两次。每盘混凝土各组成材料计量结果的偏差应符合表C2-4-13-5A的规定。

混凝土组成材料计量结果的允许偏差（%）　　表C2-4-13-5A

混凝土组成材料	每盘计量	累计计量
水泥、掺合料	±2	±1
粗、细骨料	±3	±2
水、外加剂	±2	±1

注：累计计量仅适用于微机控制计量的搅拌站。

2）混凝土在浇筑地点的坍落度，每工作班至少检查两次。混凝土的坍落度试验应符合现行《普通混凝土拌合物性能试验方法标准》GB/T 50080的有关规定。

混凝土实测的坍落度与要求坍落度之间的偏差应符合表C2-4-13-5B的规定。

混凝土坍落度允许偏差　　表C2-4-13-5B

要求坍落度(mm)	允许偏差(mm)
≤40	±10
50～90	±15
≥100	±20

(10) 混凝土抗渗性能试验应按下列步骤进行：

1）试件养护至试验前一天取出，将表面晾干，然后在其侧面涂一层熔化的密封材料，随即在螺旋或其他加压装置上，将试件压入经烘箱预热过的试件套中。稍冷却后，即可解除压力，连同试件套装在抗渗仪上进行试验。

2）试验从水压为0.1MPa（1kgf/cm^2）开始。以后每隔8h增加水压0.1MPa（1kgf/cm^2），并且要随时注意观察试件端面的渗水情况。

3）当6个试件中有3个试件端面呈有渗水现象时，即可停止试验，记下当时的水压。

4）在试验过程中，如发现水从试件周边渗出，则应停止试验，重新密封。

(11) 混凝土抗渗性能试验结果评定：

1）混凝土的抗渗等级以每组6个试件中4个未出现渗水时的最大水压力表示。

其计算式为：

$$S=10H-1$$

式中 S——抗渗等级；

H——6个试件中三个渗水时的水压力，MPa。

2）若按委托抗渗等级（P）评定：（6个试件均无渗水现象）应试压至$P+1$时的水压，方可评为$>P$。

3）如压力到1.2MPa，经过8h，渗水仍不超过2h，混凝土的抗渗等级应等于或大于$P12$。

(12) 抗渗混凝土

根据《地下防水工程施工质量验收规范》（50208—2002）混凝土抗渗试块取样（即试块留置）按下列规定：

1）连续浇筑混凝土每500m^3，应留置一组（6块）混凝土抗渗试块，且每项工程不得少于两组。

2）采用预拌混凝土的抗渗试件，留置组数应视结构的规模和要求而定。

3）如使用材料配合比或施工方法有变化时，均应另行按上述规定留置。

4）抗渗试块应在浇筑地点制作，留置的两组试块，其中一组（6块）应在“标养”室中养护；另一组（6块）与现场相同条块下养护，养护期不得少于28d。

(13) 表列子项

1）使用部位：指该抗渗混凝土试块所在的分部工程的实际部位，照实际填写。

2）混凝土强度等级：按委托单提供的混凝土强度等级，不应低于设计的混凝土强度等级。

3）设计抗渗等级：一般为施工图设计提出的抗渗等级，照实际填写。

4）混凝土配合比编号：指原试验室提供的混凝土配合比编号。

5）水泥品种：指施工实际使用的水泥品种。

6）养护方法：指自然、蒸汽还是其他养护方法，照实际填写。

7）水泥用量：指实际施工使用于混凝土每立方米的水泥用量。

8）成型日期：指制作抗渗试块的日期。

9）龄期：指该组混凝土抗渗试块进行试验时的天数。

10）外加剂名称、用量：指实际施工作用于混凝土的外加剂名称、用量，照实际填写。

11）试件上表渗水部位及剖开渗水高度：试验室照实际试验结果填写。

4.2.4.13-6　混凝土抗冻性能试验报告单（C2-4-13-6）

1. 资料表式

混凝土抗冻性能试验报告单　　　　表 C2-4-13-6

委托单位：　　　　　　　　　　　　　　试验编号：

工程名称		施工部位		
混凝土强度等级		抗冻性能		
成型日期		配合比编号		
委托日期		报告日期		
冻融循环次数				
抗　冻　试　验　结　果				
试件编号	抗压强度(MPa)		试块单块重量(kg)	
1	对比试件	冻融循环次数	冻融循环以前	冻融循环以后
2				
3				
3块平均值				
结　果	强度损失率	%	重量损失率	%
依据标准及检验结论：				
备注：				
试验单位：	技术负责人：	审核：	试(检)验：	

2. 资料要求

资料要求除应执行“对施工文件的总体要求、对工程质量记录资料核查要求”外，尚应符合：

(1) 抗冻混凝土试块必须在施工现场制作并由施工单位提供。

(2) 抗冻混凝土强度以标准养护龄期28天的试块抗压试验结果为准，在冬期施工条件下养护时应增加同条件养护的试块，并有测温记录。

(3) 抗冻混凝土试块留置数量应符合规范要求，试块留置数量不足，应为不符合要求。

(4) 抗冻混凝土试块用料与设计不符的，虽强度达到设计强度等级仍应为不符合要求。

3. 实施要点

混凝土抗冻性能试验报告是为保证工程质量，由试验单位对工程中留置的抗冻混凝土试块的强度指标进行测试后出具的质量证明文件。

(1) 不同品种、不同强度等级、不同级配的抗冻混凝土均应在混凝土浇筑地点随机留置试块，并在标准条件下养护，试件的留置数量应符合相应标准的规定。

(2) 混凝土抗冻性试验（抗冻强度等级）说明：

1) 以试块所能承受的最大反复冻融循环次数表示。如M150表示混凝土能够承受反复冻融循环150次。试块抗冻后抗压强度的下降不得超过25%。抗冻强度换算系数见表C2-4-13-6A。

2）立方体试块的尺寸与抗压强度试验相同。见表 C2-4-13-6A。

不同立方体混凝土抗冻强度试件尺寸表 表 C2-4-13-6A

骨料最大颗粒直径(mm)	试块尺寸(mm)
≤30	100×100×100
≤40	150×150×150
≤50	200×200×200

不同立方体混凝土试块抗冻强度换算系数表 表 C2-4-13-6B

小梁试块(mm)	换算和系数
100×100×400	1.05
150×150×600	1.00
200×200×800	0.95

3）受冻融检验用的试块数量选择，每次试验所需的试件组数应符合表 C2-4-13-6C 的规定，每组试件应为 3 块。

慢冻法试验所需的试件组数 表 C2-4-13-6C

设计抗冻等级	F25	F50	F100	F150	F200	F250	F300
检查强度时的冻融循环次数	25	50	50 及 100	100 及 150	150 及 200	200 及 250	250 及 300
鉴定 28d 强度所需试件组数	1	1	2	2	2	2	2
冻融试件组数	1	1	2	2	2	2	2
对比试件组数	1	1	2	2	2	2	2
总计试件组数	3	3	5	5	5	5	5

4）抗冻混凝土的试块留置组数，可视结构的规模和要求确定。

5）试块制作、养护方法和步骤，均与混凝土抗压强度试验中之规定相同，试块的养护龄期（包括试块在水中浸泡时间）为 28d。

6）混凝土冻融试验后应按下式计算其强度损失率：

$$\Delta f_c=\frac{f_{c0}-f_{cn}}{f_{c0}}$$

式中 Δf_c——N 次冻融循环后的混凝土强度损失率，以 3 个试件的平均值计算（%）；

f_{c0}——对比试件的抗压强度平均值（MPa）；

f_{cn}——经 N 次冻融循环后的三个试件抗压强度平均值（MPa）。

混凝土试件冻融后的重量损失率可按下式计算：

$$\Delta W_n=\frac{G_0-G_n}{G_0}\times 100$$

式中 ΔW_n——N 冻融循环后的重量损失率，以 3 个试件的平均值计算（%）；

G_0——冻融循环试验前的试件重量（kg）；

G_n——N 次冻融循环后的试件重量（kg）。

7）冻融时间规定：对于 100mm×100mm×100mm 及 150mm×150mm×150mm 的立方体试块，每次冻结时间为 4h；200mm×200mm×200mm 的立方体试块，每次冻结时间为6h。不同尺寸的试块在水中融化时间均不得少于4h，水池水温应保持在15～20℃，池中注水深度应超过试块高度至少2cm，在冻结过程中不得中断。

注：如果在同一冷藏（或冻箱）内，有各种不同尺寸的试块同时进行冻结试验，以其最大试块尺寸的冻结时间进行。

8）混凝土强度试验结果合格条件的评定：

① 冻融试块在规定冻融循环次数之后的抗压极限强度，同检验用的相当龄期的试块抗压极限强度相比较，其降低值不超过25%时，则认为混凝土抗冻性合格。

② 如果在试验过程中（未达到规定冻融循环次数以前），受冻融的试块的抗压极限强度，同检验用的相当龄期的试块的抗压极限强度相比较，其降低值已超过25%时，则认为混凝土抗冻性不合格。

9）抗冻试块留置数量，应符合表C2-4-13-6D要求。

抗冻试块留置数量表　　表C2-4-13-6D

设计抗冻等级	F25	F50	F100	F150	F200	F250	F300
冻融循环次数	25	50	50及100	100及150	150及200	200及250	250及300
冻融组数	1	1	1	1	1	1	1
对比试块	1	1	2	2	2	2	2
总计组数	3	3	5	5	5	5	5

当进行冬期施工时，混凝土抗压强度试块留置数量，应遵守GB 50204—2002标准要求外，还应增加两组混凝土试块，其中一组与结构同条件养护28d后用于检验受冻前的混凝土强度，另一组与结构同条件养护28d后转入标养室养护28d测抗压强度。

（3）表列子项

1）施工部位：按委托单上的施工部位填写。

2）抗冻性能：指设计要求的冻融循环性能值。

3）混凝土强度等级：按施工图设计的混凝土强度等级。

4）成型日期：照混凝土抗冻性能试块制作的实际日期填写。

5）委托日期：指抗冻混凝土试块送达试验室的日期。

6）混凝土配合比编号：指试验单位提供的抗冻混凝土配合比的编号。

7）试件编号：由实验室按照收作的抗冻混凝土试件的实际编号填写。

8）抗冻试验结果：

①抗压强度：分别按对比试件和冻融循环次数测试的抗冻混凝土的抗压强度值填写。

②试块单块重量：分别按冻融循环以前和冻融循环以后测试的抗冻混凝土的抗压强度值填写。

4.2.4.13-7　装配式结构拼缝、接头处理混凝土强度试验报告单（C2-4-13-7）

实施要点

（1）混凝土试块试验报告单按C2-4-22表式执行。

（2）装配式结构拼缝、接头处理混凝土强度试验报告单是指为保证建筑工程质量对用于工程的根据设计要求进行的装配式结构拼缝、接头处理混凝土强度试验必须单独留置试块并进行有关指标测试，由试验单位出具的试验证明文件。

（3）装配式结构拼缝、接头处理混凝土强度试验试块的留置数量、混凝土强度评定结果必须符合《混凝土强度检验评定标准》（GBJ 107—87）的要求。

（4）装配式结构拼缝、接头处理混凝土强度试验报告单必须是经当地建设行政主管部门或其委托单位批准的具有相应资质试验室出具的试验报告单。

4.2.4.13-8 特种混凝土试块试验报告（C2-4-13-8）

实施要点

（1）特种混凝土试块试验报告单按 C2-4-13-4 表式执行。

（2）特种混凝土试块试验报告是指为保证建筑工程质量对用于工程的根据设计要求进行的特种混凝土试块强度试验，必须单独留置试块并进行有关指标测试，由试验单位出具的试验证明文件。

（3）特种混凝土试块是指防水混凝土、耐热混凝土、耐酸混凝土、耐碱混凝土、沥青混凝土、抗渗混凝土、抗冻混凝土、耐低温混凝土、防辐射混凝土、不发火混凝土、钢屑混凝土、钢纤维混凝土、泡沫混凝土、蛭石混凝土、陶粒混凝土等。

（4）特种混凝土试块的留置数量、混凝土强度评定结果必须符合《混凝土强度检验评定标准》（GBJ 107—87）的要求。

4.2.4.13-9 混凝土试块强度评定（C2-4-13-9）

4.2.4.13-9A1 混凝土试块强度统计、评定记录表（C2-4-13-9A1）

1. 资料表式

混凝土试块强度统计、评定记录 **表 C2-4-13-9A1**

工程名称			编号			
			强度等级			
施工单位			养护方法			
统计期	年 月 日至 年 月 日		结构部位			
试块组 n	强度标准 $f_{cu,k}$（MPa）	平均值 m_{fcu}（MPa）	标准差 S_{fcu}（MPa）	最小值 $f_{cu,min}$（MPa）	合格判定系数	
					λ_1	λ_2
每组强度值（MPa）						
评定界限	□统计方法（二）			□非统计方法		
	$0.90f_{cu,k}$	$m_{fcu}-\lambda_1\times S_{fcu}$	$\lambda_2\times f_{cu,k}$	$1.15f_{cu,k}$	$0.95f_{cu,k}$	
判定式	$m_{fcu}-\lambda_1\times S_{fcu}\geqslant0.90f_{cu,k}$	$f_{cu,min}\geqslant\lambda_2\times f_{cu,k}$		$m_{fcu}\geqslant1.15f_{cu,k}$	$f_{cu,min}\geqslant0.95f_{cu,k}$	
结果						
结论：						
签字栏	批 准	审 核	统 计			
	报告日期					

注：施工单位填写的混凝土试块强度统计、评定记录应一式三份，并应由建设单位、施工单位、城建档案馆各保存一份。

2. 资料要求

(1) 工业与民用建筑结构的混凝土试块留置必须符合相应专业规范的要求。

(2) 混凝土试块标养为28d强度，标养试块要有测试温度、湿度记录。非标养试块应有测温记录，超龄期混凝土应按有关规定换算为28d强度，以判定混凝土强度等级。

(3) 对于蒸汽养护的混凝土结构和构件，其试块应随同结构和构件养护，再转入标准条件下养护，共计28d。

(4) 当发现有下列情况之一者，应核定为"不符合要求"：

1) 无试验室确定的混凝土配合比试配报告单和混凝土试块试验报告单；

2) 出现不合格的混凝土试块，又无科学鉴定和采取相应的技术措施进行处理；

3) 有抗渗设计要求的混凝土，未提供混凝土抗渗试验报告单或抗渗报告单中的部位、组数、抗渗等级达不到设计要求及有关规定；

4) 混凝土试块取样、制作、养护、试压等方法不符合规范要求，试块强度不能真正反映和代表结构或构件混凝土的真实强度。

(5) 混凝土试块测试应同时具有"标养"试块、同条件养护试块，以保证混凝土强度的真实性。非"标养"试块必须提供28d日养护温度记录，作为分析测试结果时参考。

3. 实施要点

混凝土强度评定是指单位混凝土强度进行综合核查评定用表。主要核查水泥等原材料使用是否与实际相符，混凝土强度等级、试压龄期、养护方法、试块留置的部位及组数等是否符合设计要求和有关标准规范的规定。

(1) 评定结构构件的混凝土强度应采用标准试件和同条件养护试块共同判定混凝土强度的方法。标准养护：即按标准方法制作的边长为150mm的标准尺寸的立方体试件，在温度为20±3℃、相对湿度为90%以上的环境或水中的标准条件下，养护到28d龄期时按标准试验方法测得的混凝土立方体抗压强度。

确定结构构件的拆模、出池、出厂、吊装、张拉、放张、施工期间临时负荷时和结构实体检验用同条件养护试件进行强度检验。试件采用标准尺寸试件测试混凝土强度。

试件强度试验的方法应符合现行国家标准《普通混凝土力学性能试验方法标准》(GB/T 50081—2002)的规定。

注：1. 试件应采用钢模制作。

2. 对采用蒸汽法养护的混凝土结构构件，其标准试件应先随同结构构件同条件蒸汽养护，再转入标准条件下养护共28天。

(2)《混凝土强度检验评定标准》(GBJ 107—87)规定，混凝土的强度评定根据混凝土生产条件的稳定程度，按统计方法或非统计方法按实际采用方法分别进行。

混凝土强度检验评定，不同评定方法的采用条件、验收批构成、标准差计算、验收界限、验收函数和合格条件详见表C2-4-13-9A2。

(3) 混凝土试件强度检验评定方法要求

1) 混凝土试块强度检验评定方法一般采用统计方法评定或非统计方法评定；

2) 填表步骤：

① 确定单位工程中需要统计评定的混凝土验收批，找出所有统一强度等级的各种试件强度值；

② 填写所有已知项目；

③ 分别计算出该批混凝土试块批的强度平均值、标准差，找出合理判定合格系数和混凝土强度试块最小值填入表内；

④ 计算出各评定数据并对混凝土试件强度进行判定，结论填入表内。

4.2.4.13-9A2 *统计方法评定*（C2-4-13-9A2）

（1）标准差已知的统计方法。

混凝土强度应分批进行验收。同一验收批的混凝土应由强度等级相同、生产工艺和配合比基本相同的混凝土组成，对现浇混凝土结构构件，尚应按单位工程的验收项目划分验收批，每个验收项目应按现行国家标准《建筑安装工程质量检验评定标准》确定。对同一验收批的混凝土强度，应以同批内标准试件的全部强度代表值来评定。

1）当混凝土的生产条件在较长时间内能保持一致，且同一品种混凝土的强度变异性能保持稳定时，应由连续的三组试件代表一个验收批，其强度应同时符合下列要求：

$$m_{fcu} \geqslant f_{cu,k} + 0.7\sigma_0$$

且最小值还应满足： $f_{cu,min} \geqslant f_{cu,k} - 0.7\sigma_0$

当混凝土强度等级不高于 C20 时，尚应符合下式要求：

$$f_{cu,min} \geqslant 0.85 f_{cu,k}$$

当混凝土强度等级高于 C20 时，尚应符合下式要求：

$$f_{cu,min} \geqslant 0.90 f_{cu,k}$$

式中 m_{fcu}——同一验收批混凝土强度的平均值（MPa）；

$f_{cu,k}$——设计的混凝土强度标准值（MPa）；

σ_0——验收批混凝土强度的标准差（MPa）；

$f_{cu,min}$——同一验收批混凝土强度的最小值（MPa）；

2）验收批混凝土强度的标准差，应根据前一检验期内同一品种混凝土试件的强度数据，按下列公式确定：

$$\sigma_0 = \frac{0.59}{m}\sum_{i=1}^{m}\Delta f\ cu,k$$

式中 $\Delta f_{cu,k}$——前一检验期内第 i 验收批混凝土试件中强度的最大值与最小值之差；

m——前一检验期内验收批总数。

注：每个检验期不应超过三个月，且在该期间内验收批总批数不得少于 15 组。批数不足 15 批或时间过长的情况下，用标准差数据统计法检验评定混凝土强度是不正确的。

（2）标准差未知的统计方法。

混凝土强度检验评定总表 **表 C2-4-13-9A2**

评定方法	采用条件	验收批的样本容量	标准差	验收界限						
				平均值界限				最小值界限		
标准差已知统计法	生产条件长期一致、强度变异性保持稳定	连续 3 组	$\sigma_0 = \frac{0.59}{m}\sum_{i=1}^{m}\Delta f_{cu,k}$ （$m \geqslant 15$）	$[m_{fcu}] = f_{cu,k} + 0.7\sigma_0$				$[f_{cu,min}] = \begin{cases} f_{cu,k} - 0.7\sigma_0 \\ 0.85 f_{cu,k} & (\leqslant C20) \\ 0.90 f_{cu,k} & (> C20) \end{cases}$		
标准差未知统计法	生产条件和强度变异性有变化或无前期强度标准差	不少于 10 组	$S_{fca} = \sqrt{\frac{\sum_{i=1}^{m} f_{cu,i}^2 - nm^2 f_{cu}}{n-1}} \geqslant 0.06 f_{cu,k}$	$[m_{fca}] = 0.9 f_{cu,k} + \lambda_1 S_{fcu}$				$[f_{cu,min}] = \lambda_2 S f_{cu,k}$		
				n	10.14	15.24	≥25	n	10.14	≥15
				λ_1	1.70	1.65	1.60	λ_2	0.90	0.85

续表

评定方法	采用条件	验收批的样本容量	标准差	验收界限	
				平均值界限	最小值界限
非统计法	零星个别生产	少于10组	—	$[m_{fcu}]=1.15f_{cu,k}$	$[f_{cu,min}]=0.95f_{cu,k}$
合格条件			$m_{fcu}\geqslant[m_{fcu}]$ $f_{cu,min}\geqslant[f_{cu,min}]$		
验收函数	平均值		$mf_{cu}=\frac{\sum_{i=1}^{m}f_{cu,0}}{n}$		
	最小值		$f_{cu,min}$		

当混凝土的生产条件不能满足“在较长时间内保持一致，且同一品种混凝土的强度变异性能保持稳定”的规定，或在前一检验期内同一品种混凝土没有足够的强度数据用以确定验收批混凝土强度标准差时，应由不少于10组的试件代表一个验收批，其强度应同时符合下列要求：

$$m_{fcu}-\lambda_1 S_{fcu}\geqslant 0.9f_{cu,k}$$

$$f_{cu,min}\geqslant\lambda_2 f_{cu,k}$$

式中　S_{fcu}——验收批混凝土强度的标准差（MPa），当 S_{fcu} 的计算值小于 $0.06f_{cu,k}$ 时，取 $S_{fcu}=0.06f_{cu,k}$；

λ_1，λ_2——合格判定系数。

验收批混凝土强度的标准差 S_{fcu} 应按下式计算：

$$S_{fcu}=\sqrt{\sum_{i=1}^{n}\frac{f_{cu,0}^2-nm^2f_{cu}}{n-1}}$$

式中　$f_{cu,0}$——验收批内第 i 组混凝土试件的强度值（MPa）；

n——验收批内混凝土试件的总组数。

合格判定系数，应按表C2-4-13-9B取用。

合格判定系数　　**表C2-4-13-9B**

试件组数	10～14	15～24	≥25
λ_1	1.70	1.65	1.60
λ_2	0.90	0.85	

注：试件组数不足10组时，采用标准差未知统计法检验评定混凝土强度是不正确的。

4.2.4.13-9B　*非统计方法评定*（C2-4-13-9B）

对零星生产的预制构件的混凝土或现场搅拌批量不大的混凝土（指一个验收批的试件不足10组时），可采用非统计法评定。此时，验收批混凝土的强度必须同时符合下列要求：

$$m_{fcu}\geqslant 1.15f_{cu,k}$$

$$f_{cu,min}\geqslant 0.95f_{cu,k}$$

4.2.4.13-9C　*混凝土试块强度代表值的确定*（C2-4-13-9C）

混凝土立方体抗压试件经强度试验后，其强度代表值的确定，应符合下列规定：

（1）取三个试件强度的算术平均值作为每组试件的强度代表值。

（2）当一组试件中强度的最大值或最小值与中间值之差超过中间值的15%时，取中间值作为该组试件的强度代表值。

（3）当一组试件中强度的最大值和最小值与中间值之差均超过中间值的15%时，该组试件的强度不应作为评定的依据。

取150mm×15mm×150mm试件的抗压强度为标准值，用其他尺寸试件测得的强度值均应乘以尺寸换算系数，其值为：对200mm×200mm×200mm试件为1.05，对100mm×100mm×100mm试件为0.95。

4.2.4.13-9D *混凝土试块强度评定核查注意事项*（C2-4-13-9D）

（1）凡钢筋混凝土工程均应事先选样进行混凝土强度试配。

（2）采用预拌（商品）混凝土应有出厂合格证，由搅拌站试验室按要求进行试验，试块强度以现场制作试块作为检验结构强度质量的依据。如对进场混凝土有怀疑，应会同搅拌站有关负责人到现场共同取样进行试验，并应进行外观鉴定，决定能否使用，并做好记录反映于资料中。

搅拌站试验的有关数据（原始试验单或单位工程有关试验汇总报表）应交施工单位归入技术档案，留置数量应具有代表性，能正确反映各部位不同混凝土的试块强度。

（3）现场所用材料应和试配通知单相符，单位工程全部混凝土试块强度应按工程部位的施工顺序列表，内容包括各组试块强度及达到设计标号的百分比，并注明试验报告的编号。

（4）混凝土试件评定中应注意当试件尺寸为骨料粒径的3倍时，试件的试验结果不具有代表性。

（5）核查要点

1）按照施工图设计要求，核查混凝土配合比及试块强度报告单中混凝土强度等级、试压龄期、养护方法、试块的留置部位及组数、试块抗压强度是否符合设计要求及有关规范、标准的规定。

2）核查混凝土试块试验报告单中的水泥是否和水泥出厂合格证或水泥试验报告单中的水泥品种、强度等级、厂牌相一致。对超龄期的水泥或质量有怀疑的水泥应经检验重新鉴定其强度等级，并按实际强度设计和试配混凝土配合比。

3）核查混凝土试块试验报告单中，是否以《混凝土强度检验评定标准》（GB 50107）来检评混凝土的强度质量。

4）当混凝土验收批抗压强度不合格时，是否及时进行鉴定，并采用相应的技术措施和处理办法，处理记录是否齐全、设计单位是否签认。

5）核验每张混凝土试块试验报告单中的试验子目是否齐全，试验编号是否填写，计算是否正确，检验结论是否明确。

6）有抗渗、抗冻设计要求的混凝土，应核查混凝土抗渗、抗冻试验报告单中的部位、组数、强度等级是否符合要求，是否有缺漏部位或组数不全以及强度等级达不到设计要求等情况。

4.2.4.14 砂浆抗压强度试验报告（C2-4-14）

4.2.4.14-1 *砂浆抗压强度试验报告汇总表*（C2-4-14-1）

1. 资料表式

砂浆抗压强度试验报告汇总表 **表 C2-4-14-1**

工程名称：

<table>
<tr><td>序号</td><td>试验编号</td><td>施工部位</td><td>设计强度等级</td><td>试块成型日期</td><td>龄期</td><td>砂浆试块平均强度</td><td>备注</td></tr>
<tr><td></td><td></td><td></td><td></td><td></td><td></td><td></td><td></td></tr>
<tr><td></td><td></td><td></td><td></td><td></td><td></td><td></td><td></td></tr>
<tr><td></td><td></td><td></td><td></td><td></td><td></td><td></td><td></td></tr>
<tr><td></td><td></td><td></td><td></td><td></td><td></td><td></td><td></td></tr>
<tr><td></td><td></td><td></td><td></td><td></td><td></td><td></td><td></td></tr>
<tr><td></td><td></td><td></td><td></td><td></td><td></td><td></td><td></td></tr>
<tr><td></td><td></td><td></td><td></td><td></td><td></td><td></td><td></td></tr>
<tr><td rowspan="2">强度评定</td><td colspan="7">砂浆品种符合设计要求，强度必须符合下列规定：
1. 砂浆强度评定以同一验收批砂浆试块抗压强度计算。
2. 同品种、同强度等级的砂浆各组试块平均强度必须大于或等于设计强度等级所对应的立方体抗压强度。
3. 同一验收批任意最小一组试块平均值必须大于或等于设计强度等级所对应的立方体抗压强度的 0.75 倍。</td></tr>
<tr><td colspan="4">计算：</td><td colspan="3">结论：</td></tr>
<tr><td colspan="8">填表单位： 审核： 制表： 年 月 日</td></tr>
</table>

2. 实施要点

砂浆抗压强度试验报告汇总表是指单位工程中砂浆试块试验报告的整理汇总表，以便于核查砂浆强度是否符合设计要求

(1) 砂浆抗压强度试验报告的整理顺序按工程进度和不同强度等级为序进行整理，如地基基础、主体工程等。

(2) 砂浆的品种、强度等级应满足设计要求的品种、强度等级，否则为试验报告不全。由核查人判定是否符合要求。

(3) 表列子项：

1) 施工部位、试块成型日期、龄期：分别按原试验报告单上的施工部位、试块成型日期、龄期填写。

2) 设计要求强度等级：指施工图设计要求的砂浆强度等级，按原砂浆试块试验报告单上设计要求强度等级填写。

3) 砂浆试块平均强度：指每组砂浆试块的平均强度，照原砂浆试块试验报告单上的砂浆试块的平均强度填写，应对砂浆试块平均强度进行汇总合计填写。

(4) 强度评定：

1) 计算：按砂浆抗压强度试验报告以单位工程为单元的合计组数计算。

2) 结论：砂浆抗压强度计算结果以同品种、同强度等级砂浆各组试块平均强度不小于设计砂浆强度等级；任意一组试块的强度不小于 0.75 设计砂浆强度等级为合格，否则为不合格。

4.2.4.14-2 砂浆试配报告单（C2-4-14-2）

1. 资料表式

砂浆试配报告单 **表 C2-4-14-2**

委托单位： 试验编号：

工程名称					委托日期	
使用部位					报告日期	
砂浆种类		设计等级			要求稠度	
水泥品种、强度等级		生产厂家			试验编号	
砂 规 格					试验编号	
掺合料种类					试验编号	
外加剂种类					试验编号	
配 合 比						
材料名称	水泥	砂子	掺合料	水		外加剂
用量（kg/m^3）						
质量配合比						
实测稠度		分层度			养护条件	
依据标准：						
检验结论：						
试验单位：	技术负责人：		审核：	试验：		

注：砂浆试配报告单表式，可根据当地的使用惯例制定的表式应用，但工程名称、委托日期、使用部位、报告日期、砂浆种类、设计等级、要求稠度、水泥品种、强度等级、生产厂家、试验编号、砂规格、试验编号、掺合料种类、试验编号、外加剂种类、试验编号、配合比、材料名称（水泥、砂子、掺合料、水、外加剂）、用量（水泥、砂子、掺合料、水、外加剂）、质量配合比（水泥、砂子、掺合料、水、外加剂）、实测稠度、分层度、养护条件、依据标准、检验结果等项试验内容必须齐全。实际试验项目根据工程实际择用。

2. 资料要求

资料要求除应执行“对施工文件的总体要求、对工程质量记录资料核查要求”外，尚应符合：申请试配应提供砂浆的技术要求、原材料的有关性能、砂浆的搅拌、施工方法和养护方法等，设计有特殊要求的砂浆应特别予以详细说明。

3. 实施要点

砂浆试配报告单是指承包单位根据设计要求的砂浆强度等级提请试验单位进行试配结果出具的报告单。

（1）不论砂浆用量的工程量大小、强度等级高低，均应进行试配。并按试配单要求拌制砂浆，砌筑结构用砂浆严禁使用经验配合比。

（2）砂浆试配的材料要求

1）砌筑砂浆用水泥的强度等级应根据设计要求进行选择。水泥砂浆采用的水泥，其强度等级宜为 32.5 级；水泥混合砂浆采用的水泥，其强度等级不宜大于 42.5 级。

2）砌筑砂浆用砂宜选用中砂，其中毛石砌体宜选用粗砂。砂的含泥量不应超过 5%。强度等级为 32.5 的水泥混合砂浆，砂的含泥量不应超过 10%。

3）掺加料应符合下列规定：

① 生石灰熟化成石灰膏时，应用孔径不大于3mm×3mm网过滤，熟化时间不得少于7d；磨细生石灰粉的熟化时间不得小于2d。沉淀池中贮存的石灰膏，应采取防止干燥、冻结和污染的措施。严禁使用脱水硬化的石灰膏。

② 采用黏土或亚黏土制备黏土膏时，宜用搅拌机加水搅拌，通过孔径不大于3mm×3mm的网过滤。用比色法鉴定黏土中的有机物含量时应浅于标准色。

③制作电石膏的电石渣应用孔径不大于3mm×3mm的网过滤，检验时应加热至70℃并保持20min，没有乙炔气味后方可使用。

④消石灰粉不得直接用于砌筑砂浆中。

4）石灰膏、黏土膏和电石膏试配时的稠度，应为120±5mm。

5）粉煤灰的品质指标和磨细生石灰的品质指标应符合国家标准《用于水泥和混凝土中的粉煤灰》（GB 1596—2005）及行业标准《建筑生石灰粉》（JC/T 480—92）的要求。

6）拌制砂浆用水应符合现行行业标准《混凝土用水标准》JGJ 63的规定。

7）砌筑砂浆中掺入的砂浆外加剂，应具有法定检测机构出具的该产品砌体强度形式检验报告，并经砂浆性能试验合格后方可使用。

（3）砂浆的技术条件要求

1）水泥砂浆拌合物的密度不宜小于1900kg/m³；水泥混合砂浆拌合物的密度不宜小于1800kg/m³。

2）砌筑砂浆的稠度和每立方米水泥砂浆材料用量应按表C2-4-14-2A、表C2-4-14-2B的规定选用。

砌筑砂浆的稠度　　**表C2-4-14-2A**

砌体种类	砂浆稠度(mm)
烧结普通砖砌体	70～90
轻骨料混凝土小型空心砌块砌体	60～90
烧结多孔砖,空心砖砌体	60～80
烧结普通砖平拱式过梁 空斗墙,筒拱 普通混凝土小型空心砌块砌体 加气混凝土砌块砌体	50～70
石砌体	30～50

3）砌筑砂浆的分层度不得大于30mm。

4）水泥砂浆中水泥用量不应小于200kg/m³；水泥混合砂浆中水泥和掺加料总量宜为300～350kg/m³。

5）具有冻融循环次数要求的砌筑砂浆，经冻融试验后，质量损失率不得大于5%，抗压强度损失率不得大于25%。

6）砂浆试配时应采用机械搅拌。搅拌时间应自投料结束算起，并应符合下列规定：

① 对水泥砂浆和水泥混合砂浆，不得小于120s；

② 对掺用粉煤灰和外加剂的砂浆，不得小于180s。

（4）水泥砂浆配合比选用

每立方米水泥砂浆材料用量　　表 C2-4-14-2B

强度等级	每立方米砂浆水泥用量（kg）	每立方米砂子用量（kg）	每立方米砂浆用水量（kg）
M2.5～M5	200～230	1m³ 砂子的堆积密度值	270～330
M7.5～M10	220～280		
M15	280～340		
M20	340～400		

注：1. 此表水泥强度等级为 32.5 级，大于 32.5 级水泥用量宜取下限；
2. 根据施工水平合理选择水泥用量；
3. 当采用细砂或粗砂时，用水量分别取上限或下限；
4. 稠度小于 70mm 时，用水量可小于下限；
5. 施工现场气候炎热或干燥季节，可酌量增加用水量；
6. 试配强度应按《砌筑砂浆配合比设计规程》（JG J98）第 5.1.2 条计算。

（5）配合比用材料及其试配执行

1）试配时应采用工程中实际使用的材料；搅拌要求应符合 6）砂浆试配搅拌时间的规定。

2）施工时应严格按试验室提供的砂浆试配报告执行。

（6）关于稠度、分层度

1）《砌筑砂浆配合比设计规程》（JGJ 98—2000）第 4.0.3 条条文说明指出：所谓合格砂浆即是砌筑用砂浆的稠度、分层度、强度必须都合格，砂浆配合比设计此三项均为必检项目。即是说试验室在进行砂浆试配中应进行此三项试验，以确保砂浆的顺利施工。

2）现场拌制砂浆的质量验收应按《砌体工程施工质量验收规范》（GB 50203—2002）。

① 稠度：是直接影响砂浆流动性和可操作性的测试指标。稠度小流动性大，稠度过小反而会降低砂浆强度。

② 分层度：是影响砂浆保水性的测试指标。分层度在 10～30mm 时，砂浆保水性好。分层度大于 30mm 砂浆的保水性差，分层度接近于零砂浆易产生裂缝，不宜做抹面用。

现场施工过程中，为确保砌筑砂浆质量应适当进行稠度和分层度检查。

3）砂浆试配报告单、配合比、依据标准和检验结论必须按试验结果填写齐全。

（7）表列子项

1）使用部位：按委托单上的使用部位填写。

2）砂浆种类：按委托单上的设计要求的砂浆种类填写。

3）要求稠度：指施工规范或设计要求的砂浆稠度，照实际采用值填写。

4）水泥品种、强度等级：指用于砂浆的水泥品种及强度等级，照实际采用值填写。

5）砂规格：指设计或规范要求的砂浆用砂的规格，照实际采用值填写。

6）掺合料种类：指用于砂浆的掺合料种类，照实际采用值填写。

7）外加剂种类：指用于砂浆的外加剂种类，照实际采用值填写。

8）配合比：

① 质量配合比：指砂浆的建议施工配合比。

② 实测稠度：指试验室根据设计或委托要求配制的不同强度的砂浆的实测稠度。

③ 分层度：试验室根据设计要求配制的不同强度的砂浆的分层度。

④ 养护条件：指砂浆的在试验室试配时的养护条件。

4.2.4.14-3　*砂浆试块试验报告*（C2-4-14-3）

1. 资料表式

砂浆试块试验报告　　**表 C2-4-14-3**

委托单位：　　试验编号：

工程名称					委托日期	
结构部位					报告日期	
强度等级		砂浆种类			检验类别	
配合比号					养护方法	
试样编号	成型日期	破型日期	龄期（d）	强度值（MPa）	强度代表值（MPa）	达设计强度（%）
依据标准：						
备　注：						
试验单位：	技术负责人：			审核：	检验：	

注：砂浆试块试验报告表式，可根据当地的使用惯例制定的表式应用，但工程名称、委托日期、结构部位、报告日期、强度等级、砂浆种类、检验类别、配合比号、养护方法、试样编号、成型日期、破型日期、龄期（d）、强度值（MPa）、强度代表值（MPa）、达设计强度（%）、依据标准等项试验内容必须齐全。实际试验项目根据工程实际择用。

2. 资料要求

资料要求除应执行“对施工文件的总体要求、对工程质量记录资料核查要求”外，尚应符合下列要求：

（1）砂浆强度以标准养护龄期 28d 的试块抗压试验结果为准，在冬期施工条件下养护时应增加同条件养护的试块，并有测温记录。

（2）非标养试块应有测温记录，超龄期试块按有关规定换算为 28d 强度进行评定。

（3）砌筑砂浆试块强度验收时其强度合格标准必须符合以下规定：

同一验收批砂浆试块抗压强度平均值必须大于或等于设计强度等级所对应的立方体抗压强度；同一验收批砂浆试块抗压强度的最小一组平均值必须大于或等于设计强度等级所对应的立方体抗压强度的0.75倍。

注：①砌筑砂浆的验收批，同一类型、强度等级的砂浆试块应不少于3组。当同一验收批只有一组试块时，该组试块抗压强度的平均值必须大于或等于设计强度等级所对应的立方体抗压强度。

②砂浆强度应以标准养护，龄期为28d的试块抗压试验结果为准。

（4）每一检验批且不超过250m³砌体的各种类型及强度等级的砌筑砂浆，每台搅拌机应至少抽检一次；在砂浆搅拌机出料口随机取样制作砂浆试块（同盘砂浆只应制作一组试块），最后检查试块强度试验报告单。

（5）当施工中或验收时出现下列情况，可采用现场检验方法对砂浆和砌体强度进行原位检测或取样检测，并判定其强度：

1）砂浆试块缺乏代表性或试块数量不足；

2）对砂浆试块的试验结果有怀疑或有争议；

3）砂浆试块的试验结果，不能满足设计要求。

（6）有特殊性能要求的砂浆，应符合相应标准并满足施工规范要求。

（7）砂浆试块留置数量不符合要求，代表性不足应为不符合要求，但经设计部门认定合格者，可按基本符合要求评定。

3. 实施要点

砂浆试块试验报告单是指承包单位根据设计要求的砂浆强度等级，由施工单位在施二现场按标准要求留置的砂浆试块，由试验单位进行的强度测试后出具的报告单。

（1）砂浆的配合比

1）砂浆的配合比应采用经试验室确定的重量比，配合比应事先通过试配确定。

水泥、有机塑化剂和冬期施工中掺用的氯盐等的配料准确度应控制在±2%以内；砂、水及石灰膏、电石膏、黏土膏、粉煤灰、磨细生石灰粉等组分的配料精确度应控制在±5%范围内。砂应计入其含水量对配料的影响。

2）为使砂浆具有良好的保水性，应掺入无机或有机塑化剂，不应采取增加水泥用量的方法。

3）水泥砂浆的最少水泥用量不宜小于200kg/m³。

4）砌筑砂浆的分层度不应大于30mm。

5）石灰膏、黏土膏和电石膏的用量，宜按稠度120±5mm计量。现场施工时，当石灰膏稠度与试配时不一致时，可参考表C2-4-14-3A换算。

石灰膏不同稠度时的换算系数 **表 C2-4-14-3A**

石灰膏稠度（mm）	120	110	100	90	80	70	60	50	40	30
换算系数	1.00	0.99	0.97	0.95	0.93	0.92	0.90	0.88	0.87	0.86

（2）当砂浆的组成材料有变更时，其配合比应重新确定。

（3）砌筑砂浆采用重量配合比，如砂浆组成材料有变更，应重新选定砂浆配合比。砂浆所有材料需符合质量检验标准，不同品种的水泥不得混合使用。砂浆的种类、强度等级、稠度、分层度均应符合设计要求和施工规范规定。

(4) 与建筑砂浆基本性能有关的试验包括：稠度试验、密度试验、分层度试验、凝结时间的测定、抗压强度试验、静力受压弹性模量试验、抗冻性能试验、收缩试验等。在施工过程中经常需要测试的有稠度试验、分层度试验和抗压强度试验，必要时进行抗冻性试验。施工完成后，必须报审有关砂浆强度试验为抗压强度试验，试验报告应齐全、真实。

(5) 代表批量与取样数量规定

1) 代表批量

每一检验批且不超过 250m^3 砌体的各种类型及强度等级的砌筑砂浆，每台搅拌机应至少抽检一次，在砂浆搅拌机出料口随机取样制作砂浆试块（同盘砂浆只应制作 1 组试块)。每次至少应制作一组试件，如砂浆等级配合比变更时，还应制作试块。

水泥砂浆地面每 500m^2 留置一组试块。

2) 取样数量

根据代表批量，所取强度试样（砂浆拌合物）的数量应多于试验用（成型试块用）的 1～2 倍。进行砂浆试配时，各种材料送样数量为：水泥 35kg、砂子 60kg、掺合料 10kg、塑化剂 1kg，有特殊要求的（防水、防冻等）应适当增加送样材料。

3) 取样方法

建筑砂浆试验用料（砂浆拌合物）应根据不同要求，可从同一盘搅拌机或同一车运送的砂浆中取出；出试验室取样时，可从机械拌合的砂浆中取出。

施工中取样进行砂浆试验时，其取样方法和原则按相应的施工验收规范执行。一般应在使用地点的砂浆槽、砂浆运送车或搅拌机出料口中的至少三个不同部位集取。

砂浆拌合物取样后，应尽快进行试验。现场取来的试样，在试验前应经人工再翻拌，以保证质量均匀。

4) 注意事项

① 水泥石灰砂浆中掺入有机塑化剂时，石灰用量最多减少一半。微沫剂宜用不低于 70℃的水稀释至 5%～10%的浓度。稀释后的微沫剂溶液，存放时间不宜超过 7d。

② 砂浆稠度的选用

砂浆流动性用“稠度”表示，采用“砂浆稠度仪”按标准方法测定出“稠度值”，用毫米（mm）表示。

砂浆流动性的大小与砌筑材料和种类、施工条件及气候条件等因素有关。当施工资料无规定时，可按表 C2-4-14-3B 选用。

砌筑砂浆的稠度　　　　表 C2-4-14-3B

砌体种类	稠度
烧结普通砖砌体	70～90mm
轻骨料混凝土小型空心砌块砌体	60～90mm
烧结多孔砖、空心砖砌体	60～80mm
烧结普通砖平拱式过梁空斗墙、筒拱 普通混凝土小型空心砌块砌体、加气混凝土砌块砌体	50～70mm
石　砌　体	30～50mm

(6) 试块制作

1) 将内壁事先涂刷薄层机油（或脱模剂）的 7.07cm×7.07cm×7.07cm 的无底金属或塑料试模。试模内表面应机械加工，其不平度应为每 100mm 不超过 0.05mm。组装后各相邻面的不垂直度不超过±0.5°，放在预先铺有吸水性较好的湿纸（应为湿的新闻纸或其他未粘过胶凝材料的纸，纸的大小要以能盖过砖的四边为准）的普通砖上（砖4个垂直面粘过水泥或其他胶结材料后，不允许再使用）。砖的吸水率不应小于10%，砖的含水率不大于20%。

2）砂浆拌合后一次注满式模内，用直径10mm、长350mm的钢筋捣棒（其中一端呈半球形）均匀由外向里螺旋方向插捣25次。为了防止低稠度砂浆插捣后可能留下孔洞，允许用油灰刀沿模壁插数次。然后，在四侧用油漆刮刀沿试模壁插捣数次，砂浆应高出试模顶面6～8mm。

3）当砂浆表面开始出现麻斑状态时（约15～30min），将高出部分的砂浆沿试模顶面削平。

（7）试块养护

1）试块制作后，一般应在正温度环境中养护一昼夜（24±2h）。当气温较低时，可适当延长时间，但不应超过两昼夜，然后对试块进行编号并拆模。

2）试块拆模后，应在标准养护条件或自然养护条件下继续养护至28d，然后进行试压。

3）标准养护。

① 水泥混合砂浆应在温度为20±3℃，相对湿度为60%～80%的条件下养护。

② 水泥砂浆和微沫砂浆应在温度为20±3℃，相对湿度为90%以上的潮湿条件下养护。

③ 养护期间试件彼此间隔不少于10mm。

4）自然养护。

① 水泥混合砂浆应在正温度，相对湿度为60%～80%的条件下（如养护箱中或不通风的室内）养护。

② 水泥砂浆和微沫砂浆应在正温度，并保持试块表面湿润的状态下（如湿砂堆中）养护。

③ 养护期间必须做好温度记录。

（8）试件的试验

1）试件的试验步骤

① 试件从养护地点取出后，应尽快进行试验，以免试件内部的温湿度发生显著变化。试验前先将试件擦拭干净，测量尺寸并检查其外观。试件尺寸测量精确至1mm，并据此计算试件的承压面积。如实测尺寸与公称尺寸之差不超过1mm，可按公称尺寸进行计算。

② 将试件安放在试验机的下压板上（或下垫板上），试件的承压面应与成型时的顶面垂直，试件中心应与试验机下压板（或下垫板）中心对准。开动试验机，当上压板与试件（或上垫板）接近时，调整球座，使接触面均衡受压。承压试验应连续而均匀地加荷，加荷速度应为每秒钟0.5～1.5kN（砂浆强度5MPa及5MPa以下时，取下限为宜；砂浆强度5MPa以上时，取上限为宜）。当试件接近破坏而开始迅速变形时，停止调整试验机油门，直至试件破坏，然后记录破坏荷载。

2）试件的强度计算

①砂浆立方体抗压强度应按下列公式计算：

$$f_{m,cu}=\frac{N_u}{A}$$

式中 $f_{m,cu}$——砂浆立方体抗压强度（MPa）；

N_u——立方体破坏压力（N）；

A——试件承压面积（mm^2）。

砂浆立方体抗压强度计算应精确至0.1MPa。

② 以六个试件测值的算术平均值作为该组试件的抗压强度值，平均值计算精确至0.1MPa。

③ 当六个试件的最大值或最小值与平均值的差超过20%时，以中间四个试件的平均值作为该组试件的抗压强度值。

例：某一组砂浆试件经试压后分别为：5.1N/mm²、5.3N/mm²、4.9N/mm²、5.8N/mm²、6.0N/mm²、4.1N/mm²。

则 $f_{m,cu}=\frac{5.1+5.3+4.9+5.8+6.0+4.1}{6}=5.2N$

其中，最大值差$\frac{6.0-5.2}{5.2}\times100\%=15\%<20\%$

其中，最小值差$\frac{5.2-4.1}{5.2}\times100\%=21.2\%>20\%$

所以，$f_{m,cu}=\frac{5.1+5.3+4.9+5.8}{4}=5.28\approx5.3N/mm^2$

结论：该组试件抗压强度值 $f_{m,cu}=5.3N/mm^2$

(9) 砂浆强度检验评定

按《砌体工程施工质量验收规范》(GB 50203—2002) 规定评定。

1) 同品种、同强度等级砂浆各组试件的平均强度不小于 $f_{m,k}$。

2) 任意一组试件的强度不小于 $0.75f_{m,k}$。

3) 单位工程中同品种、同强度等级仅有一组试件时，其强度不应低于 $f_{m,k}$。

注：砂浆强度按单位工程内同品种、同强度等级为同一验收批评定。

4) 按上述检验评定不合格或留置组数不足时，可经法定检测单位鉴定，采用非破损或截取墙体检验等方法检验评定后，作出相应处理。

(10) 砌筑砂浆测试结果为低强度值时，《规范》已划定界限，单组值小于设计强度0.75倍时为不合格试块，需采用非破损或微破损方法对现形砂浆进行原位法检测，依据检测结果做出判定和处理。

(11) 砂浆强度评定说明

1) 标准要求

① 砂浆度块，其结果评定是以六个试块（70.7mm×70.7mm×70.7mm）测值的算术平均值作为该组试块的抗压强度代表值，平均值计算精确到0.1MPa。当六个试块的最大值或最小值与平均值之差超过20%时，去掉最大值和最小值，以剩余四个试块的平均值为该组试块的抗压强度代表值。

② 单组砂浆试块，一般只给出达到设计强度百分率，砂浆强试的评定根据《建筑工程施工质量验收统一标准》(GB 50300—2001) 规定，同品种、同强度等级砂浆各组平均值不小于设计强度，任意一组试块的强度代表值不小于设计强度的0.75，砂浆强度按单位分项工程为同一验收批。当单位分项工程中仅有一组试块时，其强度不应低于设计强

度值。

③ 砂浆配合比报告，稠度应符合设计要求，强度应达到设计强度加 0.645 倍标准差，抗冻砂浆、冻融后质量损失率不大于 5%，抗压强度损失不大于 25%。防水砂浆必须达到设计的抗渗等级要求。

2）检验结论

① 试验室对砂浆试块测定抗压强度后，如是标养试块，其结果只计算出达设计强度百分率。

② 砂浆抗压强度试验报告，一组试块时不对合格与否作评定。

③ 砂浆配合比报告，要为使用单位提供质量配比、每立方米材料用量、拌合物密度、稠度、分层度、凝结时间及 7d 及 28d 试配强度值。

④ 有特殊要求的砂浆还应满足相应的要求。

（12）核查要点

1）按照设计施工图要求，核查砂浆配合比及试块强度报告单中砂浆品种、强度等级、试块制作日期、试压龄期、养护方法、试块组数、试块强度是否符合设计要求及施工规范的规定；

2）核验每张砂浆试块抗压强度试验报告中的试验子目是否齐全，试验编号是否填写，试验数据计算是否正确；

3）核查砂浆试块抗压强度试验报告单是否和水泥出厂质量合格证或水泥试验报告单的水泥品种、强度等级、厂牌相一致。

4）主要承重砌体砂浆出现下列情况之一者，本项目应核定为不符合要求：

① 无试验室确定的砂浆配合比报告单和砂浆试块试验报告。

② 砂浆留置的试块组数不足，试压龄期普遍超龄期，原材料状况与配合比要求有明显差异。

③ 砂浆试块抗压强度不符合施工质量验收规范规定，又未提供鉴定和处理结论。

5）所用材料应与配合比通知单相符，单位工程全部砂浆试块强度应按工程部位的施工顺序列表，内容包括各组试块强度及达到设计强度等级的百分比，应注明试验的编号。凡强度达不到设计要求的，应有鉴定处理方案和实施记录，并经设计部门签认；否则，应为不符合要求项目。

（13）表列子项

1）使用部位：按委托单上的使用部位填写。

2）强度等级：指设计要求的砂浆强度等级，照实际填写。

3）砂浆种类：指设计要求的砂浆种类，照实际填写。

4）配合比号：按试验通知单建议的施工配合比，或按调整后的配合比填写，调整后的配合比不得低于试配单的建议值。

5）成型日期：指砂浆试块的制模成型日期按委托单成型日期填写。

6）破型日期：指实际试压的日期，照实际破型日期填写。

7）龄期：指 3d、7d、28d 龄期强度，以 28d“标养”为准。

8）强度值：指每一试块单位面积上的荷载值。

9）强度代表值：即按标准规定的取值方法，计算得出的强度值。

10）达到设计等级的百分比：强度代表值与设计等级的百分比。

注：试块试验不合格时，可按混凝土的有关技术要求进行处理。

4.2.4.14-4　特种砂浆试块试验报告（C2-4-14-4）

1. 实施要点

（1）特种砂浆试块试验报告按 C2-4-14-3 表式执行。

（2）特种砂浆试块试验报告是指承包单位根据设计要求的特种砂浆强度等级提请试验单位进行特种砂浆试块试验，并出具的特种砂浆试块试验报告单。

（3）特种砂浆当设计对其提出强度要求时，应用该表提供特种砂浆试块试验报告。试验结果必须满足设计要求。当设计对特种砂浆试块不提出强度要求时，特种砂浆可按所用材料的技术性能要求进行检验。

4.2.4.14-5　外墙饰面砖粘结强度检测报告（C2-4-14-5）

1. 资料表式

外墙饰面砖粘结强度检测报告表　　　　**表 C2-4-14-5**

委托单位：　　　　　　　　　　　　　　　　　　试验编号：

工程名称		委托日期	
使用部位		报告日期	
试样名称及规格型号		检验类别	
基本材料		粘结材料	
环境温度		龄　期	
生产厂家		批　号	

序号	受力面积（mm^2）	拉　力（kN）	粘结强度（MPa）	破坏状态（序号）	平均强度（MPa）

依据标准：
检验结论：
备　注：
试验单位：　　　技术负责人：　　　审核：　　　试(检)验：

2. 实施要点

（1）外墙饰面砖粘结强度检测报告是指承包单位根据设计要求的外墙饰面砖粘结强度

等级提请实验单位进行外墙饰面砖粘结强度检测，并出具的外墙饰面砖粘结强度检测报告单。

（2）在建筑物外墙上镶贴的同类饰面砖，其粘结强度同时符合以下两项指标时可定为合格：

1）每组试样平均粘结强度不应小于 0.4MPa。

2）每组可有一个试样的粘结强度小于 0.4MPa，但不应小于 0.3MPa。

当两项指标均不符合要求时，其粘结强度应为不合格。

（3）与预制构件一次成型的外墙板饰面砖，其粘结强度同时符合以下两项指标时可定为合格：

1）每组试样平均粘结强度不应小于 0.6MPa。

2）每组可有一个试样的粘结强度小于 0.6MPa，但不应小于 0.4MPa。

当两项指标均不符合要求时，其粘结强度应为不合格。

（4）当一组试样只满足第（2）条或第（3）条中的一项指标时，应在该组试样原取样区域内重新抽取双倍试样检验。若检验结果仍有一项指标达不到规定数值，则该批饰面砖粘结强度可定为不合格。

（5）外墙饰面砖粘结强度的检验结果应符合现行行业标准《建筑工程饰面砖粘结强度检验标准》（JGJ 110）的规定。

（6）外墙饰面砖的粘贴施工应具备的条件：

1）基体按设计要求处理完毕；

2）日最低温度在 0℃以上。当低于 0℃时，必须有可靠的防冻措施；当高于 35℃时，应有遮阳设施；

3）基层含水率宜为 15%～25%；

4）施工现场所需的水、电、机具和安全设施齐备；

5）门窗洞、脚手眼、阳台和落水管预埋件等处理完毕。

（7）水泥基粘结材料应符合现行行业标准《陶瓷墙地砖胶粘剂》（JC/T 547）的技术要求，并应按现行行业标准《建筑工程饰面砖粘结强度检验标准》（JGJ 110）的规定，在试验室进行制样、检验，粘结强度不应小于 0.6MPa。

4.2.4.14-6　预应力灌浆用水泥浆试块试验报告（C2-4-14-6）

实施要点

（1）按混凝土强度试块试验报告按 C2-4-14-3 表式执行。

（2）预应力灌浆用水泥浆试块试验报告是指承包单位根据设计要求的预应力灌浆用水泥浆试块强度等级提请试验单位进行预应力灌浆用水泥浆试块试验，并出具的预应力灌浆用水泥浆试块试验报告单。

（3）预应力灌浆用水泥浆试块试验报告当设计对其提出强度要求时，应用该表提供预应力灌浆用水泥浆试块试验报告。

（4）灌浆用水泥浆的水灰比不应大于 0.45，搅拌后 3h 泌水率不宜大于 2%，且不应大于 3%。泌水应能在 24h 内全部重新被水泥浆吸收，同一配合比检查一次。

（5）灌浆用水泥浆的抗压强度不应小于 30N/mm^2。

（6）每工作班留置一组边长为 70.7mm 的立方体试件。

注：1. 一组试件由 6 个试件组成，试件应标准养护 28d；

2. 抗压强度为一组试件的平均值，当一组试件中抗压强度最大值或最小值与平均值相差超过 20% 时，应取中间 4 个试件强度的平均值。

4.2.4.14-7 砌筑砂浆试块程度统计、评定记录（C2-4-14-7）

砌筑砂浆试块强度统计、评定记录 **表 C2-4-14-7**

工程名称			编号	
			强度等级	
施工单位			养护方法	
统计期	年 月 日至 年 月 日		结构部位	
试块组数 n	强度标准值 f_2 (MPa)	平均值 $f_{2,m}$ (MPa)	最小值 $f_{2,min}$ (MPa)	$0.75f_2$
每组强度值 (MPa)				
判定式	$f_{2,m} \geqslant f_2$		$f_{2,min} \geqslant 0.75f_2$	
结果				
结论：				
签字栏	批准	审核	统计	
	报告日期			

注：施工单位填写的砌筑砂浆试块强度统计、评定记录应一式三份，并应由建设单位、施工单位、城建档案馆各保存一份。

4.2.4.15 混凝土强度检测报告（C2-4-15）

（1）当混凝土施工结果对其强度有怀疑时，应根据专家建议进行强度检测。按具有相应资质试验单位提供的试验报告核查。

（2）按回弹法、钻芯法、超声回弹综合法、超声法提供的混凝土强度检验报告，可直接依序作为施工技术文件组成提供核查。

4.2.4.15-1 回弹法检测混凝土强度报告（C2-4-15-1）

（1）回弹法检测混凝土强度按《回弹法检测混凝土抗压强度技术规程》（JGJ/T 23—2001）执行。

（2）当有下列情况之一时，可按回弹法评定混凝土强度，并作为混凝土强度检验的依据之一。

1）当标准养护试件或同条件试件数量不足或未按规定制作试件时。

2）当所制作的标准养护试件或同条件试件与所成型的构件在材料用量、配合比、水灰比等方面有较大差异，已不能代表构件的混凝土质量时。

3）当标准养护试件或同条件试件的试验结果，不符合现行标准、规范规定的对结构或构件的强度合格要求，并且对该结果持有怀疑时。

4.2.4.15-2　钻芯法检测混凝土强度报告（C2-4-15-2）

（1）钻芯法检测混凝土强度按《钻芯法检测混凝土强度技术规程》（CECS 03：2007）执行。

（2）钻芯法检测混凝土强度主要用于下列情况：

1）对试块抗压强度的测试结果有怀疑时。

2）因材料、施工或养护不良而发生混凝土质量问题时。

3）混凝土遭受冻害、火灾、化学侵蚀或其他损害时。

4）需检测经多年使用的建筑结构或构筑物中混凝土强度时。

（3）钻取的芯样数量：

1）按单个构件检测时，每个构件的钻芯数量不应少于3个；对于较少构件，钻芯数量可取2个。

2）对构件的局部区域进行检测时，应由要求检测的单位提出钻芯位置及芯样数量。

4.2.4.15-3　超声回弹综合法检测混凝土强度报告（C2-4-15-3）

（1）当对结构的混凝土强度有怀疑时，可按《超声回弹综合法检测混凝土强度技术规程》（CECS 02：2005）规程进行检测，以推定混凝土强度，并作为处理混凝土质量问题的一个主要依据。

（2）在具有钻芯试件作校核的条件下，可按《超声回弹综合法检测混凝土强度技术规程》（CECS 02：2005）规程对结构或构件长龄期的混凝土强度进行检测推定。

4.2.4.15-4　超声法检测混凝土缺陷报告（C2-4-15-4）

超声法检测一般是对混凝土内部空洞和不密实区的位置及范围、裂缝深度、表面损伤层厚度、不同时间浇筑的混凝土接合面质量、灌注桩和钢管混凝土中的缺陷进行检测。

4.2.4.16　钢结构涂装试验报告（C2-4-16）

实施要点

钢结构涂装试验报告主要包括：钢结构防火涂料粘结强度、抗压强度试验报告；防腐涂料干漆膜总厚度测试报告。钢结构防火涂料的试验其品种和技术性能应符合设计要求，并应经过具有资质的检测机构检测符合国家现行有关标准的规定。

4.2.4.16-1　钢结构防火涂料粘结强度、抗压强度试验报告（C2-4-16-1）

实施要点

（1）钢结构防火涂料的粘结强度、抗压强度应符合国家现行标准《钢结构防火涂料应用技术规程》CECS 24：90的规定。检验方法应符合现行国家标准《建筑构件防火喷涂材料性能试验方法》GB 9978的规定。

（2）防火涂料每使用100t或不足100t薄涂型防火涂料应抽检一次粘结强度；每使用500t或不足500t厚涂型防火涂料应抽检一次粘结强度和抗压强度。

（3）当设计有要求或涂料质量有怀疑时，应见证取样进行涂膜附着力试验并出具涂膜附着力试验报告。当钢结构处在有腐蚀介质环境或外露且设计有要求时，应进行涂层附着力测试。在检测处范围内，当涂层完整程度达到70％以上时，涂层附着力达到合格质量标准的要求。

漆膜附着力测试按构件数抽查1%，且不应少于3件，每件测3处；其检验方法为按照现行国家标准《漆膜附着力测定法》GB 1720或《色漆和清漆、漆膜的划格试验》GB 9286规定进行。

4.2.4.16-2　防腐涂料干漆膜总厚度测试报告（C2-4-16-2）

实施要点

（1）防腐涂料干漆膜总厚度测试施工单位用涂层厚度测量仪、测针和钢尺检查测试。

（2）防腐涂料干漆膜总厚度测试要求

1）防腐涂料所用的涂料、涂装遍数、涂层厚度均应符合设计要求。当设计对涂层厚度无要求时，涂层干漆膜总厚度：室外应为150μm，室内应为125μm，其允许偏差为－25μm。每遍涂层干漆膜厚度允许偏差为－5μm。

防腐涂料干漆膜总厚度测试按构件数抽查10%，且同类构件不应少于3件；用干漆膜测厚仪检查。每个构件检测5处，每处的数值为3个相距50mm测点涂层干漆膜厚度的平均值。

2）薄涂型防火涂料的涂层厚度应符合有关耐火极限的设计要求。厚涂型防火涂料涂层的厚度，80%及以上面积应符合有关耐火极限的设计要求，且最薄处厚度不应低于设计要求的85%。

防腐涂料干漆膜总厚度测试按同类构件数抽查10%，且均不应少于3件。由施工单位用涂层厚度测量仪、测针和钢尺进行检查测试。测量方法应符合国家现行标准《钢结构防火涂料应用技术规程》（CECS 24：90）的规定及（GB 50205—2001）规范附录F。

4.2.4.17　保温层厚度测试报告（C2-4-17）

实施要点

（1）保温层的厚度、含水率必须符合设计要求，表面应平整，并应提供现场抽样检验报告。

（2）保温层厚度施工单位用钢针插入和尺量进行检查测试。

4.2.4.18　砌体强度检测报告（C2-4-18）

实施要点

（1）当砌体的强度施工结果对其强度有怀疑或对已建砌体工程进行可靠性鉴定时，应根据专家建议进行强度检测。按省级及其以上建设行政主管部门或其委托单位批准的具有相应资质试验单位提供的试验报告核查。

（2）当遇到下列情况之一时，应进行检测和推定砂浆或砖砌体的强度：

1）砂浆试块缺乏代表性或试件数量不足。

2）对砂浆试块的试验结果有怀疑或争议，需要确定实际的砌体抗压、抗剪强度。

3）发生工程质量事故或对施工质量有怀疑和争议，需要进一步分析砖、砂浆和砌体的强度。

（3）砌体工程的现场检测方法，按测试内容可分为下列几类：

1）检测砌体抗压强度：原位轴压法、扁顶法。

2）检测砌体工作应力、弹性模量：扁顶法。

3）检测砌体抗剪强度：原位单剪法、原位单砖双剪法。

4）检测砌筑砂浆强度：推出法、筒压法、砂浆片剪切法、回弹法、点荷法、射钉法。

5）检测砌筑砂浆抗压强度：贯入法。

（4）砌体工程现场检测

砌体工程中砖砌体和砂浆的现场检验和强度推定。

1）新建工程中检验和评定砂浆或砖砌体强度，当遇有下列情况之一时，应按《砌体工程现场检测技术标准》（GB/T 50315—2000）标准检测和推定砂浆或砖砌体的强度：

①砂浆试块缺乏代表性或试件数量不足；

②对砂浆试块的试验结果有怀疑或争议，需要确定实际的砌体抗压、抗剪强度；

③发生工程事故，或对施工质量有怀疑和争议，需要进一步分析砖、砂浆和砌体强度。

注：砖的强度等级，按现行产品标准抽样检测。

2）已建砌体工程，在进行下列可靠性鉴定时，应按《砌体工程现场检测技术标准》（GB/T 50315—2000）标准检测和推定砂浆的强度或砖砌体的工作应力、弹性模量和强度：

① 静力安全鉴定及危房鉴定或其他应急鉴定。

② 抗震鉴定；

③ 大修前的可靠性鉴定；

④ 房屋改变用途、改建、加层或扩建前的专门鉴定。

3）检测方法及选用原则见表 C2-4-18-1。

检测方法一览表 **表 C2-4-18-1**

序号	检测方法	特 点	用 途	限 制 条 件
1	轴压法	1. 属原位检测，直接在墙体上测试，测试结果综合反映了材料质量和施工质量； 2. 直观性、可比性强； 3. 设备较重； 4. 检测部位局部破损	检测普通砖砌体的抗压强度	1. 槽间砌体每侧的墙体宽度应不小于1.5m； 2. 同一墙体上的测点数量不宜多于1个；测点数量不宜太多； 3. 限用于240mm砖墙
2	扁顶法	1. 属原位检测，直接在墙体上测试，测试结果综合反映了材料质量和施工质量； 2. 直观性、可比性较强； 3. 扁顶重复使用率较低； 4. 砌体强度较高或轴向变形较大时，难以测出抗压强度； 5. 设备较轻； 6. 检测部位局部破损	1. 检测普通砖砌体的抗压强度； 2. 测试古建筑和重要建筑的实际应力； 3. 测试具体工程的砌体弹性模量	1. 槽间砌体每侧的墙体宽度不应小于1.5m； 2. 同一墙体上的测点数量不宜多于1个；测点数量不宜太多
3	原位单剪法	1. 属原位检测，直接在墙体上测试，测试结果综合反映了施工质量和砂浆质量； 2. 直观性强； 3. 检测部位局部破损	检测各种砌体的抗剪强度	1. 测点选在窗下墙部位，且承受反作用力的墙体应有足够长度； 2. 测点数量不宜太多

续表

序号	检测方法	特　点	用　途	限制条件
4	原位单砖双剪法	1. 属原位检测，直接在墙体上测试，测试结果综合反映了施工质量和砂浆质量； 2. 直观性较强； 3. 设备较轻便； 4. 检测部位局部破损	检测烧结普通砖砌体的抗剪强度，其他墙体应经试验确定有关换算系数	当砂浆强度低于5MPa时，误差较大
5	推出法	1. 属原位检测，直接在墙体上测试，测试结果综合反映了施工质量和砂浆质量； 2. 设备较轻便； 3. 检测部位局部破损	检测普通砖墙体的砂浆强度	当水平灰缝的砂浆饱满度低于65%时，不宜选用
6	筒压法	1. 属取样检测； 2. 仅需利用一般混凝土试验室的常用设备； 3. 取样部位局部损伤	检测烧结普通砖墙体中的砂浆强度	测点数量不宜太多
7	砂浆片剪切法	1. 属取样检测； 2. 专用的砂浆测强仪和其标定仪，较为轻便； 3. 试验工作较简便； 4. 取样部位局部损伤	检测烧结普通砖墙体中的砂浆强度	
8	回弹法	1. 属原位无损检测，测区选择不受限制； 2. 回弹仪有定型产品，性能较稳定，操作简便； 3. 检测部位的装修面层仅局部损伤	1. 检测烧结普通砖墙体中的砂浆强度； 2. 适宜于砂浆强度均质性普查	砂浆强度不应小于2MPa
9	点荷法	1. 属取样检测； 2. 试验工作较简便； 3. 取样部位局部损伤	检测烧结普通砖墙体中的砂浆强度	砂浆强度不应小于2MPa
10	射钉法	1. 属原位无损检测，测区选择不受限制； 2. 射钉枪、子弹、射钉有配套定型产品，设备较累便； 3. 墙体装修面层仅局部损伤	烧结普通砖和多孔砖砌体中，砂浆强度均质性普查	1. 定量推定砂浆强度，宜与其他检测方法配合使用； 2. 砂浆强度不应小于2MPa； 3. 检测前，需要用标准靶检校。

（5）检测方法说明

1）原位轴压法是采用原位压力机在墙体上进行抗压试验，检测砌体抗压强度的方法。原位轴压法适用于推定240mm厚普通砌体的抗压强度。

2）扁式液压顶法是采用扁式液压千斤顶在墙体上进行抗压试验，检测砌体的受压应力、弹性模量、抗压强度的方法。适用于推定普通砖砌体的受压工作应力、弹性模量和抗压强度。

3）原位砌体通缝单剪法是在墙体上沿单个水平灰缝进行抗剪试验，检测砌体抗剪强度的方法。适用于推定砖砌体沿通缝截面的抗剪强度。

4）原位单砖双剪法是采用原位剪切仪的墙体上对单块顺砖进行双面受剪试验，检测砌体抗剪强度的方法。适用于推定烧结普通砖砌体的抗剪强度。

5）推出法是采用推出仪从墙体上水平推出单块丁砖，测得水平推力及推出砖下的砂浆饱满度，以此推定砌筑砂浆抗压强度的方法。适用于推定240mm厚普通砖墙中的砌筑砂浆强度，所测砂浆的强度等级宜为M1～M15。

6）筒压法是将取样砂浆破碎、烘干并筛分成符合一定级配要求的颗粒，装入承压筒并施加筒压荷载后，检测其破损程度，用筒压比表示，以此推定其抗压强度的方法。适用于推定烧结普通砖墙中的砌筑砂浆强度。检测时，应从砖墙中抽取砂浆试样，在试验室内进行筒压荷载试验，测试筒压比，然后换算为砂浆强度。

7）砂浆片剪切法是采用砂浆测强仪检测墙体中砂浆的表面硬度，以此推定砌筑砂浆抗压强度的方法。适用于推定烧结普通砖砌体中的砌筑砂浆强度。检测时，应从砖墙中抽取砂浆片试样，采用砂浆测强仪测试其抗剪强度，然后换算为砂浆强度。

8）回弹法是采用砂浆回弹仪检测墙体中砂浆的表面硬度，根据回弹值和碳化深度推定其强度的方法。适用于推定烧结普通砖砌体中的砌筑砂浆强度。检测时，应用回弹仪测试砂浆表面硬度，用酚酞试剂测试砂浆碳化深度，以此两项指标换算为砂浆强度。

9）点荷法是在砂浆片的大面上施加点荷载，以此推定砌筑砂浆抗压强度的方法。适用于推定烧结普通砖砌体中的砌筑砂浆强度。检测时，应从砖墙中抽取砂浆片试样，采用试验机测试其点荷载值，然后换算为砂浆强度。

10）射钉法是采用射钉枪将射钉射入墙体的水平灰缝中，依据成组射钉的射入量推定砌筑砂浆抗压强度的方法。适用于推定烧结普通砖和多孔砖砌体中 M2.5～M15 范围内的砌体砂浆强度。

（6）按回弹法、钻芯法、超声回弹综合法、超声法提供的混凝土强度检验报告，可直接依序作为施工技术文件组成提供核查。

4.2.5 隐蔽工程验收记录（C2-5）

4.2.5.1 隐蔽工程验收记录（通用）（C2-5-1）

1. 资料表式

隐蔽工程验收记录（通用） **表 C2-5-1**

<table>
<tr><td colspan="2">工程名称</td><td colspan="2"></td><td>编号</td><td></td></tr>
<tr><td colspan="2">隐检项目</td><td colspan="2"></td><td>隐检日期</td><td></td></tr>
<tr><td colspan="2">隐检部位</td><td colspan="4">层　　轴线　　标高</td></tr>
<tr><td colspan="6">隐检依据：施工图号________，设计变更/洽商/技术核定单（编号________）及有关国家现行标准等。
主要材料名称及规格/型号：________________</td></tr>
<tr><td colspan="6">隐检内容：</td></tr>
<tr><td colspan="6">检查结论：
□同意隐蔽　　□不同意隐蔽，修改后复查</td></tr>
<tr><td colspan="6">复查结论：
复查人：　　复查日期：</td></tr>
<tr><td rowspan="3">签字栏</td><td rowspan="2">施工单位</td><td rowspan="2"></td><td>专业技术负责人</td><td>专业质检员</td><td>专业工长</td></tr>
<tr><td></td><td></td><td></td></tr>
<tr><td>监理或建设单位</td><td colspan="2"></td><td>专业工程师</td><td></td></tr>
</table>

注：隐蔽工程验收记录应符合国家相关标准的规定。施工单位填写的隐蔽工程验收记录应一式四份，并应由建设单位、监理单位、施工单位、城建档案馆各保存一份。

2. 资料要求

资料要求除应执行"对施工文件总体要求、工程质量记录资料核查要求"外，尚应符合：

(1) 隐蔽工程验收需按相应专业规范规定执行，隐蔽内容应符合设计图纸及规范要求。重要部位的隐蔽工程应附图片或录像资料。管线工程覆土前建设单位应委托具有测量资质的单位进行竣工图测量，形成准确的竣工测量数据文件和工程测量图。

(2) 隐蔽验收单内容填写齐全，问题记录清楚、具体，结论准确，为符合要求。

(3) 按部位不同，分别由有关部门及时验收、签证并签字加盖公章，为符合要求；隐蔽日期和其他资料有矛盾与实际不符，为不符合要求。

3. 实施要点

隐蔽验收项目是指为下道工序所隐蔽的工程项目。关系到结构性能和使用功能的重要部位或项目的隐蔽检查；凡本工序操作完毕，将被下道工序所掩盖、包裹而再无从检查的工程项目均称为隐蔽工程项目。在隐蔽前必须进行隐蔽工程验收。

(1) 在隐蔽前必须进行隐蔽工程验收。隐蔽工程验收由项目经理部的技术负责人提出，向项目监理机构提请报验，报验手续应及时办理，不得后补。需要进行处理的隐蔽工程项目必须进行复验，提出复验日期，复验后应做出结论。隐蔽验收的部位要复查材质化验单编号、设计变更、材料代用的文件编号等。隐蔽工程检查验收的报验应在隐验前两天，向项目监理机构提出隐蔽工程的名称、部位和数量。

隐蔽工程验收为不同专业规范检验批验收时应提供的附件资料，凡专业规范某检验批项下的检验方法中规定应提供隐蔽工程验收记录时，均应进行隐蔽工程验收并填写隐蔽工程验收记录。

(2) 隐蔽验收项目包括：

土建工程需进行隐蔽工程验收记录的部位及内容

1) 定位抄测放线记录：一般应包括建筑物定位检测记录，要注明建筑物与建筑红线及原有相邻建筑物的关系，并标量±0.00 的绝对标高值；土方开挖检测记录；基础施工检测记录；预制柱杯口底标高检测记录；每层平口检测放线记录（砖平口或混凝土板安装完）；地面标高检测记录；柱子检测放线记录；牛腿标高检测记录等。

2) 土方工程：基坑（槽）或管沟开挖竣工图（土质情况、几何尺寸、标高）；排水盲沟设置情况；填方土料、冻土块含量及填土压实试验记录。

3) 支护工程：支护方案、技术交底；锚杆、土钉的规格、数量、插入长度、钻孔直径、深度和角度；地下连续墙槽宽、深度、倾斜度、钢筋笼规格、位置、槽底清理、沉渣厚度等。

4) 地下防水：施工方案、技术交底；混凝土变形缝、施工缝、后浇带、穿墙套管、预埋件等设置形式和构造情况；防水层基层处理；防水材料规格、厚度、铺设方式、阴阳角处理、搭接密封等。

5) 地基基础：基坑（槽）底的土质情况；基槽几何尺寸、标高；钎探、地基容许承载力复查及对不良地基的处理情况；检查地基夯实施工；预制桩基础的混凝土试块制作、试件编号及强度报告；预制桩的出厂合格证。打桩施工及桩位竣工图；基础钢筋的品种、规格、数量、接头位置及除锈、代用情况；防潮层做法、标高；砖石基础的组砌方法、砌体强度。

搅拌类桩施工属于需要隐蔽验收的工程，以上均应有完整“隐验”记录。

6) 砖石工程：主体结构砌体的组砌方法、砌体强度、砌体配筋情况；沉降缝、伸缩缝、防震缝的构造做法。

配筋砌体隐蔽检查应包括：

①组合配筋砌体的钢筋：直径、根数、间距、锚固长度；箍筋：直径、间距、压在灰缝中保护层厚度；

②网状配筋砌体的网片和钢筋直径、间距、网片间间距放置方向及压在灰缝中保护层厚度。

7）钢筋混凝土工程：纵向、横向及箍筋钢筋的品种、规格、形状、尺寸、数量及位置；钢筋连接方式的数量、接头百分率情况；钢筋除锈情况；预埋件数量及其位置；材料代用情况；绑扎及保护层情况；墙板销子铁、阳台尾部处理等；板缝灌注及胡子筋处理。

预应力筋的品种、规格、数量、位置等；预应力的锚具和连接器的品种、规格、数量、位置等；预留孔道的规格、数量、位置、形状和灌浆孔、排气管、泌水管等；锚固区局部加强构造等。

8）焊接工程：焊接强度试验报告，焊条型号、规格，焊缝长度、厚度，外观清渣按"级别"进行外观检查；超声波、X 光射线检查的主要部位是墙板、梁柱、阳台、楼板、屋面板、楼梯、钢结构等结构的焊接部位。

9）屋面工程：保温隔热层、找平层、防水层的施工；材料的品种、规格、厚度、铺贴方式、附加层、天沟、泛水和变形缝处细部做法、密封部位处理。

10）防水工程：卷材防水层及沥青胶结材料防水层的基层、防水材料配比、防水构造情况、防水细部等；防水层被土、水、砌体等掩盖的部位；管道设备穿过防水层的封固处；外墙板空腔立缝、平缝、十字缝接头、阳台雨篷接缝等。

11）地面工程：地面下的基土；基层（垫层、找平层、隔离层、填充层）材料品种、规格、铺设厚度、铺设方式、坡度、标高、表面情况、节点密封处理；各种防护层以及经过防腐处理的结构或连接件。

12）装饰工程：各类装饰工程基层、暗龙骨吊顶与防腐、吊顶内填充吸声材料及铺设厚度、轻质隔墙的材料防腐、预埋拉结、玻璃砖隔墙的埋设与拉结等。

装饰、装修的其他工程：预埋件（木砖、固定片、膨胀螺栓等）数量、位置、埋设方式；门窗框与墙体之间缝隙；饱满度填嵌；门窗框、副框和扇的固定点、间距和固定点距窗角、中横框、中竖框的距离（150～200mm）等。

13）幕墙工程：幕墙与主体结构连接的预埋件、后置埋件（拉拔力）、连接件、紧固件、吊夹具、吊挂、连接件或紧固件螺栓防松、墙角连接点等的数量、位置、焊接、各种变形缝、防火保温材料填充、防腐处理、防雷装置等。

14）其他：完工后无法进行检查的工程；重要结构部位和有特殊要求隐蔽的工程。

（3）对隐蔽工程验收，除规范规定确需设计部门参加外，如还有请设计部门参加，检验时应由建设单位向设计部门提出邀请。

注：1. 设计变更必须经过设计单位同意，在施工图上签字，加盖公章并有正式手续。不履行手续无效。

2. 材料代用应有单位工程技术负责人签字方为有效，否则设计单位必须出具证明。

（4）表列子项

1）工程编号：企业根据自己施工工程的先后顺序编号或按设计图纸编号填写。

2）分项工程名称：被检查隐蔽的分项工程所在部位的名称。

3）隐蔽工程部位：指被隐蔽工程的部位名称。

4）施工标准名称及代号：指该施工图所依据的标准名称及代号。

5）施工单位自查情况：指施工单位自检后填写的自查意见及结论，由施工单位项目技术负责人签署。

6）施工单位自查结论：指施工单位自检后填写的结论意见，由施工单位项目技术负责人签署。

7）监理（建设）单位验收结论：指监理工程师（或建设单位项目负责人）根据现场的实际检查结果签署意见。

注：凡相关专业施工质量验收规范中主控项目或一般项目的检查方法中要求进行检查隐蔽工程验收的项目，均应按资料的要求对该项施工过程中的隐蔽工程部分进行隐蔽工程验收，并填报隐蔽工程验收记录。对隐蔽工程验收不合格的部位，修复后应重新进行隐蔽工程验收。

4.2.5.2　钢筋隐蔽工程验收记录（C2-5-2）

钢筋隐蔽工程验收记录表式见 C2-5-2。

钢筋隐蔽工程验收记录表　　　　**表 C2-5-2**

<table>
<tr><td colspan="2">单位工程名称</td><td colspan="2"></td><td colspan="2">施工单位</td><td></td></tr>
<tr><td colspan="2">隐蔽项目部位</td><td colspan="2"></td><td colspan="2">要求隐蔽日期</td><td>年　月　日</td></tr>
<tr><td colspan="2">图　号</td><td colspan="2"></td><td colspan="2">检验日期</td><td>年　月　日</td></tr>
<tr><td rowspan="8">隐检内容</td><td>钢筋品种、规格、数量</td><td colspan="2"></td><td colspan="3" rowspan="8">图示：</td></tr>
<tr><td>钢筋接头位置和形式</td><td colspan="2"></td></tr>
<tr><td>除锈和油污</td><td colspan="2"></td></tr>
<tr><td>钢筋代用</td><td colspan="2"></td></tr>
<tr><td>胡子筋</td><td colspan="2"></td></tr>
<tr><td></td><td colspan="2"></td></tr>
<tr><td></td><td colspan="2"></td></tr>
<tr><td>其　他</td><td colspan="2"></td></tr>
<tr><td rowspan="2">强制性条文验收与执行</td><td colspan="2" rowspan="2"></td><td rowspan="7">钢材试验单或焊件编号</td><td>直径</td><td>出厂合格证编号</td><td>复试编号</td></tr>
<tr><td></td><td></td><td></td></tr>
<tr><td rowspan="2">施工单位检查验收意见</td><td colspan="2" rowspan="2"></td><td></td><td></td><td></td></tr>
<tr><td></td><td></td><td></td></tr>
<tr><td rowspan="3">建设单位的验收意见</td><td colspan="2" rowspan="3"></td><td></td><td></td><td></td></tr>
<tr><td></td><td></td><td></td></tr>
<tr><td></td><td></td><td></td></tr>
<tr><td>监理单位的验收意见</td><td colspan="2"></td><td rowspan="3">施工单位</td><td colspan="2">单位工程技术负责人</td><td></td></tr>
<tr><td rowspan="2">设计单位的验收意见</td><td colspan="2" rowspan="2"></td><td colspan="2">工　长</td><td></td></tr>
<tr><td colspan="2">专职质量检查员</td><td></td></tr>
</table>

注：重要的隐蔽工程验收设计单位应参加并签章。一般工程设计单位应审查施工单位提供的隐蔽验收记录，核定其可否隐蔽。

1. 资料要求

资料要求除应执行“对施工文件的总体要求、对工程质量记录资料核查要求”外，尚应符合：

钢筋隐蔽工程验收内容应符合设计图纸及规范要求。

2. 实施要点

钢筋隐蔽工程验收是专为钢筋工程设置的隐蔽工程项目。凡某钢筋工程的工序操作完毕后，将被下道工序所掩盖而再无从检查时，均应进行钢筋隐蔽工程项目的验收。

（1）钢筋隐蔽验收应按国家现行标准《钢筋机械连接通用技术规程》JGJ 107、《钢筋焊接及验收规程》JGJ 18 的规定对钢筋机械连接接头、焊接接头试件的力学性能检验、外观质量检查结果进行复查，其质量应符合有关规程的规定。

（2）凡钢筋工程均应对：纵向、横向及箍筋钢筋的品种、规格、形状尺寸、数量及位置；钢筋连接方式的数量、接头百分率情况；钢筋除锈情况；预埋件数量及其位置；材料代用情况；绑扎及保护层情况；墙板销子铁、阳台尾部处理等；板缝灌注及胡子筋处理。

预应力筋的品种、规格、数量、位置等；预应力的锚具和连接器的品种、规格、数量、位置等；预留孔道的规格、数量、位置、形状和灌浆孔、排气管、泌水管等；锚固区局部加强构造等进行隐蔽工程验收。

（3）凡钢筋混凝土工程中的焊接工程均应对：焊接强度试验报告，焊条型号、规格，焊缝长度、厚度，外观清渣按“级别”进行外观检查；超声波、X 光射线检查的主要部位是墙板、梁柱、阳台、楼板、屋面板、楼梯、钢结构等结构的钢筋焊接部位进行隐蔽工程验收。

（4）表列子项

1）图示：指需要时钢筋隐蔽验收需绘制的隐验简图。

2）隐检内容：应分别按表列项目（钢筋品种、规格、数量、钢筋接头位置和形式、除锈和油污、钢筋代用、胡子筋、其他）及其需要增加项目的内容，逐一填写。

3）钢材试验单或焊件编号：指隐验钢筋的出厂合格证、复试报告、焊接试验报告等的原试验资料。

4.2.5.3 预应力钢筋隐蔽工程验收记录（C2-5-3）

实施要点

（1）按钢筋隐蔽工程验收记录 C2-5-2 执行。

（2）预应力钢筋隐蔽工程验收记录是指承包单位根据规范要求提请监理、建设、设计等相关单位对预应力钢筋隐蔽工程进行验收，以保证工程质量。

（3）检查验收预应力筋的品种、级别、规格、数量、位置且必须符合设计要求。

（4）检查验收先张法预应力施工选用的非油质类模板隔离剂，应避免沾污预应力筋。

（5）施工过程中电火花不应损伤预应力筋；受损伤的预应力筋应予以更换。

（6）检查验收后张法有粘结预应力筋的预留孔道规格、数量、位置和形状，且应符合设计要求。

(7) 检查验收预应力筋束形控制点的竖向位置偏差，应符合（50204—2002）的规定。

(8) 检查验收浇筑混凝土前，穿入孔道的后张有粘结预应力筋防止锈蚀的措施。

(9) 预应力钢筋锚具、连接器、品种、规格、数量。

(10) 锚固区局部加强构造等。

(11) 张拉属隐验内容的，可在其空格内逐项填写隐验结果。

4.2.5.4　钢结构焊接隐蔽工程验收记录（C2-5-4）

实施要点

(1) 按隐蔽工程验收记录（通用）按C2-5-1表式执行。

(2) 凡钢结构焊接工程均应对：焊接强度试验报告，焊条型号、规格，焊缝长度、厚度，外观清渣按“级别”进行外观检查；超声波、X光射线检查的主要部位是墙板、梁柱、阳台、楼板、屋面板、楼梯、钢结构等结构的焊接部位进行核查与隐蔽工程验收。

4.2.5.5　地下防水转角处、变形缝、穿墙管道、后浇带、埋设件、施工缝留槎位置、穿墙管止水环与主管或翼环与套管等细部做法隐蔽工程验收记录（C2-5-5）

实施要点

(1) 按隐蔽工程验收记录（通用）按C2-5-1表式执行。

(2) 地下防水转角处、变形缝、穿墙管道、后浇带、埋设件、施工缝留槎位置等细部做法隐蔽工程验收记录，是指承包单位根据规范要求，提请监理、建设、设计等相关单位对地下防水转角处、变形缝、穿墙管道、后浇带、埋设件、施工缝留槎位置等细部做法隐蔽工程验收，以保证工程质量。

穿墙管止水环与主管或翼环与套管隐蔽工程验收记录是指承包单位根据规范要求提请监理、建设、设计等相关单位对穿墙管止水环与主管或翼环与套管隐蔽工程验收，以保证工程质量。

(3) 变形缝：检查验收变形缝防水止水带宽度和材质的物理性能，均应符合设计要求，接头应采用热接，不得叠接，不得有裂口和脱胶现象；中埋式止水带中心线应和变形缝中心线重合，止水带不得穿孔或用铁钉固定；变形缝处增设的卷材或涂料防水层，应按设计要求施工。

沉降缝、伸缩缝、防震缝的检查内容应包括：设置位置及间距，缝隙宽度，缝隙内砂浆、碎石、碎砖、杂物是否清除，缝中填充材料及填塞的施工情况等，均应符合设计要求。

(4) 施工缝：检查验收施工缝防水的水平施工缝、垂直施工缝表面清理程度、涂刷混凝土界面处理剂情况以及采用遇水膨胀橡胶腻子止水条时是否牢固置于缝表面预留槽内，确保止水带位置准确、固定牢靠。

(5) 后浇带：检查验收后浇带防水两侧混凝土龄期是否达到42d后再施工；后浇带采用的补偿收缩混凝土强度等级不得低于两侧混凝土的强度等级。

(6) 埋设件：检查验收埋设件的防水端部或预留孔（槽）底部的混凝土厚度不得小于250mm；预留地坑、孔洞、沟槽内的防水层，应与孔（槽）外的结构防水层保持连续；固定模板用的螺栓必须穿过混凝土结构时，螺栓或套管应满焊止水环或翼环；采用工具式螺栓或螺栓加堵头做法，拆模后应采取加强防水措施将留下的凹槽封堵密实。

（7）穿墙管：检查验收穿墙管止水环与主管或翼环与套管的连续满焊及防腐处理情况；穿墙管处防水层施工前套管内表面应清理干净；套管内的管道安装完毕后两管间嵌入内衬填料、端部密封材料填缝情况。柔性穿墙时，穿墙内侧用的法兰是否压紧；穿墙管外侧防水层是否铺设严密，不留接槎；增铺附加层时，必须按设计要求施工。

4.2.5.6 盾构法隧道管片拼装接缝隐蔽工程验收记录（C2-5-6）

实施要点

（1）按隐蔽工程验收记录（通用）按 C2-5-1 表式执行。

（2）管片拼装接缝防水应符合设计要求，按施工图设计进行隐蔽工程验收。

4.2.5.7 渗排水、盲沟排水、复合式衬砌缓冲排水层隐蔽工程验收记录（C2-5-7）

实施要点

（1）按隐蔽工程验收记录（通用）按 C2-5-1 表式执行。

（2）渗排水水层的构造应符合设计要求。

（3）渗排水水层的铺设应分层、铺平、拍实。

（4）盲沟的构造应符合设计要求。

（5）复合式衬砌缓冲排水层应铺设平整、均匀、连续，不得有扭曲、折皱和重叠现象。

4.2.5.8 注浆工程的注浆孔、注浆控制压力、钻孔埋管等隐蔽工程验收记录（C2-5-8）

实施要点

（1）按隐蔽工程验收记录（通用）按 C2-5-1 表式执行。

（2）裂缝注浆所选用水泥的细度应符合 C2-5-8-1 的规定。

裂缝注浆水泥的细度　　表 C2-5-8-1

项　目	普通硅酸盐水泥	磨细水泥	湿磨细水泥
平均粒径(D_{50}, μm)	20～25	8	6
比表面(cm^2/g)	3250	6300	82CC

（3）衬砌裂缝注浆采用低压低速注浆，化学注浆压力宜为 02～0.4MPa，水泥浆灌浆压力宜为 0.4～0.8MPa。

（4）衬砌裂缝注浆的施工质量检验数量，应按裂缝条数的 10%抽查，每条裂缝为 1 处，且不得少于 3 处。

（5）注浆效果必须符合设计要求。渗漏水量测，必要时采用钻孔取芯、压水（或空气）等方法检查。

（6）钻孔埋管的孔径和孔距应符合设计要求。

（7）注浆的控制压力和进浆量应符合设计要求。

4.2.5.9　地下连续墙的槽段接缝及墙体与内衬结构接缝隐蔽工程验收记录（C2-5-9）

实施要点

（1）按隐蔽工程验收记录（通用）按 C2-5-1 表式执行。

（2）地下连续墙的槽段接缝及墙体与内衬结构接缝隐蔽工程验收记录，是指承包单位根据规范要求，提请监理、建设、设计等相关单位对地下连续墙的槽段接缝及墙体与内衬结构接缝隐蔽工程验收，以保证工程质量。

（3）单元槽段接头：检查验收单元槽段接头，不宜设在拐角处；采用复合式衬砌时，内外墙接头宜相互错开。

（4）地下连续墙与内衬结构连接：检查验收地下连续墙与内衬结构连接处的凿毛及清理情况，必要时应做特殊防水处理。

（5）槽段接缝：检查验收地下连续墙的槽段接缝以及墙体与内衬结构接缝，应符合设计要求。

（6）墙面露筋：检查验收地下连续墙墙面的露筋部分，应小于1%墙面面积，且不得有露石和夹泥现象。

4.2.5.10　屋面卷材防水、涂膜防水、刚性防水的防水层基层；密封防水处理部位；细部构造的天沟、檐口、檐沟、水落口、泛水、变形缝和伸出屋面管道的防水构造；防水层的搭接宽度和附加层；刚性保护层与卷材、涂膜防水层之间设置的隔离层等的隐蔽工程验收记录（C2-5-10）

实施要点

（1）按隐蔽工程验收记录（通用）按 C2-5-1 表式执行。

（2）屋面天沟、檐口、檐沟、水落口、泛水、变形缝和伸出屋面管道等的防水构造隐蔽工程验收记录，是指承包单位根据规范要求，提请监理、建设、设计等相关单位对屋面天沟、檐口、檐沟、水落口、泛水、变形缝和伸出屋面管道的防水构造隐蔽工程验收，以保证工程质量。

（3）核查用于细部构造处理的防水卷材、防水涂料和密封材料的质量，检查防水材料的出厂合格证及复试报告，均应符合《屋面工程质量验收规范》（GB 50207—2002）有关规定的要求。

（4）附加层：检查验收天沟、檐沟与屋面交接处、泛水、阴阳角等部位的卷材或涂膜附加层。天沟、檐沟的沟内附加层在天沟、檐沟与屋面交接处宜空铺，空铺的宽度不应小于 200mm；卷材防水层应由沟底翻上至沟外檐顶部，卷材收头应用水泥钉固定，并用密封材料封严；涂膜收头应用防水涂料多遍涂刷或用密封材料封严；在天沟、檐沟与细石混凝土防水层的交接处，应留凹槽并用密封材料嵌填严密。

（5）檐口防水构造：检查验收檐口的防水构造，铺贴檐口 800mm 范围内的卷材应采取满粘法。卷材收头应压入凹槽，采用金属压条钉压，并用密封材料封口。涂膜收头应用防水涂料多遍涂刷或用密封材料封严，檐口下端应抹出鹰嘴和滴水槽。

（6）女儿墙泛水：检查验收女儿墙泛水的防水构造，铺贴泛水处的卷材应采取满粘法。砖墙上的卷材收头可直接铺压在女儿墙压顶下，压顶应做防水处理；也可压入砖墙凹槽内固定密封，凹槽距屋面找平层不应小于250mm，凹槽上部的墙体应做防水处理。涂膜防水层应直接涂刷至女儿墙的压顶下，收头处理应用防水涂料多遍涂刷封严，压顶应做防水处理。混凝土墙上的卷材收头应采用金属压条钉压，并用密封材料封严。

（7）水落口的防水构造：检查验收水落口的防水构造，水落口杯上口的标高应设置在沟底的最低处。防水层贴入水落口杯内不应小于50mm。水落口四周围直径500mm范围内坡度不应小于5%，并采用防水涂料或密封材料涂封，其厚度不应小于2mm。水落口杯与基层接触处应留宽20mm，深20mm凹槽，并嵌填密封材料。

（8）变形缝的防水构造：检查验收变形缝的防水构造，变形缝的泛水高度不应小于250mm。防水层应铺贴到变形缝两侧砌体的上部。变形缝内应填充聚苯乙烯泡沫塑料，上部填放衬垫材料，并用卷材封盖。变形缝顶部应加扣混凝土或金属盖板，混凝土盖板的接缝应用密封材料嵌填。

（9）伸出屋面管道的防水构造：检查验收伸出屋面管道的防水构造，管道根部直径500mm范围内，找平层应抹出高度不小于30mm的圆台。管道周围与找平层或细石混凝土防水层之间，应预留20mm×20mm的凹槽，并用密封材料嵌填严密。管道根部四周应增设附加层，宽度和高度均不应小于300mm。管道上的防水层收头处应用金属箍紧固，并用密封材料封严。

（10）排水坡度：天沟、檐沟的排水坡度，必须符合设计要求。

4.2.5.11 抹灰（一般、装饰等）工程隐蔽工程验收记录（C2-5-11）

实施要点

（1）按隐蔽工程验收记录（通用）按C2-5-1表式执行。

（2）抹灰工程隐蔽工程验收记录是指承包单位根据规范要求提请监理、建设、设计等相关单位对抹灰工程隐蔽工程验收，以保证工程质量。

（3）核查一般抹灰、装饰抹灰所用材料的品种和性能，检查防水材料的出厂合格证及复试报告，均应符合《建筑装饰装修工程质量验收规范》（GB 50210—2001）有关规定的要求。砂浆的配合比均应符合设计要求。

（4）抹灰工程应分层进行，应分层隐蔽验收。当抹灰总厚度大于或等于35mm时，应采取加强措施。不同材料基体交接处表面的抹灰，应采取防止开裂的加强措施。当采用加强网时，加强网与各基体的搭接宽度不应小于100mm。

（5）有排水要求的部位应做滴水线（槽）。滴水线（槽）应整齐、顺直，滴水线应内高外低，滴水槽的宽度和深度均不应小于10mm。

4.2.5.12 门窗预埋件和锚固件隐蔽工程验收记录（C2-5-12）

实施要点

（1）按隐蔽工程验收记录（通用）按C2-5-1表式执行。

（2）门窗预埋件和锚固件的隐蔽工程验收记录是指承包单位根据规范要求提请监理、建设、设计等相关单位对门窗预埋件和锚固件的隐蔽工程验收，以保证工程质量。

（3）核查木门窗的木材品种、材质等级、规格、尺寸、框扇的线型及人造木板的甲醛含量应符合设计要求。设计未规定材质等级时，所用木材的质量应符合（GB50210－2001）规范附录A的规定。

（4）检查验收木门窗框的安装必须牢固。预埋木砖的防腐处理、木门窗框固定点的数量、位置及固定方法应符合设计要求。

（5）检查验收特种门的安装必须牢固。预埋件的数量、位置、埋设方式、与框的连接方式，必须符合设计要求。

（6）特种门的配件应齐全，位置应正确，安装应牢固，功能应满足使用要求和特种门的各项性能要求。

注：建筑外门窗的安装必须牢固。在砌体上安装门窗严禁用射钉固定。

4.2.5.13　门窗隐蔽部位的防腐、填嵌处理隐蔽工程验收记录（C2-5-13）

实施要点

（1）按隐蔽工程验收记录（通用）按C2-5-1表式执行。

（2）门窗隐蔽部位的防腐、填嵌处理隐蔽工程验收记录是指承包单位根据规范要求提请监理、建设、设计等相关单位对门窗隐蔽部位的防腐、填嵌处理隐蔽工程验收，以保证工程质量。

（3）检查验收木门窗与墙体间缝隙的填嵌材料，应符合设计要求，填嵌应饱满；寒冷地区外门窗（或门窗框）与砌体间的空隙应填充保温材料。

（4）检查验收塑料门窗的品种、类型、规格、尺寸、开启方向、安装位置、连接方式及填嵌密封处理应符合设计要求，内衬增强型钢的壁厚及设置应符合国家现行产品标准的质量要求。

（5）检查验收塑料门窗框、副框和扇的安装，必须牢固；固定片或膨胀螺栓的数量与位置应正确，连接方式应符合设计要求。固定点应距窗角、中横框、中竖框150～200mm，固定点间距应不大于600mm。

（6）检查验收塑料门窗框与墙体间缝隙，应采用闭孔弹性材料填嵌饱满，表面应采用密封胶密封；密封胶应粘结牢固，表面应光滑、顺直，无裂纹。

（7）金属门窗框与墙体之间的缝隙应填嵌饱满，并采用密封胶密封。密封胶表面应光滑、顺直，无裂纹。

（8）检查验收特种门的品种、类型、规格、尺寸、开启方向、安装位置及防腐处理，应符合设计要求。

4.2.5.14　吊顶工程隐蔽工程验收记录（C2-5-14）

实施要点

（1）按隐蔽工程验收记录（通用）按C2-5-1表式执行。

（2）吊顶工程隐蔽工程验收记录是指承包单位根据规范要求提请监理、建设、设计等相关单位对吊顶工程隐蔽工程验收，以保证工程质量。

（3）吊顶工程应对下列隐蔽工程项目进行验收：

吊顶内管道、设备的安装及水管试压；木龙骨防火、防腐处理；预埋件或拉结筋；吊杆安装；龙骨安装；填充材料的设置。

（4）检查验收暗龙骨吊顶、明龙骨吊顶工程的吊杆、龙骨和饰面材料的安装，必须牢固；暗龙骨吊顶、明龙骨吊顶工程吊杆、龙骨的材质、规格、安装间距及连接方式，应符合设计要求；金属吊杆、龙骨应经过表面防腐处理；木吊杆、龙骨应进行防腐、防火处理；金属吊杆、龙骨的接缝均匀、吻合、平整，无翘曲、锤印。

（5）检查验收暗龙骨吊顶、明龙骨吊顶工程吊顶内填充吸声材料的品种和铺设厚度，应符合设计要求，并应有防散落措施。

（6）检查验收吊顶的标高、尺寸、起拱和造型，应符合设计要求。

4.2.5.15 轻质隔墙（板材骨架、活动隔墙、玻璃隔墙）工程隐蔽工程验收记录（C2-5-15）

实施要点

（1）按隐蔽工程验收记录（通用）按 C2-5-1 表式执行。

（2）轻质隔墙（板材、骨架、活动、玻璃隔墙）工程隐蔽工程验收记录，是指承包单位根据规范要求，提请监理、建设、设计等相关单位对轻质隔墙工程隐蔽工程验收，以保证工程质量。

（3）轻质隔墙（板材、骨架、活动、玻璃隔墙）工程应对下列工程进行隐蔽验收：

骨架隔墙中设备管线的安装及水管试压；木龙骨防火、防腐处理；预埋件或拉结筋；龙骨安装；填充材料的设置。

（4）核查验收隔墙板材的品种、规格、性能、颜色应符合设计要求。有隔声、隔热、阻燃、防潮等特殊要求的工程，板材应有相应性能等级的检测报告；骨架隔墙所用龙骨、配件、墙面板、填充材料及嵌缝材料的品种、规格、性能和木材的含水率，应符合设计要求。有隔声、隔热、阻燃、防潮等特殊要求的工程，材料应有相应性能等级的检测报告。

（5）检查验收安装隔墙板材所需预埋件、连接件的位置、数量及连接方法，应符合设计要求；骨架隔墙工程边框龙骨必须与基体结构连接牢固，并应平整、垂直、位置正确。骨架隔墙中龙骨间距和构造连接方法应符合设计要求。骨架内设备管线的安装、门窗洞口等部位加强龙骨应安装牢固、位置正确，填充材料的设置应符合设计要求。

（6）检查验收木龙骨及木墙面板的防火和防腐处理，必须符合设计要求。

（7）检查验收骨架隔墙内的填充材料应干燥，填充应密实、均匀、无下坠。

（8）检查验收玻璃砖隔墙砌筑中埋设的拉结筋，必须与基体结构连接牢固，并应位置正确。

4.2.5.16 饰面板（砖）工程隐蔽工程验收记录（C2-5-16）

实施要点

（1）按隐蔽工程验收记录（通用）按 C2-5-1 表式执行。

（2）饰面板（砖）工程隐蔽工程验收记录，是指承包单位根据规范要求，提请监理、建设、设计等相关单位对饰面板（砖）工程隐蔽工程验收，以保证工程质量。

（3）饰面板（砖）工程应对下列隐蔽工程项目进行验收：

预埋件（或后置埋件）；连接节点；防水层。

（4）核查验收饰面板的品种、规格、颜色和性能，应符合设计要求；木龙骨、木饰面板和塑料饰面板的燃烧性能等级应符合设计要求；饰面砖的品种、规格、图案、颜色和性能，应符合设计要求。

（5）检查验收饰面板安装工程的预埋件（或后置埋件）、连接件的数量、规格、位置、连接方法和防腐处理，必须符合设计要求。后置埋件的现场拉拔强度必须符合设计要求。饰面板安装必须牢固。

（6）检查验收饰面砖粘贴工程的找平、防水、粘结和勾缝材料及施工方法，应符合设计要求及国家现行产品标准和工程技术标准的规定。

4.2.5.17　细部工程护栏与预埋件（或后置埋件）连接节点隐蔽工程验收记录（C2-5-17）

实施要点

（1）隐蔽工程验收记录（通用）按 C2-5-1 表式执行。

（2）护栏与预埋件的连接节点，预埋件隐蔽工程验收记录是指承包单位根据规范要求，提请监理、建设、设计等相关单位对护栏与预埋件的连接节点、预埋件等进行隐蔽工程验收，以保证工程质量。

（3）细部工程应对下列部位进行隐蔽验收：预埋件或后置埋件；护栏与预埋件的连接节点。

（4）核查验收护栏和扶手制作与安装所使用材料的材质、规格、数量和木材、塑料的燃烧性能等级应符合设计要求。

（5）检查验收护栏和扶手安装预埋件的数量、规格、位置以及护栏与预埋件的连接节点，应符合设计要求。

（6）橱柜安装预埋件或后置埋件的数量、规格、位置应符合设计要求。

4.2.5.18　幕墙隐蔽工程验收记录（C2-5-18）

实施要点

（1）幕墙隐蔽工程验收记录按 C2-5-1 表式执行。

（2）幕墙工程应对下列隐蔽工程项目进行验收：

1）预埋件（或后置埋件）。

2）构件的连接节点。

3）变形缝及墙面转角处的构造节点。

4）幕墙防雷装置。

5）幕墙防火构造。

（3）玻璃幕墙隐蔽验收内容：

1）玻璃幕墙与主体结构连接的各种预埋件、连接件、紧固件必须安装牢固，其数量、规格、位置、连接方法和防腐处理应符合设计要求。

2）各种连接件、紧固件的螺栓应有防松动措施；焊接连接应符合设计要求和焊接规范的规定。

3）高度超过 4m 的全玻幕墙应吊挂在主体结构上，吊夹具应符合设计要求，玻璃与玻璃、玻璃与玻璃肋之间的缝隙，应采用硅酮结构密封胶填嵌严密。

4）玻璃幕墙四周、玻璃幕墙内表面与主体结构之间的连接节点，各种变形缝、墙角的连接节点应符合设计要求和技术标准的规定。

5）玻璃幕墙的防雷装置必须与主体结构的防雷装置可靠连接。

6）防火、保温材料填充应饱满、均匀，表面应密实、平整。

（4）金属幕墙隐蔽验收内容：

1）金属幕墙主体结构上的预埋件、后置埋件的数量、位置及后置埋件的拉拔力必须符合设计要求。

2）金属幕墙的金属框架立柱与主体结构预埋件的连接、立柱与横梁的连接、金属面板的安装必须符合设计要求，安装必须牢固。

3）金属幕墙的防火、保温、防潮材料的设置应符合设计要求，并应密实、均匀，厚度一致。

4）金属框架及连接件的防腐处理应符合设计要求。

5）金属幕墙的防雷装置必须与主体结构的防雷装置可靠连接。

6）各种变形缝、墙角的连接节点应符合设计要求和技术标准的规定。

（5）石材幕墙隐蔽验收内容：

1）石材幕墙主体结构上的预埋件和后置埋件的位置、数量及后置埋件的拉拔力必须符合设计要求。

2）石材幕墙的金属框架立柱与主体结构预埋件的连接、立柱与横梁的连接、连接件与金属框架的连接、连接件与石材面板的连接必须符合设计要求，安装必须牢固。

3）金属框架和连接件的防腐处理应符合设计要求。

4）石材幕墙的防雷装置必须与主体结构防雷装置可靠连接。

5）石材幕墙的防火、保温、防潮材料的设置应符合设计要求，填充应密实、均匀，厚度一致。

6）各种结构变形缝、墙角的连接节点应符合设计要求和技术标准的规定。

4.2.5.19 建筑地面各构造层隐蔽工程验收记录（C2-5-19）

实施要点

（1）建筑地面各构造层隐蔽工程验收记录按 C2-5-1 表式执行。

（2）建筑地面下的沟槽、暗管等工程完工后，经检验合格并做隐蔽记录，方可进行建筑地面工程的施工。

（3）建筑地面工程基层（各构造层）和面层的铺设，均应待其下一层检验合格后方可施工上一层。建筑地面工程各层铺设前与相关专业的分部（子分部）工程、分项工程以及设备管道安装工程之间，应进行交接检验。

4.2.6 施工记录（C2-6）

4.2.6.1 ＿＿＿＿＿施工记录（通用）（C2-6-1）

1. 资料表式

______施工记录（通用）　　表 C2-6-1

<table>
<tr><td colspan="2" rowspan="2">工程名称</td><td rowspan="2"></td><td>编号</td><td></td></tr>
<tr><td>检查日期</td><td></td></tr>
<tr><td colspan="2">检查部位</td><td></td><td>检查项目</td><td></td></tr>
<tr><td colspan="5">检查依据：</td></tr>
<tr><td colspan="5">检查内容：</td></tr>
<tr><td colspan="5">检查结论：</td></tr>
<tr><td colspan="5">复查结论：

复查人：　　　　　　　　复查日期：</td></tr>
<tr><td rowspan="3">签字栏</td><td colspan="2">施工单位</td><td colspan="2"></td></tr>
<tr><td>专业技术负责人</td><td colspan="2">专业质检员</td><td>专业工长</td></tr>
<tr><td></td><td colspan="2"></td><td></td></tr>
</table>

注：施工单位填写的施工记录应一式一份，并由施工单位自行保存。

2. 资料要求

资料要求除应执行“对施工文件的总体要求、对工程质量记录资料核查要求”外，尚应符合：

（1）凡相关专业技术施工质量验收规范中主控项目或一般项目的检查方法中要求进行检查施工记录的项目均应按资料的要求对该项施工过程或成品质量进行检查并填写施工记录。存在问题时应有处理建议。

（2）施工记录应按表式内容填写：施工依据与材质、发现的问题及处理意见、对问题处理的鉴定意见与建议等。

3. 实施要点

施工记录（通用）表式是为未定专项施工记录表式而又需在施工过程中进行必要记录的施工项目时采用。

（1）施工记录（通用）表式由项目经理部的专职质量检查员或工长实施记录由项目专业技术负责人审定。

（2）施工记录是施工过程的记录，记录施工过程中执行设计文件、操作工艺质量标准和技术管理等的各自执行手段的实际完成情况记录。

施工记录是验收的原始记录。必须强调施工记录的真实性和准确性，且不得任意涂改。

担任施工记录的人员应具有一定的业务素质，以确保做好施工记录。

（3）凡相关专业技术施工质量验收规范中主控项目或一般项目的检查方法中要求进行检查施工记录的项目，均应按资料要求对该项施工过程或成品质量进行检查并填写施工记录。存在问题时，应有处理建议及改正情况。

（4）填写举例：以砌体工程为例，在现场对施工中用砖、砂浆、组砌方式、砌体加强措施、构造柱砌筑先进后退、尺寸等施工检查，都应进行记录；如有误也应如实记录，提出建议并改正，绝对不应放松这方面的工作。例如对砌体用砖含水率的检查，这是一项非常重要的检查，在“砖混”中砖的含水率直接影响砌体质量。砌体用砖含水率的检查，有关试验表明：

1）砖的含水率将直接影响砖与砂浆的粘结力。适宜的含水率对保证砂浆强度、砖与砂浆的粘结力及整体砌体质量都是十分重要的，试验研究发现：

① 当砖的含水率＜8%时，开始对砌体强度产生不利影响；

② 当砖的含水率≥8%时，砌体强度随含水率的增大而提高；

③ 当砖的含水率为零时，砌体抗压强度最多可降低高达 36.3%；

④ 当砖的含水率＞15%时，开始带来相应的质量问题，主要表现为：坠灰、砖块容易滑动、墙面不洁、灰缝不平直、墙面不平整等。

因此，规范规定：烧结普通砖、空心砖应提前 1～2d 浇水湿润，其相应的含水率为 10%～15%，现场检测的简易办法是砖截面四周融水深度 15～20mm 为符合要求。

对砖的淋水应作为一道重要工序看待。应注意淋匀、淋透，且应对砖堆采取适当的防晒措施，严禁干砖上墙。

砌体用砖应认真做好施工记录。

（5）表列子项

1）检查依据：指该施工子项或部位的施工图设计和施工工艺的依据标准。

2）检查结论：指对该施工子项或部位检查中存在某种问题及该问题的处理结论。

4.2.6.2 地基钎探记录（C2-6-2）

1. 资料表式

地基钎探记录 **表 C2-6-2**

施工单位： 施工单位：

钎探方式		N_{10}轻便触探		直径：		钎探日期：			
探点编号	锤击数								探点布置及处理部位示意图
	合计	0～30 (cm)	30～60 (cm)	60～90 (cm)	90～120 (cm)	120～150 (cm)	150～180 (cm)	180～210 (cm)	
									结论
工程技术负责人：			质检员：				钎探人：		

2. 资料要求

资料要求除应执行“对施工文件的总体要求、对工程质量记录资料核查要求”外，尚应符合：

（1）钎探布点，钎探深度、方法等应按有关要求执行；钎探应有结论分析，如发现软弱层、土质不均、墓穴、古井或其他异常情况等，应由设计提出处理意见并在钎探图中标明位置。

（2）除设计有规定外，均应进行地基钎探。

（3）没有钎探记录为不符合要求（设计有规定时除外），钎探记录无结论的为不符合要求。

（4）需经处理的地基，处理方案必须经设计同意并经监理单位认可，否则为不符合要求。

3. 实施要点

地基钎探是为了探明基底下对沉降影响最大的一定深度内的土层情况而进行的记录，因此，基槽完成后，一般均应按照设计和规范要求进行钎探。

（1）锤重：10kg。

（2）落距：50cm。

（3）钎探杆直径：钢钎直径为：$\phi25$，钎头$\phi40$，成60°锥体。

（4）钎探点布置

1）基槽完成后，一般均应按照设计要求进行钎探，设计无要求时可按下列规则布置。

2）槽宽小于800mm时，在槽中心布置探点一排，间距一般为1～1.5m，应视地层复杂情况而定。

3）槽宽800～2000mm时，在距基槽两边200～500mm处各布置探点一排，间距一般为1～1.5m，应视地层复杂情况而定。

4）槽宽2000mm以上者，应在槽中心及两槽边200～500mm处，各布置探点一排，每排探点间距一般为1～1.5m，应视地层复杂情况而定。

5）矩形基础：按梅花形布置，纵向和横向探点间距均为1～2m，一般为1.5m，较小基础至少应在四角及中心各布置一个探点。

注：基槽转角处应再补加一个点。

6）钎孔布置详见表C2-6-2-1。

钎孔布置　　**表 C2-6-2-1**

槽宽(cm)	排列方式及图示		间距(m)	钎探深度(m)
小于80	中心一排		1～2	1.2
80～200	两排错开	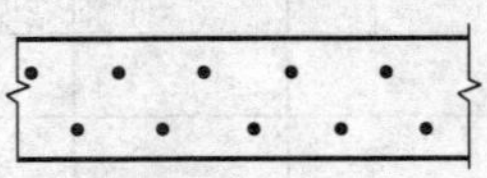	1～2	1.5
大于200	梅花形	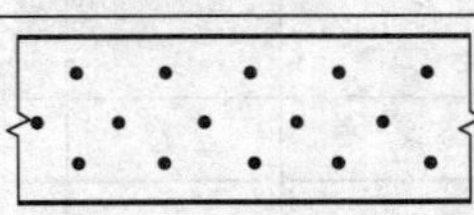	1～2	≥2.0
柱基	梅花形	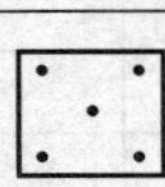	1～2	≥1.5m，并不浅于短边宽度

注：1. 对于较软弱的新近沉积黏性土和人工杂填土的地基，钎孔间距应不大于1.5m。

2. 钎距和钎探深度不能随意改动，过大的钎距会遗漏地基土中的隐患。

7）探孔布置详表 C2-6-2-2。

探孔布置 **表 C2-6-2-2**

基槽宽（cm）	排列方式及图标	间距 L（m）	探孔深度（m）
小于 200	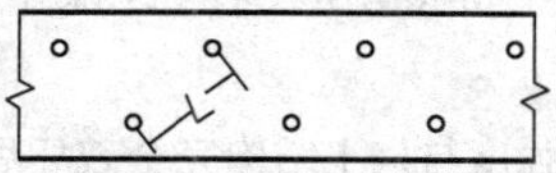	1.5～2.0	3.0
大于 200	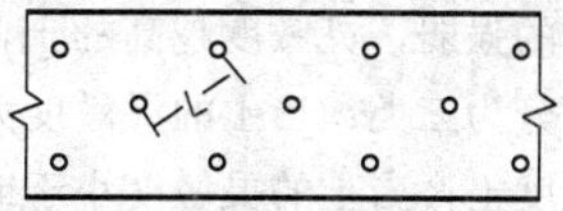	1.5～2.0	3.0
桩基	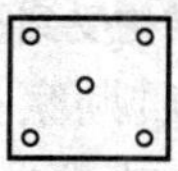	1.5～2.0	3.0（荷重较大时为 4.0～5.0）
加孔	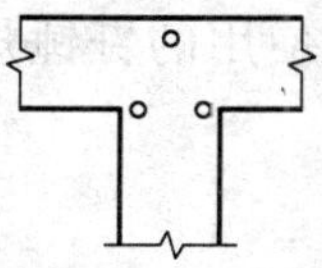 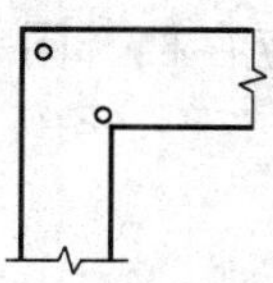	<2.0（如基础过宽时中间再加孔）	3.0

8）国内常用的几种动力触探详见表 C2-6-2-3。

国内常用的几种动力触探 **表 C2-6-2-3**

触探名称	标准贯入试验（SPT）（重型(1)动力触探）	轻型触探	中型触探	重型(2)触探	轻型标准贯入试验
探头或贯入器的规格	对开管式贯入器，外径 51mm，内径 35mm，长 700mm，刃口角度 19°47′	圆锥探头，锥角 60°，锥底面积 12.6cm²	圆锥探头，锥角 60°，锥底面积 30cm²	圆锥探头，锥角 60°，锥底面积 43cm²	同 SPT
落锤重量	63.5kg	10kg	28kg	63.5kg	22.5kg
落　距	76cm	50cm	80cm	76cm	同 SPT
触探杆直径	42mm	25mm	33.5mm	42mm，厚壁钻杆，接手外径 46mm	同 SPT
最大贯入深度	15～20m	4m		约 16m	
触探指标	$N_{63.5}$ 为贯入土中 30cm 的锤击数	N_{10} 为贯入土中 30cm 的锤击数	N_{28} 为贯入土中 10cm 的锤击数	$N_{(63.5)}$ 为贯入土中 10cm 的锤击数	N22.5 为贯入土中 30cm 的锤击数
适用土层	砂土、老黏性土、一般黏性土等	一般黏性土，黏性素填土，新近沉积黏性土	一般黏土	砂土和松散及中密的圆砾、卵石	同 SPT
使用单位	已列入国家地基基础设计规范、工程地质勘察规范和抗震设计规范	已列入国家地基基础设计规范和工程地质勘察规范	已列入国家工程地质勘察规范	已列入国家工程地质勘察规范	冶金系统的有关单位

（5）钎探记录分析

1）钎探应绘图编号，并按编号顺序进行击打，应固定打钎人员，锤击高度离钎顶

500～700mm 为宜，用力均匀，垂直打入土中，记录每贯入 300mm 钎段的锤击次数。钎探完成后应对记录进行分析比较，锤击数过多、过少的探点应标明与检查。发现地质条件不符合设计要求时，应会同设计、勘察人员确定处理方案。

2）钎探结果，往往出现开挖后持力层的基土 60cm 范围内钎探击数偏低，可能与土的卸载、含水量或灵敏度有关，应做全面分析。

注：土的灵敏度是指原状土在无侧限条件下的抗压强度与该土结构完全破坏后的重塑土在无侧限条件下的抗压强度的比值。灵敏度高低反映了土的结构性的强弱，灵敏度越高的土，其结构性愈弱，即土在受扰动后强度降低得愈多。根据灵敏度的高低，土可分为三类：当土的灵敏度大于 4 时，为高灵敏度土；当土的灵敏度小于或等于 4 但大于 2 时，为中灵敏度土；当土的灵敏度小于或等于 2 时，为低灵敏度土。对于高灵敏度的土，在施工中应特别注意保护，以免其结构受到扰动而使强度大大降低。

3）基础验槽时，持力层基土钎探击数偏低，与地质勘察报告给定的地基容许承载力有差异。综合其原因大概为：基土卸荷、含水量高、搅动或是土的灵敏度偏高。

4）钎探孔应用砂土镶实，钎探记录应存档。同一工程使用的钎锤规格、型号必须一致。

(6) 表列子项

1）锤重：10kg。

2）落距：50cm。

3）钎探杆直径：钢钎直径为：$\phi25$，钎头 $\phi40$，成 60°锥体。

4）钎探日期：按打钎时的年、月、日填写。

5）探点编号：按探点平面布置图上的编号依次填写。

6）锤击数：记录钢钎垂直打入每 30cm 厚土层的锤击数，并进行合计。此数据极其重要，应认真记数并记录。

7）探点布置及处理部位示意图：

探孔布置与钎探深度应根据地基土质的复杂情况和基槽宽度、形状而定。可按本书要求布置，也可分区布置，由施工单位绘制。

处理部位：指用打钎、洛阳铲、轻便触探或其他器具探查地基土，发现的问题需处理的部位，应有队一级技术负责人提出，待验槽时一并处理。

8）结论：结论填写应慎重，应由队一级技术负责人填写。

9）地基钎探记录表原则上应用原始记录表，手损严重的可以重新抄写，但原始记录仍要原样保存，重新抄写好的记录数据、文字应与原件一致，要注明原件的保存处及有抄写人签字。

地基钎探记录表作为一项重要技术资料，必须保存完整，不得遗失。

10）钎探记录结果，应在平面上进行锤击数比较，将垂直、水平方向锤击数的比较结果予以记录。如无问题可以填写“地基土未发现异常，可以继续施工”。如果发现问题，应将分析结果报建设、勘察、设计等单位研究处理。如周围环境可能存在古墓、洞穴时，可用洛阳铲探检查并报告铲探结果，为地基处理提供较完整的资料。

11）遇下列情况之一时，可不进行轻型动力触探：

① 基坑不深处有承压水层，触探可造成冒水涌砂时；

② 持力层为砾石或卵石层且其厚度满足设计要求时。

4.2.6.3 地基验槽记录（C2-6-3）

1. 资料表式

地基验槽记录 **表 C2-6-3**

工程名称： 施工单位：

建筑面积			项目经理	
开挖时间			项目技术负责人	
完成时间			质检员	
验收时间			记录人	
项次	项目		查验情况	附图或说明
1	土壤类别			
2	基底是否为老土层			
3	地基土的均匀、致密程度			
4	地下水情况			
5	有无坑、穴、洞、窑、墓			
6	其他			
初验结论				
复验结论	□无异常，可进行下道工序 □ 需地基处理			
建设单位	监理单位	设计单位	勘察单位	施工单位

2. 资料要求

资料要求除应执行“对施工文件的总体要求、对工程质量记录资料核查要求”外，尚应符合：

（1）地基需处理时，须有设计部门的处理方案。处理后应经复验并注明复验意见。

（2）对有地基处理或设计要求处理及注明的地段，处理的方案、要求、实施记录及实施后的验收结果，应作为专门问题进行处理，归档编号。

（3）地基验槽时除设计或专业规范有特定规定外，均应提供地基钎探记录资料，没有地基钎探时应补探。

（4）地基验收必须在当地质量监督部门监督的情况下进行地基验槽，由建设、设计、施工、监理各方签证为符合要求，否则为不符合要求。

（5）验槽记录无设计单位代表参加和签证为不符合要求。

（6）基底持力层、地基容许承载力不满足设计要求为不符合要求。

（7）地基处理无记录，处理后未进行验收和复验的为不符合要求。

3. 实施要点

地基土是建筑物的基石，认真、细致地进行地基验槽，及时发现并慎重处理好地基施工中出现的相关问题，是保证地基土符合设计要求的一项重要措施。同时，可以丰富和提高工程勘察报告的准确程度。

(1) 所有建(构)筑物均应进行施工验槽。遇到下列情况之一时,应进行专门的施工勘察。

1) 工程地质条件复杂,详勘阶段难以查清时;

2) 开挖基槽发现土质、土层结构与勘察资料不符时;

3) 施工中边坡失稳,需查明原因,进行观察处理时;

4) 施工中地基土受扰动,需查明其性状及工程性质时;

5) 为地基处理需进一步提供勘察资料时;

6) 建(构)筑物有特殊要求,或在施工时出现新的岩土工程地质问题时。

(2) 施工勘察应针对需要解决的岩土工程问题布置工作量,勘察方法可根据具体条件情况选用施工验槽、钻探取样和原位测试等。

(3) 天然地基基础基槽检验要点

1) 基槽开挖后,应检验下列内容:

① 核对基坑的位置、平面尺寸、坑底标高;

② 核对基坑土质和地下水情况;

③ 空穴、古墓,古井、防空掩体及地下埋设物的位置、深度、性状。

2) 在进行直接观察时,可用袖珍式贯入仪作为辅助手段。

3) 遇到下列情况之一时,应在基坑底普遍进行轻型动力触探:

① 持力层明显不均匀;

② 浅部有软弱下卧层;

③ 有浅埋的坑穴、古墓、古井等,直接观察难以发现时;

④ 勘查报告或设计文件规定应进行轻型动力触探时。

4) 采用轻型动力触深进行基槽检验时,检验深度及间距按表 C2-6-3-1 执行:

轻型动力触探检验深度及间距表　　　　表 C2-6-3-1

排列方式	基坑宽度	检验深度	检验间距
中心一排	＜0.8	1.2	1.0～1.5m 视地质复杂情况
两排错开	0.8～2.0	1.5	
梅花形	＞2.0	2.1	

注:轻型动力触探对基槽进行检验的深度和检验间距本表可供参考。应注意当地对此有规定时应以地方规定为好,地方经验更具有区域性指导意义。

5) 遇下列情况之一时,可不进行轻型动力触探:

① 基坑不深处有承压水层,触探可造成冒水涌砂时;

② 持力层为砾石或卵石层,且其厚度满足设计要求时。

(4) 地基验槽的基本要求

1) 地基验槽记录必须能反映验槽的主要程序,地基的主要质量特征。且必须经土方工程质量验收合格后,方准提请有关单位进行验槽。必须提交地基质量验收资料,供验槽时参考。

2) 地基土的钎探已经完成并对钎探结果作出分析。钎孔必须用砂灌实,验槽时对分析结果作出判定。核查内容包括下面三点:

① 按基础平面设计的钎探点平面图,检查是否满足钎探布孔和孔深的要求,孔深范

围内基土坚硬程度是否一致。

② 打钎记录单上，锤重、落距、钎径是否符合规范要求，钎探日期应填写清楚、真实，并有项目经理部级的工程技术负责人、打钎人签字。

③ 根据打钎记录分析，地基需要处理时要有处理意见，并在打钎点平面布置图上标明部位、区段、标高及处理方法（锤击数一定要描述在平面上以后再进行分析，才能从总体上发现有无问题）。

3）参加验槽的人员，必须对已开挖的基槽按顺序详细、严肃认真、全部地进行踏勘与分析，不可带有丝毫的随意性。观察基土的土质概况；槽壁走向、分布、基土特征；检查地基持力层是否与勘察设计资料相符，地基土的颜色是否均匀一致，是否为老土，属何种土壤类别，表层土的坚硬程度，有无局部软硬不均；检查基槽的几何尺寸、标高、挖土深度（是否满足最小埋置深度）、机械开挖施工预留高度、基土是否被扰动等。

注：机械开挖施工应注意槽底标高（基土预留厚度）。

4）如发现有文物、古迹遗址、化石等，应及时报告文物管理部门处理。对旧基础、管道、旧检查井、人防工事、古墓、坑、穴、菜窖、电缆沟道等，应在有关人员指挥下挖露出原始形状，以便及时研究处理。

5）雨期施工，开挖基槽被雨水浸后，应配合设计、勘察、质监部门专题研究，决定是否需要进行处理。

6）验槽

① 初验结论：由项目经理部级的专业技术负责人会同施工人员初验后，经分析作出。

② 复验结论：由参加验槽的单位和人员分析后作出，若有异常尚应另附有关资料。

7）工程地质施工结果符合工程地质报告要求的一般工业与民用建筑工程，工程地质不需要重新研究处理的工程，验槽须由设计、建设、施工、监理部门各方有关人员参加并签字，并有结论意见，质监部门监督实施。不请求质量监督部门监督地基验槽为不符合要求。

需重新进行地基验槽。重要工程、工程地质施工结果不符合工程地质报告要求、高层建筑等，必须邀请工程地质勘察单位参加验槽。勘察部门参加并签字（勘察部门的地质勘察报告要求参加验槽的，不论地基基础是否需要处理，均应邀请参加），无验槽手续视基础工程为不合格，后补无效。

高层建筑地基验槽必须请勘察单位参加。对场地工程地质条件复杂地区，勘察部门除应参与施工验槽外，还必须参加工程地质处理研究和进行施工勘察。

（5）地基验槽完成后采取地基处理时：

1）地基验收时经参加验收的有关方认为确需地基处理时，地基处理方案应由设计、勘察部门提出，经监理单位同意后由施工单位实施。或由施工单位根据参加人员提出的方案整理成书面地基处理方案，经设计方签字后实施。

2）地基处理方案中原有工程名称、验收时间、钎探记录分析、实际地基与地质勘察报告是否符合，需处理的部位及地基实际情况，处理的具体方法和质量要求。

3）建设、设计、勘察、施工、监理等部门参加验收人员必须签字。

（6）当需要进行施工勘察时，施工勘察报告的主要内容：工程概况；目的和要求；原因分析；工程安全性评价；处理措施及建议。

(7) 表列子项

1) 工程编号：施工企业按施工顺序编排或按图注的编号填写。

2) 建筑面积：按施工企业计算的实际面积填写。

3) 开挖完成时间：指地基土开挖的时日及土方已经完成并经验评后的时间，分别按年、月、日填写。

4) 验槽内容。

① 土壤类别：与地质报告对照后按实际填写。如粉土、粉质土、黏土等。

② 基底是否为老土层：基底必须是老土层，由参加验槽人员根据验槽实际确定。不是老土层时应继续开挖或进行其他处理。

③ 地基土的均匀密实程度：检查钎探记录，核查地质报告经分析得出，照实际填写。

④ 地下水情况：说明槽底在地下水位的什么位置。

⑤ 有无坑、穴、洞、窑：根据钎探、洛阳铲探或其他方法判定。

⑥ 定位检查：一般指 1～5m 以内下卧层的土质变化的定位检查情况。

5) 初验结论：由项目经理部级技术负责人会同施工人员初验后，经分析后作出。

6) 复验结论：由参加验槽的单位和人员分析后作出。若有异常，尚应另附有关资料。

4.2.6.4　砌筑工程施工记录（C2-6-4）

实施要点

(1) 砌筑工程施工记录可按 C2-6-1（通用）表式执行。

(2) 应记录的内容包括：校核放线尺寸、砌筑工艺、组砌方法、临时施工洞口留置与补砌、脚手眼设置位置、灰缝检查、搁置预制梁板顶面坐浆（1∶2.5）、施工质量控制等级、楼面堆载等。

(3) 砌筑工程中的砖砌体工程、混凝土小型空心砌块砌体工程、石砌体工程、配筋砌体工程、填充墙砌体工程等除应记录（2）条内容外尚应对以下内容的实际施工实况与标准要求重点予以记录。

1) 砖砌体

① 砖砌体的转角处和交接处应同时砌筑，严禁无可靠措施的内外墙分砌施工。对不能同时砌筑而又必须留置的临时间断处应砌成斜槎，斜槎水平投影长度不应小于高度的 2/3。

② 非抗震设防及抗震设防烈度为 6 度、7 度地区的临时间断处，当不能留斜槎时，除转角处外，可留直槎，但直槎必须做成凸槎。留直槎处应加设拉结钢筋，拉结钢筋的数量为每 120mm 墙厚放置 1ϕ6 拉结钢筋（120mm 厚墙放置 2ϕ6 拉结钢筋）。间距沿墙高不应超过 500mm；埋入长度从留槎处算起每边均不应小于 500mm，对抗震设防烈度 6 度、7 度的地区，不应小于 1000mm；末端应有 90°弯钩。

③ 砖砌体应组砌方法正确，上、下错缝，内外搭砌，砖柱不得采用包心砌法。

清水墙、窗间墙无通缝；混水墙中长度大于或等于 300mm 的通缝每间不超过 3 处，且不得位于同一面墙体上。

④ 应禁止在砌筑前临时浇水的施工方法，强制性条文强调砌体在砌筑时，砖应提前 1～2d浇水湿润，淋砖应注意淋匀、淋透。夏季施工时，应对淋好的砖采取防日晒措施。

2）混凝土小型空心砌块砌体工程

墙体转角处和纵横墙交接处应同时砌筑。临时间断处应砌成斜槎，斜槎水平投影长度不应小于高度的2/3。

3）石砌体工程

① 砂浆饱满度不应小于80%。

② 石砌体：内外搭砌，上下错缝，拉结石、丁砌石交错设置。毛石墙拉结石每0.7m^2 墙面不应少于1块。

4）配筋砌体工程

① 构造柱、芯柱、组合砌体构件、配筋砌体剪力墙构件的混凝土或砂浆的强度等级应符合设计要求。

② 构造柱与墙体的连接处应砌成马牙槎，马牙槎应先退后进，预留的拉结钢筋应位置正确，施工中不得任意弯折。

③ 对配筋混凝土小型空心砌块砌体，芯柱混凝土应在装配式楼盖处贯通，不得削弱芯柱截面尺寸。

④ 设置在砌体灰缝内的钢筋的防腐保护应符合（GB 50203—2002）规范第3.0.11条的规定。

注：3.0.11　设置在潮湿环境或有化学侵蚀性介质的环境中的砌体灰缝内的钢筋应休取防腐措施。

⑤ 网状配筋砌体中，钢筋网及放置间距应符合设计规定。

5）填充墙砌体工程

① 蒸压加气混凝土砌块和轻骨料混凝土小型空心砌块砌体，不应与其他块材混砌。

② 填充墙砌筑时应错缝搭砌。蒸压加气混凝土砌块搭砌长度不应小于砌块长度的1/3；轻骨料混凝土小型空心砌块搭砌长度不应小于90mm；竖向通缝不应大于2皮。

4.2.6.5　砌筑砂浆使用施工记录（C2-6-5）

实施要点

（1）砌筑砂浆使用施工记录表式按C2-6-1执行。

（2）砂浆抗压强度试验报告以单位工程为单元的合计组数计算。

（3）砂浆抗压强度试验报告，以满足设计要求为控制标准。一组试块时不对砌体砂浆使用合格与否作评定。

（4）砌筑砂浆使用施工的记录内容：材料使用、砂浆稠度、分层度、砂浆取样数量、试块养护、试块强度状况等。对于过程检查质量存在问题时，应有处理建议及改正情况的记录。

（5）砌筑砂浆拌制与使用

1）不论砂浆用量的工程量大小、强度等级高低，均应进行试配。严禁使用经验配合比。

《砌筑砂浆配合比设计规程》（JGJ 98—2000）第4.0.3条条文说明指出：所谓合格砂浆就是砌筑用砂浆的稠度、分层度、强度必须都合格，砂浆进行配合比设计时此三项均应为必检项目。因此，试验室在进行砂浆试配时应全部进行此三项试验，以确保砂浆的顺利施工和质量。

2）砂浆配制的材料要求

① 水泥进场使用前，应分批对其强度、安定性进行复验。检验批应以同一生产厂家、同一编号为一批。当在使用中对水泥质量有怀疑或水泥出厂超过三个月（快硬硅酸盐水泥超过一个月）时，应复查试验，并按其结果使用。不同品种的水泥，不得混合使用。

② 砌筑砂浆用水泥的强度等级应根据设计要求进行选择。水泥砂浆采用的水泥，其强度等级宜为 32.5 级；水泥混合砂浆采用的水泥，其强度等级不宜大于 42.5 级。

③ 砌筑砂浆用砂宜选用中砂，其中毛石砌体宜选用粗砂。砂的含泥量不应超过 5%。强度等级为 M2.5 的水泥混合砂浆，砂的含泥量不应超过 10%。

④ 掺加料应符合下列规定：

A. 生石灰熟化成石灰膏时，应用孔径不大于 3mm×3mm 网过滤，熟化时间不得少于 7d；磨细生石灰粉的熟化时间不得小于 2d。沉淀池中贮存的石灰膏，应采取防止干燥、冻结和污染的措施。严禁使用脱水硬化的石灰膏。

B. 采用黏土或粉质黏土制备黏土膏时，宜用搅拌机加水搅拌，通过孔径不大于 3mm×3mm的网过滤。用比色法鉴定黏土中的有机物含量时，应浅于标准色。

C. 制作电石膏的电石渣应用孔径不大于 3mm×3mm 的网过滤，检验时应加热至 70℃并保持 20min，没有乙炔气味后方可使用。

D. 消石灰粉不得直接用于砌筑砂浆中。

⑤ 砌筑砂浆中掺入的砂浆外加剂，应具有法定检测机构出具的该产品砌体强度形式检验报告，并经砂浆性能试验合格后方可使用。

3）砂浆的技术条件要求

① 砌筑砂浆的稠度和每立方米水泥砂浆材料用量应按表 C2-6-5-1a、表 C2-6-5-1b 的规定选用。

砌筑砂浆的稠度　　**表 C2-6-5-1a**

砌 体 种 类	砂浆稠度(mm)
烧结普通砖砌体	70～90
轻骨料混凝土小型空心砌块砌体	60～90
烧结多孔砖,空心砖砌体	60～80
烧结普通砖平拱式过梁 空斗墙,筒拱 普通混凝土小型空心砌块砌体 加气混凝土砌块砌体	50～70
石砌体	30～50

② 砌筑砂浆的分层度不得大于 30mm（分层度在 10～30mm 时，砂浆保水性好）。

③ 水泥砂浆中水泥用量不应小于 200kg/m^3；水泥混合砂浆中水泥和掺加料总量宜为 300～350kg/m^3。

④ 具有冻融循环次数要求的砌筑砂浆，经冻融试验后，质量损失率不得大于 5%，抗压强度损失率不得大于 25%。

⑤ 砂浆试配时应采用机械搅拌。搅拌时间应自投料结束算起，并应符合下列规定：

A. 对水泥砂浆和水泥混合砂浆，不得小于 120s；

B. 对掺用粉煤灰和外加剂的砂浆，不得小于 180s。

4）水泥砂浆配合比选用

每立方米水泥砂浆材料用量 表 C2-6-5-1b

强度等级	每立方米砂浆水泥用量（kg）	每立方米砂子用量（kg）	每立方米砂浆用水量（kg）
M2.5～M5	200～230	$1m^3$ 砂子的堆积密度值	270～330
M7.5～M10	220～280		
M15	280～340		
M20	340～400		

注：1. 此表水泥强度等级为 32.5 级，大于 32.5 级水泥用量宜取下限；
2. 根据施工水平合理选择水泥用量；
3. 当采用细砂或粗砂时，用水量分别取上限或下限；
4. 稠度小于 70mm 时，用水量可小于下限；
5. 施工现场气候炎热或干燥季节，可酌量增加用水量；
6. 试配强度应按《砌筑砂浆配合比设计规程》（JGJ 98）5.1.2 条计算。

（6）试块抽样的代表批量、取样数量和取样方法规定

1）代表批量：每一检验批且不超过 $250m^3$ 砌体的各种类型及强度等级的砌筑砂浆，每台搅拌机应至少抽检一次，在砂浆搅拌机出料口随机取样制作砂浆试块（同盘砂浆只应制作 1 组试块）。每次至少应制作一组试件，如砂浆等级配合比变更时，还应制作试块。

水泥砂浆地面每 $500m^2$ 留置一组试块。

2）取样数量：根据代表批量，所取强度试样（砂浆拌合物）的数量应多于试验用（成型试块用）的 1～2 倍，进行砂浆试配时，各种材料送样数量为：水泥 35kg、砂子 60kg、掺合料 10kg、塑化剂 1kg，有特殊要求的（防水、防冻等）应适当增加送样材料。

3）取样方法

① 建筑砂浆试验用料（砂浆拌合物）应根据不同要求，可从同一盘搅拌机或同一车运送的砂浆中取出；出试验室取样时，可从机械拌合的砂浆中取出。

② 施工中取样进行砂浆试验时，其取样方法和原则按相应的施工验收规范执行。一般应在使用地点的砂浆槽、砂浆运送车或搅拌机出料口中的至少三个不同部位集取。

③ 砂浆拌合物取样后，应尽快进行试验。现场取来的试样，在试验前应经人工再翻拌，以保证质量均匀。

（7）砂浆强度检验评定

砂浆强度检验评定按《砌体工程施工质量验收规范》（GB 50203—2002）规定评定，应满足下列要求。

1）同品种、同强度等级砂浆各组试件的平均强度不小于 $f_{m,k}$。

2）任意一组试件的强度不小于 $0.75f_{m,k}$。

3）单位工程中同品种、同强度等级仅有一组试件时，其强度不应低于 $f_{m,k}$。

注：砂浆强度按单位工程内同品种、同强度等级为同一验收批评定。

4）检验结论

① 试验室对砂浆试块测定抗压强度后，如是标养试块，其结果只计算出达设计强度百分率。

② 砂浆抗压强度试验报告，一组试块时不对合格与否作评定。

③ 砂浆配比报告，要为使用单位提供质量配比、每立方米材料用量、拌合物密度、稠度、分层度、凝结时间及 7d 及 28d 试配强度值。

④ 有特殊要求的砂浆还应满足相应的要求。

4.2.6.6　混凝土施工记录（C2-6-6）

4.2.6.6-1　混凝土浇灌申请书（C2-6-6-1）

1. 资料表式

混凝土浇灌申请书　　　　表 C2-6-6-1

工程名称			施工单位		
申请浇灌时间			申请浇灌混凝土的部位		
混凝土强度等级			混凝土配比单编号		
材料用量	水泥	水	砂	石	掺加剂
干料用量(m^3)	kg	kg	kg	kg	
每盘用量	kg	kg	kg	kg	
准备工作情况					
批准意见	施工单位(章) 批准人：				
监理(建设)单位意见	批准人：				
申请单位：					年　月　日

2. 资料要求

资料要求除应执行“对施工文件的总体要求、对工程质量记录资料核查要求”外，尚应符合：不进行混凝土浇灌申请，不经批准而开始浇灌混凝土为不符合要求。

3. 实施要点

混凝土浇灌申请书是指为保证混凝土工程质量，对承重结构混凝土、防水混凝土和特殊要求的混凝土，施工前进行的检查与批准申请。

(1) 凡进行混凝土施工，不论工程量大小均必须填报混凝土浇灌申请。

(2) 混凝土浇灌申请由施工班组填写、申报，由监理（建设）单位批准。应按表列内容准备完毕并经批准后，方可浇灌混凝土。

(3) 混凝土浇灌申请填报之前，混凝土施工的各项准备工作均应齐备。特别是混凝土用材料已满足施工要求，并已经施工单位的技术负责人签章批准，方可提出申请。

(4) 表列子项

1) 申请浇灌混凝土的部位：照实际填写。

2) 申请浇灌时间：填写混凝土浇灌的开始时间。

3) 混凝土配合比通知单编号：按试验室试配单的混凝土配合比通知单编号填写。

4) 混凝土强度等级：按实际试配的混凝土强度等级填写，不得低于设计的混凝土强度等级。

5）材料用量：

① 水泥：应按每立方米干料用量、每盘用量分别填写水泥的用量。

② 水：应按每立方米干料用量、每盘用量分别填写水的用量。

③ 砂：应按每立方米干料用量、每盘用量分别填写砂的用量。

④ 石：应按每立方米干料用量、每盘用量分别填写石的用量。

⑤ 掺加剂：应按每立方米干料用量、每盘用量分别填写掺加剂的使用量。

6）准备工作情况：应按表列 6 项详细检查后填写，存在问题必须处理。

7）批准意见：指施工单位的技术负责人经核实混凝土浇灌申请书后，同意施工时签署的批准意见。批准人应为项目经理部的专业技术负责人。

8）监理（建设）单位意见：指项目监理机构核查混凝土浇灌申请书后，同意施工时签署的意见。批准人应为专业监理工程师。

4.2.6.6-2 混凝土开盘鉴定（C2-6-6-2）

1. 资料表式

混凝土开盘鉴定 **表 C2-6-6-2**

工程名称： 施工单位：

<table>
<tr><td>混凝土施工部位</td><td colspan="3"></td><td colspan="4">混凝土配合比编号</td><td colspan="3"></td></tr>
<tr><td>混凝土设计强度</td><td colspan="3"></td><td colspan="4">鉴 定 日 期</td><td colspan="3"></td></tr>
<tr><td>混凝土
配合比</td><td>水灰比</td><td>砂率</td><td>水泥
（kg）</td><td>水
（kg）</td><td>砂
（kg）</td><td>石
（kg）</td><td></td><td></td><td>坍落度
（工作度）</td></tr>
<tr><td>试配配合比</td><td></td><td></td><td></td><td></td><td></td><td></td><td></td><td></td><td></td></tr>
<tr><td rowspan="2">实际使用
施工配合比</td><td colspan="4">砂子含水率： %</td><td colspan="4">石子含水率： %</td><td rowspan="2"></td></tr>
<tr><td></td><td></td><td></td><td></td><td></td><td></td><td></td><td></td></tr>
<tr><td colspan="10">鉴定结果：</td></tr>
</table>

<table>
<tr><td rowspan="2">鉴定项目</td><td colspan="4">混凝土拌合物</td><td colspan="5">原材料检验</td></tr>
<tr><td>坍落度</td><td>保水性</td><td></td><td></td><td>水泥</td><td>砂</td><td>石</td><td>掺合料</td><td>外加剂</td></tr>
<tr><td>设计</td><td></td><td></td><td></td><td></td><td></td><td></td><td></td><td></td><td></td></tr>
<tr><td>实际</td><td></td><td></td><td></td><td></td><td></td><td></td><td></td><td></td><td></td></tr>
<tr><td colspan="10">鉴定意见：</td></tr>
</table>

<table>
<tr><td colspan="4">参加开盘鉴定各单位代表签字或盖章</td></tr>
<tr><td>监理(建设)单位代表</td><td>施工单位项目负责人</td><td>混凝土试配单位代表</td><td>施工单位技术负责人</td></tr>
<tr><td></td><td></td><td></td><td></td></tr>
</table>

2. 资料要求

资料要求除应执行“对施工文件的总体要求、对工程质量记录资料核查要求”外，尚应符合：

（1）混凝土开盘鉴定资料应按不同混凝土配比分别进行鉴定。必须在施工现场进行，并详细记录混凝土开盘鉴定的有关内容。

（2）开盘鉴定应进行核查的工作：认真进行开盘鉴定并填写鉴定结果；实际施工配合

比不得小于试配配合比；进行拌合物和易性试拌，检查坍落度，并制作试块，按龄期试压，并应对试拌检查过程予以记录。

(3) 不进行混凝土开盘鉴定为不符合要求。

3. 实施要点

混凝土开盘鉴定是确保混凝土质量的重要措施之一。混凝土开盘鉴定，是指对于首次使用的混凝土配合比，不论混凝土灌筑工程量大小，浇筑前均必须对混凝土配合比、拌合物和易性及原材料准确度等进行的鉴定。

(1) 混凝土开盘鉴定的基本要求。

1) 混凝土施工应做开盘鉴定，不同配合比的混凝土都要有开盘鉴定。

混凝土开盘鉴定要有施工单位、监理单位、搅拌单位的主管技术部门和质量检验部门参加，做试配的试验室也应派人参加鉴定，混凝土开盘鉴定一般在施工现场浇筑点进行。

2) 混凝土开盘鉴定内容：

① 混凝土所用原材料检验，包括水泥、砂、石、外加剂等，应与试配所用的原材料相符合。

② 试配配合比换算为施工配合比。根据现场砂、石材料的实际含水率，换算出实际单方混凝土加水量，计算每罐和实际用料的称重。

实际加水量＝配合比中用水量－砂用量×砂含水率－石子用量×石子含水率

砂、石实际用量＝配合比中砂、石用量×(1＋砂、石含水率)

每罐混凝土用料量＝单方混凝土用料量×每罐混凝土的方量值

实际用料的称重值＝每罐混凝土用料量＋配料容器或车辆自重＋磅秤盖重。

③ 混凝土拌合物的检验，即鉴定拌合物的和易性，应用坍落度法或维勃稠度试验。

④ 混凝土计量、搅拌和运输的检验。水泥、砂、石、水、外加剂等的用量必须进行严格控制，每盘均必须严格计量，否则混凝土的强度波动是很大的。

3) 搅拌设备应按一机二磅设置计量器具，计量器具应标注计量材料的品种，运料车辆应做好配备，并注明用量、品种，必须盘盘过磅。

(2) 原材料计量允许偏差的规定

《混凝土结构工程施工质量验收规范》(GB 50204—2002) 第 7.4.3 条规定：混凝土原材料每盘称量偏差不得超过：水泥、掺合材料±2%；粗、细骨料±3%；水、外加剂溶液±2%。

注：1. 各种衡器应定期校验，保持准确。

2. 骨料含水率应经常测定，雨天施工应增加测定次数。

3. 原材料、施工管理过程中的失误都会对混凝土强度造成不良影响。例如：

(1) 用水量增大即水灰比变大，会带来混凝土强度的降低，如表 C2-6-5-1 所示。

(2) 施工中砂石集料称量误差也会影响混凝土强度，例如砂石总用量为 1910kg，砂骨料称量出现负误差 5%，将少称砂石 1910×5%＝95.5kg，以砂石表面密度均为 2.65g/cm³ 计，折合绝对体积 V＝95.5/2650＝0.036m³，从而多用水泥 0.036 (按第一例的水泥用量)×300＝10.8kg。砂石重量如出现正偏差 5%，则多称 95.5kg。由于砂吸水率将降低混凝土和易性，不易操作，工人也会增加用水量，从而降低混凝土强度。

保证混凝土质量，严格计量，对混凝土搅拌、运输严加控制，做好混凝土开盘鉴定，是保证混凝土质量的一项有效措施，对分析混凝土标准差好差会有一定的作用。

用水量增加5%时混凝土强度降低值 表C2-6-6-2A

配合比	水泥强度等级	水泥用量（kg）	用水量（kg）	水灰比	实测强度（MPa）	混凝土强度（MPa）	强度降低值（%）
原配合比	42.5	300	190	1.58	55	26.82	
变更后的配合比	42.5	300	199.5	1.46	66	23.78	11.3%

注：1. 表内混凝土强度值为碎石集料的计算值。

2. 强度计算公式：$R_{28}=0.46R_c$（$C/W-0.52$）……（碎石集料）$R_{28}=0.48R_c$（$C/W-0.6$）……（卵石集料）

（3）混凝土中掺用外加剂的质量及应用技术应符合现行国家标准《混凝土外加剂》GB 8076、《混凝土外加剂应用技术规范》GB 50119等和有关环境保护的规定。

（4）预应力混凝土结构中，严禁使用含氯化物的外加剂。钢筋混凝土结构中。当使用含氯化物的外加剂时，混凝土中氯化物的总含量应符合现行国家标准《混凝土质量控制标准》GB 50164的规定。

（5）混凝土中氯化物和碱的总含量应符合现行国家标准《混凝土结构设计规范》GB 50010和设计的要求。

（6）混凝土中掺用矿物掺合料的质量应符合现行国家标准《用于水泥和混凝土中的粉煤灰》GB 1596等的规定。矿物掺合料的掺量应通过试验确定。

（7）混凝土搅拌的最短时间

混凝土搅拌的最短时间可按表C2-6-6-2B采用。

混凝土搅拌的最短时间（s） 表C2-6-6-2B

混凝土坍落度(mm)	搅拌机机型	搅拌机出料量(L)		
		＜250	250～500	＞500
≤30	强制式	60	90	120
	自落式	90	120	150
＞30	强制式	60	60	90
	自落式	90	90	120

注：1. 混凝土搅拌的最短时间系指自全部材料装入搅拌筒中起，到开始卸料止的时间；

2. 当掺有外加剂时，搅拌时间应适当延长；

3. 全轻混凝土宜采用强制式搅拌机搅拌，砂轻混凝土可采用自落式搅拌机搅拌，但搅拌时间应延长60～90s；

4. 采用强制式搅拌机搅拌轻骨料混凝土的加料顺序是：当轻骨料在搅拌前预湿时，先加粗、细骨料和水泥搅拌30s，再加水继续搅拌；当轻骨料在搅拌前未预湿时，先加1/2的总用水量和粗、细骨料搅拌60s，再加水泥和剩余用水量继续搅拌；

5. 当采用其他形式的搅拌设备时，搅拌的最短时间应按设备说明书的规定或经试验确定。

（8）表列子项

1）混凝土搅拌单位：一般为承接该工程的施工单位或照实际的混凝土搅拌单位填写。

2）混凝土施工地点和部位：混凝土施工地点和部位均照实际的地点和部位填写。

3）混凝土设计强度：指施工图设计的混凝土强度等级。

4）要求坍落度或工作度：指经试验室试配要求的坍落度和工作度，施工方不得随意变更。

5）其他要求：照实际。

6）混凝土配合比编号：按经试验室试配的混凝土配合比编号填写。

7）混凝土试配的单位：指实际测试混凝土配合比的试验单位。

8）混凝土配合比：

① 水灰比：水泥浆、混凝土混合料中拌合水与水泥重量的比值。实际水灰比少是大于试配的建议值。

② 砂率：指砂在单位体积混凝土中所占砂石总量的百分率，按试配通知单建议的砂率或按实际砂率填写，实际砂率不得大于试配的建议值。

③ 水泥：指施工实际使用的水泥品种。

④ 水：指混凝土施工用水，一般为生活用水。

⑤ 砂：指混凝土施工用砂，一般应为中砂以上的细度模数。

⑥ 石：指混凝土施工用石子，石子应用连续粒级。

9）鉴定结果：指混凝土开盘鉴定对混凝土配比、砂率、水泥、水、砂、石用量的实际鉴定结果。

10）鉴定项目：

① 拌合物和易性：应分别检查混凝土的坍落度、工作度、保水性。

② 混凝土试块抗压强度：应分别按同条件养护试块的 7d、标养 28d 分别填写。

③ 原材料与配合比是否符合：照实际检查结果。

11）鉴定意见：根据上述检查结果判定的是否符合混凝土设计强度等级。

4.2.6.6-3　混凝土工程施工记录（C2-6-6-3）

1. 资料表式

混凝土工程施工记录　　　　**表 C2-6-6-3**

工程名称：　　　　　　　　　　　　施工单位：

<table>
<tr><td>混凝土强度等级</td><td colspan="2"></td><td colspan="2">操作人员</td><td colspan="2"></td><td colspan="2">天气情况</td><td></td></tr>
<tr><td>混凝土配比单编号</td><td colspan="2"></td><td colspan="2">浇注部位</td><td colspan="2"></td><td colspan="2">振捣方法</td><td></td></tr>
<tr><td rowspan="2">材料
混凝土配合比</td><td rowspan="2">水泥</td><td rowspan="2">砂</td><td rowspan="2">石</td><td rowspan="2">水</td><td colspan="4">外加剂名称及用量</td><td rowspan="2">外掺混合材料名称及用量</td></tr>
<tr><td></td><td></td><td></td><td></td></tr>
<tr><td>配合比</td><td></td><td></td><td></td><td></td><td></td><td></td><td></td><td></td><td></td></tr>
<tr><td>每 m³ 数量</td><td></td><td></td><td></td><td></td><td></td><td></td><td></td><td></td><td></td></tr>
<tr><td>每盘用料数量</td><td></td><td></td><td></td><td></td><td></td><td></td><td></td><td></td><td></td></tr>
<tr><td>开始浇筑时间</td><td colspan="9">年　　月　　日　　时</td></tr>
<tr><td>终止浇筑时间</td><td colspan="9">年　　月　　日　　时</td></tr>
<tr><td>当班完成混凝土数量(m³)</td><td colspan="9"></td></tr>
<tr><td>备注</td><td colspan="9"></td></tr>
<tr><td rowspan="3">签字栏</td><td colspan="2">监理(建设)单位</td><td colspan="7">施　工　单　位</td></tr>
<tr><td colspan="2" rowspan="2"></td><td colspan="3">专业技术负责人</td><td colspan="2">质检员</td><td colspan="2">材料员</td></tr>
<tr><td colspan="3"></td><td colspan="2"></td><td colspan="2"></td></tr>
</table>

2. 资料要求

资料要求除应执行“对施工文件的总体要求、对工程质量记录资料核查要求”外，尚应符合：

（1）混凝土施工必须填写混凝土施工记录。按表列要求记录混凝土的施工过程。

（2）混凝土施工应做好以下工作：检查混凝土配合比，如有调整应填报调整配合比；按标准规定留置好试块，分别做好同条件和标准养护，并予以记录。

3. 实施要点

这是为保证混凝土质量而对混凝土施工状况进行记录，以权衡混凝土施工过程正确性的措施之一。混凝土工程施工记录，不论混凝土浇筑工程量大小，是对环境条件、混凝土配合比、浇筑部位、坍落度、试块留置结果等对混凝土施工进行的全面的真实记录。

（1）混凝土浇注前的检查

1）检查混凝土用材料的品种、规格、数量等核实无误，并经试拌检查认可后发出了混凝土开工令。

2）现场安装的搅拌机、计量设备及堆放材料的场地满足混凝土阶段性浇筑量的要求；设备符合性能要求。混凝土搅拌机应有可靠的加水计时装置及降尘和沉淀排水系统。对水泥和骨材料，应经过校准的衡器计量；检查各种衡器的灵活性及可用程度，不得使用失灵的衡器。

各种衡器应定期校验，应定期测定骨料的含水率，当遇雨天施工或其他原因致使含水率发生显著变化时，应增加测定次数，以便及时调整用水量和骨料用量。

3）基本检查要求

① 机具准备是否齐全，搅拌运输机具以及料斗、串筒、振捣器等设备应按需要准备充足，并考虑发生故障时的应急修理或采用备用机具。

② 检查模板支架、钢筋、预埋件，已办理完成隐检及预检手续。

③ 浇筑混凝土的架子及通道已支搭完毕并检查合格。

④ 应了解天气状况并考虑防雨、防寒或抽水等措施。

⑤ 浇筑期间水电供应及照明必须保证不应中断。

⑥ 已向操作者进行了技术交底。

⑦ 自动计量时应检查其自动计量设备的灵敏度、使用程度。

⑧ 检查参加混凝土施工人员：班组、人员数量，并记录班组长姓名。

（2）混凝土生产配比、计量与投料顺序检查：

1）混凝土配合比和技术要求，应向操作人员交底；悬挂配合比标示牌，牌上应标明配合比和各种材料的每盘用量。

2）各种投料的计量应准确（水泥、水、外加剂±2%、骨料±3%）。

3）投料顺序和搅拌时间应符合规定。投料顺序：石子→水泥→砂子→水。如有外加剂与水泥同时加入，如有添加剂应与水同时加入。400L 自落式搅拌机拌合时间通常应≥1.5min。

（3）混凝土运输和浇筑

1）混凝土运至浇筑地点，应符合浇筑时规定的坍落度；当有离析现象时，必须在浇筑前进行二次搅拌。

2）混凝土应以最少的转载次数和最短的时间，从搅拌地点运至浇筑地点。

混凝土从搅拌机中卸出到浇筑完毕的延续时间不宜超过表 C2-6-6-3A 的规定。

混凝土从搅拌机中卸出到浇筑完毕的延续时间（min）　　**表 C2-6-6-3A**

混凝土强度等级	气温	
	不高于 25℃	高于 25℃
不高于 C30	120	90
高　于 C30	90	60

注：1. 对掺用外加剂或采用快硬水泥拌制的混凝土，其延续时间应按试验确定。
2. 对轻骨料混凝土，其延续时间应适当缩短。

（4）采用泵送混凝土应符合下列规定：

1）混凝土的供应，必须保证输送混凝土的泵能连续工作。

2）输送管线宜直，转弯宜缓，接头应严密，如管道向下倾斜，应防止混入空气产生阻塞。

3）泵送前应先用适量的与混凝土内成分相同的水泥浆或水泥砂浆润滑输送管内壁；预计泵送间歇时间超过 45min 或当混凝土出现离析现象时，应立即用压力水或其他方法冲洗管内残留的混凝土。

4）在泵送过程中，受料斗内应具有足够的混凝土，以防止吸入空气产生阻塞。

5）混凝土泵宜与混凝土搅拌运输车配套使用，应使混凝土搅拌站的供应和混凝土搅拌运输车的运输能力大于混凝土泵的泵送能力，以保证混凝土泵能连续工作，保证不堵塞。

混凝土泵排量大，在进行浇筑建筑物时，最好用布料机进行布料。

6）泵送结束要及时进行清洗泵体和管道，用水清洗时将管道拆开，放入海绵球及清洗活塞，再通过法兰使高压水软管与管道连接，高压水推动活塞和海绵球，将残存的混凝土压出并清洗管道。

7）用混凝土泵浇筑的结构物，要加强养护，防止因水泥用量较大而引起龟裂。如混凝土浇筑速度快，对模板的侧压力大，模板和支撑应保证稳定和有足够的强度。

（5）在地基或基土上浇筑混凝土时，应清除淤泥和杂物，并应有排水和防水措施。

对于干燥的非黏性土，应用水湿润；对未风化的岩石，应用水清洗，但其表面不得留有积水。

（6）对模板及其支架、钢筋和预埋件必须进行检查，并做好记录，符合设计要求后方能浇筑混凝土。

（7）在浇筑混凝土前，对模板内的杂物和钢筋上的油污等应清理干净；对模板的缝隙和孔洞应予堵严；对木模板应浇水湿润，但不得有积水。

（8）混凝土自高处倾落的自由高度，不应超过 2m。

（9）在浇筑竖向结构混凝土前，应先在底部填以 50～100mm 厚与混凝土内砂浆成分相同的水泥砂浆；浇筑中不得发生离析现象；当浇筑高度超过 3m 时，应采用串筒、溜管或振动溜管使混凝土下落。

（10）混凝土浇筑层的厚度，应符合表 C2-6-6-3B 的规定。

（11）浇筑混凝土应连续进行。当必须间歇时，其间歇时间宜缩短，并应在前层混凝土凝结之前，将次层混凝土浇筑完毕。

混凝土运输、浇筑及间歇的全部时间不得超过表 C2-6-6-3C 的规定，当超过时应留置施工缝。

（12）采用振捣器捣实混凝土应符合下列规定：

1）每一振点的振捣延续时间，应使混凝土表面呈现浮浆和不再沉落；

2）当采用插入式振捣器时，捣实普通混凝土的移动间距，不宜大于振捣器作用半径的 1.5 倍；捣实轻骨料混凝土的移动间距，不宜大于其作用半径；振捣器与模板的距离，不应大于其作用半径的 0.5 倍，并应避免碰撞钢筋、模板、芯管、吊环、预埋件或空心胶囊等；振捣器插入下层混凝土内的深度应不小于 50mm；

混凝土浇筑层厚度（mm）　　　表 C2-6-6-3B

捣实混凝土的方法		浇筑层的厚度
插入式振捣		振捣器作用部分长度的 1.35 倍
表面振动		200
人工捣固	在基础、无筋混凝土或配筋稀疏的结构中	250
	在梁、墙板、柱结构中	200
	在配筋密列的结构中	150
轻骨料混凝土	插入式振捣	300
	表面振动（振动时需加荷）	200

混凝土运输、浇筑和间歇的允许时间（min）　　　表 C2-6-6-3C

混凝土强度等级	气温	
	不高于 25℃	高于 25℃
不高于 C30	210	180
高于 C30	180	150

注：当混凝土中掺有促凝或缓凝型外加剂时，其允许时间应根据试验结果确定。

3）当采用表面振动器时，其移动间距应保证振动器的平板能覆盖已振实部分的边缘；

4）当采用附着式振动器时，其设置间距应通过试验确定，并应与模板紧密连接；

5）当采用振动台振实干硬性混凝土和轻骨料混凝土时，宜采用加压振动的方法，压力为 1～3kN/m^2。

（13）在混凝土浇筑过程中，应经常观察模板，支架、钢筋、预埋件和预留孔洞的情况。当发现有变形、移位时，应及时采取措施进行处理。

（14）在浇筑与柱和墙连成整体的梁和板时，应在柱和墙浇筑完毕后停歇 1～1.5h，再继续浇筑。

（15）梁和板宜同时浇筑混凝土；拱和高度大于 1m 的梁等结构，可单独浇筑混凝土。

（16）浇筑混凝土叠合构件应符合下列规定：

1）在主要承受静力荷载的梁中，预制构件的叠合面应有凹凸差不小于 6mm 的自然粗糙面，并不得疏松和有浮浆；

2）当浇筑叠合式板时，预制板的表面应有凹凸差不小于 4mm 的人工粗糙面；

3）当浇筑叠合式受弯构件时，应按设计要求确定是否设置支撑。

大体积混凝土的浇筑应合理分段分层进行，使混凝土沿高度均匀上升；浇筑应在室外气温较低时进行，混凝土浇筑温度不宜超过28℃。

注：混凝土浇筑温度系指混凝土振捣后，在混凝土50～100mm深处的温度。

4）严格控制现浇板的截面尺寸，偏差为+8、−5，并有保护质量的可靠措施。

（17）施工缝的位置应在混凝土浇筑之前确定，并宜留置在结构受剪力较小且便于施工的部位。施工缝的留置位置应符合下列规定：

1）柱，宜留置在基础的顶面、梁或吊车梁牛腿的下面、吊车梁的上面、无梁楼板柱帽的下面；

2）与板连成整体的大截面梁，留置在板底面以下20～30mm处。当板下有梁托时，留置在梁托下部；

3）单向板，留置在平行于板的短边的任何位置；

4）有主次梁的楼板宜顺着次梁方向浇筑，施工缝应留置在次梁跨度的中间1/3范围内；

垂直方向、水平方向施工缝的留置位置详图C2-6-6-3A、图C2-6-6-3B。

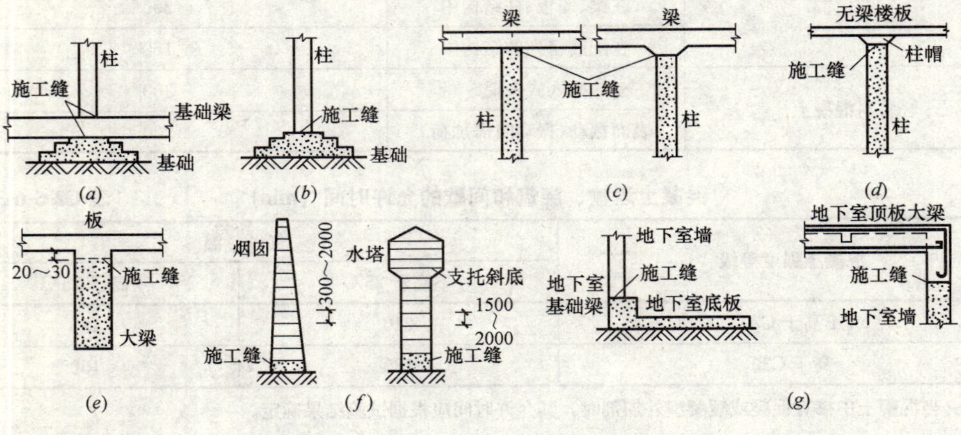

图C2-6-6-3A 水平方向的施工缝位置

5）墙，留置在门洞口过梁跨中1/3范围内，也可留在纵横墙的交接处；

6）双向受力楼板、大体积混凝土结构、拱、穹拱、薄壳、蓄水池、斗仓、多层刚架及其他结构复杂的工程，施工缝的位置应按设计要求留置。

（18）在施工缝处继续浇筑混凝土时，应符合下列规定：

1）已浇筑的混凝土，其抗压强度不应小于1.2N/mm²；

2）在已硬化的混凝土表面上，应清除水泥薄膜和松动石子以及软弱混凝土层，并加以充分湿润和冲洗干净，且不得积水；

3）在浇筑混凝土前，宜先在施工缝处铺一层水泥浆或与混凝土内成分相同的水泥砂浆；

4）混凝土应细致捣实，使新旧混凝土紧密结合。

（19）承受动力作用的设备基础，不应留置施工缝；当必须留置时，应征得设计单位同意。

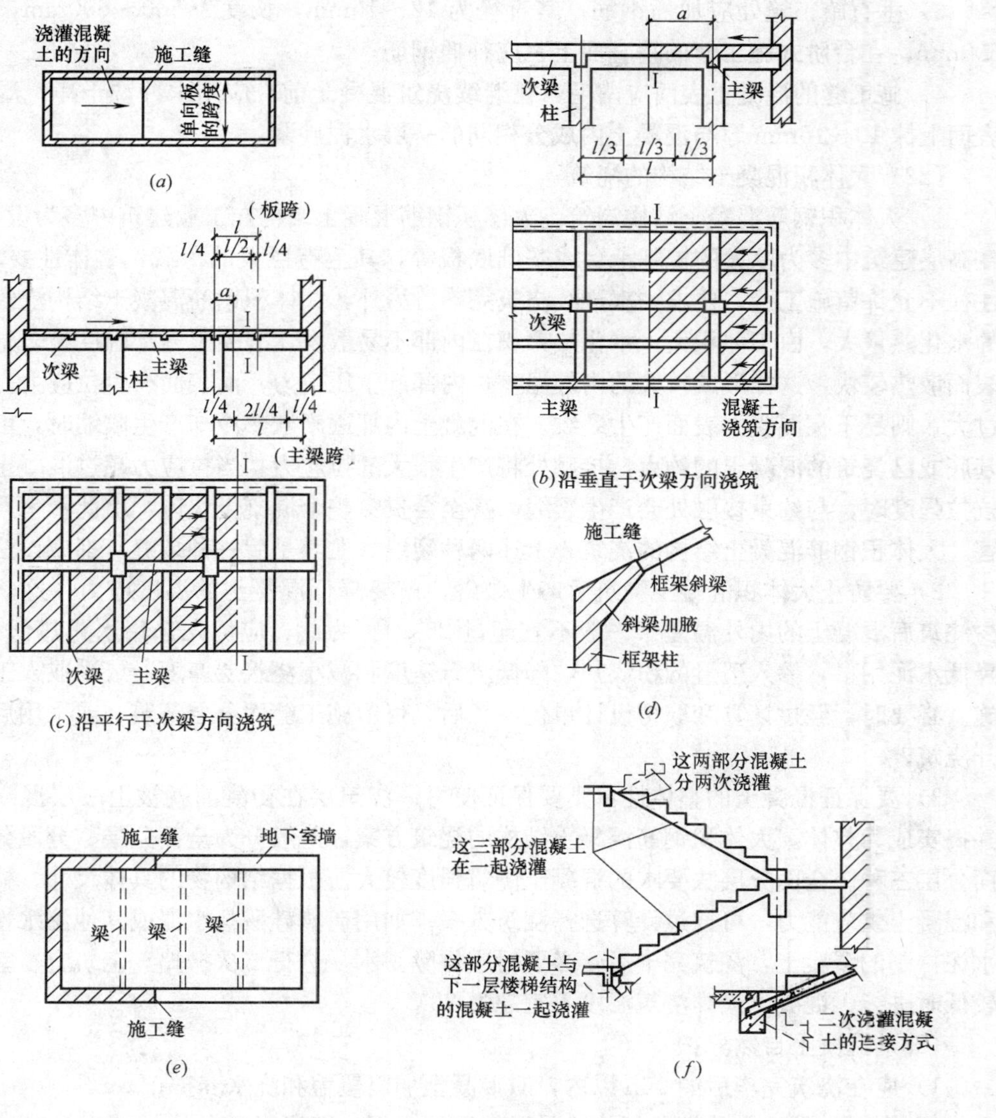

图 C2-6-6-3B 垂直方向的施工缝位置

（20）在设备基础的地脚螺栓范围内施工缝的留置位置，应符合下列要求：

1）水平施工缝，必须低于地脚螺栓底端，其与地脚螺栓底端的距离应大于 150mm；当地脚螺栓直径小于 30mm 时，水平施工缝可留置在不小于地脚螺栓埋入混凝土部分总长度的 3/4 处；

2）垂直施工缝，其与地脚螺栓中心线间的距离不得小于 250mm，且不得小于螺栓直径的 5 倍。

（21）承受动力作用的设备基础的施工缝处理，应符合下列规定：

1）标高不同的两个水平施工缝，其高低接合处应留成台阶形，台阶的高宽比不得大于 1.0；

2）在水平施工缝上继续浇筑混凝土前，应对地脚螺栓进行一次观测校准；

3）垂直施工缝处应加插钢筋，其直径为12～16mm，长度为500～600mm，间距为500mm，在台阶式施工缝的垂直面上也应补插钢筋；

4）施工缝的混凝土表面应凿毛，在继续浇筑混凝土前，应用水冲洗干净，湿润后在表面上抹10～15mm厚与混凝土内成分相同的一层水泥砂浆。

（22）大体积混凝土结构的浇筑

1）大体积钢筋混凝土结构浇筑。大体积钢筋混凝土结构在工业建筑中多为设备基础，在高层建筑中多为厚大的桩基承台或基础底板等，其上有巨大的荷载，整体性要求较高，往往不允许留施工缝，要求一次连续浇筑完毕。另外，大体积钢筋混凝土结构浇筑后水泥的水化热量大，由于体积大，水化热聚积在内部不易散发，混凝土内部温度显著升高，而表面散热较快，这样形成较大的内外温差，内部产生压应力，而表面产生拉应力；如温差过大，则易于在混凝土表面产生裂纹。在混凝土内部逐渐散热冷却产生收缩时，由于受到基底或已浇筑的混凝土的约束，接触处将产生很大的拉应力。当拉应力超过混凝土的极限抗拉强度时，与约束接触处会产生裂缝，甚至会贯穿整个混凝土块体，由此带来严重的危害。大体积钢筋混凝土结构的浇筑，上述两种裂缝（尤其是后一种裂缝）都应设法防止。

2）要防止大体积混凝土浇筑后产生裂缝，就要降低混凝土的温度应力，这就必须减少浇筑后混凝土的内外温差（一般不宜超过25℃）。为此，应优先选用水化热低的水泥，降低水泥用量，掺入适量的粉煤灰，降低浇筑速度和减小浇筑层厚度，或采取人工降温措施。必要时，经过计算和取得设计单位同意后，可留施工缝而分层浇筑，或采用后浇带分开浇筑。

3）要保证混凝土的整体性，则要保证使每一浇筑层在初凝前就被上一层混凝土覆盖并捣实成为整体。大体积钢筋混凝土结构的浇筑方案，一般分为全面分层、分段分层和斜面分层三种。全面分层法要求的混凝土浇筑强度较大。根据结构物的具体尺寸、捣实方法和混凝土供应能力，可通过计算选择浇筑方案。如用矿渣硅酸盐水泥或其他泌水性较大的水泥拌制的混凝土，浇筑完毕后，必要时应排除泌水，进行二次振捣。浇筑宜在室外气温较低时进行，混凝土最高浇筑温度不宜超过28℃。

（23）混凝土自然养护：

1）应在浇筑完毕后的12h以内，对混凝土加以覆盖和浇水养护；

2）混凝土的浇水养护时间，对采用硅酸盐水泥、普通硅酸盐水泥或矿渣硅酸盐水泥拌制的混凝土，不得少于7d；对掺用缓凝型外加剂或有抗渗性要求的混凝土，不得少于14d；

3）浇水次数应能保持混凝土处于润湿状态；

4）混凝土的养护用水应与拌制用水相同。

注：1. 当日平均气温低于5℃时，不得浇水；

2. 当采用其他品种水泥时，混凝土的养护应根据所采用水泥的技术性能确定。

5）采用塑料布覆盖养护的混凝土，其敞露的全部表面应用塑料布覆盖严密，并应保持塑料布内有凝结水。

注：混凝土的表面不便浇水或使用塑料布养护时，宜涂刷保护层（如薄膜养生液等），防止混凝土内部水分蒸发。

对大体积混凝土的养护，应根据气候条件采取控温措施，并按需要测定浇筑后的混凝土表面和内部温度，将温差控制在设计要求的范围以内；当设计无具体要求时，温差不宜超过 25℃。

6）现浇板养护期间，当混凝土强度小于 12MPa 时，不得进行后续施工。当混凝土强度小于 10MPa 时，不得在现浇板上吊运、堆放重物。吊运重物时，应减轻对现浇板的冲击影响。

注：1. 混凝土施工记录每台班记录一张，注明开始及终止浇筑时间。

2. 拆模日期及试块试压结果应记录在施工日志中。

① 浇筑部位：浇筑部位指被浇筑部位所在工程的名称。

② 当班完成的混凝土数量：按当日班的混凝土实际完成量填写。

③ 混凝土强度等级：按设计要求的混凝土强度等级填写。

④ 混凝土捣实方法：指人工捣实或机械振捣，照实际填写，一般不准用人工捣实方法。

⑤ 天气情况：按混凝土浇筑日的最高和最低气温、混凝土浇筑施工时日的气候，如晴、阴、雨、雪、雾、风及温度等。

7）配合比：

① 下达配比：指试验室试配下达的配比，照实际。

② 调整配比：指施工单位根据施工需要调整的配合比，照实际。

4.2.6.6-4 混凝土后浇带施工检查记录（C2-6-6-4）

实施要点

（1）混凝土后浇带施工检查记录应用施工记录通用表式 C2-6-1。

（2）混凝土后浇带施工检查是根据《混凝土结构工程施工质量验收规范》（GB 50204—2002）第 7.4 混凝土施工的有关要求而进行的施工过程检查。由单位工程技术负责人协同质量检查人员及班组长在项目监理机构的主持下进行，混凝土后浇带施工检查必须在专业监理工程师主持下进行。

（3）检查数量为全数检查，每进行后浇带施工一次做一次检查记录。

注：后浇带应设在对结构受力影响较小的部位，宽度为 700～1000mm。后浇带混凝土浇筑应在主体结构浇筑 60d 后进行较为适宜，浇筑时宜采用微膨胀混凝土。

4.2.6.6-5 混凝土坍落度检查记录（C2-6-6-5）

1. 资料表式

混凝土坍落度检查记录 表 C2-6-6-5

<table>
<tr><td colspan="2">混凝土强度等级</td><td colspan="3"></td><td colspan="2">搅拌方式</td><td></td></tr>
<tr><td colspan="2">时间（年 月 日 时）</td><td colspan="2">施工部位</td><td colspan="2">要求坍落度</td><td>坍落度</td><td>备 注</td></tr>
<tr><td colspan="2"></td><td colspan="2"></td><td colspan="2"></td><td></td><td></td></tr>
<tr><td colspan="2"></td><td colspan="2"></td><td colspan="2"></td><td></td><td></td></tr>
<tr><td colspan="2"></td><td colspan="2"></td><td colspan="2"></td><td></td><td></td></tr>
<tr><td colspan="2"></td><td colspan="2"></td><td colspan="2"></td><td></td><td></td></tr>
<tr><td rowspan="3">签字栏</td><td colspan="2" rowspan="2">监理（建设）单位</td><td colspan="5">施 工 单 位</td></tr>
<tr><td colspan="2">专业技术负责人</td><td colspan="2">质检员</td><td>工长</td></tr>
<tr><td colspan="2"></td><td colspan="2"></td><td colspan="2"></td><td></td></tr>
</table>

2. 实施要点

为保证混凝土工程质量，对混凝土拌合物稠度在混凝土施工的浇筑过程中实施的坍落度实测并予以记录，是保证和正确评价混凝土质量的措施之一。

(1) 坍落度试验是混凝土工作性能试验方法的一种，目前被国内施工现场测试混凝土拌合物的工作性能，划分混凝土稠度级别所广泛采用。适用于坍落度值不小于 10mm 的混凝土。

(2) 记录混凝土坍落度施工应检查以下内容：

1) 检查拌制混凝土所用材料、规格和用量，每一工作班至少应检查 2 次；检查混凝土配合比，如有调整应填报调整配合比；

2) 检查记录表内有关内容的填写必须齐全；

3) 按标准规定留置好标准养护和同条件养护试块，分别进行同条件和标准养护。

(3) 浇筑混凝土应连续进行，并应定时、连续根据规范要求检查坍落度（每工作班检查不少于两次）。

(4) 混凝土浇筑坍落度

混凝土浇筑时的坍落度宜按表 C2-6-6-5A 选用。

混凝土浇筑坍落度 **表 C2-6-6-5A**

结构种类	坍落度(mm)
基础或地面等的垫层，无配筋的大体积结构（挡土墙、基础等）或配筋稀疏的结构	10～30
板、梁和大型及中型截面的柱子等	30～50
配筋密列的结构（薄壁、斗仓、筒仓、细柱等）	50～70
配筋特密的结构	70～90

注：1. 本表系采用机械振捣时的混凝土坍落度。当采用人工捣实时，其值可适当增大。
2. 当需要配制大坍落度混凝土（如泵送混凝土的坍落度一般应为 80～180mm）时，应掺用外加剂。
3. 曲面或斜面结构混凝土坍落度，应根据实际需要另行选定。
4. 轻骨料混凝土坍落度，宜比表中数值减少 10～20mm。

(5) 坍落度的测定方法

坍落度测定方法应符合《普通混凝土拌合物性能试验方法标准》(GB/T 50080—2002) 规定。详见图 C2-6-6-5A。

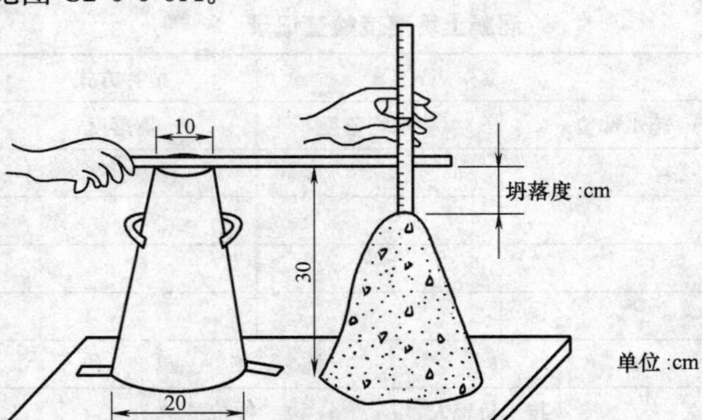

图 C2-6-6-5A 坍落度测定方法

1）湿润坍落度筒及其他用具，并把筒放在吸水的刚性水平底板上，然后用脚踩住两边的脚踏板，使坍落度筒在装料时，保持位置固定。

2）将混凝土试样，用小铲分三层均匀地装入筒内，使捣实后每层高度约为筒高的1/3。每层用捣棒应沿螺旋方向在截面上由外向中心均匀插捣25次。各次插捣应在截面上均匀分布；插捣筒边混凝土时，捣棒可稍稍倾斜；插底层时，捣棒应贯穿整层深度；插捣第二层和顶层时，捣棒应插透本层至一层的表面。

浇灌顶层时，混凝土应灌到高出筒口。插捣过程中，如混凝土沉落到低于筒口，则应随时添加。顶层插捣完后，应刮去多余混凝土，并用抹刀抹平。

3）将筒边底板上混凝土清除后，垂直而平稳地上提坍落度筒，坍落度筒的提离过程应在5～10s内完成。

从开始装料到提起坍落度筒的全过程应连续进行，并应在150s内完成。

4）提起坍落度筒后，量测筒高与坍落后混凝土试体最高点之间的高度差以mm为单位（精确至5mm)，即为该混凝土拌合物的坍落度值。坍落度筒提离后，如混凝土发生崩坍或一边剪坏现象，则应重新取样另行测定；如第二次试验仍出现上述现象，则表示该混凝土和易性不好，应记录备查。

5）观察坍落后混凝土试体的黏聚性及保水性。

黏聚性的检查方法是：用捣棒在已坍落的混凝土锥体侧面轻轻敲打，此时如果锥体逐渐下沉，则表示黏聚性良好；如果锥体倒塌，部分崩裂或出现离析现象，则表示黏聚性不好。

保水性是以混凝土拌合物中的稀浆析出的程度来评定。坍落度筒提起后，如有较多稀浆从底部析出，锥体部分混凝土拌合物也因失浆而骨料外露，则表明混凝土拌合物的保水性能不好；如坍落度筒提起后无稀浆或仅有少量稀浆自底部析出，则表示此混凝土拌合物保水性良好。

（6）坍落度的控制原则

1）预拌混凝土进场时，应按检验批检查入模坍落度，高层建筑应控制在180mm以内为宜，其他建筑应控制在150mm以内为宜。

2）现场搅拌混凝土的坍落度，应按施工组织设计根据试配报告确定的水灰比，严格控制。其允许偏差不应超过表C2-6-6-5B。

混凝土实测坍落度与要求坍落度的允许偏差详见表C2-6-6-5B。

混凝土坍落度与要求坍落度之间的允许偏差（mm）　　表C2-6-6-5B

要求坍落度	允许偏差	要求坍落度	允许偏差
＜50	±10	＞90	±30
50～90	±20		

（7）表列子项

1）要求坍落度：指混凝土试配确定的坍落度。

2）坍落度：指混凝土施工时，现场检查实际测得的坍落度。

4.2.6.6-6　冬期施工混凝土日报（C2-6-6-6）

1. 资料表式

冬期施工混凝土日报　　　　表 C2-6-6-6

工程名称：　　　　　　　　　　　　年　月　日

时:分	天气情况	积雪	风向	风速	气温(℃)			
					最高	最低	干球	湿度

时:分	原材料温度(℃)				混凝土坍落度		混凝土温度(℃)养护条件			
	水泥	水	砂	石	出机	入模	结构部位	混凝土数量（m^3）	养护方法	备注

项目技术负责人：　　　　　　质检员：　　　　　　记录人

2. 资料要求

资料要求除应执行“对施工文件的总体要求、对工程质量记录资料核查要求”外，尚应符合：

混凝土冬期施工必须填写混凝土冬期施工日报。认真做好冬期施工温度记录及天气情况记录。

3. 实施要点

冬期施工混凝土日报是指为保证冬期施工条件下的混凝土质量而对混凝土施工、气候条件进行的测试记录。

冬期施工测温必须由专人负责进行。并通过培训方可上岗。

(1) 冬期施工期初始日与终止日

当日平均气温连续稳定降低到 5℃或 5℃以下，或者最低气温降低到 0℃或 0℃以下时，即认为进入冬期施工阶段。通常按连续 5d 稳定低于 5℃的第一天为冬期施工的初始日，取连续 5d 稳定低于 5℃时的末日为冬期施工的终止日。

(2) 冬期混凝土的配制和搅拌

配制冬期施工的混凝土，应优先用硅酸盐水泥或普通硅酸盐水泥。最小水泥用量不宜少于 300kg/m^3，水灰比不应大于 0.6。

使用矿渣硅酸盐水泥，宜采用蒸汽养护；使用其他品种水泥，应注意其中掺合材料对混凝土抗冻、抗渗等性能的影响。

掺用防冻剂的混凝土，严禁使用高铝水泥。

原材料出入罐温度及室外温度每工作班不少于四次测温。

（3）在钢筋混凝土中掺用氯盐类防冻剂时，氯盐掺量按无水状态计算不得超过水泥重量的1%；掺用氯盐的混凝土必须振捣密实，且不宜采用蒸汽养护。在下列钢筋混凝土结构中，不得掺用氯盐：

1）在高湿度空气环境中使用的结构；

2）处于水位升降部位的结构；

3）露天结构或经常受水淋的结构；

4）与镀锌钢材或与铝铁相接触部位的结构，以及有外露钢筋预埋件而无防护措施的结构；

5）与含有酸、碱或硫酸盐等侵蚀性介质相接触的结构；

6）使用过程中经常处于环境温度为60℃以上的结构；

7）使用冷拉钢筋或冷拔低碳钢丝的结构；

8）薄壁结构、中级或重级工作制吊车梁、屋架、落锤或锻锤基础等结构；

9）电解车间和直接靠近直流电源的结构；

10）直接靠近高压电源（发电站、变电所）的结构；

11）预应力混凝土结构。

（4）当采用素混凝土时，氯盐掺量不得大于水泥重量的3%。

（5）冬期拌制混凝土时应优先采用加热水的方法。水及骨料的加热温度应根据热工计算确定，但不得超过表C2-6-6-6A的规定。

拌合水及骨料最高温度（℃） **表C2-6-6-6A**

项　目	拌 合 水	骨　料
强度等级小于42.5的普通硅酸盐水泥、矿渣硅酸盐水泥	80	60
强度等级等于及大于42.5的硅酸盐水泥、普通硅酸盐水泥	60	40

注：当骨料不加热时，水可加热到100℃，但水泥不应与80℃以上的水直接接触，投料顺序为先投入骨料和已加热的水，然后再投入水泥。

水泥不得直接加热，并宜在使用前运入暖棚内存放。

（6）混凝土所用骨料必须清洁，不得含有冰、雪等冻结物及易冻裂的矿物质。在掺用含有钾、钠离子防冻剂的混凝土中，不得混有活性骨料。

（7）拌制掺用防冻剂的混凝土应符合下列规定：

1）防冻剂溶液的配制及防冻剂的掺量应符合现行国家标准的有关规定；

2）严格控制混凝土水灰比，由骨料带入的水分及防冻剂溶液中的水分均应从拌合水中扣除；

3）搅拌前，应用热水或蒸汽冲洗搅拌机，搅拌时间应取常温搅拌时间的1.5倍；

4）混凝土拌合物的出机温度不宜低于10℃，入模温度不得低于5℃。

注：1. 冬期施工前后，应密切注意天气预报，以防气温突然下降遭受寒流和霜冻袭击。

2. 试验资料表明，当温度在4～0℃时，混凝土凝结时间要比15℃时延长三倍；当温度低于0℃，特别是温度下降到混凝土冰点温度（新浇混凝土的冰点为－0.3～0.5℃）以下时，混凝土的水开始结冰，体积膨胀约9%，混凝土将有冻害可能。

(8) 掺防冻剂混凝土施工的注意事项

1) 防冻剂、低温早强剂的质量和拌制成溶液后的质量（有无沉淀和杂质）及浓度；

2) 拌和物的和易性借以检查配合比是否正确；

3) 原材料温度、拌合物的出机温度，以及终凝前和浇灌后3d的温度情况；

4) 浇灌振捣对混凝土保护层厚度的控制情况；

5) 保温覆盖情况。

(9) 冬期不得在强冻胀性地基土上浇筑混凝土；当混凝土受冻前其抗压强度不得低于：

1) 硅酸盐水泥或普通硅酸盐水泥配制的混凝土，为设计混凝土强度标准值的30%；

2) 矿渣硅酸盐水泥配制的混凝土，为设计混凝土强度标准值的40%，但不大于C10的混凝土，不得小于5.0N/mm^2。在弱冻胀性地基土上浇筑混凝土时，基土不得遭冻。

(10) 对加热养护的现浇混凝土结构，混凝土的浇筑程序和施工缝的位置，应能防止在加热养护时产生较大的温度应力；当加热温度在40℃以上时，应征得设计单位同意。

(11) 当分层浇筑大体积结构时，已浇筑层的混凝土温度，在被上一层混凝土覆盖前，不得低于按热工计算的温度，且不得低于2℃。

(12) 预应力混凝土的孔道灌浆，应在正温下进行，且应养护到强度不小于15.0N/mm^2。

(13) 混凝土养护室外最低温度不低于－15℃时，地面以下的工程或表面系数不大于15m^{-1}的结构，应优先采用蓄热法养护。蓄热法养护热工计算可按专业规范混凝土热工计算进行。

混凝土蓄热法养护可掺用早强型外加剂、外部早期短时加热、采用快硬早强水泥、采用棚罩加强围护或利用未冻土热量等延长正温养护龄期和加快混凝土强度的增长措施。

对结构容易受冻的部位，应采取防止混凝土过早冷却的保温措施。

注：表面系数系指结构冷却的表面积（m^2）与其全部体积（m^3）的比值。

(14) 整体浇筑的结构，当采用蒸汽法或电热法养护时，混凝土的升温、降温速度，不得超过表C2-6-6-6B的规定。

(15) 蒸汽养护的混凝土，当采用普通硅酸盐水泥时，养护温度不宜超过80℃；当采用矿渣硅酸盐水泥时，养护温度可提高到85～95℃。

电热法养护混凝土的温度，应符合表C2-6-6-6C的规定。

当采用蒸汽养护混凝土时，应使用低压饱和蒸汽，加热应均匀，并须排除冷凝水和防止结冰。

加热养护混凝土的升温、降温速度（℃/h）　　表C2-6-6-6B

表面系数(m^{-1})	升温速度	降温速度
≥6	15	10
＜6	10	5

注：大体积混凝土应根据实际情况确定。

电热法养护混凝土的温度（℃） **表 C2-6-6-6C**

水泥强度等级	结构表面系数(m^{-1})		
	<10	10～15	>15
32.5	40		35

（16）当采用电热法养护混凝土时，电极的布置应保证混凝土温度均匀，且混凝土仅应加热到设计混凝土强度标准值的50%。尚应符合下列规定：

1）应在混凝土的外露表面覆盖后进行；

2）宜采用工作电压为50～110V，在素混凝土和每立方米混凝土含钢量不大于50kg的结构中，可采用120～200V；

3）在养护过程中，应观察混凝土外露表面的湿度。当表面开始干燥时，应先停电，并浇温水湿润混凝土表面。

（17）当采用暖棚法养护混凝土时，棚内温度不得低于5℃，并应保持混凝土表面湿润。

（18）模板和保温层，应在混凝土冷却到5℃后方可拆除。当混凝土与外界温差大于20℃时，拆模后的混凝土表面，应采取使其缓慢冷却的临时覆盖措施。

（19）掺用防冻剂混凝土的养护应符合下列规定：

1）在负温条件下养护，严禁浇水且外露表面必须覆盖；

2）混凝土的初期养护温度，不得低于防冻剂的规定温度；达不到规定温度时，应立即采取保温措施；

3）掺用防冻剂的混凝土，当温度降低到防冻剂的规定温度以下时，其强度不应小于3.5N/mm^2；

4）当拆模后混凝土的表面温度与环境温度差大于15℃时，应对混凝土采用保温材料覆盖养护。

（20）混凝土养护温度的测量应符合下列规定：

1）当采用蓄热法养护时，在养护期间至少每6h一次；

2）对掺用防冻剂的混凝土，在强度未达到3.5N/mm^{2}以前每2h测定一次，以后每6h测定一次；

3）当采用蒸汽法或电流加热法时，在升温、降温期间每1h一次，在恒温期间每2h一次。

室外气温及周围环境温度在每昼夜内至少应定时、定点测量四次。

（21）混凝土养护温度的测量方法应符合下列规定：

1）全部测温孔均应编号，并绘制测温孔布置图；

2）测量混凝土温度时，测温表应采取措施与外界气温隔离；测温表留置在测温孔内的时间应不少于3min；

3）测温孔的设置，当采用蓄热法养护时，应在易于散热的部位设置；当采用加热养护法时，应在离热源不同的位置分别设置；大体积结构应在表面及内部分别设置。

（22）冬期施工混凝土受冻前临界强度不低于下列值：

1）硅酸盐或普通硅酸盐水泥的临界强度为设计强度标准值的30%；

2）矿渣硅酸盐水泥的临界强度为设计强度标准值的40%；

3）C10或C10以下的混凝土的临界强度为5MPa；掺外加剂的混凝土的临界强度为3.5MPa（该临界强度是在混凝土的水灰比不大于0.6的前提下制定的，水灰比必须大于0.6时，需重新试验）。

注：平均气温测定以室外每天6时、14时、21时的温度为准。

（23）在冬期浇筑的混凝土，宜使用无氯盐类防冻剂；对抗冻性要求高的混凝土，宜使用引气剂或引气减水剂。

掺用防冻剂、引气剂或引气减水剂的混凝土的施工，应符合现行国家标准《混凝土外加剂应用技术规范》（GB 50119）的规定。

（24）测温要求

1）现浇混凝土在测温时，应按测温孔的编号顺序进行，温度计插入测温孔后，堵塞住孔口，留置在测温孔内3～5min后进行读数，读数前应先用指甲按住酒精柱上端所指度数，然后从测温孔口取出温度计，并使与视线成水平，仔细读出所测温度值，并将所测温度记录在记录表上，然后将测温孔封闭。

2）测温时要按项目要求按时进行，测温次数：

① 大气温度、环境温度：气温测量每昼夜8时、12时、20时、4时共测4次。其他每昼夜测2～4次。混凝土温度上升阶段每2～4h测一次；混凝土温度下降阶段每8h测一次；同时应测大气温度。

② 对材料和防冻剂温度每工作班不少于3次。

③ 拌合物出机温度每两小时测一次。

④ 混凝土入模温度每工作班不少2～4次。

⑤ 养护期间的温度测定：终凝前、低温变化混凝土每4h测一次，负温混凝土前3d每2h测一次，以后每昼夜测两次。

⑥ 温度变化时应加强抽测次数。

（25）表列子项

1）天气情况、积雪、风向、风速、气温均照测温时、分的实际测得值填写。

2）原材料温度按照不同时、分对原材料的实测温度填写。

3）混凝土温度（℃）养护条件项下：

① 出机：即混凝土出搅拌机时的温度。

② 入模：即混凝土入模时的温度。

③ 结构部位：指实际浇筑混凝土的结构部位。

④ 混凝土数量：指实际混凝土浇筑量。

⑤ 养护方法：照实际填写，如加盖草袋、白灰锯末、蒸养、暖棚等。

注：1. 大体积混凝土测温应单独记录。新浇筑的大体积混凝土应进行表面保护，减少表面温度的频繁变化，防止或减少因内外温差导致混凝土开裂。

2. 备注栏须注明“现场搅拌混凝土”或“商品混凝土”。

4.2.6.6-7 ________混凝土养护测温记录（C2-6-6-7）

1. 资料表式

________混凝土养护测温记录　　　　表 C2-6-6-7

工程名称：　　　　　　　　　　　　　　　　　　　　　　施工单位

部　位			养护方法							测试方法		
测温时间	大气温度	浇筑温度	各测孔温度（℃）							平均温度（℃）	间隔时间（s）	温差（℃）
项目技术负责人：						施工员：				试验员：		

2. 资料要求

资料要求除应执行“对施工文件的总体要求、对工程质量记录资料核查要求”外，尚应符合：

混凝土冬期养护测温必须填写混凝土养护测温记录。认真做好冬期施工条件下的测温时间、大气温度、浇筑温度、测温间隔时间等的记录。

3. 实施要点

保证混凝土质量的重要条件之一是温度，确保混凝土胶凝和强度等级的重要条件是保证混凝土在胶凝过程中有必须的温度，因此，必须做好混凝土养护测温，以权衡和分析混凝土质量。

混凝土养护测温记录是为保证冬期施工条件下的混凝土质量，对冬期施工条件下的混凝土施工时和施工完成后进行的大气温度、浇筑温度、平均温度、温差等的测试记录。

（1）基本要求：

1）室外日平均气温连续 5d 低于 5℃时起，至室外日平均气温连续 5d 高于 5℃冬期施工结束这期间浇筑养护的混凝土均需测温观察。

2）对于采用大模板工艺施工和滑模工艺施工的结构工程，由于施工工艺对拆模的要求，当大气平均温度低于 15℃转入低温施工时，就应开始测温。

3）采用综合蓄热法，未掺抗冻剂的一般间隔 6h 测一次；若掺加抗冻剂的混凝土达到受冻临界强度之前，每隔 2h 测一次；达到受冻临界强度以后，每隔 6h 测一次；若采用蒸汽养护法、干热养护，则在升温、降温阶段每隔 1h 测一次，恒温阶段每隔 2h 测一次。

4）全部测温均应在现场技术部门编号，并绘制布置图（包括位置和深度）。测温时，测温仪表应采取与外界气温隔离措施，并留置在测温孔内不少于 3min。

（2）大体积混凝土浇筑后应测试混凝土表面和内部温度，将温差控制在设计要求的范围之内；当设计无要求时，温差应符合规范规定。新浇筑的大体积混凝土应进行表面保护，减少表面温度的频繁变化，防止或减少因内外温差过大导致混凝土开裂。

（3）冬期施工混凝土和大体积混凝土在浇筑时，根据规范规定设置测温孔。测温孔应编号，并绘制测温孔布置图。大体积混凝土的测温孔应在表面及内部分别设置。

（4）测温的时间、点数以及日次数根据不同的保温方式而不同，但均需符合规范要求。

（5）采用热电偶测温时按表 C2-6-6-7A 要求记录。

热电偶测温记录 表 C2-6-6-7A

测点号	测点位置	恒温点温度（℃）	工作点		校核点			备注
			热电势（μV）	换算温度（℃）	实测温度（℃）	热电势（μV）	换算温度	

（6）表列子项：

1）平均温度：按不同测温点温度的加数平均值；

2）各测孔温度：每测温一次均应按不同时、分，不同测温孔的温度分别记录；

3）浇筑温度：系指混凝土振捣后，在混凝土 50～100mm 深处的温度；

4）间隔时间：系指本次测温和上次测温的时间间隔；

5）温差：指混凝土浇筑后内部和表面温度之差，不宜超过 25℃；冬期混凝土施工养护测温记录可不填此项；

6）养护方法：如蓄热养护法、蒸汽养护法等，照实际。

4.2.6.6-8 混凝土同条件养护测温记录（C2-6-6-8）

1. 资料表式

混凝土同条件养护测温记录 表 C2-6-6-8

工程名称： 施工单位：

部位		养护方法		测试方法			
测温时间	大气温度（℃）				平均温度（℃）	间隔时间（s）	温差（℃）
	2 点	8 点	14 点	20 点			
年 月 日							
年 月 日							
年 月 日							
……							
专业技术负责人：			工长：			试验员：	

2. 资料要求

资料要求除应执行“对施工文件的总体要求、对工程质量记录资料核查要求”外，尚应符合：

混凝土同条件养护测温必须填写混凝土同条件养护测温记录。认真做好同条件施工条件下的测温时间、大气温度、浇筑温度、测温间隔时间等的记录。

3. 实施要点

混凝土同条件养护测温记录是为保证常温施工条件下的混凝土质量，对常温施工条件下的混凝土养护进行的测温，对表列的大气温度、浇筑温度等的测试记录。必须保证温度记录、间隔时间、记录频次等的正确性。

（1）为保证同条件混凝土试件养护测温具有完整的测温记录，主体工程的测温应从基础混凝土浇筑开始至主体结构完成后一个月内逐日进行了测温。

（2）同条件混凝土试件养护测温记录应满足等效龄期600℃/d时的要求。混凝土试件应以见证送样方式送交试验室进行了抗压强度试验，以保证混凝土试件的真实性。

（3）表列子项：

1）部位：指同条件养护混凝土所在的工程部位。

2）养护方法：如蓄热养护法、蒸汽养护法等，照实际。

3）测试方法：指用何种方法测试同条件混凝土试件，如温度计……。

4）测温时间：指实际测温时间。如：2点、8点、14点、20点等。

5）大气温度（℃）：指当日实际的大气温度，可按天气预报或实测的大气温度记录。

6）平均温度（℃）：按不同测温点温度的加数平均值。

7）间隔时间（s）：系指本次测温和上次测温的时间间隔。

8）温差（℃）：指混凝土浇筑后内部和表面温度之差，不宜超过25℃。

4.2.6.6-9 *混凝土养护情况记录*（C2-6-6-9）

实施要点

（1）混凝土养护情况记录按C2-6-1表式执行。

（2）混凝土养护情况是根据《混凝土结构工程施工质量验收规范》（GB 50204—2002）第7.4混凝土施工的有关要求而进行的施工过程检查。由单位工程技术负责人协同质量检查人员及班组长进行，混凝土养护情况应邀请驻地监理工程师参加。

（3）检查数量为全数检查。

4.2.6.7 钢构件、预制混凝土构件、木构件吊装记录（C2-6-7）

1. 资料表式

钢构件、预制混凝土构件、木构件吊装记录（通用） **表C2-6-7**

施工单位： 首页

<table>
<tr><td colspan="2">工程名称</td><td colspan="3"></td><td colspan="2">构件名称</td><td colspan="2"></td></tr>
<tr><td colspan="2">使用部位</td><td colspan="3"></td><td colspan="2">吊装日期</td><td colspan="2"></td></tr>
<tr><td colspan="3">位　置</td><td colspan="4">安　装　检　查</td><td colspan="2">焊、铆、栓接检查</td></tr>
<tr><td>跨</td><td>轴线</td><td>柱号</td><td>搁置与搭接尺寸</td><td>接头(点)处理</td><td>固定方法</td><td>标高复测</td><td>尺寸检查</td><td>外观检查</td></tr>
<tr><td></td><td></td><td></td><td></td><td></td><td></td><td></td><td></td><td></td></tr>
<tr><td></td><td></td><td></td><td></td><td></td><td></td><td></td><td></td><td></td></tr>
<tr><td rowspan="3">吊装
综合
评价</td><td colspan="3">搭接、接头、固定、尺寸、施工情况</td><td colspan="5"></td></tr>
<tr><td colspan="3">施工单位意见</td><td colspan="5"></td></tr>
<tr><td colspan="3">旁站监理意见</td><td colspan="5"></td></tr>
<tr><td colspan="9">项目技术负责人：　　　　质检员：　　　　记录人：</td></tr>
</table>

钢构件、预制混凝土构件、木构件吊装记录　　表 C2-6-7A

施工单位：　　　　　　　　　　　　　　　　　　次页

<table>
<tr><td colspan="3">工程名称</td><td colspan="3"></td><td>构件名称</td><td colspan="2"></td></tr>
<tr><td colspan="3">使用部位</td><td colspan="3"></td><td>吊装日期</td><td colspan="2"></td></tr>
<tr><td colspan="3">位　置</td><td colspan="4">安　装　检　查</td><td colspan="2">焊、铆、栓接检查</td></tr>
<tr><td>跨</td><td>轴线</td><td>柱号</td><td>搁置与
搭接尺寸</td><td>接头(点)
处理</td><td>固定
方法</td><td>标高
复测</td><td>尺寸检查</td><td>外观检查</td></tr>
<tr><td></td><td></td><td></td><td></td><td></td><td></td><td></td><td></td><td></td></tr>
<tr><td></td><td></td><td></td><td></td><td></td><td></td><td></td><td></td><td></td></tr>
<tr><td></td><td></td><td></td><td></td><td></td><td></td><td></td><td></td><td></td></tr>
<tr><td></td><td></td><td></td><td></td><td></td><td></td><td></td><td></td><td></td></tr>
<tr><td colspan="3">项目技术负责人：</td><td colspan="3">质检员：</td><td colspan="3">记录人：</td></tr>
</table>

注：钢构件、预制混凝土构件、木构件吊装记录除首页外均用次页表式记录。

2. 资料要求

资料要求除应执行“对施工文件的总体要求、对工程质量记录资料核查要求”外，尚应符合：

（1）钢构件、预制混凝土构件、木构件吊装记录，工业与民用建筑工程均应分层填报，数量及子项应填报清楚、齐全、准确、真实。

（2）钢构件、预制混凝土构件、木构件吊装记录子项填写不全，不能反映吊装工程内在质量，吊装的主要质量特征不能满足设计要求和施工规范的规定，为不符合要求。

3. 实施要点

钢构件、预制混凝土构件、木构件吊装记录，是指应用起重机械、吊具（吊钩、吊索、吊环、横吊架等）或人力将构件直接安装在图纸规定的位置，该记录是对结构进行吊装实施过程的记录。

凡工程所用需要吊装的构件，均必须有吊装记录。

（1）吊装前的检查

1）对照设计施工图，核对结构吊装的检查内容及技术复核是否真实、齐全，构件的型号、部位、搁置长度、固定方法、节点处理是否符合设计要求和有关规定。复杂的、特殊的装配式结构吊装，其专门的吊装记录是否能反映吊装的主要质量特性。

2）钢结构的安装焊缝质量检验资料，高强螺栓的检查记录是否符合设计要求和质量标准。

3）钢构件、预制混凝土构件、木构件吊装是否存在质量问题，如存在对其质量隐患是否进行了鉴定和处理，处理后是否复验，复验意见是否明确，设计单位是否签认。

（2）构件运输应符合下列规定：

1）构件运输时的混凝土强度，当设计无规定时，不应小于设计混凝土强度标准值的75%；

2）构件支承的位置和方法，应根据其受力情况确定，不得引起混凝土的超应力或损伤构件；

3）构件装运时应绑扎牢固，防止移动或倾倒；对构件边部或与链索接触处的混凝土，应采用衬垫加以保护；

4）在运输细长构件时，行车应平稳，并可根据需要对构件设置临时水平支撑。

（3）构件堆放应符合下列规定：

1）堆放构件的场地应平整、坚实，并具有排水措施，堆放构件时应使构件与地面之间留有一定空隙；

2）应根据构件的刚度及受力情况，确定构件平放或立放，并应保持其稳定；

3）重叠堆放的构件，吊环应向上，标志应向外；其堆垛高度，应根据构件与垫木的承载能力及堆垛的稳定性确定；各层垫木的位置应在一条垂直线上；

4）采用靠放、架立放的构件，必须对称靠放和吊运，其倾斜角度应保持大于80°，构件上部宜用木块隔开。

（4）构件安装基本要求

1）构件安装时的混凝土强度，当设计无具体要求时，不应小于设计的混凝土强度标准值的75%；预应力混凝土构件孔道灌浆的强度，不应小于15.0N/mm^2。

2）构件安装前，应在构件上标注中心线。

支承结构的尺寸、标高、平面位置和承载能力均应符合设计要求；应用仪器校核支承结构和预埋件的标高及平面位置，并在支承结构上画出中心线和标高，根据需要尚应标出轴线位置，并做好记录。

3）构件起吊应符合下列规定：

① 当设计无具体要求时，起吊点应根据计算确定；

② 在起吊大型空间构件或薄壁构件前，应采取避免构件变形或损伤的临时加固措施；当起吊方法与设计要求不同时，应验算构件在起吊过程中所产生的内力能否符合要求；

③ 构件在起吊时，绳索与构件水平面所成夹角不宜小于45°，应经过验算或采用吊架起吊。

4）构件安装就位后，应采取保证构件稳定性的临时固定措施。

5）安装就位的构件，必须经过校正后方准焊接或浇筑混凝土，根据需要焊接后可再进行一次复查。

6）结构构件的校正工作，应符合下列规定：

① 应根据水准点和主轴线进行校正，并做好记录；

② 吊车梁的校正，应在房屋结构校正和固定后进行。

7）构件接头的焊接，应符合国家现行标准《钢结构工程施工质量验收规范》（GB 50205—2001）和《建筑钢结构焊接技术规程》（JGJ 81）的规定，并经检查合格后填写记录单。

当混凝土在高温作用下易受损伤时，可采用间隔流水焊接或分层流水焊接的方法。

8）装配式结构中承受内力的接头和接缝，应采用混凝土或砂浆浇筑，其强度等级宜比构件混凝土强度等级提高两级；对不承受内力的接缝，应采用混凝土或水泥砂浆浇筑，其强度不应低于15.0N/mm^2。

对接头或接缝的混凝土或砂浆宜采取快硬措施，在浇筑过程中必须捣实。

9）承受内力的接头和接缝，当其混凝土强度未达到设计要求时，不得吊装上一层结构构件；当设计无具体要求时，应在混凝土强度不小于10.0N/mm^{2}或具有足够的支承时，方可吊装上一层结构构件。

10）已安装完毕的装配式结构，应在混凝土强度达到设计要求后，方可承受全部设计荷载。

（5）钢结构焊缝外观安装前的检查

1）焊缝外观检查是根据《钢结构工程施工质量验收规范》（GB 50205—2001）第5.2钢构件焊接工程焊缝观感应达到外形均匀、成型较好，焊道与焊道、焊道与基本金属间过渡较平滑，焊渣和飞溅物基本清除干净的要求而进行的施工过程检查。由单位工程技术负责人协同质量检查人员及班组长进行，焊缝外观检查应邀请驻地监理工程师参加。

2）焊缝外观检查主要有是否焊满、根部收缩、咬边、裂纹、电弧擦边、接头不良、表面气孔和表面夹渣等项目。

3）施工单位对焊口进行焊接和焊后进行施工自检，并在焊前检查焊缝宽度、根部间隙和错边值，在焊后检查焊缝宽度和高度。记录主要焊接参数（如电流、电压、焊速和层间温度）和焊接方法。

（6）表列子项

1）构件名称：指被吊装构件的名称，如吊车梁、柱等。

2）使用部位：指被吊装构件设置于所在工程的位置。

3）吊装日期：按实际吊装日期填写。

4）位置：指被吊装区构件所在施工图设计的跨、轴线、柱号的位置。

5）跨、轴线、柱号：分别按被检构件所在跨、轴线与柱号填写。

6）安装检查：

① 搁置与搭接尺寸：指构件伸入支承点实际尺寸。

② 接头（点）处理：指构件接头的处理方法，无修改时照图注方法填写，圆孔板堵孔、对头缝处理填入此栏内。

③ 固定方法：指构件支承节点的固定方法，如焊接固定、栓接固定等。

④ 标高复测：按被安装构件实际复测结果填写。

7）焊、铆、栓接检查：尺寸检查按被检查的实际尺寸填写；外观检查：按“标准”规定的构件结构的外观质量检查结果填写。

8）吊装结论：结构吊装的构件、连接部位等，安装完毕后的质量状况，由项目技术负责人填写。

4.2.6.8 预应力施工记录（C2-6-8）

4.2.6.8-1 电热法施加预应力记录（C2-6-8-1）

1. 资料表式

2. 资料要求

资料要求除应执行“对施工文件的总体要求、对工程质量记录资料核查要求”外，尚应符合：

（1）电热法施加预应力记录子项填写不全，不能反映焊接工程内在质量时，为不符合要求。

电热法施加预应力记录表 **表 C2-6-8-1**

工程名称： 构件名称、型号：

张拉日期	张拉顺序	钢筋长度(mm)	钢筋直径(mm)	通电时间(s)	伸长(mm)	一次电压(V_1)	一次电流(A_1)	二次电压(V_2)	二次电流(A_2)	孔道温度(℃)	用电量(kW·h)	校核应力			备注
												计算应力(N/mm²)	实际应力(N/mm²)	误差(%)	
1	2	3	4	5	6	7	8	9	10	11	12	13	14	15	16
钢筋张拉顺序编号草图															
项目技术负责人：						质检员：						记录：			

(2) 钢筋张拉顺序编号草图应明了、清晰，便于施工。

3. 实施要点

电热法施加预应力记录是利用钢筋热胀冷缩原理，以强大的低压电流使预应力钢筋在短时间内发热、伸长至设计伸长值时锚固，然后停电、钢筋冷却，使混凝土构件获得预压应力实施过程的记录。目的是为满足设计对其提出的要求。

(1) 采用电热法张拉时，预应力筋的电热温度，不应超过 350℃，反复电热次数不宜超过三次。

成批生产前应检查所建立的预应力值，其偏差不应大于相应阶段预应力值的 10%或小于 5%。

(2) 电热法适用于用冷拉 HRB335、HRB400、HRB500 级钢筋配筋的一般构件，但对抗裂度较严的结构则不宜采用。当圆形结构（如水池、油罐）采用钢筋作预应力筋时，仍可采用电热法张拉。采用波纹管或其他金属管作预留孔道的结构，不得采用电热法张拉。长线台座上的预应力钢筋因长度较长，散热快，耗电量大，不能采用电热张拉法。

(3) 冷拉钢筋作预应力筋时，其反复电热次数不宜超过三次。因为电热次数过多，会引起钢筋失去冷强效应，降低钢筋强度。

(4) 后张电热张拉钢筋是以控制钢筋的伸长值来建立必须的预应力值，对预应力筋的弹性模量，应先经试验确定。应注意，由于电热张拉是以控制伸长建立预应力值的，往往由于对钢材材质掌握不好，而使预应力值不易得到准确的控制。故应在构件成批生产前，使用千斤顶对构件抽样加以校核，摸索出钢筋伸长与建立应力之间的规律，作为成批生产的根据。

(5) 预应力筋电热张拉过程中，应随时测定电流、电压和钢筋电热温度，并做好记录。可采用交流电压表测定电压，钳形电流表测定电流，采用半导体点温计测定钢筋表面的温度，或用变色测温铅笔，利用笔中色素在一定温度下起变化的特性来测定温度。

（6）电热张拉完成后，间隔一段时间，用拉伸机抽样校核预应力筋的应力。校核时，预应力值偏差不得超过设计规定张拉控制应力值的＋10％或－5％。不论张拉时环境温度如何，预应力筋应力校核的时间，应在断电后2～24h内进行。

校核应力的取值，必须考虑相应阶段的预应力损失。

注：电热法张拉工艺其伸长值、拉伸机校核应力、变压器选择均应经计算确定。

（7）电热张拉注意事项

1）电热变压器或电弧焊机，应尽量靠近张拉钢筋的旁边，以缩短二次线路长度，减少线路电阻。

2）若两台电热变压器同时使用时，应注意保证接线方式和线路正确。

3）在通电过程中，要不断检查仪表读数，主要掌握二次电流和钢筋温度变化情况。

4）预应力钢筋的张拉次序，应按照设计要求依次分组对称张拉，防止构件产生偏心受压。

5）在通电过程中，如发现钢筋伸长很慢，而构件的混凝土又温度很高，说明有分流，应当立即停电，检查原因。

6）合闸通电时，要专人负责，统一指挥；一次导线（除采用绝缘胶皮线外）接到现场，必须架立在上空通过，以免触电。

7）电热设备选用必须正确，最好选用三相低压变压器，变压器应装有可变电阻调节电流，同时应带有冷却设备，以便持续使用。

（8）表列子项

1）型号：指构件的实际型号填写。

2）张拉日期：照实际的张拉日期。

3）张拉顺序：按施工组织设计安排的张拉顺序进行。

4）钢筋长度：照实际，钢筋长度应与设计要求的钢筋长度相一致。

5）钢筋直径：照实际，钢筋直径应与设计要求的钢筋直径相一致。

6）通电时间：照实际的通电时间填写。

7）伸长：指电热法施加预应力的伸长值，照实际填写。

8）一次电压：第一次通电的电压，照实际填写。

9）一次电流：第一次通电的电流，照实际填写。

10）二次电压：第二次通电的电压，照实际填写。

11）二次电流：第二次通电的电流，照实际填写。

12）孔道温度：指后张法预应力钢筋孔道的温度，照实际测量的孔道温度填写。

13）用电量（度）：照实际用电量填写。

14）校核应力：

① 计算应力：照施工图设计提供的计算应力填写。

② 实际应力：照实际，最大张拉控制应力应符合设计和施工规范的要求。

③ 误差：照实际校核测得的误差值，预应力张拉校核误差，不应超过施工规范的要求。

4.2.6.8-2 现场施加预应力筋张拉记录（C2-6-8-2）

1. 资料表式

现场施加预应力筋张拉记录表 **表 C2-6-8-2**

工程名称： 构件名称、型号：

施加预应力日期	构件编号	钢筋张拉顺序编号	钢筋规格	设计		张拉时						张拉时弹性伸长（N/mm²）		锚具内缩量（N/mm²）	张拉时强度（N/mm²）	张拉时立缝处混凝土砂浆强度（N/mm²）	钢筋放松顺序编号	放张时					备注
				控制应力（N/mm²）	张拉力（kN）	千斤顶编号	压力表编号	第一次		第二次		计算	实际					千斤顶编号	压力表编号	放松螺帽时		混凝土强度（N/mm²）	
								压力表读数（N/mm²）	拉力（N/mm²）	压力表读数（N/mm²）	拉力（N/mm²）									压力表读数（N/mm²）	张拉力（kN）		
1	2	3	4	5	6	7	8	9	10	11	12	13	14	15	16	17	18	19	20	21	22	23	24
钢筋张拉程序及顺序编号草图																							
项目技术负责人：								质检员：										记录人：					

2. 资料要求

资料要求除应执行“对施工文件的总体要求、对工程质量记录资料核查要求”外，尚应符合：

预应力筋锚具、夹具和连接器应有出厂合格证，并在进场时按下列规定进行验收：

1）外观检查：应从每批中抽取10%但不少于10套的锚具，检查其外观和尺寸。当有一套表面有裂纹或超过产品标准及设计图纸规定尺寸的允许偏差时，应另取双倍数量的锚具重做检查；如仍有一套不符合要求，则不得使用或逐套检查，合格者方可使用。

2）硬度检查：应从每批中抽取5%但不少于5件的锚具，对其中有硬度要求的零件做硬度试验；对多孔夹片式锚具的夹片，每套至少抽5片。每个零件测试三点，其硬度应在设计要求范围内；当有一个零件不合格时，应另取双倍数量的零件重做试验；如仍有一个零件不合格，则不得使用或逐个检查，合格者方可使用。

3）静载锚固性能试验：经上述两项试验合格后，应从同批中抽取6套锚具（夹具或连接器）组成3个预应力筋锚具（夹具、连接器）组装件，进行静载锚固性能试验；当有一个试件不符合要求时，应另取双倍数量的锚具（夹具或连接器）重做试验；如仍有一套不合格，则该批锚具（夹具或连接器）为不合格品。

注：对一般工程的锚具（夹具或连接器）进场验收，其静载锚固性能，也可由锚具生产厂提供试验报告。

3. 实施要点

现场施加预应力筋张拉记录，是利用千斤顶、锚、夹具等张拉设备按施工工艺要求施加预应力的施工记录。

(1) 预应力筋进场时，应按现行国家标准《预应力混凝土用钢绞线》GB/T 5224 等的规定抽取试件作力学性能检验，其质量必须符合有关标准的规定。按进场的批次和产品的抽样检验方案确定。

(2) 无粘结预应力筋的涂包质量应符合国家现行标准《钢绞线、钢丝束无粘结预应力筋》JG 3006 等的规定。每 60t 为一批，每批抽取一组试件。

(3) 预应力筋用锚具、夹具和连接器应按设计要求采用，其性能应符合现行国家标准《预应力筋用锚具、夹具和连接器》GB/T 14370 等的规定。按进场批次和产品的抽样检验方案确定。

(4) 预应力筋张拉及放张时，混凝土强度应符合设计要求；当设计无具体要求时，不应低于设计的混凝土立方体抗压强度标准值的 75%。

当采用应力控制方法张拉时，应校核预应力筋的伸长值。实际伸长值与设计计算伸长值的相对允许偏差为±6%。

(6) 预应力筋张拉锚固后实际建立的预应力值与工程设计规定检验值的相对允许偏差为±5%。对先张法施工，每工作班抽查预应力筋总数的 1%，且不少于 3 根；对后张法施工，在同一检验批内，抽查预应筋总数的 3%，且不少于 5 束。

(7) 锚固阶段张拉端预应力筋的内缩量应符合设计要求。每工作班抽查预应力筋总数的 3%，且不应少于 3 束。

(8) 先张法预应力筋张拉后与设计位置的偏差不得大于 5mm，且不得大于构件截面短边边长的 4%。每工作班抽查预应力筋总数的 3%，且不应少于 3 束。

(9) 施加预应力所用的机具设备及仪表，应定期维护和校验。

张拉设备应配套校验，以确定张拉力与仪表读数的关系曲线。压力表的精度不宜低于 1.5 级，校验张拉设备用的试验机或测力计精度不得低于±2%。校验时千斤顶活塞的运行方向，应与实际张拉工作状态一致。

(10) 张拉过程中应避免预应力筋断裂或滑脱；当发生断裂或滑脱时，必须符合下列规定：

1) 对后张法预应力结构构件，断裂或滑脱的数量严禁超过同一截面预应力筋总根数的 3%，且每束钢丝不得超过一根；对多跨双向连续板，其同一截面应按每跨计算；

2) 对先张法预应力构件，在浇筑混凝土前发生断裂或滑脱的预应力筋必须予以更换。

(11) 安装张拉设备时，直线预应力筋应使张拉力的作用线与孔道中心线重合，曲线预应力筋应使张拉力的作用线与孔道中心线末端的切线重合。

(12) 当采用应力控制方法张拉时，应校核预应力筋的伸长值；如实际伸长值比计算伸长值大于 10%或小于 5%，应暂停张拉；在采取措施予以调整后，方可继续张拉。

(13) 预应力筋的计算伸长值 Δl (mm)，可按下式计算：

$$\Delta l=\frac{F_{\mathrm{p}}\cdot l}{A_{\mathrm{p}}\cdot E_{\mathrm{s}}}$$

式中　F_{p}——预应力筋的平均张拉力 (kN)，直线筋取张拉端的拉力；两端张拉的曲线筋，取张拉端的拉力与跨中扣除孔道摩阻损失后拉力的平均值；

A_{p}——预应力筋的截面面积 (mm^2)；

l——预应力筋的长度 (mm)；

E_s——预应力筋的弹性模量（kN/mm^2）。

预应力筋的实际伸长值，宜在初应力为张拉控制应力10%左右时开始量测，但必须加上初应力以下的推算伸长值；对后张法，尚应扣除混凝土构件在张拉过程中的弹性压缩值。

（14）锚固阶段张拉端预应力筋的内缩量，不宜大于表C2-6-8-2A的规定。

锚固阶段张拉端预应力筋的内缩量允许值（mm） **表C2-6-8-2A**

锚具类别	内缩量允许值	锚具类别	内缩量允许值
支承式锚具(镦头锚、带有螺丝端杆的锚具等)	1	每块后加的锚具垫板	1
锥塞式锚具	5	夹片式锚具无顶压	6～8
夹片式锚具	5		

注：1. 内缩量值系数指预应力筋锚固过程中，由于锚具零件之间和锚具与预应力筋之间的相对移动和局部塑性变形造成的回缩量；
2. 当设计对锚具内缩量允许值有专门规定时，可按设计规定确定。

（15）先张法预应力施工

1）先张法墩式台座的承力台墩，其承载能力和刚度必须满足要求，且不得倾覆和滑移。其抗倾覆和抗滑移安全系数，应符合现行国家标准《建筑地基基础设计规范》GB 50007的规定。台座的构造，应适合构件生产工艺的要求；台座的台面，宜采用预应力混凝土。

2）在铺放预应力筋时，应采取防止隔离剂沾污预应力筋的措施。

3）当同时张拉多根预应力筋时，应预先调整初应力，使其相互之间的应力一致。

4）张拉后的预应力筋与设计位置的偏差不得大于5mm，且不得大于构件截面最短边长的4%。

5）放张预应力筋时，混凝土强度必须符合设计要求；当设计无专门要求时，不得低于设计混凝土强度标准值的75%。

6）预应力筋的放张顺序，应符合设计要求；当设计无专门要求时，应符合下列规定：对承受轴心预压力的构件（如压杆、桩等），所有预应力筋应同时放张；对承受偏心预压力的构件，应先同时放张预压力较小区域的预应力筋，再同时放张预压力较大区域的预应力筋；当不能按上述规定放张时，应分阶段、对称、相互交错地放张。

7）放张后预应力筋的切断顺序，宜由放张端开始，逐次切向另一端。

（16）后张法预应力施工

1）预留孔道的尺寸与位置应正确，孔道应平顺。端部的预埋钢板应垂直于孔道中心线。

2）孔道可采用预埋波纹管、钢管抽芯、胶管抽芯等方法成形。钢管应平直光滑，胶管宜充压力水或其他措施以增强刚度，波纹管应密封良好并有一定的轴向刚度，接头应严密，不得漏浆。

因定各种成孔管道用的钢筋井字架间距：钢管不宜大于1m；波纹管不宜大于0.8mm；胶管大宜大于0.5mm，曲线孔道宜加密。

灌浆孔间距：预埋波纹管不宜大于30m；轴芯成形孔道不宜大于12m；曲线孔道的曲线波峰部位，宜设置泌水管。

3）当铺设已穿有预应力筋的波纹管或其他金属管道时，严禁电火花损伤管道内的钢丝或钢绞线。

4）孔道成形后应立即逐孔检查，发现堵塞应及时疏通。

5）预应力筋张拉时，结构的混凝土强度应符合设计要求；当设计无具体要求时，不应低于设计强度标准值的75%。

6）预应力筋的张拉顺序应符合设计要求；当设计无具体要求时，可采用分批、分阶段对称张拉。

采用分批张拉时，应计算分批张拉的预应力损失值，分别加到先张拉预应力筋的张拉控制应力值内，或采用同一张拉值逐根复拉补足。

7）预应力筋张拉端的设置，应符合设计要求；当设计无具体要求时，应符合下列规定：抽芯成形孔道：对曲线预应力筋和长度大于24m的直线预应力筋，应在两端张拉；对长度不大于24m的直线预应力筋，可在一端张拉；预埋波纹管孔道：对曲线预应力筋和长度大于30m的直线预应力筋，宜在两端张拉；对长度不大于30m的直线预应力筋，可在一端张拉。

当同一截面中有多根一端张拉的预应力筋时，张拉端宜分别设置在结构的两端。

当两端同时拉同一根预应力筋时，宜先在一端锚固，再在另一端补足张力后进行锚固。

8）平卧重叠浇筑的构件，宜先上后下逐层进行张拉。为了减少上下层之间因摩阻引起的预应力损失，可逐层加大张拉力。底层张拉力，对钢丝、钢绞线、热处理钢筋，不宜比顶层张拉力大5%；对冷拉HRB335、HRB400、HRB500级钢筋，不宜比顶层张拉力大9%，且不得超过最大张拉控制应力允许值的规定。当隔离层效果较好时，可采用同一张拉值。

9）预应力筋锚固后的外露长度，不宜小于30mm锚具应用封端混凝土保护；当需长期外露时，应采取防止锈蚀的措施。

10）预应力筋张拉后，孔道应及时灌浆；当采用电热法时，孔道灌浆应在钢筋冷却后进行。

11）用连接器连接的多跨连续预应力筋的孔道灌浆，应张拉完一跨随即灌注一跨，不得在各跨全部张拉完毕后，一次连续灌浆。

12）孔道灌浆应采用砂浆强度等级为42.5级普通硅酸盐水泥配制的水泥浆；对空隙大的孔道，可采用砂浆灌浆。水泥浆及砂浆强度，均不应少于$20N/mm^2$。

13）灌浆用水泥浆的水灰比宜为0.4左右，搅拌后3h泌水率宜按制在2%，最大不得超过3%；当需要增加孔道灌浆的密实性时，水泥浆中可掺入对预应力筋无腐蚀作用的外加剂。

注：矿渣硅酸盐水泥：按上述要求试验合格后，也可使用。

14）灌浆前孔道应湿润、洁净：灌浆顺序宜先灌注下层孔道；灌浆应缓慢、均匀地进行，不得中断，并应排气通顺；在灌满孔道并封闭排气孔后，宜再继续加压至0.5～0.6MPa，稍后再封闭灌浆孔。

不掺外加剂的水泥浆，可采用二次灌浆法。

（17）表列子项

1）构件名称和型号：照实际填写，如24m折线形桁架等。

2）钢筋张拉程序：按施工组织设计程序进行，应符合设计和规范的有关要求。

3）构件编号：一般照施工图设计的构件编号填写。

4）钢筋张拉顺序编号：按冷拉顺序草图上的编号，应依次填写。

5）钢筋规格：指张拉钢筋的某一根（束）的规格，照实际填写。

6）设计：控制应力照施工图设计说明填写，张拉力照施工图设计说明填写。

7）张拉时：千斤顶编号照实际选用。

8）压力表编号：照实际选用压力表的编号填写。

9）第一次：压力表读数，照第一次测得的压力表实际数值填写。

10）拉力：照第一次测得的拉力实际数值填写。

11）第二次：压力表读数，照第二次测得的压力表实际数值填写。

12）拉力：照第二次测得的拉力数值填写。

13）张拉时弹性伸长：

① 计算：指张拉时弹性伸长的计算值，按实际结果填写。

② 实际：指实际测得张拉时的弹性伸长。

14）锚具内缩量：照实际检测的内缩量值填写。锚具内缩量值见表 C2-6-8-2A。

15）张拉时混凝土强度：指张拉钢筋时混凝土已达到的实际强度值。

16）张拉时立缝处混凝土砂浆强度：指张拉钢筋时混凝土立缝处强度值。

17）钢筋放张顺序编号：按冷拉顺序草图上的编号，分别按放松顺序依次填写。

18）放张时：千斤顶编号照实际使用的千斤顶的编号填写；压力表编号照实际使用的压力表的编号填写。

19）放松螺帽时：压力表读数照实际放松螺帽时测得的压力表读数填写；张拉力照实际放松螺帽时测得的压力表读数填写。

20）混凝土强度：指放张时混凝土已达到的实际强度值。

4.2.6.8-3 钢筋冷拉记录（C2-6-8-3）

1. 资料表式

钢筋冷拉记录表 **表 C2-6-8-3**

工程名称： 施工单位

构件名称和编号：			试验报告编号：			控制冷拉率、应力：		
冷拉日期	钢筋编号	钢筋规格	钢筋长度（不包括螺丝端杆长）			冷拉控制拉力（kN）	冷拉时温度（℃）	备注
			冷拉前	冷拉后	弹性回缩后			
1	2	3	4	5	6	7	8	9
技术负责人：			质检员：			记录：		

2. 资料要求

资料要求除应执行“对施工文件的总体要求、对工程质量记录资料核查要求”外，尚应符合：

对于用做预应力的冷拉 HRB335、HRB400、HRB500 级钢，宜采用控制应力的方法。

3. 实施要点

钢筋冷拉记录是采用控制应力或控制冷拉率方法进行钢筋冷拉时的记录。

(1) 预应力筋张拉记录是根据《混凝土结构工程施工质量验收规范》(GB 50204—2002) 第 6 节“预应力分项工程”中“6.4 张拉和放张”的有关要求而进行的施工过程检查。由单位工程技术负责人协同质量检查人员及班组长进行，预应力筋张拉应邀请驻地监理工程师参加。

(2) 冷拉是将 HPB235～HRB500 级热轧钢筋在常温下进行强力拉伸至超过钢筋屈服点，但小于抗拉强度的某一应力，然后放松。冷拉可将调直、除锈、冷拉三个工序同时完成。冷拉控制方法有两种：单控和双控。仅用冷拉率控制的方法称单控；用冷拉率和冷拉应力同时控制称为双控。冷拉设备由拉力装置、承力机构、钢筋夹具及测量装置组成。

(3) 冷拉钢筋进场时应按规范要求进行检查验收。

(4) 用控制冷拉率方法冷拉钢筋时，钢筋应按每一原捆为一批，通过试验确定该批冷拉率。用屈服点大于或等于 450MPa 的进口钢筋代替冷拉 HRB335 级钢筋时也应进行冷拉，此时一批钢筋的统一冷拉率取为 1%。

(5) 通常拉伸直径 ϕ6～12mm 的钢筋，采用 3t 慢动卷扬机；拉伸直径 ϕ12mm 以上的钢筋，采用 5t 慢动卷扬机。

(6) 凡从事预应力张拉施工的单位，必须取得资质证明，否则不能进行预应力张拉施工。

(7) 对冷拉后的预应力钢筋，应按有关规定逐根进行外观检查，合格后切取试件送试验室作机械性能试验；当试验数据符合标准规定的预应力钢筋机械性能后，才能作为预应力钢筋使用。

(8) 预应力筋张拉过程中，监理单位应旁站，对张拉进行质量控制。

(9) 表列子项

1) 试验报告编号：按该“冷拉”钢筋未冷拉前的原复试单上的编号填写。

2) 构件名称和编号：指该冷拉钢筋被用于构件的名称及编号，如××梁、××板等。

3) 控制应力：指控制冷拉应力。由施工企业的技术负责人按要求提出。

4) 控制冷拉率：指冷拉的拉伸长度，单控时的控制值：HPB235 级钢冷拉伸长约 5%，HRB335 级钢冷拉伸长率 2%，由技术负责人按要求提出。

5) 钢筋编号：按施工单位钢筋冷拉的实际钢筋编号填写。

6) 钢筋规格：照实际钢筋规格填写。

7) 钢筋长度：

① 冷拉前：指未冷拉时的钢筋长度。

② 冷拉后：指冷拉后的钢筋长度。

③ 弹性回缩后：指经时效后的冷拉钢筋长度。

8) 冷拉控制拉力：指钢筋冷拉时设备上的实际冷拉控制力。

9) 冷拉时温度：指钢筋冷拉时大气温度，照实际测温记录填写。

4.2.6.8-4 预应力灌浆施工记录（C2-6-8-4）

实施要点

（1）预应力灌浆的工艺流程为：施工准备→孔道清洗→水泥浆搅拌→水泥浆过滤→一次灌浆→封堵→二次灌浆→封堵。

（2）预应力灌浆施工记录应记录的内容为：孔道灌浆的时间，灌浆前的锚具夹片的漏浆封堵，灌浆顺序，水泥浆的过滤，灌浆的连续性，二次灌浆的时间，室外温度记录及抗冻保温措施，灌浆泵的使用等。

（3）预应力灌浆要求

1）后张法有粘结预应力筋的预留孔道的规格、数量、位置和形状除应符合设计要求外，尚应符合下列规定：

① 预留孔道的定位应牢固，浇筑混凝土时不应出现移位和变形；

② 孔道应平顺，端部的预埋锚垫板应垂直于孔道中心线；

③ 成孔用管道应密封良好，接头应严密且不得漏浆；

④ 灌浆孔的间距，对预埋金属螺旋管不宜大于30m，对抽芯成形孔道不宜大于12m。

⑤ 在曲线孔道的曲线波峰部位应设置排气兼泌水管，必要时可在最低点设置排水孔。

⑥ 灌浆孔及泌水管的孔径应能保证浆液畅通。

⑦ 预留孔道应全数进行检查。

2）后张法有粘结预应力筋张拉后应及时进行孔道灌浆，孔道内水泥浆应饱满、密实。

3）灌浆用水泥浆的水灰比不应大于0.45，搅拌后3h泌水率不宜大于2%，且不应大于3%。沁水应能在24h内全部重新被水泥浆吸收，应按同一配合比检查一次，检查水泥浆性能试验报告。

灌浆用水泥浆的抗压强度不应小于30N/mm^2。应按每工作班留置一组边长为70.7mm的立方体试件，检查水泥浆试件强度试验报告。

注：1 一组试件由6个试件组成，试件应标准养护28d；

2 抗压强度为一组试件的平均值，当一组试件中抗压强度最大值或最小值与平均值相差超过20%时，应取中间4个试件强度的平均值。

4）灌浆施工注意事项

① 锚具的封闭保护应符合设计要求；

② 灌浆用水泥应按设计要求选用，设计无规定时，水泥应用普通硅酸盐水泥；

③ 二次灌浆时间要掌握恰当，一般在水泥浆泌水基本完成，初凝尚未开始时进行（夏季约30～45min，冬季约1～2h）。

④ 室外温度低于+5℃时，孔道灌浆应采取防冻措施。

⑤ 灌浆应缓慢均匀地进行，不得中断，并应排气通顺；在孔道两端冒出浓浆并封闭排气孔后，应再继续加压至0.5～0.7N/mm^2，稍后封闭灌浆孔。不掺外加剂的水泥浆，可采用二次灌浆法。封闭顺序沿灌注方向依次封闭。

4.2.6.9 无粘结预应力筋锚具外观检验、无粘结预应力钢丝镦头外观检验施工记录（C2-6-9）

实施要点

（1）无粘结预应力筋锚具外观检验、无粘结预应力钢丝镦头外观检验施工记录（道用）按 C2-6-1 表式执行。

（2）无粘结预应力筋锚具外观检验、无粘结预应力钢丝镦头外观检验施工是根据《混凝土结构工程施工质量验收规范》（GB 50204—2002）第 6 章“预应力分项工程”中“6.3 制作与安装”和“6.4 张拉与放张”的有关要求而进行的施工过程检查。由单位工程技术负责人协同质量检查人员及班组长进行，无粘结预应力筋锚具外观检验、无粘结预应力钢丝镦头外观检验施工应邀请驻地监理工程师参加。

（3）检验结果应符合《预应力筋锚具、夹具和连接器》（GB/T 14370）等的规定。

（4）外观检验内容包括：表面无污物、锈蚀、机械损伤和裂纹。检查数量为全数检查。

4.2.6.10　钢结构施工记录（C2-6-10）

4.2.6.10-1　钢构件焊接预、后热施工记录（C2-6-10-1）

实施要点

（1）按施工记录（通用）按 C2-6-1 表式执行。

（2）施工单位对其首次采用的钢材、焊接材料、焊接方法、焊后热处理等，应进行焊接工艺评定，并应根据评定报告确定焊接工艺，检查焊接工艺评定报告。

（3）对于需要进行焊前预热或焊后热处理的焊缝，其预热温度或后热温度应符合国家现行有关标准的规定或通过工艺试验确定。预热区在焊道两侧，每侧宽度均应大于焊件厚度的 1.5 倍以上，且不应小于 100mm；后热处理应在焊后立即进行，保温时间应根据板厚按每 25mm 板厚 1h 确定。《钢结构工程施工质量验收规范》（GB 50205）第 5.2.7 条要求检查预、后热施工记录和工艺试验报告。

4.2.6.10-2　钢零件、钢部件矫正和成型、边缘加工施工记录（C2-6-10-2）

实施要点

（1）钢零件及钢部件加工矫正和成型、边缘加工施工记录按 C2-6-1 表式执行。

（2）碳素结构钢在环境温度低于－16℃、低合金结构钢在环境温度低于－12℃时，不应进行冷矫正和冷弯曲。碳素结构钢和低合金结构钢在加热矫正时，加热温度不应超过 900℃。低合金结构钢在加热矫正后应自然冷却。

注：因在低温下钢材受外力脆断要比冲孔、剪切加工时而脆断更敏感，故对冷矫正和冷弯曲在低温下施工必须严格限制环境温度。

（3）当零件采用热加工成型时，加热温度应控制在 900～1000℃；碳素结构钢和低合金结构钢在温度分别下降到 700℃和 800℃之前，应结束加工；低合金结构钢应自然冷却。

（4）气割或机械剪切的零件，需要进行边缘加工时，其刨削量不应小于 2.0mm。

（5）《钢结构工程施工质量验收规范》（GB 50205）第 7.3.1 条、第 7.3.2 条、第 7.4.1 条要求检查施工记录和工艺报告。

4.2.6.10-3　钢结构单层、多层及高层主体结构的整体垂直度和整体平面弯曲测量施工记录（C2-6-10-3）

实施要点

（1）钢结构单层、多层及高层主体结构的整体垂直度和整体平面弯曲测量施工记录按 C2-6-1 表式执行。

（2）记录施工结果的偏差值：单层钢结构主体结构的整体垂直度和整体平面弯曲的允许偏差应符合表 C2-6-10-3A 的规定。检查数量：对主要立面全部检查。对每个所检查的立面，除两列角柱外，尚应至少选取一列中间柱。

单层钢结构整体垂直度和整体平面弯曲的允许偏差（mm） 表 C2-6-10-3A

项　目	允许偏差	图　例
主体结构的整体垂直度	$H/1000$，且不应大于 25.0	
主体结构的整体平面弯曲	$L/1500$，且不应大于 25.0	

多层及高层钢结构主体结构的整体垂直度和整体平面弯曲的允许偏差应符合表 C2-6-10-3B 的规定。检查数量：对主要立面全部检查。对每个所检查的立面，除两列角柱外，尚应至少选取一列中间柱。检验方法：对于整体垂直度，可采用激光经纬仪、全站仪测量，也可根据各节柱的垂直度允许偏差累计（代数和）计算。对于整体平面弯曲，可按产生的允许偏差累计（代数和）计算。

多层和高层钢结构整体垂直度和整体平面弯曲的允许偏差（mm） 表 C2-6-10-3B

项　目	允许偏差	图　例
主体结构的整体垂直度	$(H/2500+10.0)$， 且不应大于 50.0	
主体结构的整体平面弯曲	$L/1500$，且不应大于 25.0	

4.2.6.10-4　预拼装构件检查记录（C2-6-10-4）

实施要点

（1）预拼装构件检查记录应用施工记录（通用）按 4.2.1.2-1 表式执行。

（2）预拼装所用的支承凳或平台应测量找平，检查时应拆除全部临时固定和拉紧装置。

（3）进行预拼装的钢构件，其质量应符合设计要求和《钢结构工程施工质量验收规范》（GB 50205—2001）合格质量标准的规定。

（4）高强度螺栓和普通螺栓连接的多层板叠，应采用试孔器进行检查，并应符合下列规定：

1）当采用比孔公称直径小 1.0mm 的试孔器检查时，每组孔的通过率不应小于 85%；

2）当采用比螺栓公称直径大 0.3mm 的试孔器检查时，通过率应为 100%。

4.2.6.10-5　焊缝外观及尺寸检查记录（C2-6-10-5）

实施要点

焊缝外观及尺寸检查记录是指施工班组或施工人员自行检查的记录，主要检查记录资料，焊缝外观、尺寸符合规范规定，检查范围要覆盖到全部工程。焊缝外观、尺寸的记录资料主要检查在施工现场加工和拼装的焊缝的检查记录。对于在工厂加工的焊缝质量情况，由工厂在出厂合格证中说明。检查记录由质量检查员、施工人员签字认可。

4.2.6.10-6　柱脚及网架支座检查记录（C2-6-10-6）

实施要点

（1）钢网架结构支座定位轴线的位置、支座锚栓的规格应符合设计要求。

（2）支承面顶板的位置、标高、水平度以及支座锚栓位置的允许偏差应符合下列规定：

支承面顶板：位置允许偏差为15mm；顶面标高允许偏差为0、－3.0mm；顶面水平度允许偏差为1/1000。

支座锚栓：中心偏移允许偏差为±5.0mm。

（3）支承垫块的种类、规格、摆放位置和朝向，必须符合设计要求和国家现行有关标准的规定。橡胶垫块与刚性垫块之间或不同类型刚性垫块之间不得互换使用。

（4）网架支座锚栓的紧固应符合设计要求。

支座锚检尺寸的允许偏差应符合下列规定：

螺栓（锚栓）露出长度允许偏差为：＋30mm、0.0mm；螺纹长度允许偏差为：＋30mm、0.0mm。

支座锚栓的螺纹应受到保护。

4.2.6.10-7　高强度螺栓连接副施工质量检查施工记录（C2-6-10-7）

实施要点

（1）高强度螺栓连接副施工质量检查施工记录按C2-6-1表式执行。

（2）高强度螺栓连接副施工质量检查是根据《钢结构工程施工质量验收规范》（GB 50205—2001）"6.3高强度螺栓连接"的有关要求而进行的施工过程检查。由单位工程技术负责人协同质量检查人员及班组长进行，高强度螺栓连接副施工质量检查应邀请驻地监理工程师参加。

（3）记录：螺栓规格型号、对应的构件编号，设计初拧扭矩和终拧扭矩，扭矩扳手核定偏差，施工质量检查项目（初拧与终拧值，设计预拉力检验与测定扭矩，螺栓外露丝扣和外观质量）。

高强度螺栓拧紧：分为初拧、终拧。对于大型节点，应分为初拧、复拧、终拧。大六角头高强度螺栓初拧扭矩为施工扭矩的50%左右，扭剪型高强度螺栓初拧扭矩值为0.13×P_c×d的50%左右。复拧扭矩等于初拧扭矩。

高强度螺栓连接副终拧后：螺栓丝扣外露应2～3扣，其中允许有10%的螺栓丝扣外露1扣或4扣。

（4）大六角头高强度螺栓按节点数抽查10%，且不应少于10个；每个被抽查节点按螺栓数抽查10%，且不应少于2个。

（5）扭剪型高强度螺栓按节点数抽查10%，且不应少于10个；被抽查节点中梅花头未拧掉的扭剪型高强度螺栓连接副全数进行终拧扭矩检查。

4.2.6.10-8　钢网架结构接点承载力试验施工记录（C2-6-10-8）

实施要点

（1）钢网架结构接点承载力试验施工记录按C2-6-1表式执行。

（2）记录结构节点承载力试验过程与结果：对建筑结构安全等级为一级、跨度40m及以上的公共建筑钢网架结构，设计有要求时，应按下列项目进行节点承载力试验，其结果应符合以下规定：

1）焊接球节点应按设计指定规格的球及其匹配的钢管焊接成试件，进行轴心拉、压承载力试验，其试验破坏荷载值大于或等于1.6倍设计承载力为合格。

2）螺栓球节点应按设计指定规格的球最大螺栓孔螺纹进行抗拉强度保证荷载试验；当达到螺栓的设计承载力时，螺孔、螺纹及封板仍完好无损为合格。

3）检查数量：每项试验做3个试件。

4.2.6.10-9 钢网架结构挠度测量施工记录（C2-6-10-9）

实施要点

（1）钢网架结构挠度测量施工记录按C2-6-1表式执行。

（2）记录结构挠度试验过程与结果：钢网架结构总拼完成后及屋面工程完成后应分别测量其挠度值，且所测的挠度值不应超过相应设计值的1.15倍。

（3）检查数量：跨度24m及以下钢网架结构测见下弦中央一点；跨度24m以上钢网架结构测量下弦中央一点及各向下弦跨度的四等分点。

4.2.6.10-10 压型金属板安装施工记录（C2-6-10-10）

实施要点

（1）压型金属板安装施工记录按C2-6-1表式执行。

（2）压型金属板安装应记录的内容：

1）压型金属板、泛水板和包角板等应固定可靠、牢固，防腐涂料涂刷和密封材料敷设应完好，连接件数量、间距应符合设计要求和国家现行有关标准规定。

2）压型金属板应在支承构件上可靠搭接，搭接长度应符合设计要求，且不应小于钢结构（压型金属板安装）检验批质量验收记录表所规定的数值。

3）组合楼板中压型金属板与主体结构（梁）的锚固支承长度应符合设计要求，且不应小于50mm，端部锚固件连接应可靠，设置位置应符合设计要求。

4）压型金属板安装应平整、顺直，板面不应有施工残留物和污物。檐口和墙面下端应呈直线，不应有未经处理的错钻孔洞。

4.2.6.10-11 钢结构防腐、防火涂料涂装施工记录（C2-6-10-11）

实施要点

（1）钢结构防腐、防火涂料涂装施工记录按C2-6-1表式执行。

（2）钢结构防腐、防火涂料涂装应记录的内容：

1）涂装前钢材表面除锈应符合设计要求和国家现行有关标准的规定。处理后的钢材表面不应有焊渣、焊疤、灰尘、油污、水和毛刺等。当设计无要求时，钢材表面除锈等级应符合表C2-6-10-11的规定。

各种底漆或防锈漆要求最低的除锈等级 **表C2-6-10-11**

涂 料 品 种	除锈等级
油性酚酸等底漆或防锈漆	St2
高氯化聚乙烯、氯化橡胶、氯磺化聚乙烯、环氧树脂、聚氨酯等底漆或防锈漆	Sa2
无机富锌、有机硅、过氯乙烯等底漆	Sa2 $\frac{1}{2}$

2）涂料、涂装遍数、涂层厚度均应符合设计要求。当设计对涂层厚度无要求时，涂层干漆膜总厚度：室外应为150μm，室内应为125μm，其允许偏差为-5μm。

3）构件表面不应误涂、漏涂，涂层不应脱皮和返锈等。涂层应均匀，无明显皱皮、流坠、针眼和气泡等。

4）当钢结构处在有腐蚀介质环境或外露且设计有要求时，应进行涂层附着力测试。在检查测处范围内，当涂层完整程度达到70%以上时，涂层附着力达到合格质量标准的要求。

4.2.6.11　幕墙工程施工记录（C2-6-11）

4.2.6.11-1　幕墙节点联结、防火处理、安装与固定、变形缝处理等施工记录（C2-6-11-1）

实施要点

(1) 幕墙节点连接、防火处理、安装与固定、变形缝处理施工记录按C2-6-1表式执行。

(2) 记录幕墙细部的施工过程与结果：幕墙与主体结构连接的各种预埋件、连接件、紧固件必须安装牢固，其数量、规格、位置、连接方法和防腐处理应符合设计要求；各种连接件、紧固件的螺栓应有防松动措施；焊接连接应符合设计要求和焊接规范的规定。

各种结构变形缝、墙角的连接节点应符合设计要求和技术标准的规定。

幕墙的防雷装置必须与主体结构的防雷装置可靠连接。

(3) 记录幕墙防火：幕墙的防火应除应符合现行国家标准《建筑设计防火规范》（GB 50016）和《高层民用建筑设计防火规范》（GB 50045）的有关规定外，还应符合下列规定：

1）应根据防火材料的耐火极限决定防火层的厚度和宽度，并应在楼板处形成防火带。

2）防火层应采取隔离措施。防火层的衬板应采用经防腐处理且厚度不小于1.5mm的钢板，不得采用铝板。

3）防火层的密封材料应采用防火密封胶。

4）防火层与玻璃不应直接接触，一块玻璃不应跨两个防火分区。

4.2.6.11-2　幕墙结构胶粘结剥离试验施工记录（C2-6-11-2）

实施要点

(1) 幕墙结构胶粘结剥离试验施工记录按C2-6-1表式执行。

(2) 记录幕墙结构胶粘结剥离试验过程与结果：玻璃幕墙结构胶粘结剥离试验是根据《玻璃幕墙工程技术规范》JGJ 102关于幕墙安装施工的有关要求而进行的施工过程检查。由单位工程技术负责人协同质量检查人员及班组长进行，玻璃幕墙结构胶粘结剥离试验应邀请驻地监理工程师参加。

(3) 每百个隐框幕墙组件随机抽取一件进行剥离试验，如结构胶属双组分胶的，应进行拉断和蝴蝶试样试验。

4.2.6.11-3　密封胶、密封材料和衬垫材料检查验收施工记录（C2-6-11-3）

实施要点

(1) 密封胶、密封材料和衬垫材料检查验收施工记录按C2-6-1表式执行。

（2）记录施工用材料的合格程度：密封胶、密封材料和衬垫材料检查验收是根据《玻璃幕墙工程技术规范》JGJ 102 关于幕墙安装施工的有关要求而进行的施工过程检查。由单位工程技术负责人协同质量检查人员及班组长进行，密封胶、密封材料和衬垫材料检查验收应邀请驻地监理工程师参加。

检查密封胶出厂合格证。采用观察检查、切割检查，并应采用分辨率为 0.5mm 的游标卡尺测量密封胶的宽度和厚度。同时，检查相容性试验报告及其结果。

4.2.6.11-4 注胶施工记录（C2-6-11-4）

实施要点

（1）注胶施工记录按 C2-6-1 表式执行。

（2）记录幕墙注胶施工过程与结果：幕墙注胶是根据《玻璃幕墙工程技术规范》JGJ102 关于幕墙安装施工的有关要求而进行的施工过程检查。由单位工程技术负责人协同质量检查人员及班组长进行，幕墙注胶应邀请驻地监理工程师参加。

（3）幕墙注胶施工过程中应进行记录检查，检查内容包括宽度、厚度、连续性、均匀性、密实度和饱满度等。

4.2.6.12 装饰装修工程施工记录（C2-6-12）

4.2.6.12-1 抹灰（一般、装饰等）施工记录（C2-6-12-1）

实施要点

（1）抹灰（一般、装饰等）施工记录按 C2-6-1 表式执行。

（2）记录抹灰工程施工过程与结果：抹灰前基层表面的尘土、污垢、油渍等应清除干净，并应洒水润湿。

（3）抹灰工程应分层进行。当抹灰总厚度大于或等于 35mm 时，应采取加强措施。不同材料基体交接处表面的抹灰，应采取防止开裂的加强措施；当采用加强网时，加强网与各基体的搭接宽度不应小于 100mm。

抹灰层的总厚度应符合设计要求；水泥砂浆不得抹在石灰砂浆层上；罩面石膏灰不得抹在水泥砂浆层上。

（4）抹灰层与基层之间及各抹灰层之间必须粘结牢固，抹灰层应无脱层、空鼓，面层应无爆灰和裂缝。

（5）有排水要求的部位应做滴水线（槽），滴水槽的宽度和深度均不应小于 10mm。

（6）记录要点：基底材质，基底清理及润湿，底糙灰用料及配比，底糙灰施工，打把、冲筋，找平抹灰用料及配比，找平抹灰施工等。

4.2.6.12-2 门窗预埋件、锚固件、防腐、填嵌处理施工记录（C2-6-12-2）

实施要点

（1）门窗预埋件、锚固件、防腐、填嵌处理施工记录按 C2-6-1 表式执行。

（2）应记录：门窗预埋件、锚固件、防腐、填嵌处理施工过程与结果。

1）木门窗框的安装必须牢固；预埋木砖的防腐处理、木门窗框固定点的数量、位置及固定方法，均应符合设计要求。

2）木门窗与墙体间缝隙的填嵌材料应符合设计要求，填嵌应饱满。寒冷地区外门窗（或门窗框）与砌体间的空隙应填充保温材料。

4.2.6.12-3 吊顶工程施工记录（C2-6-12-3）

实施要点

（1）吊顶工程施工记录按 C2-6-1 表式执行。

（2）应记录：吊顶工程施工过程与结果。

1）明龙骨、暗龙骨吊顶工程的吊杆、龙骨和饰面材料的安装必须牢固。

2）金属吊杆、龙骨的接缝应均匀一致，角缝应吻合，表面应平整，无翘曲、锤印。木质吊杆、龙骨应顺直，无劈裂、变形。

3）吊顶内填充吸声材料的品种和铺设厚度应符合设计要求，并应有防散落措施。

4.2.6.12-4 轻质隔墙（板材骨架、活动隔墙、玻璃隔墙等）工程施工记录（C2-6-12-4）

实施要点

（1）轻质隔墙（板材骨架、活动隔墙、玻璃隔墙等）工程施工记录按 C2-6-1 表式执行。

（2）应记录：轻质隔墙工程施工过程与结果。

1）隔墙板材所用接缝材料的品种及接缝方法应符合设计要求。

2）玻璃板隔墙的安装必须牢固。玻璃板隔墙胶垫的安装应正确。

4.2.6.12-5 饰面板（砖）施工记录（C2-6-12-5）

实施要点

（1）饰面板（砖）施工记录按 C2-6-1 表式执行。

（2）应记录：饰面板（砖）工程施工过程与结果。

1）饰面板安装工程的预埋件（或后置埋件）及连接件的数量、规格、位置、连接方法和防腐处理必须符合设计要求。后置埋件的现场拉拔强度必须符合设计要求。饰面板安装必须牢固。

2）采用湿作业法施工的饰面板工程，石材应进行防碱背涂处理。饰面板与基体之间的灌注材料应饱满、密实。

3）记录要点：基底材料及处理措施，用料品种、规格及检查验收情况，排板分线和饰花图案安排情况，胶粘剂及配合比，粘（镶）贴方法，质量自查情况等。

4.2.6.12-6 涂饰、裱糊与软包工程施工记录（C2-6-12-6）

实施要点

（1）涂饰、裱糊与软包工程施工记录按 C2-6-1 表式执行。

（2）应记录：涂饰、裱糊与软包工程施工过程与结果。

1）软包工程的安装位置及构造做法应符合设计要求。

2）水性涂料涂饰、溶剂型涂料涂饰工程的基层处理应符合：

① 新建筑物的混凝土或抹灰基层在涂饰涂料前应涂刷抗碱封闭底漆。

② 旧墙面在涂饰涂料前应清除疏松的旧装修层，并涂刷界面剂。

③ 混凝土或抹灰基层涂刷溶剂型涂料时，含水率不得大于 8%；涂刷乳液型涂料时，含水率不得大于 10%。木材基层的含水率不得大于 12%。

④ 基层腻子应平整、坚实、牢固，无粉化、起皮和裂缝；内墙腻子的粘结强度应符合《建筑室内用腻子》（JG/T 3049）的规定。

⑤ 厨房、卫生间墙面必须使用耐水腻子。

3）裱糊工程基层处理质量应符合：

① 新建筑物的混凝土或抹灰基层墙面在刮腻子前应涂刷抗碱封闭底漆。

② 旧墙面在裱糊前应清除疏松的旧装修层，并涂刷界面剂。

③ 混凝土或抹灰基层含水率不得大于8%；木材基层的含水率不得大于12%。

④ 基层腻子应平整、坚实、牢固，无粉化、起皮和裂缝；腻子的粘结强度应符合《建筑室内用腻子》（JG/T 3049）N型的规定。

⑤ 基层表面平整度、立面垂直度及阴阳角方正应达到相关规范关于高级抹灰的要求。

⑥ 基层表面颜色应一致。

⑦ 裱糊前应用封闭底胶涂刷基层。

（3）记录要点：样板（或样板间）试做及检验情况，用料（含腻子），基底面封闭及处理情况，刮腻子及打磨遍数，基漆刷（喷）遍数，罩面情况等。

4.2.6.12-7 细部工程护栏与预埋件（或后置埋件）连接节点施工记录（C2-6-12-7）

实施要点

（1）细部工程护栏与预埋件（或后置埋件）连接节点施工记录按C2-6-1表式执行。

（2）应记录：细部工程施工过程与结果。

1）橱柜安装预埋件或后置埋件的数量、规格、位置应符合设计要求。

2）护栏和扶手安装预埋件的数量、规格、位置以及护栏与预埋件的连接节点应符合设计要求。

4.2.6.13 地下防水工程施工记录（C2-6-13）

4.2.6.13-1 地下防水转角处、变形缝、穿墙管道、后浇带、埋设件、施工缝留槎位置、穿墙管止水环与主管或翼环与套管等细部做法施工记录（C2-6-13-1）

实施要点

（1）地下防水转角处、变形缝、穿墙管道、后浇带、埋设件、施工缝留槎位置、穿墙管止水环与主管或翼环与套管等细部做法施工记录，按C2-6-1表式执行。

（2）地下防水细部做法应记录的内容：

1）地下防水转角处、变形缝、穿墙管道、后浇带、埋设件、施工缝留槎位置等细部做法隐蔽工程验收记录，是指承包单位根据规范要求提请监理、建设、设计等相关单位对地下防水转角处、变形缝、穿墙管道、后浇带、埋设件、施工缝留槎位置等的细部做法。

穿墙管止水环与主管或翼环与套管隐蔽工程验收记录，是指承包单位根据规范要求提请监理、建设、设计等相关单位对穿墙管止水环与主管或翼环与套管的记录。

2）变形缝：检查验收变形缝防水止水带宽度和材质的物理性能，均应符合设计要求。接头应采用热接，不得叠接，不得有裂口和脱胶现象；中埋式止水带中心线应和变形缝中心线重合，止水带不得穿孔或用铁钉固定；变形缝处增设的卷材或涂料防水层，应按设计要求施工。

3）施工缝：检查验收施工缝防水的水平施工缝、垂直施工缝表面清理程度、涂刷混凝土界面处理剂情况以及采用遇水膨胀橡胶腻子止水条时是否牢固置于缝表面预留槽内，确保止水带位置准确、固定牢靠。

4）后浇带：检查验收后浇带防水两侧混凝土龄期是否达到 42d 后再施工；后浇带采用的补偿收缩混凝土强度等级不得低于两侧混凝土的强度等级。

5）埋设件：检查验收埋设件的防水端部或预留孔（槽）底部的混凝土厚度不得小于 250mm；预留地坑、孔洞、沟槽内的防水层，应与孔（槽）外的结构防水层保持连续；固定模板用的螺栓必须穿过混凝土结构时，螺栓或套管应满焊止水环或翼环；采用工具式螺栓或螺栓加堵头做法，拆模后应采取加强防水措施将留下的凹槽封堵密实。

6）穿墙管：检查验收穿墙管止水环与主管或翼环与套管的连续满焊及防腐处理情况；穿墙管处防水层施工前，套管内表面应清理干净；套管内的管道安装完毕后两管间嵌入内衬填料、端部密封材料填缝情况。柔性穿墙时，穿墙内侧用的法兰是否压紧；穿墙管外侧防水层是否铺设严密，不留接槎；增铺附加层时，必须按设计要求施工。

4.2.6.13-2　*盾构法隧道管片拼装接缝施工记录*（C2-6-13-2）

实施要点

（1）盾构法隧道管片拼装接缝施工记录按 C2-6-1 表式执行。

（2）应记录：盾构法隧道管片拼装接缝工程施工过程与结果。盾构法隧道管片拼装接缝防水应符合设计要求。

4.2.6.13-3　*渗排水、盲沟排水、隧道、坑道排水施工记录*（C2-6-13-3）

实施要点

（1）渗排水、盲沟排水、隧道、坑道排水施工记录按 C2-6-1 表式执行。

（2）渗排水、盲沟排水应记录的内容：反滤层的砂、石粒径和含泥量、集水管的埋设深度及坡度、渗排水层的构造、盲沟的构造应符合设计要求。

（3）隧道、坑道排水系统应记录的内容（必须畅通）：反滤层的砂、石粒径和含泥量、土工复合材料、隧道纵向集水盲管和排水明沟的坡度、隧道导水盲管和横向排水管的设置间距、中心排水盲沟的断面尺寸、集水管埋设及检查井设置应符合设计要求。

（4）盲沟反滤层材料控制应记录：

1）砂、石粒径：滤水层（贴天然土）：塑性指数 $I_p \leqslant 3$（砂性土）时，采用 0.1～2mm 粒径砂子；$I_p > 3$（黏性土）时，采用 2～5mm 粒径砂子。

渗水层：塑性指数 $I_p \leqslant 3$（砂性土）时，采用 1～7mm 粒径卵石；$I_p > 3$（黏性土）时，采用 5～10mm 粒径卵石。

2）砂石含泥量不得大于 2%。

4.2.6.13-4　*注浆工程的注浆孔、注浆控制压力、钻孔埋管等施工记录*（C2-6-13-4）

实施要点

（1）注浆工程的注浆孔、注浆控制压力、钻孔埋管等施工记录按 C2-6-1 表式执行。

（2）注浆结果应记录的内容：注浆效果、注浆孔的数量、布置间距、钻孔深度及角度、注浆各阶段的控制压力和进浆量、钻孔埋管的孔径和孔距、注浆的控制压力和进浆量、地表沉降控制等应符合设计要求。

（3）注浆过程控制应记录：

1）根据工程地质、注浆目的等控制注浆压力。

2）回填注浆应在衬砌混凝土达到设计强度的 70%后进行，衬砌后围岩注浆应在充填注浆固结体达到设计强度的 70%后进行。

3）浆液不得溢出地面和超出有效注浆范围，地面注浆结束后注浆孔应封填密实。

4）注浆范围和建筑物的水平距离很近时，应加强对临近建筑物和地下埋设物的现场监控。

5）注浆点距离饮用水源或公共水域较近时，注浆施工如有污染，应及时采取相应措施。

（4）衬砌裂缝注浆过程控制应记录：

1）浅裂缝应骑槽粘埋注浆嘴，必要时沿缝开凿“V”形槽，并用水泥砂浆封缝。

2）深裂缝应骑缝钻孔或斜向钻孔至裂缝深部，孔内埋设注浆管，间距应根据裂缝宽度而定，但每条裂缝至少有一个进浆孔和一个排气孔。

3）注浆后嘴及注浆管应设于裂缝的交叉处、较宽处及贯穿处等部位。对封缝的密封效果应进行检查。

4）采用低压低速注浆，化学注浆压力宜为0.2～0.4MPa，水泥浆灌浆压力宜为0.4～0.8MPa。

5）注浆后待缝内浆液初凝而不外流时，方可拆下注浆嘴并进行封口抹平。

4.2.6.13-5　地下连续墙的槽段接缝及墙体与内衬结构接缝施工记录（C2-6-13-5）

实施要点

（1）地下连续墙的槽段接缝及墙体与内衬结构接缝施工记录，按C2-6-1表式执行。

（2）地下连续墙的槽段接缝及墙体与内衬结构接缝应记录的内容：

1）地下连续墙的槽段接缝及墙体与内衬结构接缝应符合设计要求。

2）单元槽段接头：检查验收单元槽段接头，不宜设在拐角处；采用复合式衬砌时，内外墙接头宜相互错开。

3）地下连续墙与内衬结构连接：检查验收地下连续墙与内衬结构连接处的凿毛及清理情况，必要时应做特殊防水处理。

4）槽段接缝：检查验收地下连续墙的槽段接缝以及墙体与内衬结构接缝，应符合设计要求。

5）墙面露筋：检查验收地下连续墙墙面的露筋部分，应小于1%墙面面积，且不得有露石和夹泥现象。

4.2.6.14　屋面防水施工记录（C2-6-14）

实施要点

（1）屋面卷材防水、涂膜防水、刚性防水的防水层基层；密封防水处理部位；细部构造的天沟、檐口、檐沟、水落口、泛水、变形缝和伸出屋面管道的防水构造；防水层的搭接宽度和附加层；刚性保护层与卷材、涂膜防水层之间设置的隔离层施工记录按C2-6-1表式执行。

（2）屋面卷材防水、涂膜防水、刚性防水的防水层基层；密封防水处理部位；细部构造的天沟、檐口、檐沟、水落口、泛水、变形缝和伸出屋面管道的防水构造；防水层的搭接宽度和附加层；刚性保护层与卷材、涂膜防水层之间设置的隔离层应记录的内容：

1）屋面天沟、檐口、檐沟、水落口、泛水、变形缝和伸出屋面管道的防水构造应符合设计要求。

2）记录用于细部构造处理的防水卷材、防水涂料和密封材料的质量，检查防水材料的出厂合格证及复试报告，均应符合《屋面工程质量验收规范》（GB 50207—2002）有关规定的要求。

3）附加层：记录天沟、檐沟与屋面交接处、泛水、阴阳角等部位的卷材或涂膜附加层。天沟、檐沟的沟内附加层在天沟、檐沟与屋面交接处宜空铺，空铺的宽度不应小于200mm；卷材防水层应由沟底翻上至沟外檐顶部，卷材收头应用水泥钉固定，并用密封材料封严；涂膜收头应用防水涂料多遍涂刷或用密封材料封严；在天沟、檐沟与细石混凝土防水层的交接处，应留凹槽并用密封材料嵌填严密。

4）檐口防水构造：记录檐口的防水构造，铺贴檐口 800mm 范围内的卷材应采取满粘法。卷材收头应压入凹槽，采用金属压条钉压，并用密封材料封口。涂膜收头应用防水涂料多遍涂刷或用密封材料封严。檐口下端应抹出鹰嘴和滴水槽。

5）女儿墙泛水：记录女儿墙泛水的防水构造，铺贴泛水处的卷材应采取满粘法。砖墙上的卷材收头可直接铺压在女儿墙压顶下，压顶应做防水处理；也可压入砖墙凹槽内固定密封，凹槽距屋面找平层不应小于 250mm，凹槽上部的墙体应做防水处理。涂膜防水层应直接涂刷至女儿墙的压顶下，收头处理应用防水涂料多遍涂刷封严，压顶应做防水处理。混凝土墙上的卷材收头应采用金属压条钉压，并用密封材料封严。

6）水落口的防水构造：记录水落口的防水构造，水落口杯上口的标高应设置在沟底的最低处。防水层贴入水落口杯内不应小于 50mm。水落口四周围直径 500mm 范围内坡度不应小于 5%，并采用防水涂料或密封材料涂封，其厚度不应小于 2mm。水落口杯与基层接触处应留宽 20mm、深 20mm 凹槽，并嵌填密封材料。

7）变形缝的防水构造：记录变形缝的防水构造，变形缝的泛水高度不应小于250mm。防水层应铺贴到变形缝两侧砌体的上部。变形缝内应填充聚苯乙烯泡沫塑料，上部填放衬垫材料，并用卷材封盖。变形缝顶部应加扣混凝土或金属盖板，混凝土盖板的接缝应用密封材料嵌填。

8）伸出屋面管道的防水构造：记录伸出屋面管道的防水构造，管道根部直径 500mm 范围内，找平层应抹出高度不小于 30mm 的圆台。管道周围与找平层或细石混凝土防水层之间，应预留 20mm×20mm 的凹槽，并用密封材料嵌填严密。管道根部四周应增设附加层，宽度和高度均不应小于 300mm。管道上的防水层收头处应用金属箍紧固，并用密封材料封严。

9）排水坡度：天沟、檐沟的排水坡度，必须符合设计要求。

4.2.6.15　建筑地面各构造层施工记录（C2-6-15）

实施要点

（1）建筑地面各构造层施工记录按 C2-6-1 表式执行。

（2）建筑地面各构造层应记录的内容：

1）建筑地面下的沟槽、暗管等工程完工后，经检验合格方可进行建筑地面工程的施工。

2）建筑地面工程基层（各构造层）和面层的铺设，均应待其下一层检验合格后方可施工上一层。建筑地面工程各层铺设前与相关专业的分部（子分部）工程、分项工程以及设备管道安装工程之间，应进行交接检验。

3）建筑地面的强度和密度、坡度、厚度、标高、平整度、连接以及变形缝的位置、宽度等。

附：不发生火花（防爆的）建筑地面材料及其制品不发火性的试验方法

1. 不发火性的定义

当所有材料与金属或石块等坚硬物体发生摩擦、冲击或冲擦等机械作用时，不发生火花（或火星），致使易燃物引起发火或爆炸的危险，即为具有不发火性。

2. 试验方法

(1) 试验前的准备。材料不发火的鉴定，可采用砂轮来进行。试验的房间应完全黑暗，以便在试验时易于看见火花。

试验用的砂轮直径为150mm，试验时其转速应为600～1000r/min，并在暗室内检查其分离火花的能力。检查砂轮是否合格，可在砂轮旋转时用工具钢、石英岩或含有石英岩的混凝土等能发生火花的试件进行摩擦，摩擦时应加10～20N的压力；如果发生清晰的火花，则该砂轮即认为合格。

(2) 粗骨料的试验。从不少于50个试件中选出做不发生火花试验的试件10个。被选出的试件，应是不同表面、不同颜色、不同结晶体、不同硬度的。每个试件重50～250g，准确度应达到1g。

试验时也应在完全黑暗的房间内进行。每个试件在砂轮上摩擦时，应加以10～20N的压力。将试件任意部分接触砂轮后，仔细观察试件与砂纶摩擦的地方，有无火花发生。

必须在每个试件的重量磨掉不少于20g后，才能结束试验。

在试验中如没有发现任何瞬时的火花，该材料即为合格。

(3) 粉状骨料的试验。粉状骨料除着重试验其制造的原料外，并应将这些细粒材料用胶结料（水泥或沥青）制成块状材料来进行试验，以便于以后发现制品不符合不发火的要求时，能检查原因；同时，也可以减少制品不符合要求的可能性。

(4) 不发火水泥砂浆、水磨石和水泥混凝土的试验。主要试验方法同本节。

4.2.6.16 建筑节能施工记录（C2-6-16）

实施要点

(1) 建筑节能施工记录应按不同分项工程施工的材料质量控制、施工工艺执行，外墙节能构造现场实体检验，外窗气密性现场实体检测，系统节能性能检验，设备单机、系统联合试运转及调试和建筑节能工程质量验收分别予以记录。不同分项工程包括：

1）墙体节能工程：主体结构基层；保温材料；饰面层等。

2）幕墙节能工程：主体结构基层；隔热材料；保温材料；隔汽层；幕墙玻璃；单元式幕墙板块；通风换气系统；遮阳设施；冷凝水收集排放系统等。

3）门窗：节能工程门；窗；玻璃；遮阳设施等。

4）屋面节能工程：基层；保温隔热层；保护层；防水层；面层等。

5）地面节能工程：基层；保温层；保护层；面层等。

6）采暖节能工程：系统制式散热器；阀门与仪表；热力入口装置；保温材料；调试等。

7）通风与空气调节：系统制式；通风与空调设备；阀门与仪表；绝热材料。

8）空调与采暖系统的冷热及管网节能工程：系统制式；冷热制式；冷热源设备；辅助设备；管网；阀门与仪表；绝热、保温材料；调试等。

9）配电与照明节能工程：低压配电电源；照明光源、灯具；附属装置；控制功能；

调试等。

(10) 监测与控制节能工程：冷、热源系统的监测控制系统；空调水系统的监测控制系统；通风与空调系统的监测控制系统；监测与计量装置；供配电的监测控制系统；照明自动控制系统；综合控制系统等。

4.2.7 预制构件、预拌混凝土合格证（C2-7）

4.2.7.1 预制构件、钢构件、木构件（门窗）合格证汇总表（C2-7-1）

预制构件、钢构件、木构件（门窗）合格证汇总表按（C2-3-1）执行。

实施要点

(1) 预制构件合格证

1）预制混凝土构件必须具有出厂合格证。要求填写齐全，不得缺漏或填错，作为技术鉴定质量合格原件的依据。“构件”必须是合格产品且必须有合格标志。应按预制混凝土构件的质量验收规范对模板、钢筋、构件的外观、几何尺寸、结构性能进行检验，并做好实测记录。检验结果必须符合预制混凝土构件质量验收规范和设计文件的要求。构件出厂合格证必须填写近期结构性能试验结果（不超过三个月）。施工现场制作的混凝土预制构件，按预制混凝土构件质量验收规范的检验的有关要求进行，安装前应进行外观、几何尺寸复查，并做好实测记录。构件生产不论是预制构件厂或自产自销施工企业都必须取得生产资质证书，并应提供出厂合格证。

2）任何预制混凝土构件，只有在取得生产厂家提供的合格证，并经核对有关指标符合规定后，方可在工程上使用。

3）不合格的材料及构件，没有取得资质证书厂家生产的构件不得用于工程，应由施工单位主管技术负责人会同有关单位及时进行处理，并在合格证备注栏内注明处理意见（应注意：不符合标准要求并不一定是废品，可据实际情况有些可以降级，有的作为非承重构件，有的经过返修后再用等）。

4）预制构件应在明显部位标志生产单位、构件型号、生产日期和质量验收标志。构件上的预埋件、插筋和预留孔洞的规格、位置和数量应符合标准图或设计的要求。

(2) 钢构件合格证

1）钢构件合格证是指钢构件生产厂家提供的质量合格证明文件。

2）钢构件合格证应包括生产厂家、工程名称、合格证编号、合同编号、设计图纸的种类、构件类别和名称、型号、代表数量、生产日期、结构试验评定、承载力、拱度。

3）构件合格证必须物证相符，表列各项填写齐全。

4）成品、半成品的合格证必须齐全，符合设计要求。

5）重要构件应填写实际测试的探伤报告单编号。

6）物证不符和子项填写不全的为不符合要求。

7）重要构件无实测的探伤报告单编号者为不符合要求。

8）构件出厂合格证的数量，应与该工程的使用数量相符，不符的为不符合要求。

9）构件合格证，需有产品生产许可证编号及许可证批准日期，否则为不符合要求。

10）构件进场应抽检，必要时可全数检查，先外观检察后检查合格证的有关指标，必须符合要求，否则为不合格。

(3) 木构件合格证

1）木构件合格证是指木构件生产厂家提供的质量合格证明文件。

2）木构件出厂合格证应包括生产厂家、工程名称、合格证编号、合同编号、设计图纸的种类、构件类别和名称、型号、代表数量、生产日期、结构试验评定、承载力、拱度。

3）构件合格证必须物证相符，表列各项填写齐全。

4）成品、半成品的合格证必须齐全，符合设计要求。

5）重要构件应填写实际测试的探伤报告单编号。

6）物证不符和子项填写不全的为不符合要求。

7）重要构件无实测的探伤报告单编号者为不符合要求。

8）构件出厂合格证的数量，应与该工程的使用数量相符，不符的为不符合要求。

9）构件合格证需有产品生产许可证编号及许可证批准日期，否则为不符合要求。

10）构件进场应抽检，必要时可全数检查，先外观检察后检查合格证的有关指标，必须符合要求；否则，为不合格。

(4) 门窗合格证

1）门窗合格证是指由生产厂家提供的质量合格证明文件。

2）包括木门窗、铝合金、塑料门窗。

3）门窗合格证中应包括生产厂家、工程名称、合格证编号、生产许可证编号、委托单位、质量验收、构件类别和名称、型号、代表数量、生产日期、采用的图集号、出厂日期、材质等级、木材含水率等子项，并有生产单位技术负责人、质检员签字，加盖生产公章。

4）门窗出厂必须有出厂合格证、材料合格证及物理性能试验报告，且合格证中的数量必须与构件进场数量相符，特种门还应有生产许可证复印件。取得生产厂家提供的合格证及相应附件，并经核实符合规定后，方可在工程上使用。

5）门窗生产厂家必须是取得资质证书的厂家。

6）门窗进场时应进行抽查检验，必要时可进行全数检查；对不符合质量要求者，应经施工单位技术负责人会同有关人员及时进行处理。

(5) 预拌（商品）混凝土合格证

1）预拌（商品）混凝土出厂合格证是指预拌（商品）混凝土生产厂家提供的质量合格证明文件。

2）当采用预拌混凝土时，预拌厂应提供下列资料：

① 水泥品种、强度等级及每立方米混凝土中的水泥用量；

② 骨料的种类和最大粒径；

③ 外加剂、掺合料的品种及掺量；

④ 混凝土强度等级和坍落度；

⑤ 混凝土配合比和标准试件强度；

⑥ 对轻骨料混凝土尚应提供其密度等级。

3）预拌混凝土生产厂家必须向施工单位提供质量合格的混凝土，并随车提供预拌混凝土运输单位，于45d内提供预拌混凝土出厂合格证。

当采用预拌混凝土时，应在商定的交货地点进行坍落度检查，并应填写检查记录。实测的混凝土坍落度与要求坍落度之间的允许偏差应符合表C2-7-1的要求。

混凝土坍落度与要求坍落度之间的允许偏差（mm）　　　　**表C2-7-1**

要求坍落度	允许偏差
＜50	±10
50～90	±20
＞90	±30

4.2.7.2　预制构件、钢构件、木构件（门窗）合格证（C2-7-2）

4.2.7.2-1　预制构件合格证

1. 资料表式

预制构件合格证　　　　**表C2-7-2-1**

工程名称：

委托单位：　　　　合格证编号：　　　　许可证编号：

<table>
<tr><td rowspan="2">构、配件名称及型号</td><td rowspan="2">数量</td><td rowspan="2">生产日期</td><td colspan="3">混凝土强度等级</td><td colspan="2">主　筋</td><td colspan="2" rowspan="2">质　量
等　级</td><td colspan="2">结构试验</td><td rowspan="2">备注</td></tr>
<tr><td>设计</td><td>实际</td><td>出厂</td><td>种类及规格</td><td>钢材试验单编号</td><td>钢筋</td><td>构件</td></tr>
<tr><td></td><td></td><td></td><td></td><td></td><td></td><td></td><td></td><td></td><td></td><td></td><td></td><td></td></tr>
<tr><td></td><td></td><td></td><td></td><td></td><td></td><td></td><td></td><td></td><td></td><td></td><td></td><td></td></tr>
<tr><td></td><td></td><td></td><td></td><td></td><td></td><td></td><td></td><td></td><td></td><td></td><td></td><td></td></tr>
<tr><td></td><td></td><td></td><td></td><td></td><td></td><td></td><td></td><td></td><td></td><td></td><td></td><td></td></tr>
<tr><td>使用及运输注意事项</td><td colspan="12"></td></tr>
</table>

生产单位：　　　　技术负责人：　　　　质检员：　　　　年　　月　　日

2. 实施要点

（1）预制混凝土构件必须具有出厂合格证。要求表列内容填写齐全，不应缺漏或填错。预制构件合格证是技术鉴定质量合格原件的依据。“构件”必须是合格产品且必须有合格标志。应按预制混凝土构件的质量验收规范对模板、钢筋、构件外观、几何尺寸、结构性能进行检验，并做好实测记录。检验结果必须符合预制混凝土构件质量验收规范和设计文件的要求。构件出厂合格证必须填写近期结构性能试验结果（不超过三个月）。施工现场制作的混凝土预制构件，按预制混凝土构件质量验收规范检验的有关要求进行，安装前应进行外观、几何尺寸复查，并做好实测记录。构件生产不论是预制构件厂或自产自销施工企业都必须取得生产资质证书（资质证书必须是省级及其以上建设行政主管部门颁发），并应提供出厂合格证。

（2）任何预制混凝土构件，只有在取得生产厂家提供的合格证，并经核对有关指标符合规定后，方可在工程上使用。

（3）不合格的材料及构件，没有取得资质证书厂家生产的构件不得用于工程，应由施工单位主管技术负责人会同有关单位对其材料及构件及时进行处理，并在合格证备注栏内注明处理意见（应注意：不符合标准要求并不一定是废品，可据实际情况有些可以降级，有的作为非承重构件，有的经过返修后再用或作退场处理）。

（4）预制构件应在明显部位标志生产单位、构件型号、生产日期和质量验收标志。构件上的预埋件、插筋和预留孔洞的规格、位置和数量，应符合标准图或设计的要求。

（5）表列子项

1）委托单位：指委托提请试验的单位名称，按实际填写。

2）取样部位：按委托单上的取样部位填写。

3）土壤类别：照实际土壤类别填写，如粉土、粉质黏土、素土、灰土等。

4）最大粒径：指送样的土壤击实试件的最大粒径，按实际填写。

5）压实系数：指施工图设计要求达到的压实系数，按实际填写。

6）$P_a-\omega$ 关系曲线：由试验单位按实测数据绘制。

4.2.7.2-2 钢构件合格证

1. 资料表式

钢构件合格证 表 C2-7-2-2

工程名称：

委托单位： 合格证编号：

名称（型号）	构件规格	数量	生产日期	采用图集	钢材质量			钢材规格			重要构件探伤报告编号	质量评定等级	出厂日期	备注
					屈服强度（N/mm²）	抗拉强度（N/mm²）	延伸率（%）	设计	实际	合格证或复试单编号				
使用及运输注意事项														

生产单位： 技术负责人： 质检员： 年 月 日

2. 实施要点

（1）钢构件合格证是指钢构件生产厂家提供的质量合格证明文件。

（2）钢构件合格证应包括生产厂家、工程名称、合格证编号、合同编号、设计图纸的种类、构件类别和名称、型号、代表数量、生产日期、结构试验评定、承载力、扰度。

（3）构件合格证必须物证相符，表列各项内容填写齐全。

（4）成品、半成品的合格证均必须齐全，并符合设计要求。

（5）重要构件应填写实际测试的探伤报告单编号。

（6）物证不符和子项填写不全的，为不符合要求。

（7）重要构件无实测的探伤报告单及其试验编号者为不符合要求。

（8）构件出厂合格证的数量，应与该工程的使用数量相符，不符的为不符合要求。

（9）构件合格证，需有产品生产许可证编号及许可证批准日期，否则为不符合要求。

（10）构件进场应抽检，必要时可全数检查。先外观检察后检查合格证的有关指标，必须符合要求，否则为不合格。

（11）表列子项

1）采用图集：填写国家、省、市及其他标准图，或现制图的图号及图集号。

2）钢材质量：分别填写屈服强度、抗拉强度、延伸率，均照提供该批材料的出厂合格证或复试报告填写。

3）钢材规格：分别按设计图纸上的规格和实际使用的规格填写，并填写该批钢材的合格证或复试报告编号。

4）质量评定等级：按生产厂家的“质量评定结果”填写（合格或不合格）。

4.2.7.2-3　木构件（门窗）合格证

1. 资料表式

木构件（门窗）合格证　　表 C2-7-2-3

工程名称：

委托单位：　　合格证编号：

名称（型号）	规格 宽×高	数量	生产日期	采用图集	材质等级		含水率（%）		质量评定等级	出厂日期	备注
					规定	实际	规定	实际			
使用及运输注意事项											

生产单位(盖章)：　　技术负责人：　　质检员：　　年　月　日

2. 实施要点

（1）木构件合格证

1）木构件合格证是指木构件生产厂家提供的质量合格证明文件。

2）木构件出厂合格证应包括生产厂家、工程名称、合格证编号、合同编号、设计图纸的种类、构件类别和名称、型号、代表数量、生产日期、结构试验评定、承载力、拱度。

3）构件合格证必须物证相符，表列各项内容应填写齐全。

4）成品、半成品的合格证必须齐全，符合设计要求。

5）重要构件应填写实际测试的探伤报告单，试验报告单编号。

6）物证不符和子项填写不全的，为不符合要求。

7）构件出厂合格证的数量，应与该工程的使用数量相符，不符的为不符合要求。

8）构件合格证，需有产品生产许可证编号及许可证批准日期，否则为不符合要求。

9）构件进场应抽检，必要时可全数检查，先外观检察后检查合格证的有关指标，必须符合要求，否则为不合格。

（2）门窗合格证

1）门窗合格证是指由生产厂家提供的质量合格证明文件。

2）包括木门窗、铝合金、塑料门窗等。

3）门窗合格证中应包括生产厂家、工程名称、合格证编号、生产许可证编号、委托单位、质量验收、构件类别和名称、型号、代表数量、生产日期、采用的图集号、出厂日期、材质等级、木材含水率等子项，并有生产单位技术负责人、质检员签字，加盖生产公章。

4）门窗出厂必须有出厂合格证及物理性能试验报告，且合格证中的数量必须与构件进场数量相符，特种门还应有生产许可证复印件。取得生产厂家提供的合格证及相应附件，并经核实符合规定后，方可在工程上使用。

5）门窗生产厂家必须是取得资质证书的厂家。

6）门窗进场时应进行抽查检验，必要时可进行全数检查。对不符合质量要求者，应经施工单位技术负责人会同有关人员及时进行处理。

（3）表列子项

1）材质等级：分别填写该批材料的规定材料质量和实际实测材料质量。

2）含水率：规定含水率按《木结构工程施工质量验收规范》（GB 50206—2002）填写，实际含水率按生产厂的实测值填写。

4.2.7.3 预拌（商品）混凝土（C2-7-3）

4.2.7.3-1 预拌（商品）混凝土出厂质量证书（C2-7-3-1）

1. 资料表式

预拌（商品）混凝土出厂质量证书 C2-7-3-1

订货单位： 合同编号：

工程名称： 混凝土配合比编号：

浇筑部位： 供应数量：

强度等级： 供应日期： 年 月 日至 年 月 日

原材料名称						
品种与规格						
试验编号						
强度统计结果			合格评定结果			
均值 (N/mm²)	标准差 (N/mm²)	标准值的保证率 $P(f_{cu,i},f_{cu,k})$(%)	采用的评定方法	批数	合格率 (%)	其他指标

技术负责人： 填表人： 搅拌站（供方）

盖 章

年 月 日

2. 实施要点

(1) 基本说明

1) 预拌（商品）混凝土出厂质量证书是指预拌（商品）混凝土生产厂家提供的质量合格证明文件。

2) 预拌混凝土系指由水泥、集料、水以及根据需要掺入的外加剂和掺合料等组分按一定比例，在搅拌站（厂）经计量、拌制后出售的，并采用运输车在规定时间内运至使用地点的混凝土拌合物。

3) 预拌混凝土可分为通用品和特制品。通用品系指强度等级不超过C50、坍落度不大于180mm（25mm，50mm，80mm，100mm，120mm，150mm，180mm）、粗集料最大粒径不大于40mm（20mm，25mm，31.5mm，40mm），无其他特殊要求的预拌混凝土。通用品应在合同中指定混凝土强度等级、坍落度及粗集料最大粒径，主要参数选取为：强度等级不大于C50、坍落度（25～180mm）、粗集料最大粒径（mm）不大于40mm的连续粒级或单粒级。

通用品根据需要应在合同中指定：水泥品种、强度等级；外加剂品种；掺合料品种、规格；混凝土拌合物的密度；交货时混凝土拌合物的最高温度或最低温度。

特制品系指任何一项指标超出通用品规定范围或有特殊要求的预拌混凝土。特制品根据需要应在合同中指定：水泥品种、强度等级；外加剂品种；掺合料品种、规格；混凝土拌合物的密度；交货时混凝土拌合物的最高温度或最低温度；混凝土强度的特定龄期；氯化物总含量限值；含气量；其他事项（指对预拌混凝土有耐久性、长期性能或其他物理力学性能等特殊要求的事项）。

(2) 水泥的代号

1) 硅酸盐水泥：硅酸盐水泥分两种类型，不掺加混合材料的称Ⅰ类硅酸盐水泥，代号P·Ⅰ。在硅酸盐水泥粉磨时，掺加不超过水泥质量5%石灰石或粒化高炉矿渣混合材料的称Ⅱ型硅酸盐水泥，代号P·Ⅱ。

2) 普通硅酸盐水泥：代号P·O。

3) 矿渣硅酸盐水泥：代号P·S。

4) 火山灰质硅酸盐水泥：代号P·P。

5) 复合硅酸盐水泥：代号P·C。

(3) 预拌混凝土标记

1) 用于预拌混凝土标记的符号，应根据其分类及使用材料不同按下列规定选用：

① 通用品用A表示，特制品用B表示；

② 混凝土强度等级用C和强度等级值表示；

③ 坍落度用所选定以mm为单位的混凝土坍落度值表示；

④ 粗集料最大公称粒径用GD和粗集料最大公称粒径值表示；

⑤ 水泥品种用其代号表示；

⑥ 当有抗冻、抗渗及抗折强度要求时，应分别用F及抗冻等级值、P及抗渗等级值、Z及抗折强度等级值表示。抗冻、抗渗及抗折强度直接标记在强度等级之后。

2) 预拌混凝土标记如下：

× C×× - ××× - GD×× - P·×

- P·× —— 水泥品种
- GD×× —— 粗集料最大公称粒径
- ××× —— 坍落度
- C×× —— 强度等级，抗冻、抗渗或抗折等级值（有要求时）
- × —— 预拌混凝土类别

示例1：预拌混凝土的强度等级为C20，坍落度为150mm，粗集料最大公称粒径为20mm，采用矿渣硅酸盐水泥，无其他特殊要求，其标记为：

A C20-150-GD20-P·S

示例2：预拌混凝土的强度等级为C30，坍落度为180mm，粗集料最大公称粒径为25mm，采用普通硅酸盐水泥，抗渗要求为P8，其标记为：

B C30P8-180-GD25-P·O

（4）预拌混凝土的原材料和配合比

水泥应符合GB 50204—2002的规定；集料应符合JGJ 52及其他国家现行标准的规定；拌合用水应符合JGJ 63规定；外加剂应符合GB 8076等国家现行标准的规定；矿物掺合料（粉煤灰、粒化高炉矿渣粉、天然沸石粉）应分别符合GB 1596、GB/T 18046、JGJ 112的规定；配合比应根据合同要求由供方按JGJ 55等国家现行有关标准的规定进行。

（5）预拌混凝土的取样与组批

1）用于交货检验的混凝土试样应在交货地点采取。用于出厂检验的混凝土试样应在搅拌地点采取。

2）交货检验的混凝土试样的采取应在混凝土运送到交货地点后按GB/T 50080—2002规定在20min内完成；强度试件的制作应在40min内完成。

3）每个试样应随机地从一运输车中抽取；混凝土试样应在卸料过程中卸料量的1/4至3/4之间采取。

4）每个试样量应满足混凝土质量检验项目所需用的1.5倍，且不宜少于0.02m³。

5）预拌混凝土（商品混凝土），除应在预拌混凝土厂内按规定留置试块外，（商品）混凝土运至施工现场后，还应根据《预拌混凝土》（GB/T 14902—2003）的规定满足如下条件：

① 用于交货检验的混凝土试样应按GB 50204的规定进行。

② 用于出厂检验的混凝土试样应在搅拌地点采样，按每100盘相同配合比的混凝土取样检验不得少于一次；每一工作班相同的配合比的混凝土不足100盘时，取样亦不得少于一次。

6）对于预拌混凝土拌合物的质量，每车应目测检查。

（6）预拌混凝土质量要求

1）预拌混凝土强度试验结果必须满足《混凝土强度检验评定标准》（GBJ 107）的规定。

2）坍落度、含气量和氯离子总含量

① 坍落度在交货地点测得的混凝土坍落度与合同规定的坍落度之差，不应超过表C2-7-3-1A的允许偏差。

② 含气量与合同规定值之差不应超过±1.5%。

混凝土坍落度的允许偏差（mm）　表 C2-7-3-1A

要求坍落度	允许偏差
＜50	±10
50～90	±20
＞90	±30

③ 混凝土拌合物中氯离子总含量不应超过表 C2-7-3-1B 的规定。

氯离子总含量的最高限值　表 C2-7-3-1B

混凝土类型及其所处环境类型	最大氯离子含量
素混凝土	2.0
室内正常环境下的钢筋混凝土	1.0
室内潮湿环境；非严寒和非寒冷地区的露天环境、与无侵蚀性的水或土壤直接接触的环境下的钢筋混凝土	0.3
严寒和寒冷地区的露天环境、与侵蚀性的水或土壤直接接触的环境下的钢筋混凝土	0.2
使除冰盐的环境；严寒和寒冷地区冬季水位变动的环境；滨海室外环境下的钢筋混凝土	0.1
预应力混凝土构件及设计使用年限为 100 年的室内正常环境下的钢筋混凝土	0.06

注：氯离子含量系指其占所用水泥（含替代水泥量的矿物掺合料）重量的百分率。

3）混凝土放射性核素放射性比活度应满足 GB 6566 标准的规定。

4）当需方对混凝土其他性能有要求时，应按国家现行有关标准规定进行试验，无相应标准时应按合同规定进行试验，其结果应符合标准及合同要求。

5）混凝土拌合物的坍落度取样检验频率应与混凝土强度检验的取样频率一致。

6）对有抗渗要求的混凝土进行抗渗检验的试样，用于出厂及交货检验的取样频率均应为同一工程、同一配合比的混凝土不得少于 1 次。留置组数可根据实际需要确定。

7）对有抗冻要求的混凝土进行抗冻检验的试样，用于出厂及交货检验的取样频率均应为同一工程、同一配合比的混凝土不得少于 1 次。留置组数可根据实际需要确定。

8）预拌混凝土的含气量及其他特殊要求项目的取样检验频率应按合同规定进行。

9）对强度不合格的混凝土，应按《混凝土强度检验评定标准》（GB 50107）的规定进行处理。对坍落度、含气量及氯离子总含量不符合《预拌混凝土》（GB/T 14902—2003）标准要求的混凝土，应按合同规定进行处理。

10）供方应按工程名称分混凝土等级向需方提供预拌混凝土出厂质量证明书，出厂合格证书。

(7) 预拌混凝土用运输车及运送

1）运输车在运送时应能保持混凝土拌合物的均匀性，不应产生分层离析现象。

2）混凝土搅拌运输车应符合 JG/T 5094 标准的规定。翻斗车仅限用于运送坍落度小于 80mm 的混凝土拌合物，并应保证运送容器不漏浆，内壁光滑、平整，具有覆盖设施。

3）严禁向运输车内的混凝土任意加水。

4）混凝土的运送时间系指从混凝土由搅拌机卸入运输车开始至该运输车开始卸料为止。运送时间应满足合同规定。当合同未作规定时，采用搅拌运输车运送的混凝土，宜在 1.5h 内卸料；采用翻斗车运送的混凝土，宜在 1.0h 内卸料；当最高气温低于 25℃时，运送时间可延长 0.5h。如需延长运送时间，则应采取相应的技术措施，并应通过试验验证。

5）混凝土的运送频率，应能保证混凝土的连续性。

（8）预拌混凝土应在商定的交货地点进行坍落度检查，并应填写检查记录。

（9）预拌混凝土交货时应提供的资料：

1）水泥品种、强度等级及每 m^3 混凝土中的水泥用量；

2）骨料的种类及最大粒径；

3）外加剂、掺合料品种及掺量；

4）混凝土强度等级及坍落度；

5）混凝土配合比和标准试件强度；

6）轻骨料混凝土应提供密度等级。

（10）施工单位应做好：

1）检查坍落度最大偏差不大于 30mm；

2）按规定留置混凝土试件（施工中及送达时应分别留置）；

3）记录混凝土的运输时间。

4.2.7.3-2 预拌混凝土订货与交货（C2-7-3-2）

（1）购买预拌混凝土供需双方应签订合同，按合同形式明确各自的权利和义务，并应

预拌混凝土订货单 **表 C2-7-3-2A**

合同编号： 供货起止时间： 年 月 日～ 年 月 日

订货单位及联系人： 工程名称：

施工单位及联系人： 混凝土供货量：

交货地点： 运 距： 公里 泵 车：用 ；不用

订货单位对混凝土的技术要求： 混凝土标记：

浇筑部位				
浇筑方式				
浇筑时间				
浇筑数量				
强度等级				
坍落度(mm)				
水泥品种				
集料				
外加剂				
其他要求				
混凝土强度评定方法：				
混凝土单价(元/m^3)： 运 费(元/m^3)： 泵车费(元/m^3) 泵车管加长费： 外加剂费(元/m^3)： 总合价：				
订 货 单 位			混凝土生产单位： 站(厂)	
代 表 人： 电话： 现场联系人： 电话：			代 表 人： 电话： 技术负责人： 电话：	

认真执行。合同中应明确使用的材料（水泥、集料、拌合用水、外加剂、掺合料）等的品种、规格和质量要求；拌合物质量（如：强度、坍落度、含气量、氯化物含量、其他等）应符合相应规范及合同的规定。

（2）需方在与供方签订合同之前，应对供方的材料贮存设施、计量设备、搅拌机、运输车、计量、搅拌、运送、质量管理、供货量等进行考查，考查结果经需方考查人员综合权衡后认为符合需方要求时，则可以签订合同，并保证合同的顺利执行。

（3）合同应包括预拌混凝土订货单。

（4）交货时，供方必须向需方提供每一运输车预拌混凝土的发货单。发货单的格式见表 C2-7-3-2B。

预拌混凝土发货单 **表 C2-7-3-2B**

工程名称： 合同编号：

交货地点： 供货日期： 年 月 日

运输 车号：		发车： 时 分 到达： 时 分
本次供应量(m^3)：		累计供应量(m^3)：
标记：		
浇筑部位：		强度等级：
坍落度(mm)：	水泥：	集料：
收货人：	发货人：	司机：

（5）预拌混凝土交货应提供的资料

1）水泥品种、强度等级及每 m^3 混凝土中的水泥用量；

2）骨料的种类及最大粒径；

3）外加剂掺合料的品种及掺量；

4）混凝土强度等级及坍落度要求；

5）混凝土配合比和标准试件强度；

6）轻骨料混凝土应提供密度等级。

（6）施工单位应做好：检查坍落度最大偏差不大于 30mm；按规定留置混凝土试件（施工中及送达时应分别留置）；记录混凝土的运输时间。

4.2.8 地基、基础、主体结构检验及抽样检测资料（C2-8）

地基、基础、主体结构、钢（网架）结构检验属施工过程中的中间验收。抽样检测属施工过程中的抽检，应由具有相应资质的试验单位进行检测，并提供报告。

4.2.8.1 地基、基础检查验收记录（C2-8-1）

1. 资料表式

2. 实施要点

（1）地基基础验收记录是指对地基基础进行的全面验收，做出可否继续施工的确认记录。

地基、基础检查验收记录 **表 C2-8-1**

施工单位：

<table>
<tr><td colspan="2">工程名称</td><td colspan="3"></td><td>施工日期</td><td colspan="2"></td></tr>
<tr><td colspan="2">建筑面积</td><td colspan="3"></td><td>验收日期</td><td colspan="2"></td></tr>
<tr><td>验收内容</td><td colspan="7">1. 核查地基基础分部验收资料。
2. 地基基础分部工程质量：主要包括：砌体组砌方法及交接部位、混凝土板、梁的外观及尺寸及位置，标高、质量状况等。
3. 内业资料：质量控制资料，工程安全与功能抽检资料。
4. 隐蔽验收资料；施工记录。
5. 观感质量验收状况。
6. 建筑物沉降状况</td></tr>
<tr><td>验收资料</td><td colspan="7">1. 工程质量控制资料。
2. 隐蔽验收资料；施工记录。
3. 工程安全与功能抽检资料。
4. 观感质量验收记录</td></tr>
<tr><td>验收意见</td><td colspan="7">按上述验收内容、验收资料全数检查后评定：</td></tr>
<tr><td rowspan="3">签字栏</td><td>建设单位代表</td><td>监理单位代表</td><td>勘察、设计单位代表</td><td colspan="4">施 工 单 位</td></tr>
<tr><td rowspan="2"></td><td rowspan="2"></td><td rowspan="2"></td><td>企业技术负责人</td><td></td><td>专业技术负责人</td><td></td></tr>
<tr><td>质检员</td><td></td><td>工 长</td><td></td></tr>
</table>

（2）凡进行地基基础验收均必须分别填写地基基础验收记录。

（3）地基基础验收中，如有验收意见不一致，凡涉及结构安全和使用功能时均应提请试验部门予以检测确定，对其他不一致意见可由当地建设行政主管部门或其委托单位协调解决。

（4）交接检验应核查提交方提供的所有资料，对工程质量进行验收认可，签署验收意见，办理移交手续。

（5）地基基础验收检验要点

1）内业资料的检查主要是原材料、防水材料等的出厂合格及试验报告的检查；砂浆、混凝土强度的试（检）验报告，应符合设计和标准（强度和数量）要求；工业与民用建筑项目的混凝土应有同条件养护试块。

2）地基基础验收是对地基基础分部工程质量进行综合性技术鉴定与评价。未经验收的地基基础结构不得进行回填；当需要提前插入回填时，应分段进行验收。

3）地基基础验收应对地基基础施工质量进行全面的观感检查与分析，提出质量评价意见，核查施工有关技术资料，包括原材料、构件出厂合格证及试验报告；混凝土、砂浆试块试验报告；土壤、桩基试验报告、地基验槽、隐蔽工程验收记录（包括建筑设备安装专业工程的预埋隐蔽部分）、技术复核记录以及分项、检验批工程的检验批质量评定记录和分部（子分部）工程质量等级的统计汇总等。分项工程检验批质量的评定应核查参加分部（子分部）工程的分项工程检验批数量是否满足要求。

4）地基基础工程检查发现存在的质量问题应确切地进行记载，必要时应有附图，结构质量缺陷须有技术鉴定、处理方法、处理结论及复验签证，无遗留未了事项。

5）地基基础验收后，应对地基基础的观感、技术资料及基础分部（子分部）工程的质量等级等进行评价，并将其结论载入验收意见栏中，由监理单位签发分部（子分部）工程质量认可通知。

6）核查地基基础验收的内容是否齐全，结论是否明确，签证是否齐全。验收意见中应包含对观感、质量控制资料的评价，有对基础分部（子分部）工程质量等级的评定意见。

(6) 单位工程的深基础、地下室及人防工程，基础和地下部分应单独验收，未经验收的工程不得进行下一道工序施工。验收要核查主要技术资料，并对地基基础进行全部的系统检查。

地基与基础验收单的结论对其经处理的地基基础应填写处理方法，并附上复查验收签证。

(7) 地基基础验收应进行内业资料检查和现场观察检查两项内容，应分别检查并分别记录。

(8) 现场观察检查：应先对地基基础施工质量进行全面观察检查，提出质量评价。重点检查地基基础施工质量是否符合质量标准和设计要求。

(9) 地基基础验收记录须经建设、监理、设计、施工单位四方代表签证后，地基基础验收记录由结构设计负责人、建设单位、施工单位和监理单位的主管人员进行联合验收签证；验收中所需处理的问题，处理中应做好记录。需隐验者应按有关手续办理。加固补强者，应有附图说明及试块试验记录，处理后应有复验签证。

(10) 地基基础验收应提交的主要试（检）验资料：

1）原材料试（检）验报告；

2）标养试块的试验报告及其评定结果；

3）砂浆强度试验报告及其评定结果；

4）地基基础分部施工质量验收记录（砌体：检验批、分项工程、子分部工程；混凝土：检验批、分项工程、子分部工程）；

5）地基验槽记录；

6）隐蔽工程验收记录；

7）土样试验报告；

8）同条件养护试块的试验报告及其评定结果；

9）混凝土保护层测定资料；

10）回弹法或钻芯法的测试报告、砂浆回弹测试报告（设计有要求或施工质量须按上述方法进行检测时提供）；

11）混凝土同条件养护测温记录。

(11) 地基基础工程验收的质量检测资料

1）地基基础工程验收时，根据工程需要或当发现地基基础工程存在缺陷时，应按规范要求进行工程验收检测。

2）中华人民共和国建设部令第141号（2005年11月1日施行）《建设工程质量检测管理办法》规定，具有相应资质的检测单位，应按批准的资质在其批准范围内实施不同的检测内容。地基基础工程验收可根据需要进行如下内容的某项检测：

① 地基及复合地基承载力静载检测；

② 桩的承载力检测；

③ 桩身完整性检测；

④ 锚杆锁定力检测等。

4.2.8.2 主体结构验收记录（C2-8-2）

1. 资料表式

主体结构验收记录 **表C2-8-2**

施工单位：

<table>
<tr><td>工程名称</td><td colspan="3"></td><td colspan="2">施工日期</td><td colspan="2"></td></tr>
<tr><td>建筑面积</td><td colspan="3"></td><td colspan="2">验收日期</td><td colspan="2"></td></tr>
<tr><td>验收内容</td><td colspan="7">1. 核查主体分部验收资料。
2. 主体分部工程质量：主要包括：砌体组砌方法及交接部位、混凝土板、梁、柱的外观及尺寸、安装预留孔洞的正确性、门窗洞口尺寸及位置，标高、墙面平整垂直度、建筑物有无裂缝、样板间的质量状况等。
3. 内业资料：质量控制资料。
4. 隐蔽验收资料；施工记录。
5. 观感质量验收状况。
6. 建筑物沉降状况</td></tr>
<tr><td>验收资料</td><td colspan="7">1. 工程质量控制资料。
2. 隐蔽验收资料；施工记录。
3. 工程安全与功能抽检资料。
4. 观感质量验收记录
施工人员：</td></tr>
<tr><td>验收意见</td><td colspan="7">按上述验收内容、验收资料全数检查后评定：</td></tr>
<tr><td rowspan="3">签字栏</td><td>建设单位代表</td><td>监理单位代表</td><td>勘察、设计单位代表</td><td colspan="4">施 工 单 位</td></tr>
<tr><td rowspan="2"></td><td rowspan="2"></td><td rowspan="2"></td><td>企业技术负责人</td><td></td><td>专业技术负责人</td><td></td></tr>
<tr><td>质检员</td><td></td><td>工 长</td><td></td></tr>
</table>

2. 实施要点

（1）主体结构验收记录是指由主体施工转入装饰装修施工时对主体结构进行的全面质量验收，做出可否继续施工的确认记录。

（2）凡进行主体结构验收必须分别填写主体结构验收记录。

（3）主体结构验收中，如有验收意见不一致，凡涉及结构安全和使用功能的，均应提请试验部门予以检测确定，其他不一致意见可由相关各方或当地建设行政主管部门协调解决。

（4）交接检验应核查提交方提供的所有资料，对工程质量进行验收认可，签署验收意见，办理移交手续。

(5) 主体结构检验要点

1) 内业资料的检查主要是原材料、防水材料等的出厂合格证明及试验报告的检查；砂浆、混凝土强度的试（检）验报告，应符合设计和标准（强度和数量）要求；工业与民用建筑项目的混凝土应有同条件养护试块；大型吊装工程应符合国家现行规范的规定。

2) 主体结构验收是对主体分部工程质量进行综合的技术鉴定与评价。单位工程未经主体结构验收的工程，不得进行装饰装修工程施工。当需要提前插入装修时，应分段进行验收，例如主体可按“段”进行结构验收；高层建筑可根据施工条件几层验收一次，多层建筑物一般不宜多于2次。

3) 主体结构验收应对结构施工质量进行全面的观感检查与分析，提出质量评价意见。核查施工有关技术资料，包括原材料、构件出厂合格证及试验报告；混凝土、砂浆试块试验报告、隐蔽工程验收记录（包括建筑设备安装专业工程的预埋隐蔽部分）、技术复核记录以及分项工程的检验批质量评定记录和分部（子分部）工程质量等级的统计汇总等。分项工程检验批质量验收的评定应核查应该参加分部工程的分项工程检验批数量是否满足要求。

4) 主体结构工程检查发现存在的质量问题应确切地进行记载，必要时应有附图，结构质量缺陷须有技术鉴定、处理方法、处理结论及复验签证，无遗留未了事项。

5) 主体工程结构验收后，应对结构观感、技术资料及主体分部工程的质量等级等进行评价，并将其结论载入验收意见栏中，由监理单位签发分部工程质量认可通知。

6) 核查主体工程结构验收的内容是否齐全，结论是否明确，签证是否齐全。验收意见中是否包含有对结构观感、结构质量控制资料和安全与功能的评价，是否有对主体分部工程质量等级的评定意见。

(6) 主体结构验收单的结论应填写处理方法，并附上复查验收签证。

(7) 主体结构验收应进行内业资料检查和现场观察检查两项内容，应分别检查并分别记录。

(8) 现场观察检查：应先对结构施工质量进行全面观察检查，提出质量评价。重点检查主体结构系统的施工质量是否符合质量标准和设计要求。不同结构类型的重点部位，除其共性的重点部位外，不同结构类型要求也不一致。一般检查以下部位：

1) 砖混结构

① 砌体的组砌方法，尤其是砌体的交接部位；

② 各种混凝土梁、板、柱构件的外观尺寸，挠度是否过大，有无裂缝、露筋和严重损坏等现象；

③ 空心板板缝的间距尺寸和混凝土灌缝情况；

注：预制混凝土楼面必须妥善处理好板的接缝及细石混凝土面层，灌缝材料有两种，一种是水泥砂浆，另一种是细石混凝土，灌缝材料中加入膨胀剂质量会更好。板缝用1：2水泥砂浆封底，然后再灌C20的细石混凝土，砂浆封底可以防止漏浆，细石混凝土灌筑上层，可以减少灌缝材料的干缩。板缝底部宽度不宜小于20mm。

④ 安装预留孔洞或凿打洞，楼板的损坏程序以及打洞的修补情况（以不影响结构和不渗漏为原则）；

⑤ 门窗过梁的型号选定是否正确及支座处的垫灰饱满程度；

⑥ 圈梁的断面尺寸及平整度；

⑦ 预制楼梯的构件连接、预制阳台扶手的安装、焊接件与墙体的连接情况；

⑧ 现浇钢筋混凝土雨篷、阳台根部有无裂缝等异常现象；

⑨ 土建与安装有无相互干扰之处；

⑩ 建筑物沉降是否均匀，有无墙体开裂现象，建筑物的安全度总体评价如何。

2）大模板结构

除检查含有与砖混结构共性的应检内容外，主要应检查墙体厚度、门窗洞口处及墙体有无裂缝、混凝土的总体质量等。

3）框架结构

除检查含有与砖混结构共性的应检内容外，主要应检查节点作法与质量、框架轴线位移和垂直度、围护墙体的组砌与质量等。

4）排架结构

除检查含有与砖混结构共性的应检内容外，主要应检查柱、屋面系统、支撑系统、吊车梁等的构造连接和混凝土质量、轴线位移、吊车梁标高等。

(9) 对主体（分部）结构工程质量验收中提出的问题，应逐条落实，认真进行处理。

(10) 主体（分部）结构验收以观察为主，必要时采取其他相应的检测手段进行质量鉴定。

(11) 主体（分部）结构验收的基本要求

1）单位工程进入装饰前必须进行主体结构工程质量验收，未经主体结构验收的工程不得进行下一道工序施工。如需提前装饰的工程，可分层进行结构验收且分层记录。多层建筑物结构验收，一般不宜多于2次。

2）结构验收单经建设、监理、设计、施工单位四方代表签证。结构验收记录由结构设计负责人、建设单位和施工单位、监理单位的主管技术人员进行联合验收签证 验收中所需处理的问题，处理中应做好记录。需隐验者应按有关手续办理。加固补强者 应有附图说明及试块试验记录，处理后应有复验签证。

3）主体结构竣工后，检查是否及时进行结构工程验收，对照结构验收日期与施工日志。检查过程施工中是否存在质量隐患，是否对隐患已进行处理，记录是否齐全。

(12) 主体结构验收记录应提交的主要资料：

1）原材料试（检）验报告；

2）混凝土标养试块试验报告及其评定结果；

3）同条件养护试块的试验报告及其评定结果；

4）砂浆强度试验报告及其评定结果；

5）主体分部施工质量验收记录（砌体：检验批、分项工程、子分部工程；混凝土：检验批、分项工程、子分部工程）；

6）地基验槽记录；

7）隐蔽工程验收记录；

8）土样试验报告；

9）混凝土保护层测定资料；

10）回弹法或钻芯法的测试报告、砂浆回弹测试报告（设计有要求或施工质量须按上述方法进行检测时提供)；

11) 混凝土同条件养护测温记录。

(13) 主体结构工程验收的检测

1) 主体结构工程验收时，根据工程需要或当发现主体结构工程存在缺陷时，应按规范要求进行工程验收检测。

2) 中华人民共和国建设部令第141号(2005年11月1日施行)《建设工程质量检测管理办法》规定，具有相应资质的检测单位，应按批准的资质在其批准范围内实施不同的检测内容。主体结构工程验收可根据需要进行如下内容的某项检测：

① 混凝土、砂浆、砌体强度现场检测；

② 钢筋保护层厚度检测；

③ 混凝土预制构件结构性能检测；

④ 后置埋件的力学性能检测。

附：

结构性能检验

1. 预制构件施工的有关说明

(1) 预制构件应按规定进行结构性能检验。结构性能检验不合格的预制构件不得用于装配式结构工程。

(2) 叠合结构中预制构件的叠合面应符合设计要求。

(3) 装配式结构外观质量、尺寸偏差的验收及对缺陷的处理应符合(GB 50204—2002)规范第8章的相关规定。

(4) 预制构件的外观质量不应有严重缺陷。对已经出现的严重缺陷，应按技术处理方案进行处理，并重新检查验收。

(5) 预制构件不应有影响结构性能和安装、使用功能的尺寸偏差。对超过尺寸允许偏差且影响结构性能和安装、使用功能的部位，应按技术处理方案进行处理，并重新检查验收。

2. 预制构件的结构性能检验(GB 50204—2002标准，9.3节)

(1) 预制构件应按标准图或设计要求的试验参数及检验指标进行结构性能检验。

检验内容：钢筋混凝土构件和允许出现裂缝的预应力混凝土构件进行承载力、挠度和裂缝宽度检验；不允许出现裂缝的预应力混凝土构件进行承载力、挠度和抗裂检验；预应力混凝土构件中的非预应力杆件，按钢筋混凝土构件的要求进行检验。对设计成熟、生产数量较少的大型构件，当采取加强材料和制作质量检验的措施时，可仅作挠度、抗裂或裂缝宽度检验；当采取上述措施并有可靠的实践经验时，可不作结构性能检验。

检验数量：对成批生产的构件，应按同一工艺正常生产的不超过1000件且不超过3个月的同类型产品为一批。当连续检验10批且每批的结构性能检验结果均符合(GB 50204—2002)规范规定的要求时，对同一工艺正常生产的构件，可改为不超过2000件且不超过3个月的同类型产品为一批。在每批中应随机抽取一个构件作为试件进行检验(采用短期静力加载检验)。

注：1 “加强材料和制作质量检验的措施”包括下列内容：

1）钢筋进场检验合格后，在使用前再对用作构件受力主筋的同批钢筋按不超过5t抽取一组试件，并经检验合格；对逐盘检验的预应力钢丝，可不再抽样检查；

2）受力主筋焊接接头的力学性能，应按国家现行标准《钢筋焊接及验收规程》JGJ 18检验合格后，再抽取一组试件，并经检验合格；

3）混凝土按5m³且不超过半个工作班生产的相同配合比的混凝土，留置一组试件，并经检验合格；

4）受力主筋焊接接头的外观质量、入模后的主筋保护层、张拉预应力总值和构件的截面尺寸等，应逐件检验合格。

2 “同类型产品”是指同一钢种、同一混凝土强度等级、同一生产工艺和同一结构形式的构件。对同类型产品进行抽样检验时，试件宜从设计荷载最大、受力最不利或生产数量最多的构件中抽取；对同类型的其他产品，也应定期进行抽样检验。

（2）预制构件承载力应按下列规定进行检验：

1）当按现行国家标准《混凝土结构设计规范》（GB 50010）的规定进行检验时，应符合下列公式的要求：

$$\gamma_u^0 \geqslant \gamma_0[\gamma_u]$$

式中 γ_u^0——构件的承载力检验系数实测值，即试件的荷载实测值与荷载设计值（均包括自重）的比值；

γ_0——结构重要性系数，按设计要求的结构安全等级确定；当无专门要求时取1.0；

$[\gamma_u]$——构件的承载力检验系数允许值，按表C2-8-2-1取用。

2）当按构件实配钢筋进行承载力检验时，应符合下列公式的要求：

$$\gamma_u^0 \geqslant \gamma_0\eta[\gamma_u]$$

式中 η——构件承载力检验修正系数，根据现行国家标准《混凝土结构设计规范》（GB 50010）按实配钢筋的承载力计算确定。

承载力检验的荷载设计值是指承载能力极限状态下，根据构件设计控制截面上的内力设计值与构件检验的加载方式，经换算后确定的荷载值（包括自重）。

构件的承载力检验系数允许值 表C2-8-2-1

受力情况	达到承载能力极限状态的检验标志		$[\gamma_u]$
轴心受拉、偏心受拉，受弯、大偏心受压	受拉主筋处的最大裂缝宽度达到1.5mm，或挠度达到跨度的1/50	热轧钢筋	1.20
		钢丝、钢绞线、热处理钢筋	1.35
	受压区混凝土破坏	热轧钢筋	1.30
		钢丝、钢绞线、热处理钢筋	1.45
	受拉主筋拉断		1.50
受弯构件的受剪	腹部斜裂缝达到1.5mm，或斜裂缝末端受压混凝土剪压破坏		1.40
	沿斜截面混凝土斜压破坏，受拉主筋在端部滑脱或其他锚固破坏		1.55
轴心受压、小偏心受压	混凝土受压破坏		1.50

注：热轧钢筋系指HPB235级、HRB335级、HRB400级和RRB400级钢筋。

（3）预制构件的挠度应按下列规定进行检验：

1）当按现行国家标准《混凝土结构设计规范》（GB 50010）规定的挠度允许值进行

检验时，应符合下列公式的要求：

$$a_s^0 \leqslant [a_s]$$

$$[a_s]=\frac{M_k}{M_q(\theta-1)+M_k}[a_f]$$

式中　a_s^0——在荷载标准值下的构件挠度实测值；

$[a_s]$——挠度检验允许值；

$[a_f]$——受弯构件的挠度限值，按现行国家标准《混凝土结构设计规范》（GB 50010）确定；

M_k——按荷载标准组合计算的弯矩值；

M_q——按荷载准永久组合计算的弯矩值；

θ——考虑荷载长期作用对挠度增大的影响系数，按现行国家标准《混凝土结构设计规范》（GB 50010）确定。

2）当按构件实配钢筋进行挠度检验或仅检验构件的挠度、抗裂或裂缝宽度时，应符合下列公式的要求：

$$a_s^0 \leqslant 1.2a_s^c$$

同时，还应符合公式（3）中1）的挠度验算的要求。

式中　a_s^c——在荷载标准值下按实配钢筋确定的构件挠度计算值，按现行国家标准《混凝土结构设计规范》（GB 50010）确定。

正常使用状态检验的荷载标准值是指正常使用极限状态下，根据构件设计控制截面上的荷载标准组合效应与构件检验的加载方式，经换算后确定的荷载值。

注：直接承受重复荷载的混凝土受弯构件，当进行短期静力加荷试验时，a_s^c 值应按正常使用极限状态下静力荷载标准组合相应的刚度值确定。

（4）预制构件的抗裂检验应符合下列公式的要求：

$$\gamma_{cr}^0 \geqslant [\gamma_{cr}]$$

$$[\gamma_{cr}]=0.95\frac{\sigma_{pc}+\gamma f_{tk}}{\sigma_{ck}}$$

式中　γ_{cr}^0——构件的抗裂检验系数实测值，即试件的开裂荷载实测值与荷载标准值（均包括自重）的比值；

$[\gamma_{cr}]$——构件的抗裂检验系数允许值；

σ_{pc}——由预加力产生的构件抗拉边缘混凝土法向应力值，按现行国家标准《混凝土结构设计规范》（GB 50010）确定；

γ——混凝土构件截面抵抗矩塑性影响系数，按现行国家标准《混凝土结构设计规范》（GB 50010）计算确定；

f_{tk}——混凝土抗拉强度标准值；

σ_{ck}——由荷载标准值产生的构件抗拉边缘混凝土法向应力值，按现行国家标准《混凝土结构设计规范》（GB 50010）确定。

（5）预制构件的裂缝宽度检验应符合下列公式的要求：

$$w_{s.max}^0 \leqslant [w_{max}]$$

式中　$w_{s.max}^0$——在荷载标准值下，受拉主筋处的最大裂缝宽度实测值（mm）；

$[w_{max}]$——构件检验的最大裂缝宽度允许值，按表 C2-8-2-2 取用。

构件检验的最大裂缝宽度允许值（mm） **表 C2-8-2-2**

设计要求的最大裂缝宽度限值	0.2	0.3	0.4
$[w_{max}]$	0.15	0.20	0.25

（6）预制构件结构性能的检验结果应按下列规定验收：

1）当试件结构性能的全部检验结果均符合（GB 50204—2002）标准第 9.3.2～9.3.5 条［即结构性能检验的（2）、（3）、（4）、（5）条］的检验要求时，该批构件的结构性能应通过验收。

2）当第一个试件的检验结果不能全部符合上述要求，但又能符合第二次检验的要求时，可再抽两个试件进行检验。第二次检验的指标，对承载力及抗裂检验系数的允许值应取（GB 50204—2002）规范第 9.3.2 条［即结构性能检验的（2）条］和第 9.3.4 条［即结构性能检验的（4）条］规定的允许值减 0.05；对挠度的允许值应取（GB 50204—2002）规范第 9.3.3 条［即结构性能检验的（3）条］规定允许值的 1.10 倍。当第二次抽取的两个试件的全部检验结果均符合第二次检验的要求时，该批构件的结构性能可通过验收。

3）当第二次抽取的第一个试件的全部检验结果均已符合（GB 50204—2002）规范第 9.3.2～9.3.5 条［即结构性能检验的（2）、（3）、（4）、（5）条］的要求时，该批构件的结构性能可通过验收。

3．预制构件结构性能检验方法

（1）预制构件结构性能试验条件应满足下列要求：

1）构件应在 0℃以上的温度中进行试验；

2）蒸汽养护后的构件应在冷却至常温后进行试验；

3）构件在试验前应量测其实际尺寸，并检查构件表面，所有的缺陷和裂缝应在构件上标出；

4）试验用的加荷设备及量测仪表应预先进行标定或校准。

（2）试验构件的支承方式应符合下列规定：

1）板、梁和桁架等简支构件，试验时应一端采用铰支承，另一端采用滚动支承。铰支承可采用角钢、半圆型钢或焊于钢板上的圆钢，滚动支承可采用圆钢；

2）四边简支或四角简支的双向板，其支承方式应保证支承处构件能自由转动，支承面可以相对水平移动；

3）当试验的构件承受较大集中力或支座反力时，应对支承部分进行局部受压承载力验算；

4）构件与支承面应紧密接触；钢垫板与构件、钢垫板与支墩间，宜铺砂浆垫平；

5）构件支承的中心线位置应符合标准图或设计的规定。

（3）试验构件的荷载布置应符合下列要求：

1）构件的试验荷载布置应符合标准图或设计的要求；

2）当试验荷载布置不能完全与标准图或设计的要求相符时，应按荷载效应等效的原则换算，即使构件试验的内力图形与设计的内力图形相似，并使控制截面上的内力值相等，但应考虑荷载布置改变后对构件其他部位的不利影响。

（4）加载方法应根据标准图或设计的加载要求、构件类型及设备条件等进行选择。当按不同形式荷载组合进行加载试验（包括均布荷载、集中荷载、水平荷载和垂直荷载等）时，各种荷载应按比例增加。

1）荷重块加载。荷重块加载适用于均布加载试验。荷重块应按区格成垛堆放，垛与垛之间间隙不宜小于50mm。

2）千斤顶加载。千斤顶加载适用于集中加载试验。千斤顶加载时，可采用分配梁系统实现多点集中加载。千斤顶的加载值宜采用荷载传感器量测，也可采用油压表量测。

3）梁或桁架可采用水平对顶加载方法，此时构件应垫平且不应妨碍构件在水平方向的位移。梁也可采用竖直对顶的加载方法。

4）当屋架仅作挠度、抗裂或裂缝宽度检验时，可将两榀屋架并列，安放屋面板后进行加载试验。

（5）构件应分级加载。当荷载小于荷载标准值时，每级荷载不应大于荷载标准值的20%；当荷载大于荷载标准值时，每级荷载不应大于荷载标准值的10%；当荷载接近抗裂检验荷载值时，每级荷载不应大于荷载标准值的5%；当荷载接近承载力检验荷载值时，每级荷载不应大于承载力检验荷载设计值的5%。

对仅作挠度、抗裂或裂缝宽度检验的构件应分级卸载。

作用在构件上的试验设备重量及构件自重应作为第一次加载的一部分。

注：构件在试验前宜进行预压，以检查试验装置的工作是否正常，同时应防止构件因预压而产生裂缝。

（6）每级加载完成后，应持续10～15min；在荷载标准值作用下，应持续30min。在持续时间内，应观察裂缝的出现和开展，以及钢筋有无滑移等；在持续时间结束时，应观察并记录各项读数。

（7）对构件进行承载力检验时，应加载至构件出现（GB 50204—2002）规范表9.3.2（即表C2-8-2-1构件的承载力检验系数允许值）所列承载能力极限状态的检验标志。当在规定的荷载持续时间内出现上述检验标志之一时，应取本级荷载值与前一级荷载值的平均值作为其承载力检验荷载实测值；当在规定的荷载持续时间结束后出现上述检验标志之一时，应取本级荷载值作为其承载力检验荷载实测值。

注：当受压构件采用试验机或千斤顶加荷时，承载力检验荷载实测值应取构件直至破坏的整个试验过程中所达到的荷载最大值。

（8）构件挠度可用百分表、位移传感器、水平仪等进行观测。接近破坏阶段的挠度，可用水平仪或拉线、钢尺等测量。

试验时，应量测构件跨中位移和支座沉陷。对宽度较大的构件，应在每一量测截面的两边或两肋布置测点，并取其量测结果的平均值作为该处的位移。

当试验荷载竖直向下作用时，对水平放置的试件，在各级荷载下的跨中挠度实测值应按下列公式计算：

$$a_{\mathrm{t}}^{0}=a_{\mathrm{q}}^{0}+a_{\mathrm{g}}^{0}$$

$$a_{\mathrm{q}}^{0}=\upsilon_{\mathrm{m}}^{0}-\frac{1}{2}(\upsilon_{l}^{0}+\upsilon_{\mathrm{r}}^{0})$$

$$a_{\mathrm{g}}^{0}=\frac{M_{\mathrm{g}}}{M_{\mathrm{b}}}a_{\mathrm{b}}^{0}$$

式中 a_t^0——全部荷载作用下构件跨中的挠度实测值（mm）；

a_q^0——外加试验荷载作用下构件跨中的挠度实测值（mm）；

a_g^0——构件自重及加荷设备重产生的跨中挠度值（mm）：

υ_m^0——外加试验荷载作用下构件跨中的位移实测值（mm）；

υ_l^0、υ_r^0——外加试验荷载作用下构件左、右端支座沉陷位移的实测值（mm）。

M_g——构件自重和加荷设备重产生的跨中弯矩值（kN·m）；

M_b——从外加试验荷载开始至构件出现裂缝的前一级荷载为止的外加荷载产生的跨中弯矩值（kN·m）；

a_b^0——从外加试验荷载开始至构件出现裂缝的前一级荷载为止的外加荷载产生的跨中挠度实测值（mm）。

（9）当采用等效集中力加载模拟均布荷载进行试验时，挠度实测值应乘以修正系数 ψ。当采用三分点加载时，ψ可取 0.98；当采用其他形式集中力加载时，ψ应经计算确定。

（10）试验中裂缝的观测应符合下列规定：

1）观察裂缝出现可采用放大镜。若试验中未能及时观察到正截面裂缝的出现，可取荷载-挠度曲线上的转折点（曲线第一弯转段两端点切线的交点）的荷载值作为构件的开裂荷载实测值；

2）构件抗裂检验中，当在规定的荷载持续时间内出现裂缝时，应取本级荷载值与前一级荷载值的平均值作为其开裂荷载实测值；当在规定的荷载持续时间结束后出现裂缝时，应取本级荷载值作为其开裂荷载实测值；

3）裂缝宽度可采用精度为 0.05mm 的刻度放大镜等仪器进行观测；

4）对正截面裂缝，应量测受拉主筋处的最大裂缝宽度；对斜截面裂缝，应量测腹部斜裂缝的最大裂缝宽度。确定受弯构件受拉主筋处的裂缝宽度时，应在构件侧面量测。

（11）试验时必须注意下列安全事项：

1）试验的加荷设备、支架、支墩等，应有足够的承载力安全储备；

2）对屋架等大型构件进行加载试验时，必须根据设计要求设置侧向支承，以防止构件受力后产生侧向弯曲和倾倒；侧向支承应不妨碍构件在其平面内的位移；

3）试验过程中应注意人身和仪表安全；为了防止构件破坏时试验设备及构件坍落，应采取安全措施（如在试验构件下面设置防护支承等）。

（12）构件试验报告应符合下列要求：

1）试验报告应包括试验背景、试验方案、试验记录、检验结论等内容，不得有漏项缺检；

2）试验报告中的原始数据和观察记录必须真实、准确，不得任意涂抹、篡改；

3）试验报告宜在试验现场完成，及时审核、签字、盖章，并登记归档。

4.2.8.3 钢（网架）结构验收记录（C2-8-3）

1. 资料表式

2. 实施要点

（1）资料检验要点

钢（网架）结构验收记录　　　　**表 C2-8-3**

施工单位：

<table>
<tr><td colspan="2">工程名称</td><td colspan="3"></td><td colspan="2">施工日期</td><td colspan="2"></td></tr>
<tr><td colspan="2">建筑面积</td><td colspan="3"></td><td colspan="2">验收日期</td><td colspan="2">年　　月　　日</td></tr>
<tr><td>验收内容</td><td colspan="8">1. 焊接质量：全数目测焊缝质量、检查材料质量证明、复试报告、焊工合格证。
2. 高强度螺栓连接：全数目测高强螺栓连接质量、检查材料质量证明、复试报告、操作上岗证。
3. 钢(网架)结构制作：结构制作验收记录复查。目测构件变形、扭曲情况、构件起拱、焊接变形、轴线尺寸等。
4. 钢(网架)结构安装：结构安装验收记录复查。目测构件变形、扭曲情况、构件起拱、焊接变形、轴线尺寸等。
5. 安全、功能检测资料复查：(GB 50205—2001)附录 G 的有关内容
6. 其他应检项目或复检。</td></tr>
<tr><td>验收资料</td><td colspan="8">1. 工程质量控制资料。
2. 隐蔽验收资料；施工记录。
3. 工程安全与功能抽检资料。
4. 观感质量验收记录
施工人员：</td></tr>
<tr><td>验收意见</td><td colspan="8">按上述验收内容、验收资料全数检查后评定：</td></tr>
<tr><td rowspan="3">签字栏</td><td rowspan="1">建设单位代表</td><td>监理单位代表</td><td>设计单位代表</td><td colspan="5">施　工　单　位</td></tr>
<tr><td rowspan="2"></td><td rowspan="2"></td><td rowspan="2"></td><td>企业技术负责人</td><td colspan="2"></td><td>专业技术负责人</td><td></td></tr>
<tr><td>质检员</td><td colspan="2"></td><td>工长</td><td></td></tr>
</table>

内业资料的检查主要是分部（子分部）、分项（检验批）工程质量验收资料及其附件，核查应参加钢（网架）结构评定的分项、检验批必须齐全、验收必须正确、必须符合验评程序与组织；原材料出厂合格证明及试验报告检查品种、数量及其正确性；钢（网架）结构用的砂浆、混凝土强度的试（检）验报告应符合设计和标准（强度和数量）要求；大型吊装工程的技术要求应符合国家规范的规定。各种构件的损伤、更换处理记录、冬期施工的测试记录等；隐蔽工程验收记录、预检记录、设计变更记录；核查施工有关技术资料，其他有关文件和资料等。

(2) 钢（网架）结构工程质量评价

1) 钢（网架）结构工程质量应进行综合技术鉴定与评价、观感质量评定。未经综合技术鉴定与评价的钢（网架）结构不得进行下道工序施工。

2) 钢（网架）结构验收应在施工现场对其质量进行全面的观感检查与分析，提出质量评价意见。

3) 钢（网架）结构工程检查发现存在的质量问题应确切地进行记载，必要时并有附图，结构质量缺陷须有技术鉴定、处理方法、处理结论及复验签证，无遗留未了事项。

4) 钢（网架）结构验收的内容核查必须齐全，结论必须明确，签证必须齐全。验收意见中必须包含有对结构观感、结构质量控制资料的评价。

5) 钢（网架）结构，建设、施工、监理、设计任何一方对施工结果提出异疑时，需要进行抽样检测，以判定其是否满足设计和施工规范规定时，均应进行抽样检测并提供的检测资料。

(3) 钢（网架）结构工程验收的检测

1) 钢（网架）结构工程验收时，根据工程需要或当发现建筑幕墙工程存在缺当发现钢（网架）结构工程存在缺陷时，应按规范要求进行工程验收检测。

2）中华人民共和国建设部令第141号（2005年11月1日施行）《建设工程质量检测管理办法》规定，具有相应资质的检测单位，应按批准的资质在其批准范围内实施不同的检测内容。钢（网架）结构工程验收可根据需要进行如下内容的某项检测：

① 钢结构焊接质量无损检测；

② 钢结构防腐及防火涂装检测；

③ 钢结构节点、机械连接用紧固标准件及高强度螺栓力学性能检测；

④ 钢网架结构的变形检测。

4.2.8.4 中间（交接）检查验收记录（C2-8-4）

1. 资料表式

中间（交接）检查验收记录（通用） 表 C2-8-4

<table>
<tr><td rowspan="2">工程名称</td><td rowspan="2" colspan="2"></td><td>编　号</td><td></td></tr>
<tr><td>检查日期</td><td></td></tr>
<tr><td>移交单位</td><td colspan="2"></td><td>见证单位</td><td></td></tr>
<tr><td>交接部位</td><td colspan="2"></td><td>接收单位</td><td></td></tr>
<tr><td colspan="5">交接内容：</td></tr>
<tr><td colspan="5">检查结论：</td></tr>
<tr><td colspan="5">复查结论(由接收单位填写)：

复查人：　　　　　　　　复查日期：</td></tr>
<tr><td colspan="5">见证单位意见：</td></tr>
<tr><td rowspan="2">签字栏</td><td>移交单位</td><td colspan="2">接收单位</td><td>见证单位</td></tr>
<tr><td></td><td colspan="2"></td><td></td></tr>
</table>

注：交接双方共同填写的交接检查记录应一式三份，并应由移交单位、接收单位和见证单位各保存一份。

2. 实施要点

（1）中间交接检验记录是指工程进行中根据施工需要进行中间交接时填报的记录资料，同时对其做出的确认记录。

（2）中间交接检验一般包括：专业施工队之间的交接检验；专业施工公司之间的交接

检验；承包工程企业之间的交接检验等。例如：

1）单位工程的土建完成后，转交安装时应进行中间验收；

2）设备安装前应对设备基础、框架等构筑物进行中间验收；

3）压力容器进行热处理前，应进行中间验收后才能进行热处理；

4）锅炉房工程在锅炉安装前必须对其钢结构屋面及支撑系统工程进行中间验收，且合格后方可进行锅炉本体安装。

（3）中间交接之间的步骤与方法

1）交方提供本工程的全部质量控制资料、工程安全与功能检验及主要功能抽查技术文件及对工程质量的必要说明；

2）接方按提交的文件资料进行必要的检查、量测或观感检查；

3）通过资料、文件及实物检查，对发现的问题按标准要求进行处理；

4）办理交接手续，双方签字，如有仲裁方也应签字；

5）如交方交出的实物质量经查不合格，接方可不予接受。

4.2.8.5　单项工程竣工验收记录（通用）（C2-8-5）

1. 资料表式

单项工程竣工验收记录（通用）　　　**表 C2-8-5**

工程名称：　　　　　　　　　　　　施工单位：

<table>
<tr><td colspan="2">工程名称</td><td colspan="2"></td><td colspan="2">分部(或单位)工程</td><td colspan="2"></td></tr>
<tr><td colspan="2">专项工程名称</td><td colspan="2"></td><td colspan="2">开工日期</td><td colspan="2">年　月　日</td></tr>
<tr><td colspan="2">完成日期</td><td colspan="2">年　月　日</td><td colspan="2">交验日期</td><td colspan="2">年　月　日</td></tr>
<tr><td>工程内容</td><td colspan="7"></td></tr>
<tr><td>验收资料</td><td colspan="7">施工人员：</td></tr>
<tr><td>验收意见</td><td colspan="7"></td></tr>
<tr><td rowspan="3">签字栏</td><td>建设单位代表</td><td>监理单位代表</td><td>设计单位代表</td><td colspan="4">施　工　单　位</td></tr>
<tr><td rowspan="2"></td><td rowspan="2"></td><td rowspan="2"></td><td>技术负责人</td><td></td><td>质检员</td><td></td></tr>
<tr><td>交验人</td><td></td><td>接收人</td><td></td></tr>
</table>

2. 实施要点

（1）专项工程竣工验收如幕墙、电梯、通风与空调、消防等工程的专项验收均可用此表。

（2）专项工程施工应按有关要求进行抽样测试和检验，专项竣工验收前应将有关资料汇总整理。

（3）建筑幕墙质量检验

1）基本要求

① 主体结构与幕墙连接的各种预埋件，其数量、规格、位置和防腐处理必须符合设

计要求。

② 幕墙的金属框架与主体结构预埋件的连接，立柱与横梁的连接及幕墙面板的安装必须符合设计要求，安装必须牢固。

③ 隐框、半隐框幕墙所采用的结构粘结材料必须是中性硅酮结构密封胶，其性能必须符合《建筑用硅酮结构密封胶》（GB 16776—2005）的规定；硅酮结构密封胶必须在有效期内使用。

2）玻璃幕墙四周与主体结构之间的缝隙，应采用防火的保温材料填塞；内外表面应用密封胶连续封闭，接缝应严密不漏水。

3）玻璃幕墙施工过程中，应分层进行抗雨水渗漏性能检查。

① 耐候硅酮密封胶的施工厚度应大于 3.5mm，施工宽度不应小于施工厚度的 2 倍；较深的密封槽口底部应用聚乙烯发泡材料填塞；

② 耐候硅酮密封胶在接缝内应形成相对两面粘结，并不得三面粘结。

4）玻璃幕墙安装施工应对下列项目进行隐蔽验收：

① 构件与主体结构连接节点的安装；

② 幕墙四周、幕墙内表面与主体结构之间间隙节点的安装；

③ 幕墙伸缩缝、沉降缝、防震缝及墙面转角节点的安装；

④ 幕墙防雷接地节点的安装。应检查跨接连接点数量，跨接连接线的品种、规格、连接方法、节点防电化腐蚀措施、连接情况等。

5）幕墙性能试验说明

① 风压变形性能：指玻璃幕墙以其性能试验的结果，即玻璃幕墙在风荷载标准值作用下，其立柱和横梁的相对挠度不应大于 $L/180$（L 为立柱和横梁两支点间的跨度），绝对挠度不得大于 20mm。

② 雨水渗漏性能：指玻璃幕墙雨水渗漏性能试验的结果，即玻璃幕墙在风荷载标准值除以 2.25 的风荷载作用下不应发生雨水渗漏。在任何情况下，玻璃幕墙开启部分的雨水渗漏压力应大于 250MPa。

③ 空气渗透性能：指玻璃幕墙空气渗透性能试验的结果，即玻璃幕墙在有空调和采暖要求时，玻璃幕墙的空气渗透性能应在 10Pa 的内外压力差下，其固定部分的空气渗透不应大于 0.10$m^2/(m \cdot h)$，开启部分的空气渗透量不应大于 2.5$m^2/(m \cdot h)$。

④ 平面内变形性能：指玻璃幕墙平面内变形性能试验的结果，即玻璃幕墙在平面内变形性能应符合下列要求：

a. 平面内变形性能以建筑物的层间相对位移值表示。在设计允许的相对位移范围内，玻璃幕墙不应损坏；

b. 平面内变形性能应按不同结构类型弹性计算的位移控制的 3 倍设计。

6）硅酮结构胶的检验

① 硅酮结构胶的检验方法：

a. 垂直于胶条做一个切割面，由该切割面沿基材面切出个长度约 50mm 的垂直切割面，并以大于 90°方向手拉硅酮结构胶块，观察剥离面破坏情况，如图 C2-8-5；

b. 观察检查打胶质量，用分度值为 1mm 的钢直尺测量胶的厚度和宽度。

② 硅酮结构胶的检测单位必须是国家有权部门认可的法定检测机构，并采用国家有

权部门通过认可的生产企业（目前国内生产企业8家，国外生产企业4家）生产的产品（共25个品牌）。

③ 硅酮结构密封胶的检验指标，应符合下列规定：

a. 硅酮结构密封胶必须是内聚性破坏；

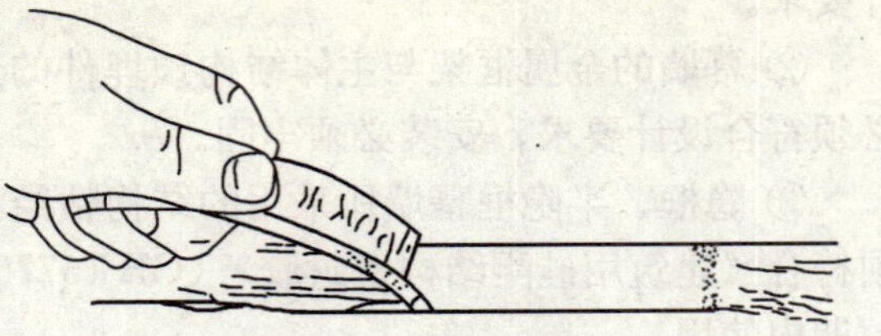

图 C2-8-5　硅酮结构胶现场手拉试验示意

b. 硅酮结构密封胶切开的截面应颜色均匀，注胶应饱满、密实；

c. 硅酮结构密封胶的注胶宽度、厚度应符合设计要求，且宽度不能小于7mm，厚度不能小于6mm。

（4）建筑幕墙工程验收的检测

1）建筑幕墙工程验收时，根据工程需要或当发现建筑幕墙工程存在缺陷时，应按规范要求进行工程验收检测。

2）中华人民共和国建设部令第141号（2005年11月1日施行）《建设工程质量检测管理办法》规定，具有相应资质的检测单位，应按批准的资质在其批准范围内实施不同的检测内容。建筑幕墙工程验收可根据需要进行如下内容的某项检测：

① 建筑幕墙的气密性、水密性、风压变形性能、层间变位性能检测；

② 硅酮结构胶相容性检测。

4.2.8.6　结构实体检验记录（C2-8-6）

1. 资料表式

结构实体检验记录　　　　表 C2-8-6

施工单位：

<table>
<tr><td>工程名称</td><td colspan="3"></td><td>施工日期</td><td></td></tr>
<tr><td>测试单位</td><td colspan="3"></td><td>验收日期</td><td></td></tr>
<tr><td>混凝土强度等级评定</td><td colspan="5">1. 同条件养护试件的数量。
2. 同条件养护试件统计评定结果。
3. 最小一组试件的强度。
同条件养护试件强度的检验结果符合现行国家标准《混凝土强度检验评定标准》GB 50107 的有关规定。
混凝土强度：</td></tr>
<tr><td>钢筋保护层厚度测试</td><td colspan="5">钢筋保护层厚度测定单位名称：

施工人员：</td></tr>
<tr><td>备注</td><td colspan="5">附件资料应包括：
1. 同条件养护混凝土试件的试验结果与评定结论。
2. 钢筋保护层测定资料(由试验部门提供)</td></tr>
<tr><td rowspan="3">签字栏</td><td rowspan="3">建设单位代表</td><td rowspan="3">监理单位代表</td><td colspan="3">施　工　单　位</td></tr>
<tr><td>企业技术负责人</td><td></td><td>专业技术负责人</td></tr>
<tr><td>质检员</td><td></td><td>工长</td></tr>
</table>

2. 实施要点

(1) 结构实体检验仅对重要结构构件的混凝土强度、钢筋保护层厚度两件项目进行检验。如果合同有约，可以增加其他项目的检测。

(2) 当未留置同条件养护试件或强度不合格、钢筋保护层厚度测试不合格时，则应委托具有相应资质的检测机构进行检测，并通过专家会商提出处理意见。

(3) 表列子项

1) 测试单位：一般为建设行政主管部门委托的测试单位，照实际填写。

2) 混凝土强度等级评定：按 GB 50204—2002 规范的规定执行。

3) 钢筋保护层测试：按 GB 50204—2002 规范的规定执行。

4.2.8.6-1 结构实体混凝土强度检验记录（GB 50204—2002）（C2-8-6-1）

结构实体混凝土强度检验记录 **表 C2-8-6-1**

工程名称		编　　号	
		结构类型	
施工单位		验收日期	

强度等级	试件强度代表值(MPa)										强度评定结果	监理/建设单位验收结果

结论：	

签字栏	项目专业技术负责人	专业监理工程师 或建设单位项目专业技术负责人

注：结构实体混凝土强度检验记录应符合现行国家标准《混凝土结构工程施工质量验收规范》GB 50204 的有关规定。施工单位填写的结构实体混凝土强度检验记录应一式四份，建设单位、监理单位、施工单位、城建档案馆各保存一份。

1. 同条件养护试件的留置方式和取样数量，应符合下列要求：

（1）同条件养护试件所对应的结构构件或结构部位，应由监理（建设）、施工等各方共同选定。

（2）对混凝土结构工程中的各混凝土强度等级，均应留置同条件养护试件。

（3）同一强度等级的同条件养护试件，其留置的数量应根据混凝土工程量和重要性确定，不宜少于10组，且不应少于3组。

（4）同条件养护试件拆模后，应放置在靠近相应结构构件或结构部位的适当位置，并应采取相同的养护方法。

2. 同条件养护试件应在达到等效养护龄期时进行强度试验。

等效养护龄期应根据同条件养护试件强度，与在标准养护条件下28d龄期试件强度相等的原则确定。

3. 同条件自然养护试件的等效养护龄期及相应的试件强度代表值，宜根据当地的气温和养护条件，按下列规定确定：

（1）等效养护龄期可取按日平均温度逐日累计达到600℃·d时所对应的龄期，0℃及以下的龄期不计入；等效养护龄期不应小于14d，也不宜大于60d；

（2）同条件养护试件的强度代表值应根据强度试验结果按现行国家标准《混凝土强度检验评定标准》GB 50107的规定确定后，乘折算系数取用；折算系数宜为1.10，也可根据当地的试验统计结果作适当调整。

4. 冬期施工、人工加热养护的结构构件，其同条件养护试件的等效养护龄期可按结构构件的实际养护条件，由监理（建设）、施工等各方根据附1中第2条（即GB 50204—2002附录D的D.0.2条）的规定共同确定。

注：结构实体检验用同条件养护试件强度试验报告应附同条件养护试件测温记录。

4.2.8.6-2　结构实体钢筋保护层厚度检验（C2-8-6-2）

结构实体钢筋保护层厚度检验记录施工单位检验时按表C2-8-6-2A执行。当需要试验单位对被检钢筋保护层厚度测定进行校核检验时，按表C2-8-6-2B执行。

1. 资料表式

2. 实施要点

（1）结构实体钢筋保护层厚度检验（GB 50204—2002）

1）钢筋保护层厚度检验的结构部位和构件数量，应符合下列要求：

① 钢筋保护层厚度检验的结构部位，应由监理（建设）、施工等各方根据结构构件的重要性共同选定；

② 对梁类、板类构件，应各抽取构件数量的2%且不少于5个构件进行检验；当有悬挑构件时，抽取的构件中悬挑梁类、板类构件所占比例均不宜小于50%。

2）对选定的梁类构件，应对全部纵向受力钢筋的保护层厚度进行检验；对选定的板类构件，应抽取不少于6根纵向受力钢筋的保护层厚度进行检验。对每根钢筋，应在有代表性的部位测量1点。

3）钢筋保护层厚度的检验，可采用非破损或局部破损的方法，也可采用非破损方法测试并用局部破损方法进行校准。当采用非破损方法检验时，所使用的检测仪器应经过计量检验，检测操作应符合相应规程的规定。

结构实体钢筋保护层厚度验收记录 表 C2-8-6-2A

编号：

<table>
<tr><td colspan="2">工程名称</td><td colspan="7"></td><td>结构类型</td><td colspan="2"></td></tr>
<tr><td colspan="2">施工单位</td><td colspan="7"></td><td>验收日期</td><td colspan="2"></td></tr>
<tr><td rowspan="2">构件类别</td><td rowspan="2">构件名称</td><td colspan="7">钢筋保护层厚度(mm)</td><td rowspan="2">合格点率</td><td rowspan="2">评定结果</td><td rowspan="2">监理(建设)单位验收结果</td></tr>
<tr><td>设计值</td><td colspan="6">实　测　值</td></tr>
<tr><td rowspan="5">梁</td><td></td><td></td><td></td><td></td><td></td><td></td><td></td><td></td><td rowspan="10"></td><td rowspan="10"></td><td rowspan="10"></td></tr>
<tr><td></td><td></td><td></td><td></td><td></td><td></td><td></td><td></td></tr>
<tr><td></td><td></td><td></td><td></td><td></td><td></td><td></td><td></td></tr>
<tr><td></td><td></td><td></td><td></td><td></td><td></td><td></td><td></td></tr>
<tr><td></td><td></td><td></td><td></td><td></td><td></td><td></td><td></td></tr>
<tr><td rowspan="5">板</td><td></td><td></td><td></td><td></td><td></td><td></td><td></td><td></td></tr>
<tr><td></td><td></td><td></td><td></td><td></td><td></td><td></td><td></td></tr>
<tr><td></td><td></td><td></td><td></td><td></td><td></td><td></td><td></td></tr>
<tr><td></td><td></td><td></td><td></td><td></td><td></td><td></td><td></td></tr>
<tr><td></td><td></td><td></td><td></td><td></td><td></td><td></td><td></td></tr>
<tr><td colspan="12">结论：</td></tr>
<tr><td colspan="12">说明：
本表中对每一构件可填写 6 根钢筋的保护层厚度实测值，应检验钢筋的具体数量须根据规范要求和实际情况确定。</td></tr>
</table>

<table>
<tr><td rowspan="3">签字栏</td><td rowspan="3">监理(建设)单位</td><td colspan="3">施　工　单　位</td></tr>
<tr><td>专业技术负责人</td><td>质检员</td><td>工　长</td></tr>
<tr><td></td><td></td><td></td></tr>
</table>

钢筋保护层厚度试验报告 表 C2-8-6-2B

<table>
<tr><td>编　　号</td><td colspan="2"></td><td>试验编号</td><td colspan="2"></td><td>委托编号</td><td></td></tr>
<tr><td>工程名称及部位</td><td colspan="7"></td></tr>
<tr><td>委托单位</td><td colspan="7"></td></tr>
<tr><td>试验委托人</td><td colspan="5"></td><td>见证人</td><td></td></tr>
<tr><td>构件名称</td><td colspan="7"></td></tr>
<tr><td>测试点编号</td><td>1</td><td>2</td><td>3</td><td>4</td><td>5</td><td>6</td><td></td></tr>
<tr><td>保护层厚度设计值(mm)</td><td colspan="7"></td></tr>
<tr><td>保护层厚度实测值(mm)</td><td></td><td></td><td></td><td></td><td></td><td></td><td></td></tr>
<tr><td colspan="8">测试位置示意图：</td></tr>
<tr><td colspan="8">结论：</td></tr>
<tr><td colspan="8">试验单位：　　　技术负责人：　　　审核：　　　试(检)验：</td></tr>
</table>

注：本表由建设单位、监理单位、施工单位各保存一份。

钢筋保护层厚度检验的检测误差不应大于 1mm。

4）钢筋保护层厚度检验时，纵向受力钢筋保护层厚度的允许偏差，对梁类构件为＋10mm、－7mm，对板类构件为＋8mm、－5mm。

5）对梁类、板类构件纵向受力钢筋的保护层厚度应分别进行验收。

结构实体钢筋保护层厚度验收合格应符合下列规定：

① 当全部钢筋保护层厚度检测的合格点率为 90％及以上时，钢筋保护层厚度的检验结果应判为合格。

② 当全部钢筋保护层厚度的检测结果的合格点率小于 90％但不小于 80％时，可再抽取相同数量的构件进行检验；当按两次抽样总和计算的合格点率为 90％及以上时，钢筋保护层厚度的检验结果仍应判为合格。

③ 每次抽样检验结果中不合格点的最大偏差，均不应大于规范规定允许偏差的 1.5 倍。

4.2.9 工程质量事故及事故调查处理资料（C2-9）

4.2.9.1 工程质量事故报告（C2-9-1）

1. 资料表式

工程质量事故报告 **表 C2-9-1**

工程名称：

<table>
<tr><td>事故部位</td><td colspan="2"></td><td colspan="2">报告日期</td><td colspan="2"></td></tr>
<tr><td rowspan="2">事故性质</td><td colspan="2">设计错误</td><td colspan="2">交底不清</td><td colspan="2">违反操作规程</td></tr>
<tr><td colspan="2"></td><td colspan="2"></td><td colspan="2"></td></tr>
<tr><td>事故发生日期</td><td colspan="6"></td></tr>
<tr><td>事故等级</td><td colspan="6"></td></tr>
<tr><td>直接责任者</td><td></td><td colspan="2">职　务</td><td></td><td>损失金额</td><td></td></tr>
<tr><td colspan="7">故事经过和原因分析：</td></tr>
<tr><td colspan="7">事故处理意见：</td></tr>
<tr><td colspan="2">企业负责人：</td><td colspan="3">企业技术负责人：</td><td colspan="2">项目经理：</td></tr>
</table>

2. 资料要求

资料要求除应执行“对施工文件的总体要求、对工程质量记录资料核查要求”外，尚应符合：

（1）工程质量事故的内容及处理建议应填写具体、清楚，注明日期（质量事故日期、处理日期）。有当事人及有关领导的签字及附件资料。

（2）事故经过及原因分析应实事求是、尊重科学。

3. 实施要点

凡因工程质量不符合规定的质量标准、影响使用功能或设计要求的质量事故在初步调查的基础上所填写的事故报告。

凡因工程质量不符合规定的质量标准、影响使用功能或设计要求的，都叫质量事故。造成质量事故的原因主要包括：设计错误、施工错误、材料设备不合格、指挥不当等等。

（1）事故产生的原因可分为指导责任事故和操作责任事故。事故按其情节性质分为一般事故、重大事故。

（2）质量事故的技术处理必须遵守的原则

1）工程（产品）质量事故的部位，原因必须查清，必要时应委托法定工程质量检测单位进行质量鉴定或请专家论证。

2）技术处理方案，必须依据充分、可靠、可行，确保结构安全和使用功能；技术处理方案应委托原设计单位提出，由其他单位提供技术方案的，需经原设计单位同意并签认。设计单位在提供处理方案时，应征求建设单位意见。

3）施工单位必须依据技术处理方案的要求，制定可行的技术处理施工措施，并做好原始记录。

4）技术处理过程中关键部位的工序，应会同建设单位（设计单位）进行检查认可，技术处理完工应组织验收，并将有关单位的签证、处理过程中的各项施工记录、试验报告、原材料试验单等相关资料完整配套归档。

（3）事故发生后，事故发生单位应当在 24 小时内写出书面的事故报告，逐级上报，书面报告应包括以下内容：

1）事故发生的时间、地点、工程项目、企业名称；

2）事故发生的简要经过、伤亡人数和直接经济损失的初步估计；

3）事故发生原因的初步判断；

4）事故发生后采取的措施及事故控制的情况；

5）事故报告单位。

（4）属于特别重大事故者，其报告、调查程序、执行国务院发布的有关规定。

（5）工程质量事故处理方案应由原设计单位出具或签认，并经建设、监理单位审查同意后方可实施。

（6）工程质量事故报告和事故处理方案及记录，要妥善保存，任何人不得随意抽撤或毁损。

（7）一般事故每月集中汇总上报一次。

（8）表列子项

1）事故部位：按实际事故发生在某分项工程的部位填写，例如××轴的基础砌砖等。

2）事故性质：按实际填报，如设计原因、交底不清、违反操作规程等。

3）事故等级：按国家规定不同的损失金额确定的等级和实际填写。

4）直接责任者：填写事故当事人的姓名、职务。

5）事故经过和原因分析：简述事故分析原因，应经项目经理部级以上主管技术负责人主持会议讨论定论后的原因分析。

凡需要修补或做技术处理的事故，均需填写事故经过及原因分析。

6）事故处理意见：处理措施和复查意见等内容，均需有单位工程技术负责人和质检员签字，对于重要部位的质量事故，此项内容需经施工企业和设计单位同意（附有关手续）。

4.2.9.2 建设工程质量事故调查、勘查记录（C2-9-2）

1. 资料表式

建设工程质量事故调查、勘查记录　　表 C2-9-2

工程名称		编　号		
		日　期		
调(勘)查时间	年　月　日　时　分至　时　分			
调(勘)查地点				
参加人员	单位	姓名	职务	电话
被调查人				
陪同调(勘)查人员				
调(勘)查笔录				
现场证物照片	□有　□无　共　张　共　页			
事故证据资料	□有　□无　共　张　共　页			
被调查人签字		调(勘)查人签字		

注：调查单位填写的建设工程质量事故调查、勘查记录应一式五份，并应由调查单位、建设单位、监理单位、施工单位、城建档案馆各保存一份。

2. 资料要求

资料要求除应执行“对施工文件的总体要求、对工程质量记录资料核查要求”外，尚应符合：

（1）工程质量事故调（勘）查处理记录内容及处理方法应填写具体、清楚，注明日期（质量事故日期、处理日期）。

（2）参加调查人员、陪同调（勘）查人员必须逐一填写清楚。

（3）调（勘）查记录应真实、科学、详细，实事求是，包括物证、照片、事故证据资料。

（4）被调查人员必须签字。

3. 实施要点

建设工程质量事故调（勘）查处理记录是指因工程质量不符合规定的质量标准、影响使用功能或设计要求的质量事故发生后，对其事故范围、缺陷程度、性质、影响和产生原因进行的联合调查时的记录。

（1）调查记录应详细、实事求是。记录内容包括事故调查的：事故的发生时间、地点、部位、性质、人证、物证、照片及有关的数据资料。

（2）调查方式可视事故的轻重由施工单位自行进行调查或组织有关部门联合调查做出处理方案。

（3）工程质量事故调查、事故处理资料应在事故处理完毕后，随同工程质量事敀报告一并存档。

（4）设计单位应当参与建设工程质量事故的分析，并对因设计造成的质量事故提出技术处理方案。

注：质量事故处理一般有以下几种：事故已经排除，可以继续施工；隐患已经消除，结构安全可靠；经修补处理后，安全满足使用要求；基本满足使用要求，但附有限制条件；虽经修补但对耐久性有一定影响，并提出影响程度的结论；虽经修补但对外观质量有一定影响，并提出外观质量影响程度的结论。

（5）表列子项

1）参加人员：分别按参加人员的单位、姓名、职务、电话填写逐一填写。

2）调（勘）查记录：指事故调（勘）查的过程、内容记录。

3）现场证物照片：照实际填写。

4）事故证据资料：照实际填写。

5）处理意见：按参加调（勘）查人员的调（勘）查结果，根据事故性质提出的处理意见。

质量事故处理一般有以下几种：

① 事故已经排除，可以继续施工；

② 隐患已经消除，结构安全可靠；

③ 经修补处理后，安全满足使用要求；

④ 基本满足使用要求，但附有限制条件；

⑤ 虽经修补但对耐久性有一定影响，并提出影响程度的结论；

⑥虽经修补但对外观质量有一定影响，并提出外观质量影响程度的结论。

4.2.9.3 工程质量事故技术处理方案（C2-9-3）

实施要点

工程质量事故技术处理方案按设计或施工单位根据事故特点提供并经监理单位同意的工程质量事故技术处理方案作为施工技术文件，依序提供汇整。

4.2.10 新技术、新工艺、新材料施工记录（C2-10）

实施要点

（1）新技术、新工艺、新材料施工记录按 C2-6-1 执行。

（2）新技术、新工艺、新材料施工记录是建设工程应用新技术、新工艺、新材料进行施工的记录。

（3）新技术、新工艺、新材料由建设、监理和施工单位根据相关资料予以确认。

（4）凡属新技术、新工艺、新材料的施工均必须由施工单位或专项施工单位按新技术、新工艺、新材料提供的专项施工图或施工资料进行施工，并填报新技术、新工艺、新材料施工记录。

(5) 应用新技术、新工艺、新材料规定

1) 建设部2005年7月20日印发《"采用不符合工程建设强制性标准的新技术、新工艺、新材料核准"行政许可实施细则》(简称"三新核准"),规定建设工程应用新技术、新工艺、新材料实行核准制度。

2)《"采用不符合工程建设强制性标准的新技术、新工艺、新材料核准"行政许可实施细则》由建设部负责审查与决定。

3) 所称"不符合工程建设强制性标准"是指与现行工程建设强制性标准不一致的情况,或直接涉及建设工程质量安全、人身健康、生命财产安全、环境保护、能源资源节约和合理利用以及其他社会公共利益,且工程建设强制性标准没有规定又没有现行工程建设国家标准、行业标准和地方标准可依的情况。

4) 拟采用不符合工程建设强制性标准的新技术、新工艺、新材料时,应当由该工程的建设单位依法取得行政许可,并按照行政许可决定的要求实施。

5) 申请"三新核准"时,建设单位应当提交下列材料:

①《采用不符合工程建设强制性标准的新技术、新工艺、新材料核准申请书》;

② 采用不符合工程建设强制性标准的新技术、新工艺、新材料的理由;

③ 工程设计图(或施工图)及相应的技术条件;

④ 省级、部级或国家级的鉴定或评估文件,新材料的产品标准文本和国家认可的检验、检测机构的意见(报告),以及专题技术论证会纪要;

⑤ 新技术、新工艺、新材料在国内或国外类似工程应用情况的报告或中试(生产)试验研究情况报告;

⑥ 国务院有关行政主管部门的标准化管理机构或省、自治区、直辖市建设行政主管部门的审核意见。

6) 建设部依法对申请者按照专家对申请事项的审查结果,提出审查意见对符合法定条件的发给《准予建设行政许可决定书》;对不符合法定条件的发给《不予建设行政许可决定书》,说明理由,并告知申请人享有依法申请行政复议或者提起行政诉讼的权利。

在建设工程中应用新技术、新工艺、新材料的建设单位必须严格按照建设部2005年7月20日印发的《"采用不符合工程建设强制性标准的新技术、新工艺、新材料核准"行政许可实施细则》(简称"三新核准")的规定执行。

给水排水与采暖

4.2.11　图纸会审、设计变更、洽商记录(C2-11)

按建筑与结构图纸会审、设计变更、洽商记录资料要求执行。

4.2.11.1　图纸会审(C2-11-1)

1. 资料表式、实施要点按C2-1-1执行。

2. 图纸会审记录是对已正式签署的设计文件进行交底、审查和会审对提出的问题予以记录的技术文件。

4.2.11.2 设计变更（C2-11-2）

1. 资料表式、实施要点按 C2-1-2 执行。

2. 设计变更的表式以设计单位签发的设计变更文件为准。

3. 设计变更是工程实施过程中，由于设计图纸本身差错，设计图纸与实际情况不符，施工条件变化，原材料的规格、品种不符合设计要求及职工提出合理化建议等原因，需要对设计图纸部分内容进行修改而办理的变更设计文件。

4.2.11.3 洽商记录（C2-11-3）

1. 洽商记录的资料表式、实施要点按 C2-1-3 执行。

2. 洽商记录是工程实施过程中，由于设计图纸本身差错，设计图纸与实际情况不符，建设单位根据需要提出的设计修改，施工条件变化，原材料的规格、品种不符合设计要求及职工提出合理化建议等原因，需要对设计图纸部分内容进行修改而需要由建设单位或施工单位提出的变更设计的洽商记录文件。

4.2.12 材料、配件、设备出厂合格证书及进场检（试）验报告（C2-12）

4.2.12.1 材料、设备出厂合格证、试（检）验报告汇总表（C2-12-1）

材料、设备合格证、试（检）验报告汇总表按 C2-3-1 执行。

4.2.12.2 材料、设备出厂合格证（C2-12-2）

实施要点

材料、设备合格证表式按 C2-3-2 执行。

（1）各种原材料、成品、半成品、器具、设备等合格证分类，按序贴于合格证粘贴表内。

（2）材料、设备与配件

产品应有出厂合格证明，并应符合国家或行业现行标准的技术质量要求及设计要求，产品到场后必须进行主要设备开箱检验，使用前应做必要的试（检）验，并做好记录。抽检应有抽检时间、抽检人及抽检结果的证明。

（3）主要材料、设备出厂合格证明及目录，一般包括：

1）管材及型钢出厂合格证；

2）锅炉及锅炉附件，引风机、除尘器出厂合格证；

3）散热器、暖风机等散热设备出厂合格证；

4）离心式水泵和汽泵出厂合格证；

5）各种阀类的出厂合格证及强度、严密性试验单；

6）水位计、压力计、温度计和煤气表等热工仪表的出厂合格证；

7）减压器、疏水器、调压器和分汽缸等管道附件、构件出厂合格证；

8）焊条、焊接剂出厂合格证；

9）防腐工程粘结力试验单（有特殊要求的工程用）；

10）保温结构热耗试验单（有特殊要求的工程用）。

（4）PVC管材技术要求

1）管材外观质量：管材内外壁应光滑，不允许有气泡、裂口和明显划痕、凹陷、色差及分解变色；管材两端应切割平整。

2）管材平均外径极限偏差、管材壁厚尺寸极限偏差、管材长度尺寸极限偏差应分别符合国家现行标准要求。管材同一截面的壁厚偏差率不得超过14%。管材同一截面的外径椭圆度，直管不大于0.024d_e（至少为1mm），盘管不大于0.06d_e。

3）管材物理性能应符合相应标准规定。

4.2.12.3 设备开箱检验记录（通用）（C2-12-3）

1．资料表式

设备开箱检验记录（通用） 表C2-12-3

<table>
<tr><td rowspan="2">工程名称</td><td rowspan="2" colspan="2"></td><td colspan="2">编　号</td><td></td></tr>
<tr><td colspan="2">检验日期</td><td></td></tr>
<tr><td>设备名称</td><td colspan="2"></td><td colspan="2">规格型号</td><td></td></tr>
<tr><td>生产厂家</td><td colspan="2"></td><td colspan="2">产品合格证编号</td><td></td></tr>
<tr><td>总数量</td><td colspan="2"></td><td colspan="2">检验数量</td><td></td></tr>
<tr><td colspan="6">进场检验记录</td></tr>
<tr><td>包装情况</td><td colspan="5"></td></tr>
<tr><td>随机文件</td><td colspan="5"></td></tr>
<tr><td>备件与附件</td><td colspan="5"></td></tr>
<tr><td>外观情况</td><td colspan="5"></td></tr>
<tr><td>测试情况</td><td colspan="5"></td></tr>
<tr><td colspan="6">缺、损附备件明细</td></tr>
<tr><td>序　号</td><td>附备件名称</td><td>规　格</td><td>单　位</td><td>数　量</td><td>备　注</td></tr>
<tr><td></td><td></td><td></td><td></td><td></td><td></td></tr>
<tr><td colspan="6">检查意见(施工单位)：
附件：共__页</td></tr>
<tr><td colspan="6">验收意见(监理/建设单位)：
□同意　□重新检验　□退场　验收日期</td></tr>
<tr><td rowspan="3">签字栏</td><td>供应单位</td><td></td><td>责任人</td><td colspan="2"></td></tr>
<tr><td>施工单位</td><td></td><td>专业工长</td><td colspan="2"></td></tr>
<tr><td>监理或建设单位</td><td></td><td>专业工程师</td><td colspan="2"></td></tr>
</table>

注：施工单位填写的设备开箱检验记录应一式两份，并应由监理单位、施工单位各保存一份。

2．资料要求

资料要求除应执行“对施工文件的总体要求、对工程质量记录资料核查要求”外，尚应符合：

（1）主要材料、设备进场时应进行开箱检验（主要材料、设备）并有检验记录。

（2）建筑给水、排水及采暖工程所使用的主要材料、成品。半成品、配件、器具和设备必须具有中文质量合格证明文件，规格、型号及性能检测报告应符合国家技术标准或设计要求。进场时应做检查验收，并经监理工程师核查确认。

3. 实施要点

主要设备开箱检验记录是工程重要设备进场后，按设计和施工质量验收规范的要求进行检验的记录。

1）建筑给水、排水及采暖工程的施工单位应当具有相应的资质。工程质量验收人员应具备相应的专业技术资格。

2）主要器具和设备必须有完整的安装使用说明书。在运输、保管和施工过程中，应采取有效措施防止损坏或腐蚀。

3）主要材料、设备、风机的开箱检验

① 设备开箱检查由安装单位、供货单位或建设单位共同进行，并做好检查记录；应按照设备清单、施工图纸及设备技术资料，核对设备本体及附件、备件的规格、型号是否符合设计图纸要求；附件、备件、产品合格证件、技术文件资料、说明书是否齐全；设备本体外观检查应无损伤及变形，油漆完整无损；设备内部检查：电器装置及元件、绝缘瓷件应齐全，无损伤、裂纹等缺陷；对检查出现的问题应由参加方共同研究解决。

② 根据设备装箱清单，核对叶轮、机壳和其他部位（如地脚螺栓孔中心距、进、排气口法兰直径和方位及中心距、轴的中心标高等）的主要安装尺寸是否与设计相符；

③ 叶轮旋转方向应符合设备技术文件的规定；

④ 进、排气口应有盖板严密遮盖，防止尘土和杂物进入；

⑤ 检查风机外露部分各加工面的防锈情况，转子是否发生明显的变形或严重锈蚀、碰伤等，如有上述情况应会同有关单位研究处理。

4）表列子项

① 系统编号：指该设备用于某系统的系统编号。

② 分部（或单位）工程：指开箱检验所在分部（或单位）的工程，照实际填写。

③ 装箱单号：照实际填写。

④ 设备检查：分别检查包装、设备外观、设备零部件、其他等项。

⑤ 技术文件检查：指开箱检验时的技术文件，应检查装箱单、合格证、说明书、设备图、其他等分别填写份数和张数。

⑥ 检查结果及处理意见：分别指设备检查和技术文件检查结果及处理意见，照实际填写。

⑦ 存在问题及处理意见：指开箱检验中材料、设备存在的问题及处理建议，照实际填写。

4.2.13 管道、设备强度试验、严密性试验记录（C2-13）

4.2.13.1 ______管道、设备强度试验、严密性试验记录（C2-13-1）

1. 资料表式

2. 实施要点

______管道、设备强度试验、严密性试验记录表　　表 C2-13-1

<table>
<tr><td colspan="3" rowspan="2">工程名称</td><td colspan="2" rowspan="2"></td><td>编　号</td><td colspan="2"></td></tr>
<tr><td>试验日期</td><td colspan="2"></td></tr>
<tr><td colspan="3">分项工程名称</td><td colspan="2"></td><td>试验部位</td><td colspan="2"></td></tr>
<tr><td colspan="3">材质、规格</td><td colspan="2"></td><td>压力表编号</td><td colspan="2"></td></tr>
<tr><td colspan="8">试验要求：</td></tr>
<tr><td rowspan="10">试验记录</td><td colspan="3">试验介质</td><td colspan="4"></td></tr>
<tr><td colspan="3">试验压力表设置位置</td><td colspan="4"></td></tr>
<tr><td rowspan="4">强度试验</td><td colspan="2">试验压力(MPa)</td><td colspan="4"></td></tr>
<tr><td colspan="2">试验持续时间(min)</td><td colspan="4"></td></tr>
<tr><td colspan="2">试验压力降(MPa)</td><td colspan="4"></td></tr>
<tr><td colspan="2">渗漏情况</td><td colspan="4"></td></tr>
<tr><td rowspan="4">严密性试验</td><td colspan="2">试验压力(MPa)</td><td colspan="4"></td></tr>
<tr><td colspan="2">试验持续时间(min)</td><td colspan="4"></td></tr>
<tr><td colspan="2">试验压力降(MPa)</td><td colspan="4"></td></tr>
<tr><td colspan="2">渗漏情况</td><td colspan="4"></td></tr>
<tr><td colspan="8">试验结论：</td></tr>
<tr><td rowspan="3">签字栏</td><td colspan="2" rowspan="2">施工单位</td><td rowspan="2"></td><td>专业技术负责人</td><td>专业质检员</td><td colspan="2">专业工长</td></tr>
<tr><td></td><td></td><td colspan="2"></td></tr>
<tr><td colspan="2">监理或建设单位</td><td colspan="2"></td><td>专业工程师</td><td colspan="2"></td></tr>
</table>

注：强度、严密性试验记录应符合现行国家标准《建筑给水排水及采暖工程施工质量验收规范》GB 50242、《通风与空调工程施工质量验收规范》GB 50243 的有关规定。室内外输送各种介质的承压管道、承压设备在安装完毕后，进行隐蔽之前，应进行强度严密性试验。施工单位填写的强度严密性试验记录应一式四份，并应由建设单位、监理单位、施工单位、城建档案馆各保存一份。

管道、设备强度试验、严密性试验记录是建筑工程管道、设备安装完成后，必须进行的测试项目。

（1）给水、热力等的严密性试验通用说明

1）管道、设备、强度、严密性试验应报送以下资料：

① 给水、采暖和热水供应系统的试压记录；

② 煤气管道及调压站系统的强度和严密性试验记录；

③ 锅炉、分气缸、分水器、热交换器和散热器的试压记录；

④ 敞口和密闭箱罐灌水和试压记录；

⑤ 阀门安装前的强度和严密性试验记录；

⑥ 设备基础验收及混凝土强度测试记录（抄件）。

2）给水工程中配水管网的工作压力大于 0.1MPa 的压力管道工程均应进行管道水压试验。工作压力小于 0.1MPa 的管道，应按无压力管道进行试验（一般为闭水法试验）。

3）给水、采暖、热水系统隐蔽前，阀门、散热器及设备在安装前必须进行管道、设备强度和严密性试验（有焊接管道时应进行焊口检查），填写检查和试压记录，试验结果应满足设计规范的有关规定。经建设单位代表验证签名后才能隐蔽和安装。

4）管道压力试验的几点说明。

① 管道试压一般分单项试压和系统试压两种。单项试压是在干管敷设完成，隐蔽部位的管道安装完毕后按设计和规范要求进行的水压试验。

② 试压前应将预留口堵严，关闭入口总阀门和所有泄水阀门及低处放风阀门，打开各分路及主管阀门和系统最高处的放风阀门。

③ 检查全部系统，发现有漏水处应做好标记，并进行修理。修好后再充满水进行加压，然后复查，如管道不渗、不漏，并持续到规定时间、压降在允许范围内，即试压符合要求。应通知有关单位验收，并办理验收手续。

④ 冬季竣工而又不能及时供暖的工程进行系统试压时，必须采取可靠措施把水泄净，以防冻坏管道和设备。

5）表列子项

① 被试系统：指实际管道、设备的系统进行的试验。

② 接口做法：指管道系统的连接方式，照实际填写。

③ 试验时间：照实际的试验时间填写，分别按年、月、日、时填写。

④ 部位：指管道系统内的某部位的使用部位。

⑤ 材质：指被试系统的材料质量，照实际材质填写。

⑥ 规格：指被试系统的规格。

⑦ 单位：指被试系统的计量单位。

⑧ 数量：指被试系统的数量，试验数量应满足抽样测试数量的规定。

⑨ 试验标准及规定：

A. 试压方式：指被试系统试压采用介质的方式，照实际试压方式填写；

B. 试压标准：指被试系统试压采用的标准，由测试人照实际填写；

C. 实测数据：指被试系统试压时的实测数据，照实际填写。

⑩ 试压经过及问题处理：按实际试压中发现问题的过程及对发现问题的处理方法，照实际填写。

4.2.13.2 室内给水管道水压试验记录（C2-13-2）

实施要点

（1）室内给水管道水压试验记录按 C2-13-1 表式执行。

（2）《建筑给水排水及采暖工程施工质量验收规范》（GB 50242—2002）第 4 章第 4.2.1 条规定：室内给水管道的水压试验必须符合设计要求。当设计未注明时，各种材质的给水管道系统试验压力均为工作压力的 1.5 倍，但不得小于 0.6MPa。金属及复合管给水管道系统在试验压力下观测 10min，压力降不应大于 0.02MPa，然后降到工作压力进行检查，应不渗不漏；塑料管给水系统应在试验压力下稳压 1h，压力降不得超过 0.05MPa，然后在工作压力的 1.15 倍状态下稳压 2h，压力降不得超过 0.03MPa，同时检查各连接处不得渗漏。

（3）室内直埋给水管道（塑料管道和复合管道除外）应做防腐处理。埋地管道防腐层材质和结构应符合设计要求。

（4）给水引入管与排水排出管的水平净距不得小于1m。室内给水与排水管道平行敷设时，两管间的最小水平净距不得小于0.5m；交叉铺设时，垂直净距不得小于0.15m。给水管应铺在排水管上面，若给水管必须铺在排水管的下面时，给水管应加套管，其长度不得小于排水管管径的3倍。

注：给水管道必须采用与管材相适应的管件。生活给水系统所涉及的材料必须达到饮用水卫生标准。

（5）室内给水管道系统水压试验方法

水压试验，是在管道系统施工完毕后，对其管道的材质与配件结构的强度和接口严密性检查的必要手段，是确保管道系统使用功能的关键措施，也是管道安装质量检验评定中的主控项目之一。

1）水压试验

① 向管道系统注水：水压试验是以水为介质，可用自来水，也可用未被污染、无杂质、无腐蚀性的清水为介质。向管道系统注水时，应采用由下而上向系统送水。当注水压力不足时，可采取增压措施。注水时需将给水管道系统最高处用水点阀门打开，待管道系统内的空气全部排净见水后，再将阀门关闭，此时表明管道系统注水已满（可关闭反复数次）。

② 向管道系统加压：管道系统注满水后，启动加压泵使系统内水压逐渐升高，先升至工作压力，停泵观察。当各部位无破裂、无渗漏时，再将压力升至试验压力，其试验压力不应小于0.59MPa。生活饮用水和生产、消防合用的管道，试验压力应为工作压力的1.5倍，但不得超过0.98MPa。管道试压标准是在试验压力下，10min内压力降不大于0.05MPa，表明管道系统强度试验合格。然后再将试验压力缓慢降至工作压力，再做较长时间观察，此时全系统的各部位仍无渗漏，则管道系统的严密性为合格，然后再将工作压力逐渐降压至零。至此，管道系统试压全过程才算结束。

③ 泄水：给水管道系统试压合格后，应及时将系统低处的存水泄掉，防止积水冬季冻结而破坏管道。

2）填写管道系统试压记录

填写管道系统试压记录时，应如实填写明确试压实际情况。试压记录是管道工程的重要技术资料，存入工程档案里，随工程完工转交给建设单位留存。

（6）塑料管材水压试验方法

1）水压试验之前，对试压管道应采取安全、有效的固定的保护措施，但接头部位必须明露。

2）水压试验步骤

① 将试验管道末端封堵，缓慢注水，同时将管道内气体排出。

② 充满水后，进行水密性检查。

③ 加压宜采用手动泵缓慢升压，升压时间不得小于10min。

④ 升压至规定试验压力后，停止加压，稳压1h，观察接头部位是否有漏水现象。

⑤ 稳压1h后，补压至规定的试验压力值，15min内的压力降不超过0.05MPa为合格。

（7）饮用净水管道应用塑料管材时，在使用前应采用每升水含20～30mg的游离氯的清水灌满管道进行消毒。含氯水在管中应静置24h以上。消毒后，应再用饮用水冲洗管道，并经卫生部门取样检验符合现行国家标准《生活饮用水卫生标准》（GB 5749—2006）

后，方可使用。

4.2.13.3 水泵试运转记录（C2-13-3）

实施要点

(1) 水泵试运转记录按通风与空调工程单机设备试运转记录表 C2-27-1 表式执行。

(2) 水泵试运转记录包括：生活给水冷热水泵、泳池水泵、排水水泵、消防水泵、空调水（冷冻水、冷却水）泵等的安装试运转记录。

(3) 水泵试运转前，应对水泵进行检查并做如下记录：

1) 水泵型号及主要性能参数是否符合设计要求（型号及主要性能参数可在设备技术文件或设备铭牌上摘录）。

2) 各固定连接部位是否有松动。

3) 压力表应灵敏、准确、可靠。

4) 润滑油的规格和数量应符合技术文件的规定。

5) 盘车应灵活，无异常现象。

6) 电机绕组对地绝缘电阻应符合要求。

7) 电动机转向应与泵的转向相符。

(4) 水泵试运转，应无异常振动和声响，其电机运行电流、电压应符合设备技术文件的规定。连续运转 2h 后，水泵轴承外壳最高温度——滑动轴承不得超过 70℃，滚动轴承不得超过 80℃；电机轴承最高温度——滑动轴承不应超过 80℃，滚动轴承不应超过 95℃。

(5) 记录中应表达连续试运转时间及试运转时的环境温度。

4.2.13.4 室内热水供应系统水压试验记录（C2-13-4）

实施要点

(1) 室内热水供应系统水压试验记录按 C2-13-1 表式执行。

(2)《建筑给水排水及采暖工程施工质量验收规范》（GB 50242—2002）第 6 章第 6.2.1 条规定：热水供应系统安装完毕，管道保温之前应进行水压试验。试验压力应符合设计要求。当设计未注明时，热水供应系统水压试验压力应为系统顶点的工作压力加 0.1MPa，同时在系统顶点的试验压力不小于 0.3MPa。

钢管或复合管道系统试验压力下 10min 内压力降不大于 0.02MPa，然后降至工作压力检查，压力应不降，且不渗、不漏；塑料管道系统在试验压力下稳压 1h，压力降不得超过 0.05MPa，然后在工作压力 1.15 倍状态下稳压 2h，压力降不得超过 0.03MPa，连接处不得渗漏。

(3) 热水供应系统竣工后必须进行冲洗。

(4) 温度控制器及阀门应安装在便于观察和维护的位置。

4.2.13.5 室内热水供应辅助设备［太阳能集热器、热交换器等）水压试验记录（C2-13-5）

实施要点

(1) 室内热水供应辅助设备（太阳能集热器、热交换器等）水压试验记录 C2-13-1 表式执行。

(2)《建筑给水排水及采暖工程施工质量验收规范》(GB 50242—2002) 第 6 章第 6.3.1 条、6.3.2 条规定：在安装太阳能集热器玻璃前，应对集热排管和上、下集管作水压试验，试验压力为工作压力的 1.5 倍。试验压力下 10min 内压力不降，不渗、不漏。

(3) 热交换器应以工作压力的 1.5 倍做水压试验。蒸汽部分应不低于蒸汽供汽压力加 0.3MPa；热水部分应不低于 0.4MPa。试验压力下 10min 内压力不降，不渗、不漏。

(4) 水泵就位前的基础混凝土强度、坐标、标高、尺寸和螺栓孔位置必须符合设计要求。

(5) 水泵试运转的轴承温升必须符合设备说明书的规定。

(6) 安装固定式太阳能热水器，朝向应正南。如受条件限制时，其偏移角不得大于 15°。集热器的倾角，对于春、夏、秋三个季节使用的，应采用当地纬度为倾角；若以夏季为主，可比当地纬度减少 10°。太阳能热水器的最低处应安装泄水装置。

(7) 自然循环的热水箱底部与集热器上集管之间的距离为 0.3～1.0m。热水箱及上、下集管等循环管道均应保温。

(8) 凡以水作介质的太阳能热水器，在 0℃以下地区使用，应采取防冻措施。

4.2.13.6　室内采暖系统水压试验记录 (C2-13-6)

实施要点

(1) 室内采暖系统水压试验记录按 C2-13-1 表式执行。

(2)《建筑给水排水及采暖工程施工质量验收规范》(GB 50242—2002) 第 8 章第 8.6.1 条规定：**采暖系统安装完毕，管道保温之前应进行水压试验。试验压力应符合设计要求。当设计未注明时，应符合下列规定：**

1) 蒸汽、热水采暖系统，应以系统顶点工作压力加 0.1MPa 做水压试验，同时在系统顶点的试验压力不小于 0.3MPa。

2) 高温热水采暖系统，试验压力应为系统顶点工作压力加 0.4MPa。

3) 使用塑料管及复合管的热水采暖系统，应以系统顶点工作压力加 0.2MPa 做水压试验，同时在系统顶点的试验压力不小于 0.4MPa。使用钢管及复合管的采暖系统应在试验压力下 10min 内压力降不大于 0.02MPa，降至工作压力后检查，不渗、不漏；

使用塑料管的采暖系统应在试验压力下 1h 内压力降不大于 0.05MPa，然后降压至工作压力的 1.15 倍，稳压 2h，压力降不大于 0.03MPa，同时各连接处不渗、不漏。

(3) 系统试压合格后，应对系统进行冲洗并清扫过滤器及除污器。应到现场观察，直至排出水不含泥沙、铁屑等杂质，且水色不浑浊为合格。

(4) 系统冲洗完毕应充水、加热，进行试运行和调试。

(5) 通暖实施要点说明

1) 首先联系好热源，根据供暖面积确定通暖范围，制定通暖人员的分工，检查供暖系统中的泄水阀门是否关闭，干管、立管、支管的阀门是否打开。

2) 向系统内充软化水，开始先打开系统最高点的放风阀，安排专人看管。慢慢打开系统回水干管的阀门，待最高点的放风阀见水后即关闭放风阀。再开总进口的供水管阀门，高点放风阀要反复开放几次，使系统中的冷风排净为止。

3）正常运行半小时后开始检查全系统，遇有不热处应先查明原因，需冲洗检修时，则关闭供回水阀门泄水，然后分先后开关供回水阀门放水冲洗，冲净后再按照上述程序通暖运行，直到正常为止。

4）冬季通暖时，必须采取临时取暖措施，使室温保持+5℃以上才可进行。遇有热度不均，应调整各分路立管、支管上的阀门，使其基本达到平衡后，进行正式检查验收，并办理验收手续。

4.2.13.7 低温热水地板辐射采暖系统水压试验记录（C2-13-7）

实施要点

（1）低温热水地板辐射采暖系统水压试验记录，按C2-13-1表式执行。

（2）《建筑给水排水及采暖工程施工质量验收规范》（GB 50242—2002）第8章第8.5.2条规定：地面下敷设的盘管埋地部分不应有接头。施工、监理人员必须在隐蔽前到现场查看。

（3）盘管隐蔽前必须进行水压试验，试验压力为工作压力的1.5倍，但不小于0.6MPa。稳压1h内，压力降不大于0.05MPa且不渗、不漏。

（4）加热盘管弯曲部分不得出现硬折弯现象，曲率半径应符合下列规定：

1）塑料管：不应小于管道外径的8倍。

2）复合管：不应小于管道外径的5倍。

（5）加热盘管管径、间距和长度应符合设计要求。

（6）地板辐射供暖系统，应根据工程施工特点进行中间验收。中间验收过程，从加热管道敷设和热媒集配装置安装完毕进行试压起，至混凝土填充层养护期满再次进行试压止，由施工单位会同监理单位进行。

（7）水压试验

浇捣混凝土填充层之前和混凝土填充层养护期满之后，应分别进行系统水压试验。水压试验应符合下列要求：

1）水压试验之前，应对试压管道和构件采取安全有效的固定和保护措施。

2）试验压力应为不小于系统静压加0.3MPa，但不得低于0.6MPa。

3）冬季进行水压试验时，应采取可靠的防冻措施。

（8）水压试验步骤

水压试验应按下列步骤进行：

1）首先经分水器缓慢注水，同时将管道内空气排出。

2）充满水后，进行水密性检查。

3）采用手动泵缓慢升压，升压时间不得少于15min。

4）升压至规定试验压力后，停止加压，稳压1h，观察有无漏水现象。

5）稳压1h后，补压至规定试验压力值，15min内的压力降不超过0.05MPa且无渗漏为合格。

（9）地板辐射采暖的调试

1）地板辐射供暖系统未经调试，严禁运行使用。

2）具备供热条件时，调试应在竣工验收阶段进行；不具备供热条件时，经与工程使用单位协商，可延期进行调试。

3）调试工作由施工单位在工程使用单位配合下进行。

4）调试时初次通暖应缓慢升温，先将水温控制在25～30℃范围内运行24h，以后再每隔24h升温不超过5℃，直至达设计水温。

5）调试过程应持续在设计水温条件下连续通暖24h，并调节每一通路水温达到正常范围。

（10）竣工验收标准

符合以下规定，方可通过竣工验收：

1）竣工质量符合设计要求和国家规范的有关规定。

2）填充层表面不应有明显裂缝。

3）管道和构件无渗漏。

4）阀门开启灵活、关闭严密。

4.2.13.8 散热器水压试验、金属辐射板水压试验记录（C2-13-8）

1. 资料表式

散热器水压试验、金属辐射板水压试验记录 表 C2-13-8

<table>
<tr><td>工程名称</td><td colspan="3"></td><td>施工单位</td><td colspan="2"></td></tr>
<tr><td>产品厂家</td><td colspan="3"></td><td>试验时间</td><td colspan="2">年 月 日 时 起
止</td></tr>
<tr><td>部位</td><td>材质</td><td colspan="2">规格</td><td>单位</td><td>数量</td><td>备注</td></tr>
<tr><td></td><td></td><td colspan="2"></td><td></td><td></td><td></td></tr>
<tr><td colspan="7">试验标准及规定</td></tr>
<tr><td>试压方式</td><td colspan="6"></td></tr>
<tr><td>试压标准</td><td colspan="3">工作压力 MPa</td><td colspan="3">试验压力 MPa</td></tr>
<tr><td>实测数值</td><td colspan="6"></td></tr>
<tr><td>标准依据：</td><td colspan="6"></td></tr>
<tr><td colspan="7">试压经过及问题处理：

试验人：</td></tr>
<tr><td rowspan="3">签字栏</td><td colspan="2">监理（建设）单位</td><td colspan="4">施工单位</td></tr>
<tr><td colspan="2" rowspan="2"></td><td colspan="2">专业技术负责人</td><td>质检员</td><td>试验员</td></tr>
<tr><td colspan="2"></td><td></td><td></td></tr>
</table>

2. 实施要点

散热器水压试验、金属辐射板水压试验记录是建筑工程管道、设备安装完成后，必须进行的测试项目。

（1）《建筑给水排水及采暖工程施工质量验收规范》（GB 50242—2002）第 8 章第 8.3.1 条规定：**散热器组对后，以及整组出厂的散热器在安装之前应作水压试验。试验压力如设计无要求时应为工作压力的 1.5 倍，但不小于 0.6MPa。试验时间为 2～3min，压力不降且不渗、不漏为合格。**

（2）《建筑给水排水及采暖工程施工质量验收规范》（GB 50242—2002）第 8 章第 8.4.1 条规定：辐射板在安装前应做水压试验。如设计无要求时，试验压力应为工作压力 1.5 倍，但不得小于 0.6MPa。试验压力下 2～3min 压力不降且不渗、不漏为合格。

（3）水平安装的辐射板应有不小于 5‰的坡度坡向回水管。

（4）散热器水压试验

1）将散热器抬到试压台上，用管钳子上好临时炉堵和临时补心，上好放气嘴，连接试压泵；各种成组散热器可直接连接试压泵。

2）试压时打开进水截门，往散热器内充水，同时打开放气嘴，排净空气，待水满后关闭放气嘴。

3）加压到规定的压力值时，关闭进水截门，持续 5min，观察每个接口是否有渗漏，不渗漏为合格。

4）如有渗漏用铅笔做出记号，将水放尽，卸下炉堵或炉补心，用长杆钥匙从散热器外部比试，量到漏水接口的长度，在钥匙杆上做标记。将钥匙从散热器对丝孔中伸入至标记处，按丝扣旋紧的方向拧动钥匙，使接口继续上紧或卸下换垫，如有坏片需换片。钢制散热器如有砂眼渗漏可补焊，返修好后再进行水压试验，直到合格。不能用的坏片要做明显标记（或用手锤将坏片砸一个明显的孔洞单独存放），防止再次混入好片中误组对。

5）打开泄水阀门，拆掉临时丝堵和临时补心，泄净水后将散热器运到集中地点，补焊处要补刷二道防锈漆。

4.2.13.9 室外给水管网水压试验记录（C2-13-9）

实施要点

（1）室外给水管网水压试验记录表式执行 C2-13-1。

（2）《建筑给水排水及采暖工程施工质量验收规范》（GB 50242—2002）第 9 章第 9.2.5 条规定：给水管道在埋地敷设时，应在当地规定的冰冻线以下；如必须在冰冻线以上铺设时，应做可靠的保温防潮措施。在无冰冻地区埋地敷设时，管顶的覆土埋深不得小于 500mm，穿越道路部位的埋深不得小于 700mm。

（3）管网必须进行水压试验，试验压力为工作压力的 1.5 倍，但不得小于 0.6MPa。管材为钢管、铸铁管时，试验压力下 10min 内压力降不应大于 0.05MPa，然后降至工作压力进行检查，压力应保持不变，不渗、不漏；管材为塑料管时，试验压力下稳压 1h，压力降不大于 0.05MPa，然后降至工作压力进行检查，压力应保持不变，不渗、不漏为合格。

（4）管道连接应符合工艺要求，阀门、水表等安装位置应正确。塑料给水管道上的水表、阀门等设施其重量或启闭装置的扭矩不得作用于管道上，当管径≥50mm 时必须设独立的支承装置。

（5）给水管道与污水管道在不同标高平行敷设，其垂直间距在500mm以内时，给水管管径小于或等于200mm的，管壁水平间距不得小于1.5m；管径大于200mm的，水平间距不得小于3m。

（6）室外给水管道系统水压试验

1）试压条件

① 给水管道试压一般采用水介质进行试压，在冬季或缺水时，也可用气压试验。

② 在回填管沟前，分段进行试压。回填管沟和完成管段各项工作后进行最后试压。水压试验的管段长度一般不超过1000m，并应在管件支墩达到要求强度后方可进行，否则应作临时支撑。未做支墩处应做临时后背。

③ 凡在使用中易于检查的地下管道允许一次性试压。铺设后必须立即回填的局部地下管道，可不作预先试压。焊接接口的地下钢管的各管段，允许在向沟边作预先试压。

④ 埋地管道经检查管基合格后，管身上部回填土不小于500mm后方可试压（管道接口工作坑除外）。

2）试压程序

① 按标准工艺要求量尺、下料、制作、安装堵板和管道末端支撑，并从水源开始，铺设和连接好试压给水管，安装给水管上的阀门、试压水泵、试压泵前后阀门、前后压力表及截止阀。

② 非焊接或螺纹连接管道，在接口后须经过养护期达到强度以后方可进行充水。充水后应把管内空气全部排尽。

③ 空气排尽后，将检查阀门关闭好，进行加压。先升至试验压力时稳压，观测10min，压力降不超过0.05MPa，管道、附件和接口等未发生漏裂，然后将压力降压至工作压力，再进行外观全面检查，接口不漏为合格（工作压力由项目设计要求确定）。

④ 试压过程中全部检查，若发现接口渗漏，应标记好明显记号，然后将压力降至零。制定补修措施，经补修后再重新试验，直至合格。禁止带压力进行任何修补工作。

⑤ 管道试压合格后，应立即办理验收手续并填写好试压报告方可组织回填。

3）各类管材的给水管道水压试验压力由设计确定；如设计没有规定，试压压力可参照有关施工验收规范执行。

4）水压试压方法：

室内管道安装完毕即可进行试压，试验压力可按设计要求或按现行施工质量验收规范执行。

试压步骤：

① 准备：将试压用的泵桶、管材、管件、阀体、压力表等工具材料准备好，并找好水源。压力表必须经过校验，其精度不得低于1.5级，且铅封良好。

② 接管：试压泵与系统的接管，可参照图C2-13-9-1。由于试压泵种类不同，本图仅供参考，具体接法可按现场具体情况确定。

③ 试压：

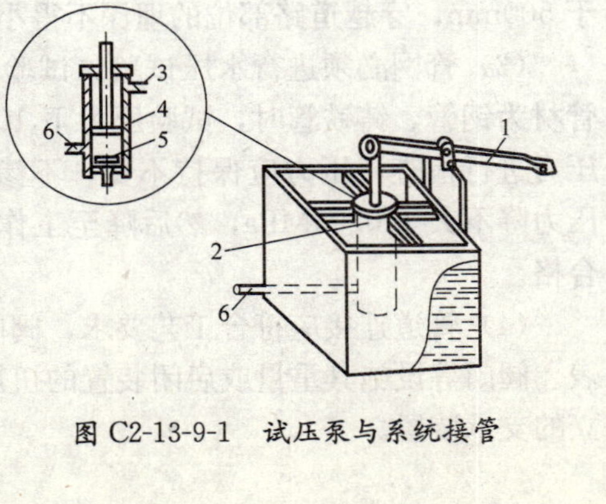

图 C2-13-9-1　试压泵与系统接管

a. 参见图 C2-13-9-1，打开阀 1、2、3，自来水不经泵直接往系统进水，同时将管网中最高处配水点的阀门打开，以便排尽管中空气，等出水时关闭；

b. 当管网中的压力和自来水压力相同，管网不再增压时（管网中压力与自压力平衡时）关闭 3，同时开启阀 4，由泵桶经阀 4、阀 1 往管网中增水加压至试验压力（加压的速度应平稳均匀，不得太快太猛）后关闭阀 4，稳压规定时间，压力降不大于规定压力降，然后将试验压力降至工作压力作外观检查，以不漏为合格；

c. 试压合格后，及时填写试验记录表。

④ 拆除：试压合格，将管网中的水排尽，同时将试验压力的泵桶、阀件、管件、压力表等拆除，并卸下所有临时堵头，装上给水配件。如暂不能（或不需要）装给水配件或卫生器具则不必拆除堵头，在安装配件卫生器具时再拆。拆除后的试压泵及压力表等，应妥善保管（压力表单独存放，一般由计量室或计量员保管），以利下次使用。

⑤ 试压注意事项：

a. 试压时一定要排尽空气，若管线过长可在最高处（多处）排空气；

b. 若自来水的压力等于或大于试验压力时，可只开闭 1、2、3 阀进行试验；

c. 试压时，应保证阀 2（压力表阀）呈开启状态，直到试压完毕为止；

d. 若气温低于 5℃，则应采取防冻措施。试压合格后，应将系统内的存水排除干净；

e. 手动试压泵：试压泵的外形及构造见图 C2-13-9-2。

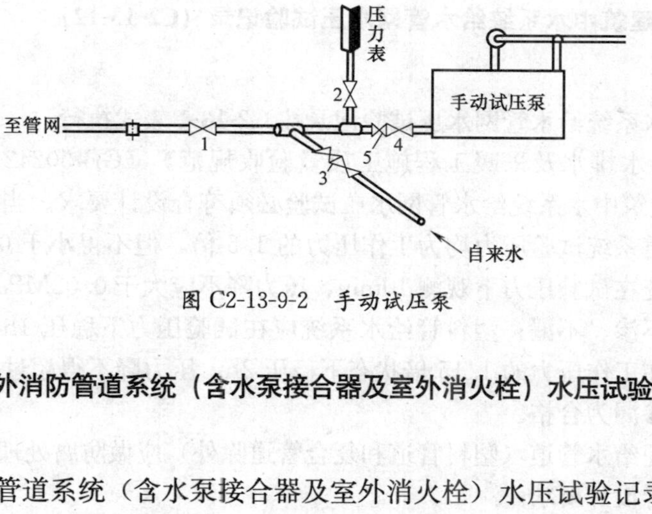

图 C2-13-9-2 手动试压泵

4.2.13.10 室外消防管道系统（含水泵接合器及室外消火栓）水压试验记录（C2-13-10）

实施要点

（1）室外消防管道系统（含水泵接合器及室外消火栓）水压试验记录按 C2-13-1 表式执行。

（2）室外消防管道系统（含水泵接合器及室外消火栓）必须进行水压试验。《建筑给水排水及采暖工程施工质量验收规范》（GB 50242—2002）第 9 章第 9.3.1 条规定：系统必须进行水压试验，试验压力为工作压力的 1.5 倍，但不得小于 0.6MPa。试验压力下，10min 内压力降不大于 0.05MPa，然后降至工作压力进行检查，压力保持不变，不渗、不漏为合格。

（3）消防水泵接合器和消火栓的位置标志应明显，栓口的位置应方便操作。消防水泵接合器和室外消火栓当采用墙壁式时，如设计未要求，进、出水栓口的中心安装高度距地面应为 1.10m，其上方应设有防坠落物打击的措施。

（4）消火栓配件安装应在交工前进行。

（5）消防管道系统的水压试验方法，可参照室内给水水压试验方法进行。

4.2.13.11　室外供热管网水压试验记录（C2-13-11）

实施要点

（1）室外供热管网水压试验记录按C2-13-1表式执行。

（2）《建筑给水排水及采暖工程施工质量验收规范》（GB 50242—2002）第11章第11.3.1条规定：供热管道的水压试验压力应为工作压力的1.5倍，但不得小于0.6MPa。在试验压力下10min内压力降不大于0.05MPa，然后降至工作压力下检查，不渗、不漏为合格。

（3）供热管道作水压试验时，试验管道上的阀门应开启，试验管道与非试验管道应隔断。

（4）室外供热管网通水、加热试验是水压试验的前期工作应认真做好。《建筑给水排水及采暖工程施工质量验收规范》（GB 50242—2002）第11章第11.3.3条规定：管道冲洗完毕应通水、加热，进行试运行和调试。当不具备加热条件时，应延期进行。可用测量各建筑物热力入口处供回水温度及压力检查。

（5）室外供热管道连接为尽量减少渗漏可能，均应采取焊接连接。

4.2.13.12　建筑中水系统给水管网水压试验记录（C2-13-12）

实施要点

（1）建筑中水系统给水管网水压试验记录按C2-13-1表式执行。

（2）《建筑给水排水及采暖工程施工质量验收规范》（GB 50242—2002）第4章第4.2.1条规定：建筑中水系统给水管网水压试验必须符合设计要求。当设计未注明时，各种材质的给水管道系统试验压力均为工作压力的1.5倍，但不得小于0.6MPa。金属及复合管给水管道系统在试验压力下观测10min，压力降不应大于0.02MPa，然后降到工作压力进行检查，应不渗、不漏；塑料管给水系统应在试验压力下稳压1h，压力降不得超过0.05MPa，然后在工作压力的1.15倍状态下稳压2h，压力降不得超过0.03MPa，同时检查各连接处不得渗漏为合格。

（3）室内直埋给水管道（塑料管道和复合管道除外）应做防腐处理。埋地管道防腐层材质和结构应符合设计要求。

（4）给水水平管道应有2‰～5‰的坡度坡向泄水装置。

（5）水表应安装在便于检修、不受暴晒、污染和冻结的地方。安装螺翼式水表，表前与阀门应有不小于8倍水表接口直径的直线管段。表外壳距墙表面净距为10～30mm；水表进水口中心标高按设计要求，允许偏差为±10mm。

4.2.13.13　游泳池水加热系统水压试验记录（C2-13-13）

实施要点

（1）游泳池水加热系统水压试验记录，按C2-13-1表式执行。

（2）《建筑给水排水及采暖工程施工质量验收规范》（GB 50242—2002）第4章第

4.2.1 条规定：游泳池水加热系统水压试验必须符合设计要求。当设计未注明时，各种材质的给水管道系统试验压力均为工作压力的 1.5 倍，但不得小于 0.6MPa。金属及复合管给水管道系统在试验压力下观测 10min，压力降不应大于 0.02MPa，然后降到工作压力进行检查，应不渗、不漏；塑料管给水系统应在试验压力下稳压 1h，压力降不得超过 0.05MPa；然后在工作压力的 1.15 倍状态下稳压 2h，压力降不得超过 0.03MPa，同时检查各连接处不得渗漏为合格。

（3）室内直埋给水管道（塑料管道和复合管道除外）应做防腐处理。埋地管道防腐层材质和结构应符合设计要求。

（4）给水水平管道应有 2‰～5‰的坡度坡向泄水装置。

4.2.13.14 阀门强度和严密性试验记录（C2-13-14）

1. 资料表式

高（低）压阀门试验记录 **表 C2-13-14**

单位工程名称： 分部分项工程名称：

制造厂证明书号： 年 月 日

序号	阀门编号	阀门名称	规格型号	试验持续时间	公称压力（MPa）	试验压力(MPa)		备注
						强度	严密性	

签字栏	监理(建设)单位	施工单位		
		专业技术负责人	检质员	试验员

2. 实施要点

阀门强度和严密性试验记录是安装前必须进行的测试项目。

（1）阀门安装前，应做强度和严密性试验。试验应在每批（同牌号、同型号、同规格）数量中抽查 10%，且不少于一个。对于安装在主干管上起切断作用的闭路阀门，应逐个做强度和严密性试验。

（2）阀门的强度和严密性试验，应符合以下规定：阀门的强度试验压力为公称压力的 1.5 倍；严密性试验压力为公称压力的 1.1 倍；试验压力在试验持续时间内应保持不变，且壳体填料及阀瓣密封面无渗漏。阀门试压的试验持续时间应不少于表 C2-13-14-1 的规定。

阀门试验持续时间　　表 C2-13-14-1

公称直径 *DN*（mm）	最短试验持续时间(s)		
	严密性试验		强度试验
	金属密封	非金属密封	
≤50	15	15	15
65～200	30	15	60
250～450	60	30	180

(3) 阀门的外观检查

1) 阀体及法兰表面应光滑，无裂纹、气泡及毛刺等缺陷。

2) 打开阀门法兰或压盖，检查填料材质及密实情况，压紧填料拧紧法兰或压盖。

手扳检查阀门开启和关闭是否灵活，开启、关闭是否到位。

(4) 把阀门卡回在试验台或卡具上，以手压泵进行水压试验。

(5) 强度试验合格后，将阀门关闭，介质从通路一端引入，在另一端检查其严密性，将试验压力降至工作压力的1.25倍，使压力稳定后，持续观察2h以上，以不渗漏为气密性试验合格。

(6) 试压后阀体内要冲洗干净，阀门要关严密，防止阀底部积存污物而导致阀门关闭不到位，不能完全关断管路。

试验记录，每项试验记录内容，包括试验管路、设备及阀门的类别、规格、材质、项目部位、压力表设置层数、试验压力、试压日期及起止时间、试验介质，检查渗漏情况、位置及返修情况等。

4.2.13.15　室内消防系统水压试验及消火栓试射试验记录（C2-13-15）

1. 资料表式

室内消防系统水压试验及消火栓试射试验记录表　　表 C2-13-15

施工单位：　　　　编号：

工程名称		试射日期	
试射消火栓位置		启泵按钮	
消火栓组件		栓口安装	
栓口水枪型号		卷盘间距、组件	
栓口静压(MPa)		栓口动压(MPa)	
试验要求：			
试验情况记录：			
试验结论：			
备　注：			

签字栏	监理(建设)单位	施　工　单　位		
		项目技术负责人	质检员	工　长

2. 实施要点

室内消防系统水压试验及消火栓试射试验记录是室内消防系统及消火栓施工完成后，必须进行的测试项目。

（1）《建筑给水排水及采暖工程施工质量验收规范》（GB 50242—2002）第 4.3.1 条规定：**室内消火栓系统安装完成后应取屋顶层（或水箱间内）试验消火栓和首层取两处消火栓做试射试验，达到设计要求为合格。**

（2）消防管道试压

1）消防管道试压可分层分段进行，上水时最高点要有排气装置，高低点各装一块压力表，上满水后检查管路有无渗漏，如有法兰、阀门等部位渗漏，应在加压前紧固，升压后再出现渗漏时做好标记，卸压后处理。必须泄水处理。冬季试压环境温度不得低于+5℃，夏季试压最好不直接用外线上水防止结露。试压合格后，及时办理验收手续。

2）室内消火栓系统安装完成后应取屋顶层（或水箱间内）试验消火栓和首层取两处消火栓做试射试验，达到设计要求为合格，应通过进行实地试射检查是否符合要求。

3）试验消火栓和首层取两处消火栓，目的是屋顶试验消火栓试射可测出流量和压力（充实水柱）；首层两处消火栓试射可检验两股充实水柱，同时到达本消火栓应到达的最远点的能力。

4）安装消火栓水龙带，水龙带与水枪和快速接头绑扎好后，应根据箱内构造将水龙带挂放在箱内的挂钉、托盘或支架上。

5）箱式消火栓的安装：栓口应朝外，并不应安装在门轴侧；栓口中心距地面为 1.1m，允许偏差±20mm；阀门中心距箱侧面为 140mm，距箱后内表面为 100mm，允许偏差±5mm；消火栓箱体安装的垂直度允许偏差为 3mm。

6）消防管道试验方法可参照室内给水管道的试验方法执行。

注：室内消防应用气体（卤代烷）灭火系统的管道单项及系统试压

1. 管道在安装完毕后交付使用前，必须进行下列工作：

（1）系统内水压试验，在水压试验前．首先将高压管段与低压管段及系统不宜连接的试玉设备隔开。并且在所需要的位置上加设盲板，做好标记、记录。系统内的阀门应开启。一般情况下，系统水压试验以工作压力的 1.5 倍进行。在试验压力下保持 10min，然后降至工作压力，检查系统管路，没有渗漏现象为合格。

（2）系统水压试验后，应对系统内管道进行一次吹扫。吹扫工作一般用工艺装置内的气体压缩机进行。吹扫时在每个出口处放置白布或白纸板检查，不得有铁锈、铁屑、尘土、水分及其他脏物存在。吹扫合格后，应及时把该处援合件拧紧。

（3）系统一次吹扫管道完毕后，先用氮气吹净试验、增压至 1MPa，检漏用肥皂水刷焊口处，并观察压力表 10min 不动为合格。然后分管段试验，由 1301 容器出口到选择阀试验压力为 5.9MPa。由选择阀至喷嘴（配临时盲堵）弯头处试验压力为 4.62MPa。两段试验压力时间分别为 5min，不降为合格。及时办理验收手续（当设计无规定时，1301 气体灭火试压以此依据）。

（4）当使用氮气或卤代烷气体进行管道系统试压时（包括喷放试验），应由消防监督部门．建设单位、设计单位、施工单位和监理单位共同参加并办理验收手续。

2. 气压试验完毕后，就可进行管道冲洗工作，要逐根管道地进行冲洗，直到符合设计要求时为合格。

（3）室内消火栓试射试验

室内消火栓系统安装完成后应取屋顶层（或水箱间内）试验消火栓和首层取两处消火

栓做试射试验，达到设计要求为合格。屋顶试验消火栓试射可测出流量和压力（充实水柱）；首层两处消火栓试射可检验两股充实水柱同时到达消火栓应到达的最远点的能力。要求栓口静压≤0.8MPa，栓口动压≤0.5MPa。

4.2.13.16　密闭水箱水压试验记录（C2-13-16）

实施要点

(1) 密闭水箱水压试验记录按 C2-13-1 表式执行。

(2)《建筑给水排水及采暖工程施工质量验收规范》（GB 50242—2002）第 6 章第 6.3.5 条规定：敞口水箱的满水试验和密闭水箱（罐）的水压试验必须符合设计与该规范的规定。满水试验静置 24h 观察，不渗、不漏；水压试验在试验压力下 10min 压力不降，不渗、不漏为合格。

4.2.13.17　供热锅炉水压试验记录（C2-13-17）

1. 资料表式

供热锅炉水压试验记录　　　　表 C2-13-17

<table>
<tr><td>建设单位</td><td></td><td>施工单位</td><td></td></tr>
<tr><td>工程名称</td><td></td><td>环境温度</td><td>C</td></tr>
<tr><td>被试系统</td><td></td><td>进水温度</td><td>C</td></tr>
<tr><td>试验压力</td><td></td><td>试验日期</td><td>年　　月　　日</td></tr>
<tr><td colspan="4">水压试验简要程序：
___时___分开始进水；___时___分锅炉充满水，初检；___时___分缓慢升压至 0.4MPa 再检；___时___分升至工作压力______MPa 停压，三次检查；___时___分升至试验压力______MPa，保持压力 5min；压力下降______MPa，时___分___回降至工作压力，进行全面（正式）检查；___时___分泄压排水。</td></tr>
<tr><td colspan="4">水压试验检查结果：
1. 受压元件金属壁和焊缝上有无水珠和水雾。
2. 胀口处降至工作压力后有无漏水。
3. 肉眼观察有无发现残余变形</td></tr>
<tr><td colspan="4">存在问题及处理意见：</td></tr>
<tr><td colspan="2">单位工程负责人：</td><td>质检员：</td><td>试压组织人：</td></tr>
<tr><td colspan="2">建设（监理）单位代表：</td><td>劳动部门代表：</td><td>记录人：</td></tr>
</table>

2. 实施要点

供热锅炉水压试验记录是建筑工程锅炉设备安装完成后，必须进行的测试项目。

(1)《建筑给水排水及采暖工程施工质量验收规范》（GB 50242—2002）第 13 章第 13.2.6 条规定：**锅炉的汽、水系统安装完毕后，必须进行水压试验。水压试验的压力应符合表 C2-13-17-1 的规定。检验方法：在试验压力下 10min 内压力降不超过 0.02MPa；然后降至工作压力进行检查，压力不降、不渗、不漏；观察检查，不得有残余变形，受压元件金属壁和焊缝上不得有水珠和水雾。**

水压试验压力规定 **表 C2-13-17-1**

项次	设备名称	工作压力 P(MPa)	试验压力(MPa)
1	锅炉本体	<0.59	1.5P 但不小于 0.2
		0.59≤P≤1.18	P+0.3
		P>1.18	1.25P
2	可分式省煤器	P	1.25P+0.5
3	非承压锅炉	大气压力	0.2

注：1. 工作压力 P 对蒸汽锅炉指锅筒工作压力，对热水锅炉指锅炉额定出水压力；
2. 铸铁锅炉水压试验同热水锅炉；
3. 非承压锅炉水压试验压力为 0.2MPa，试验期间压力应保持不变。

(2) 以天然气为燃料的锅炉的天然气释放管或大气排放管不得直接通向大气，应通向贮存或处理装置。

(3) 两台或两台以上燃油锅炉共用一个烟囱时，每一台锅炉的烟道上均应配备风阀或挡板装置，并应具有操作调节和闭锁功能。

(4) 机械炉排安装完毕后应做冷态运转试验，连续运转时间不应少于 8h。

(5) 铸铁省煤器破损的肋片数不应大于总肋片数的 5%，有破损肋片的根数不应大于总根数的 10%。

(6) 电动调节阀门的调节机构与电动执行机构的转臂应在同一平面内动作，传动部分应灵活，无空行程及卡阻现象，其行程及伺服时间应满足使用要求。

(7) 锅炉水压试验应对相关安全附件进行安装检查，主要包括：

1) 压力表应检查：量程及精度等级、校验日期、在最大工作压力处应画红线、旋塞或针型阀是否灵活、蒸汽压力表管是否设存水弯管、铅封是否完好。

2) 安全阀应检查：开启压力范围、校验日期、铅封是否完好、安全阀排放管应引至安全地点、锅炉安全阀应有泄水管。

3) 水位计（液位计）应检查：锅炉水位计应有泄水管，水位计应画出高、低水位红线，水位计旋塞（阀门）是否灵活。

4) 报警装置应检查：校验日期、报警高低限（声、光报警）、联锁装置工作情况等。

(8) 表列子项

1) 水压试验检查结果：分别对以下 3 项进行检查，检查结果应符合要求。

① 受压元件金属壁和焊缝上有无水珠和水雾。

② 胀口处降至工作压力后有无漏水。

③ 肉眼观察有无发现残余变形。

4.2.13.18 锅炉辅助设备分汽缸（分水器、集水器）水压试验记录（C2-13-18）

实施要点

(1) 锅炉辅助设备分汽缸（分水器、集水器）水压试验记录，按 C2-13-1 表式执行。

(2)《建筑给水排水及采暖工程施工质量验收规范》（GB 50242—2002）第 13 章第 13.3.3 条规定：分汽缸（分水器、集水器）安装前应进行水压试验，试验压力为工作压力的 1.5 倍，但不得小于 0.6MPa。试验压力下 10min 内无压降、无渗漏为合格。

(3) 风机试运转，轴承温升应符合下列规定：滑动轴承温度最高不得超过60℃；滚动轴承温度最高不得超过80℃。

轴承径向单振幅应符合下列规定：风机转速小于1000r/min时，不应超过0.10mm；风机转速为1000～1450r/min时，不应超过0.08mm。

(4) 连接锅炉及辅助设备的工艺管道安装完毕后，必须进行系统的水压试验，试验压力为系统中最大工作压力的1.5倍。在试验压力10min内压力降不超过0.05MPa，然后降至工作压力进行检查，不渗、不漏为合格。

(5) 锅炉的送、引风机，转动应灵活，无卡碰等现象；送引风机的传动部位，应设置安全防护装置。

(6) 水泵安装的外观质量检查：泵壳不应有裂纹、砂眼及凹凸不平等缺陷；多级泵的平衡管路应无损伤或折陷现象；蒸汽往复泵的主要部件、活塞及活动轴必须灵活。

4.2.13.19 地下直埋油罐气密性试验记录（C2-13-19）

实施要点

(1) 地下直埋油罐气密性试验记录按C2-13-1表式执行。

(2)《建筑给水排水及采暖工程施工质量验收规范》（GB 50242—2002）第13章第13.3.5条规定：地下直埋油罐在埋地前应做气密性试验，试验压力降不应小于0.03MPa。在试验压力下观察30min不渗、不漏，无压降为合格。

4.2.13.20 锅炉和省煤器安全阀的定压和调整记录（C2-13-20）

实施要点

(1)《建筑给水排水及采暖工程施工质量验收规范》（GB 50242—2002）第13章第13.4.1条规定：**锅炉和省煤器安全阀的定压和调整应符合表C2-13-20-1的规定。锅炉上装有两个安全阀时，其中的一个按表中较高值定压，另一个按较低值定压。装有一个安全阀时，应按较低值定压。**

安全阀定压规定 **表C2-13-20-1**

项 次	工作设备	安全阀开启压力(MPa)
1	蒸汽锅炉	工作压力+0.02MPa
		工作压力+0.04MPa
2	热水锅炉	1.12倍工作压力,但不少于工作压力+0.07MPa
		1.14倍工作压力,但不少于工作压力+0.10MPa
3	省煤器	1.1倍工作压力

(2) 压力表的刻度极限值，应大于或等于工作压力的1.5倍，表盘直径不得小于100mm。

4.2.13.21 锅炉辅助设备热交换器水压试验记录（C2-13-21）

实施要点

(1) 锅炉辅助设备热交换器水压试验记录按C2-13-1表式执行。

（2）《建筑给水排水及采暖工程施工质量验收规范》（GB 50242—2002）第13章供热锅炉及辅助设备安装第13.6.1条规定：**热交换器应以最大工作压力的1.5倍作水压试验，蒸汽部分应不低于蒸汽供汽压力加0.3MPa；热水部分应不低于0.4MPa。在试验压力下，保持10min压力不降。**

（3）换热站内的循环泵、调节阀、减压器、疏水器、除污器、流量计等安装应符合（GB 50242—2002）规范的相关规定。

4.2.14 给排水、采暖隐蔽工程验收记录（C2-14）

4.2.14.1 隐蔽或埋地给水、排水、雨水、采暖、热水等管道隐蔽工程验收记录（C2-14-1）

实施要点

（1）隐蔽或埋地给水、排水、雨水、采暖、热水等管道隐蔽工程验收记录按C2-5-1表式执行。

（2）隐蔽或埋地给水、排水、雨水、采暖、热水等管道根据规范和工艺要求，在各自需要进行的水压试验、防腐处理、灌水试验、严密性试验等完成后，凡属需要隐蔽或埋地的均应进行隐蔽工程验收。

4.2.14.2 井道、地沟、吊顶内的给水、排水、雨水、采暖、热水等隐蔽工程验收记录（C2-14-2）

实施要点

（1）井道、地沟、吊顶内的给水、排水、雨水、采暖、热水等管道隐蔽工程验收记录，按C2-5-1表式执行。

（2）井道、地沟、吊顶内的给水、排水、雨水、采暖、热水等管道根据规范和工艺要求在各自需要进行的水压试验、防腐处理、灌水试验、严密性试验等完成后，凡属需要隐蔽或埋地的均应进行隐蔽工程验收。

4.2.14.3 低温热水地板辐射采暖地面、楼面下敷设盘管隐蔽工程验收记录（C2-14-3）

实施要点

（1）低温热水地板辐射采暖地面、楼面下敷设盘管隐蔽工程验收记录按C2-5-1表式执行。

（2）低温热水地板辐射采暖地面、楼面下敷设盘管隐蔽工程验收应检查的内容：

1）地面下敷设的盘管埋地部分不应有接头。

2）盘管隐蔽前必须进行水压试验，试验压力为工作压力的1.5倍，但不小于0.6MPa。稳压1h内压力降不大于0.05MPa且不渗、不漏。

3）加热盘管弯曲部分不得出现硬折弯现象，曲率半径应符合下列规定：

① 塑料管：不应小于管道外径的8倍。

② 复合管：不应小于管道外径的5倍。

4）加热盘管管径、间距和长度应符合设计要求。间距偏差不大于±10mm。

5）填充层浇灌前观察检查防潮层、防水层、隔热层及伸缩缝，应符合设计要求。

6）填充层强度等级应符合设计要求。

4.2.14.4　锅炉及附属设备安装隐蔽工程验收记录（C2-14-4）

实施要点

（1）锅炉及附属设备安装隐蔽工程验收记录，按 C2-5-1 表式执行。

（2）锅炉及附属设备安装当基础施工完毕交接验收时或验收单位基础移交给安装单位时，应对基础进行检查。内容包括：基础位置、设备朝向、几何尺寸、标高、预留孔、预埋装置的位置，地脚螺栓规格长度、底座接触、平整牢固、混凝土强度等级、工程设计对设备基础的消声、防震装置等是否符合工程设计与基础设计施工图。

4.2.15　管道系统清洗、灌水、通水、通球试验记录（C2-15）

4.2.15.1　管道系统冲洗、吹洗试验记录（C2-15-1）

1. 资料表式

管道系统冲洗、吹洗试验记录表　　　　**表 C2-15-1**

<table>
<tr><td colspan="2" rowspan="2">工程名称</td><td colspan="2" rowspan="2"></td><td>编号</td><td></td></tr>
<tr><td>试验日期</td><td></td></tr>
<tr><td colspan="2">分项工程名称</td><td colspan="2"></td><td>试验部位</td><td></td></tr>
<tr><td colspan="6">试验要求：</td></tr>
<tr><td colspan="6">试验记录：</td></tr>
<tr><td colspan="6">试验结论：</td></tr>
<tr><td rowspan="3">签字栏</td><td rowspan="2">施工单位</td><td rowspan="2"></td><td>专业技术负责人</td><td>专业质检员</td><td>专业工长</td></tr>
<tr><td></td><td></td><td></td></tr>
<tr><td>监理或建设单位</td><td colspan="2"></td><td>专业工程师</td><td></td></tr>
</table>

注：冲洗、吹洗试验记录应符合现行国家标准《建筑给水排水及采暖工程施工质量验收规范》GB 50242、《通风与空调工程施工质量验收规范》GB 50243 的有关规定。室内外给水、中水及游泳池水系统、采暖、空调水、消火栓、自动喷水等系统管道，以及设计有要求的管道在使用前做冲洗试验及介质为气体的管道系统做吹洗试验时，应填写冲洗、吹洗试验记录。施工单位填写的冲洗、吹洗试验记录应一式三份，并应由建设单位、监理单位、施工单位各保存一份。

2. 实施要点

管道系统吹洗（脱脂）检验记录是建筑安装工程的管道、设备压力试验完成后，必须进行的测试项目。

（1）一般规定

1）管道在压力试验合格后，建设单位应负责组织吹扫或清洗（简称吹洗）工作，并应在吹洗前编制吹洗方案。

2）吹洗方法应根据对管道的使用要求、工作介质及管道内表面的脏污程度确定。公称直径大于或等于600mm的液体或气体管道，宜采用人工清理；公称直径小于600mm的液体管道宜采用水冲洗；公称直径小于600mm的气体管道宜采用空气吹扫；蒸汽管道应以蒸汽吹扫；非热力管道不得用蒸汽吹扫。

对有特殊要求的管道，应按设计文件规定采用相应的吹洗方法。

3）不允许吹洗的设备及管道应与吹洗系统隔离。

4）管道吹洗前，不应安装孔板、法兰连接的调节阀、重要阀门、节流阀、安全阀、仪表等。对于焊接的上述阀门和仪表，应采取流经旁路或卸掉阀头及阀座加保护套等保护措施。

5）吹洗的顺序应按主管、支管、疏排管依次进行。吹洗出的脏物，不得进入已合格的管道。

6）吹洗前应检验管道支、吊架的牢固程度，必要时应予以加固。

7）清洗排放的脏液不得污染环境，严禁随地排放。

8）吹扫时应设置禁区。

9）蒸汽吹扫时，管道上及其附近不得放置易燃物。

10）管道吹洗合格并复位后，不得再进行影响管内清洁的其他作业。

11）管道复位时，应由施工单位会同建设单位共同检查，并应按标准规定或地方制定的表格格式填写“管道系统吹扫及清洗记录”及“隐蔽工程（封闭）记录”。

（2）水冲洗

1）冲洗管道应使用洁净水，冲洗奥氏体不锈钢管道时，水中氯离子含量不得超过25×10^{-6}（25ppm）。

2）冲洗时宜采用最大流量，流速不得低于1.5m/s。

3）排放水应引入可靠的排水井或沟中，排放管的截面积不得小于被冲洗管截面积的60%。排水时，不得形成负压。

4）管道的排水支管应全部冲洗。

5）水冲洗应连续进行，以排出口的水色和透明度与入口水目测一致为合格。

6）管道经水冲洗合格后暂不运行时，应将水排净，并应及时吹干。

（3）空气吹扫

1）空气吹扫利用生产装置的大型压缩机，也可利用装置中的大型容器蓄气，进行间断性的吹扫。吹扫压力不得超过容器和管道的设计压力，流速不宜小于20m/s。

2）吹扫忌油管道时，气体中不得含油。

3）空气吹扫过程中，当目测排气无烟尘时，应在排气口设置贴白布或涂白漆的木制靶板检验，5min内靶板上无铁锈、尘土、水分及其他杂物，应为合格。

（4）蒸汽吹扫

1）为蒸汽吹扫安设的临时管道应按蒸汽管道的技术要求安装，安装质量应符合GB 50235—97规范的规定。

2）蒸汽管道应以大流量蒸汽进行吹扫，流速不应低于30m/s。

3）蒸汽吹扫前，应先行暖管、及时排水，并应检查管道热位移。

4）蒸汽吹扫应按加热—冷却—再加热的顺序，循环进行。吹扫时宜采取每次吹扫一根，轮流吹扫的方法。

5）通往汽轮机或设计文件有规定的蒸汽管道，经蒸汽吹扫后应检验靶片。当设计文件无规定时，其质量应符合表 C2-15-1A 的规定。

吹扫质量标准 表 C2-15-1A

项　　目	质 量 标 准
靶片上痕迹大小	ϕ0.6mm 以下
痕深	<0.5mm
粒数	1 个/cm^2
时间	15min(两次皆合格)

注：靶片宜采用厚度 5mm，宽度不小于排汽管道内径的 8%，长度略大于管道内径的铝板制成。

6）蒸汽管道检验除符合 5）吹扫质量标准外还可用刨光木板检验，吹扫后木板上无铁锈、脏物时，应为合格。

（5）化学清洗

1）需要化学清洗的管道，其范围和质量要求应符合设计文件的规定。

2）管道进行化学清洗时，必须与无关设备隔离。

3）化学清洗液的配方必须经过鉴定，并曾在生产装置中使用过，经实践证明是有效和可靠的。

4）化学清洗时，操作人员应着专用防护服装，并应根据不同清洗液对人体的危害佩戴护目镜、防毒面具等防护用具。

5）化学清洗合格的管道，当不能及时投入运行时，应进行封闭或充氮保护。

6）化学清洗后的废液处理和排放，应符合环境保护的规定。

（6）油清洗

1）润滑、密封及控制油管道，应在机械及管道酸洗合格后、系统试运转前进行油清洗。不锈钢管道，宜用蒸汽吹净后进行油清洗。

2）油清洗应以油循环的方式进行，循环过程中每 8h 应在 40～70℃的范围内反复升降油温 2～3 次，并应及时清洗或更换滤芯。

3）当设计文件或制造厂无要求时，管道油清洗后应采用滤网检验，合格标准应符合表 C2-15-1B 的规定。

4）油清洗应采用适合于被清洗机械的合格油。清洗合格的管道，应采取有效的保护措施。试运转前应采用具有合格证的工作用油。

油清洗合格标准 表 C2-15-1B

机械转速(r/min)	滤网规格(目)	合格标准
≥6000	200	目测滤网，无硬颗粒及黏稠物；每平方厘米范围内，软杂物不多于 3 个
<6000	100	

4.2.15.1-1 室内给水管道及配件冲洗试验记录（C2-15-1-1）

实施要点

（1）室内给水管道及配件冲洗试验记录按 C2-15-1 表式执行。

（2）《建筑给水排水及采暖工程施工质量验收规范》（GB 50242—2002）第 4 章第 4.2.3 条规定：**生产给水系统管道在交付使用前必须冲洗和消毒，并经有关部门取样检验，符合国家《生活饮用水卫生标准》方可使用。检验方法：检查有关部门提供的检测报告。**

（3）该记录应按单元、层逐户检查填写。生活给水系统管道在交付使用前应按国家验收规范的强制性条文规定，必须冲洗和消毒，并经有关部门取样检验，符合国家《生活饮用水卫生标准》方可使用。

（4）室内给水管道吹洗试验

1）吹洗条件

① 室内给水管路系统水压试验已做完。

② 各环路控制阀门关闭灵活、可靠。

③ 临时供水装置运转正常，增压水泵工作性能符合要求。

④ 冲洗水放出时有排出的条件。

⑤ 水表尚未安装，如已安装应卸下，可用直管代替水表，冲洗后再复位。

2）先吹洗给水管道系统底部干管，后吹洗各环路支管。

由给水入户管控制阀前接临时供水入口向系统供水。关闭其他支管的控制阀门，只开启干管末端支管（一根或几根）最底层的阀门，由底层放水并引至排水系统内，观察出水口处水质的变化；底层干管吹洗后再依次吹洗各分支（一支或几支）环路，直至全系统管路吹（冲）洗完毕为止。吹洗后如实填写吹洗记录，存入工程技术档案内。

3）冲洗时应符合下述几项技术要求：

① 冲洗时水压应大于系统供水的工作压力。

② 出水口处的管径截面不得小于被冲洗管径截面的3/5（排放管径不应小于被冲洗管径截面的60%，即出水口管径应比被冲洗管径小1号）。因为出口管径截面大，出水流速低无冲洗力；出口管径截面小，出水流速大，不好操作和观察。

③ 出水口处的排水流速 $v \geqslant 1.5m/s$。

④ 为便于控制吹洗水管管径与流速的关系，可参考表C2-15-1-1数据选用。

⑤ 管径冲洗后应将水排尽，需要时应采取其他保护措施。

⑥ 当发现系统循环水量小的时候，应及时分析判断情况，管径堵塞，开大供水阀门进行冲洗。

吹洗增压水泵流量与接管流速选用表 表C2-15-1-1

小时流量	秒流量	DN管径流速(m/s)							
m^3/h	m^3/s	32	40	50	70	80	100	125	150
5	0.0014	1.67	1.08	0.72					
10	0.0027		2.09	1.38	0.72				
15	0.0042			2.14	1.12	0.78			
20	0.0056			2.86	1.50	1.08	0.71		
25	0.0069			3.52	1.84	1.33	0.88		
30	0.0083				2.22	1.60	1.06	0.67	
40	0.011				2.97	2.12	1.40	0.89	
50	0.014				3.78	2.69	1.78	1.14	0.79
60	0.0167					3.22	2.13	1.36	0.94
70	0.019					3.65	2.42	1.54	1.07

4）冲洗前可结合饮用水管道消毒规定，先进行处理，即用每升水中含20～30mg的游离氯的水灌满管道，并在管中留置24h以上，然后再进行冲洗，直至达到饮用水标准。

（5）表列子项

1）管道编号：按管道系统被清洗的管道类别的编号。

2）工作介质：指吹洗所用的介质如水、空气等，分别按原系统清洗吹扫应用的介质填写。

3）吹洗：项下包括介质、压力、流速、吹洗次数、鉴定项下逐一照实际检验结果填写。

4）评定意见：按管道系统清洗完成后的质量检验结果的评定意见。

4.2.15.1-2　室内热水管道及配件冲洗试验记录（C2-15-1-2）

实施要点

（1）室内热水管道及配件冲洗试验记录，按 C2-15-1 表式执行。

（2）《建筑给水排水及采暖工程施工质量验收规范》（GB 50242—2002）第 6 章第 6.2.3 条规定：热水供应系统竣工后必须进行冲洗。现场观察检查。

（3）该记录应按单元、层逐户检查填写。热水管道及蒸汽凝结水管用清水冲洗，冲洗应按设计提供的最大压力和流量进行，直到出水口水色，透明度与入水目测一致为合格。

4.2.15.1-3　室内采暖管道及配件冲洗试验记录（C2-15-1-3）

实施要点

（1）室内采暖管道及配件冲洗试验记录，按 C2-15-1 表式执行。

（2）《建筑给水排水及采暖工程施工质量验收规范》（GB 50242—2002）第 8 章第 8.6.2 条规定：系统试压合格后，应对系统进行冲洗并清扫过滤器及除污器。现场观察，直至排出水不含泥沙、铁屑等杂质，且水色不浑浊为合格。

（3）该记录应按单元、层逐户检查填写。系统冲洗完毕应充水、加热，进行试运行和调试。观察、测量室温应满足设计要求。

（4）室内供热管道冲洗

工作条件

① 管道已进行系统试压合格。

② 热源已送至进户装置前，或者热源已具备。

（5）室内采暖系统冲洗

工作条件

① 热水采暖系统的冲洗：

首先检查全系统内各类阀件的关启状态。要关闭系统上的全部阀门，应关紧、关严，并拆下除污器、自动排汽阀等。

a. 水平供水干管及总供水立管的冲洗：先将自来水管接进供水水平干管的末端，再将供水总立管进户处接往下水道。打开排水口的控制阀，再开启自来水进口控制阀，进行反复冲洗。冲洗结束后，先关闭自来水进口阀，后关闭排水口控制阀门。

b. 系统上立管及回水水平导管冲洗：自来水连通进口可不动，将排水出口连通管改接至回水管总出口处。关上供水总立管上各个分环路的阀门。先打开排水口的总阀门，再打开靠近供水总立管边的第一个立支管上的全部阀门，最后打开自来水入口处阀门进行第一分立支管的冲洗。冲洗结束时，先关闭进水口阀门，再关闭第一分支管上的阀门。按此顺序分别对第二、三……各环路上各根立支管及水平回路的导管进行冲洗。若为同程式系统，则从最远的立支管开始冲洗为好。

c. 冲洗中，当排入下水道的冲洗水为洁净水时可认为合格。全部冲洗后，再以流速1～1.5m/s的速度进行全系统循环，延续20min以上，循环水色透明为合格。

d. 全系统循环正常后，把系统回路按设计要求连接好。

② 蒸汽采暖，供热系统的吹洗：

a. 蒸汽供热系统的吹洗，采用蒸汽为热源较好，也可以采用压缩空气进行。

b. 系统投入使用前必须冲洗，冲洗前应将管道安装的流量孔板，滤网温度计等阻碍污物通过的设施临时拆除，待冲洗合格后再安装好。

c. 蒸汽系统宜用蒸汽吹洗，吹扫前应缓慢升温，且恒温1h后进行吹洗，吹洗后降至环境温度（一般应不少于三吹扫），直到管内无铁锈及污物为合格。

d. 吹洗的过程除了将疏水器、回水盒卸除以外，其他程序均与热水系统相同。

4.2.15.1-4　室外给水管网、消防管道冲洗试验记录（C2-15-1-4）

实施要点

(1) 室外给水管网冲洗试验记录，按C2-15-1表式执行。

(2)《建筑给水排水及采暖工程施工质量验收规范》（GB 50242—2002）第9章第9.2.7条规定：给水管道在竣工后，必须对管道进行冲洗，饮用水管道还要在冲洗后进行消毒，满足饮用水卫生要求。观察冲洗水的浊度，查看有关部门提供的检验报告。

(3) 室外给水管道吹洗试验

1) 吹洗条件：室外给水管道吹洗条件与室内给水管道吹洗条件相同。

2) 消毒冲洗的管道不应与其他正常供水的干线或支线连接，严防污水进入正常送水的管道内。

3) 管道消毒用水、用氯数量参见表C2-15-1-4。

100mm管道消毒用水、用氯数量　　**表C2-15-1-4**

管径(mm)	50	75	100	150	200	250	300	350	400	450	500	600
用水量(m^3)	1～4	6	8	14	22	32	42	56	75	93	116	168
漂白粉量(kg)	0.09	0.11	0.14	0.24	0.38	0.55	0.93	0.97	1.31	1.61	2.02	2.9

4) 吹洗试验方法

管道及设备安装前应清理污垢，系统安装完后，给水、消防管道应分系统在使用前进行冲洗，并做好记录。燃气系统完工后，应有压缩空气或氮气的吹洗试验记录。

① 给水管道及生活热水、消防管道在交付使用前须进行冲洗，冲洗应以系统最大设计流量或不小于1.5m/s的流速进行，直到各出水口的水色透明度与进水目测一致为合格。

(4)《建筑给水排水及采暖工程施工质量验收规范》（GB 50242—2002）第9章第9.3.2条规定：消防管道在竣工前，必须对管道进行冲洗。观察冲洗出水的浊度。

消防管道吹洗试验方法同室外给水管道吹洗试验。

设计及工艺有要求的其他介质管道，还应按设计要求及相应有关国家规定标准做脱脂处理（如氧气管）。

4.2.15.1-5　室外供热管道及配件冲洗试验记录（C2-15-1-5）

实施要点

（1）室外供热管道及配件冲洗试验记录，按 C2-15-1 表式执行。

（2）《建筑给水排水及采暖工程施工质量验收规范》（GB 50242—2002）第 11 章第 11.3.2 条规定：管道试压合格后，应进行冲洗。现场观察，以水色不浑浊为合格。

（3）室外热力管网冲洗

1）工作条件

① 管道试压经验收均已合格。

② 水、电源均已具备。

2）热力网系统冲洗

① 热水管的冲洗：对供水及回水总干管先分别进行冲洗，先利用 0.3～0.4MPa 压力的自来水进行管道冲洗，当接入下水道的出口流出洁净水时，认为合格。然后再以 1～1.5m/s 的流速进行循环冲洗，延续 20min 以上，直至从回水总干管出口流出的水色为透明为止。

② 蒸汽管道的冲洗：在冲洗段末端与管道垂直升高处设冲洗口。冲洗口是钢管焊接在蒸汽管道下侧，并装设阀门。

a. 拆除管道中的流量孔板、温度计、滤网及止回阀、疏水器等。

b. 缓缓开启总阀门，切勿使蒸汽流量和压力增加过快。

c. 冲洗时先将各冲洗口的阀门打开，再开大总进汽阀，增大蒸汽量进行冲洗，延续 20～30min，直至蒸汽完全清洁时为止。

d. 最后拆除洗管及排汽管，将水放尽。

4.2.15.1-6　煤气管网的吹扫试验记录（C2-15-1-6）

实施要点

（1）煤气管网的吹扫试验记录，按 C2-15-1 表式执行。

（2）煤气管网及其调压装置吹扫试验

1）煤气、压缩空气管道系统安装完毕后应做吹冲试验。

2）管网竣工或交付使用前，必须根据设计要求进行吹扫。如设计无明确要求，应按下列要求进行吹扫（吹扫可用压缩空气、煤气，对较长的管道一般用清管球法清扫）：

① 管道的吹扫应在管道试压后进行。介质先采用压缩空气，把水分及污物清除干净，再用煤气进行吹扫。

② 吹扫的压力不少于 0.6MPa。每次吹扫的管道长度，应根据吹扫介质、压力和气量确定，一般不宜超过 3km。

③ 钢管管道的吹扫口应设在开阔地段，并加固牢靠，吹扫段内的阀门全部打开，吹扫段终端拧紧阀门或加焊堵板。

④ 吹扫应反复进行数次，当使用清管球清扫时，发球次数以确认吹净污染物排净为止，同时做好记录。

⑤ 吹扫时的放散管必须设置在安全、可靠的地方，严禁火种，以免发生燃烧或爆炸事故。

⑥ 调压装置的吹扫不得与管道同时进行，应分别分段进行。

3）吹（冲）洗试验记录，应分段、分系统进行，分别填表。应填写冲（吹）洗情况及效果，日期及有关人员的签字应齐全。

4.2.15.1-7 建筑中水系统及游泳池水系统管道冲洗试验记录（C2-15-1-7）

实施要点

（1）建筑中水系统及游泳池水系统管道冲洗试验记录，按C2-15-1表式执行。

（2）《建筑给水排水及采暖工程施工质量验收规范》（GB 50242—2002）第4章第4.2.3条和第6章第6.2.3条规定：生产给水系统管道在交付使用前必须冲洗和消毒，并经有关部门取样检验，符合国家《生活饮用水卫生标准》方可使用。检查有关部门提供的检测报告；热水供应系统竣工后必须进行冲洗。现场观察检查。

（3）建筑中水系统及游泳池水系统管道冲洗试验方法，按照室内给水系统管道冲洗方法执行。

4.2.15.2 给排水管道灌水、满水、通水试验记录（C2-15-2）

1. 资料表式

通水试验记录（通用） **表C2-15-2**

<table>
<tr><td colspan="2" rowspan="2">工程名称</td><td colspan="2" rowspan="2"></td><td>编号</td><td colspan="2"></td></tr>
<tr><td>试验日期</td><td colspan="2"></td></tr>
<tr><td colspan="2">分项工程名称</td><td colspan="2"></td><td>试验部位</td><td colspan="2"></td></tr>
<tr><td colspan="7">试验系统简述：

</td></tr>
<tr><td colspan="7">试验要求：

</td></tr>
<tr><td colspan="7">试验记录：

</td></tr>
<tr><td colspan="7">试验结论：

</td></tr>
<tr><td rowspan="3">签字栏</td><td rowspan="2">施工单位</td><td rowspan="2"></td><td>专业技术负责人</td><td>专业质检员</td><td colspan="2">专业工长</td></tr>
<tr><td></td><td></td><td colspan="2"></td></tr>
<tr><td>监理或建设单位</td><td colspan="2"></td><td>专业工程师</td><td colspan="2"></td></tr>
</table>

注：通水试验记录应符合现行国家标准《建筑给水排水及采暖工程施工质量验收规范》GB 50242的有关规定。室内外给水、中水及游泳池水系统、卫生洁具、地漏及地面清扫口及室内外排水系统在安装完毕后，应进行通水试验。施工单位填写的通水试验记录应一式三份，并应由建设单位、监理单位、施工单位各保存一份。

2. 资料要求

资料要求除应执行“对施工文件的总体要求、对工程质量记录资料核查要求”外，尚应符合：

（1）排水管道灌水试验记录。凡暗装或直接埋于地下、结构内、沟井管道间、吊顶内、夹皮墙内的隐蔽排水管道和建筑物内及地下的金属雨水管道，均必须按系统或分区做灌水试验。

（2）通水试验时室内给水系统应同时开放最大数量配水点的额定流量，消防栓组数的最大消防能力，室内排水系统的排放效果等进行的试验记录应真实，试验方法应按标准规定进行。

3. 实施要点

给排水管道灌水（通水）试验记录是建筑安装工程的管道、设备安装完成后或压力试验完成后，必须进行的测试项目之一。

（1）暗装或埋地的排水管道，在隐蔽前必须做灌水试验，其灌水高度不应低于底层地面高度（满水 15min 后，再灌满延续 5min，液面不下降为合格）。

试验方法：堵室外排水口，从一层检查口或地漏向管道内注水，满水停 15min 后，水面有下降，再注满水，延续 5min，液面不下降即为合格。

雨水管道安装后应做灌水试验，灌水高度必须到每根立管最上部的雨水漏斗。

（2）生活污水管道的坡度应符合表 C2-15-2A 规定。悬吊式雨水管道的敷设坡度不得小于 0.005，埋地雨水管道的最小坡度应符合表 C2-15-2B 规定。

生活污水管道的坡度　　**表 C2-15-2A**

项　次	管　径(mm)	标准坡度	最小坡度
1	50	0.035	0.025
2	75	0.025	0.015
3	100	0.020	0.012
4	125	0.015	0.010
5	150	0.010	0.007
6	200	0.008	0.005

地下埋设雨水排水管道的最小坡度　　**表 C2-15-2B**

项　次	管　径(mm)	最小坡度
1	50	0.020
2	75	0.015
3	100	0.008
4	125	0.006
5	150	0.005
6	200～400	0.004

（3）其他规定：承插管道的接口，应以麻丝填充，用水泥或石棉水泥打口（捻口），不得用一般水泥砂浆抹口。

（4）隐蔽的排水和雨水管道的灌水试验结果；排水系统竣工后的通水试验结果必须符合设计要求和施工规范规定。按给水系统的 1/3 配水点同时开放，检查各排水点是否畅通，连接处必须严密，不渗、不漏为合格。

非金属污水管道，应做渗水量试验；如设计无要求，应符合下列规定：

① 在潮湿土壤中，检查地下水渗入管中的水量，可根据地下水的水平线而定：地下水位超过管顶 2～4m，渗入管道内水量不超过表 C2-15-2-3 的规定；地下水位超过管顶 4m 以上，则每增加水头 1m 允许增加渗水量 10%。

② 在干燥土壤中检查管道的渗出水量，其充水高度应高出上游检查井内管顶 4m。渗出的水量不应大于表 C2-15-2C 的规定。

1000m 长的管道一昼夜内允许渗出或渗入水量 **表 C2-15-2C**

单位：m^3

管径(mm)	小于 150	200	250	300	350	400	450	500	600
钢筋混凝土管、混凝土或石棉水泥管	7.0	20	24	28	30	32	34	36	40
缸瓦管	7.0	12	15	18	20	21	22	23	23

③ 在潮湿土壤中，当地下水位不高出管顶 2m 时，可按②项规定做渗出水量试验。

注：1. 雨水和与其性质相似的管道，除湿陷性黄土及水源地区外，可不做渗出水量试验。

2. 渗水量试验时间，不应少于 30min。

3. 排出腐蚀性的污水管道不允许渗漏。

必须按系统或分区（段）做灌水及渗漏试验，试验数量和范围必须齐全、无漏试。试验必须在隐蔽前进行。未经试验或试验不符合要求的，不得进行隐蔽。

(5) 测试注意事项

1) 室内排水管道的埋地铺设及吊顶，管井内隐蔽工程在封顶、回填土前都应进行闭水试验，内排水雨水管道安装完毕亦要进行闭水试验。

2) 闭水试验前应将各预留口采取措施堵严，在系统最高点留出灌水口。

3) 由灌水口将水灌满后，按设计或规范要求的规定时间对管道系统的管材、管件及捻口进行检查；如有渗漏现象应及时修理，修好后再进行一次灌水试验，直到无渗漏现象后，再请有关单位验收并办理验收记录。

4) 楼层吊顶内管道的闭水试验应在下一层立管检查口处用橡皮气胆堵严，由本层预留口处灌水试验。

(6) 表列子项

1) 试验部位：指被试给水排水管道试验的实际部位，照实际填写。

2) 编号：指给水排水管道试验灌水（通水）的系统编号。

3) 规范与设计要求：按规格、材质、允许渗水量、计量时间的规范与设计要求值分别填写。

4) 试验：按实际渗水量、试验时间、通水情况的实际试验情况分别填写。

5) 评定意见：主要应说明试验是否符合设计和施工规范要求。

4.2.15.2-1 室内给排水系统通水试验记录（C2-15-2-1）

实施要点

(1) 室内给排水系统通水试验记录按 C2-15-2 表式执行。

(2)《建筑给水排水及采暖工程施工质量验收规范》（GB 50242—2002）第 4 章第 4.2.2 条规定：室内给排水系统交付使用前必须进行通水试验并做好记录。观察和开启阀门、水嘴等放水。

1) 通水试验要求

① 室内给水系统（包括生活给水、热水供应）排水系统卫生器具完工后应进行通水

试验通水试验应分系统、分区段进行，应分别填写试验记录。

② 如因条件限制达不到规定流量时，卫生器具100%均应做满水排泄试验，满水试验水量应达到卫生器具溢水口处，并检查器具的溢水口通畅能力及排水点的通畅情况，管路设备无堵塞及渗漏现象为合格。

③ 通水试验记录必须注明试验日期、试验项目、部位、通水方式并签字齐全。

给水、消防、卫生器具及排水系统应有系统、区段的通水试验记录。

经通水试验的卫生器具及配件应齐全，启动灵活好用，安装稳定、牢固，表面光亮、整洁、无损坏，1/3放水点同时放水，污水系统排泄畅通无阻。各接口处无渗漏，符合设计要求和验收规范规定。消防应抽查顶层首层消火栓的水柱高及压力，喷淋的末端试验阀、水流指示及信号报警、水泵监控联网情况。

2）工作条件

① 室内给水系统已达供水条件。

② 室内排水系统已经与室外排水接通，达到使用条件。

③ 室内卫生器具与设备已全部安装完，达到使用条件。

④ 有满足室内各用水点供水水质和水量的水源。

⑤ 室内给水、排水及卫生器具安装工程，除通水试验外，均达到了图纸规定和质量验收标准的要求。

⑥ 在正温条件下进行。

3）检查给水系统全部阀门，将配水阀件全部关闭，将控制阀门全部开启。

4）向给水系统供水，使其压力、水质符合设计要求，热水给水系统可供与热水使用压力相同的冷水。

5）核查各排水系统，均应与室外排水系统接通，并可以向室外排水。

6）检查排水系统各排水点及卫生器具，清除污物。

7）将排水立管顶层各配水阀件开至最大水量，使其处于向对应的排水点排水状态。

8）检查排水立管从顶层到第一座排水检查井间各管段及排水点是否达到额定流量。消火栓能否满足组数的最大消防能力。

9）检查室内给水系统，设计要求同时开放的最大数量的配水点是否达到额定流量。消火栓能否满足组数的最大消防能力。

10）室内排水系统，按给水系统的1/3配水点同时开放，检查各排水点是否畅通，接口处有无渗漏。

11）高层建筑，可根据管道布置状态采取分层或两层（按系统配水点折算1/3量）分区段做通水试验，多层建筑可从最顶层做起。

12）按上述方法顺次对各排水立管系统进行通水试验，直到排水系统通水试验全部完毕。

13）经有关人员检查后将排水通水试验记录填写完整。

14）停止向给水系统供水，并将给水系统及卫生器具内的积水排放，处理净。

4.2.15.2-2　室内给水设备敞口水箱灌水、满水试验记录（C2-15-2-2）

1.资料表式

灌水、满水试验记录（通用） 表 C2-15-2-2

工程名称		编号		
		试验日期		
分项工程名称		材质、规格		
试验标准及要求：				
试验部位	灌(满)水情况	灌(满)水持续时间(min)	液面检查情况	渗漏检查情况
试验结论：				
签字栏	施工单位	专业技术负责人	专业质检员	专业工长
	监理或建设单位		专业工程师	

注：非承压管道系统和设备，在安装完毕后，以及暗装、埋地、有绝热层的室内外排水管道进行隐蔽前，应进行灌水、满水试验。施工单位填写的灌水、满水试验记录应一式三份，并应由建设单位、监理单位、施工单位各保存一份。

2. 资料要求

资料要求除应执行“对施工文件的总体要求、对工程质量记录资料核查要求”外，尚应符合：

室内给水设备敞口水箱满水试验记录表式的内容：试验时间、测试内容与情况、实际渗水量、占允许量的百分率等，应根据试验实况认真记录；试验结论应填写符合要求或不符合要求。

3. 实施要点

室内给水设备敞口水箱满水试验记录是在室内给水系统、卫生器具全部安装完成后，对室内给水设备敞口水箱进行的满水试验。

(1) 箱罐（池）满水试验记录是水池施工完毕后，按规范规定必须进行的测试项目和内容。在满水试验中应进行外观检查，不得有漏水现象。

(2)《建筑给水排水及采暖工程施工质量验收规范》（GB 50242—2002）第4章第4.4.3条规定：敞口水箱的满水试验和密闭水箱（罐）的水压试验必须符合设计与该规范的规定。满水试验静置24h观察，不渗、不漏；水压试验在试验压力下10min压力不降，不渗、不漏为合格。

(3) 箱罐（池）满水试验前，应做好下列准备工作：

1) 将箱罐（池）内清理干净。

2) 充水的水源应采用清水，并做好充水和放水系统的设施。

3）对箱罐（池）初试充水高度进行量测，充水高度应满足设计要求。

（4）箱罐（池）满水试验应填写试验记录

（5）箱罐（池）满水试验

1）充水：向箱罐（池）内充水必须满足设计水深要求。

2）水位观测：充水至设计水深后即可开始进行渗水量测定。测读水位的初读数与末读数之间的间隔时间，按规范要求进行。

3）蒸发量测定：按无渗漏情况下的水位下降值计算。

（6）箱罐（池）满水试验过程中应检查的内容

1）检查箱罐（池）渗漏情况；

2）箱罐（池）满水试验累计总时间（小时数）；

3）对混凝土箱罐（池）表面进行湿润面积检查并记录；

4）大气温度和水温检查：大气温度按日平均气象温度执行，水温按箱罐（池）内的实测温度。

5）雨天时，不应做满水试验渗水量的测定。

4.2.15.2-3 室内排水系统灌水试验记录（C2-15-2-3）

实施要点

（1）室内排水系统灌水试验记录按 C2-15-2 表式执行。

（2）《建筑给水排水及采暖工程施工质量验收规范》（GB 50242—2002）第 5 章第 5.2.1 条规定：隐蔽或埋地的排水管道在隐蔽前必须做灌水试验，其灌水高度应不低于底层卫生器具的上边缘或底层地面高度。满水 15min 水面下降后，再灌满观察 5min，液面不降、管道及接口无渗漏为合格。

（3）室内排水、雨水管道灌水试验程序

1）工作条件

① 暗装或埋地排水管道已分段或全部施工完，接口已达到强度，标高、坐标等经复核已全部达到质量标准。

② 管道及接口均未隐蔽，有防露或保温要求的管道尚未进行保温前，管外壁及接口处保持干燥。

③ 工作应在干作业条件和正温下进行。

④ 对施工人员已进行灌水试验技术交底，并制定好试验的泄水措施。

⑤ 参加检查的施工人员、施工技术人员、建设、监理单位的有关人员均已到场。

2）接短管、封闭排出管口

① 对标高低于各层地面的所有管口，接临时短管直至某层地面上。接管时，对承插接口的管道用水泥捻口，对于横管上、地下（或楼板下）管道清扫口应加垫、加盖正式封闭。

② 通向室外的排出管管口，用大于管径的橡胶管管胆，放进管口充气堵严。灌一层立管和棚上管道时，用堵管管胆从一层立管检查口处将上部管道堵严；再灌上层时，以此类推按上述方法进行。

3）向管道内灌水

① 用胶管从便于检查的管口（最好选择离出户排水管口近的地面管口）向管道内灌水。

② 从灌水开始，便应设专人检查监视出户排水管口、地下扫除口等易跑水部位，发

现堵盖不严或管道出现漏水时均应停止向管内灌水，立即进行整修；待管口堵塞、封闭严密或管道修复待管道接口达到强度后，再重新开始灌水。

③ 管内灌水水面高出地面以后，停止灌水，记下管内水面位置和停止灌水时间，经过 24h 后开始对管道、接口逐一进行观察。

4）检查、作灌水试验记录

① 停止灌水 15min 后在未发现管道及接口渗漏的情况下再次向管道内灌水，使管内水面回复到停止灌水时的水面位置后第二次记下时间。

② 施工人员、施工技术质量管理人员，建设、监理单位有关的人员在第二次灌满水 5min 后，对管内水面进行共同检查，水面位置没有下降则为管道灌水试验合格，应立即填写好排水管道灌水试验记录，有关检查人员签字盖章。

③ 检查中若发现水面下降则为灌水试验没有合格，应对管道及各接口、堵口全面、细致地进行逐一检查、修复。排除渗漏因素后，重新按上述方法进行灌水试验，直至合格。

5）灌水试验后的工作

① 灌水试验合格后，应从室外排水口放净管内存水。

② 把为灌水试验临时接出的短管全部拆除，各管口恢复原标高，拆管时严防污物落入管内。

③ 用木塞、草绳等进行临时堵塞封闭时，确保堵塞物不能落入管内，并应牢固严密，便于在启封时方便、简单，不易损坏管口。

4.2.15.2-4　雨水管道及配件灌水试验记录（C2-15-2-4）

实施要点

（1）雨水管道及配件灌水试验记录按 C2-15-2 表式执行。

（2）《建筑给水排水及采暖工程施工质量验收规范》（GB 50242—2002）第 5 章第 5.3.1 条规定安装在室内的雨水管道安装后应做灌水试验，灌水高度必须到每根立管上部的雨水斗。灌水试验持续 1h，不渗、不漏为合格。

（3）悬吊式雨水管道的敷设坡度不得小于 5‰；埋地雨水管道的最小坡度，应符合表 C2-15-2-4A 的规定。

地下埋设雨水排水管道的最小坡度　　**表 C2-15-2-4A**

项　次	管　径(mm)	最小坡度(‰)
1	50	20
2	75	15
3	100	8
4	125	6
5	150	5
6	200～400	4

（4）雨水管道不得与生活污水管道相连接。

（5）雨水斗管的连接应固定在屋面承重结构上。雨水斗边缘与屋面相连处应严密不漏。连接管管径当设计无要求时，不得小于 100mm。

（6）悬吊式雨水管道的检查口或带法兰堵口的三通的间距不得大于表 C2-15-2-4B 的规定。

悬吊管检查口间距　　表 C2-15-2-4B

项　次	悬吊管直径(mm)	检查口间距(m)
1	≤150	≤15
2	≥200	≤20

（7）雨水管道及配件灌水试验方法，同室内排水系统灌水试验方法。

4.2.15.2-5　室内热水供应敞口水箱满水试验记录（C2-15-2-5）

实施要点

（1）室内热水供应敞口水箱满水试验记录，按 C2-15-2 表式执行。

（2）《建筑给水排水及采暖工程施工质量验收规范》（GB 50242—2002）第 6 章第 6.3.5 条规定：敞口水箱的满水试验必须符合设计和《建筑给排水及采暖工程施工质量验收规范》（GB 50242—2002）的规定。满水试验静置 24h 观察，不渗、不漏为合格。

（3）水箱溢流管和泄放管应设置在排水地点附近，但不得与排水管直接连接。

（4）立式水泵的减振装置不应采用弹簧减振器。

4.2.15.2-6　卫生器具通水试验记录（C2-15-2-6）

实施要点

（1）卫生器具通水试验记录按 C2-15-2 表式执行。

（2）《建筑给水排水及采暖工程施工质量验收规范》（GB 50242—2002）第 7 章第 7.2.2 条规定：卫生器具交工前应做满水和通水试验。满水后各连接件不渗、不漏；通水试验给水、排水畅通。

（3）有饰面的浴盆，应留有通向浴盆排水口的检修门。

（4）小便槽冲洗管，应采用镀锌钢管或硬质塑料管。冲洗孔应斜向下方安装，冲洗水流同墙面成 45°角。镀锌钢管钻孔后应进行二次镀锌。

（5）卫生器具的支、托架必须防腐良好，安装平整、牢固，与器具接触紧密、平稳。

（6）卫生器具通水试验前应检查地漏是否畅通，分户阀门是否关好，然后按层段分房间逐一进行通水试验，以免漏水使装修工程受损。

4.2.15.2-7　室外排水管网灌水和通水试验记录（C2-15-2-7）

实施要点

（1）室外排水管网灌水和通水试验记录按 C2-15-2-2 和 C2-15-2 表式执行。

（2）《建筑给水排水及采暖工程施工质量验收规范》（GB 50242—2002）第 10 章第 10.2.2 条规定：管道埋设前必须做灌水试验和通水试验，排水应畅通，无堵塞，管接口无渗漏为合格。检验方法：按排水检查井分段试验，试验水头应以试验段上游管顶加 1m，时间不少于 30min，逐段观察。

（3）通水试验是检验排水使用功能的手段，随着从上游不断向下游做灌水试验的同时，也检验了通水的能力。

（4）排水管道的坡度必须符合设计要求，严禁无坡或倒坡。

（5）管道的坐标和标高应符合设计要求。

4.2.15.2-8 建筑中水系统及游泳池排水系统灌水、通水试验记录（C2-15-2-8）

实施要点

（1）建筑中水系统及游泳池排水系统灌水、通水试验记录，按 C2-15-2 表式执行。

（2）《建筑给水排水及采暖工程施工质量验收规范》（GB 50242—2002）第 4 章第 4.2.2 条规定：给水系统交付使用前必须进行通水试验并做好记录。观察和开启阀门、水嘴等放水。

（3）隐蔽或埋地的排水管道在隐蔽前必须做灌水试验，其灌水高度应不低于底层卫生器具的上边缘或底层地面高度。满水 15min 水面下降后，再灌满观察 5min，液面不降、管道及接口无渗漏为合格。

4.2.15.2-9 锅炉敞口箱、罐满水试验记录（C2-15-2-9）

实施要点

（1）锅炉敞口箱、罐满水试验记录，按 C2-15-2 表式执行。

（2）《建筑给水排水及采暖工程施工质量验收规范》（GB 50242—2002）第 13 章第 13.3.4 条规定：敞口箱、罐安装前应做满水试验；满水试验满水后静置 24h，不渗、不漏为合格。

（3）水箱溢流管和泄放管应设置在排水地点附近，但不得与排水管直接连接。

（4）立式水泵的减振装置不应采用弹簧减振器。

4.2.15.3 室内排水管道通球试验记录（C2-15-3）

1. 资料表式

室内排水管道通球试验记录 **表 C2-15-3**

<table>
<tr><td colspan="2">工程名称</td><td colspan="2"></td><td>管径、球径</td><td colspan="2"></td></tr>
<tr><td colspan="2">试验部位</td><td></td><td>管道编号</td><td></td><td>试验日期</td><td>年 月 日</td></tr>
<tr><td colspan="7">试验要求：</td></tr>
<tr><td colspan="7">试验情况：</td></tr>
<tr><td colspan="7">试验结论：</td></tr>
<tr><td rowspan="3">参加人员</td><td colspan="2">监理（建设）单位</td><td colspan="4">施 工 单 位</td></tr>
<tr><td colspan="2" rowspan="2"></td><td colspan="2">专业技术负责人</td><td>质检员</td><td>工 长</td></tr>
<tr><td colspan="2"></td><td></td><td></td></tr>
</table>

2. 实施要点

室内排水管道通球试验记录是在室内排水系统和卫生器具全部安装完成后通水试验合格后进行的试验项目。

为了防止室内排水管道和室内雨水管道堵塞，确保使用功能，对室内排水管道和室内雨水管道必须做通球试验。室内排水干、立管，应根据有关规定进行100％通球试验。

（1）通球试验基本要求

1）通球前必须做通水试验，试验程序由上至下进行，以不漏、不堵为合格；

2）通球用的皮球（也可以用木球）直径为排水管道管径的3/4；

3）通球试验时，皮球（木球）应从排水管道顶端投下，并注入一定水量于管内，使球顺利流入与该排水管道相应的检查井内为合格；

4）通球试验时，如遇堵塞应查明位置进行疏通，无效时应返工重做；

5）通球试验完毕应做好试验记录，并归入工程技术资料内以备查；

锅炉试运行时，如对炉管或省煤器弯管安装有怀疑，必要时可用通球试验的方法检查水管锅炉是否通畅，通球直径按表C2-15-3-1选用。内部检查合格后，装好孔和手孔盖。

通球直径表　　**表C2-15-3-1**

管子弯曲半径	$R \leqslant 3.6D_{外}$	$3.5D_{外} > R \geqslant 1.8D_{外}$	$R < 1.8D_{外}$
通球直径	$0.75D_{内}$	$0.7D_{内}$	$0.55D_{内}$

6）单位工程竣工检验时，对室内排水管道进行通球试验抽查；若有一处堵塞，则该分项工程质量为不合格，并应改正至疏通为止。

（2）表列子项

1）管径、球径：管径指排水管道管径，球径指作通球试验用球的直径，照实际填写。

2）试验要求：指对通球试验的要求。如：对通球球径的要求、通球试验的方法要求、遇有堵塞的要求、通球试验、施工记录要求等。

3）试验情况：指通球试验过程中所遇的情况，如选用球径、操作情况、是否堵塞、堵塞部位和数量等。

4）评定意见：按实际试验结果，经与参试人员评议后填写。

4.2.16　施工记录（C2-16）

4.2.16.1　施工记录（给排水、采暖）（C2-16-1）

施工记录（给排水、采暖）按C2-6-1（即建筑与结构施工记录用表）执行。

实施要点

（1）给排水、采暖工程施工记录采用施工记录（通用）表式C2-6-1。由项目经理部的给排水、采暖专业的专职质量检查员或工长实施记录，由项目技术负责人审定。

（2）PVC塑料管材施工的一般要求

1）管道的安装工程、施工前应具备下列条件：

① 设计图纸及其他技术文件齐全，并已经会审；

② 经批准的施工方案或施工组织设计，已按此进行技术交底；

③ 施工现场及施工用水、用电、材料储放场地等临时设施能满足施工需要。

2）管道安装前，应对材料的外观和接头配合的公差进行仔细检查，应清除管材及管件内外的污垢和杂物。

3）管道系统安装过程中，应防止油漆、沥青等污染管材和管件。

4）管道系统安装间断或完毕的敞口处，应随时封堵。

5）埋设于浇捣的混凝土楼板或墙体内的管材不得有管接头。管道穿墙壁、楼板及嵌墙暗敷时，应配合土建预留孔槽。其尺寸设计无规定时，应按下列执行：

① 预留孔洞尺寸宜较管外径大50～100mm。如安带座弯头连接水龙头等五金时，一定要用水泥填实，不得有空鼓现象。

② 嵌墙暗管应保证管道外侧至水泥墙面净距不小于10mm，并采用1：2的水泥砂浆填补。

③ 架空管顶上部的净空间不宜小于100mm。

6）管道穿过地下室或地下构筑物外墙时，应采取严格的防渗漏措施。

7）管道系统的横管，宜有0.2%～0.5%的坡度坡向泄水装置。

8）管道系统的坐标，标高及其允许偏差应符合设计和相关施工质量验收规范的规定。

9）水平管道的纵横方向的弯曲、立管垂直度、平等管道和成排阀门的安装，应符合设计和相关施工质量验收规范的规定。

10）搬运管材和管件时应小心轻放，避免油污。严禁剧烈撞击、与尖锐物碰触、抛摔滚拖，并用油布等遮盖。

11）管材和管件应存放在通风良好、干净的库房内，不得露天存放；距热源不应小于1m。

12）直管应水平堆放在平整的支垫物上。支垫物间距不应大于1m，外悬端部不应超过0.5m，堆放高度不应超过1.5m。

（3）地板辐射采暖施工一般要求

1）地板辐射供暖的安装工程，施工前应具备下列条件：

① 设计图纸及其他技术文件齐全。

② 经批准的施工方案或施工组织设计，已进行技术交底。

③ 施工力量和机具等，能保证正常施工。

④ 施工现场、施工用水和用电、材料储放场地等临时设施，能满足施工需要。

2）地板辐射供暖的安装工程，环境温度不宜低于5℃。

3）地板辐射供暖施工前，应了解建筑物的结构，熟悉设计图纸、施工方案及其他工种的配合措施。安装人员应熟悉管材的一般性能，掌握基本操作要点，严禁盲目施工。

4）加热管安装前，应对材料的外观和接头的配合公差进行仔细检查，并清除管道和管件内外的污垢和杂物。

5）安装过程中，应防止油漆、沥青或其他化学溶剂污染塑料类管道。

6）管道系统安装间断或完毕的敞口处，应随时封堵。

7）绝热层铺设时，填充层内的加热管不应有接头。加热管应加以固定。加热管固定点的间距，直管段不应大于700mm，弯曲管段不应大于350mm。可以分别采用以下的固定方法：

① 用固定卡子将加热管直接固定在绝热板上。

② 用扎带将加热管绑扎在铺设于绝热层表面的钢丝网上。

③ 卡在铺设于绝热层表面的专用管架或管卡上。

8）混凝土填充层应设置以下热膨胀补偿构造措施：

① 辐射供暖地板面积超过30m^{2}或长边超过6m时，填充层应设置间距≤6m、宽度≥5mm的伸缩缝，缝中填充弹性膨胀材料。

② 与墙、柱的交接处，应填充厚度≥10mm的软质闭孔泡沫塑料。

③ 加热管穿超过伸缩缝处，应设长度不小于100mm的柔性套管。

9）混凝土填充层浇捣和养护过程中，系统应保持不小于0.4MPa的压力。

10）饮用净水管道应用塑料管材时，在使用前应采用每升水含20～30mg的游离氯的清水灌满管道进行消毒。含氯水在管中应静置24h以上。消毒后，应再用饮用水冲洗管道，并经卫生部门取样检验符合现行的国家标准《生活饮用水卫生标准》(GB 5749—2006）后，方可使用。

4.2.16.2　主要管道施工及管道穿墙、穿楼板套管安装施工记录（C2-16-2）

实施要点

（1）主要管道施工及管道穿墙、穿楼板套管安装施工记录采用施工记录（通用）表式C2-6-1。由项目经理部的给排水、采暖专业的专职质量检查员或工长实施记录，由项目技术负责人审定。

（2）应记录：管道穿墙及穿楼板套管安装

1）埋设于浇捣的混凝土楼板或墙体内的管材不得有管接头。管道穿墙壁、楼板及嵌墙暗敷时，应配合土建预留孔槽。其尺寸设计无规定时，应按下列执行：

① 预留孔洞尺寸宜较管外径大50～100mm。如安带座弯头连接水龙头等五金时，一定要用水泥填实，不得有空鼓现象。

② 嵌墙暗管应保证管道外侧至水泥墙面净距不小于10mm，并采用1：2的水泥砂浆填补。

③ 架空管顶上部的净空间不宜小于100mm。

2）管道穿过地下室或地下构筑物外墙时，应采取严格的防渗漏措施。

3）管道系统的横管，宜有0.2%～0.5%的坡度坡向泄水装置。

4）管道系统的坐标，标高及其允许偏差应符合设计和相关施工质量验收规范的规定。

5）水平管道纵横方向的弯曲、立管垂直度、平等管道和成排阀门的安装应符合设计和相关施工质量验收规范的规定。

6）管材和管件应存放在通风良好、干净的库房内，不得露天存放；距热源不应小于1m。

7）直管应水平堆放在平整的支垫物上。支垫物间距不应大于1m，外悬端部不应超过0.5m，堆放高度不应超过1.5m。

4.2.16.3 伸缩器安装预拉伸施工记录（C2-16-3）

1. 资料表式

伸缩器安装预拉伸记录 **表 C2-16-3**

<table>
<tr><td colspan="2">工程名称</td><td colspan="2"></td><td>施工单位</td><td></td></tr>
<tr><td colspan="2">分项工程名称</td><td colspan="2"></td><td>预拉伸时间</td><td>年 月 日</td></tr>
<tr><td colspan="2">管道材质</td><td colspan="2"></td><td>伸缩器部位</td><td></td></tr>
<tr><td colspan="2">伸缩器规格、型号</td><td colspan="2"></td><td>环境温度</td><td></td></tr>
<tr><td colspan="2">固定支架间距(m)</td><td colspan="2"></td><td>管内介质温度</td><td></td></tr>
<tr><td colspan="2">计算预拉值(mm)</td><td colspan="2"></td><td>实际预拉值(mm)</td><td></td></tr>
<tr><td colspan="2">预拉伸方法</td><td colspan="4"></td></tr>
<tr><td colspan="2">预拉伸标准</td><td colspan="4"></td></tr>
<tr><td colspan="6">伸缩器安装及预拉示意图及说明</td></tr>
<tr><td colspan="6">评定意见：
年 月 日</td></tr>
<tr><td rowspan="3">参加人员</td><td>监理(建设)单位</td><td colspan="4">施 工 单 位</td></tr>
<tr><td rowspan="2"></td><td>专业技术负责人</td><td colspan="2">质检员</td><td>实验员</td></tr>
<tr><td></td><td colspan="2"></td><td></td></tr>
</table>

2. 实施要点

伸缩器预拉伸记录是指采暖供热和生活热水供应管道，规范有规定要求实际实行预拉伸时采用。采暖供热和生活热水供应管道伸缩器设计有要求时，必须实行预拉伸。

（1）伸缩器安装预拉伸应对照设计图纸，全数检查预拉伸记录，记录必须符合设计要求和施工规范规定，如设计无要求：

1）管道预拉伸（或压缩）前应具备的条件：

① 预拉伸区域内固定支架间所有焊缝（预拉口除外）已焊接完毕，需热处理的焊缝已作热处理，并经检验合格。

② 预拉伸区域支、吊架已安装完毕，管子与固定支架已固定。预拉口附近的支、吊架已预留足够的调整裕量，支、吊架弹簧已按设计值压缩并临时固定，不使弹簧承受管道载荷。

③ 预拉伸区域内的所有连接螺栓已拧紧。

2）当预拉伸管道的焊缝需热处理时，应在热处理完毕后，方可拆除在预拉伸时安装的临时卡具。

3）套管补偿器预拉伸

① 填料式补偿器又名套管伸缩器。只有在管道中心线与伸缩器中心线一致时，方能正常工作，故不适用悬吊式支架上安装。

②靠近伸缩器两侧，必须各设一个导向支座，使其运行时不致偏离中心线。

③安装时必须作好预拉伸；如设计无明确要求时，按表 C2-16-3-1 规定进行。

套管伸缩器预拉伸表 **表 C2-16-3-1**

项　目	套管补偿器预拉伸长度											
补偿器规格(mm)	15	20	25	32	40	50	65	75	80	100	125	150
拉出长度(mm)	20	20	30	30	40	40	50	50	50	55	60	63

④ 安装长度应考虑气温变化，留有剩余的伸缩量，其值按下式计算。

$$\Delta=\Delta_1\frac{t_1-t_0}{t_2-t_0}$$

式中 Δ——芯子与外套挡圈间的安装剩余伸缩量；

Δ_1——伸缩器最大伸缩量；

t_1——安装伸缩器的气温；

t_2——介质的最高计算温度；

t_0——室外最低计算温度。

安装前先将芯子全部拔出来，量出剩余伸缩量值并做出标志，然后退回芯子至标志处。

4）方形补偿器的预拉伸

① 在方形补偿器安装前，先将两端的固定支座焊死、焊牢。补偿器两端的直管端与连接管端分别预留 1/4 的设计补偿量的间隙。

② 补偿器的预拉伸为设计补偿量的 1/2 长度，但在安装时要考虑到实际安装温度、补偿器运行时的介质最高温度以及设计计算温度的差别。故在实际安装时，预拉伸量要进行修正，其计算公式如下式：

$$\Delta L'=\Delta L\frac{t_0-t_a}{t_2-t_1}$$

式中 $\Delta L'$——补偿器实际安装温度下的预拉伸量（m）；

ΔL——管段计算的热伸长度（m）；

t_1——设计计算安装温度（℃）；

t_2——管段介质工作温度（℃）；

t_a——实际安装的温度（℃）；

t_0——零点温度，即补偿器不需预拉伸温度（℃）。

$$t_0=\frac{t_1+t_2}{2}$$

③ 方形补偿器两侧的第一个导向支架，宜设在补偿器弯曲起点 0.5～1.0m 处。采用吊架时，其靠近补偿器两侧的吊架应倾斜安装，其倾斜方向与管路的热胀方向相反，而倾斜距离等于该吊架管路热胀量的一半。

5）波纹管（波型）补偿器的预拉伸

① 安装波纹管（波型）补偿器时，应按设计管道最高温度和最低温度，找出其波动范围的中间值，作为零点温度，并依此温度按表C2-16-3-2对补偿器进行预拉伸或压缩。

② 安装波纹管（波型）补偿器时要注意介质流动方向，必须使补偿器的内衬套筒与外壳焊接的一端迎着介质流向，对垂直管道应置于上方。

③ 为保证补偿器只发生轴向伸缩，补偿器应安装在两端固定的直线管段上，且应尽量设在两固定点的中间位置上。

波纹管补偿器的预拉伸或预压缩量 **表C2-16-3-2**

安装时的环境温度与补偿零点温度之差(℃)	预拉伸量(mm)	预压缩量(mm)
−40	0.5ΔL	
−30	0.375ΔL	
−20	0.25ΔL	
−10	0.125ΔL	
0	0	0
+10		0.125ΔL
+20		0.25ΔL
+30		0.375ΔL
+40		0.5ΔL

注：ΔL为补偿器的全补偿能力。

（2）PVC塑料管材的管道补偿胀缩措施

1）在安装长距离水平管道时可采用Ω形管或伸缩节的方法来补偿管热胀冷缩的影响。

2）长距离的水平敷设必须有一定数量的固定支承点及滑动支承点。在与支管接通的三通接头处必须安有固定支承点，以免使支管受到横向膨胀力。

3）如嵌装在墙内做暗管使用时，应考虑管道在墙内的热膨胀，墙壁暗槽应加深10mm以上，或在管道外加塑料波纹保护套管或泡沫保温保护套管。

4）管道伸缩长度可按下式确定：

$$\Delta L=\Delta T\cdot L\cdot \alpha$$

式中 ΔL——管道伸缩长度（mm）；

ΔT——计算温差（℃）；

L——管道长度（m）；

α——线膨胀系数［m/(m·℃)］，一般可取1.5×10^{4}。

5）管道宜采用分水器，尽量避免过多使用三通，亦可弥补管道的热胀冷缩。使用分水器时，应先将管道埋在砂浆地面内或地板夹层内，最后再连接分水器。

（3）表列子项

1）环境温度：指伸缩器安装时所处的环境温度，照实际填写。

2）计算预拉值：指规范要求进行的预拉伸计算值。

3）实际预拉值：指实际预拉伸的结果，照实际填写。

4）评定意见：按实际检查结果填写。

4.2.16.4 设备安装施工记录（C2-16-4）

1. 资料表式

设备安装施工记录表（通用）　　　　表 C2-16-4

<table>
<tr><td colspan="2">工程名称</td><td colspan="2"></td><td>验收日期</td><td></td></tr>
<tr><td colspan="2">施工班组及人数</td><td colspan="4"></td></tr>
<tr><td colspan="2">施工内容</td><td colspan="4"></td></tr>
<tr><td colspan="2">强制性条文
执 行 情 况</td><td colspan="4"></td></tr>
<tr><td colspan="2">问题与处理意见</td><td colspan="4"></td></tr>
<tr><td colspan="2">评定与建议</td><td colspan="4"></td></tr>
<tr><td rowspan="3">签字栏</td><td rowspan="2">监理(建设)单位</td><td colspan="4">施　工　单　位</td></tr>
<tr><td colspan="2">项目技术负责人</td><td>专职质检员</td><td>工　长</td></tr>
<tr><td></td><td colspan="2"></td><td></td><td></td></tr>
</table>

2. 实施要点

设备安装施工记录是指给水排水、采暖供热和生活热水等所需设备，对其安装过程进行的记录。

(1) 设备安装施工记录主要是指给水、排水及采暖工程用设备安装时进行的施工过程记录，主要设备如锅炉本体、送引风机、提升机、泵类（给水冷热水泵、泳池水泵、排水水泵、消防水泵等）、罐体等的安装均应填写设备安装记录。

(2) 设备安装记录应按标准提出的下列要求根据施工实际的操作工艺、质量状况予以记录，应记录内容：

1) 设备型号规格：指实际使用设备铭牌标注的型号和规格。设备必须符合设计要求。

2) 设备出厂编号：在机体铭牌上摘录。

3) 设备与设备基础的连接状况：连接应牢固、平稳、接触紧密，并符合减震要求。

4) 设备安装后其纵向水平度偏差及横向水平度偏差、垂直度偏差以及联轴器两轴芯的偏差须满足设计或规范要求。

5) 设备安装的外观质量检查：设备壳体不应有裂纹、砂眼及凹凸不平等缺陷；多级泵的平衡管路应无损伤或折陷现象；蒸汽往复泵的主要部件、活塞及活动轴必须灵活。

6) 手摇泵应垂直安装。安装高度如设计无要求时，泵中心距地面为 800mm。

7) 用图示或文字说明水泵安装位置及有关备注。

8) 设备试运转应灵活，轴承温升应符合产品说明书的要求，试验结果应符合设计要求和产品说明书要求。

4.2.16.5 烘炉检查记录（C2-16-5）

1. 资料表式

烘炉检查记录 **表 C2-16-5**

<table>
<tr><td>工程名称</td><td colspan="3"></td><td>施工单位</td><td colspan="2"></td></tr>
<tr><td>锅炉名称</td><td></td><td>烘炉方法</td><td></td><td>工作压力</td><td colspan="2"></td></tr>
<tr><td>型号规格</td><td></td><td>测温方法</td><td></td><td>介质温度</td><td colspan="2"></td></tr>
<tr><td>烘炉时间</td><td colspan="6">年 月 日 时至 年 月 日 时</td></tr>
<tr><td colspan="5" rowspan="5">烘炉情况记录</td><td>时 间</td><td>火焰实测温度</td></tr>
<tr><td></td><td></td></tr>
<tr><td></td><td></td></tr>
<tr><td></td><td></td></tr>
<tr><td></td><td></td></tr>
<tr><td colspan="7">评定意见</td></tr>
<tr><td rowspan="3">签字栏</td><td rowspan="2">监理（建设）单位</td><td colspan="5">施 工 单 位</td></tr>
<tr><td colspan="2">专业技术负责人</td><td>质检员</td><td colspan="2">试验员</td></tr>
<tr><td></td><td colspan="2"></td><td></td><td colspan="2"></td></tr>
</table>

2. 实施要点

烘炉检查记录是建筑锅炉安装工程完成后且水压试验合格后，必须进行的测试项目。

（1）烘炉前应具备下列条件：

1）锅炉及附属装置全部组装完毕且水压试验合格。

2）烘炉所需辅助设备试运转合格，热工仪表校验合格。

3）保温及准备工作结束。

（2）锅炉火焰烘炉应符合下列规定：

1）火焰应在炉膛中央燃烧，不应直接烧烤炉墙及炉拱。

2）烘炉时间一般不少于 4d，升温应缓慢，后期烟温不应高于 160℃，且持续时间不应少于 24h。

3）链条炉排在烘炉过程中应定期转动。

4）烘炉的中、后期应根据锅炉水水质情况排污。

（3）烘炉结束后应符合下列规定：

1）炉墙经烘烤后没有变形、裂纹及塌落现象。

2）炉墙砌筑砂浆含水率达到 7%以下。

（4）锅炉在烘炉、煮炉合格后，应进行 48h 的带负荷连续试运行，同时应进行安全阀的热状态定压检验和调整。

（5）锅炉的烘炉

1）工作条件

① 锅炉本体及其附属设备、工艺管道全部安装完毕，附属设备、软化设备、化验设备、水泵等已达到使用条件，经过水压试验并试运转合格。

② 炉墙砌完后应打开各处门、孔，让其干燥一段时间且已经完毕。

③ 备好燃料。

2）烘炉前的准备工作

① 清理炉膛及烟风道内留下的砖头、木块、铁线等杂物。

② 拆掉所有的临时支撑设施。

③ 检查给水系统及水处理系统的工作情况，要求给水系统（包括水处理）8h 连续试运行，均能正常工作。

④ 关闭省煤器主烟道进口挡板，使用旁烟道。无旁通烟道时，打开省煤器出口。保证省煤器内有循环水冷却。

3）烘炉

① 木柴烘炉阶段：

a. 关闭所有阀门，打开锅筒排气阀，并向锅炉内注入合格的软化清水，使其达到锅炉运行的最低水位。

b. 加进木柴，将木柴集中在炉排中间，约占炉排 1/2 时点火。小火烘烤，开始可单靠自然通风，按温升情况控制火焰的大小。起始的 2～3h 内，烟道挡板开启约为烟道剖面 1/3，待温升后加大引力时，把烟道挡板关至仅留 1/6 为止。护膛保持负压。

c. 最初两天，木柴燃烧须稳定均匀，不得在木柴已经熄火时再急增火力，直至第三昼夜，略添少量煤，开始向下个阶段过渡。

d. 木柴烘炉阶段第一天不得超过 80℃，后期不超过 150℃，烘烤约 2～3d。

② 煤炭烘炉阶段：

a. 首先缓缓开动炉排及鼓、引风机，烟道挡板开到烟道面积 1/3～1/6 的位置上。不得让烟从人孔、手孔或其他地方冒出。注意打开上部检查门排除炉墙气体。

b. 一般情况下烘炉不少于 4d，冬季烘炉要酌情将木柴烘炉时间延迟若干天。烟道局部后期烟温不高于 150℃。砌筑砂浆的含水率降到 10%以下为好。

c. 烘炉中水位下降时及时补充清水，保持正常水位。烘炉初期开启连续排污，到中期每隔一定时间进行一次定期排污（一般为 6～8h 排污一次）。烘炉期少开检查门、看火门、人孔等，防止冷空气进入炉膛，使炉膛产生裂损，严禁冷水洒在炉墙上。

d. 烘炉时锅炉不升压。

注：烘煮炉：

(1) 烘煮炉应按当地劳动局的管理部门对锅炉烘煮炉的有关要求进行操作，劳动局验收合格后可从劳动局验收合格资料中摘出烘煮炉记录。

(2) 烘炉情况记录栏内应记录：设备/管道封闭前的内部观察情况、锅炉烘炉的封闭方法、烘干方法、烘炉的温度区间（℃）、升降温速度（℃/h）、所用时间（h）。当需要对烘炉（烘干）进行曲线图示时应附图。

4）表列子项

① 工作压力：指锅炉的额定工作压力。

② 烘炉方法：应参考《锅炉安装工程施工及验收规范》GB 50273—2009 相关规定执行，照实际填写。

③ 烘炉情况记录：照实际烘炉过程的情况记录，分别按不同时间的火焰实测温度记录。

4.2.16.6 煮炉检查记录（C2-16-6）

1. 资料表式

煮炉检查记录 **表 C2-16-6**

<table>
<tr><td colspan="2">工程名称</td><td colspan="4"></td><td>施工单位</td><td colspan="3"></td></tr>
<tr><td colspan="2">锅炉名称</td><td colspan="3"></td><td>炉水容量</td><td></td><td>工作压力</td><td colspan="2"></td></tr>
<tr><td colspan="2">型号规格</td><td colspan="3"></td><td>炉水碱度</td><td></td><td>介质温度</td><td colspan="2"></td></tr>
<tr><td rowspan="9">煮
炉</td><td colspan="4">时间</td><td colspan="5">年 月 日 时至 年 月 日 时</td></tr>
<tr><td colspan="4">压力</td><td colspan="5">MPa 至 MPa</td></tr>
<tr><td>年</td><td>月</td><td>日</td><td>时</td><td colspan="5"></td></tr>
<tr><td></td><td></td><td></td><td></td><td colspan="5"></td></tr>
<tr><td></td><td></td><td></td><td></td><td colspan="5"></td></tr>
<tr><td></td><td></td><td></td><td></td><td colspan="5"></td></tr>
<tr><td></td><td></td><td></td><td></td><td colspan="5"></td></tr>
<tr><td></td><td></td><td></td><td></td><td colspan="5"></td></tr>
<tr><td></td><td></td><td></td><td></td><td colspan="5"></td></tr>
<tr><td colspan="10">煮炉效果情况记录</td></tr>
<tr><td colspan="10">评定意见

年 月 日</td></tr>
<tr><td rowspan="3">签字栏</td><td colspan="3" rowspan="2">监理（建设）单位</td><td colspan="6">施 工 单 位</td></tr>
<tr><td colspan="2">专业技术负责人</td><td colspan="2">质检员</td><td colspan="2">工长</td></tr>
<tr><td colspan="3"></td><td colspan="2"></td><td colspan="2"></td><td colspan="2"></td></tr>
</table>

2. 实施要点

煮炉检查记录是建筑锅炉安装工程完成且水压试验合格，烘炉试验完成后必须进行的测试项目。

（1）烘炉试验完成后即可进行煮炉

（2）煮炉检查包括煮炉的药品成分和用量、加药程序、蒸煮压力、温度升降控制。需要写明煮炉时间、效果和情况、清洗除垢的情况。

（3）煮炉时间一般应为 2～3d；如蒸汽压力较低，可适当延长煮炉时间。非砌筑或浇注保温材料保温的锅炉，安装后可直接进行煮炉。煮炉结束后，锅筒和集箱内壁应无油垢，擦去附着物后金属表面应无锈斑。

（4）锅炉在烘炉、煮炉合格后，应进行 48h 的带负荷连续试运行，同时应进行安全阀的热状态定压检验和调整。应检查烘炉、煮炉及试运行全过程。后期应使蒸汽压力保持工作压力的 75%左右。

（5）锅炉的煮炉

为清除在制造、安装中带入锅炉内的铁锈、油脂和污垢，以免恶化蒸汽品质或使受热面过热烧坏。将碱性溶液加入锅炉内．使锅炉内的油脂与碱起皂化作用而沉淀，通过排污排除杂质。

1）加药

① 若设计无规定，按表 C2-16-6-1 用量向锅炉内加药。

锅炉煮炉加药量　　**表 C2-16-6-1**

药品名称	加药量 kg/m³（水）		药品名称	加药量 kg/m³（水）	
	铁锈较薄	铁锈较厚		铁锈较薄	铁锈较厚
氢氧化钠 NaOH	2～3	2～4	磷酸三钠（$Na_3PO_4 \cdot 12H_2O$）	2～3	2～4

② 有加药器的锅炉，在最低水位加入药量，否则可以上锅筒一次加入；

③ 当碱度低于 45mg 当量/L，应补充加药量；

④ 药量可按 10%纯度计算，无磷酸三钠时可用碳酸钠（Na_2CO_3）代替，用量为磷酸三钠的 1.5 倍；若单独用碳酸钠煮炉，其数量为每立方米水加 6kg。

2）煮炉的方法：

① 煮炉开始在炉内升起微火。使炉水缓慢沸腾待产生蒸汽后由空气阀或安全阀排出，使锅炉不受压，维持 10～12h；

② 减弱燃烧，将压力降到 0.1MPa，打开定期排污阀逐个排污一次，并补充给水或加入未加完的药溶液，维持水位；

③ 再加强燃烧，把压力升到工作压力 75%～100%范围时，运行 12～24h；

④ 停炉冷却后排出炉水（蒸汽压力降为零，水温低于 70℃），并及时用清水（温水）将锅炉内部冲洗干净。检查锅炉和集箱内壁，无油垢、无锈斑为煮炉合格。

3）煮炉操作中应注意的几点：

① 煮炉时间，炉水水位控制在最高水位，水位降低时，及时补充给水；

② 每隔 3～4h 由上、下锅筒（锅壳）及各集箱排污处进行炉水取样，若炉水碱度低于 50mg 当量/L，应向炉内补充加药；

③ 需要排污时，应将压力降低后，注意要前后、左右对称排污；

④ 对所有接触煮炉用水的管道、阀门进行清洗，清洗干净后，打开人孔，进行检查，清除沉积物；

⑤ 经甲、乙、监理三方共同检验，确认合格，并在验收记录上签章后，方可封闭人孔和手孔。

（6）煮炉情况应记录

1）试验要求：检查煮炉前的污垢厚度，确定锅炉加药配方；煮炉后检查受热面内部清洁程度，记录煮炉时间、压力。

2）按试验结果填写试验结论。

（7）表列子项

1）工作压力：指锅炉的额定工作压力。

2）煮炉方法：应参考《锅炉安装工程施工及验收规范》GB 50273—2009 相关规定执行。照实际填写。

3）煮炉情况记录：照实际煮炉过程的情况记录。分别按不同时间、压力填写记录。

4.2.16.7　锅炉试运行记录（C2-16-7）

1. 资料表式

锅炉试运行记录 **表 C2-16-7**

编号：

<table>
<tr><td colspan="2">工程名称</td><td colspan="5"></td></tr>
<tr><td colspan="2">施工单位</td><td colspan="5"></td></tr>
<tr><td colspan="7">本锅炉的安全附件校验合格后，由______________统一组织，经______________共同验收，自____年___月___日___时至____年___月___日___时试运行，运行正常，符合规程及设计文件要求，试运行合格。</td></tr>
<tr><td colspan="7">试运行情况记录：

记录人：</td></tr>
<tr><td colspan="7">运行结果说明：</td></tr>
<tr><td rowspan="3">签字栏</td><td rowspan="2">建设单位（签章）</td><td rowspan="2">监理单位（签章）</td><td rowspan="2">管理单位（签章）</td><td colspan="3">施工单位</td></tr>
<tr><td>专业技术负责人</td><td>质检员</td><td>工长</td></tr>
<tr><td></td><td></td><td></td><td></td><td></td><td></td></tr>
</table>

注：签章系指单位加盖公章参加人员本人签字。

2. 实施要点

（1）锅炉试运行

锅炉在烘炉、煮炉合格后，正式运行之前应进行48h的带负荷连续运行，同时应进行安全阀的热状态定压检验和调整。

1）锅炉试运行准备：

① 对于单机试车、烘炉煮炉中发现的问题或故障，应全部进行排除、修复或更换。

② 锅炉开火前的内部检查：如汽水分离器、连续排污和定期排污装置、进水管及隔板等应齐全完好；锅筒、集箱及受热面管道内污垢清除干净，无缺陷和损坏、无杂物或工具留在里面；可用通球试验的方法检查炉管或省煤器弯管是否通畅，通球直径按表C2-16-7-1选用。内部检查合格后，装好人孔和手孔盖。

通球直径选用表 **表 C2-16-7-1**

管道弯曲半径	$R \leqslant 3.5D_{外}$	$3.5D_{外} > R \geqslant 1.8D_{外}$	$R < 1.8D_{外}$
通球直径	$0.75D_{内}$	$0.7D_{内}$	$0.65D_{内}$

③ 锅炉开火前应进行的外部检查：炉膛中无积灰、杂物，炉墙、炉拱、隔火墙应完整严密；水冷壁管、排管外表面无缺陷；风道及烟道内应干净，且没有其他杂物留下，风、烟道调节阀应完整严密，启动灵活、准确；锅炉炉墙应完好严密，炉门、灰门、看火门和人孔等装置完整齐全，灵活、严密。

检查完毕，有省煤器的锅炉应把省煤器烟道板关闭，开启旁通烟道挡板；无旁通烟道的，应开启省煤器再循环管阀门。

④ 与锅炉房外供热管道隔断。

⑤ 关闭排污阀，打开排气阀，热水锅炉注满软化水；蒸汽锅炉达到规定的低水位；水质符合要求。

⑥ 准备充足的燃煤，供水、供电、运煤、除渣系统均能满足锅炉满负荷连续试运行的需要。

⑦ 由具有合格证的司炉工、化验员负责操作，并在运行前熟悉各系统流程，操作中严格执行操作规程。

⑧ 试运行工作应由建设单位、施工单位、监理单位、锅炉管理单位等单位配合进行。

2）点火运行及注意事项

① 点火运行：打开炉膛门、烟道门自然通风10～15min。添加燃料及引火木柴，然后点火，开大引风机调节阀，使木柴引燃后关小引风机的调节阀，间断开启引风机，使火燃烧旺盛，然后手工加煤并开启送风机。当燃煤燃烧旺盛时，可关闭点火门向煤斗加煤，间断开动炉排。此时应观察燃烧情况进行适当拨火，使煤能连续燃烧。同时调整鼓风量和引风量，使炉膛内维持2～3mm水柱的负压，使煤逐步正常燃烧。

② 升火时炉膛温升不宜太快，避免锅炉受热不均，产生较大的热应力，影响锅炉寿命。一般情况从点火到燃烧正常，时间不得小于3～4h。

③ 升火后应注意水位变化，炉水受热后水位会上升，超过最高水位时，通过排污保持水位正常。

④ 当锅炉压力升至0.05～0.1MPa时，应进行压力表弯管和水位表的冲洗工作，以后每班冲洗一次。

⑤ 当锅炉压力升至0.3～0.4MPa时，对锅炉范围内的法兰、人孔、手孔和其他连接螺栓进行一次热状态下的紧固。随着压力升高，注意观察锅筒、联箱、管道及支架的热膨胀是否正常。

（2）安全阀定压

1）试运行正常后，可进行安全阀的调整定压工作，安全阀开启压力执行表C2-13-21-1的规定。安全阀的定压必须在锅监所有关人员的监督下由有资质的检测单位进行，并出具检测报告。

2）锅炉装有两个安全阀的，一个按表中较高值调整，另一个按较低值调整。先调整锅筒上开启压力较高的安全阀，然后再调整开启压力较低的安全阀。

3）对弹簧式安全阀，先拆下安全阀阀帽的开口销，取下安全阀提升手柄和安全阀的阀帽，用扳手松开紧固螺母，调松调整螺杆，放松弹簧，降低安全阀的排汽压力，然后逐渐由较低压力调整到规定压力。当听到安全阀有排气声而不足规定开启压力值时，应将调整杆顺时针转动压紧弹簧，这样反复几次，逐步将安全阀调整到规定的开启压力。在调整时，观察压力表的人与调整安全阀的人要配合好。当弹簧调整到安全阀能在规定的开启压力下自动排汽时，就可以拧紧紧固螺母。

4）对杠杆式安全阀，要先松动重锤的固定螺栓，再慢慢移动重锤。移远为加压，移近为降压。当重锤移到安全阀能在规定动作的开启压力下自动排汽时，就可以拧紧重锤的固定螺栓。

5）省煤器安全阀的调整定压：将锅炉给水阀临时关闭，靠给水泵升压，通过调节省煤器循环管阀门来控制安全阀开启压力。当锅炉需上水时，应在锅炉上水后再进行调整。安全阀调整完毕，应及时把锅炉给水阀门打开。

6）定压工作完成后，应做一次安全阀自动排汽试验，启动合格后应铅封。同时，将始启压力、起座压力、回座压力记入“锅炉安装质量证明书”中。

7）安全阀定压调试应有两人配合操作，严防蒸汽冲出伤人及高空坠落事故的发生。

8）安全阀定压调试记录应由甲乙双方、监理及锅检部门共同签字确认。

注：1. 试运中要保持正常水位，防止缺水和满水事故。

2. 安全阀调整完毕后，锅炉应带负荷连续试运行48h，以锅炉及全部辅助设备运行正常为合格。

（3）对锅炉试运行后的总体验收

在锅炉试运行末期，建设单位、安装单位、监理单位和当地技术监督部门、环保部门共同对锅炉及辅助设备进行总体验收。总体验收时应进行下列几个方面的检查：

1）检查锅炉、锅炉房设备及管道的安装记录、质量检验记录。

2）检查锅炉、辅助设备及管道安装是否符合设计要求，热力设备和管道的保温、刷油是否合格。

3）检查各安全附件安装是否合理正确、安全可靠，压力容器有无合格证明。

4）锅炉房电气设备安装是否合理正确，安全可靠；自动控制、信号系统及仪表是否调试合格，灵敏可靠。

5）检查上煤、燃烧、除渣系统的运行情况，检查除尘设备的效果和锅炉辅助设备噪声是否达到规定要求。

6）检查水处理设备及给水设备的安装质量，查看水质是否符合低压锅炉水质标准。

7）检查烘炉、煮炉、安全阀调试记录，了解试运行时各项参数能否达到设计要求。

8）总体验收合格后，由安装单位按照有关要求整理竣工技术文件，并向建设单位移交。

4.2.16.8 锅炉报警及联动保护装置试验记录（C2-16-8）

1. 资料表式

锅炉报警及联动保护装置试验记录 表C2-16-8

施工单位		分部工程名称	
监理单位		项 目 经 理	
施工执行标准名称及编号		试 验 日 期	
锅炉型号		生产厂家	
试验内容		试验结果	
水位过低报警			
水位过高报警			
极限过低水位保护			
蒸汽超压指示报警和保护			
蒸汽温度过高指示报警			
蒸汽温度过低指示报警			
炉排事故停转报警			
试验结果			
监理（建设）单位： 专业监理工程师： 建设单位（项目）负责人： 年 月 日		施工单位： 安装项目技术负责人： 施工员： 专职质检员： 年 月 日	

注：由安装单位进行，监理单位参加。

2. 实施要点

(1)《建筑给水排水及采暖工程施工质量验收规范》(GB 50242—2002)第13章第13.4.1条规定：**锅炉和省煤器安全阀的定压和调整应符合表C2-16-8-1的规定。锅炉上装有两个安全阀时，其中的一个按表中较高值定压，另一个按较低值定压。装有一个安全阀时，应按较低值定压。**

安全阀定压规定　　**表C2-16-8-1**

项次	工作设备	安全阀开启压力(MPa)
1	蒸汽锅炉	工作压力＋0.02MPa
		工作压力＋0.04MPa
2	热水锅炉	1.12倍工作压力，但不少于工作压力＋0.07MPa
		1.14倍工作压力，但不少于工作压力＋0.10MPa
3	省煤器	1.1倍工作压力

(2) 压力表的刻度极限值，应大于或等于工作压力的1.5倍，表盘直径不得小于100mm。

(3) 锅炉的高、低水位报警器或超温、超压报警器及联锁保护装置，必须按设计要求安装齐全和有效。

(4) 经过定压、调整达到设计要求的压力、水位、温度的控制范围，超过控制范围则自动报警为合格。

4.2.16.9 管道焊接检查记录(C2-16-9)

1. 资料表式

管道焊接检查记录　　**表C2-16-9**

施工单位：　　编号：

<table>
<tr><td>工程名称</td><td colspan="2"></td><td>检查日期</td><td colspan="2"></td></tr>
<tr><td>被检位置与区段</td><td colspan="2"></td><td>外观质量</td><td colspan="2"></td></tr>
<tr><td>焊工证书号</td><td colspan="2"></td><td>施焊范围</td><td colspan="2"></td></tr>
<tr><td>检查内容</td><td colspan="5"></td></tr>
<tr><td>强制性条文执行</td><td colspan="5"></td></tr>
<tr><td>检查结果</td><td colspan="5"></td></tr>
<tr><td>检查结论</td><td colspan="5"></td></tr>
<tr><td>备　注</td><td colspan="5"></td></tr>
<tr><td rowspan="3">签字栏</td><td rowspan="2">监理(建设)单位</td><td colspan="4">施　工　单　位</td></tr>
<tr><td colspan="2">项目技术负责人</td><td>专职质检员</td><td>工　长</td></tr>
<tr><td></td><td colspan="2"></td><td></td><td></td></tr>
</table>

2. 实施要点

管道焊接检查记录是建筑给水排水、采暖管道工程实施完成后必须进行的测试项目。

(1) 一般规定

1) 管道焊接检查记录是对各种给水系统、供热系统、空调水系统、制冷剂系统和燃油系统管道焊接的焊缝外观质量检查。应包括：对各种管道组成件、管道支承件的检验以及管道施工过程中的检验。

2）建筑给水排水及采暖工程的管道及管件焊接方法（工艺）和焊缝形式、几何尺寸应符合设计图纸和工艺文件的规定。焊缝高度不得低于母材表面，焊缝与母材应圆滑过渡；焊缝及热影响区表面应无裂纹、未熔合、未焊透、夹渣、弧坑和气孔等缺陷。

3）空调水系统金属管道焊接的焊缝外观质量应不低于GB 50236中的Ⅳ级规定。

4）焊缝外观检查数量按焊缝总数抽查20%，且不少于1处。

5）其他系统管道焊缝外观质量要求，按相关标准执行。

（2）外观检验

1）外观检验应包括对各种管道组成件、管道支承件的检验以及在管道施工过程中的检验。

2）管道组成件及管道支承件、管道加工件、坡口加工及组对、管道安装的检验数量和标准，应符合《建筑给水排水及采暖工程施工质量验收规范》（GB 50242—2002）第3～6章的有关规定。

3）除焊接作业指导书有特殊要求的焊缝外，应在焊完后立即除去渣皮、飞溅，并应将焊缝表面清理干净，进行外观检验。

4）管道焊缝的外观检验质量应符合现行国家标准《现场设备、工业管道焊接工程施工及验收规范》GB 50236的有关规定。

（3）焊缝表面无损检验

1）焊缝表面应按设计文件的规定进行有关无损检验。

2）有热裂纹倾向的焊缝应在热处理后进行检验。

3）当发现焊缝表面有缺陷时应及时消除，消除后应重新进行检验，直至合格。

4.2.16.10 生活给水消毒记录（C2-16-10）

1. 资料表式

生活给水消毒记录表 **表 C2-16-10**

<table>
<tr><td colspan="2">工程名称</td><td colspan="2"></td><td>检查日期</td><td colspan="2"></td></tr>
<tr><td colspan="2">消毒剂名称</td><td colspan="2"></td><td>消毒起止日期</td><td colspan="2"></td></tr>
<tr><td colspan="7">检查内容</td></tr>
<tr><td colspan="7">依据标准</td></tr>
<tr><td colspan="7">问题与处理意见</td></tr>
<tr><td colspan="7">检查结果与建议</td></tr>
<tr><td rowspan="3">签字栏</td><td rowspan="2">监理(建设)单位</td><td colspan="5">施　工　单　位</td></tr>
<tr><td colspan="2">项目技术负责人</td><td>专职质检员</td><td colspan="2">工　长</td></tr>
<tr><td></td><td colspan="2"></td><td></td><td colspan="2"></td></tr>
</table>

2. 实施要点

生活给水消毒记录是建筑给水工程实施完成后必须进行的测试项目。

(1) 生活给水系统管道在交付使用前必须冲洗和消毒。消毒工作应在管道试压冲洗合格后进行。凡未进行生活给水消毒测试的，项目监理机构应负责督促施工单位进行补充试验。

(2) 生活给水消毒记录内容：

1) 消毒剂名称。

2) 标准要求及消毒时实际每升水中消毒剂的含量。

3) 消毒的起止时间。

4) 消毒的方法。

5) 消毒后水质观感评价。

(3) 消毒结束后，放空管道内的消毒液，再用生活饮用水冲洗管道，并取样送有关检验部门检验，检验结果必须符合国家《生活饮用水卫生标准》方可使用（水质检验报告应作为附件资料附后）。

建筑电气

4.2.17　图纸会审、设计变更、洽商记录（C2-17）

按建筑与结构图纸会审、设计变更、洽商记录实施要求执行。

4.2.17.1　图纸会审（C2-17-1）

1. 资料表式、实施要点按 C2-1-1 表式执行。

2. 图纸会审记录是对已正式签署的设计文件进行交底、审查和会审对提出的问题予以记录的技术文件。

4.2.17.2　设计变更（C2-17-2）

1. 资料表式、实施要点按 C2-1-2 执行。

2. 设计变更的表式以设计单位签发的设计变更文件为准。

3. 设计变更是设施过程中，由于设计图纸本身差错，设计图纸与实际情况不符，施工条件变化，原材料的规格、品种、质量不符合设计要求，及职工提出合理化建议等原因，需要对设计，图纸部分内容进行修改而办理的变更设计文件。

4.2.17.3　洽商记录（C2-17-3）

1. 洽商记录的资料表式、实施要点按 C2-1-3 表式执行。

2. 洽商记录是工程实施过程中，由于设计图纸本身差错，设计图纸与实际情况不符，建设单位根据需要提出的设计修改，施工条件变化，原材料的规格、品种不符合设计要求及职工提出合理化建议等原因，需要对设计图纸部分内容进行修改而需要由建设单位或施工单位提出的变更设计的洽商记录文件。

4.2.18 材料、设备出厂合格证及进场检（试）验报告（C2-18）

4.2.18.1 材料、设备出厂合格证、检（试）验报告汇总表（C2-18-1）

材料、设备出厂合格证、检（试）验报告汇总表表式及有关说明按 C2-3-1 表式执行。

4.2.18.2 材料、设备出厂合格证粘贴表（C2-18-2）

实施要点

（1）材料、设备出厂合格证粘贴表按 C2-3-2 表式执行。

（2）合格证试验报告是指各种原材料、成品、半成品、器具、设备等合格证，均分类按序贴于合格证粘贴表上。

（3）合格证的收集范围

1）原则上在工程中使用的所有电气设备和材料均应具有合格证。其主要材料包括硬母线、铝合金管形母线、封闭母线、软母线、电线、电缆及大型灯具、开关、插座、各种钢材和阻燃型 PVC 塑料管、金属线槽、阻燃型 PVC 塑料线槽、水泥电杆、变压器油、蓄电池用硫酸、低压设备及附件等。

2）主要设备高低压开关柜、电力变压器、照明及动力配电箱（盘、板、柜、屏）、高压开关、低压大型开关、插接母线、电机、蓄电池应急电源、继电器、接触器、漏电保安器、电表、配电箱等。

（4）材料设备进现场后（或使用前）的验收

1）主要设备、材料、成品和半成品进场检验结论应有记录，确认符合《建筑电气工程施工质量验收规范》（GB 50303—2002）的规定，才能在施工中应用。

2）因有异议送有资质试验室进行抽样检测，试验室内出具检测报告，确认符合《建筑电气工程施工质量验收规范》（GB 50303—2002）规范和相关技术标准规定，才能在施工中应用。

3）依法定程序批准进入市场的新电气设备、器具和材料进场验收，除符合《建筑电气工程施工质量验收规范》（GB 50303—2002）的规定外，尚应提供安装、使用、维修和试验要求等技术文件。

4）进口电气设备、器具和材料进场验收，除符合《建筑电气工程施工质量验收规范》（GB 50303—2002）的规定外，尚应提供商检证明和中文的质量合格证明文件、规格、型号、性能检测报告及中文的安装、使用、维修和试验要求等技术文件。

5）经批准的免检产品或认定的名牌产品，当进场验收时不宜做抽样检测。

6）核查步骤

① 电气材料与产品检验：电气材料与产品不论有无出厂合格证明，使用前均应做必要的试验和检验，注明日期，由检查人签证。

② 对原材料、半成品、产品的检验：检查原材料、半成品、产品出厂质量证明和质量试（检）验报告。原材料、半成品、产品的质量必须合格，并应有出厂质量合格证明或

试验单。需采取的技术处理措施应满足技术要求，并应经有关技术负责人批准后方可使用。

③ 合格证、试（检）验单或记录的抄件（复印件）应注明原件存放单位，并有抄件人、抄件（复印）单位的签字和盖章。

④ 凡使用新材料、新产品、新工艺、新技术的，应附有有关证明，要有产品质量标准，使用说明和工艺要求。使用前，应按其质量标准进行检验。

⑤ 对设备检验的要求：设备在安装前必须开箱检验及试验。如各种仪表的检验，各种断路器的外观检验，调整及操作试验，各种避雷器、电容器、变压器及附件、互感器、各种电机、盘柜、高低压电器型号、规格外观检验，并做好记录。

⑥ 主要检查项目：规格、型号、质量是否符合国家规范和设计要求。

A. 外包装检查：检查标记，箱体外包装是否牢固，起吊位置、表面保护层等外观有无损伤；

B. 内包装和外观检查：检查购货卡的情况，防雨防潮措施，防振措施，层间的隔离情况，主要部件、设备主体及材料的外观情况，密封有无损坏现象；

C. 数量检查：主要清点设备、附机附件、备品备件、随机工具、图纸及有关技术资料；材料设备进场后，应对产品的规格、型号、外观及产品性能进行抽检、检查一般为各品种的10%，重要设备、材料应全数检查；

D. 品质检查：电气设备的品质检查应根据出厂品质试验标准，并参考国家标准《电气装置安装工程电气设备交接试验标准》进行绝缘试验、耐压试验、理化试验、直流电阻测定、型式尺寸测定、机械转动试验、特性测试及程序模拟试验等；

E. 对于所用钢管、扁钢、铜、铝母线等，均需检查其品质证明；

F. 对于各类电气材料、元件均应检查其产品合格证，并检验材料与合格证是否一致，元器件应做相应的电气测试检验。对设计规范有规定或材质有怀疑的材料和设备，必须按规定进行试验；

G. 检验人员要做好检验记录签证及检验报告，对不合格产品绝对不得安装使用。

（5）主要材料、设备进场的检验要求

1）变压器、箱式变电所、高压电器及电瓷制品应符合下列规定：

① 查验合格证和随带技术文件，变压器有出厂试验记录；

② 外观检查：有铭牌，附件齐全、绝缘件无缺损、裂纹，充油部分不渗漏，充气高压设备气压指示正常，涂层完整。

2）高、低压成套配电柜、蓄电池柜、不间断电源柜、控制柜（屏、台）反动力、照明配电箱（盘）应符合下列规定：

① 查验合格证和随带技术文件，实行生产许可证和安全认证制度的产品，有许可证编号和安全认证标志。不间断电源柜有出厂试验记录；

② 外观检查：有铭牌，柜内元器件无损坏丢失、接线无脱落脱焊，蓄电池柜内电池壳体无碎裂、漏液，充油、充气设备无泄漏，涂层完整，无明显碰撞凹陷。

3）柴油发电机组应符合下列规定：

① 依据装箱单，核对主机、附件、专用工具、备品备件和随带技术文件，查验合格

证和出厂运行记录，发电机及其控制柜有出厂试验记录；

② 外观检查：有铭牌，机身无缺件，涂层完整。

4）电动机、电加热器、电动执行机构和低压开关设备等应符合下列规定：

① 查验合格证和随带技术文件，实行生产许可证和安全认证制度的产品，有许可证编号和安全认证标志；

② 外观检查：有铭牌、附件齐全、电气接线端子完好，设备器件无缺损，涂层完整。

5）照明灯具及附件应符合下列规定：

① 查验合格证，新型气体放电灯具有随带技术文件。

② 外观检查：灯具涂层完整，无损伤，附件齐全。防爆灯具铭牌上有防爆标志和防爆合格证号，普通灯具有安全认证标志。

③ 对成套灯具的绝缘电阻、内部接线等性能进行现场抽样检测。灯具的绝缘电阻值不小于 2MΩ，内部接线为铜芯绝缘导线，芯线截面积不小于 0.5mm²，橡胶或聚氯乙烯（PVC）绝缘电线的绝缘层厚度不小于 0.6mm。对游泳池和类似场所灯具（水下灯及防水灯具）的密闭和绝缘性能有异议时，按批抽样送有资质的试验室检测。

④ 对建筑物景观照明灯、航空障碍标志灯和庭院灯具及附件进场验收应查验合格证；气体放电灯具厂家应提供和检查随带技术文件。

6）开关、插座、接线盒和风扇及其附件应符合下列规定：

① 查验合格证，防爆产品有防爆标志和防爆合格证号，实行安全认证制度的产品有安全认证标志；

② 外观检查：开关、插座的面板及接线盒盒体完整、无碎裂、零件齐全，风扇无损坏，涂层完整，调速器等附件适配；

③ 对开关、插座的电气和机械性能进行现场抽样检测。检测规定如下：

A. 不同极性带电部件间的电气间隙和爬电距离不小于 3mm；

B. 绝缘电阻值不小于 5MΩ；

C. 用自攻锁紧螺钉或自攻螺钉安装的，螺钉与软塑固定件旋合长度不小于 8mm，软塑固定件在经受 10 次拧紧退出试验后，无松动或掉渣；螺钉及螺纹无损坏现象；

D. 金属间相旋合的螺钉螺母，拧紧后完全退出，反复 5 次仍能正常使用。

④ 对开关、插座、接线盒及其面板等塑料绝缘材料阻燃性能有异议时，按批抽样送有资质的试验室检测。

7）电线、电缆应符合下列规定：

① 按批查验合格证，合格证有生产许可证编号，按《额定电压 450/750V 及以下聚氯乙烯绝缘电缆》GB 5023.1—5023.7 标准生产的有安全认证标志。

② 外观检查：包装完好，抽检的电线绝缘层完整无损，厚度均匀。电缆无压扁、扭曲，铠装不松卷。耐热、阻燃的电线、电缆外护层有明显标识和制造厂标。

③ 按制造标准，现场抽样检测绝缘层厚度和圆形线芯的直径；线芯直径误差不大于标称直径的 1%。常用的 BV 型绝缘电线的绝缘层厚度不小于表 C2-18-2 的规定。

④ 对电线、电缆绝缘性能、导电性能和阻燃性能有异议时，按批抽样送有资质的试验室检测。

表 C2-18-2

序　号	1	2	3	4	5	6	7	8	9	10	11	12	13	14	15	16	17
电线芯线标称截面积（mm^2）	1.5	2.5	4	6	10	16	25	35	50	70	95	120	150	185	240	300	400
绝缘层厚度规定值（mm）	0.7	0.8	0.8	0.8	1.0	1.0	1.2	1.2	1.4	1.4	1.6	1.6	1.8	2.0	2.2	2.4	2.6

8）导管应符合下列规定：

① 按批查验合格证。

② 外观检查：钢导管无压扁、内壁光滑。非镀锌钢导管无严重锈蚀，按制造标准油漆出厂的油漆完整；镀锌钢导管镀层覆盖完整、表面无锈斑；绝缘导管及配件不碎裂、表面有阻燃标记和制造厂标。

③ 按制造标准现场抽样检测导管的管径、壁厚及均匀度。对绝缘导管及配件的阻燃性能有异议时，按批抽样送有资质的试验室检测。

9）型钢和电焊条应符合下列规定：

① 按批查验合格证和材质证明书；有异议时，按批抽样送有资质的试验室检测；

② 外观检查：型钢表面无严重锈蚀，无过度扭曲、弯折变形；电焊条包装完整，拆包抽检，焊条尾部无锈斑。

10）镀锌制品（支架、横担、接地极、避雷用型钢等）和外线金属应符合下列规定：

① 按批查验合格证或镀锌厂出具的镀锌质量证明书；

② 外观检查：镀锌层覆盖完整、表面无锈斑，金具配件齐全，无砂眼；

③ 对镀锌质量有异议时，按批抽样送有资质的试验室检测。

11）电缆桥架、线槽应符合下列规定：

① 查验合格证；

② 外观检查：部件齐全，表面光滑、不变形；钢制桥架涂层完整，无锈蚀；玻璃钢制桥架色泽均匀，无破损碎裂；铝合金桥架涂层完整，无扭曲变形，不压扁，表面不划伤。

12）封闭母线、插接母线应符合下列规定：

① 查验合格证和随带安装技术文件；

② 外观检查：防潮密封良好，各段编号标志清晰，附件齐全，外壳不变形，母线螺栓搭接面平整，镀层覆盖完整，无起皮和麻面；插接母线上的静触头无缺损，表面光滑、镀层完整。

13）裸母线、裸导线应符合下列规定：

① 查验合格证；

② 外观检查：包装完好，裸母线平直，表面无明显划痕，测量厚度和宽度符合制造标准；裸导线表面无明显损伤，不松股、扭折和断股（线），测量线径符合制造标准。

14）电缆头部件及接线端子应符合下列规定：

① 查验合格证；

② 外观检查：部件齐全，表面无裂纹和气孔，随带的袋装涂料或填料不泄漏。

15）钢制灯柱应符合下列规定：

① 按批查验合格证；

② 外观检查：涂层完整、根部接线盒盖紧固件和内置熔断器、开关等器件齐全，盒盖密封垫片完整。钢柱内设有专用接地螺栓，地脚螺孔位置接提供的附图尺寸，允许偏差不大于±2mm。

16）钢筋混凝土电杆和其他混凝土制品应符合下列规定：

① 按批查验合格证；

② 外观检查：表面平整，无缺角露筋，每个制品表面有合格印记；钢筋混凝土电杆表面光滑，无纵向、横向裂纹，杆身平直，弯曲不大于杆长的 1/1000。

4.2.18.3 设备开箱检验记录（C2-18-3）

设备开箱检验记录按 C2-12-3 表式及相关原则要求执行。

4.2.19 设备调试记录（C2-19）

4.2.19.1 电气设备调试记录（C2-19-1）

1. 资料表式

电气设备调试记录 **表 C2-19-1**

<table>
<tr><td>工程名称</td><td colspan="4"></td><td colspan="2">记录日期</td><td></td></tr>
<tr><td>分项名称</td><td colspan="4"></td><td colspan="2">装设地点</td><td></td></tr>
<tr><td>型号及规格</td><td></td><td>容量</td><td></td><td>电压</td><td>V</td><td>电流</td><td>A</td></tr>
<tr><td>制造厂</td><td></td><td>出厂编号</td><td></td><td>出厂日期</td><td></td><td>室温</td><td>℃</td></tr>
<tr><td>外观检查</td><td colspan="7"></td></tr>
<tr><td>试验记录</td><td colspan="7"></td></tr>
<tr><td>调试评定</td><td colspan="7">年 月 日</td></tr>
</table>

<table>
<tr><td rowspan="3">签字栏</td><td rowspan="2">监理(建设)单位</td><td colspan="3">施 工 单 位</td></tr>
<tr><td>专业技术负责人</td><td>质检员</td><td>材料员</td></tr>
<tr><td></td><td></td><td></td><td></td></tr>
</table>

4.2.19.1a　电气设备空载试运行记录

电气设备空载试运行记录表　　　　**表 C2-19-1a**

工程名称					编号			
设备名称			设备型号		设计编号			
额定电流			额定电压		填写日期		年　月　日	
试运时间	由　日　时　分开始至　日　时　分结束							
运行负荷记录	运行时间	运行电压(V)			运行电流(A)			温度(℃)
		L_1-N (L_1-L_2)	L_2-N (L_2-L_3)	L_3-N (L_3-L_1)	L_1 相	L_2 相	L_3 相	
试运行情况记录								
签字栏	施工单位		专业技术负责人		专业质检员		专业工长	
	监理或建设单位				专业工程师			

注：施工单位填写的电气设备空载试运行记录应一试四份并应由建设单位、监理单位、施工单位、城建档案馆各保存一份。

2. 实施要点

电气设备调试记录、电气设备空载试运行记录是指建筑安装工程的电气设备安装完成后（或安装前），按规范要求必须进行的测试项目。可根据工程需要分别进行调试或试运行。

（1）一般规定：

1）电气设备的试验、调整一般执行（GB 50150）标准。

2）继电保护、自动、远动、通信、测量、整流装置以及电气设备的机械部分等的交接试验，应分别按有关标准或规范的规定进行。

3）电气设备应按照（GB 50150）标准进行耐压试验，但对 110kV 及以上的电气设备，当（GB 50150）标准条款没有规定时，可不进行交流耐压试验。

① 交流耐压试验时加至试验标准电压后的持续时间，无特殊说明时应为 1min。

② 耐压试验电压值以额定电压倍数计算时，发电机和电动机应按铭牌额定电压计算，电缆可按电缆额定电压计算。

③ 非标准电压等级的电气设备，其交流耐压试验电压值，当没有规定时，可根据（GB 50150）标准规定的相邻电压等级按比例采用插入法计算。

④ 进行绝缘试验时，除制造厂装配的成套设备外，宜将连接在一起的各种设备分离开来单独试验。同一试验标准的设备可以连在一起试验。为便于现场试验工作，已有出厂试验记录的同一电压等级不同试验标准的电气设备；在单独试验有困难时，也可以连在一起进行试验。试验标准应采用连接的各种设备中的最低标准。

⑤ 油浸式变压器、电抗器及消弧线圈的绝缘试验应在充满合格油静置一定时间，待气泡消除后方可进行。静置时间按产品要求；当制造厂无规定时，对电压等级为 500kV 的，须静置 72h 以上；220～330kV 的为 48h 以上；110kV 及以下的为 24h 以上。

4）进行电气绝缘的测量和试验时，当只有个别项目达不到（GB 50150）标准的规定时，则应根据全面的试验记录进行综合判断；经综合判断认为可以投入运行者，可以投入运行。

5）当电气设备的额定电压与实际使用的额定工作电压不同时，应按下列规定确定试验电压的标准：

① 采用额定电压较高的电气设备在于加强绝缘时，应按照设备的额定电压的试验标准进行；

② 采用较高电压等级的电气设备在于满足产品通用性及机械强度的要求时，可以按照设备实际使用的额定工作电压的试验标准进行；

③ 采用较高电压等级的电气设备在于满足高海拔地区要求时，应在安装地点按实际使用的额定工作电压的试验标准进行。

6）在进行与温度及湿度有关的各种试验时，应同时测量被试物温度和周围的温度及湿度。绝缘试验应在良好天气且被试物温度及仪器周围温度不宜低于 5℃，空气相对湿度不宜高于 80%的条件下进行。

试验时应注意环境温度的影响，对油浸式变压器、电抗器及消弧线圈，应以变压器、电抗器及消弧线圈的上层油温作为测试温度。

7）（GB 50150）标准中所列的绝缘电阻测量，应使用 60s 的绝缘电阻值；吸收比的测量应使用 60s 与 15s 绝缘电阻值的比值；极化指数应为 10min 与 1min 的绝缘电阻值的比值。

8）多绕组设备进行绝缘试验时，非被试绕组应予短路接地。

9）测量绝缘电阻时，采用兆欧表的电压等级，在（GB 50150）标准未作特殊规定时，应按下列规定执行：

① 100V 以下的电气设备或回路，采用 250V 兆欧表；

② 500V 以下至 100V 的电气设备或回路，采用 500V 兆欧表；

③ 3000V 以下至 500V 的电气设备或回路，采用 1000V 兆欧表；

④ 10000V 以下至 3000V 的电气设备或回路，采用 2500V 兆欧表；

⑤ 10000V 及以上的电气设备或回路，采用 2500V 或 5000V 兆欧表。

(2) 变压器送电试运行

1) 变压器送电前的检查：

① 变压器试运行前应做全面检查，确认符合试运行条件时方可投入运行；

② 变压器运行前，必须由质量监督部门检查合格；

③ 变压器试运行前的检查内容：

A. 各种交接试验单据齐全，数据符合要求；

B. 变压器应清理、擦拭干净，顶盖上无遗留杂物，本体及附件无缺损，且不渗油；

C. 变压器一、二次引线相位正确，绝缘良好；

D. 接地线良好；

E. 通风设施安装完毕，工作正常；事故排油设施完好；消防设施齐备；

F. 油浸变压器油系统油门应打开，油门指示正确，油位正常；

G. 油浸变压器的电压切换装置及干式变压器的分接头位置放置正常电压档位；

H. 保护装置整定值符合规定要求；操作及联动试验正常；

I. 干式变压器护栏安装完毕，各种标志牌挂好，门装锁。

2) 变压器送电试运行验收

① 送电试运行：

A. 变压器第一次投入时，可全压冲击合闸，冲击全闸时一般可由高压侧投入；

B. 变压器第一次受电后，持续时间不应少于 10min，无异常情况；

C. 变压器应进行 3～5 次全压冲击合闸，并无异常情况，励磁涌流不应引起保护装置误动作；

D. 油浸变压器带电后，检查油系统不应有渗油现象；

E. 变压器试运行要注意冲击电流、空载电流、一二次电压、温度，并做好详细记录；

F. 变压器并列运行前，应核对好相位；

G. 变压器空载运行 24min，无异常情况，方可投入负荷运行。

② 验收：

A. 变压器开始带电起，24h 后无异常情况，应办理验收手续；

B. 验收时，应移交下列资料和文件：变更设计证明；产品说明书、试验报告单、合格证及安装图纸等技术文件；安装检查及调整记录。

(3) 成套配电柜（盘）试验与验收

1) 柜（盘）试验调整：

① 高压试验应由当地供电部门许可的试验单位进行，试验标准符合国家规范、当地供电部门的规定及产品技术资料要求；

② 试验内容：高压柜框架、母线、避雷器、高压瓷瓶、电压互感器、电流互感器、高压开关等；

③ 调整内容：过流继电器调整，时间继电器、信号继电器调整以及机械联锁调整；

④ 二次控制小线调整及模拟试验：

A. 将所有的接线端子螺钉再紧一次；

B. 绝缘摇测：用 500V 摇表在端子板处测试每条回路的电阻，电阻必须大于 0.5MΩ；

C. 二次小线回路如有晶体管，集成电路、电子元件时，该部位的检查不准使用摇表和试铃测试，应使用万用表测试回路是否接通；

D. 接通临时的控制电源和操作电源；将柜（盘）内的控制、操作电源回路熔断器上端相线拆掉，接上临时电源；

E. 模拟试验：按图纸要求，分别模拟试验控制、联锁、操作、继电保护和信号动作，正确无误，灵敏可靠；

F. 拆除临时电源，将被拆除的电源线复位。

2）送电运行验收

① 送电前的准备工作：

A. 一般应由建设单位备齐试验合格的继电器、绝缘靴、绝缘手套、临时接地编织铜线、绝缘胶垫、粉末灭火器等；

B. 彻底清扫全部设备及变配电室、控制室的灰尘；用吸尘器清扫电器、仪表元件；另外，室内除送电需用的设备用具外，其他物品不得堆放；

C. 检查母线上、设备上有无遗留下的工具、金属材料等其他物件；

D. 试运行的组织工作、明确试运行指挥者，操作者和监护人；

E. 安装作业完毕，质量检查部门检查全部合格；

F. 试验项目全部合格，并有试验报告单；

G. 继电保护动作灵敏可靠，控制、联锁、信号等动作准确无误。

② 送电：

A. 经供电部门检查合格后，将电源送进室内，经过验电、校相无误。

B. 由安装单位合进线柜开关，检查 PT 柜上电压表三相是否电压正常。

C. 合变压器柜开关，检查变压器是否有电。

D. 合低压柜进线开关，查看电压表三相是否电压正常。

E. 按上述 2～4 项，送其他柜的电。

F. 在低压联络柜内，在开关的上下侧（开关未合状态）进行同相校核。用电压表或万用表电压档 500V，用表的两个测针，分别接触两路的同相，此时电压表无读数，表示两路电同一相。用同样方法，检查其他两相。

G. 验收。送电空载运行 24h，无异常现象办理验收手续，交建设单位使用。同时，提交变更洽商记录、产品合格证、说明书、试验报告单等技术资料。

(4) 电动机试运行与验收

1）试运行前的检查：

① 土建工程全部结束，现场清扫整理完毕；

② 电机本体安装检查结束；

③ 冷却、调速、润滑等附属系统安装完毕，验收合格，全部试运行情况良好；

④ 电机的保护、控制、测量、信号、励磁等回路调试完毕动作正常；

⑤ 电动机应做下列试验：

A. 测定绝缘电阻：1kV 以下电动机使用 1kV 摇表摇测，绝缘电阻值不低于 1MΩ；1kV 及以上电动机，使用 2.5kV 摇表摇测；绝缘电阻值在 75℃时，定子绕组不低于每千伏 1MΩ，转子绕组不低于每千伏 0.5MΩ，并做吸收比试验；

B. 1kV 及以上电动机应作交流耐压试验；

C. 500kW 及以上交流电动机的定子绕组应作直流耐压及泄漏试验。

⑥ 电刷与换向器或滑环的接触应良好；

⑦ 盘动电机转子应转动灵活，无碰卡现象；

⑧ 电机引出线应相位正确，固定牢固，连接紧密；

⑨ 电机外壳涂膜完整，保护接地良好。

⑩ 照明、通信、消防装置应齐全。

2）试运行及验收：

① 电动机试运行一般应在空载的情况下进行，空载运行时间为 2h，并做好电动机空载电流电压记录；

② 电机试运行接通电源后，如发现电动机不能启动和启动时转速很低或声音不正常等现象，应立即切断电源检查原因；

③ 启动多台电动机时，应按容量从大到小逐台启动，不能同时启动；

④ 电机试运行中应进行下列检查：

A. 电机的旋转方向符合要求，声音正常；

B. 换向器、滑环及电刷的工作情况正常；

C. 电动机的温度不应有过热现象；

D. 滑动轴承温升不应超过 75℃，滚动轴承温升不应超过 60℃；

E. 电动机的振动应符合规范要求。

⑤交流电动机带负荷启动次数应尽量减少；如产品无规定时，在冷态时可连续启动 2 次，在热态时可连续启动 1 次；

⑥电机验收时，应提交下列资料和文件：

A. 设计变更洽商；

B. 产品说明书、试验记录、合格证等技术文件；

C. 安装记录（包括电机抽芯检查记录、电机干燥记录等）；

D. 调整试验记录。

(5) 电力电容器送电运行及验收

用于 10kV 以下，并联补偿的电力电容器。

1）送电前的检查：

① 绝缘摇测：1kV 以下电容器应用 1kV 摇表摇测，1kV 以上的电容器应用 2.5kV 摇表摇测，并做好记录。摇测时应注意摇测方法，以防电容放电烧坏摇表，摇完后要进行放电。

② 耐压试验：电力电容器送电前应做交接试验。交流耐压试验标准参照表C2-19-1-1。

电力（移相）电容交流耐压试验标准 表 C2-19-1-1

额定电压(kV)	<1	1	3	6	10
出厂试验电压(kV)	2.5	5	18	25	35
交接试验电压(kV)	2.1	4.2	15	21	30

③ 电容器外观检查无坏损及漏油、渗油现象；

④ 联线正确可靠；

⑤ 各种保护装置正确可靠；

⑥ 放电系统完好无损；

⑦ 控制设备完好无损，动作正常，各种仪表校对合格；

⑧ 自动功率因数补偿装置调整好（用移相器事先调整好）。

2）送电运行验收：

① 冲击合闸试验：对电力电容器组进行三次冲击合闸试验，无异常情况，方可投入运行；

② 正常运行 24h 后应办理验收手续，移交甲方验收；

③ 验收时应移交以下技术资料：

A. 设计图纸及设备附带的技术资料；

B. 设计变更洽商记录；

C. 设备开箱检查记录；

D. 设备绝缘摇测及耐压试验记录；

E. 安装记录及调试记录。

（6）表列子项

1）记录日期：照实际试验时记录的日期填写。

2）装设地点：指高低压设备的装设地点。照实际填写。

3）型号及规格：指被试高低压齐关的型号与规格，测试结果应与出厂合格证对照，并应满足设计要求。

4）容量：指实测高低压设备的容量填写，应与出厂合格证对照，并应满足设计要求。

5）电压：按实测高低压设备的电压填写，应与出厂合格证对照，并应满足设计要求。

6）电流：按实测高低压设备电流填写，应与出厂合格证对照，并应满足设计要求。

7）制造厂：按生产该高低压设备的厂家名称填写。

8）出厂编号：按生产厂家出厂合格证或厂家出示证明的出厂编号填写。

9）出厂日期：按生产厂家出厂合格证或厂家出示证明的出厂日期填写。

10）室温：指高低压设备试调时室内的温度。

11）外观检查：填写外观检查结果，应外表完好，没有影响其性能的机构损伤等。

12）试验记录：指高低压设备试验过程的记录，主要是高低压设备的基本参数是否满足设计要求。

13）评定意见：应说明高低压设备试验结果是否满足设计和规范的有关要求，能否使用等。

注：额定电压 1kV 以下的称为低压；额定电压 1kV 以上称为高压。

4.2.19.2 设备调试的交接试验规定（C2-19-2）

4.2.19.2-1 同步发电机及调相机调试记录（C2-19-2-1）

实施要点

（1）容量 6000kW 及以上的同步发电机及调相机的试验项目，应包括下列内容：

1）测量定子绕组的绝缘电阻和吸收比或极化指数；

2）测量定子绕组的直流电阻；

3）定子绕组直流耐压试验和泄漏电流测量；

4）定子绕组交流耐压试验；

5）测量转子绕组的绝缘电阻；

6）测量转子绕组的直流电阻；

7）转子绕组交流耐压试验；

8）测量发电机或励磁机的励磁回路连同所连接设备的绝缘电阻，不包括发电机转子和励磁机电枢；

9）发电机或励磁机的励磁回路连同所连接设备的交流耐压试验，不包括发电机转子和励磁机电枢；

10）测量发电机、励磁机的绝缘轴承和转子进水支座的绝缘电阻；

11）埋入式测温计的检查；

12）测量灭磁电阻器、自同步电阻器的直流电阻；

13）测量转子绕组的交流阻抗和功率损耗（无刷励磁机组、无测量条件时，可以不测量）；

14）测录三相短路特性曲线；

15）测录空载特性曲线；

16）测量发电机定子开路时的灭磁时间常数和转子过电压倍数；

17）测量发电机自动灭磁装置分闸后的定子残压；

18）测量相序；

19）测量轴电压；

20）定子绕组端部固有振动频率测试及模态分析；

21）定子绕组端部现包绝缘施加直流电压测量。

注：1. 电压 1kV 及以下电压等级的同步发电机，不论其容量大小，均应按本条第 1、2、4、5、6、7、8、9、11、12、13、18、19 款进行试验；

2. 无启动电动机的同步调相机或调相机的启动电动机只允许短时运行者，可不进行本条第 14、15 款的试验。

（2）测量定子绕组的绝缘电阻和吸收比或极化指数，应符合下列规定：

1）各相绝缘电阻的不平衡系数不应大于 2；

2）吸收比：对沥青浸胶及烘卷云母绝缘，不应小于 1.3：对环氧粉云母绝缘，不应小于 1.6。对于容量 200MW 及以上机组应测量极化指数，极化指数不应小于 2.0。

注：1. 进行交流耐压试验前，电机绕组的绝缘应满足本条的要求；

2. 测量水内冷发电机定子绕组绝缘电阻，应在消除剩水影响的情况下进行；

3. 对于汇水管死接地的电机应在无水情况下进行；对汇水管非死接地的电机，应分别测量绕组及汇水管绝缘电阻，绕组绝缘电阻测量时应采用屏蔽法消除水的影响。测量结果应符合制造厂的规定；

4. 交流耐压试验合格的电机，当其绝缘电阻折算至运行温度后（环氧粉云母绝缘的电机在常温下）不低于其额定电压 1MΩ/kV 时，可不经干燥投入运行。但在投运前不应再拆开端盖进行内部作业。

（3）测量定子绕组的直流电阻，应符合下列规定：

1）直流电阻应在冷状态下测量，测量时绕组表面温度与周围空气温度之差应在±3℃的范围内；

2）各相或各分支绕组的直流电阻，在校正了由于引线长度不同而引起的误差后，相互间差别不应超过其最小值的2%；与产品出厂时测得的数值换算至同温度下的数值比较，其相对变化也不应大于2%。

（4）定子绕组直流耐压试验和泄漏电流测量，应符合下列规定：

1）试验电压为电机额定电压的3倍。

2）试验电压按每级0.5倍额定电压分阶段升高，每阶段停留1min，并记录泄漏电流；在规定的试验电压下，泄漏电流应符合下列规定：

① 各相泄漏电流的差别不应大于最小值的100%，当最大泄漏电流在20μA以下，根据绝缘电阻值和交流耐压试验结果综合判断为良好时，各相间差值可不考虑；

② 泄漏电流不应随时间延长而增大；

当不符合上述①、②规定之一时，应找出原因，并将其消除。

③ 泄漏电流随电压不成比例地显著增长时，应及时分析。

3）氢冷电机必须在充氢前或排氢后且含氢量在3%以下时进行试验，严禁在置换氢过程中进行试验。

4）水内冷电机试验时，宜采用低压屏蔽法；对于汇水管死接地的电机，现场可不进行该项试验。

（5）定子绕组交流耐压试验所采用的电压，应符合表C2-19-2-1A的规定。现场组装的水轮发电机定子绕组工艺过程中的绝缘交流耐压试验，应按现行国家标准《水轮发电机组安装技术规范》GB/T 8564的有关规定进行。水内冷电机在通水情况下进行试验，水质应合格；氢冷电机必须在充氢前或排氢后且含氢量在3%以下时进行试验，严禁在置换氢过程中进行。大容量发电机交流耐压试验，当工频交流耐压试验设备不能满足要求时，可采用谐振耐压代替。

定子绕组交流耐压试验电压　　表C2-19-2-1A

容量(kW)	额定电压(V)	试验电压(V)
10000以下	36以上	$(1000+2U_n)\times0.8$
10000及以上	24000以下	$(1000+2U_n)\times0.8$
10000及以上	24000及以上	与厂家协商

注：U_n为发电机额定电压。

（6）测量转子绕组的绝缘电阻，应符合下列规定：

1）转子绕组的绝缘电阻值不宜低于0.5MΩ；

2）水内冷转子绕组使用500V及以下兆欧表或其他仪器测量，绝缘电阻值不应低于5000Ω；

3）当发电机定子绕组绝缘电阻已符合启动要求，而转子绕组的绝缘电阻值不低于2000Ω时，可允许投入运行；

4）在电机额定转速时，超速试验前、后测量转子绕组的绝缘电阻；

5）测量绝缘电阻时采用兆欧表的电压等级：当转子绕组额定电压为200V以上，采用2500V兆欧表；额定电压为200V及以下，采用1000V兆欧表。

(7) 测量转子绕组的直流电阻，应符合下列规定：

1) 应在冷状态下进行，测量时绕组表面温度与周围空气温度之差应在±3℃的范围内。测量数值与产品出厂数值换算至同温度下的数值比较，其差值不应超过2%；

2) 显极式转子绕组，应对各磁极绕组进行测量；当误差超过规定时，还应对各磁极绕组间的连接点电阻进行测量。

(8) 转子绕组交流耐压试验，应符合下列规定：

1) 整体到货的显极式转子，试验电压应为额定电压的7.5倍，且不应低于1200V。

2) 工地组装的显极式转子，其单个磁极耐压试验应按制造厂规定进行。组装后的交流耐压试验，应符合下列规定：

① 额定励磁电压为500V及以下电压等级，为额定励磁电压的10倍，并不应低于1500V；

② 额定励磁电压为500V以上，为额定励磁电压的2倍加4000V。

3) 隐极式转子绕组可以不进行交流耐压试验，可采用2500V兆欧表测量绝缘电阻来代替。

(9) 测量发电机和励磁机的励磁回路连同所连接设备的绝缘电阻值，不应低于0.5MΩ。回路中有电子元器件设备的，试验时应将插件拔出或将其两端短接。

注：不包括发电机转子和励磁机电枢的绝缘电阻测量。

(10) 发电机和励磁机的励磁回路连同所连接设备的交流耐压试验，其试验电压应为1000V，或用2500V兆欧表测量绝缘电阻方式代替。水轮发电机的静止可控硅励磁的试验电压，应按本标准第3.0.8条第2款［见本书4.2.19.2-1　同步发电机及调相机中(8)中的2)］规定进行；回路中有电子元器件设备的，试验时应将插件拔出或将其两端短接。

注：不包括发电机转子和励磁机电枢的交流耐压试验。

(11) 测量发电机、励磁机的绝缘轴承和转子进水支座的绝缘电阻，应符合下列规定：

1) 应在装好油管后，采用1000V兆欧表测量，绝缘电阻值不应低于0.5MΩ；

2) 对氢冷发电机应测量内、外挡油盖的绝缘电阻，其值应符合制造厂的规定。

(12) 埋入式测温计的检查应符合下列规定：

1) 用250V兆欧表测量埋入式测温计的绝缘电阻是否良好；

2) 核对测温计指示值，应无异常。

(13) 测量灭磁电阻器、自同步电阻器的直流电阻，应与铭牌数值比较，其差值不应超过10%。

(14) 测量转子绕组的交流阻抗和功率损耗，应符合下列规定：

1) 应在静止状态下的定子膛内、膛外和在超速试验前后的额定转速下分别测量；

2) 对于显极式电机，可在膛外对每一磁极绕组进行测量，测量数值相互比较应无明显差别；

3) 试验时施加电压的峰值不应超过额定励磁电压值。

注：无刷励磁机组，当无测量条件时，可以不测。

(15) 测量三相短路特性曲线，应符合下列规定：

1) 测量的数值与产品出厂试验数值比较，应在测量误差范围以内；

2) 对于发电机变压器组，当发电机本身的短路特性有制造厂出厂试验报告时，可只录取发电机变压器组的短路特性，其短路点应设在变压器高压侧。

（16）测量空载特性曲线，应符合下列规定：

1）测量的数值与产品出厂试验数值比较，应在测量误差范围以内；

2）在额定转速下试验电压的最高值，对于汽轮发电机及调相机，应为定子额定电压值的120%；对于水轮发电机，应为定子额定电压值的130%，但均不应超过额定励磁电流；

3）当电机有匝间绝缘时，应进行匝间耐压试验，在定子额定电压值的130%（不超过定子最高电压）下持续5min；

4）对于发电机变压器组，当发电机本身的空载特性及匝间耐压有制造厂出厂试验报告时，可不将发电机从机组拆开做发电机的空载特性，而只做发电机变压器组的整组空载特性，电压加至定子额定电压值的105%。

（17）在发电机空载额定电压下测录发电机定子开路时的灭磁时间常数。对发电机变压器组，可带空载变压器同时进行。

（18）发电机在空载额定电压下自动灭磁装置分闸后测量定子残压。

（19）测量发电机的相序，必须与电网相序一致。

（20）测量轴电压，应符合下列规定：

1）分别在空载额定电压时及带负荷后测定；

2）汽轮发电机的轴承油膜被短路时，轴承与机座间的电压值，应接近于转子两端轴上的电压值；

3）水轮发电机应测量轴对机座的电压。

（21）定子绕组端部固有振动频率测试及模态分析，应符合下列规定：

1）对200MW及以上汽轮发电机进行；

2）发电机冷态下定子绕组端部自振频率及振型：如存在椭圆形振型且自振频率在94～115Hz范围内为不合格；

3）当制造厂已进行过试验，且有出厂试验报告时，可不进行试验。

（22）定子绕组端部现包绝缘施加直流电压测量，应符合下列规定：

1）现场进行发电机端部引线组装的，应在绝缘包扎材料干燥后，施加直流电压测量；

2）定子绕组施加直流电压为发电机额定电压U_n；

3）所测表面直流电位应不大于制造厂的规定值。

4.2.19.2-2 直流电机调试记录（C2-19-2-2）

实施要点

（1）直流电机的试验项目，应包括下列内容：

1）测量励磁绕组和电枢的绝缘电阻；

2）测量励磁绕组的直流电阻；

3）测量电枢整流片间的直流电阻；

4）励磁绕组和电枢的交流耐压试验；

5）测量励磁可变电阻器的直流电阻；

6）测量励磁回路连同所有连接设备的绝缘电阻；

7）励磁回路连同所有连接设备的交流耐压试验；

8）检查电机绕组的极性及其连接的正确性；

9）测量并调整电机电刷，使其处在磁场中性位置；

10）测录直流发电机的空载特性和以转子绕组为负载的励磁机负载特性曲线；

11）直流电动机的空转检查和空载电流测量。

注：6000kW 以上同步发电机及调相机的励磁机，应按本条全部项目进行试验。其余直流电机按本条第 1、2、5、6、8、9、11 款进行试验。

（2）测量励磁绕组和电枢的绝缘电阻值，不应低于 0.5MΩ。

（3）测量励磁绕组的直流电阻值，与制造厂数值比较，其差值不应大于 2%。

（4）测量电枢整流片间的直流电阻，应符合下列规定：

1）对于叠绕组，可在整流片间测量；对于波绕组，测量时两整流片间的距离等于换向器节距；对于蛙式绕组，要根据其接线的实际情况来测量其叠绕组和波绕组的片间直流电阻；

2）相互间的差值不应超过最小值的 10%，由于均压线或绕组结构而产生的有规律变化时，可对各相应的片间进行比较判断。

（5）励磁绕组对外壳和电枢绕组对轴的交流耐压试验电压，应为额定电压的 1.5 倍加 750V，并不应小于 1200V。

（6）测量励磁可变电阻器的直流电阻值，与产品出厂数值比较，其差值不应超过 10%。调节过程中应接触良好，无开路现象，电阻值变化应有规律性。

（7）测量励磁回路连同所有连接设备的绝缘电阻值不应低于 0.5MΩ。

注：不包括励磁调节装置回路的绝缘电阻测量。

（8）励磁回路连同所有连接设备的交流耐压试验电压值，应为 1000V，或用 2500V 兆欧表测量绝缘电阻方式代替。

注：不包括励磁调节装置回路的交流耐压试验。

（9）检查电机绕组的极性及其连接，应正确。

（10）调整电机电刷的中性位置，应正确，并满足良好换向要求。

（11）测录直流发电机的空载特性和以转子绕组为负载的励磁机负载特性曲线，与产品的出厂试验资料比较，应无明显差别。励磁机负载特性，宜在同步发电机空载和短路试验时同时测录。

（12）直流电动机的空转检查和空载电流测量，应符合下列规定：

1）空载运转时间一般不小于 30min，电刷与换向器接触面应无明显火花；

2）记录直流电机的空转电流。

4.2.19.2-3 中频发电机调试记录（C2-19-2-3）

实施要点

（1）中频发电机的试验项目，应包括下列内容：

1）测量绕组的绝缘电阻；

2）测量绕组的直流电阻；

3）绕组的交流耐压试验；

4）测录空载特性曲线；

5）测量相序；

6）测量检温计绝缘电阻，并检查是否完好。

（2）测量绕组的绝缘电阻值，不应低于 0.5MΩ。

（3）测量绕组的直流电阻，应符合下列规定：

1）各相或各分支的绕组直流电阻值，与出厂数值比较，相互差别不应超过2%；

2）励磁绕组直流电阻值与出厂数值比较，应无明显差别。

（4）绕组的交流耐压试验电压值，应为出厂试验电压值的75%。

（5）测录空载特性曲线，应符合下列规定：

1）试验电压最高升至产品出厂试验数值为止，所测得的数值与出厂数值比较，应无明显差别；

2）永磁式中频发电机只测录发电机电压与转速的关系曲线，所测得的曲线与制造厂出厂数值比较，应无明显差别。

（6）测量相序。电机出线端子标号应与相序一致。

（7）测量检温计绝缘电阻并校验温度误差，应符合下列规定：

1）采用250V兆欧表测量检温计绝缘电阻；

2）检温计误差应不超过制造厂的规定。

4.2.19.2-4 交流电动机调试记录（C2-19-2-4）

实施要点

（1）交流电动机的试验项目，应包括下列内容：

1）测量绕组的绝缘电阻和吸收比；

2）测量绕组的直流电阻；

3）定子绕组的直流耐压试验和泄漏电流测量；

4）定子绕组的交流耐压试验；

5）绕线式电动机转子绕组的交流耐压试验；

6）同步电动机转子绕组的交流耐压试验；

7）测量可变电阻器、启动电阻器、灭磁电阻器的绝缘电阻；

8）测量可变电阻器、启动电阻器、灭磁电阻器的直流电阻；

9）测量电动机轴承的绝缘电阻；

10）检查定子绕组极性及其连接的正确性；

11）电动机空载转动检查和空载电流测量。

注：电压1000V以下且容量为100kW以下的电动机，可按本条第1、7、10、11款进行试验。

（2）测量绕组的绝缘电阻和吸收比，应符合下列规定：

1）额定电压为1000V以下，常温下绝缘电阻值不应低于0.5MΩ；额定电压为1000V及以上，折算至运行温度时的绝缘电阻值，定子绕组不应低于1MΩ/kV，转子绕组不应低于0.5MΩ/kV。绝缘电阻温度换算可按《电气装置安装工程电气设备交接试验标准》（GB 50150—2006）附录B的规定进行；

2）1000V及以上的电动机应测量吸收比。吸收比不应低于1.2，中性点可拆开的应分相测量。

注：1. 进行交流耐压试验时，绕组的绝缘应满足本条的要求；

2. 交流耐压试验合格的电动机，当其绝缘电阻折算至运行温度后（环氧粉云母绝缘的电动机在常温下）不低于其额定电压1MΩ/kV时，可不经干燥投入运行。但在投运前不应再拆开端盖进行内部作业。

（3）测量绕组的直流电阻，应符合下述规定：

1000V 以上或容量 100kW 以上的电动机各相绕组直流电阻值相互差别不应超过其最小值的 2%，中性点未引出的电动机可测量线间直流电阻，其相互差别不应超过其最小值的 1%。

（4）定子绕组直流耐压试验和泄漏电流测量，应符合下述规定：

1000V 以上及 1000kW 以上、中性点连线已引出至出线端子板的定子绕组应分相进行直流耐压试验。试验电压为定子绕组额定电压的 3 倍。在规定的试验电压下，各相泄漏电流的差值不应大于最小值的 100%；当最大泄漏电流在 20μA 以下时，各相间应无明显差别。试验时的注意事项，应符合《电气装置安装工程电气设备交接试验标准》（GB 50150—2006）第 3.0.4 条［见本书 4.2.19.2-1 中的（3）］的有关规定；中性点连线未引出的不进行此项试验。

（5）定子绕组的交流耐压试验电压，应符合表 C2-19-2-4A 的规定。

电动机定子绕组交流耐压试验电压　　**表 C2-19-2-4A**

额定电压(kV)	3	6	10
试验电压(kV)	5	10	16

（6）绕线式电动机的转子绕组交流耐压试验电压，应符合表 C2-19-2-4B 的规定。

绕线式电动机转子绕组交流耐压试验电压　　**表 C2-19-2-4B**

转 子 工 况	试验电压(V)
不可逆的	$1.5U_k+750$
可逆的	$3.0U_k+750$

注：U_k 为转子静止时，在定子绕组上施加额定电压，转子绕组开路时测得的电压。

（7）同步电动机转子绕组的交流耐压试验电压值为额定励磁电压的 7.5 倍，且不应低于 1200V，但不应高于出厂试验电压值的 75%。

（8）可变电阻器、启动电阻器、灭磁电阻器的绝缘电阻，当与回路一起测量时，绝缘电阻值不应低于 0.5MΩ。

（9）测量可变电阻器、启动电阻器、灭磁电阻器的直流电阻值，与产品出厂数值比较，其差值不应超过 10%；调节过程中应接触良好，无开路现象，电阻值的变化应有规律性。

（10）测量电动机轴承的绝缘电阻，当有油管路连接时，应在油管安装后，采用 1000V 兆欧表测量，绝缘电阻值不应低于 0.5MΩ。

（11）检查定子绕组的极性及其连接应正确，中性点未引出者可不检查极性。

（12）电动机空载转动检查的运行时间为 2h，并记录电动机的空载电流。当电动机与其机械部分的连接不易拆开时，可连在一起进行空载转动检查试验。

4.2.19.2-5　电力变压器调试记录（C2-19-2-5）

实施要点

（1）电力变压器的试验项目，应包括下列内容：

1）绝缘油试验或 SF_6 气体试验；

2）测量绕组连同套管的直流电阻；

3）检查所有分接头的电压比；

4）检查变压器的三相接线组别和单相变压器引出线的极性；

5）测量与铁芯绝缘的各紧固件（连接片可拆开者）及铁芯（有外引接地线的）绝缘电阻；

6）非纯瓷套管的试验；

7）有载调压切换装置的检查和试验；

8）测量绕组连同套管的绝缘电阻、吸收比或极化指数；

9）测量绕组连同套管的介质损耗角正切值 $\tan\delta$；

10）测量绕组连同套管的直流泄漏电流；

11）变压器绕组变形试验；

12）绕组连同套管的交流耐压试验；

13）绕组连同套管的长时感应电压试验带局部放电试验；

14）额定电压下的冲击合闸试验；

15）检查相位；

16）测量噪声。

注：除条文内规定的原因外，各类变压器试验项目应按下列规定进行：

1. 容量为 1600kV·A 及以下油浸式电力变压器的试验，可按本条第 1）、2）、3）、4）、5）、6）、7）、8）、12）、14）、15）款的规定进行；

2. 干式变压器的试验，可按本条第 2）、3）、4）、5）、7）、8）、12）、14）、15）款的规定进行；

3. 变流、整流变压器的试验，可按本条第 1）、2）、3）、4）、5）、7）、8）、12）、14）、15）款的规定进行；

4. 电炉变压器的试验，可按本条第 1）、2）、3）、4）、5）、6）、7）、8）、12）、14）、15）款的规定进行；

5. 穿芯式电流互感器、电容型套管应分别按本标准第 9 章、第 16 章的试验项目进行试验；

6. 分体运输、现场组装的变压器应由订货方见证所有出厂试验项目，现场试验按本标准执行。

（2）油浸式变压器中绝缘油及 SF_6 气体绝缘变压器中 SF_6 气体的试验，应符合下列规定：

1）绝缘油的试验类别应符合本标准表 20.0.2（见本书表 C219-2-18B）的规定；试验项目及标准应符合本标准表 20.0.1（见本书表 C19-2-18A）的规定。

2）油中溶解气体的色谱分析，应符合下述规定：电压等级在 66kV 及以上的变压器，应在注油静置后、耐压和局部放电试验 24h 后、冲击合闸及额定电压下运行 24h 后，各进行一次变压器器身内绝缘油的油中溶解气体的色谱分析。试验应按现行国家标准《变压器油中溶解气体分析和判断导则》GB/T 7252 进行。各次测得的氢、乙炔、总烃含量，应无明显差别。新装变压器油中 H_2 与烃类气体含量（$\mu L/L$）任一项不宜超过下列数值：

总烃：20，　H_2：10，　C_2H_2：0。

3）油中微量水分的测量，应符合下述规定：变压器油中的微量水分含量，对电压等级为 110kV 的，不应大于 20mg/L；220kV 的，不应大于 15mg/L；330～500kV 的，不应大于 10mg/L。

4）油中含气量的测量，应符合下述规定：电压等级为 330～500kV 的变压器，按照规定时间静置后取样测量油中的含气量，其值不应大于 1%（体积分数）。

5）对 SF_6 气体绝缘的变压器应进行 SF_6 气体含水量检验及检漏：SF_6 气体含水量（20℃的体积分数）一般不大于 250μL/L。变压器应无明显泄漏点。

（3）测量绕组连同套管的直流电阻，应符合下列规定：

1）测量应在各分接头的所有位置上进行；

2）1600kV·A 及以下容量等级三相变压器，各相测得值的相互差值应小于平均值的 4%，线间测得值的相互差值应小于平均值的 2%；1600kV·A 以上三相变压器，各相测得值的相互差值应小于平均值的 2%，线间测得值的相互差值应小于平均值的 1%；

3）变压器的直流电阻，与同温下产品出厂实测数值比较，相应变化不应大于 2%；不同温度下电阻值按照下述公式换算：

$$R_2=R_1\cdot\frac{T+t_2}{T+t_1}$$

式中　R_1、R_2——分别为温度在 t_1、t_2（℃）时的电阻值（Ω）；

T——计算用常数，铜导线取 235，铝导线取 225。

4）由于变压器结构等原因，差值超过（3）中的第 2 款时，可只按（3）中的第 3 款进行比较，但应说明原因。

（4）检查所有分接头的电压比，与制造厂铭牌数据相比应无明显差别，且应符合电压比的规律；电压等级在 220kV 及以上的电力变压器，其电压比的允许误差在额定分接头位置时为±0.5%。

注："无明显差别"可按如下考虑：

1）电压等级在 35kV 以下，电压比小于 3 的变压器电压比允许偏差为±1%；

2）其他所有变压器额定分接下电压比允许偏差为±0.5%；

3）其他分接的电压比应在变压器阻抗电压值（%）的 1/10 以内，但不得超过±1%。

（5）检查变压器的三相接线组别和单相变压器引出线的极性，必须与设计要求及铭牌上的标记和外壳上的符号相符。

（6）测量与铁芯绝缘的各紧固件（连接片可拆开者）及铁芯（有外引接地线的）绝缘电阻，应符合下列规定：

1）进行器身检查的变压器，应测量可接触到的穿芯螺栓、轭铁夹件及绑扎钢带对铁轭、铁芯、油箱及绕组压环的绝缘电阻。当轭铁梁及穿芯螺栓一端与铁芯连接时，应将连接片断开后进行试验；

2）不进行器身检查的变压器或进行器身检查的变压器，所有安装工作结束后应进行铁芯和夹件（有外引接地线的）的绝缘电阻测量；

3）铁芯必须为一点接地；对变压器上有专用的铁芯接地线引出套管时，应在注油前测量其对外壳的绝缘电阻；

4）采用 2500V 兆欧表测量，持续时间为 1min，应无闪络及击穿现象。

（7）非纯瓷套管的试验，应按《电气装置安装工程电气设备交接试验标准》（GB 50150—2006）标准第 16 章的规定进行。

（8）有载调压切换装置的检查和试验，应符合下列规定：

1）变压器带电前应进行有载调压切换装置切换过程试验，检查切换开关切换触头的全部动作顺序，测量过渡电阻阻值和切换时间。测得的过渡电阻阻值、三相同步偏差、切换时间的数值、正反向切换时问偏差均符合制造厂技术要求。由于变压器结构及接线原因无法测量的，不进行该项试验。

2）在变压器无电压下，手动操作不少于 2 个循环、电动操作不少于 5 个循环。其中电动操作时电源电压为额定电压的 85%及以上。操作无卡涩、连动程序，电气和机械限位正常。

3）循环操作后进行绕组连同套管在所有分接下直流电阻和电压比测量，试验结果应符合《电气装置安装工程电气设备交接试验标准》（GB 50150—2006）标准第 7.0.3 条、第 7.0.4 条的要求［见本书 4.2.19.2-5 电力变压器中的（3）和（4）］。

4）在变压器带电条件下进行有载调压开关电动操作，动作应正常。操作过程中，各侧电压应在系统电压允许范围内。

5）绝缘油注入切换开关油箱前，其击穿电压应符合《电气装置安装工程电气设备交接试验标准》（GB 50150—2006）标准表 20.0.1（见本书 C2-19-2-18A）的规定。

（9）测量绕组连同套管的绝缘电阻、吸收比或极化指数，应符合下列规定：

1）绝缘电阻值不低于产品出厂试验值的 70%。

2）当测量温度与产品出厂试验时的温度不符合时，可按表 C2-19-2-5A 换算到同一温度时的数值进行比较。

油浸式电力变压器绝缘电阻的温度换算系数 **表 C2-19-2-5A**

温度差 K	5	10	15	20	25	30	35	40	45	50	55	60
换算系数 A	1.2	1.5	1.8	2.3	2.8	3.4	4.1	5.1	6.2	7.5	9.2	11.2

注：1. 表中 K 为实测温度减去 20℃的绝对值。

2. 测量温度以上层油温为准。

当测量绝缘电阻的温度差不是表中所列数值时，其换算系数 A 可用线性插入法确定，也可按下述公式计算：

$$A=1.5^{K/10}$$

校正到 20℃时的绝缘电阻值可用下述公式计算：

当实测温度为 20℃以上时：

$$R_{20}=AR_{t}$$

当实测温度为 20℃以下时：

$$R_{20}=R_{t}/A$$

式中 R_{20}——校正到 20℃时的绝缘电阻值（MΩ）；

R_{t}——在测量温度下的绝缘电阻值（MΩ）。

3）变压器电压等级为 35kV 及以上且容量在 4000kV·A 及以上时，应测量吸收比。吸收比与产品出厂值相比应无明显差别，在常温下应不小于 1.3；当 R60s 大于 3000MΩ 时，吸收比可不作考核要求。

4）变压器电压等级为 220kV 及以上且容量为 120MV·A 及以上时，宜用 5000V 兆欧表测量极化指数。测得值与产品出厂值相比应无明显差别，在常温下不小于 1.3；当 R60s 大于 10000MΩ 时，极化指数可不作考核要求。

（10）测量绕组连同套管的介质损耗角正切值 tanδ，应符合下列规定：

1）当变压器电压等级为 35kV 及以上且容量在 8000kV·A 及以上时，应测量介质损

耗角正切值 $\tan\delta$；

2）被测绕组的 $\tan\delta$ 值不应大于产品出厂试验值的 130%；

3）当测量时的温度与产品出厂试验温度不符合时，可按表 C2-19-2-5B 换算到同一温度时的数值进行比较。

介质损耗角正切值 tanδ（%）温度换算系数　　**表 C2-19-2-5B**

温度差 K	5	10	15	20	25	30	35	40	45	50
换算系数 A	1.15	1.3	1.5	1.7	1.9	2.2	2.5	2.9	3.3	3.7

注：1. 表中 K 为实测温度减去 20℃的绝对值。

2. 测量温度以上层油温为准。

3. 进行较大的温度换算且试验结果超过本条第 2 款规定时，应进行综合分析判断。

当测量时的温度差不是表中所列数值时，其换算系数 A 可用线性插入法确定，也可按下述公式计算：

$$A=1.3^{K/10}$$

校正到 20℃时的介质损耗角正切值可用下述公式计算：

当测量温度在 20℃以上时：

$$\tan\delta_{20}=\tan\delta_{t}/A$$

当测量温度在 20℃以下时：

$$\tan\delta_{20}=A\tan\delta_{t}$$

式中　$\tan\delta_{20}$——校正到 20℃时的介质损耗角正切值；

$\tan\delta_{t}$——在测量温度下的介质损耗角正切值。

（11）测量绕组连同套管的直流泄漏电流，应符合下列规定：

1）当变压器电压等级为 35kV 及以上且容量在 8000kV·A 及以上时，应测量直流泄漏电流；

2）试验电压标准应符合表 C2-19-2-5C 的规定。当施加试验电压达 1min 时，在高压端读取泄漏电流。泄漏电流值不宜超过（GB 50150—2006）标准附录 D 的规定。

油浸式电力变压器直流泄漏试验电压标准　　**表 C2-19-2-5C**

绕组额定电压(kV)	6～10	20～35	63～330	500
直流试验电压(kV)	10	20	40	60

注：1. 绕组额定电压为 13.8kV 及 15.75kV 时，按 10kV 级标准；18kV 时，按 20kV 级标准。

2. 分级绝缘变压器仍按被试绕组电压等级的标准。

（12）变压器绕组变形试验，应符合下列规定：

1）对于 35kV 及以下电压等级变压器，宜采用低电压短路阻抗法；

2）对于 66kV 及以上电压等级变压器，宜采用频率响应法测量绕组特征图谱。

（13）绕组连同套管的交流耐压试验，应符合下列规定：

1）容量为 8000kV·A 以下、绕组额定电压在 110kV 以下的变压器，线端试验应按表 C2-19-2-5D1 进行交流耐压试验。

2）容量为 8000kV·A 及以上、绕组额定电压在 110kV 以下的变压器，在有试验设备时，可按表 C2-19-2-5D1 试验电压标准，进行线端交流耐压试验。

3）绕组额定电压为110kV及以上的变压器，其中性点应进行交流耐压试验，试验耐受电压标准为出厂试验电压值的80%（见表C2-19-2-5D2）。

电力变压器和电抗器交流耐压试验电压标准（kV） **表C2-19-2-5D1**

系统标称电压	设备最高电压	交流耐受电压	
		油浸式电力变压器和电抗器	干式电力变压器和电抗器
<1	≤1.1	—	2.5
3	3.6	14	8.5
6	7.2	20	17
10	12	28	24
15	17.5	36	32
20	24	44	43
35	40.5	68	60
66	72.5	112	—
110	126	160	—
220	252	(288) 316	—
330	363	(368) 408	—
500	550	(504) 544	—

注：1. 上表中，变压器试验电压是根据现行国家标准《电力变压器　第3部分：绝缘水平和绝缘试验和外绝缘空气间隙》GB 1094.3规定的出厂试验电压乘以0.8制定的。

2. 干式变压器出厂试验电压是根据现行国家标准《干式电力变压器》GB 6450规定的出厂试验电压乘以0.8制定的。

额定电压110kV及以上的电力变压器中性点交流耐压试验电压标准（kV）

表C2-19-2-5D2

系统标称电压	设备最高电压	中性点接地方式	出厂交流耐受电压	交接交流耐受电压
110	126	不直接接地	95	76
220	252	直接接地	85	68
		不直接接地	200	160
330	363	直接接地	85	68
		不直接接地	230	184
500	550	直接接地	85	68
		经小阻抗接地	140	112

4）交流耐压试验可以采用外施工频电压试验的方法，也可采用感应电压试验的方法。

试验电压波形尽可能接近正弦，试验电压值为测量电压的峰值除以$\sqrt{2}$，试验时应在高压端监测。

外施交流电压试验电压的频率应为45～65Hz，全电压下耐受时间为60s。

感应电压试验时，为防止铁芯饱和及励磁电流过大，试验电压的频率应适当大于额定频率。除另有规定，当试验电压频率等于或小于2倍额定频率时，全电压下试验时间为60s；当试验电压频率大于2倍额定频率时，全电压下试验时间为：

$$120\times\frac{额定频率}{试验频率}(s)，但不少于15s$$

（14）绕组连同套管的长时感应电压试验带局部放电测量（ACLD）：电压等级220kV及以上，在新安装时，必须进行现场局部放电试验。对于电压等级为110kV的变压器，当对绝缘有怀疑时，应进行局部放电试验。

局部放电试验方法及判断方法，均按现行国家标准《电力变压器第3部分：绝缘水平、绝缘试验和外绝缘空气间隙》GB 1094.3中的有关规定进行（参见附录C）。

（15）在额定电压下对变压器的冲击合闸试验，应进行5次，每次间隔时间宜为5min，应无异常现象；冲击合闸宜在变压器高压侧进行；对中性点接地的电力系统，试验时变压器中性点必须接地；发电机变压器组中间连接无操作断开点的变压器，可不进行冲击合闸试验。无电流差动保护的干式变压器，可冲击3次。

（16）检查变压器的相位，必须与电网相位一致。

（17）电压等级为500kV的变压器的噪声，应在额定电压及额定频率下测量，噪声值不应大于80dB（A），其测量方法和要求应按现行国家标准《变压器和电抗器的声级测定》GB/T 7328的规定进行。

4.2.19.2-6　电抗器及消弧线圈调试记录（C2-19-2-6）

实施要点

（1）电抗器及消弧线圈的试验项目，应包括下列内容：

1）测量绕组连同套管的直流电阻；

2）测量绕组连同套管的绝缘电阻、吸收比或极化指数；

3）测量绕组连同套管的介质损耗角正切值tanδ；

4）测量绕组连同套管的直流泄漏电流；

5）绕组连同套管的交流耐压试验；

6）测量与铁芯绝缘的各紧固件的绝缘电阻；

7）绝缘油的试验；

8）非纯瓷套管的试验；

9）额定电压下冲击合闸试验；

10）测量噪声；

11）测量箱壳的振动；

12）测量箱壳表面的温度。

注：1. 干式电抗器的试验项目可按本条第1）、2）、5）、9）款规定进行；

2. 消弧线圈的试验项目可按本条第1）、2）、5）、6）款规定进行；对35kV及以上油浸式消弧线圈应增加第3）、4）、7）、8）款；

3. 油浸式电抗器的试验项目可按本条第1）、2）、5）、6）、7）、9）款规定进行；对35kV及以上电抗器应增加第3）、4）、8）、10）、11）、12）款。

（2）测量绕组连同套管的直流电阻，应符合下列规定：

1）测量应在各分接头的所有位置上进行；

2）实测值与出厂值的变化规律应一致；

3）三相电抗器绕组直流电阻值相间差值不应大于三相平均值的2%；

4）电抗器和消弧线圈的直流电阻，与同温下产品出厂值比较相应变化不应大于2%。

（3）测量绕组连同套管的绝缘电阻、吸收比或极化指数，应符合《电气装置安装工程电气设备交接试验标准》（GB 50150—2006）标准第7.0.9条［见本书电力变压器中的(9)］的规定。

（4）测量绕组连同套管的介质损耗角正切值tanδ，应符合《电气装置安装工程电气设备交接试验标准》（GB 50150—2006）标准第7.0.10条［见本书电力变压器中的（10）］的规定。

（5）测量绕组连同套管的直流泄漏电流，应符合《电气装置安装工程电气设备交接试验标准》（GB 50150—2006）标准第7.0.11条［见本书电力变压器中的（11）］的规定。

（6）绕组连同套管的交流耐压试验，应符合下列规定：

1）额定电压在110kV以下的消弧线圈、干式或油浸式电抗器均应进行交流耐压试验，试验电压应符合《电气装置安装工程电气设备交接试验标准》（GB 50150—2006）标准表7.0.13-1（见本书C2-2-19-2-5D1）的规定；

2）对分级绝缘的耐压试验电压标准，应按接地端或其末端绝缘的电压等级来进行。

（7）测量与铁芯绝缘的各紧固件的绝缘电阻，应符合《电气装置安装工程电气设备交接试验标准》（GB 50150—2006）标准第7.0.6条［见本书电力变压器中的（6）］的规定。

（8）绝缘油的试验，应符合《电气装置安装工程电气设备交接试验标准》（GB 50150—2006）标准第20.0.1条［见本书绝缘油和SF_6气体中的（1）］及第20.0.2条［见本书绝缘油和SF_6气体中的（2）］的规定。

（9）非纯瓷套管的试验，应符合《电气装置安装工程电气设备交接试验标准》（GB 50150—2006）标准第16章的规定。

（10）在额定电压下，对变电所及线路的并联电抗器连同线路的冲击合闸试验，应进行5次，每次间隔时间为5min，应无异常现象。

（11）测量噪声应符合《电气装置安装工程电气设备交接试验标准》（GB 50150—2006）标准第7.0.17条［见本书电力变压器中的（17）］的规定。

（12）电压等级为500kV的电抗器，在额定工况下测得的箱壳振动振幅双峰值不应大于100μm。

（13）电压等级为330～500kV的电抗器，应测量箱壳表面的温度，温升不应大于65℃。

4.2.19.2-7 互感器调试记录（C2-19-2-7）

实施要点

（1）互感器的试验项目，应包括下列内容：

1）测量绕组的绝缘电阻；

2）测量35kV及以上电压等互感器的介质损耗角正切值tanδ；

3）局部放电试验；

4）交流耐压试验；

5）绝缘介质性能试验；

6）测量绕组的直流电阻；

7）检查接线组别和极性；

8）误差测量；

9）测量电流互感器的励磁特性曲线；

10）测量电磁式电压互感器的励磁特性；

11）电容式电压互感器（CVT）的检测；

12）密封性能检查；

13）测量铁芯夹紧螺栓的绝缘电阻。

注：SF_6 封闭式组合电器中的电流互感器和套管式电流互感器的试验，应按本条第1）、6）、7）、8）、9）款的规定进行。

（2）测量绕组的绝缘电阻，应符合下列规定：

1）测量一次绕组对二次绕组及外壳、各二次绕组间及其对外壳的绝缘电阻；绝缘电阻值不宜低于1000MΩ；

2）测量电流互感器一次绕组段间的绝缘电阻，绝缘电阻值不宜低于1000MΩ，但由于结构原因而无法测量时可不进行；

3）测量电容式电流互感器的末屏及电压互感器接地端（N）对外壳（地）的绝缘电阻，绝缘电阻值不宜小于1000MΩ。若末屏对地绝缘电阻小于1000MΩ时，应测量其 $\tan\delta$；

4）绝缘电阻测量应使用2500V兆欧表。

（3）电压等级35kV及以上互感器的介质损耗角正切值 $\tan\delta$ 测量，应符合下列规定：

1）互感器的绕组 $\tan\delta$ 测量电压应在10kV测量，$\tan\delta$ 不应大于表C2-19-2-7A中数据。当对绝缘性能有怀疑时，可采用高压法进行试验，在 $(0.5\sim1)U_m/\sqrt{3}$ 范围内进行，$\tan\delta$ 变化量不应大于0.2%，电容变化量不应大于0.5%；

2）末屏 $\tan\delta$ 测量电压为2kV。

注：本条主要适用于油浸式互感器。SF_6 气体绝缘和环氧树脂绝缘结构互感器不适用，注硅脂等干式互感器可以参照执行。

$\tan\delta$（%）限值　　**表C2-19-2-7A**

<table>
<tr><th>种类＼额定电压</th><th>20～35kV</th><th>66～110kV</th><th>220kV</th><th>330～500kV</th></tr>
<tr><td>油浸式电流互感器</td><td>2.5</td><td>0.8</td><td>0.6</td><td>0.5</td></tr>
<tr><td>充硅脂及其他干式电流互感器</td><td>0.5</td><td>0.5</td><td colspan="2">0.5</td></tr>
<tr><td>油浸式电压互感器绕组</td><td>3</td><td colspan="2">2.5</td><td>—</td></tr>
<tr><td>串级式电压互感器支架</td><td>—</td><td colspan="2">6</td><td>—</td></tr>
<tr><td>油浸式电流互感器末屏</td><td>—</td><td colspan="3">2</td></tr>
</table>

注：电压互感器整体及支架介损受环境条件（特别是相对湿度）影响较大，测量时要加以考虑。

（4）互感器的局部放电测量，应符合下列规定：

1）局部放电测量宜与交流耐压试验同时进行；

2）电压等级为35～110kV互感器的局部放电测量可按10%进行抽测，若局部放电量达不到规定要求应增大抽测比例；

3）电压等级 220kV 及以上互感器在绝缘性能有怀疑时，宜进行局部放电测量；

4）局部放电测量时，应在高压侧（包括电压互感器感应电压）监测施加的一次电压；

5）局部放电测量的测量电压及视在放电量应满足表 C2-19-2-7B 中的规定。

允许的视在放电量水平　　表 C2-19-2-7B

种类			测量电压(kV)	允许的视在放电量水平(pC)	
				环氧树脂及其他干式	油浸式和气体式
电流互感器			$1.2U_m/\sqrt{3}$	50	20
			$1.2U_m$（必要时）	100	50
电压互感器	≥66kV		$1.2U_m/\sqrt{3}$	50	20
			$1.2U_m$（必要时）	100	50
	35kV	全绝缘结构	$1.2U_m$	100	50
			$1.2U_m/\sqrt{3}$	50	20
		半绝缘结构（一次绕组一端直接接地）	$1.2U_m/\sqrt{3}$	50	20
			$1.2U_m$（必要时）	100	50

（5）互感器交流耐压试验，应符合下列规定：

1）应按出厂试验电压的 80％进行；

2）电磁式电压互感器（包括电容式电压互感器的电磁单元）在遇到铁芯磁密较高的情况下，宜按下列规定进行感应耐压试验：

① 感应耐压试验电压应为出厂试验电压的 80％。

② 试验电源频率和试验电压时间可参照本书 4.2.19.2-5 电力变压器项下（13）绕组连同套管的交流耐压试验的规定执行。

③ 感应耐压试验前后，应各进行一次额定电压时的空载目流测量，两次测得值相比不应有明显差别。

④ 电压等级 66kV 及以上的油浸式互感器，感应耐压试前后，应各进行一次绝缘油的色谱分析，两次测得值相比不应有明显差别。

⑤ 感应耐压试验时，应在高压端测量电压值。

⑥ 对电容式电压互感器的中间电压变压器进行感应耐压试验时，应将分压电容拆开。由于产品结构原因现场无条件拆开时，可不进行感应耐压试验。

3）电压等级 220kV 以上的 SF_6 气体绝缘互感器（特别是电压等级为 500kV 的互感器），宜在安装完毕的情况下进行交流耐压试验；

4）二次绕组之间及其对外壳的工频耐压试验电压标准应为 2kV；

5）电压等级 110kV 及以上的电流互感器末屏及电压互感器接地端（N）对地的工频耐压试验电压标准，应为 3kV。

（6）绝缘介质性能试验，对绝缘性能有怀疑的互感器，应检测绝缘介质性能，并符合下列规定：

1）绝缘油的性能应符合本书表 C2-19-2-8A、表 C2-19-2-8B 的要求；

2）SF_6 气体的性能应符合如下要求：SF_6 气体充入设备 24h 后取样，SF_6 气体水分含量不得大于 250μL/L（20℃体积分数）。

3）电压等级在 66kV 以上的油浸式互感器，应进行油中溶解气体的色谱分析。油中溶解气体组分含量（μL/L）不宜超过下列任一值，总烃：10，H_2：50，C_2H_2：0。

(7) 绕组直流电阻测量，应符合下列规定：

1）电压互感器：一次绕组直流电阻测量值，与换算到同一温度下的出厂值比较，相差不宜大于 10%。二次绕组直流电阻测量值，与换算到同一温度下的出厂值比较，相差不宜大于 15%。

2）电流互感器：同型号、同规格、同批次电流互感器一、二次绕组的直流电阻和平均值的差异不宜大于 10%。当有怀疑时，应提高施加的测量电流，测量电流（直流值）一般不宜超过额定电流（方均根值）的 50%。

(8) 检查互感器的接线组别和极性，必须符合设计要求，并应与铭牌和标志相符。

(9) 互感器误差测量应符合下列规定：

1）用于关口计量的互感器（包括电流互感器、电压互感器和组合互感器）必须进行误差测量，且进行误差检测的机构（实验室）必须是国家授权的法定计量检定机构。

2）用于非关口计量，电压等级 35kV 及以上的互感器，宜进行误差测量。

3）用于非关口计量，电压等级 35kV 以下的互感器，检查互感器变比，应与制造厂铭牌值相符。对多抽头的互感器，可只检查使用分接头的变比。

4）非计量用绕组应进行变比检查。

(10) 当继电保护对电流互感器的励磁特性有要求时，应进行励磁特性曲线试验。当电流互感器为多抽头时，可在使用抽头或最大抽头测量。测量后核对是否符合产品要求，核对方法见《电气装置安装工程电气设备交接试验标准》(GB 50150—2006) 附录 E。

(11) 电磁式电压互感器的励磁曲线测量，应符合下列要求：

1）用于励磁曲线测量的仪表为方均根值表；若发生测量结果与出厂试验报告和形式试验报告有较大出入（>30%）时，应核对使用的仪表种类是否正确。

2）一般情况下，励磁曲线测量点为额定电压的 20%、50%、80%、100%和 120%。对于中性点直接接地的电压互感器（N 端接地），电压等级 35kV 及以下电压等级的电压互感器最高测量点为 190%；电压等级 66kV 及以上的电压互感器最高测量点为 150%。

3）对于额定电压测量点（100%），励磁电流不宜大于其出厂试验报告和形式试验报告的测量值的 30%，同批次、同型号、同规格电压互感器此点的励磁电流不宜相差 30%。

(12) 电容式电压互感器（CVT）检测，应符合下列规定：

1）CVT 电容分压器电容量和介质损耗角 $\tan\delta$ 的测量结果：电容量与出厂值比较其变化量超过−5%或 10%时要引起注意，$\tan\delta$ 不应大于 0.5%；条件许可时，测量单节电容器在 10kV 至额定电压范围内，电容量的变化量大于 1%时判为不合格；

2）CVT 电磁单元因结构原因不能将中压连线引出时，必须进行误差试验；若对电容分压器绝缘有怀疑时，应打开电磁单元引出中压连线进行额定电压下的电容量和介质损耗角 $\tan\delta$ 的测量；

3）CVT 误差试验应在支架（柱）上进行；

4）如果电磁单元结构许可，电磁单元检查包括中间变压器的励磁曲线测量、补偿电抗器感抗测量、阻尼器和限幅器的性能检查，交流耐压试验参照电磁式电压互感器，施加电压按出厂试验的 80%执行。

（13）密封性能检查，应符合下列规定：

1）油浸式互感器外表应无可见油渍现象；

2）SF_6 气体绝缘互感器定性检漏无泄漏点，有怀疑时进行定量检漏，年泄漏率应小于1%。

（14）测量铁芯夹紧螺栓的绝缘电阻，应符合下列规定：

1）在做器身检查时，应对外露的或可接触到的铁芯夹紧螺栓进行测量；

2）采用2500V兆欧表测量，试验时间为1mim，应无闪络及击穿现象；

3）穿芯螺栓一端与铁芯连接者，测量时应将连接片断开，不能断开的可不进行测量。

4.2.19.2-8 油断路器调试记录（C2-19-2-8）

实施要点

（1）油断路器的试验项目，应包括下列内容：

1）测量绝缘电阻；

2）测量35kV多油断路器的介质损耗角正切值tanδ；

3）测量35kV以上少油断路器的直流泄漏电流；

4）交流耐压试验；

5）测量每相导电回路的电阻；

6）测量油断路器的分、合闸时间；

7）测量油断路器的分、合闸速度；

8）测量油断路器主触头分、合闸的同期性；

9）测量油断路器合闸电阻的投入时间及电阻值；

10）测量油断路器分、合闸线圈及合闸接触器线圈的绝缘电阻及直流电阻；

11）油断路器操动机构的试验；

12）断路器均压电容器试验；

13）绝缘油试验；

14）压力表及压力动作阀的检查。

（2）测量绝缘电阻值应符合下列规定：

1）整体绝缘电阻值测量，应参照制造厂规定；

2）绝缘拉杆的绝缘电阻值，在常温下不应低于表C2-19-2-8A的规定。

绝缘拉杆的绝缘电阻标准 **表C2-19-2-8A**

额定电压(kV)	3～15	20～35	63～220	330～500
绝缘电阻值(MΩ)	1200	3000	6000	10000

（3）测量35kV多油断路器的介质损耗角正切值tanδ，应符合下列规定：

1）在20℃时测得的tanδ值，对DW2、DW8型油断路器，不应大于（GB 50150—2006）标准表16.0.3中相应套管的tanδ（%）值增加2后的数值；对DW1型油断路器，不应大于（GB 50150—2006）标准表16.0.3中相应套管的tanδ（%）值增加3后的数值；

2）应在分闸状态下测量每只套管的tanδ。当测得值超过标准时，应卸下油箱后进行分解试验，此时测得的套管的tanδ（%）值，应符合《电气装置安装工程电气设备交接试验标准》(GB 50150—2006) 标准表 16.0.3 的规定。

注:《电气装置安装工程电气设备交接试验标准》(GB 50150—2006) 标准表 16.0.3 见本书 4.2.19.2-14 套管项下(3)。

(4) 35kV 以上少油断路器的支柱瓷套连同绝缘拉杆,以及灭弧室每个断口的直流泄漏电流试验电压应为 40kV,并在高压侧读取 1min 时的泄漏电流值,测得的泄漏电流值不应大于 10μA;220kV 及以上的,泄漏电流值不宜大于 5μA。

(5) 断路器的交流耐压试验应在分、合闸状态下分别进行,试验电压按照表 C2-19-2-8B 的规定执行。

断路器的交流耐压试验标准　　表 C2-19-2-8B

额定电压(kV)	最高工作电压(kV)	1min 工频耐受电压(kV)峰值			
		相对地	相间	断路器断口	隔离断口
3	3.6	25	25	25	27
6	7.2	32	32	32	36
10	12	42	42	42	49
35	40.5	95	95	95	118
66	72.5	155	155	155	197
110	126	200	200	200	225
		230	230	230	265
220	252	360	360	360	415
		395	395	395	460
330	363	460	460	520	520
		510	510	580	580
500	550	630	630	790	790
		680	680	790	790
		740	740	790	790

注:1. 本表数据引自《高压开关设备的共用订货技术导则》DL/T 593。
2. 设备无特殊规定时,采用最高一级试验电压。

(6) 测量每相导电回路电阻,应符合下列规定:

1) 用电流不小于 100A 的直流压降法测量,电阻值应符合产品技术条件的规定;

2) 主触头与灭弧触头并联的断路器,应分别测量其主触头和灭弧触头导电回路的电阻值。

(7) 测量断路器的分、合闸时间应在产品额定操作电压、液压下进行。实测数值应符合产品技术条件的规定。

(8) 测量断路器分、合闸速度,应符合下列规定:

1) 测量应在产品额定操作电压、液压下进行,实测数值应符合产品技术条件的规定;产品无要求时,可不进行;

2) 电压等级在 15kV 及以下电压等级的断路器,除发电机出线断路器和与发电机主母线相连的断路器、主变压器出线断路器应进行速度测量外,其余的可不进行。

(9) 测量断路器主触头的三相或同相各断口分、合闸的同期性,应符合产品技术条件的规定。

（10）测量断路器合闸电阻的投入时间及电阻值，应符合产品技术条件的规定。

（11）测量断路器分、合闸线圈及合闸接触器线圈的绝缘电阻值不应低于10MΩ，直流电阻值与产品出厂试验值相比，应无明显差别。

（12）断路器操动机构的试验，应符合下列规定：

1）合闸操作。

当操作电压、液压在表C2-19-2-8C1范围内时，操动机构应可靠动作。

断路器操动机构合闸操作试验电压、液压范围　　表C2-19-2-8C1

电压		液压
直流	交流	
(85%～110%)U_n		按产品规定的最低及最高值

注：对电磁机构，当断路器关合电流峰值小于50kA时，直流操作电压范围为（80%～110%）U_n。U_n为额定电源电压。

弹簧、液压操动机构的合闸线圈以及电磁操动机构的合闸接触器的动作要求，均应符合上项的规定。

2）脱扣操作。

① 直流或交流的分闸电磁铁，在其线圈端钮处测得的电压大于额定值的65%时，应可靠地分闸；当此电压小于额定值的30%时，不应分闸；

② 附装失压脱扣器的，其动作特性应符合表C2-19-2-8C2的规定；

附装失压脱扣器的脱扣试验　　表C2-19-2-8C2

电源电压与额定电源电压的比值	小于35%*	大于65%	大于85%
失压脱扣器的工作状态	铁芯应可靠地释放	铁芯不得释放	铁芯应可靠地吸合

注：*当电压缓慢下降至规定比值时，铁芯应可靠地释放。

③ 附装过流脱扣器的，其额定电流规定不小于2.5A；脱扣电流的等级范围及其准确度，应符合表C2-19-2-8C3的规定。

附装过流脱扣器的脱扣试验　　表C2-19-2-8C3

过流脱扣器的种类	延时动作的	瞬时动作的
脱扣电流等级范围(A)	2.5～10	2.5～15
每级脱扣电流的准确度	±10%	
同一脱扣器各级脱扣电流准确度	±5%	

注：对于延时动作的过流脱扣器，应按制造厂提供的脱扣电流与动作时延的关系曲线进行核对。另外还应检查在预定时延终了前主回路电流降至返回值时，脱扣器不应动作。

3）模拟操动试验。

①当具有可调电源时，可在不同电压、液压条件下，对断路器进行就地或远控操作；每次操作断路器均应正确、可靠地动作，其联锁及闭锁装置回路的动作应符合产品及设计要求；当无可调电源时，只在额定电压下进行试验；

②直流电磁或弹簧机构的操动试验，应按表C2-19-2-8C4的规定进行；液压机构的操动试验，应按表C2-19-2-8C5的规定进行。

直流电磁或弹簧机构的操动试验　　表 C2-19-2-8C4

操作类别	操作线圈端钮电压与额定电源电压的比值(%)	操作次数
合、分	110	3
合	85(80)	3
分	65	3
合、分、重合	100	3

注：括号内数字适用于装有自动重合闸装置的断路器及表 C2-19-2-8C1“注”的情况。

液压机构的操动试验　　表 C2-19-2-8C5

操作类别	操作线圈端钮电压与额定电源电压的比值(%)	操作液压	操作次数
合、分	110	产品规定的最高操作压力	3
合、分	100	额定操作压力	3
合	85(80)	产品规定的最低操作压力	3
分	65	产品规定的最低操作压力	3
合、分、重合	100	产品规定的最低操作压力	3

注：1. 括号内数子适用于装有自动重合闸装置的断路器。
2. 模拟操动试验应在液压的自动控制回路能准确、可靠动作状态下进行。
3. 操动时，液压的压降允许值应符合产品技术条件的规定。

③ 对于具有双分闸线圈的回路，应分别进行模拟操动试验。

④ 对于断路器操动机构本身具有三相位置不一致自动分闸功能的，应根据需要做投入或退出处理。

(13) 断路器均压电容器试验，应按《电气装置安装工程电气设备交接试验标准》(GB 50150—2006) 标准第 19 章的有关规定进行。

(14) 绝缘油试验，应按《电气装置安装工程电气设备交接试验标准》(GB 50150—2006) 标准第 20 章的规定进行。对灭弧室、支柱瓷套等油路相互隔绝的断路器，应自各部件中分别取油样试验。

(15) 压力动作阀的动作值，应符合产品技术条件的规定；压力表指示值的误差及其变差，均应在产品相应等级的允许误差范围内。

4.2.19.2-9　空气及磁吹断路器调试记录 (C2-19-2-9)

实施要点

(1) 空气及磁吹断路器的试验项目，应包括下列内容：

1) 测量绝缘拉杆的绝缘电阻；

2) 测量每相导电回路的电阻；

3) 测量支柱瓷套和灭弧室每个断口的直流泄漏电流；

4) 交流耐压试验；

5) 测量断路器主、辅触头分、合闸的配合时间；

6) 测量断路器的分、合闸时间；

7) 测量断路器主触头分、合闸的同期性；

8）测量分、合闸线圈的绝缘电阻和直流电阻；

9）断路器操动机构的试验；

10）测量断路器的并联电阻值；

11）断路器电容器的试验；

12）压力表及压力动作阀的检查。

注：1. 发电机励磁回路的自动灭磁开关，除应进行本条第 8、9 款试验外，还应做以下检查和试验：常开、常闭触头分、合切换顺序；主触头和灭弧触头的动作配合；灭弧栅的片数及其并联电阻值；在同步发电机空载额定电压下进行灭磁试验；

2. 磁吹断路器试验，应按本条第 2）、4）、6）、8）、9）款规定进行。

（2）测量绝缘拉杆的绝缘电阻值，不应低于《电气装置安装工程电气设备交接试验标准》（GB 50150—2006）标准表 10.0.2（见本书油断路器项下表 C2-19-2-8A）的规定。

（3）测量每相导电回路的电阻值及测试方法，应符合产品技术条件的规定。

（4）支柱瓷套和灭弧室每个断口的直流泄漏电流的试验，应按《电气装置安装工程电气设备交接试验标准》（GB 50150—2006）标准第 10.0.4 条［见本书 4.2.19.2-8 油断路器项下（4）］的规定进行。

（5）空气断路器应在分闸时各断口间及合闸状态下进行交流耐压试验；磁吹断路器应在分闸状态下进行断口交流耐压试验；试验电压应符合表 10.0.5（见本书油断路器项下表 C2-19-2-8B）的规定。

（6）断路器主、辅触头分、合闸动作程序及配合时间，应符合产品技术条件的规定。

（7）断路器分、合闸时间的测量，应在产品额定操作电压及气压下进行，实测数值应符合产品技术条件的规定。

（8）测量断路器主触头三相或同相各断口分、合闸的同期性，应符合产品技术条件的规定。

（9）测量分、合闸线圈的绝缘电阻值，不应低于 10MΩ；直流电阻值与产品出厂试验值相比应无明显差别。

（10）断路器操动机构的试验，应按《电气装置安装工程电气设备交接试验标准》（GB 50150—2006）标准第 10.0.12 条［见本书 4.2.19.2-8 油断路器项下（12）］的有关规定进行。

注：对应于《电气装置安装工程电气设备交接试验标准》（GB 50150—2006）标准表 10.0.12-5 中的“液压”应为“气压”。

（11）测量断路器的并联电阻值，与产品出厂试验值相比应无明显差别。

（12）断路器电容器的试验，应按《电气装置安装工程电气设备交接试验标准》（GB 50150—2006）标准第 19 章的有关规定进行。

（13）压力动作阀的动作值，应符合产品技术条件的规定。压力表指示值的误差及其变差，均应在产品相应等级的允许误差范围内。

4.2.19.2-10 真空断路器调试记录（C2-19-2-10）

实施要点

（1）真空断路器的试验项目，应包括下列内容：

1）测量绝缘电阻；

2）测量每相导电回路的电阻；

3）交流耐压试验；

4）测量断路器主触头的分、合闸时间，测量分、合闸的同期性，测量合闸时触头的弹跳时间；

5）测量分、合闸线圈及合闸接触器线圈的绝缘电阻和直流电阻；

6）断路器操动机构的试验。

（2）测量绝缘电阻值，应符合下列规定：

1）整体绝缘电阻值测量，应参照制造厂的规定；

2）绝缘拉杆的绝缘电阻值，在常温下不应低于表 10.0.2（见本书油断路器项下表 C2-19-2-8A）的规定。

（3）每相导电回路的电阻值测量，宜采用电流不小于 100A 的直流压降法。测试结果应符合产品技术条件的规定。

（4）应在断路器合闸及分闸状态下进行交流耐压试验。当在合闸状态下进行时，试验电压应符合表 10.0.5（见本书油断路器项下表 C2-19-2-8B）的规定。当在分闸状态下进行时，真空灭弧室断口间的试验电压应按产品技术条件的规定，试验中不应发生贯穿性放电。

（5）测量断路器主触头的分、合闸时间，测量分、合闸的同期性，测量合闸过程中触头接触后的弹跳时间，应符合下列规定：

1）合闸过程中触头接触后的弹跳时间，40.5kV 以下断路器不应大于 2ms；40.5kV 及以上断路器不应大于 3ms；

2）测量应在断路器额定操作电压及液压条件下进行；

3）实测数值应符合产品技术条件的规定。

（6）测量分、合闸线圈及合闸接触器线圈的绝缘电阻值，不应低于 10MΩ；直流电阻值与产品出厂试验值相比，应无明显差别。

（7）断路器操动机构的试验，应按《电气装置安装工程电气设备交接试验标准》（GB 50150—2006）标准第 10.0.12 条［见本书 4.2.19.2-8　油断路器项下（12）］的有关规定进行。

4.2.19.2-11　六氟化硫断路器调试记录（C2-19-2-11）

实施要点

（1）六氟化硫（SF_6）断路器试验项目，应包括下列内容：

1）测量绝缘电阻；

2）测量每相导电回路的电阻；

3）交流耐压试验；

4）断路器均压电容器的试验；

5）测量断路器的分、合闸时间；

6）测量断路器的分、合闸速度；

7）测量断路器主、辅触头分、合闸的同期性及配合时间；

8）测量断路器合闸电阻的投入时间及电阻值；

9）测量断路器分、合闸线圈绝缘电阻及直流电阻；

10）断路器操动机构的试验；

11）套管式电流互感器的试验；

12）测量断路器内 SF_6 气体的含水量；

13）密封性试验；

14）气体密度继电器、压力表和压力动作阀的检查。

（2）测量断路器的绝缘电阻值：整体绝缘电阻值测量，应参照制造厂的规定。

（3）每相导电回路的电阻值测量，宜采用电流不小于100A的直流压降法。测试结果应符合产品技术条件的规定。

（4）交流耐压试验，应符合下列规定：

1）在 SF_6 气压为额定值时进行，试验电压按出厂试验电压的80%；

2）110kV以下电压等级应进行合闸对地和断口间耐压试验；

3）罐式断路器应进行合闸对地和断口间耐压试验；

4）500kV定开距瓷柱式断路器只进行断口耐压试验。

（5）断路器均压电容器的试验，应符合《电气装置安装工程电气设备交接试验标准》（GB 50150—2006）标准第19章的有关规定。罐式断路器的均压电容器试验可按制造厂的规定进行。

（6）测量断路器的分、合闸时间，应在断路器的额定操作电压、气压或液压下进行。实测数值应符合产品技术条件的规定。

（7）测量断路器的分、合闸速度，应在断路器的额定操作电压、气压或液压下进行。实测数值应符合产品技术条件的规定。现场无条件安装采样装置的断路器，可不进行本试验。

（8）测量断路器主、辅触头三相及同相各断口分、合闸的同期性及配合时间，应符合产品技术条件的规定。

（9）测量断路器合闸电阻的投入时间及电阻值，应符合产品技术条件的规定。

（10）测量断路器分、合闸线圈的绝缘电阻值，不应低于10MΩ；直流电阻值与产品出厂试验值相比应无明显差别。

（11）断路器操动机构的试验，应按《电气装置安装工程电气设备交接试验标准》（GB 50150—2006）标准第10.0.12条［见本书4.2.19.2-8 油断路器项下（12）］的有关规定进行。

（12）套管式电流互感器的试验，应按《电气装置安装工程电气设备交接试验标准》（GB 50150—2006）标准第9章的有关规定进行。

（13）测量断路器内 SF_6 气体含水量（20℃的体积分数），应符合下列规定：

1）与灭弧室相通的气室，应小于150μL/L；

2）不与灭弧室相通的气室，应小于250μL/L；

3）SF_6 气体含水量的测定应在断路器充气48h后进行。

（14）密封试验可采用下列方法进行：

1）采用灵敏度不低于 1×10^{-6}（体积比）的检漏仪对断路器各密封部位、管道接头等处进行检测时，检漏仪不应报警；

2）必要时可采用局部包扎法进行气体泄漏测量。以24h的漏气量换算，每一个气室年漏气率不应大于1%；

3）泄漏值的测量应在断路器充气24h后进行。

（15）在充气过程中检查气体密度继电器及压力动作阀的动作值，应符合产品技术条件的规定。对单独运到现场的设备，应运行校验。

4.2.19.2-12　六氟化硫封闭式组合电器调试记录（C2-19-2-12）

实施要点

（1）六氟化硫封闭式组合电器的试验项目，应包括下列内容：

1）测量主回路的导电电阻；

2）主回路的交流耐压试验；

3）密封性试验；

4）测量六氟化硫气体含水量；

5）封闭式组合电器内各元件的试验；

6）组合电器的操动试验；

7）气体密度继电器、压力表和压力动作阀的检查。

（2）测量主回路的导电电阻值，宜采用电流不小于100A的直流压降法。测试结果，不应超过产品技术条件规定值的1.2倍。

（3）主回路的交流耐压试验程序和方法，应按产品技术条件或国家现行标准《气体绝缘金属封闭电器现场耐压试验导则》DL/T 555的有关规定进行，试验电压值为出厂试验电压的80%。

（4）密封性试验可采用下列方法进行：

1）用灵敏度不低于1×10^{-6}（体积比）的检漏仪对各气室密封部位、管道接头等处进行检测时，检漏仪不应报警；

2）必要时可采用局部包扎法进行气体泄漏测量。以24h的漏气量换算，每一个气室年漏气率不应大于1%；

3）泄漏值的测量应在封闭式组合电器充气24h后进行。

（5）测量六氟化硫气体含水量（20℃的体积分数），应符合下列规定：

1）有电弧分解的隔室，应小于150μL/L；

2）无电弧分解的隔室，应小于250μL/L；

3）气体含水量的测量应在封闭式组合电器充气48h后进行。

（6）封闭式组合电器内各元件的试验，应按《电气装置安装工程电气设备交接试验标准》（GB 50150—2006）标准相应章节的有关规定进行，但对无法分开的设备可不单独进行。

注：本条中的“元件”是指装在封闭式组合电器内的断路器、隔离开关、负荷开关、接地开关、避雷器、互感器、套管、母线等。

（7）当进行组合电器的操动试验时，联锁与闭锁装置动作应准确可靠。电动、气动或液压装置的操动试验，应按产品技术条件的规定进行。

（8）在充气过程中检查气体密度继电器及压力动作阀的动作值，应符合产品技术条件的规定。对单独运到现场的设备，应进行校验。

4.2.19.2-13　隔离开关、负荷开关及高压熔断器调试记录（C2-19-2-13）

实施要点

（1）隔离开关、负荷开关及高压熔断器的试验项目，应包括下列内容：

1）测量绝缘电阻；

2）测量高压限流熔丝管熔丝的直流电阻；

3）测量负荷开关导电回路的电阻；

4）交流耐压试验；

5）检查操动机构线圈的最低动作电压；

6）操动机构的试验。

（2）隔离开关与负荷开关的有机材料传动杆的绝缘电阻值，不应低于《电气装置安装工程电气设备交接试验标准》（GB 50150—2006）标准表 10.0.2（见本书油断路器项下表 C2-19-2-8A）的规定。

（3）测量高压限流熔丝管熔丝的直流电阻值，与同型号产品相比不应有明显差别。

（4）测量负荷开关导电回路的电阻值，宜采用电流不小于 100A 的直流压降法。测试结果，不应超过产品技术条件规定。

（5）交流耐压试验，应符合下述规定：三相同一箱体的负荷开关，应按相间及相对地进行耐压试验，其余均按相对地或外壳进行。试验电压应符合表 10.0.5（见本书油断路器项下表 C2-19-2-8B）的规定。对负荷开关还应按产品技术条件规定进行每个断口的交流耐压试验。

（6）检查操动机构线圈的最低动作电压，应符合制造厂的规定。

（7）操动机构的试验，应符合下列规定：

1）动力式操动机构的分、合闸操作，当其电压或气压在下列范围时，应保证隔离开关的主闸刀或接地闸刀可靠地分闸和合闸。

① 电动机操动机构：当电动机接线端子的电压在其额定电压的 80%～110%范围内时；

② 压缩空气操动机构：当气压在其额定气压的 85%～110%范围内时；

③ 二次控制线圈和电磁闭锁装置：当其线圈接线端子的电压在其额定电压的 80%～110%范围内时。

2）隔离开关、负荷开关的机械或电气闭锁装置应准确、可靠。

注：1. 本条第 1 款第 2 项所规定的气压范围为操动机构的储气筒的气压数值；

2. 具有可调电源时，可进行高于或低于额定电压的操动试验。

4.2.19.2-14 套管调试记录（C2-19-2-14）

实施要点

（1）套管的试验项目，应包括下列内容：

1）测量绝缘电阻；

2）测量 20kV 及以上非纯瓷套管的介质损耗角正切值 $\tan\delta$ 和电容值；

3）交流耐压试验；

4）绝缘油的试验（有机复合绝缘套管除外）；

5）SF_6 套管气体试验。

注：整体组装于 35kV 油断路器上的套管，可不单独进行 $\tan\delta$ 的试验。

（2）测量绝缘电阻，应符合下列规定：

1）测量套管主绝缘的绝缘电阻；

2）66kV及以上的电容型套管，应测量“抽压小套管”对法兰或“测量小套管”对法兰的绝缘电阻。采用2500V兆欧表测量，绝缘电阻值不应低于1000Ω。

（3）测量20kV及以上非纯瓷套管的主绝缘介质损耗角正切值tanδ和电容值，应符合下列规定：

1）在室温不低于10℃的条件下，套管的介质损耗角正切值tanδ不应大于表C2-19-2-14的规定；

2）电容型套管的实测电容量值与产品铭牌数值或出厂试验值相比，其差值应在±5%范围内。

套管主绝缘介质损耗角正切值tanδ（%）的标准　　表C2-19-2-14A

套管主绝缘类型		tanδ(%)最大值
电容式	油浸纸	0.7 (500kV套管0.5)①
	胶浸纸	0.7②
	胶粘纸	1.0(66kV及以下电压等级套管1.5)①②
	浇铸树脂	1.5
	气体	1.5
	有机复合绝缘③	0.7
非电容式	浇注树脂	2.0
	复合绝缘	由供需双方商定
其他套管		由供需双方商定

注：① 所列的电压为系统标称电压。

② 对20kV及以上电容式充胶或胶纸套管的老产品，其tanδ（%）值可为2或2.5。

③ 有机复合绝缘套管的介损试验，宜在干燥环境下进行。

（4）交流耐压试验，应符合下列规定：

1）试验电压应符合《电气装置安装工程电气设备交接试验标准》（GB 50150—2006）标准附录A的规定；

2）穿墙套管、断路器套管、变压器套管、电抗器及消弧线圈套管，均可随母线或设备一起进行交流耐压试验。

（5）绝缘油的试验，应符合下列规定：

1）套管中的绝缘油应有出厂试验报告，现场可不进行试验；但当有下列情况之一者，应取油样进行水分、击穿电压、色谱试验：

① 套管主绝缘的介质损耗角正切值超过表16.0.3（见本节表C2-19-2-14A）中的规定值；

② 套管密封损坏，抽压或测量小套管的绝缘电阻不符合要求；

③ 套管由于渗漏等原因需要重新补油时。

2）套管绝缘油的补充或更换时进行的试验，应符合下列规定：

① 换油时应按《电气装置安装工程电气设备交接试验标准》（GB 50150—2006）标准表20.0.1的规定进行；

② 电压等级为500kV的套管绝缘油，宜进行油中溶解气体的色谱分析；油中溶解气体组分含量（μL/L）不宜超过下列任一值，总烃：10，H_2：150，C_2H_2：0；

③ 补充绝缘油时，除按上述规定外，尚应按《电气装置安装工程电气设备交接试验标准》（GB 50150—2006）标准第20.0.3条［见本书绝缘油和SF_6气体项下（3）］的规定进行；

④充电缆油的套管需进行油的试验时，可按《电气装置安装工程电气设备交接试验标准》（GB 50150—2006）标准表18.0.8（见本书电力电缆线路项下表C2-19-2-16D）的规定进行。

（6）SF_6套管气体试验，应符合《电气装置安装工程电气设备交接试验标准》（GB 50150—2006）标准第9.0.6和第9.0.13条［见本书4.2.19.2-7互感器项下的（6）和（13）］的有关规定。

4.2.19.2-15 悬式绝缘子和支柱绝缘子调试记录（C2-19-2-15）

实施要点

（1）悬式绝缘子和支柱绝缘子的试验项目，应包括下列内容：

1）测量绝缘电阻；

2）交流耐压试验。

（2）绝缘电阻值，应符合下列规定：

1）用于330kV及以下电压等级的悬式绝缘子的绝缘电阻值，不应低于300MΩ；用于500kV电压等级的悬式绝缘子，不应低于500MΩ；

2）35kV及以下电压等级的支柱绝缘子的绝缘电阻值，不应低于500MΩ；

3）采用2500V兆欧表测量绝缘子绝缘电阻值，可按同批产品数量的10%抽查；

4）棒式绝缘子不进行此项试验；

5）半导体釉绝缘子的绝缘电阻，应符合产品技术条件的规定。

（3）交流耐压试验，应符合下列规定：

1）35kV及以下电压等级的支柱绝缘子，可在母线安装完毕后一起进行，试验电压应符合《电气装置安装工程电气设备交接试验标准》（GB 50150—2006）标准附录A的规定；

2）35kV多元件支柱绝缘子的交流耐压试验值，应符合下列规定：

① 两个胶合元件者，每元件50kV；

② 三个胶合元件者，每元件34kV。

3）悬式绝缘子的交流耐压试验电压均取60kV。

4.2.19.2-16 电力电缆线路调试记录（C2-19-2-16）

实施要点

（1）电力电缆线路的试验项目，应包括下列内容：

1）测量绝缘电阻；

2）直流耐压试验及泄漏电流测量；

3）交流耐压试验；

4）测量金属屏蔽层电阻和导体电阻比；

5）检查电缆线路两端的相位；

6）充油电缆的绝缘油试验；

7）交叉互联系统试验。

注：1. 橡塑绝缘电力电缆试验项目应按本条第1）、3）、4）、5）和7）款进行。当不具备条件时，额定电压U_0/U为18/30kV及以下电缆，允许用直流耐压试验及泄漏电流测量代替交流耐压试验；

2. 纸绝缘电缆试验项目应按本条第1、2和5款进行；

3. 自容式充油电缆试验项目应按本条第1、2、5、6和7款进行。

（2）电力电缆线路的试验，应符合下列规定：

1）对电缆的主绝缘做耐压试验或测量绝缘电阻时，应分别在每一相上进行。对一相进行试验或测量时，其他两相导体、金属屏蔽或金属套和铠装层一起接地。

2）对金属屏蔽或金属套一端接地，另一端装有护层过电压保护器的单芯电缆主绝缘做耐压试验时，必须将护层过电压保护器短接，使这一端的电缆金属屏蔽或金属套临时接地。

3）对额定电压为0.6/1kV的电缆线路应用2500V兆欧表测量导体对地绝缘电阻代替耐压试验，试验时间1min。

（3）测量各电缆导体对地或对金属屏蔽层间和各导体间的绝缘电阻，应符合下列规定：

1）耐压试验前后，绝缘电阻测量应无明显变化；

2）橡塑电缆外护套、内衬层的绝缘电阻不应低于0.5MΩ/km；

3）测量绝缘用兆欧表的额定电压，宜采用如下等级：

① 0.6/1kV电缆用1000V兆欧表；

② 0.6/1kV以上电缆用2500V兆欧表；6/6kV及以上电缆也可用5000V兆欧表；

③ 橡塑电缆外护套、内衬层的测量用500V兆欧表。

（4）直流耐压试验及泄漏电流测量，应符合下列规定：

1）直流耐压试验电压：

①纸绝缘电缆直流耐压试验电压U_0可采用下式计算：

对于统包绝缘（带绝缘）：

$$U_t=5\times\frac{U_0+U}{2}$$

对于分相屏蔽绝缘：

$$U_t=5\times U_0$$

试验电压见表C2-19-2-16A的规定。

纸绝缘电缆直流耐压试验电压（kV） **表C2-19-2-16A**

电缆额定电压U_0/U	1.8/3	2.6/3	3.6/6	6/6	6/10	8.7/10	21/35	26/35
直流试验电压	12	17	24	30	40	47	105	130

②18/30kV及以下电压等级的橡塑绝缘电缆直流耐压试验电压，应按下式计算：

$$U_t=4\times U_0$$

③充油绝缘电缆直流耐压试验电压，应符合表C2-19-2-16B的规定。

充油绝缘电缆直流耐压试验电压（kV） **表 C2-19-2-16B**

电缆额定电压 U_0/U	雷电冲击耐受电压	直流试验电压
48/66	325	165
	350	175
64/110	450	225
	550	275
127/220	850	425
	950	475
	1050	510
190/330	1175	585
	1300	650
290/500	1425	710
	1550	775
	1675	835

注：1. 上列各表中的 U 为电缆额定线电压；U_0 为电缆导体对地或对金属屏蔽层间的额定电压。

2. 雷电冲击电压依据现行国家标准《高压输变电设备的绝缘配合》GB 311.1 的规定。

④ 交流单芯电缆的护层绝缘直流耐压试验，可依据《电气装置安装工程电气设备交接试验标准》（GB 50150—2006）标准第 18.0.9 条［见本节 4.2.19.2-16　电力电缆线路项下（9）］的规定。

2）试验时，试验电压可分 4～6 阶段均匀升压，每阶段停留 1min，并读取泄漏电流值。试验电压升至规定值后维持 15min，其间读取 1min 和 15min 时泄漏电流。测量时应消除杂散电流的影响。

3）纸绝缘电缆泄漏电流的三相不平衡系数（最大值与最小值之比）不应大于 2；当 6/10kV 及以上电缆的泄漏电流小于 20μA、6kV 及以下电压等级电缆泄漏电流小于 10μA 时，其不平衡系数不作规定。泄漏电流值和不平衡系数只作为判断绝缘状况的参考，不作为是否能投入运行的判据。其他电缆泄漏电流值不作规定。

4）电缆的泄漏电流具有下列情况之一，电缆绝缘可能有缺陷，应找出缺陷部位，并予以处理：

①泄漏电流很不稳定；

②泄漏电流随试验电压升高急剧上升；

③泄漏电流随试验时间延长有上升现象。

（5）交流耐压试验，应符合下列规定：

1）橡塑电缆优先采用 20～300Hz 交流耐压试验。20～300Hz 交流耐压试验电压和时间见表 C2-19-2-16C。

橡塑电缆 20～300Hz 交流耐压试验电压和时间 **表 C2-19-2-16C**

额定电压 U_0/U(kV)	试 验 电 压	时间(min)
18/30 及以下	2.5U_0(或 2U_0)	5(或 60)
21/35～64/110	2U_0	60

续表

额定电压U_0/U(kV)	试验电压	时间(min)
127/220	$1.7U_0$(或$1.4U_0$)	60
190/330	$1.7U_0$(或$1.3U_0$)	60
290/500	$1.7U_0$(或$1.1U_0$)	60

2）不具备上述试验条件或有特殊规定时，可采用施加正常系统相对地电压24h方法代替交流耐压。

（6）测量金属屏蔽层电阻和导体电阻比。测量在相同温度下的金属屏蔽层和导体的直流电阻。

（7）检查电缆线路的两端相位应一致，并与电网相位相符合。

（8）充油电缆的绝缘油试验，应符合表C2-19-2-16D的规定。

充油电缆及附件内和压力箱中的绝缘油试验项目和要求　　表C2-19-2-16D

项　目	要　求		试验方法
击穿电压	电缆及附件内	对于64/110～190/330kV，不低于50kV 对于290/500kV，不低于60kV	按《绝缘油击穿电压测定法》GB/T507中的有关要求进行试验
	压力箱中	不低于50kV	
介质损耗因数	电缆及附件内	对于64/110～127/220kV的不大于0.005 对于190/330～290/500kV的不大于0.003	按《电力设备预防性试验规程》DL/T 596中的有关要求进行试验
	压力箱中	不大于0.003	

（9）交叉互联系统试验，方法和要求见《电气装置安装工程电气设备交接试验标准》(GB 50150—2006）附录F。

4.2.19.2-17　电容器调试记录（C2-19-2-17）

实施要点

（1）电容器的试验项目，应包括下列内容：

1）测量绝缘电阻；

2）测量耦合电容器、断路器电容器的介质损耗角正切值$\tan\delta$及电容值；

3）耦合电容器的局部放电试验；

4）并联电容器交流耐压试验；

5）冲击合闸试验。

（2）测量耦合电容器、断路器电容器的绝缘电阻应在二极间进行，并联电容器应在电极对外壳之间进行，并采用1000V兆欧表测量小套管对地绝缘电阻。测量耦合电容器、断路器电容器的介质损耗角正切值$\tan\delta$及电容值，应符合下列规定：

1）测得的介质损耗角正切值$\tan\delta$应符合产品技术条件的规定；

2）耦合电容器电容值的偏差应在额定电容值的－5%～10%范围内，电容器叠柱中任何两单元的实测电容之比值与这两单元的额定电压之比值的倒数之差不应大于5%；断路器电容器电容值的偏差应在额定电容值的±5%范围内。对电容器组，还应测量各相、各臂及总的电容值。

（3）耦合电容器的局部放电试验，应符合下列规定：

1）对 500kV 的耦合电容器，当对其绝缘性能或密封有怀疑又有试验设备时，可进行局部放电试验。多节组合的耦合电容器可分节试验；

2）局部放电试验的预加电压值为 $0.8U_m \times 1.3U_m$，停留时间大于 10s；降至测量电压值为 $1.1U_m/\sqrt{3}$，维持 1min 后，测量局部放电量，放电量不宜大于 10pC。

（4）并联电容器的交流耐压试验，应符合下列规定：

1）并联电容器电极对外壳交流耐压试验电压值，应符合表 C2-19-2-17A 的规定；

2）当产品出厂试验电压值不符合表 C2-19-2-17A 的规定时，交接试验电压应按产品出厂试验电压值的 75%进行。

并联电容器交流耐压试验电压标准　　表 C2-19-2-17A

额定电压(kV)	<1	1	3	6	10	15	20	35
出厂试验电压(kV)	3	6	18/25	23/30	30/42	40/55	50/65	80/95
交接试验电压(kV)	2.25	4.5	18.76	22.5	31.5	41.25	48.75	71—25

注：斜线下的数据为外绝缘的干耐受电压。

（5）在电网额定电压下，对电力电容器组的冲击合闸试验应进行 3 次，熔断器不应熔断；电容器组中各相电容的最大值和最小值之比，不应超过 1.08。

4.2.19.2-18　绝缘油和 SF_6 气体（C2-19-2-18）

实施要点

（1）绝缘油的试验项目及标准，应符合表 C2-19-2-18A 的规定。

绝缘油的试验项目及标准　　表 C2-19-2-18A

序号	项目	标准				说明
1	外状	透明，无杂质或悬浮物				外观目视
2	水溶性酸(pH 值)	>5.4				按《运行中变压器油、汽轮机油水溶性酸测定法（比色法）》GB/T 7598 中的有关要求进行试验
3	酸值，mgKOH/g	≤0.03				按《运行中变压器油、汽轮机油酸值测定法（BTB 法）》GB/T 7599 中的有关要求进行试验
4	闪点(闭口)(℃)	不低于	DB—10	DB—25	DB—45	按《石油产品闪点测定法（闭口杯法）》GB 261 中的有关要求进行试验
			140	140	135	
5	水分(mg/L)	500kV：≤10 220～30kV：≤15 110kV 及以下电压等级：≤20				按《运行中变压器油水分含量测定法（库仑法）》GB/T 7600 或《运行中变压器油水分测定法（气相色谱法）》GB/T 7601 中的有关要求进行试验
6	界面张力(25℃)(mN/m)	≥35				按《石油产品油对水界面张力测定法（圆环法）》GB/T 6541 中的有关要求进行试验
7	介质损耗因数 tanδ(%)	90℃时， 注入电气设备前≤0.5 注入电气设备后≤0.7				按《液体绝缘材料工频相对介电常数、介质损耗因数和体积电阻率的测量》GB/T 5654 中的有关要求进行试验
8	击穿电压	500kV：≥60kV 330kV：≥50kV 60～220kV：≥40kV 35kV 及以下电压等级：≥35kV				1. 按《绝缘油击穿电压测定法》GB/T 507 或《电力系统油质试验方法绝缘油介电强度测定法》DL/T429.9 中的有关要求进行试验； 2. 油样应取自被试设备； 3. 该指标为平板电极测定值，其他电极可按《运行中变压器油质量标准》GB/T 7595 及《绝缘油击穿电压测定法》GB/T 507 中的有关要求进行试验； 4. 注入设备的新油均不应低于本标准

续表

序号	项　目	标　准	说　明
9	体积电阻率(90℃)(Ω·m)	$\geqslant 6\times10^{10}$	按《液体绝缘材料工频相对介电常数、介质损耗因数和体积电阻率的测量》GB/T 5654或《绝缘油体积电阻率测定法》DL/T 421中的有关要求进行试验
10	油中含气量(%)(体积分数)	330～500kV：≤1	按《绝缘油中含气量测定真空压差法》DL/T 423或《绝缘油中含气量的测定方法(二氧化碳洗脱法)》DL/T 450中的有关要求进行试验
11	油泥与沉淀物(%)(质量分数)	≤0.02	按《石油产品和添加剂机械杂质测定法(重量法)》GB/T 511中的有关要求进行试验
12	油中溶解气体组分含量色谱分析	见本标准的有关章节	按《绝缘油中溶解气体组分含量的气相色谱测定法》GB/T17623、《变压器油中溶解气体分析和判断导则》GB/T 7252及《变压器油中溶解气体分析和判断导则》DL/T 722中的有关要求进行试验

注：表内本标准系指《电气装置安装工程电气设备交接试验标准》(GB 50150—2006)。

(2) 新油验收及充油电气设备的绝缘油试验分类，应符合表C2-19-2-18B的规定。

电气设备绝缘油试验分类　　**表C2-19-2-18B**

试验类别	适用范围
击穿电压	1. 6kV以上电气设备内的绝缘油或新注入上述设备前、后的绝缘油； 2. 对下列情况之一者，可不进行击穿电压试验： (1)35kV以下互感器，其主绝缘试验已合格的； (2)15kV以下油断路器，其注入新油的击穿电压已在35kV及以上的； (3)按本标准有关规定不需取油的
简化分析	1. 准备注入变压器、电抗器、互感器、套管的新油，应按表20.0.1中的第2～9项规定进行； 2. 准备注入油断路器的新油，应按表20.0.1中的第2、3、4、5、8项规定进行
全分析	对油的性能有怀疑时，应按表20.0.1中的全部项目进行

注：表内本标准系指《电气装置安装工程电气设备交接试验标准》(GB 50150—2006)。

(3) 绝缘油当需要进行混合时，在混合前应按混油的实际使用比例，先取混油样进行分析，其结果应符合表C2-19-2-18A中第8、11项的规定。混油后还应按表C2-19-2-18B中的规定进行绝缘油的试验。

(4) SF_6新气到货后，充入设备前应按现行国家标准《工业六氟化硫》GB 12022验收，对气瓶的抽检率为10%，其他每瓶只测定含水量。

(5) SF_6气体在充入电气设备24h后方可进行试验。

4.2.19.2-19　避雷器调试记录(C2-19-2-19)

实施要点

(1) 金属氧化物避雷器的试验项目，应包括下列内容：

1) 测量金属氧化物避雷器及基座绝缘电阻；

2) 测量金属氧化物避雷器的工频参考电压和持续电流；

3) 测量金属氧化物避雷器直流参考电压和0.75倍直流参考电压下的泄漏电流；

4) 检查放电计数器动作情况及监视电流表指示；

5）工频放电电压试验。

注：1. 无间隙金属氧化物避雷器的试验项目应包括本条第1）、2）、3）、4）款的内容，其中第2）、3）两款可选做一款；

2. 有间隙金属氧化物避雷器的试验项目应包括本条第1款、第5款的内容。

（2）金属氧化物避雷器绝缘电阻测量，应符合下列规定：

1）35kV以上电压：用5000V兆欧表，绝缘电阻不小于2500MΩ；

2）35kV及以下电压：用2500V兆欧表，绝缘电阻不小于1000MΩ；

3）低压（1kV以下）：用500V兆欧表，绝缘电阻不小于2MΩ。

基座绝缘电阻不低于5MΩ。

（3）测量金属氧化物避雷器的工频参考电压和持续电流，应符合下列要求：

1）金属氧化物避雷器对应于工频参考电流下的工频参考电压，整支或分节进行的测试值，应符合现行国家标准《交流无间隙金属氧化物避雷器》GB 11032或产品技术条件的规定；

2）测量金属氧化物避雷器在避雷器持续运行电压下的持续电流，其阻性电流或总电流值应符合产品技术条件的规定。

注：金属氧化物避雷器持续运行电压值参见现行国家标准《交流无间隙金属氧化物避雷器》GB 11032。

（4）测量金属氧化物避雷器直流参考电压和0.75倍直流参考电压下的泄漏电流，应符合下列规定：

1）金属氧化物避雷器对应于直流参考电流下的直流参考电压，整支或分节进行的测试值，不应低于现行国家标准《交流无间隙金属氧化物避雷器》GB 11032的规定，并符合产品技术条件的规定。实测值与制造厂规定值比较，变化不应大于±5%。

2）0.75倍直流参考电压下的泄漏电流值不应大于50μA，或符合产品技术条件的规定。

3）试验时若整流回路中的波纹系数大于1.5%时，应加装滤波电容器，可为0.01～0.1μF，试验电压应在高压侧测量。

（5）检查放电计数器的动作应可靠，避雷器监视电流表指示应良好。

（6）工频放电电压试验，应符合下列规定：

1）工频放电电压，应符合产品技术条件的规定；

2）工频放电电压试验时，放电后应快速切除电源，切断电源时间不大于0.5s，过流保护动作电流控制在0.2～0.7A。

4.2.19.2-20　电除尘器调试记录（C2-19-2-20）

实施要点

（1）电除尘器的试验项目，应包括下列内容：

1）测量整流变压器及直流电抗器铁芯穿芯螺栓的绝缘电阻；

2）测量整流变压器高压绕组及其直流电抗器绕组的绝缘电阻及直流电阻；

3）测量整流变压器低压绕组的绝缘电阻及其直流电阻；

4）测量硅整流元件及高压套管对地绝缘电阻；

5）测量取样电阻、阻尼电阻的电阻值；

6）油箱中绝缘油的试验；

7）绝缘子、隔离开关及瓷套管的绝缘电阻测量和耐压试验；

8）测量电场的绝缘电阻；

9）空载升压试验；

10）电除尘器振打及加热装置的电气设备试验；

11）测量接地电阻。

（2）测量整流变压器及直流电抗器铁芯穿芯螺栓的绝缘电阻，应按《电气装置安装工程电气设备交接试验标准》（GB 50150—2006）标准第7.0.6条［见本书电力变压器项下(6)］规定在器身检查时进行。

（3）在器身检查时测量整流变压器高压绕组及直流电抗器绕组的绝缘电阻和直流电阻，其直流电阻值应与同温度下产品出厂试验值比较，变化应不大于2%。

（4）测量整流变压器低压绕组的绝缘电阻和直流电阻，其直流电阻值应与同温度下产品出厂试验值比较，变化应不大于2%。

（5）测量硅整流元件及高压套管对地绝缘电阻，应符合下列规定：

1）在器身检查时进行，硅整流元件两端短路；

2）采用2500V兆欧表测量绝缘电阻；

3）绝缘电阻值不应低于产品出厂试验值的70%。

（6）测量取样电阻、阻尼电阻的电阻值，其电阻值应符合产品技术条件的规定，检查取样电阻、阻尼电阻的连接情况应良好。

（7）油箱中绝缘油的试验，应按《电气装置安装工程电气设备交接试验标准》（GB 50150—2006）标准第20章的规定进行。

（8）绝缘子、隔离开关及瓷套管的绝缘电阻测量和耐压试验，应符合下列规定：

1）采用2500V兆欧表测量绝缘电阻，绝缘电阻值不应低于1000MΩ；

2）对用于同极距在300～400mm电场的耐压采用直流耐压100kV或交流耐压72kV，持续时间为1min无闪络；

3）对用于其他极距电场的，耐压试验标准应符合产品技术条件的规定。

（9）测量电场的绝缘电阻，采用2500V兆欧表，绝缘电阻值应不低于1000MΩ。

（10）空载升压试验，应符合厂家标准。当厂家无明确规定时，应符合下列规定：

1）同极距为300mm的电场，电场电压应上升至55kV以上，无闪络；同极距每增加20mm，电场电压递增应不少于2.5kV；

2）当海拔高于1000m但不超过4000m时，海拔每升高100m，电场电压值允许降低1%。

（11）电除尘器振打及加热装置的电气设备试验，应符合下列规定：

1）测量振打电机、加热器的绝缘电阻，振打电机绝缘电阻值不应小于0.5MΩ，加热器绝缘电阻不应小于5MΩ；

2）交流电机、二次回路、配电装置和馈电线路及低压电器的试验，应按《电气装置安装工程电气设备交接试验标准》（GB 50150—2006）标准第6章、第23章、第24章、

第27章的规定进行。

(12) 测量电除尘器本体的接地电阻，不应大于1Ω。

4.2.19.2-21 二次回路调试记录（C2-19-2-21）

实施要点

(1) 测量绝缘电阻，应符合下列规定：

1) 小母线在断开所有其他并联支路时，不应小于10MΩ；

2) 二次回路的每一支路和断路器、隔离开关的操动机构的电源回路等，均不应小于1MΩ。在比较潮湿的地方，可不小于0.5MΩ。

(2) 交流耐压试验，应符合下列规定：

1) 试验电压为1000V。当回路绝缘电阻值在10MΩ以上时，可采用2500V兆欧表代替，试验持续时间为1min，或符合产品技术规定；

2) 48V及以下电压等级回路可不做交流耐压试验；

3) 回路中有电子元器件设备的，试验时应将插件拔出或将其两端短接。

注：二次回路是指电气设备的操作、保护、测量、信号等回路及其回路中的操动机构的线圈、接触器、继电器、仪表、互感器二次绕组等。

4.2.19.2-22 1kV及以下电压等级配电装置和馈电线路调试记录（C2-19-2-22）

实施要点

(1) 测量绝缘电阻，应符合下列规定：

1) 配电装置及馈电线路的绝缘电阻值不应小于0.5MΩ；

2) 测量馈电线路绝缘电阻时，应将断路器（或熔断器）、用电设备、电器和仪表等断开。

(2) 动力配电装置的交流耐压试验，应符合下列规定：

1) 试验电压为1000V。当回路绝缘电阻值在10MΩ以上时，可采用2500V兆欧表代替，试验持续时间为1min，或符合产品技术规定。

2) 交流耐压试验为各相对地，48V及以下电压等级配电装置不做耐压试验。

(3) 检查配电装置内不同电源的馈线间或馈线两侧的相位应一致。

4.2.19.2-23 1kV以上架空电力线路调试记录（C2-19-2-23）

实施要点

(1) 1kV以上架空电力线路的试验项目，应包括下列内容：

1) 测量绝缘子和线路的绝缘电阻；

2) 测量35kV以上线路的工频参数；

3) 检查相位；

4) 冲击合闸试验；

5) 测量杆塔的接地电阻。

(2) 测量绝缘子和线路的绝缘电阻，应符合下列规定：

1) 绝缘子绝缘电阻的试验应按《电气装置安装工程电气设备交接试验标准》（GB 50150—2006）标准第17章的规定进行；

2) 测量并记录线路的绝缘电阻值。

（3）测量 35kV 以上线路的工频参数可根据继电保护、过电压等专业的要求进行。

（4）检查各相两侧的相位应一致。

（5）在额定电压下对空载线路的冲击合闸试验应进行 3 次，合闸过程中线路绝缘不应有损坏。

（6）测量杆塔的接地电阻值，应符合设计的规定。

4.2.19.2-24　接地装置调试记录（C2-19-2-24）

实施要点

（1）电气设备和防雷设施的接地装置的试验项目应包括下列内容：

1）接地网电气完整性测试；

2）接地阻抗。

（2）测试连接与同一接地网的各相邻设备接地线之间的电气导通情况，以直流电阻值表示。直流电阻值不应大于 0.2Ω。

（3）接地阻抗值应符合设计要求，当设计没有规定时应符合表 C2-19-2-24A 的要求。试验方法可参照国家现行标准《接地装置工频特性参数测试导则》DL 475 的规定，试验时必须排除与接地网连接的架空地线、电缆的影响。

接地阻抗规定值　　　　**表 C2-19-2-24A**

接地网类型	要　求
有效接地系统	$Z \leqslant 2000/I$ 或 $Z \leqslant 0.5\Omega$（当 $I > 4000$A 时） 式中　I——经接地装置流入地中的短路电流(A)； Z——考虑季节变化的最大接地阻抗(Ω)。 注：当接地阻抗不符合以上要求时，可通过技术经济比较增大接地阻抗，但不得大于 5Ω。同时应结合地面电位测量对接地装置综合分析。为防止转移电位引起的危害，应采取隔离措施
非有效接地系统	1. 当接地网与 1kV 及以下电压等级设备共用接地时，接地阻抗 $Z \leqslant 120/I$； 2. 当接地网仅用于 1kV 以上设备时，接地阻抗 $Z \leqslant 250/I$； 3. 上述两种情况下，接地阻抗一般不得大于 10Ω
1kV 以下电力设备	使用同一接地装置的所有这类电力设备，当总容量≥100kV·A 时，接地阻抗不宜大于 4Ω；如总容量＜100kV·A 时，则接地阻抗允许大于 4Ω，但不大于 10Ω
独立微波站	接地阻抗不宜大于 5Ω
独立避雷针	接地阻抗不宜大于 10Ω 注：当与接地网连在一起时可不单独测量
发电厂烟囱附近的吸风机及该处装设的集中接地装置	接地阻抗不宜大于 10Ω 注：当与接地网连在一起时可不单独测量
独立的燃油、易爆气体储罐及其管道	接地阻抗不宜大于 30Ω（无独立避雷针保护的露天储罐不应超过 10Ω）
露天配电装置的集中接地装置及独立避雷针(线)	接地阻抗不宜大于 10Ω

续表

接地网类型	要　　求
有架空地线的线路杆塔	当杆塔高度在40m以下时，按下列要求：当杆塔高度≥40m时，则取下列值的50%；但当土壤电阻率大于2000Ω·m时，接地阻抗难以达到15Ω时，可放宽至20Ω。 土壤电阻率≤500Ω·m时，接地阻抗10Ω； 土壤电阻率500～1000Ω·m时，接地阻抗20Ω； 土壤电阻率1000～2000Ω·m时，接地阻抗25Ω； 土壤电阻率>2000Ω·m时，接地阻抗30Ω
与架空线直接连接的旋转电机进线段上避雷器	接地阻抗不宜大于3Ω
无架空地线的线路杆塔	1. 非有效接地系统的钢筋混凝土杆、金属杆：接地阻抗不宜大于30Ω； 2. 中性点不接地的低压电力网线路的钢筋混凝土杆、金属杆：接地阻抗不宜大于50Ω； 3. 低压进户线绝缘子铁脚的接地阻抗：接地阻抗不宜大于30Ω

注：扩建接地网应在与原接地网连接后进行测试。

4.2.19.2-25 低压电器调试记录（C2-19-2-25）

实施要点

（1）低压电器的试验项目，应包括下列内容：

1）测量低压电器连同所连接电缆及二次回路的绝缘电阻；

2）电压线圈动作值校验；

3）低压电器动作情况检查；

4）低压电器采用的脱扣器的整定；

5）测量电阻器和变阻器的直流电阻；

6）低压电器连同所连接电缆及二次回路的交流耐压试验。

注：1. 低压电器包括电压为60～1200V的刀开关、转换开关、熔断器、自动开关、接触器、控制器、主令电器、启动器、电阻器、变阻器及电磁铁等；

2. 对安装在一、二级负荷场所的低压电器，应按本条第2）、3）、4）款的规定进行。

（2）测量低压电器连同所连接电缆及二次同路的绝缘电阻值，不应小于1MΩ；在比较潮湿的地方，可不小于0.5MΩ。

（3）电压线圈动作值的校验，应符合下述规定：线圈的吸合电压不应大于额定电压的85%，释放电压不应小于额定电压的5%；短时工作的合闸线圈应在额定电压的85%～110%范围内，分励线圈应在额定电压的75%～110%的范围内均能可靠工作。

（4）低压电器动作情况的检查，应符合下述规定：对采用电动机或液压、气压传动方式操作的电器，除产品另有规定外，当电压、液压或气压在额定值的85%～110%范围内，电器应可靠工作。

（5）低压电器采用的脱扣器的整定，各类过电流脱扣器、失压和分励脱扣器、延时装置等，应按使用要求进行整定。

（6）测量电阻器和变阻器的直流电阻值，其差值应分别符合产品技术条件的规定。电阻值应满足回路使用的要求。

（7）低压电器连同所连接电缆及二次回路的交流耐压试验，应符合下述规定：试验电压为1000V。当回路的绝缘电阻值在10MΩ以上时，可采用2500V兆欧表代替，试验持续时间为1min。

4.2.20　绝缘、接地电阻测试记录（C2-20）

4.2.20.1　绝缘电阻测试记录（C2-20-1）

1. 资料表式

绝缘电阻测试记录（通用）　　　　表 C2-20-1

工程名称		编号			
		测试日期	年　月　日		
计量单位		天气情况			
仪表型号		电压		环境温度	

层数	箱盘编号	回路号	相间			相对零			相对地			零对地
			L_1-L_2	L_2-L_3	L_3-L_1	L_1-N	L_2-N	L_3-N	L_1-PE	L_2-PE	L_3-PE	N-PE

测试结论：				
签字栏	施工单位			
	专业技术负责人	专业质检员	专业工长	测试人
	监理或建设单位		专业工程师	

注：绝缘电阻测试记录应符合现行国家标准《建筑电气工程施工质量验收规范》GB 50303、《智能建筑工程质量验收规范》GB 50339、《电梯工程施工质量验收规范》GB 50310的有关规定。施工单位填写的绝缘电阻测试记录应一式三份，并应由建设单位、监理单位、施工单位各保存一份。

2. 资料要求

资料要求除应执行“对施工文件的总体要求、对工程质量记录资料核查要求”外，尚应符合：

接地电阻测试记录主要包括：设备系统的保护接地装置（分类、分系统进行的）测试记录、避雷系统及其他地极的测试记录。

3. 实施要点

绝缘电阻测试记录是指建筑电气工程安装完成后，按规范要求必须进行的测试项目。

（1）绝缘摇测。

接、焊、包工序全部完成后，检查其是否符合设计和施工规范要求，符合其要求后即可进行摇测。

照明线路的绝缘摇测一般选用500V、量程为0～500MΩ的兆欧表。测量线路绝缘电阻时：兆欧表上有三个分别标有“接地”（E）、“线路”（L）、“保护环”（G）的端钮。可将被测两端分别接于E和L两个端钮上（见图C2-20-1）。

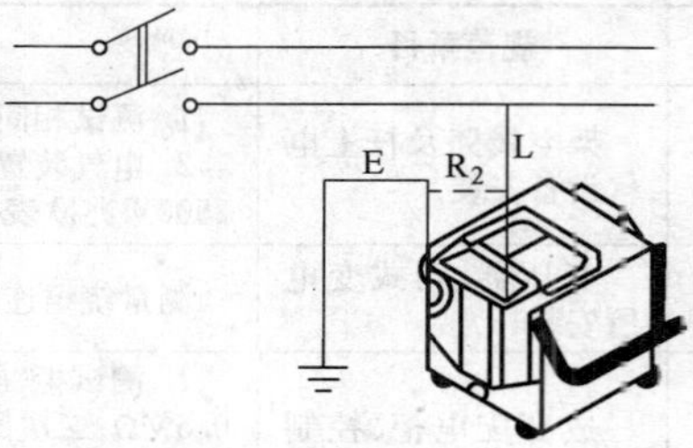

图 C2-20-1 绝缘测量与兆欧表接线示意图

一般照明绝缘线路绝缘摇测有以下两种情况：

① 电气器具未安装前进行线路绝缘摇测时，首先将灯头盒内导线分开，开关盒内导线连通。摇测应将干线和支线分开，一人摇测，一人应及时读数并记录。摇动速度应保持在120r/min左右，读数应采用1min后的读数为宜。

② 电气器具全部安装完，在送电前进行摇测时，应先将线路上的开关、刀闸、仪表、设备等用电开关全部置于断开位置，摇测方法同上所述，确认绝缘摇测无误后再进行送电试运行。

注：瓷夹或塑料夹配线、瓷柱瓷瓶配线、塑料护套、钢索配线、金属槽配线、塑料线槽配线等摇测方法相同。

（2）柜（盘）试验绝缘摇测：用500V摇表在端子板处测试每条回路的电阻，电阻必须大于0.5MΩ。

（3）配电箱（盘）绝缘摇测：配电箱（盘）全部电器安装完毕后，用500V兆欧表对线路进行绝缘摇测。摇测项目包括相线与相线之间，相线与零线之间，相线与地线之间，零线与地线之间。应有两人进行摇测，同时应做好记录，作为技术文件（资料）存档。

（4）绝缘电阻值规定

《建筑电气工程施工质量验收规范》（GB 50303—2002）对绝缘电阻的测试规定：

1）柜、屏、台、箱、盘间线路的线间和线对地间绝缘电阻值，馈电线路必须大于0.5MΩ；二次回路必须大于1MΩ。低压电器和电缆，线间和线对地间的绝缘电阻值必须大于0.5MΩ。

2）电动机、电加热器及电动执行机构绝缘电阻值应大于0.5MΩ。

3）室内配线工程，应在灯具试亮前，在各回路和进户线间测试绝缘电阻，合格后方可送电。绝缘电阻必须大于0.5MΩ。

4）测量电力线路绝缘电阻时，应将断路器、用电设备、电器仪表等断开。

5）三相四线制应测总进户的线间绝缘电阻，即A—B、B—C、C—A；相零间绝缘电阻，即A—0、B—0、C—0。有专用保护接地线时，还应测A—地、B—地、C—地、0—地。

6）分层（回路）应测分支干线的线间绝缘电阻、相零间绝缘电阻。

7）测分户回路应有相—0。

8）绝缘电阻测试应注意：应在接、焊、包全部完成后，进行了自检和互检，检查导线接、焊、包符合了设计要求及施工质量验收规范的规定，经检查无误后再进行绝缘摇测。

9）在建筑电气安装工程中的蓄电池母线对地的绝缘电阻与滑接线和移动式电缆的相同。

(5)(GB 50303)规范规定需进行的绝缘电阻测试内容与要求。

(GB 50303)规范规定需进行的绝缘电阻测试内容与要求　　表 C2-20-1-1

序号	规范章目	测试规定
1	架空线路及杆上电气设备安装	1. 测试相间和相对地间的绝缘电阻值,其值应大于 0.5MΩ; 2. 电气装置的交流工频耐压试验电压 1kV,当绝缘电阻值大于 10MΩ 时,可采用 2500V 兆欧表摇测替代,试验持续时间 1min,无击穿闪络现象
2	变压器、箱式变电所安装	测量绕组连同套管的绝缘电阻、吸收比或极化指数
3	成套配电柜、控制柜(屏、台)和动力、照明配电箱(盘)安装	1. 测试柜、屏、台、箱、盘间线路的线间和线对地间绝缘电阻值,馈电线路必须大于 0.5MΩ;二次回路必须大于 1MΩ。 2. 柜、屏、台、箱、盘间二次回路交流工频耐压试验,当绝缘电阻值大于 10MΩ 时,用 2500V 兆欧表摇测 1min,应无闪络击穿现象;当绝缘电阻值在 1～10MΩ 时,做 1000V 交流工频耐压试验,时间 1min,应无闪络击穿现象
4	低压电动机、电加热器及电动执行机构检查接线	测试电动机、电加热器及电动执行机构绝缘电阻值,其值应大于 0.5MΩ
5	柴油发电机组安装	测试发电机组至低压配电柜馈电线路的相间、相对地间的绝缘电阻值,其值应大于 0.5MΩ;塑料绝缘电缆馈电线路直流耐压试验为 2.4kV,时间 15min,泄漏电流稳定,无击穿现象
6	不间断电源安装	测试不间断电源装置间连线的线间、线对地间绝缘电阻值,其值应大于 0.5MΩ
7	低压电气动力设备试验和试运行	1. 测量低压电器连同所连接电缆及二次回路的绝缘电阻值,其值不应小于 1MΩ。比较潮湿的地方,不应小于 0.5MΩ。 2. 1kV 及以下配电装置和馈电线路测试 (1)配电装置及馈电线路的绝缘电阻测试不应小于 0.5MΩ。 (2)测量馈电线路绝缘电阻时,应将断路器、用电设备、电器和仪表等断开。 (3)动力配电装置的交流耐压试验,试验电压为 1000V。当回路绝缘电阻在 10MΩ 以上时,可采用 2500V 兆欧表代替,试验持续时间为 60s。 3. 二次回路测试的交流耐压试验: 当回路绝缘电阻在 10MΩ 以上时,可采用 2500V 兆欧表代替,试验持续时间为 60s;当回路中有电子元件设备时,试验时应将插件拔出或将其两端短接;48V 及以下回路,可不作交流耐压试验。 注:二次回路是指电气设备的操作、保护、测量、信号等回路及其回路中的操动机构的线圈、接触器、断电器、仪表、互感器二次绕组等
8	裸母线、封闭母线、插接式母线安装	测试低压母线相间和相对地间的绝缘电阻值,其值应大于 0.5MΩ;交流工频耐压试验电压为 1kV,当绝缘电阻值大于 10MΩ 时,可采用 2500V 兆欧表摇测替代,试验持续时间 1min,无击穿闪络现象
9	电缆桥架安装和桥架内电缆敷设	绝缘测试用 1kV 摇表测试线间及对地的绝缘电阻,其电阻值应不低于 10MΩ
10	电线、电缆穿管及线路敷设	绝缘摇测:照明线路的绝缘摇测一般选用 500V、量程为 0～500MΩ 兆欧表。一般照明绝缘线路绝缘摇测有以下两种情况: (1)电气器具未安装前进行线路绝缘摇测时,首先将灯头盒内导线分开,开关盒内导线连通。摇测应将干线和支线分开,一人摇测,一人应及时读数并记录。摇动速度应保持在 120r/min 左右,读数应采用 1min 后的读数为宜。 (2)电气器具全部安装完在送电前进行摇测时,应先将线路上的开关、刀闸、仪表、设备等用电开关全部置于断开位置,摇测方法同上所述,确认绝缘摇测无误后再进行送电试运行
11	电缆头制作、接地和线路绝缘测试	测试低压电线和电缆,线间和线对地间的绝缘电阻值,其值必须大于 0.5MΩ
12	建筑物景观照明灯安装	测试每套灯具的导电部分对地绝缘电阻值,其值应大于 2MΩ
13	开关、插座、风扇安装	电线连接完成,箱(盘)灯具、开关、插座就位前测试绝缘电阻
14	建筑物照明通电试运行	电线连接完成,箱(盘)灯具、开关、插座就位前测试绝缘电阻

（6）表列子项

1）工程编号：施工企业按施工顺序编号或设计图注的编号填写。

2）测试日期：按实际测验日期填写。

3）仪表型号：按测验电阻的仪表型号填写。

4）接地名称与类别：被测接地的分项工程的名称、类别，如避雷接地等。

5）设计要求（Ω）：接设计中的规定值填写。

6）实测电阻值（Ω）：即实际测定的电阻值。

7）季节系数：按规范给定的数值或地方规定的季节系数填写。

8）评定意见：用季节系数乘以实测电阻值，满足要求时为符合要求，否则为不符合要求。

4.2.20.2 接地电阻测试记录（C2-20-2）

1. 资料表式

接地电阻测试记录（通用） **表 C2-20-2**

工程名称			编号		
			测试日期		
仪表型号		天气情况		气温(℃)	
接地类型	□防雷接地 □保护接地 □重复接地	□计算机接地 □防静电接地 □综合接地	□工作接地 □逻辑接地 □医疗设备接地		
设计要求	□≤10Ω □≤0.1Ω	□≤4Ω □≤Ω	≤1Ω □		
测试部位：					
测试结论：					
签字栏	施工单位				
	专业技术负责人	专业质检员	专业工长	专业测试人	
	监理或建设单位		专业工程师		

注：接地电阻测试记录应符合现行国家标准《建筑电气工程施工质量验收规范》GB 50303、《智能建筑工程质量验收规范》GB 50339、《电梯工程施工质量验收规范》GB 50310 的有关规定。施工单位填写的接地电阻测试记录应一式四份，并应由建设单位、监理单位、施工单位、城建档案馆各保存一份。

2. 资料要求

资料要求除应执行“对施工文件的总体要求、对工程质量记录资料核查要求”外，尚应符合：

接地电阻测试记录。主要包括：设备接地电阻测试、线路导线对地间的测试记录；焊接或搭接接头的电阻测定及系统接地的电阻测试要求；测试后按图纸、按系统、按回路进行逐项测试。

3. 实施要点

(1) 接地电阻测试记录是指建筑电气工程安装完成后，按规范要求必须进行的测试项目。

(2) 接地种类有保护接地、工作接地、重复接地及保护接零等种类。

1) 接地说明：

① 在电力系统中，将电器设备和电装置中性点、外壳或支架与接地装置用导体作良好的电气连接叫做接地；将电器设备和用电装置的金属外壳与系统零线相接叫做接零。

② 工作接地是指在正常或事故情况下，为了保证电器设备的安全运行，在电力系统中使某些点接地（如图 C2-20-2-1 所示）。

③ 保护接地是指为防止因绝缘损坏而造成触电危险，将电气设备的金属外壳和接地装置之间作电气连接（如图 C2-20-2-2 所示）。

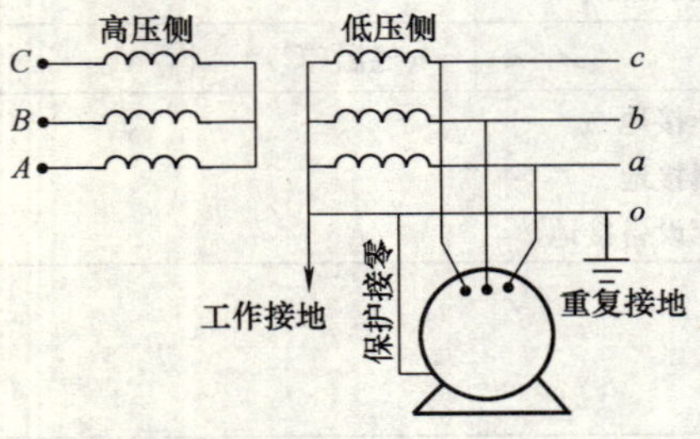

图 C2-20-2-1

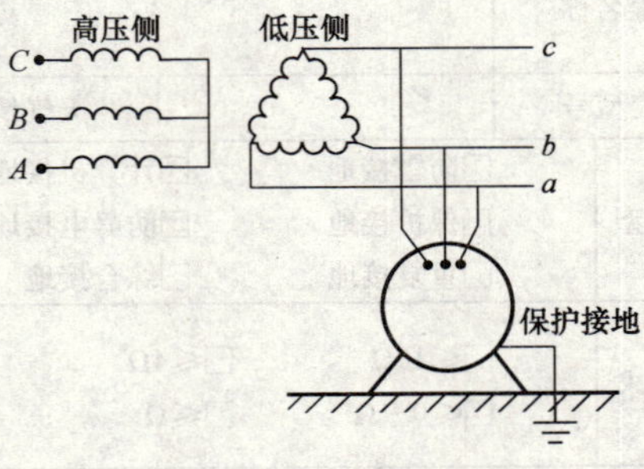

图 C2-20-2-2

④ 重复接地：是将零线上的一点或多点，与大地进行再一次的连接。

⑤ 保护接零：电气设备在正常情况下可将不带电的金属外壳与零线相连接。

2) 接地电阻测试：

① 保护接地或保护接零应接地或接零的部分如下：

A. 电机、变压器及其他电器的金属底层和外壳；

B. 电气设备的传动装置；

C. 室内外配电装置的金属或钢筋混凝土构架以及靠近带电部分的金属栏杆和金属门；

D. 配电、控制、保护用的盘（台、箱）的框架；

E. 交、直流电力电缆的接线盒、终端盒的金属外壳和电缆的金属护层、电缆支架、穿线的钢管；

F. 装有避雷线的电力线路杆塔；

G. 防静电接地及设计有要求的接地电阻测试。

② 避雷针（带）引下线之间，或线与线间的连接应采用搭接法焊接（搭接长度扁钢为宽的 2 倍、圆钢为直径的 6 倍）。

③ 建筑物上的防雷设施采用多根引下线时，宜在各引线距离地面的 1.5～1.8m 处设

置断线卡。

3）接地（PE）或接零（PEN）支线必须单独与接地（PE）或接零（PEN）干线相连接，不得串联连接。

（3）接地装置的接地电阻值必须符合设计要求。

接地电阻值测试主要内容包括设备、系统的保护接地装置（分类、分系统进行）的测试记录，变压器工作接地装置的接地电阻，以及其他专用设备接地装置的接地电阻测试记录，避雷系统及其他装置的接地电阻的测试记录。接地装置应逐条进行测试，并认真记录。

接地电阻标准：

1）系统防雷接地电阻一般 $R \leqslant 10\Omega$；

2）一、二类建筑物冲击接地电阻 $R \leqslant 10\Omega$，当建筑物为高层或处于雷电活动强烈地区时，$R < 5\Omega$；

3）三类建筑物冲击接地电阻 $R \leqslant 30\Omega$；

4）保护接地和工作接地电阻 $R \leqslant 4\Omega$；

5）防静电接地电阻 $R = 0.5 \sim 2\Omega$；

6）低压电气（1000V 以下）设备接地装置的接地电阻应符合表 C2-20-2-1 的要求。

低压电器设备接地装置接地电阻　　表 C2-20-2-1

序　号	装置的特性	任何季节、接地装置的接地电阻不大于下列数值（Ω）
1	中性点直接接地的电气设备 (1)发电机和变压器	4
	(2)容量为 100kV·A 及以下的发电机和变压器	10
	(3)发电机或变压器并联运行时，其容量不超过 100kV·A	10
	(4)零线的每一重复接地装置	10
	(5)在变压器和发电机的接地电阻允许达到 10Ω 的电网中，零线的每一重复接地装置（不少于 3 处）	30
2	中性点不接地的电气设备 (1)接地装置	4
	(2)发电机和变压器容量为 100kV·A 及以下的接地装置	10
	(3)发电机或变压器并联运行时，其容量不超过 100kV·A 时的接地装置	10

（4）变压器中性点应与接地装置引出干线直接连接，其接地电阻值必须符合设计要求。

（5）金属电缆桥架及其支架和引入或引出的金属电缆导管的接地（PE）或接零（PEN）规定：金属电缆桥架及其支架全长应不少于 2 处与接地（PE）或接零（PEN）干线相连接；非镀锌电缆桥架间连接板的两端跨接铜芯接地线，接地线最小允许截面积不小于 $4mm^2$；镀锌电缆桥架间连接板两端不跨接接地线，但连接板两端不少于 2 个有防松螺帽或防松垫圈的连接固定螺栓。

(6) 金属的导管和线槽必须接地（PE）或接零（PEN）可靠，并符合下列规定：镀锌的钢导管、可挠性导管和金属线槽不得熔焊跨接接地线，以专用接地卡跨接的两卡间连线为铜芯软导线，截面积不小于 $4mm^2$；当非镀锌钢导管采用螺纹连接时，连接处的两端焊跨接接地线；当镀锌钢导管采用螺纹连接时，连接处的两端用专用接地卡固定跨接接地线；金属线槽不作设备的接地导体，当设计无要求时，金属线槽全长不少于 2 处与接地（PE）或接零（PEN）干线连接；非镀锌金属线槽间连接板的两端跨接铜芯接地线，镀锌线槽间连接板的两端不跨接接地线，但连接板两端不少于 2 个有防松螺帽或防松垫圈的连接固定螺栓。

(7) 插座接线的接地（PE）或接零（PEN）线在插座间不串联连接。

(8) 几点说明

1) 仪表应放在水平位置；

2) 接地线路要与被保护设备断开，以保证测量结果的准确性；

3) 下雨后和土壤吸收水分太多的时候，以及气候、温度、压力等急剧变化时不能测量；

4) 被测地极附近不能有杂散电流和已极化土壤；

5) 探测针应远离地下水管、电缆、铁路等较大金属体，其中电流极应远离 100m 以上；电压极应远离 50m 以上，如上述金属体与接地网没有连接时，可缩短距离 1/2～1/3；

6) 注意电流极插入土壤的位置，使接地棒处于零电位的状态；

7) 连接线应使用绝缘良好的导线，以免有漏电现象；

8) 注意现场不能有电解物质和腐烂物体，以免造成错觉；

9) 宜选择土壤电阻率大的时候试验，如初冬或夏季干燥气候时进行；

10) 随时检查仪表的准确性；

11) 当检流计的灵敏度过高时，可将电位探针电压极插入土壤中浅一些；当检流计灵敏度不够时，可沿探针注水使其湿润。

(9) 接地电阻测试

1) 接地装置人工接地体的尺寸不应小于下列数值：

① 圆钢直径为 10mm；扁钢截面为 $100mm^2$；厚度为 4mm；钢管壁厚度为 3.5mm。

② 在腐蚀性较强的土壤中，应采取镀锌等防腐措施或加大截面。

2) 利用建筑物钢筋混凝土屋面板、梁、柱、基础及钢筋作防雷引下线时，应符合下列要求：

用于通过雷电流的一根或几根钢筋的总截面积不应小于下列数值：

① 对温度值要求不超过 60℃、需要验算疲劳强度的构件，为 $90mm^2$；

② 对温度值要求不超过 80℃的屋架、托架、屋面梁等材料，为 $64mm^2$；

③ 对无温度要求的其他构件为 $54mm^2$。

3) 构件内钢筋的连接应绑扎或焊接，被用作与外部连接的一根或几根钢筋与预留连接板的连接应焊接，各构件之间必须连接成电气通路。

4) 接地电阻试验用测试仪表

测量接地电阻用接地电阻测定仪，亦称接地摇表。是一种专门测量接地电阻或土壤电阻率的摇表。接地电阻测试仪的名称、测量范围、准确度、外形尺寸等，详见表C2-20-2-2。

接地电阻试验用测试仪表 **表 C2-20-2-2**

名　称	测量范围(Ω)	准确度	外形尺寸(mm)	重量(kg)
ZC-8 型 接地电阻测试仪	1/10/100 10/100/1000	在额定值的 30%以下 为额定值的＋1.5%	170×110×104	3
ZC29-1 型 接地电阻测试仪	10/100/1000	在额定值的 30%以上 为指示值的＋5%	170×116×135	2.3
ZC24-1 型晶体管 接地电阻测试仪	10/100/1000	±2.5%	210×110×130	1

5）接地电阻测试内容、仪表选用

测试内容：主要包括设备、系统的防雷接地、保护接地、工作接地、防静电妾地及设计有要求的接地电阻测试。

仪表的选用：常用仪表一般选用 ZC-8 型接地电阻测量仪。

6）测试方法及要求

① 把电位探针 P 插入被测接地极 E 和电流探针 C 之间，依直线布置彼此相距 20m；

② 用导线把 E、P、C 连于仪表的 E（C_2P_3）：P（P_1）、C（C_1）接线端；

③ 将仪表放置水平位置，检查检流计的指针是否在中心线上，否则应用零位调整器将其调整于中心线上；

④ 将“倍率标度”置于最大倍数，慢慢转动发电机的摇把，如指针达不到中心位置应重新调整“倍率标度”纽降低倍数重新摇测，直至指针位于中心；

⑤ 当检流计的指针接近平衡时，加快发电机摇把的转速，使其达到 120 转/min 以上，同时调整“测量标度盘”，使指针指于中心线上；

⑥ 如果“测量度盘”的读数小于 1 时，应将“倍率度盘”置于较小的倍数再重新调整“测量度盘”以得到正确的读数；

⑦ 当指针完全平衡于中心线处后，用“测量度盘”的读数乘以倍率标度，即为所测的电阻值；

⑧ 天气过于干燥，所测阻值过高，应在 P、C 探针处浇水重测；

⑨ 雨天后不应立刻对接地极电阻进行摇测，因所测值不准确。

7）测量结果处理

① 测量后接地极达不到设计及规范要求数值时，应增加接地极根数，施工后重测，直到合格；

② 不同季节的测试要乘以季节系数。由于各地土壤条件的差异，各地应制定当地的季节条件系数，下表系数仅供参考。季节系数调整测试值见表 C2-20-2-3，测验结果＝实测阻值×季节性系数。

季节系数调整测试值 **表 C2-20-2-3**

月　份	1	2	3	4	5	6	7	8	9	10	11	12
季节性系数	1.05	1.05	1	1.6	1.9	2.0	2.2	2.55	1.6	1.55	1.55	1.35

（10）接地电阻测试，测试的接地电阻一般不大于4Ω，并要符合设计要求；电气照明各回路绝缘电阻值，一般不小于0.5MΩ。

（GB 50303）规范规定需进行的接地电阻测试内容与要求　　表 C2-20-2-4

序号	规范章目	测 试 规 定
1	架空线路及杆上电气设备安装	变压器中性点应与接地装置引出干线直接连接、接地装置的接地电阻值必须符合设计要求。 注：架空线路的接地引下线与接地体连接应便于解开测量接地电阻
2	变压器、箱式变电所安装	金属箱式变电所及落地式配电箱，箱体应接地(PE)或接零(PEN)可靠，且有标识。
3	成套配电柜、控制柜(屏、台)和动力、照明配电箱(盘)安装	1. 柜、屏、台、箱、盘的金属框架及基础型钢必须接地(PE)或接零(PEN)可靠；装有电器的可开启门，门和框架的接地端子间应用裸编织铜线连接，且有标识。 2. 照明配电箱(盘)安装应符合：照明箱(盘)内，分别设置零线(N)和保护地线(PE线)汇流排，零线和保护地线经汇流排配出的规定。 3. 低压电器组合应符合：外壳需接地(PE)或接零(PEN)的，连接可靠的规定
4	低压电动机、电加热器及电动执行机构检查接线	电动机、电加热器及电动执行机构的可接近裸露导体必须接地(PE)或接零(PEN)
5	柴油发电机组安装	发电机中性线(工作零钱)应与接地干线直接连接，螺栓防松零件齐全，且有标识； 发电机本体和机械部分的可接近裸露导体应接地(PE)或接零(PEN)可靠，且有标识
6	不间断电源安装	1. 不间断电源输出端的中性线(N极)，必须与由接地装置直接引来的接地干线相连接，做重复接地。接地电阻符合要求。 2. 不间断电源装置的可接近裸露导体应接地(PE)或接零(PEN)可靠，且有标识
7	裸母线、封闭母线、插接式母线安装	绝缘子的底座、套管的法兰、保护网(罩)及母线支架等可接近裸露导体应接地(PE)或接零(PEN)可靠。不应作为接地(PE)或接零(PEN)的接续导体
8	电缆桥架安装和桥架内电缆敷设	金属电缆桥架及其支架和引入或引出的金属电缆导管必须接地(PE)或接零(PEN)可靠，且符合下列规定： (1)金属电缆桥架及其支架全长应不少于2处与接地(PE)或接零(PEN)干线相连接； (2)非镀锌电缆桥架间连接板的两端跨接铜芯接地线，接地线最小允许截面积不小于$4mm^2$； (3)镀锌电缆桥架间连接板的两端不跨接接地线，但连接板两端不少于2个有防松螺帽或防松垫圈的连接固定螺栓
9	电缆沟内和电缆竖井内电缆敷设	金属电缆支架、电缆导管必须接地(PE)或接零(PEN)可靠
10	电线导管、电缆导管和线槽敷设	1. 金属的导管和线槽必须接地(PE)或接零(PEN)可靠，并符合下列规定： (1)镀锌的钢导管、可挠性导管和金属线槽不得熔焊跨接接地线，以专用接地卡跨接的两卡间连线为铜芯软导线，截面积不小于$4mm^2$； (2)当非镀锌钢导管采用螺纹连接时，连接处的两端焊跨接接地线；当镀锌钢导管采用螺纹连接时，连接处的两端用专用接地卡固定跨接接地线； (3)金属线槽不作设备的接地导体，当设计无要求时，金属线槽全长不少于两处与接地(PE)或接零(PEN)干线连接； (4)非镀锌金属线槽间连接板的两端跨接铜芯接地线，镀锌线槽间连接板的两端不跨接接地线，但连接板两端不少于两个有防松螺帽或防松垫圈的连接固定螺栓。 2. 金属、非金属柔性导管敷设应符合：可挠性金属导管和金属柔性导管不能作接地(PE)或接零(PEN)的接续导体
11	钢索配线	钢索的终端拉环埋件应牢固、可靠，钢索与终端拉环套接处应采用心形环，固定钢索的线卡不应少于2个，钢索端头应用镀锌铁线绑扎紧密，且应接地(PE)或接零(PEN)可靠

续表

序号	规范章目	测 试 规 定
12	普通灯具安装	当灯具距地面高度小于 2.4m 时，灯具的可接近裸露导体必须接地（FE）或接零（PEN）可靠，并应有专用接地螺栓，且有标识
13	专用灯具安装	36V 及以下行灯变压器和行灯安装时的变压器外壳、铁芯和低压侧的任意一端或中性点，接地（PE）或接零（PEN）可靠
14	建筑物景观照明灯安装	1. 建筑物景观照明灯具安装时的金属构架和灯具的可接近裸露导体及金属软管的接地（PE）或接零（PEN）可靠，且有标识 2. 庭院灯安装时的金属立柱及灯具可接近裸露导体接地（PE）或接零（PEN）可靠，接地线单设干线，干线沿庭院灯布置位置形成环网状，且不少于 2 处与接地装置引出线连接，由干线引出支线与金属灯柱及灯具的接地端子连接，且有标识
15	开关、插座、风扇安装	插座接线应符合下列规定： 1. 单相两孔插座，面对插座的右孔或上孔与相线连接，左孔或下孔与零线连接；单相三孔插座，面对插座的右孔与相线连接，左孔与零线连接； 2. 单相三孔、三相四孔及三相五孔插座的接地（PE）或接零（PEN）线接在上孔。插座的接地端子不与零线端子连接。同一场所的三相插座，接线的相序一致。 3. 接地（PE）或接零（PEN）线在插座间不串联连接
16	接地装置安装	1. 测试接地装置的接地电阻值必须符合设计要求。 （1）防雷接地的人工接地装置的接地干线埋设，经人行通道处埋地深度不应小于 1m，且应采取均压措施或在其上方铺设卵石或沥青地面。 （2）接地模块顶面埋深不应小于 0.6m，接地模块间距不应小于模块长度的 3～5 倍。接地模块埋设基坑，一般为模块外形尺寸的 1.2～1.4 倍，且在开挖深度内详细记录地层情况。 2. 接地模块应垂直或水平就位，不应倾斜设置，保持与原土层接触良好。 3. 接地模块应集中引线，用干线把接地模块并联焊接成一个环路，干线的材质与接地模块焊接点的材质应相同，钢制的采用热浸镀锌扁钢，引出线不少于 2 处
17	接闪器安装	建筑物顶部的避雷针、避雷带等必须与顶部外露的其他金属物体连成一个整体的电气通路，且与避雷引下线连接可靠

注：凡表列测试规定项下均应进行接地电阻测试。

（11）表列子项

① 分部（项）名称：指测试项所在的该分部（项）工程的名称。

② 仪表型号：指测试使用的仪表的型号。

③ 工作电压：指实际测试时的电压值。

④ 相别及电阻：

AB 相电阻值及各回路相间的电阻值。

BC 相电阻值及各回路相间的电阻值。

CA 相电阻值及各回路相间的电阻值。

AO 相阻值及各回的对零值。

BO 相阻值及各回的对零值。

CO 相阻值及各回的对零值。

A 地的电阻值及各回路的对地值。

B 地的电阻值及各回路的对地值。

C 地的电阻值及各回路的对地值。

4.2.21 隐蔽工程验收记录（C2-21）

4.2.21.1 电气工程隐蔽工程验收记录（C2-21-1）

实施要点

（1）电气工程隐蔽工程验收记录按 C2-5-1 表式执行。

（2）电气工程隐蔽验收的主要项目

1）电气工程暗配线应进行分层分段分部位隐蔽检查验收，包括埋地、墙内、板孔内、密封桥架内、板缝内及混凝土内等。其内容包括：隐蔽内部线路走向与位置，规格、标高、弯度接头及焊接地线，防腐，管盒固定，管口处理。

2）利用结构钢筋做避雷引下线、暗敷避雷引下线及屋面暗设接闪器。应办理隐检手续，还应附图（平、剖面）及文字说明。内容包括：材质、规格、型号、焊接情况及相对位置。

3）接地体的埋设与焊接。应检查搭接长度、焊面、焊接质量、防腐及其材料种类、遍数以及埋设位置、埋深、材质、规格、土壤处理等，还应附图说明。

4）施工完成后不能进入吊顶内的管路敷设，在封顶前做好隐检，应检查位置、标高、材质、规格、固定方法、牢固程度及上、下层保护情况等。

5）地基基础阶段隐检主要包括：暗引电缆的钢管埋设、地线引入、利用基础钢筋接地极的钢筋与引线焊接等。

4.2.21.2 电导管安装工程隐蔽工程验收记录（C2-21-2）

实施要点

（1）电导管安装工程隐蔽工程验收记录按 C2-5-1 表式执行。

（2）隐蔽验收检查要点

1）检查验收金属的导管和线槽必须接地（PE）或接零（PEN）可靠。镀锌的钢导管、可挠性导管和金属线槽不得熔焊跨接接地线，以专用接地卡跨接的两卡间连线为铜芯软导线，截面积不小于 $4mm^2$；当非镀锌钢导管采用螺纹连接时，连接处的两端焊跨接接地线；当镀锌钢导管采用螺纹连接时，连接处的两端用专用接地卡固定跨接接地线；金属线槽不作设备的接地导体，当设计无要求时，金属线槽全长不少于两处与接地（PE）或接零（PEN）干线连接；非镀锌金属线槽间连接板的两端跨接钢芯接地线，镀锌线槽间连接板的两端不跨接接地线，但连接板两端不少于两个有防松螺帽或防松垫圈的连接固定螺栓。

2）金属导管严禁对口熔焊连接；镀锌和壁厚小于等于 2mm 的钢导管不得套管熔焊连接。

3）防爆导管不应采用倒扣连接：当连接有困难时，应采用防爆活接头，其接合面应严密。

4）当绝缘导管在砌体上剔槽埋设时，应采用强度等级不小于 M10 的水泥砂浆抹面保护，保护层厚度大于 15mm。

5）室外埋地敷设的电缆导管，埋深不应小于 0.7m。壁厚小于等于 2mm 的钢电线导管不应埋设于室外土壤内。

6）室外导管的管口应设置在盒、箱内在落地式配电箱内的管口，箱底无封板的，管口高出基础面 50～80mm。所有管口在穿入电线、电缆后应作密封处理。由箱式变电所或落地式配电箱引向建筑物的导管，建筑物一侧的导管管口应设在建筑物内。

7）金属导管内、外壁应防腐处理；埋设于混凝土内的导管内壁应防腐处理，外壁可不作防腐处理。

8）暗配的导管，埋设深度与建筑物、构筑物表面的距离不应小于15mm；明配的导管应排列整齐，固定点间距均匀，安装牢固；在终端、弯头中点或柜、台、箱、盘等边缘的距离150～500mm范围内设有管卡，中间直线段管卡间的最大距离应符合表C2-21-2-1的规定。

管卡间最大距离 **表C2-21-2-1**

敷设方式	导管种类	导管直径(mm)				
		15～20	25～32	32～40	50～65	65以上
		管卡最大距离				
支架或沿墙明敷	壁厚>2mm刚性钢导管	1.5	2.0	2.5	2.5	3.5
	壁厚≤2mm刚性钢导管	1.0	1.5	2.0	—	—
	刚性绝缘导管	1.0	1.5	1.5	2.0	2.0

4.2.21.3 电线导管、电缆导管和线槽敷设隐蔽工程验收记录（C2-21-3）

实施要点

（1）电线导管、电缆导管和线槽敷设隐蔽工程验收记录按C2-5-1表式执行。

（2）电线导管、电缆导管和线槽敷设隐蔽验收应检查的内容

1）金属的导管和线槽必须接地（PE）或接零（PEN）可靠，并符合下列规定：

① 镀锌的钢导管、可挠性导管和金属线槽不得熔焊跨接接地线，以专用接地卡跨接的两卡间连线为铜芯软导线，截面积不小于4mm²；

② 当非镀锌钢导管采用螺纹连接时，连接处的两端焊跨接接地线；当镀锌钢导管采用螺纹连接时，连接处的两端用专用接地卡固定跨接接地线；

③ 金属线槽不作设备的接地导体，当设计无要求时，金属线槽全长不少于两处与接地（PE）或接零（PEN）干线连接；

④ 非镀锌金属线槽间连接板的两端跨接铜芯接地线，镀锌线槽间连接板的两端不跨接接地线，但连接板两端不少于两个有防松螺帽或防松垫圈的连接固定螺栓。

2）金属导管严禁对口熔焊连接；镀锌和壁厚小于等于2mm的钢导管不得套管熔焊连接。

3）电缆导管的弯曲半径不应小于电缆最小允许弯曲半径，电缆最小允许弯曲半径符合（GB 50303—2002）规范表C2-21-3-1的规定。

电缆最小允许弯曲半径 **表C2-21-3-1**

序号	电 缆 种 类	最小允许弯曲半径
1	无铅包钢铠护套的橡皮绝缘电力电缆	$10D$
2	有钢铠护套的橡皮绝缘电力电缆	$20D$
3	聚氯乙烯绝缘电力电缆	$10D$
4	交联聚氯乙烯绝缘电力电缆	$15D$
5	多芯控制电缆	$10D$

注：D为电缆外径。

4）室内进入落地式柜、台、箱、盘内的导管管口，应高出柜、台、箱、盘的基础面50～80mm。

5）线槽应安装牢固，无扭曲变形，紧固件的螺母应在线槽外侧。

6）防爆导管敷设应符合下列规定：

① 导管间及与灯具、开关、线盒等的螺纹连接处紧密、牢固。除设计有特殊要求外，连接处不跨接接地线，在螺纹上涂以电力复合酯或导电性防锈酯。

② 安装牢固顺直，镀锌层锈蚀或剥落处作防腐处理。

7）绝缘导管敷设应符合下列规定：

① 管口平整光滑：管与管、管与盒（箱）等器件采用插入法连接，连接处结合面涂专用胶合剂，接口牢固密封。

② 直埋于地下或楼板内的刚性绝缘导管，在穿出地面或楼板易受机械损伤的一段，采取保护措施。

③ 当设计无要求时，埋设在墙内或混凝土内的绝缘导管，采用中型以上的导管。

④ 沿建筑物、构筑物表面和在支架上敷设的刚性绝缘导管，按设计要求装设温度补偿装置。

8）金属、非金属柔性导管敷设应符合下列规定：

① 刚性导管经柔性导管与电气设备、器具连接，柔性导管的长度在动力工程中不大于0.8m，在照明工程中不大于1.2m；

② 可挠金属管或其他柔性导管与刚性导管或电气设备、器具间的连接采用专用接头；复合型可挠金属管或其他柔性导管的连接处密封良好，防液覆盖层完整无损；

③ 可挠性金属导管和金属柔性导管不能作接地（PE）或接零（PEN）的接续导体。

4.2.21.4　重复接地（防雷接地）工程隐蔽工程验收记录（C2-21-4）

实施要点

(1) 重复接地（防雷接地）工程隐蔽工程验收记录按C2-5-1表式执行。

(2) 重复接地（防雷接地）隐蔽验收应检查的内容

1）暗敷在建筑物抹灰层内的引下线应有卡钉分段固定；明敷的引下线应平直，无急弯，与支架焊接处，油漆防腐且无遗漏。

2）变压器室、高、低压开关室内的接地干线应有不少于2处与接地装置引出干线连接。

3）当利用金属构件、金属管道作接地线时，应在构件或管道与接地干线间焊接金属跨接线。

4）钢制接地线的焊接连接符合《建筑电气工程施工质量验收规范》（GB 50303—2002）规范24.2.1的规定，材料采用及最小允许规格、尺寸符合（GB 50303—2002）规范24.2.2的规定。

5）明敷接地引下线及室内接地干线的支持件间距应均匀，水平直线部分0.5～1.5m；垂直直线部分1.5～3m；弯曲部分0.3～0.5m。

6）接地线在穿越墙壁、楼板和地坪处应加套钢管或其他坚固的保护套管，钢套管应与接地线作电气连通。

7）变配电室内明敷接地干线安装应符合下列规定：

① 便于检查，敷设位置不妨碍设备的拆卸与检修。

② 当沿建筑物墙壁水平敷设时，距地面高度250～300mm；与建筑物墙壁间的间隙10～15mm。

③ 当接地线跨越建筑物变形缝时，设补偿装置。

④ 接地线表向沿长度方向，每段为15～100mm，分别涂以绿色和黄色相间的条纹。

⑤ 变压器室、高压配电室的接地干线上，应设置不少于2个供临时接地用的接线柱或接地螺栓。

⑥ 当电缆穿过零序电流互感器时，电缆头的接地线应通过零序电流互感器后接地；由电缆头至穿过零序电流互感器的一段电缆金属护层和接地线应对地绝缘。

⑦ 配电间隔和静止补偿装置的栅栏门及变配电室金属门铰链处的接地连接，应采用编织铜线。变配电室的避雷器应用最短的接地线与接地干线连接。

⑧ 设计要求接地的幕墙金属框架和建筑物的金属门窗，应就近与接地干线连接可靠，连接处不同金属间应有防电化腐蚀措施。

4.2.21.5 配线敷设施工隐蔽工程验收记录（C2-21-5）

实施要点

（1）配线敷设施工隐蔽工程验收记录按C2-5-1表式执行。

（2）配线敷设隐蔽验收应检查的内容

1）电线、电缆、线槽敷线

① 三相或单相的交流单芯电缆，不得单独穿于钢导管内。

② 不同回路、不同电压等级和交流与直流的电线，不应穿于同一导管内；同一交流回路的电线应穿于同一金属导管内，管内电线不得有接头。

③ 爆炸危险环境照明线路的电线和电缆额定电压不得低于750V，电线必须穿于钢导管内。

④ 电线、电缆穿管前，应清除管内杂物和积水。管口应有保护措施，不进入接线盒（箱）的垂直管口穿入电线、电缆后，管口应密封。

⑤ 当采用多相供电时，同一建筑物、构筑物的电线绝缘层颜色选择应一致；即保护地线（PE线）应是黄绿相间色，零线用淡蓝色，相线用：A相——黄色、B相——绿色、C相——红色。

⑥ 线槽敷线应符合下列规定：

A. 电线在线槽内有一定余量，不得有接头。电线按回路编号分段绑扎，绑扎点间距不大于2m；

B. 同一回路的相线和零线，敷设于同一金属线槽内；

C. 同一电源的不同回路无抗干扰要求的线路可敷设于同一线槽内；敷设于同一线槽内有抗干扰要求的线路用隔板隔离，或采用屏蔽电线且屏蔽护套一端接地。

2）槽板配线

① 槽板内电线无接头，电线连接设在器具处：槽板与各种器具连接时，电线应留有余量，器具底座应压住槽板端部。

② 槽板敷设应紧贴建筑物表面，横平竖直，固定可靠，严禁用木楔固定。木槽板应经阻燃处理，塑料槽板表面应有阻燃标识。

③ 木槽板无劈裂，塑料槽板无扭曲变形。槽板底板固定点间距应小于500mm；槽板盖板固定点间距应小于300mm；底板距终端50mm和盖板距终端30mm处应固定。

④ 槽板的底板接口与盖板接口应错开20mm，盖板在直线段和90°转角处应成45°斜口对接，T形分支处应成三角叉接，盖板应无翘角，接口应严密、整齐。

⑤ 槽板穿过梁、墙和楼板处应有保护套管，跨越建筑物变形缝处槽板应设补偿装置，且与槽板结合严密。

3）钢索配线

① 应采用镀锌钢索，不应采用含油芯的钢索。钢索的钢丝直径应小于0.5mm，钢索不应有扭曲和断股等缺陷。

② 钢索的终端拉环埋件应牢固、可靠，钢索与终端拉环套接处应采用心形环，固定钢索的线卡不应少于2个，钢索端头应用镀锌绑扎紧密，且应接地（PE）或接零（PEN）可靠。

③ 当钢索长度50m及以下时，可在其一端装设花篮螺栓紧固；当钢索长度大于50m时，应在钢索两装设花篮螺栓紧固。

④ 钢索中间吊架间距不应大于12m，吊架与钢索连接处的吊钩深度不应小于20mm，并应有防止钢索跳出的锁定零件。

⑤ 电线和灯具在钢索上安装后，钢索应承受全部负载，且钢索表面应整洁、无锈蚀。

⑥ 钢索配线的零件间和线间距离如下：

A. 钢管：支持件之间最大距离1500mm；支持件与灯头盒之间最大距离200mm；

B. 刚性绝缘导管：支持件之间最大距离1000mm；支持件与灯头盒之间最大距离150mm；

C. 塑料护套线：支持件之间最大距离200mm；支持件与灯头盒之间最大距离100mm。

4.2.22　施工记录（C2-22）

4.2.22.1　建筑电气施工记录（C2-22-1）

实施要点

(1) 建筑电气施工记录按C2-6-1表式执行。

(2)《建筑电气工程施工质量验收规范》(GB 50303—2002) 第3章基本规定第3.3节对工序交接进行了确认；在分部（子分部）工程验收中提出了在验收时要求核查的质量控制资料中提供的“工序交接合格等施工安装记录”。

工序是指“组成整个生产过程的各段加工，也指各段加工的先后次序”。

1）架空线路及杆上电气设备安装应按以下程序进行：

① 线路方向和杆位及拉线坑位测量埋桩后，经检查确认，才能挖掘杆坑和拉线坑；

② 杆坑、拉线坑的深度和坑型，经检查确认，才能立杆和埋设拉线盘；

③ 杆上高压电气设备交接试验合格，才能通电；

④ 架空线路做绝缘检查，且经单相冲击试验合格才能通电；

⑤ 架空线路的相位经检查确认，才能与接户线连接。

2）变压器、箱式变电所安装应按以下程序进行：

① 变压器、箱式变电所的基础验收合格，且对埋入基础的电线导管、电缆导管和变压器进、出线预留孔及相关预埋件进行检查，才能安装变压器、箱式变电所；

② 杆上变压器的支架紧固检查后，才能吊装变压器且就位固定；

③ 变压器及接地装置交接试验合格，才能通电。

3）成套配电柜、控制柜（屏、台）和动力、照明配电箱（盘）安装应按以下程序进行：

① 埋设的基础型钢和柜、屏、台下的电缆沟等相关建筑物检查合格，才能安装柜、屏、台；

② 室内外落地动力配电箱的基础验收合格，且对埋入基础的电线导管、电缆导管进行检查，才能安装箱体；

③ 墙上明装的动力、照明配电箱（盘）的预埋件（金属埋件、螺栓），在抹灰前预留和预埋；暗装的动力、照明配电箱的预留孔和动力、照明配线的线盒及电线导管等，经检查确认到位，才能安装配电箱（盘）；

④ 接地（PE）或接零（PEN）连接完成后，核对柜、屏、台、箱、盘内的元件规格、型号，且交接试验合格，才能投入试运行。

4）低压电动机、电加热器及电动执行机构应与机械设备完成连接，绝缘电阻测试合格，经手动操作符合工艺要求，才能接线。

5）柴油发电机组安装应按以下程序进行：

① 基础验收合格，才能安装机组；

② 地脚螺栓固定的机组经初平、螺栓孔灌浆、精平、紧固地脚螺栓、二次灌浆等机械安装程序；安放式的机组将底部垫平、垫实；

③ 油、气、水冷、风冷、烟气排放等系统和隔振防噪声设施安装完成；按设计要求配置的消防器材齐全到位；发电机静态试验、随机配电盘控制柜接线检查合格，才能空载试运行；

④ 发电机空载试运行和试验调整合格，才能负荷试运行；

⑤ 在规定时间内，连续无故障负荷试运行合格，才能投入备用状态。

6）不间断电源按产品技术要求试验调整，应检查确认才能接至馈电网路。

7）低压电气动力设备试验和试运行应按以下程序进行：

① 设备的可接近裸露导体接地（PE）或接零（PEN）连接完成，经检查合格才能进行试验；

② 动力成套配电（控制）柜、屏、台、箱、盘的交流工频耐压试验、保护装置的动作试验合格，才能通电；

③ 控制回路模拟动作试验合格，盘车或手动操作，电气部分与机械部分的转动或动作协调、一致，经检查确认才能空载试运行。

8）裸母线、封闭母线、插接式母线安装应按以下程序进行：

① 变压器、高低压成套配电柜、穿墙套管及绝缘子等安装就位，经检查合格，才能

安装变压器和高低压成套配电柜的母线；

② 封闭、插接式母线安装，在结构封顶、室内底层地面施工完成或已确定地面标高、场地清理、层间距离复核后，才能确定支架设置位置；

③ 与封闭、插接式母线安装位置有关的管道、空调及建筑装修工程施工基本结束，确认扫尾施工不会影响已安装的母线，才能安装母线；

④ 封闭、插接式母线每段母线组对接续前，绝缘电阻测试合格，绝缘电阻值大于20MΩ，才能安装组对；

⑤ 母线支架和封闭、插接式母线的外壳接地（PE）或接零（PEN）连接完成，母线绝缘电阻测试和交流工频耐压试验合格，才能通电。

9）电缆桥架安装和桥架内电缆敷设应按以下程序进行：

① 测量定位，安装桥架的支架，经检查确认才能安装桥架；

② 桥架安装检查合格，才能敷设电缆；

③ 电缆敷设前绝缘测试合格，才能敷设；

④ 电缆电气交接试验合格，且对接线去向、相位和防火隔堵措施等检查确认，才能通电。

10）电缆在沟内、竖井内支架上敷设应按以下程序进行：

① 电缆沟、电缆竖井内的施工临时设施、模板及建筑废料等清除，测量定位后，才能安装支架；

② 电缆沟、电缆竖井内支架安装及电缆导管敷设结束，接地（PE）或接零（PEN）连接完成，经检查确认才能敷设电缆；

③ 电缆敷设前绝缘测试合格，才能敷设；

④ 电缆交接试验合格，且对接线去向、相位和防火隔堵措施等检查确认，才能通电。

11）电线导管、电缆导管和线槽敷设应按以下程序进行：

① 除埋入混凝土中的非镀锌钢导管外壁不做防腐处理外，其他场所的非镀锌钢导管内外壁均做防腐处理，经检查确认才能配管；

② 室外直埋导管的路径、沟槽深度、宽度及垫层处理，经检查确认才能埋设导管；

③ 现浇混凝土板内配管在底层钢筋绑扎完成，上层钢筋未绑扎前敷设，且经检查确认，才能绑扎上层钢筋和浇捣混凝土；

④ 现浇混凝土墙体内的钢筋网片绑扎完成，门、窗等位置已放线，经检查确认，才能在墙体内配管；

⑤ 被隐蔽的接线盒和导管在隐蔽前检查合格，才能隐蔽；

⑥ 在梁、板、柱等部位明配管的导管套管、埋件、支架等检查合格，才能配管；

⑦ 吊顶上的灯位及电气器具位置先放样，且与土建及各专业施工单位商定，才能在吊顶内配管；

⑧ 顶棚和墙面的喷浆、油漆或壁纸等基本完成，才能敷设线槽、槽板。

12）电线、电缆穿管及线槽敷线应按以下程序进行：

① 接地（PE）或接零（PEN）及其他焊接施工完成，经检查确认，才能穿入电线或电缆以及线槽内敷线；

② 与导管连接的柜、屏、台、箱、盘安装完成，管内积水及杂物清理干净，经检查确认，才能穿入电线、电缆；

③ 电缆穿管前绝缘测试合格，才能穿入导管；

④ 电线、电缆交接试验合格，且对接线去向和相位等检查确认，才能通电。

13）钢索配管的预埋件及预留孔，应预埋、预留完成；装修工程除地面外基本结束，才能吊装钢索及敷设线路。

14）电缆头制作和接线应按以下程序进行：

① 电缆连接位置、连接长度和绝缘测试经检查确认，才能制作电缆头；

② 控制电缆绝缘电阻测试和校线合格，才能接线；

③ 电线、电缆交接试验和相位核对合格，才能接线。

15）照明灯具安装应按以下程序进行：

① 安装灯具的预埋螺栓、吊杆和吊顶上嵌入式灯具安装专用骨架等完成，按设计要求做承载试验合格，才能安装灯具；

② 影响灯具安装的模板、脚手架拆除；顶棚和墙面喷浆、油漆或壁纸等及地面清理工作基本完成后，才能安装灯具；

③ 导线绝缘测试合格，灯具才能接线；

④ 高空安装的灯具，地面通断电试验合格，才能安装。

16）照明开关、插座、风扇安装：吊扇的吊钩预埋完成；电线绝缘测试应合格，顶棚和墙面的喷浆、油漆或壁纸等应基本完成，才能安装开关、插座和风扇。

17）照明系统的测试和通电试运行应按以下程序进行：

① 电线绝缘电阻测试前电线的接续完成；

② 照明箱（盘）、灯具、开关、插座的绝缘电阻测试在就位前或接线前完成；

③ 备用电源或事故照明电源作空载自动投切试验前拆除负荷，空载自动投切试验合格，才能做有载自动投切试验；

④ 电气器具及线路绝缘电阻测试合格，才能通电试验；

⑤ 照明全负荷试验必须在本款的①、②、④完成后进行。

18）接地装置安装应按以下程序进行：

① 建筑物基础接地体：底板钢筋敷设完成，按设计要求做接地施工，经检查确认，才能支模或浇捣混凝土；

② 人工接地体：按设计要求位置开挖沟槽，经检查确认，才能打入接地极和敷设地下接地干线；

③ 接地模块：按设计位置开挖模块坑，并将地下接地干线引到模块上，经检查确认，才能相互焊接；

④ 装置隐蔽：检查验收合格，才能覆土回填。

19）引下线安装应按以下程序进行：

① 利用建筑物柱内主筋作引下线，在柱内主筋绑扎后，按设计要求施工，经检查确认，才能支模；

② 直接从基础接地体或人工接地体暗敷埋入粉刷层内的引下线，经检查确认不外露，才能贴面砖或刷涂料等；

③ 直接从基础接地体或人工接地体引出明敷的引下线，先埋设或安装支架，经检查确认，才能敷设引下线。

20）等电位联结应按以下程序进行：

① 总等电位联结：对可作导电接地体的金属管道入户处和供总等电位联结的接地干线的位置检查确认，才能安装焊接总等电位联结端子板，按设计要求做总等电位联结；

② 辅助等电位联结：对供辅助等电位联结的接地母线位置检查确认，才能安装焊接辅助等电位联结端子板，按设计要求做辅助等电位联结；

③ 对特殊要求的建筑金属屏蔽网箱，网箱施工完成，经检查确认，才能与接地线连接。

21）接闪器安装：接地装置和引下线应施工完成，才能安装接闪器，且与引下线连接。

22）防雷接地系统测试：接地装置施工完成测试应合格；避雷接闪器安装完成，整个防雷接地系统连成回路，才能系统测试。

《建筑电气工程施工质量验收规范》（GB 50303—2002）对以上22个分项工程界定的工序交接，对其检查合格后应填写施工安装记录。

电气安装施工记录包括：变压器、箱式变电所安装施工记录；成套配电柜、控制距（屏、台）和动力、照明配电箱（盘）安装施工记录；低压电动机、电加热器及电动执行机构检查接线施工记录；不间断电源安装施工记录；低压电气动力设备试验和试运行施工记录；电缆及导线安装施工记录（裸母线、封闭母线、插接式母线安装；电缆桥架安装和桥架内电缆敷设施工记录；电缆沟内和电缆竖井内电缆敷设施工记录）；普通灯具安装施工记录；专用灯具安装施工记录；开关、插座、风扇安装施工记录；接地装置安装施工记录；避雷引下线和变配电室，接地干线敷设施工记录；接闪器安装施工记录；建筑物等电位联结施工记录。

4.2.22.1-1　变压器、箱式变电所安装施工记录（C2-22-1-1）

主要填记的内容

1）变压器安装

① 变压器安装和接地装置的接地。

变压器安装位置，油浸变压器油位，接地干线与变压器的低压侧中性点的直接连接；接地干线与箱式变电所的N母线和PE母线的直接连接；变压器箱体、干式变压器的支架或外壳接地（PE）。

② 变压器的交接试验。必须按《电气装置安装工程电气设备交接试验标准》（GB 50150）的规定。

③ 绝缘件的质量应无裂纹、缺损和瓷件瓷釉损坏等缺陷，外表清洁，测温仪表指示准确。

④ 变压器的器身检查应按产品技术文件要求进行检查器身，当满足下列条件之一时，可不检查器身。

(a) 制造厂规定不检查器身者；

(b) 就地生产仅作短途运输的变压器，且在运输过程中有效监督，无紧急制动、剧烈振动、冲撞或严重颠簸等异常情况者。

2）箱式变电所

① 变配电设备基础安装与接地接零。基础地坪，地脚螺栓固定；箱体接地（PE）或接零（PEN），有标识。

② 箱式变电所的交接试验。箱式变电所的交接试验，必须符合下列规定：

（a）由高压成套开关柜、低压成套开关柜和变压器三个独立单元组合成的箱式变电所高压电气设备部分按《建筑电气工程施工质量验收规范》（GB 50303—2002）第 3.1.8 的规定交接试验合格。

（b）高压开关、熔断器等与变压器组合在同一个密闭油箱内的箱式变电所，交接试验按产品提供的技术文件要求执行。

（c）低压成套配电柜交接试验符合 4.1.5 条规定。

注：4.1.5 杆上低压配电箱的电气装置和馈电线路交接试验应符合下列规定：

1 每路配电开关及保护装置的规格、型号，应符合设计要求；

2 相间和相对地间的绝缘电阻值大于 0.5MΩ；

3 电气装置的交流工频耐压试验电压 1kV，当绝缘电阻值大于 10MΩ 时，可采用 2500V 兆欧表摇测替代，试验持续时间 1min，无击穿闪络现象。

③ 箱式变电所涂层及道风口。箱式变电所内外涂层完整、无损伤，有通风口的风口防护网完好。

④ 箱式变电所接线标记。箱式变电所的高、低压柜内部接线完整、低压每个输出回路标记清晰，回路名称准确。

⑤ 气体继电器气流坡度 1.0%～1.5%升高坡度。装有气体继电器的变压器顶盖，沿气体继电器的气流方向有 1.0～1.5%的升高坡度。

4.2.22.1-2 成套配电柜、控制柜（屏、台）和动力、照明配电箱（盘）安装施工记录（C2-22-1-2）

主要填记的内容

1）柜、屏、台、箱、盘的接地或接零。柜、屏、台、箱、盘的金属框架及基础型钢必须接地（PE）或接零（PEN）可靠；装有电器的可开启门，门和框架的接地端子间应用裸编织铜线连接，且有标识。

2）低压成套配电柜、控制柜（屏、台）和动力、照明配电箱（盘）应有可靠的电击保护，柜（屏、台、箱、盘）内保护导体应有裸露的连接外部保护导体的端子，当设计无要求时，柜（屏、台、箱、盘）内保护导体最小截面积 S_p 不应小于表 C2-22-1-2A 的规定。

保护导体的最小截面积 **表 C2-22-1-2A**

相线的截面积 S(mm^2)	相应保护导体的最小截面积 S_p(mm^2)
$S \leqslant 16$	2
$16 < S \leqslant 35$	16
$35 < S \leqslant 400$	$S/2$
$400 < S \leqslant 800$	200
$S > 800$	$S/4$

注：S 指柜（屏、台、箱、盘）电源进线相线截面积，且两者（S、S_p）材质相同。

3）高、低压成套配电柜的交接试验。必须符合（GB 50303—2002）规范有关条款的要求。

4）柜、屏、台、箱、盘；绝缘电阻值。柜、屏、台、箱、盘间线路的线间和线对地间绝缘电阻值，馈电线路必须大于 0.5MΩ；二次回路必须大于 1MΩ。

5）柜、屏、台、箱、盘间二次回路交流工频耐压试验，当绝缘电阻值大于 10MΩ 时，用 2500V 兆欧表摇测 1min，应无闪络击穿现象；当绝缘电阻值在 1～10MΩ 时，做 1000V 交流工频耐压试验，时间 1min，应无闪络击穿现象。

6）直流屏试验，应将屏内电子器件从线路上退出，检测主回路线间和线对地间绝缘电阻值应大于 0.5MΩ，直流屏所附蓄电池组的充、放电应符合产品技术文件要求；整流器的控制调整和输出特性试验应符合产品技术文件要求。

7）照明配电箱（盘）安装。必须符合（GB 50303—2002）规范有关条款的要求。

8）基础型钢安装应符合表 C2-22-1-2B 的规定。

基础型钢安装允许偏差　　**表 C2-22-1-2B**

项　目	允许偏差		量　测　值									
	(mm/m)	(mm/全长)										
不直度	1	5										
水平度	1	5										
不平行度	/	5										

9）柜、屏、台、箱、盘相互间或与基础型钢应用镀锌螺栓连接，且防松零件齐全。

10）柜、屏、台、箱、盘安装垂直度不应大于 1.5‰，相互间接缝不应大于 2mm，成列盘面偏差不应大于 5mm。

11）柜、屏、台、箱、盘内检查试验应符合下列规定：

① 控制开关及保护装置的规格、型号符合设计要求；

② 闭锁装置动作准确、可靠；

③ 主开关的辅助开关切换动作与主开关动作一致；

④ 柜、屏、台、箱、盘上的标识器件标明被控设备编号及名称，或操作位置，接线端子有编号，且清晰、工整，不易脱色；

⑤ 回路中的电子元件不应参加交流工频耐压试验；48V 及以下回路可不做交流工频耐压试验。

12）低压电器组合应符合下列规定：

① 发热元件安装在散热良好的位置；

② 熔断器的熔体规格、自动开关的整定值符合设计要求；

③ 切换压板接触良好，相邻压板间有安全距离，切换时不触及相邻的压板；

④ 信号回路的信号灯、按钮、光字牌、电铃、电笛、事故电钟等动作和信号显示准确；

⑤ 外壳需接地（PE）或接零（PEN）的，连接可靠；

⑥ 端子排安装牢固，端子有序号，强电、弱电端子隔离布置，端子规格与芯线截面积大小适配。

13）柜、屏、台、箱、盘间配线：电流回路应采用额定电压不低于750V、芯线截面积不小于2.5mm^{2}的铜芯绝缘电线或电缆；除电子元件回路或类似回路外，其他回路的电线应采用额定电压不低于750V，芯线截面不小于1.5mm^{2}的铜芯绝缘电线或电缆。

二次回路连线应成束绑扎，不同电压等级、交流、直流线路及计算机控制线路应分别绑扎，且有标识；固定后不应妨碍手车开关或抽出式部件的拉出或推入。

14）连接柜、屏、台、箱、盘面板上的电器及控制台、板等可动部位的电线应符合下列规定：

① 采用多股铜芯软电线，敷设长度留有适当裕量；

② 线束有外套塑料管等加强绝缘保护层；

③ 与电器连接时，端部绞紧，且有不开口的终端端子或搪锡，不松散、断股；

④ 可转动部位的两端用卡子固定。

15）照明配电箱（盘）安装应符合下列规定：

① 位置正确，部件齐全，箱体开孔与导管径适配，暗装配电箱箱盖紧贴墙面，箱（盘）涂层完整；

② 箱（盘）内接线整齐，回路编号齐全，标识正确；

③ 箱（盘）不采用可燃材料制作；

④ 箱（盘）安装牢固，垂直度允许偏差为1.5‰；底边距地面为1.5m，照明配电板底边距地面不小于1.8m。

4.2.22.1-3　低压电动机、电加热器及电动执行机构检查接线施工记录（C2-22-1-3）

主要填记的内容

1）可接近裸露导体。电动机、电加热器及电动执行机构的可接近裸露导体必须接地（PE）或接零（PEN）。

2）绝缘电阻值。电动机、电加热器及电动执行机构绝缘电阻值应大于0.5MΩ。

3）100kW以上电动机应测各相直流电阻值。100kW以上的电动机，应测量各相直流电阻值，相互差不应大于最小值的2%；无中性点引出的电动机，测量线间直流电阻值，相互差不应大于最小值的1%。

4）电气设备安装。电气设备安装应牢固，螺栓及防松零件齐全，不松动。防水防潮电气设备的接线入口及接线盒盖等应作密封处理。

5）抽芯检查规定。除电动机随带技术文件说明不允许在施工现场抽芯检查外，有下列情况之一的电动机，应抽芯检查：

① 出厂时间已超过制造厂保证期限，无保证期限的已超过出厂时间一年以上；

② 外观检查、电气试验、手动盘转和试运转，有异常情况。

6）电动机的抽芯检查。电动机抽芯检查，应符合下列规定：

① 线圈绝缘层完好，无伤痕，端部绑线不松动，槽楔固定、无断裂、引线焊接饱满、内部清洁、通风孔道无堵塞；

② 轴承无锈斑，注油（脂）的型号、规格和数量正确，转子平衡块紧固，平衡螺丝锁紧，风扇叶片无裂纹；

③ 连接用紧固件的防松零件齐全、完整；

④ 其他指标符合产品技术文件的特有要求。

7）在设备接线盒内裸露的不同相导线间和导线对地间最小距离应大于 8mm，否则应采取绝缘防护措施。

4.2.22.1-4　不间断电源安装施工记录（C2-22-1-4）

主要填记的内容

1）不间断电源的整流装置、逆变装置和静态开关装置的规格型号必须符合设计要求。内部结线连接正确、紧固件齐全，可靠、不松动，焊接连接无脱落现象。

2）不间断电源的输入、输出各级保护系统和输出的电压稳定性、波形畸变系数、频率、相位、静态开关的动作等各项技术性能指标试验调整必须符合产品技术文件要求，且符合设计文件要求。

3）不间断电源装置间连线的线间、线对地间绝缘电阻值应大于 0.5MΩ。

4）不间断电源输出端的中性线（N 极），必须与由接地装置直接引来的接地干线相连接，做重复接地。

5）安放不间断电源的机架组装应横平竖直，水平度、垂直度允许偏差不大于 1.5‰，紧固件齐全。

6）引入或引出不间断电源装置的主回路电线、电缆和控制电线、电缆分别穿保护管敷设，在电缆支架上平行敷设应保持 150mm 的距离，电线、电缆的屏蔽护套接地连接可靠，与接地干线就近连接，紧固件齐全。

7）不间断电源装置的可接近裸露导体应接地（PE）或接零（PEN）可靠，且有标识。

8）不间断电源正常运行时产生的 A 声级噪声，不应大于 45dB；输出额定电流为 5A 及以下的小型不间断电源噪声，不应大于 30dB。

4.2.22.1-5　低压电气动力设备试验和试运行施工记录（C2-22-1-5）

主要填记的内容

1）相关电气设备和线路试验。试运行前，相关电气设备和线路应按（GB 50303—2002）规范的规定试验合格。

2）现场单独安装的低压电器交接试验项目应符合（GB 50303—2002）规范附录 B 的规定。

3）柜、台、箱运行电压、电流。成套配电（控制）柜、台、箱、盘的运行电压、电流应正常，各种仪表指示正常。

4）电动机应试通电，检查转向和机械转动有无异常情况；可空载试运行的电动机，时间一般为 2h，记录空载电流，且检查机身和轴承的温升。

5）交流电动机在空载状态（不投料）可启动次数及间隔时间应符合产品技术条件的要求；无要求时，连续启动 2 次的时间间隔不应小于 5min，再次启动应在电动机冷却至常温下。空载状态（不投料）运行，应记录电流、电压、温度、运行时间等有关数据，符合建筑设备或工艺装置的空载状态运行（不投料）要求。

6）大容量（630A 及以上）导线或母线连接处，在设计计算负荷运行情况下应作温度抽测记录，温升值稳定不大于设计值。

7）电动执行机构的动作方向及指示。电动执行机构的动作方向及指示，应与工艺装置的设计要求保持一致。

4.2.22.1-6 电缆及导线安装施工记录（C2-22-1-6）

4.2.22.1-6A 裸母线、封闭母线、插接式母线安装（C2-22-1-6A）

主要填记的内容

1）裸露导体的接地或接零。绝缘子的底座、套管的法兰、保护网（罩）及母线支架等可接近裸露导体应接地（PE）或接零（PEN）可靠。不应作为接地（PE）或接零（PEN）的接续导体。

2）母线与母线或母线与电器接线端子，当采用螺栓搭接连接时，应符合下列规定：

① 母线的各类搭接连接的钻孔直径和搭接长度符合（GB 50303—2002）规范附录C的规定，用力矩扳手拧紧钢制连接螺栓的力矩值符合（GB 50303—2002）规范附录D的规定；

② 母线接触面保持清洁，涂电力复合脂，螺栓孔周边无毛刺；

③ 连接螺栓两侧有平垫圈，相邻垫圈间有大于3mm的间隙，螺母侧装有弹簧垫圈或锁紧螺母；

④ 螺栓受力均匀，不使电器的接线端子受额外应力。

3）封闭、插接式母线安装应符合下列规定：

① 母线与外壳同心，允许偏差为±5mm；

② 当段与段连接时，两相邻段母线及外壳对准，连接后不使母线及外壳受额外应力；

③ 母线的连接方法符合产品技术文件要求。

4）室内裸母线的最小安全净距应符合（GB 50303—2002）规范附录E的规定。

5）高压母线交流工频耐压试验必须按（GB 50303—2002）规范3.1.8的规定交接试验合格。

6）低压母线交接试验应符合（GB 50303—2002）规范4.1.5的规定。

7）母线的支架与预埋铁件采用焊接固定时，应焊缝饱满；用膨胀螺栓固定，选用的螺栓应适配，连接应牢固。

8）母线与母线、母线与电器接线端子搭接，搭接面的处理应符合下列规定：

① 铜与铜：室外、高温且潮湿的室内，搭接面搪锡；干燥的室内，不搪锡；

② 铝与铝：搭接面不作涂层处理；

③ 钢与钢：搭接面搪锡或镀锌；

④ 铜与铝：在干燥的室内，铜导体搭接面搪锡；在潮湿场所，铜导体搭接面搪锡，且采用铜铝过渡板与铝导体连接；

⑤ 钢与铜或铝：钢搭接面搪锡。

9）母线的相序排列及涂色，当设计无要求时应符合下列规定：

① 上、下布置的交流母线，由上至下排列为A、B、C相；直流母线正极在上，负极在下；

② 水平布置的交流母线，由盘后向盘前排列为A、B、C相；直流母线正极在后，负极在前；

③ 面对引下线的交流母线，由左至右排列为A、B、C相；直流母线正极在左，负极在右；

④ 母线的涂色：交流，A 相为黄色、B 相为绿色、C 相为红色；直流，正极为赭色、负极为蓝色；在连接处或支持件边缘两侧 10mm 以内不涂色。

10）母线在绝缘子上安装应符合下列规定：

① 金具与绝缘子间的固定平整、牢固，不使母线受额外应力；

② 交流母线的固定金具或其他支持金具不形成闭合铁磁回路；

③ 除固定点外，当母线平置时，母线支持夹板的上部压板与母线间有 1～1.5mm 的间隙；当母线立置时，上部压板与母线间有 1.5～2mm 的间隙；

④ 母线的固定点，每段设置一个，设置于全长或两母线伸缩节的中点；

⑤ 母线采用螺栓搭接时，连接处距绝缘子的支持夹板边缘不小于 50mm。

11）封闭、插接式母线组装和固定位置应正确，外壳与底座间、外壳各连接部位和母线的连接螺栓应按产品技术文件要求选择正确、连接紧固。

4.2.22.1-6B　电缆桥架安装和桥架内电缆敷设施工记录（C2-22-1-6B）

主要填记的内容

1）桥架、支架和引入、引出金属电缆导管接地或接零。金属电缆桥架及其支架和引入或引出的金属电缆导管必须接地（PE）或接零（PEN）可靠，且符合下列规定：

① 金属电缆桥架及其支架全长应不少于两处与接地（PE）或接零（PEN）干线相连接；

② 非镀锌电缆桥架间连接板的两端跨接铜芯接地线，接地线最小允许截面积不小于 $4mm^2$；

③ 镀锌电缆桥架间连接板的两端不跨接接地线，但连接板两端不少于两个有防松螺帽或防松垫圈的连接固定螺栓。

2）电缆敷设严禁有绞拧、铠装压扁、护层断裂和表面划伤等缺陷。电缆敷设严禁有绞拧、铠装压扁、护层断裂和表面严重划伤等缺陷。

3）电缆桥架安装规定。电缆桥架安装应符合下列规定：

① 直线段钢制电缆桥架长度超过 30m、铝合金或玻璃钢制电缆桥架长度超过 15m 设有伸缩节；电缆桥架跨越建筑物变形缝处设置补偿装置；

② 电缆桥架转弯处的弯曲半径，不小于桥架内电缆最小允许弯曲半径，电缆最小允许弯曲半径见表 C2-22-1-6B1；

电缆最小允许弯曲半径　　　　**表 C2-22-1-6B1**

序　号	电 缆 种 类	最小允许弯曲半径
1	无铅包钢铠护套的橡皮绝缘电力电缆	10*D*
2	有钢铠护套的橡皮绝缘电力电缆	20*D*
3	聚氯乙烯绝缘电力电缆	10*D*
4	交联聚氯乙烯绝缘电力电缆	15*D*
5	多芯控制电缆	10*D*

注：*D* 为电缆外径。

③ 当设计无要求时，电缆桥架水平安装的支架间距为 1.5～3m；垂直安装的支架间距不大于 2m；

④ 桥架与支架间螺栓、桥架连接板螺栓固定紧固，无遗漏，螺母位于桥架外侧：当铝合金桥架与钢支架固定时，有相互间绝缘的防电化腐蚀措施；

⑤ 电缆桥架敷设在易燃易爆气体管道和热力管道的下方。当设计无要求时。与管道的最小净距，符合表 C2-22-1-6B2 的规定；

与管道的最小净距（m） **表 C2-22-1-6B2**

管道类别		平行净距(m)	交叉净距(m)
一般工艺管道		0.4	0.3
易燃易爆气体管道		0.5	0.5
热力管道	有保温层	0.5	0.3
	无保温层	1.0	0.5

⑥ 敷设在竖井内和穿越不同防火区的桥架，按设计要求位置，有防火隔堵措施；

⑦ 支架与预埋件焊接固定，焊缝饱满；膨胀螺栓固定，选用螺栓适配，连接紧固，防松零件齐全。

4）桥架内电缆敷设应符合下列规定：

① 大于 45°倾斜敷设的电缆每隔 2m 处设固定点；

② 电缆出入电缆沟、竖井、建筑物、柜（盘）、台处以及管子管口处等作密封处理；

③ 电缆敷设排列整齐，水平敷设的电缆，首、尾两端，转弯两侧及每隔 5～10m 处设固定点；敷设于垂相桥架内的电缆固定点间距，不大于表 C2-22-1-6B3 的规定。

电缆固定点的间距（mm） **表 C2-22-1-6B3**

电缆种类		固定点间的距离(mm)
电力电缆	全塑型	1000
	除全塑型外的电缆	1500
控制电缆		1000

5）电缆的首端、末端和分支处应设标志牌。

4.2.22.1-6C 电缆沟内和电缆竖井内电缆敷设施工记录（C2-22-1-6C）

主要填记的内容

1）金属电缆支架、电缆导管必须接地（PE）或接零（PEN）可靠。

2）电缆敷设严禁有绞拧、铠装压扁、护压断裂和表面严重划伤等缺陷。

3）电缆支架安装应符合下列规定：

① 当设计无要求时，电线支架最上层至竖井顶部或楼板的距离不小于 150～200mm；电缆支架最下层至沟底或地面的距离不小于 50～100mm；

② 当设计无要求时，电缆支架层间最小允许距离符合表 C2-22-1-6C1 的规定；

电缆支架层间最小允许距离 **表 C2-22-1-6C1**

电 缆 种 类	支架层最小距离(mm)
控制电缆	120
10KV 及以下电力电缆	150～200

③ 支架与预埋件焊接固定时，焊缝饱满；用膨胀螺栓固定时，选用螺栓适配，连接紧固，防松零件齐全。

4）电缆在支架上敷设，转弯处的最小允许弯曲半径应符合（GB 50303—2002）规范表 12.2.1-1 的规定。

5）电缆敷设固定规定。电缆敷设固定应符合下列规定：

① 垂直敷设或大于 45°倾斜敷设的电缆在每个支架上固定；

② 交流单芯电缆或分相后的每相电缆固定用的夹具和支架，不形成闭合铁磁回路；

③ 电缆排列整齐，少交叉；当设计无要求时，电缆支持点间距，不大于表 C2-22-1-6C2 的规定；

电缆排列支持点间距表 **表 C2-22-1-6C2**

电缆种类		敷设方式	
		水平(mm)	垂直(mm)
电力电缆	全塑型	400	1000
	除全塑型外的电缆	800	1500
控制电缆		800	1000

④ 当设计无要求时，电缆与管道的最小净距，符合（GB 50303—2002）规范表 12.21-5 的规定，且敷设在易燃易爆气体管道和热力管道的下方；

⑤ 敷设电缆的电缆沟和竖井，按设计要求位置，有防火隔堵措施。

6）电缆的首端、末端和分支处应设标志牌。

4.2.22.1-7 普通灯具安装施工记录（C2-22-1-7）

主要填记的内容

1）灯具的固定应符合下列规定：

① 灯具重量大于 3kg 时，固定在螺栓或预埋吊钩上。

② 软线吊灯，灯具重量在 0.5kg 及以下，采用软电线自身吊装；大于 0.5kg 的灯具采用吊链，且软电线编叉在吊链内，使电线不受力。

③ 灯具固定牢固可靠，不使用木楔，每个灯具固定用螺钉或螺栓不少于 2 个；当绝缘台直径在 75mm 及以下时，采用 1 个螺钉或螺栓固定。

2）花灯吊钩圆钢直径不应小于灯具挂销直径，且不应小于 6mm。大型花灯的固定及悬吊装置，应按灯具重量的 2 倍做过载试验。

3）当钢管作灯杆时，钢管内径不应小于 10mm，钢管厚度不应小于 1.5mm。

4）固定灯具带电部件的绝缘材料以及提供防触电保护的绝缘材料，应耐燃烧和防明火。

5）灯具安装高度和使用电压等级，当设计无要求时，灯具的安装高度和使用电压等级应符合下列规定：

① 一般敞开式灯具，灯头对地面距离不小于下列数值（采用安全电压时除外）：

A. 室外：2.5m（室外墙上安装）；B. 厂房：2.5m；C. 室内：2m；软吊线带升降器的灯具在吊线展开后：0.8m。

② 危险性较大及特殊危险场所，当灯具距地面高度小于 2.4m 时，使用额定电压为

36V 及以下的照明灯具，或有专用保护措施。

6）当灯具距地面高度小于 2.4m 时，灯具的可接近裸露导体必须接地（PE）或接零（PEN）可靠，并应有专用接地螺栓，且有标识。

7）引向每个灯具的导线线芯最小截面应符合（GB 50303—2002）规范表 19.2.1 的规定。

8）灯具的外形，灯头及其接线应符合下列规定：

① 灯具及其配件齐全，无机械损伤、变形、涂层剥落和灯罩破裂等缺陷；

② 软线吊灯的软线两端作保护扣，两端芯线搪锡，当装升降器时，套塑料纹管，采用安全灯头；

③ 除敞开式灯具外，其他各类灯具灯泡容量在 100W 及以上者采用瓷质灯头；

④ 连接灯具的软线盘扣、搪锡压线，当采用螺口灯头时，相线接于螺口灯头中间的端子上；

⑤ 灯头的绝缘外壳不破损和漏电，带有开关的灯头，开关手柄无裸露的金属部分。

9）变电所内，高、低压配电设备及裸母线的正上方不应安装灯具。

10）装有白炽灯泡的吸顶灯具，灯泡不应紧贴灯罩；当灯泡与绝缘台间距离小于 5mm 时，灯泡与绝缘台间应采取隔热措施。

11）安装在重要场所大型灯具的玻璃罩，应采取防止玻璃罩碎裂后向下溅落的措施。

12）投光灯的底座及支架应固定牢固，枢轴应沿需要的光轴方向拧紧固定。

13）安装在室外的壁灯应有泄水孔，绝缘台与墙面之间应有防水措施。

4.2.22.1-8 专用灯具安装施工记录（C2-22-1-8）

主要填记的内容

1）36V 及以下行灯变压器和行灯安装按（GB 50303—2002）规范 20.1.1 条执行。

2）游泳池和类似场所灯具（水下灯及防水灯具）的等电位联结应可靠，有明显标识，其电源的专用漏电保护装置应全部检测合格。自电源引入灯具的导管必须采用绝缘导管，严禁采用金属或有金属护层的导管。

3）手术台无影灯安装应符合下列规定：

① 固定灯座的螺栓数量不少于灯具法兰底座上的固定孔数，且螺栓直径与底座孔径相适配；螺栓采用双螺母锁固；

② 在混凝土结构上螺栓与主筋相焊接，或将螺栓末端弯曲与主筋绑扎锚固；

③ 配电箱内装有专用的总开关及分路开关，电源分别接在两条专用的回路上，开关至灯具的电线采用额定电压不低于 750V 的铜芯多股绝缘电线；

④ 底座紧贴顶板，四周无缝隙；

⑤ 表面保持整洁，无污染，灯具镀、涂层完整，无划伤。

4）应急照明灯具安装应符合下列规定：

① 应急照明灯的电源除正常电源外，另有一路电源供电或者是独立于正常电源的柴油发电机组供电；或由蓄电池柜供电或选用自带电源型应急灯具。

②应急照明在正常电源断电后，电源转换时间为：疏散照明≤15s；备用照明≤15s（金融商店交易所≤1.5s）；安全照明≤0.5s。

③ 疏散照明由安全出口标志灯和疏散标志灯组成，且安全出口标志灯距地高度不低

于 2m，安装在疏散出口和楼梯口里侧上方。

④ 疏散标志灯安装在安全出口的顶部，楼梯间、疏散走道及其转角处应安装在 1m 以下的墙面上。不易安装的部位可安装在上部。疏散通道上的标志灯间距不大于 20m（人防工程不大于 10m）。

⑤ 疏散标志灯的设置，不影响正常通行，且不在其周围设置容易混同疏散标志灯的其他标志牌等。

⑥ 应急照明灯具、运行中温度大于 60℃的灯具，当靠近可燃物时，采取隔热、散热等防火措施；当采用白炽灯，卤钨灯等光源时，不直接安装在可燃装修材料或可燃物件上。

⑦ 应急照明线路在每个防火分区有独立的应急照明回路，穿越不同防火分区的线路有防火隔堵措施。

⑧ 疏散照明线路采用耐火电线、电缆，穿管明敷或在非燃烧体内穿刚性导管暗敷，暗敷保护层厚度不小于 30mm。电线采用额定电压不低于 750V 的铜芯绝缘电线。

⑨ 疏散照明采用荧光灯或白炽灯；安全照明采用卤钨灯，或采用瞬时可靠点燃的荧光灯。

⑩ 安全出口标志灯和疏散标志灯装有玻璃或非燃材料的保护罩，面板亮度均匀度为 1∶10（最低∶最高），保护罩应完整、无裂纹。

5）36V 及以下行灯变压器和行灯安装应符合下列规定：

① 行灯变压器的固定支架牢固，油漆完整；

② 携带式局部照明灯电线采用橡套软线。

6）防爆灯具安装应符合下列规定：

① 灯具的防爆标志，外壳防护等级和温度组别与爆炸危险环境相适配。当设计无要求时，灯种类和防爆结构的选型应符合表 C2-22.1-8A 的规定；

② 灯具配套齐全，不用非防爆零件替代灯具配件（金属护网、灯罩、接线盒等）；

灯具种类和防爆结构的类型　　表 C2-22-1-8A

爆炸危险区域 防爆结构 / 照明设备种类	Ⅰ区		Ⅱ区	
	隔爆型 d	增安型 e	隔爆型 d	增安型 e
固定式灯	○	×	○	○
移动式灯	△		○	—
携带式电池灯	○	—	○	—
镇流器	○	△	○	○

表中符号：○为适用；△为慎用；×为不适用

③ 灯具的安装位置离开释放源，且不在各种管道的泄压口及排放口上下方安装灯具；

④ 灯具及开关安装牢固可靠，灯具吊管及开关与接线盒螺纹啮合扣数不少于 5 扣，螺纹加工光滑、完整，无锈蚀，并在螺纹上涂以电力复合酯或导电性防锈酯；

⑤ 开关安装位置便于操作，安装高度 1.3m；

⑥ 灯具及开关的外壳完整，无损伤、凹陷或沟槽，灯罩无裂纹，金属护网无扭曲变形，防爆标志清晰；

⑦ 灯具及开关的紧固螺栓无松动、锈蚀、密封垫圈完好。

4.2.22.1-9 开关、插座、风扇安装施工记录（C2-22-1-9）

主要填记的内容

1）当交流、直流或不同电压等级的插座安装在同一场所时，应有明显的区别，且必须选择不同结构、不同规格和不能互换的插座；配套的插头，应按交流、直流或不同电压等级区别使用。

2）插座接线应符合下列规定：

① 单相两孔插座，面对插座的右孔或上孔与相线连接，左孔或下孔与零线连接；单相三孔插座，面对插座的右孔与相线连接，左孔与零线连接；

② 单相三孔、三相四孔及三相五孔插座的接地（PE）或接零（PEN）线接在上孔。插座的接地端子不与零线端子连接。同一场所的三相插座，接线的相序一致；

③ 接地（PE）或接零（PEN）线在插座间不串联连接；

④ 当不采用安全型插座时，托儿所、幼儿园及小学等儿童活动场所安装高度不小于1.8m；

⑤ 暗装的插座面板紧贴墙面，四周无缝隙，安装牢固，表面光滑、整洁，无碎裂、划伤，装饰帽齐全；

⑥ 车间及试（实）验室的插座安装高度距地面不小于0.3m；特殊场所暗装的插座不小于0.15m；同一室内插座安装高度一致；

⑦地插座面板与地面齐平或紧贴地面，盖板固定牢固，密封良好。

3）特殊情况下插座安装应符合下列规定：

① 当接插有触电危险家用电器的电源时，采用能断开电源的带开关插座，开关断开相线；

② 潮湿场所采用密封型并带保护地线触头的保护型插座，安装高度不低于1.5m。

4）照明开关安装应符合下列规定：

① 同一建筑物、构筑物的开关采用同一系列的产品，开关的通断位置一致，操作灵活、接触可靠；

② 相线经开关控制，民用住宅无软线引至床边的床头开关；

③ 开关安装位置便于操作，开关边缘距门框边缘的距离0.15～0.2m，开关距地面高度1.3m；拉线开关距地面高度2～3m，层高小于3m时，拉线开关距顶板不小于100mm，拉线出口垂直向下；

④ 相同型号并列安装及同一室内开关安装高度一致，且控制有序、不错位；并列安装的拉线开关的相邻间距不小于20mm；

⑤ 暗装的开关面板应紧贴墙面，四周无缝隙，安装牢固，表面光滑整洁，无碎裂、划伤，装饰帽齐全。

5）吊扇安装应符合下列规定：

① 吊扇挂钩安装牢固，吊扇挂钩的直径不小于吊扇挂销直径，且不小于8mm；有防振橡胶垫；挂销的防松零件齐全、可靠；

② 吊扇扇叶距地高度不小于2.5m；

③ 吊扇组装不改变扇叶角度，扇叶固定螺栓防松零件齐全；

④ 吊杆间、吊杆与电机间螺纹连接，啮合长度每端不小于 20mm，且防松零件齐全、紧固；

⑤ 吊扇接线正确，运转时扇叶无明显颤动和异常声响。

6）壁扇安装应符合下列规定：

① 壁扇底座采用尼龙塞或膨胀螺栓固定；尼龙塞或膨胀螺栓的数量不少于 2 个，且直径不小于 8mm；固定牢固、可靠；

② 壁扇防护罩扣紧，固定可靠，当运转时，扇叶和防护罩无明显颤动和异常声响；

③ 壁扇下侧边缘距地面高度不小于 1.8m。

4.2.22.1-10　**接地装置安装施工记录**（C2-22-1-10）

主要填记的内容

1）接地装置测试点位置设置要求，人工接地装置或利用建筑物基础钢筋的接地装置必须在地面以上，按设计要求位置设测试点。

2）测试接地装置的接地电阻值必须符合设计要求。

3）防雷接地的人工接地装置的接地干线埋设，经人行通道处埋地深度不应小于 1m。且应采取均压措施，或在其上方铺设卵石或沥青地面。

4）接地模块埋深、间距、基坑尺寸：接地模块顶面埋深不应小于 0.6m，接地模块间距不应小于模块长度的 3～5 倍。接地模块埋设基坑，一般为模块外形尺寸的 1.2～1.4 倍，且在开挖深度内详细记录地层情况。

5）接地模块应垂直或水平就位，不应倾斜设置，保持与原土层接触良好。

6）接地装置的埋设当设计无要求时，接地装置顶面埋设深度不应小于 0.6m。圆钢、角钢及钢管接地极应垂直埋入地下，间距不小于 5m。接地装置的焊接应采用搭接焊，搭接长度应符合下列规定：

① 扁钢与扁钢搭接为扁钢宽度的 2 倍，不少于三面施焊；

② 圆钢与圆钢搭接为圆钢直径的 6 倍，双面施焊；

③ 圆钢与扁钢搭接为圆钢直径的 6 倍，双面施焊；

④ 扁钢与钢管，扁钢与角钢焊接，紧贴角钢外侧两面，或紧贴 3/4 钢管表面，上、下两侧施焊；

⑤ 除埋设在混凝土中的焊接接头外，有防腐措施。

7）当设计无要求时，接地装置的材料采用为钢材，热浸镀锌处理，最小允许规格、尺寸应符合表 C2-22-1-10A 的规定。

最小允许规格、尺寸　　　　**表 C2-22-1-10A**

种类规格及单位		敷设位置及使用类别			
		地上		地下	
		室内	室外	交流电流回路	直流电流回路
圆钢直径（mm）		6	8	10	12
扁钢	截面（mm^2）	60	100	100	100
	厚度（mm）	3	4	4	6
角钢厚度（mm）		2	2.5	4	6
钢管管壁厚度（mm）		2.5	2.5	3.5	4.5

8）接地模块应集中引线，用干线把接地模块并联焊接成一个环路，干线的材质与接地模块焊接点的材质应相同，钢制的采用热浸镀锌扁钢，引出线不少于2处。

4.2.22.1-11 避雷引下线和变配电室，接地干线敷设施工记录（C2-22-1-11）

主要填记的内容

1）引下线敷设的固定与防腐，暗敷在建筑物抹灰层内的引下线应有卡钉分段固定；明敷的引下线应平直，无急弯，与支架焊接处，油漆防腐且无遗漏。

2）变压器室、高、低压开关室内接地干线，应有不少于2处与接地装置引出干线连接。

3）当利用金属构件、金属管道作接地线时，应在构件或管道与接地干线间焊接金属跨接线。

4）钢制接地线的焊接连接符合（GB 50303—2002）规范24.2.1的规定，材料采用及最小允许规格、尺寸符合表C2-22-1-10的规定。

5）明敷接地引下线及室内接地干线的支持件间距应均匀，水平直线部分0.5～1.5m；垂直直线部分1.5～3m；弯曲部分0.3～0.5m。

6）接地线在穿越墙壁、楼板和地坪处应加套钢管或其他坚固的保护套管，钢套管应与接地线作电气连通。

7）变配电室内明敷接地干线安装应符合下列规定：

① 便于检查，敷设位置不妨碍设备的拆卸与检修；

② 当沿建筑物墙壁水平敷设时，距地面高度250～300mm；与建筑物墙壁间的间隙10～15mm；

③ 当接地线跨越建筑物变形缝时，设补偿装置；

④ 接地线表向沿长度方向，每段为15～100mm，分别涂以绿色和黄色相间的条纹；

⑤ 变压器室、高压配电室的接地干线上应设置不少于2个供临时接地用的接线柱或接地螺栓。

8）由电缆头至穿过零序电流互感器的一段电缆金属护层和接地线应对地绝缘。

9）变配电室金属门铰链处接地连接，配电间隔和静止补偿装置的栅栏门及变配电室金属门铰链处的接地连接，应采用编织铜线。变配电室的避雷器应用最短的接地线与接地干线连接

10）设计要求接地的幕墙金属框架和建筑物的金属门窗，应就近与接地干线连接可靠，连接处不同金属间应有防电化腐蚀措施。

4.2.22.1-12 接闪器安装施工记录（C2-22-1-12）

主要填记的内容

1）建筑物顶部的避雷针、避雷带等必须与顶部外露的其他金属物体连成一个整体的电气通路，且与避雷引下线连接可靠。

2）避雷针、避雷带应位置正确，焊接固定的焊缝饱满、无遗漏，螺栓固定的应备帽等防松零件齐全，焊接部分补刷的防腐油漆完整。

3）避雷带应平正顺直，固定点支持件间距均匀，固定可靠，每个支持件应能承受大于49N（5kg）的垂直拉力。当设计无要求时，支持件间距符合：

水平直线部分：0.5～1.5mm；

垂直直线部分：1.5～3.0mm；

弯曲部分：0.3～0.5mm。

4.2.22.1-13 建筑物等电位联结施工记录（C2-22-1-13）

主要填记的内容

1）建筑物等电位联结有关要求。建筑物等电位联结干线应从与接地装置有不少于2处直接连接的接地干线或总等电位箱引出，等电位联结干线或局部等电位箱间的连接线形成环形网路，环形网路应就近与等电位联结干线或局部等电位箱连接。支线间不应串联连接。

2）等电位联结线的最小允许截面。铜（干线）：16mm^2；铜（支线）：6mm^2；钢（干线）：50mm^2；钢（支线）：16mm^2。

3）等电位联结的可接近裸露导体或其他金属部件、构件与支线连接可靠，熔焊、钎焊或机械紧固应导通正常。

4）需等电位联结的高级装修金属部件或零件，应有专用接线螺栓与等电位联结支线连接，且有标识；连接处螺帽紧固、防松零件齐全。

通风与空调

4.2.23 图纸会审、设计变更、洽商记录（C2-23）

按建筑与结构图纸会审、设计变更、洽商记录资料编制控检要求执行。

4.2.23.1 图纸会审（C2-23-1）

（1）通风与空调图纸会审按C2-1-1执行。

（2）图纸会审记录是对已正式签署的设计文件进行交底、审查和会审对提出的问题予以记录的技术文件。

4.2.23.2 设计变更（C2-23-2）

（1）通风与空调设计变更按C2-1-2执行。

（2）设计变更的表式以设计单位签发的设计变更文件为准。

4.2.23.3 洽商记录（C2-23-3）

（1）通风与空调洽商记录的表式按C2-1-3执行。

（2）洽商记录的表式以提出洽商单位签发的洽商记录文件为准。

4.2.24 材料、设备出厂合格证书及进场检（试）验报告（C2-24）

4.2.24.1 材料、设备出厂合格证书及进场检（试）验报告汇总表（C2-24-1）

材料、设备出厂合格证书及进场检（试）验报告汇总表按C2-3-1表式执行。

4.2.24.2 材料、设备出厂合格证书粘贴表（C2-24-2）

实施要点

材料、设备出厂合格证书粘贴表按 C2-3-2 表式执行。

（1）材料、设备出厂合格证

《通风与空调工程施工质量验收规范》（GB 50243—2002）规定：通风与空调工程所使用的主要材料、设备、成品与半成品应按标准生产的产品，并有出厂检验合格证明文件。为工程加工的非标准产品，亦应具有质量检验合格的鉴定文件，并应符合国家有关强制性标准的规定。通风与空调工程在施工中或竣工后，应按标准规定提供以下材料、设备出厂合格证：

1）管材、管件金属（如钢板、型钢、不锈钢、铝板等）、非金属（如硬聚乙烯板、玻璃钢、复合材料、砖、混凝土等）、油漆、防腐材料、保温材料等的出厂合格证。

2）通风机、制冷机、水塔、冷却塔、空调机组等出厂合格证。

3）除尘器、消声器、空气过滤器、风机盘管、空调器、洁净设备、其他设备等出厂合格证。

4）各种风口类（风口、罩类、风帽、其他部件等）、阀门类（包括防火阀、排烟阀在内）的出厂合格证。

（2）应提供设计或规范有规定的、对材质有怀疑的以及认为必需的抽样检查记录。

（3）进场时进行开箱检验（主要材料、设备）并有检验记录。

（4）出厂合格证所证明的材质和性能符合设计和规范的为符合要求。

（5）仅有合格证明无材质技术数据，经建设、设计单位认可签章者为基本符合要求；否则，为不符合要求。

4.2.24.3 设备开箱检验记录（C2-24-3）

（1）设备开箱检验记录按 C2-12-3 表式执行。

（2）设备、材料、成品和半成品进场检验：

1）设备、材料、成品和半成品进场检验结论应有记录，确认符合《建筑电气工程施工质量验收规范》（GB 50303—2002）的规定，才能在施工中应用。

2）因有异议送有资质试验室进行抽样检测，试验室内出具检测报告，确认符合《建筑电气工程施工质量验收规范》（GB 50303—2002）和相关技术标准划定，才能在施工中应用。

3）依法定程序批准进入市场的新电气设备、器具和材料进场验收，除符合《建筑电气工程施工质量验收规范》（GB 50303—2002）规定外，尚应提供安装、使用、维修和试验要求等技术文件。

4）进口电气设备、器具和材料进场验收，除符合《建筑电气工程施工质量验收规范》（GB 50303—2002）的规定外，尚应提供商检证明和中文的质量合格证明文件、规格、型号、性能检测报告以及中文的安装、使用、维修和试验要求等技术文件。

5）经批准的免检产品或认定的名牌产品，当进场验收时可不做抽样检测。

（3）设备安装中的制冷设备应进行开箱检验

1）根据设备装箱清单说明书、合格证、检验记录和必要的装配图和其他技术文件，核对型号、规格以及全部零件、部件、附属材料和专用工具。

2）主体和零、部件等表面有无缺损和锈蚀等情况。

3）设备充填的保护气体应无泄漏，油封应完好。开箱检查后，设备应采取保护措施，不宜过早或任意拆除，以免设备受损。

4.2.25　制冷、空调、水管道强度试验、严密性试验记录（C2-25）

4.2.25.1　制冷、空调、水管道强度气密性试验记录表（通用）（C2-25-1）

1. 资料表式

制冷、空调、水管道强度严密性试验记录（通用）　　表 C2-25-1

<table>
<tr><td colspan="3" rowspan="2">工程名称</td><td colspan="2" rowspan="2"></td><td>编号</td><td></td></tr>
<tr><td>试验日期</td><td></td></tr>
<tr><td colspan="3">分项工程名称</td><td colspan="2"></td><td>试验部位</td><td></td></tr>
<tr><td colspan="3">材质、规格</td><td colspan="2"></td><td>压力表编号</td><td></td></tr>
<tr><td colspan="7">试验要求：</td></tr>
<tr><td rowspan="10">试验记录</td><td colspan="2">试验介质</td><td colspan="4"></td></tr>
<tr><td colspan="2">试验压力表设置位置</td><td colspan="4"></td></tr>
<tr><td rowspan="4">强度试验</td><td>试验压力(MPa)</td><td colspan="4"></td></tr>
<tr><td>试验持续时间(min)</td><td colspan="4"></td></tr>
<tr><td>试验压力降(MPa)</td><td colspan="4"></td></tr>
<tr><td>渗漏情况</td><td colspan="4"></td></tr>
<tr><td rowspan="4">严密性试验</td><td>试验压力(MPa)</td><td colspan="4"></td></tr>
<tr><td>试验持续时间(min)</td><td colspan="4"></td></tr>
<tr><td>试验压力降(MPa)</td><td colspan="4"></td></tr>
<tr><td>渗漏情况</td><td colspan="4"></td></tr>
<tr><td colspan="7">试验结论：</td></tr>
<tr><td rowspan="3">签字栏</td><td colspan="2" rowspan="2">施工单位</td><td rowspan="2"></td><td>专业技术负责人</td><td>专业质检员</td><td>专业工长</td></tr>
<tr><td></td><td></td><td></td></tr>
<tr><td colspan="2">监理或建设单位</td><td colspan="2"></td><td colspan="2">专业工程师</td></tr>
</table>

注：强度严密性试验记录应符合现行国家标准《通风与空调工程施工质量验收规范》GB 50243 的有关规定。室内外输送各种介质的承压管道、承压设备在安装完毕后，进行隐蔽之前，应进行强度严密性试验。施工单位填写的强度严密性试验记录应一式四份，并应由建设单位、监理单位、施工单位、城建档案馆各保存一份。

2. 实施要点

制冷系统气密性试验记录是指通风与空调工程制冷系统完成后，按规范要求必须进行的测试项目。

（1）系统气密性试验

1）系统内污物吹净后，应对整个系统（包括设备、阀件）进行气密性试验。

2）制冷剂为氨的系统，采用压缩空气进行试压。

制冷剂为氟利昂系统，采用瓶装压缩氮气进行试压。对于较大的制冷系统也可采用压缩空气，但须经干燥处理后再充入系统。

3）检漏方法：用肥皂水对系统所有焊口、阀门、法兰等连接部件进行仔细涂抹检漏。

4）在试验压力下，经稳压 24h 后观察压力值，不出现压力降为合格（温度影响除外）。

5）试压过程中如发现泄漏，检修时必须在泄压后进行，不得带压修补。

（2）气密性试验要求：

1）对泄漏有较严格要求的管道、设备、系统（子系统）均应按要求进行气密性试验。

2）建筑安装工程的设备开箱检验时，厂家提供的出厂合格证或随机文件中要求进行气密性试验时必须进行气密性试验。

3）专业规范对管道、设备、系统（子系统）要求进行气密性试验时，必须进行气密性试验。风机的密封、润滑、控制和冷却系统以及进气和排气系统的管路应进行除锈、清洗干净，并应进行气密性试验；风机类、泵类产品安装时，均应进行清洗和检查。

4）气密性试验应在压力（强度）试验完成后进行。

5）风管系统严密性检验以主、干管为主。

6）制冷系统阀门的安装应符合下列规定：

制冷剂阀门安装前应进行强度和严密性试验。强度试验压力为阀门公称压力的 1.5 倍，时间不得少于 5min；严密性试验压力为阀门公称压力的 1.1 倍，不漏为合格。合格后应保持阀体内干燥。如阀门进、出口封闭破损或阀体锈蚀的，还应进行解体清洗。

（3）严密性试验和试运行注意事项

1）制冷设备的各项严密性试验和试运行的技术数据，均应符合设备技术文件的规定。对组装式的制冷机组和现场充注制冷剂的机组，必须进行吹污、气密性试验、真空试验和充注制冷剂检漏试验，其相应的技术数据必须符合产品技术文件和有关现行国家标准、规范的规定。

整体组装式制冷设备，如出厂已充注制冷剂，且机组内压力无变化时，可只作系统试运转。

2）制冷系统投入运行前，应对安全阀进行调试校核，其开启和回座压力应符合设备技术文件的要求。

3）燃油管道系统必须设置可靠的防静电接地装置，其管道法兰应采用镀锌螺栓连接或在法兰处用铜导线进行跨接，且接合良好。

4）燃气系统管道与机组的连接不得使用非金属软管。燃气管道的吹扫和压力试验应为压缩空气或氮气，严禁用水。当燃气供气管道压力大于 0.005MPa 时，焊缝的无损检测的执行标准应按设计规定。当设计无规定时，且采纳超声波探伤，应全数检测，以质量不低于Ⅱ级为合格。

5）氨制冷剂系统管道、附件、阀门及填料不得采用铜或铜合金材料（磷青铜除外），管内不得镀锌。氨系统的管道焊缝应进行射线照相检验，抽检率为 10%，以质量不低于Ⅲ级为合格。在不易进行射线照相检验操作的场合，可用超声波检验代替，以不低于Ⅱ级为合格。

6）输送乙二醇溶液的管道系统，不得使用内镀锌管道及配件。

7）阀门强度试验时，试验压力为公称压力的 1.5 倍，持续时间不少于 5min，阀门的壳体、填料应无渗漏。

严密性试验时，试验压力为公称压力的1.1倍；试验压力在试验持续的时间内应保持不变，时间应符合表C2-25-1-1的规定，以阀瓣密封面无渗漏为合格。

阀门压力持续时间　　表C2-25-1-1

公称直径 DN(mm)	最短试验持续时间(s)	
	严密性试验	
	金属密封	非金属密封
≤50	15	15
65～150	60	15
200～300	60	30
≥500	120	60

（4）表列子项

1）试验部位：照实际的试验部位填写。

2）分部（或单位）工程：指制冷系统所在的分部（或单位）工程名称。

3）管道编号：按施工图设计的管道编号或按施工组织设计的管道编号。

4）气密性试验：

① 试验介质：照实际使用的介质名称填写；

② 试验压力：应按设计系统压力是低压还是高压系统确定，照实际试验压力填写；

③ 定压时间：按制冷系统试验的标准规定的定压时间执行。

5）真空试验：

① 设计真空度：按施工图设计的真空度填写；

② 试验真空度：照制冷系统气密性试验的试验真空度填写；

③ 定压时间：按制冷系统试验的标准规定的定压时间执行。

6）充制冷剂试验：

① 充制冷剂压力：照实际，应满足规范对充制冷剂压力的规定；

② 检漏仪器：照实际检漏仪器的名称填写；

③ 补漏位置：照实际补漏位置填写。

7）评定意见：指制冷系统气密性试验的验收结论意见，由参加验收的试验人员做出，结论必须说明制冷系统气密性试验是否合格。

4.2.25.2　制冷、空调、水管道压力试验记录（C2-25-2）

1. 资料表式（见C2-25-1）

2. 实施要点

（1）空调制冷系统安装过程中应进行的检查、试验和试运转

1）承受压力的辅助设备，应在制造厂进行强度试验并具有合格证，在技术文件规定的期限内，设备无损伤和锈蚀现象条件下，可不做强度试验。

2）制冷剂管道阀门的单体试压：凡阀门具有产品合格证，进出口封闭良好，并在技术文件规定的期限内，可不作解体清洗，无损伤、锈蚀等现象可不做强度和严密性试验，否则应做强度和严密性试验。

3）冷冻水（载冷剂）、冷却水及冷凝水管道安装后必须进行水压试验，冷冻水系统和冷却水系统试验压力为工作压力的1.25倍，最低不小于0.6MPa。水压试验时，在10min内压力下降不大于0.02MPa，且外观检查不漏为合格。

（2）阀门、管道系统压力试验

1）制冷系统阀门安装前应进行强度和严密性试验。强度试验压力为阀门公称压力的1.5倍，时间不得少于5min；严密性试验压力为阀门公称压力的1.1倍，试验压力在试验持续的时间内应保持不变，时间应符合表C2-25-2-1的规定，以阀瓣密封面无渗漏为合格。合格后应保持阀体内干燥。如阀门进、出口封闭破损或阀体锈蚀的，还应进行解体清洗。

阀门的壳体、填料应无渗漏。

阀门压力持续时间 **表 C2-25-2-1**

公称直径 *DN*(mm)	最短试验持续时间(s)	
	严密性试验	
	金属密封	非金属密封
≤50	15	15
65～150	60	15
200～300	60	30
≥350	120	60

注：阀门安装的位置、高度、进出口方向、手动阀门、手柄等抽查5%，且不少于一个。水压试验以每批（司牌号、同规格、同型号）数量中抽查20%，且不少于一个。对于安装在主干管上起切断作用的闭路阀门，全数检查。

2）空调水系统管道安装完毕，外观检查合格后，应按设计要求进行水压试验。当设计无规定时，应符合下列规定：

① 冷热水、冷却水系统的试验压力，当工作压力小于等于1.0MPa时，为1.5倍工作压力，但最低不小于0.6MPa；当工作压力大于1.0MPa时，为工作压力加0.5MPa。

② 对于大型或高层建筑垂直位差较大的冷（热）媒水、冷却水管道系统，宜采用分区、分层试压和系统试压相结合的方法。一般建筑可采用系统试压方法。

分区、分层试压：对相对独立的局部区域的管道进行试压。在试验压力下，稳压10min。压力不得下降，再将系统压力降至工作压力，在60min内压力不得下降、外观检查无渗漏为合格。

系统试压：在各分区管道与系统主、干管全部连通后，对整个系统的管道进行系统的试压。试验压力以最低点的压力为准，但最低点的压力不得超过管道与组成件的承受压力。压力试验升至试验压力后，稳压10min，压力下降不得大于0.02MPa，再将系统压力降至工作压力，外观检查无渗漏为合格。

③ 各类耐压塑料管的强度试验压力为1.5倍工作压力，严密性工作压力为1.15倍的设计工作压力。

④ 凝结水系统采用充水试验，应以不渗漏为合格。

3）水箱、集水缸、分水缸、储冷罐均应进行满水或水压试验。

4）表列子项

① 定压时间：按制冷系统试验的标准规定的定压时间执行；

② 压降：在试验压力下，稳压规定时间压力下降的值，照实际压力降填写。

4.2.25.3 空调水管道强度、气密性试验记录（C2-25-3）

实施要点

(1) 空调水管道强度、气密性试验记录按 C2-25-1 表式执行。

(2) 管道与设备的连接，应在设备安装完毕后进行，与水泵、制冷机组的接管必须为柔性接口。柔性短管不得强行对口连接，与其连接的管道应设置独立支架。

(3) 冷热水及冷却水系统应在系统冲洗、排污合格（目测：以排出口的水色和透明度与入水口对比相近，无可见杂物），再循环试运行 2h 以上，且水质正常后才能与制冷机组、空调设备相贯通。

(4) 管道系统安装完毕，外观检查合格后，应按设计要求进行水压试验。当设计无规定时，应符合下列规定：

1）冷热水、冷却水系统的试验压力，当工作压力小于等于 1.0MPa 时，为 1.5 倍工作压力，但最低不小于 0.6MPa；当工作压力大于 1.0MPa 时，为工作压力加 0.5MPa。

2）对于大型或高层建筑垂直位差较大的冷（热）媒水、冷却水管道系统宜采用分区、分层试压和系统试压相结合的方法。一般建筑可采用系统试压方法。

分区、分层试压：对相对独立的局部区域的管道进行试压。在试验压力下，稳压 10min。压力不得下降，再将系统压力降至工作压力，在 60min 内压力不得下降、外观检查无渗漏为合格。

系统试压：在各分区管道与系统主、干管全部连通后，对整个系统的管道进行系统的试压。试验压力以最低点的压力为准，但最低点的压力不得超过管道与组成件的承受压力。压力试验升至试验压力后，稳压 10min，压力下降不得大于 0.02MPa，再将系统压力降至工作压力，外观检查无渗漏为合格。

3）各类耐压塑料管的强度试验压力为 1.5 倍工作压力，严密性工作压力为 1.15 倍的设计工作压力。

4）凝结水系统采用充水试验，应以不渗漏为合格。

(5) 阀门安装前必须进行外观检查，阀门的铭牌应符合现行国家标准《通用阀门标志》GB 12220 的规定。对于工作压力大于 1MPa 及在主干管上起到切断作用的阀门，必须进行强度和严密性试验，合格后方准使用。其他阀门可不单独进行试验，待在系统试压中检验。

强度试验时，试验压力为公称压力的 1.5 倍，持续时间不少于 5min，阀门的壳体、填料应无渗漏。

严密性试验时，试验压力为公称压力的 1.1 倍；试验压力在试验持续的时间内应保持不变，时间应符合表 C2-25-2-1 的规定，以阀瓣密封面无渗漏为合格。

(6) 水压试验以每批（同牌号、同规格、同型号）数量中抽查 20%，且不得少于一个。对于安装在主干管上起切断作用的闭路阀门，全数检查。

(7) 补偿器的补偿量和安装位置必须符合设计及产品技术文件的要求，并应根据设计计算的补偿量进行预拉伸或预压缩。

设有补偿器（膨胀节）的管道应设置固定支架，其结构形式和固定位置应符合设计要求，并应在补偿器的预拉伸（或预压缩）前固定；导向支架的设置应符合所安装产品技术文件的要求。抽查20%，且不得少于一个。

4.2.25.4 制冷剂管道用阀门强度、气密性试验记录（C2-25-4）

1. 资料表式（见表C2-25-1）

2. 实施要点

（1）制冷剂管道用阀门强度、气密性试验记录按C2-25-1表式执行。

（2）管道焊缝表面应清理干净，并进行外观质量的检查。焊缝外观质量不得低于现行国家标准《现场设备、工业管道焊接工程施工及验收规范》GB 50236中第11.3.3条的Ⅳ级规定（氨管为Ⅲ级）。

（3）钢塑复合管道的安装，当系统工作压力不大于1.0MPa时，可采用涂（衬）塑焊接钢管螺纹连接，与管道配件的连接深度和扭矩应符合表C2-25-4-1的规定；系统工作压力为1.0～2.5MPa时，可采用涂（衬）塑无缝钢管法兰连接或沟槽式连接，管道配件均为无缝钢管涂（衬）塑管件。沟槽式连接的管道，其沟槽与橡胶密封圈和卡箍套必须为配套合格产品，其支、吊架的间距应符合表C2-25-4-2的规定。

钢塑复合管螺纹连接深度及紧固扭矩 表C2-25-4-1

公称直径(mm)		15	20	25	32	40	50	65	80	100
螺纹连接	深度(mm)	11	13	15	17	18	20	23	27	35
	牙数	6.0	6.5	7.0	7.5	8.0	9.0	10.0	11.5	13.5
扭矩(N·m)		40	60	100	120	150	200	250	300	400

沟槽式连接管道的沟槽及支、吊架的间距 表C2-25-4-2

公称直径(mm)	沟槽深度(mm)	允许偏差(mm)	支、吊架的间距(m)	端面垂直度允许偏差(mm)
65～100	2.20	0～+0.3	3.5	1.0
125～150	2.20	0～+0.3	4.2	1.5
200	2.50	0～+0.3	4.2	
225～250	2.50	0～+0.3	5.0	
300	3.0	0～+0.5	5.0	

注：1. 连接管端面应平整、光滑，无毛刺；沟槽过深，应作为废品不得使用；
2. 支、吊架不得支承在连接头上，水平管的任意两个连接头之间必须有支、吊架。

（4）金属管道的支、吊架的形式、位置、间距、标高应符合设计或有关技术标准的要求。设计无规定时，应符合下列规定：

1）支、吊架的安装应平整牢固，与管道接触紧密。管道与设备连接处，应设独立支、吊架。

2）冷（热）媒水、冷却水系统管道机房内总、干管的支、吊架，应采用承重防晃管架；与设备连接的管道管架宜有减振措施。当水平支管的管架采用单杆吊架时，应在管道起始点、阀门、三通、弯头及长度每隔15m设置承重防晃支、吊架。

3）无热位移的管道吊架，其吊杆应垂直安装；有热位移的，其吊杆应向热膨胀（或冷收缩）的反方向偏移安装，偏移量按计算确定。

4）滑动支架的滑动面应清洁、平整，其安装位置应从支承面中心向位移反方向偏移1/2位移值或符合设计文件规定。

5）竖井内的立管，每隔二～三层应设导向支架。在建筑结构负重允许的情况下，水平安装管道支、吊架的间距应符合表C2-25-4-3的规定。

钢管道支、吊架的最大间距　　　　**表 C2-25-4-3**

公称直径(mm)		15	20	25	32	40	50	70	80	100	125	150	200	250	300
支架的最大间距(m)	L_1	1.5	2.0	2.5	2.5	3.0	3.5	4.0	5.0	5.0	5.5	6.5	7.5	8.5	9.5
	L_2	2.5	3	3.5	4	4.5	5.0	6.0	6.5	6.5	7.5	7.5	9.0	9.5	10.5
	对大于300mm的管道可参考300mm管道														

注：1. 适用于工作压力不大于2.0MPa，不保温或保温材料密度不大于200kg/m³的管道系统；

2. L_1用于保温管道，L_2用于不保温管道。

6）管道支、吊架的焊接应由合格持证焊工施焊，并不得有漏焊、欠焊或焊接裂纹等缺陷。支架与管道焊接时，管子侧的咬边量应小于0.1管壁厚。

（5）闭式系统管路应在系统最高处及所有可能积聚空气的高点设置排气阀，在管路最低点应设置排水管及排水阀。

4.2.25.5　风机盘管机组水压试验记录（C2-25-5）

实施要点

（1）风机盘管机组水压试验记录按C2-25-2表式执行。

（2）风机盘管机组的水压检漏试验

1）机组安装前宜进行单机三速试运转及水压检漏试验。试验压力为系统工作压力的1.5倍，试验观察时间为2min，不渗漏为合格；

2）机组应设独立支、吊架，安装的位置、高度及坡度应正确、固定牢固；

3）机组与风管、回风箱或风口的连接，应严密、可靠；

4）按总数抽查10%，但不得少于1台。

（3）风机盘管机组及其他空调设备与管道的连接，采用弹性接管成软接管（金属或非金属软管），其耐压值应大于等于1.5倍的工作压力。软管的连接应牢固，不应有强扭和瘪管。

4.2.25.6　风管及部件严密性试验记录（C2-25-6）

1. 资料表式（见风管漏风检测记录表与风管漏光检测表）

2. 实施要点

（1）一般规定

1）风管必须通过工艺性的检测或验证，其强度和严密性要求应符合设计或下列规定：

① 风管的强度应能满足在1.5倍工作压力下接缝处无开裂；

② 矩形风管的允许漏风量应符合（GB 50243—2002）规范第4.2.5条规定（见

C2-25-6-1)；

③ 低压、中压圆形金属风管、复合材料风管以及采用非法兰形式的非金属风管的允许漏风量，应为矩形风管规定值的50%；

④ 砖、混凝土风道的允许漏风量，不应大于矩形低压系统风管规定值的1.5倍；

⑤ 排烟、除尘、低温送风系统按中压系统风管的规定，1～5级净化空调系统按高压系统风管的规定；

风管漏风检测记录 **表 C2-25-6**

<table>
<tr><td colspan="2" rowspan="2">工程名称</td><td colspan="2" rowspan="2"></td><td>编号</td><td colspan="2"></td></tr>
<tr><td>试验日期</td><td colspan="2"></td></tr>
<tr><td colspan="2">系统名称</td><td colspan="2"></td><td>工作压力(Pa)</td><td colspan="2"></td></tr>
<tr><td colspan="2">系统总面积(m^2)</td><td colspan="2"></td><td>试验压力(Pa)</td><td colspan="2"></td></tr>
<tr><td colspan="2">试验总面积(m^2)</td><td colspan="2"></td><td>系统检测分段数</td><td colspan="2"></td></tr>
<tr><td colspan="3" rowspan="10">检测区段图示：</td><td colspan="4">分段实测数值</td></tr>
<tr><td>序号</td><td>分段表面积
(m^2)</td><td>试验压力
(Pa)</td><td>实际漏风量
(m^3/h)</td></tr>
<tr><td>1</td><td></td><td></td><td></td></tr>
<tr><td>2</td><td></td><td></td><td></td></tr>
<tr><td>3</td><td></td><td></td><td></td></tr>
<tr><td>4</td><td></td><td></td><td></td></tr>
<tr><td>5</td><td></td><td></td><td></td></tr>
<tr><td>6</td><td></td><td></td><td></td></tr>
<tr><td>7</td><td></td><td></td><td></td></tr>
<tr><td>8</td><td></td><td></td><td></td></tr>
<tr><td colspan="2">系统允许漏风量
[$m^3/(m^2 \cdot h)$]</td><td colspan="2"></td><td colspan="2">实测系统漏风量
[$m^3/(m^2 \cdot h)$]</td><td></td></tr>
<tr><td colspan="7">检测结论：</td></tr>
<tr><td rowspan="3">签字栏</td><td rowspan="2">施工单位</td><td rowspan="2"></td><td colspan="2">专业技术负责人</td><td>专业质检员</td><td>专业工长</td></tr>
<tr><td colspan="2"></td><td></td><td></td></tr>
<tr><td>监理或建设单位</td><td></td><td colspan="2"></td><td>专业工程师</td><td></td></tr>
</table>

注：风管漏风检测记录应符合现行国家标准《通风与空调工程施工质量验收规范》GB 50243的有关规定。施工单位填写的风管漏风检测记录应一式三份，并应由建设单位、监理单位、施工单位各保存一份。

⑥ 按风管系统的类别和材质分别抽查，不得少于3件及15m^2。

2）净化空调系统风管空气洁净度等级为1～5级的净化空调系统风管，不得采用按扣式咬口。

（2）漏风量测试

1）漏风量测试应采用经检验合格的专用测量仪器，或采用符合现行国家标准《流量测量节流装置》规定的计量元件搭设的测量装置。

2）漏风量测试装置可采用风管式或风室式。风管式测试装置采用孔板作计量元件；

风室式测试装置采用喷嘴作计量元件。

3）漏风量测试装置的风机，其风压和风量应选择分别为被测定系统或设备的规定试验压力及最大允许漏风量的 1.2 倍。

4）漏风量测试装置试验压力的调节，可采用调整风机转达的方法，也可采用控制节流装置开度的方法。漏风量值必须在系统经调整后，保持稳压的条件下测得。

5）漏风量测试装置的压差测定应采用微压计，其最小读数分格不应大于 2.0Pa。

6）风管式漏风量测试装置按（GB 50243—2002）规范执行。

7）正压或负压系统风管与设备的漏风量测试，分正压试验和负压试验两类。一般可采用正压条件下的测试来检验。

8）系统漏风量测试可以整体或分段进行。测试时，被测系统的所有开口均应封闭，不应漏风。

9）被测系统的漏风量超过设计和本规范的规定时，应查出漏风部位（可用听、摸、观察水或烟检漏），做好标记。修补、完工后重新测试，直至合格。

10）漏风量测定值一般应为规定测试压力下的实测数值。

（3）风管系统安装完毕后，应按系统类别进行严密性检验，漏风量应符合设计与（GB 50243—2002）规范第 6.2.8 条的规定。风管系统的严密性检验，应符合下列规定：

1）低压系统风管的严密性检验应采用抽检，抽检率为 5%，且不得少于一个系统。在加工工艺得到保证的前提下，采用漏光法检测。检测不合格时，应按规定的抽检率，作漏风量测试。

2）中压系统风管的严密性检验，应在漏光法检测合格后，对系统漏风量测试进行抽检，抽检率为 20%，且不得少于一个系统。

3）高压系统风管的严密性检验，为全数进行漏风量测试。

4）系统风管严密性检验的被抽检系统应全数合格，则视为通过；如有不合格时，则应再加倍抽检，直至全数合格。

5）净化空调系统风管的严密性检验，1～5 级的系统按高压系统风管的规定执行；6～9 级的系统按（GB 50243—2002）规范第 4.2.5 条执行。

（4）风管必须通过工艺性的检测或验证，其强度和严密性要求应符合设计或下列规定：

1）风管的强度应能满足在 1.5 倍工作压力下接缝处无开裂。

2）矩形风管的允许漏风量应符合以下规定：

低压系统风管　$Q_L \leqslant 0.1056P^{0.65}$

中压系统风管　$Q_M \leqslant 0.0352P^{0.65}$

高压系统风管　$Q_H \leqslant 0.0117P^{0.65}$

式中　Q_L、Q_M、Q_H——系统风管在相应工作压力下，单位面积风管单位时间内的允许漏风量［$m^3/(h \cdot m^2)$］；

P——指风管系统的工作压力（Pa）。

3）低压、中压圆形金属风管、复合材料风管以及采用非法兰形式的非金属风管的允许漏风量，应为矩形风管规定值的 50%。

4）排烟、除尘、低温送风系统按中压，1～5 净化空调系统按高压系统风管的规定。

按风管系统的类别和材质分别抽查，不得少于 3 件及 15m²。

5）砖、混凝土风道的允许漏风量，不应大于矩形低压系统风管规定值的 1.5 倍。

（5）漏风测试方法按（GB 50243—2002）规范附录 A 漏光法检测与漏风量测试（见本书附录专业规范测试）。

（6）表列子项

1）风管级别：指施工图设计标注的风管级别。

2）试验压力：指规范规定的额定试验压力（Pa）。

（7）风管漏光检测记录表

风管漏光检测记录 **表 C2-25-6-1**

<table>
<tr><td rowspan="2">工程名称</td><td colspan="2" rowspan="2"></td><td>编号</td><td colspan="2"></td></tr>
<tr><td>试验日期</td><td colspan="2"></td></tr>
<tr><td>系统名称</td><td colspan="2"></td><td>工作压力(Pa)</td><td colspan="2"></td></tr>
<tr><td>系统接缝总长度(m)</td><td colspan="2"></td><td>每 10m 接缝为一检测段的分段数</td><td colspan="2"></td></tr>
<tr><td>检测光源</td><td colspan="5"></td></tr>
<tr><td>分段序号</td><td colspan="2">实测漏光点数(个)</td><td>每 10m 接缝的允许漏光点数(个/10m)</td><td colspan="2">结论</td></tr>
<tr><td>1</td><td colspan="2"></td><td></td><td colspan="2"></td></tr>
<tr><td>2</td><td colspan="2"></td><td></td><td colspan="2"></td></tr>
<tr><td>3</td><td colspan="2"></td><td></td><td colspan="2"></td></tr>
<tr><td>4</td><td colspan="2"></td><td></td><td colspan="2"></td></tr>
<tr><td>5</td><td colspan="2"></td><td></td><td colspan="2"></td></tr>
<tr><td>6</td><td colspan="2"></td><td></td><td colspan="2"></td></tr>
<tr><td>7</td><td colspan="2"></td><td></td><td colspan="2"></td></tr>
<tr><td>8</td><td colspan="2"></td><td></td><td colspan="2"></td></tr>
<tr><td>合计</td><td colspan="2">总漏光点数（个）</td><td>每 100m 接缝的允许漏光点数（个/100m）</td><td colspan="2">结论</td></tr>
<tr><td colspan="6">检测结论：</td></tr>
<tr><td rowspan="3">签字栏</td><td rowspan="2">施工单位</td><td rowspan="2"></td><td>专业技术负责人</td><td>专业质检员</td><td>专业工长</td></tr>
<tr><td></td><td></td><td></td></tr>
<tr><td>监理或建设单位</td><td colspan="2"></td><td>专业工程师</td><td></td></tr>
</table>

注：风管漏光检测记录应符合现行国家标准《通风与空调工程施工质量验收规范》GB 50243 的有关规定。施工单位填写的风管漏光检测记录应一式三份，并应由建筑单位、监理单位、施工单位各保存一份。

3）系统总面积：指漏风检测设定的系统总面积。

4）试验总面积：指漏风检测实际测定的总面积。

5）允许单位面积漏风量：指规范规定的允许单位面积漏风量。

6）实测单位面积漏风量：指实际测定单位面积漏风量。

7）检测区段图示：指绘制被测区段的检测图，应简单、清晰。

4.2.25.7 水箱、集水缸、分水缸、储冷罐满水或水压试验记录（C2-25-7）

实施要点

（1）水箱、集水缸、分水缸、储冷罐满水或水压试验记录按 C2-25-2 表式执行。

（2）水箱、集水缸、分水缸、储冷罐满水或水压试验必须符合设计要求。储冷罐内壁防腐涂层的材质、涂抹质量、厚度必须符合设计或产品技术文件要求，储冷罐与底座必须进行绝热处理。

4.2.25.8 通风与空调工程设备、管道吹（扫）洗记录（C2-25-8）

实施要点

（1）通风与空调工程设备、管道吹（扫）洗记录按 C2-15-1 表式执行。

（2）设备、管道吹洗

1）制冷机设备的拆卸和清洗

① 用油封的活塞式制冷机，如在技术文件规定期限内外观完整，机体无损伤和锈蚀等现象，可仅拆卸缸盖、活塞，气缸内壁、吸排气阀、曲轴箱等均应清洗干净，油系统应畅通，检查紧固件是否牢固，并更换曲轴箱的润滑油。如在技术文件规定期限外，或机体有损伤和锈蚀等现象，则必须全面检查，并按设备技术文件的规定拆洗装配，调整各部位间隙，做好记录。

② 充入保护气体的机组在设备技术文件规定期限内，外观完整和氮封压力无变化的情况下，不作内部清洗，仅作外表擦洗；如需清洗时，严禁混入水汽。

③ 制冷系统中的浮球阀和过滤器均应检查和清洗。

④ 制冷剂和润滑油系统的管子、管件与阀门安装前的清洗：管子及管件在安装前应将内外壁的氧化皮、污物和锈蚀清除干净，使内壁出现金属光泽，并保持内外壁干燥；阀门应进行清洗。凡具有产品合格证，进出口封闭良好，并在技术文件规定的期限内，可不作解体清洗。

⑤ 制冷机的辅助设备，单体安装前必须吹污，并保持内壁清洁。

2）制冷管道的吹洗

① 凡阀门均应进行清洗。凡具有产品合格证、进出口封闭良好，并在技术文件规定的期限内，可不作解体清洗。

② 冷冻水（载冷剂）、冷却水及冷凝水管道安装后应进行系统性冲洗，系统清洗后方能与制冷设备或空调设备连接。

4.2.26 隐蔽工程验收记录（C2-26）

通风与空调工程应隐蔽的项目必须实行隐蔽工程验收，隐蔽验收原则按建筑与结构的隐蔽验收要求执行。隐蔽工程验收符合设计和有关标准规定的为符合要求，不进行隐蔽验收或不填报隐蔽工程验收记录不符合要求。

4.2.26.1 井道、吊顶内管道或设备隐蔽验收记录（C2-26-1）

1. 资料表式

井道、吊顶内管道或设备隐蔽验收记录按C2-5-1表式执行。

2. 实施要点

（1）通风与空调工程，凡敷设于暗井道及不通行吊顶内或其他工程（如设备、外砌墙、管道及附件外保温隔热等）所掩盖的项目，如空气洁净系统、制冷管道系统及其他部件等均需隐蔽工程验收。暗配管路（吊顶、埋地、管井内等）均应进行分层（或分段）的隐蔽工程检查验收。内容包括：管路走向、规格、标高、坡度、坡向、弯度接头、软接头、节点处理、保温及结露处理、防渗漏功能、支托吊架的位置及固定焊接质量、防腐情况等。应在隐蔽前进行标准规定的有关调整、试验。

需要绝热的管道与设备除进行标准规定的有关调整、试验外，必须在绝热工程完成后方可隐蔽。

未经试验或试验不符合要求的不得进行隐蔽。

（2）需要进行吹扫的管道，应在隐蔽前进行吹扫；需要吹扫且需要做保温绝热的工程，应在吹扫后进行保温绝热施工。

（3）制冷系统管道安装前，应将管子内的氧化皮、污染物和锈蚀除去，使内壁出现金属光泽面后，管子两端方可封闭。

（4）通风与空调工程中的隐蔽工程，在隐蔽前必须经监理人员验收及认可签证。

4.2.26.2 设备朝向、位置及地脚螺栓隐蔽验收记录（C2-26-2）

1. 资料表式

隐蔽工程验收记录按C2-5-1表式执行。

2. 实施要点

（1）制冷系统的附属设备（如冷凝器、贮液器、油分离器、中间冷却器、集油器、空气分离器、蒸发器和制冷剂泵等）就位前，应检查管路的方向和位置、地脚螺栓乜和基础位置并应符合设计要求。

（2）当基础施工完毕交接验收时或验收单位基础移交给安装单位时，应对基础进行检查。内容包括：基础位置、几何尺寸、预留孔、预埋装置的位置，混凝土强度等级、工程设计对设备基础的消声、防振装置等是否符合工程设计与基础设计施工图。

（3）通风与空调工程中的隐蔽工程，在隐蔽前必须经监理人员验收及认可签证。

4.2.27 制冷设备运行调试记录（C2-27）

4.2.27.1 设备单机试运转记录（通用）（C2-27-1）

1. 资料表式

设备单机试运转记录（通风）　　　　表 C2-27-1

<table>
<tr><td rowspan="2">工程名称</td><td colspan="2" rowspan="2"></td><td>编号</td><td></td></tr>
<tr><td>试运转时间</td><td></td></tr>
<tr><td>设备名称</td><td colspan="2"></td><td>设备编号</td><td></td></tr>
<tr><td>规格型号</td><td colspan="2"></td><td>额定数据</td><td></td></tr>
<tr><td>生产厂家</td><td colspan="2"></td><td>设备所在系统</td><td></td></tr>
<tr><td>序号</td><td colspan="2">试验项目</td><td>试验记录</td><td>试验结论</td></tr>
<tr><td>1</td><td colspan="2"></td><td></td><td></td></tr>
<tr><td>2</td><td colspan="2"></td><td></td><td></td></tr>
<tr><td>3</td><td colspan="2"></td><td></td><td></td></tr>
<tr><td>4</td><td colspan="2"></td><td></td><td></td></tr>
<tr><td>5</td><td colspan="2"></td><td></td><td></td></tr>
<tr><td>6</td><td colspan="2"></td><td></td><td></td></tr>
<tr><td>7</td><td colspan="2"></td><td></td><td></td></tr>
<tr><td>8</td><td colspan="2"></td><td></td><td></td></tr>
<tr><td colspan="5">试运转结论：</td></tr>
</table>

<table>
<tr><td rowspan="3">签字栏</td><td rowspan="2">施工单位</td><td rowspan="2"></td><td>专业技术负责人</td><td>专业质检员</td><td>专业工长</td></tr>
<tr><td></td><td></td><td></td></tr>
<tr><td>监理或建设单位</td><td colspan="2"></td><td>专业工程师</td><td></td></tr>
</table>

注：设备单机试运转记录应符合现行国家标准《建筑给水排水及采暖工程施工质量验收规范》GB 50242、《通风与空调工程施工质量验收规范》GB 50243、《建筑节能工程施工质量验收规范》GB 50411 的有关规定。施工单位填写的设备单机试运转记录应一式四份，并应由建筑单位、监理单位、施工单位、城建档案馆各保存一份。

2. 实施要点

（1）制冷设备与制冷附属设备安装应符合下列规定：

1）制冷设备、制冷附属设备的型号、规格和技术参数必须符合设计要求，并具有产品合格证书、产品性能检验报告；

2）设备的混凝土基础必须进行质量交接验收，合格后方可安装；

3）设备安装的位置、标高和管口方向必须符合设计要求。用地脚螺栓固定的制冷设备或制冷附属设备，其垫铁的放置位置应正确、接触紧密；螺栓必须拧紧，并有防松动措施。

（2）制冷设备的各项严密性试验和试运行的技术数据，均应符合设备技术文件的规定。对组装式的制冷机组和现场充注制冷剂的机组，必须进行吹污、气密性试验、真空试验和充注制冷剂检漏试验，其相应的技术数据必须符合产品技术文件和有关现行国家标准、规范的规定。

（3）制冷系统管道、管件和阀门安装应符合下列规定：

1）制冷剂系统的管道、管件与阀门的型号、材质及工作压力等必须符合设计要求，并应具有出厂合格证、质量证明书。

2）法兰、螺纹等处的密封材料应与管内的介质性能相适应。

3）制冷剂液体管不得向上装成“Ω”形。气体管道不得向下装成“℧”形（特殊回油管除外）；液体支管引出时，必须从干管底部或侧面接出；气体支管引出时，必须从干管顶部或侧面接出；有两根以上的支管从干管引出时，连接部位应错开，间距不应小于 2 倍支管直径，且不小于 200mm。

4）制冷机与附属设备之间制冷剂管道的连接，其坡度与坡向应符合设计及设备技术文件要求；当设计无规定时，应符合表C2-27-1-1的规定。

5）制冷系统投入运行前，应对安全阀进行调试校核，其开启和回座压力应符合设备技术文件的要求。

制冷剂管道坡度、坡向 **表C2-27-1-1**

管道名称	坡向	坡向
压缩机吸气水平管（氟）	压缩机	≥10/1000
压缩机吸气水平管（氨）	蒸发器	≥3/1000
压缩机排气水平管	油分离器	≥10/1000
冷凝器水平供液管	贮液器	1/1000～3/1000
油分离器至冷凝器水平管	油分离器	3/1000～5/1000

4.2.27.1-1 通风机、空调机组中的风机运行调试记录（C2-27-1-1）

实施要点

（1）通风机、空调机组中的风机运行调试记录按C2-27-1表式执行。

（2）通风机、空气调节机组中的风机，叶轮旋转方向正确、运转平稳、无异常振动与声响，其电机运行功率应符合设备技术文件的规定。在额定转速下连续运转2h后，滑动轴承外壳最高温度不得超过70℃；滚动轴承不得超过80℃。

（3）通风机试运转，运转前必须加上适度的润滑油，并检查各项安全措施；盘动叶轮，应无卡阻和碰擦现象；叶轮旋转方向必须正确。

（4）风机试运转

适用于离心通风机、离心鼓风机、轴流通风机、罗茨鼓风机和叶氏鼓风机的安装。

1）风机试运转应分两步：第一步机械性能试运转；第二步设计负荷试运转。一般均应以空气为压缩介质，风机设计工作介质的相对密度小于空气时，应计算以空气进行试运转时所需的功率和压缩后的温升是否影响正常运转；如有影响，必须用规定的介质进行设计负荷试运转。

2）风机试运转前，应符合下列要求：润滑油的名称、型号、主要性能和加注的数量应符合设备技术文件的规定；按设备技术文件的规定将润滑系统、密封系统进行彻底冲洗；鼓风机和压缩机的循环供油系统的联锁装置、防飞动装置、轴位移警报装置、密封系统联锁装置、水路系统调节装置、阀件和仪表等均应灵敏可靠，并符合设备技术文件的规定；电动机或汽轮机、燃气轮机的转向应与风机的转向相符；盘动风机转子时，应无卡住和摩擦现象；阀件和附属装置应处于风机运转时负荷最小的位置；机组中各单元设备均应按设备技术文件的规定进行单机试运转；检查各项安全措施。

3）风机在额定转速下试运转时，应根据风机在使用上的特点和使用地点的海拔高度，依据设备技术文件确定所需的时间。无文件规定时，在一般情况下可按下列规定：离心、轴流通风机，不应少于2h；罗茨、叶氏式鼓风机在实际工作压力下，不应少于4h；离心鼓风机、压缩机，最小负荷下（即机械运转）不应少于8h，设计负荷下连续运转不应少于24h；风机不得在喘振区域内运转（喘振流量范围由设备技术文件注明）。

4）风机运转时，应符合下列要求：风机运转时，以电动机带动的风机均应经一次启动立即停止运转的试验，并检查转子与机壳等确无摩擦和不正常声响后，方得继续运转

（汽轮机、燃气轮机带动的风机的启动应按设备技术文件的规定执行）；风机启动后，不得在临界转速附近停留（临界转速由设备技术文件注明）；风机启动时，润滑油的温度一般不应低于25℃，运转中轴承的进油温度一般不应高于40℃；风机启动前，应先检查循环供油是否正常，风机停止转动后，应待轴承回油温度降到小于45℃后，再停止油泵工作；有启动油泵的机组，应在风机启动前开动启动油泵，待主油泵供油正常后才能停止启动油泵；风机停止运转前，应先开动启动油泵，风机停止转动后应待轴承回油温度降到45℃后再停止启动油泵；风机运转达到额定转速后，应将风机调整到最小负荷（罗茨、叶氏式鼓风机除外）进行机械运转至规定的时间；然后，逐步调整到设计负荷下检查原动机是否超过额定负额，如无异常现象则继续运转至所规定的时间为止；高位油箱的安装高度，以轴承中分面为基准面，距此向上不应低于5m；风机的润滑油冷却系统中的冷却水压力必须低于油压；风机运转时，轴承润滑油进口处油压应符合设备技术文件的规定，无文件规定时，一般进油压力应为0.08～0.15MPa（0.8～1.5kgf/cm^2），高速轻载轴承油压低于0.07MPa（0.7kgf/cm^2）时应报警，低于0.05MPa（0.5kgf/cm^2）时应停车；低速运转的轴承油压低于0.05MP（0.5kgf/cm^2）时应报警，低于0.03MPa（0.3kgf/cm^2）时应停车。当油压下降到上述数值的上限时，应立即开动启动油泵或备用油泵，同时查明油压不足的原因，并设法消除；风机运转中轴承的径向振幅应符合设备技术文件的规定，无规定时应符合表C2-27-1-1A、C2-27-1-1B的规定；风机运转时，轴承温度应符合设备技术文件的规定；无规定时，一般应符合表C2-27-1-1C的规定。风机运转时，应间隔一定的时间检查润滑油温度和压力、冷却水温度和水量、轴承的径向振幅、排气管路上和各段间气体的温度和压力、保定装置、电动机的电流、电压和功率因数，以及汽轮机、燃气轮机的设备技术文件中规定要测量的参数值等是否符合设备技术文件的规定，并做好记录；风机试运转完毕，应将有关装置调整到准备启动状态。

离心、轴流通风机、罗茨、叶氏式鼓风机轴承的径向振幅（双向）　　表C2-27-1-1A

转速(转/min)	≤375	>375～550	>550～750	>750～1000	>1000～1450	>1450～3000	>3000
振幅不应超过(mm)	0.18	0.15	0.12	0.10	0.08	0.06	0.04

离心鼓风机、压缩机和增速器轴承的径向振幅（双向）　　表C2-27-1-1B

转速(转/min)		≤3000	>3000～6500	>6500～10000	>10000～18000
主机轴承振幅不应超过(mm)	滚动	0.06			
	滑动	0.05	0.04	0.03	0.02
增速器轴承振幅不应超过(mm)			0.04	0.04	0.03

注：上两表所列振幅系指测振器的触头沿铅垂直方向安放于轴承压盖上所测得的数值。

轴承温度　　表C2-27-1-1C

轴　承　形　式	滚动轴承	滑动轴承
温度不宜高于(℃)	80	60

4.2.27.1-2　水泵运行调试记录（C2-27-1-2）

实施要点

（1）水泵的运行调试记录按C2-27-1表式执行。

（2）水泵叶轮旋转方向正确，无异常振动和声响，紧固连接部件无松动，其电机运行功率值符合设备技术文件的规定。

（3）水泵试运转，在设计负荷下连续运转不应少于 2h，并应符合下列规定：

1）运转中不应有异常振动和声响，壳体密封处不得泄漏，紧固连接部位不应松动；

2）滑动轴承的最高温度不得超过 70℃，滚动轴承的最高温度不得超过 75℃；

3）轴封填料的温升应正常，在无特殊要求的情况下，普通填料泄漏量不得大于 35～60mL/h，机械密封的泄漏量不得大于 10mL/h；

4）电动机的电流和功率不应超过额定值。

（4）泵类试运转

1）泵试运转前，应做下列检查：电动机的转向应符合泵的转向要求；各紧固连接部位不应松动；润滑油脂的规格、质量、数量应符合设备技术文件的规定；有预润要求的部位应按设备技术文件的规定进行预润；润滑、水封、轴封、密封冲洗、冷却、加热、液压、气动等附属系统的管路应冲洗干净，保持通畅；安全、保护装置应灵敏、可靠；盘车应灵活、正常；泵启动前，泵的出入口阀门应处于下列开启位置：入口阀门：全开；出口阀门：离心泵全闭，其余泵全开（混流泵真空引水时，出口阀全闭）。

2）泵的试运转应在各独立的附属系统试运转正常后进行。

3）泵的启动和停止应按设备技术文件的规定进行。

4）泵在设计负荷下连续运转不应少于 2h，并应符合下列要求：

① 附属系统运转应正常，压力、流量、温度和其他要求应符合设备技术文件的规定；

② 运转中不应有不正常的声音；

③ 各静密封部位不应泄漏；

④ 各紧固连接部位不应松动；

⑤ 滚动轴承的温度不应高于 75℃；滑动轴承的温度不应高于 70℃；特殊轴承的温度应符合设备技术文件的规定；

⑥ 填料的温升应正常；在无特殊要求的情况下，普通软填料宜有少量的泄漏（每分钟不超过 10～20 滴）；机械密封的泄漏量不宜大于 10mL/h（每分钟约 3 滴）；

⑦ 原动机的功率或电动机的电流不应超过额定值；

⑧ 泵的安全、保护装置应灵敏、可靠；

⑨ 振动应符合设备技术文件的规定；如设备技术文件无规定而又需测振动时，可参照表 C2-27-1-2A 的规定执行。

泵的径向振幅（双向） **表 C2-27-1-2A**

转速(转/min)	≤375	>375～600	>600～750	>750～1000	>1000～1500	>1500～3000	>3000～6000	>6000～12000	12000
振幅不应超过(mm)	0.18	0.15	0.12	0.10	0.08	0.06	0.04	0.03	0.02

注：振动应用手提式振动仪在轴承座或机壳外表面测量。

⑩ 其他特殊要求应符合设备技术文件的规定。

5）试运转结束后，应做好下列工作：

① 关闭泵的出入口阀门和附属系统的阀门；

② 输送易结晶、凝固、沉淀等介质的泵，停泵后，应及时用清水或其他介质冲洗泵和管路，防止堵塞；

③ 放净泵内积存的液体，防止锈蚀和冻裂；

④ 如长时间停泵放置，就采取必要的措施，防止设备粘污、锈蚀和损坏。

(5) 离心泵试运转

1) 启动前，平衡盘冷却水管路应畅通，泵和吸入管路必须充满输送液体，排尽空气，不得在无液体情况下启动；自吸泵的吸入管路不需充满液体。

2) 输送高、低温液体的泵，启动前必须按设备技术文件的规定进行预热或预冷。

3) 离心泵不应在出口阀门全闭的情况下长时间运转，也不应在性能曲线中驼峰处运转。

4) 水泵涡轮机试运转时，当涡轮机尚未回收能量前，应确保电动机的电流小于额定值，严防电机超载。

(6) 深井泵试运转

1) 适用于长轴深井水泵和湿式潜水电泵。

2) 泵试运转前应做好下列工作：

① 长轴深井泵：按设备技术文件的规定调整叶轮与导流壳之间的轴向间隙；检查止退机构是否灵活、可靠；启动前，应按设备技术文件的规定用水预润橡胶轴承。

② 潜水电泵：计算电缆的电压降，应保证潜水电机引出电缆接头处电压不低于潜水电机的规定值；每次启动前，均应使井下部分扬水管内充满空气；潜水电泵应在规定的范围内使用。

③ 长轴深井泵启动后 20min，应停泵再次调整叶轮与导流壳之间的轴向间隙。

④ 对未能在入井前检查电机转向的潜水电泵，应根据启动电流的变化情况确定电机的正确转向。

(7) 中、小型轴流泵的试运转

泵试运转前应做好下列工作：检查叶片的安装角是否与使用需要相对应；否则，应按设备技术文件规定调整叶片的安装角；启动前，应用清水或肥皂水预润橡胶轴承，直至泵正常运转。

(8) 往复泵的试运转

1) 泵试运转时应按下述要求升压：无负荷（出口阀门全开）运转不应少于 15min；正常后，按工作压力的 1/4、1/2、3/4 各运转不应少于 0.5h，最后，在工作压力下连续运转不应少于 8h。在前一压力级未合格前，不应进行后一压力级的运转。

2) 试运转尚应符合下列要求：不应在出口阀全闭的情况下启动；吸入和排出阀的工作应正常；安全阀、溢流阀的工作应灵敏、可靠；隔膜泵的三阀的工作应灵敏、可靠；蒸汽泵不得产生“撞缸”现象；计量泵的调节机构应灵活；在条件许可的情况下，应按设备技术文件规定的“流量——行程曲线”进行复校；计量泵和其他对泄漏有特殊要求的泵，填料的泄漏量应符合设备技术文件的规定；超高压泵应按设备技术文件的规定执行。

4.2.27.1-3　冷却塔运行调试记录（C2-27-1-3）

实施要点

(1) 冷却塔的运行调试记录按 C2-27-1 表式执行。

(2) 冷却塔本体应稳固、无异常振动，其噪声应符合设备技术文件的规定。

冷却塔风机与冷却水系统循环试运行不少于 2h，运行应无异常情况。

(3) 具有冷却水系统的通风空调工程的冷却塔试运转应填写冷却塔的运行调试记录。

(4) 试运转前应对冷却塔进行以下检查记录：

1) 塔体和附件（配件）的安装固定应牢靠。

2) 用手盘动风叶，布水器应灵活，无异常现象。

3) 电机绕组对电机金属外壳（对地）绝缘电阻应符合要求。

4) 点动电机检查风叶转向应正确。

(5) 冷却塔风机试运转检查记录内容及要求：

1) 运转平稳，无异常振动与声响。

2) 其电机运行电流、工作电压应符合设备技术文件的规定。

3) 在额定转速下连续运转 2h 后，风机轴承最高温度——滑动轴承不得超过 70℃，滚动轴承不得超过 80℃；电机轴承最高温度——滑动轴承不应超过 80℃，滚动轴承不应超过 95℃。

4) 在塔进风口方向，离塔壁水平距离为一倍塔体直径［当塔形为矩形时，取当量直径：$D=1.3(a \cdot b)^{0.5}$，a、b 为塔的边长］及离地面高度 1.5m 处测量噪声。

5) 记录应填写连续运行时间及运行时的环境温度。

(6) 冷却塔型号及性能参数记录可在设备技术文件或机体铭牌上摘录数据。

4.2.27.1-4 制冷机组、单元式空调机组运行调试记录（C2-27-1-4）

1. 资料表式

制冷机组、单元式空调机组运行调试记录 表 C2-27-1-4

<table>
<tr><td colspan="2">工程名称</td><td colspan="3"></td><td colspan="3">分部(或单位)工程</td><td colspan="3"></td></tr>
<tr><td colspan="2">系统名称</td><td colspan="3"></td><td colspan="3">施工执行标准名称及编号</td><td colspan="3"></td></tr>
<tr><td colspan="4">测试仪器及精度</td><td>试验日期</td><td colspan="2"></td><td colspan="2">项目经理</td><td colspan="2"></td></tr>
<tr><td>设备名称</td><td>制冷量
(kW)</td><td>制热量
(kW)</td><td>额定功率
(kW)</td><td>制冷剂</td><td>允许噪声
(dB)</td><td>试验电流
(A)</td><td>试验电压
(V)</td><td>运转时间
(h)</td><td>测试过程</td><td>测试结果</td></tr>
<tr><td></td><td></td><td></td><td></td><td></td><td></td><td></td><td></td><td></td><td></td><td></td></tr>
<tr><td></td><td></td><td></td><td></td><td></td><td></td><td></td><td></td><td></td><td></td><td></td></tr>
<tr><td></td><td></td><td></td><td></td><td></td><td></td><td></td><td></td><td></td><td></td><td></td></tr>
<tr><td></td><td></td><td></td><td></td><td></td><td></td><td></td><td></td><td></td><td></td><td></td></tr>
<tr><td></td><td></td><td></td><td></td><td></td><td></td><td></td><td></td><td></td><td></td><td></td></tr>
<tr><td></td><td></td><td></td><td></td><td></td><td></td><td></td><td></td><td></td><td></td><td></td></tr>
<tr><td colspan="2">检测结果</td><td colspan="9"></td></tr>
<tr><td rowspan="3">签字栏</td><td colspan="2">监理(建设)单位</td><td colspan="8">施　工　单　位</td></tr>
<tr><td colspan="2" rowspan="2"></td><td colspan="3">专业技术负责人</td><td colspan="3">质检员</td><td colspan="2">试验员</td></tr>
<tr><td colspan="3"></td><td colspan="3"></td><td colspan="2"></td></tr>
</table>

2. 实施要点

(1) 制冷机组、单元式空调机组运行调试记录表式按 C2-27-1 执行。

(2) 制冷机组、单元式空气调节机组的试运转，应符合设备技术文件和现行国家标准《制冷设备、空调分离设备安装工程施工及验收规范》GB 50274 的有关规定，正常运转不应少于 8h。

(3) 参加空分设备试运转的人员应经培训，并应熟悉成套空分设备的工艺流程，熟练掌握本岗位操作规程，合格后方可上岗操作。

4.2.27.1-5　电控防火、防排烟风阀（口）运行调试记录（C2-27-1-5）

实施要点

(1) 电控防火、防排烟风阀（口）运行调试记录按 C2-27-1 表式执行。

(2) 电控防火、防排烟风阀（口）的手动、电动操作应灵活、可靠，信号输出正确。按风机数量抽查 10%，且不得少于 1 台；第（2）、(3)、(4) 款全数检查；第（5）款按系统中风阀的数量抽查 20%，且不得少于 5 件。

(3) 通风与空调工程防排烟、送排风、空调（含净化空调）等系统子分部中防火阀和排烟阀的检查试验均应填写电控防火、防排烟风阀（口）运行调试记录。

(4) 防火、防排烟风阀应检查试验手动、电动操作是否灵活、可靠，信号输出是否正确。

(5) 准确表达系统名称、试验日期、风阀编号及其安装部位、区、段、风阀型号等。

4.2.27.1-6　风机、空调机组、风冷热泵运行调试记录（C2-27-1-6）

实施要点

(1) 风机、空调机组、风冷热泵运行调试记录按 C2-27-1 表式执行。

(2) 风机、空调机组、风冷热泵等设备运行时，产生的噪声不宜超过产品性能说明书的规定值。

(3) 现场组装的空调机组应做漏风量测试。空调机组静压为 700Pa，漏风率不应大于 3%；用于空气净化系统的机组，静压应为 1000Pa；当室内洁净度低于 1000 级时，漏风率不应大于 2%；洁净度高于等于 1000 级时，漏风率不应大于 1%。

4.2.27.1-7　风机盘管机组运行调试记录（C2-27-1-7）

实施要点

(1) 风机盘管机组运行调试记录按 C2-27-1 表式执行。

(2) 风机盘管机组安装前应进行单机三速试运转及水压试验。试验压力为系统工作压力的 1.5 倍，不漏为合格。

(3) 带换热盘管的风机（风柜）安装前进行单体检查试验。

(4) 风机盘管检查试验和记录内容及要求：

1) 准确记录作为冷（或热）媒的冷冻水（或热水）系统设计和规范要求的工作压力，水压试验规定压力和时间。

2) 准确记录每一试验风机盘管的型号、出厂编号。

3) 水压检漏试验要求：试验压力为系统工作压力的 1.5 倍，试验观察时间为 2min，不渗漏为合格。

4) 检测并记录风机电动机绕组对金属外壳（即对地）的绝缘电阻。

5）对风机电动机进行高、中、低三速分别试运转，并记录其工作电压和三个速度运行的电流。

（5）风机盘管机组的三速、温控开关的动作应正确，并与机组运行状态一一对应。抽查10%，且不得少于5台。

4.2.27.1-8 除尘器、空调机漏风检测记录（C2-27-1-8）

1. 资料表式

除尘器、空调机漏风检测记录 **表 C2-27-1-8**

<table>
<tr><td colspan="2">工程名称</td><td colspan="2"></td><td colspan="2">分部（或单位）工程</td><td></td></tr>
<tr><td colspan="2">分项工程</td><td colspan="2"></td><td colspan="2">检测日期</td><td></td></tr>
<tr><td colspan="2">设备名称</td><td colspan="2"></td><td colspan="2">型号、规格</td><td></td></tr>
<tr><td colspan="2">额定风量（m³/h）</td><td colspan="2"></td><td colspan="2">允许漏风率（%）</td><td></td></tr>
<tr><td colspan="2">工作压力（Pa）</td><td colspan="2"></td><td colspan="2">测试压力（Pa）</td><td></td></tr>
<tr><td colspan="2">允许漏风量（m³/h）</td><td colspan="2"></td><td colspan="2">实测漏风量（m³/h）</td><td></td></tr>
<tr><td colspan="2">评定意见</td><td colspan="5"></td></tr>
<tr><td rowspan="3">签字栏</td><td colspan="2">监理（建设）单位</td><td colspan="4">施　工　单　位</td></tr>
<tr><td colspan="2" rowspan="2"></td><td>专业技术负责人</td><td colspan="2">质检员</td><td>试验员</td></tr>
<tr><td></td><td colspan="2"></td><td></td></tr>
</table>

2. 实施要点

（1）现场组装的除尘器壳体应做漏风量检测，在设计工作压力下允许漏风率为5%，其中离心式除尘器为3%。按总数量抽查20%，不得少于1台；接地全数检查。

（2）除尘器：电除尘器壳体及辅助设备均应接地，在各种气候条件下接地电阻应小于4Ω。组装除尘器安装完毕后，在敷设保温层前应进行漏风量测试。漏风率应符合在设计工作压力下除尘器的允许漏风率为5%，其中离心式除尘器为3%。

（3）洁净设备：生物安全柜在每次安装、移动后应进行现场试验；当设计无规定时，柜的检验应符合下列要求：

1）必须对所有接缝（包括柜与地面的接缝）进行密封处理；

2）柜缝进行密封处理后，应进行压力渗漏试验，高效空气过滤器的渗漏试验、操作口负压试验、操作区及操作口气流速度试验、洗涤盆漏水程度试验以及接地装置的接地线路电阻试验。

（4）表列子项

1）额定风量（m^3/h）：指设备铭牌标注的额定风量。

2）允许漏风率（%）：指规范规定的允许漏风率。

3）工作压力（Pa）：指规范规定的额定试验压力。

4）测试压力（Pa）：按规范规定实际测试的试验压力。

5）允许漏风量（m^3/h）：指规范规定的允许单位面积漏风量。

6）实测漏风量（m^3/h）：指实际测定单位面积漏风量。

4.2.27.1-9　风量、温度测试记录（C2-27-1-9）

1. 资料表式

风量、温度测试记录　　　　**表 C2-27-1-9**

<table>
<tr><td>工程名称</td><td colspan="3"></td><td>部　位</td><td></td></tr>
<tr><td>试验要求</td><td colspan="2"></td><td colspan="2">测试部位或区段</td><td></td></tr>
<tr><td>试验日期</td><td colspan="2"></td><td colspan="2">大气温度</td><td></td></tr>
<tr><td>风量测试</td><td colspan="5"></td></tr>
<tr><td>温度测试</td><td colspan="5"></td></tr>
<tr><td>检验情况</td><td colspan="5"></td></tr>
<tr><td>评定意见</td><td colspan="5"></td></tr>
<tr><td rowspan="3">签字栏</td><td rowspan="3">监理(建设)单位</td><td colspan="4">施　工　单　位</td></tr>
<tr><td>专业技术负责人</td><td colspan="2">质检员</td><td>试验员</td></tr>
<tr><td></td><td colspan="2"></td><td></td></tr>
</table>

2. 实施要点

(1) 风量、温度的测试应按标准规定进行，并按标准要求做好记录。

(2) 系统总风量调试结果与设计风量的偏差不应大于10%；

(3) 空调冷热水、冷却水总流量测试结果与设计流量的偏差不应大于10%；

(4) 舒适空调的温度、相对湿度应符合设计的要求。恒温、恒湿房间内空气温度、相对湿度及波动范围应符合设计规定。

（5）检查数量：按风管系统数量抽查10%，且不得少于1个系统。

4.2.27.1-10 各房间室内风量测量记录（C2-27-1-10）

1. 资料表式

各房间室内风量测量记录 **表 C2-27-1-10**

工程名称			分部(或单位)工程			日期	
项目／位部	风量(m^3/h)		相对差	项目／位部	风量(m^3/h)		相对差
	实际	设计	$\triangle=\frac{L_{实}-L_{设}}{L_{设}}100\%$		实际	设计	$\triangle=\frac{L_{实}-L_{设}}{L_{设}}100\%$
评定意见							
签字栏	监理(建设)单位	施工单位					
		专业技术负责人		质检员		试验员	

2. 实施要点

（1）各房间室内风量测量按（GB 50243—2002）规范规定的方法、数量进行。

（2）各房间室内风量的测量，应测量设计值和实际值以及相对差。

（3）净化空调系统：

1）单向流洁净室系统的系统总风量调试结果与设计风量的允许偏差为0～20%，室内各风口风量与设计风量的允许偏差为15%；

新风量与设计新风量的允许偏差为10%。

2）单向流洁净室系统的室内截面平均风速的允许偏差为0～20%，且截面风速不均匀度不应大于0.25。

新风量和设计新风量的允许偏差为10%。

3）相邻不同级别洁净室之间和洁净室与非洁净室之间的静压差不应小于5Pa，洁净室与室外的静压差不应小于10Pa。

4）室内空气洁净度等级必须符合设计规定的等级或在商定验收状态下的等级要求。

高于等于5级的单向流洁净室，在门开启的状态下，测定距离门0.6m室内侧工作高度处空气含尘浓度，亦不应超过室内洁净度等级上限的规定。

（4）表列子项

1）风量：指室内风量的设计值和实际值，以 m^3/h 表示。

2）相对差：指风量实测值减去设计值除以设计值所得的变量。

4.2.27.1-11 管网风量平衡记录（C2-27-1-11）

1. 资料表式

管网风量平衡记录 **表 C2-27-11**

工程名称					分部(或单位)工程					
分项工程					系统名称			日期		
测点编号	风管尺寸(m)	断面积(m^2)	平均风压(Pa)			风速(m/s)	风量(m^3/h)		相对差 $\triangle=\frac{L_{实}-L_{设}}{L_{设}}100\%$	使用仪器编号
			动压	静压	全压		实际($L_{实}$)	设计($L_{实}$)		
评定意见										
签字栏	监理(建设)单位		施工单位							
			专业技术负责人			质检员		试验员		

2. 实施要点

（1）管网风量平衡记录应按标准规定进行，并按标准要求做好记录。

（2）表列子项

1）平均风压：指被测管网系统的实测的平均风压，分别按动压、静压、全压记录。

2）风速：指被测管网系统的风管断面内通过风量的风速。

3）风量：指被测管网系统的风管断面内通过风量，分别按实际值和设计值填写。

4）相对差：指风量实测值减去设计值除以设计值所得的变量。

4.2.27.1-12 空气净化系统检测记录（C2-27-1-12）

1. 资料表式

空气净化系统检测记录 **表 C2-27-1-12**

<table>
<tr><td colspan="2">工程名称</td><td></td><td>分部(或单位)工程</td><td colspan="2"></td></tr>
<tr><td colspan="2">系统编号</td><td></td><td>洁净室级别</td><td>日期</td><td></td></tr>
<tr><td colspan="2">仪器型号</td><td></td><td>仪器编号</td><td colspan="2"></td></tr>
<tr><td rowspan="5">高效过滤器</td><td>型号</td><td></td><td colspan="3">数量</td></tr>
<tr><td rowspan="4"></td><td colspan="4"></td></tr>
<tr><td colspan="4"></td></tr>
<tr><td colspan="4"></td></tr>
<tr><td colspan="4"></td></tr>
<tr><td rowspan="3">室内洁净度</td><td>室内洁净
面积(m²)</td><td colspan="4">实测洁净室等级</td></tr>
<tr><td></td><td colspan="4"></td></tr>
<tr><td></td><td colspan="4"></td></tr>
<tr><td>评定意见</td><td colspan="5"></td></tr>
<tr><td rowspan="3">签字栏</td><td colspan="2">监理(建设)单位</td><td colspan="3">施　工　单　位</td></tr>
<tr><td colspan="2" rowspan="2"></td><td>专业技术负责人</td><td>质检员</td><td>试验员</td></tr>
<tr><td></td><td></td><td></td></tr>
</table>

2. 实施要点

(1) 净化空调系统运行前应在回风、新风的吸入口处和粗、中效过滤器前设置临时用过滤器（如无纺布等），实行对系统的保护。净化空调系统的检测和调整，应在系统进行全面清扫，且已运行 24h 及以上达到稳定后进行。

洁净室洁净度的检测，应在全态或静态下进行或按合约规定。室内洁净度检测时，人员不宜多于 3 人，均必须穿与洁净室洁净度等级相适应的洁净工作服。

(2) 净化空调系统还应符合下列规定：

1) 单向流洁净室系统的系统总风量调试结果与设计风量的允许偏差为 0～20%，室内各风口风量与设计风量的允许偏差为 15%：

新风量与设计新风量的允许偏差为 10%；

2) 单向流洁净室系统的室内截面平均风速的允许偏差为 0～20%，且截面风速不均匀度不应大于 0.25。

新风量和设计新风量的允许偏差为 10%。

3) 相邻不同级别洁净室之间和洁净室与非洁净室之间的静压差不应小于 5Pa，洁净室与室外的静压差不应小于 10Pa；

4) 室内空气洁净度等级必须符合设计规定的等级或在商定验收状态下的等级要求；

高于等于5级的单向流洁净室，在门开启的状态下，测定距离门0.6m室内侧工作高度处空气含尘浓度，亦不应超过室内洁净度等级上限的规定。

调试记录全数检查，测点抽查5%，不少于一点。

(3) 净化空调系统的外观检查还应符合下列要求：

1) 空气调节机组、风机、净化空气调节机组、风机过滤器单元和空气吹淋室等的安装位置应正确、固定牢固、连接严密，其偏差应符合（GB 50243—2002）规范有关条文的规定；

2) 高效过滤器与风管、风管与设备的连接处应有可靠密封；

3) 净化空气调节机组、静压箱、风管及送、回风口清洁，无积尘；

4) 装配式洁净室的内墙面、吊顶和地面，应光滑、平整，色泽均匀，不起灰尘，地板静电值应低于设计规定；

5) 送回风口、各类末端装置以及各类管道等与洁净室内表面的连接处，密封处理应可靠、严密。

(4) 风管系统安装完毕后，应按系统类别进行严密性检验，漏风量应符合设计与（GB 50243—2002）规范第4.2.5条的规定。风管系统的严密性检验，应符合下列规定：

1) 低压系统风管的严密性检验应采用抽检，抽检率为5%，且不得少于一个系统。在加工工艺得到保证的前提下，采用漏光法检测。检测不合格时，应按规定的抽检率作漏风量测试。

中压系统风管的严密性检验，应在漏光法检测合格后，对系统漏风量测试进行抽检，抽检率为20%，且不得少于一个系统。

高压系统风管的严密性检验，为全数进行漏风量测试。

系统风管严密性检验的被抽检系统，应全数合格，则视为通过；如有不合格时，则应再加倍抽检，直至全数合格。

2) 净化空调系统风管的严密性检验，1～5级的系统按高压系统风管的规定执行；6～9级的系统按（GB 50243—2002）规范第4.2.5条的规定执行。

4.2.28 通风、空调系统调试记录（C2-28）

4.2.28.1 通风、空调系统调试记录表（C2-28-1）

1. 资料表式

2. 实施要点

(1) 系统调试所使用的测试仪器和仪表，性能应稳定可靠，其精度等级及最小分度值应能满足测定的要求，并应符合国家有关计量法规及检定规程的规定。

(2) 通风与空调工程的系统调试，应由施工单位负责、监理单位监督，设计单位、与建设单位参与和配合。系统调试的实施可以是施工企业本身或委托给具有调试能力的其他单位。

(3) 系统调试前，承包单位应编制调试方案，报送专业监理工程师审核批准；调试结束后，必须提供完整的调试资料和报告。

通风、空调系统调试记录表 **表 C2-28-1**

<table>
<tr><td colspan="2">工程名称</td><td colspan="2"></td><td colspan="2">分部(或单位)工程</td><td></td></tr>
<tr><td colspan="2">系统编号</td><td colspan="2"></td><td colspan="2">试验日期</td><td>年　月　日</td></tr>
<tr><td colspan="2">设计总风量</td><td colspan="2">m^3/h</td><td colspan="2">实测总风量</td><td>m^3/h</td></tr>
<tr><td colspan="2">风机全压</td><td colspan="2"></td><td colspan="2">实测风机全压</td><td></td></tr>
<tr><td colspan="7">运行调试内容：</td></tr>
<tr><td colspan="7">问题处理及建议：</td></tr>
<tr><td colspan="7">评定意见：</td></tr>
<tr><td rowspan="3">签字栏</td><td colspan="2">监理(建设)单位</td><td colspan="4">施　工　单　位</td></tr>
<tr><td colspan="2" rowspan="2"></td><td>专业技术负责人</td><td colspan="2">质检员</td><td>试验员</td></tr>
<tr><td></td><td colspan="2"></td><td></td></tr>
</table>

（4）通风与空调工程系统无生产负荷的联合试运转及调试，应在制冷设备和道风与空气调节设备单机试运转合格后进行。空调系统带冷（热）源的正常联合试运转不应少于8h，当竣工季节与设计条件相差较大时，仅做不带冷（热）源试运转。通风、除尘系统的连续试运转不应少于2h。

（5）净化空调系统运行前应在回风、新风的吸入口处和粗、中效过滤器前设置临时用过滤器（如无纺布等），实行对系统的保护。净化空调系统的检测和调整，应在系统进行全面清扫，且已运行24h及以上达到稳定后进行。

洁净室洁净度的检测，应在全态或静态下进行或按合约规定。室内洁净度检测时，人员不宜多于3人，均必须穿与洁净室洁净度等级相适应的洁净工作服。

（6）系统无生产负荷的联合试运转及调试应符合下列规定：

1）系统总风量调试结果与设计风量的偏差不应大于10%；

2）空调冷热水、冷却水总流量测试结果与设计流量的偏差不应大于10%；

3）舒适空调的温度、相对湿度应符合设计的要求。恒温、恒温房间内空气温度、相对湿度及波动范围应符合设计规定。

第（1）款按风管系统数量抽查10%，不少于1个系统。

（7）防排烟系统联合试运行与调试的结果，（风量及正压）必须符合设计与消防的规定。

检查数量：抽查10%，不少于2个楼层。

（8）净化空调系统还应符合下列规定：

1）单向流洁净室系统的系统总风量调试结果与设计风量的允许偏差为0～20%，室内各风口风量与设计风量的允许偏差为15%。

新风量与设计新风量的允许偏差为10%。

2）单向流洁净室系统的室内截面平均风速的允许偏差为0～20%，且截面风速不均匀度不应大于0.25。

新风量和设计新风量的允许偏差为10%。

3）相邻不同级别洁净空之间和洁净室与非洁净室之间的静压差不应小于5Pa，洁净室与室外的静压差不应小于10Pa。

4）室内空气洁净度等级必须符合设计规定的等级或在商定验收状态下的等级要求。

高于等于5级的单向流洁净室，在门开启的状态下，测定距离门0.6m室内侧工作高度处空气含尘浓度，亦不应超过室内洁净度等级上限的规定。

调试记录全数检查，测点抽查5%，不少于一点。

(9) 通风工程系统无生产负荷联动试运转及调试应符合下列规定：

1）系统联动试运转中，设备及主要部件的联动必须符合设计要求，动作协调、正确，无异常现象；

2）系统经过平衡调整，各风口或吸风罩的风量与设计风量的允许偏差不应大于15%；

3）湿式除尘器的供水与排水系统运行应正常。

(10) 空调工程系统无生产负荷联动试运转及调试还应符合下列规定：

1）空气调节工程水系统应冲洗干净、不含杂物，并排除管道系统中的空气；系统连续运行应达到正常、平稳；水泵的压力与水泵电机的电流不出现大幅波动。系统平衡调整后，各空气调节机组的水流量与设计的规定，允许误差不大于20%。

2）各种自动计量检测元件和执行机构的工作应正常，满足建筑设备自动化（BA、FA等）系统对被测定参数进行检测和控制的要求。

3）多台冷却塔并联运行时，各冷却塔的进、出水量应达到均衡一致。

4）空调室内噪声应符合设计规定要求。

5）有压差要求的房间、厅堂与其他相连房间之间的压差，舒适性空调正压为0～25Pa。工艺性的空调应符合设计的规定。

6）有环境噪声要求的场所，制冷、空调机组应按《采暖通风与空气调节设备噪声功率级的测定——工程法》GB 9068的规定进行测定。洁净室内的噪声应符合设计的规定。

按系统数量抽查10%，不少于1个系统或1间。

(11) 通风与空调工程的控制和监测设备，应能与系统的检测元件和执行机构正常沟通，系统的状态参数应能正确显示，设备联锁、自动调节、自动保护应能正确动作。

按系统或监测系统总数抽查30%，不少于一个系统。

4.2.28.1-1　通风工程系统无生产负荷联动试运转及调试记录（C2-28-1-1）

实施要点

(1) 通风工程系统无生产负荷联动试运转及调试记录按C2-28-1表式执行。

(2) 通风与空调工程系统无生产负荷联动试运转及调试，应在制冷设备和通风与空调设备单机试运转合格后进行。

4.2.28.1-2　系统总风量测定与调整记录（C2-28-1-2）

实施要点

(1) 系统总风量测定与调整记录按C2-28-1表式执行。

（2）通风空调工程各类型风系统总风量的测试，应填写系统总风量测定与调整记录。

（3）系统总风量测试时，测试截面的位置应选择在气流均匀处，并按气流方向，选择在局部阻力影响小的直管段上。当测试截面上的气流速度不均匀时，应增加测试截面上的测点数量。

（4）系统总风量调试结果与设计风量的偏差不应大于10%。

（5）测试记录填写应注意：

1）准确表达测试系统名称及测试日期。

2）测试截面积是指对应于测试风速的风管（风道）的横截面积。

3）测量截面平均风速是指对应于测试截面风速的平均值。

4）系统总风量测试值是指被测风管（风道）系统输入或输出风量总和的实测计算值，该值与测试截面积及测试截面平均风速成正比。

5）设计值可根据文件填写。

6）偏差＝±[（测试值－设计值）/设计值]×100%。

4.2.28.1-3 舒适空调温度、湿度测定与调整记录（C2-28-1-3）

实施要点

（1）舒适空调温度、湿度测定与调整记录按C2-28-1表式执行。

（2）舒适空调的温度、相对湿度应符合设计的要求。恒温、恒湿房间内空气温度、相对湿度及波动范围应符合设计规定。按风管系统数量抽查10%，且不得少于1个系统。

4.2.28.1-4 设备及主要部件联动试运转及调整记录（C2-28-1-4）

实施要点

（1）设备及主要部件联动试运转及调试记录按C2-28-1表式执行。

（2）系统联动试运转中，设备及主要部件的联动必须符合设计要求，动作协调、正确，无异常现象。

4.2.28.1-5 各风口或吸风罩风量测定与调整记录（C2-28-1-5）

实施要点

（1）各风口或吸风罩风量测定与调整记录按C2-28-1表式执行。

（2）系统经过平衡调整，各风口或吸风罩的风量与设计风量的允许偏差不应大于15%。

4.2.28.1-6 湿式除尘器供水与排水系统运行与调整记录（C2-28-1-6）

实施要点

（1）湿式除尘器供水与排水系统运行与调整记录按C2-28-1表式执行。

（2）湿式除尘器的供水与排水系统运行应正常。

4.2.28.2 空调工程系统无生产负荷联动试运转及调试记录（C2-28-2）

1. 资料表式

2. 实施要点

（1）空调工程系统无生产负荷联动试运转及调试记录表式、资料按C2-28-1执行。

（2）通风与空调工程系统无生产负荷联动试运转及调试，应在制冷设备和通风与空调设备单机试运转合格后进行。

空调工程系统无生产负荷联动试运转及调试记录表　　表 C2-28-2

<table>
<tr><td colspan="2">工程名称</td><td colspan="2"></td><td>试运转日期</td><td></td></tr>
<tr><td colspan="2">分部(或单位)工程</td><td colspan="2"></td><td>系统名称</td><td></td></tr>
<tr><td colspan="6">试运转内容：</td></tr>
<tr><td colspan="6">运转情况记录：</td></tr>
<tr><td colspan="6">问题、处理及建议：</td></tr>
<tr><td colspan="6">评定意见</td></tr>
<tr><td rowspan="3">签字栏</td><td rowspan="2">监理(建设)单位</td><td colspan="4">施　工　单　位</td></tr>
<tr><td colspan="2">专业技术负责人</td><td>质检员</td><td>试验员</td></tr>
<tr><td></td><td colspan="2"></td><td></td><td></td></tr>
</table>

4.2.28.2-1　空调冷热水、冷却水总流量测试与调试记录（C2-28-2-1）

实施要点

(1) 空调冷热水、冷却水总流量测试与调试记录按 C2-28-2 表式执行。

(2) 空调冷热水、冷却水总流量测试结果与设计流量的偏差不应大于 10%。

4.2.28.2-2　空调工程水系统连续运行与调试记录（C2-28-2-2）

1. 资料表式

空调工程水系统连续运行与调试记录　　表 C2-28-2-2

<table>
<tr><td colspan="2">工程名称</td><td colspan="2"></td><td>试运转调试日期</td><td colspan="2"></td></tr>
<tr><td colspan="2">监理单位</td><td colspan="2"></td><td>项目经理</td><td colspan="2"></td></tr>
<tr><td colspan="2">设计空调冷(热)水总流量
($Q_{设}$)(m^3/h)</td><td colspan="2"></td><td rowspan="2">相对差</td><td colspan="2" rowspan="2"></td></tr>
<tr><td colspan="2">实际空调冷(热)水总流量
($Q_{实}$)(m^3/h)</td><td colspan="2"></td></tr>
<tr><td colspan="2">空调冷(热)水供水温度
(℃)</td><td colspan="2"></td><td>空调冷(热)水回水
温度(℃)</td><td colspan="2"></td></tr>
<tr><td colspan="2">设计空调冷却水总流量
($Q_{设}$)(m^3/h)</td><td colspan="2"></td><td rowspan="2">相对差</td><td colspan="2" rowspan="2"></td></tr>
<tr><td colspan="2">实际空调冷却水总流量
($Q_{实}$)(m^3/h)</td><td colspan="2"></td></tr>
<tr><td colspan="2">冷却水供水温度(℃)</td><td colspan="2"></td><td>冷却水回水温度
(℃)</td><td colspan="2"></td></tr>
<tr><td colspan="7">试运转、调试内容：</td></tr>
<tr><td colspan="7">试运转、调试结果：</td></tr>
<tr><td rowspan="3">签字栏</td><td rowspan="2">监理(建设)单位</td><td colspan="5">施　工　单　位</td></tr>
<tr><td colspan="2">专业技术负责人</td><td colspan="2">质检员</td><td>试验员</td></tr>
<tr><td></td><td colspan="2"></td><td colspan="2"></td><td></td></tr>
</table>

2. 实施要点

(1) 空调工程水系统连续运行与调试记录按 C2-28-2 表式执行。

（2）空调工程水系统应冲洗干净、不含杂物，并排除管道系统中的空气；系统连续运行应达到正常、平稳；水泵的压力与水泵电机的电流不出现大幅波动。

4.2.28.2-3 空调系统设备（水泵、电机）连续运行与调整记录（C2-28-2-3）

实施要点

（1）空调系统设备（水泵、电机）连续运行与调整记录按 C2-28-2 表式执行。

（2）空调系统带冷（热）源的正常联合试运转不应少于 8h；当竣工季节与设计条件相差较大时，仅做不带冷（热）源试运转，通风、除尘系统的连续试运转不应少于 2h。

4.2.28.2-4 各空调机组水流量测定与调整记录（C2-28-2-4）

实施要点

（1）各空调机组水流量测定与调整记录按 C2-28-2 表式执行。

（2）系统平衡调整后，各空气调节机组的水流量应符合设计的要求，允许偏差 20%。

4.2.28.2-5 各种自动计量检测元件和执行机构工作测定与调整记录（C2-28-2-5）

实施要点

（1）各种自动计量检测元件和执行机构工作测定与调整记录按 C2-25-2 表式执行。

（2）各种自动计量检测元件和执行机构的工作应正常，满足建筑设备自动化（BA、FA等）系统对被测定参数进行检测和控制的要求；通风与空调工程的控制和监测设备，应能与系统的检测元件和执行机构正常沟通，系统的状态参数应能正确显示，设备联锁、自动调节、自动保护应能正确动作。按系统或监测系统总数抽查 30%，不得少于一个系统。

4.2.28.2-6 多台冷却塔联动运行冷却塔进、出水量测试与调整记录（C2-28-2-6）

实施要点

（1）多台冷却塔联动运行冷却塔进、出水量测试与调整记录表按 C2-28-2 表式执行。

（2）多台冷却塔并联运行时，各冷却塔的进、出水量应达到均衡一致。

4.2.28.2-7 空调室内噪声测定与调试记录（C2-28-3-7）

1. 资料表式

2. 实施要点

（1）空调室内噪声测定与调试记录按 C2-28-3 表式执行。

（2）有环境噪声要求的场所，制冷、空调机组应按现行国家标准《采暖通风与空气调节设备噪声声功率级的测定—工程法》GB 9068 的规定进行测定。洁净室内的噪声应符合设计的规定。按系统数量抽查 10%，且不得少于 1 个系统或 1 间。

4.2.28.2-8 有压差房间、厅堂与相邻房间的压差调整记录（C2-28-2-8）

实施要点

（1）有压差房间、厅堂与相邻房间的压差调整记录按 C2-28-3 表式执行。

（2）有压差要求的房间、厅堂与其他相连房间之间的压差，舒适性空调正压力为 0～25Pa；工艺性的空调应符合设计的规定。

4.2.28.2-9 制冷、空调机组的环境噪声测定与调整记录（C2-28-2-9）

实施要点

（1）制冷、空调机组的环境噪声测定与调整记录按 C2-28-2 表式执行。

（2）空调室内噪声应符合设计规定要求。

4.2.28.3　防排烟系统联合试运行与调试记录（C2-28-3）

防排烟系统联合试运行及调试记录　　**表 C2-28-3**

<table>
<tr><td colspan="2">工程名称</td><td colspan="2"></td><td colspan="2">试运转时间</td><td></td></tr>
<tr><td colspan="2">试运行项目</td><td colspan="2"></td><td colspan="2">试运行楼层</td><td></td></tr>
<tr><td colspan="2">风道类别</td><td colspan="2"></td><td colspan="2">风机类别型号</td><td></td></tr>
<tr><td colspan="2">电源形式</td><td colspan="2"></td><td colspan="2">防火(风)阀类别</td><td></td></tr>
<tr><td rowspan="2">序号</td><td rowspan="2">风口尺寸</td><td rowspan="2">风速
(m/s)</td><td colspan="2">风量(m³/h)</td><td rowspan="2">相对差</td><td rowspan="2">风压
(Pa)</td></tr>
<tr><td>设计风量($Q_{设}$)</td><td>实际风量($Q_{实}$)</td></tr>
<tr><td></td><td></td><td></td><td></td><td></td><td></td><td></td></tr>
<tr><td></td><td></td><td></td><td></td><td></td><td></td><td></td></tr>
<tr><td></td><td></td><td></td><td></td><td></td><td></td><td></td></tr>
<tr><td></td><td></td><td></td><td></td><td></td><td></td><td></td></tr>
<tr><td></td><td></td><td></td><td></td><td></td><td></td><td></td></tr>
<tr><td colspan="7">试运转结果：</td></tr>
<tr><td rowspan="3">签字栏</td><td colspan="2" rowspan="2">监理(建设)单位</td><td colspan="4">施　工　单　位</td></tr>
<tr><td>专业技术负责人</td><td>质检员</td><td colspan="2">试验员</td></tr>
<tr><td colspan="2"></td><td></td><td></td><td colspan="2"></td></tr>
</table>

实施要点

（1）防排烟系统联合试运行与调试记录按 C2-28-2 表式执行。

（2）系统无生产负荷的联合试运转及调试应符合下列规定：防排烟系统联合试运行与调试的结果，风量及正压必须符合设计与消防的规定。按总数抽查 10%，且不得少于 2 个楼层。

4.2.28.4　净化空调系统联合试运行与调试记录（C2-28-4）

实施要点

净化空调系统联合试运行与调试记录按 C2-28-2 表式执行。

4.2.28.4-1　单向流洁净室的系统总风量测试记录（C2-28-4-1）

实施要点

（1）单向流洁净室的系统总风量测试记录按 C2-28-2 表式执行。

（2）净化空调系统还应符合下列规定：

1）单向流洁净室系统的系统总风量调试结果与设计风量的允许偏差为 0～20%，室内各风口风量与设计风量的允许偏差为 15%。

2）新风量与设计新风量的允许偏差为 10%。

4.2.28.4-2　单向流洁净室的系统室内截面平均风速测定与调试记录（C2-28-4-2）

实施要点

（1）单向流洁净室的系统室内截门平均风速测定与调试记录按 C2-28-2 表式执行。

（2）单向流洁净室系统的室内截面平均风速的允许偏差为 0～20%，且截面风速不均匀度不应大于 0.25。

（3）新风量和设计新风量的允许偏差为 10%。

4.2.28.4-3　相邻不同级别洁净室之间和洁净室与非洁净室之间静压差调试记录（C2-28-4-3）

实施要点

（1）相邻不同级别洁净室之间和洁净室与非洁净室之间的静压差调试记录，按C2-28-3表式执行。

（2）相邻不同级别洁净室之间和洁净室与非洁净室之间的静压差不应小于5Pa，洁净室与室外的静压差不应小于10Pa。

4.2.28.5　制冷系统吹污试验记录（C2-28-5）

1. 资料表式

制冷系统吹污试验记录表　　**表 C2-28-5**

工程名称				部位：				日期
管线编号	材质	工作介质	吹洗					备注
			介质	压力	流速	吹洗次数	鉴定	
依据标准及要求			试验情况			试验结论		
核定意见								
签字栏	监理(建设)单位	施工单位						
		专业技术负责人			质检员		试验员	

2. 实施要点

系统吹污

1）整个制冷系统是一个密封且清洁的系统，不得有任何杂物存在，必须采用洁净、干燥的空气对整个系统进行吹污，将残存在系统内部的铁屑、焊渣、泥砂等杂物吹净。

2）吹污前应选择在系统的最低点设排污口。用压力0.5～0.6MPa的干燥空气进行吹扫；如系统较长，可采用几个排污口进行分段排污。

此项工作按次序连续反复地进行多次，当用白布检查吹出的气体无污垢时为合格。

4.2.28.6　凝结水盘及管道充水试验记录（C2-28-6）

1. 资料表式

2. 实施要点

（1）适用于热交换设备或装置（如风机盘管加组）的凝结水收集排放系统试验。

（2）凝结水系统的充水试验，应对各系统进行全数充水检查，以凝结水盘和排水管道不渗、不漏、不堵和排放顺畅为合格。

凝结水盘及管道充水试验记录　　表 C2-28-6

<table>
<tr><td colspan="2">工程名称</td><td colspan="2"></td><td>试验日期</td><td></td></tr>
<tr><td colspan="2">被测部位</td><td colspan="2"></td><td>充水压力</td><td></td></tr>
<tr><td colspan="2">接口作法</td><td colspan="2"></td><td>管道材质</td><td></td></tr>
<tr><td colspan="2">试验内容与要求</td><td colspan="4"></td></tr>
<tr><td colspan="2">凝结水盘及
管道检试情况</td><td colspan="4"></td></tr>
<tr><td colspan="2">问题及处理
意见与建议</td><td colspan="4"></td></tr>
<tr><td colspan="2">参加试验人员</td><td colspan="4"></td></tr>
<tr><td rowspan="3">签字栏</td><td rowspan="2">监理(建设)单位</td><td colspan="4">施　工　单　位</td></tr>
<tr><td colspan="2">专业技术负责人</td><td>质检员</td><td>试验员</td></tr>
<tr><td></td><td colspan="2"></td><td></td><td></td></tr>
</table>

（3）试验检查记录应根据施工图纸中管道的编号，按楼层或部位分段进行，并在表中“安装部位”栏目中准确表达充水试验的系统（部位），每段管道充水试验结果应在各凝结水排放系统“检查凝结水盘及管道情况”栏目中表达清楚。

4.2.29　施工记录（C2-29）

通风与空调工程施工记录主要包括：风管及部件加工制作记录；风管系统、管道系统安装记录；防火阀、防排烟阀、防爆阀等安装记录；设备（含水泵、风机、空气处理设备、空调机组和制冷设备等）安装记录（通风机的安装施工记录；除尘设备的安装施工记录；洁净室空气净化设备的安装施工记录；装配式洁净室的安装施工记录；洁净层流罩的安装施工记录；风机过滤器单元（FFU、FMU）安装施工记录；消声器安装施工记录）。

4.2.29.1　风管及部件加工制作记录（C2-29-1）

实施要点

（1）记录风管及部件加工制作要求

风管及部件加工制作施工现场加工制作的风管及部件要求按加工过程的程序、措施及加工质量情况做好施工记录。对外加工件，应检查出厂检验记录及进场验收记录。

风管及部件加工制作记录按施工记录（通用）表 C2-6-1 执行。

（2）记录风管及部件加工制作质量

1）应记录：加工制作金属材料的规格与性能

① 金属风管材料的品种、规格、性能等应符合设计和现行国家产品标准的规定。

② 应对金属风管加工制作过程及质量进行记录，主要记录制作质量状况及存在问题。

2）非金属风管材料规格与性能

① 非金属风管材料的品种、规格、性能与厚度等应符合现行国家产品标准和设计规定。当设计无规定时，应按《通风与空调工程施工质量验收规范》（GB 50243—2002）规范的规定执行，硬聚氯乙烯风管板材的厚度，不得小于表 C2-29-1-1 或表 C2-29-1-2 的规定；有机玻璃钢风管板材的厚度，不得小于表 C2-29-1-3 的规定；无机玻璃钢风管板材的厚度应符合表 C2-29-1-4 的规定、相应的玻璃布层数不应少于表 C2-29-1-5 的规定，其表面不得出现返卤或严重泛霜。

中、低压系统硬聚氯乙烯圆形风管板材厚度（mm）　　表 C2-29-1-1

风管直径 D	板材厚度	风管直径 D	板材厚度
$D\leqslant 320$	3.0	$630<D\leqslant 1000$	5.0
$320<D\leqslant 630$	4.0	$1000<D\leqslant 2000$	6.0

中、低压系统硬聚氯乙烯矩形风管板材厚度（mm）　　表 C2-29-1-2

风管长边尺寸 b	板材厚度	风管长边尺寸 b	板材厚度
$D\leqslant 320$	3.0	$800<b\leqslant 1250$	6.0
$320<b\leqslant 500$	4.0	$1250<b\leqslant 2000$	8.0
$500<b\leqslant 800$	5.0		

中、低压系统有机玻璃钢风管板材厚度（mm）　　表 C2-29-1-3

圆形风管直径 D 或矩形风管长边尺寸 b	壁厚	圆形风管直径 D 或矩形风管长边尺寸 b	壁厚
$D(b)\leqslant 200$	2.5	$630<D(b)\leqslant 1000$	4.8
$200<D(b)\leqslant 400$	3.2	$1000<D(b)\leqslant 2000$	6.2
$400<D(b)\leqslant 630$	4.0		

中、低压系统无机玻璃钢风管板材厚度（mm）　　表 C2-29-1-4

圆形风管直径 D 或矩形风管长边尺寸 b	壁厚	圆形风管直径 D 或矩形风管长边尺寸 b	壁厚
$D(b)\leqslant 300$	2.5～3.5	$1000<D(b)\leqslant 1500$	5.5～6.5
$300<D(b)\leqslant 500$	3.5～4.5	$1500<D(b)\leqslant 2000$	6.5～7.5
$500<D(b)\leqslant 1000$	4.5～5.5	$D(b)>2000$	7.5～8.5

中、低压系统无机玻璃钢风管玻璃纤维布厚度与层数（mm）　　表 C2-29-1-5

圆形风管直径 D 或矩形风管长边尺寸 b	风管管体玻璃纤维布厚度		风管法兰玻璃纤维布厚度	
	0.3	0.4	0.3	0.4
	玻璃布层数			
$D(b)\leqslant 300$	5	4	8	7
$300<D(b)\leqslant 500$	7	5	10	8
$500<D(b)\leqslant 1000$	8	6	13	9
$1000<D(b)\leqslant 1500$	9	7	14	10
$1500<D(b)\leqslant 2000$	12	8	16	14
$D(b)>2000$	14	9	20	16

用于高压风管系统的非金属风管厚度应按设计规定。

检查数量：按材料与风管加工批数量抽查10%，不得少于5件。

检查方法：查验材料质量合格证明文件、性能检测报告，观察与尺量检查。

② 复合材料风管的覆面材料必须为不燃材料，内部的绝热材料应为不燃或难燃 B_1 级，且对人体无害的材料。

检查数量：按材料与风管加工批数量抽查10%，不应少于5件。

③ 风管必须通过工艺性的检测或验证，其强度和严密性要求应符合设计或下列规定：

(a) 风管的强度应能满足在1.5倍工作压力下接缝处无开裂；

(b) 矩形风管的允许漏风量应符合《通风与空调工程施工质量验收规范》(GB 50243—2002) 第4.2.5条的规定；

(c) 低压、中压圆形金属风管、复合材料风管以及采用非法兰形式的非金属风管的允许漏风量，应为矩形风管规定值的50%；

(d) 砖、混凝土风道的允许漏风量，不应大于矩形低压系统风管规定值的1.5倍；

(e) 排烟、除尘、低温送风系统按中压系统风管的规定，1～5级净化空调系统按高压系统风管的规定。

检查数量：按风管系统的类别和材质分别抽查，不得少于3件及15m²。

④ 非金属（硬聚氯乙烯、有机、无机玻璃钢）风管应对非金属风管加工制作过程及质量进行记录，主要记录制作质量状况及存在问题。

4.2.29.2　风管系统、管道系统安装记录（C2-29-2）

4.2.29.2A　金属风管系统、管道系统安装（C2-29-2A）

实施要点

(1) 在风管穿过需要封闭的防火、防爆的墙体或楼板时，应设预埋管或防护套管，其钢板厚度不应小于1.6mm。风管与防护套管之间，应用不燃且对人体无危害的柔性材料封堵。

(2) 风管安装必须符合下列规定：

1) 风管内严禁其他管线穿越；

2) 输送含有易燃、易爆气体或安装在易燃、易爆环境的风管系统应有良好的接地，通过生活区或其他辅助生产房间时必须严密，并不得设置接口；

3) 室外立管的固定拉索严禁拉在避雷针或避雷网上。

(3) 输送空气温度高于80℃的风管，应按设计规定做好防护措施。

(4) 风管部件安装必须符合下列规定：

1) 各类风管部件及操作机构的安装，应能保证其正常的使用功能，并便于操作；

2) 斜插板阀的安装，阀板必须为向上拉启；水平安装时，阀板还应为顺气流方向插入；

3) 止回风阀、自动排气活门的安装方向应正确。

(5) 防火阀、排烟阀（口）的安装方向、位置应正确。防火分区隔墙两侧的防火阀，距墙表面距离不应大于200mm。

(6) 净化空调系统风管的安装还应符合下列规定：

1）风管、静压箱及其他部件，必须擦拭干净，做到无油污和浮尘。当施工停顿或完毕时，端口应封好。

2）法兰垫料应为不产尘、不易老化和具有一定强度和弹性的材料，厚度为5～8mm，不得采用乳胶海绵。法兰垫片应尽量减少拼接，并不允许直缝对接连接，严禁在垫料表面涂涂料。

3）风管与洁净空吊顶、隔墙等围护结构的接缝处应严密。

（7）集中式真空吸尘系统的安装应符合下列规定：

1）真空吸尘系统弯管的曲率半径不应小于4倍管径，弯管的内壁面应光滑，不得采用折皱弯管；

2）真空吸尘系统三通的夹角不得大于45°；四通制作应采用两个斜三通的做法。

（8）风管系统安装完毕后，应按系统类别进行严密性检验，漏风量应符合设计与《通风与空调工程施工质量验收规范》（GB 50243—2002）第4.2.5条的规定。风管系统的严密性检验，应符合下列规定：

1）低压系统风管的严密性检验应采用抽检，抽检率为5%，且不得少于一个系统。在加工工艺得到保证的前提下，采用漏光法检测。检测不合格时，应按规定的抽检率，作漏风量测试。

中压系统风管的严密性检验，应在漏光法检测合格后，对系统漏风量测试进行抽检，抽检率为20%，且不得少于一个系统。

高压系统风管的严密性检验，为全数进行漏风量测试。

系统风管严密性检验的被抽检系统，应全数合格，则视为通过；如有不合格时，则应再加倍抽检，直至全数合格。

2）净化空调系统风管的严密性检验，1～5级的系统按高压系统风管的规定执行；6～9级的系统按《通风与空调工程施工质量验收规范》（GB 50243—2002）第4.2.5条的规定执行。

（9）手动密闭阀安装，阀门上标志的箭头方向必须与受冲击波方向一致。

（10）风管的安装应符合下列规定：

1）风管安装前，应清除内、外杂物，并做好清洁和保护工作。

2）风管安装的位置、标高、走向，应符合设计要求。现场风管接口的配置，不得缩小其有效截面。

3）连接法兰的螺栓应均匀拧紧，其螺母宜在同一侧。

4）风管接口的连接应严密、牢固。风管法兰的垫片材质应符合系统功能的要求，厚度不应小于3mm。垫片不应凸入管内，亦不宜突出法兰外。

5）柔性短管的安装，应松紧适度，无明显扭曲。

6）可伸缩性金属或非金属软风管的长度不宜超过2m，并不应有死弯或塌凹。

7）风管与砖、混凝土风道的连接接口，应顺着气流方向插入，并应采取密封措施。风管穿出屋面处应设有防雨装置。

8）不锈钢板、铝板风管与碳素钢支架的接触处，应有隔绝或防腐绝缘措施。

（11）无法兰连接风管的安装还应符合下列规定：

1）风管的连接处应完整、无缺损，表面应平整、无明显扭曲；

2）承插式风管的四周缝隙应一致，无明显的弯曲或折皱；内涂的密封胶应完整，外粘的密封胶带应粘贴牢固、完整、无缺损；

3）薄钢板法兰形式风管的连接，弹性插条、弹簧夹或紧固螺栓的间隔不应大于150mm，且分布均匀，无松动现象；

4）插条连接的矩形风管，连接后的板面应平整，无明显弯曲。

（12）风管的连接应平直、不扭曲。明装风管水平安装，水平度的允许偏差为3/1000，总偏差不应大于20mm。明装风管垂直安装，垂直度的允许偏差为2/1000，总偏差不应大于20mm。暗装风管的位置应正确，无明显偏差。

除尘系统的风管，宜垂直或倾斜敷设，与水平夹角宜大于或等于45°，小坡度和水平管应尽量短。

对含有凝结水或其他液体的风管，坡度应符合设计要求，并在最低处设排液装置。

（13）风管支、吊架的安装应符合下列规定：

1）风管水平安装，直径或长边尺寸小于等于400mm，间距不应大于4m；大于400mm，不应大于3m。螺旋风管的支、吊架间距可分别至5m和3.75m；对于薄钢板法兰的风管，其支、吊架间距不应大于3m。

2）风管垂直安装，间距不应大于4m，单根直管至少应有两个固定点。

3）风管支、吊架宜按国标图集与规范选用强度和刚度相适应的形式和规格。对于直径或边长大于2500mm的超宽、超重等特殊风管的支、吊架，应按设计规定。

4）支、吊架不宜设置在风口、阀门，检查门及自控机构处，离风口或插接管的距离不宜小于200mm。

5）当水平悬吊的主、干风管长度超过20m时，应设置防止摆动的固定点，每个系统不得少于1个。

6）吊架的螺孔应采用机械加工。吊杆应平直，螺纹完整、光洁。安装后，各副支、吊架的受力应均匀，无明显变形。

风管或空调设备使用的可调隔振支、吊架的拉伸或压缩量，应按设计的要求进行调整。

7）抱箍支架，折角应平直，抱箍应紧贴并箍紧风管。安装在支架上的圆形风管应设托座和抱箍，其圆弧应均匀，且与风管外径相一致。

4.2.29.2B　非金属风管的安装（C2-29-2B）

实施要点

（1）非金属风管的安装还应符合下列的规定：

1）风管连接两法兰端面应平行、严密；法兰螺栓两侧应加镀锌施涂；

2）应适当增加支、吊架与水平风管的接触面积；

3）硬聚氯乙烯风管的直段连续长度大于20m，应按设计要求设置伸缩节：支管的重量不得由干管来承受，必须自行设置支、吊架；

4）风管垂直安装，支架间距不应大于3m。

（2）复合材料风管的安装还应符合下列规定：

1）复合材料风管的连接处，接缝应牢固，无孔洞和开裂。当采用插接连接时，接口应匹配、无松动，端口缝隙不大于5mm；

2）采用法兰连接时，应有防冷桥的措施；

3）支、吊架的安装宜按产品标准的规定执行。

（3）集中式真空吸尘系统的安装应符合下列规定：

1）吸尘管道的坡度宜为5/1000，并坡向主管或吸尘点；

2）吸尘嘴与管道连接应牢固、严密。

（4）各类风阀应安装在便于操作及检修的部位，安装后的手动或电动操作装置应灵活、可靠，阀板关闭应保持严密。

防火阀直径或长边尺寸大于等于630mm时，宜设独立支、吊架。

排烟阀（排烟口）及手控装置（包括预埋套管）的位置应符合设计要求。预埋套管不得有死弯及瘪陷。

除尘系统吸入管段的调节阀，宜安装在垂直管段上。

检查数量：按数量抽查10%，不得少于5件。

检验方法：观察检查或尺量。

（5）风帽安装必须牢固，连接风管与屋面或墙面的交接处不应渗水。

（6）排、吸风罩的安装位置应正确，排列整齐，牢固可靠。

（7）风口与风管的连接应严密、牢固，与装饰面相紧贴；表面平整、不变形，调节灵活、可靠。条形风口的安装，接缝处应衔接自然，无明显缝隙。同一厅室、房间内的相同风口的安装高度应一致，排列应整齐。

明装无吊顶的风口，安装位置和标高偏差不应大于10mm。

风口水平安装，水平度的偏差不大于3/1000。

风口垂直安装，垂直度的偏差不大于2/1000。

（8）净化空调系统风口安装还应符合下列规定：

1）风口安装前应清扫干净，其边框与建筑顶棚或墙面间的接缝处应加密封垫料或密封胶，不应漏风；

2）带高效过滤器的活风口，应采用可分别调节高度的吊杆。

4.2.29.3 防火阀、防排烟阀、防爆阀等安装记录（C2-29-3）

实施要点

应对以下安装施工过程予以记录。

防火阀、防排烟阀、防爆阀等安装要求

（1）手动密闭阀安装，阀门上标志的箭头方向必须与受冲击波方向一致。

（2）各类风阀应安装在便于操作及检修的部位，安装后的手动或电动操作装置应灵活、可靠，阀板关闭应保持严密。

防火阀直径或长边尺寸大于等于630mm时，宜设独立支、吊架。

排烟阀（排烟口）及手控装置（包括预埋套管）的位置应符合设计要求。预埋套管不得有死弯及瘪陷。

除尘系统吸入管段的调节阀，宜安装在垂直管段上。

（3）排、吸风罩的安装位置应正确，排列整齐，牢固、可靠。

4.2.29.4 设备（含水泵、风机、空气处理设备、空调机组和制冷设备等）安装记录（C2-29-4）

4.2.29.4A 通风机的安装施工记录（C2-29-4A）

实施要点

（1）通风机的安装施工记录按 C2-6-1 表式执行。

（2）通风机的安装施工应记录的内容：

① 通风机的安装，叶轮转子与机壳的组装位置应正确，叶轮进风口插入风机机壳进风口或密封圈的深度应符合设备技术文件的规定，或为叶轮外径值的 1/100。

② 现场组装的轴流风机叶片安装角度应一致，达到在同一平面内运转，叶轮与筒体之间的间隙应均匀，水平度允许偏差值为 1/1000。

③ 安装隔振器的地面应平整，各级隔振器承受荷载的压缩量应均匀，高度误差应小于 2mm。

④ 安装风机的隔振钢支、吊架，其结构形式和外形尺寸应符合设计或设备技术文件的规定；焊接应牢固，焊缝应饱满、均匀。

4.2.29.4B 除尘设备的安装施工记录（C2-29-4B）

实施要点

（1）除尘设备的安装施工记录按 C2-6-1 表式执行。

（2）除尘设备的安装施工应记录的内容：

① 除尘器的安装，位置应正确、牢固、平稳，允许误差应符合规范规定；

② 除尘器的活动或转动部件的动作，其灵活、可靠程度应符合设计要求；

③ 除尘器的排灰阀、卸料阀、排泥阀的安装应严密，并便于操作与维护修理。

（3）现场组装的静电除尘器的安装，还应符合设备技术文件及下列规定：

① 阳极板组合后的阳极排平面度允许偏差为 5mm，其对角线允许偏差为 10mm；

② 阴极小框架组合后主平面的平面度允许偏差为 5mm，其对角线允许偏差为 10mm；

③ 阴极大框架的整体平面度允许偏差为 15mm，整体对角线允许偏差为 10mm；

④ 阳极板高度小于或等于 7m 的电除尘器，阴、阳极间距允许偏差为 5mm；阳极板高度大于 7m 的电除尘器，阴、阳极间距允许偏差为 10mm；

⑤ 振打锤装置的固定应可靠；振打锤的转动应灵活；锤头方向应正确；振打锤头与振打砧之间应保持良好的线接触状态，接触长度应大于锤头厚度的 0.7 倍。

应对上述内容施工过程与结果进行记录。

（4）现场组装布袋过滤式除尘器的安装还应符合下列规定：

① 外壳应严密、不漏，布袋接口应牢固。

② 分室反吹袋式除尘器的滤袋安装，必须平直。每条滤袋的拉紧力应保持在 25～35N/m；与滤袋连接接触的短管和袋帽，应无毛刺。

③ 机械回转扁袋袋式除尘器的旋臂，转动应灵活、可靠；净气室上部的顶盖，应密封、不漏气，旋转应灵活，无卡阻现象。

④ 脉冲袋式除尘器的喷吹孔，应对准文氏管的中心，同心度允许偏差为 2mm。

4.2.29.4C 洁净室空气净化设备的安装施工记录（C2-29-4C）

实施要点

(1) 洁净室空气净化设备的安装施工记录按 C2-6-1 表式执行。

(2) 洁净室空气净化设备安装施工应记录的内容：

① 带有通风机的气闸室、吹淋室与地面间应有隔振垫。

② 机械式余压阀的安装，阀体、阀板的转轴均应水平，允许偏差为 2/1000。余压阀的安装位置应在室内气流的下风侧，并不应在工作面高度范围内。

③ 传递窗的安装应牢固、垂直，与墙体的连接处应密封。

4.2.29.4D 装配式洁净室的安装施工记录（C2-29-4D）

实施要点

(1) 装配式洁净室的安装施工记录按 C2-6-1 表式执行。

(2) 装配式洁净室安装施工应记录的内容：

① 洁净室的顶板和壁板（包括夹芯材料）应为不燃材料。

② 洁净室的地面应干燥、平整，平整度允许偏差为 1/1000。

③ 壁板的构配件和辅助材料的开箱，应在清洁的室内进行，安装前应严格检查其规格和质量。壁板应垂直安装，底部宜采用圆弧或钝角交接；安装后的壁板之间、壁板与顶板间的拼缝，应平整、严密，墙板的垂直允许偏差为 1/1000，顶板水平度的允许偏差与每个单间的几何尺寸的允许偏差均为 2/1000。

④ 洁净室吊顶在受荷载后应保持平直，压条全部紧贴。洁净室壁板若为上、下槽形板时，其接头应平整、严密；组装完毕的洁净室所有拼接缝，包括与建筑的接缝，均应采取密封措施，做到不脱落，密封良好。

4.2.29.4E 洁净层流罩的安装施工记录（C2-29-4E）

实施要点

(1) 洁净层流罩的安装施工记录按 C2-6-1 表式执行。

(2) 洁净层流罩的安装施工应记录的内容：

① 应设独立的吊杆，并有防晃动的固定措施。

② 层流罩安装的水平度允许偏差为 1/1000，高度的允许偏差为±1mm。

③ 层流罩安装在吊顶上，其四周与顶板之间应设有密封、隔振措施。

4.2.29.4F 风机过滤器单元（FFU、FMU）安装施工记录（C2-29-4F）

实施要点

(1) 风机过滤器单元（FFU、FMU）安装施工记录按 C2-6-1 表式执行。

(2) 风机过滤器单元（FFU、FMU）安装施工应记录的内容：

① 风机过滤器单元的高效过滤器安装前，应按（GB 50243—2002）规范第 7.2.5 条的规定检漏，合格后进行安装，方向必须正确；安装后的 FFU 或 FMU 机组应便于

检修；

② 安装后的 FFU 风机过滤器单元，应保持整体平整，与吊顶衔接良好。风机箱与过滤器之间的连接，过滤器单元与吊顶框架间应有可靠的密封措施。

4.2.29.4G　消声器安装施工记录（C2-29-4G）

实施要点

（1）消声器安装施工记录按 C2-6-1 表式执行。

（2）消声器安装施工应记录的内容：

① 消声器安装前应保持干净，做到无油污和浮尘。

② 消声器安装的位置、方向应正确，与风管的连接应严密，不得有损坏与受潮。两组同类型消声器不宜直接串联。

③ 现场安装的组合式消声器，消声组件的排列、方向和位置应符合设计要求。单个消声器组件的固定应牢固。

④ 消声器、消声弯管均应设独立支、吊架。

电　梯

4.2.30　土建布置图纸会审、设计变更、洽商记录（C2-30）

按建筑与结构图纸会审、设计变更、洽商记录实施要求执行。

4.2.30.1　图纸会审（C2-30-1）

1. 土建布置图纸会审按 C2-1-1 表式执行。

2. 图纸会审记录是对已正式签署的设计文件进行交底、审查和会审对提出的问题予以记录的技术文件。

4.2.30.2　设计变更（C2-30-2）

1. 资料表式、实施要点按 C2-1-2 执行。

2. 设计变更的表式以设计单位签发的设计变更文件为准。

3. 设计变更是工程实施过程中，由于设计图纸本身差错，设计图纸与实际情况不符，施工条件变化，原材料的规格、品种不符合设计要求及职工提出合理化建议等原因，需要对设计图纸部分内容进行修改而办理的变更设计文件。

4.2.30.3　洽商记录（C2-30-3）

1. 洽商记录的资料表式、实施要点按 C2-1-3 执行。

2. 洽商记录是工程实施过程中，由于设计图纸本身差错，设计图纸与实际情况不符，建设单位根据需要提出的设计修改，施工条件变化，原材料的规格、品种不符合设计要求及职工提出合理化建议等原因，需要对设计图纸部分内容进行修改而需要由建设单位或施工单位提出的变更设计的洽商记录文件。

4.2.31 设备出厂合格证书及开箱检验记录（C2-31）

4.2.31.1 设备出厂合格证书、检验报告汇总表（C2-31-1）

设备出厂合格证书、检验报告汇总表按 C2-3-1 表式执行。

4.2.31.2 设备出厂合格证书粘贴表（C2-31-2）

实施要点

（1）设备出厂合格证书粘贴表按 C2-3-2 表式执行。

（2）电梯的材料与设备检验：电梯材料与设备不论有无出厂合格证明，使用前均应做必要的试验和检验，注明日期，由检查人签证。

（3）对材料、半成品、产品的检验：检查原材料、半成品、产品出厂质量证明和质量试检验报告。材料、半成品、产品的质量必须合格，并应有出厂质量合格证明或试验单。需采取的技术处理措施应满足技术要求并应经有关技术负责人的批准后方可使用。

（4）检查合格证、试（检）验单或记录的抄件（复印件），应注明原件存放单位，并有抄件人、抄件（复印）单位的签字和盖章。

（5）凡使用新材料、新产品、新工艺、新技术的，应附有关证明，要有产品质量标准、使用说明和工艺要求。使用前，应按其质量标准进行检验。

4.2.31.3 设备开箱检验记录（C2-31-3）

实施要点

（1）设备开箱检验记录，按 C2-12-3 表式执行。

（2）电梯设备、材料合格证几点说明

1）对电梯设备检验的要求：电梯设备在安装前必须开箱检验、外观检验及试验，并做好记录。

2）主要检查项目：规格、型号、质量是否符合国家规范和设计要求。

① 外包装检查：检查标记，箱体外包装是否牢固，起吊位置、表面保护层等外观有无损伤。

② 内包装和外观检查：检查购货卡的情况，防雨、防潮措施，防震措施，层间的隔离情况，主要部件、设备主体及材料的外观情况，密封有无损坏现象。

③ 数量检查：主要清点电梯设备、附机附件、备品备件、随机工具、图纸有关技术资料。

④ 品质检查：电梯设备的品质检查应根据出厂品质试验标准，并参考国家标准。

⑤ 对于电梯电气材料、元件均应检查其产品合格证，并检验材料与合格证是否一致．元器件应做相应的电气测试检验。对设计规范有规定或材质有怀疑的材料和设备，必须按规定进行试验。

（3）电梯随机技术文件主要包括：

1）装箱单；

2）产品合格证书；

3）电梯机房井道图；
4）安装说明书；
5）电梯使用维修说明书；
6）电梯电气接线图；
7）安装试验说明书；
8）电梯电气原理图及其符号说明书；
9）备品、备件目录。

4.2.32　电梯隐蔽工程验收记录（C2-32）

实施要点

电梯隐蔽工程验收记录除电梯承重梁、起重吊环埋设隐蔽工程验收记录和电梯钢丝绳头灌注隐蔽检查记录表式外，其他电梯隐蔽工程验收记录均按C2-5-1表式执行。

（1）电梯隐蔽项目包括：承重梁及其起重吊钩的埋设，检查应注意埋入承重墙内的长度、梁垫的规格尺寸、焊接、防腐情况等内容，必要时绘制示意图表示；钢绳绳头巴氏合金的制作浇注情况；暗设的电气管线的规格、位置、弯度、接头、焊接、跨接地线、防腐、管口处理等情况；地极制作与安装导轨支架的埋设情况；厅门地坎及钢牛腿的埋设、焊接、防腐情况等。

（2）电气接地装置隐检说明

1）接地：电气设备的任何部分与土壤间作良好的电气连接，称为接地。

2）接地体：与土壤直接接触的金属体或金属体组，称为接地体或接地极。

3）接地线：连接于接地体与电气设备之间，正常情况下不载流的金属导体，称为接地线。

4）接地装置：接地体和接地线合称为接地装置。

5）接地电阻：电气设备接地部分的对地电压与接地电流之比，称为接地电阻。即等于接地线的电阻与流散电阻之和。

6）零线：与变压器直接接地的中点连接的中性线或直流回路中的接地中性线，称为零线。

7）保护接地：电气设备的金属外壳或构架同接地体之间作良好的连接，称为保护接地，简称接地。

8）接零保护：在中性点直接接地的电力系统中，电气设备的金属外壳或构架与零线连接，称接零保护，简称接零。

9）重复接地：将零线上的一点或多点与地再次作金属的连接，称为重复接地。

10）工作接地：在正常或事故情况下，为了保证电气设备可靠地运行，而必须在电力系统中某一点进行接地，称为工作接地。

11）防雷接地：以防止雷击为目的而作的接地，称为防雷接地。

12）静电接地：把可能产生或积聚静电荷的设备、管道和容器等进行接地，称为防静电接地。

13）屏蔽接地：为了使接收设备或导体不受外界干扰源的影响，也可使干扰源不去影响外外界的接收设备或导体，而把金属屏蔽体与大地或机壳之间作良好的电气连接，称屏蔽接地。

（3）在同一配电系中，不允许一部分电气设备采用接地保护，而另一部分电气设备和用接零保护。在民用建筑中均采用接零保护。

(4) 三相五线和单相线：从变压器出线开始，工作零线和保护零线始终分开。对于三相线路即是五根线，对于单相线路即是三根线，简称五线制和三线制。用于保护零线的导线应采用与工作回路相同规格的绝缘导线，并按相同的路径和方法敷设，且易于识别；从变压器的接地的零点开始，经干线、支干线、支线直至末端均不许中断，中间不得装接熔断器，也不得经过任何开关。在每个建筑物的入户处应做重复接地。导线应采用黄绿双色的绝缘导线。

4.2.32.1 电梯承重梁、起重吊环埋设验收记录（C2-32-1）

1. 资料表式

电梯承重梁、起重吊环埋设验收记录 **表 C2-32-1**

编号

<table>
<tr><td>工程名称</td><td colspan="4"></td><td>隐检项目</td><td colspan="3">承重梁、起重吊环埋设</td></tr>
<tr><td>检查部位</td><td colspan="4">电梯机房承重梁</td><td>填写日期</td><td colspan="3">年 月 日</td></tr>
<tr><td>施工日期</td><td colspan="4">年 月 日</td><td>天气情况</td><td colspan="3">气温 ℃</td></tr>
<tr><td colspan="9">隐检内容及示意图 单位：mm
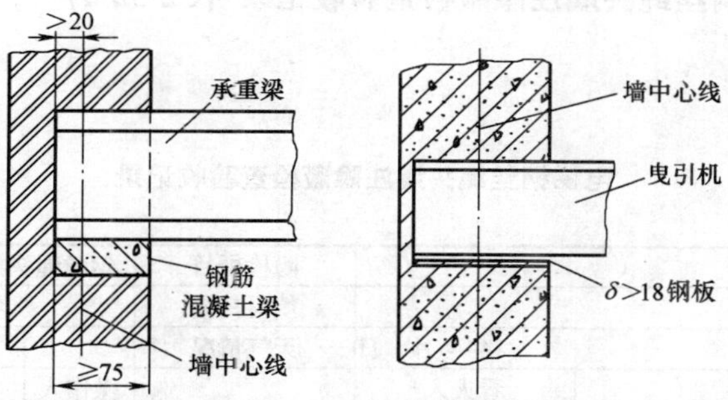
</td></tr>
<tr><td>承重梁规格</td><td></td><td>数 量</td><td></td><td colspan="2">承重墙类型</td><td></td><td>厚 度</td><td></td></tr>
<tr><td>埋设长度</td><td></td><td>过墙中心</td><td></td><td colspan="2">梁垫规格</td><td colspan="3"></td></tr>
<tr><td>焊接情况</td><td></td><td>防腐措施</td><td></td><td colspan="2">梁端封固</td><td colspan="3">型钢焊接、混凝土灌注</td></tr>
<tr><td colspan="2">起重吊环设计荷载</td><td colspan="2">kg</td><td colspan="2">起重吊环材料规格</td><td colspan="3">Q235，φ</td></tr>
<tr><td colspan="2">混凝土承重梁位置规格</td><td colspan="2"></td><td colspan="2">吊环与钢筋锚固尺寸</td><td colspan="3"></td></tr>
<tr><td colspan="2">Q235 钢吊环荷载</td><td>φ16，1.5t</td><td>φ20，2.1t</td><td>φ22，2.7t</td><td>φ24，3.3t</td><td colspan="3">φ27，4.[illegible]t</td></tr>
<tr><td>检查意见</td><td colspan="3">年 月 日</td><td>复查意见</td><td colspan="4">年 月 日</td></tr>
<tr><td rowspan="2">签字栏</td><td colspan="2">建设（监理）单位</td><td colspan="6">安装单位</td></tr>
<tr><td colspan="2"></td><td colspan="2">技术负责人</td><td colspan="2">质检员</td><td colspan="2">工长</td></tr>
</table>

本表由施工单位填写，城建档案馆、建设单位、施工单位各保存一份。

2. 实施要点

(1) 曳引机承重钢梁两端必须放于井道承重梁或墙上。承重钢梁埋入长度应与梁或墙外皮齐，其间垫 $d \geqslant 16$ 钢板，如曳引机承重钢梁长度不足时，其埋入长度应保证至少超出梁或墙的中心线在 20mm 以上，且至少为 75mm。

承重钢梁和各种型钢的规格、尺寸必须符合设计要求。

（2）承重钢梁施工注意事项

1）承重钢梁两端安装必须符合设计和规范要求。

2）凡是要打入混凝土内的部件，在打混凝土前要经有关人员检查，当符合要求，经检查核验者签字后，才能进行下一道工序。

3）所有设备件连接螺孔要用相应规格的钻头开孔，严禁用气焊开孔。

（3）表列子项

1）承重墙类型：指支承承重梁的承重墙类型。

2）埋设长度：指承重梁埋入承重墙的尺寸，填记单位为 mm。

3）过墙中心：指承重梁埋入承重墙超过中心线的尺寸，填记单位为 mm。

4）焊接情况：指承重钢梁与其连接件的焊接质量，按实际检查结果填写。

5）起重吊环设计荷载：按施工图设计的起重吊环设计荷载值填写。

6）起重吊环材料规格：应用 Q235 钢，按施工图设计的规格填写。

7）混凝土承重梁位置规格：按施工图设计的混凝土承重梁的位置、规格填写。

8）吊环与钢筋锚固尺寸：指吊环埋入混凝土内的锚固尺寸，按施工图设计图注尺寸填写。

4.2.32.2　电梯钢丝绳头灌注隐蔽检查验收记录（C2-32-2）

1. 资料表式

电梯钢丝绳头灌注隐蔽检查验收记录　　　　**表 C2-32-2**

编号

<table>
<tr><td>工程名称</td><td colspan="2"></td><td>隐检项目</td><td colspan="3">钢丝绳头灌注</td></tr>
<tr><td>操作场地</td><td colspan="2"></td><td>填写日期</td><td colspan="3">年　月　日</td></tr>
<tr><td>操作日期</td><td colspan="2">年　月　日</td><td colspan="2">天气情况</td><td>气温</td><td>℃</td></tr>
<tr><td>用火手续</td><td></td><td>看火人</td><td></td><td>操作人</td><td colspan="2"></td></tr>
<tr><td>钢绳用途</td><td>曳引、限速、补偿</td><td>钢绳规格</td><td>φ　　mm</td><td>锥套数</td><td colspan="2">共　　个</td></tr>
<tr><td>隐检内容</td><td colspan="6">单位：mm
将钢绳清洗干净，绳头分股后，每股端部绑扎防止散丝；去掉麻芯，各绳股向中心弯曲后，拉入锥套内；将锥套加热 40～50℃，熔化合金温度 270～400℃；必须一次与锥套浇平，严禁一个锥套二次浇灌。
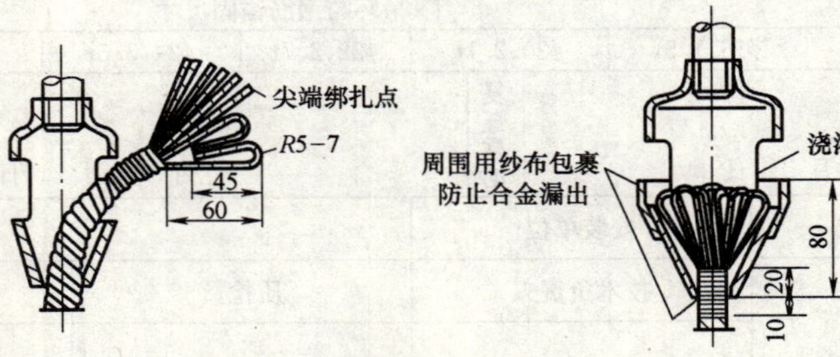
</td></tr>
<tr><td>检查意见</td><td colspan="2">年　月　日</td><td>复查意见</td><td colspan="3">年　月　日</td></tr>
<tr><td rowspan="2">签字栏</td><td rowspan="2">监理（建设）单位</td><td colspan="5">施　工　单　位</td></tr>
<tr><td colspan="2">专业技术负责人</td><td colspan="2">质检员</td><td>试验员</td></tr>
</table>

本表由施工单位填写，城建档案馆、建设单位、施工单位各保存一份。

2. 实施要点

(1) 电梯钢丝绳头制作与灌注

1) 在挂绳前，应先将钢丝绳放开，使其自由悬垂于井道内，消除内应力。挂绳前若发现钢丝绳上有油污、渣土较多时．可用棉丝浸上煤油，拧干后对钢丝绳进行擦拭，禁止对钢丝绳直接进行清洗，防止润滑脂被洗掉。

2) 单绕式电梯先做绳头后挂钢丝绳。复绕式电梯由于绳头穿过复绕轮比较困难，所以要先挂钢丝绳后做绳头。或先做好一侧的绳头，待挂好钢丝绳后再做另一侧绳头。

3) 将钢丝绳剁开后，穿入锥体，将剁口处绑扎钢丝拆去，松开绳股，除去麻芯，用汽油将绳股清洗干净，按要求尺寸弯回，将弯好的绳股用力拉入锥套内，将浇口处用石棉布或水泥袋纸包扎好，下口用石棉绳或棉丝扎严。

4) 绳头浇灌前应将绳头锥套内部油质杂物清洗干净，浇灌前应采取缓慢加热的办法使锥套温度达到100℃左右，再行浇灌。

5) 钨金浇灌温度以350℃为宜，钨金采取间接加热熔化，温度采取热电耦测量或当放入水泥袋纸立即焦黑但不燃烧为宜。浇灌时清除钨金表面杂质，浇灌必须一次完成，浇灌时轻击绳头，使钨金灌实，灌后冷却前不可移动。

6) 绳头钨金浇灌密实、饱满、平整一致。一次与锥套浇平，并能观察到绳股的弯曲符合要求。

(2) 复绕式电梯位于机房或隔声层的绳头板装置，必须稳装在承重结构上．不可直接稳装于楼板上。

4.2.33 施工记录（C2-33）

实施要点

电梯安装工程应对电梯施工过程进行记录

1) 电梯型号、规格及主要参数进行记录。

2) 应对电梯开箱检查进行记录，应包括随机技术文件、开箱情况、参加人员及单位。

3) 对电梯井道进行测量并予记录，应包括：机房（宽×深×高）、井道（宽×深）、进道的总高度、井道顶层高度、井道底坑深度、井道宽垂直偏差（最大/最小）、井道深垂直偏差（最大/最小）、预留厅门宽度、预留厅门高度、牛腿尺寸（最大/最小）。

4) 对曳引机安装的承重梁、曳引机、导向轮进行检测并予记录；对导轨安装的主轨支架间距、副轨支架间距、主轨支架水平偏差、主轨间距、副轨间距、导轨垂直偏差、导轨接头处缝隙、导轨接头处台阶、导轨接头修磨长度等的允许偏差予以记录。

5) 对轿厢、厅门安装的检测予以记录。

6) 对供电及电气安装检测、安全装置安装检测予以记录；对电梯的空载、满载、超载进行上行、下行试运行过程与运行情况予以记录。

7) 自动扶梯安装的质量检测包括：自动扶梯型号、规格及有关参数的记录；开箱检查记录；自动扶梯土建基坑测量、自动扶梯调整测量和自动扶梯检查予以记录。

4.2.33.1 机房（如有时）、井道土建交接验收检查记录（C2-33-1）

电力驱动的曳引式或强制式电梯安装土建交接应记录的内容

(1) 机房内部、井道土建结构及布置。

机房（如果有）内部、井道土建（钢架）结构及布置必须符合电梯土建布置图的要求。

(2) 主电源开关。主电源开关必须符合下列规定：

1) 主电源开关应能够切断电梯正常使用情况下最大电流；

2) 对有机房电梯该开关应能从机房入口处方便地接近；

3) 对无机房电梯该开关应设置在井道外工作人员方便接近的地方，且应具有必要的安全防护。

(3) 井道。井道必须符合下列规定：

1) 当底坑底面下有人员能到达的空间存在，且对重（或平衡重）上未设有安全钳装置时，对重缓冲器必须能安装在（或平衡重运行区域的下边必须）一直延伸到坚固地面上的实心桩墩上；

2) 电梯安装之前，所有层门预留孔必须设有高度不小于 1.2m 的安全保护围封，并应保证有足够的强度；

3) 当相邻两层门地坎间的距离大于 11m 时，其间必须设置井道安全门，井道安全门严禁向井道内开启，且必须装有安全门处于关闭时电梯才能运行的电气安全装置。当相邻轿厢间有相互救援用轿厢安全门时，可不执行本款。

(4) 机房。机房（如果有）还应符合下列规定：

1) 机房内应设有固定的电气照明，地板表面上的照度不应小于 200lx。机房内应设置一个或多个电源插座。在机房内靠近入口的适当高度处应设有一个开关或类似装置控制机房照明电源。

2) 机房内应通风，从建筑物其他部分抽出的陈腐空气，不得排入机房内。

3) 应根据产品供应商的要求，提供设备进场所需要的通道和搬运空间。

4) 电梯工作人员应能方便地进入机房或滑轮间，而不需要临时借助于其他辅助设施。

5) 机房应采用经久耐用且不易产生灰尘的材料建造，机房内的地板应采用防滑材料。

注：此项可在电梯安装后验收。

6) 在一个机房内，当有两个以上不同平面的工作平台，且相邻平台高度差大于 0.5m 时，应设置楼梯或台阶，并应设置高度不小于 0.9m 的安全防护栏杆。当机房地面有深度大于 0.5m 的凹坑或槽坑时，均应盖住。供人员活动空间和工作台面以上的净高度不应小于 1.8m。

7) 供人员进出检修活板门应有不小于 0.8m×0.8m 的净通道，开门到位后应能自行保持在开启位置。检修活板门关闭后应能支撑两个人重量（每个人按在门的任意 0.2m×0.2m 面积上作用 1000N 力计算），不得有永久性变形。

8) 门或检修活板门应装有带钥匙的锁，它应从机房内不用钥匙打开。只供运送器材的活板门，可只在机房内部锁住。

9) 电源零线和接地线应分开。机房内接地装置的接地电阻值不应大于 4Ω。

10) 机房应有良好的防渗、防漏水保护。

(5) 井道。井道还应符合下列规定：

1) 井道尺寸是指垂直于电梯设计运行方向的井道截面沿电梯设计运行方向投影所测

定的井道最小净空尺寸，该尺寸应和土建布置图所要求的一致，允许偏差应符合下列规定：

① 电梯行程高度小于等于 30m 时，为 0～+25mm；

② 当电梯行程高度大于 30m 且小于等于 60m 时，为 0～+35mm；

③ 当电梯行程高度大于 60m 且小于等于 90m 时，为 0～+50mm；

④ 当电梯行程高度大于 90m 时，允许偏差应符合土建布置图要求。

2）全封闭或部分封闭的井道，井道的隔离保护、井道壁、底坑底面和顶板应具有安装电梯部件所需要的足够强度，应采用非燃烧材料建造，且应不易产生灰尘。

3）当底坑深度大于 2.5m 且建筑物布置允许时，应设置一个符合安全门要求的底坑进口；当没有进入底坑的其他通道时，应设置一个从层门进入底坑的永久性装置，且此装置不得凸入电梯运行空间。

4）井道应为电梯专用，井道内不得装设与电梯无关的设备、电缆等。井道可装设采暖设备，但不得采用蒸汽和水作为热源，且采暖设备的控制与调节装置应装在井道外面。

5）井道内应设置永久性电气照明，井道内照度应不得小于 50lx，井道最高点和最低点 0.5m 以内应各装一盏灯，再设中间灯，并分别在机房和底坑设置一控制开关。

6）装有多台电梯的井道内各电梯的底坑之间应设置最低点离底坑地面不大于 0.3m，且至少延伸到最低层站楼面以上 2.5m 高度的隔障，在隔障宽度方向上隔障与井道壁之间的间隙不应大于 150mm。

当轿顶边缘和相邻电梯运动部件（轿厢、对重或平衡重）之间的水平距离小于 0.5m 时，隔障应延长贯穿整个井道的高度。隔障的宽度不得小于被保护的运动部件（或其部分）的宽度每边再各加 0.1m。

7）底坑内应有良好的防渗、防漏水保护，底坑内不得有积水。

8）每层楼面应有水平面基准标识。

4.2.33.2 机械、电气、零（部）件安装施工记录（C2-33-2）

4.2.33.2-1 电梯、自动扶梯、人行道安装施工记录（C2-33-2-1）

电梯、自动扶梯、人行道安装施工记录主要包括：驱动主机安装、液压系统泵站、油缸顶升机构、管路、油箱、阀门、导轨及支架安装、门系统安装、安全部件的安装、限速器、安全钳、缓冲器、轿厢、对重、悬挂装置与补偿器装置，机房、井道、层站等有关电气装置。自动扶梯（人行道）的桁架、梯级（踏板、胶带）梳齿板、围裙板、护壁板、盖板、扶手支架及导轨零部件安装记录等。整机安装的施工过程情况及有关安装质量、尺寸、准确程度等的记录。

电梯安装施工记录表式按表 C2-6-1 执行。

4.2.33.2-1A 驱动主机安装（C2-33-2-1A）

驱动主机安装应记录：

1）紧急操作装置动作必须正常。可拆卸的装置必须置于驱动主机附近易接近处，紧急救援操作说明必须贴于紧急操作时易见处。

2）当驱动主机承重梁需埋入承重墙时，埋入端长度应超过墙厚中心至少 20mm，且支承长度不应小于 75mm。

3）制动器动作应灵活，制动间隙调整应符合产品设计要求。

4）驱动主机、驱动主机底座与承重梁的安装应符合产品设计要求。

5）驱动主机减速箱（如果有）内油量应在油标所限定的范围内。

6）机房内钢丝绳与楼板孔洞边间隙应为20～40mm，通向井道的孔洞四周应设置高度不小于50mm的台缘。

4.2.33.2-1B *液压系统安装*（C2-33-2-1B）

液压系统安装应记录：

1）液压系统泵站：液压泵站的安装必须按土建布置图进行。

2）液压泵站油位显示应清晰、准确。

3）油缸顶升机构：液压顶升机构的安装必须按土建布置图进行。顶升机构必须安装牢固，缸体垂直度严禁大于0.4‰。

4）管路：液压管路应可靠连接，且无渗透现象。

5）阀门：液压泵站上的溢流阀应设定在系统压力为满载压力的140%～170%时动作。

4.2.33.2-1C *导轨及支架安装*（C2-33-2-1C）

导轨及支架安装应记录：

1）导轨安装位置必须符合土建布置图要求。

2）两列导轨顶面间的距离偏差应为：轿厢导轨0～+2mm；对重导轨0～+3mm。

3）导轨支架。导轨支架在井道壁上的安装应固定可靠。预埋件应符合土建布置图要求。锚栓（如膨胀螺栓等）固定应在井道壁的混凝土构件上使用，其连接强度与承受振动的能力应满足电梯产品设计要求，混凝土构件的压缩强度应符合土建布置图要求。

4）导轨工作面与安装基准线偏差设安全钳不设安全钳。每列导轨工作面（包括侧面与顶面）与安装基准线每5m的偏差均不应大于下列数值：

轿厢导轨和设有安全钳的对重（平衡重）导轨为0.6mm；不设安全钳的对重（平衡重）导轨为1.0mm。

5）设有安全钳对重（平衡重）导轨工作面接头。轿厢导轨和设有安全钳的对重（平衡重）导轨工作面接头处不应有连续缝隙，导轨接头处台阶不应大于0.05mm。如超过应修平，修平长度应大于150mm。

6）不设安全钳的对重（平衡重）导轨接头处缝隙不应大于1.0mm，导轨工作面接头处台阶不应大于0.15mm。

4.2.33.2-1D *门系统安装*（C2-33-2-1D）

门系统安装应记录：

1）层门地坎至桥厢地坎之间的水平距离偏差。层门地坎至轿厢地坎之间的水平距离偏差为0～+3mm，且最大距离严禁超过35mm。

2）层门强迫关门装置。层门强迫关门装置必须动作正常。

3）动力操纵的水平滑动门。动力操纵的水平滑动门在关门开始的1/3行程之后，阻止关门的力严禁超过150N。

4）层门锁钩。层门锁钩必须动作灵活，在证实锁紧的电气安全装置动作之前，锁紧元件的最小啮合长度为7mm。

5）门刀与层门地坎、门锁滚轮与轿厢地坎间隙不应小于5mm。

6）层门地坎水平度不得大于2/1000。层门地坎水平度不得大于2/1000，地坎应高出装修地面2～5mm。

7）层门指示灯盒、召唤盒和消防开关盒。层门指示灯盒、召唤盒和消防开关盒应安装正确，其面板与墙面贴实，横竖端正。

8）门扇与门扇、门扇与门套、门扇与门楣、门扇与门口处轿壁、门扇下端与地坎的间隙，乘客电梯不应大于6mm，载货电梯不应大于8mm。

4.2.33.2-1E 安全部件的安装（C2-33-2-1E）

应记录：

1）限速器：限速器动作速度整定封记必须完好，且无拆动痕迹。

限速器张紧装置与其限位开关相对位置安装应正确。

2）安全钳：当安全钳可调节时，整定封记应完好，且无拆动痕迹。

安全钳与导轨的间隙应符合产品设计要求。

3）缓冲器：液压缓冲器柱塞铅垂度不应大于0.5%，充液量应正确。

4）轿厢：轿厢在两端站平层位置时，轿厢、对重的缓冲器撞板与缓冲器顶面间的距离应符合土建布置图要求。轿厢、对重的缓冲器撞板中心与缓冲器中心的偏差不应大于20mm。

4.2.33.2-1F 对重（C2-33-2-1F）

（1）对重应记录：

1）当对重（平衡重）架有反绳轮，反绳轮应设置防护装置和挡绳装置。

2）对重（平衡重）块应可靠固定。

4.2.33.2-1G 悬挂装置与补偿器装置（C2-33-2-1G）

悬挂装置与补偿器装置应记录：

1）绳头组合。绳头组合必须安全可靠，且每个绳头组合必须安装防螺母松动和脱落的装置。

2）钢丝绳严禁有死弯。

3）轿厢悬挂的电气安全开关。

当轿厢悬挂在两根钢丝绳或链条上，其中一根钢丝绳或链条发生异常相对伸长时，为此装设的电气安全开关必须动作可靠。对具有两个或多个液压顶升机构的液压电梯，每一组悬挂钢丝绳均应符合上述要求。

4）随行电缆。随行电缆严禁有打结和波浪扭曲现象。

如果有钢丝绳或链条，每根张力与平均值偏差不应大于5%。

5）每根钢丝绳与平均值偏差不应大于5%。

6）随行电缆安装。随行电缆的安装应符合下列规定：

① 随行电缆端部应固定可靠。

② 随行电缆在运行中应避免与井道内其他部件干涉。当轿厢完全压在缓冲器上时，随行电缆不得与底坑地面接触。

7）补偿绳、链、缆等补偿装置的端部应固定可靠。

8）补偿绳张紧的电气安全开关。对补偿绳的张紧轮，验证补偿绳张紧的电气安全开关应动作可靠。张紧轮应安装防护装置。

4.2.33.2-1H　机房、井道、层站等有关电气装置（C2-33-2-1H）

机房、井道、层站等有关电气装置应记录：

1）电气设备接地。电气设备接地必须符合下列规定：

所有电气设备及导管、线槽的外露可导电部分均必须可靠接地（PE）；

接地支线应分别直接接至接地干线接线柱上，不得互相连接后再接地。

2）绝缘电阻。导体之间和导体对地之间的绝缘电阻必须大于1000Ω/V，且其值不得小于：

① 动力电路和电气安全装置电路：0.5MΩ；

② 其他电路（控制、照明、信号等）：0.25MΩ。

3）主电源开关。主电源开关不应切断下列供电电路：

① 轿厢照明和通风；

② 机房和滑轮间照明；

③ 机房、轿顶和底坑的电源插座；

④ 井道照明；

⑤ 报警装置。

4）机房和井道配线。机房和井道内应按产品要求配线。软线和无护套电缆应在导管、线槽或能确保起到等效防护作用的装置中使用。护套电缆和橡套软电缆可明敷于井道或机房内使用，但不得明敷于地面。

5）导管、线槽的敷设。导管、线槽的敷设应整齐牢固。线槽内导线总面积不应大于线槽净面积60%；导管内导线总面积不应大于导管内净面积40%；软管固定间距不应大于1m，端头固定间距不应大于0.1m。

6）接地支线应采用黄绿相间绝缘导线。

7）控制柜（屏）的安装位置。控制柜（屏）的安装位置应符合电梯土建布置图中的要求。

4.2.33.2-1I　自动扶梯（人行道）的桁架、梯级（踏板、胶带）梳齿板、围裙板、护壁板、盖板、扶手支架及导轨零部件安装记录（C2-33-2-1I）

自动扶梯（人行道）的桁架、梯级（踏板、胶带）梳齿板、围裙板、护壁板、盖板、扶手支架及导轨零部件安装记录应记录：

1）自动扶梯（人行道）的桁架、梯级（踏板、胶带）梳齿板、围裙板、护壁板、盖板、扶手支架

① 自动扶梯的梯级或自动人行道的踏板或胶带上空，垂直净高度严禁小于2.3m。

② 在安装之前，井道周围必须设有保证安全的栏杆或屏障，其高度严禁小于1.2m。

③ 土建工程应按照土建布置图进行施工，且其主要尺寸允许误差应为：提升高度－15～＋15mm；跨度0～＋15mm。

④ 根据产品供应商的要求应提供设备进场所需的通道和搬运空间。

⑤ 在安装之前，土建施工单位应提供明显的水平基准线标识。

⑥ 电源零线和接地线应始终分开。接地装置的接地电阻值不应大于4Ω。

2）导轨零部件安装记录

导轨零部件安装记录同电力驱动电梯安装工程质量验收。

4.2.33.2-1J 整机安装的施工过程情况及有关安装质量、尺寸、准确程度（C2-33-2-1J）

Ⅰ 电力驱动的曳引式电梯

（1）安全保护验收。必须检查以下安全装置或功能：

① 断相、错相保护装置或功能

当控制柜三相电源中任何一相断开或任何二相错接时，断相、错相保护装置或功能应使电梯不发生危险故障。

注：当错相不影响电梯正常运行时，可没有错相保护装置或功能。

② 短路、过载保护装置

动力电路、控制电路、安全电路必须有与负载匹配的短路保护装置；动力电路必须有过载保护装置。

③ 限速器：限速器上的轿厢（对重、平衡重）下行标志必须与轿厢（对重、平衡重）的实际下行方向相符。限速器铭牌上的额定速度、动作速度必须与被检电梯相符。

④ 安全钳：安全钳必须与其形式试验证书相符。

⑤ 缓冲器：缓冲器必须与其形式试验证书相符。

⑥ 门锁装置：门锁装置必须与其形式试验证书相符。

⑦ 上、下极限开关上、下极限开关必须是安全触点，在端站位置进行动作试验时必须动作正常。在轿厢或对重（如果有）接触缓冲器之前必须动作，且缓冲器完全压缩时，保持动作状态。

⑧ 轿顶、机房（如果有）、滑轮间（如果有）、底坑停止装置：

位于轿顶、机房（如果有）、滑轮间（如果有）、底坑的停止装置的动作必须工常。

（2）下列安全开关，必须动作可靠：

① 限速器绳张紧开关；

② 液压缓冲器复位开关；

③ 有补偿张紧轮时，补偿绳张紧开关；

④ 当额定速度大于 3.5m/s 时，补偿绳轮防跳开关；

⑤ 轿厢安全窗（如果有）开关；

⑥ 安全门、底坑门、检修活板门（如果有）的开关；

⑦ 对可拆卸式紧急操作装置所需要的安全开关；

⑧ 悬挂钢丝绳（链条）为两根时，防松动安全开关。

（3）限速器安全钳联动试验。限速器安全钳联动试验必须符合下列规定：

① 限速器与安全钳电气开关在联动试验中必须动作可靠，且应使驱动主机立即制动；

② 对瞬时式安全钳，轿厢应载有均匀分布的额定载重量；对渐进式安全钳，轿厢应载有均匀分布的 125％额定载重量。当短接限速器及安全钳电气开关，轿厢以检修逗度下行，人为使限速器机械动作时，安全钳应可靠动作，轿厢必须可靠制动，且轿底倾斜度不应大于 5％。

(4) 层门与轿门的试验。层门与轿门的试验必须符合下列规定：

① 每层层门必须能够用三角钥匙正常开启；

② 当一个层门或轿门（在多扇门中任何一扇门）非正常打开时，电梯严禁启动或继续运行。

(5) 曳引能力试验。曳引式电梯的曳引能力试验必须符合下列规定：

① 轿厢在行程上部范围空载上行及行程下部范围载有125％额定载重量下行，分别停层3次以上，轿厢必须可靠地制停（空载上行工况应平层）。轿厢载有125％额定载重量以正常运行速度下行时，切断电动机与制动器供电，电梯必须可靠制动。

② 当对重完全压在缓冲器上，且驱动主机按轿厢上行方向连续运转时，空载轿厢严禁向上提升。

(6) 曳引式电梯的平衡系数应为0.4～0.5。

(7) 运行试验。电梯安装后应进行运行试验；轿厢分别在空载、额定载荷工况下，按产品设计规定的每小时启动次数和负载持续率各运行1000次（每天不少于8h），电梯应运行平稳、制动可靠、连续运行无故障。

(8) 噪声检验。噪声检验应符合下列规定：

① 机房噪声：对额定速度小于等于4m/s的电梯，不应大于80dB（A）；对额定速度大于4m/s的电梯，不应大于85dB（A）。

② 乘客电梯和病床电梯运行中轿内噪声：对额定速度小于等于4m/s的电梯，不应大于55dB（A）；对额定速度大于4m/s的电梯，不应大于60dB（A）。

③ 乘客电梯和病床电梯的开关门过程噪声不应大于65dB（A）。

(9) 平层准确度检验。平层准确度检验应符合下列规定：

① 额定速度小于等于0.63m/s的交流双速电梯，应在±15mm的范围内；

② 额定速度大于0.63m/s且小于等于1.0m/s的交流双速电梯，应在±30mm的范围内；

③ 其他调速方式的电梯，应在±15mn的范围内。

(10) 运行速度检验。运行速度检验应符合下列规定：

当电源为额定频率和额定电压、轿厢载有50％额定载荷时，向下运行至行程中段（除去加速加减速段）时的速度，不应大于额定速度的105％，且不应小于额定速度的92％。

(11) 观感检查。观感检查应符合下列规定：

① 轿门带动层门开、关运行，门扇与门扇、门扇与门套、门扇与门楣、门扇与门口处轿壁、门扇下端与地坎应无刮碰现象；

② 门扇与门扇、门扇与门套、门扇与门楣、门扇与门口处轿壁、门扇下端与地坎之间各自的间隙在整个长度上应基本一致；

③ 对机房（如果有）、导轨支架、底坑、轿顶、轿内、轿门、层门及门地坎等部位应进行清理。

Ⅱ 液压电梯

(1) 液压电梯安全保护验收。液压电梯安全保护验收必须检查以下安全装置或功能：

① 断相、错相保护装置或功能

当控制柜三相电源中任何一相断开或任何二相错接时，断相、错相保护装置或功能应使电梯不发生危险故障。

注：当错相不影响电梯正常运行时可没有错相保护装置或功能。

② 短路、过载保护装置

动力电路、控制电路、安全电路必须有与负载匹配的短路保护装置；动力电路必须有过载保护装置。

③ 防止轿厢坠落、超速下降的装置

液压电梯必须装有防止轿厢坠落、超速下降的装置，且各装置必须与其形式试验证书相符。

④ 门锁装置

门锁装置必须与其形式试验证书相符。

⑤ 上极限开关

上极限开关必须是安全触点，在端站位置进行动作试验时必须动作正常。它必须在柱塞接触到其缓冲制停装置之前动作，且柱塞处于缓冲制停区时保持动作状态。

⑥ 机房、滑轮间（如果有）、轿顶、底坑停止装置

位于轿顶、机房、滑轮间（如果有）、底坑的停止装置的动作必须正常。

⑦ 液压油温升保护装置

当液压油达到产品设计温度时，温升保护装置必须动作，使液压电梯停止运行。

⑧ 移动轿厢的装置

在停电或电气系统发生故障时，移动轿厢的装置必须能移动轿厢上行或下行，且下行时还必须装设防止顶升机构与轿厢运动相脱离的装置。

（2）下列安全开关，必须动作可靠：

① 限速器（如果有）张紧开关；

② 液压缓冲器（如果有）复位开关；

③ 轿厢安全窗（如果有）开关；

④ 安全门、底坑门、检修活板门（如果有）的开关；

⑤ 悬挂钢丝绳（链条）为两根时，防松动安全开关。

（3）限速器（安全绳）安全钳联动试验。限速器（安全绳）安全钳联动试验必须符合下列规定：

① 限速器（安全绳）与安全钳电气开关在联动试验中必须动作可靠，且应使电梯停止运行。

② 联动试验时轿厢载荷及速度应符合下列规定：

（a）当液压电梯额定载重量与轿厢最大有效面积符合表 C2-33-2-1J 的规定时，轿厢应载有均匀分布的额定载重量；当液压电梯额定载重量小于表 C2-33-2-1J 规定的轿厢最大有效面积对应的额定载重量时，轿厢应载有均匀分布的 125％的液压电梯额定载重量，但该载荷不应超过表 C2-33-2-1J 规定的轿厢最大有效面积对应的额定载重量；

（b）对瞬时式安全钳，轿厢应以额定速度下行；对渐进式安全钳，轿厢应以检修速度下行。

③ 当装有限速器安全钳时，使下行阀保持开启状态（直到钢丝绳松弛为止）的同时，人为使限速器机械动作，安全钳应可靠动作，轿厢必须可靠制动，且轿底倾斜度不应大于5%。

④ 当装有安全绳安全钳时，使下行阀保持开启状态（直到钢丝绳松弛为止）的同时，人为使安全绳机械动作，安全钳应可靠动作，轿厢必须可靠制动，且轿底倾斜度不应大于5%。

额定载重量与轿厢最大有效面积之间关系　　**表 C2-33-2-1J**

额定载重量（kg）	轿厢最大有效面积（m^2）	额定载重量（kg）	轿厢最大有效面积（m^2）	额定载重量（kg）	轿厢最大有效面积（m^2）	额定载重量（kg）	轿厢最大有效面积（m^2）
100[1]	0.37	525	1.45	900	2.20	1275	2.95
180[2]	0.58	600	1.60	975	2.35	1350	3.10
225	0.70	630	1.66	1000	2.40	1425	3.25
300	0.90	675	1.75	1050	2.50	1500	3.40
375	1.10	750	1.90	1125	2.65	1600	3.56
400	1.17	800	2.00	1200	2.80	2000	4.20
450	1.30	825	2.05	1250	2.90	2500[3]	5.00

注：1. 一人电梯的最小值；
2. 二人电梯的最小值；
3. 额定载重量超过 2500kg 时，每增加 100kg 面积增加 0.16m^2，对中间的载重量，其面积由线性插入法确定。

(4) 层门与轿门试验。层门与轿门的试验符合下列规定：

层门与轿门的试验必须符合（GB 50310—2002）规范第 4.11.3 条的规定。

(5) 超载试验。超载试验必须符合下列规定：

当轿厢载有 120%额定载荷时液压电梯严禁启动。

(6) 运行试验。液压电梯安装后应进行运行试验；轿厢在额定载重量工况下，按产品设计规定的每小时启动次数运行 1000 次（每天不少于 8h），液压电梯应平稳、制动可靠、连续运行无故障。

(7) 噪声检验。噪声检验应符合下列规定：

① 液压电梯的机房噪声不应大于 85dB（A）；

② 乘客液压电梯和病床液压电梯运行中轿内噪声不应大于 55dB（A）；

③ 乘客液压电梯和病床液压电梯的开关门过程噪声不应大于 65dB（A）。

(8) 平层准确度检验。平层准确度检验应符合下列规定：

液压电梯平层准确度应在±15mm 范围内。

(9) 运行速度检验。运行速度检验应符合下列规定：

空载轿厢上行速度与上行额定速度的差值不应大于上行额定速度的 8%；载有额定载重量的轿厢下行速度与下行额定速度的差值不应大于下行额定速度的 8%。

(10) 额定载重量沉降量试验。额定载重量沉降量试验应符合下列规定：

载有额定载重量的轿厢停靠在最高层站时，停梯 10min，沉降量不应大于 10mm，但因油温变化而引起的油体积缩小所造成的沉降不包括在 10mm 内。

(11) 液压泵站溢流阀压力检查。液压泵站溢流阀压力检查应符合下列规定：

液压泵站上的溢流阀应设定在系统压力为满载压力的 140%～170%时动作。

(12) 超压静载试验。超压静载试验应符合下列规定：

将截止阀关闭，在轿内施加 200%的额定载荷，持续 5min 后，液压系统应完好无损。

(13) 观感检查。观感检查应符合下列规定：

① 轿门带动层门开、关运行，门扇与门扇、门扇与门套、门扇与门楣、门扇与门口处轿壁、门扇下端与地坎应无刮碰现象；

② 门扇与门扇、门扇与门套、门扇与门楣、门扇与门口处轿壁、门扇下端与地坎之间各自的间隙在整个长度上应基本一致；

③ 对机房（如果有）、导轨支架、底坑、轿顶、轿内、轿门、层门及门地坎等部位应进行清理。

Ⅲ 自动扶梯、自动人行道电梯

(1) 自动扶梯、自动人行道的自动停止运行。在下列情况下，自动扶梯、自动人行道必须自动停止运行，且第 4 款至第 11 款情况下的开关断开的动作必须通过安全触点或安全电路来完成。

① 无控制电压；

② 电路接地的故障；

③ 过载；

④ 控制装置在超速和运行方向非操纵逆转下动作；

⑤ 附加制动器（如果有）动作；

⑥ 直接驱动梯级、踏板或胶带的部件（如链条或齿条）断裂或过分伸长；

⑦ 驱动装置与转向装置之间的距离（无意性）缩短；

⑧ 梯级、踏板或胶带进入梳齿板处有异物夹住，且产生损坏梯级、踏板或胶带支撑结构；

⑨ 无中间出口的连续安装的多台自动扶梯、自动人行道中的一台停止运行；

⑩ 扶手带入口保护装置动作；

⑪ 梯级或踏板下陷。

(2) 绝缘电阻测量。应测量不同回路导线对地的绝缘电阻。测量时，电子元件应断开。导体之间和导体对地之间的绝缘电阻应大于 1000Ω/V，且其值必须大于：

① 动力电路和电气安全装置电路 0.5MΩ；

② 其他电路（控制、照明、信号等）0.25MΩ。

(3) 电气设备接地。电气设备接地必须符合下列规定：

① 所有电气设备及导管、线槽的外露可导电部分均必须可靠接地（PE）；

② 接地支线应分别直接接至接地干线接线柱上，不得互相连接后再接地。

(4) 整机安装检查。整机安装检查应符合下列规定：

① 梯级、踏板、胶带的楞齿及梳齿板应完整、光滑。

② 在自动扶梯、自动人行道入口处应设置使用须知的标牌。

③ 内盖板、外盖板、围裙板、扶手支架、扶手导轨、护壁板接缝应平整，接缝处的凸台不应大于 0.5mm。

④ 梳齿板流齿与踏板面齿槽的啮合深度不应小于 6mm。

⑤ 梳齿板梳齿与踏板面齿槽的间隙不应小于 4mm。

⑥ 围裙板与梯级、踏板或胶带任何一侧的水平间隙不应大于 4mm，两边的间隙之和不应大于 7mm。当自动人行道的围裙板设置在踏板或胶带之上时，踏板表面与围裙板下端之间的垂直间隙不应大于 4mm。当踏板或胶带有横向摆动时，踏板或胶带的侧边与围裙板垂直投影之间不得产生间隙。

⑦ 梯级间或踏板间的间隙在工作区段内的任何位置，从踏面测得的两个相邻梯级或两个相邻踏板之间的间隙不应大于 6mm。在自动人行道过渡曲线区段，踏板的前缘和相邻踏板的后缘啮合，其间隙不应大于 8mm。

⑧ 护壁板之间的空隙不应大于 4mm。

(5) 性能试验。性能试验应符合下列规定：

① 在额定频率和额定电压下，梯级、踏板或胶带没运行方向空载时的速度与额定速度之间的允许偏差为±5%；

② 扶手带的运行速度相对梯级、踏板或胶带的速度允许偏差为 0～2%。

(6) 自动扶梯、自动人行道制动试验。

(7) 电气装置。电气装置还应符合下列规定：

① 主电源开关不应切断电源插座、检修和维护所必需的照明电源。

② 配线应符合（GB 50310—2002）规范第 4.10.4、4.10.5、4.10.6 条的规定。

(8) 观感检查。观感检查应符合下列规定：

① 上行和下行自动扶梯、自动人行道，梯级、踏板或胶带与围裙板之间应无刮碰现象（梯级、踏板或胶带上的导向部分与围裙板接触除外），扶手带外表面应无刮痕。

② 对梯级（踏板或胶带）、梳齿板、扶手带、护壁板、围裙板、内外盖板、前沿板及活动盖板等部位的外表面应进行清理。

4.2.34 接地、绝缘电阻测试记录（C2-34）

电梯安装工程接地、绝缘电阻测试记录按建筑电气接地、绝缘电阻测试记录表式执行。

4.2.34.1 接地电阻测试记录（C2-34-1）

接地电阻测试记录按建筑电气工程接地电阻测试记录 C2-20-2 表式执行。

4.2.34.2 绝缘电阻测试记录（C2-34-2）

绝缘电阻测试记录按建筑电气工程绝缘电阻测试记录 C2-20-1 表式执行。

4.2.35 负荷试验、安全装置检查记录（C2-35）

电梯安装工程负荷试验、安全装置检查记录按建筑电气相关表式要求原则执行。

4.2.35.1 电梯安全装置检查记录（C2-35-1）

电梯负荷试验即电梯运行试验主要包括：电梯运行速度和平衡系数、电梯加减速度和轿厢运行的垂直、水平振动加速度、噪声和轿厢平层准确度等项内容。安全保护装置检查主要包括：各安全保护开关、系统中的安全保护装置、碰轮和碰铁、极限和限位开关、交流电梯极限开关、轿厢门安全触板等。

1. 资料表式

电梯安全装置检查记录 **表 C2-35-1**

工程名称			日 期	
序号	检验项目	检验内容及其规范标准要求	检查结果	备注
1	电源主开关	位置合理、容量适中、标志易识别		
2	断相、错相保护装置	断任一相电或错相，电梯停止，不能启动		
3	上、下限位开关	轿厢越程＞500mm 时起作用		
4	上、下限极限开关	轿厢或对重撞缓冲器之前起作用		
5	上、下强迫缓速装置	位置符合产品设计要求，动作可靠		
6	停止装置（安全、急停开关）	轿箱、轿内、底坑进入位置≤1m，红色、停止		
7	检修运行开关	轿顶优先、易接近、双稳态、防误操作		
8	紧急电动运行开关（机房内）	防误操作按钮、标明方向、直观主机		
9	开、关门和运行方向接触器	机械或电气联锁动作可靠		
10	限速器电气安全装置	动作速度、额定速度与铭牌相符		
11	安全钳电气安全装置	在安全钳动作以前或同时，使电动机停转		
12	限速绳断裂、松弛保护	运行可靠		
13	轿厢位置传递装置的张紧度	钢带（钢绳、链条）断裂或松弛时运行可靠		
14	耗能型缓冲器复位保护	缓冲器被压缩时，安全触点强迫断开		
15	轿厢安全窗安全门锁闭状况	如锁紧失效，应使电梯停止		
16	轿厢自动门撞击保护装置	安全触板、光电保护、阻止关门力严禁超过 150N		
17	轿门的锁闭状况及关闭位置	健全触点、位置正确，无论是正常、检修或紧急电动操作均不能造成开门运行		
18	层门的锁闭状况及关闭位置			
19	绳索的张紧度及防跳装置	安全触点检查，动作时电梯停止运行		
20	检修门、井道安全门	均不得朝井道内开启，关闭时，电梯才能运行		
21	欠电压、过电流、弱磁、速度	按产品要求调整检验		
22	程序转速及消防专用开关	返基站、开门、解除应答、运行、动作可靠		

签字栏	监理（建设）单位	施工单位		
		专业技术负责人	质检员	试验员

2. 实施要点

（1）电力驱动安全保护验收必须符合下列规定：

1）必须检查以下安全装置或功能：

① 断相、错相保护装置或功能

当控制柜三相电源中任何一相断开或任何二相错接时，断相、错相保护装置或功能应使电梯不发生危险故障。

注：当错相不影响电梯正常运行时，可没有错相保护装置或功能。

② 短路、过载保护装置：动力电路、控制电路、安全电路必须有与负载匹配的短路保护装置；动力电路必须有过载保护装置。

③ 限速器：限速器上的轿厢（对重、平衡重）下行标志必须与轿厢（对重、平衡重）的实际下行方向相符。限速器铭牌上的额定速度、动作速度必须与被检电梯相符。

④ 安全钳：安全钳必须与其形式试验证书相符。

⑤ 缓冲器：缓冲器必须与其形式试验证书相符。

⑥ 门锁装置：门锁装置必须与其形式试验证书相符。

⑦ 上、下极限开关：上、下极限开关必须是安全触点，在端站位置进行动作试验时必须动作正常。在轿厢或对重（如果有）接触缓冲器之前必须动作，且缓冲器完全压缩时，保持动作状态。

⑧ 轿顶、机房（如果有）、滑轮间（如果有）、底坑停止装置：位于轿顶、机房（如果有）、滑轮间（如果有）、底坑的停止装置的动作必须正常。

2）下列安全开关，必须动作可靠：

① 限速器绳张紧开关；

② 液压缓冲器复位开关；

③ 有补偿张紧轮时，补偿绳张紧开关；

④ 当额定速度大于3.5m/s时，补偿绳轮防跳开关；

⑤ 轿厢安全窗（如果有）开关；

⑥ 安全门、底坑门、检修活板门（如果有）的开关；

⑦ 对可拆卸式紧急操作装置所需要的安全开关；

⑧ 悬挂钢丝绳（链条）为两根时，防松动安全开关。

（2）液压电梯安全保护验收必须符合下列规定：

1）必须检查以下安全装置或功能：

① 断相、错相保护装置或功能：当控制柜三相电源中任何一相断开或任何二相错接时，断相、错相保护装置或功能应使电梯不发生危险故障。

注：当错相不影响电梯正常运行时可没有错相保护装置或功能。

② 短路、过载保护装置：动力电路、控制电路、安全电路必须有与负载匹配的短路保护装置；动力电路必须有过载保护装置。

③ 防止轿厢坠落、超速下降的装置：液压电梯必须装有防止轿厢坠落、超速下降的装置，且各装置必须与其形式试验证书相符。

④ 门锁装置：门锁装置必须与其形式试验证书相符。

⑤ 上极限开关：上极限开关必须是安全触点，在端站位置进行动作试验时必须动作正常。它必须在柱塞接触到其缓冲制停装置之前动作，且柱塞处于缓冲制停区时保持动作状态。

⑥ 机房、滑轮间（如果有）、轿顶、底坑停止装置：位于轿顶、机房、滑轮间（如果有）、底坑的停止装置的动作必须正常。

⑦ 液压油温升保护装置：当液压油达到产品设计温度时，温升保护装置必须动作，使液压电梯停止运行。

⑧ 移动轿厢的装置：在停电或电气系统发生故障时，移动轿厢的装置必须能移动轿厢上行或下行，且下行时还必须装设防止顶升机构与轿厢运动相脱离的装置。

2）下列安全开关，必须动作可靠：

① 限速器（如果有）张紧开关；
② 液压缓冲器（如果有）复位开关；
③ 轿厢安全窗（如果有）开关；
④ 安全门、底坑门、检修活板门（如果有）的开关；
⑤ 悬挂钢丝绳（链条）为两根时，防松动安全开关。

4.2.35.2 电梯负荷运行试验记录（C2-35-2）

1. 资料表式

电梯负荷运行试验记录 **表 C2-35-2**

<table>
<tr><td>工程名称</td><td colspan="3"></td><td>安装单位</td><td colspan="3"></td></tr>
<tr><td>电梯类型</td><td colspan="3"></td><td>制造厂家</td><td colspan="3"></td></tr>
<tr><td>电梯编号</td><td></td><td>速度</td><td>m/s</td><td>额定载荷</td><td>kg</td><td>层站</td><td></td></tr>
<tr><td>电机功率</td><td>kW</td><td>电压</td><td>V</td><td>额定转速</td><td>r/min</td><td>电流</td><td>A</td></tr>
<tr><td>仪表型号</td><td colspan="2">电流表：</td><td colspan="2">电压表：</td><td colspan="3">转速表：</td></tr>
<tr><td colspan="2">工况荷重</td><td rowspan="2">运行方向</td><td rowspan="2">电压
(V)</td><td rowspan="2">电流
(A)</td><td rowspan="2">轿厢速度
(m/s)</td><td rowspan="2" colspan="2">电机转速
(r/min)</td></tr>
<tr><td>(%)</td><td>(kg)</td></tr>
<tr><td rowspan="2">0</td><td rowspan="2"></td><td>上</td><td></td><td></td><td></td><td colspan="2"></td></tr>
<tr><td>下</td><td></td><td></td><td></td><td colspan="2"></td></tr>
<tr><td rowspan="2">25</td><td rowspan="2"></td><td>上</td><td></td><td></td><td></td><td colspan="2"></td></tr>
<tr><td>下</td><td></td><td></td><td></td><td colspan="2"></td></tr>
<tr><td rowspan="2">40</td><td rowspan="2"></td><td>上</td><td></td><td></td><td></td><td colspan="2"></td></tr>
<tr><td>下</td><td></td><td></td><td></td><td colspan="2"></td></tr>
<tr><td rowspan="2">50</td><td rowspan="2"></td><td>上</td><td></td><td></td><td></td><td colspan="2"></td></tr>
<tr><td>下</td><td></td><td></td><td></td><td colspan="2"></td></tr>
<tr><td rowspan="2">75</td><td rowspan="2"></td><td>上</td><td></td><td></td><td></td><td colspan="2"></td></tr>
<tr><td>下</td><td></td><td></td><td></td><td colspan="2"></td></tr>
<tr><td rowspan="2">100</td><td rowspan="2"></td><td>上</td><td></td><td></td><td></td><td colspan="2"></td></tr>
<tr><td>下</td><td></td><td></td><td></td><td colspan="2"></td></tr>
<tr><td rowspan="2">110</td><td rowspan="2"></td><td>上</td><td></td><td></td><td></td><td colspan="2"></td></tr>
<tr><td>下</td><td></td><td></td><td></td><td colspan="2"></td></tr>
<tr><td>试验结果</td><td colspan="7"></td></tr>
<tr><td rowspan="3">签字栏</td><td rowspan="2">监理(建设)单位</td><td colspan="6">施　工　单　位</td></tr>
<tr><td colspan="2">专业技术负责人</td><td colspan="2">质检员</td><td colspan="2">试验员</td></tr>
<tr><td></td><td colspan="2"></td><td colspan="2"></td><td colspan="2"></td></tr>
</table>

注：1. 当轿内的载重量为额定载重量的50%下行至全行程中部时的速度不得大于额定速度的105%，且不得小于额定速度的92%［可测曳引线速度，或按GB/T 10059中（5.1.2）公式计算］。
2. 仅测量电流，用于交流电动机；测量电流并同时测量电压，则用于直流电动机。

2. 实施要点

（1）电力驱动电梯安装后应进行运行试验；轿厢分别在空载、额定载荷工况下，按产品设计规定的每小时启动次数和负载持续率各运行1000次（每天不少于8h），电梯应运行平稳、制动可靠、连续运行无故障。

(2) 电力驱动运行速度检验应符合下列规定：

当电源为额定频率和额定电压、轿厢载有50%额定载荷时，向下运行至行程中段（除去加速加减速段）时的速度，不应大于额定速度的105%，且不应小于额定速度的92%。

(3) 液压电梯超载试验必须符合下列规定：

当轿厢载有120%额定载荷时液压电梯严禁启动。

(4) 液压电梯安装后应进行运行试验；轿厢在额定载重量工况下，按产品设计规定的每小时启动次数运行1000次（每天不少于8h），液压电梯应平稳、制动可靠、连续运行无故障。

(5) 液压电梯运行速度检验应符合下列规定：

空载轿厢上行速度与上行额定速度的差值不应大于上行额定速度的8%；载有额定载重量的轿厢下行速度与下行额定速度的差值不应大于下行额定速度的8%。

(6) 液压电梯超压静载试验应符合下列规定：

将截止阀关闭，在轿内施加200%的额定载荷，持续5min后，液压系统应完好无损。

(7) 表列子项

工况荷重：分别按0、25%、50%、75%、100%、110%荷重按上、下行方向记录电压、电流、轿厢速度和电机速度。

4.2.35.3 电梯负荷运行试验曲线图（确定平衡系数）(C2-35-3)

1. 资料表式

电梯负荷运行试验曲线图（确定平衡系数） **表 C2-35-3**

<table>
<tr><td>工程名称</td><td colspan="3"></td><td>电梯编号</td><td colspan="2"></td><td>日 期</td><td></td></tr>
<tr><td>额定载荷</td><td colspan="2">kg</td><td>平衡系数</td><td colspan="2">%</td><td>平衡载荷</td><td colspan="2">kg</td></tr>
<tr><td colspan="9">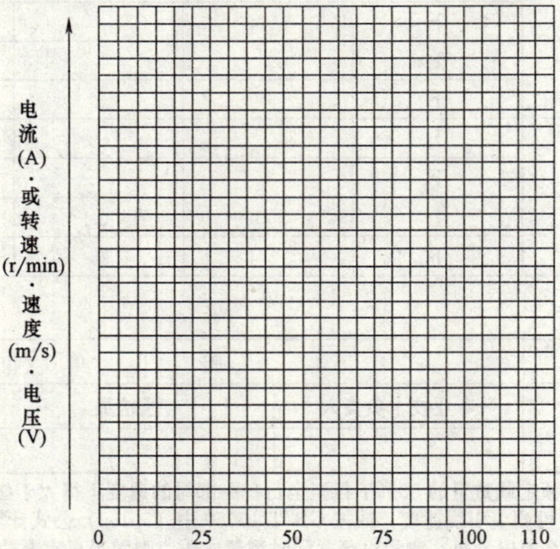
</td></tr>
<tr><td>评定意见</td><td colspan="8">年 月 日</td></tr>
<tr><td rowspan="3">签字栏</td><td rowspan="2">监理(建设)单位</td><td colspan="7">施 工 单 位</td></tr>
<tr><td colspan="3">专业技术负责人</td><td colspan="2">质检员</td><td colspan="2">试验员</td></tr>
<tr><td></td><td colspan="3"></td><td colspan="2"></td><td colspan="2"></td></tr>
</table>

2. 实施要点

（1）电梯负荷运行试验曲线图表是为了确定电梯的平衡系数，国家规定各类电梯的平衡系数应为40%～50%。

绘制坐标图时应注意数据点要与表C2-43-3中的测试数据对应一致；形成两条曲线应分别标注上、下行的名称；如采用电流法测试时，应把表格中的“电流”旁边画一“√”，或把“转速、速度、电压”用竖线划掉；当实际测试工况与横坐标的负荷不相符时，应修改并在相应的格线下重新注明清楚；测试数据在纵坐标上分格时要注意比例，有效数据规范应占纵坐标全高的2/3左右为佳，以便分析观察；各测点应用曲线板、黑墨水细心、清晰地描绘出上、下行两条曲线，两条曲线的交叉点向下引一条垂直线至横坐标线上并标注实际的数据即为该电梯的平衡系数，平衡荷载等于额定荷载乘平衡系数。

（2）电梯负荷运行试验曲线图（确定平衡系数）由电梯安装的试验单位根据负荷运行试验结果进行绘制。

4.2.35.4 电梯噪声测试记录（C2-35-4）

1. 资料表式

噪声测试记录 **表2-35-4**

<table>
<tr><td colspan="2">工程名称</td><td colspan="3"></td><td colspan="2">测试</td><td colspan="3"></td><td colspan="2">日 期</td><td></td></tr>
<tr><td colspan="2">电梯类型</td><td colspan="3"></td><td colspan="2">额定载荷</td><td colspan="3">kg</td><td colspan="2">运行速度</td><td>m/s</td></tr>
<tr><td colspan="2">声级计型号</td><td colspan="3"></td><td colspan="2">计量单位</td><td colspan="3">dB</td><td colspan="2">电梯编号</td><td></td></tr>
<tr><td colspan="2" rowspan="2">机房
驱动主机</td><td colspan="2">前</td><td colspan="2">后</td><td colspan="2">左</td><td>右</td><td>上</td><td colspan="2">平均</td><td>背景</td></tr>
<tr><td colspan="2"></td><td colspan="2"></td><td colspan="2"></td><td></td><td></td><td colspan="2"></td><td></td></tr>
<tr><td rowspan="3">层站</td><td colspan="3">轿厢门</td><td colspan="3">层站门</td><td colspan="6">轿 厢 门</td></tr>
<tr><td rowspan="2">开门</td><td rowspan="2">关门</td><td rowspan="2">背景</td><td rowspan="2">开门</td><td rowspan="2">关门</td><td rowspan="2">背景</td><td rowspan="2">层站</td><td rowspan="2">行驶方向</td><td colspan="2">空载</td><td colspan="2">额定载荷</td></tr>
<tr><td>单层</td><td>直驶</td><td>单层</td><td>直驶</td></tr>
<tr><td></td><td></td><td></td><td></td><td></td><td></td><td></td><td></td><td>上行</td><td></td><td></td><td></td><td></td></tr>
<tr><td></td><td></td><td></td><td></td><td></td><td></td><td></td><td></td><td>下行</td><td></td><td></td><td></td><td></td></tr>
<tr><td></td><td></td><td></td><td></td><td></td><td></td><td></td><td></td><td>上行</td><td></td><td></td><td></td><td></td></tr>
<tr><td></td><td></td><td></td><td></td><td></td><td></td><td></td><td></td><td>下行</td><td></td><td></td><td></td><td></td></tr>
<tr><td></td><td></td><td></td><td></td><td></td><td></td><td></td><td></td><td>上行</td><td></td><td></td><td></td><td></td></tr>
<tr><td></td><td></td><td></td><td></td><td></td><td></td><td></td><td></td><td>下行</td><td></td><td></td><td></td><td></td></tr>
<tr><td></td><td></td><td></td><td></td><td></td><td></td><td></td><td></td><td>上行</td><td></td><td></td><td></td><td></td></tr>
<tr><td></td><td></td><td></td><td></td><td></td><td></td><td></td><td></td><td>下行</td><td></td><td></td><td></td><td></td></tr>
<tr><td></td><td></td><td></td><td></td><td></td><td></td><td></td><td></td><td>上行</td><td></td><td></td><td></td><td></td></tr>
<tr><td></td><td></td><td></td><td></td><td></td><td></td><td></td><td></td><td>下行</td><td></td><td></td><td></td><td></td></tr>
<tr><td colspan="3">评定意见</td><td colspan="10">年 月 日</td></tr>
<tr><td rowspan="3">签字栏</td><td colspan="3" rowspan="2">监理(建设)单位</td><td colspan="9">施 工 单 位</td></tr>
<tr><td colspan="3">专业技术负责人</td><td colspan="3">质检员</td><td colspan="3">试验员</td></tr>
<tr><td colspan="3"></td><td colspan="3"></td><td colspan="3"></td><td colspan="3"></td></tr>
</table>

2. 实施要点

电梯噪声测试包括：轿厢运行噪声测试、开关门噪声测试、机房噪声测试、背景噪声测试等。

（1）电力驱动噪声检验应符合下列规定：

1）机房噪声：对额定速度小于等于4m/s的电梯，不应大于80dB（A）；对额定速度大于 4m/s 的电梯，不应大于 85dB（A）。

2）乘客电梯和病床电梯运行中轿内噪声：对额定速度小于等于 4m/s 的电梯，不应大于 55dB（A）；对额定速度大于 4m/s 的电梯，不应大于 60dB（A）。

3）乘客电梯和病床电梯的开关门过程噪声不应大于 65dB（A）。

（2）液压电梯噪声检验应符合下列规定：

1）液压电梯的机房噪声不应大于 85dB（A）；

2）乘客液压电梯和病床液压电梯运行中轿内噪声不应大于 55dB（A）；

3）乘客液压电梯和病床液压电梯的开关门过程噪声不应大于 65dB（A）。

（3）表列子项

1）机房驱动主机：分别按前、后、左、右、上、平均、背景测试并记录。

2）层站：分别记录每层站的轿厢门、层站门、轿厢内的有关实际测试噪声数据。

4.2.35.5A　电梯加、减速度和轿厢运行的垂直、水平振动速度试验记录（C2-35-5A）

资料表式

电梯加、减速度和轿厢运行的垂直、水平振动速度试验记录表（额定速度小于 1m/s）

表 C2-35-5A

工程名称					部位		
试验日期							
序　号		1	2	3	4	5	6
工　况		空　载			额　定　载　荷		
项　目		启动加速度（m/s^2）	换速减速度（m/s^2）	制动加速度（m/s^2）	启动减速度（m/s^2）	换速减速度（m/s^2）	制动减速度（m/s^2）
单　层	上行						
	下行						
多　层	上行						
	下行						
工　况		空　载			额　定　载　荷		
项目		振动加速度（cm/s^2）			振动加速度（cm/s^2）		
		运行方向	平行轿厢门方向	垂直轿厢门方向	运行方向	平行轿厢门方向	垂直轿厢门方向
全程上行							
全程下行							

签字栏	监理（建设）单位	施　工　单　位		
		专业技术负责人	质检员	试验员

4.2.35.5B 电梯加、减速度和轿厢运行的垂直、水平振动速度试验记录（C2-35-5B）

1. 资料表式

电梯加、减速度和轿厢运行的垂直、水平振动速度试验记录表（额定速度大于1m/s）

表 C2-35-5B

工程名称						部位			
试验日期									
序号		1	2	3	4	5	6	7	8
工况		空载				额定载荷			
项目		启动加速度（m/s^2）	启动平均加速度（m/s^2）	制动减速度（m/s^2）	制动平均减速度（m/s^2）	启动加速度（m/s^2）	启动平均加速度（m/s^2）	制动减速度（m/s^2）	制动平均减速度（m/s^2）
单层	上行								
	下行								
多层	上行								
	下行								

工况	空载			额定载荷		
项目	振动加速度（cm/s^2）			振动加速度（cm/s^2）		
	运行方向	平行轿厢门方向	垂直轿厢门方向	运行方向	平行轿厢门方向	垂直轿厢门方向
全程上行						
全程下行						

评定意见	签字栏	监理（建设）单位	施工单位		
			专业技术负责人	质检员	试验员

2. 实施要点

（1）电力驱动电梯的运行速度检验应符合下列规定：

当电源为额定频率和额定电压、轿厢载有50%额定载荷时，向下运行至行程中段（除去加速加减速段）时的速度，不应大于额定速度的105%，且不应小于额定速度的92%。

(2) 液压电梯安装后应进行运行试验；轿厢在额定载重量工况下，按产品设计规定的每小时启动次数运行1000次（每天不少于8h），液压电梯应平稳、制动可靠、连续运行无故障。

(3) 液压电梯的运行速度检验应符合下列规定：

空载轿厢，上行速度与上行额定速度的差值不应大于上行额定速度的8%；载有额定载重量的轿厢，下行速度与下行额定速度的差值不应大于下行额定速度的8%。

(4) 电梯额定速度一般分为：电梯额定速度＞1m/s和≤1m/s。

(5) 电梯启动、制动过程的加、减速度值和乘客、病床电梯的振动加速度值是衡量电梯舒适感的重要指标和依据。

(6) 试验结果与评定：电梯的加、减速度取其在该过程的最大值；加、减速度的平均值是对其加、减速度过程求积；轿厢运行的振动加速度取轿厢在额定速度时的最大值，以其单峰值作为计算与评定的依据。

(7) 电梯加、减速度和垂直、水平振动加速度试验应采用专用的试验仪器，具体操作按其说明书进行。

4.2.35.6　曳引机检查与试验记录（C2-35-6）

1. 资料表式

曳引机检查与试验记录　　　　**表C2-35-6**

<table>
<tr><td colspan="2">工程名称</td><td colspan="3"></td><td colspan="2">部　位</td><td></td></tr>
<tr><td colspan="2">试验仪器</td><td colspan="3"></td><td colspan="2">日　期</td><td></td></tr>
<tr><td colspan="8">(1)技术参数</td></tr>
<tr><td colspan="2">曳引机型号</td><td>电机型号</td><td>速比</td><td>电压(V)</td><td>模数</td><td>电流(A)</td><td>功率(kW)</td><td>绳轮直径(mm)</td></tr>
<tr><td colspan="2"></td><td></td><td></td><td></td><td></td><td></td><td></td><td></td></tr>
<tr><td colspan="9">中心距________mm　转速________r/min</td></tr>
<tr><td colspan="9">(2)检查项目
制动轮的径向跳动________
曳引轮绳槽工作面跳动________
制动器闸瓦松闸时的间隙________
负荷运行检查；油温____℃；电机定子温升________K
其他________
蜗杆轴伸出端渗漏油，油迹面积________cm²/h
空载噪声________dB(A)</td></tr>
<tr><td colspan="2">评定意见</td><td colspan="7"></td></tr>
<tr><td rowspan="3">签字栏</td><td rowspan="3">监理(建设)单位</td><td colspan="7">施　工　单　位</td></tr>
<tr><td colspan="3">专业技术负责人</td><td colspan="2">质检员</td><td colspan="2">试验员</td></tr>
<tr><td colspan="3"></td><td colspan="2"></td><td colspan="2"></td></tr>
</table>

2. 实施要点

（1）曳引式电梯的曳引能力试验必须符合下列规定：

1）轿厢在行程上部范围空载上行及行程下部范围载有125％额定载重量下行，分别停层3次以上，轿厢必须可靠地制停（空载上行工况应平层）。轿厢载有125％额定载重量以正常运行速度下行时，切断电动机与制动器供电，电梯必须可靠制动。

2）当对重完全压在缓冲器上，且驱动主机按轿厢上行方向连续运转时，空载轿厢严禁向上提升。

（2）曳引式电梯的平衡系数应为0.4～0.5。

（3）表列子项

负荷运行检查：当在额定电压时，空载工况连续运行2h（正、反各转1h）。额定载荷工况时，按通电持续率40％（正转2min，停机3min，再反转2min），运行30min，用温度计直接测量油温，用微欧计测量电机定子温升。

注：1. 径向跳动：用百分表测量制动轮轮宽的两端及中间三个部位取其最大值。

2. 绳槽工作面跳动：用百分表测量各绳槽的两个侧面，取其最大值。

3. 闸瓦松闸时的间隙：用塞尺测量制动轮的松闸时，闸瓦和制动轮全长上的最大间隙。

4.2.35.7 限速器试验记录（C2-35-7）

1. 资料表式

限速器试验记录表 表C2-35-7

工程名称		部　位		
试验单位		日　期		
限速器编号		试验仪器		
额定速度＿＿＿＿＿＿m/s 动作速度＿＿＿＿＿＿m/s 实测动作速度＿＿＿＿＿＿m/s 限速器绳的张紧力＿＿＿＿＿＿N				
评定意见	年　月　日			
签字栏	监理(建设)单位	施　工　单　位		
		专业技术负责人	质检员	试验员

2. 实施要点

（1）限速器动作速度整定封记必须完好，且无拆动痕迹。

（2）限速器张紧装置与其限位开关相对位置安装应正确。

（3）限速器上的轿厢（对重、平衡重）下行标志必须与轿厢（对重、平衡重）的实际下行方向相符。限速器铭牌上的额定速度、动作速度必须与被检电梯相符。

（4）限速器绳张紧开关、液压缓冲器复位开关必须动作可靠。

4.2.35.8　安全钳试验记录（C2-35-8）

1. 资料表式

安全钳试验记录表　　　　**表 C2-35-8**

工程名称		部　位		日　期	
额定速度	m/s	动作速度	m/s	导轨厚度	mm
限　时　式				试验仪器	
项　　目		实测数据		备　注	
弹性极限	制动距离(mm)				
	制动阻力(t)				
	吸收能量(t·m)				
永久变形或断裂	制动距离(mm)				
	制动阻力(t)				
	吸收能量(t·m)				
钳体、楔块、导轨变形情况					
自由降落距离计算(m)					
总允许质量计算(kg)					

渐进式——主要数据记录表				试验仪器	
项目 次数	平均减速度 (m/s^2)	轿厢倾斜度 (%)	平均制动力 (N)	平均制动力 平均值(N)	总允许质量 的极限值(kg)
1					
2					
3					
4					

渐进式——其他数据记录表

项目 次数	降落 总高度 (mm)	限速器绳 滑动距离 (mm)	减速度最 小值 (m/s^2)	减速度最 大值 (m/s^2)	最小瞬时 制动力 (N)	最大瞬时 制动力 (N)	安全钳弹性 元件总行程		制动距离		平均制动 距离 (mm)
							左(mm)	右(mm)	左(mm)	右(mm)	
1											
2											
3											
4											

评定意见	年　月　日		
签字栏	监理(建设)单位	施　工　单　位	
		专业技术负责人	质检员	试验员

2. 实施要点

(1) 安全钳必须与其形式试验证书相符。

(2) 当安全钳可调节时，整定封记应完好，且无拆动痕迹。

(3) 安全钳与导轨的间隙应符合产品设计要求。

(4) 限时式安全钳试验，轿厢有均匀分布的额定荷载，以额定速度下行时，可人为地使限速器运行，此时安全钳应将轿厢停于轨道上，曳引绳应在绳槽内打滑。

渐进式安全钳试验，在轿厢有均匀分布的125%额定荷载，以平层速度或检修速度下行的条件进行，试验目的是检查其安装是否正确，调整是否合理，以及轿厢、安全钳、轿厢架、导轨与建筑物连接件的牢固程度。

(5) 表列子项

1) 弹性极限：限时式安全钳试验时采用，分别记录实测的制动距离、制动阻力、吸收能量。

2) 永久变形或断裂：限时式安全钳试验时采用，分别记录实测的制动距离、制动阻力、吸收能量。

3) 渐进式主要数据记录：分别按规范规定的试验次数记录：平均减速度、轿厢倾斜度、平均制动力、平均制动力平均值、总允许质量的极限值。

4) 渐进式其他数据记录：分别按规范规定的试验次数记录：降落总高度、限速绳滑动距离、减速度最小值及最大值、最小值及最大瞬时制动力等。

4.2.35.9 缓冲器试验记录（C2-35-9）

1. 资料表式

缓冲器试验记录表 表 C2-35-9

工程名称		部位			
缓冲器型号		试验仪器		日期	
最大冲击速度	m/s	液压缓冲器		试验期间温度	℃
最大总质量	kg	最小总质量	kg	液体规格	

蓄能型缓冲器记录表

项目 次数	静压试验		撞击试验			
	加压质量(kg)	压缩量(mm)	重块质量(kg)	提起高度(mm)	撞击时减速度(m/s^2)	重块复位速度(m/s)
1						
2						
3						
4						

耗能型缓冲器记录表

项目 次数	减速度峰值(m/s^2)	平均减速度(m/s^2)	减速度大于2.5g的时间(s)	复位时间(s)	液面位置检查	永久变形或损坏
1						
2						
3						

评定意见	年 月 日		
签字栏	监理（建设）单位	施工单位	
		专业技术负责人	质检员	试验员

2. 实施要点

(1) 缓冲器是电梯最后一道安全装置。缓冲器是一种吸收、消耗冲击能量，减轻事故危害的安全装置。

1) 蓄能性（弹簧）缓冲器试验：轿箱以额定荷载和检修速度、对重以轿箱空载和检修速度下分别碰撞缓冲器，致使曳引绳松弛。

2) 耗能性（液压）缓冲器试验：额定荷载的轿箱或对重应以额定速度与缓冲器接触并压缩5min后，以轿箱或对重开始离开缓冲器直到缓冲器回复到原状止，所需时间应少于120s。

3) 试验后，还应检查确认其零部件应无损伤或明显变形。

(2) 缓冲器必须与其形式试验证书相符。

(3) 上、下极限开关必须是安全触点，在端站位置进行动作试验时必须动作正常。在轿厢或对重（如果有）接触缓冲器之前必须动作，且缓冲器完全压缩时，保持动作状态。

(4) 表列子项

1) 蓄能型缓冲器

① 静压试验：分别按加压质量和压缩量进行试验。加压质量按规范规定进行。

② 撞击试验：分别记录重块质量、提起高度、撞击时减速度、重块复位速度。

2) 耗能型缓冲器

分别按规范规定的试验次数记录减速度峰值、平均减速度、减速度大于2.5g的时间(s)、复位时间(s)、液面位置检查、永久变形或损坏。

4.2.35.10 层门和开门机试验记录（C2-35-10）

1. 资料表式

电梯层门和开门机械验记录　　　　**表C2-35-10**

<table>
<tr><td colspan="2">安装单位</td><td colspan="7"></td><td colspan="2">检验日期</td><td colspan="3"></td></tr>
<tr><td colspan="2">层、站门</td><td colspan="2"></td><td colspan="2">开门方式</td><td colspan="2">中分
旁开</td><td colspan="2">开门宽度 B
(mm)</td><td colspan="2"></td><td>门扇数</td><td></td></tr>
<tr><td colspan="4">门锁装置铭牌制造厂名称</td><td colspan="6"></td><td colspan="2" rowspan="2">有效
期至</td><td colspan="2" rowspan="2"></td></tr>
<tr><td colspan="4">形式试验标志及试验单位</td><td colspan="6"></td></tr>
<tr><td rowspan="2">层站</td><td rowspan="2">开门
时间</td><td rowspan="2">关门
时间</td><td colspan="4">联锁安全触点</td><td colspan="2">啮合长度</td><td colspan="2">自闭功能</td><td rowspan="2">关　门
阻止力</td><td rowspan="2">紧急开锁
装　　置</td><td rowspan="2">层门地坎
护脚板</td></tr>
<tr><td>左1</td><td>左2</td><td>右1</td><td>右2</td><td>左</td><td>右</td><td>左</td><td>右</td></tr>
<tr><td></td><td></td><td></td><td></td><td></td><td></td><td></td><td></td><td></td><td></td><td></td><td></td><td></td><td></td></tr>
<tr><td></td><td></td><td></td><td></td><td></td><td></td><td></td><td></td><td></td><td></td><td></td><td></td><td></td><td></td></tr>
<tr><td></td><td></td><td></td><td></td><td></td><td></td><td></td><td></td><td></td><td></td><td></td><td></td><td></td><td></td></tr>
<tr><td>标准</td><td colspan="2">≤s</td><td colspan="4">每扇门齐全可靠</td><td colspan="2">≥7mm</td><td colspan="2">灵活可靠</td><td>≤150N</td><td>安全可靠</td><td>平整光滑</td></tr>
<tr><td colspan="3">开门宽度(mm)</td><td colspan="3">B≤800</td><td colspan="3">800<B≤1000</td><td colspan="3">1000<B≤1100</td><td colspan="2">1000<B≤1300</td></tr>
<tr><td>中分</td><td colspan="2" rowspan="2">开关门
时间≤</td><td colspan="3">3.2s</td><td colspan="3">4.0s</td><td colspan="3">4.3s</td><td colspan="2">4.9s</td></tr>
<tr><td>旁开</td><td colspan="3">3.7s</td><td colspan="3">4.3s</td><td colspan="3">4.9s</td><td colspan="2">5.9s</td></tr>
<tr><td rowspan="3">签字栏</td><td colspan="3">监理(建设)单位</td><td colspan="10">施　工　单　位</td></tr>
<tr><td colspan="3" rowspan="2"></td><td colspan="4">专业技术负责人</td><td colspan="3">质检员</td><td colspan="3">试验员</td></tr>
<tr><td colspan="4"></td><td colspan="3"></td><td colspan="3"></td></tr>
</table>

2. 实施要点

（1）层门地坎至轿厢地坎之间的水平距离偏差为 0～3mm，且最大距离严禁超过 35mm。

（2）层门强迫关门装置必须动作正常。

（3）动力操纵的水平滑动门在关门开始的 1/3 行程之后，阻止关门的力严禁超过 150N。

（4）层门锁钩必须动作灵活，在证实锁紧的电气安全装置动作之前，锁紧元件的最小啮合长度为 7mm。

（5）门刀与层门地坎、门锁滚轮与轿厢地坎间隙不应小于 5mm。

（6）层门地坎水平度不得大于 2/1000，地坎应高出装修地面 2～5mm。

（7）层门指示灯盒、召唤盒和消防开关盒应安装正确，其面板与墙面贴实，横竖端正。

（8）门扇与门扇、门扇与门套、门扇与门楣、门扇与门口处轿壁、门扇下端与地坎的间隙，乘客电梯不应大于 6mm，载货电梯不应大于 8mm。

（9）表列子项

1）机械强度试验：指层门和开门机械按规范规定进行的机械强度试验。

2）门运行试验：指层门和开门机械按规范规定进行的门的运行试验。包括阻止关门力和门的运行功能。

3）滑动门保护装置试验：指层门和开门机械按规范规定进行的滑动门保护装置试验。包括性能检查和门的运行功能试验。

4.2.35.11 门锁试验记录（C2-35-11）

1. 资料表式

门锁试验记录表 **表 C2-35-11**

<table>
<tr><td>工程名称</td><td></td><td>门锁型号</td><td></td><td>日 期</td><td></td></tr>
<tr><td colspan="4">项 目</td><td colspan="2">实测量数据</td></tr>
<tr><td colspan="2" rowspan="2">静 态 力</td><td colspan="2">滑 动 门 （N）</td><td colspan="2"></td></tr>
<tr><td colspan="2">铰 链 门 （N）</td><td colspan="2"></td></tr>
<tr><td colspan="4">动 态 冲 击 力</td><td colspan="2"></td></tr>
<tr><td rowspan="10">耐久试验</td><td colspan="2" rowspan="2">循 环 操 作</td><td>承受(次)</td><td colspan="2"></td></tr>
<tr><td>频率(次/min)</td><td colspan="2"></td></tr>
<tr><td rowspan="8">断路能力</td><td rowspan="2">断开闭合</td><td>交流(次)</td><td colspan="2"></td></tr>
<tr><td>直流(次)</td><td colspan="2"></td></tr>
<tr><td rowspan="2">触点保持闭 合</td><td>交流(次)</td><td colspan="2"></td></tr>
<tr><td>直流(次)</td><td colspan="2"></td></tr>
<tr><td rowspan="2">试验电流</td><td>交流(倍)</td><td colspan="2"></td></tr>
<tr><td>直流(%)</td><td colspan="2"></td></tr>
<tr><td colspan="2">功率因数</td><td colspan="2"></td></tr>
<tr><td colspan="2">电流稳定值(%)</td><td colspan="2"></td></tr>
<tr><td colspan="2">评定意见</td><td colspan="4">年 月 日</td></tr>
<tr><td rowspan="3">签字栏</td><td rowspan="3">监理(建设)单位</td><td colspan="4">施 工 单 位</td></tr>
<tr><td>专业技术负责人</td><td>质检员</td><td colspan="2">试验员</td></tr>
<tr><td></td><td></td><td colspan="2"></td></tr>
</table>

2. 实施要点

(1) 门锁试验的内容包括：静态试验、动态试验和耐久性试验。

(2) 层门强迫关门装置必须动作正常；层门锁钩必须动作灵活，在证实锁紧的电气安全装置动作之前，锁紧元件的最小啮合长度为7mm。

(3) 表列子项

1) 动态冲击力：是门锁试验的内容之一，按实际测量数据填写，动态冲击力试验应符合产品质量要求。

2) 耐久试验：是门锁试验的内容之一，耐久性试验包括循环操作试验、断路能力试验。

3) 循环操作：是耐久性试验的内容之一，分别填写承受（次）、频率（次/min）的实测数据。

① 承受（次）：按实测的承受次数填写，承受次数应符合产品质量要求。

② 频率（次/min）：按实测的频率填写，频率（次/min）应符合产品质量要求。

4) 断路能力：是耐久性试验的内容之一，分别测试断开闭合、触点保持闭合、试验电流、功率因数、电流稳定值。

① 断开闭合：是断路能力试验的内容之一，分别测试交流（次）、直流（次）的断开闭合能力。

a. 交流（次）：按实测的交流（次）填写，交流（次）测试结果应符合产品质量要求；

b. 直流（次）：按实测的直流（次）填写，直流（次）测试结果应符合产品质量要求。

② 触点保持闭合：是断路能力试验的内容之一，分别测试交流（次）、直流（次）的触点保持闭合能力。

a. 交流（次）：按实测的交流（次）填写，交流（次）测试结果应符合产品质量要求；

b. 直流（次）：按实测的直流（次）填写，直流（次）测试结果应符合产品质量要求。

③ 试验电流：是断路能力试验的内容之一，分别测试交流（倍）、直流（%）的试验电流。

a. 交流（倍）：按实测的交流（倍）填写，交流（倍）测试结果应符合产品质量要求；

b. 直流（%）：按实测的直流（%）填写，直流（%）测试结果应符合产品质量要求。

④ 功率因数：是断路能力试验的内容之一，按实际测试的功率因数填写。

⑤ 电流稳定值（%）：是断路能力试验的内容之一，按实际测试的电流稳定值填写。

4.2.35.12　绳头组合拉力试验记录（C2-35-12）

1. 资料表式

绳头组合拉力试验记录表 表 C2-35-12

工程名称			试验时间		
控制仪器设备			试验单位		
绳头组合型号、规格					
序　号		拉　力　值（N）		结　果	
1					
2					
3					
评定意见				年　月　日	
签字栏	监理（建设）单位	施　工　单　位			
		专业技术负责人	质检员		试验员

2. 实施要点

（1）绳头组合必须安全可靠，且每个绳头组合必须安装防螺母松动和脱落的装置。

（2）钢丝绳严禁有死弯。

（3）当轿厢悬挂在两根钢丝绳或链条上，且其中一根钢丝绳或链条发生异常相对伸长时，为此装设的电气安全开关应动作可靠。

（4）随行电缆严禁有打结和波浪扭曲现象。

（5）每根钢丝绳张力与平均值偏差不应大于5%。

（6）随行电缆的安装应符合下列规定：

随行电缆端部应固定可靠；随行电缆在运行中应避免与井道内其他部件干涉。当轿厢完全压在缓冲器上时，随行电缆不得与底坑地面接触。

（7）补偿绳、链、缆等补偿装置的端部应固定可靠。

（8）对补偿绳的张紧轮，验证补偿绳张紧的电气安全开关应动作可靠。张紧轮应安装防护装置。

（9）表列子项

1）拉力值：分别填写不同序号绳头组合拉力试验的拉力值。拉力值应满足设计和产品质量标准要求。

2）结果：按不同序号绳头组合拉力试验的拉力值是否满足设计和产品质量标准要求，填写试验结果是否符合要求。

4.2.35.13　选层器钢带试验记录（C2-35-13）

1. 资料表式

选层器钢带试验记录表　　　　表 C2-35-13

<table>
<tr><td colspan="2">控制屏信号</td><td colspan="2"></td><td>被试验单位</td><td colspan="2"></td></tr>
<tr><td colspan="2">控制功能名称</td><td colspan="2"></td><td>试验人员</td><td colspan="2"></td></tr>
<tr><td colspan="2">试验设备</td><td colspan="2"></td><td>试验日期</td><td colspan="2"></td></tr>
<tr><td colspan="3">试验条件</td><td colspan="4">钢带在试验台上,张紧力调至 90.8N
轮子转速调至 225r/min
运转 30min,检查试验后钢带情况</td></tr>
<tr><td colspan="3">结　果</td><td colspan="4"></td></tr>
<tr><td rowspan="3">签字栏</td><td colspan="2">监理(建设)单位</td><td colspan="4">施　工　单　位</td></tr>
<tr><td colspan="2" rowspan="2"></td><td colspan="2">专业技术负责人</td><td>质检员</td><td>试验员</td></tr>
<tr><td colspan="2"></td><td></td><td></td></tr>
</table>

2. 实施要点

(1) 选层器动、静触头的位置，应与电梯运行、停层的位置一致。

(2) 选层器触头组的排列应横平竖直，触头组的水平偏差应符合规范要求。

(3) 选层器快、慢车（单、多层）换速触头的提前量，应按减速时间平层距离调节适宜。

(4) 触头动作，接触应可靠，接触后应略有压缩余量。

(5) 选层器安装：

1) 选层器钢带轮不铅垂度应符合规范要求。

2) 钢带在轿厢上固定的不平行度应符合规范要求。

(6) 选层器钢带（钢绳、链条）张紧轮下落大于 50mm 时，应停止运行。

4.2.35.14　轿厢试验记录（C2-35-14）

1. 资料表式

轿厢试验记录表　　　　表 C2-35-14

<table>
<tr><td colspan="2">工程名称</td><td colspan="2"></td><td>试验单位</td><td colspan="2"></td></tr>
<tr><td colspan="2">规格、型号</td><td colspan="2"></td><td>试验日期</td><td colspan="2"></td></tr>
<tr><td colspan="7">(1)轿厢顶刚度试验(记录变形情况和数据)：</td></tr>
<tr><td colspan="7">(2)轿厢过载装置试验(记录过载信号在轿厢内加多少载荷时产生)：</td></tr>
<tr><td>评定意见</td><td colspan="6">年　月　日</td></tr>
<tr><td rowspan="3">签字栏</td><td colspan="2">监理(建设)单位</td><td colspan="4">施　工　单　位</td></tr>
<tr><td colspan="2" rowspan="2"></td><td colspan="2">专业技术负责人</td><td>质检员</td><td>试验员</td></tr>
<tr><td colspan="2"></td><td></td><td></td></tr>
</table>

2. 实施要点

(1) 轿厢试验

1) 轿厢顶刚度试验：轿厢组装后，以两个人站在轿厢顶任何位置上的净面积为准，对该面积施加 2000N 的垂直力。在轿厢内检查轿厢顶的变形，测试点不小于 2 个，取平均值。

2) 轿厢过载装置试验：试验时轿厢停在底层端站，轿厢处在无司机状态，陆续向轿厢内加载荷，直至电梯发出过载信号。计算此时的载荷。该试验仅对集选客梯进行。

(2) 当轿顶边缘和相邻电梯运动部件（轿厢、对重或平衡重）之间的水平距离小于 0.5m 时，隔障应延长贯穿整个井道的高度。隔障的宽度不得小于被保护的运动部件（或其部分）的宽度每边再各加 0.1m。

(3) 轿厢在行程上部范围空载上行及行程下部范围载有 125％额定载重量下行，分别停层 3 次以上，轿厢必须可靠地制停（空载上行工况应平层）。轿厢载有 125％额定载重量以正常运行速度下行时，切断电动机与制动器供电，电梯必须可靠制动。

4.2.35.15 控制屏试验记录（C2-35-15）

1. 资料表式

控制屏试验记录表　　表 C2-35-15

<table>
<tr><td colspan="2">控制屏信号</td><td colspan="2"></td><td>被试验单位</td><td colspan="2"></td></tr>
<tr><td colspan="2">控制功能名称</td><td colspan="2"></td><td>试验人员</td><td colspan="2"></td></tr>
<tr><td colspan="2">试验设备</td><td colspan="2"></td><td>试验日期</td><td colspan="2"></td></tr>
<tr><td colspan="2">序　号</td><td>项　目</td><td colspan="3">试验条件与要求</td><td>结　果</td></tr>
<tr><td colspan="2">1</td><td>绝缘试验</td><td colspan="3">用 500V 兆欧表检查</td><td></td></tr>
<tr><td colspan="2">2</td><td>耐压试验</td><td colspan="3">1000V/50Hz</td><td></td></tr>
<tr><td colspan="2">3</td><td>控制功能试验</td><td colspan="3">按不同的控制功能的要求，检查其全部功能在模拟试验台上进行</td><td></td></tr>
<tr><td>说明</td><td colspan="6"></td></tr>
<tr><td>评定意见</td><td colspan="6"></td></tr>
<tr><td rowspan="3">签字栏</td><td colspan="2" rowspan="3">监理（建设）单位</td><td colspan="4">施　工　单　位</td></tr>
<tr><td>专业技术负责人</td><td colspan="2">质检员</td><td>试验员</td></tr>
<tr><td></td><td colspan="2"></td><td></td></tr>
</table>

2. 实施要点

控制柜（屏）的安装位置应符合电梯土建布置图中的要求。

智能建筑

4.2.36 图纸会审、设计变更、洽商记录、竣工图及设计说明（C2-36）

按建筑与结构图纸会审、设计变更、洽商记录实施要求执行。

4.2.36.1　图纸会审（C2-36-1）

1. 智能建筑图纸会审按C2-1-1执行。

2. 图纸会审记录是对已正式签署的设计文件进行交底、审查和会审，对提出的问题予以记录的技术文件。

4.2.36.2　设计变更（C2-36-2）

1. 智能建筑设计变更按C2-1-2执行，或按1.5.14智能建筑工程1.5.14.3-3要求及表式执行。

2. 设计变更的表式以设计单位签发的设计变更文件为准。

3. 设计变更是设施过程中，由于设计图纸本身差错，设计图纸与实际情况不符，施工条件变化，原材料的规格、品种、质量不符合设计要求，以及职工提出合理化建议等原因，需要对设计、图纸部分内容进行修改而办理的变更设计文件。

4.2.36.3　洽商记录（C2-36-3）

1. 智能建筑洽商记录的表式按C2-1-3执行，或按1.5.14智能建筑工程1.5.14.3-3要求及表式执行。

2. 洽商记录以提出洽商单位签发的洽商记录文件为准。

3. 洽商记录是设施过程中，由于设计图纸本身差错，设计图纸与实际情况不符，施工条件变化，原材料的规格、品种、质量不符合设计要求，以及职工提出合理化建议等原因，需要对设计，图纸部分内容进行修改而办理的变更设计文件。

4.2.37　材料、设备出厂合格证及技术文件及进场检（试）验报告（C2-37）

4.2.37.1　材料、设备出厂合格证、检（试）验报告汇总表（C2-37-1）

材料、设备出厂合格证、检（试）验报告汇总表按C2-3-1执行。

4.2.37.2　材料、设备出厂合格证粘贴表（C2-37-2）

材料、设备出厂合格证粘贴表按C2-3-2执行。

实施要点

（1）器材检验一般要求如下：

1）工程所用缆线器材形式、规格、数量、质量在施工前应进行检查，无出厂检验证明材料或与设计不符者，不得在工程中使用。

2）经检验的器材应做好记录，对不合格的器件应单独存放，以备核查与处理。

3）工程中使用的缆线、器材应与订货合同或封存的产品在规格、型号、等级上相符。

4）备品、备件及各类资料应齐全。

（2）型材、管材与铁件的检验要求如下：

1）各种型材的材质、规格、型号应符合设计文件的规定，表面应光滑、平整，不得变形、断裂。预埋金属线槽、过线盒、接线盒及桥架表面涂覆或镀层均匀、完整，不得变形、损坏。

2）管材采用钢管、硬质聚氯乙烯管时，其管身应光滑、无伤痕，管孔无变形，孔径、壁厚应符合设计要求。

3）管道采用水泥管块时，应按通信管道工程施工及验收中相关规定进行检验。

4）各种铁件的材质、规格均应符合质量标准，不得有歪斜、扭曲、飞刺、断裂或破损。

5）铁件的表面处理和镀层应均匀、完整，表面光洁，无脱落、气泡等缺陷。

（3）缆线的检验要求如下：

1）工程使用的对绞电缆和光缆形式、规格应符合设计的规定和合同要求。

2）电缆所附标志、标签内容应齐全、清晰。

3）电缆外护套需完整无损，电缆应附有出厂质量检验合格证；如用户要求，应附有本批量电缆的技术指标。

4）电缆的电气性能抽验应从本批量电缆中的任意三盘中各截出 100m 长度，加上工程中所选用的接插件进行抽样测试，并作测试记录。

5）光缆开盘后应先检查光缆外表有无损伤，光缆端头封装是否良好。

6）综合市线系统工程采用光缆时，应检查光缆合格证及检验测试数据；在必要时，可测试光纤衰减和光纤长度，测试要求如下：

① 衰减测试：宜采用光纤测试仪进行测试。测试结果如超出标准或与出厂测试数值相差太大，应用光功率计测试，并加以比较，断定是测试误差还是光纤本身衰减过大。

② 长度测试：要求对每根光纤进行测试，测试结果应一致；如果在同一盘光缆中，光纤长度差异较大，则应从另一端进行测试或做通光检查以判定是否有断纤现象存在。

7）光纤接插软线（光跳线）检验应符合下列规定：

① 光纤接插软线，两端的活动连接器（活接头）端面应装配有合适的保护盖帽。

② 每根光纤接插软线中光纤的类型应有明显的标记，选用应符合设计要求。

（4）接插件的检验要求如下：

1）配线模块和信息插座及其他接插件的部件应完整，检查塑料材质是否满足设计要求。

2）保安单元过压、过流保护各项指标应符合有关规定。

3）光纤插座的连接器使用形式和数量、位置应与设计相符。

（5）配线设备的使用应符合下列规定：

1）光、电缆交接设备的形式、规格应符合设计要求。

2）光、电缆交接设备的编排及标志名称应与设计相符。各类标志名称应统一，标志位置正确、清晰。

（6）有关对绞电缆电气性能、机械特性、光缆传输性能及接插件的具体技术指标和要求，应符合设计要求。

4.2.37.3 设备开箱检验记录（C2-37-3）

设备开箱检验记录按 C2-1-3 表式执行。

4.2.38 施工记录（C2-38）

实施要点

(1) 智能建筑的系统安装施工记录主要包括：通信网络系统安装、信息网络系统安装、建筑设备监控系统安装（空调与通风系统、变配电系统、公共照明系统、给排水系统、热源和热交换系统、冷冻和冷却水系统、电梯和自动扶梯系统、系统实时性、系统可维护功能、系统可靠性）、火灾自动报警及消防联动系统安装（火灾自动报警及消防联动系统、火灾自动报警及消防联动系统、火灾自动报警及消防联动系统）、安全防范系统安装、综合布线、系统集成、接地电阻测试（防雷及接地系统）等的系统安装工程的施工记录。

(2) 智能系统安装施工记录，主要应记录：有关线路、接口位置进行记录，用图标明，以方便维修及管理。注明施工环境、设备、软件的状态等，为调试检测创造好的条件。

(3) 智能建筑的系统安装施工记录按 C2-6-1 表式执行。

4.2.39 隐蔽工程验收记录（C2-39）

智能建筑的隐蔽工程验收主要包括：

通信网络系统、信息网络系统、建筑设备监控系统（空调与通风系统、变配电系统、公共照明系统、给排水系统、热源和热交换系统、冷冻和冷却水系统、电梯和自动扶梯系统、系统实时性、系统可维护功能、系统可靠性）、火灾自动报警及消防联动系统（火灾自动报警及消防联动系统、火灾自动报警及消防联动系统、火灾自动报警及消防联动系统）、安全防范系统、综合布线、智能化系统集成、接地电阻测试（防雷及接地系统）等。管道排列、走向、弯曲处理、固定方式；管道连接、管道搭铁、接地；管口安放、接线盒及桥架、线缆对管道及线间绝缘电阻、线缆接头；缆线暗敷均应填写隐蔽工程验收记录。

实施要点

(1) 智能建筑工程隐蔽工程验收记录按 C2-5-1 表式执行，或按《智能建筑工程质量验收规范》(GB 50339—2003) 表 B. 0. 2 隐蔽工程（随工检查）验收表式要求执行。

(2) 智能建筑工程隐蔽验收的主要项目包括：

1) 智能建筑工程暗配线应进行分层分段分部位隐蔽检查验收。包括：埋地、墙内、板孔内、密封桥架内、板缝内及混凝土内等。

2) 接地体的埋设与焊接。

3) 施工完成后不能进入吊顶内检修的管路敷设，在封顶前做好隐检。

4) 地基基础阶段隐检主要包括：暗引电缆的钢管埋设、地线引入、利用基础钢筋接地极的钢筋与引线焊接等。

(3) 智能建筑工程隐蔽验收的检查内容包括：

1) 检查管道排列、走向、弯曲处理、固定方式：

① 管道排列、走向、弯曲处理：检查验收线路的排列、走向与位置、规格、标高、弯曲接头、防腐。

② 固定方式：检查验收连接固定方法、牢固程度、管盒固定、管口处理等。

2）检查管道连接、管道搭铁、接地：

① 管道连接、管道搭铁：应检查位置、标高、材质、规格、连接固定方法、牢固程度等。

② 接地：应检查搭接长度、焊面、焊接质量、防腐及其材料种类、遍数以及埋设位置、埋深、材质、规格、土壤处理等，还应附图说明。

3）检查管口安放护圈标识；检查接线盒及桥架加盖；检查线缆对管道及线间绝缘电阻；检查线缆接头处理等。

4）缆线暗敷隐蔽验收

① 缆线暗敷的隐验内容：缆线规格、路由、位置；符合布放缆线工艺；接地。

② 管道缆线的隐验内容：使用管孔孔位；缆线规格；缆线走向；缆线的防护设施的设置质量。

③ 埋式缆线的隐验内容：缆线规格；敷设位置、深度；缆线的防护设施的设置质量；回土夯实质量。

④ 隧道缆线的隐验内容：缆线规格；安装位置、路由；土建设计符合工艺要求。

5）其他的隐验内容：通信线路与其他设施的间距；进线室安装、施工质量。

4.2.39.1 管道排列、走向、弯曲处理、固定方式隐蔽工程验收记录（C2-39-1）

实施要点

（1）管道排列、走向、弯曲处理、固定方式隐蔽工程验收记录按 C2-5-1 表式执行。

（2）隐蔽工程验收检查内容：

1）管道排列、走向、弯曲处理：检查验收线路的排列、走向与位置，规格、标高、弯曲接头、防腐。

2）固定方式：检查验收连接固定方法、牢固程度、管盒固定、管口处理等。

4.2.39.2 管道连接、管道搭铁、接地隐蔽工程验收记录（C2-39-2）

实施要点

（1）管道连接、管道搭铁、接地隐蔽工程验收记录按 C2-5-1 表式执行。

（2）隐蔽工程验收检查内容：

1）管道连接、管道搭铁：应检查位置、标高、材质、规格、连接固定方法、牢固程度等。

2）接地：应检查搭接长度、焊面、焊接质量、防腐及其材料种类、遍数以及埋设位置、埋深、材质、规格、土壤处理等，还应附图说明。

4.2.39.3 管口安放、接线盒及桥架、线缆对管道及线间绝缘电阻、线缆接头处理隐蔽工程验收记录（C2-39-3）

实施要点

（1）管口安放、接线盒及桥架、线缆对管道及线间绝缘电阻、线缆接头处理隐蔽工程验收记录按 C2-5-1 表式执行。

（2）隐蔽工程验收检查内容：

1）检查管口安放护圈标识；

2）检查接线盒及桥架加盖；

3）检查线缆对管道及线间绝缘电阻；

4）检查线缆接头处理等。

4.2.39.4 缆线暗敷隐蔽工程验收记录（C2-39-4）

实施要点

（1）缆线暗敷隐蔽工程验收记录按 C2-5-1 表式执行。

（2）缆线暗敷隐蔽验收应检查的内容

1）缆线暗敷的隐验内容：缆线规格、路由、位置；符合布放缆线工艺；接地。

2）管道缆线的隐验内容：使用管孔孔位；缆线规格；缆线走向；缆线的防护设施的设置质量。

3）埋式缆线的隐验内容：缆线规格；敷设位置、深度；缆线的防护设施的设置质量；回土夯实质量。

4）隧道缆线的隐验内容：缆线规格；安装位置、路由；土建设计符合工艺要求。

4.2.40 系统功能测试及设备调试记录（C2-40）

4.2.40.1 系统功能测试记录（C2-40-1）

1. 资料表式

系统功能测试记录　　　　**表 C2-40-1**

<table>
<tr><td colspan="2">工程名称</td><td colspan="2"></td><td colspan="2">施工单位</td><td></td></tr>
<tr><td colspan="2">设备名称</td><td colspan="2"></td><td colspan="2">分部（子分部）</td><td></td></tr>
<tr><td colspan="2">测试日期</td><td colspan="2">年　月　日</td><td colspan="2">测试系统</td><td></td></tr>
<tr><td colspan="2">测定内容</td><td colspan="5"></td></tr>
<tr><td colspan="2">调定结果</td><td colspan="5"></td></tr>
<tr><td colspan="2">鉴定结论</td><td colspan="5"></td></tr>
<tr><td colspan="2">复查结果</td><td colspan="5"></td></tr>
<tr><td rowspan="3">签字栏</td><td colspan="2" rowspan="2">监理（建设）单位</td><td colspan="4">施　工　单　位</td></tr>
<tr><td colspan="2">专业技术负责人</td><td>质检员</td><td>试验员</td></tr>
<tr><td colspan="2"></td><td colspan="2"></td><td></td><td></td></tr>
</table>

2. 实施要点

系统功能测定记录是指智能建筑工程安装完成后，按规范要求必须进行的测试项目。智能建筑的子分部工程包括：通信网络系统、信息网络系统、建筑设备监控系统、火灾自动报警及消防联动系统、安全防范系统、综合布线系统、智能化系统集成、电源与接地、环境和住宅（小区）智能化系统等。各子分部构成的这些“系统”，均应分别按照设计要求进行测试。

送至建筑智能化工程变送器的电量信号精度等级应符合设计要求，状态信号应正确。

（1）建筑设备自动化系统

将建筑物或建筑群内的电力、照明、空调、给排水、防灾、保安、车库管理等设备或系统，以集中监视、控制和管理为目的，构成综合系统。

建筑设备临近子分部系统包括：空调与通风系统、变配电系统、照明系统、给排水系统、热源与热交换系统、冷冻和冷却系统、电梯和自动扶梯系统、中央管理工作站与操作分站、子系统通令接口 9 个分项工程。

（2）信息网络系统

信息网络系统是应用计算机技术、通信技术、多媒体技术和行为科学等先进技术，使人们的部分办公业务借助于各种办公设备，并由这些办公设备与办公人员构成服务于某种办公目标的人机信息系统。

信息网络子分部工程系统包括：计算机网络系统、信息平台及信息网络系统应用软件、网络安全系统三个分项工程。

信息网络是个以计算机技术为基础的人-机信息处理系统，是以提高办公效率、保证工作质量和舒适性为目标的综合性、多学科的实用技术，其内容包括语音、数据、图像、文字信息等的一体化信息处理系统。

4.2.40.2 通信网络系统的系统测试（C2-40-2）

通信网络系统是楼内的语音、数据、图像传输的基础，同时与外部通信网络（如公用电话网、综合业务数字网、计算机互联网、数据通信网及卫星通信网等）相联，以确保信息的畅通。

通信网络系统基本结构其控制中心是程控数字用户交换机系统，是一个高压模块化的全分散控制系统。因此，产品的选择必须具有适用性、可靠性以及经济性，并应具有维修比较简单的特点。

注：通信网络的类别：程控数字用户交换机系统（建筑物内部进行电话交换的专用交换机）、语言信息服务系统（建筑物内用户专用语音信息、图文传真服务系统）、数据信息处理系统（包括：电子邮件、文件传递、电子数据交换、传真存储转发、图像和数字语音等）、可视图文系统（利用公用电话交换网和公用数据分组交换网，以交互型图像通信的方式向建筑物内用户提供公用数据库和专用数据库中的各类信息）、可视电话系统（双方通话能同时见到对方，图像在电话）、微波通信系统（微波是指在300MHz 至 300GHz 范围的电磁波。微波通信是指用户利用微波（射频）携带数字信息，通过微波天线发送，经过空间微波通道传输电波，到达另一端微波天线接受（发送）设备进行再生用户数字信号的通信方式）、光缆通信系统（数字光通信方式，即光缆时分数字传输链路方式进行多媒体信息传输）、卫星通信系统（利用人造地球卫星中继站转发或反射无线电信号，在两个或多个地球站之间进行通信）。

使用于通信网络系统的通令技术设备，如：交换机系统接口设备、数据终端接口设备（数字话机、异步数据通信适配器、同步数据通信适配器、主计算机转换器、调制解调器）等，均应有出厂合格证及标准规定的测（试）验报告及开箱检验的数据资料。

通信网络子分部工程系统包括通信系统、卫星及有线电视系统、公共广播系统三个分项工程。

4.2.40.2-1 通信系统的系统测试或系统调试（C2-40-2-1）

实施要点

(1) 通信系统的系统测试或系统调试的应用表式见表C2-40-1。

测试或检测应按《程控电话交换设备安装工程验收规范》YD 5077的内容进行。

(2) 通信系统的测试包括内容：

1）系统检查测试：硬件通电测试；系统功能测试。

2）初验测试：可靠性；接通率；基本功能（如通信系统的业务呼叫与接续、计费、信令、系统负荷能力、传输指标、维护管理、故障诊断、环境条件适应能力等）。

3）试运行验收测试：联网运行（接入用户和电路）；故障率。

(3) 数字程控交换机的系统检查测试：

1）通电测试前要求：机房温度18～28℃，相对湿度30%～75%，直流电压符合设计要求。硬件检查应符合如下要求：设备标志齐全、正确；印制电路板数量、规格、安装位置与施工文件相符；设备的各种选择开关应置于指定的位置上；设备的各种熔丝规格符合要求；列架、机架接地良好；设备内部的电源布线无接地现象，并确认主电源正常。

2）硬件通电测试：按厂商提供的设备技术资料测试，步骤如下；

① 各级硬件设备按厂家提供的操作程序，逐级加上电源；

② 设备通电后，检查所有变换器的输出电压均应符合规定；

③ 各种外围终端应设备齐全，自测正常，设备内风扇装置应运转良好；

④ 检查交换机、配线架等各级可闻、可见告警信号装置应工作正常、告警准确；

⑤ 交换系统配置的时钟同步装置应工作正常，各级交换中心配备的时钟等级和性能参数应符合相关的国家标准和规定要求；

⑥ 装入测试程序，通过人机命令或自检，对设备进行测试检查，确认硬件系统无故障，并提供测试报告。

3）系统功能测试：

① 系统建立功能（包括系统初始化；系统自动/人工再装入；系统自动/人工再启动）；

② 系统交换功能（包括本局及出入局呼叫；市话汇接呼叫；各种用户交换机的来去话呼叫；长途及国际来、去呼叫；计费；非电话业务；特种业务呼叫；新业务性能）；

③ 系统维护管理功能（包括人机命令核实、告警系统测试；话务观察和统计；例行测试；中继和用户线的人工测试；用户资料和局数的管理；故障诊断；冗余设备的人工/自动倒换；输入、输出设备的性能测试）；

④ 系统信号方式及网络支撑，包括用户的信号方式（脉冲、多频）、局间信令方式（随路、共路）、系统的网同步功能、系统的网管功能。

(4) 初验测试

程控用户交换机或其他通信设备（如远程模块等）除检查出厂及厂验记录外，还需依据生产厂家提供的资料和有关的技术规范、标准的相关规定等进行初验测试。应进行：

1）可靠性测试：

① 软件测试故障不大于8个，更换印刷板次数不大于0.05次/100户及0.005次/30

路 PCbl 系统；处理机再启动指标应符合以下要求：

表 C2-40-2-1A

类　别	全局处理机	
	1～3 对(次)	3 对以上(次)
次　要	3	4
严　重	1	2
再装入	0	1

② 分群设备的可靠性指标应符合下列要求：

A. 每一用户级群公共设备产生通话中断或停止接续超出 1min 以上的故障，每群每月不大于 0.1 次；

B. 由中继级群公共设备产生通话中断或停止接续超出 1min 以上的中继级分群阻断率，不得大于下列指标：

表 C2-40-2-1B

中继级群容量(话路)	中继级群阻断率
≤64	0.15 次/月/群
64～480	0.1 次/月/群

C. 选组级交换网络不得产生通话用户阻断。

D. 分散设备的可靠性指标应符合下列要求：

个别用户不正常呼出或呼入接续　　表 C2-40-2-1C

每千门用户	0.5 户次/月
每百条中继线	0.5 线次/月

2）接通率测试。局内接通率应达到 99.96％以上，局间接通率应达到 98％以上。

3）接续功能测试。

4）处理能力和过负荷测试：

① 系统达到 BHCA（中继模块的处理能力）值时，对人机命令的响应 90％均应在 3s 以内；

② 当处理机的处理能力超过上限值时，应自动逐步限制普通用户的呼出；所限制的用户要均匀分布，优先用户不受限制；不允许同时对所有普通用户停止服务。

5）维护管理和故障诊断功能测试。

6）系统信号测试，包括用户信号方式、局间信号方式、组网能力、网同步功能等。

7）系统建立，包括初始化、系统自动/人工再装入、系统自动/人工再启动等。

8）系统维护管理功能，包括人机命令核实、告警系统测试、话务观察和统计、例行测试中继和用户线的人工测试、用户资料和局资料的管理、故障诊断、冗余设备的自动/人工倒换，输入、输出设备的性能测试等。

9）系统信号方式及配合，包括用户的信号方式（脉冲、多频）、局间信号方式（随路、共路）、系统的网同步功能等。

（5）试运行及验收测试

1）试运行要求

① 程控交换机试运行验收是对质量稳定性观察的重要阶段，是接入用户后对交换机实际质量最直接的检验。

② 试运行阶段应从初验测试完毕、割接开通后开始，时间应不少于3个月。

③ 试运行验收测试的主要指标和性能应达到本款第②项要求的试运行观察指标后，方可进行总验收。如果主要指标不符合要求，应从次月开始，重新进行3个月。在试运转期间，如果障碍率总指标合格，但某月的指标不合格时，应追加1个月，直到合格为止。

④ 在试运行期间，应至少接入设备容量20%以上的用户联网运行。

2）试运行观察指标。

① 硬件故障率。因元器件损坏，须更换印制板的次数：应不大于0.04次/(100户·月）及0.004次/(30路PCM系统·月)。

② 试运行期间，系统自动再启动的指标要求应符合表C2-40-2-1B的规定。

③ 计费差错率应不大于万分之一。

④ 交换网络非正常倒换的指标不大于：第一月，2次；第二月，1次；第三月，1次。

系统自动再启动的指标要求　　表C2-40-2-1D

类　别	第一月		第二月		第三月	
	全局处理机		全局处理机		全局处理机	
	1～3对	3对以上	1～3对	3对以上	1～3对	3对以上
次　要	3	4	2	3	2	3
严　重	1	2	1	1	0	1
再装入	0	1	0	0	0	0

⑤ 在试运转阶段不得出现由于设备原因进行人工再装入和最高级的人工再启动。

⑥ 在试运转期间，不应产生由于软件设计错误造成的故障。

⑦ 分群设备与分散设备的可靠性指标与初验测试阶段指标相同。

3）试运转模拟呼叫测试

① 局内接通率测试

A. 用仿真呼叫器每月测试一次，每次作一万次呼叫，接通率应不小于99.9%，呼叫在忙时进行；

B. 用人工拨号方法每月测试一次，做1000次呼叫，接通率应不小于99.5%，呼叫在忙时进行。

② 局间接通率测试

各局向出入中继接通率每月测试一次，每个局向作200次呼叫，接通率应不小于95%，测试时连接4对用户，在话务清闲时进行。

③ 长途电路接通率测试

在长途交换机上，对长途电路接通率每月测试一次，要求长途来、去话接通率优于长途电路维护考核指标；长途电路、长市中继电路可用率在98%以上。

④ 长时间通话测试

每月测试一次，用10对话机连成通话状态，在48h后通话电话应正常，计费正确，无重接、断话或单向通话等现象。

（6）通信系统检测的程序与要求

1）通信系统工程实施按规定的安装、移交和验收工作流程进行。

2）通信系统检测由系统检查测试、初验测试和试运行验收测试三个阶段组成。

3）通信系统试运行验收测试应从初验测试合格后开始，试运行周期可按合同规定执行，但不应少于3个月。

4）通信系统检测应按国家现行标准和规范、工程设计文件和产品技术要求进行，其测试方法、操作程序及步骤应根据国家现行标准的有关规定，经建设单位与生产厂商共同协商确定。

4.2.40.2-2 卫星数字电视及有线电视系统（C2-40-2-2）

实施要点

（1）卫星数字电视及有线电视系统的系统测试或系统调试的应用表式见表C2-40-1。

（2）一般规定

1）首先，对天线、前端、干线和分配网络依次进行调试，检查各点信号的电平值是否符合设计要求或规范规定的范围内，并做好记录，作为今后工程验收和日后维修的依据。其次，进行系统的统调。

2）调试中或试运行中发生的故障，无论是查明原因还是已排除，都应做好记录。

3）卫星天线调试除校准立柱的垂直度，用仪器调整好极轴角外，还需用测试仪对天线进行精调。

（3）调整天线系统

1）天线架设完毕，检查各接收频道安装位置应正常。

2）将天线输出的75Ω同轴电缆接场强计输入端，测量信号电平大小，微调天线方向，使场强计指示最大。如果转动天线时，电平指示无变化，则天线安装或阻抗变换器有问题，应检查排除故障。

3）测量电平正常时，接电视接收机检查图像和伴音质量。有重影时，反复微调天线方向，直到消除重影为止。

4）各频道天线调整完毕后，方可接入共用天线系统的前端设备中。

（4）前端设备调试

1）各频道天线信号接入混合器

① 接入有源放大型混合器输入端，调整输入端电位器，使输出电平差在2dB左右。

② 接入无源混合输入端（在强信号频道的混合器输入端加接衰减器），调整混合器输出端，各频道电平差控制在±2dB内。

2）调整交、互调干扰

① 混合器输出端与线路放大器输入端相接，以提高电视信号的输出电平。

② 放大器输出端接一电视接收机观察：

A. 放大器产生交、互调干扰，可适当减少放大器输入端电平，消除干扰。

B. 放大器输出端各频道电平应符合设计要求；如果过小，此放大器的抗交、互调干扰性能差，输出最大电平达不到线路电平的要求，则应更换放大器。

③ 按设计系统要求，送入自办节目，逐个检查设备的正常工作情况及输出电平的大

小，将前端设备调试到正常工作状态。

④ 前端设备调试完毕后，送信号至干线系统。

3）前端输出电平调试

① 混调：由无源混合器的输出口接至场强仪，调节每台调制器的前面板图像输出电平钮，使每个频道的输出电平都一致。

② 单调：将场强仪分别接到每一台调制器输出口，测试一下各频道的输出电平情况，并记录下来，一般正常情况下各频道输出电平不会一致。

③ 再混调：将场强仪再接至无源混合器输出口，用奇数递增顺序和偶数递增顺序频道分别调试一遍，重复第一步过程。

④ 再单调：再重复第二步，单测每一个频道输出电平，并记录下来，与上次相比，确定各频道之间的电平差已小了很多。

⑤ 再混调：再将场强仪接至无源混合器输出口，按偶数递减顺序规律和奇数递减规律分别进行输出电平的调节，重复第一步过程。

⑥ 再单调：接场强仪至每一个频道电平输出口测每一个频道电平，大多数的频道电平已在设计电平值左右，再重复调节上述“单调”和“混调”过程，直至各频道电平输出达到设计要求为止，然后将无源混合器输出接至传输网。前端设备运行一段时间后，各频道电平输出会有所变化，需再次按上述方法重新调试一次，以保证网络的正常工作。

4）前端设备调试记录

前端设备调试记录表　　　　表 C2-40-2-2A

<table>
<tr><td colspan="2" rowspan="2">频道
电平值
项目</td><td colspan="8">直接收转</td><td colspan="3">调频广播</td><td colspan="3">卫星接收</td><td colspan="2">自办节目</td></tr>
<tr><td>CH</td><td>CH</td><td>CH</td><td>CH</td><td>CH</td><td>CH</td><td>CH</td><td>CH</td><td>MHz</td><td>MHz</td><td>MHz</td><td>CH</td><td>CH</td><td>CH</td><td>CH</td><td>CH</td></tr>
<tr><td colspan="2">前端输入（天线输出）电平</td><td></td><td></td><td></td><td></td><td></td><td></td><td></td><td></td><td></td><td></td><td></td><td></td><td></td><td></td><td></td><td></td></tr>
<tr><td rowspan="5">信号处理设备</td><td>中频输出电平(1)</td><td></td><td></td><td></td><td></td><td></td><td></td><td></td><td></td><td></td><td></td><td></td><td></td><td></td><td></td><td></td><td></td></tr>
<tr><td>解调输出电平(2)</td><td></td><td></td><td></td><td></td><td></td><td></td><td></td><td></td><td></td><td></td><td></td><td></td><td></td><td></td><td></td><td></td></tr>
<tr><td>卫星接收输出电平</td><td></td><td></td><td></td><td></td><td></td><td></td><td></td><td></td><td></td><td></td><td></td><td></td><td></td><td></td><td></td><td></td></tr>
<tr><td>调制输入电平</td><td></td><td></td><td></td><td></td><td></td><td></td><td></td><td></td><td></td><td></td><td></td><td></td><td></td><td></td><td></td><td></td></tr>
<tr><td>频道变换输入电平</td><td></td><td></td><td></td><td></td><td></td><td></td><td></td><td></td><td></td><td></td><td></td><td></td><td></td><td></td><td></td><td></td></tr>
<tr><td colspan="2">输出频道</td><td></td><td></td><td></td><td></td><td></td><td></td><td></td><td></td><td></td><td></td><td></td><td></td><td></td><td></td><td></td><td></td></tr>
<tr><td colspan="2">前端输出电平</td><td></td><td></td><td></td><td></td><td></td><td></td><td></td><td></td><td></td><td></td><td></td><td></td><td></td><td></td><td></td><td></td></tr>
<tr><td colspan="2">衰耗器步位</td><td></td><td></td><td></td><td></td><td></td><td></td><td></td><td></td><td></td><td></td><td></td><td></td><td></td><td></td><td></td><td></td></tr>
<tr><td>测试时间</td><td></td><td>气候</td><td colspan="4"></td><td>电频表型号</td><td colspan="5"></td><td>测试人</td><td colspan="3"></td></tr>
</table>

（5）干线系统调试

1）调整各频道信号电平差（用频率均衡方法）。干线放大器输入端串入一只频率均衡器，根据放大器输出信号电平差的情况，分别串入 6dB、10dB、12dB 等均衡量不等的频率均衡器，调整到正常工作。

2）同时调整干线放大器输入端电平大小，当产生交、互调干扰时，适当减少输入端电平，可直接串入衰减器，调到输出电平符合原设计要求。

3）干线（桥接、分配、延长）放大器测试记录见表 C2-40-2-2B。

干线（桥接、分配、延长）放大器测试记录表　　　　表 C2-40-2-2B

<table>
<tr><td rowspan="2">放大器
编　号</td><td rowspan="2">放大器
型　号</td><td colspan="2">输入电平</td><td colspan="2">补偿间隔</td><td colspan="2">输出电平</td><td rowspan="2">衰耗均衡
步　位</td></tr>
<tr><td>低　端</td><td>高　端</td><td>电缆型号</td><td>距　离</td><td>低　端</td><td>高　端</td></tr>
<tr><td></td><td></td><td></td><td></td><td></td><td></td><td></td><td></td><td></td></tr>
<tr><td></td><td></td><td></td><td></td><td></td><td></td><td></td><td></td><td></td></tr>
<tr><td></td><td></td><td></td><td></td><td></td><td></td><td></td><td></td><td></td></tr>
<tr><td></td><td></td><td></td><td></td><td></td><td></td><td></td><td></td><td></td></tr>
<tr><td>测试时间</td><td colspan="2"></td><td>气候</td><td colspan="2"></td><td>电频表型号</td><td></td><td>测试人</td></tr>
</table>

（6）分配系统调试

1）无源分配网络调试

按设计要求，在无源分配网络的输入端送一个电视信号（一般选用 UHF 频道，或用电视信号发生器产生），调整输出端电平，使之与原设计的输入电平相等。用场强计（或电平表）测量电视接收机在分配、分支器各输出端的电平，观察分析信号电子和重影现象。

2）有源分配网络调试

首先不接入电源给放大器，用万用表检查分支线路有无短路和断路，经检查无误后才能通电调试。

调整网络中，各延长放大器的输入电平和输出电平，各频道信号之间的电平差应符合设计要求。

输入电平过低或过高，应调整放大器增益。

交、互调干扰调整。在系统的输入端送高、中、低三个频道信号进行试验。有交、互调干扰时，调整延长放大器的输入衰减或前端放大器的输出电平解决。低频道电平过高时，调整斜率控制电路，达到“全倾斜”或“半倾斜”方式。

3）无源（或有源）分配系统调整完毕后，可接入干线送来的射频电视信号进行统调。

4）分配系统中含有调频广播信号时，则应对较强的调频信号加以衰减，以免干扰电视信号。

（7）有线电视系统

1）有线电视系统（闭路电视简称 CATV）说明

① 是在一座建筑物或一个建筑群中，选一个最佳的天线安装位置，根据所接受的电视频道的具体情况，选用一组优质天线，将接受到的电视信号进行混合放大，并通过传输和分配网络送至各用户的电视接受机。它可以同时传送调频广播、转播卫星电视节目，还可以配备电视摄像机，经过视影信号调制器进入系统，构成保安闭路电视；配上电视放像机还可以自办节目等。

② 有线电视系统在安装天线时，在一座建筑物或一个建筑群中，应选择一个最佳的天线安装位置，选用一组优质天线经混合放大，送至各用户的电视接收机。

③ 电视图像质量主观评价标准，定为5级：

5级：良好的图像，觉察不到噪声和干扰。

4级：较好的图像，噪声干扰可觉察到但不讨厌。

3级：噪声和干扰，有点讨厌。

2级：干扰和噪声使人讨厌。

1级：严重干扰，很讨厌，图像不能成形，甚至无法接受。

2）有线电视系统的系统调测

① 系统工程各项设施安装完毕后，应对各部分的工作状态进行调测，以使系统达到设计要求。

② 前端部分的调测应符合下列要求：

A. 检查前端设备所使用的电源，应该符合设计要求。

B. 在各电视台正常播出的情况下，在各频道天线馈线的输出端测量该频道的电平值，应与设计要求相符。

C. 在前端输出口测量各频道的输出电平（包括调频广播电平），通过调节各专用放大器的输入衰耗器，使输出口电平达到设计规定值。

③ 放大器输出电平的调整应符合下列要求：

A. 放大器的供电电源，应符合设计要求。

B. 在每个干线放大器的输出端或输出电平测试点应测量其高、低频道的电平值，并通过调整干线放大器内的衰耗均衡器，使其输出电平达到设计要求。

④ 各用户端高低频道的电平值，应达到设计要求。在一个区域内（一个分配放大器所供给的用户）多数用户的电平值偏离要求时，应重新对分配放大器进行调整，使之达到要求。

当系统较大、用户数较多时，可只抽测10%～20%的用户。

⑤ 调测中应填好调测记录。调测记录见表C2-40-2-2A、表C2-40-2-2B。

（8）系统质量的测试

1）在不同类别系统的每一个标准测试点上必需测试的项目，应符合表C2-40-2-2C的规定。

必需测试的项目 **表C2-40-2-2C**

项　目	类别	测试数量及要求	项　目	类别	测试数量及要求
图像和调频载波电平	A、B C、D	所有频道	载波交流声比	A、B	任选一个频道进行测试
载噪比	A、B、C	所有频道	频道内频响	A、B	任选一个频道进行测试
载波互调比	A、B、C	每个波段至少测一个频道	色/亮度时延差	A、B	任选一个频道进行测试
载波组合三次差拍比	A、B	所有频道	微分增益	A、B	任选一个频道进行测试
交扰调制比	A、B	每个波段测一个频道	微分相位	A、B	任选一个频道进行测试

注：1. 对于不测的每个频道也应检查有无互调产物。
2. 在多频道工作时，允许折算到两个频道来测量，其折算方法按各频道不同步的情况考虑。
3. 本表选自《有线电视系统工程技术规范》(GB 50200—94)。

2）在主观评价中，确认不合格或争议较大的项目，可以增加表4.3.1规定以外的测试项目，并以测试结果为准。

3）系统质量的测试参数要求和测试方法，应符合现行国家标准《30MHz～1GHZ声音和电视信号的电缆分配系统》的规定。

4.2.40.2-3 公共广播与紧急广播系统测试（C2-40-2-3）

实施要点

（1）公共广播与紧急广播系统测试或系统调试的应用表式见表C2-40-1。

公共广播与紧急广播系统安装完毕后，应进行系统检测和功能检测。

（2）系统检测包括以下内容：

1）系统的输入输出不平衡度、音频线的敷设和接地形式，保证安装质量符合设计要求，设备之间阻抗匹配合理。

2）放声系统应分布合理，符合设计要求。

3）最高输出电平、输出信噪比、声压级和频宽的技术指标应符合设计要求。

4）通过对响度、音色和音质的主观评价，评定系统的音响效果。

（3）功能检测应包括：

1）业务宣传、背景音乐和公共寻呼插播。

2）紧急广播与公共广播共用设备时，其紧急广播由消防分机控制，具有最高优先权。在火灾和突发事故发生时，应能强制切换为紧急广播并以最大音量播出；紧急广播功能检测按标准的有关规定执行。

3）功率放大器应冗余配置，并在主机故障时，按设计要求备用机自动投入运行。

4）公共广播系统应分区控制，分区的划分不得与消防分区的划分产生矛盾。

（4）广播音响系统

广播音响系统包括：一般广播、特殊广播和紧急广播等系统，一般应设置广播室。

1）音量评价标准

听音质量可以从以下几个方面加以评判：

① 响度：按相关标准规定执行

② 声场均匀度：根据音场空间和平面，正确布置相声设备；控制扬声设备的位置、悬点、俯角和它们的功率分配。

根据声场各点的声压级差值不大于6～10dB。

③ 清晰度的混响时间：以语言为主的听音场所，清晰度应为85%以上。

④ 信噪比：一般要求信噪比为10～15dB。

⑤ 系统失真度：应力求影响特性平滑、谐波失真要小。

⑥ 视听一致性。

⑦ 传声增益：传声增闪应稳定，且不低于－14dB。

⑧ 功率储备和调音手段。

2）音响设备

主要包括：传声器、电唱机、录音机、相声器、功率放大（扩音机）、前级增音机、转播接收机、声频处理设备（人工混响器、延时器、压缩器、限幅器以及噪声增益自动控制器等）。

单响设备及材料应具有出厂合格证以及标准规定的检（试）验报告或开箱检验报告等。

4.2.40.3　信息网络系统测试（C2-40-3）

信息网络系统测试包括：连通性测试、网络管理软件测试、系统安全性测试、设备容错测试。

4.2.40.3-1　连通性测试（C2-40-3-1）

实施要点

(1) 信息网络系统的连通性测试的应用表式见表 C2-40-1。

(2) 通电测试前设备检查：按施工图设计要求检查设备安装情况；设备接地应良好；供电电源电压及极性符合要求。

(3) 设备通电测试：设备供电正常；报警指示工作正常；设备通电后工作正常及故障检查。

(4) 连接相关的广域网接入线路，观察接入设备运行状态及 IP 地址，确认连接正常。

1) 根据网络设备的连通图，网管工作站应能够和任何一台网络设备通信。

2) 各子网（虚拟专网）内用户之间的通信功能检测：根据网络配置方案的要求，允许通信的计算机之间可以进行资源共享和信息交换，不允许通信的计算机之间应无法通信；保证网络节点符合设计规定的通信协议和适用标准。

3) 根据配置方案的要求，检测局域网内的用户与公用网之间的通信能力。

4) 连通性检测方法可采用相关测试命令进行测试，或根据设计要求使用网络测试仪测试网络的连通性。

5) 路由检测方法可采用相关测试命令进行测试，或根据设计要求使用网络测试仪测试网络路由设置的正确性。路由器的路由表配置出错，漏配或错配远程路由器的 IP 地址，都会导致找不到远程的路由器（或是路由循环），使得 IP 包在两个路由器之间循环传递而找不到线路远程的主机。应采用有效的方法和软件，诊断出路由循环故障的位置，及时排除。

4.2.40.3-2　网络管理软件测试（C2-40-3-2）

实施要点

(1) 信息网络系统的网络管理软件测试的应用表式见表 C2-40-1。

(2) 软件的版本及对应的操作系统平台与设计（或合同）相符。

(3) 配置一台网络管理软件所需的计算机，并安装好网络管理软件所需的操作系统。

(4) 按照网络管理软件的安装手册和随机文件，安装网络管理软件，并符合设计要求。网络管理软件应具备如下管理功能：

1) 网管系统应能够搜索到整个网络系统的拓扑结构图和网络设备连接图。

2) 网络系统应具备自诊断功能，当某台网络设备或线路发生故障后，网管系统应能够及时报警和定位故障点。

3) 应能够对网络设备进行远程配置，检测网络的性能，提供网络节点的流量、广播率和错误率等参数。

(5) 网络管理软件功能测试，应符合设计和合同要求。确认网络管理软件能够监测所需管理的设备的状态和动态地显示网络流量，并据此设置这些设备的属性，使网络系统得到优化。

4.2.40.3-3 系统安全性测试（C2-40-3-3）

实施要点

（1）信息网络系统的系统安全性测试的应用表式见表 C2-40-1。

（2）信息安全性检测应满足以下要求：

1）办公网络应能抵御来自防火墙以外的网络攻击，使用流行的攻击手段进行仿真攻击，不能攻破的判为合格。

2）办公网络能够根据需求控制内部终端机的互联网（Internet）连接请求和内容，可使终端机用不同身份访问 Internet 的不同资源，符合设计要求判为合格。

3）办公网络与控制网络必须实施安全隔离，测试方法可采用相关测试命令进行测试，保证做到未经授权，从办公网络不能进入控制网络。

4）检测防病毒系统的有效性，将一个含有当前已知流行病毒的文件（病毒样本）通过文件传输、邮件附件、网上邻居等方式传播，各个位置的防病毒软件应能正确地检测到该含病毒的文件，并执行杀毒操作。

5）安装了入侵检测的系统，使用流行的攻击手段进行仿真攻击，这些攻击应被入侵检测软件发现和阻断。

6）互联网行为管理系统，应尝试访问若干受限网址，测试系统的访问控制功能。

（3）应用系统安全性应满足以下要求：

1）身份认证：管理用户账号，要求用户必须使用满足安全要求的口令。

2）访问控制：在身份认证的基础上根据用户及资源对象实施访问控制；用户能正确访问其获得授权的对象资源，同时不能访问未获得授权的资源。防止未授权用户的非法访问，保护应用系统资料的安全。

3）资料安全应符合：

① 资料完整性：保证资料在网络传输过程中，无丢失、损坏、修改、乱码产生。

② 数据保密性：保证资料在网络传输过程中，不会被非法用户获得。

③ 资料在网上传输时，根据设计要求应使用必要的加密措施，并采用会话密钥、数字签名、时间戳等安全技术，保证传输资料的完整性和保密性；通过截取传输的资料包，发现密文传输漏洞。

4）安全审计：用户对应用系统的访问，应有必要的审计记录。

（4）操作系统安全性应满足以下要求：

1）使用符合安全强度要求的操作系统。

2）使用安全性较高的文件系统。

3）管理操作系统的用户账号，用户必须使用满足安全要求的口令。

4）服务器应只提供必需的服务，其他无关的服务应关闭。对可能存在漏洞的服务或操作系统，应更换或升级。

5）设置并正确利用审计系统，对一些非法的侵入尝试必须有记录。模拟非法尝试，审计日志中应有正确记录。

4.2.40.3-4 设备容错测试（C2-40-3-4）

实施要点

（1）信息网络系统的设备容错测试的应用表式见表 C2-40-1。

容错功能的检测采用人为设置网络故障的方法，检测系统正确判断故障及自动恢复的功能，切换时间应符合设计要求。检测内容应包括以下两个方面：

（2）具备容错能力的网络系统，应具有错误恢复和隔离功能，主要部件应有备份，并在出现故障时可自动切换。

（3）有链路冗余配置的网络系统，当其中的某条链路断开或有故障发生时，整个系统仍应保持正常工作，并在故障恢复后应能自动切换回主系统运行。

（4）信息网络系统在安装、调试完成后，应进行不少于 1 个月的试运行，有关系统自检和试运行应符合《智能建筑工程质量验收规范》（GB 50339—2003）各章规定的合理周期，对系统进行连续不中断试运行。

4.2.40.4　建筑设备监控系统测试（C2-40-4）

建筑设备监控系统测试包括：空调与通风系统测试、变配电系统、公共照明系统、给排水系统、热源和热交换系统、冷冻和冷却水系统、电梯和自动扶梯系统、中央管理工作站与操作分站安装。

4.2.40.4-1　空调与通风系统测试（C2-40-4-1）

实施要点

（1）建筑设备监控系统的空调与通风系统测试的应用表式见表 C2-40-1。

（2）系统调试必须配备专业人员负责调试，组成调试班子，其中包括负责现场施工的技术质量人员。

（3）要制定调试计划（大纲），包括各方面的配合，经业主、监理审查通过后进行。

（4）调试步骤及内容：

1）检查新风机、空气处理机、送排风机、VAV 末端装置及风机盘管的电气控制柜，按设计要求与 DDC 之间的接线正确，严防强电串入 DDC。

2）按监控点表的要求检查装于通风与空调系统中的各类传感器、变送器、执行器等设备的位置，接线正确，其安装应符合标准的要求。

3）确认 DDC 控制器和 I/O 模块的地址码设置应正确。

4）确认 DDC 允许送电并接通主电源开关，观察 DDC 控制器和各组件状态应正常。

5）按产品设备说明书和工程设计要求进行 DDC 功能测试，一般应进行运行可靠性测试和 DDC 软件主要功能及其实时性测试；

6）确认各类受控空调设备在手动控制状态下，运行正常。

7）在 DDC 侧或主机侧，检测各 AI、AO、DI、DO 点，确认其满足设计、监控点和联动联锁的各项要求。

各个阶段、步骤应有记录和报告，最后归成文档。

（5）通风空调系统的单体设备的检测调试

由于变频器在通风空调系统的广泛应用，在此类通风空调系统的单体设备的检测调试中还应按以下内容进行：

1）若新风机是变频调速或高、中、低三速控制时，应模拟变化风压测量值或其他工艺要求，确认风机转速能相应改变或切换到测量值或稳定在设计值。风机转速这时应稳定在某一点上，并按设计和产品说明书的要求记录30％、50％、90％风机速度时，高、中、低三速相对应的风压或风量。

2）变风量空调机，应按控制功能变频或分档变速的要求，确认空气处理机的风量、风压随风机的速度也相应变化。当风压或风量稳定在设计值时，风机速度应稳定在某一点上，并按设计和产品说明书的要求记录30％、50％、90％风机速度时相对应的风压或风量（变频、调速）。还应在分档变速时，测量其相应的风压与风量。

3）VRV空调系统。对VRV空调系统纳入BAS系统的控制一般是在其配电回路中设置监控节点，起到按时间程序设定开启系统的功能，以控制不必要的能源浪费。

目前，相当多的VRV产品制造商都已相继开发出了基于BACnet协议专用网关的接口设备，可以将VRV空调系统纳入BAS系统中，VRV末端设备的运行状态是通过BACnet网关接口上传信号至BAS系统，监控中心经该网关接口下传信号（如初始值设定、控制参数设定等）至末端设备，并对整个VRV空调系统实行系统管理。经对这两个系统的集成，在中央控制中心可以对VRV空调系统实现以下功能：

① 室温监视；

② 温控器状态监视；

③ 压缩机运转状态监视；

④ 室内风扇运转状态；

⑤ 空调机异常信息；

⑥ ON/OFF控制和监视；

⑦ 温度设定和监视；

⑧ 空调机模式设定和监视（制冷/制热/风扇/自动）；

⑨ 遥控器模式设定和监视；

⑩ 滤网信号监视和复位；

⑪ 风向设定和监视；

⑫ 额定风量设定和监视；

⑬ 强迫温控器关机设定和监视；

⑭ 能效设定和设定状态监视；

⑮ 集中/机上控制器操作拒绝和监视；

⑯ 系统强迫关闭设定和监视。

在BAS系统管理平台上，可以将空调系统与其他弱电系统实现联动控制功能，如利用电子考勤及电子门锁系统实施VRV空调系统的启、停联动，达到有效节能的目的。利用火灾报警信号，实施VRV空调系统的相应联动功能，满足消防要求。

基于BACnet协议专用网关的VRV空调系统接口设备的调试方法可按设备说明书进行，与网络系统网关设备调试方法一致。

4）变频调速排风机。变频调速排风机启动后，室内风压测量值应跟随风压设定值的改变而变化。当风压设定值固定时，经过一定时间后测量值应能稳定在风压设定值的附近。如果测量值跟踪设定值的速度太慢，可以适当提高PID调节的积分作用。如果送风温度在设定值上下明显地作周期性波动，其偏差超过范围，则应先降低或取消微分作用，再降低比例放大作用，直到系统稳定为止。PID参数设置的原则是：首先保证系统稳定，其次满足其基本的精度要求，各项参数设置不宜过分，应避免系统振荡，并有一定余量。当系统经调试不能稳定时，应考虑有关的机械或电气装置中是否存在妨碍系统稳定的因素，做仔细检查，排除此类干扰。

4.2.40.4-2　变配电系统测试（C2-40-4-2）

实施要点

（1）建筑设备监控系统的变配电系统测试的应用表式，见表 C2-40-1。

（2）确认 DDC 控制器和 I/O 模块的地址码设置应正确。

（3）确认 DDC 送电并接通主电源开关，观察 DDC 控制器和各组件状态应正常。

（4）系统监控点的测试：

1）根据设计图纸和系统监控点表的要求，逐点进行测试。

2）模拟量输入信号的精度测试：在变送器输出端测量其输出信号的数值，通过计算与主机 CRT 上显示数值进行比较，其误差应满足设计和产品的技术要求。

（5）电量计费测试检查。按系统设计的要求，激活电量计费测试程序，检查其输出打印报告的资料，用计算方法或用常规电度计量仪表的资料进行比较，其测试资料应满足设计和计量要求。

（6）柴油发电机运行工况的测试

1）确认柴油发电机及其相应配电柜单机运行工况正常。

2）确认其输出配电柜处于断开状态，严禁其输出电压接入正常的供配电回路。

3）对柴油发电机进行仿真测试，即仿真激活柴油发电机组的启动控制程序，按设计和监控点表的要求，确认相应开关设备动作和运行情况应正常。

4.2.40.4-3　公共照明系统测试（C2-40-4-3）

实施要点

（1）建筑设备监控系统的公共照明系统测试的应用表式，见表 C2-40-1。

（2）按设计图纸和通信接口的要求，检查电气柜与 DDC 通信方式的接线是否正确。

（3）确认 DDC 控制器和 I/O 模块的地址码设置应正确。

（4）确认 DDC 送电并接通主电源开关，观察 DDC 控制器和各组件状态应正常。

（5）系统监控点的测试检查。根据设计图纸和系统监控点表的要求，按有关规定的方式逐点进行测试。确认受 BAS 控制的照明配电箱设备运行正常情况下，激活顺序、时间或照度控制程序，按照明系统设计和监控要求，按顺序、时间程序或分区方式进行测试。

4.2.40.4-4　给排水系统测试（C2-40-4-4）

实施要点

（1）建筑设备监控系统的给排水系统测试的应用表式，见表 C2-40-1。

（2）按设计监控要求，检查各类水泵的电气控制柜与 DDC 之间的接线是否正确，严防强电串入 DDC。

（3）检查各类传感器（水位传感器、温度传感器、流量传感器或水位开关），安装应符合规范要求，接线应正确。

（4）检查各类水泵等受控设备，在手动控制状态下应运行正常。

（5）确认 DDC 控制器和 I/O 模块的地址码设置应正确。

（6）确认 DDC 送电并接通主电源开关，观察 DDC 控制器和各组件状态应正常。

（7）按规定的要求检测设备 AO、AI、DO、DI 点，确认其满足设计监控点和联运联锁的要求。

近年来，通过设在水管上的压力传感器、集成在水泵电控箱的变频器、DDC 控制器/PLC/工控机组成闭环控制回路来控制水泵机组运行状态，实现管网的恒压变流量供水的给水系统得以广泛应用。水泵设备运行时，压力传感器不断将管网水压信号变换成标准电信号送入 DDC 控制器/PLC/工控机，经 DDC 控制器/PLC/工控机运算处理后，获得最佳控制参数，通过变频器和继电控制元件自动调整水泵机组高效率地运行，既保证了良好的供水品质，又最大限度地节能。

恒压变频供水系统试运时，在变频自动运行方式下给水泵电控柜通电，此时 DDC 控制器/PLC/工控机通过变频器启动第一台水泵，第一台泵进入变频运行状态，转速逐渐升高；当供水量 $Q<1/nQ_{max}$ 时（Q_{max} 为 n 台泵全部工频运行时的最大流量），DDC 控制器/PLC/工控机根据压力传感器检测的供水量的变化自动调节第一台泵转速，以保证供水压力稳定。当 $1/nQ_{max}<Q<2/nQ_{max}$，第一台泵已不能满足所需水量，此时 DDC 控制器/PLC/工控机将第一台泵转为工频运行状态。启动第二台泵，使第一台泵进入变频运行状态，其转速由所需水量决定；当 $Q>2/nQ_{max}$ 时，DDC 控制器/PLC/工控机将第一台泵、第二台泵置于工频运行状态。启动第三台泵投入变频运行状态，如此顺序启动水泵，直至达到水压稳定。反之，当供水量减小时，变频器亦调整水泵转速，顺序下降直至切换停泵。

一些供水系统到了夜间用水流量很小或无用水流量，这时，如果设备保持连续运行，会造成设备效率降低、能耗大、设备磨损等问题。为改善这种不利工况，可在设备系统中并接小型气压罐，小流量时按气压罐式间歇运行供水，待系统中的供水流量达到一定时恢复正常运行。

4.2.40.4-5 热源和热交换系统测试（C2-40-4-5）

实施要点

（1）建筑设备监控系统的热源和热交换系统测试的应用表式，见表 C2-40-1。

（2）检查热泵机组控制柜的电器元器件应无损坏，内部与外部接线应正确无误。严防强电串入 DDC，直流弱电地与交流强电地应分开。

（3）按监控点表要求，检查热泵机组上的温度传感器、电动阀、风阀、压差开关等设备的位置，接线应正确，输入/输出信号类型、量程应和设计相一致。

（4）手动位置时，确认各单机在非 BAS 系统控制状态下应运行正常。

（5）确认 DDC 控制器和 I/O 模块的地址码设置应正确。

（6）确认 DDC 送电并接通主电源开关，观察 DDC 控制器和各组件状态应正常。

（7）对填写的 BAS 系统监控点记录表进行核查。

（8）按设计和产品技术说明书规定，在确认主机、热泵机组、电动蝶阀等相关设备单独运行正常下，在 DDC 侧或主机侧检测全部 AO、AI、DO、DI 点，应满足设计和监控点表的要求。激活自动控制方式，确认系统各设备按设计和工艺要求的顺序投入运行和关闭自动退出运行两种方式都应正确。

（9）增减空调机运行台数，增加其热负荷，检验平衡管流量的方向和数值，确认能激活或停止热源机组的台数，应能满足负荷需要。

(10) 模拟一台设备故障停运以及整个机组停运，检验系统应自动激活一个预定的机组投入运行。

4.2.40.4-6 冷冻和冷却水系统测试（C2-40-4-6）

实施要点

(1) 建筑设备监控系统的冷冻和冷却水系统测试的应用表式，见表 C2-40-1。

(2) 检查冷冻和冷却系统的控制柜的全部电气元器件应无损坏，内部与外部接线应正确无误。严防强电串入 DDC，直流弱电地与交流强电地应分开。

(3) 按监控点表要求，检查冷冻和冷却系统的温度、湿度传感器、电动阀、压差开关等设备的位置，接线应正确，输入/输出信号类型、量程应和设计相一致。

(4) 手动位置时，确认各单机在非 BAS 系统控制状态下运行正常。

(5) 确认 DDC 控制器和 I/O 模块的地址码设置应正确。

(6) 确认 DDC 送电并接通主电源开关，观察 DDC 控制器和各组件状态应正常。

(7) 对填写的 BAS 系统监控点记录表进行核查。

(8) 按设计和产品技术说明书规定在确认主机、冷水泵、冷却泵、风机、电动蝶阀等相关设备单独运行正常的情况下，检查全部 AO、AI、DO、DI 点应满足设计和监控点表的要求；确认系统在激活或关闭自动控制两种情况下，各设备按设计和工艺要求顺序投入或退出运行两种方式都应正确。

(9) 增减空调机运行台数，增加其冷负荷，检验平衡管流量的方向和数值，确认能激活停止制冷机组的台数，以满足负荷需要。

(10) 模拟一台设备故障停运，或者整个机组停运，检验系统是否自动激活一个预定的机组投入运行。

(11) 按设计和产品技术说明规定，模拟冷却水温度的变化，确认冷却水温度旁通控制和冷却塔高、低速控制的功能，并检查旁通阀动作方向应正确。

现代智能建筑多采用集中供冷（水），而分散的中央空调机组和众多的风机盘管，随时都在调节过程中，变频调速技术即得以较多地应用。采用变频调速技术，控制冷冻水循环泵的转速（即改变冷冻水流量）来跟踪冷冻水的需求量，便可以取消旁通水量，解决冷冻水系统压差平衡，节约能源。

具体实施原理：在供水管和回水管之间加装一只压差传感器，将压差数值转换成 4～20mA 的标准信号，送到变频器的模拟量输入端，经变频器的数据处理系统计算并与设定压力值比较后，给出 PID 调节后的输出频率，以改变水泵电机的转速来恒定供回水管之间压差的目的，形成一个完整的闭环控制系统。当管道用水量加大时，管道压差会有所下降，自控环节令变频器输出频率有所上升，电机转速随即上升，使管道压差回升至设定值；反之，频率会降低，管道压差相应回落，最终达到供回水压差恒定的目的。该系统可由多台循环水泵组成，配置一台智能控制器及与 BAS 系统监控中心通信连接，即可实现一台变频器多泵联用、三泵联用、一用一备、两用一备等。

多台循环水泵系统试运时，当给出启泵指令后，接通第一台泵其变频软启动。若工作频率升至电网工频时，管道压差未达到设定值，一定延时后，会通过泵电控箱继电器回路快速切换接通工频回路，将该泵切入工频电路运行，并自动接通第二台泵投入变频启动并运行，跟踪管道压差的设定值；如第二台泵工作频率上升至工频仍达不到设定压差时，则同样顺序启动第三台循环泵，直至管网达到设定压差。相反的过程是当冷冻水用水量下降时，管道压差会有所提高，系统要求降低频率。当频率降低到设定值，则经一定延时会自动切出上一台运行在工频上的循环泵；若输出的频率再次低到设定值，则再切出一台运行在工频的循环泵，始终保持有一台循环泵运行在变频状态。由于是循环控制泵的启停顺序，因而泵的使用率也是均匀的。相应冷冻机组的冷却水循环泵也可类似控制。

经上述试运功能正常后，系统即可投入运行。

4.2.40.4-7 电梯和自动扶梯系统测试（C2-40-4-7）

实施要点

(1) 建筑设备监控系统的电梯和自动扶梯系统测试的应用表式，见表C2-40-1。

(2) 检查并且复核电梯和电动扶梯的运行状态和故障状态是否符合BAS系统要求。

(3) 电气线路检查试验。按设计和监控点表要求，检查DDC与电梯控制柜及装于电梯内的卡片阅读机之间的联机或通信线，连接应正确。

(4) 检查BAS系统与电梯的接口技术条件，通信接口、数据传输、格式、传输速率等应满足设计要求或双方技术协议的要求。

(5) 确认DDC控制器和I/O模块的地址码设置应正确。

(6) 确认DDC送电并接通主电源开关，观察DDC控制器和各组件状态应正常。

(7) 负荷运行及性能测试，功能试验（包括联动功能）检查。在控制侧或主机侧，按规定的要求检测电梯设备的全部监测点，应满足设计、监控点表和联动联锁的要求。

(8) 检查电梯系统其他试验。例如静态测试试验、曳引机试运转快慢车运行、自动门调整、安全装置检查试验，均应符合设计及产品（设备）技术标准要求。

(9) 配合技术质量监督局（劳动部门）对电梯进行验收，整理电梯安装的有关资料和安装施工总结。

4.2.40.4-8 中央管理工作站与操作分站安装测试（C2-40-4-8）

实施要点

(1) 建筑设备监控系统的中央管理工作站与操作分站安装测试的应用表式，见表C2-40-1。

(2) 检查各子系统的调试结果应符合设计要求。

工程安装完成后，要对传感器、执行器、控制器及系统功能（含系统联动功能）进行现场测试，传感器可用高精度仪表现场校验，使用现场控制器改变给定值或用信号发生器对执行器进行检测，传感器和执行器要逐点测试；系统功能、通信接口功能要逐项测试，并填写系统自检表。

(3) 中央管理工作站调试：

1）线缆导通、绝缘等性能测试、设备外观和安装工程质量检查、环境温湿度卫生及供电电源检查、接地系统检查、系统与设备间联机检查，应符合设计要求。

2）系统软件功能测试：

一般应测试以下功能：

① 口令及登录；

② 交互式系统接口；

③ 报警、故障的提示和打印；

④ 报警处理；

⑤ 系统开发环境；

⑥ 多种控制方式；

⑦ 历史数据查询打印；

⑧ 其他辅助功能。

3）应用软件功能测试：

一般应测试以下功能：

① 采样和数据处理功能；

② 报警设定；

③ 控制程序；

④ 教学功能；

⑤ 通信控制；

⑥ 命令冲突及处理。

（4）工程调试完成经与工程建设单位协商后可投入系统试运行，应由建设单位或物业管理单位派出的管理人员和操作人员进行试运行，认真作好值班运行记录，并应保存系统试运行的原始记录和全部历史资料。

4.2.40.5 火灾自动报警及消防联动系统测试（C2-40-5）

实施要点

（1）火灾自动报警及消防联动系统测试的应用表式，见表 C2-40-1。

（2）火灾自动报警系统调试：

1）火灾自动报警系统调试，应先分别对探测器、区域报警控制器、集中报警控制器、火灾报警装置和消防控制设备等逐个进行单机通电检查，正常后方可进行系统调试；

2）火灾自动报警系统通电后，应按现行国家标准《火灾报警控制器通用技术条件》的有关要求对报警控制器进行下列功能检查：火灾报警自检功能、消声复位功能、故障报警功能、火灾优先功能、报警记忆功能、电源转换和备用电源自动充电功能，备用电源的欠压和过压报警功能；

3）检查火灾自动报警系统的主电源和备用电源，其容量应分别符合现行国家有关标准的要求，在备用电源连续充放电三次后，主电源和备用电源应能自动转换；

4）应采用专用的检查仪器对探测器逐个进行试验，其动作应准确无误；

5）应分别用主电源和备用电源供电，检查火灾自动报警系统的各项控制功能和联动功能；

6）火灾自动报警系统应在连续运行 120h 无故障后，按有关规定填写调试报告。

4.2.40.5-1 火灾和可燃气体探测系统测试（C2-40-5-1）

实施要点

（1）火灾和可燃气体探测系统测试的应用表式，见表 C2-40-1。

（2）探测系统调试应在系统施工结束后进行，调试人员必须由有资格的专业技术人员或持有消防专业上岗证书的人员担任。

（3）审核检查调试方案，并提供下列文件：

1）编有地址码的各种报警组件（探测器、手动报警按钮等）与实际施工相符的竣工图；

2）设计变更文字记录（设计修改通知单等）；

3）施工记录及隐蔽工程验收记录；

4）检验记录及绝缘电阻、接地电阻测试记录。

(4) 检查构成系统的设备的规格、型号、性能、数量及备品备件，应符合设计图纸要求。

(5) 检查系统管线施工质量，应符合以下要求：

1）应无不同性质线缆共管的现象；

2）各种火警设备接线应正确，接线排列合理，接线端子处标牌编号齐全；

3）工作接地和保护接地应正确。

(6) 对各种控制设备和装置逐个进行单机通电检查。

1）校验线路

打开被校验回路中的各个部件与设备接线端子一一查对，探测回路线、通信线是否短路或开路，应对导线与导线、导线对地、导线对屏蔽层的绝缘电阻进行分别测试记录，其值不小于 20MΩ。

2）报警控制器的试验

开机后将带上探测点进行编码（硬件编码、软件编码或自适应编址方式编码），并在平面图上作详细记录。对未带上的探测点要逐个检查；如果是管线问题，则在排除线路故障后再开机测试；如果是探测器问题，则更换探测器。

3）火灾探测器的现场测试

采用专用设备对探测器逐个进行试验（或按《火灾自动报警系统施工及验收规范》GB 50166 抽检），动作应准确无误，编码与图纸相符；手动报警按钮位置符合图纸要求，编码无误。

① 感烟型探测器：采用烟雾发生器进行测试，探测器上灯亮后 5s 内应报警。

② 感温型探测器：采用温度加热器进行测试，探测器上灯亮后 5s 内应报警。

③ 火焰探测器（紫外线型、红外线型）：在 25m 内用火光进行测试，探测器上灯亮后 5s 内应报警。

④ 复合型探测器（定温、差温复合型）：根据设计所设定的定温及差温数据，采用温度加热器以设定的最低温度限值进行测试。感烟、感温复合型探测器：先按感烟探测器进行测试后，再按感温探测器进行测试，火灾报警控制器动作、发出声光信号、指示火警部位应与图纸编码相同。

⑤ 手动报警按钮测试：可用工具松动按钮盖（不损坏设备）进行测试，显示编码与位置和设计图纸相符。

4）可燃气体火灾探测器的现场测试

模拟可燃气体泄漏，应可靠发出报警信号，并自动切断气源。与之相邻的指定电气装置的电源，也应能自动切断。

4.2.40.5-2 火灾报警控制系统测试（C2-40-5-2）

实施要点

(1) 火灾报警控制系统测试的应用表式，见表 C2-40-1。

(2) 报警控制系统调试应在系统施工结束后进行，调试人员必须由有资格的专业技术人员或持有消防专业上岗证书的人员担任。

(3) 审核检查调试方案，并提供下列文件：

1) 各种报警控制设备（区域报警控制器、集中火灾报警控制器等）与实际施工相符的竣工图；

2) 设计变更文字记录（设计修改通知单等）；

3) 施工记录及隐蔽工程验收记录；

4) 检验记录及绝缘电阻、接地电阻测试记录。

(4) 检查构成系统的设备的规格、型号、性能、数量及备品备件，应符合设计图纸要求。

(5) 检查系统管线施工质量，应符合以下要求：

1) 应无不同性质线缆共管的现象；

2) 各种报警控制设备接线应正确，接线排列合理，接线端子处标牌编号齐全；

3) 工作接地和保护接地应正确。

(6) 火灾报警控制系统通电后，应对报警控制器进行如下功能检查：

1) 火灾报警设备的自检功能检查：切断受其控制的外接设备进行自检，自检期间如有非自检回路的火灾报警信号输入，应能发出火灾报警声、光信号。

2) 消音、复位功能：能直接或间接接收火灾报警信号、声信号，并应能手动消除，但再次有火灾报警信号输入时，应能再启动。

3) 故障报警功能：各部件间及打印机连接线断线、短路、接地、控制器故障、主电源欠压等，均应能在100s内发出与火灾报警信号有明显区别的声、光故障信号。

4) 火灾优先功能：当火灾报警控制器内或由其控制进行的查询、中断、判断及数据处理等操作时，对于接收火灾报警信号的延时应不超过10s。

5) 报警记忆功能：接收火灾报警信号后，发出声、光报警信号，指示火灾发生部位并予保持，声、光信号在火灾报警控制器复位前，应不能手动消除，并具有显示或记录火灾报警时间的月、日、时、分等信息的计时装置。

6) 电源功能检查：电源自动转换和备用电源的自动充电，备用电源的欠压和过压报警功能。

7) 与BAS联动功能（自动报警、灭火、消防联动等）检查：应有通信接口，且提供双方通信协议、硬件接口技术资料，并获得有关方面确认。

8) 屏蔽及接地良好：火灾报警控制器在场强10V/m及1MHz～1GHz频率范围内的辐射电磁场干扰下，不应发出火灾报警信号和不可恢复的故障信号，且应正常运行。

4.2.40.5-3　消防联动系统测试（C2-40-5-3）

实施要点

(1) 消防联动系统测试的应用表式，见表C2-40-1。

(2) 报警控制系统调试应在系统施工结束后进行，调试人员必须由有资格的专业技术人员或持有消防专业上岗证书的人员担任。

(3) 审核检查调试方案，并提供下列文件：

1) 火灾自动报警及消防联动系统与实际施工相符的竣工图；

2）设计变更文字记录（设计修改通知单等）；

3）施工记录及隐蔽工程验收记录；

4）检验记录及绝缘电阻、接地电阻测试记录。

（4）检查构成系统的设备的规格、型号、性能、数量及备品备件，应符合设计图纸要求。

（5）检查系统管线施工质量，应符合以下要求：

1）应无不同性质线缆共管的现象；

2）各种接口模块接线应正确，接线排列合理，接线端子处标牌编号齐全；

3）工作接地和保护接地应正确。

（6）联动功能调试

1）消火栓系统。

① 在消防控制中心应能控制消防泵的启、停。试验1～3次，并能显示工作及故障状态。

② 在水泵房就地控制消防泵的启、停及主泵、备泵转换，试验1～3次应正常，并在消防水泵控制箱上能显示泵的工作及故障状态。

③ 动作消火栓箱内的手动控制按钮，在任何楼层及部位均能启动消防泵，并可通过输入模块向消防控制中心报警，以明确报警的部位。

2）喷水灭火系统。

① 在消防控制中心应能控制喷淋泵的启、停，试验1～3次，并能显示工作及故障状态，显示信号阀及水流指示器的工作状态；

② 在水泵房就地控制喷淋泵与备用泵转换运行，试验1～3次应正常；

③ 进行末端放水试验：检查末端的压力表及放水阀，然后进行放水，检查水流指示器、报警阀和压力开关启动喷淋泵的动作应正常，符合要求。在喷淋泵控制箱上，能显示泵的工作及故障状态。

3）泡沫及干粉灭火系统。

① 在消防控制中心应能对泡沫泵及消防泵的启、停，试验1～3次，并显示其工作状态。

② 对干粉系统控制启、停试验1～3次，应正确，并显示系统工作状态。

4）有管网的卤代烷、二氧化碳灭火系统。

① 应进行人工启动和紧急切断试验1～3次；

② 显示系统手动、自动工作状态；

③ 在报警喷射阶段，应有相应的声、光信号，并能手动切除声响；消防控制中心应有喷放显示；

④ 在延时阶段，应有自动关闭防火门窗、空调机及有关部位的防火阀，落下防火幕等动作，试验1～3次均正常，并显示其工作状态；

⑤ 应抽一个保护区进行喷放试验（卤代烷采用氮气，用量为1瓶，二氧化碳采用CO_2气体，其用量按系统用量的10%以上喷放）。

5）报警装置及通信的检测。

① 走道或室内的两个相邻的有编码的探测器动作，应控制着火层及相邻层的火灾应

急广播或警报装置投入工作。对于共享扬声器，应做强行切换试验。

② 消防通信设备应功能正常，语音清楚。

A. 消防控制中心与设备间的对讲电话，进行 1～3 次通话试验。

B. 每个电话插孔上进行通话试验。

C. 消防控制中心的外接电话与“119”进行 1～3 次通话试验。

6）检查消防联动控制设备

消防联动控制设备在接到已确认的火灾报警信号后，应在 3s 内发出联动信号，并按有关逻辑关系联动一系列相关设备发生动作，最长时间不得越过 30s，联动下列设备应试验 1～2 次：

① 切断着火层及相邻层的非消防电源，接通消防电源和受联动控制器控制的应急灯及疏散、诱导灯投入工作；

② 当走道或室内的两个相邻有编码的探测器报警时，控制电梯全部停于首层，接收其反馈信号（5s 内），并显示其状态；

③ 疏散信道上的防火卷帘一侧的感烟探测器动作后，防火卷帘下降距地（楼）面 1.8m；当防火卷帘两侧的感温探测器动作后，防火卷帘下降到底；作为防火分隔用的防火卷帘在火灾探测器动作后防火卷帘下降到底，以上均应接收其反馈信号（5s 内），并显示其状态；

④ 常开防火门的任一侧火灾探测器报警后，常开防火门应自动关闭，接收其反馈信号（5s 内），并显示其状态；

⑤ 室内任一火灾探测器报警后，停止有关部位的空调机，关闭电动防火阀，接收其反馈信号（5s 内），并显示其状态；

⑥ 走道或室内的两个相邻的有编码的探测器动作后，启动有关部位的防烟、排烟风机及排烟阀正压送风口，接收其反馈信号（5s 内），并显示其状态；

⑦ 开启着火层及相邻层的正压送风 13，接收其反馈信号，并显示其状态；

⑧ 控制着火层及相邻层的应急广播投入运行工作。

（7）系统调试开通后，对系统功能逐项检查，做好调试记录，编写调试报告。

（8）系统运行 120h 正常后，报请消防监督机构验收。

4.2.40.6　安全防范系统测试（C2-40-6）

安全防范系统测试包括：视频安防监控系统、巡更管理系统、入侵报警系统调试、出入口控制（门禁）系统、停车场（库）管理系统。

4.2.40.6-1　*视频安防监控系统测试*（C2-40-6-1）

实施要点

（1）安全防范系统测试的视频安防监控系统测试应用表式，见表 C2-40-1。

（2）调试前准备

1）按设计要求，对照图纸逐一或抽查，检查设备的规格、型号、数量、备品备件等。

2）仔细检查供电的电压、极性和相位等应符合设计要求。

3）检查系统线路，对于错线、开路、虚焊、短路等应进行处理，检查其记录单。

4）要有调试大纲（或方案），并经有关方确认、审核后进行调试。

（3）检查摄像机与镜头的配合、控制和功能部件（如云台、变焦、光圈及防护罩等）的技术状态应合理、正常，应无明显逆光现象，符合产品技术标准。

（4）检查系统摄像机监控范围要达到公共安全防范的需要和设计要求，调整聚焦和后靶面使控制面、清晰度、灰度等级等达到系统技术指标；在调整时，要注意有足够的照度和必要的逆光处理等。

（5）摄像机云台和镜头的遥控功能要能调整到应有的范围，一般通过解码器的硬件装置来实现的。

1）摄像机接通后，在监视器上显示图像，图像清晰时，遥控变焦，遥控自动光圈，观察变焦过程中的图像清晰度应无异常；

2）遥控电动云台带动摄像机旋转，云台运转应平稳、速度均匀、无噪声，电机无发热现象，在静止和旋转过程中图像清晰度应变化不大。调试过程中，应注意避免遥控延迟和机械冲击等不良现象。

（6）调整监视器、录像机、视频打印机、图像处理器、同步机、编码器、解码器等设备使其工作正常，在摄像机的标准照度下，监视图像质量和系统技术指标应满足下列要求：

1）图像质量可按五级损伤制评定，应不低于4级；

2）相对应4级图像质量的信噪比应符合表C2-40-6-1A的规定；

信噪比（dB） 表C2-40-6-1A

指 标 项 目	黑白电视系统	彩色电视系统
随机信噪比	37	36
单频干扰	40	37
电源干扰	40	37
脉冲干扰	37	31

3）图像水平清晰度黑白电视系统不应低于400线，彩色电视系统不应低于270线；

4）图像画面的灰度不应低于8级；

5）系统的各路视频信号，在监视器输入端的电平值应为$1V_{p\text{-}p}\pm 3dB$ VBS；

6）系统各部分信噪比指标分配，应符合表C2-40-6-1B的规定；

系统各部分信噪比指标分配（dB） 表C2-40-6-1B

项 目	摄像部分	传输部分	显示部分
连续随机信噪比	40	50	45

7）系统在低照度使用时，监视画面应达到可用图像，其系统信噪比不得低于25dB。

注：1. 五级损伤制评分标准应符合本标准第4.3.6条表4.3.6-2的规定。

2. VBS为图像信号，消隐脉冲和同步脉冲组成的全电视信号的英文缩写代号。

3. 可用图像是指在监视低照度画面时，能够辨认画面物体轮廓的图像。

（7）视频控制矩阵的调整，调整操作程序的软件使其设置功能正常，切换功能正常，字符叠加功能正常。应有摄像机位置、时间、日期等字符标识，电梯内图像画面应叠加有楼层字符等显示标识，所有显示应稳定正常。

(8) 检查主机操作应正常，并按正式设计方案达到相关功能要求。

(9) 检查记录图像的回放质量应达到可用图像的要求。

(10) 检查系统与计算机集成系统的联网接口以及该系统对电视监控系统的集中管理控制能力。

4.2.40.6-2 巡更管理系统测试（C2-40-6-2）

实施要点

(1) 安全防范系统测试的巡更管理系统测试应用表式，见表C2-40-1。

(2) 调试前准备：

1) 具备设备平面布置图、接线图、安装图、系统图以及其他必要的技术文件。确定调试步骤和方法，并经审核后实施。

2) 检查线路，施工测试记录（绝缘电阻、接地电阻）等应符合要求。

(3) 读卡式巡更系统应保证确定为巡更用的读卡机在读巡更卡时正确无误，检查实时巡更应和计划巡更相一致，若不一致应能发出报警。

(4) 采用巡更信息钮（开关）的信息正确无误，数据能及时收集、统计、打印。

(5) 按照巡更路线图检查系统的巡更终端、读卡机的响应功能。

(6) 现场设备的接入率及完好率测试。

(7) 检查巡更管理系统对任意区域或部位按时间线路进行任意编程修改的功能以及撤防、布防的功能。

(8) 检查系统的运行状态、信息传输、故障报警和指示故障位置的功能。

(9) 检查巡更管理系统对巡更人员的监督和记录情况、安全保障措施和对意外情况及时报警的处理手段。

(10) 对在线联网式的巡更管理系统还需要检查电子地图上的显示信息、遇有故障时的报警信号以及和电视监视系统等的联动功能。

(11) 巡更系统的数据存储记录保存时间应满足管理要求。

4.2.40.6-3 入侵报警系统测试（C2-40-6-3）

实施要点

(1) 安全防范系统测试的入侵报警系统测试应用表式，见表C2-40-1。

(2) 调试前准备：

1) 设备平面布置图、接线图、安装图、系统图以及其他必要的技术文件齐全，确定调试步骤和方法，调试人员的资格应符合要求。

2) 按设计要求，对照图纸检查设备、探测器等产品的规格、型号、数量、备品备件等。

3) 检查线路，施工测试记录应符合要求。

(3) 检查探测器的安装角度、探测范围，报警探测器形成的警戒范围应无盲区。

(4) 检查探测器独立防拆保护功能。

(5) 检查防盗报警控制器的自检功能、编程功能、布撤防及旁路功能以及报警发生时的声光显示与记录功能［按《入侵探测器》GB 10408.1～10408.9、《入侵报警系统技术要求》GA/A 368、《防盗报警控制器通用技术条件》GB/T 12663的有关要求对系统设备进行功能检查］。

（6）当有报警联动要求时，检查报警后对应的灯光、摄像机、录像机等相关设备的联动功能。

（7）对已建成区域性公共安全防范报警网络的地区，检查系统是否具备直接或间接联网的条件。

（8）检查系统与计算机集成系统的联网接口，以及该系统对防盗防入侵报警的集中管理和控制能力。

（9）系统应能按时间，按区域（部位）任意编程、设防或撤防。

（10）系统应能显示报警部位、时间，并能记录及提供联动电视监控、灯光等控制接口信号。

（11）测试紧急按钮到控制器的直接响应时间一般≤1s，到系统微机处理器的响应时间一般为3s以内。

（12）紧急按钮通过市话网至振警中心的响应时间≤20s（电话线路处于主叫状态）；检查报警信号应优先（即报警优先抢占话路），并有防破坏措施；检查当电话线破坏时，系统应另有辅助办法与报警中心联系。

（13）检查系统的主电源和备用电源，其容量应分别符合相关标准的要求。在备用电源连续充电、放电3次后，主电源和备用电源能自动切换。

（14）检查报警系统的可靠度应满足相关标准及设计技术要求。

4.2.40.6-4 出入口控制（门禁）系统测试（C2-40-6-4）

实施要点

（1）安全防范系统测试的出入口控制（门禁）系统测试应用表式，见表C2-40-1。

（2）读卡系统的调试一般用一组不同类型的卡（其中包括正常可用的卡、定时可用的卡、已超时不可用的卡、黑名单的卡、卡＋密码、卡＋防劫持码等）对每台读卡机（含非接触式读卡机）进行判别和处理，工作正常；系统的开门、关门、提示、记忆、统计和打印等处理功能应正常。

（3）指纹、声纹、视网膜、掌纹和复合技术等识别系统按产品技术说明书和设计要求进行调试。

（4）检查各种鉴别方式的出入口控制系统工作是否正常，并按有效设计方案达到相关功能要求。

（5）对每一次有效的进入，检查主机应能储存进入人员的相关信息，对非有效进入或被胁迫进入应有异地报警功能。

（6）检查微处理器或计算机控制系统，应具有时间、逻辑、区域、事件和级别分档等判别及处理功能。

（7）检查系统防劫、求助、紧急报警应正常工作，应具有异地声光报警与显示功能。

（8）检查系统与计算机集成系统的联网接口以及该系统对出入口（门禁）控制系统的集中管理和控制能力。

4.2.40.6-5 停车场（库）管理系统测试（C2-40-6-5）

实施要点

（1）安全防范系统测试的停车场（库）管理系统测试应用表式见表C2-40-1。

（2）检查感应线圈的位置和响应速度。

(3) 车库管理系统的车辆进入、分类收费、收费指示牌应正确，导向指示正确。

(4) 闸门机应工作正常，进/出口车牌号复核等功能应达到设计要求。

(5) 读卡器正确刷卡后的响应速度达到设计或产品技术标准要求。

(6) 闸门的开放和关闭的动作时间应符合设计和产品技术标准要求。

(7) 按不同建筑物要求而设置的不同的管理方式的停车场（库）管理系统应正常工作，且应符合设计要求。通过计算机网络和视频监控及识别技术，应能实现对车辆的进出行车信号指示、计费、保安等方面的综合管理，且符合设计要求。

(8) 检查入口车道上各设备（自动发票机、自动闸门机、车辆感应检测器、入口摄像机等）以及各自完成IC卡的读/写、显示、自动闸门机起落控制、入口图像信息采集以及收费主机的实时通信等功能，均应符合设计和产品技术性能标准的要求。

(9) 检查出口车道上各设备（读卡机、验卡机、自动闸门机、车辆感应检测器等）以及各自完成IC卡的读/写、显示、自动闸门机起落控制以及与收费主机的实时通信等功能，应符合设计和产品技术标准。

(10) 检查收费管理处的设备（收费管理主机、收费显示屏、打印机、发/读卡机、通信设备等）以及各自完成车道设备实时通信、车道设备的监视与控制、收费管理系统的参数设置、IC卡发售/挂失处理及数据收集、统计汇总、报表打印等功能，应符合设计与产品技术标准。

(11) 检查系统与计算机集成系统的联网接口以及该系统对车库管理系统的集中管理和控制能力。

1) 调试硬件与软件至正常状态，符合设计要求。

2) 各子系统的输入/输出能在集成控制系统中实现输入/输出，其显示和记录能反映各子系统的相关关系。

3) 对具有集成功能的公共安全防范系统，应按照批准的设计方案和有关标准进行检查。

4.2.40.7　综合布线系统测试（C2-40-7）

4.2.40.7-1　综合布线测试记录（C2-40-7-1）

1. 资料表式

综合布线测试记录　　　　**表 C2-40-7-1**

<table>
<tr><td>工程名称</td><td colspan="3"></td><td>测试时间</td><td>年　月　日</td><td>仪表型号</td><td></td></tr>
<tr><td>序号</td><td>点编号</td><td>房间号</td><td>设备房号</td><td>长度(m)</td><td>接线正确</td><td>衰减(dB)</td><td>近端串扰(dB)</td></tr>
<tr><td></td><td></td><td></td><td></td><td></td><td></td><td></td><td></td></tr>
<tr><td></td><td></td><td></td><td></td><td></td><td></td><td></td><td></td></tr>
<tr><td></td><td></td><td></td><td></td><td></td><td></td><td></td><td></td></tr>
<tr><td></td><td></td><td></td><td></td><td></td><td></td><td></td><td></td></tr>
<tr><td></td><td></td><td></td><td></td><td></td><td></td><td></td><td></td></tr>
<tr><td colspan="8">测试结果：</td></tr>
</table>

<table>
<tr><td rowspan="3">签字栏</td><td rowspan="2">监理(建设)单位</td><td colspan="3">施　工　单　位</td></tr>
<tr><td>专业技术负责人</td><td>质检员</td><td>试验员</td></tr>
<tr><td></td><td></td><td></td><td></td></tr>
</table>

2. 实施要点

（1）综合布线系统测试应用表式，见表 C2-40-1。

（2）综合布线系统是建筑物或建筑群内部之间的传输网络，是现代化大厦与外界联系的信息通道。它能使建筑物或建筑群内部的语音、数据通信设备、信息交换设备、建筑物物业管理及建筑物自动化设备等系统之间彼此相联，也能使建筑物内通信网络设备与外部的通信网络相联。

（3）综合布线系统由 6 个独立的子系统组成，互不影响。6 个子系统依次为：

① 水平子系统：由每个工作区的信息插座开始，经不平布置一直到管理区的内侧配线架的线缆所组成。

② 干线子系统：由建筑物内所有的（垂直）干线多对段线缆所组成。

③ 工作区子系统：由工作区内的终端设备连接对信息插座的连接线缆（3M 左右）所组成。

④ 管理区子系统：由定义连接、直接连接配线的（配线架）连接硬件等设备所组成。

⑤ 设备间子系统：由设备间中的线缆、连接器和相关支撑硬件所组成。

⑥ 建筑群子系统：是将多个建筑物的数据通信信号连接为一体的布线系统。

（4）综合布线系统产品

① 系统产品包括：传输电缆、信息插座、插头、转换器（适配器）、连接器、线路配线及跳线硬件、传输电子信号和光信号线缆的检测器、电气保护设备，各种相关硬件的工具等。

② 系统产品还包括：建筑物内到电话局线缆进楼的交接点（汇接点）上这一段的布线线缆和相关器件。不包括交接点外的电话局网络上的线缆和相关器件，不包括连接到布线系统上的各个交换设备，如程控数字用户交换机、数据交换设备、工作站中的终端设备和建筑物内自动控制设备。

（5）综合布线系统产品的单级应符合产品标准和设计要求，综合布线单位产品应提供材料、设备出厂合格证明及技术文件及进场检（试）验报告。

（6）综合布线测试

综合布线系统工程安装施工过程中或完成后，应全程或分段进行连接性能和电气性能测试，包括各种缆线、通信引出端（信息插座）及连接硬件等的测试。综合布线系统工程的工程质量测试包括验收测试（认证测试）和验证测试。

1）验证测试由施工人员对某一工艺操作完成后进行测试，也即边施工边测试的分段测试工序，以保证所完成的每一个连接的正确性；这种测试只注重布线部件的连接性能（包括连接是否正确无误），一般不考虑布线部件的电气特性。

2）验收测试是指对综合布线系统依照标准规定的电气性能和包括连接性能在为的其他性能进行逐项测试，是安装完工后的全程系统测试。它是对布线系统工程的施工安装操作工艺质量和缆线及连接硬件本身的质量两者结合后的整体性和系统性的质量测试。

（7）验证、验收测试应有随工验收记录清单（或机器自动记录盘片和打印输出原件）。综合布线系统检测项目如表 C2-40-7-1A 所示。

检验项目及内容　　表 C2-40-7-1A

阶段	验收项目	验收内容	验收方式
一、施工前检查	1. 环境要求	(1)土建施工情况：地面、墙面、门、电源插座及接地装置； (2)土建工艺：机房面积、预留孔洞； (3)施工电源； (4)地板铺设	施工前检查
	2. 器材检验	(1)外观检查； (2)形式、规格、数量； (3)电缆电气性能测试； (4)光纤特性测试	施工前检查
	3. 安全、防火要求	(1)消防器材； (2)危险物的堆放； (3)预留孔洞防火措施	施工前检查
二、设备安装	1. 交接间、设备间、设备机柜、机架	(1)规格、外观； (2)安装垂直、水平度； (3)油漆不得脱落，标志完整、齐全； (4)各种螺钉必须紧固； (5)抗震加固措施； (6)接地措施	随工检验
	2. 配线部件及 8 位模块及通用插座	(1)规格、位置、质量； (2)各种螺钉必须拧紧； (3)标志齐全； (4)安装符合工艺要求； (5)屏蔽层可靠连接	随工检验
三、电、光缆布放（楼内）	1. 电缆桥架及线槽布放	(1)安装位置正确； (2)安装符合工艺要求； (3)符合布放缆线工艺要求； (4)接地	随工检验
	2. 缆线暗敷（包括暗管、线槽、地板等方式）	(1)缆线规格、路由、位置； (2)符合布放缆线工艺； (3)接地	隐蔽工程签证
四、电、光缆布放（楼间）	1. 架空缆线	(1)吊线规格、架设位置、装设规格； (2)吊线垂度； (3)缆线规格； (4)卡、挂间隔； (5)缆线的引入符合工艺要求	随工检验
	2. 管道缆线	(1)使用管孔孔位； (2)缆线规格； (3)缆线走向； (4)缆线的防护设施的设置质量	隐蔽工程签证
	3. 埋式缆线	(1)缆线规格； (2)敷设位置、深度； (3)缆线的防护设施的设置质量； (4)回土夯实质量	隐蔽工程签证
	4. 隧道缆线	(1)缆线规格； (2)安装位置、路由； (3)土建设计符合工艺要求	隐蔽工程签证
	5. 其他	(1)通信线路与其他设施的间距； (2)进线室安装、施工质量	随工检验或隐蔽工程签证

续表

阶段	验收项目	验收内容	验收方式
五、缆线终接	1.8位模块式通用插座	符合工艺要求	随工检验
	2. 配线部件	符合工艺要求	
	3. 光纤插座	符合工艺要求	
	4. 各类跳线	符合工艺要求	
六、系统测试	1. 工程电气性能测试	(1)连接图； (2)长度； (3)衰减； (4)近端串音(两端都应测试)； (5)设计中特殊规定的测试内容	竣工检验
	2. 光纤特性测试	(1)衰减； (2)长度	竣工检验
七、工程总验收	1. 竣工技术文件	清点、交接技术文件	竣工检验
	2. 工程验收评价	考核工程质量，确认验收结果	

注：系统测试内容的验收亦可在随工中进行检验。

(8) 综合布线认证的测试参数

① 接线图：是用来检验每根电缆末端的8条芯线与接线端子实际连接是否正确，并对安装连通性进行检查。

② 长度：保证长度测量的精度可在此项测试前需对被测线缆的NVP值进行校核。

③ 衰减：对信号能量基本链路或通道损耗的量度。随频率和线缆长度的增加而增大。

④ 近端串扰损耗：串扰是高速信号在双绞线上传输时，由于分布互感和电容的存在，在邻近传输线中感应的信号。它是决定链路传输能力的最重要的参数。施工质量问题会产生近端串扰。

测试一条双绞电缆的链路的近端串扰，需要在每一对线之间测试。

⑤ 直流环路电阻：任何导线都存在电阻，直流环路电阻是指一对双绞线电阻之和。100Ω非屏蔽双绞电缆直流环路电阻不大于19.2Ω/100m，150Ω屏蔽双绞电缆直流环路电阻不大于12Ω/100m。常温环境下的最大值不超过30Ω。直流环路电阻的测量应在每对双绞线远端短路，在近端测量直流环路电阻，其值应与电缆中导体的长度和直径相吻合。

⑥ 特性阻抗：特性阻抗是衡量由电缆及相关连接件组成的传输通道的主要特性之一。一般说来，双绞电缆特性阻抗是一个常数。常说的100ΩVTP（非屏蔽双绞电缆）、120ΩFTP（金属箔双绞电缆）、150ΩSTP（屏蔽双绞电缆）；其中，100Ω、120Ω、150Ω就是双绞电缆的特性阻抗。一个选定的平衡电缆通道的特性阻抗极限不能超过标称阻抗的15%。

⑦ 衰减与近端串扰比：此值是以dB表示的近端串扰与以dB表示的衰减的差值，它表示了信号强度与串扰产生的噪声强度的相对大小。它不是一个独立的测量值，而是衰减与近端串扰（NEXT-Attenuation）的计算结果，ACR＝NEXT－α，其值越大越好。

⑧ 综合近端串扰：近端串扰是当发送与接受信号同时进行时，在这根电缆所产生的电磁干扰。在一根电缆中使用多对双绞线进行传送和接受信息，会增加这根电缆中某对线

的串扰。

⑨ 等效近端串扰：一个线对从近端发送信号，其他线对接受串扰信号，在链路远端测量到径线路衰减了的串扰，称为远端串扰（FEXT）。测量得到的远端串扰值在减去线路的衰减值（与线长有关）后，得到的就是所谓的等效远端串扰。

⑩ 传输延迟：这一参数代表了信号从链路的起点到终点的延迟时间。它的正式定义是一个 10MHz 的正弦波的相位漂移。两个线对间传输延迟的偏差对于某些高速局域网来说，是十分重要的参数。

⑪ 回波损耗：是表征 100Ω 双绞电缆终接 100Ω 阻抗时，输入阻抗的波动。它是衡量通道特性阻抗一致的。通道的特性阻抗随着信号频率的变化而变化。

双绞线的特性阻抗、传输速度和长度，各段双绞线的接续方式和均匀性都直接影响到结构回波特性。

（9）综合布线系统工程电气测试按如下进行：

1）测试按下图进行连接：

a. 基本链路连接应符合图 C2-40-7-1 方式（六类以上布线系统“基本链路”改称为“永久链路”）。

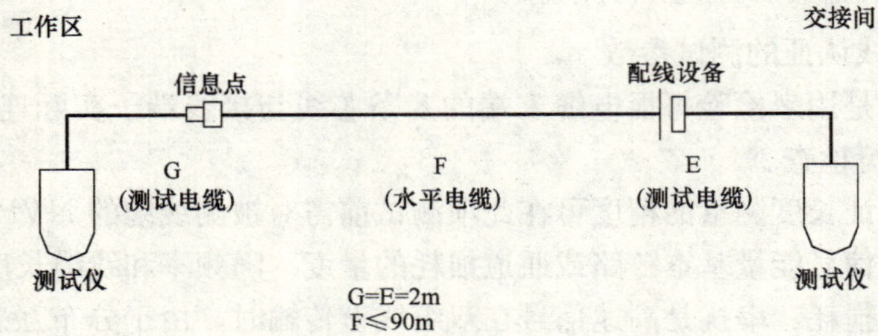

图 C2-40-7-1 基本链路测试连接

b. 信息连接应符合图 C2-40-7-2 方式。

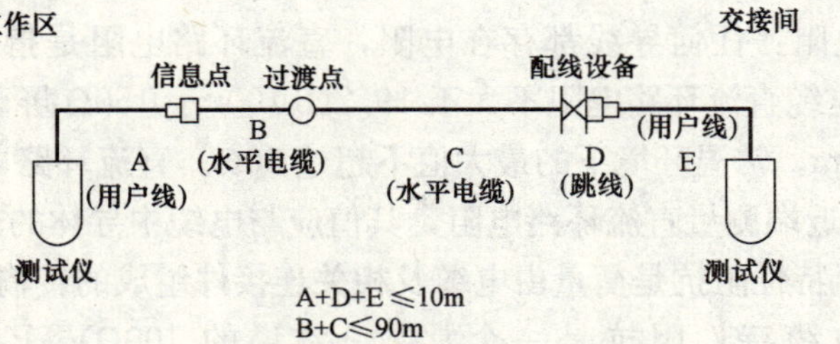

图 C2-40-7-2 信道测试

2）测试包括以下内容：

a. 接线图的测试，主要测试水平电缆终接工作区 8 位模块式通用插座及交接间配线设备接插件接线端子间的安装连接正确或错误。

b. 测试长度应在测试连接图所要求的范围之内。

c. 在选定的某一频率上信道和基本链路衰减量应符合表 C2-40-7-1B 和表 C2-40-7-1C 要求，信道的衰减包括 10m（跳线、设备连接线之和）及各电缆段、接插件的衰减量的总和。

信道衰减量 表 C2-40-7-1B

频率(MHz)	3类(dB)	5类(dB)
1.00	4.2	2.5
4.00	7.3	4.5
8.00	10.2	6.3
10.00	11.5	7.0
16.00	14.9	9.2
20.00		10.3
25.00		11.4
31.25		12.8
62.50		18.5
100.00		24.0
注:总长度为100m以内。		

基本链路衰减量 表 C2-40-7-1C

频率(MHz)	3类(dB)	5类(dB)
1.00	3.2	2.1
4.00	6.1	4.0
8.00	8.8	5.7
10.00	10.0	6.3
16.00	13.2	8.2
20.00		9.2
25.00		10.3
31.25		11.5
62.50		16.7
100.00		21.6
注:总长度为94m以内。		

以上测试是以20℃为准，在3类对绞电缆时，每增加1℃则衰减量变化1.5%；对5类对绞电缆，则每增加1℃会有0.4%的变化。

d. 近端串音是对绞电缆内，二条线对间信号的感应。对近端串音的测试，必须对每对线在两端进行测量。某一频率上，线对间近端串音应符合表C2-40-7-1D和表C2-40-7-1E的要求。

信道近端串音（最差线间） 表 C2-40-7-1D

频率(MHz)	3类(dB)	5类(dB)
1.00	39.1	60.0
4.00	29.3	50.6
8.00	24.3	45.6
10.00	22.7	44.0
16.00	19.3	40.6
20.00		39.0
25.00		37.4
31.25		35.7
62.50		30.6
100.00		27.1
注:最差值限于60dB。		

基本链路近端串音（最差线间）　　表 C2-40-7-1E

频率(MHz)	3类(dB)	5类(dB)
1.00	40.1	60.0
4.00	30.7	51.8
8.00	25.9	47.1
10.00	24.3	45.5
16.00	21.0	42.3
20.00		40.7
25.00		39.1
31.25		37.6
62.50		32.7
100.00		29.3
注：最差值限于 60dB。		

3）所有测试结果应有记录，并纳入文档管理。

（10）光纤链路测试按如下进行：

1）测试前应对所有的光连接器进行清洗，并将测试接收器校准至零位。

2）测试包括以下内容：

a. 对整个光纤链路（包括光纤和连接器）的衰减进行测试；

b. 进行光纤链路的反射测量，以确定链路长度及故障点位置。

3）测试按下图进行连接：

a. 在两端对光纤逐根进行测试，连接方式见图 C2-40-7-3。

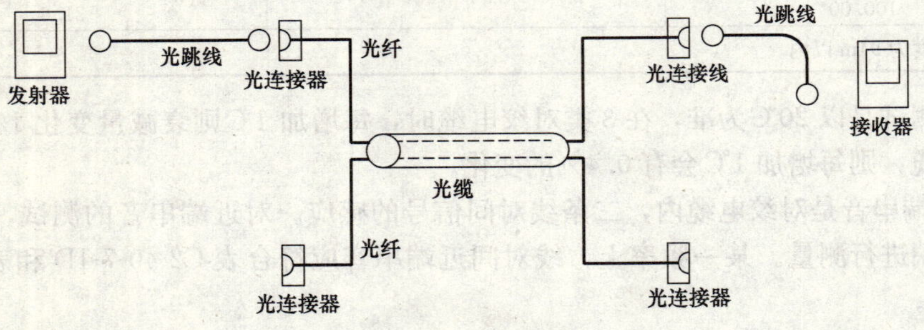

图 C2-40-7-3　光纤链路测试连接图（一）

b. 在一端对 2 根光纤进行环回测试，连接方式见图 C2-40-7-4。

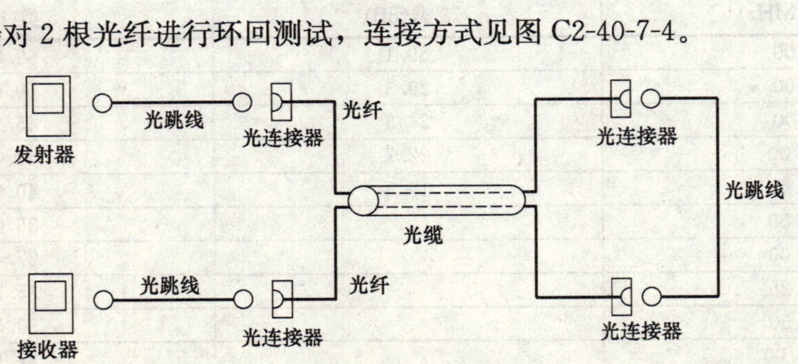

图 C2-40-7-4　光纤链路测试连接图（二）

4）光纤链路系统指标应符合设计要求。

5）所有测试结果应有记录，并纳入文档管理。

6）光缆布线链路在规定的传输窗口测量出的最大光衰减（介入损耗）应不超过表C2-40-7-1F的规定，该指标已包括链路接头与连接插座的衰减在内。

光缆布线链路的衰减 **表 C2-40-7-1F**

布线	链路长度（m）	衰减（dB）			
		单模光缆		多模光缆	
		1310nm	1550nm	850nm	1300nm
水平	100	2.2	2.2	2.5	2.2
建筑物主干	500	2.7	2.7	3.9	2.6
建筑群主干	1500	3.6	3.6	7.4	3.6

7）光缆布线链路的任一接口测出的光回波损耗应大于表C2-40-7-1G给出的值。

最小光回波损耗 **表 C2-40-7-1G**

类　别	单　模　光　缆		多　模　光　缆	
波长	1310nm	1550nm	850nm	1300nm
光回波损耗	26dB	26dB	20dB	20dB

（11）电气性能测试仪按二级精度，应达到规范要求。

（12）测试仪表应有输出接口，以将所有存储的测试数据输出至计算机和打印机，进行维护和文档管理。

（13）电、光缆测试仪表应具有合格证及计量证书。

（14）表列子项

1）仪表型号：指综合布线测试所用仪表型号。现场测试仪是认证综合布线链路性能能否通过综合布线标准的各项测试。

在施中可使用单端电缆测试仪对电缆进行“随装随测”。照实际使用的仪表型号填写。

2）点编号：综合布线很多，每条布线为一个点，应一一填写其编号，对接点进行测试。

3）房间号：指综合布线点编号所在的房间号，接该房间所在建筑平面，图注的轴线编号，并加写房间名称（图注有名称时）。

4）设备房号：指设置综合布线设备房间的编号。填写设备房号。

5）长度（m）：指测试的某一布线的实际长度。照实际填写。

6）接线正确：测试某一布线时拟查接线是否正确，如正确可打√或填写接线正确，接线不正确应进行返修。正确后再填写。

7）衰减（dB）：衰减是信号能量沿基本链路或通道损耗的量度，它取决于双链线的分布电阻、分布电容、分布电感的分布参数的信号频率，并随频率和线缆长度的增加而增大。

8）近端串扰（dB）近端串扰是当发送与接收信号同时进行时，在这根电缆所产生的电磁干扰，是决定链路传输能力的最重要的参数。施工质量问题会产生近端串扰（如端接处电缆被剥开，失去双绞长度过长）。综合布线的近端串扰用认证测试仪进行测试，照实际测试结果填写。

4.2.40.7-2　光纤损耗测试记录（C2-40-7-2）

1. 资料表式

光纤损耗测试记录　　表 C2-40-7-2

<table>
<tr><td colspan="3">工程名称</td><td colspan="2"></td><td>测试时间</td><td>年　月　日</td></tr>
<tr><td colspan="3">仪表型号</td><td colspan="3">光缆标识</td><td></td></tr>
<tr><td colspan="4">区域：地点 X（末端）</td><td colspan="3">X 端的操作员：</td></tr>
<tr><td colspan="4">地点 Y（末端）</td><td colspan="3">Y 端的操作员：</td></tr>
<tr><td colspan="4">测试要求：MAX 期望损耗小于　　dB</td><td colspan="3">光缆损耗　　dB</td></tr>
<tr><td colspan="2">光纤号</td><td>波长（nm）</td><td>在 X 位置的损耗读数 L_x（dB）</td><td colspan="2">在 Y 位置的损耗读数 L_y（dB）</td><td>总损耗为 $(L_x+L_y)/2$（dB）</td></tr>
<tr><td colspan="2"></td><td></td><td></td><td colspan="2"></td><td></td></tr>
<tr><td colspan="2"></td><td></td><td></td><td colspan="2"></td><td></td></tr>
<tr><td colspan="2"></td><td></td><td></td><td colspan="2"></td><td></td></tr>
<tr><td colspan="7">测试结果：</td></tr>
<tr><td rowspan="3">签字栏</td><td colspan="2">监理（建设）单位</td><td colspan="4">施　工　单　位</td></tr>
<tr><td colspan="2" rowspan="2"></td><td>专业技术负责人</td><td colspan="2">质检员</td><td>试验员</td></tr>
<tr><td></td><td colspan="2"></td><td></td></tr>
</table>

2. 实施要点

（1）光纤是光导纤维的简称。是用高纯度石英玻璃材料及管壁板属的软纤维制成的新型传导材料。分为多模光纤和单模光纤两种。综合布线系统多采用多模光纤直径为 62.5μm，光纤分层直径为 125μm，标称波长 850μm。

（2）光纤的测量参数

1）光纤的连续性：是对光纤的基本要求，是基本的测量之一。如果在光纤中有断裂或其他的不连续点，在光纤输出端的光功率就会减少或者根本没有光输出。

2）光纤的衰减：也是光纤传输通道经常要测量的参数之一。光纤衰减主要是由光纤本身的固有吸收和散射造成的，通常用光纤的衰减单数 α 表示。单位是 dB/km。

3）光纤的带宽：是光纤传输单位重要参数之一，带宽越宽，信息传输率就越高。

（3）光纤测试

1）光纤损耗测试仪：是测试光纤传输通道衰减性能，常用光损耗测试仪/光动率计（OLTS/OPM）测试仪。

2）光时域反射计：测试整个单位的特性的最简单的办法是采用光时域反射计。

（4）光缆芯线终接应符合下列要求：

1）采用光纤连接盒对光纤进行连接、保护，在连接盒中光纤的弯曲半径应符合安装工艺要求。

2）光纤熔接处应加以保护和固定，使用连接器以便于光纤的跳接。

3）光纤连接盒面板应有标志。

4）光纤连接损耗值，应符合相关标准的规定。

（5）表列子项

1）区域：地点 X（末端），照实际填写；地点 Y（末端），照实际填写。

2）X 端的操作员：填写末端 X 测试操作员的姓名。

3）Y 端的操作员：填写末端 Y 测试操作员的姓名。

4）测试要求：按标准或设计要求的最大期望损耗（dB）值填写。

5）光缆损耗（dB）：按实测的光缆损耗值（dB）填写。

6）光纤号：指依序时列的光纤号。可按 1、2、3、4……填写。

7）波长（nm）：是光纤测量的应用参数。应望光二极管波长在 400～1000nm 的范围内较灵活，适合在 650～850nm 上进行光纤传输性的测量。照实际采用的波长值填写。

8）在 X 位置的损耗读数 L_x（dB）：照光纤损耗测试仪在 X 位置的实际参数损耗填写。

9）在 Y 位置的损耗读数 L_y（dB）：照光纤损耗测试仪在 Y 位置的实际参数损耗填写。

10）总损耗为 $(L_x+L_y)/2$（dB）：按 X 位置、Y 位置损耗读数和除 2 的计算结果填写。

4.2.40.8 智能化系统集成测试（C2-40-8）

实施要点

（1）智能化系统集成测试应用表式见表 C2-40-1。

（2）系统集成的测试以用户的系统需求为依据，达到用户的要求就可以认为完成系统集成的要求。

（3）测试内容包括：

1）已建成使用的智能化系统的监视能力的测试。检查已经完成在统一操作界面上监视所有系统的工作情况。

2）各智能化系统的联动能力的测试。

3）测试各种物业管理、设备管理和人员管理系统，应达到设计要求。

4）对大厦信息服务系统测试，必要的信息、资料、数据库和信息传输渠道应达到设计要求。

5）用于系统集成的各种通信设备的测试。

6）系统安全性能测试。模拟非法用户、系统入侵等事件，系统安全性能应达到设计要求。

（4）硬件产品（或设备）检测的重点内容：

1）产品的性能和功能；

2）产品的安全性；

3）产品的电源与接地；

4）产品的可靠性及电磁兼容性。

（5）软件产品（用户应用软件、用户组态软件及接口软件等）检测的主要内容：

1）功能测试应包括容量、可用性、安全性、可恢复性、兼容性等；

2）数据传输的格式和速率应符合标准规范和双方约定的要求；

3）应保证软件的可维护性。

（6）所有测试结果应有记录，并纳入文档管理。

（7）系统集成调试完成后，应进行系统自检，并填写系统自检报告。

（8）系统集成调试完成，经与工程建设方协商后可投入系统试运行，投入试运行后应由建设单位或物业管理单位派出的管理人员和操作人员做好值班试运行记录，并保存试运行的全部历史数据。

4.2.40.9　电源与接地测试（C2-40-9）

4.2.40.9-1　智能建筑电源的设备接线、调试（C2-40-9-1）

实施要点

（1）智能建筑电源的设备接线、调试应用表式见表 C2-40-1。

（2）应急发电机组接线、调试

按《建筑电气工程施工技术标准》ZJQ 08—SGJB 303—2005 第 8.4.2.6～8.4.2.8 条的内容执行。

（3）稳流稳压、不间断电源（UPS）、蓄电池（组）的接线、调试

按《建筑电气工程施工技术标准》ZJQ 08—SGJB 303—2005 第 9.4.2.3～9.4.2.5 条的相关内容执行。

4.2.40.9-2　防雷和接地测试（C2-40-9-2）

实施要点

防雷和接地测试按 GB 50303—2002 的有关规定执行。

4.2.40.10　环境系统测试（C2-40-10）

4.2.40.10-1　环境系统测试的空间环境检测（C2-40-10-1）

实施要点

（1）环境系统测试的空间环境检测应用表式见表 C2-40-1。

（2）测量主要办公区域顶棚净高不小于 2.7m；

（3）测量计算机房、通信控制室、监控室及重要办公区域的架空地板的高度及配线间满足设计要求；

（4）防静电、防尘地毯、地板应满足设计要求；

（5）建筑装饰用材符合设计规定。

应进行放射性指标复检检测（天然花岗石材总面积＞200m²），游离甲醛（饰面人造木板总面积＞500m²）复检检测。

（6）色彩搭配质量控制

居室空间装饰色彩的构成元素，从空间界面到内部陈设主要分为四大类：

1）建筑构件类，如顶板、地面、墙面、柱、屏罩、门窗、室内楼梯等。

2）设备家具类。

3）陈设类：如工艺品、灯具、观赏植物等。

4）纺织品，如地毯、窗帘、台布、靠垫、坐垫等。

（7）由业主（或户主）、施工方、监理方和设计方组成的验收小组进行空间环境验收。

按设计要求的功能指标、性能要求进行测量、目测、主观评测。必要时，对环保指标要求按标准规定进行测量验收。

4.2.40.10-2 环境系统测试的视觉照明环境检测（C2-40-10-2）

实施要点

（1）环境系统测试的视觉照明环境检测应用表式见表 C2-40-1。

（2）视觉环境要求

视觉环境基本要求，见表 C2-40-10-2A。

视觉环境基本要求 **表 C2-40-10-2A**

<table>
<tr><td rowspan="4">视觉环境</td><td>照度</td><td>水平面照度应维持在 500lx 以上</td></tr>
<tr><td>灯具布置</td><td>灯具布置以线形为主，并保证桌面及其周围的照度差异不大</td></tr>
<tr><td>灯具</td><td>为下口开放型灯具，并且眩光指数大于Ⅱ级，要求灯具在办公室用途变动时，其格栅、反射板和灯管等也可变换。灯具布置以线形为主，消除频闪</td></tr>
<tr><td>照明控制</td><td>当办公室间隔变化时，照明控制范围可以随之变动，应操作方便、控制灵活</td></tr>
</table>

（3）正确处理照度和眩光的关系。

照明的质量包括照度水平、亮度分布、照度均匀度、阴影、眩光、光源的显色性、照度的稳定和频闪效应的消除，其中主要应解决好照度和眩光的关系。照明光波性能参数比较，见表 C2-40-10-2B。

照明光波性能参数比较 **表 C2-40-10-2B**

<table>
<tr><td rowspan="3"></td><td colspan="3">热辐射电光源</td><td colspan="5">气体放电光源</td></tr>
<tr><td rowspan="2">白炽灯</td><td rowspan="2">卤钨灯</td><td rowspan="2">荧光灯</td><td colspan="2">荧光高压汞灯</td><td colspan="2">高压钠灯</td><td rowspan="2">金属卤化物灯</td></tr>
<tr><td>普通型</td><td>自镇流型</td><td>普通型</td><td>高显色型</td></tr>
<tr><td>额定功率</td><td>15～1000</td><td>500～2000</td><td>6～125</td><td colspan="2">50～1000</td><td colspan="2">35,250,400,1000</td><td>125,250,400,1000,2000,3500</td></tr>
<tr><td>光效（Lm/W）</td><td>7.4～19</td><td>18～21</td><td>27～82</td><td>25～53</td><td>16～29</td><td>70～100</td><td>40～50</td><td>60～90</td></tr>
<tr><td>平均寿命（h）</td><td>1000</td><td>1000～1500</td><td>1500～5000</td><td>3500～6000</td><td>3000</td><td>6000～12000</td><td>3000</td><td>1000～2000</td></tr>
<tr><td>一般显色指数</td><td>99～100</td><td>99～100</td><td>65～70</td><td colspan="2">30～40</td><td>20～25</td><td>>70</td><td>65～85</td></tr>
<tr><td>色温（K）</td><td>2400～2900</td><td>3000～3200</td><td>3000～6500</td><td>5500</td><td>4400</td><td colspan="2">2000～4000</td><td>4500～7000</td></tr>
<tr><td>启动稳定时间</td><td colspan="2">瞬时</td><td>1～3s</td><td colspan="2">4～8min</td><td colspan="2">4～8min</td><td>4～10min</td></tr>
</table>

续表

	热辐射电光源			气体放电光源				
	白炽灯	卤钨灯	荧光灯	荧光高压汞灯		高压钠灯		金属卤化物灯
				普通型	自镇流型	普通型	高显色型	
再启动稳定时间	瞬时		瞬时	5～10min	3～6min	10～20min		10～15min
功率因数	1		0.33～0.52	0.44～0.67	0.9	0.44		
频闪效应	不明显		明显	明显		明显		明显
表面亮度	大		小	较大		较大		大
电压变化影响	大		较大	较大		大		较大
环境温度影响	小		大	较小		较小		较小
抗震性能	较差	差	较好	好		好		好
所需附件	无		镇流器、起辉器	镇流器		镇流器、触发器		镇流器、触发器

(4) 照明的光度测量

1) 照度的测量

不同形式照度计根据其不同性能应用于不同场合的照度测量中。对于室内照明的中等照度到高照度的测量，多采用简易或精密型的光电池式照度计；对于道路和广场照明等由低照度到高照度的测量，宜采用光电管式照度计；极微照度的测量则应采用光电倍增管式照度计。

照明工程测量用照度计应附有视觉校正滤光片和角校正装置，以减少测量误差。

在测量时，应事前检查灯具及光源是否完整无损。电源电压应力求稳定。对气体放电灯，宜燃 20～30min 后，待光通量输出稳定时进行测量。

2) 亮度的测量

光度量之间存在着一定的关系，运用这种关系能使某些光度量的测量变得较为容易，并且能利用照度计来测量其他光度量。

3) 光强的测量

光强的测量主要应用直尺光度计进行。

4.2.40.10-3　环境电磁辐射检测（C2-40-10-3）

实施要点

(1) 环境系统测试的环境电磁辐射检测应用表式见表 C2-40-1。

电磁环境影响信息（语音、数据、图像）的传递。信号的输入输出装置，包括进线管道及卫星接收天线，自动移动通信接收/发射装置、强弱电管走线方式及接地装置、电器设备安装位置等均可对电磁环境造成影响。

(2) 抗电磁干扰标准。

1) 抗干扰标准（IEC 801-2～4），见表 C2-40-10-3A。

2) EN50082—X 通用的抗干扰标准，见表 C2-40-10-3B、表 C2-40-10-3C。

抗电磁干扰标准 表 C2-40-10-3A

标准类别	静电放电(ESD)		辐射场强(V/m)	快速瞬变的无线电脉冲(EFT)	
	空气放电(kV)	接触点放电(kV)		供电线装置(kV)	信号线(kV)
低水平 EM 环境	2	2	1	0.5	0.25
中等 EM 环境	4	4	3	1	0.5
恶劣 EM 环境	8	6	10	2	1
极其恶劣 EM 环境	15	8	待定	4	2
衰减标准	B类	B类	A类	B类	B类

注：1 A类是指设备在连续运转时，不允许低于制造业特定的性能降低或功能损失。
2 B类在测试期间允许性能降低或功能损失，但在测试后，不允许低于制造业特有的规定。
3 辐射场强的频率范围 27～500MHz。
4 辐射场强中：低水平 EM 环境指无线电/电视发射机距离大于 1km。
中等 EM 环境指手提式无线电收发机，距离 1m 范围以内。
恶劣 EM 环境指临近的高功率无线电收发机。

居住区/商业区抗干扰标准 表 C2-40-10-3B

项目 标准类别	静电放电(ESD)		辐射场强	快速瞬变的无线电脉冲(EFT)	
	空气放电	接触点放电		供电线装置	信号线
恶劣的 EM 环境	8kV	6kV	3V/m	1kV	0.5kV
衰减标准	B类	B类	A类	B类	B类

注：1、2、3 与表 C2-40-10-3A 的注 1、2、3 相同。

工业区抗干扰标准 表 C2-40-10-3C

标准类别	静电放电（ESD）		辐射场强	快速瞬变的无线电脉冲（EFT）	
	空气放电	接触点放电		供电线装置	信号线
恶劣 EM 环境	8kV	4kV	10V/m	2kV	1kV
衰减标准	B类	B类	A类	B类	B类

（3）防电磁辐射标准

关于发射干扰波电场强度的限值标准，主要参考 EN55022 和 CISPR22《信息技术设备无线电干扰特征的限值和测量方法》中有关无线电干扰电场强度的限值。该标准规定分为 A、B 两类，在《建筑与建筑群综合布线系统工程设计规范》中因引用该标准也分为 A、B 两类。为此，在引用 EN55022 和 CISPR22 标准后，特别需要注意以下几点：

1）A、B 两类与综合布线系统 A、B、C、D 系统分级不是同一含义，不应混淆。

2）如果由于高的环境噪声电平或其他原因，不能在 30m 的情况下进行场强测量，可以在封闭距离内进行，例如 10m 以内的测量。

3）因为发生干扰的情况而要求额外的规定条款，可以协商解决。

4）A 类信息技术设备只满足 A 类干扰限值，不满足 B 类干扰限值。某些国家 A 类设备可以送请有限制地销售和采用（保护距离 30m）。

5）B 类信息技术设备满足 B 类干扰限值，此类设备将不送请限制销售，也不限制采用（保护距离 10m）。

6）通用的测量条件。

① 噪声电平最低限度应低于 6dBmv 特定限值。

② 信号源加上环境条件的环境噪声电平最低限度应低于 6dBmv。

③ 环境噪声电平最低限度应低于 4.8dBmv 特定限值。

（4）室内电磁环境的检测

1）各类设备的无线电干扰测试的技术要求及测试方法依据如表 C2-40-10-3D 所示。

各类设备的无线电的干扰测试依据　　表 C2-40-10-3D

序号	设备名称	技术要求及测试方法依据
1	信息技术设备 金融和贸易结算电子设备	《信息技术设备的无线电干扰极限值和测量方法》相关条款
2	陆地移动通信设备的传导发射(CE)、辐射发射(RE)	《陆地移动通信设备电磁兼容性技术要求测量方法》相关条款
3	射频设备	《工业科学和医疗(ISM)射频设备电磁干扰特性的测量方法和极限》相关条款
4	声音、电视广播接收机及有关设备	《声音、电视广播接收机及有关设备无线电干扰特性限值和测量方法》相关条款
5	电源设备及照明设备	《照明设备及类似设备无线电干扰特性》相关条款
6	空调制冷设备	《家用和类似用途电动工具及类似电器无线电干扰特性限值和测量方法》相关条款
注：序号 1 中设备、电源端子干扰电压的极限值符合表 C2-40-10-3F 为合格；辐射干扰场强符合表 C2-40-10-3G 为合格。		

2）各类设备无线电抗扰度测试的测试依据，如表 C2-40-10-3E 所示。

各类设备无线电抗扰度测试的测试依据　　表 C2-40-10-3E

设备名称	技术要求及测试方法依据
信息技术设备 金融和贸易结算电子设备 安全防范电子设备	《信息技术设备抗扰度限值和方法》相关条款
声音和电视信号的电缆分配系统设置与部件	《30Hz～1GHz 声音和电视信号的电缆分配系统设置与部件辐射干扰特性允许值和测量方法》相关条款
电源设备、空调制冷设备及照明设备	《低压电气电子设备发出的谐波电流极限》相关条款
陆地移动通信设备的传导敏感度（CS）、辐射敏感度（RS）	《陆地移动通信设备电磁兼容性技术要求和测量方法》相关条款

测量仪器应用经有关计量部门出具的有效精度不低于 2.5 级的检测仪表进行检测。各类主机房及监控室室内电磁场强应不大于 1V/m，有综合布线时不应大于 3V/m，ITE 分级指标如表 C2-40-10-3F 所示。

ITE 分级指标　　表 C2-40-10-3F

频率(MHz)	准峰值 dB(μV/m)		平均值 dB(μV/m)	
	A 级	B 级	A 级	B 级
0.15～0.5	79	66～56	66	56～46
0.5～5	73	56	60	46
5～30	73	60	60	50

ITE 分级指标 续表

频率(MHz)	准峰极限值 dB(μV/m)	测量距离(m)	
		A级	B级
30～230	30	30	10
230～1000	37	30	10

3）环境电磁波允许辐射强度

以电磁波辐射强度及其频段特性对人体可能引起潜在性不良影响的阈下值为界，将环境电磁波容许辐射强度标准分为二级，见表 C2-40-10-3G。计算机房、通信控制室、监控室及重要办公区域环境应达到一级标准；职业照射：在每天 8h 工作期内，任意连续 6min 按全身平均的比吸收率应小于 0.1W/kg；公众照射：在一天 24h 内，任意连续 6min 按全身平均的比吸收率应小于 0.02W/kg。

根据不同需要与目的，应用不同的测量方式。为调查辐射源周围环境电磁波辐射强度及其分布规律，常以辐射源为中心，在不同方位取点的方式进行测量，简称点测；为全面调查某地区环境电磁波的背景值及按人口调查居民人群所受辐射强度的测量，简称面测。

点测时以辐射源为中心，将待测区按 5°～10°画线，呈扇形展开。随此画线，近区场以每隔 5～20min 定点测量，远区场以每隔 50～100m 定点测量，或按特殊需要选点测量。

简易测量：一般用各向同性探头的宽频段场强仪测定之，如探头为非各向同性者，则分别测定各不同极化方向的场强值，取其矢量和。

面测量，将待测场所划分为若干小区，从中选择有代表性的小区作为监测点，测量仪器应用环境电磁波自动监测系统，实现各频段自动扫描、自动测量和实时处理。

环境电磁波允许辐射强度 **表 C2-40-10-3G**

波　长	单　位	容　许　场　强	
		一级(安全区)	二级(中间区)
长、中、短波	V/m	<10	<25
超短波	V/m	<5	<12
微波	μW/cm²	<10	<40
混合	V/m	按主要波段场强;若各波段场分散,则按复合场强加权确定	

4.2.40.10-4　室内空调环境检测（C2-40-10-4）

实施要点

环境系统测试的室内空调环境检测应用表式见表 C2-40-1。

良好的空调环境必须有适当的室内温、湿度，较均匀的气流分布，设备能正常工作和噪声小等基本要求，而且还能根据办公功能或出租的要求，灵活改变空调分区。其空调环境内容见表 C2-40-10-4，检测方法见《通风空调工程施工技术标准》ZJQ 08—SGJB 243—2005。

4.2.40.10-5　室内噪声检测（C2-40-10-5）

实施要点

（1）环境系统测试的室内噪声检测应用表式见表 C2-40-1。

空调环境基本内容　　表 C2-40-10-4

类别	项目	等级		
		甲	乙	丙
室内环境基准	空气中浮游粉重量（mg/m^3）	≤0.15	—	—
	CO 含量（mg/m^3）	＜10（$\times10^{-6}$）	—	—
	CO_2 含量（mg/m^3）	＜1000（$\times10^{-6}$）	—	—
	温度（℃）	冬天 22 夏天 24	冬天 18 夏天 26	冬天 18 夏天 27
	相对湿度（%）	冬天＞45 夏天≤55	冬天≥30 夏天≤60	夏天≤65
	气流速度	＜0.25m/s	—	—
空调控制单元	空调设备的开、关及温度区域范围不得超过两层以上，且各承租户能单独对空调系统进行控制			
温湿度自动调整	空调能依设定值自动调节温、温度			
24h 服务	每个空调服务区域的设备应能够在 24h 中控制，且各承租户能单独控制			
室内热负荷	应考虑自动化办公设备的散热，保证空调器增加的空间及线路			

（2）噪声来自以下几个方面：

1）通过围护结构传入的室外环境噪声，这是主要的途径；

2）建筑内部其他房间传来的噪声；

3）室内设备产生的噪声，如冰箱压缩机声等；

4）空调通风系统噪声以及设备振动引起的围护结构发声。

降噪措施：对于室外噪声传入室内的，可以通过建筑布局和围护结构隔声来控制。当处于高噪声环境时，可通过封闭阳台降噪。在阳台内外窗各开一扇换气情况下，室内外仍有 20～25dB 的声级差时，用带换气扇的通风消声道换气或照设计要求进行窗的隔声处理。

室内噪声采用声级计测量，噪声等级应符合设计要求。

4.2.40.11　住宅（小区）智能化系统测试（C2-40-11）

实施要点

（1）住宅（小区）智能化系统测试应用表式见表 C2-40-1。

（2）住宅（小区）智能化系统测试包括：火灾报警及消防联动系统、安全防范系统、通信网络系统、信息网络系统、监控与管理系统、家庭控制器、综合布线与系统、电源与接地、环境、室外设备及管网等。构成上述测试项目的测试内容与要求，均应符合设计要求和（GB 50339—2003）规范的规定。

（3）住宅（小区）智能化检测项目表

4.2.40.11-1　住宅（小区）智能化的安全防范系统的系统测试（C2-40-11-1）

实施要点

（1）住宅（小区）智能化的安全防范系统的系统测试应用表式见表 C2-40-1。

住宅（小区）智能化检测项目表 **表 C2-40-11-1**

项目	检测内容
1. 火灾自动报警及消防联动系统	报警装置
	灭火装置
	疏散装置
	可燃气体报警
2. 安全防范系统	视频安防监控系统
	入侵报警系统
	巡更管理系统
	出入口控制(门禁)系统
	停车场(库)管理系统
	访客对讲系统
3. 通信网络系统	卫星接收系统
	有线电视系统
	电话系统
4. 信息网络系统	计算机信息网络系统
	控制网络系统
5. 监控与管理系统	表具数据自动抄收及远传
	建筑设备监控
	公共广播与紧急广播
	住宅(小区)物业管理系统
6. 家庭控制器	家庭报警
	家用电器监控
	家用表具数据采集及处理
	家庭紧急求助
	通信网络和信息网络的接口
7. 综合布线与系统	综合布线系统
8. 电源与接地	电源质量、等级
	系统接地
	系统防雷
9. 环境	机房环境指标
10. 室外设备及管网	室外设备安装
	室外缆线敷设
	室外缆线选型

(2) 住宅（小区）智能化的火灾自动报警及消防联动系统的系统调试，按火灾自动报警及消防联动系统的规定执行。

1）选呼功能测试：在单元入口处的主机（门口机）处选呼任一住户室内分机，应能听到正常铃声。

2）通话功能测试：在单元入口处的主机（门口机）对任一住户室内分机选呼后，应能实施双工通话，话音清晰，不应出现振鸣现象。

3）电控开锁功能测试：应可在分机上正常实施电控开锁功能，电锁开时应无卡涩现象。

4）检测视频信号清晰度，应能实现对访客的识别。

5）对于联网型的小区对讲系统，其管理主机除应进行选呼功能、通话功能、电控开锁功能测试外，还应能接收和传送住户的紧急报警求助信息。

6）对具有紧急报警求助功能的小区访客对讲系统的测试，按以下步骤进行：

① 使管理机处于通话状态下，同时分别触发两台报警键，管理机应能立即发生与呼

叫键不同的声光信号，逐条显示报警信息，包括时间、区域。

② 使系统处于守候状态，同时分别触发呼叫键和报警键，报警信号具有优先功能，管理机应发出声光报警并指示发生的部位，并应至少能储存5组报警信息。

4.2.40.11-2　住宅（小区）智能化的监控与管理系统测试（C2-40-11-2）

实施要点

(1) 住宅（小区）智能化的监控与管理系统测试应用表式见表C2-40-1。

(2) 住宅（小区）智能化监控与管理系统调试

1) 通过管理中心主机，分三个时间段，对每户能源表具远传数据进行查询、统计、打印、费用计算功能测试，系统应正常。

2) 数据保存功能测试：电源断电，测试系统不应出现误读数并有数据保存功能；电源恢复后，保存数据不丢失。

3) 测试系统，应具有时钟、故障报警、防破坏报警功能。

(3) 住宅（小区）物业管理系统

1) 住宅（小区）物业管理系统的计算机软硬件设备安装测试按（GB 50339—2003）标准第5章相关内容执行；

2) 该系统中有关电子商务、电子银行、远程医疗等内容的检测验收还应遵守国家、行业、地方主管部门的有关规定。

4.2.40.11-3　住宅（小区）智能化的家庭控制器测试（C2-40-11-3）

实施要点

(1) 住宅（小区）智能化的家庭控制器测试应用表式见表C2-40-1。

(2) 家庭控制器系统调试

家庭智能控制器功能应齐全，操作界面力求简单。可连接电话线路，家庭总线(HBS/RS485)、各种类型的监视和控制模块及与计算机联网的通信接口，通过该接口可以将计算机中软件程序（如监控模式、语言模式、时间与事件响应指令等）传送给智能控制器中内存，也可连接打印机，打印报警和家电设备运行状态的信息等。家庭智能控制器安装完毕后，按设计要求进行如下功能测试：

1) 感温、感烟、可燃气体、超声波、红外、微波、激光、视频运动、多技术复合、磁开关等探测器单体测试按（GB 50339—2003）标准第7章和第8.7.6条相关内容执行。

2) 安全防范系统功能（可视对讲、防盗报警，如门窗红外线报警器、门磁开关、玻璃破碎报警器、有害气体泄漏报警、火灾探测、非法进入报警和紧急呼叫按钮）；

3) 联动控制功能

灯光控制、空调控制、门锁控制、能耗表（水表、电表、煤气表、热水表等）读数数据的自动采集和传输、家用电器（灯、音响、电视机、热水机、微波炉等）的通/断电控制并可通过电话线或Internet网对家中情况进行远程监控；

4) 通信功能（电子邮件、远程购物、远程教育、四表远传、多功能电话、ISDN、VOD以及宽带接入）；

5) 娱乐功能（家庭影院、有线/卫星/闭路电视以及交互或电子游戏等）。

6) 与表具数据抄收及远传接系统、通信网络和信息网络的接Ⅵ功能测试按（GB 50339—2003）标准第3.2.7条的规定执行。

7）家庭报警网络功能

① 布防、撤防记录功能——每次布、撤防都应有正确的时间记录、信息记录并能保存。

② 紧急报警功能——无论报警器主机处于什么状态，都能发出紧急求救信号。

③ 自身保护功能——包括断线报警、主机防拆、欠电警示等功能，并将这些信息正确送到接警中心。

④ 巡检功能——接警主机应能对网络的线路故障，客户的布防、撤防情况，控制主机的工作状态进行定期巡检，以确保网络运行的可靠性。

⑤ 布防、撤防延时功能——产品应具有可设置延时时间的功能，防止误报。

⑥ 分防区功能——可分 2、4、6 个不同的防区，可以分别布防、撤防，方便用户使用。

⑦ 操作方便、可靠性检查测试。

⑧ 接警主机功能：

A. 记录报警、布防、撤防、故障等功能；

B. 应具有电子地图显示用户区域位置的功能；

C. 能记录、修改、打印用户信息；

D. 能统计用户信息、警情、误报原因等功能；

E. 应设置菜单式处警方法和处警记录，并能自动记录在数据库中。

⑨ 信号传输速度、接警中心接受信号的速率和容量检查应满足设计要求。

4.2.40.12 视频系统末端测试记录（C2-40-12）

1. 资料表式

视频系统末端测试记录 **表 C2-40-12**

<table>
<tr><td>工程名称</td><td></td><td>仪表型号</td><td></td><td>日期</td><td></td></tr>
<tr><td>序号</td><td>房间号</td><td colspan="2">出线口编号</td><td colspan="2">末端电平</td></tr>
<tr><td></td><td></td><td colspan="2"></td><td colspan="2"></td></tr>
<tr><td></td><td></td><td colspan="2"></td><td colspan="2"></td></tr>
<tr><td></td><td></td><td colspan="2"></td><td colspan="2"></td></tr>
<tr><td></td><td></td><td colspan="2"></td><td colspan="2"></td></tr>
<tr><td colspan="6">测试结果</td></tr>
<tr><td rowspan="3">签字栏</td><td colspan="2">监理(建设)单位</td><td colspan="3">施 工 单 位</td></tr>
<tr><td colspan="2" rowspan="2"></td><td>专业技术负责人</td><td>质检员</td><td>试验员</td></tr>
<tr><td></td><td></td><td></td></tr>
</table>

2. 实施要点

(1) 关于电平的概念：在 CATV 系统里，由于信号传输过程中有增益量、衰减量。在计算时，要给出一个参考电平，在 CATV 系统内参考电平规定：

① 对电场的表示，定为 $0dB=1\mu V/m$，俗称 $dB\mu/m$。

② 对输入、输出电平的表示，定为 $0dB=1\mu V$，欲称 $dB\mu$。

③ 对增益和衰减的表示，$dB=20\lg\frac{E_2}{E_1}$，$E_2>E_1$，dB 为正数，则为增益；若 $E_2<$

E_1，则 dB 为负值，故为衰减。对增益和衰减而言，它是一个比值，故只能用 dB，而不能用 dBμ。

电平是 CATV 系统计算中增益或衰减的一个技术指标。

(2) 视频应用的范围很广，诸如通信网络系统、建筑设备监控系统、安全防范、住宅智能化等均含视频的内容，凡属视频类检查均用表 C2-50-3。

(3) 表列子项

1) 仪表型号：指视频系统末端测试所用仪表型号，照实际填写。

2) 房间号：指被视频系统末端测试的房间号或设置综合布线设备的房间号。该房间建筑按平面图注的轴线编号，并加写房间名称（图注有名称时）。

3) 出口线编号：指视频系统末端测试内的出口线编号，一个房间号内有若干条出线口，应分别填写，不应缺漏。

4) 末端电平：视频系统末端测试的技术指标之一，用认证测试仪对末端电平进行测试，照实际。

4.2.40.13 系统检测报告（C2-40-13）

系统检测报告按施工单位提供的子分部（系统）的检测报告表式执行，依序入卷。计有：通信网络系统、信息网络系统、建筑设备监控系统、火灾自动报警及消防联动系统、安全防范系统、综合布线系统、智能化系统集成、电源与接地、环境、住宅（小区）智能化等。

4.2.40.14 设备调试记录（C2-40-14）

1. 资料表式

设备调试记录 **表 C2-40-14**

<table>
<tr><td colspan="2">工程名称</td><td colspan="2"></td><td colspan="2">设备所在部位</td><td></td></tr>
<tr><td colspan="2">施工单位</td><td colspan="2"></td><td>调试日期</td><td colspan="2">年 月 日</td></tr>
<tr><td>设备及标准测试要点规定</td><td colspan="6"></td></tr>
<tr><td>测试过程记录</td><td colspan="6"></td></tr>
<tr><td>测试结论</td><td colspan="6"></td></tr>
<tr><td rowspan="2">签字栏</td><td rowspan="2" colspan="2">监理(建设)单位</td><td colspan="4">施工单位</td></tr>
<tr><td>专业技术负责人</td><td colspan="2">质检员</td><td>试验员</td></tr>
</table>

2. 实施要点

设备调试记录实施要点的执行原则，可参照C2-19-1。

4.2.41 施工试验（C2-41）

施工试验主要包括：硬件、软件产品设备测试记录；系统试运行调试记录（信息网络系统、建筑设备监控系统、安全防范系统、智能化系统集成等系统）。

4.2.41.1 硬件、软件产品设备测试记录（C2-41-1）

智能建筑工程质量验收按“先产品，后系统”、“先各系统，后系统集成”的程序进行工程质量检验验收。对没有“强制性产品认证产品目录”或没有实施生产许可证和上网许可证管理的产品，应按程序通过产品检验后才能使用。设计要求检测试验的产品，也应先试验后使用。

4.2.41.2 系统试运行调试记录（C2-41-2）

1. 资料表式

系统试运行记录见表C2-41-2。

系统试运行记录 表C2-41-2

系统名称：______ 建设(使用)单位：______ 设计、施工单位：______ 编号：

<table>
<tr><td colspan="2">日期/时间</td><td>系统运行情况</td><td>备 注</td><td>值 班 人</td></tr>
<tr><td colspan="2"></td><td></td><td></td><td></td></tr>
<tr><td colspan="2"></td><td></td><td></td><td></td></tr>
<tr><td colspan="2"></td><td></td><td></td><td></td></tr>
<tr><td colspan="2"></td><td></td><td></td><td></td></tr>
<tr><td colspan="2"></td><td></td><td></td><td></td></tr>
<tr><td colspan="2"></td><td></td><td></td><td></td></tr>
<tr><td rowspan="3">签字栏</td><td>监理(建设)单位</td><td colspan="3">施 工 单 位</td></tr>
<tr><td rowspan="2"></td><td>专业技术负责人</td><td>专职质检员</td><td>试验员</td></tr>
<tr><td></td><td></td><td></td></tr>
</table>

注：1. 系统运行情况栏中，正常/不正常，并每班至少填写一次；不正常的，在备注栏内扼要说明情况（包括修复日期）。

2. 系统试运行记录监理单位的监理工程师必须本人签字，可签在建设单位代表栏内。

2. 实施要点

基本规定

(1) 系统承包商在安装调试完成后，应对系统进行自检，自检时要求对检测项目逐项检测（即全数检查不得抽检）。

(2) 根据各系统的不同要求，应按《智能建筑工程质量验收规范》（GB 50339—2003）各章规定的合理周期对系统进行连续不中断试运行，并填写试运行记录，提供试运行报告。

(3) 信息网络系统

信息网络系统的试运行要求：信息网络系统在安装、调试完成后，应进行不少于1个月的试运行，有关系统自检和试运行应符合应用与检评的（1）、(2）的要求。

(4) 建筑设备监控系统

工程调试完成经与工程建设单位协商后可投入系统试运行，应由建设单位或物业管理单位派出的管理人员和操作人员进行试运行，认真做好值班运行记录，并应保存系统试运行的原始记录和全部历史数据。

(5) 安全防范系统

在安全防范系统设备安装、施工测试完成后，经建设方同意可进入系统试运行，试运行周期应不少于1个月；系统试运行时，应做好试运行记录。

(6) 智能化系统集成

系统集成调试完成，经与工程建设方协商后可投入系统试运行，投入试运行后应由建设单位或物业管理单位派出的管理人员和操作人员认真做好值班运行记录，并保存试运行的全部历史数据。

(7) 系统试运行记录表式应用与检评中的信息网络、建筑设备监控、安全防范、智能化系统集成等系统，均应逐一验收并填报。

注：工程实施与质量控制10个子分部中均应根据工程需要填报工程实施与质量控制记录。《智能建筑工程质量验收规范》(GB 50339—2003）中有的子分部中没有单独列出工程实施与质量控制，因工程实施及质量控制应包括与前期工程的交接和工程实施条件准备，进场设备和材料的验收、隐蔽工程检查验收和过程检查、工程安装质量检查、系统自检和试运行等项内容，工程实施中可能没有隐蔽工程检查验收和过程检查、工程安装质量检查、系统自检和试运行等，但一定有与前期工程的交接和工程实施条件准备、进场设备和材料的验收等，故均应根据工程需要填报工程实施与质量控制记录。

4.2.42　系统技术与管理（C2-42）

4.2.42.1　系统技术、操作和维护手册（C2-42-1）

由供货厂家提供系统技术操作与维修手册并归存。

4.2.42.2　系统管理、操作人员培训记录（C2-42-2）

由供货厂家或经批准的专业技术部门培训并提供培训记录。

地基处理与桩基文件（资料）
地基处理工程文件（资料）

4.2.43　地基处理工程设计变更、洽商记录（C2-43）

4.2.43.1　设计变更（C2-43-1）

1. 资料表式、实施要点按C2-1-2执行。

2. 设计变更的表式以设计单位签发的设计变更文件为准。

3. 设计变更是工程实施过程中，由于设计图纸本身差错，设计图纸与实际情况不符，施工条件变化，原材料的规格、品种不符合设计要求及职工提出合理化建议等原因，需要对设计图纸部分内容进行修改而办理的变更设计文件。

4.2.43.2 洽商记录（C2-43-2）

1. 洽商记录的资料表式、实施要点按 C2-1-3 执行。

2. 洽商记录是工程实施过程中，由于设计图纸本身差错，设计图纸与实际情况不符，建设单位根据需要提出的设计修改，施工条件变化，原材料的规格、品种不符合设计要求及职工提出合理化建议等原因，需要对设计图纸部分内容进行修改而需要由建设单位或施工单位提出的变更设计的洽商记录文件。

4.2.44 工程测量放线定位平面图（C2-44）

工程测量放线定位平面图、实施要求按 C2-2 要求原则执行。

4.2.45 原材料出厂合格证及进场检（试）验报告（C2-45）

地基处理与桩基常用原材料出厂合格证及进场检（试）验报告下列子项均按（GB 50300—2001）标准规定的单位（子单位）工程质量控制资料核查中建筑与结构项下的对应名称的表式、资料要求、实施要点执行。计有：合格证、试（检）验报告汇总表（通用）；合格证粘贴表（通用）；材料检验报告（通用）；钢材合格证、试验报告汇总表（通用）；钢筋出厂合格证（通用）；钢筋机械性能试验报告；钢材试验报告；焊接试验报告、焊条（剂）合格证汇总表（通用）；焊条（剂）合格证（通用）；水泥出厂合格证、试验报告汇总表（通用）；水泥出厂合格证（通用）；水泥试验报告；混凝土外加剂合格证、出厂检报告；混凝土外加剂复试报告；掺合料合格证；掺合料试验报告；混凝土拌合用水水质试验报告（有要求时）；粗细骨料合格证、试验报告汇总表；砂子试验报告；石子试验报告。

4.2.46 施工试验报告及见证检测报告（C2-46）

地基处理与桩基的施工试验报告及见证检测报告下列子项均按（GB 50300—2001）标准规定的单位（子单位）工程质量控制资料核查中建筑与结构项下的对应名称的表式、资料编制控检要求、实施要点执行。计有：施工试验报告及见证检测报告；检验报告（通用）；土壤试验报告；土壤击实试验报告；钢（材）筋连接试验报告；混凝土试块强度试验报告汇总表；混凝土强度试配报告单；外加剂试配报告单；混凝土试块试验报告单；混凝土强度统计方法评定汇总表混凝土强度非统计方法评定汇总表。

注：施工试验报告及见证检测报告在单位（子单位）工程质量控制资料核查记录序目表中的序号为 1.46.1～1.46.10。资料编制控检要求按建筑与结构施工试验报告及见证检测报告控制原则要求执行。

4.2.47 隐蔽工程验收记录（C2-47）

4.2.47.1 隐蔽工程验收记录表（C2-47-1）

隐蔽工程验收记录按 C2-5-1 表式执行。

4.2.47.2　钢筋隐蔽工程验收记录（C2-47-2）

钢筋隐蔽工程验收记录按 C2-5-2 表式执行。

4.2.47.3　地下连续墙的槽段接缝及墙体与内衬结构接缝隐蔽工程验收记录（C2-47-3）

地下连续墙的槽段接缝及墙体与内衬结构接缝隐蔽工程验收记录按 C2-5-2 表式执行。

4.2.48　地基处理施工记录（C2-48）

基本说明

（1）地基与基础工程施工前，必须具备完善的地质勘察资料及工程附近管线、建筑物、构筑物和其他公共设施的构造情况，必要时应作施工勘察和调查，以确保工程质量及临近建筑物的安全。

（2）从事地基与基础工程检测及见证试验的单位，必须具备省（直辖市）级以上（含省、直辖市级）建设行政主管部门颁发的资质证书和计量行政主管部门颁发的计量认证合格证书。

（3）地基加固工程，应在正式施工前进行试验段施工，论证设定的施工参数及加固效果。为验证加固效果进行的载荷试验，其施加载荷应不低于设计载荷的 2 倍。

（4）地基处理应认真记录施工过程的材料使用、操作工艺执行情况，以及地基处理的测试结果。

附：地基与基础施工勘察要点及深基础施工勘察要点

1. 地基与基础施工勘察要点

（1）所有建（构）筑物均应进行施工验槽。遇到下列情况之一时，应进行专门的施工勘察：

1）工程地质条件复杂，详勘阶段难以查清时；

2）开挖基槽发现土质、土层结构与勘察资料不符时；

3）施工中边坡失稳，需查明原因，进行观察处理时；

4）施工中地基土受扰动，需查明其性状及工程性质时；

5）为地基处理，需进一步提供勘察资料时；

6）建（构）筑物有特殊要求，或在施工时出现新的岩土工程地质问题时。

（2）施工勘察应针对需要解决的岩土工程问题布置工作量，勘察方法可根据具体情况选用施工验槽、钻探取样和原位测试等。

2. 深基础施工勘察要点

（1）当预制打入桩、静力压桩或锤击沉管灌注桩的入土深度与勘察资料不符或对桩端下卧层有怀疑时，应核查桩端下主要受力层范围内的标准贯入击数和岩土工程性质。

（2）在单柱单桩的大直径桩施工中，如发现地层变化异常或怀疑持力层可能存在破碎带或溶洞等情况时，应对其分布、性质、程度进行核查，评价其对工程安全的影响程度。

（3）人工挖孔混凝土灌注桩应逐孔进行持力层岩土性质的描述及鉴别。当发现与勘察资料不符时，应对异常之处进行施工勘察，重新评价，并提供处理的技术措施。

3. 地基处理工程施工勘察要点

（1）根据地基处理方案，对勘察资料中场地工程地质及水文地质条件进行核查和补充；对详勘阶段遗留问题或地基处理设计中的特殊要求进行有针对性的勘察，提供地基处理所需的岩土工程设计参数，评价现场施工条件及施工对环境的影响。

（2）当地基处理施工中发生异常情况时，进行施工勘察，查明原因，为调整、变更设计方案提供岩土工程设计参数，并提供处理的技术措施。

4. 施工勘察报告的主要内容

（1）工程概况；

（2）目的和要求；

（3）原因分析；

（4）工程安全性评价；

（5）处理措施及建议。

I 换填垫层法

4.2.48.1 灰土地基施工记录（C2-48-1）

1. 资料表式

____地基施工记录表　　表C2-48-1

<table>
<tr><td colspan="2">记录项目或部位</td><td colspan="2"></td><td>记录日期</td><td></td></tr>
<tr><td colspan="2">施工班组人数</td><td colspan="2"></td><td>主要施工机具</td><td></td></tr>
<tr><td colspan="2">技术交底时间</td><td colspan="2"></td><td>交底人</td><td></td></tr>
<tr><td colspan="2">施工内容</td><td colspan="4"></td></tr>
<tr><td colspan="2">依据标准</td><td colspan="4"></td></tr>
<tr><td colspan="2">施工过程与质量</td><td colspan="4"></td></tr>
<tr><td colspan="2">强制性条文执行</td><td colspan="4"></td></tr>
<tr><td colspan="2">测试与检验</td><td colspan="4"></td></tr>
<tr><td colspan="2">问题记录与处理意见</td><td colspan="4"></td></tr>
<tr><td rowspan="3">签字栏</td><td rowspan="3">监理（建设）单位</td><td colspan="4">施工单位</td></tr>
<tr><td colspan="2">专业技术负责人</td><td>质检员</td><td>试验员</td></tr>
<tr><td colspan="2"></td><td></td><td></td></tr>
</table>

2. 实施要点

(1) 灰土垫层与材料

1) 灰土垫层是我国一种传统地基处理方法。用灰土作为垫层，在我国已有千余年历史，全国各地都积累了丰富的经验。北京城墙的地基、苏州古塔的地基、陕西三原县清龙桥护堤的地基都是用灰土建造的。这些灰土迄今还很坚硬，强度较大。目前，国内采用灰土垫层作为地基的多层建筑已高达6～7层。

灰土垫层是将基础底面下一定范围内的软弱土层挖去，用按一定体积配比的灰土在最优含水量情况下分层回填夯实或压实。它适用于处理1～4m厚的软弱土层。

灰土垫层可以用于处理浅层湿陷性黄土，可以消除湿陷性，其承载力标准值可达250kPa。

2) 灰土材料

① 生石灰

生石灰是一种无机的胶结材料，可分为气硬性和水硬性。它不但能在空气中硬化，而且还能在水中硬化。

灰土垫层中石灰CaO+MgO总量达8%左右，和土的体积比一般以2∶8或3∶7为最佳（土料较湿时可用3∶7灰土，承载力要求不高时可用1∶9灰土）。垫层强度随灰量的增加而提高，但当含灰量超过一定值后，灰土强度增加很慢。灰土垫层中所用的石灰宜达到国家三等石灰标准，生石灰标准见表C2-48-1A。在施工现场用作灰土的熟石灰应过筛，其粒径不得大于5mm。熟石灰中不得夹有未熟化的生石灰块，也不得含有过多的水分。所谓熟石灰是指CaO加H_2O变成的$Ca(OH)_2$。石灰的贮存时间不宜超过3个月，长期存放将会使其活性降低。灰土用石灰应以生石灰消解3～4d后过筛使用。

生石灰的技术指标 **表C2-48-1-1**

项目 \ 指标 \ 类别 / 等级	钙质生石灰			镁质生石灰		
	一等	二等	三等	一等	二等	三等
有效钙加氧化镁含量 不小于(%)	85	80	70	80	75	65
未消化残渣含量(5mm圆孔筛的筛孔) 不大于(%)	7	11	17	10	14	20

② 土料

灰土中的土不仅作为填料，而且参与化学反应，尤其是土中的黏粒（<0.005mm）或胶粒（<0.002mm）具有一定活性和胶结性，含量越多（即土的塑性指数越高），则灰土的强度也越高。

在施工现场宜采用就地基坑（槽）中挖出的黏性土（塑性指数宜大于5）拌制灰土。淤泥、耕土、冻土、膨胀土以及有机物含量超过8%的土料都不得使用。土料应予以过筛，其粒径不得大于15mm。

(2) 灰土垫层施工要点

1) 灰土垫层施工前必须验槽，如发现坑（槽）内有局部软弱土层或孔穴，应挖出后用素土或灰土分层夯实。

2）施工时，应将灰土拌合均匀，控制含水量，其控制标准为最优含水量 $w_{op}\pm2\%$的范围内。如含水量过多或不足时，应晾干或洒水润湿。一般可按经验在现场直接判断，其方法是手握灰土成团，两指轻捏挤碎，这时灰土基本上接近最优含水量。

3）分段施工时，不得在墙角、柱基及承重窗间墙下接缝。上下两层灰土的接缝距离不得小于 50cm，接缝处的灰土应夯实。

4）按要求掌握分层虚铺厚度。灰土最大虚铺厚度可参考表 C2-48-1-2 执行，每层灰土的夯打遍数应根据设计要求的压实系数确定。

灰土最大虚铺厚度 **表 C2-48-1-2**

夯实机具种类	夯具质量(t)	虚铺厚度(mm)	备　注
石夯、木夯	0.04～0.08	200～250	人力送夯，落高 400～500mm，一夯压半夯
轻型夯实机械	—	200～250	蛙式(柴油)打夯机
压路机	6～10	200～300	双轮

5）在地下水位以下基坑（槽）内施工时，应采取排水措施。夯实后的灰土在 3d 内不得受水浸泡。

注：土垫层施工控制说明：

土垫层是指采用素土制作的垫层，在湿陷性黄土地区为了消除浅层的湿陷性，常被采用。土垫层的计算原则同砂垫层。土垫层的土料以黏性土为主。施工时应使土的含水量接近最优含水量，一般控制在 $w$op±2%。土垫层应该分层填筑，每层厚度应根据夯实机具的能量决定，一般每层厚度为 200～250mm。土料应过筛，有机质含量不得超过 5%，也不得含有冻土或膨胀土。

（3）取样与检测

1）对素土、灰土应随施工分层（必须分层检验）用环刀法取样进行检测，测定其干密度和含水量，也可采用击实法进行测试。值得注意的是击实试验时土样是在有侧限的击实筒内，不可能发生侧向位移，力作用在有限体积的整个土体上，夯实均匀，在最优含水量状态下获得的最大干密度。而施工现场的土料，土块大小不一，含水量和铺土厚度等很难控制均匀，不利因素较多，压实土的均质性差。因此，在相应的压实功能下，施工现场所能达到的干土密度一般都低于击实试验所得到的最大干土密度。因此，现场应以压实系数 λ_c 与控制含水量进行检验。

2）对素土、灰土和砂垫层可用贯入仪检验垫层质量，对砂垫层也可用钢筋检验，并应通过现场试验，以控制压实系数所对应的贯入度为合格标准。压实系数的检验可采用环刀法或其他方法。

3）垫层的质量检验必须分层进行。每夯压完成一层，应检验该层的平均压实系数。当压实系数符合设计要求后，才能铺填上层。

当采用环刀法取样时，取样点应位于每层 2/3 的深度处。

4）当采用贯入仪或钢筋检验垫层的质量时，大基坑每 50～100m² 应不少于 1 个检验点；整片垫层每 100m² 应不少于 4 个点；基槽每 10～20m 应不少于 1 个点；每个单独柱基应不少于 1 个点。

5）垫层法检测可适当多打一些钎探点，以判别地基土的均匀程度，以保证垫层法处理地基土的均匀性。

(4) 几点说明

1) 基坑（槽）在铺打灰土前，基层必须先行钎探，并办完验槽的隐检手续。

2) 施工前，应根据工程特点、填料种类、设计压实系数、施工条件等，合理确定填料含水率控制范围、铺设厚度和夯击遍数等参数。

3) 施工前，测量放线工应做好水平高程和标志。如在基坑（槽）或沟的边坡上，每隔 3m 钉上灰土上平的木橛；在室内和散水的边墙上弹上水平线，或在地坪上钉好标准水平高程的木桩。

4) 地基范围内不应留有孔洞。完工后如无技术措施，不得在影响其稳定的区域内进行挖掘工程。

4.2.48.2　砂和砂石地基施工记录（C2-48-2）

实施要点

(1) 砂和砂石地基施工记录表式按 C2-48-1 执行。

(2) 对砂石地基用材料的要求

砂、石垫层材料，宜采用级配良好、质地坚硬的材料，其颗粒的不均匀系数最好不小于 10，以中粗砂为好，可掺入一定数量的碎（卵）石，重要的是要拌合及分布均匀。细砂也可以作为垫层材料，但施工操作不易压实，而且强度也不高，使用时宜掺入一定数量的碎（卵）石。砂垫层含泥量不宜超过 5%，也不得含有草根、垃圾等有机质杂物。如用作排水固结的砂石垫层材料，含泥量不宜超过 3%，并且不应夹有过大的石块或碎石。因为碎石过大，会导致垫层本身的不均匀压缩。一般要求碎（卵）石最大粒径不宜大于 50mm。

利用当地材料是采用砂石垫层的必要条件，但有的地区，仅有特细砂或细砂，一般设计要求采用中砂或粗砂。特细砂或细砂用作垫层，其强度和变形性质都不甚理想。为满足设计要求，可采用特细砂或细砂中掺加碎（卵）石的方法，这样砂石垫层强度提高较多、压缩模量增加，对砂石垫层的工程性能有很大改善，不失为一个好方法。

(3) 砂与石的配比与铺填

1) 砂与石的配比可采用砂：石为 2：8、3：7 或 1：1，一般每层砂与石的虚铺厚度为 200～250mm。不同施工设备的垫层每层铺填厚度及压实遍数，对不具备试验条件的场合，可参照表 C2-48-6-2-2 选用。

2) 铺填厚度及压实遍数

① 垫层的每层铺填厚度及压实遍数可参照表 C2-48-2-1 选用。

垫层的每层铺填厚度及压实遍数　表 C2-48-2-1

施 工 设 备	每层铺填厚度(m)	每层压实遍数
平碾(8～12t)	0.2～0.3	6～8(矿渣 10～12)
羊足碾(5～16t)	0.2～0.35	8～16
蛙式夯(200kg)	0.2～0.25	3～4
振动碾(8～15t)	0.6～1.3	6～8
插入式振动器	0.2～0.5	
平板式振动器	0.15～0.25	

② 鉴于砂和砂石垫层每层铺筑厚度与最优含水量直接影响砂石垫层的施工质量，砂和砂石垫层每层铺筑厚度及最优含水量可参照表 C2-48-2-2 选用。

砂和砂石垫层每层铺筑厚度及最优含水量 表 C2-48-2-2

项次	压实方法	每层铺筑厚度(mm)	施工时最优含水量 w(%)	施工说明	备注
1	平振法	200～250	15～20	用平板式振捣器往复振捣	不宜使用干细砂或含泥量较大的砂所铺筑的砂垫层
2	插振法	振捣器插入深度	饱和	1. 用插入式振捣器 2. 插入间距可根据机械振幅大小决定 3. 不应插至下卧黏性土层 4. 插入振捣器完毕后所留的孔洞，应用砂填实	
3	水撼法	250	饱和	1. 注水高度应超过每次铺筑面 2. 钢叉摇撼捣实，插入点间距为 100mm 3. 钢叉分四齿，齿的间距 80mm，长 300mm，木柄长 90mm，重 40N	湿陷性黄土、膨胀土地区不得使用
4	夯实法	150～200	8～12	1. 用木夯或机械夯 2. 木夯重 400N，落距 400～500mm 3. 一夯压半夯，全面夯实	
5	碾压法	250～350	8～12	60～100kN 压路机往复碾压	1. 适用于大面积砂垫层 2. 不宜用于地下水位以下的砂垫层

注：在地下水位以下的垫层，其最下层的铺筑厚度可比上表增加 50mm。

(4) 施工方法和机具的选择

砂和砂石垫层采用什么方法和机具施工，对于垫层的质量是至关重要的。除下卧层是高灵敏度的软土，在铺设第一层时要注意不能采用振动能量大的机具扰动下卧土层外，在一般情况下，砂和砂石垫层首选振动法，因为振动比碾压更能使砂和砂石密实。我国目前常采用的方法有振动法（包括平振、插振）、夯实法、水撼法、碾压法等。常采用的机具有：振捣器、振动压实机、平板振动器、蛙式打夯机等。

(5) 垫层的压实标准和垫层承载力

1) 各种垫层的压实标准可参照表 C2-48-2-3 选用。

各种垫层的压实标准 表 C2-48-2-3

施工方法	换填材料类别	压实系数 λ_c
碾压、振密或夯实	碎石、卵石	0.94～0.97
	砂夹石(其中卵石、碎石占全重的 30%～50%)	
	土夹石(其中卵石、碎石占全重的 30%～50%)	
	中砂、粗砂、砾砂、角砾、圆砾、石屑	
	粉质黏土	
	灰土	0.95
	粉煤灰	0.90～0.95

注：1. 压实系数 λ_c 为土的控制干密度 ρ_d 与最大干密度 ρ_{dmax} 的比值；土的最大干密度宜采用击实试验确定，碎石或卵石的最大干密度可取 2.0～2.2t/m^3；
2. 当采用轻型击实试验时，压实系数 λ_c 宜取高值，采用重型击实试验时，压实系数 λ_c 可取低值；
3. 矿渣垫层的压实指标为最后两遍压实的压陷差小于 2mm。

2）垫层承载力可参照表 C2-48-2-4 选用。

垫层的承载力　　表 C2-48-2-4

换填材料	承载力特征值 f_{ak}(kPa)
碎石、卵石	200～300
砂夹石(其中卵石、碎石占全重的30%～50%)	200～250
土夹石(其中卵石、碎石占全重的30%～50%)	150～200
中砂、粗砂、砾砂、圆砾、角砾	150～200
粉质黏土	130～180
石屑	120～150
灰土	200～250
粉煤灰	120～150
矿渣	200～300

注：压实系数小的垫层，承载力特征值取低值，反之取高值；原状矿渣垫层取低值，分级矿渣或混合矿渣垫层取高值。

3）垫层地基承载力也可按以下经验数据确定（对垫层本身强度而言）。

① 按干质量密度确定：

当干质量密度≥1.67g/cm³，比例界限压力≤20t/m²；

当干质量密度≥1.70g/cm³，比例界限压力≤25t/m²。

② 垫层地基承载力按经验数据确定的方法仅供参考。

（6）砂石垫层施工

砂或砂石垫层作为处理软弱的地基的方法之一，其成败的关键是施工质量。砂或砂石垫层施工时，由于面积大，总厚度和分层厚度铺筑不均匀，以致振捣夯压不均匀，是影响施工质量的关键。因此，检验砂或砂石垫层质量应适当增加测试的样本数量，以保证其施工质量达到设计要求。

1）基槽应保持无水状态。铺设砂石前应清理浮土，加固边坡，防止振捣时坍方；

2）铺设砂石垫层应按同一标高进行，如深度不同，应由深至浅。分层铺设时应在接头处做斜坡，每层接槎必须拉开 0.5～1.0m；

3）砂石材料的含泥量应在标准规定的限度内，清除砂石中的杂草、树根等有机杂质；

4）验槽合格后，分层铺设砂石，每层厚约 300mm（以不埋设振捣棒体为准），振实压密。

用压路机碾压时，压实遍数和压路机的吨位有关，可参照有关资料，经试验后确定压实遍数。

5）垫层法施工时，垫层接头处应重复振捣，垫层厚度较大，用插入式振捣棒振完所留孔洞应用砂填实。在振捣首层砂石和基槽边部时，切勿把振捣棒插入原土层，以免破坏基土的结构。同时，也要避免软土混入砂石垫层而降低砂石垫层的强度（承载力）；在季节性冻结区，应注意不得采用夹有冰块的砂石作垫层。

6）砂石应保持一定的含水率，这样便于振实。用振捣棒振实时，间隙一般为 400～

500mm；插入振捣依次振实，直至完成。

7）级配砂石成活后，如不连续施工，应适当洒水湿润。

8）砂石垫层厚度不宜小于100mm，冻结的天然砂石不得使用。地下水位高于基坑（槽）底面施工时，应采取排水或降低地下水位的措施，使其保持无积水状态。

（7）砂、砂石垫层的质量检验

对砂、砂石垫层的质量检验砂垫层用容积不小于200cm^{2}的环刀取样，测定其干砂土的密度，以不小于该砂料在中密状态时的干土密度值为合格（中砂在中密状态时的干密度，一般为1.55～1.60kN/m^3）；对于砂石或碎石垫层的质量检验，可在垫层中设置纯砂检查点或用灌砂法进行检查。用静力触探检验砂垫层质量被工程界认为是一个好方法。静力触探可沿深度贯入连续测值，方法简捷，可以获得较多的样本，能较为准确地对砂或砂石垫层的总体质量进行评价并提供依据。

垫层法还可用贯入测定法进行质量检验，用贯入仪、钢筋、钢叉等，检查时应将其表面砂刷去3cm左右后再进行测试，以不大于通过试验所确定的贯入度为合格。

（8）砂石垫层施工注意事项

1）由于砂、砂石垫层或砂桩均系人工所造，施工时存在人为因素，有的独立基础数量较多等原因，虽然垫层厚度相等，但基础尺寸不同且密实度往往不一致，导致在荷载作用下基础沉降不均匀；整层的接头处往往密实度较差，该处往往容易出现问题。砂石垫层地基房屋建成后，相邻新建建筑物地基用锤击桩施工时，由于受振动影响，造成建筑物倾斜或开裂的例子是有的。

2）用砂石垫层处理独立基础时，应注意垫层密实度不均匀可能造成的建筑物开裂，可适当多打一些钎探点，以此判别垫层土的均匀程度，来保证垫层法处理地基土的均匀性。

3）砂和砂石地基应选用机械压实，以达到设计要求的密度和承载力。

4）在软土地基上采用砂垫层时，在垫层的最下一层，宜先铺设15～20cm厚的松砂，用木夯仔细夯实，不得使用振捣器；用细砂作垫层材料时，不宜使用振捣法和水撼法。

5）当地下水位高于基坑（槽）底，施工前应采取排水或降低地下水位的措施，使地下水位经常保持在施工面以下50cm左右。

6）对于湿陷性黄土地基，不应选用具有透水性的砂石垫层。

4.2.48.3 土工合成材料地基施工记录（C2-48-3）

实施要点

（1）土工合成材料地基施工记录表式按C2-48-1执行。

（2）土工合成材料的品种与性能和填料土类应根据工程特性和地基土条件，通过现场试验确定，垫层材料宜用黏性土、中砂、粗砂、砾砂、碎石等内摩阻力高的材料。如工程要求垫层排水，垫层材料应具有良好的透水性。

（3）施工前应对土工合成材料的物理性能（单位面积的质量、厚度、相对密度）、强度、延伸率以及土、砂石料等做检验。材料强度试验：置于夹具上做拉伸试验（结果与设计标准相比）≤5%；材料延伸率试验：置于夹具上做拉伸试验（结果与设计标准相比）

≤3%。

(4) 土工合成材料以 $100m^2$ 为一批，每批抽查 5%。砂石料有机质含量≤5%。

(5) 施工过程中应检查清基、回填料铺设厚度（每层铺设厚度±25mm）及平整度（层面平整度≤20mm）、土工合成材料的铺设方向、接缝搭接长度（土工合成材料搭接长度≥300mm）或接缝状况、土工合成材料与结构的连接状况等。

(6) 施工结束后，应进行承载力检验。其竣工后的结果（地基强度或承载力）必须达到设计要求的标准。检验数量，每单位工程应不应少于 3 点；$1000m^2$ 以上工程，每 $100m^2$ 至少应有 1 点；$3000m^2$ 以上工程，每 $300m^2$ 至少应有 1 点。每一独立基础下至少应有 1 点，基槽每 20 延米应有 1 点。

4.2.48.4 粉煤灰地基施工记录（C2-48-4）

实施要点

(1) 粉煤灰地基施工记录表式按 C2-48-1 执行。

(2) 粉煤灰地基加固工程，应在正式施工前进行试验段施工，论证设定的施工参数及加固效果。为验证加固效果所进行的载荷试验，其施加载荷应不低于设计载荷的 2 倍。

粉煤灰填筑的施工参数宜试验后确定。每摊铺一层后，先用履带式机具或轻型压路机初压 1～2 遍，然后用中、重型振动压路机振碾 3～4 遍，速度为 2.0～2.5km/h，再静碾 1～2 遍，碾压轮迹应相互搭接，后轮必须超过两施工段的接缝。

(3) 粉煤灰地基的施工质量检验必须分层进行。每层铺筑厚度按设计要求进行，每层铺筑厚度的允许偏差为±50mm，应在每层的压实系数符合设计要求后铺填上层土。

(4) 对粉煤灰地基，其竣工后的结果（地基强度或承载力）必须达到设计要求的标准。检验数量，每单位工程应不少于 3 点；$1000m^2$ 以上工程，每 $100m^2$ 至少应有 1 点；$3000m^2$ 以上工程，每 $300m^2$ 至少应有 1 点；每一独立基础下至少应有 1 点，基槽每 20 延米应有 1 点。

(5) 施工前应检查粉煤灰材料，检验项目主要包括：粉煤灰粒径（0.001～2.0mm）、氧化铝及二氧化硅含量（≥70%）、烧失量（≤12%），并对基槽清底状况、地质条件予以检验（粉煤灰质量的检验项目、批量和检验方法应符合国家现行标准规定）。

(6) 施工过程中应检查铺筑厚度、碾压遍数、施工含水量控制（施工含水量与最优含水量比较，允许偏差值为±2%）、搭接区碾压程度、压实系数等。

(7) 施工结束后应检验地基的承载力，检验结果应符合设计要求。

Ⅱ　强夯法和强夯置换法

4.2.48.5 强夯施工现场试夯记录（C2-48-5）

1. 资料表式

强夯施工现场试夯记录 **表 C2-48-5**

施工单位________________________________

工程名称________________施工日期______年______月______日

建筑物名称________________夯击遍数______________第______遍

<table>
<tr><td rowspan="2">夯击坑编号</td><td rowspan="2">夯击次数</td><td rowspan="2">落距（m）</td><td colspan="5">锤顶面距地面高（cm）</td><td rowspan="2">时间</td></tr>
<tr><td>一</td><td>二</td><td>三</td><td>四</td><td>平均</td></tr>
<tr><td></td><td></td><td></td><td></td><td></td><td></td><td></td><td></td><td></td></tr>
<tr><td></td><td></td><td></td><td></td><td></td><td></td><td></td><td></td><td></td></tr>
<tr><td></td><td></td><td></td><td></td><td></td><td></td><td></td><td></td><td></td></tr>
<tr><td></td><td></td><td></td><td></td><td></td><td></td><td></td><td></td><td></td></tr>
<tr><td></td><td></td><td></td><td></td><td></td><td></td><td></td><td></td><td></td></tr>
<tr><td>备注</td><td colspan="8">锤体高度：（cm）</td></tr>
</table>

<table>
<tr><td rowspan="3">签字栏</td><td rowspan="2">监理（建设）单位</td><td colspan="3">施工单位</td></tr>
<tr><td>专业技术负责人</td><td>质检员</td><td>记录人</td></tr>
<tr><td></td><td></td><td></td><td></td></tr>
</table>

注：当设计要求试夯时可按此表执行。

2. 实施要点

（1）正式强夯前的试夯

由于强夯法的许多设计参数还是经验性的，还不能作精确的理论计算，因此宵在正式施工前做强夯试验，以校正各设计施工参数，考核施工设备的性能，为正式施工提供依据。

1）确定设计目标

根据工程要求确定加固后的地基承载力、模量、有效加固影响深度，特别是消除地震液化的深度和消除黄土湿陷的深度，以此根据土的类型和特征选定：

① 单击夯击能；

② 单位面积夯击能；

③ 夯击遍数（包括夯击批次）、夯点间距，尚需确定是否需加垫层及填料，并确定其厚度。

2）试夯

① 根据工程地质勘察报告，在施工现场选取一个地质条件具有代表性的试验区，平面尺寸不小于 20m×20m。

试夯应有单点及小片试区，必要时应有不同单击夯击的对比，以提供合理的选择。

单点夯应布置测试地表位移（竖直、水平位移）；记录每击夯沉量；测定夯坑深及口径、体积；测定孔隙水压力增长消散值及时间；振动影响值及范围；测定夯坑填料厚度。夯后检验应在时效后进行，测试内容可选择取土试验（抗剪强度指标、压缩模量、密度、含水量、孔隙比、渗透系数等）、十字板剪刀试验、动力触探、标准贯入试验、静力触探试验、旁压试验、波速试验、载荷试验等。试验孔布置应包括坑心、坑侧。坑侧一般应在距坑心（2.5～3.0）D 内布置 3～4 点，以测定加固影响范围，确定合理的夯点间距。加固后土的各测试项目中，干密度是受时效影响最小的。

② 在试验区内进行详细的原位测试，取原状土样，确定有关数据。

③ 选取合适的一组或多组强夯试验参数，并在试验区内进行试验性施工。

④ 施工中应做好现场测试和记录。测试内容和方法应根据地质条件和设计要求确定。

⑤ 检验强夯效果，一般在最后一遍夯击完成 1～4 周以后进行。对于碎石土和砂石地基，其间隔时间可取 1～2 周；低饱和度的黏土和黏性土地基，可取 2～4 周。将检验结果与试验区内做的原位测试、原状土试验等的数据进行对比检查。

⑥ 当强夯效果不能满足要求时，可补夯或调整参数，再进行试验。

⑦ 做好强夯前后试验结果的对比分析，确定正式施工时采用的技术参数。

强夯施工必须严格按试验确定的技术参数进行控制，以各个夯击点夯击数为施工控制数值，也可采用试夯后确定的沉降量控制。

（2）加固深度

1）Menard 根据主要影响因素强夯单击能，提出影响深度 H 的经验公式：

$$H=\sqrt{\frac{Mh}{10}}$$

式中　M——锤重（kN）；

　　　h——落距（m）。

注：颗粒粗大或细小的碎石均可适用。

2）太原工业大学在 1980 年分析国内外几十项工程强夯实践的资料后，认为应对加固深度 H 界定，为区别称为有效加固深度 H，在该范围内承载力应达到 150kPa，湿陷性黄土干密度应达到 $1.5g/cm^3$ 或消除湿陷。考虑不同类型土由于结构性不同，对加固效果有明显的影响，提出下列公式：

① 有效加固深度修正式：

$$H=k\sqrt{Mh10}$$

式中　k——有效加固深度影响系数，一般黏性土、砂土，0.45～0.6；高填土，0.6～0.8；湿陷性黄土，0.34～0.5。

上强度大，单击能高取低值，反之取高值。

② 考虑单位面积夯击能及多遍夯的加固影响，可得出如下统计经验式：

$$H=5.1022+0.00086Mh+0.00094E$$

式中　E——单位面积夯击能，不计满夯（kJ/m^2）。

3）《建筑地基处理技术规范》（JGJ 79—2002）提出的有效加固深度预估值，见表 C2-48-5-1。

强夯法的有效加固深度（m）　　**表 C2-48-5-1**

单击夯击能(kJ)	碎石土、砂土等	粉土、黏性土、湿陷性黄土等
1000	5.0～6.0	4.0～5.0
2000	6.0～7.0	5.0～6.0
3000	7.0～8.0	6.0～7.0
4000	8.0～9.0	7.0～8.0
5000	9.0～9.5	8.0～8.5
6000	9.5～10.0	8.5～9.0

注：强夯法的有效加固深度应从起夯面算起。

小区试夯，小区试夯应选在施工现场有代表性的地段，试夯面积应根据布点要求确定，包括各批各遍夯击的作用，以使试夯区内部的检验有代表性，可参考图 3-22 所示的范围确定。测试内容除单点夯内容外，应记录计算各遍的填料量及各遍的场地下沉量，以便正式施工时预留下沉量及校核加固效果。测试应包括夯点及夯间，最好能每遍夯后均进行测试。

强夯的有效加固深度可达 10m，其中部分为强夯实区，其他部分虽有影响，但仍较多地保留原来土的性质，称为弱夯实区。

(3) 表列子项

1) 夯击遍数：按正方形或梅花形网格排列，根据夯击坑形状、孔隙水压力及建筑基础特点确定的间距，布置的夯击点依次夯击完成为第×遍，以下各遍均在中间补点，最后一遍锤印彼此搭接，使表面平整。夯击遍数由设计确定，第一遍按实际填写。

2) 夯击坑编号：按强夯施工图设计的坑位编号填写。

3) 夯击次数：指每个夯击坑点的夯击数，按每个夯击坑点的实际夯击数填写。

4) 落距：按施工时的实际落距填写，规范规定落距不宜小于 6m。

5) 锤顶面距地面高：指夯锤每次夯击落地后锤顶面距实际地面高度，照每次实测数填写。

4.2.48.6 强夯地基施工记录（C2-48-6）

1. 资料表式

强夯地基施工记录表 表 C2-48-6

施工单位＿＿＿＿＿＿＿＿ 施工日期＿＿＿＿＿＿＿＿ 至＿＿＿＿＿＿＿＿

工程名称＿＿＿＿＿＿＿＿＿＿＿＿＿＿＿＿＿＿＿＿＿＿＿＿

建筑物名称＿＿＿＿＿＿＿＿＿＿＿＿ 占地面积＿＿＿＿＿＿＿＿＿＿ m^2

场地标高＿＿＿＿＿＿＿＿ m 地下水位标高＿＿＿＿＿＿＿＿ m

地层土质＿＿＿＿＿＿＿＿＿＿＿＿＿＿＿＿＿＿＿＿＿＿＿＿

起重设备＿＿＿＿＿＿ 夯锤规格＿＿＿＿＿＿ 重量＿＿＿＿＿＿吨

夯击遍数：第＿＿＿＿＿＿遍 本遍每个夯击坑击数＿＿＿＿＿＿击

本遍夯击数＿＿＿＿＿＿个 本遍总夯击击数＿＿＿＿＿＿击

本遍夯击坑遍数＿＿＿＿＿＿遍 总夯击坑数＿＿＿＿＿＿击

平均夯击能＿＿＿＿＿＿(t·m)/m^2 总夯击击数＿＿＿＿＿＿个

场地平均沉降量＿＿＿＿＿＿cm 累计＿＿＿＿＿＿cm

<table>
<tr><td colspan="2">建筑物基础夯击坑布置简图</td><td colspan="3"></td></tr>
<tr><td rowspan="3">签字栏</td><td rowspan="2">监理(建设)单位</td><td colspan="3">施　工　单　位</td></tr>
<tr><td>专业技术负责人</td><td>质检员</td><td>记录人</td></tr>
<tr><td></td><td></td><td></td><td></td></tr>
</table>

2. 实施要点

（1）强夯法：强夯法是用很大的冲击能力，使用 8～40t 的重锤，从 6～25m 的高度自由落下，对地基进行强力夯实，使土中出现冲击波和高应力，引起土中一系列孔隙压缩的瞬间效应，并引起土的局部液化。同时，使夯击点周围土体产生裂隙，形成良好的排水通道，使孔隙水顺利溢出，土体迅速固结，从而达到降低土的压缩性、提高承载力、达到提高强度的一种地基加固方法。强夯法处理的工程范围较广，从工业与民用建筑、仓库、油罐、贮仓、公路、铁路路基、机场跑道、码头等。可适用于从砾石到黏性土的各类土的地基上，可用来加固碎石土、砂土、黏性土、杂填土、湿陷性黄土等各类基土，但对于饱和黏性土则应结合堆载预压法和垂直排水法使用，直接使用强夯法则不适宜。因此，对于饱和度较高的黏性土，一般说来处理效果不显著，其中尤其是淤泥和淤泥质土地基，处理效果更差，应慎用。

强夯法加固地基的机理，国内外学者的看法很不一致。由于土的类型多，土的性质各异，加固后的效果影响因素也多，情况复杂。从土的本身来说，土的类型（饱和土、非饱和土、砂性土、黏性土）、土的结构（粒径大小、形状、级配）、构造（层理）、密实度、内聚力、渗透性等均影响加固效果。从土的外部来说，单击夯击能（锤重、落距）、单位面积夯击能、锤底面积、夯点布置、分遍、特殊措施（预打砂井、夯坑填料）等也影响加固效果，可对其从机理上做出不同的解释。

（2）适用范围：

可适用于加固粗粒土、细粒土、饱和土、非饱和土，甚至港口、河道水下土层，诸如填土、杂填土、砂类土、黏性土、黄土、淤泥类土，但对于厚层的、渗透系数小于 10^{-5}cm/s的饱和黏性土应慎重。

（3）强夯的技术参数

强夯法加固地基根据现场地质情况、工程的具体要求和施工条件，根据经验或通过试验选定有关技术参数。

1）锤重：一般不宜小于 80kN（锤重一般为 80～400kN，超过 120kN 时应用钢或铸件锤）。夯锤底面积为方形或圆形（圆柱或圆台形），砂土：底面积一般为 3～4m^2；黏性土：底面积不宜小于 6m^2。夯锤中宜设置若干个上下贯通的气孔（气孔的直径和数量，关系到排气是否畅通，应谨慎对待）。

2）落距：不宜小于 6m，常用的落距为 7、8、11、13、15、17、18、25、30、35、40m。

3）夯击点布置：一般按正方形或梅花形网格排列，间距 5～15m。按上述形式和间距布置的夯击点依次夯击完成为第一遍，第一遍夯击点间距要取得大些。第二遍选用已夯点间隙依次补点夯击为第二遍。以下各遍均在中间补点，最后一遍应低能满夯，锤印彼此搭接，达到表面平整。

4）夯击点的夯击数：应符合下列条件之一。

① 土的体积竖向压缩最大而侧向移动最小；

② 最后两击的沉降量或最后两击沉降量之差小于试夯确定的数值，一般为 3～10 击。最佳击数：一般软土的控制瞬时沉降量为 5～8 击；废渣填石地基控制最后两击下沉量之差为 2～4cm。

5）夯击遍数：一般为 2～5 遍（一般夯 3 遍加 1 遍普夯）。

6）两遍之间的间歇时间：取决于孔隙的水压力的消散，一般为1～4周。对砂土、地下水位较低和地质条件较好的场地，可采用连续夯击；黏土或冲积土为3周左右。

7）平均夯击能：在一般情况下，砂土可取50～100(t·m)/m^2，黏性土可取150～300(t·m)/m^2。

(4) 强夯施工要点

强夯加固地基施工，必须加强施工管理。由于地质多变及强夯设计参数的经验性，甚至气象条件也可影响施工，需要调整施工工艺。因此，强夯加固地基中的信息化施工非常重要。施工要点一般包括：

1）编制施工组织与管理计划：为此应熟悉工程概况；了解设计意图、目标、建设单位的工期要求；调查场地的工程地质条件、施工环境（包括对周围的危害及干扰）；了解砂石料来源、价格等。然后编制施工方案、施工进度计划、概预算及施工中应采取的措施。

2）施工机具

① 吊车：采用单缆起吊，吊车起重量应为锤重的3倍以上，此法施工效率高，但需大吨位吊车，国外已设计了各种强夯专用吊车。

采用多缆起吊可使用小型吊车，但需采用自动脱钩装置，这时吊车起重量应大于锤重的1.5倍。为了实现小吊车大能级的强夯，许多部门还增设龙门架，以支撑稳定吊臂或以缆绳稳定吊臂。

② 夯锤：夯锤可采用铸钢（铸铁）锤、外包钢板的混凝土锤。铸钢锤可制作为组合式，以便调整锤重，其优缺点见前述材质比较。

排气孔：气孔小，下落阻力大，入坑时产生气垫，影响夯击效果，且易堵孔，清孔难，起锤困难，因此气孔不宜过小。

锤形以圆柱形较优越，山西机械施工公司设计稍带斜度的上大下小的倒圆台锤。夯击后，坑壁不易塌土，落点准确，重叠性好，不偏斜，易起锤，对软弱地基增加了夯击效果。

③ 自动脱钩装置，见有关参考书。

④ 辅助机械：推土机、碾压机。

3）夯击过程的记录及数据

① 每个夯点的每击夯沉量、夯坑深度、开口大小、夯坑体积、填料量都须记录。

② 场地隆起，下沉记录，特别是邻近有建（构）筑物时。

③ 每遍夯后场地的夯沉量、填料量记录。

④ 附近建筑物的变形监测。

⑤ 孔隙水压力增长、消散监测，每遍或每批夯点的加固效果检测。为避免时效影响，最有效的是检验干密度，其次为静力触探，以及时了解加固效果。

⑥ 满夯前根据设计基底标高，考虑夯沉预留量并整平场地，使满夯后接近设计标高。

4）对每个夯点的最后一遍夯击及满夯，应控制最后二击的贯入度符合设计或试验要求值。

(5) 强夯施工检验项目

1）施工前应检查夯锤重量、尺寸、落距控制手段、排水设施及被夯地基的土质。

2）施工中应检查落距、夯击遍数、夯点位置、夯击范围。

3）施工结束后，检查被夯地基的强度并进行承载力检验。

(6) 强夯法的质量检验

1) 强夯加固地基的效果检验与测试是必须进行的项目，一般应根据工程地质和结构设计的要求，选择以下方法进行：

对于一般工程，应用两种和两种以上方法综合检验；对重要工程，应增加检验项目并须做现场大型载荷试验；对液化场地，应做标准贯入试验。检验深度应超过设计处理深度。

① 室内常规试验；

② 现场十字板试验；

③ 动力触探、静力触探试验；

④ 旁压仪试验；

⑤ 载荷试验；

⑥ 波速试验。

2) 质量检验数量：

应根据场地的复杂程度和建筑物的重要程度确定。

① 简单场地一般建筑物，每个建筑物地基不少于3处；

② 复杂场地应根据场地变化类型，每个类型不少于3处。

注：强夯面积超过1000m²，每增加1000m²以内应增加一处。

3) 质量检验的时间

强夯检验应在场地施工完成经时效后进行。

① 粗粒土地基：应充分使孔压消散，一般消陷时间取1～2周；

② 饱和细粒粉土、黏性土：应在孔压消散，土触变恢复后进行，一般需3～4周。

由于孔压消散后，土体积变化不大，取土检验孔隙比及干密度比较准确。土触变尚未完全恢复易重受扰动，故动力触探振动易引起对探钎的握裹力，经常使检测值偏大。一般来说静力触探效果较好，可作为主要的使用方法。

4) 强夯施工验收时，应检查施工记录及各项技术参数。当对施工记录和各项技术参数有怀疑时，还应在夯击过的场地选点做试验。一般可采取标准贯入、静力触探或轻便触探测定。每个建筑物的地基不少于3处，检测深度和位置按原设计要求确定，符合试验确定触探测定。

(7) 强夯处理后的地基竣工验收时，承载力检验应采用原位测试和室内土工试验。强夯置换后的地基竣工验收时，承载力检验除应采用单墩载荷试验检验外，尚应采用动力触探等有效手段查明置换墩着底情况及承载力与密度随深度的变化。对饱和粉土地基，允许采用单墩复合地基载荷试验代替单墩载荷试验。

(8) 当强夯施工所产生的振动对邻近建筑物或设备会产生有害的影响时，应设置监测点，并采取挖隔振沟等隔振或防振措施。

(9) 强夯实践中应注意的几个问题

1) 在强夯的实践中，要充分考虑可能引起强夯效果差异性的主要因素，及时总结强夯实施中存在的问题，对指导工程实践、达到预定强夯效果具有极其重要的意义。

① 注意区域性地基土的特点。

② 及时分析夯击土击实实验结果。特别注意基土含水量、干密度等的变化。

③ 对夯实土及时进行渗透性分析。由于区域性和基土的工程性质差异，压实和含水量对渗透有很大影响。因此，及时分析发现问题是至关重要的。

2）检查强夯施工过程中的各项测试数据和施工记录。当不符合设计要求时，不应当简单地采取补夯方法，重要的是分析不符合设计要求的原因和程度，从而采取补夯或采取其他有效措施。

3）强夯法的噪声危害：

① 振动和噪声均对环境产生恶劣影响；

② 相邻建（构）筑物受振常引起民事纠纷。软黏土中距夯点 18m，砂性土中距夯点 14m 与地震度相当，采用 3000kg 的单击能量强夯，在 10m 远处产生的水平振动加速度达 0.6m/s^2。会对附近的精密设备、仪器的正常工作造成影响，人感觉很不舒服。因此，强夯只宜在远离城区的场地施工，在城区应采取挖掘隔振沟、钻设隔振孔等方法处理。

4）强夯施工中应特别注意的几个问题

① 为了使强夯后的地表达到设计基底标高，强夯常推掉一层表土在基坑内进行，这时应防止雨水流入基坑，强夯场地也应保持平整，不使雨水汇入低凹处。因为即使降雨 100mm，也仅使雨过地皮湿，不影响强夯。但集中汇聚于一处，将使表层或局部地区含水量过大，引起翻浆难以解决，造成强夯施工困难，这时需挖除或填料。

② 在饱和软弱土地基上施工，应保证吊车的稳定，因此有一定厚度的砂砾石、矿渣等粗粒料垫层是必要的。这应根据需要设置，粗粒料粒径不应大于 10cm，也不宜用粉细砂。在液化砂基中强夯，为防止夯坑涌砂流土，宜用碎石、卵石等填料而不宜用砂。

③ 注意吊车、夯锤附近人员的安全，为防止飞石伤人，吊车驾驶室应加防护网。起锤后，人员应在 10m 以外并戴安全帽，严禁在吊臂前站立。

（10）表列子项

1）场地标高：指强夯施工区内未夯击前的场地标高，按经实际复测的场地标高填写。

2）地下水位标高：指强夯施工区内未夯击前的地下水位标高，按工程地质报告或实际复测的地下水位标高填写。

3）地层土质：一般按工程地质报告测得的地层土质填写，应填写至强夯设计影响深度以下 5～8m 的实际地层土质。

4）起重设备：照实际选定的起重设备填写，一般多使用起重能力为 15t、30t 和 50t 的履带式起重机或其他起重设备，也可采用专用三脚架或龙门架作为起重设备。

5）夯锤规格：按夯锤的实际直径和高度填写。

6）重量：指夯锤重量，一般不宜小于 8t。

7）夯击遍数，第__________遍：照实际施工的夯击遍数填写。

8）本遍每个夯击坑的夯击数：照本遍实际施工的每个夯击坑的夯击数量填写。

9）本遍的夯击坑数__________个：照本遍实际施工的夯击坑个数填写。

10）本遍总夯击击数：指若干夯击坑击数的总和。

11）总夯击遍数：指若干夯击坑的夯击遍数的总和。

12）总夯击坑数：按实际夯击的夯击坑总数填写。

13）平均夯击能：夯击能的总和（由锤重、落距、夯击坑数和每一夯击点的夯击次数算得）除以施工面积，称为平均夯击能。每一击的夯击能等于锤重乘落距。

14）总夯击击数：强夯施工面积夯击击数的总和。

15）场地平均沉降量：强夯施工场地内总沉降量除以夯击遍数。

16）累计：强夯施工场地内的总沉降量值。

Ⅲ　注　浆　法

4.2.48.7　注浆地基施工记录（C2-48-7）

实施要点

（1）注浆地基施工记录表式按 C2-48-1 执行。

（2）注浆法适用于处理砂土、粉土、黏性土和人工填土等地基。

（3）为确保注浆加固地基的效果，施工前应进行室内浆液配比试验及现场注浆试验，以确定浆液配方及施工参数。常用浆液类型见表 C2-48-7-1。

（4）施工前应掌握有关技术文件（注浆点位置、浆液配比、注浆施工技术参数、检测要求）等。浆液组成材料的性能应符合设计要求，注浆设备应确保正常运转。

（5）注浆用原材料的检验：水泥应符合设计要求；注浆用砂：粒径（＜2.5mm）、细度模数（＜2.0）、含泥量及有机物含量（＜3%）；注浆用黏土：塑性指数（＞14）、黏粒含量（＞25%）、含砂量（＜5%）、有机物含量（＜3%）；粉煤灰：细度（不粗于同时使用的水泥）、烧失量（＜3%）；水玻璃：模数（2.5～3.3）；其他化学浆液符合设计要求。

常用浆液类型表　　表 C2-48-7-1

浆　液		浆液类型
粒状浆液(悬液)	不稳定粒状浆液	水泥浆
		水泥砂浆
	稳定粒状浆液	黏土浆
		水泥黏土浆
化学浆液(溶液)	不稳定粒状浆液	硅酸盐
		环氧树脂类
		甲基丙烯酸酯类
	有机浆液	丙烯酰胺类
		木质素类
		其他

（6）对化学注浆加固的施工顺序宜按以下规定进行：

1）加固渗透系数相同的土层应自上而下进行。

2）如土的渗透系数随深度而增大，应自下而上进行。

3）如相邻土层的土质不同，应首先加固渗透系数大的土层。

检查时，如发现施工顺序与此有异应及时制止，以确保工程质量。

（7）施工中应经常检查：各种注浆材料称量误差＜3%；注浆孔位偏差不大于±20mm；注浆孔深偏差不大于±100mm；注浆压力（与设计参数比）偏差值不大于±10%。

（8）施工中应经常抽查浆液的配比及主要性能指标，注浆的顺序、注浆过程中的压力控制等。

（9）施工结束后，应检查注浆体强度、承载力等。检查孔数为总量的2%～5%，不合格率大于或等于20%时应进行二次注浆。检验应在注浆后15d（砂土、黄土）或60d（黏性土）进行。

（10）对注浆地基，其竣工后的结果（地基强度或承载力）必须达到设计要求的标准。检验数量，每单位工程应不应少于3点；1000m^{2}以上工程，每100m^{2}至少应有1点；3000m^{2}以上工程，每300m^{2}至少应有1点。每一独立基础下至少应有1点，基槽每20延米应有1点。

Ⅳ 预 压 法

4.2.48.8 预压地基施工记录（C2-48-8）

实施要点

（1）预压地基表式按C2-40-5-1执行。

（2）预压法适用于处理淤泥质土、淤泥和冲填土等饱和黏性土地基。

（3）对预压地基和塑料排水带，其竣工后的结果（地基强度或承载力）必须达到设计要求的标准。检验数量，每单位工程应不应少于3点；1000m^{2}以上工程，每100m^{2}至少应有1点；3000m^{2}以上工程，每300m^{2}至少应有1点。每一独立基础下至少应有1点，基槽每20延米应有1点。

（4）施工前应检查施工监测措施，沉降、孔隙水压力等原始数据，排水设施、砂井（包括袋装砂井）、塑料排水带等位置。塑料排水带质量应符合（GB 50202—2002）附录B（B.0.1、B.0.2）的规定。

对软土预压应设置排水通道，其长度及间距宜通过试压确定。

附B.0.1　不同型号塑料排水带的厚度应符合表B-0-1。

不同型号塑料排水带的厚度（mm）　　表B-0-1

型号	A	B	C	D
厚度	＞3.5	＞4.0	＞4.5	6＞

附B.0.2　塑料排水带的性能应符合表B-0-2。

（5）堆载施工中应进行的检查：预压载荷允许偏差≤2%，固结度（与设计要求比）允许偏差≤2%，沉降速率（与控制值比）不大于±10%，砂井或塑料排水带位置控制不大于±100mm，砂井或塑料排水带插入深度控制不大于±200mm，插入塑料排水带时的回带长度允许偏差≤500mm，塑料排水带或砂井高出砂垫层距离允许值≥200mm，插入塑料排水带的回带根数允许值＜5%。

堆载预压，必须分级堆载，以确保预压效果并避免坍滑事故。一般每天沉降速率控制在10～15mm，边桩位移速率控制在4～7mm。孔隙水压力增量不超过预压荷载增量60%，可以上述参考指标控制堆载速率。

塑料排水带的性能　　**表 B-0-2**

<table>
<tr><th colspan="2">项　目</th><th>单位</th><th>A 型</th><th>B 型</th><th>C 型</th><th>条　件</th></tr>
<tr><td colspan="2">纵向通水量</td><td>cm³/s</td><td>≥15</td><td>≥25</td><td>≥40</td><td>侧压力</td></tr>
<tr><td colspan="2">滤膜渗透系数</td><td>cm/s</td><td colspan="3">≥5×10⁻⁴</td><td>试件在水中浸泡 24h</td></tr>
<tr><td colspan="2">滤膜等效孔径</td><td>μm</td><td colspan="3"><75</td><td>以 D_{98} 计，D 为孔径</td></tr>
<tr><td colspan="2">复合体抗拉强度（干态）</td><td>kN/10cm</td><td>≥1.0</td><td>≥1.3</td><td>≥1.5</td><td>延伸率 10%时</td></tr>
<tr><td rowspan="2">滤膜抗拉强度</td><td>干态</td><td rowspan="2">N/cm</td><td>≥15</td><td>≥25</td><td>≥30</td><td>延伸率 10%时</td></tr>
<tr><td>湿态</td><td>≥10</td><td>≥20</td><td>≥25</td><td>延伸率 15%时，试件在水中浸泡 24h</td></tr>
<tr><td colspan="2">滤膜重度</td><td>N/m²</td><td>—</td><td>0.8</td><td>—</td><td></td></tr>
<tr><td colspan="7">注：1. A 型排水带适用于插入深度小于 15m。
2. B 型排水带适用于插入深度小于 25m。
3. C 型排水带适用于插入深度小于 35m。</td></tr>
</table>

注：《建筑地基处理技术规范》（JGJ 79—2002）第 5.4.1 条规定：塑料排水带必须在现场随机抽样送往试验室，进行表 B.0.2 内项目项下 6 项全部试验项目的试验。

真空预压的真空度可一次抽气至最大，当连续 5d 实测沉降小于每天 2mm，或固结度≥80%，或符合设计要求时，可停止抽气，降水预压可参照上述要求。

（6）堆载施工应检查堆载高度、沉降速率。真空预压施工应检查密封膜的密封性能、真空表读数等。

（7）施工结束后应检查地基土的强度及要求达到的其他物理力学指标，重要建筑物地基应作承载力检验。承载力或其他性能指标应符合设计要求。

一般工程在预压结束后，做十字板剪切强度或标准贯入、静力触探试验即可，但重要建筑物地基应做承载力检验。如设计有明确规定，应按设计要求进行检验。

注：如真空预压，主控项目中预压载荷的检查为真空度降低值<2%。

（8）预压法竣工验收检验应符合下列规定：

1）排水竖井处理深度范围内和竖井底面以下受压土层，经预压所完成的竖向变形和平均固结度应满足设计要求。

2）应对预压的地基土进行原位十字板剪切试验和室内土工试验。必要时尚应进行现场载荷试验，试验数量不应少于 3 点。

（9）施工过程质量检验和监测应包括以下内容：

1）塑料排水带必须在现场随机抽样送往实验室进行性能指标的测试，其性能指标包括纵向通水量、复合体抗拉强度、滤膜抗拉强度、滤膜渗透系数和等效孔径等。

2）对下同来源的砂井和砂垫层砂料，必须取样进行颗粒分析和渗透性试验。

3）对于以抗滑稳定控制的重要工程，应在预压区内选择代表性地点预留孔位，在加载不同阶段进行原位十字板剪切试验和取土进行室内土工试验。

4）对预压工程，应进行地基竖向变形、侧向位移和孔隙水压力等项目的监测。

5）真空预压工程除应进行地基变形、孔隙水压力的监测外，尚应进行膜下真空度和地下水位的量测。

Ⅴ 振 冲 法

4.2.48.9　振冲地基施工记录（C2-48-9）

1. 资料表式

振冲地基施工记录表　　**表 C2-48-9**

<table>
<tr><td colspan="5">造　孔</td><td colspan="6">填　料</td></tr>
<tr><td colspan="2">作　业</td><td rowspan="2">电流
（A）</td><td rowspan="2">水　压
（N/cm²）</td><td rowspan="2">备
注</td><td colspan="2">作　业</td><td rowspan="2">填料数量
（m³）</td><td rowspan="2">电流
（A）</td><td rowspan="2">水　压
（N/cm²）</td><td rowspan="2">备
注</td></tr>
<tr><td>时
间</td><td>深度
（m）</td><td>时
间</td><td>深度
（m）</td></tr>
<tr><td></td><td></td><td></td><td></td><td></td><td></td><td></td><td></td><td></td><td></td><td></td></tr>
<tr><td></td><td></td><td></td><td></td><td></td><td></td><td></td><td></td><td></td><td></td><td></td></tr>
<tr><td></td><td></td><td></td><td></td><td></td><td></td><td></td><td></td><td></td><td></td><td></td></tr>
<tr><td></td><td></td><td></td><td></td><td></td><td></td><td></td><td></td><td></td><td></td><td></td></tr>
<tr><td rowspan="3">签
字
栏</td><td colspan="3" rowspan="2">监理（建设）单位</td><td colspan="7">施　工　单　位</td></tr>
<tr><td colspan="3">专业技术负责人</td><td colspan="2">质检员</td><td colspan="2">记录人</td></tr>
<tr><td colspan="3"></td><td colspan="3"></td><td colspan="2"></td><td colspan="2"></td></tr>
</table>

2. 实施要点

（1）振冲地基是利用振冲器水冲成孔（即振动水冲法），填以砂石骨料，借振冲器的水平振动及垂直振动，振密填料，形成碎石桩体（称碎石桩法）与原地基土构成复合地基，提高地基承载力和改善土体的排水降压通道，并对可能发生液化的土产生预振效应，防止液化。

振冲法分为振冲置换法和振冲密实法两类。振冲法适用于处理砂土、粉土、粉质黏土、素填土和杂填土地基等地基。对于处理不排水抗剪强度不小于 20kPa 的饱和黏性土和饱和黄土地基，应在施工前通过现场试验确定其适用性。

不加填料的振冲密实法仅适用于处理黏粒含量小于 10%的粗砂、中砂地基。

（2）对大型、重要或场地复杂的工程，在正式施工前应在有代表性的场地上进行试验取得施工参数，也可由设计确定。

（3）振冲挤密法的填料可用粗砂、砾石、碎石、矿渣等，通常填料的粒径 5～50mm 为宜（不宜大于 50mm）。碎石填料应质地坚硬，不能用风化或半风化的石料。振冲器电机功率大时，石子粒径可选得适当大一点，例如使用 75kW 振冲器，石子粒径可放宽到 90～100mm；振冲器功率小时，石子粒径可选得适当小一些，例如使用 30kW 振冲器可选用 50mm 以内的石子。

（4）振冲碎石桩施工应注意的几个问题。

振冲法施工有四个要素：水压、密实电流、填料量、留振时间。不论哪一个环节处理不当，都会造成问题，排污是振冲法难以解决的一个难题。

1）水压问题：工程实践证明，水压的取值大小与不同的地质条件有关，选择不当会影响处理效果。水压过高，对原状土扰动严重，大量泥砂被排出，处理后不仅强度没有提高，还可能比原状土强度还低，或者形成橡皮土；水压过低，会影响形成孔速度，降低施工效率。

国内资料介绍，水压为 0.6～0.8MPa，供水量为 20m³/h。

2）密实电流，存在的主要问题有，密实电流直方图多是绝壁型，属不正常现象。原因是：

① 密实电流下限要求过严；

② 电流表精度不够；

③ 电流表处在振动状态下工作指针摆动，难以做到真正达到标准要求的评价。

3）填料量：

① 由于地压条件的变化，桩体直径随振实而变化，难以真正正确地保证在填料量一定的情况下，桩体全部密实。

注：重要工程、地压条件差的桩沉密工程，可选择高一些的密实电流，如55A。

② 在地质条件一致的情况下，初打桩与后打桩填料量也会有异常，施工中应予考虑。

4）留振时间：是一个难以控制的因素，需要在施工中积累经验。

5）排污问题：这是振冲法的一大缺陷，为此可能影响振冲法的应用和发展。

排污量一般约为填料量的0.6～0.8倍，为流塑的泥浆，排运十分困难，应根据现场的排污条件和土的渗透能力，因地制宜地制定排污方案。如挖排污地、分段施工、确定排污方向等。

（5）振冲桩施工对相邻建筑的影响因素

1）振动因素：振动是对相邻建筑物影响的主导因素。影响因素主要取决于：

① 振冲器功率的大小，功率越大影响越大。

② 建筑物距振冲器的距离，距离越近影响越大。

2）地基土的特性因素：地基土的性质是决定振动对建筑物影响的主要因素。振冲器外围形成液化和塑性区是有限的，一般不超过3m。动力试验及测试表明：松散的砂类土、饱和软土易产生振陷；黄土对水十分敏感（遇水湿陷），随含水量的增加引起变形也显著增加和强度降低。

3）相邻建筑物的特征因素：相邻建筑物的结构好、牢固，振动对它的影响就小。基础类型对振陷量有重要影响，桩基抗振陷性能最好，条形基础、独立基础和筏形基础较差。建筑物地基实际取用的承载力偏高，当超过或接近地基容许承载力时振陷量大，处于建成后快速下沉变形状态；建筑物最宜产生缺陷，建成后年限越长，沉降越趋于稳定，振陷量就越小。

振冲器的振动为点状振源，影响范围小，但距建筑物较近，具有极大的不对称性，因此，振冲器振动比地震更易发生不均匀振陷，造成不均匀振陷的原因，主要有：土层不均匀；结构荷载对称；动荷载不对称，距振源近动荷大，距振源远动荷小。

相邻建筑物地基所产生的振陷（特别是均匀振陷）是影响相邻建筑物安全使用的重要因素。

振冲器作为一种工程振源，操作时直接作用于地基土，振冲器的效率较高，振冲成孔自上而下，填料振密时自下而上，对地基土的影响较大，同时会对相邻建筑物造成一定的影响。采用振冲法施工，应当考虑上述因素对相邻建筑物的影响。

（6）振冲法施工对环境造成一定影响：

振冲施工时，振冲器在土中振动产生振波向四周传播，对周围不太牢固的旧建筑物可能造成某些危害，噪声对周围环境也有影响。

（7）施工前应检查振冲器的性能，电流表、电压表的准确度及填料的性能。

(8) 施工中应检查密实电流、供水压力、供水量、填料量、孔底留振时间、振冲点位置、振冲器施工参数等（施工参数由振冲试验或设计确定）。

(9) 振冲碎石桩的质量检测

振冲碎石桩是由桩和桩间土构成的复合地基，需要对桩、桩间土和复合地基进行有效的检测。检测点应选在有代表性或土质较差的地段，均匀地基、施工队伍比较稳定也可以随机抽检。用振冲法或其他施工方法可能引起超孔隙水压力时，检测时要停一段时间。当孔隙水压力消散后才能检测。除砂土地基外，对粉质黏土地基间隔时间可取 21～28d，对粉土地基可取 14～21d。

散体桩检测的方法主要有以下几种：

1）复合地基载荷试验和单桩载荷试验

大型重要或场地复杂的工程宜用单桩复合地基载荷试验或多桩复合地基载荷试验，检验点数量可按加固面积大小取 2～4 组，中小型工程可采取单桩载荷试验。复合地基载荷板大小的确定：对于多桩复合地基，板下的置换率必须等于工程桩的置换率；单桩复合地基载荷试验可采用圆板或方板，板的大小等于一根桩加固的地基面积。根据经验，单桩复合地基试验采用面积为 $2m^2$ 的压板较为合适。单桩载荷试验采用圆板，其直径与桩径相等。压板底面高程应等同于建筑物基础底面高程，当承载力检测结果与实际情况不一致时应予以修正。

2）取土试验

桩间土加固效果测试可采用取土试验的方法。通过加固前后土的物理力学性质的变化加以判断，评价桩间土加固效果。

3）原位测试

桩间土可采用静力触探、标贯、轻便触探的方法判断、评价加固效果：桩身可用重型（Ⅱ）检测。所谓重型（Ⅱ）是指利用圆锥动力触探设备，将圆锥头置于桩顶中心处，然后按照标准的动力触探方法，即用 63.5kg 重的自动落锤锤击，落距 76cm，使锥头垂直向桩体内贯入，每贯入 10cm 的锤击数达到 10 击则桩身密实。

重型（Ⅱ）测试只能定性判断桩身是否密实，判断承载力取值应慎重，该项试验结果离散性较大，有时贯入困难，垂直度难以掌握。

4）对不加填料的振冲密实法处理的砂土地基，处理效果检验宜用标准贯入、动力触探或其他合适的试验方法。检验点应选择在有代表性的或地基土质较差的地段，并位于振冲点围成的单元形心处。检验点数量可按每 100～200 个振冲点选取 1 孔，总数不得少于 3 孔。

(10) 施工结束后，应在有代表性的地段作地基强度或地基承载力检验。地基竣工验收时，承载力检验应采用复合地基载荷试验。

1）对振冲桩复合地基，其承载力单桩载荷试验，数量为不少于总数的 0.5%，但不应少于 3 根。

2）对碎石桩体检验可用重型动力触探进行随机检验。对桩间土的检验可在处理深度内用标准贯入、静力触探等进行检验。

3）对不加填料振冲加密处理的砂土地基，竣工验收承载力检验应采用标准贯入、动力触探、载荷试验或其他合适的试验方法。检验点应选择在有代表性或地基土质较差的地段，并位于振冲点围成的单元形心处及振冲点中心处。检验数量可为振冲点数量的 1%，总数不应少于 5 点。

(11) 表列子项

1) 填料规格：指桩身填料的规格，填料粒径一般为5～50mm，按实际使用的规格填写。

2) 造孔：

① 作业时间：指单桩孔自振冲器开始喷水至完成单桩孔的时间；

② 作业深度：指单桩孔的造孔深度，按实际成孔的实测深度填写。

③ 电流：指单桩孔自振冲器开始喷水至完成单桩孔的时间内，控制电流操作台电流表的最低读数及最高读数；

④ 水压：指单桩孔自振冲器开始喷水至完成单桩孔的时间内，供水压力表的平均读数。

3) 填料：

① 作业时间：指开始填料至完成填料的全部时间；

② 作业深度：指单桩孔填料的总深度；

③ 填料数量：指单桩孔的实际填料总量；

④ 电流：单桩孔填料自开始至完成时间内，控制电流操作台电流表的最低读数及最高读数，按实际结果填写；

⑤ 水压：单桩孔填料自开始至完成时间内，供水压力表的平均读数。

Ⅵ　高压喷射注浆法

4.2.48.10　高压喷射注浆地基施工记录（C2-48-10）

实施要点

(1) 高压喷射注浆地基施工记录表式按C2-48-1执行。

(2) 高压喷射注浆地基施工应记录：

1) 施工前检查水泥、外掺剂等的质量（水泥、外掺剂质量的检验项目、批量和检验方法应符合国家现行标准规定），桩位，压力表、流量表的精度和灵敏度，高压喷射设备的性能等情况。

2) 高压喷射注浆工艺执行情况（宜用普通硅酸盐工艺，强度等级不得低于42.5，水泥用量，压力宜通过试验确定），如无条件可参考表C2-48-10-1选用。

1m桩长喷射桩水泥用量表　　**表C2-48-10-1**

桩径(mm)	桩长(m)	强度为42.5普通硅酸盐水泥单位用量	喷射施工方法		
			单　管	二重管	三　管
ϕ600	1	kg/m	200～250	200～250	—
ϕ800	1	kg/m	300～350	300～350	—
ϕ900	1	kg/m	350～400(新)	350～400	—
ϕ1000	1	kg/m	400～450(新)	400～450(新)	700～800
ϕ1200	1	kg/m	—	500～600(新)	800～900
ϕ1400	1	kg/m	—	700～800(新)	900～1000

注："新"系指采用高压水泥浆泵，压力为36～40MPa，流量80～110L/min的新单管法和二重管法。

水灰比通常取 0.8～1.5 较妥，生产实践中常用 1.0。为确保施工质量，施二机具必须配置准确的计量仪表。

3）施工中的施工参数（压力、水泥浆量、提升速度、旋转速度等）及施工程序检查情况。

注：施工中应注意：由于喷射压力较大，容易发生窜浆，影响相邻孔的质量，应采用间隔跳打法施工，一般两个孔的间距大于 1.5m。

4）施工结束后的质量应检验桩体强度、平均直径、桩身中心位置、桩体质量及承载力等情况。桩体质量检验应在施工结束后 28d 进行。载荷试验必须在桩身强度满足试验条件时，并宜在成桩 28d 后进行。

（3）检验点应布置在下列部位：

1）有代表性的桩位；

2）施工中出现异常情况的部位：

3）地基情况复杂，可能对高压喷射注浆质量产生影响的部位。

（4）高应喷射注浆可根据工程要求和当地经验采用开挖检查、取芯（常规取芯或软取芯）、标准贯入试验、载荷试验或围井注浆试验等方法进行检验，并结合工程测试、观测资料及实际效果综合评价加固效果。

（5）竖向承载旋喷桩复合地基承载力特征值应通过现场复合地基载荷试验确定。承载力检验应采用复合地基载荷试验和单桩载荷试验。高压喷射注浆桩复合地基，载荷试验，数量为桩总数的 0.5%～1%，但且每项单体工程不应少于 3 处。

注：如不做承载力或强度检验，则间歇期可适当缩短。

（6）高压喷身注浆法应注意以下问题：

1）高压喷身注浆方案确定后，应结合工程情况进行现场试验，试验性施工或根据工程经验确定施工参数及工艺。

2）喷射孔与高压注浆的距离不宜大于 50m。

3）在高压喷射注浆过程中出现压力骤然下降、上升或冒浆异常时，应查明原因并及时采取措施。

4）高压喷射注浆完毕，应迅速拔出喷射管。为防止浆液凝固收缩影响桩顶高程，必要时可在原孔位采用冒浆回灌或第二次注浆等措施。

5）施工中应做好泥浆处理，及时浆泥浆运出或在现场短期堆放后作土方运出。

Ⅶ 水泥土搅拌法

4.2.48.11 水泥土搅拌法施工记录（C2-48-11）

4.2.48.11-1 水泥土搅拌桩施工记录（C2-48-11-1）

1. 资料表式

2. 实施要点

（1）水泥土搅拌法分为深层搅拌法（湿法）和粉体搅拌法（干法）。水泥土搅拌加固是旋喷方式处理地基土的一种方法。利用水泥、石灰等材料作为固化剂（也称硬化剂）为

水泥土搅拌桩施工记录表　　**表 C2-48-11-1**

第　　页　共　　页

工程名称：　　　　水泥品种、强度等级：　　　　水灰比：　　　　年　　月　　日

日期	序号	施工工序	每米下沉或提升时间															开始时间	终止时间	工艺时间	来浆时间	停浆时间	总喷浆时间	总施工时间	材料用量	备注
			1	2	3	4	5	6	7	8	9	10	11	12	13	14	15									
		预搅下沉																								
		喷浆提升																								
		重复下沉																								
		重复提升																								
		预搅下沉																								
		喷浆提升																								
		重复下沉																								
		重复提升																								

签字栏	监理（建设）单位	施工单位		
		专业技术负责人	质检员	记录人

主剂，通过特制的水泥土搅拌机械，在地基深处就地将软土和固化剂强制拌合，利用固化剂和软土之间所产生的一系列物理、化学反应，使软土硬结成具有整体性、水稳定性和一定强度的优质地基或地下挡土构筑物，形成的桩柱是一种介于刚性桩和柔性桩之间具有一定压缩性的桩。水泥土搅拌桩法适用于处理正常固结的淤泥质土、淤泥、黏性土、粉土、饱和黄土、素填土以及无流动地下水的饱和松散砂土等地基的加固。当地基土的天然含水量小于30%（黄土含水量小于25%）、大于70%或地下水的pH值小于4时，不宜采用干法。冬期施工时，应注意负温对处理效果的影响。

水泥土搅拌法用于处理泥炭土、有机质土、塑性指数 I_p 大于25的黏土。地下水具有腐蚀性时以及无工程经验的地区，必须通过现场试验确定其适用性。

(2) 经验证明：水泥土搅拌桩与柱列桩联合使用以封闭坑壁是一种有效的支护并且防水的措施。

用水泥土搅拌桩以解决坑壁稳定问题就必须有足够的宽度，以保证每一深度处的土压力小于抗滑桩的摩擦力；否则，就难免会出现坑壁坍塌或滑坡事故。

(3) 质量检验与测试

1) 水泥土搅拌桩的施工质量检查与检验，重点是水泥用量、桩长、水泥浆拌制的罐数、压浆过程有无断浆现象、停浆处理方法和喷浆搅拌提升时间以及复搅次数与深度。

2) 对于不合格桩的补救措施应征得设计单位的同意。

3) 水泥土搅拌桩的施工质量检验可采用以下方法：

① 成桩7d后，采用浅部开挖桩头［深度宜超过停浆（灰）面下0.5m］，目测检查搅拌的均匀性，量测成桩直径。检查量为总桩数的5%。

② 成桩后3d内，可用轻型动力触探器中附带的钻头，在搅拌桩身中钻（N_{10}）检查每米桩身的均匀性。检验数量为施工总桩数的1%，且不少于3根。

4) 在下列情况下应进行桩身取样、单桩载荷试验或开挖检查：

① 以触探检验对桩身强度有怀疑的桩应钻取桩身芯样，制成试块并测定桩身强度；

② 场地复杂或施工有问题的桩应进行单桩载荷试验，检验其承载力；

③ 对相邻桩搭接要求严格的工程，应在桩养护到一定龄期时选取数根桩体进行开挖，检查桩顶部分外观质量。

5）开挖检验：用做止水挡土的壁状水泥土搅拌桩体，必要时可挖开桩顶3～4m深度，检查其外观搭接状态。也可沿壁状加固体轴线，斜向钻孔，使钻杆通过2～4根桩身即可检查其深部相邻桩的搭接状态。

表 C2-48-11-1A

N_{10}(击)	15	20～25	30～35	>40
q_u(kPa)	200	300	400	>500

注：轻便触探检验深度一般不超过4m。

6）水泥土搅拌成桩质量检验：

① 经触探和载荷试验检验后对桩身质量有怀疑时，应在成桩28d后，用双管单动取样器钻取芯样作抗压强度检验，检验数量为施工总桩数的0.5%，且不少于3根。

② 静载试验：载荷试验必须在桩身强度满足试验荷载条件时，并宜在成桩的28d进行。检验数量不应少于总桩数的0.5%～1%，且每项单体工程不宜少于3点。

注：一般最大加载为设计荷载的两倍。单桩的现场载荷试验，压板直径和桩径相等。

7）竖向承载水泥土搅拌桩地基竣工验收时，承载力检验应采用复合地基载荷试验和单桩载荷试验。

8）对相邻桩搭接要求严格的工程，应在成桩15d后，选取数根桩进行开挖，检查搭接情况。

9）基槽开挖后，应检验桩位、桩数与桩顶质量；如不符合设计要求，应采取有效补强措施。

（4）施工注意事项

1）在成桩过程中，如发生意外事故（如提升过快、搅拌不均匀、输浆管路堵塞、断浆或断电），影响桩身质量时，应在24h内采取重新搅拌或补浆等处理措施；同时，搅拌桩施工间隔时间也不得超过24h。

2）搅拌头直径尺寸的负误差不得超过40mm。

3）搅拌桩的施工属隐蔽验收工程，因此应有完整"隐验"记录。

4）施工过程中应随时检查施工记录，并对每根桩进行质量评定。对于不合格的桩，应根据其位置和数量等具体情况，分别采取补桩或加强邻桩等措施。

（5）表列子项

1）水灰比：照实际水灰比填写，应与水泥土试块配方的水灰比相一致。

2）施工工序：指涂层搅拌桩施工，预搅下沉、喷浆提升、重复下沉、重复提升的操作程序。

3）每米下沉或提升时间：指水泥土搅拌施工设备施工时下沉、提升的时间，应按预搅下沉、喷浆提升、重复下沉、重复提升分别记录。

4）开始时间：指预搅下沉、喷浆提升、重复下沉、重复提升各环节开始时间分别记录。

5）终止时间：指预搅下沉、喷浆提升、重复下沉、重复提升各环节的终止时间分别记录。

6）工艺时间：指预搅下沉、喷浆提升、重复下沉、重复提升各环节实际供浆的时间。

7）来浆时间：指喷浆提升和重复提升环节的来浆时间，照实际填写。

8）停浆时间：指喷浆提升和重复提升环节的停浆时间，照实际填写。

9）总喷浆时间：指喷浆提升和重复提升喷浆的总喷浆时间。

10）总施工时间：指预搅下沉、喷浆提升、重复下沉、重复提升的施工的总施工时间。

附： 1. 水泥土搅拌桩施工属于水泥土试块试验部分应由企业试验室负责进行，应用表式执行试验室现行表式。

2. 水泥土搅拌桩的供灰记录、轻便触探检验记录，可参照下表进行。

4.2.48.11-2　水泥土搅拌桩供灰记录（C2-48-11-2）

1. 资料表式

水泥土搅拌桩供灰记录表　　**表 C2-48-11-2**

工程名称：　　　　第　页　共　页

日期	桩号	输浆管道走浆时间	水泥品种、强度等级	拌灰罐数	每罐用量	水泥总用量(t)	外掺剂总用量(t)	开泵时间	停泵时间	总喷浆时间	泵前管内状态	泵后管内状态	备注

签字栏	监理(建设)单位	施工单位		
		专业技术负责人	质检员	记录人

2. 实施要点

（1）水泥土搅拌桩供灰记录是为按照供灰仪表记录的供灰数量实施的记录。

（2）表列子项

1）输浆管道走浆时间：按输浆管理道走浆的供浆表的走浆时间填写。

2）水泥品种、强度等级：照实际使用的品种、强度等级填写，应与水泥土试块用水泥的配方相一致。

3）拌灰罐数：照实际的拌灰罐数填记。

4）每罐用量：照实际，核算后应和设计的供灰数量相一致。

5）水泥总用量：照实际，应不低于设计的水泥总数量或相一致。

6）外掺剂总用量：照实际，应和设计的外加剂总用量相一致。

7）总喷浆时间：指喷浆提升和重复提升喷浆的总喷浆时间。

8）泵前管内状态：指供灰泵前输浆管的畅通情况，照实际。

9）泵后管内状态：指供灰泵后输浆管的畅通情况，照实际。

4.2.48.11-3　水泥土搅拌轻便触探检测记录（C2-48-11-3）

1. 资料表式

轻便触探检测记录表 **表 C2-48-11-3**

工程名称： 第 页 共 页

序号	成桩日期	触探日期	桩身龄期	轻便触探击数 N_{10}								加固土土样描述
				0.0～0.3m	0.5～0.8m	1.0～1.3m	1.5～1.8m	2.0～2.3m	2.5～2.8m	3.0～3.3m	3.5～3.8m	

签字栏	监理（建设）单位	施工单位		
		专业技术负责人	质检员	记录人

2. 实施要点

（1）水泥土搅拌桩轻便触探检测记录是为检测水泥土搅拌桩质量而进行的检测方法之一。

（2）成桩后 3d 内，可用轻型动力触探器中附带的钻头，在搅拌桩身中钻（N_{10}）检查每米桩身的均匀性。检验数量为施工总桩数的 1%，且不少于 3 根。

（3）表列子项

1）桩身龄期：指施工图设计的某桩号的桩身龄期，照实际填写。

2）轻便触探击数：指施工图设计的某桩号进行轻便触探试验时轻便触探击数，用 N_{10} 的轻便触探器触探，分别照 0.0～0.3、0.5～0.8、1.0～1.3、1.5～1.8、2.0～2.3、2.5～2.8、3.0～3.3、3.5～3.8 填写。

3）加固土土样描述：按轻便触探取出的加固土土样进行描述，照实际加固土土样进行描述。

Ⅷ 灰土挤密桩法和土挤密桩法

4.2.48.12 土桩和灰土挤密桩施工记录（C2-48-12）

4.2.48.12-1 土桩和灰土挤密桩桩孔施工记录（C2-48-12-1）

1. 资料表式

2. 实施要点

（1）适用范围：一般适用于地下水位以上的湿陷性黄土、素填土或杂填土的挤密加固地基（土桩主要用于消除黄土湿陷性、灰土桩主要用于提高承载力）。可处理深度为 5～15m。

当地基土含水量大于 24%、饱和度大于 65%时，不宜选用灰土挤密桩或土挤密桩。

1）施工前应在现场进行成孔、夯填工艺和挤密效果试验，并确定分层夯实填料的厚度、夯击次数和夯击后的干密度等要求。土的含水量超过 25%时成孔挤密难以保证，不宜采用挤密桩。

土桩和灰土挤密桩桩孔施工记录　　　表 C2-48-12-1

施工单位________________工程名称________________

施工班组________________地面标高________________

机械型号________________设计孔径__________孔深__________

<table>
<tr><td rowspan="2">序号</td><td rowspan="2">施工日期</td><td rowspan="2">基础编号</td><td rowspan="2">桩孔编号</td><td rowspan="2">桩孔深度(m)</td><td colspan="2">锤击次数</td><td colspan="2">成孔时间(min)</td><td rowspan="2">成孔质量检查</td><td rowspan="2">备注</td></tr>
<tr><td>总数</td><td>最后1m内</td><td>总计</td><td>最后1m内</td></tr>
<tr><td></td><td></td><td></td><td></td><td></td><td></td><td></td><td></td><td></td><td></td><td></td></tr>
<tr><td></td><td></td><td></td><td></td><td></td><td></td><td></td><td></td><td></td><td></td><td></td></tr>
<tr><td></td><td></td><td></td><td></td><td></td><td></td><td></td><td></td><td></td><td></td><td></td></tr>
<tr><td></td><td></td><td></td><td></td><td></td><td></td><td></td><td></td><td></td><td></td><td></td></tr>
<tr><td></td><td></td><td></td><td></td><td></td><td></td><td></td><td></td><td></td><td></td><td></td></tr>
<tr><td rowspan="3">签字栏</td><td colspan="3" rowspan="2">监理(建设)单位</td><td colspan="7">施　工　单　位</td></tr>
<tr><td colspan="3">专业技术负责人</td><td colspan="3">质检员</td><td>记录人</td></tr>
<tr><td colspan="3"></td><td colspan="3"></td><td colspan="3"></td><td></td></tr>
</table>

注：1. 采用锤击沉管时，记录“锤击次数”一栏；采用振动沉管成孔时，记录“成孔时间”一栏。
2. 成孔质量检查内容：桩径、垂直度、孔深、缩颈、坍孔和回淤等。
3. 为了随时掌握土层变化情况，“锤击次数”也可详细分段记录。

2）灰土的土料宜采用就地基槽中挖出的土，但不得含有有机杂质，使用前应过筛，其粒径不得大于15mm；熟石灰应过筛，其粒径不得大于5mm，且不得夹有未熟化的生石灰块，也不得含有过多的水分，体积配合比一般为3：7或2：8。

3）土和灰土挤密桩施工应按下列顺序进行：

① 平整场地、准确地定出桩孔位置并编号；

② 成孔应先外排后里排，同排内应间隔1～2个孔；

③ 成孔达到深度要求后，应及时分层回填夯实。

4）桩孔成孔后，应立即检查，其质量应符合表C2-48-12-1A的规定，并应做好记录。填孔前应先清底夯实，夯击次数不少于8次。

土和灰土挤密桩孔的允许偏差　　　表 C2-48-12-1A

<table>
<tr><td rowspan="2">成孔方法</td><td colspan="4">允许偏差</td></tr>
<tr><td>孔位(mm)</td><td>垂直度(%)</td><td>桩径(mm)</td><td>深度(mm)</td></tr>
<tr><td>沉管法</td><td>50</td><td>1.5</td><td>−20</td><td>≤100</td></tr>
<tr><td>爆扩法</td><td>50</td><td>1.5</td><td>±50</td><td>≤300</td></tr>
<tr><td>冲击法</td><td>50</td><td>1.5</td><td>±100
±50</td><td>≤300</td></tr>
</table>

5）填料含水量如超出最佳值的±3%时，宜予晾干或洒水湿润。暑期或雨天施工，宜有防晒、防雨设施。

6）回填夯实可用人工或简易机械进行。

① 人工夯实：使用重25kg带长杆的预制混凝土锤，用三人夯击；

② 机械夯实：可用简易夯实机或链条传动摩擦轮提升的连续夯击机，锤采用倒抛物线形锥体或尖锥体，用铸钢制成，锤不宜小于100kg，最大直径比桩孔直径小50～

120mm。一般落锤高度不小于 2m，每层夯击不少 10 锤，每层回填厚度 350～400mm。

(2) 质量检验

灰土挤密桩和土挤密桩地基验收时承载力检验应采用复合地基载荷试验。

1）施工结束后，对土或灰土挤密桩处理地基的质量，应及时进行抽样检验。

2）对一般工程，主要应检查施工记录、检测全部处理深度内桩体和桩间土的干密度，并将其分别换算为平均压实系数$\bar{\lambda}_c$和平均挤密系数$\bar{\eta}_c$。对重要工程，除检测上述内容外，还应测定全部处理深度内桩间土的压缩性和湿陷性。

3）夯填质量采用随机抽样检查。抽样检查数量，对一般工程应不小于桩总孔数的1%；对重要工程，不应少于桩总数的 1.5%。

4）检验数量不应少于桩总数的 0.5%，且每项单体工程不应少于 3 点。

5）对不合格处应采取加桩或其他补救措施，同时每台班至少应抽查 1 根。检查方法：

① 用轻便触探检查"检定锤击数"，以不小于试夯时达到的数值为合格。轻便触探"检定锤击数"，试验方法如下：打试验桩孔，孔深不宜小于 2.4m 从孔底起每 60～90cm 为一层，以三种不同的下料速度，逐层回填夯实；当夯实机的夯击频率和功能固定时，各层土的密实度随下料速度的不同而各异；通过桩孔内夯填土轻便触探试验，求得每 30cm 的锤击数 N_{10}，一般同一层内的 2～3 个 N_{10}值应相互接近，它们的平均值即为每层土的平均 N_{10}值；开剖试验桩孔时，沿夯填桩孔深度每隔 10～15cm 取 3～6 个原状夯实土样，测定其干重度，并计算各层填土的平均干重度；绘制夯填土的 $N_{10}\sim\gamma_d$ 关系曲线，其中夯填土设计要求干密度所对应的锤击数，即为施工中用于检验夯填土质量的最少锤击数——"检定锤击数"（见图 C2-48-12-1）；夯填所用的填料、施工机械和工艺，应与施工时采用的相同。

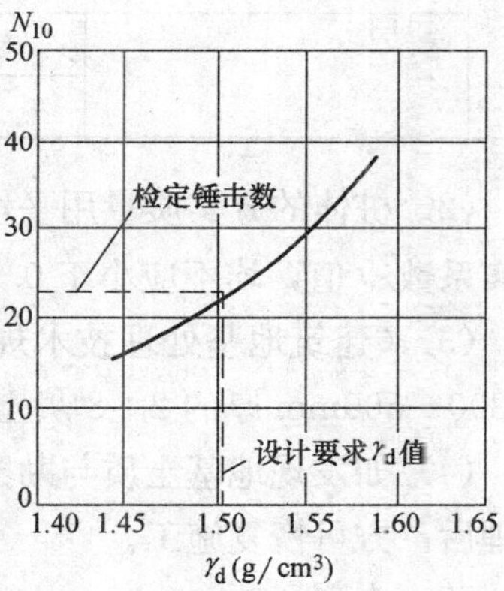

图 C2-48-12-1 N_{10}—γ_d 关系曲线

② 用洛阳铲在桩孔中心挖土，然后用环刀取出夯击土样，测定其干重度。必须时可通过开剖桩身，从基底开始沿桩身（桩孔深度）每米取夯击土样，测定其干重度。质量标准可按压实系数鉴定，一般为 0.93～0.95。

用贯入仪检查灰土质量时，应先进行现场试验，以确定贯入度的具体要求。

注：1. d_y 为土在施工时实际达到的干重度 γ_d 与其最大干重度 γ_{dmax}之比，即：

$$d_y=\frac{\gamma_d}{\gamma_{dmax}}$$

当设计用压实系数作为测定压实土标准时，应注意先应在现场对被测试土取样。在试验时进行土的最大干密度测定，取得最大干密度参数才能和实际压实土的测定结果进行比较，看其是否满足设计要求。

2. 灰土质量标准可按表 C2-48-12-1B 选用。

灰土质量标准 **C2-48-12-1B**

项　次	土料种类	灰土最小干重度(g/cm^2)
1	粉土	1.55
2	粉质黏土	1.50
3	黏土	1.45

4.2.48.12-2 土桩和灰土挤密桩孔分填施工记录（C2-48-12-2）

1. 资料表式

2. 实施要点

（1）土桩和灰土挤密桩动、静测试检测资料：由桩基检测单位按检测结果编制并提供。

土桩和灰土挤密桩孔分填施工记录　　表 C2-48-12-2

施工单位＿＿＿＿＿＿＿＿ 工程名称＿＿＿＿＿＿＿＿

施工班组＿＿＿＿＿＿＿＿ 地面标高＿＿＿＿＿＿＿＿

夯填机械＿＿＿＿＿＿＿＿ 填料类别＿＿＿＿＿＿＿＿

序号	施工日期	基础编号	桩孔编号	桩孔深度(m)	桩孔直径(m)	设计填料量(m^3)	实际填料量(m^3)	夯填时间(分)	质量检查	备注

签字栏	监理(建设)单位	施工单位		
		专业技术负责人	质检员	记录人

（2）桩体的夯实质量用平均压实系数$\bar{\lambda}_c$控制，分层回填灰土或素土，桩体内的平均压实系数$\bar{\lambda}_c$值，均不应小于 0.96。

（3）《建筑地基处理技术规范》（JGJ 79—2002）第 14.2.7 条规定桩顶标高以上应设置 300～500mm 厚的 2∶8 灰土垫层，其压实系数不应小于 0.95。

（4）如发现地基土质与勘察资料不符，应立即停止施工，待查明情况或采取有效措施处理后，方可恢复施工。

（5）表列子项

1）桩孔深度：实际施工的桩孔深度，如××m，底标高××m。

2）桩孔直径：实际成孔的桩孔直径，一般不小于设计直径。

3）设计填料量：指施工图设计给定的填料数量，照施工图标注的填料量。

4）实际填料量：指实际填入桩孔的填料数量。

5）夯填时间：指某挤密桩孔的分层夯填所需时间，照实际夯填需要的时间填写。

Ⅸ 水泥粉煤灰碎石桩法（CFG 桩）

4.2.48.13 水泥粉煤灰碎石桩施工记录（C2-48-13）

1. 资料表式

2. 实施要点

水泥粉煤灰碎石桩施工记录 **表 C2-48-13**

工程名称：

日期	序号	桩号	孔深(m)	桩顶标高	成孔时间		成桩时间		投料量(m^3)	浮浆厚度(m)	备注
					起	止	起	止			

签字栏	监理（建设）单位	施工单位		
		专业技术负责人	质检员	记录人

注：本表为长螺旋钻成孔水泥粉煤灰碎石桩施工记录用表。

水泥粉煤灰碎石桩桩位偏差量测统计表 **表 C2-48-13-1**

工程名称：

桩号	偏移方向与距离(cm)				桩号	偏移方向与距离(cm)			
	东	西	南	北		东	西	南	北

签字栏	监理（建设）单位	施工单位		
		专业技术负责人	质检员	记录人

水泥粉煤灰碎石桩即 CFG 桩，属高粘结强度桩。是在碎石桩桩体中加入适量石屑、粉煤灰和水泥加水拌合，制成的一种具有刚性桩的某些性状的桩，是一种具有一定粘结强度的非柔性、非刚性桩。简称 CFG 桩（Cement Flyash Gravel Pile）。这种桩的骨干为碎石，掺入石屑可以使级配良好，掺入粉煤灰可以增加混合料的和易性，并有低强度等级水泥的作用，增加桩体的后期强度。这是一种处理软弱地基土的经济而又行之有效的方法，是建研院地基所首次提出，并已得到广泛的应用。

（1）水泥粉煤灰碎石桩应用特点：

1）水泥粉煤灰碎石桩承载力提高幅度大。桩长可从几米到 20 多米，桩径一般为 350～400mm，桩承担的荷载占总荷载的百分比可在 40%～75%。

水泥粉煤灰碎石桩与无粘结强度的碎石桩不同，增加其桩长或将其打至硬层均可提高承载力。这一特点使水泥粉煤灰碎石桩复合地基承载力提高通过改变设计，可调性相对增大。无粘结强度的碎石桩属柔性桩，柔性桩传递荷载的深度是有限的，增加桩长也不能提高承载力。

水泥粉煤灰碎石桩复合地基加固地基后承载力的提高幅度大，碎石桩复合地基承载力比天然地基承载力提高可达2～3倍。

2）水泥粉煤灰碎石桩的适应范围广。对基础形式而言，可适用于条形基础，独立基础，筏形基础和箱形基础；对土性而言，可适用于填土，饱和及非饱和黏性土（主要是粉质黏土）、粉土、粉细砂，既可用于挤密效果好的土，又可用于挤密效果差的一些土。

水泥粉煤灰碎石桩加固后的地基土的含水量、孔隙比、压缩系数均有减小，重度和压缩模量有所增大。粉煤灰的振密效果比较显著，对于塑性指数较大的淤泥质粉质黏土，土的物理、力学指标也有所改善，但振密效果不如粉砂好。

水泥粉煤灰碎石桩的强度及模量远高于桩间土，在外荷载作用下，桩的变形小于桩间土的变形，因此，必须采取有效措施，保证复合地基中的桩土共同工作。解决桩土共同工作的实质是解决两者之间的变形协调。建研院黄熙龄院士提出，在复合地基表面，基础与桩和桩间土之间设置褥垫层，人为地向桩土刺入提供条件，并通过褥垫材料的流动补偿，使桩间土与基础始终保持接触，从而达到使桩土共同工作的目的。通过一系列复合地基模型试验和有限元分析，加上工程实例，都证实褥垫对于协调桩土变形、保证桩土共同工作的作用是极为有效的。

褥垫层技术是水泥粉煤灰碎石桩复合地基的一个核心技术。褥垫层可以保证桩、土共同承担荷载，调整桩土荷载的分担比，减小基础底面的应力集中，调整桩土水平荷载的分担，还可以使桩的最大轴力由桩顶往下移。轴力下移对柔性桩的承载力发展是有利的。试验表明：柔性桩（如石灰桩）的强度随围压增大而增大。随着深度的增加，桩周土的围护作用增加，桩身强度亦相应有所增大，这一点与桩身的最大应力下移相适应，有利于复合地基承载力的提高。垫层的作用对柔性桩复合地基具有普通意义，只要运用得当可取得意想不到的效果。

褥垫层的合理厚度，综合大量的工程实践总结，将垫层厚度取10～30cm为宜。当建筑物上部结构刚度较大，同时对地基沉降值要求不很严格时，褥垫厚度可以大一些，这样有利于提高桩土共同工作的效率。褥垫材料可采用3～10mm的碎石。

褥垫层对于调整基础的不均匀沉降也有一定效果。

3）水泥粉煤灰碎石桩复合地基：沉降量小，沉降稳定快。南京某工程试验表明：水泥粉煤灰碎石桩载荷试验＋级加荷＝总时间不超过24h，适用于对变形要求较严的建筑物，碎石桩复合地基为59h，需要指出的是：沉降量的大小和沉降稳定的速度与桩长、桩距、桩径及桩间土性质有关系，这尚待深入探讨。

4）水泥粉煤灰碎石桩当地基土承载力要求不高时，可以采用小桩径、大桩距，工程实践证明，小桩径、大桩距容易发挥桩间土的作用，大桩距施工可以防止断桩现象的发生。

大压板载荷试验证明，对于80～100kPa的淤泥质粉土，采用水泥粉煤灰碎石桩加固后，其复合地基容许承载力≥180kPa，变形模量E_0≥19MPa。

(2) 粉煤灰质量标准

拌制水泥粉煤灰碎石桩用粉煤灰质量应满足表C2-48-13-2要求。

粉煤灰技术指标 表 C2-48-13-2

序号	指标		级别		
			Ⅰ	Ⅱ	Ⅲ
1	细度(0.045mm方孔筛的筛余)(%)	不大于	12	20	45
2	需水量比(%)	不大于	95	105	115
3	烧失量(%)	不大于	5	8	15
4	含水量(%)	不大于	1	1	不规定
5	三氧化硫(%)	不大于	3	3	3

符合表 C2-48-13-2 技术要求的为等级品，若其中任何一项不符合要求的应重新加倍取样，进行复检。复检不合格的需降级处理。

凡低于表 C2-48-13-2 要求中最低级别技术要求的粉煤灰为不合格品。

（3）水泥粉煤灰碎石桩的施工

水泥粉煤灰碎石桩复合地基的成桩工艺是将碎石、粉煤灰、石屑、水泥和水按配比搅拌均匀，利用振动打桩机，直径为 300～400 的桩管，在管内边填料边振动，填满料后振动拔管，并分三次振动反插，直到拌合料表面出浆为止。

水泥粉煤灰碎石桩多用振动沉管机施工，也可用螺旋钻机，有时是振动沉管机和螺旋钻机联合使用。水泥粉煤灰碎石桩施工应注意如下问题：

1）粉土含水量高的地基土（如饱和粉土或近于饱和的土）选用沉管成孔时，沉管振动造成粉土可能发生液化。在上覆土重的作用下，粉土挤压桩身将造成缩颈，挤压严重还可能造成断桩。

2）桩身的施工质量：桩身强度是保证单桩承载力的关键，直接关系到地基处理的成效，因此，必须选择适当的施工工艺。

3）采用振动沉管法（管内投料）在地面进行施工，沉管时在其端部放置一钢筋混凝土桩靴，桩靴与钢管间的缝隙应用麻布充填，以防止泥水进入钢管内，保证桩尖与桩端土密实。

4）保护桩长：所谓保护桩长是指成桩时预先设定加长的一级桩长，基础施工时将其剔除的部分。保护桩长必须设置，并建议遵守以下原则：

① 设计桩顶标高离地表的距离不大时（不大于 1.5m），保护桩长可取 50～70cm，上部再用土封顶；

② 桩顶标高离地表的距离较大时，可设置 700～1000mm 的保护桩长，上部再用粒状材料封顶直到接近地面。

5）满堂布桩时，无论桩距大小，均不宜从四周围向内推进施工，可采用从中心向外推进或从一边向另一边推进的方案。

6）开挖与桩顶处理：

① 水泥粉煤灰碎石桩施工完毕，应待桩达到一定强度（一般为 3～7d），方可进行开挖。当桩顶标高距地表不深（一般不大于 1.5m）时，宜采用人工开挖；当桩顶标高较深，开挖面积较大时，可采用机械和人工联合开挖，但应注意留有足够的人工开挖厚度，且必须遵循以下原则：

a. 不可对设计桩顶标高以下的桩体产生损害；

b. 对中、高灵敏度土，应尽量避免扰动桩间土。

② 剔除桩头应采取如下措施：

a. 找出桩顶标高位置；

b. 用钢钎等工具沿桩周向桩心逐次剔除多余桩头，直到设计桩顶标高，并把桩顶找平；

c. 不可用重锤或重物横向击打桩体；

d. 桩头剔至设计标高处，桩顶表面不可出现斜平面。

基槽开挖和剔除桩头时造成桩体断裂至设计标高以下时，必须补救修复，如断裂面距桩顶标高不深，可用 C20 碎石混凝土接桩至设计标高，并注意在接桩过程中保护桩间土。

7）褥垫层的虚铺厚度：桩头处理后，桩间土和桩头处在同一平面，褥垫层的虚铺厚度按下式控制：

$$\Delta H=\frac{h}{a}$$

式中　ΔH——褥垫层的虚铺厚度；

h——设计褥垫层厚度；

a——夯填度，一般取 0.87～0.9。

虚铺后用静力压实，桩间土含水量不大时也可夯实。虚铺宽度的宽出部分不宜小于褥垫层的厚度。

8）施工通用做法说明

① 严格控制桩体的配合比和水灰比，每盘料的搅拌时间不得少于 2min；

② 投料时边填料、边振动，填满后振动拔管，分三次振动反插；

③ 控制拔管速度，一般应控制在 1.2～1.5m/min，以防止缩颈，保证桩体质量；

④ 采用隔桩跳打，隔行跳打，以防止土体隆起、变形、桩体错位和断桩；

⑤ 在沉管过程中，先投入一斗料，以防止水泥土进入管中，在桩底造成沉渣，影响桩端阻力的充分发挥。

（4）应用水泥粉煤灰碎石桩应注意的几个问题：

1）拔管速率以 1.2～1.5m/min 为宜。

2）从桩土作用的发挥考虑，桩距大于 4 倍桩径为宜。因为无论是振动沉管还是振动拔管，都对周围土体产生扰动或挤密。振动的影响与土的性质密切相关，挤密效果好得多，施工时振动可使土体密度增加，场地发生下沉；不可挤密的土则要发生地表隆起，桩距越小隆起量越大，以至于导致已打的桩产生缩颈或断桩，桩距越大越容易控制施工质量。但应根据不同的土性，分别加以考虑。必须缩桩距或桩距偏小且有比较坚硬土层时，可考虑采用螺旋钻预钻孔或引孔的措施。

3）混合料的坍落度控制在 3～5cm，和易性很好。当拔管速率为 1.2～1.5m/min 时，桩顶浮浆一般可控制在 10cm 左右，成桩质量密易控制。

4）当天然地基土的承载力标准值 $f_k \leqslant 50$kPa 时，水泥粉煤灰碎石桩的适用性值得研究。

5）当塑性指数高的饱和软黏土，成桩时土的挤密分量为零。承载力的提高仅取决于桩的置换作用。由于桩间土承载力太小，土的荷载分担比例太低，因此不宜再做复合地基。

6）采用水泥粉煤灰碎石桩处理地基，必须保证适当的置换率。当置换率较低时，桩间土应按天然地基土考虑。

7）由于水泥粉煤灰碎石桩的设计是按摩擦力考虑的，因此测试试验应采用动、静对比的方法进行，以测定天然地基土与桩间土的物理力学性质、单桩承载力复合地基承载力、单桩桩身质量等。

（5）水泥粉煤灰碎石桩的质量检测

施工检测应在施工结束28d后进行桩、土以及复合地基的检测。对于砂性较大的土，可以缩短恢复期，不一定等28d。

1）桩间土的检测：施工后可取土做室内土的试验，考查土的物理力学指标的变化；也可做现场静力触探和标准贯入试验，与地基处理前进行比较；必要时做桩间土静载试验，确定桩间土的承载力。

2）水泥粉煤灰碎石桩的检测：

① 施工质量检验主要应检查施工记录、混合料坍落度、桩数、桩位偏差、褥垫层厚度、夯填度和桩体试块抗压强度等。

② **水泥粉煤灰碎石桩地基竣工验收时，承载力检验应采用复合地基载荷试验。**

③ 水泥粉煤灰碎石桩地基检验应在桩身强度满足试验荷载条件时，并宜在施工结束28d后进行。试验数量宜为总桩数的0.5%～1%，且每个单体工程的试验数量不应少于3点。

④应抽取不少于总桩数的10%的桩进行低应变动力试验，检测桩身完整性。

3）复合地基检测：对于主要工程试验用荷载数据尽量与基础宽度接近。若用沉降比确定复合地基承载力时，S/B 取0.01对应的荷载为水泥粉煤灰碎石桩复合地基承载力标准值。

（6）水泥粉煤灰碎石桩复合地基验收时应提交下列资料：

1）桩位测量放线图（包括桩位编号）；

2）材料试（检）验及混合料试块、试验报告单；

3）竣工平面图；

4）水泥粉煤灰碎石桩施工原始记录；

5）设计变更通知书、事故处理记录；

6）复合地基静载试验检测报告；

7）施工技术措施。

（7）表列子项

1）水泥粉煤灰碎石桩桩位偏差量测统计表（C2-48-13-1）

偏移方向与距离（cm）：指水泥粉煤灰碎石桩某一桩号成桩后桩顶向某一方向（东、南、西、北）与桩中心线偏移的距离。

附：水泥粉煤灰碎石桩施工程序与施工记录表式（长螺旋钻成孔）

（1）水泥粉煤灰碎石桩施工工艺

1）桩机进入现场，组装设备。

2）桩机就位，调整立柱与地面的垂直度，确保垂直度不大于1%。

3）启动动力头钻孔至预定标高，停机。

4）停机后立即泵送混凝土至孔底，待混凝土在钻杆内具有合适高度时，启动主卷扬机提升钻杆，提升速度一般为1.5m～3.5m/min且与送料速度匹配。混凝土的坍落度按180～200mm控制，成桩后浮浆厚度以不超过200mm为宜。

5）钻杆提出地面，确认成桩符合设计要求后，移机进行其他桩施工。

（2）长螺旋钻孔泵压混凝土桩复合地基施工记录

长螺旋钻孔泵压混凝土桩复合地基施工记录

工程名称：　　　　设计桩长：　　　　混凝土强度等级：
施工单位：　　　　设计桩径：　　　　混凝土坍落度：
监理单位：　　　　设计桩顶标高：　　　　钻机编号：

序号	桩号	施工日期	开始时间	结束时间	孔深	实际桩长	桩顶标高	混凝土灌注量	备注

<table>
<tr><td rowspan="3">签字栏</td><td rowspan="2">监理（建设）单位</td><td colspan="3">施　工　单　位</td></tr>
<tr><td>专业技术负责人</td><td>质检员</td><td>记录人</td></tr>
<tr><td></td><td></td><td></td><td></td></tr>
</table>

X　夯实水泥土桩法

4.2.48.14　夯实水泥土桩施工记录（C2-48-14）

实施要点

（1）夯实水泥土桩施工记录按C2-25-2表式执行。

（2）夯实水泥土桩是将水泥与土按一定的比例拌合后，填入已钻好的孔中，分层夯实成桩。它是介于柔形桩与刚性桩之间的一种桩体，其强度主要有土的性质、水泥品种、水泥强度等级、龄期、养护条件等控制。

（3）夯实水泥土桩体固化材料水泥宜采用32.5MPa矿渣水泥或42.5MPa普通硅酸盐水泥，混合料用的土料有机物质含量不得超过5%，不得含冻土或膨胀土，使用时应过10～20mm筛。

（4）夯实水泥土桩的技术特点

1）可用多种工艺施工，设备简单，便于推广。

2）施工速度快，造价低廉。

3）桩体强度0.5～4MPa，复合地基承载力可达250kPa，桩间土经挤密后可大幅度提高承载力。

4）除人工挖孔、人工夯实的工艺外，大多存在一定的振动和噪声，受到某些使用的限制。

5）处理深度一般不大于15m。

（5）施工要点

1）施工前应在现场进行成孔、夯填工艺和挤密效果试验，并确定分层夯实填料的厚度，夯击次数和夯击后的干密度等要求。混合料压实系数 λ_c 不应小于0.93。土的含水量超过25%时成孔挤密难以保证，不宜采用挤密桩。

2）夯实水泥土桩施工应按下列顺序进行：

① 平整场地、准确的定出桩孔位置并编号；

② 成孔应先外排后里排，同排内应间隔1～2个孔；

③ 成孔达到深度要求后，应及时分层回填夯实。

3）桩孔成孔后应立即检查，其质量应符合设计和规范的规定，也可参照表C2-48-14-1执行，并应做好记录。填孔前应先清底夯实，夯击次数一般不应小于8次。

水泥土桩孔的允许偏差 **表C2-48-14-1**

成孔方法	允许偏差			
	孔位(mm)	垂直度(%)	桩径(mm)	深度(mm)
沉管法	50	1.5	−20	≤100
爆扩法	50	1.5	±50	≤300
冲击法	50	1.5	−50	≤300

4）混合填料含水量应满足土料最优含水量 w_{op}，其允许偏差不得大于2%。混合料超出最佳值的±3%时，宜于晾干或洒水湿润。暑期或雨天施工，宜有防晒、防雨设施。

5）回填夯实可用人工或简易机械进行。

①人工夯实：使用重25kg带长杆的预制混凝土锤，三人夯击；

②机械夯实：可用简易夯实机或链条传动摩擦轮提升的连续夯击机，锤采用倒抛物线形锥体或尖锥体，用铸钢制成，锤不宜小于100kg，锤的最大直径比桩孔直径小50～120mm，一般落锤高度不小于2m，每层夯击不少于10锤，每层回填厚度350～400mm。

（6）施工质量控制

1）桩点位置与场地标高应与施工图相符；

2）夯实水泥土桩检验的允许偏差应符合下列要求：

桩的验收偏差，正常情况下桩位偏差不宜大于10cm，垂直度偏差不大于1.5%，桩径误差±3cm，桩长误差±15cm。

3）桩体密实度检验，一般在成柱后7～10d进行桩体静力触探或 N_{10} 轻便触探检验。

（7）施工注意事项

1）确定灌料量：根据设计桩径计算每延长米桩料体积，然后将计算乘以1.4的压实系数作为每米的灌料量，灌入量不得小于设计要求。当掺加掺合料时，由于掺合料含水量变化很大，在工地可采用体积控制。

2）在软土施工中，经常出现坍孔和缩孔，一根6m长的桩往往需要填料反复压实四五次。即使如此，桩长和桩底直径尚无确切把握，而桩的中部、上部直径往往偏大。较多采用桩管上刻度记号，每次沉管压入的深度要经过现场试验后严格控制来保证质量。

3）夯实水泥土桩的水泥与土的配合比宜采用重量比，一般水泥与土的重量比为1：5、1：6、1：7、1：8等。夯实水泥土桩的水泥掺入量不宜小于5%，以7%～15%为宜。

4）夯实水泥土桩应优先选用机械夯实，不宜采用人工夯实。桩体的压实系数不应小于0.93。

(8) 质量检验

夯填质量采用随机抽样检查，检查数量应不小于桩孔总数的2%，不合格处应采取加桩或其他补救措施，同时每台班至少应抽查一根。检查方法：

① 用轻便触探检查"检定锤击数"，以不小于试夯时达到的数值为合格。轻便触探"检定锤击数"，试验方法如下：打试验桩孔，孔深不宜小于2.4m；从孔底起每60～90cm为一层，以三种不同的下料速度，逐层回填夯实；当夯实机的夯击频率和功能固定时，各层土的密度随下料速度的不同而各异；通过桩孔内夯填土轻便触探试验，求得每30cm的锤击数N_{10}，一般同一层内的2～3个N_{10}值应相互接近，它们的平均值即为每层土的平均N_{10}值；开剖试验桩孔时，沿夯填桩孔深度每隔10～15cm取3～6个原状夯实土样，测定其干密度，并计算各层填土的平均干密度；绘制夯填土的$N_{10}\sim\gamma_d$关系曲线，其中夯填土设计要求干密度所对应的锤击数，即为施工中用于检验夯填土质量的最少锤击数——"检定锤击数"。夯填所用的填料、施工机械和工艺，应与施工时采用的相同。

② 用洛阳铲在桩孔中心挖土，然后可用环刀取出夯击土样，测定其干密度。必要时可通过开剖桩身，从基底开始沿桩身（桩孔深度）每米取夯击土样，测定基干密度。质量标准可按压实系数鉴定，一般为0.93～0.95。

(9) 桩体和复合地基检验

1）夯实水泥土桩复合地基的加固效果检验，较普遍的方法是载荷试验和静力触探，也有用十字板剪切试验、动力触探（标准贯入）法。对个别土质特殊或重要工程，根据设计要求还要取桩、土样进行有关的试验。各项试验均应在成桩后一个月进行为宜。

① 施工过程中，对夯实水泥土桩的成桩质量，应及时进行抽样检验。抽样检验的数量不应少于总桩数的2%。

对一般工程，可检查桩的干密度和施工记录。干密度的检验方法可在24h内采用取土样测定或采用轻型动力触探击数N_{10}与现场试验确定的干密度进行对比，以判断桩身质量。

② 载荷试验：**夯实水泥土桩地基竣工验收时，承载力检验应采用单桩复合地基载荷试验。对重要或大型工程，尚应进行多桩复合地基载荷试验。**

单桩复合地基试验的压板大小应等于单桩单元面积，群桩复合地基试验的压板大小亦为相应各桩单元面积之和。

③ 静载荷试验应在有代表性或土质较差的地段进行。检验数量应为总桩数的0.5%～1%，且每个单体工程不应少于3点。

④ 施工过程中的触探应在地基加固区的不同部位随机抽样进行测试，抽样桩数应按规范要求进行。

每根桩分别触探桩身、桩间土各一点，深度应大于桩长；如有异常，应增加测点并判明原因。

当承载力未达到设计要求时，应在基础施工前予以补桩或修改设计。

2）地基施工完成后应及时设置沉降观测点，监视观测其沉降情况。

Ⅺ 砂桩法

4.2.48.15 砂桩地基（C2-48-15）

1. 实施要点

（1）砂桩地基表式按C2-48-12-1和C2-48-12-2执行。

（2）施工前应检查砂料的含泥量及有机质含量、样桩的位置等。砂质量的检验项目、批量和检验方法应符合国家现行标准规定（含泥量≤3%，有机质含量≤5%）。

（3）砂桩施工

砂桩施工应从外围或两侧向中间进行，成孔宜用振动沉管工艺。

（4）施工中检查每根砂桩的桩位（允许偏差≤50mm）、灌砂量（≥95%）、标高（允许偏差±150mm）、垂直度（允许偏差≤1.5%）等。

（5）应用砂桩地基注意事项

1）砂桩施工工艺可采用冲击成孔挤密法、振动成孔挤密法或旋转成孔挤密法。

2）应用砂桩处理地基，应注意如何针对不同的土质，选用合适的桩径、柱距和施工工艺，使砂桩起复合地基和排水作用，减少挤压扰动影响，是砂桩地基加固效果好或不好的关键。

3）砂桩可以起排水作用，加速地基的固结。为便于孔隙水压力消散，宜选用级配良好、含泥量小的砂料，施工时采用间隔跳打的施工工艺。

4）砂桩法处理地基土，在提高地基的抗液化能力方面效果良好。

5）不宜用扩大直径的桩头，因为这严重扰动地基土。

6）宜用直径较大的桩管，宜用500mm及其以上的桩管。

（6）砂桩的质量检测

1）施工结束后，应检验被加固地基的强度或承载力。承载力检验应采用复合地基载荷试验，并符合设计要求。

2）砂桩地基的承载力检验：**数量为总数的0.5%～1%，但不应少于3处。有单桩强度检验要求时，数量为总数的0.5%～1%，但不应少于3根。**

4.2.48.16 地基处理测试报告（C2-48-16）

地基处理测试报告分别见不同处理方法的地基检测资料，主要包括：

（1）地基强度试验报告。

（2）干密度试验报告。

（3）桩间土干密度试验报告。

（4）地基承载力测试报告。

（5）压实系数试验报告。

（6）桩体强度测试报告。

（7）注浆体强度试验报告。

(8) 复合地基测试报告。

(9) 单桩竖向承载力测试报告。

(10) 桩基完整性测试报告。

桩基、有支护土方资料

4.2.49 桩基工程设计变更、洽商记录（C2-49）

桩基工程设计变更、洽商记录资料编制控检要求按 C2-1 要求原则执行。

4.2.49.1 设计变更（C2-49-1）

1. 资料表式、实施要点按 C2-1-2 执行。

2. 设计变更的表式以设计单位签发的设计变更文件为准。

3. 设计变更是工程实施过程中，由于设计图纸本身差错，设计图纸与实际情况不符，施工条件变化，原材料的规格、品种不符合设计要求及职工提出合理化建议等原因，需要对设计图纸部分内容进行修改而办理的变更设计文件。

4.2.49.2 洽商记录（C2-49-2）

1. 洽商记录的资料表式、实施要点按 C2-1-3 执行。

2. 洽商记录是工程实施过程中，由于设计图纸本身差错，设计图纸与实际情况不符，建设单位根据需要提出的设计修改，施工条件变化，原材料的规格、品种不符合设计要求及职工提出合理化建议等原因，需要对设计图纸部分内容进行修改而需要由建设单位或施工单位提出的变更设计的洽商记录文件。

4.2.50 不同桩位测量放线定位图（C2-50）

不同桩位测量放线定位图资料编制控检要求，均按 C2-2 要求原则执行。

4.2.51 材料出厂合格证、进厂材料检（试）验报告（C2-51）

材料出厂合格证、进厂材料检（试）验报告按 C2-3-1～19 执行。

桩基常用原材料出厂合格证及进场检（试）验报告，下列子项均按 GB 50300—2001 标准规定的单位（子单位）工程质量控制资料核查中建筑与结构项下对应名称的表式、资料编制控检要求、实施要点执行。计有：合格证、试（检）验报告汇总表（通用）；合格证粘贴表（通用）；材料检验报告（通用）；钢材合格证、试验报告汇总表（通用）；钢筋出厂合格证（通用）；钢筋机械性能试验报告；钢材试验报告；焊接试验报告、焊条（剂）合格证汇总表（通用）；焊条（剂）合格证（通用）；水泥出厂合格证、试验报告汇总表（通用）；水泥出厂合格证（通用）；水泥试验报告；混凝土外加剂合格证、出厂检报告；混凝土外加剂复试报告；掺合料合格证；掺合料试验报告；混凝土拌合用水水质试验报告（有要求时）；粗细骨料合格证、试验报告汇总表；砂子试验报告；石子试验报告。

注：材料出厂合格证、进厂材料检（试）验报告在单位（子单位）工程质量控制资料核查记录序目

表中的序号为1.51.1～1.51.20。资料编制控检要求按建筑与结构材料出厂合格证及进场检（试）验报告控制原则要求执行。

4.2.52 施工试验报告及见证检测报告（C2-52）

施工试验报告及见证检测报告按C2-4-1～16执行。

桩基的施工试验报告及见证检测报告，下列子项均按GB 50300—2001标准规定的单位（子单位）工程质量控制资料核查中建筑与结构项下对应名称的表式、资料要求、实施要点执行。计有：施工试验报告及见证检测报告；检验报告（通用）；钢（材）筋连接试验报告；混凝土试块强度试验报告汇总表；混凝土强度试配报告单；外加剂试配报告单；混凝土试块试验报告单；混凝土强度统计方法评定汇总表；混凝土强度非统计方法评定汇总表。

注：施工试验报告及见证检验报告在单位（子单位）工程质量控制资料核查记录序目表中的序号为1.52.1～1.52.8。资料编制控检要求按建筑与结构施工试验报告及见证检验报告控制原则要求执行。

4.2.53 隐蔽工程验收记录（C2-53）

（1）桩基、有支护土方工程需隐蔽的项目必须实行隐蔽工程验收，隐蔽验收原则按建筑与结构的隐蔽验收要求执行。隐蔽工程验收符合设计和有关标准规定的为符合要求，不进行隐蔽工程验收或不填报隐蔽工程验收记录不符合要求。

4.2.53.1 隐蔽工程验收记录表（C2-53-1）

隐蔽工程验收记录按C2-5-1表式执行。

4.2.53.2 钢筋隐蔽工程验收记录表（C2-53-2）

钢筋隐蔽工程验收记录按C2-5-2表式执行。

4.2.54 施工记录（C2-54）

施工记录除单独设有施工记录表式外，其他均可参照施工记录（通用）表式C2-40-1执行。

Ⅰ 混凝土预制桩

4.2.54.1 试打桩情况记录（C2-54-1）

1. 资料表式

2. 资料要求

（1）试打桩情况记录施工应有专项设计，并按设计要求办理。

（2）试打桩情况记录应认真填写试打桩情况记录，表式齐全、正确为符合要求，不按要求填写、子项不全以及后补者均为不符合要求。

（3）按要求填写齐全正确为符合要求，不按要求填写子项不全、涂改原始记录以及后

试打桩情况记录表　　　　表 C2-54-1

工程名称：　　　　　　　　　　　　试打日期：　　年　　月　　日

<table>
<tr><td>建设单位</td><td></td><td>设 计 单 位</td><td></td><td>总包单位</td><td></td><td>打桩单位</td><td></td></tr>
<tr><td>设计桩型</td><td></td><td>混凝土强度等级</td><td></td><td>配筋情况</td><td></td><td>施工机械</td><td></td></tr>
<tr><td colspan="8">工程桩控制标准：</td></tr>
<tr><td colspan="8">试打桩桩号及情况：</td></tr>
<tr><td colspan="8">评定意见：</td></tr>
<tr><td rowspan="3">签字栏</td><td colspan="2">监理(建设)单位</td><td colspan="5">施　工　单　位</td></tr>
<tr><td colspan="2" rowspan="2"></td><td colspan="2">专业技术负责人</td><td colspan="2">质检员</td><td>记录人</td></tr>
<tr><td colspan="2"></td><td colspan="2"></td><td></td></tr>
</table>

补者为不符合要求。

(4) 责任制签章齐全为符合要求，否则为不符合要求。

3. 实施要点

试打桩情况记录是对桩的贯入度、持力层强度、桩的承载力，以及施工过程中遇到的各种问题及反常情况的过程记录。

(1) 试打桩应按照设计要求选择沉桩方法、选择桩锤重。

（2）试打桩应认真记录试打过程的有关沉桩情况，按设计要求确定有关沉桩的技术参数及有关注意事项。

（3）表列子项

1）工程桩控制标准：根据设计提供的有关参数确定。

2）试打桩桩号及情况：有于工程桩时，按桩位布置图编号，画出各土层的深度，记录打桩时每米的锤击数，最后贯入度以及各种异常情况。用于非工程桩时，按试桩编号填写，并做好试打桩记录。

3）试打桩时，建设、设计、监理单位必须参加，并对结果签字盖章。

4.2.54.2 钢筋混凝土预制桩打桩记录（C2-54-2）

1. 资料表式

钢筋混凝土预制桩打桩记录 表 C2-54-2

施工单位＿＿＿＿＿＿＿＿＿＿＿＿工程名称＿＿＿＿＿＿＿＿＿＿＿＿

施工班组＿＿＿＿＿＿＿＿＿＿＿＿桩的规格＿＿＿＿＿＿＿＿＿＿＿＿

桩锤类型及冲击部分重量＿＿＿＿＿＿＿＿自然地面标高＿＿＿＿＿＿＿＿

桩帽重量＿＿＿＿＿＿气候＿＿＿＿＿＿桩顶设计标高＿＿＿＿＿＿＿＿

<table>
<tr><td rowspan="2">编号</td><td rowspan="2">打桩日期</td><td colspan="24">桩入土每米锤击次数</td><td rowspan="2">落距(mm)</td><td rowspan="2">桩顶高出或低于设计标高(m)</td><td rowspan="2">最后贯入度(mm/10击)</td></tr>
<tr><td>1</td><td>2</td><td>3</td><td>4</td><td>5</td><td>6</td><td>7</td><td>8</td><td>9</td><td>10</td><td>11</td><td>12</td><td>13</td><td>14</td><td>15</td><td>16</td><td>17</td><td>18</td><td>19</td><td>20</td><td>21</td><td>22</td><td>23</td><td>24</td></tr>
<tr><td></td><td></td><td></td><td></td><td></td><td></td><td></td><td></td><td></td><td></td><td></td><td></td><td></td><td></td><td></td><td></td><td></td><td></td><td></td><td></td><td></td><td></td><td></td><td></td><td></td><td></td><td></td><td></td><td></td></tr>
<tr><td></td><td></td><td></td><td></td><td></td><td></td><td></td><td></td><td></td><td></td><td></td><td></td><td></td><td></td><td></td><td></td><td></td><td></td><td></td><td></td><td></td><td></td><td></td><td></td><td></td><td></td><td></td><td></td><td></td></tr>
<tr><td></td><td></td><td></td><td></td><td></td><td></td><td></td><td></td><td></td><td></td><td></td><td></td><td></td><td></td><td></td><td></td><td></td><td></td><td></td><td></td><td></td><td></td><td></td><td></td><td></td><td></td><td></td><td></td><td></td></tr>
<tr><td></td><td></td><td></td><td></td><td></td><td></td><td></td><td></td><td></td><td></td><td></td><td></td><td></td><td></td><td></td><td></td><td></td><td></td><td></td><td></td><td></td><td></td><td></td><td></td><td></td><td></td><td></td><td></td><td></td></tr>
<tr><td></td><td></td><td></td><td></td><td></td><td></td><td></td><td></td><td></td><td></td><td></td><td></td><td></td><td></td><td></td><td></td><td></td><td></td><td></td><td></td><td></td><td></td><td></td><td></td><td></td><td></td><td></td><td></td><td></td></tr>
<tr><td></td><td></td><td></td><td></td><td></td><td></td><td></td><td></td><td></td><td></td><td></td><td></td><td></td><td></td><td></td><td></td><td></td><td></td><td></td><td></td><td></td><td></td><td></td><td></td><td></td><td></td><td></td><td></td><td></td></tr>
<tr><td></td><td></td><td></td><td></td><td></td><td></td><td></td><td></td><td></td><td></td><td></td><td></td><td></td><td></td><td></td><td></td><td></td><td></td><td></td><td></td><td></td><td></td><td></td><td></td><td></td><td></td><td></td><td></td><td></td></tr>
<tr><td colspan="2">备注</td><td colspan="27"></td></tr>
</table>

<table>
<tr><td rowspan="3">签字栏</td><td>监理（建设）单位</td><td colspan="3">施　工　单　位</td></tr>
<tr><td rowspan="2"></td><td>专业技术负责人</td><td>质检员</td><td>记录人</td></tr>
<tr><td></td><td></td><td></td></tr>
</table>

注：打桩记录可根据地方习惯，当按桩入土每米锤击次数记录时选择表 C2-54-2；当按每阵锤击次数记录时，可选择表 C2-54-2-1。

2. 实施要点

（1）预制桩的制作：

钢筋混凝土预制桩打桩记录　　　　**表 C2-54-2-1**

工程名称：　　　　　　桩号：　　　　　　桩机型号：

施工单位：　　　　设计桩尖标高（m）：　　　　设计最后 50cm 贯入度（cm/次数）：

接桩形式：　　桩锤重量（t）：　　停打桩尖标高（m）：　　桩断面尺寸及长度（cm）：

桩号	桩位	每阵锤击次数	每阵打入深度（m）	每阵平均贯入度（cm/次）	累计贯入度（cm/次）	累计次数	最后50cm锤击次数	最后50cm贯入度（cm/次）	备注

签字栏	监理（建设）单位	施　工　单　位		
		专业技术负责人	质检员	记录人

注：打桩记录可根据地方习惯，当按桩入土每米锤击次数记录时选择表 C2-54-2-1；当按每阵锤击次数记录时，可选择表 C2-54-2-1。

1）预制桩制桩所用的材料：钢材、水泥、砂、石、外加剂等出厂合格证和复试报告应齐全。模板材料适用前应进行检查。

2）混凝土预制桩的截面边长不应小于 200mm；预应力混凝土预制桩的截面边长不宜小于 350mm；预应力混凝土离心管桩的外径不宜小于 300mm。

3）预制桩的桩身配筋主筋直径不宜小于 $\phi14$，打入桩桩顶（2～3）d 长度范围内箍筋应加密并设置钢筋网片；预应力混凝土预制桩宜优先采用后张法施加预应力。预应力钢筋宜选用冷拉 HRB335（Ⅱ级）、HRB400（Ⅲ级）、HRB500（Ⅳ级）钢筋。

4）预制桩的混凝土强度等级不宜低于 C30；采用静压法沉桩时，可适当降低，但不宜低于 C20；预应力混凝土桩的混凝土强度等级不宜低于 C40；预制桩纵向钢筋的混凝土保护层厚度不宜小于 30mm。

5）预制桩的接头不宜超过 2 个，预应力管桩接头数量不宜超过 4 个。

6）混凝土预制桩可以在工厂或施工现场预制，但预制场地必须平整、坚实。

7）制桩模板可用木模板或钢模，必须保证平整、牢靠，尺寸准确。

8）钢筋骨架的主筋连接宜采用对焊或电弧焊，主筋接头配置在同一截面内的数量，应符合下列规定：

① 当采用闪光对焊和电弧焊时，对于受拉钢筋，不得超过 50%；

② 相邻两根主筋接头截面的距离应大于 $35d_R$（主筋直径），并不小于 500mm。

③ 必须符合钢筋焊接及验收规程的要求。

9）确定桩的单节长度时应符合下列规定：

① 满足桩架的有效高度、制作场地条件、运输与装卸能力；

② 应避免桩尖接近硬持力层或桩尖处于硬持力层中接桩。

10）为防止桩顶击碎，浇筑预制桩的混凝土时，宜从桩顶开始浇筑，并应防止另一端的砂浆积聚过多。

11）锤击预制桩，其粗骨料粒径宜为5～40mm。

12）锤击预制桩，应在强度与龄期均达到要求后，方可锤击。

13）重叠法制作预制桩时，应符合下列规定：

① 桩与邻桩及底模之间的接触面不得粘连；

② 上层桩或邻桩的浇筑，必须在下层桩或邻桩的混凝土达到设计强度的30%以后，方可进行；

③ 桩的重叠层数视具体情况而定，不宜超过4层。

（2）混凝土预制桩的起吊、运输和堆存。

1）混凝土预制桩达到设计强度的70%方可起吊，达到100%才能运输。

2）桩起吊时应采取相应措施，保持平稳，保护桩身质量。

3）水平运输时，应做到桩身平稳放置、无大的振动，严禁在场地上以直接拖拉桩体方式代替装车运输。

4）桩的堆存应符合下列规定：

① 地面状况应满足平整、坚实的要求；

② 垫木与吊点应保持在同一横断平面上，且各层垫木应上下对齐；

③ 堆放层数不宜超过4层。

（3）混凝土预制桩的沉桩。

1）沉桩前必须处理架空（高压线）和地下障碍物，场地应平整，排水应畅通，并满足打桩所需的地面承载力。

硫磺胶泥灌注后的停歇时间 **表 C2-54-2-2**

项次	桩断面（mm×mm）	不同气温下的停歇时间(min)									
		0～10℃		11～20℃		21～30℃		31～40℃		41～50℃	
		打桩	压桩	打桩	压桩	打桩	压桩	打桩	压桩	打桩	压桩
1	400×400	6	4	8	5	10	7	13	9	17	12
2	450×450	10	6	12	7	14	9	17	11	21	14
3	500×500	13	/	15	/	18	/	21	/	24	/

2）桩锤的选用应根据地质条件、桩型、桩的密集程度、单桩竖向承载力及现有施工条件等决定，也可按表C2-54-2-3执行。

3）桩打入时应符合下列规定：

① 桩帽或送桩帽与桩周围的间隙应为5～10mm；

② 锤与桩帽，桩帽与桩之间应加设弹性衬垫，如硬木、麻袋、草垫等；

③ 桩锤、桩帽或送桩应和桩身在同一中心线上；

④ 桩插入时的垂直度偏差不得超过0.5%。

4）打桩顺序应按下列规定执行：

① 对于密集桩群，自中间向两个方向或向四周对称施打；

② 当一侧毗邻建筑物时，由毗邻建筑物处向另一方面施打；

③ 根据基础的设计标高，宜先深后浅；

④ 根据桩的规格，宜先大后小、先长后短。

锤重选择表　　**表 C2-54-2-3**

<table>
<tr><td colspan="3" rowspan="2">锤　型</td><td colspan="6">柴 油 锤 (t)</td></tr>
<tr><td>20</td><td>25</td><td>35</td><td>45</td><td>60</td><td>72</td></tr>
<tr><td colspan="2" rowspan="4">锤的动力性能</td><td>冲击部分重(t)</td><td>2.0</td><td>2.5</td><td>3.5</td><td>4.5</td><td>6.0</td><td>7.2</td></tr>
<tr><td>总重(t)</td><td>4.5</td><td>6.5</td><td>7.2</td><td>9.6</td><td>15.0</td><td>18.0</td></tr>
<tr><td>冲击力(kN)</td><td>2000</td><td>2000～2500</td><td>2500～4000</td><td>4000～5000</td><td>5000～7000</td><td>7000～10000</td></tr>
<tr><td>常用冲程(m)</td><td colspan="6">1.8～2.3</td></tr>
<tr><td colspan="2" rowspan="2">桩的截面尺寸</td><td>预制方桩、预应力管桩的边长或直径(cm)</td><td>25～35</td><td>35～40</td><td>40～45</td><td>45～50</td><td>50～55</td><td>55～60</td></tr>
<tr><td>钢管桩直径(cm)</td><td colspan="3">φ40</td><td>φ60</td><td>φ90</td><td>φ90～100</td></tr>
<tr><td rowspan="2">持力层</td><td rowspan="2">黏性土
粉土</td><td>一般进入深度(m)</td><td>1～2</td><td>1.5～2.5</td><td>2～3</td><td>2.5～3.5</td><td>3～4</td><td>3～5</td></tr>
<tr><td>静力触探比贯入阻力 P 平均值(MPa)</td><td>3</td><td>4</td><td>5</td><td>>5</td><td>>5</td><td>>5</td></tr>
<tr><td rowspan="2">持力层</td><td rowspan="2">砂土</td><td>一般进入深度(m)</td><td>0.5～1</td><td>0.5～1.5</td><td>1～2</td><td>1.5～2.5</td><td>2～3</td><td>2.5～3.5</td></tr>
<tr><td>标准贯入击数 N(未修正)</td><td>15～25</td><td>20～30</td><td>30～40</td><td>40～45</td><td>40～50</td><td>50</td></tr>
<tr><td colspan="3">锤的常用控制贯入度(cm/10 击)</td><td colspan="3">2～3</td><td>3～5</td><td>4～8</td><td></td></tr>
<tr><td colspan="3">设计单桩极限承载力(kN)</td><td>400～1200</td><td>800～1600</td><td>2500～4000</td><td>3000～5000</td><td>5000～7000</td><td>7000～10000</td></tr>
</table>

注：1. 本表仅供选锤用；

2. 本表适用于 20～60m 长预制钢筋混凝土桩及 40～60m 长钢管桩，且桩尖进入硬土层有一定深度。

5）桩停止锤击的控制原则如下：

① 桩端（指桩的全断面）位于一般土层时，以控制桩端设计标高为主，贯入度可作参考；

② 桩端达到坚硬、硬塑的黏性土、中密以上粉土、砂土、碎石类土、风化岩时，以贯入度控制为主，桩端标高可作参考；

③ 贯入度已达到而桩端标高未达到时，应继续锤击 3 阵，按每阵 10 击的贯入度不大于设计规定的数值加以确认，必要时施工控制贯入度应通过试验与有关单位会商确定。

6）当遇到贯入度剧变，桩身突然发生倾斜、移位或有严重回弹，桩顶或桩身出现严重裂缝、破碎等情况时，应暂停打桩，并分析原因，采取相应的措施。

7）当采用内（外）射水法沉桩时，应符合下列规定：

① 水冲法打桩适用于砂土和碎石土；

② 水冲至最后 1～2m 时，应停止射水，并用锤击至规定标高，停锤控制标准可按有关规定执行。

8）为避免或减小沉桩挤土效应和对邻近建筑物、地下管线等的影响，施打大面积密集桩群时，可采取下列辅助措施：

① 预钻孔沉桩，孔径约比桩径（或方桩对角线）小 50～100mm，深度视桩距和土的密实度、渗透性而定，深度宜为桩长的 1/3～1/2，施工时应随钻随打；桩架宜具备钻孔锤击双重性能；

② 设置袋装砂井或塑料排水板，以消除部分超孔隙水压力，减少挤土现象；袋装砂井直径一般为 70～80mm，间距 1～1.5m，深度 10～12m；塑料排水板，深度、间距与袋装砂井相同；

③ 设置隔离板桩或地下连续墙；

④ 开挖地面防震沟可消除部分地面震动，可与其他措施结合使用，沟宽 0.5～0.8m，深度按土质情况以边坡能自立为准；

⑤ 限制打桩速率；

⑥ 沉桩过程应加强邻近建筑物，地下管线等的观测、监护。

预制桩（钢桩）位置的允许偏差 **表 C2-54-2-4**

序　号	项　目	允许偏差(mm)
1	单排或双排桩条形桩基 (1)垂直于条形桩基纵轴方向	100
	(2)平行于条形桩基纵轴方向	150
2	桩数为 1～3 根桩基中的桩	100
3	桩数为 4～16 根桩基中的桩	1/3 桩径或 1/3 边长
4	桩数大于 16 根桩基中的桩 (1)最外边的桩	1/3 桩径或 1/3 边长
	(2)中间桩	1/2 桩径或 1/2 边长

注：由于降水、基坑开挖和送桩深度超过 2m 等原因产生的位移偏差不在此表内。

(4) 桩的开始试验时间

1) 预制桩在砂土中入土后 7d 开始试验，如为黏性土，应视土的恢复而定，一般不得少于入土后 15d；对于饱和软黏土，不得少于入土后 25d。

2) 灌注桩应在桩身混凝土达到设计强度后，才能进行试桩。

(5) 预制桩施工必须严格按操作工艺执行。诸如桩机就位、预制桩体起吊、稳桩、桩侧或桩架标尺设置、执行打桩原则（如落距、锤重选择、打桩顺序、标高、贯入度控制等)、接桩原则（如焊接接桩、预埋件表面清理、上下节之间缝隙用铁片垫实焊牢；接桩距地面的位置、外露铁件防腐；硫磺胶泥接桩等）、送桩、中间检验、移动桩机等，应认真做好记录。据此完成施工资料的编制。

(6) 表列子项

最后贯入度：一般指贯入度已达到，而桩尖标高尚未达到时，应继续锤击 3 阵，其每阵实际的平均贯入度为最后贯入度。振动沉桩时，按最后 3 次振动（加压）每次 10min 或 5min，测出每分钟的平均贯入度为最后贯入度。

4.2.54.3 钢筋混凝土预制桩接桩试验记录（C2-54-3）

桩的连接方法有焊接、法兰接及硫磺胶泥锚接三种，前两种可用于各类土层；硫磺胶泥锚接适用于软土层，且对一级建筑桩基或承受拔力的桩宜慎重选用。

4.2.54.3-1　**钢筋混凝土预制桩焊接、法兰接桩试验记录**（C2-54-3-1）

实施要点

（1）钢筋混凝土预制桩焊接、法兰接桩试验记录用表按表C2-6-1执行。

（2）接桩材料应符合下列规定：

1）焊接接桩：钢板宜用低碳钢，焊条宜用E43；

2）法兰接桩：钢板和螺栓宜用低碳钢；

接桩材料其物理力学性能应符合设计和规范的规定。

4.2.54.3-2　**钢筋混凝土预制桩硫磺胶泥锚接接桩试验记录**（C2-54-3-2）

实施要点

（1）钢筋混凝土预制桩硫磺胶泥锚接接桩试验记录用表按表C2-6-1执行。

（2）接桩材料应符合下列规定：

硫磺胶泥锚接桩：硫磺胶泥配合比应通过试验确定，其物理力学性能应符合表C2-54-3-2A的规定。

硫磺胶泥的主要物理力学性能指标　　**表C2-54-3-2A**

物理性能	1. 热变性：60℃以内强度无明显变化；120℃变液态；140～145℃密度最大且和易性最好；170℃开始沸腾；超过180℃开始焦化，且遇明火即燃烧 2. 重度：2.28～2.32g/cm³ 3. 吸水率：0.12%～0.24% 4. 弹性模量：5×10^5kPa 5. 耐酸性：常温下能耐盐酸、硫酸、磷酸、40%以下的硝酸、25%以下铬酸、中等浓度乳酸和醋酸
力学性能	1. 抗拉强度：4×10^3kPa 2. 抗压强度：4×10^4kPa 3. 握裹强度：与螺纹钢筋为1.1×10^4kPa；与螺纹孔混凝土为4×10^3kPa 4. 疲劳强度：对照混凝土的试验方法，当疲劳应力比值P为0.38时，疲劳修正系数$r>0.8$

（3）采用焊接接桩时，应先将四角点焊固定，然后对称焊接，并确保焊缝质量和设计尺寸。

（4）为保证硫磺胶泥锚接桩质量，应做到：

① 锚筋应刷清洁并调直；

② 锚筋孔内应有完好螺纹，无积水、杂物和油污；

③ 接桩时接点的平面和锚筋孔内应灌满胶泥；

④ 灌注时间不得超过2min；

⑤ 灌注后停歇时间应符合表C2-54-1的规定；

⑥ 胶泥试块每班不得少于一组。

4.2.54.4　钢筋混凝土预制桩补桩资料（C2-54-4）

实施要点

打桩不符合要求时，应进行补桩并应有补桩记录。

补桩要有补桩平面图，图中应标注清楚原桩和补桩的平面位置。补桩要有编号，要说明补桩的规格、打入深度、沉入记录、贯入度记录、质量情况，并有制图人及补打桩负责人签字。

补桩记录表与桩施工记录表、填写要求相同。

Ⅱ 静力压桩

静力压桩包括锚杆静压桩及其他各种非冲击力沉桩。

4.2.54.5 静力压桩施工记录（C2-54-5）

1. 资料表式

静力压桩施工记录 表 C2-54-5

施工单位＿＿＿＿＿＿＿＿ 工程名称＿＿＿＿＿＿＿＿

施工班组＿＿＿＿＿＿＿＿ 桩的规格＿＿＿＿＿＿＿＿

桩机编号和重量＿＿＿＿ 气候＿＿＿＿ 自然地面标高＿＿＿＿

压力表压载换算＿＿＿＿MPa 合＿＿＿＿t 桩顶设计标高＿＿＿＿

日期	班别 早中夜	顺号	桩号	起讫时间 时分至时分	节长连桩尖(m)	读数(MPa)	节长(m)	读数(MPa)	节长(m)	读数(MPa)	节长(m)	读数(MPa)	节长(m)	读数(MPa)	节长(m)	读数(MPa)	换算压载(t)	入土总深度(m)	备注

<table>
<tr><td rowspan="3">签字栏</td><td>监理(建设)单位</td><td colspan="3">施 工 单 位</td></tr>
<tr><td rowspan="2"></td><td>专业技术负责人</td><td>质检员</td><td>记录人</td></tr>
<tr><td></td><td></td><td></td></tr>
</table>

2. 实施要点

静力压桩是在软土地基上，利用静压力将预制桩压入土中的一种沉桩工艺。

从事静力压桩的单位，必须具备省（直辖市）级以上（含省、直辖市级）建设行政主管部门颁发的资质证书。

静力压桩适用于软弱土层，当存在厚度大于 2m 的中密以上砂夹层时，不宜采用静力压桩。

（1）静力压桩的范围与要求

1）静力压桩包括锚杆静压桩及其他各种非冲击力沉桩。

2）施工前应对成品桩（锚杆静压成品桩一般均由工厂制造，运至现场堆放）作外观及强度检验，接桩用焊条或半成品硫磺胶泥应有产品合格证书，或送有关部门检验。压桩用压力表、锚杆规格及质量也应进行检查。硫磺胶泥半成品应每 100kg 做一组试件（3 件）。

3）压桩过程中应检查压力、桩垂直度、接桩间歇时间、桩的连接质量及压入深度。重要工程应对电焊接桩的接头作 10％的探伤检查，对承受反力的结构应加强观测。

4）施工结束后，应做桩的承载力及桩体质量检验。

（2）静力压桩应符合下列规定：

1）压桩机应根据土质情况配足额定重量；

2）桩帽、桩身和送桩的中心线应重合；

3）节点处理应符合桩基规范确定桩的单节长度时的有关规定及混凝土预制桩接桩的规定；

4）压同一根（节）桩应缩短停顿时间。

（3）遇到下列情况应暂停压桩，并及时与有关单位研究处理：

1）初压时，桩身发生大幅度移位、倾斜，压入过程中桩身突然下沉或倾斜；

2）桩顶混凝土破坏或压桩阻力剧变。

（4）压桩施工注意事项

1）压桩施工前应对现场的土层土质情况了解清楚，做好设备的检查工作，必须保证使用可靠，避免中途间断，引起间歇后压桩阻力增大，发生压不下去的事故。压桩过程中施工方案需要停歇时，应将桩尖停歇在软弱土层中。

2）施压过程中应随时注意保持桩的轴心受压，若有偏移要及时调整。

3）接桩应保证上、下节桩的轴线一致，接桩时间应尽可能缩短。

4）压桩所用的测量压力等仪器，应注意保养、检修和标定。

5）压桩机行驶道的地基应有足够的承载能力，必要时需作处理。

6）压桩过程中，当桩尖遇到夹砂层等引起压桩阻力增大，甚至超过压桩机能力而使桩机上抬。可以最大的压桩力作用在桩顶，并采取忽停忽开的方法，使桩有可能缓慢下沉穿过砂层。

7）当桩压至接近设计标高时，不可过早停压；否则，在补压时常会发生压不下或压入过少的现象。

8）当压桩阻力超过压桩能力，或来不及调整平衡，使压桩架发生较大倾斜时，应立即停压并采取安全措施。

（5）表列子项

1）桩顶设计标高：按施工图设计的桩顶标高填写。

2）节长连桩尖：第一节桩长再加上桩尖的长度。

3）读数：指第一节桩时压力表上的读数。

4）节长：指第二节桩的桩长。

5）读数：指第一、二节桩长压桩时压力表上的读数，其他节长、读数依次类推。

6）送桩深度：按设计要求的送桩深度填写。

7）读数：指自第一节起至送桩段压力表上的读数。

8）换算压载：单位面积上的压力乘承压面积即为换算压载。

9）入土总深度：指从每一节起至送桩段的总长度。

Ⅲ 钢桩

4.2.54.6 钢管桩施工记录（C2-54-6）

1. 资料表式

钢管桩施工记录表 C2-54-6

日期	桩号	分节顺序	打桩起讫时间	焊接起讫时间	锤击下沉情况																			累计土芯高度	最后贯入	度(cm/击)	回弹量(cm)	平面偏差(cm)	倾斜(%)
					入土深度(m)	1	2	3	4	5	6	7	8	9	10	11	12	13	14	15	16	17	18						
					锤击次数 落距高度(cm)																								
					锤击次数 落距高度(cm)																								
					锤击次数 落距高度(cm)																								
备注																													
签字栏	监理(建设)单位								施工单位																				
					专业技术负责人								质检员									记录人							

注：打桩过程中如有异常情况记录在备注栏内。

2. 实施要点

（1）钢桩（钢管桩、H形桩及其他异形钢桩）的制作

1）制作钢桩的材料应符合设计要求，并有出厂合格证和试验报告。

2）钢桩制作的允许偏差应符合表C2-54-6-1的规定。

钢桩制作的允许偏差 表C2-54-6-1

序号	项目		允许偏差(mm)
1	外径或断面尺寸	桩端部	±0.5%D外径或边长
		桩身	±1%D外径或边长
2	长度(mm)		+10
3	矢高		<1/1000L
4	端部平整度(mm)		≤2（H形桩≤1）
5	端部平面与桩身中心线的倾斜值(mm)		≤2
6	H形钢桩的方正度 $h>300$		$T+T'\leqslant 8$
	$h<300$		$T+T'\leqslant 6$

3）钢桩的分段长度应满足设计规定，且不宜大于15m。

（2）钢桩的焊接

1）钢桩的焊接应符合下列规定：

① 端部的浮锈、油污等脏物必须清除，保持干燥；下节桩顶经锤击后的变形部分应割除；

② 上下节桩焊接时应校正垂直度，对口的间隙为2～3mm；

③ 焊丝（自动焊）或焊条应烘干；

④ 焊接应对称进行；

⑤ 焊接应用多层焊，钢管桩各层焊缝的接头应错开，焊渣应清除；

⑥ 气温低于0℃或雨雪天，无可靠措施确保焊接质量时，不得焊接；

⑦ 每个接头焊接完毕，应冷却1min后方可锤击；

⑧ 焊接质量应符合钢结构施工质量验收规范和建筑钢结构焊接规程，每个接头除应按规定进行外观检查外，还应按接头总数的5%做超声或2%做X射线拍片检查。在同一工程内，探伤检查不得少于3个接头。接桩焊缝外观允许偏差见表C2-54-6-2。

2）H形钢桩或其他异形薄壁钢桩，接头处应加连接板。其形式如无规定，可按等强度设置。

（3）钢桩的运输和堆存

钢桩的运输与堆存应注意下列几点：

① 堆存场地应平整、坚实，排水畅通；

② 桩的两端应有适当保护措施，钢管桩应设保护圈；

③ 搬运时应防止桩体撞击而造成桩端、桩体损坏或弯曲；

④ 钢桩应按规格、材质分别堆放，堆放层数不宜太高。对钢管桩，ϕ900直径放置三层；ϕ600直径放置四层；ϕ400直径放置五层；对H形钢桩，最多六层；支点设置应合理，钢管桩的两侧应用木楔塞住，防止滚动。

（4）钢桩的沉桩

1）钢管形如锤击沉桩有困难，可在管内取土以助沉。

2）H形钢形断面刚度较小，锤重不宜大于4.5t级（柴油锤），且在锤击过程中桩架前应有横向约束装置，防止横向失稳。

3）持力层较硬时，H形钢桩不宜送桩。

4）地表层如有大块石、混凝土块等回填物，则应在插入H形钢桩前进行触探并清除位上的障碍物，保证沉桩质量。

（5）表列子项

1）桩锤类型及重量：桩锤类型分为蒸汽锤和柴油锤两大类，重量指锤总重，详见桩基基本说明，打桩"选择锤重参考表"，按实际选用。

2）分节顺序：钢管桩需分别由一根上节桩、一根下节桩和若干根中节桩组成。根据每根钢管桩长度及分节情况，由施工单位进行分节排序。

3）焊接起讫时间：指焊接每节桩开始和结束的时间。

4）锤击下沉情况：分别填记桩每米入土深度所需的锤击数和落距高度。

5）累计入土深度：即桩的入土总深度，照实际填写。

接桩焊缝外观允许偏差　　　　**表C2-54-6-2**

<table>
<tr><th>序　号</th><th>项　目</th><th>允许偏差(mm)</th></tr>
<tr><td rowspan="3">1</td><td>上下节桩错口：
①钢管桩外径≥700mm</td><td>≤3</td></tr>
<tr><td>②钢管桩外径<700mm</td><td>≤2</td></tr>
<tr><td>H形钢桩</td><td>1</td></tr>
<tr><td>2</td><td>咬边深度(焊缝)</td><td>0.5</td></tr>
<tr><td rowspan="2">3</td><td>焊缝加强层高度</td><td>2</td></tr>
<tr><td>焊缝加强层宽度</td><td>2</td></tr>
</table>

6）累计土芯高度：指钢管桩施打完成后管孔内土芯的实际高度，照实际填写。

7）最后贯入度：一般以最后 3 阵 10 击的平均贯入度为最后贯入度，以不大于设计规定的数据为合格。

8）回弹量：照实际回弹量填写。

9）平面偏差：指两个方向（纵、横向）桩距的偏差，照实际填写。

10）倾斜：指被击打桩完成后，桩的垂直度偏差。

附　桩型与成桩工艺选择

桩型与成桩工艺应根据建筑结构类型、荷载性质、桩的使用功能、穿越土层、桩端持力层、地下水位、施工设备、施工环境、施工经验、制桩材料供应等条件选择。可按表附 1 进行。

桩型与成桩工艺选择　　附 1

桩类			桩径：桩身（mm）	桩径：扩底端（mm）	最大桩长（m）	穿越土层：一般黏性土及其填土	穿越土层：淤泥和淤泥质土	穿越土层：粉土	穿越土层：砂土	穿越土层：碎石土	穿越土层：季节性冻土膨胀土	穿越土层：黄土：非自重湿陷性黄土	穿越土层：黄土：自重湿陷性黄土	穿越土层：中间有硬夹层	穿越土层：中间有砂夹层	穿越土层：中间有砾石夹层	桩端进入持力层：硬黏性土	桩端进入持力层：密实砂土	桩端进入持力层：碎石土	桩端进入持力层：软质岩石和风化岩石	地下水位：以上	地下水位：以下	对环境影响：振动和噪声	对环境影响：排浆	孔底有无挤密
非挤土成桩	干作业法	长螺旋钻孔灌注桩	300～800	—	28	○	×	○	△	×	○	○	△	×	△	×	○	○	△	△	○	×	无	无	无
		短螺旋钻孔灌注桩	300～800	—	20	○	×	○	△	×	○	○	×	×	△	×	○	○	×	×	○	×	无	无	无
		钻孔扩底灌注桩	300～600	800～1200	30	○	×	○	×	×	○	○	△	×	△	×	○	○	△	△	○	×	无	无	无
		机动洛阳铲成孔灌注桩	300～500	—	20	○	×	△	×	×	○	○	△	△	×	△	○	○	×	×	○	×	无	无	无
		人工挖孔扩底灌注桩	800～2000	1600～3000	30	○	×	△	△	△	○	○	○	○	△	△	○	△	△	○	○	△	无	无	无
非挤上成桩	泥浆护壁法	潜水钻成孔灌注桩	500～800	—	50	○	○	○	△	×	△	△	×	×	△	×	○	○	△	×	○	○	无	有	无
		反循环钻成孔灌注桩	600～1200	—	80	○	○	○	△	△	△	○	○	○	○	△	○	○	△	○	○	○	无	有	无
		正循环钻成孔灌注桩	600～1200	—	80	○	○	○	△	△	△	○	○	○	○	△	○	○	△	○	○	○	无	有	无
		旋挖成孔灌注桩	600～1200	—	600	○	△	○	△	△	△	○	○	○	△	△	○	○	○	○	○	○	无	有	无
		钻孔扩底灌注桩	600～1200	1000～1600	30	○	○	○	△	△	△	○	○	○	○	△	○	△	△	△	○	○	无	有	无
	套管护壁	贝诺托灌注桩	800～1600	—	50	○	○	○	○	○	△	○	△	○	○	○	○	○	○	○	○	○	无	无	无
		短螺旋钻孔灌注桩	300～800	—	20	○	○	○	○	×	△	○	△	△	△	△	○	○	△	△	○	○	无	无	无
部分挤土成桩	灌注桩	冲击成孔灌注桩	600～1200	—	50	○	△	△	△	○	△	×	×	○	○	○	○	○	○	○	○	○	有	有	无
		长螺旋钻孔压灌桩	300～800	—	25	○	△	○	○	△	○	○	○	△	△	△	○	○	△	△	○	△	无	无	无
		钻孔挤扩多支盘桩	700～900	1200～1600	40	○	○	○	△	△	△	○	○	○	○	△	○	○	△	×	○	○	无	有	无
部分挤土成桩	预制桩	预钻孔打入式预制桩	500	—	50	○	○	○	△	×	○	○	○	○	○	△	○	○	△	△	○	○	有	无	有
		静压混凝土(预应力混凝土)敞口管桩	800	—	60	○	○	○	△	×	△	○	○	△	△	△	○	○	○	△	○	○	无	无	有
		H 形钢桩	规格	—	80	○	○	○	○	○	△	△	△	○	○	○	○	○	○	○	○	○	有	无	无
		敞口钢管桩	600～900	—	80	○	○	○	○	△	△	○	○	○	○	○	○	○	○	○	○	○	有	无	有
挤土成桩	灌柱桩	内夯沉管灌注桩	325、377	460～700	25	○	○	○	△	△	○	○	○	×	△	×	○	△	△	×	○	○	有	无	有
	预制桩	打入式混凝土预制桩 闭口钢管桩、混凝土管桩	500×500 1000	—	60	○	○	○	△	△	△	○	○	○	○	△	○	○	△	△	○	○	有	无	有
		静压桩	1000	—	60	○	○	△	△	△	△	○	△	△	△	×	○	○	△	×	○	○	无	无	有

注：1. 表中符号○表示比较合适；△表示有可能采用；×表示不宜采用。

2. 本表选自《建筑桩基技术规范》（JGJ 94—2008）。

Ⅳ　混凝土灌注桩

4.2.54.7　混凝土灌注桩施工记录（C2-54-7）

下列子项均按 GB 50300—2001 标准规定的单位（子单位）工程质量控制资料核查中建筑与结构项下对应名称的表式、资料要求、实施要点执行。计有：

混凝土浇灌申请书；

混凝土开盘鉴定；

混凝土工程施工记录；

混凝土坍落度检查记录。

注：混凝土灌注桩施工记录中的混凝土浇灌申请书、混凝土开盘鉴定、混凝土工程施工记录和混凝土坍落度检查记录按单位（子单位）工程质量控制资料核查记录中的 C2-6-6-1、C2-6-6-2、C2-6-6-3、C2-6-6-5 执行。

4.2.54.7-1　*泥浆护壁成孔的灌注桩施工记录*（C2-54-7-1）

1. 资料表式

泥浆护壁成孔的灌注桩施工记录　　　　**表 C2-54-7-1**

施工单位＿＿＿＿＿＿＿＿＿＿＿＿＿＿＿工程名称＿＿＿＿＿＿＿＿＿＿＿＿＿＿＿

施工班组＿＿＿＿＿＿＿＿＿＿＿＿＿＿＿气　　候＿＿＿＿＿＿＿＿＿＿＿＿＿＿＿

钻机类型＿＿＿＿＿＿＿＿＿＿＿＿＿＿＿设计桩顶标高＿＿＿＿＿＿＿＿＿＿＿＿＿

设计桩径＿＿＿＿＿＿＿＿＿＿＿＿＿＿＿自然地面标高＿＿＿＿＿＿＿＿＿＿＿＿＿

<table>
<tr><th rowspan="2">日期</th><th rowspan="2">班次</th><th rowspan="2">桩位</th><th rowspan="2">钻孔时间（min）</th><th colspan="2">钻孔直径（cm）</th><th colspan="2">钻孔深度（m）</th><th rowspan="2">护筒埋深（m）</th><th rowspan="2">孔底沉渣厚度（cm）</th><th rowspan="2">孔底标高（m）</th><th rowspan="2">泥浆种类</th><th colspan="3">泥浆指标</th><th rowspan="2">备注</th></tr>
<tr><th>设计</th><th>实测</th><th>设计</th><th>实测</th><th>相对密度</th><th>胶体率（%）</th><th>含砂量（%）</th></tr>
<tr><td></td><td></td><td></td><td></td><td></td><td></td><td></td><td></td><td></td><td></td><td></td><td></td><td></td><td></td><td></td><td></td></tr>
<tr><td></td><td></td><td></td><td></td><td></td><td></td><td></td><td></td><td></td><td></td><td></td><td></td><td></td><td></td><td></td><td></td></tr>
<tr><td></td><td></td><td></td><td></td><td></td><td></td><td></td><td></td><td></td><td></td><td></td><td></td><td></td><td></td><td></td><td></td></tr>
<tr><td></td><td></td><td></td><td></td><td></td><td></td><td></td><td></td><td></td><td></td><td></td><td></td><td></td><td></td><td></td><td></td></tr>
</table>

<table>
<tr><td rowspan="3">签字栏</td><td rowspan="2">监理（建设）单位</td><td colspan="3">施工单位</td></tr>
<tr><td>专业技术负责人</td><td>质检员</td><td>记录人</td></tr>
<tr><td></td><td></td><td></td><td></td></tr>
</table>

2. 实施要点

（1）灌注桩施工

1）灌注桩施工应具备下列资料：

① 建筑物场地工程地质资料和必要的水文地质资料；

② 桩基工程施工图（包括同一单位工程中所有的桩基础）及图纸会审纪要；

③ 建筑场地和邻近区域内的地下管线（管道、电缆）、地下构筑物、危房、精密仪器车间等的调查资料；

④ 主要施工机械及其配套设备的技术性能资料；

⑤ 桩基工程的施工组织设计或施工方案；

⑥ 水泥、砂、石、钢筋等原材料及其制品的质检报告；

⑦ 有关荷载、施工工艺的试验参考资料。

2）施工组织设计的质量管理措施与内容：

① 施工平面图：标明桩位、编号、施工顺序、水电线路和临时设施的位置；采用泥浆护壁成孔时，应标明泥浆制备设施及其循环系统；

② 确定成孔机械、配套设备以及合理施工工艺的有关资料，泥浆护壁灌注桩必须有泥浆处理措施；

③ 施工作业计划和劳动力组织计划；

④ 机械设备、备（配）件、工具（包括质量检查工具）、材料供应计划；

⑤ 桩基施工时，对安全、劳动保护、防火、防雨、防台风、爆破作业、文物和环境保护等方面应按有关规定执行；

⑥ 保证工程质量、安全生产和季节性（冬、雨期）施工的技术措施。

3）成桩机械必须经鉴定合格，不合格机械不得使用。

4）施工前应组织图纸会审，会审纪要连同施工图等作为施工依据一并列入工程档案。

5）桩基施工用的临时设施，如供水、供电、道路、排水、临设房屋等，必须在开工前准备就绪，施工场地应进行平整处理，以保证施工机械正常作业。

6）基桩轴线的控制点和水准基点应设在不受施工影响的地方。开工前，经复核后应妥善保护，施工中应经常复测。

7）成孔设备就位后，必须平整、稳固，确保在施工中不发生倾斜、移动。为准确控制成孔深度，在桩架或桩管上应设置控制深度的标尺，以便在施工中进行观测记录。

8）成孔的控制深度应符合下列要求：

① 摩擦型桩：摩擦桩以设计桩长控制成孔深度；端承摩擦桩必须保证设计桩长及桩端进入持力层深度；当采用锤击沉管法成孔时，桩管入土深度控制以标高为主，以贯入度控制为辅；

② 端承型桩：当采用钻（冲）、挖掘成孔时，必须保证桩孔进入设计持力层的深度；当采用锤击沉管法成孔时，沉管深度控制以贯入度为主，设计持力层标高对照为辅。

9）灌注桩成孔施工的允许偏差应满足表 C2-54-7-1A 的要求。

10）钢筋笼除符合设计要求外，尚应符合下列规定：

① 混凝土灌注桩钢筋笼质量检验标准见表 C2-54-7-1B；

② 分段制作的钢筋笼，其接头宜采用焊接并应遵守《混凝土结构工程施工质量验收规范》(GB 50204—2002)；

③ 主筋净距必须大于混凝土粗骨料粒径 3 倍以上；

④ 加劲箍宜设在主筋外侧，主筋一般不设弯钩，根据施工工艺要求所设弯钩不得向内圆伸露，以免妨碍导管工作；

⑤ 钢筋笼的内径应比导管接头处外径大 100mm 以上；

⑥ 搬运和吊装时应防止变形，安放要对准孔位，避免碰撞孔壁，就位后应立即固定；

11）粗骨料可选用卵石或碎石，其最大粒径对于沉管灌注桩不宜大于 50mm，并不得

灌注桩施工允许偏差 表 C2-54-7-1A

序号	成孔方法		桩径偏差（mm）	垂直度允许偏差（%）	桩位允许偏差（mm）	
					1～3根，单排桩基垂直于中心线方向和群桩基础中的边桩	条形桩基沿中心线方向和群桩基础中间桩
1	泥浆护壁钻孔桩	d≤1000mm	±50	1	d/6且不大于100	d/4且不大于150
		d>1000mm	±50		100+0.01H	150+0.01H
2	套管成孔灌注桩	d≤500mm	−20	1	70	150
		d>500mm			100	150
3	干成孔灌注桩		−20	1	70	150
4	人工挖孔桩	混凝土护壁	±50	0.5	50	150
		钢套管护壁	±20	1	100	200

注：① 桩径允许偏差的负值是指个别断面；

② 采用复打、反插法施工的桩，其桩径允许偏差不受本表限制；

③ H 为施工现场地面标高与桩顶设计标高的距离；D 为设计桩径。

混凝土灌注桩钢筋笼质量检验标准 表 C2-54-7-1B

项次	项目	允许偏差（mm）
1	主筋间距	±10
2	箍筋间距	±20
3	钢筋笼直径	±10
4	钢筋笼长度	±100

大于钢筋间最小净距的1/3；对于素混凝土桩，不得大于桩径的1/4，并不宜大于70mm。

12）检查成孔质量合格后应尽快浇筑混凝土。桩身混凝土必须留有试件，直径大于1m的桩，每根桩应有1组试块，且每个浇筑台班不得少于1组，每组3件。

13）为核对地质资料、检验设备、工艺以及技术要求是否适宜，桩在施工前宜进行"试成孔"。

14）人工挖孔桩的孔径（不含护壁）不得小于0.8m。当桩净距小于2倍桩径且小于2.5m时，应采用间隔开挖。排桩跳挖的最小施工净距不得小于4.5m，孔深不宜大于40m。

15）人工挖孔桩混凝土护壁的厚度不宜小于100mm，混凝土强度等级不得低于桩身混凝土强度等级。采用多节护壁时，上下节护壁间宜用钢筋拉结。

（2）泥浆护壁成孔灌注桩

1）泥浆的制备和处理

① 除能自行造浆的土层外，均应制备泥浆。泥浆制备应选用高塑性黏土或膨润土。拌制泥浆应根据施工机械、工艺及穿越土层进行配合比设计。膨润土泥浆可按表C2-54-7-1C的性能指标制备。

制备泥浆的性能指标　　表 C2-54-7-1C

项　次	项　目	性 能 指 标	检 验 方 法
1	相对密度(黏土或砂性土中)	1.15～1.20	泥浆比重计
2	黏度	10～25s	50000/70000 漏斗法
3	含砂率	＜6％	
4	胶体率	＞95％	量杯法
5	失水量	＜30mL/30min	失水量仪
6	泥皮厚度	1～3mm/30min	失水量仪
7	静切力	1min20～30mg/cm² 10min50～100mg/cm²	静切力计
8	稳定性	＜0.03g/cm²	
9	pH 值	7～9	pH 试纸

② 泥浆护壁应符合下列规定：施工期间护筒内的泥浆面应高出地下水位 1.0m 以上，在受水位涨落影响时，泥浆面应高出最高水位 1.5m 以上；在清孔过程中，应不断置换泥浆，直至浇筑水下混凝土；浇筑混凝土前，孔底 500mm 以内的泥浆相对密度应小于 1.25；含砂率≤8％；黏度≤28s；在容易产生泥浆渗漏的土层中，应采取维持孔壁稳定的措施。

注：泥浆护壁成孔对环境有一定污染，应制定其施工措施，该措施需经当地环保部门批准后实施。

2）正反循环回转钻机钻孔灌注柱的施工

① 钻孔机具及工艺的选择，应根据桩型、钻孔深度、土层情况、泥浆排放及处理等条件综合确定。对孔深大于 30m 的端承型桩，宜采用反循环工艺成孔或清孔。

② 泥浆护壁成孔时宜采用孔口护筒，护筒应按下列规定设置：

A. 护筒有定位、保护孔口和维持液（水）位高差等重要作用，可以采用打埋或坑埋等设置方法；护筒埋设应准确、稳定，护筒中心与桩位中心的偏差不得大于 50mm；

B. 护筒一般用 4～8mm 钢板制作，其内径应大于钻头直径 100mm，其上部宜开设 1～2 溢浆孔；

C. 护筒的埋设深度：在黏性土中不宜小于 1.0m；砂土中不宜小于 1.5m；其高度尚应满足孔内泥浆面高度的要求；

D. 受水位涨落影响或水下施工的钻孔灌注桩，护筒应加高加深，必要时应打入不透水层。

③ 在松软土层中钻进，应根据泥浆补给情况控制钻进速度；在硬层或岩层中的钻进速度以钻机不发生跳动为准。

④ 为了保证钻孔的垂直度，钻机设置的导向装置应符合下列规定：

A. 潜水钻的钻头上应有不小于 3 倍直径长度的导向装置；

B. 利用钻杆加压的正循环回转钻机，在钻具中应加设扶正器。

⑤ 钻进过程中如发生斜孔、塌孔和护筒周围冒浆时，应停钻。待采取相应措施后，再行钻进。

⑥ 钻孔达到设计深度，清孔应符合下列规定：

A. 泥浆指标参照表 C2-54-7-1C 执行；

B. 灌注混凝土之前，孔底沉渣厚度指标：端承桩≤50mm；摩擦端承桩、端承摩擦桩≤100mm；摩擦桩≤300mm。

⑦ 钻孔灌注桩施工注意事项：

A. 钻孔灌注桩的桩孔钻成并清孔后，应尽快吊放钢筋骨架并灌注混凝土。在无水或少水的浅桩孔中灌注混凝土时，应分层浇筑振实，每层高度一般为0.5～0.6m，不得大于1.5m。混凝土坍落度在一般黏性土中宜为50～70mm；砂类土中为70～90mm；黄土中为60～90mm。灌注混凝土至桩顶时，应适当超过桩顶设计标高，以保证在凿除浮浆层后，桩顶标高和混凝土质量能符合设计要求。水下灌注混凝土时，常用垂直导管灌筑法水下施工。

B. 钻孔灌注桩施工时，常会遇到孔壁坍陷和钻孔偏斜等问题。

C. 钻进过程中，如发现排出的泥浆中不断出气泡或泥浆突然漏失，这表示有孔壁坍陷迹象。孔壁坍陷的主要原因是土质松散、泥浆护壁不好、护筒周围未用黏土紧密填封以及护筒内水位不高。钻进中出现缩颈、孔壁坍陷时，首先应保持孔内水位并加大泥浆相对密度，稳孔护壁。如孔壁坍陷严重，应立即回填黏土，待孔壁稳定后再钻。

D. 钻杆不垂直，土层软硬不匀或碰到孤石时，都会引起钻孔偏斜。钻孔偏斜时，可提起钻头，上下反复扫钻几次，以便削去硬土；如纠正无效，应于孔中局部回填黏土至偏孔处0.5m以上，重新钻进。

3）冲击成孔灌注桩的施工

① 在钻头锥顶和提升钢丝绳之间应设置保证钻头自转向的装置，以防产生梅花孔。

② 冲孔桩的孔口应设置护筒，其内径应大于钻头直径200mm，护筒应按泥浆护壁灌注桩有关规定设置。

③ 泥浆应按表C2-54-7-1C的有关规定执行。

④ 冲击成孔应符合下列规定：

A. 开孔时应低锤密击，如表土为淤泥、细砂等软弱土层，可加黏土块夹小片石反复冲击造壁，孔内泥浆面应保持稳定；

B. 在各种不同的土层、岩层中钻进时，可按照表C2-54-7-1D进行；

C. 进入基岩后，应低锤冲击或间断冲击；如发现偏孔，应回填片石至偏孔上方300～500mm处，然后重新冲孔；

D. 遇到孤石时，可预爆或用高低冲程交替冲击，将大孤石击碎或挤入孔壁；

E. 必须采取有效的技术措施，以防扰动孔壁造成塌孔、扩孔、卡钻和掉钻；

F. 每钻进4～5m深度验孔一次，在更换钻头前或容易缩孔处均应验孔；

G. 进入基岩后，每钻进100～500mm应清孔取样一次（非桩端持力层为300～500mm；桩端持力层为100～300mm），以备终孔验收。

⑤ 排碴可采用泥浆循环或抽碴筒等方法，如用抽碴筒排碴应及时补给泥浆。

⑥ 冲孔中遇到斜孔、弯孔、梅花孔、塌孔，护筒周围冒浆等情况时，应停止施工，采取措施后再行施工。

⑦ 大直径桩孔可分级成孔，第一级成孔直径为设计桩径的0.6～0.8倍。

⑧ 清孔应按下列规定进行：

A. 不易坍孔的桩孔，可用空气吸泥清孔；

冲击成孔操作要点 **表 C2-54-7-1D**

项　目	操作要点	备　注
在护筒刃脚以下 2m 以内	小冲程 1m 左右，泥浆相对密度 1.2～1.5，软弱层投入黏土块夹小片石	土层不好时提高泥浆相对密度或加黏土块
黏性土层	中、小冲程 1～2m，泵入清水或稀泥浆，经常清除钻头上的泥块	防粘钻可投入碎砖石
粉砂或中粗砂层	中冲程 2～3m，泥浆相对密度 1.2～1.5，投入黏土块，勤冲勤掏碴	
砂卵石层	中、高冲程 2～4m，泥浆相对密度 1.3 左右，勤掏碴	
软弱土层或塌孔回填重钻	小冲程反复冲击，加黏土块夹小片石，泥浆相对密度 1.3～1.5	

B. 稳定性差的孔壁应用泥浆循环或抽碴筒排碴，清孔后浇筑混凝土之前的泥浆指标按第（2）泥浆护壁成孔灌注桩 1）泥浆的制备和处理中的②款执行；

C. 清孔时，孔内泥浆面应符合规定；

D. 浇筑混凝土前，孔底沉碴允许厚度应按规定执行。

4）潜水钻成孔灌注桩施工潜水钻成孔的灌注桩宜用于一般黏性土、淤泥和淤泥质土及砂土地基，尤其适宜在地下水位较高的土层中成孔，然后于桩孔内放入钢筋骨架，再进行水下灌筑混凝土。钻孔过程中，为了防止坍孔，应在孔中注入泥浆护壁。在杂填土或松软土层中钻孔时，应在桩位处设护筒，以起定位、保护孔口、维持水头作用。在钻孔过程中，应保持护筒内泥浆水位高于地下水位。

在黏土中钻孔，可采用清水钻进，自造泥浆护壁，以防止坍孔；

在砂土中钻孔，则应注入制备泥浆钻进，注入的泥浆相对密度控制在 1.1 左右，排出泥浆的相对密度宜为 1.2～1.4。

钻孔达到要求的深度后，必须清孔。以原土造浆的钻孔，清孔可用射水法，同时钻具只转不进，待泥浆相对密度降到 1.1 左右即认为清孔合格；注入制备泥浆的钻孔，可采用换浆法清孔，至换出泥浆的相对密度小于 1.15～1.25 时方为合格。

5）水下混凝土浇筑一般要求

① 钢筋笼吊装完毕，应进行隐蔽工程验收，合格后应立即浇筑水下混凝土。

② 水下混凝土的配合比应符合下列规定：

A. 水下混凝土必须具备良好的和易性，配合比应通过试验确定；坍落度宜为 180～200mm；水泥用量不少于 $360kg/m^3$；

B. 水下混凝土的含砂率宜为 40%～45%，并宜选用中粗砂；粗骨料的最大粒径应＜40mm，有条件时可采用二级配；

C. 为改善和易性及缓凝，水下混凝土宜掺外加剂。

③ 导管的构造和使用应符合下列规定：

A. 导管壁厚不宜小于 3mm，直径宜为 200～250mm 直径制作偏差不应超过 2mm，导管的分节长度视工艺要求确定，底管长度不宜小于 4m，接头宜用法兰或双螺纹方扣快速接头；

B. 导管提升时不得挂住钢筋笼，为此可设置防护三角形加劲板或设置锥形法兰护罩；

C. 导管使用前应试拼装、试压，试水压力为0.6～1.0MPa。

④ 使用的隔水栓应有良好的隔水性能，保证顺利排出。

⑤ 浇筑水下混凝土应遵守下列规定：

A. 开始灌注混凝土时，为使隔水栓能顺利排出，导管底部至孔底的距离宜为300～500mm，桩直径小于600mm时，可适当加大导管底部至孔底距离；

B. 应有足够的混凝土储备量，使导管一次埋入混凝土面以下0.8m以上；

C. 导管埋深宜为2～6m，严禁导管提出混凝土面，应有专人测量导管埋深及管内外混凝土面的高差，填写水下混凝土浇筑记录；

D. 水下混凝土必须连续施工，每根桩的浇筑时间按初盘混凝土的初凝时间控制，对浇筑过程中的一切故障均应记录备案；

E. 控制最后一次灌注量，桩顶不得偏低，应凿除的泛浆高度必须保证暴露的桩顶混凝土达到强度设计值。

(3) 沉管灌注桩

沉管灌注桩是利用锤击打桩法或振动打桩法，将带有钢筋混凝土桩靴（又叫桩尖）或带有活瓣式桩靴的钢桩管沉入土中，然后灌注混凝土并拔管而成。若配有钢筋时，则在规定标高处应吊放钢筋骨架。利用锤击沉桩设备沉管、拔管时，称为锤击灌注桩；利用激振动器的振动沉管、拔管时，称为振动灌注桩。

1) 锤击沉管灌注桩的施工

① 锤击沉管灌注桩的施工应该根据土质情况和荷载要求，分别选用单打法、复打法、反插法。

② 锤击沉管灌注桩的施工应遵守下列规定：

A. 群桩基础和桩中心距小于4倍桩径的桩基，应提出保证相邻桩桩身质量的技术措施；

B. 混凝土预制桩尖或钢桩尖的加工质量和埋设位置应与设计相符，桩管与桩尖的接触应有良好的密封性；

C. 沉管全过程必须有专职记录员做好施工记录；每根桩的施工记录均应包括每米的锤击数和最后一米的锤击数；必须准确测量最后三阵，每阵十锤的贯入度及落锤高度。

③ 拔管和灌注混凝土应遵守下列规定：

A. 沉管至设计标高后，应立即灌注混凝土，尽量减少间隔时间；灌注混凝土之前，必须检查桩管内有无吞桩尖或进泥、进水。

B. 当桩身配钢筋笼时，第一次混凝土应先灌至笼底标高，然后放置钢筋笼，再灌混凝土至桩顶标高。第一次拔管高度应控制在能容纳第二次所需灌入的混凝土量为限，不宜拔得过高。在拔管过程中，应有专用测锤或浮标检查混凝土面的下降情况。

C. 拔管速度要均匀，对一般土层以1m/min为宜，在软弱土层和软硬土层交界处宜控制在0.3～0.8m/min。

D. 采用倒打拔管的打击次数，单动汽锤不得少于50次/min，自由落锤轻击（小落距锤击）不得少于40次/min；在管底未拔至桩顶设计标高之前，倒打和轻击不得中断。

④ 混凝土的充盈系数不得小于1.0；对于混凝土充盈系数小于1.0的桩，宜全长复打；

对可能有断桩和缩颈桩，应采取局部复打。成桩后的桩身混凝土顶面标高应不低于设计标高500mm。全长复打桩的入土深度宜接近原桩长，局部复打应超过断桩或缩颈区1m以上。

⑤ 全长复打桩施工时应遵守下列规定：

A. 第一次灌注混凝土应达到自然地面；

B. 应随拔管随清除粘在管壁上和散落在地面上的泥土；

C. 前后两次沉管的轴线应重合；

D. 复打施工必须在第一次灌注的混凝土初凝之前完成。

⑥ 当桩身配有钢筋时，混凝土的坍落度宜为80～100mm；素混凝土桩宜为60～80mm。

2）振动、振动冲击沉管灌注桩的施工

① 应根据土质情况和荷载要求，分别选用单打法、反插法、复打法等。单打法适用于含水量较小的土层，且宜采用预制桩尖；反插法及复打法适用于饱和土层。

② 单打法施工应遵守下列规定：

A. 必须严格控制最后30s的电流、电压值，其值按设计要求或根据试桩和当地经验确定；

B. 桩管内灌满混凝土后，先振动5～10s，再开始拔管，应边振边拔，每拔0.5～1.0停拔振动5～10s；如此反复，直至桩管全部拔出；

C. 在一般土层内，拔管速度宜为1.2～1.5m/min；用活瓣桩尖时宜慢，用预制桩尖时可适当加快；在软弱土层中，宜控制在0.6～0.8m/min。

③ 反插法施工应符合下列规定：

A. 桩管灌满混凝土之后，先振动再拔管，每次拔管高度0.5～1.0m，反插深度0.3～0.5m；在拔管过程中，应分段添加混凝土，保持管内混凝土面始终不低于地表面或高于地下水位1.0～1.5m以上，拔管速度应小于0.5m/min；

B. 在桩尖处的1.5m范围内宜多次反插，以扩大桩的端部断面；

C. 穿过淤泥夹层时应当放慢拔管速度，并减少拔管的高度和反插深度，在流动性淤泥中不宜使用反插法。

（4）灌注桩施工注意事项

① 灌注桩施工中，应采取有效措施，防止断桩、缩颈、离析、桩斜、偏位、桩不到位或混凝土强度等级不足等情况发生。布桩密集时应采取措施，预防挤土效应的不利影响。

② 灌注桩各工序应连续施工。钢筋笼放入泥浆后4h内必须灌注混凝土。

③ 灌注桩的实际浇筑混凝土量不得小于计算体积。

④ 人工挖孔灌注桩必须做好开挖支护、排水和施工安全工作。扩底桩应实地检查底土情况，验证土质和开挖尺寸。当需要进行爆破时，应严格遵守安全爆破作业规定。

⑤ 沉管灌注桩的预制桩尖的轴线应与桩管中心重合。在测得混凝土确已流出桩管后，方能继续拔管；管内应保持不少于2m高的混凝土。

⑥ 灌注桩凿去浮浆后的桩顶混凝土强度等级必须符合设计要求。

⑦ 灌注桩成桩后，应按混凝土及钢筋混凝土灌注桩分项工程质量检验评定表要求进行验评，并应符合有关标准要求。

（5）桩基工程质量检查及验收

1）灌注桩的成桩质量检查主要包括成孔及清孔、钢筋笼制作及安放、混凝土搅制及灌注等三个工序过程的质量检查。

① 混凝土搅制应对原材料质量与计量、混凝土配合比、坍落度、混凝土强度等级等进行检查；

② 钢筋笼制作应对钢筋规格、焊条规格、品种、焊口规格、焊缝长度、焊缝外观和质量、主筋和箍筋的制作偏差等进行检查；

③ 在灌注混凝土前，应严格按照灌注桩施工的有关质量要求，对已成孔的中心位置、孔深、孔径、垂直度、孔底沉渣厚度、钢筋笼安放的实际位置等进行认真检查，并填写相应的质量检查记录。

2）预制桩和钢桩成桩质量检查主要包括制桩、打入（静压）深度、停锤标准、桩位及垂直度检查：

① 预制桩应按选定的标准图或设计图制作，其偏差应符合桩基施工规范的有关要求；

② 沉桩过程中的检查项目应包括每米进尺锤击数、最后 1m 锤击数、最后三阵贯入度及桩尖标高、桩身（架）垂直度等。

3）对于一级建筑桩基和地质条件复杂或成桩质量可靠性较低的桩基工程，应进行成桩质量检测。检测方法可采用可靠的动测法，对于大直径桩还可采取钻取岩芯、预埋管超声检测法；检测数量根据具体情况由设计确定。

（6）单桩承载力检测

1）为确保实际单桩竖向极限承载力标准值达到设计要求，应根据工程重要性、地质条件、设计要求及工程施工情况进行单桩静载荷试验或可靠的动力试验。

2）下列情况之一的桩基工程，应采用静载试验对工程桩单桩竖向承载力进行检测，检测桩数“采用现场载荷载试验测桩数量”的规定执行。

① 工程桩施工前未进行单桩静载试验的一级建筑桩基；

② 工程桩施工前未进行单桩静载试验，且有下列情况之一者：地质条件复杂、桩的施工质量可靠性低、确定单桩竖向承载力的可靠性低、桩数多的二级建筑桩基。

3）下列情况之一的桩基工程，可采用可靠的动测法对工程桩单桩竖向承载力进行检测。

① 工程桩施工前已进行单桩静载试验的一级建筑桩基；

② 属于（7）单桩承载力检测 2）中的②规定范围外的二级建筑桩基；

③ 三级建筑桩基；

④ 一、二级建筑桩基静载试验检测的辅助检测。

（7）基桩及承台工程验收资料

1）当桩顶设计标高与施工场地标高相近时，桩基工程的验收应待成桩完毕后验收；当桩顶设计标高低于施工场地标高时，应待开挖到设计标高后进行验收。

2）基桩验收应包括下列资料：

① 工程地质勘察报告、桩基施工图、图纸会审纪要、设计变更单及材料代用通知单等；

② 经审定的施工组织设计、施工方案及执行中的变更情况；

③ 桩位测量放线图，包括工程桩位线复核签证单；

④ 成桩质量检查报告；

⑤ 单桩承载力检测报告：

⑥ 基坑挖至设计标高的基桩竣工平面图及桩顶标高图。

3）承台工程验收时应包括下列资料：

① 承台钢筋、混凝土的施工与检查记录；

② 桩头与承台的锚筋、边桩离承台边缘距离、承台钢筋保护层记录；

③ 承台厚度、长宽记录及外观情况描述等。

(8) 核查要点

打（试）桩记录包括各种预制桩、灌注桩和砂桩、挤密桩等。

① 记录应采用"施工规范"附表格式，要求子目填写齐全，数据准确、真实，其数据应符合设计要求和规范规定，并附桩位竣工平面图。

② 打桩记录应与试桩记录对照检查，同时应与分项工程质量检验评定结果相符。

③ 打（压）桩的标高或贯入度的停锤标准，必须符合设计要求和施工规范规定，贯入度控制值应通过试桩或会同设计单位在现场做打试桩试验确定，并做好记录。

④ 灌注桩的成孔深度必须符合设计要求，沉渣厚度应视是以摩擦力为主或是以端承力为主的桩，分别严禁大于 300mm 或 100mm，实际浇筑混凝土量严禁小于计算体积。套管成孔桩任意一段平均直径与设计直径之比严禁小于 1。

⑤ 打（压）桩的接头节点应做隐蔽工程验收记录，且符合设计要求和规范规定。

⑥ 桩基施工完，必须提供按设计要求或规范规定的单桩静力试验或动力测试及其他检测记录。对于一级建筑物，应查验现场静荷载试验记录，在同一条件下的试桩数量不宜少于总桩数 1%且不少于 3 根。

⑦ 经测试单桩承载力和施工质量达不到设计要求，或是在打桩过程中发现贯入度剧变、桩身突然发生倾斜位移、严重回弹、桩身严重裂缝、桩击碎或泥浆护壁成孔时发生斜孔、弯孔、缩孔和塌孔、沿护筒周围冒浆、地面沉陷等异常情况者，应有技术鉴定和采取的技术措施和补桩等处理记录，并经设计、建设、监理、施工四方复验签证。

(9) 表列子项

1）设计桩顶标高：照施工图设计的桩顶标高。

2）设计桩径：照施工图设计桩的直径填写。

3）自然地面标高：照室外的设计绝对标高填写。

4）桩位编号：按施工图设计的桩位编号填写。

5）钻孔直径：照实际成孔的桩孔直径填写。

6）钻孔深度：指实际施工时的柱的钻孔深度，照实际填写。

7）钻机类型：成孔机械的类型有冲抓型、冲击型、回转钻、潜水钻等，按实际选用。

8）钻孔时间：指每个桩孔钻孔所需的时间。

9）护筒埋深：护筒埋深按泥浆护壁成孔护筒要求办理，照实际护筒埋深填写。

10）孔底沉渣厚度：详见泥浆护壁成孔对孔底沉渣厚度的要求，照实际沉渣厚度填写。

11）孔底标高：指桩孔成孔后的孔底标高，照实际孔底标高填写。

12）泥浆种类：泥浆选择由塑性指数 $I_p \geqslant 17$ 的黏土调制，度量指标详见地下连续墙、泥浆的性能指标，泥浆参数配合比表，按实际选用。

4.2.54.7-2 干作业成孔灌注桩施工记录（C2-54-7-2）

1. 资料表式

干作业成孔的灌注桩施工记录表 **表 C2-54-7-2**

施工单位________________ 工程名称________________

施工班组________________ 气　候________________

钻机类型________________ 设计桩顶标高________________

设计桩径________________ 自然地面标高________________

日期	桩位	持力层标高（m）	钻孔深度（m）	进入持力层深（cm）	第一次测孔			第二次测孔			混凝土灌注		钻孔总用时间（分秒）	出现情况			备注
					孔深（m）	虚土（cm）	进水（cm）	孔深（m）	虚土（cm）	进水（cm）	实际（m^3）	计算（m^3）		坍孔	缩径	进水	

签字栏	监理（建设）单位	施工单位		
		专业技术负责人	质检员	记录人

2. 实施要点

（1）干作业成孔灌注桩

干作业成孔钻孔灌注桩的钻孔设备主要有螺旋钻机。螺旋钻成孔灌注桩是利用动力旋转钻杆，使钻头的螺旋叶片旋转削土。土块沿螺旋叶片上升排出孔外。在软塑土层，含水量大时，可用疏纹叶片钻杆，以便较快地钻进。在可塑或硬塑黏土中，或含水量较小的砂土中应用密纹叶片钻杆，缓慢地均匀钻进。一节钻杆钻入后，应停机接上第二节，继续钻到要求深度，操作时要求钻杆垂直，钻孔过程中如发现钻杆摇晃或难钻进时，可能遇到石块等异物，应立即停车检查。全叶片螺旋钻机成孔直径一般为 300mm 左右，钻孔深度 8～12m。宜用于地下水位以上的一般黏性土、砂土及人工填土地基，不宜用于地下水位以下的上述各类土及淤泥质土地基。

1）钻孔（扩底）灌注桩的施工

① 钻孔时应符合下列规定：

——钻杆应保持垂直稳固，位置正确，防止因钻杆晃动引起扩大孔径；

——钻进速度应根据电流值变化，及时调整；

——钻进过程中应随时清理孔口积土，遇到地下水塌孔、缩孔等异常情况时，应及时处理。

② 钻孔扩底桩的施工直孔部分应按相关标准规定执行，扩底部位尚应符合下列规定：

——根据电流值或油压值，调节扩孔刀片切削土量，防止出现超负荷现象；

——扩底直径应符合设计要求，经清底扫膛，孔底的虚土厚度应符合规定。

③ 成孔达到设计深度后，孔口应予保护，按灌注桩成孔施工允许偏差规定验收，并

做好记录。

④ 浇筑混凝土前，应先放置孔口护孔漏斗，随后放置钢筋笼并再次测量孔内虚土厚度。扩底桩灌注混凝土时，第一次应灌到扩底部位的顶面，随即振捣密实；浇筑桩顶以下5m范围内混凝土时，应随浇随振动，每次浇注高度不得大于1.5m。

2）人工挖孔灌注桩的施工

① 开孔前，桩位应定位放样准确，在桩位外设置定位龙门桩，安装护壁模板必须用桩心点校正模板位置，并由专人负责。

② 第一节井圈护壁应符合下列规定：

A. 井圈中心线与设计轴线的偏差不得大于20mm；

B. 井圈顶面应比场地高出150～200mm，壁厚比下面井壁厚度增加100～150mm。

③ 修筑井圈护壁应遵守下列规定：

A. 护壁的厚度、拉结钢筋、配筋、混凝土强度均应符合设计要求；

B. 上下节护壁的搭接长度不得小于50mm；

C. 每节护壁均应在当日连续施工完毕；

D. 护壁混凝土必须保证密实，根据土层渗水情况使用速凝剂；

E. 护壁模板的拆除宜在24h之后进行；

F. 发现护壁有蜂窝、漏水现象时，应及时补强，以防造成事故；

G. 同一水平面上的井圈任意直径的极差不得大于50mm。

④ 遇有局部或厚度不大于1.5m的流动性淤泥和可能出现涌土涌砂时，护壁施工宜按下列方法处理：

A. 每节护壁的高度可减小到300～500mm，并随挖、随验、随浇筑混凝土；

B. 采用钢护筒或有效的降水措施。

⑤ 挖至设计标高时，孔底不应积水，终孔后应清理好护壁上的淤泥和孔底残渣、积水，然后进行隐蔽工程验收。验收合格后，应立即封底和浇筑桩身混凝土。

⑥ 浇注桩身混凝土时，混凝土必须通过溜槽；当高度超过3m时应用串筒，串筒末端离孔底高度不宜大于2m，混凝土宜采用插入式振捣器振实。

⑦ 当渗水量过大（影响混凝土浇筑质量时），应采取有效措施保证混凝土的浇筑质量。

（2）表列子项

1）设计桩顶标高：照施工图设计的桩要求办理。

2）设计桩径：按施工图设计的桩的设计直径填写。

3）自然地面标高：按室外的绝对标高填写。

4）桩位编号：按施工图设计的桩位编号填写。

5）持力层标高：一般指施工图设计基础垫层以下一定深度范围的土层为下卧层，垫层标高即为持力层一定的标高，照图注实际标高填写。

6）钻孔深度：照实际钻孔深度填写，钻孔深度不应小于设计的钻孔深度。

7）进入持力层深度：指灌注桩实际进入持力层的深度，照实际填写。

8）第一次测孔：在第一节钻杆钻入后停机时进行测孔为第一次测孔，应填写测孔的深度、虚土厚度、孔内进水高度。

① 孔深：第一次钻孔时测量的深度照实际填写。

② 进水：第一次钻孔孔内的进水的尺寸，照实际填写。

9）第二次测孔：接上第二节钻杆到钻至要求深度时测孔，应填写测孔的深度、虚土厚度、孔内进水高度。

① 孔深：第二次钻孔时测量的深度，照实际（虚土）填写。

② 进水：第二次钻孔孔内进水的尺寸，照实际填写。

10）混凝土灌注：分别按计算灌注量和实际灌注量填写。

11）钻孔总用时间：指某桩位施工从钻机开始进尺到完成桩孔成型的总用时间，照实际填写。

4.2.54.7-3　套管成孔灌注桩施工记录（C2-54-7-3）

1. 资料表式

套管成孔的灌注桩施工记录表　　　　**表 C2-54-7-3**

施工单位＿＿＿＿＿＿工程名称＿＿＿＿＿＿　气候＿＿＿＿施工班组＿＿＿＿＿＿

打桩顺序＿＿＿＿＿＿跳打后中心距＿＿＿＿＿＿　桩管规格及重量＿＿＿＿＿＿

打桩机类型及编号＿＿＿＿＿＿　桩锤类型＿＿＿＿＿＿

桩锤冲击部分重量＿＿＿＿＿＿　桩帽类型及重量＿＿＿＿＿＿

桩管上弹性垫的材料及厚度＿＿＿＿＿＿　桩尖类型＿＿＿＿＿＿

<table>
<tr><td rowspan="4">施工日期</td><td rowspan="4">班次</td><td rowspan="4">班号</td><td rowspan="4">钻孔深度</td><td rowspan="4">灌注次数</td><td colspan="8">沉管锤击次数（击/m）</td><td rowspan="4">最后十击贯入度（cm）</td><td rowspan="4">最后十击平均落距（cm）</td><td colspan="9">沉　管　时　间</td><td rowspan="4">实际消耗时间
时分</td></tr>
<tr><td rowspan="3">总计</td><td rowspan="3">1</td><td rowspan="3">2</td><td rowspan="3">3</td><td rowspan="3">4</td><td rowspan="3">5</td><td rowspan="3"></td><td rowspan="3"></td><td colspan="2" rowspan="2">开始</td><td colspan="2" rowspan="2">结束</td><td colspan="5">停歇时间</td></tr>
<tr><td rowspan="2">原因</td><td colspan="2">开始</td><td colspan="2">结束</td></tr>
<tr><td>时</td><td>分</td><td>时</td><td>分</td><td>时</td><td>分</td><td>时</td><td>分</td></tr>
<tr><td></td><td></td><td></td><td></td><td></td><td></td><td></td><td></td><td></td><td></td><td></td><td></td><td></td><td></td><td></td><td></td><td></td><td></td><td></td><td></td><td></td><td></td><td></td><td></td><td></td></tr>
<tr><td></td><td></td><td></td><td></td><td></td><td></td><td></td><td></td><td></td><td></td><td></td><td></td><td></td><td></td><td></td><td></td><td></td><td></td><td></td><td></td><td></td><td></td><td></td><td></td><td></td></tr>
<tr><td></td><td></td><td></td><td></td><td></td><td></td><td></td><td></td><td></td><td></td><td></td><td></td><td></td><td></td><td></td><td></td><td></td><td></td><td></td><td></td><td></td><td></td><td></td><td></td><td></td></tr>
</table>

<table>
<tr><td rowspan="3">序号</td><td colspan="4">第一次
加混凝土时间</td><td colspan="4">第一次
拔管时间</td><td rowspan="3">第一次拔管高度</td><td colspan="4">第二次
加混凝土时间</td><td colspan="4">第二次
拔管时间</td><td rowspan="3">拔管总时间（min）</td><td rowspan="3">钢筋长度（m）</td><td rowspan="3">桩顶离地面深度（cm）</td><td colspan="3">灌注混凝土数量（m³）</td></tr>
<tr><td colspan="2">开始</td><td colspan="2">结束</td><td colspan="2">开始</td><td colspan="2">结束</td><td colspan="2">开始</td><td colspan="2">结束</td><td colspan="2">开始</td><td colspan="2">结束</td><td rowspan="2">第一次</td><td rowspan="2">第二次</td><td rowspan="2">总计</td></tr>
<tr><td>时</td><td>分</td><td>时</td><td>分</td><td>时</td><td>分</td><td>时</td><td>分</td><td>时</td><td>分</td><td>时</td><td>分</td><td>时</td><td>分</td><td>时</td><td>分</td></tr>
<tr><td></td><td></td><td></td><td></td><td></td><td></td><td></td><td></td><td></td><td></td><td></td><td></td><td></td><td></td><td></td><td></td><td></td><td></td><td></td><td></td><td></td><td></td><td></td><td></td></tr>
<tr><td></td><td></td><td></td><td></td><td></td><td></td><td></td><td></td><td></td><td></td><td></td><td></td><td></td><td></td><td></td><td></td><td></td><td></td><td></td><td></td><td></td><td></td><td></td><td></td></tr>
<tr><td></td><td></td><td></td><td></td><td></td><td></td><td></td><td></td><td></td><td></td><td></td><td></td><td></td><td></td><td></td><td></td><td></td><td></td><td></td><td></td><td></td><td></td><td></td><td></td></tr>
<tr><td rowspan="3">签字栏</td><td rowspan="2">监理（建设）单位</td><td colspan="3">施　工　单　位</td></tr>
<tr><td>专业技术负责人</td><td>质检员</td><td>记录人</td></tr>
<tr><td></td><td></td><td></td><td></td></tr>
</table>

注：沉管扩大灌注桩施工记录可参照该表格式填写。

2. 实施要点

(1) 灌注桩施工应提供的施工技术资料：灌注桩出厂合格证、材料出厂合格证和试验报告、不同桩位的测量放线定位图、施工组织设计、不同桩位的竣工平面图、混凝土试配及试块试验报告、泥浆护壁成孔灌注桩施工记录、干作业灌注桩施工记录、套管成孔灌注桩施工记录、灌注桩检查记录、桩的施工记录、桩的动静载试验报告等资料，提供齐全的为符合要求（合理缺项除外）。

现场记录的原件由施工单位保存，以备查。

(2) 表列子项

1) 打桩顺序：按施工图设计的桩孔编号顺序成桩或按施工组织设计桩孔布置施工，照实际。

2) 跳打后的中心距：套管成孔灌注桩一般应连打，也可依照顺序间隔施打。打桩完成后，测量桩的中心距，照实际测量结果填写。

3) 桩锤冲击部分重量：按实际选用桩锤类型的相应的冲击部分重量填写。

4) 桩帽类型及重量：应用适合桩头尺寸的桩帽，照实际选用的桩帽类型和亘量填写。

5) 桩管上弹性衬垫的材料及厚度：应用适合桩头尺寸的弹性衬垫，可缓和打入桩时的冲击，使打桩应力均匀分布，延长撞击的持续时间，以利桩的贯入，照实际选用的弹性衬垫的材料和厚度填写。

6) 桩尖类型：一般有活瓣桩尖、混凝土桩尖（混凝土强度等级不低于C30等），照实际选用桩尖类型填写。

7) 沉管锤击次数：分别按每米沉管的锤击数填写，并就此进行汇总，填入总计栏内。

8) 最后十击贯入度：指最后3阵中最后一阵的贯入度，照实际填写。

9) 最后十击平均落距：指最后阵中的最后三阵的桩锤平均落距，照实际。

10) 实际消耗时间时分：指套管成孔方法完成一个管孔所需要的实际时间。

11) 第一次加混凝土时间：第一次用上料斗灌满桩管（或略高于地面）的时间，照实际填写。

12) 第一次拔管时间：混凝土灌满桩管即可开始第一次拔管，照实际填写。

13) 第一次拔管高度：第一次拔管高度控制在能容纳第二次所需混凝土灌注量为限，照实际填写。

14) 第二次加混凝土时间：第二次用上料斗灌满桩管（或略高于地面）的时间．照实际填写。

15) 第二次拔管时间：混凝土灌满桩管即可开始第二次拔管时间，照实际填写。

16) 拔管总时间：按第一次和第二次拔管时间的总和。

17) 灌注混凝土数量：分别按第一次、第二次灌注的混凝土实际数量，并进行汇总，填入总计栏内。

4.2.54.7-4 钻孔类桩成孔质量检查记录（C2-54-7-4）

1. 资料表式

钻孔类桩成孔质量检查记录表　　　　表 C2-54-7-4

年　月　日

工程名称		施工单位					
墩台号		桩编号		孔垂直度			
护筒顶标高(m)		设计孔底标高(m)		孔位偏差(m)			
设计直径(m)		成孔孔底标高(m)		前	后	左	右
成孔直径(m)		灌注前孔底标高(m)					
钻孔中出现的问题及处理方法							
钢筋骨架	骨架总长(m)		骨架底面标高(m)				
	骨架每节长(m)		连接方法				
检查意见							
签字栏	监理(建设)单位	施工单位					
		专业技术负责人	质检员	记录人			

2. 实施要点

(1) 凡钻孔类桩成孔均应用该表进行桩孔质量检查。

(2) 表列子项

1) 墩台号：墩（台）号：按施工图设计图注的墩（台）编号填写。

2) 桩编号：指施工图设计图注的桩号。

3) 孔垂直度：钻孔桩成孔后的孔的垂直度。

4) 护筒顶标高（m）：护筒埋深按护壁成孔护筒要求的护筒顶标高，照实际护筒顶标高填写。

5) 设计孔底标高（m）：按施工图设计标注的孔底标高填写。

6) 孔位偏差（m）：指钻孔桩成孔后的实际孔位偏差。

① 前：指钻孔桩成孔后的实际孔位与前孔的偏差。

② 后：指钻孔桩成孔后的实际孔位与后孔的偏差。

③ 左：指钻孔桩成孔后的实际孔位与左孔的偏差。

④ 右：指钻孔桩成孔后的实际孔位与右孔的偏差。

7) 成孔孔底标高（m）：指钻孔桩成孔后实测的孔底标高。

8) 成孔直径（m）：指钻孔桩成孔后实测的成孔直径。

9) 灌注前孔底标高（m）：指钻孔桩的桩孔施工成孔完成后浇筑桩体材料前实测的孔底标高。

10) 钻孔中出现的问题及处理方法：指钻孔成孔施工过程中出现的问题及对问题的处理方法。

11）钢筋骨架：指钻孔桩用钢筋骨架。

① 骨架总长（m）：指钻孔桩用钢筋骨架的总长度。

② 骨架底面标高（m）：指钻孔桩用钢筋骨架底面标高。

③ 骨架每节长（m）：指钻孔桩用钢筋骨架的骨架的每节长度。

④ 连接方法：指钻孔桩用钢筋骨架的连接方法。

4.2.55 降低地下水（C2-55）

4.2.55.1 井点施工记录（通用）（C2-55-1）

1. 资料表式

井点施工记录（通用） **表 C2-55-1**

工程名称： 施工单位：

<table>
<tr><td colspan="2">井点类别</td><td colspan="4"></td><td colspan="2">井点孔施工机具规格</td><td colspan="3"></td></tr>
<tr><td colspan="2">施工日期</td><td colspan="4"></td><td colspan="2">天气情况</td><td colspan="3"></td></tr>
<tr><td rowspan="2">井点编号</td><td rowspan="2">冲孔起讫时间</td><td colspan="2">井点孔</td><td colspan="2">井点管</td><td rowspan="2">灌砂量（kg）</td><td rowspan="2">滤管长度（m）</td><td rowspan="2">滤管底端标高</td><td rowspan="2">沉淀管长 度（m）</td><td rowspan="2">备注</td></tr>
<tr><td>直径（mm）</td><td>深度（m）</td><td>直径（mm）</td><td>全长（m）</td></tr>
<tr><td></td><td></td><td></td><td></td><td></td><td></td><td></td><td></td><td></td><td></td><td></td></tr>
<tr><td></td><td></td><td></td><td></td><td></td><td></td><td></td><td></td><td></td><td></td><td></td></tr>
<tr><td></td><td></td><td></td><td></td><td></td><td></td><td></td><td></td><td></td><td></td><td></td></tr>
<tr><td></td><td></td><td></td><td></td><td></td><td></td><td></td><td></td><td></td><td></td><td></td></tr>
<tr><td></td><td></td><td></td><td></td><td></td><td></td><td></td><td></td><td></td><td></td><td></td></tr>
<tr><td rowspan="3">签字栏</td><td colspan="3">监理(建设)单位</td><td colspan="7">施 工 单 位</td></tr>
<tr><td colspan="3" rowspan="2"></td><td colspan="3">专业技术负责人</td><td colspan="2">质检员</td><td colspan="2">记录人</td></tr>
<tr><td colspan="3"></td><td colspan="2"></td><td colspan="2"></td></tr>
</table>

2. 实施要点

（1）为了保证施工的正常进行，防止边坡坍方和地基承载能力下降，必须做好基坑的降水工作，使坑底保持干燥。降水的方法有集水井降水和井点降水两类。

集水井降水，是在开挖基坑时沿坑底周围开挖排水沟，再于坑底设集水井，使基坑内的水经排水沟流向集水井，然后用水泵抽出坑外。

井点降水法有轻型井点、喷射井点和电渗井点几种。它属于人工降低地下水位的方法，除上述三种属于井点降水法之外，还有管井井点和深井泵降水法。

（2）管井井点是沿开挖的基坑，每隔一定距离（20～50m）设置一个管井，每个管井单独用一台水泵（潜水泵、离心泵）进行抽水，以降低地下水位。用此法可降低地下水位5～10m。

（3）深井泵是在当降水深度超过 10m 以上时，在管井内用一般的水泵降水满足不了要求时，改用特制的深井泵，即称深井泵降水法。

（4）各类井点的适用范围见表 C2-55-1-1。

各类井点的适用范围　　**表 C2-55-1A**

项　次	井点类别	土层渗透系数 (m/昼夜)	降低水位深度 (m)
1	单层轻型井点	0.1～50	3～6
2	多层轻型井点	0.1～50	6～12 (由井点层数而定)
3	喷射井点	0.1～2	8～20
4	电渗井点	＜0.1	根据选用的井点确定
5	管井井点	20～200	3～5
6	深井井点	10～250	＞15

(5) 表列子项

1) 井点孔施工机具规格：填写井点施工实际使用的机具规格，如套管冲枪等。

2) 井点类别：按实际采用的井点种类填写，如轻型井点（单层或多层）、喷射井点、电渗井点、管井井点、深井泵等。

3) 井点编号：按某"井点系统"设计的井点编号填写，如"轻型"1#、2#等。

4) 冲孔起讫时间：按冲孔的实际时间填写，如某日某时至某时。

5) 井点孔：直径：指实际的成孔直径，按量测结果填写；

深度：指实际的成孔深度，按量测结果填写。

6) 井点管：直径：照实际埋入井点管的直径填写；

全长：照实际埋入井点管的总长度填写。

7) 灌砂量：指单孔的灌砂量，不应小于设计灌砂量的95%。

8) 滤管长度：不同井点系统滤管长度不同，按实际选用的井点系统的滤管长度填写。

9) 滤管底端标高：照滤管底端标高填写。

10) 沉淀管长度：照施工图设计沉淀管长度填写。

4.2.55.2　轻型井点降水记录（C2-55-2）

1. 资料表式

轻型井点降水记录　　**表 C2-55-2**

工程名称：　　　　　　　　　　　　　　　　施工单位

<table>
<tr><td colspan="2">观测时间</td><td colspan="2">降 水 机 组</td><td rowspan="2">地下水流量
(m³/h)</td><td colspan="4">观测孔水位读数
(m)</td><td rowspan="2">记
事</td><td rowspan="2">观测记录者</td></tr>
<tr><td>时</td><td>分</td><td>真空表读数
(毫米汞柱)</td><td>压力表读数
(N/mm²)</td><td>1</td><td>2</td><td>3</td><td>…</td></tr>
<tr><td></td><td></td><td></td><td></td><td></td><td></td><td></td><td></td><td></td><td></td><td></td></tr>
<tr><td></td><td></td><td></td><td></td><td></td><td></td><td></td><td></td><td></td><td></td><td></td></tr>
<tr><td></td><td></td><td></td><td></td><td></td><td></td><td></td><td></td><td></td><td></td><td></td></tr>
<tr><td></td><td></td><td></td><td></td><td></td><td></td><td></td><td></td><td></td><td></td><td></td></tr>
<tr><td>备注</td><td colspan="10">降水泵房编号：　　　　机组类别：　　气象：
实际使用机组数量：　　井点数量：开　　根，停　　根
观测日期：</td></tr>
<tr><td rowspan="3">签字栏</td><td rowspan="3" colspan="2">监理(建设)单位</td><td colspan="8">施　　工　　单　　位</td></tr>
<tr><td colspan="3">专业技术负责人</td><td colspan="3">质检员</td><td colspan="2">记录人</td></tr>
<tr><td colspan="3"></td><td colspan="3"></td><td colspan="2"></td></tr>
</table>

2. 实施要点

（1）轻型井点降低地下水，是沿基础周围以一定的间距埋入井管（下端为滤管），在地面上用水平铺设的集水总管将各井管连接起来，再于一定位置设置真空泵或离心水泵。开动真空泵和离心水泵后，地下水在真空吸力作用下，经滤管进入井管、集水总管排出，达到降水目的。

① 轻型井点布置可根据一个地区、单位的实践规律，或经计算确定间距。

② 一层井点降水时降低地下水的深度，约3～6m。地下水位较高需两层或多层井点降水时，一般不用轻型井点，因设备数量多，挖土量大，不经济。

③ 轻型井点施工记录包括井点施工记录和轻型井点降水记录。

井点为小直径的井，井点施工记录是轻型井点、喷射井点、管井井点、深井井点的“井孔”施工全过程中的有关记录。不同井点采用的不同的施工机械设备、施工方法与措施，应符合施工组织设计的要求，井孔的深度、直径应满足降水设计的要求。垂直孔径宜上下一致，滤管位置应按要求的位置埋设并应居中，应设在透水性较好的含水土层中，井孔淤塞严禁将滤管插入土中，灌砂滤料前应将孔内泥浆适当稀释，灌填高度应符合要求，灌填数量不少于计算值的95%，井孔口应有保护措施。

（2）表列子项

1）观测时间：指某日的某一时间进行了观测，如××点××分。

2）降水机组

① 真空表读数：按轻型井点抽水设备系统装设的真空表运转时的指针读数填写。

② 压力表读数：按轻型井点抽水设备系统装设的压力表运转时的指针读数填写。

3）地下水流量：按轻型井点若干机组每小时的排水总数量填写。

4）观测孔水位读数：轻型井点降水设若干观测孔，每一观测孔均应定时观测，并按水位表的读数分别记录。

5）记事：包括换工作水时间、抽出地下水含泥量、边坡稳定简要描述及井点系统运转情况等。

① 换工作水的时间：工作水应保持清洁，不清洁会使喷嘴混合室等部位很快磨损，一般第一次换水应在2d后进行；正常抽水时如发现工作水不清洁，应随时予以更换并应记录。

② 抽出地下水的含泥量：应定期取样测试，按实际测试结果填写。

③ 边坡稳定情况描述包括：

A. 基坑概况，如基坑几何尺寸、土壤类别、固结情况；

B. 有无流砂现象；

C. 附近建筑物有无相互影响等。

④ 井点系统运转情况：按每一个机组的井点系统的实际运转情况简述，主要包括井点管畅阻情况、水泵运转是否有故障、是否检修过、原因是什么、排水效果如何。

4.2.55.3 喷射井点降水记录（C2-55-3）

1. 资料表式

喷射井点降水记录　　　　**表 C2-55-3**

工程名称：　　　　　　　　　　　　施工单位：

观测时间		工作水压力 (N/mm^2)	地下水流量 (m^3/h)	观测孔水位读数 (m)				实际抽水的井点编号	记事	观测记录者
时	分			1	2	3	…			
备注	降水泵房编号： 机组编号：在运转　　在停止　　在修理 观测日期：				气候： 井点数量：开　　根，停　　根。					
签字栏	监理（建设）单位		施工单位							
			专业技术负责人		质检员			工长		

2. 实施要点

（1）喷射井点有喷水井点和喷气井点之分，其工作原理相同，只是工作流体不同，喷水井点以压力水作为工作流体，喷气井点以压缩空气工作为工作流体。

（2）喷射井点用于深层降水，一般降水深度大于 6m 时采用，降水深度可达 8～20m 及其以下，在渗透参数为 3～50m/d 的砂土中应用最为有效。渗透系数为 0.1～3m/d 的粉砂的淤泥质土中效果显著。

（3）喷射井点的主要工作部件是喷射井点内管底端的抽水装置—喷嘴和混合室，当喷射井点工作时，由地面高压离心泵供应的高压工作水（压力 0.7～0.8MPa），经过内外管之间的环形空间直达底端，高压工作水由特制内管的两侧进入到喷嘴喷出。喷嘴处由于过水断面突然收缩变小，使工作水具有极高的流速（30～60m/s），在喷口附近造成负压（形成真空），而将地下水经滤管吸入，吸入的地下水在混合室与工作水混合，进入扩散室，水流流速相对变小，水流压力相对增大，将地下水与工作水一起扬升出地面，经排水管道系统排至某水池或水箱，其中一部分水全部用高压水泵压入井点管作为高压工作水，余下部分水利用低压水泵排走。

（4）喷射井管的间距一般为 2～3m。冲孔直径为 400～600mm，深度比滤管底深 1m 以上。喷射井点用的高压工作水应经常保持清洁，不得含泥砂或杂物。试抽 2d 后应更换清水。

成孔与填砂：应用套管冲扩成孔，然后用压缩空气排泥，再插入井点管，最后仔细填砂。

（5）表列子项

1）观测时间：指某日的某一时间进行的观测，如××点××分。

2）工作水压力：按计算求得：$P=\frac{P_0}{d}$

式中　P——水泵工作水压力；

P_0——水高度（m），水箱至井管底部的总高度；

d——水高度与喷嘴前面工作水头的比。

3）地下水流量：按喷射井点每小时的排水总数量填写。

4）观测孔：喷射井点降水设若干观测孔，每一观测孔均应定时进行观测，并按编号分别记录。

5）实际抽水的井点编号：指“运行抽水”井点的编号，照实际抽水的井点编号填写。

6）记事：包括换工作水时间、工作水含泥量、真空度、基坑边坡稳定简要描述及井点系统运转情况等。

① 换工作水时间：工作水应保持清洁，不清洁会使喷嘴、混合室等部位很快磨损，一般第一次换水应在 2d 后进行；正常抽水时如发现工作水不清洁，应予更换并应记录。

② 工作水含泥量：按工作水抽样检验结果填写。

③ 真空度：地面测定真空度不宜小于 93.3kPa，按真空表测定的数据填写。

④ 基坑边坡稳定情况：包括基坑概况，如基坑几何尺寸、土壤类别、固结情况；有无流砂现象；附近建筑物有无相互影响等。

⑤ 井点系统运转情况：指单元井点系统内高压水泵、进回水总管、井点管、水池、水箱、电源系统等运转是否正常，有无需要检修之处等。

4.2.55.4 电渗井点降水记录（C2-55-4）

1. 资料表式

电渗井点降水记录　　**表 C2-55-4**

工程名称：　　施工单位：

<table>
<tr><td colspan="2">观测时间</td><td rowspan="2">连续通电时间</td><td colspan="2">电气设备</td><td colspan="2">井　点　设　备</td><td rowspan="2">地下水流量（m³/h）</td><td colspan="3">观测孔水位读数（m）</td><td rowspan="2">记事</td><td rowspan="2">观测记录者</td></tr>
<tr><td>时</td><td>分</td><td>电流（A）</td><td>电压（V）</td><td>真空表读数（mmHg）</td><td>压力表读数（N/mm²）</td><td>1</td><td>2</td><td>…</td></tr>
<tr><td></td><td></td><td></td><td></td><td></td><td></td><td></td><td></td><td></td><td></td><td></td><td></td><td></td></tr>
<tr><td></td><td></td><td></td><td></td><td></td><td></td><td></td><td></td><td></td><td></td><td></td><td></td><td></td></tr>
<tr><td></td><td></td><td></td><td></td><td></td><td></td><td></td><td></td><td></td><td></td><td></td><td></td><td></td></tr>
<tr><td></td><td></td><td></td><td></td><td></td><td></td><td></td><td></td><td></td><td></td><td></td><td></td><td></td></tr>
<tr><td></td><td></td><td></td><td></td><td></td><td></td><td></td><td></td><td></td><td></td><td></td><td></td><td></td></tr>
<tr><td>备注</td><td colspan="12">降水泵房编号：　井点类别：　机组数量：　气候：
通电方式：(连续、间歇)　井点根数：　直流电机(或电焊机)数量：
观测日期：</td></tr>
<tr><td rowspan="3">签字栏</td><td rowspan="2" colspan="3">监理(建设)单位</td><td colspan="9">施　工　单　位</td></tr>
<tr><td colspan="3">项目技术负责人</td><td colspan="3">专职质检员</td><td colspan="3">工　长</td></tr>
<tr><td colspan="3"></td><td colspan="3"></td><td colspan="3"></td><td colspan="3"></td></tr>
</table>

2. 实施要点

(1) 电渗井点：适用于渗透性差的（渗透系数小于 0.1m/d）淤泥和淤泥状黏土中，一般与轻型井点和喷射井点结合使用，效果较好。

(2) 电渗排水是利用井点管（轻型井点或喷射井点）本身作阴极，沿基坑外围布置，以套管冲枪成孔埋设钢管（ϕ50～ϕ75）或钢筋（ϕ25 以上）作阳极，钢管或钢筋垂直埋设于井点管内侧，严禁与相邻阴极相碰，阳极露出地面高度约 20～40cm，埋入地下的深度比井点管深 50cm。阳极间距为 0.8～1.0m（采用轻型井点）或 1.2～1.5m（采用喷射井点），平行交错排列阴阳极，数量宜相等，或阳极数量多于阴极数量，阴阳极分别用电线或扁钢、钢筋连接通路，接至直流发电机（常用 9.6～55kW 直流电焊机代用）的相应电极上，通电后应用电压比降使带负电荷的土粒向阳极移动（电泳作用），带正电荷的孔隙水向阴极方向集中，产生电渗现象。在电渗和真空的双重作用下，强制黏土中的水在井点附近积集，由井点管迅速排出。井点管连续抽水，达到降水的目的。通电电压不宜大于 60V，土中电流密度宜为 0.5～1.0A/m^2。

(3) 表列子项

1) 观测时间：指某日的某一时间进行观测，如××点××分。

2) 连续通电时间：照实际通电时间（一般采用间歇通电，即通电 24h 后，停电 2～3 个小时再通电）填写。

3) 电气设备电流、电压：指实际使用设备的电流和电压。

4) 井点设备

① 真空表读数：按轻型或喷射井点真空表的实际读数填写。

② 压力表读数：按轻型或喷射井点压力表的实际读数填写。

5) 地下水流量：按施工组织设计核定的地下水流量，或按电渗井点每小时的排水总量填写。

6) 观测孔水位读数：电渗井点设若干个观测孔，每个观测孔应定时观测并按编号分别记录。

7) 记事：包括换工作水时间、通电停电时间、通电井点根数、基坑边坡稳定情况简要描述等。

① 换工作水时间：工作水保持清洁，不清洁会使喷嘴、混合室等部位很快磨损，一般第一次换水应在 2d 后进行，正常抽水时，如发现工作水不清洁，应予更换并应记录。

② 通电停电时间：指通电停电的实际时间。

③ 通电井点根数：指实际运行时通电井点管的根数。

④ 基坑边坡稳定情况描述：包括基坑概况，如基坑几何尺寸、土壤类别、固结情况；有无流砂现象；附近建筑物有无相互影响等。

4.2.55.5 管井井点降水记录（C2-55-5）

1. 资料表式

管井井点降水记录 **表 C2-55-5**

工程名称： 施工单位：

<table>
<tr><td colspan="2">观测时间</td><td rowspan="2">地下水流量
(m^3/h)</td><td colspan="3">各井点内
水位读数(m)</td><td rowspan="2">电压
(V)</td><td colspan="4">各泵电流读数</td><td rowspan="2">记事</td><td rowspan="2">观测记录者</td></tr>
<tr><td>时</td><td>分</td><td>1</td><td>2</td><td>…</td><td>1</td><td>2</td><td>3</td><td>…</td></tr>
<tr><td></td><td></td><td></td><td></td><td></td><td></td><td></td><td></td><td></td><td></td><td></td><td></td><td></td></tr>
<tr><td></td><td></td><td></td><td></td><td></td><td></td><td></td><td></td><td></td><td></td><td></td><td></td><td></td></tr>
<tr><td></td><td></td><td></td><td></td><td></td><td></td><td></td><td></td><td></td><td></td><td></td><td></td><td></td></tr>
<tr><td></td><td></td><td></td><td></td><td></td><td></td><td></td><td></td><td></td><td></td><td></td><td></td><td></td></tr>
<tr><td></td><td></td><td></td><td></td><td></td><td></td><td></td><td></td><td></td><td></td><td></td><td></td><td></td></tr>
<tr><td></td><td></td><td></td><td></td><td></td><td></td><td></td><td></td><td></td><td></td><td></td><td></td><td></td></tr>
<tr><td>备注</td><td colspan="12">实际抽水进点数量： 气候： 观测日期：</td></tr>
<tr><td rowspan="3">签字栏</td><td rowspan="3" colspan="3">监理（建设）单位</td><td colspan="9">施 工 单 位</td></tr>
<tr><td colspan="3">项目技术负责人</td><td colspan="3">专职质检员</td><td colspan="3">工 长</td></tr>
<tr><td colspan="3"></td><td colspan="3"></td><td colspan="3"></td></tr>
</table>

2. 实施要点

（1）管井井点适用于渗透系数大、地下水位丰富的土层、砂层或轻型井点不易解决的地方。管井井点系统由滤水井管、吸水管、水泵（采用离心水泵、一般每个管井装一台）组成，沿基坑外围每隔一定距离设置一个管井，其深度和距离根据降水面积和深度以及含水层的渗透系数而定。最大埋深 10m，间距 10～15m。

（2）表列子项

1）观测时间：指某日的某一时间进行了观测，如××点××分。

2）地下水流量：按施工组织设计核定的地下水流量，或按管井井点若干机组每小时排水总数量填写。

3）各井点内水位读数：应按时对各个井管内的水位进行测定，并分别予以记录。

4）电压：离心泵电机的电压值。

5）各泵电流读数：不同管井内离心泵电机的电流读数。

6）记事：包括水泵运转、抽出水的含泥量及基坑边坡稳定情况简要描述等。

① 水泵运转：按实际运转情况简述。

② 抽出水的含泥量：应定期取样测试，按实际测试结果填写。

③ 基坑边坡稳定情况：包括基坑概况，如基坑几何尺寸、土壤类别、固结情况；有无流砂现象；附近建筑物有无相互影响等。

7）观测记录者：填写观测人的姓名。

4.2.55.6 深井井点降水记录（C2-55-6）

1. 资料表式

深井井点降水记录　　表 C2-55-6

工程名称：　　　　施工单位：

<table>
<tr><td>井点和观测孔编号</td><td>井点类别</td><td>水泵功率(kW)</td><td>电流(A)</td><td>电压(V)</td><td>水位读数(孔口起算)(m)</td><td>流量(m^3/h)</td><td>含泥量</td><td>记事</td><td>观测记录者</td></tr>
<tr><td>井 1</td><td></td><td></td><td></td><td></td><td></td><td></td><td></td><td></td><td></td></tr>
<tr><td>井 2</td><td></td><td></td><td></td><td></td><td></td><td></td><td></td><td></td><td></td></tr>
<tr><td>井 3</td><td></td><td></td><td></td><td></td><td></td><td></td><td></td><td></td><td></td></tr>
<tr><td>…</td><td></td><td></td><td></td><td></td><td></td><td></td><td></td><td></td><td></td></tr>
<tr><td>观 1</td><td colspan="4">观测孔口标高(m)</td><td></td><td colspan="2">孔深(m)</td><td colspan="2"></td></tr>
<tr><td>观 2</td><td colspan="4">观测孔口标高(m)</td><td></td><td colspan="2">孔深(m)</td><td colspan="2"></td></tr>
<tr><td>观 3</td><td colspan="4">观测孔口标高(m)</td><td></td><td colspan="2">孔深(m)</td><td colspan="2"></td></tr>
<tr><td>…</td><td colspan="4">观测孔口标高(m)</td><td></td><td colspan="2">孔深(m)</td><td colspan="2"></td></tr>
<tr><td>备注</td><td colspan="9">观测日期：　　　　气候：</td></tr>
</table>

<table>
<tr><td rowspan="3">签字栏</td><td rowspan="2">监理(建设)单位</td><td colspan="3">施　工　单　位</td></tr>
<tr><td>项目技术负责人</td><td>专职质检员</td><td>工　长</td></tr>
<tr><td></td><td></td><td></td><td></td></tr>
</table>

2. 实施要点

(1) 深井井点系统由井管、油浸式潜水电泵或深井泵组成。一般每隔 15～30m 设一个深井井点，深井成孔方法根据土质条件和孔深要求，采用冲击钻孔、回转钻孔、潜水电钻钻孔或水冲法，钻孔时孔位附近不得大量抽水。泥浆或自成泥浆护壁，孔口应及时设套筒，一侧设排泥沟（坑），防止泥浆漫流。孔径应较井管直径大 300mm 以上，孔深可根据抽水期内沉淀物的可能高度适当加深。

(2) 深井井点施工程序：井位放样→做井口、安护筒→钻机就位、钻孔→回填井底砂垫层→吊放井管→回填管壁与孔壁间的过滤层→安装抽水控制电路→试抽→降水井正常工作。

(3) 表列子项

1) 井点或观测孔编号：按“井点系统”设计的编号依次填写。

2) 井点类别：实际采用的井点类别，如轻型（单层或多层）井点、喷射井点、电渗井点、管井井点、深井井点等。

3) 水泵功率：指某一井点内抽水泵的电功功率。

4) 电流：指某一井点内抽水水泵所用电的电流。

5) 电压：指某一井点内抽水水泵所用电的电压。

6) 水位读数：指不同井点内的水位数值，按量测的结果（从孔口算起）填写。

7) 流量：指深井井点系统某一井点管的每一小时水的排出总量。

8) 含泥量：指深井井点系统某一井点排出水的含泥量，按实际抽检测试结果填写。

9) 记事：

① 水泵运转情况：包括动转是否正常、水泵功率是否满足抽水要求、是否检修过、检修的原因是什么。

② 基坑边坡的稳定情况：包括基坑概况，如基坑几何尺寸、土壤类别、固结情况、有无流砂现象、附近建筑物有无相互影响。

4.2.56 基坑工程（C2-56）

4.2.56.1 地下连续墙（C2-56-1）

4.2.56.1-1 地下连续墙挖槽施工记录（C2-56-1-1）

1. 资料表式

地下连续墙挖槽施工记录表 **表 C2-56-1-1**

施工单位＿＿＿＿＿＿＿＿挖土设备＿＿＿＿＿＿＿＿

工程名称＿＿＿＿＿＿＿＿挖槽设计深度、宽度＿＿＿＿＿＿＿＿

日期班次	单元槽段编号	单元槽段深度		本班挖槽深度（m）	本班挖土数量（m）	挖槽宽度（m）	槽壁垂直度	槽位偏差情况	备注
		本班开始时（m）	本班结束时（m）						

签字栏	监理（建设）单位	施工单位		
		项目技术负责人	专职质检员	工长

2. 实施要点

（1）地下连续墙施工工艺即在地面上沿着开挖工程（如地下结构的边墙或挡土墙等）的周边用特制的挖槽机械，在泥浆（又称稳定液、触变泥浆、安定液等）护壁情况下开挖一定长度（一个单元槽段）的沟槽，然后将钢筋笼吊放入沟槽，最后用导管在充满泥浆的沟槽中浇筑混凝土。由于混凝土是由沟槽底部开始逐渐向上浇筑，所以随着混凝土的浇筑即将泥浆置换出来。各个单元槽段由特制的接头连接，这样就形成连续的地下墙。

（2）采用地下连续墙的基本要求

1）除岩溶地区和承压水头很高的砂砾层，不用其他辅助措施不能施工外，其他各种土质皆可采用地下连续墙。

2）单元槽段是地下连续墙在延长方向上一次混凝土浇筑长度。槽段的最小长度不得小于挖槽机械的长度。槽段的长度应综合考虑下述因素来确定：

① 地质条件：当地层不稳定时，为防止槽壁倒坍，应减少槽段尺寸，以缩短槽壁暴

露的时间；

② 地面荷载：附近如有高大建筑物、构筑物或有较大地面荷载时，为保证槽壁的稳定，应缩短槽段长度，以缩短槽壁暴露的时间；

③ 起重机的起重能力：由于钢筋笼为整体吊装，所以要根据工地现有起重机起重能力估算钢筋笼的重量和尺寸，以此推算槽段的长度；

④ 单位时间内混凝土的供应能力：一般每个单元槽段长度内的全部混凝土量，宜在4h内浇筑完毕，所以槽段长度应按下式计算：

$$\text{槽段长度（m）}=\frac{\text{4h 内混凝土的最大供应量（m}^3\text{）}}{\text{墙宽（m）}\times\text{墙深（m）}}$$

⑤ 工地上具备的泥浆槽的容积。一般情况下泥浆槽的容积应不小于每一单元段槽壁容积的2倍。

3）单元槽段还应考虑槽段之间的接头位置，以保证地下连续墙的整体性。一般情况下接头避免设在转角处，以及地下连续墙与内部结构的连接处。一般单元槽段长度取4～6m。

4）地下连续墙成槽过程中，为保持开挖沟槽土壁的稳定，要不间断地向槽中供给优质稳定液—泥浆。泥浆选用和管理好坏，将直接影响到连续墙的工程质量。常用泥浆是由膨润土（或黏土）、水和一些化学稳定剂（如火碱 CMC、碳酸钠）等组成的。详见表C3-2-1、表C3-2-2。

5）泥浆应存放24h以上或加分散剂，使膨润土或黏土充分水化后方可使用。

6）混凝土的配合比应按设计要求，通过试配确定，混凝土强度一般比设计强度提高5MPa。水灰比不应大于0.6；水泥用量不宜少于370kg/m^3；用碎石并掺优良减水剂时，水泥用量应为400kg/m^3，坍落度宜为18～20cm，扩散度宜为34～38cm。骨料选用中、粗砂及粒径不大于40mm、导管内径1/6和钢筋最小间距的1/4的卵石或碎石，宜为0.5～20mm，宜用42.5级普通硅酸盐水泥或矿渣硅酸盐水泥，并可根据需要掺入外加剂。混凝土的初凝时间应满足浇灌和接头施工工艺的要求。

7）地下连续墙应按GB 50204—2002进行分项工程质量验收，应满足设计并符合标准的有关规定要求。

（3）表列子项

1）挖槽设计深度：按施工图设计的挖槽深度填写。

2）挖槽设计宽度：按施工图设计的挖槽宽度填写。

3）单元槽段编号：按施工组织设计或按施工图设计的单元槽段编号填写。

4）单元槽段深度：分别填记单元槽段深度内本班开始时已挖至的某一深度及本班结束时挖至的深度。

5）本班挖槽深度：按本班实际挖槽进尺填记。

6）本班挖土数量：按本班实际挖槽进尺计算得出（长度×宽度×挖土深度）的数量填写。

7）挖槽宽度：指实际的挖槽宽度，不应小于设计的挖槽宽度。

8）槽壁垂直度：墙面垂直度应符合设计要求，一般为$h/200$（h为墙深），照实际量测的垂直度填写。

9）槽位偏差情况：按地下连续墙分项工程质量检验评定标准允许偏差项目的要求检查，偏差值不应超过标准规定的限值，照实测允许偏差情况填写。

4.2.56.1-2 地下连续墙泥浆护壁质量检查记录（C2-56-1-2）

1. 资料表式

地下连续墙泥浆护壁质量检查记录 表 C2-56-1-2

施工单位＿＿＿＿＿＿＿＿泥浆搅拌机类型＿＿＿＿＿＿＿＿

工程名称＿＿＿＿＿＿＿＿膨润土种类和特性＿＿＿＿＿＿＿＿

泥浆配合比（每立方米）：土：水：化学掺合剂＝＿＿＿：＿＿＿：＿＿＿kg

泥浆配合比（每 盘）：土：水：化学掺合剂＝＿＿＿：＿＿＿：＿＿＿kg

班次	日期	泥浆取样位置	泥浆质量指标									备注
			相对密度	黏度（s）	含砂量（%）	胶体率（%）	失水量（mm/30min）	泥皮厚度（mm）	静切力（mg/cm²）	稳定性（g/cm²）	pH	

签字栏	监理（建设）单位	施工单位		
		项目技术负责人	专职质检员	工长

2. 实施要点

（1）泥浆性能指标

泥浆的性能指标 表 C2-56-1-2A

项次	项目	性能指标		检验方法
		一般土层	软土层	
1	相对密度	1.04～1.25	1.05～1.25	泥浆比重秤
2	黏度	18～22s	18～25s	500mL/700mL漏斗法
3	含砂率	<4%～8%	<4%	含砂仪
4	胶体率	≥95%	>98%	100mL量杯法
5	失水量	<30mL/30min	<30mL/30min	失水量仪
6	泥皮厚度	1.5～3.0mm/30min	1～3mm/30min	失水量仪
7	静切力 1min	10～25mg/cm²	20～30mg/cm²	静切力测量仪
	10min		50～100mg/cm²	
8	稳定性	<0.05g/cm³	≤0.02g/cm³	500mL量筒或稳定计
9	pH值	<10	7～9	pH试纸

注：表中上限为新制泥浆，下限为循环泥浆。

(2) 泥浆配合比

泥浆配合比（以重量%计）　表 C2-56-1-2B

土质	膨润土	酸性陶土	纯黏土	CMC	纯碱	分散剂	水	备注
黏性土	6～8	—	—	0～0.02	—		100	
砂	6～8	—	—	0～0.05	—		100	
砂砾	8～12	—	—	0.05～0.1	—	0～0.5	100	掺防漏剂
软土		8～10	—	0.05	4	0～0.5	100	上海基础公司用
粉质黏土	6～8	—	—	—	0.5～0.7	0～0.5	100	
粉质黏土	1.65	—	8～20	—	0.3		100	半自成泥浆
粉质黏土	—	—	12	0.15	0.3		100	半自成泥浆

注：1. CMC（即钠羧甲基纤维素）配成 1.5%的溶液使用。
2. 分散剂常用的有碳酸钠或三（聚）磷酸钠。

(3) 地下连续墙主要施工机具

地下连续墙主要施工机具　表 C2-56-1-2C

工序	序号	名称	规格	单位	数量	备注
多头钻成槽机	1	多头钻机	SF6080	台	1	挖槽用
	2	多头钻机架	DZ800×4	台	1	附配套设备装置
	3	卷扬机	组合件	台	1	升降机头用
	4	卷扬机	50kN·m	台	1	吊排泥管、检修用
钻抓成槽	5	潜水电钻	22kW	台	1	钻导孔用
	6	导板抓斗	60cm	台	1	挖槽及清除障碍物
	7	钻抓机架	组合件	台	1	附配套设备装置
冲击成槽	8	冲击式钻机	20 或 22 型	台	1	冲击成槽用，带冲击锥、掏渣筒
	9	卷扬机		台	1	升降冲击锥用
泥浆制备及处理设备	10	泥浆搅拌机	800L	台	1	制配泥浆用
	11	振动筛	SZ-2	台	1	泥渣处理分离用
	12	旋流器	筒径 250	台	1	泥渣处理分离用，带旋流泵
	13	水泵	2BA-6	台	1	供水用
	14	泥浆泵	3LN	台	3	输送泥浆
	15	灰渣泵	4PH	台	1	供旋流器出泥
	16	抓斗挖土机	0.25m³	台	1	沉淀池清渣用
	17	储浆槽		套	1	储泥浆循环用，带管子阀门
吸泥渣设备	18	潜水砂石泵	Q4PS-1	台	1	多头钻泵举式反循环排泥渣用
	19	砂石泵	4PS	台	1	多头钻泵吸式反循环排泥渣用
	20	真空泵	SZ-4	台	1	多头钻吸渣用
	21	空气压缩机	10m³/min	台	1	多头钻空气吸泥渣用
混凝土浇灌机具设备	22	混凝土浇灌架	组合件	台	1	支承导管
	23	混凝土料斗	1.05m³	个	2	装运混凝土
	24	混凝土导管	ϕ200～300mm	套	2	带漏斗，浇灌水下混凝土用
	25	卷扬机		台	1	提升混凝土料斗及导管

(4) 表列子项

泥浆配合比：

① 土：指膨润土在泥浆配比中的数量，分别按每立方米、每盘填写。

② 水：指水在泥浆配比中数量，分别按每立方米、每盘填写。

③ 化学掺合剂：指化学掺合剂在泥浆配比中数量，分别按每立方米、每盘填写。

4.2.56.1-3　地下连续墙混凝土浇筑记录（C2-56-1-3）

1. 资料表式

地下连续墙混凝土浇筑记录 **表 C2-56-1-3**

施工单位______________ 混凝土设计强度等级______________

工程名称______________ 混凝土坍落度______________

混凝土导管直径______________ 混凝土扩散度______________

日期	班次	单元槽段编号	本单元槽段混凝土计算浇灌数量（m^3）	本单元槽段混凝土实际浇灌数量（m^3）	混凝土浇灌平均速度（m^3/h）	混凝土实测的坍落度（cm）	导管埋入混凝土深度（m）	备注

<table>
<tr><td rowspan="3">签字栏</td><td rowspan="3">监理（建设）单位</td><td colspan="3">施工单位</td></tr>
<tr><td>专业技术负责人</td><td>质检员</td><td>工长</td></tr>
<tr><td></td><td></td><td></td></tr>
</table>

2. 实施要点

（1）混凝土设计强度等级：照施工图设计的混凝土强度等级填写。

（2）混凝土坍落度：指混凝土试配设计中要求达到的混凝土坍落度，照混凝土试配单坍落度填写。

（3）混凝土导管直径：指直接向"连续墙"输送混凝土的导管直径，导管内径一般为150～200mm，间距一般为3～4m，最大4.5m。由2～3mm厚度钢板卷焊制成，每节2～2.5m并配数节1～1.5mm调节长度的短管。按实际选用填写。

（4）混凝土扩散度：宜为34～38cm，照实际扩散度填记。

（5）单元槽段编号：按施工图设计或施工组织设计的单元槽段编号填写。

（6）本单元槽段混凝土计算浇灌数量：一般按施工设计图注的混凝土浇灌量，也可按施工单位复核计算的混凝土浇灌量填写。

（7）本单元槽段混凝土实际浇灌数量：照实际浇灌数量填写。

（8）混凝土浇灌平均速度：应满足规范要求。采用导管法，槽内混凝土上升速度不应小于2m/h。

（9）混凝土实测的坍落度：指混凝土施工在浇筑地点测试的混凝土坍落度，照实际填写。

（10）导管埋入混凝土的深度：导管埋入混凝土2～4m，最小埋深不得小于1.5m。照实际导管埋入混凝土的深度填写。

4.2.56.2A 锚杆成孔记录（C2-56-2A）

1. 资料表式

锚杆成孔记录　　**表 C2-56-2A**

工程名称：　　施工单位：

成孔日期	锚孔编号	锚孔层号	土层类型	孔体检查				备注
				孔直径	孔深度	孔倾角	孔间距	

签字栏	监理（建设）单位	施　工　单　位		
		项目技术负责人	专职质检员	工　长

2. 实施要点

（1）锚杆成孔记录是指为保证基坑边坡的稳定，对基坑边坡锚杆成孔记录。

（2）锚杆支护应有专项设计，施工时必须符合设计及规范规定。

（3）表列子项

1）锚孔编号：指实际的锚孔编号，锚孔编号由施工单位按施工实际编号或按施工图设计的锚孔编号；

2）锚孔层号：指整个护坡面深度范围内从上而下排列的某一层的层号；

3）孔体检查：分别按孔深度、孔直径、孔倾角、孔间距进行检查。

4.2.56.2B　锚杆安装记录（C2-56-2B）

1. 资料表式

锚杆安装记录　　**表 C2-56-2B**

工程名称：　　施工单位：

序号	施工日期	锚孔编号	锚孔层号	锚杆检查				备注
				锚杆直径	锚杆长度	锚杆间距	锚杆水平度	
附图								

签字栏	监理（建设）单位	施　工　单　位		
		项目技术负责人	专职质检员	工　长

2. 实施要点

(1) 锚杆安装记录是为保证基坑边坡的稳定，对基坑边坡铺杆安装记录。

(2) 表列子项

1) 锚孔编号：指实际的锚孔编号，铺孔编号由施工单位按施工实际编号或按施工图设计的锚孔编号；

2) 锚孔层号：指整个护坡面深度范围内从上而下排列的某一层的层号；

3) 锚杆检查：分别按锚杆直径、水平度、锚杆长度、锚杆间距进行检查。

4.2.56.2C 预应力锚杆张拉与锁定施工记录（C2-56-2C）

1. 资料表式

预应力锚杆张拉与锁定施工记录 **表 C2-56-2C**

工程名称： 施工单位：

锚孔编号	施工日期	张拉荷载(kN)	油压表读数(MPa)	测定时间(min)	锚头位移(mm)			锚头位移增量(mm)	锁定荷载(kN)
					1	2	3		

签字栏	监理(建设)单位	施工单位		
		项目技术负责人	专职质检员	工长

2. 实施要点

(1) 预应力锚杆张拉与锁定施工记录是采用预应力锚杆支护时，当浆液达到设计强度后，对锚杆的张拉与锁定过程的记录。

(2) 表列子项

1) 张拉荷载：指张拉时实际荷载；

2) 锁定荷载：指锁定时实际荷载。

4.2.56.2D 注浆及护坡混凝土施工记录（C2-56-2D）

1. 资料表式

注浆及护坡混凝土施工记录　　　　**表 C2-56-2D**

工程名称：　　　　　　　　　　　　　　　　　　施工单位：

<table>
<tr><td rowspan="2">序号</td><td rowspan="2">施工日期</td><td rowspan="2">孔编号</td><td rowspan="2">孔层号</td><td colspan="3">孔体注浆</td><td colspan="4">护坡面混凝土</td><td rowspan="2">备注</td></tr>
<tr><td>材料及配合比</td><td>注浆压力</td><td>注浆量</td><td>强度等级</td><td>坍落度</td><td>混凝土量</td><td>浇筑时间</td></tr>
<tr><td></td><td></td><td></td><td></td><td></td><td></td><td></td><td></td><td></td><td></td><td></td><td></td></tr>
<tr><td></td><td></td><td></td><td></td><td></td><td></td><td></td><td></td><td></td><td></td><td></td><td></td></tr>
<tr><td></td><td></td><td></td><td></td><td></td><td></td><td></td><td></td><td></td><td></td><td></td><td></td></tr>
<tr><td></td><td></td><td></td><td></td><td></td><td></td><td></td><td></td><td></td><td></td><td></td><td></td></tr>
<tr><td></td><td></td><td></td><td></td><td></td><td></td><td></td><td></td><td></td><td></td><td></td><td></td></tr>
<tr><td>附图</td><td colspan="11"></td></tr>
</table>

<table>
<tr><td rowspan="3">签字栏</td><td rowspan="2">监理(建设)单位</td><td colspan="3">施　工　单　位</td></tr>
<tr><td>项目技术负责人</td><td>专职质检员</td><td>工　长</td></tr>
<tr><td></td><td></td><td></td><td></td></tr>
</table>

2. 实施要点

(1) 注浆及护坡混凝土施工记录是为保证基坑边坡的稳定，对基坑边坡采用土钉墙或锚杆注浆及混凝土护坡支护施工时所作的施工记录。

(2) 表列子项

1) 孔体注浆

① 材料及配合比：设计配制的浆体及使用的原材料。

② 注浆压力：施工时的注浆压力。

③ 注浆量：单个孔体注浆量。

2) 护坡面混凝土

① 混凝土强度等级：指设计选定的混凝土强度等级。

② 坍落度：指施工时采用的坍落度，不得大于试配的坍落度。

③ 厚度：指坡面混凝土设计厚度。

4.2.56.3A　土钉墙土钉成孔施工记录（C2-56-3A）

1. 资料表式

土钉墙土钉成孔施工记录

表 C2-56-3A

施工单位：

<table>
<tr><td rowspan="2">序号</td><td rowspan="2">施工日期</td><td rowspan="2">土钉孔编号</td><td rowspan="2">土钉孔层号</td><td colspan="4">土钉孔检查</td><td rowspan="2">护坡面坡度</td><td rowspan="2">成孔时间</td><td rowspan="2">备注</td></tr>
<tr><td>土钉孔直径</td><td>孔体水平度</td><td>土钉孔长度</td><td>土钉孔间距</td></tr>
<tr><td></td><td></td><td></td><td></td><td></td><td></td><td></td><td></td><td></td><td></td><td></td></tr>
<tr><td></td><td></td><td></td><td></td><td></td><td></td><td></td><td></td><td></td><td></td><td></td></tr>
<tr><td></td><td></td><td></td><td></td><td></td><td></td><td></td><td></td><td></td><td></td><td></td></tr>
<tr><td></td><td></td><td></td><td></td><td></td><td></td><td></td><td></td><td></td><td></td><td></td></tr>
<tr><td>附图</td><td colspan="10"></td></tr>
<tr><td rowspan="3">签字栏</td><td rowspan="2">监理(建设)单位</td><td colspan="9">施　工　单　位</td></tr>
<tr><td colspan="3">项目技术负责人</td><td colspan="3">专职质检员</td><td colspan="3">工　长</td></tr>
<tr><td></td><td colspan="3"></td><td colspan="3"></td><td colspan="3"></td></tr>
</table>

2. 实施要点

(1) 土钉墙法

采用土钉墙法进行深基坑支护需进行土钉抗拉承载力计算土钉墙整体稳定性验算等。

1) 土钉墙法的构造要求

① 土钉墙设计及构造应符合下列规定：土钉墙墙面坡度不宜大于 1∶0.1；土钉必须和面层有效连接，应设置承压板或加强钢筋等构造措施，承压板或加强钢筋应与土钉螺栓连接或钢筋焊接连接；土钉的长度宜为开挖深度的 0.5～1.2 倍，间距宜为 1～2m，与水平面夹角宜为 5°～20°；土钉钢筋宜采用 HRB335、HRB400 级钢筋，钢筋直径宜为 16～32mm，钻孔直径宜为 70～120mm；注浆材料宜采用水泥浆或水泥砂浆，其强度等级不宜低于 M10；喷射混凝土面层宜配置钢筋网，钢筋直径宜为 6～10mm，间距宜为 150～300mm；喷射混凝土强度等级不宜低于 C20，面层厚度不宜小于 80mm；坡面上下段钢筋网搭接长度应大于 300mm。

② 当地下水位高于基坑底面时，应采取降水或截水措施；土钉墙墙顶应采用砂浆或混凝土护面，坡顶和坡脚应设排水措施，坡面上可根据具体情况设置泄水孔。

2) 施工与检测

① 上层土钉注浆体及喷射混凝土面层达到设计强度的 70%后，方可开挖下层土方及

下层土钉施工。

② 基坑开挖和土钉墙施工应按设计要求自上而下分段分层进行。在机械开挖后，应辅以人工修整坡面，坡面平整度的允许偏差宜为±20mm。在坡面喷射混凝土支护前，应清除坡面虚土。

③ 土钉墙施工可按下列顺序进行：应按设计要求开挖工作面，修整边坡，埋设喷射混凝土厚度控制标志；喷射第一层混凝土；钻孔安设土钉、注浆，安设连接件；绑扎钢筋网，喷射第二层混凝土；设置坡顶、坡面和坡脚的排水系统。

土钉成孔施工宜符合下列规定：孔深允许偏差±50mm；孔径允许偏差±5mm；孔距允许偏差±100mm；成孔倾角偏差±5%。

喷射混凝土作业应符合下列规定：喷射作业应分段进行，同一分段内喷射顺序应自下而上，一次喷射厚度不宜小于40mm；喷射混凝土时，喷头与受喷面应保持垂直，距离宜为0.6～1.0m；喷射混凝土终凝2h后应喷水养护，养护时间根据气温确定，宜为3～7h。

喷射混凝土面层中的钢筋网铺设应符合下列规定：钢筋网应在喷射一层混凝土后铺设，钢筋保护层厚度不宜小于20mm；采用双层钢筋网时，第二层钢筋网应在第一层钢筋网被混凝土覆盖后铺设；钢筋网与土钉应连接牢固。

土钉注浆材料应符合下列规定：注浆材料宜选用水泥浆或水泥砂浆；水泥浆的水灰比宜为0.5，水泥砂浆配合比宜为1∶1～1∶2（重量比），水灰比宜为0.38～0.45；水泥浆、水泥砂浆应拌合均匀，随拌随用，一次拌合的水泥浆、水泥砂浆应在初凝前用完。

注浆作业应符合以下规定：注浆前应将孔内残留或松动的杂土清除干净；注浆开始或中途停止超过30min时，应用水或稀水泥浆润滑注浆泵及其管路；注浆时，注浆管应插至距孔底250～500mm处，孔口部位宜设置止浆塞及排气管；土钉钢筋应设定位支架。

土钉墙应按下列规定进行质量检测：土钉采用抗拉试验检测承载力，同一条件下，试验数量不宜少于土钉总数的1%，且不应少于3根；墙面喷射混凝土厚度应采用钻孔检测，钻孔数宜每100m² 墙面积一组，每组不应少于3点。

（2）表列子项

1）土钉孔编号：照实际的土钉孔编号填写。土钉孔编号由施工单位按施工实际编号或按施工图设计的土钉孔编号。

2）土钉孔层号：指整个护坡面深度范围内从上而下排列的某一层的层号，照实际填写。

3）土钉孔检查：

① 土钉孔直径：指实际钻成的土钉孔直径，照实际检测的结果填写。

② 孔体水平度：指实际钻成的土钉孔的水平度，照实际检测的结果填写。

③ 土钉孔长度：指实际钻成的土钉孔的长度，照实际检测的结果填写。

④ 土钉孔间距：指实际钻成土钉孔与孔之间的间距，照实际检测的结果填写。

4）护坡面坡度：指土钉墙护坡面的坡度，照实际检测的结果填写。

4.2.56.3B　**土钉墙土钉钢筋安装施工记录**（C2-56-3B）

1.资料表式

土钉墙土钉钢筋安装施工记录表 **表 C2-56-3B**

工程名称 施工单位：

<table>
<tr><td rowspan="2">序号</td><td rowspan="2">施工日期</td><td rowspan="2">土钉孔层号</td><td rowspan="2">土钉孔编号</td><td colspan="5">土钉孔钢筋检查</td><td colspan="3">坡面钢筋</td><td rowspan="2">备注</td></tr>
<tr><td>直径</td><td>根数</td><td>箍筋间距</td><td>钢筋长度</td><td>保护层厚度</td><td>上段钢筋</td><td>下段钢筋</td><td>搭接长度</td></tr>
<tr><td></td><td></td><td></td><td></td><td></td><td></td><td></td><td></td><td></td><td></td><td></td><td></td><td></td></tr>
<tr><td></td><td></td><td></td><td></td><td></td><td></td><td></td><td></td><td></td><td></td><td></td><td></td><td></td></tr>
<tr><td></td><td></td><td></td><td></td><td></td><td></td><td></td><td></td><td></td><td></td><td></td><td></td><td></td></tr>
<tr><td></td><td></td><td></td><td></td><td></td><td></td><td></td><td></td><td></td><td></td><td></td><td></td><td></td></tr>
<tr><td></td><td></td><td></td><td></td><td></td><td></td><td></td><td></td><td></td><td></td><td></td><td></td><td></td></tr>
<tr><td>附图</td><td colspan="12"></td></tr>
<tr><td rowspan="3">签字栏</td><td colspan="3">监理（建设）单位</td><td colspan="9">施工单位</td></tr>
<tr><td colspan="3" rowspan="2"></td><td colspan="3">项目技术负责人</td><td colspan="3">专职质检员</td><td colspan="3">工长</td></tr>
<tr><td colspan="3"></td><td colspan="3"></td><td colspan="3"></td></tr>
</table>

2. 实施要点

（1）土钉墙土钉钢筋安装施工应有专项设计，并按设计要求办理。

（2）表列子项

1）土钉孔层号：指整个护坡面深度范围内从上而下排列的某一层的层号，照实际填写。

2）土钉孔编号：照实际的土钉孔编号填写。土钉孔编号由施工单位按施工实际编号或按施工图设计的土钉孔编号。

3）土钉孔钢筋的检查：

① 直径：指土钉孔钢筋直径，照实际钢筋的直径填写。

② 根数：指土钉孔钢筋根数，照实际的根数填写。

③ 箍筋间距：指土钉孔钢筋的箍筋间距，照实际的箍筋间距填写。

④ 钢筋长度：指土钉孔钢筋长度，照实际钢筋的长度填写。

⑤ 保护层厚度：指土钉孔的保护层厚度，照实际的保护层厚度填写。

4）坡面钢筋：指护坡面用的钢筋，照实际填写；

① 上段钢筋：指护坡面上段用的钢筋，照实际填写；

② 下段钢筋：指护坡面下段用的钢筋，照实际填写；

③ 搭接长度：指护坡面上下的搭接长度，照实际填写。

4.2.56.3C **土钉墙土钉注浆及护坡混凝土施工记录**（C2-56-3C）

1. 资料表式

土钉墙土钉注浆及护坡混凝土施工记录　　表 C2-56-3C

工程名称　　　　　　施工单位：

<table>
<tr><td rowspan="2">序号</td><td rowspan="2">施工日期</td><td rowspan="2">土钉孔编号</td><td rowspan="2">土钉孔层号</td><td colspan="3">土钉孔注浆</td><td rowspan="2">护坡面混凝土量</td><td rowspan="2">浇筑时间</td><td rowspan="2">备注</td></tr>
<tr><td>土钉孔直径</td><td>孔体混凝土量</td><td>土钉孔长度</td></tr>
<tr><td></td><td></td><td></td><td></td><td></td><td></td><td></td><td></td><td></td><td></td></tr>
<tr><td></td><td></td><td></td><td></td><td></td><td></td><td></td><td></td><td></td><td></td></tr>
<tr><td></td><td></td><td></td><td></td><td></td><td></td><td></td><td></td><td></td><td></td></tr>
<tr><td></td><td></td><td></td><td></td><td></td><td></td><td></td><td></td><td></td><td></td></tr>
<tr><td></td><td></td><td></td><td></td><td></td><td></td><td></td><td></td><td></td><td></td></tr>
<tr><td>附图</td><td colspan="9"></td></tr>
</table>

<table>
<tr><td rowspan="3">签字栏</td><td rowspan="2">监理（建设）单位</td><td colspan="3">施　工　单　位</td></tr>
<tr><td>项目技术负责人</td><td>专职质检员</td><td>工　长</td></tr>
<tr><td></td><td></td><td></td><td></td></tr>
</table>

2. 实施要点

（1）土钉墙土钉注浆及护坡混凝土施工应有专项设计，并按设计要求办理。

（2）表列子项

1）土钉孔编号：照实际的土钉孔编号填写。土钉孔编号由施工单位按施工实际编号或按施工图设计的土钉孔编号。

2）土钉孔层号：指整个护坡面深度范围内从上而下排列的某一层的层号，照实际。

3）土钉注浆：

① 砂浆配比：水泥砂浆宜为 1.1～1.2 重量比，照实际填写；

② 水灰比：水泥浆宜为 0.5，水泥砂浆宜为 0.38～0.45，照实际填写。

4）坡面混凝土检查：

① 混凝土强度等级：照设计选定的混凝土强度等级填写。

② 坍落度：指施工的实际坍落度，照实际填写；不得大于试配的坍落度。

③ 坡面平整度：照实际检查结果填写。坡面坡度与平整度应符合设计要求。

④ 坡面混凝土厚度：指设计的混凝土厚度。照实际施工的坡面混凝土厚度填写。

（3）土钉墙土钉注浆及护坡混凝土施工用表也可采用注浆及护坡混凝土施工记录（表 C2-56-3C）

4.2.57　沉井与沉箱（C2-57）

4.2.57.1　沉井下沉施工记录（C2-57-1）

1. 资料表式

沉井下沉施工记录 表 C2-57-1

工程名称________________ 施工单位________________ 班次________

<table>
<tr><td colspan="2">出土量(m³)</td><td colspan="2"></td><td colspan="2">出勤人数(工日)</td><td colspan="2"></td></tr>
<tr><td colspan="2">含泥量</td><td colspan="2"></td><td>气候</td><td></td><td>温度(℃)</td><td></td></tr>
<tr><td colspan="2">刃脚编号</td><td>1</td><td>2</td><td>3</td><td>4</td><td></td><td></td></tr>
<tr><td colspan="2">刃脚标高(m)</td><td></td><td></td><td></td><td></td><td>平均标高(m)</td><td></td></tr>
<tr><td colspan="2">下沉量(mm)</td><td></td><td></td><td></td><td></td><td>平均值(mm)</td><td></td></tr>
<tr><td colspan="2">土的类别</td><td colspan="2"></td><td colspan="2">该层土
开始标高(m)</td><td colspan="2"></td></tr>
<tr><td colspan="2">机械设备管路等情况</td><td colspan="6"></td></tr>
<tr><td colspan="2">刃脚掏空情况</td><td colspan="6"></td></tr>
<tr><td colspan="2">井内各孔土面标高及锅底情况</td><td colspan="6"></td></tr>
<tr><td colspan="2">倾斜和水平位移的情况</td><td colspan="6"></td></tr>
<tr><td colspan="2">备注</td><td colspan="6"></td></tr>
<tr><td rowspan="3">签字栏</td><td rowspan="2">监理(建设)单位</td><td colspan="6">施工单位</td></tr>
<tr><td colspan="2">项目技术负责人</td><td colspan="2">专职质检员</td><td colspan="2">工长</td></tr>
<tr><td></td><td colspan="2"></td><td colspan="2"></td><td colspan="2"></td></tr>
</table>

2. 实施要点

(1) 沉井工程的地质勘察资料，是制定施工方案，编制施工组织设计的依据。因此，除应有完整的工程地质报告及施工图设计之外，尚应符合下列规定：

① 面积在 200m² 以下的沉井，不得少于一个钻孔；

② 面积在 200m² 以上的沉井，应在四角（圆形为相互垂直两直径与圆周的交点）附近各取一个钻孔；

③ 沉井面积较大或地质条件复杂时，应根据具体情况增加钻孔数。

(2) 每座沉井至少应有一个钻孔提供土的各项物理力学指标，其余钻孔应能鉴别土层变化情况。

(3) 沉井刃脚的形状和构造，应与下沉处的土质条件相适应。在软土层下沉的沉井，为防止突然下沉或减少突然下沉的幅度，其底部结构应符合下列规定：

① 沉井平面布置应分孔（格）、圆形沉井亦应设置底梁予以分格。每孔（格）的净空面积可根据地质和施工条件确定；

② 隔墙及底梁应具有足够的强度和刚度；

③ 隔墙及底梁的底面，宜高于刃脚踏面 0.5～1.0m；

④ 刃脚踏面宜适当加宽，斜面水平倾角不宜大于 60°。

(4) 沉井制作应在场地和中轴线验收以后进行。刃脚支设可视沉井重量、施工荷载和地基承载力情况，采用垫架、半垫架、砖垫座或土底模。沉井接高的各节竖向中心线应与前一节的中心线重合或平行。沉井外壁应平滑，如用砖砌筑，应在外壁表面抹一层水泥砂浆。

沉井分节制作的高度，应保证其稳定性并能使其顺利下沉。如采用分节制作一次下沉的方法时，制作总高度不宜超过沉井短边或直径的长度，亦不应超过 12m；总高度超过时，必须有可靠的计算依据和采取确保稳定的措施。

分节制作的沉井，在第一节混凝土达到设计强度的 70%后，方可浇筑其上一节混凝土。冬期制作沉井时，第一节混凝土或砌筑砂浆未达到设计强度，其余各节未达到设计强度的 70%前，不应受冻。

（5）沉井若需浮运时，应在混凝土达到设计规定的强度后下（入）水。沉井浮运前，应与航运、气象和水文等部门联系，确定浮运和沉放时间，沉放时应在沉放地点的上游和周围设立明显标志，或用驳船及其公共漂浮设备防护，并应有能满足承载和稳定要求的水下基床。当基床坡度大于 3%时，应预先整平，其范围应较沉井外壁尺寸放宽 2m。

（6）沉井下沉有排水下沉和不排水下沉两种方法。排水下沉常用明沟集水井排水、井点排水或井点与明沟排水相结合的方法。不排水下沉的方法有：抓斗在水中取土；水力冲刷器冲刷土；空气吸泥机或水力吸泥机吸水中的泥土。沉井工程施工应编制沉井工程施工组织设计，并进行分阶段下沉系数的计算，作为确定下沉施工方法和采取技术措施的依据。沉井第一节的混凝土或砌筑砂浆，达到设计强度以后，其余各节达到设计强度的 70%后，方可下沉。挖土下沉时，应分层、均匀、对称地进行，使其能均匀竖直下沉，不得有过大的倾斜。由数个井孔组成的沉井，为使其下沉均匀，挖土时各井孔土面高差不应超过 1m。采用泥浆润滑套减阻下沉的沉井，应设置套井，顶面宜高出地面 300～500mm，其外围应回填黏土并分层夯实。沉井外壁设置台阶形泥浆槽，宽度宜为 100～200mm，距刃脚踏面的高度宜大于 3m。

沉井下沉时，槽内应充满泥浆，其液面应接近自然地面，并储备一定数量泥浆，以供下沉时及时补浆。泥浆的性能指标可按地下连续墙泥浆性能指标选用。

沉井下沉过程中，每班至少测量两次；如有倾斜、位移应及时纠正，并应做好记录。

沉井下沉至设计标高，应进行沉降观测，在 8h 内下沉量不大于 10mm 时，方可封底。

（7）干封底时，应符合下列规定：

① 沉井基底土面应全部挖至设计标高；

② 井内积水应尽量排干；

③ 混凝土凿毛处应洗刷干净；

④ 浇筑时，应防止沉井不均匀下沉，在软土层中封底宜分格对称进行；

⑤ 在封底和底板混凝土未达到设计强度以前，应从封底以下的集水井中不间断地抽水。停止抽水时，应考虑沉井的抗浮稳定性，并采取相应的措施。

（8）采用导管法进行水下混凝土封底，应符合下列规定：

① 基底为软土层时，应尽可能将井底浮泥清除干净，并铺碎石垫层；

② 基底为岩基时，岩面处沉积物及风化岩碎块等应尽量清除干净；

③ 混凝土凿毛处应洗刷干净；

④ 水下封底混凝土应在沉井全部底面积上连续浇筑，当井内有间隔墙、底梁或混凝土供应量受到限制时，应预先隔断分格浇筑；

⑤ 导管应采用直径为 200～300mm 的钢管制作，内壁表面应光滑并有足够的强度和刚度，管段的接头应密封良好和便于装拆；每根导管上端应装有数节 1m 的短管；

⑥ 导管的数量由计算确定，布置时应使各导管的浇筑面积相互覆盖，导管的有效作用半径一般可取 3～4m；

⑦ 水下混凝土面平均上升速度不应小于 0.25m/h，坡度不应大于 1∶5；

⑧ 浇筑前，导管中应设置球、塞等以隔水；浇筑时，导管插入混凝土的深度不宜小于 1m；

⑨ 水下混凝土达到设计强度后，方可从井内抽水；如提前抽水，必须采取确保质量和安全的措施。

(9) 配制水下封底用的混凝土，应符合下列规定：

① 配合比应根据试验确定，在选择施工配合比时，混凝土的试配强度提高 10%～15%；

② 水灰比不宜大于 0.6；

③ 有良好的和易性，在规定的浇筑期间内，坍落度应为 16～22cm；在灌筑初期，为使导管下端形成混凝土堆，坍落度宜为 14～16cm；

④ 水泥用量一般为 350～400kg/m³；

⑤ 粗骨料可选用卵石或碎石粒径，以 5～40mm 为宜；

⑥ 细骨料宜采用中、粗砂，砂率一般为 45%～50%；

⑦ 可根据需要掺用外加剂。

(10) 对下列各分项工程，应进行中间验收并填写隐蔽工程验收记录：

① 沉井的制作场地和筑岛；

② 浮运的沉井水下基床；

③ 沉井（每节）应在下沉或浮运前进行中间验收；

④ 沉井下沉完毕后位置、偏差和基底的验收应在封底前进行。用不排水法施工的沉井基底，可用触探及潜水检查，必要时可用钻孔方法检查。沉井、沉箱下沉完毕后，应做好记录。

(11) 表列子项

1) 含泥量：指不排水下沉挖土时，应用水力吸泥机或空气吸泥机等取土时泥浆中的含泥量，按实测结果填写。

2) 刃脚标高：指沉井下沉完成后，测量刃脚底面对称的四个点，从而检查沉井下沉偏移情况。还应指出，沉井下沉时，每班至少检测一次。一般下沉一节均应测量 1～2 次刃脚标高，以便及时调整沉井下沉的偏移。照实测结果填写。

3) 平均标高：指测量刃脚底面对称的四个点的算术平均值。

4) 下沉量：指测量对应于刃脚底面对称的四个点的下沉量。

5) 平均值：指测量对应于刃脚底面对称的四个点的算术平均值。

6) 机械设备管路等情况：指挖土机械、供排水管路、井点系统，空压机、高压水泵等运转情况，可据实记录。

7) 刃脚掏空情况：指刃脚处 1～1.5m 的范围内，一般每隔 2～3m 向刃脚方向逐层全面、对称、均匀地削落土层，每次削 5～10cm 的情况，可据实记录。

8）井内各孔土面标高及锅底情况：井内各孔的土面标高指沉井由多个井孔组成对、各井孔内的土面高差宜不大于0.5m；锅底情况指井底中间的除挖部分，一般锅底应比刃脚底低1～1.5m，照实际测量结果填写。

9）倾斜及水平位移情况：指沉井下沉完成后的倾斜及水平位移情况，按上述实测结果评定后简记。

4.2.57.2　沉井、沉箱下沉完毕检查记录（C2-57-2）

1. 资料表式

沉井、沉箱下沉完毕检查记录表　　　　表 C2-57-2

施工单位＿＿＿＿＿＿工程名称＿＿＿＿＿＿＿＿＿年＿＿＿月＿＿＿日

<table>
<tr><td colspan="2">沉井、沉箱开始下沉日期</td><td colspan="2"></td><td colspan="2">开始下沉时刃脚标高(m)</td><td></td></tr>
<tr><td colspan="2">沉井、沉箱下沉完毕日期</td><td colspan="2"></td><td colspan="2">下沉完毕时刃脚标高(m)</td><td></td></tr>
<tr><td colspan="2" rowspan="2">基础平整后高于(低于)刃脚下(mm)</td><td colspan="2" rowspan="2"></td><td colspan="2">刃脚下的土质</td><td rowspan="2"></td></tr>
<tr><td colspan="2">挖土方法</td></tr>
<tr><td colspan="7">为核对预先勘察的地质资料，曾在沉井、沉箱中挖深井(钻孔)，挖掘深度达刃脚下(m)</td></tr>
<tr><td colspan="2">有无异常情况</td><td colspan="5"></td></tr>
<tr><td colspan="2" rowspan="2">沉井、沉箱平面位置(在刃脚平面上)与设计位置的偏差</td><td colspan="2">水平纵轴线偏移(mm)</td><td colspan="3"></td></tr>
<tr><td colspan="2">水平横轴线偏移(mm)</td><td colspan="3"></td></tr>
<tr><td rowspan="3">沉井、沉箱刃脚高差测量结果(m)</td><td>编号</td><td>1</td><td>2</td><td>3</td><td colspan="2">4</td></tr>
<tr><td>设计(m)</td><td></td><td></td><td></td><td colspan="2"></td></tr>
<tr><td>实测(m)</td><td></td><td></td><td></td><td colspan="2"></td></tr>
<tr><td colspan="7">检查结论：</td></tr>
<tr><td rowspan="3">签字栏</td><td rowspan="2">监理(建设)单位</td><td colspan="5">施　工　单　位</td></tr>
<tr><td colspan="2">项目技术负责人</td><td colspan="2">专职质检员</td><td>工　长</td></tr>
<tr><td></td><td colspan="2"></td><td colspan="2"></td><td></td></tr>
</table>

2. 实施要点

(1) 沉井、沉箱下沉及其完毕后的施工应有专项设计，并按设计要求办理。

(2) 表列子项

1）沉井、沉箱下沉完毕后应按表列内容进行检查，并按检查结果填记结论。

2）刃脚标高：是沉井沉箱下沉时及下沉完毕后必须检测的主要数据。刃脚标高是否符合标准规定直接影响沉井沉箱的工程质量，应检查：开始下沉时的刃脚标高，下沉完毕后的刃脚标高；下沉前基底平整后高于或低于刃脚的数值；刃脚下为何种土质，采用什么方法挖除；应核对工程地质条件是否符合实际，曾在沉井、沉箱中挖探井或钻孔，挖掘深度达到刃脚多少米，是否发现什么；沉井、沉箱的平面位置偏差；沉井、沉箱刃脚高差的测量结果，根据这些对已经完成的沉井、沉箱工程质量作出结论。

4.2.58　预制桩、钢桩、预拌混凝土发货单、预拌混凝土质量证书（C2-58）

工程用预制桩进厂后，需经施工单位、监理单位或建设单位一起进行桩的进场验收，验收合格后方可使用。

4.2.58.1 钢筋混凝土预制桩、钢桩合格证（C2-58-1）

钢筋混凝土预制桩、钢桩合格证按生产厂家提供的出厂合格证表式执行，或按C2-3-2表式粘贴。

4.2.58.2 预拌混凝土发货单、预拌混凝土质量证书（C2-58-2）

预拌混凝土订货单、预拌混凝土发货单、预拌混凝土质量证书，按C2-7-3-1、C2-3-7-2表式执行。

4.2.59 桩基检测资料（C2-59）

桩的静荷载试验、动测试验报告，是桩施工过程中的必试项目，桩的检测单位应有相应资质。应用表式可按检测单位现行用表。

4.2.59.1 桩基检测报告实施说明（C2-59-1）

1. 桩基检测应制定桩基检测方案。

2. 受检桩位的确定原则：

（1）基桩的承载力检测，应首选成桩质量较差的基桩。

注：基桩即桩基础中的单桩。

（2）当采用两种或两种以上检测方法进行成桩质量检测时，确认应依据前一种试验方法的检测结果选择成桩质量较差的基桩。

（3）选择对施工质量有怀疑的桩。

（4）选择设计方认为重要的桩。

（5）选择岩土特性复杂可能影响施工质量的桩。

（6）选择代表不同施工工艺条件和不同施工单位的桩。

（7）同类型的桩宜均匀分布。

3. 桩基检测方案应包括的内容：桩基检测方法；桩基检测数量、编号及其桩位平面图。

4. 对存在质量问题桩基的处理原则：

（1）单桩承载力的最终确定以静载试验报告为准。

（2）对基桩反射波法检测结果有怀疑或争议时，可采用钻孔抽芯法、高应变动力试验或直接开挖进行验证；对超声波透射法检测结果有怀疑或争议时，可重新组织超声波透射检测，或在同一基桩加钻孔取芯验证；对钻孔抽芯检测结果有怀疑或争议时，可在同一基桩加钻孔取芯验证。

（3）当基桩承载力或成桩质量未达到设计要求时，不得仅对不合格桩进行处理即予验收。应由监理、勘察、设计、施工、检测单位及监督机构，认真分析，提出方案予以处理。

（4）对桩基检测报告有异议时，必须向质量监督机构反映，然后委托仲裁检测机构进行重新检测。

(5) 对质量有怀疑或经加固补强的桩基，应有经设计部门认可的文件，并附入竣工验收资料。

4.2.59.2　基桩钻芯法试验检测报告（C2-59-2）

实施要点

(1) 钻芯法适用于检测混凝土灌注桩的桩长、桩身混凝土强度、桩底沉渣厚度和桩身完整性，判定或鉴别桩端持力层岩土性状。

(2) 现场操作

1) 每根受检桩的钻芯孔数和钻孔位置宜符合下列规定：

① 桩径小于1.2m的桩钻1孔，桩径为1.2～1.6m的桩钻2孔，桩径大于1.6m的桩钻3孔。

② 当钻芯孔为一个时，宜在距桩中心10～15cm的位置开孔；当钻芯孔为两个或两个以上时，开孔位置宜在距桩中心（0.15～0.25）D内均匀、对称布置。

③ 对桩端持力层的钻探，每根受检桩不应少于一孔，且钻探深度应满足设计要求。

2) 钻机设备安装必须周正、稳固、底座水平。钻机立轴中心、天轮中心（天车前沿切点）与孔口中心必须在同一铅垂线上。应确保钻机在钻芯过程中不发生倾斜、移位，钻芯孔垂直度偏差不大于0.5%。

3) 当桩顶面与钻机底座的距离较大时，应安装孔口管，孔口管应垂直且牢固。

4) 钻进过程中，钻孔内循环水流不得中断，应根据回水含砂量及颜色调整钻进速度。

5) 提钻卸取芯样时，应拧卸钻头和扩孔器，严禁敲打卸芯。

6) 每回次进尺宜控制在1.5m内；钻至桩底时，宜采取适宜的钻芯方法和工艺钻取沉渣并测定沉渣厚度，采用适宜的方法对桩端持力层岩土性状进行鉴别。

7) 钻取的芯样应由上而下按回次顺序放进芯样箱中，芯样侧面上应清晰标明回次数、块号、本回次总块数，并应按表C2-59-2-1的格式及时记录钻进情况和钻进异常情况，对芯样质量进行初步描述。

钻芯法检测现场操作记录表　　表C2-59-2-1

桩号		孔号			工程名称			
时间		钻进(m)			芯样编号	芯样长度(m)	残留芯样	芯样初步描述及异常情况记录
自	至	自	至	计				
检测日期			机长：			记录：	页次：	

8）钻芯过程中，应按表 C2-59-2-2 的格式对芯样混凝土、桩底沉渣以及桩端持力层详细编录。

钻芯法检测芯样编录表 **表 C2-59-2-2**

<table>
<tr><td>工程名称</td><td colspan="3"></td><td>日期</td><td colspan="2"></td></tr>
<tr><td>桩号/钻芯孔号</td><td colspan="2"></td><td>桩径</td><td></td><td>混凝土设计强度等级</td><td></td></tr>
<tr><td>项目</td><td>分段（层）深度（m）</td><td colspan="3">芯 样 描 述</td><td>取样编号
取样深度</td><td>备注</td></tr>
<tr><td>桩身混凝土</td><td></td><td colspan="3">混凝土钻进深度、芯样连续性、完整性、胶结情况、表面光滑情况、断口吻合程度、混凝土芯是否为柱状、骨料大小分布情况，以及气孔、空洞、蜂窝麻面、沟槽、破碎、夹泥、松散的情况</td><td></td><td></td></tr>
<tr><td>桩底沉渣</td><td></td><td colspan="3">桩端混凝土与持力层接触情况、沉渣厚度</td><td></td><td></td></tr>
<tr><td>持力层</td><td></td><td colspan="3">持力层钻进深度，岩土名称、芯样颜色、结构构造、裂隙发育程度、坚硬及风化程度
分层岩层应分层描述</td><td>（强风化或土层时的动力触探或标准贯入结果）</td><td></td></tr>
<tr><td colspan="2">检测单位：</td><td colspan="2">记录员：</td><td colspan="3">检测人员：</td></tr>
</table>

9）钻芯结束后，应对芯样和标有工程名称、桩号、钻芯孔号、芯样试件采取位置、桩长、孔深、检测单位名称的标示牌的全貌进行拍照。

10）当单桩质量评价满足设计要求时，应采用 0.5～1.0MPa 压力，从钻芯孔孔底往上用水泥浆回灌封闭；否则，应封存钻芯孔，留待处理。

（3）芯样试件截取与加工

1）截取混凝土抗压芯样试件应符合下列规定：

① 当桩长为 10～30m 时，每孔截取 3 组芯样；当桩长小于 10m 时，可取 2 组；当桩长大于 30m 时，不少于 4 组。

② 上部芯样位置距桩顶设计标高不宜大于 1 倍桩径或 1m，下部芯样位置距桩底不宜大于 1 倍桩径或 1m，中间芯样宜等间距截取。

③ 缺陷位置能取样时，应截取一组芯样进行混凝土抗压试验。

④ 当同一基桩的钻芯孔数大于一个，其中一孔在某深度存在缺陷时，应在其他孔的该深度处截取芯样进行混凝土抗压试验。

2）每组芯样应制作三个芯样抗压试件。芯样试件应按《建筑基桩检测技术规范》（JGJ 106—2003）附录 E 进行加工和测量。

（4）芯样试件抗压强度试验

1）芯样试件制作完毕，可立即进行抗压强度试验。

2）混凝土芯样试件的抗压强度试验应按现行国家标准《普通混凝土力学性能试验方法标准》（GB/T 50081—2002）的有关规定执行。

3）抗压强度试验后，当发现芯样试件平均值小于 2 倍试件内混凝土粗骨料最大粒径，且强度值异常时，该试件的强度值不得参与统计平均。

4）混凝土芯样试件抗压强度应按下列公式计算：

$$f_{cu}=\xi \cdot \frac{4P}{\pi d^2}$$

式中　f_{cu}——混凝土芯样试件抗压强度（MPa），精确至0.1MPa；

P——芯样试件抗压试验测得的破坏荷载（N）；

d——芯样试件的平均直径（mm）；

ξ——混凝土芯样试件抗压强度折算系数，应考虑芯样尺寸效应、钻芯机械对芯样扰动和混凝土成型条件的影响，通过试验统计确定；当无试验统计资料时，宜取1.0。

5）桩底岩芯单轴抗压强度试验可按现行国家标准《建筑地基基础设计规范》（GB 50007—2002）附录J执行。

（5）检测数据的分析与判定

1）混凝土芯样试件抗压强度代表值应按一组三块试件强度值的平均值确定。同一受检桩同一深度部位有两组或两组以上混凝土芯样试件抗压强度代表值时，取其平均值为该桩该深度处混凝土芯样试件抗压强度代表值。

2）受检桩中不同深度位置的混凝土芯样试件抗压强度代表值中的最小值，为该桩混凝土芯样试件抗压强度代表值。

3）桩端持力层性状应根据芯样特征、岩石芯样单轴抗压强度试验、动力触探或标准贯入试验结果，综合判定桩端持力层岩土性状。

4）桩身完整性类别应结合钻芯孔数、现场混凝土芯样特征、芯样单轴抗压强度试验结果，按表C2-59-2-3的规定和表C2-59-2-4的特征进行综合判定。

5）成桩质量评价应按单桩进行。当出现下列情况之一时，应判定该受检桩不满足设计要求：

① 桩身完整性类别为Ⅳ类的桩。

② 受检桩混凝土芯样试件抗压强度代表值小于混凝土设计强度等级的桩。

③ 桩长、桩底沉渣厚度不满足设计或规范要求的桩。

④ 桩端持力层岩土性状（强度）或厚度未达到设计或规范要求的桩。

6）钻芯孔偏出桩外时，仅对钻取芯样部分进行评价。

7）检测报告内容包括：

① 委托方名称，工程名称、地点，建设、勘察、设计、监理和施工单位，基础、结构形式，层数，设计要求，检测目的，检测依据，检测数量，检测日期；

② 地质条件描述；

③ 受检桩的桩号、桩位和相关施工记录；

④ 检测方法，检测仪器设备，检测过程叙述；

桩身完整性分类表　　**表C2-59-2-3**

桩身完整性分类	分类原则
Ⅰ	桩身完整
Ⅱ	桩身有轻微缺陷，不会影响桩身结构承载力的正常发挥
Ⅲ	桩身有明显缺陷，对桩身结构承载力有影响
Ⅳ	桩身存在严重缺陷

桩身完整性判定 **表 C2-59-2-4**

类别	特　征
Ⅰ	混凝土芯样连续、完整、表面光滑、胶结好、骨料分布均匀、呈长柱状、断口吻合，芯样侧面仅见少量气孔
Ⅱ	混凝土芯样连续、完整、胶结较好、骨料分布基本均匀、呈柱状、断口基本吻合，芯样侧面局部见蜂窝麻面、沟槽
Ⅲ	大部分混凝土芯样胶结较好，无松散、夹泥或分层现象，但有下列情况之一： 芯样局部破碎且破碎长度不大于 10cm； 芯样骨料分布不均匀； 芯样多呈短柱状或块状； 芯样侧面蜂窝麻面、沟槽连续
Ⅳ	钻进很困难； 芯样任一段松散、夹泥或分层； 芯样局部破碎且破碎长度大于 10cm

⑤ 受检桩的检测数据，实测与计算分析曲线、表格和汇总结果；

⑥ 与检测内容相应的检测结论；

⑦ 钻芯设备情况；

⑧ 检测桩数、钻孔数量、架空、混凝土芯进尺、岩芯进尺、总进尺、混凝土试件组数、岩石试件组数、动力触探或标准贯入试验结果；

⑨ 按表 C2-59-2-5 表式编制每孔的桩状图；

钻芯法检测芯样综合柱状图 **表 C2-59-2-5**

桩号/孔号		混凝土设计强度等级		桩顶标高		开孔时间	
施工桩长		设计桩径		钻孔深度		终孔时间	
层序号	层底标高（m）	层底厚度（m）	分层厚度（m）	混凝土/岩土芯柱状图（比例尺）	桩身混凝土、持力层描述	序号 芯样强度 深度（m）	备注
				□ □ □			
编制：				校核：			
注：□代表芯样试件取样位置。							

⑩ 芯样单轴抗压强度试验结果；

⑪ 芯样彩色照片；

⑫ 异常情况说明。

4.2.59.3 地下连续墙钻芯法试验检测报告（C2-59-3）

实施要点

（1）地下连续墙钻芯法试验检测报告相关内容同基桩钻芯法试验检测报告。

（2）地下连续墙钻芯检验数量：每项工程不应少于 20%的槽段，且不得少于 3 个槽段。

（3）地下连续墙钻孔数应根据槽段长度确定：槽段长度＜4m，每槽段钻 1 孔；槽段长度 4～6m，每槽段 2 孔；槽段长度＞6m，每槽段钻孔数不少于 3 个。

（4）持力层的钻探深度应符合下列规定：每个钻心槽段至少应有一孔钻至设计要求的深度，如设计未有明确要求时，对承重地下连续墙，宜钻入持力层 3 倍墙厚且不应少于 3m。对非承重地下连续墙，每个钻芯钻入持力层不宜少于 0.5m。

4.2.59.4 单桩竖向抗压静载试验检测报告（C2-59-4）

实施要点

（1）静载试验检测目的

1）静载试验检测适用于检测单桩的竖向抗压承载力。

2）当埋设有测量桩身应力、应变、桩底反力的传感器或位移杆时，可测定桩的分层侧阻力和端阻力或桩身截面的位移量。

3）为设计提供依据的试验桩，应加载至破坏；当桩的承载力以桩身强度控制时，可按设计要求的加载量进行。

（2）对工程桩抽样检测时，加载量不应小于设计要求的单桩承载力特征值的 2.0 倍。

（3）试桩、锚桩（压重平台支墩边）和基准桩之间的中心距离应符合表 C2-59-4-1 规定。

试桩、锚桩（或压重平台支墩边）和基准桩之间的中心距离　　表 C2-59-4-1

距离 / 反力装置	试桩中心与锚桩中心（或压力重平台支墩边）	试桩中心与基准桩中心	基准桩中心与锚桩中心（或压重平台支墩边）
锚桩横梁	≥4(3)D 且＞2.0m	≥4(3)D 且＞2.0m	≥4(3)D 且＞2.0m
压重平台	≥4D 且＞2.0m	≥4(3)D 且＞2.0m	≥4D 且＞2.0m
地锚装置	≥4D 且＞2.0m	≥4(3)D 且＞2.0m	≥4D 且＞2.0m

注：1　D 为试桩、锚桩或地锚的设计直径或边宽，取其较大者。
2　如试桩或锚桩为扩底桩或多支盘桩时，试桩与锚桩的中心距离尚不应小于 2 倍扩大端直径。
3　括号内数值可用于工程桩验收检测时多排桩设计桩中心距离小于 4D 的情况。
4　软土场地堆载重量较大时，宜增加支墩边与基准桩中心和试桩中心之间的距离，并在试验过程中观测基准桩的竖向位移。

（4）现场检测

1）试桩的成桩工艺和质量控制标准应与工程桩一致。

2）桩顶部宜高出试坑底面，试坑底面宜与桩承台底标高一致。混凝土桩头加固可按《建筑基桩检测技术规范》（JGJ 106—2003）附录 B 执行。

3）对作为锚桩用的灌注桩和有接头的混凝土预制桩，检测前宜对其桩身完整性进行检测。

4）试验加卸载方式应符合下列规定：

① 加载应分级进行，采用逐级等量加载；分级荷载宜为最大加载量或预估极限载承力的 1/10，其中第一级可取分级荷载的 2 倍。

② 卸载应分级进行，每级卸载量取加载时分级荷载的 2 倍，逐级等量卸载。

③ 加、卸载时应使荷载传递均匀、连续、无冲击，每级荷载在维持过程中的变化幅度不得超过分级荷载的±10%。

5）慢速维持荷载法试验步骤应符合下列规定：

① 每级荷载施加后按第 5、15、30、45、60min 测读桩顶沉降量，以后每隔 30min 测读一次。

② 试桩沉降相对稳定标准：每一小时内的桩顶沉降量不超过 0.1mm，并连续出现两次（从分级荷载施加后第 30min 开始，按 1.5h 连续三次每 30min 的沉降观测值计算）。

③ 当桩顶沉降速率达到相对稳定标准时，再施加下一级荷载。

④ 卸载时，每级荷载维持 1h，按第 15、30、60min 测读桩顶沉降量后，即可卸下一级荷载。卸载至零后，应测读桩顶残余沉降量，维持时间为 3h，测读时间为第 15、30min，以后每隔 30min 测读一次。

6）施工后的工程桩验收检测宜采用慢速维持荷载法。当有成熟的地区经验时，也可采用快速维持荷载法。

快速维持荷载法的每级荷载维持时间至少为 1h，是否延长维持荷载时间应根据桩顶沉降收敛情况确定。

7）当出现下列情况之一时，可终止加载：

① 某级荷载作用下，桩顶沉降量大于前一级荷载作用下沉降量的 5 倍。

注：当桩顶沉降能相对稳定且总沉降量小于 40mm 时，宜加载至桩顶总沉降量超过 40mm。

② 某级荷载作用下，桩顶沉降量大于前一级荷载作用下沉降量的 2 倍，且经 24h 尚未达到相对稳定标准。

③ 已达到设计要求的最大加载量。

④ 当工程桩作锚桩时，锚桩上拔量已达到允许值。

⑤ 当荷载-沉降曲线呈缓变型时，可加载至桩顶总沉降量 60～80mm；在特殊情况下，可根据具体要求加载至桩顶累计沉降量超过 80mm。

8）测试桩侧阻力和桩端阻力时，测试数据的测读时间宜符合本条 5）的规定。

（5）检测数据的分析与判定

1）检测数据的整理应符合下列规定：

① 确定单桩竖向抗压承载力时，应绘制竖向荷载-沉降（Q-s）、沉降-时间对数（s-lg$t$）曲线，需要时也可绘制其他辅助分析所需曲线。

② 当进行桩身应力、应变和桩底反力测定时，应整理出有关数据的记录表，并按《建筑基桩检测技术规范》（JGJ 106—2003）附录 A 绘制桩身轴力分布图、计算不同土层的分层侧摩阻力和端阻力值。

2）单桩竖向抗压极限承载力 Q_u 可按下列方法综合分析确定：

① 根据沉降随荷载变化的特征确定：对于陡降型 Q-s 曲线，取其发生明显陡降的起

始点对应的荷载值。

② 根据沉降随时间变化的特征确定：取 s-lg$t$ 曲线尾部出现明显向下弯曲的前一级荷载值。

③ 出现“某级荷载作用下，桩顶沉降量大于前一级荷载作用下沉降量的 5 倍”的情况，取前一级荷载值。

④ 对于缓变型 Q-s 曲线可根据沉降量确定，宜取 $s=40$mm 对应的荷载值；当桩长大于 40m 时，宜考虑桩身弹性压缩量；对直径大于或等于 800mm 的桩，可取 $s=0.05D$(D 为桩端直径）对应的荷载值。

注：当按上述四款判定桩的竖向抗压承载力未达到极限时，桩的竖向抗压极限承载力应取最大试验荷载值。

3）单桩竖向抗压极限承载力统计值的确定应符合下列规定：

① 参加统计的试桩结果，当满足其极差不超过平均值的 30％时，取其平均值为单桩竖向抗压极限承载力。

② 当极差超过平均值的 30％时，应分析极差过大的原因，结合工程具体情况综合确定，必要时可增加试桩数量。

③ 对桩数为 3 根或 3 根以下的柱下承台，或工程桩抽检数量少于 3 根时，应取低值。

4）**单位工程同一条件下的单桩竖向抗压承载力特征值 R_a 应按单桩竖向抗压极限承载力统计值的一半取值。**

5）检测报告内容应包括：

① 委托方名称，工程名称、地点，建设、勘察、设计、监理和施工单位，设计要求，检测目的，检测依据，检测数量，检测日期；

② 受检桩的桩号、桩位和相关施工记录；

③ 检测方法，检测仪器设备，检测过程叙述；

④ 与检测内容相应的检测结论；

⑤ 受检桩桩位对应的地质柱状图；

⑥ 受检桩及锚桩的尺寸、材料强度、锚桩数量、配筋情况；

⑦ 加载反力种类，堆载法应指明堆载重量，锚桩法应有反力梁布置平面图；

⑧ 加卸载方法，荷载分级；

⑨ 本条（5）检测数据的分析与判定要求绘制的曲线及对应的数据表；与承载力判定有关的曲线及数据；

⑩ 承载力判定依据；

⑪ 当进行分层摩阻力测试时，还应有传感器类型、安装位置、轴力计算方法、各级荷载下桩身轴力变化曲线、各土层的桩侧极限摩阻力和桩端阻力。

(JGJ 106—2003) 附录 B　混凝土桩桩头处理

B.0.1　混凝土桩应先凿掉桩顶部的破碎层和软弱混凝土。

B.0.2　桩头顶面应平整，桩头中轴线与桩身上部的中轴线应重合。

B.0.3　桩头主筋应全部直通至桩顶混凝土保护层之下，各主筋应在同一高度上。

B.0.4　距桩顶 1 倍桩径范围内，宜用厚度为 3～5mm 的钢板围裹或距桩顶 1.5 倍桩径范围内设置箍筋，间距不宜大于 100mm。桩顶应设置钢筋网片 2～3 层，间距 60～100mm。

B.0.5　桩头混凝土强度等级宜比桩身混凝土提高 1～2 级，且不得低于 C30。

B.0.6 高应变法检测的桩头测点处截面尺寸应与原桩身截面尺寸相同。

4.2.59.5 单桩竖向抗拔静载试验（C2-59-5）

实施要点

（1）静载试验检测目的

1）单桩竖向抗拔静载试验适用于检测单桩的竖向抗拔承载力。

2）当埋设有桩身应力、应变测量传感器时，或桩端埋设有位移测量杆时，可直接测量桩侧抗拔摩阻力或桩端上拔量。

3）为设计提供依据的试验桩应加载至桩侧土破坏或桩身材料达到设计强度；对工程桩抽样检测时，可按设计要求确定最大加载量。

（2）现场检测

1）对混凝土灌注桩、有接头的预制桩，宜在拔桩试验前采用低应变法检测受检桩的桩身完整性。为设计提供依据的抗拔灌注桩施工时应进行成孔质量检测，发现桩身中、下部位有明显扩径的桩不宜作为抗拔试验桩；对有接头的预制桩，应验算接头强度。

2）单桩竖向抗拔静载试验宜采用慢速维持荷载法。需要时，也可采用多循环加、卸载方法。慢速维持荷载法的加卸载分级、试验方法及稳定标准应按《建筑基桩检测技术规范》（JGJ 106—2003）第 4.3.4 条和 4.3.6 条有关规定执行，并仔细观察桩身混凝土开裂情况。

注：4.3.4 试验加卸载方式应符合下列规定：

1. 加载应分级进行，采用逐级等量加载；分级荷载宜为最大加载量或预估极限载承力的 1/10，其中第一级可取分级荷载的 2 倍。

2. 卸载应分级进行，每级卸载量取加载时分级荷载的 2 倍，逐级等量卸载。

3. 加、卸载时应使荷载传递均匀、连续、无冲击，每级荷载在维持过程中的变化幅度不得超过分级荷载的±10%。

4.3.6 慢速维持荷载法试验步骤应符合下列规定：

1. 每级荷载施加后按第 5、15、30、45、60min 测读桩顶沉降量，以后每隔 30min 测读一次。

2. 试桩沉降相对稳定标准：每 1h 内的桩顶沉降量不超过 0.1mm，并连续出现两次（从分级荷载施加后第 30min 开始，按 1.5h 连续三次每 30min 的沉降观测值计算）。

3. 当桩顶沉降速率达到相对稳定标准时，再施加下一级荷载。

4. 卸载时，每级荷载维持 1h，按第 15、30、60min 测读桩顶沉降量后，即可卸下一级荷载。卸载至零后，应测读桩顶残余沉降量，维持时间为 3h；测读时间为第 15、30min，以后每隔 30min 测读一次。

3）当出现下列情况之一时，可终止加载：

① 在某级荷载作用下，桩顶上拔量大于前一级上拔荷载作用下的上拔量 5 倍。

② 按桩顶上拔量控制，当累计桩顶上拔量超过 100mm 时。

③ 按钢筋抗拉强度控制，桩顶上拔荷载达到钢筋强度标准值的 0.9 倍。

④ 对于验收抽样检测的工程桩，达到设计要求的最大上拔荷载值。

4）测试桩侧抗拔摩阻力或桩端上拔位移时，测试数据的测读时间宜符合《建筑基桩检测技术规范》（JGJ 106—2003）第 4.3.6 条的规定。

（3）检测数据的分析与判定

1）数据整理应绘制上拔荷载-桩顶上拔量（U-δ）关系曲线和桩顶上拔量-时间对数

(δ-lg$t$）关系曲线。

2）单桩竖向抗拔极限承载力可按下列方法综合判定：

① 根据上拔量随荷载变化的特征确定：对陡变型 U-δ 曲线，取陡升起始点对应的荷载值；

② 根据上拔量随时间变化的特征确定：取 δ-lg$t$ 曲线斜率明显变陡或曲线尾部明显弯曲的前一级荷载值。

③ 当在某级荷载下抗拔钢筋断裂时，取其前一级荷载值。

3）单桩竖向抗拔极限承载力统计值的确定应符合本条单桩竖向抗压静载试验 3）的规定。

4）当作为验收抽样检测的受检桩在最大上拔荷载作用下，未出现本条 2）情况时，可按设计要求判定。

5）单位工程同一条件下的单桩竖向抗拔承载力特征值，应按单桩竖向抗拔极限承载力统计值的一半取值。

注：当工程桩不允许带裂缝工作时，取桩身开裂的前一级荷载作为单桩竖向抗拔承载力特征值，并与按极限荷载一半取值确定的承载力特征值相比取小值。

6）检测报告内容包括：

① 委托方名称，工程名称、地点，建设、勘察、设计、监理和施工单位，设计要求，检测目的，检测依据，检测数量，检测日期；

② 受检桩的桩号、桩位和相关施工记录；

③ 检测方法，检测仪器设备，检测过程叙述；

④ 与检测内容相应的检测结论；

⑤ 受检桩桩位对应的地质柱状图；

⑥ 受检桩尺寸（灌注桩宜标明孔径曲线）及配筋情况；

⑦ 加卸载方法，荷载分级；

⑧ 单桩竖向抗拔静载试验 1）要求数据整理应绘制上拔荷载-桩顶上拔量（U-δ）关系曲线和桩顶上拔量-时间对数（δ-lg$t$）关系曲线。单桩竖向抗拔静载试验 1）要求绘制的曲线及对应的数据表；

⑨ 承载力判定依据；

⑩ 当进行抗拔摩阻力测试时，应有传感器类型、安装位置、轴力计算方法，各级荷载下桩身轴力变化曲线，各土层中的抗拔极限摩阻力。

4.2.59.6　单桩水平静载试验检测报告（C2-59-6）

实施要点

（1）静载试验检测目的

1）单桩水平静载试验适用于桩顶自由时的单桩水平静载试验；其他形式的水平静载试验可参照使用。

2）单桩水平静载试验方法适用于检测单桩的水平承载力，推定地基土抗力系数的比例系数。

3）当埋设有桩身应变测量传感器时，可测量相应水平荷载作用下的桩身应力，并由此计算桩身弯矩。

4）为设计提供依据的试验桩宜加载至桩顶出现较大水平位移或桩身结构破坏；对工程桩抽样检测，可按设计要求的水平位移允许值控制加载。

（2）现场检测

1）加载方法宜根据工程桩实际受力特性选用单向多循环加载法或《建筑基桩检测技术规范》（JGJ 106—2003）第4章规定的慢速维持荷载法，也可按设计要求采用其他加载方法。需要测量桩身应力或应变的试桩，宜采用维持荷载法。

2）试验加卸载方式和水平位移测量应符合下列规定：

① 单向多循环加载法的分级荷载应小于预估水平极限承载力或最大试验荷载的1/10。每级荷载施加后，恒载4min后可测读水平位移，然后卸载至零，停2min测读残余水平位移，至此完成一个加卸载循环。如此循环5次，完成一级荷载的位移观测。试验不得中间停顿。

② 慢速维持荷载法的加卸载分级、试验方法及稳定标准应按《建筑基桩检测技术规范》（JGJ 106—2003）第4.3.4条和4.3.6条有关规定执行。

注：4.3.4 试验加卸载方式和4.3.6 慢速维持荷载法试验步骤见3.2.5单桩竖向抗拔静载试验（C2-59-5）。

3）当出现下列情况之一时，可终止加载：

① 桩身折断；

② 水平位移超过30～40mm（软土取40mm）；

③ 水平位移达到设计要求的水平位移允许值。

4）测量桩身应力或应变时，测试数据的测读宜与水平位移测量同步。

（3）检测数据的分析与判定

1）检测数据应按下列要求整理：

① 采用单向多循环加载法时应绘制水平力-时间-作用点位移（H-t-Y_0）关系曲线和水平力-位移梯度（H-$\Delta Y_0/\Delta H$）关系曲线。

② 采用慢速维持荷载法时应绘制水平力-力作用点位移（H-Y_0）关系曲线、水平力-位移梯度（H-$\Delta Y_0/\Delta H$）关系曲线、力作用点位移-时间对数（Y_0-lg$t$）关系曲线和水平力-力作用点位移双对数（lg$H$-lgY_0）关系曲线。

③ 绘制水平力、水平力作用点水平位移-地基土水平抗力系数的比例系数的关系曲线（H-m、Y_0-m）。

当桩顶自由且水平力作用位置位于地面处时，m值可按下列公式确定；

$$m=\frac{(\upsilon_y \cdot H)^{\frac{5}{3}}}{b_0 Y_0^{\frac{5}{3}}(EI)^{\frac{2}{3}}}$$

$$\alpha=\left(\frac{mb_0}{EI}\right)^{\frac{1}{6}}$$

式中 m——地基土水平抗力系数的比例系数（kN/m^4）；

α——桩的水平变形系数（m^{-1}）；

υ_y——桩顶水平位移系数，由式$\alpha=\left(\frac{mb_0}{EI}\right)^{\frac{1}{5}}$试算$\alpha$，当$\alpha h \geqslant 4.0$时（$h$为桩的入土

深度)，υ_y＝2.441；

H——作用于地面的水平力（kN）；

Y_0——水平力作用点的水平位移（m）；

EI——桩身抗弯刚度（$kN \cdot m^2$）；其中 E 为桩身材料弹性模量，I 为桩身换算截面惯性矩；

b_0——桩身计算宽度（m）；对于圆形桩：当桩径 $D \leqslant 1m$ 时，$b_0=0.9(1.5D+0.5)$；当桩 $D>1m$ 时，$b_0=0.9(D+1)$。对于矩形桩：当边宽 $B \leqslant 1m$ 时，$b_0=1.5B+0.5$；当边宽 $B>1m$ 时，$b_0=B+1$。

2）对埋设有应力或应变测量传感器的试验应绘制下列曲线，并列表给出相应的数据：

① 各级水平力作用下的桩身弯矩分布图；

② 水平力-最大弯矩截面钢筋拉应力（H-σ_s）曲线。

3）单桩的水平临界荷载可按下列方法综合确定：

① 取单向多循环加载法时的 H-t-Y_0 曲线或慢速维持荷载法时的 H-Y_0 曲线出现拐点的前一级水平荷载值。

② 取 H-$\Delta Y_0/\Delta H$ 曲线或 $\lg H$-$\lg Y_0$ 曲线上第一拐点对应的水平荷载值。

③ 取 H-σ_s 曲线第一拐点对应的水平荷载值。

4）单桩的水平极限承载力可按下列方法综合确定：

① 取单向多循环加载法时的 H-t-Y_0 曲线产生明显陡降的前一级，或慢速维持荷载法时的 H-Y_0 曲线发生明显陡降的起始点对应的水平荷载值。

② 取慢速维持荷载法时的 Y_0-$\lg t$ 曲线尾部出现明显弯曲的前一级水平荷载值。

③ 取 H-$\Delta Y_0/\Delta H$ 曲线或 $\lg H$-$\lg Y_0$ 曲线上第二拐点对应的水平荷载值。

④ 取桩身折断或受拉钢筋屈服时的前一级水平荷载值。

5）单桩水平极限承载力和水平临界荷载统计值的确定应符合《建筑基桩检测技术规范》(JGJ 106—2003）第4.4.3条的规定。

6）单位工程同一条件下的单桩水平承载力特征值的确定应符合下列规定：

① 当水平承载力按桩身强度控制时，取水平临界荷载统计值为单桩水平承载力特征值。

② 当桩受长期水平荷载作用且桩不允许开裂时，取水平临界荷载统计值的0.8倍作为单桩水平承载力特征值。

7）除《建筑基桩检测技术规范》（JGJ 106—2003）第6.4.6条规定外，当水平承载力按设计要求的水平允许位移控制时，可取设计要求的水平允许位移对应的水平荷载作为单桩水平承载力特征值，但应满足有关规范抗裂设计的要求。

8）检测报告内容包括：

① 委托方名称，工程名称、地点，建设、勘察、设计、监理和施工单位，设计要求，检测目的，检测依据，检测数量，检测日期；

② 受检桩的桩号、桩位和相关施工记录；

③ 检测方法，检测仪器设备，检测过程叙述；

④ 与检测内容相应的检测结论；

⑤ 受检桩桩位对应的地质柱状图；

⑥ 受检桩的截面尺寸及配筋情况；

⑦ 加卸载方法，荷载分级；

⑧《建筑基桩检测技术规范》（JGJ 106—2003）第 6.4.1 条要求绘制的曲线及对应的数据表；

⑨ 承载力判定依据；

⑩ 当进行钢筋应力测试并由此计算桩身弯矩时，应有传感器类型、安装位置、内力计算方法和《建筑基桩检测技术规范》（JGJ 106—2003）第 6.4.2 条要求绘制的曲线及其对应的数据表。

4.2.59.7 基桩低应变法检测报告（C2-59-7）

实施要点

（1）基桩低应变法检测方法适用于检测混凝土桩的桩身完整性，判定桩身缺陷的程度及位置。

（2）基桩低应变法检测方法的有效检测桩长范围，应通过现场试验确定。

（3）现场检测

1）受检桩应符合下列规定：

① 桩身强度应符合《建筑基桩检测技术规范》（JGJ 106—2003）第 3.2.6 条第 1 款的规定。

② 桩头的材质、强度、截面尺寸应与桩身基本等同。

③ 桩顶面应平整、密实，并与桩轴线基本垂直。

2）测试参数设定应符合下列规定：

① 时域信号记录的时间段长度应在 $2L/c$ 时刻后延续不少于 5ms；幅频信号分析的频率范围上限不应小于 2kHz。

② 设定桩长应为桩顶测点至桩底的施工桩长，设定桩身截面积应为施工截面积。

③ 桩身波速可根据本地区同类型的测试值初步设定。

④ 采样时间间隔或采样频率应根据桩长、桩身波速和频域分辨率合理选择；时域信号采样点数不宜少于 1024 点。

⑤ 传感器的设定值应按计量检定结果设定。

3）测量传感器安装和激振操作应符合下列规定：

① 传感器安装应与桩顶面垂直；用耦合剂粘结时，应具有足够的粘结强度。

② 实心桩的激振点位置应选择在桩中心，测量传感器安装位置宜为距桩中心 2/3 半径处；空心桩的激振点与测量传感器安装位置宜在同一水平面上，且与桩中心连线形成的夹角宜为 90°，激振点和测量传感器安装位置宜为桩壁厚的 1/2 处。

③ 激振点与测量传感器安装位置应避开钢筋笼的主筋影响。

④ 激振方向应沿桩轴线方向。

⑤ 瞬态激振应通过现场敲击试验，选择合适重量的激振力锤和锤垫，宜用宽脉冲获取桩底或桩身下部缺陷反射信号，用窄脉冲获取桩身上部缺陷反射信号。

⑥ 稳态激振应在同一个设定频率下获得稳定响应信号，并应根据桩径、桩长及桩周

土约束情况调整激振力大小。

4）信号采集和筛选应符合下列规定：

① 根据桩径大小，桩心对称布置 2～4 个检测点；每个检测点记录的有效信号数不宜少于 3 个。

② 检查判断实测信号是否反映桩身完整性特征。

③ 不同检测点及多次实测时域信号一致性较差，应分析原因，增加检测点数量。

④ 信号不应失真和产生零漂，信号幅值不应超过测量系统的量程。

（4）检测数据的分析与判定

1）桩身波速平均值的确定应符合下列规定：

① 当桩长已知、桩底反射信号明确时，在地质条件、设计桩型、成桩工艺相同的基桩中，选取不少于 5 根 Ⅰ 类桩的桩身波速值按下式计算其平均值：

$$c_{\mathrm{m}}=\frac{1}{n}\sum_{i=1}^{n}c_i$$

$$c_i=\frac{2000L}{\Delta T}$$

$$c_i=2L\cdot\Delta f$$

式中 c_{m}——桩身波速的平均值（m/s）；

c_i——第 i 根受检桩的桩身波速值（m/s），且 $|c_i-c_{\mathrm{m}}|/c_{\mathrm{m}}\leqslant5\%$；

L——测点下桩长（m）；

ΔT——速度波第一峰与桩底反射波峰间的时间差（ms）；

Δf——幅频曲线上桩底相邻谐振峰间的频差（Hz）；

n——参加波速平均值计算的基桩数量（$n\geqslant5$）。

② 当无法按上款确定时，波速平均值可根据本地区相同桩型及成桩工艺的其他桩基工程的实测值，结合桩身混凝土的骨料品种和强度等级综合确定。

2）桩身缺陷位置应按下列公式计算：

$$x=\frac{1}{2000}\cdot\Delta t_{\mathrm{x}}\cdot c$$

$$x=\frac{1}{2}\cdot\frac{c}{\Delta f'}$$

式中 x——桩身缺陷至传感器安装点的距离（m）；

Δt_{x}——速度波第一峰与缺陷反射波峰间的时间差（ms）；

c——受检桩的桩身波速（m/s），无法确定时间 c_{m} 值替代；

$\Delta f'$——幅频信号曲线上缺陷相邻谐振峰间的频差（Hz）。

3）桩身完整性类别应结合缺陷出现的深度、测试信号衰减特性以及设计桩型、成桩工艺、地质条件、施工情况，按《建筑基桩检测技术规范》（JGJ 106—2003）表 C2-59-7-1 的规定和表 C2-59-7-2 所列实测时域或幅频信号特征进行综合分析判定。

注：桩身完整性检测结果评价，应给出每根受检桩的桩身完整性类别。桩身完整性分类应符合表 C2-59-7-1 的规定。

桩身完整性分类表 表 C2-59-7-1

桩身完整性分类	分类原则
Ⅰ	桩身完整
Ⅱ	桩身有轻微缺陷，不会影响桩身结构承载力的正常发挥
Ⅲ	桩身有明显缺陷，对桩身结构承载力有影响
Ⅳ	桩身存在严重缺陷

桩身完整性判定表 表 C2-59-7-2

类别	时域信号特征	幅频信号特征
Ⅰ	$2L/c$ 时刻前无缺陷反射波，有桩底反射波	桩底谐振峰排列基本等间距，其相邻频差 $\Delta f=c/2L$
Ⅱ	$2L/c$ 时刻前出现轻微缺陷反射波，有桩底反射波	桩底谐振峰排列基本等间距，其相邻频差 $\Delta f=c/2L$，轻微缺陷产生的谐振峰与桩底谐振峰之间的频差 $\Delta f'>c/2L$
Ⅲ	有明显缺陷反射波，其他特征介于Ⅱ类和Ⅳ类之间	
Ⅳ	$2L/c$ 时刻前出现严重缺陷反射波或周期性反射波，无桩底反射波； 或因桩身浅部严重缺陷使波形呈现低频大振幅衰减振动，无桩底反射波	缺陷谐振峰排列基本等间距，相邻频差 $\Delta f'>c/2L$，无桩底谐振峰； 或因桩身浅部严重缺陷只出现单一谐振峰，无桩底谐振峰
注：对同一场地、地质条件相近、桩型和成桩工艺相同的基桩，因桩端部分桩身阻抗与持力层阻抗相匹配导致实测信号无桩底反射波时，可按本场地同条件下有桩底反射波的其他桩实测信号判定桩身完整性类别。		

4）对于混凝土灌注桩，采用时域信号分析时应区分桩身截面渐变后恢复至原桩径并在该阻抗突变处的一次反射，或扩径突变处的二次反射，结合成桩工艺和地质条件综合分析判定受检桩的完整性类别。必要时，可采用实测曲线拟合法辅助判定桩身完整性或借助实测导纳值、动刚度的相对高低辅助判定桩身完整性。

5）对于嵌岩桩，桩底时域反射信号为单一反射波且与锤击脉冲信号同向时，应采取其他方法核验桩端嵌岩情况。

6）出现下列情况之一，桩身完整性判定宜结合其他检测方法进行：

① 实测信号复杂，无规律，无法对其进行准确评价。

② 桩身截面渐变或多变，且变化幅度较大的混凝土灌注桩。

7）低应变检测报告应给出桩身完整性检测的实测信号曲线。

8）检测报告除应包括《建筑基桩检测技术规范》（JGJ 106—2003）第 3.5.5 条内容外，还应包括下列内容：

① 桩身波速取值；

② 桩身完整性描述、缺陷的位置及桩身完整性类别；

③ 时域信号时段所对应的桩身长度标尺、指数或线性放大的范围及倍数；或幅频信号曲线分析的频率范围、桩底和桩身缺陷对应的相邻谐振峰间的频差。

4.2.59.8 基桩高应变法检测报告（C2-59-8）

1. 实施要点

（1）基桩高应变法检测方法适用于检测基桩的竖向抗压承载力和桩身完整性；监测预

制桩打入时的桩身应力和锤击能量传递比，为沉桩工艺参数及桩长选择提供依据。

（2）现场检测

1）检测前的准备工作应符合下列规定：

① 预制桩承载力的时间效应应通过复打确定。

② 桩顶面应平整，桩顶高度应满足锤击装置的要求，桩锤重心应与桩顶对中，锤击装置架立应垂直。

③ 对不能承受锤击的桩头应加固处理，混凝土桩的桩头处理按《建筑基桩检测技术规范》（JGJ 106—2003）附录 B 执行。

④ 传感器的安装应符合《建筑基桩检测技术规范》（JGJ 106—2003）附录 F 的规定。

⑤ 桩头顶部应设置桩垫，桩垫可采用 10～30mm 厚的木板或胶合板等材料。

2）参数设定和计算应符合下列规定：

① 采样时间间隔宜为 50～200μs，信号采样点数不宜少于 1024 点。

② 传感器的设定值应按计量检定结果设定。

③ 自由落锤安装加速度传感器测力时，力的设定值由加速度传感器设定值与重锤质量的乘积确定。

④ 测点处的桩截面尺寸应按实际测量确定，波速、质量密度和弹性模量应按实际情况设定。

⑤ 测点以下桩长和截面积可采用设计文件或施工记录提供的数据作为设定值。

⑥ 桩身材料质量密度应按表 C2-59-8-1 取值。

桩身材料质量密度（t/m^3） **表 C2-59-8-1**

钢　桩	混凝土预制桩	离心管桩	混凝土灌注桩
7.85	2.45～2.50	2.55～2.60	2.40

⑦ 桩身波速可结合本地经验或按同场地同类型已检桩的平均波速初步设定，现场检测完成后应按第 9.4.3 条调整（即本条的（3）检测数据的分析与判定中的 3）桩身波速……的合理取值范围以及邻近桩的桩身波速值综合确定）。

⑧ 桩身材料弹性模量应按下式计算：

$$E=\rho \cdot c^2$$

式中 E——桩身材料弹性模量（kPa）；

c——桩身应力波传播速度（m/s）；

ρ——桩身材料质量密度（t/m^3）。

3）现场检测应符合下列要求：

① 交流供电的测试系统应良好接地；检测时测试系统应处于正常状态。

② 采用自由落锤为锤击设备时，应重锤低击，最大锤击落距不宜大于 2.5m。

③ 试验目的为确定预制桩打桩过程中的桩身应力、沉桩设备匹配能力和选择桩长时，应按《建筑基桩检测技术规范》（JGJ 106—2003）附录 G 执行。

④ 检测时应及时检查采集数据的质量；每根受检桩记录的有效锤击信号应根据桩顶最大动位移、贯入度以及桩身最大拉、压应力和缺陷程度及其发展情况综合确定。

⑤ 发现测试波形紊乱，应分析原因；桩身有明显缺陷或缺陷程度加剧，应停止检测。

4）承载力检测时宜实测桩的贯入度，单击贯入度宜在 2～6mm 之间。

（3）检测数据的分析与判定

1）检测承载力时选取锤击信号，宜取锤击能量较大的击次。

2）当出现下列情况之一时，高应变锤击信号不得作为载力分析计算的依据：

① 传感器安装处混凝土开裂或出现严重塑性变形使力曲线最终未归零；

② 严重锤击偏心，两侧力信号幅值相差超过 1 倍；

③ 触变效应的影响，预制桩在多次锤击下承载力下降；

④ 四通道测试数据不全。

3）桩身波速可根据下行波波形起升沿的起点到上行波下降沿的起点之间的时差与已知桩长值确定（图 C2-59-8-1）；桩底反射信号不明显时，可根据桩长、混凝土波速的合理取值范围以及邻近桩的桩身波速值综合确定。

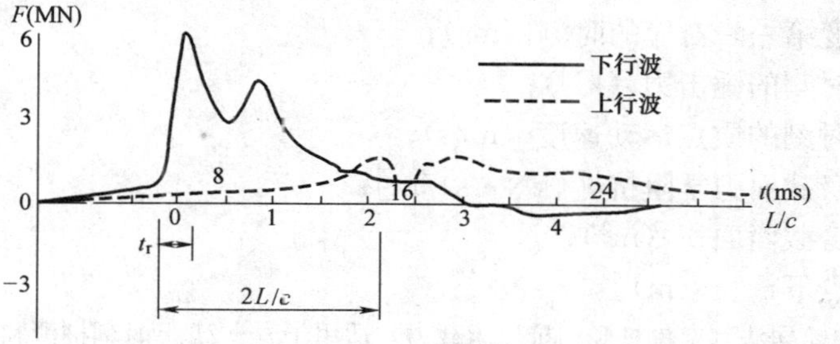

图 C2-59-8-1 桩身波速的确定

4）当测点处原设定波速随调整后的桩身波速改变时，桩身材料弹性模量和锤击力信号幅值的调整应符合下列规定：

① 桩身材料弹性模量应按《建筑基桩检测技术规范》（JGJ 106—2003）式（9.3.2）重新计算（即本条的 2）参数设定和计算中的⑧ 桩身材料弹性模量的计算式）。

② 当采用应变式传感器测力时，应同时对原实测力值校正。

5）高应变实测的力和速度信号第一峰起始比例失调时，不得进行比例调整。

6）承载力分析计算前，应结合地质条件、设计参数，对实测波形特征进行定性检查：

① 实测曲线特征反映出的桩承载性状。

② 观察桩身缺陷程度和位置，连续锤击时缺陷的扩大或逐步闭合情况。

7）以下四种情况应采用静载法进一步验证：

① 桩身存在缺陷，无法判定桩的竖向承载力。

② 桩身缺陷对水平承载力有影响。

③ 单击贯入度大，桩底同向反射强烈且反射峰较宽，侧阻力波、端阻力波反射弱，即波形表现出竖向承载性状明显与勘察报告中的地质条件不符合。

④ 嵌岩桩桩底同向反射强烈，且在时间 $2L/c$ 后无明显端阻力反射；也可采用钻芯法核验。

8）采用凯司法判定桩承载力，应符合下列规定：

① 只限于中、小直径桩。

② 桩身材质、截面应基本均匀。

③ 阻尼系数 J_c 宜根据同条件下静载试验结果校核，或应在已取得相近条件下可靠对比资料后，采用实测曲线拟合法确定 J_c 值，拟合计算的桩数不应少于检测总桩数的30%，且不应少于3根。

④ 在同一场地、地质条件相近和桩型及其截面积相同情况下，J_c 的极差不宜大于平均值的30%。

9）凯司法判定单桩承载力可按下列公式计算：

$$R_c=\frac{1}{2}(1-J_c)\cdot[F(t_1)+Z\cdot V(t_1)]+\frac{1}{2}(1+J_c)\cdot\left[F\left(t_1+\frac{2L}{c}\right)-Z\cdot V\left(t_1+\frac{2L}{c}\right)\right]$$

$$Z=\frac{E\cdot A}{c}$$

式中　R_c——由凯司法判定的单桩竖向抗压承载力（kN）；

J_c——凯司法阻尼系数；

t_1——速度第一峰对应的时刻（ms）；

$F(t_1)$——t_1 时刻的锤击力（kN）；

$V(t_1)$——t_1 时刻的质点运动速度（m/s）；

Z——桩身截面力学阻抗［(kN·s)/m］；

A——桩身截面面积（m^2）；

L——测点下桩长（m）。

注：公式（指由凯司法判定单桩竖向抗压承载力）适用于 t_1+2L/c 时刻桩侧和桩端土阻力均已充分发挥的摩擦型桩。

对于土阻力滞后于 t_1+2L/c 时刻明显发挥或先于 t_1+2L/c 时刻发挥并造成桩中上部强烈反弹这两种情况，宜分别采用以下两种方法对 R_c 值进行提高修正：

① 适当将 t_1 延时，确定 R_c 的最大值。

② 考虑卸载回弹部分土阻力对 R_c 值进行修正。

10）采用实测曲线拟合法判定桩承载力，应符合下列规定：

① 所采用的力学模型应明确合理，桩和土的力学模型应能分别反映桩和土的实际力学性状，模型参数的取值范围应能限定。

② 拟合分析选用的参数应在岩土工程的合理范围内。

③ 曲线拟合时间段长度在 t_1+2L/c 时刻后延续时间不应小于20ms；对于柴油锤打桩信号，在 t_1+2L/c 时刻后延续时间不应小于30ms。

④ 各单元所选用的土的最大弹性位移值不应超过相应桩单元的最大计算位移值。

⑤ 拟合完成时，土阻力响应区段的计算曲线与实测曲线应吻合，其他区段的曲线应基本吻合。

⑥ 贯入度的计算值应与实测值接近。

11）本方法对单桩承载力的统计和单桩竖向抗压承载力特征值的确定应符合下列规定：

① 参加统计的试桩结果，当满足其极差不超过平均值的30%时，取其平均值为单桩承载力统计值。

② 当极差超过30%时，应分析极差过大的原因，结合工程具体情况综合确定。必要时可增加试桩数量。

③ 单位工程同一条件下的单桩竖向抗压承载力特征值 R_a 应按本方法得到的单桩承载力统计值的一半取值。

12）桩身完整性判定可采用以下方法进行：

① 采用实测曲线拟合法判定时，拟合所选用的桩土参数应符合《建筑基桩检测技术规范》（JGJ 106—2003）第 9.4.10 条第 1～2 款的规定；根据桩的成桩工艺，拟合时可采用桩身阻抗拟合或桩身裂隙（包括混凝土预制桩的接桩缝隙）拟合。

注：第 9.4.10 条　采用实测曲线拟合法判定桩承载力，应符合下列规定：

1. 所采用的力学模型应明确合理，桩和土的力学模型应能分别反映桩和土的实际力学性状，模型参数的取值范围应能限定。

2. 拟合分析选用的参数应在岩土工程的合理范围内。

② 对于等截面桩，可按表 C2-59-8-1 并结合经验判定；桩身完整性系数 β 和桩身缺陷位置 x 应分别按下列公式计算：

$$\beta=\frac{[F(t_1)+Z\cdot V(t_1)]-2R_x+[F(t_x)-Z\cdot V(t_x)]}{[F(t_1)+Z\cdot V(t_1)]-[F(t_x)-Z\cdot V(t_x)]}$$

$$x=c\cdot\frac{t_x-t_1}{2000}$$

式中 β——桩身完整性系数；

t_x——缺陷反射峰对应的时刻（ms）；

x——桩身缺陷至传感器安装点的距离（m）；

R_x——缺陷以上部位土阻力的估计值，等于缺陷反射波起始点的力与速度乘以桩身截面力学阻抗之差值，取值方法见图 C2-59-8-2。

桩身完整性判定　　表 C2-59-8-2

类别	β 值	类别	β 值
Ⅰ	$\beta=1.0$	Ⅲ	$0.6\leqslant\beta<0.8$
Ⅱ	$0.8\leqslant\beta<1.0$	Ⅳ	$\beta<0.6$

13）出现下列情况之一时，桩身完整性判定宜按工程地质条件和施工工艺，结合实测曲线拟合法或其他检测方法综合进行：

① 桩身有扩径的桩。

② 桩身截面渐变或多变的混凝土灌注桩。

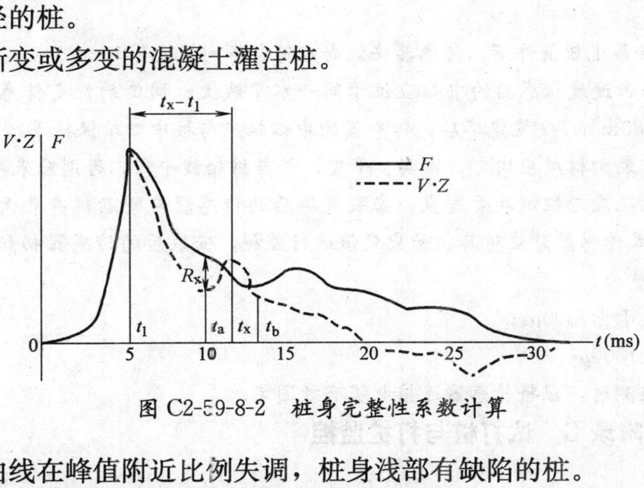

图 C2-59-8-2　桩身完整性系数计算

③ 力和速度曲线在峰值附近比例失调，桩身浅部有缺陷的桩。

④ 锤击力波上升缓慢，力与速度曲线比例失调的桩。

14）桩身最大锤击拉、压应力和桩锤实际传递给桩的能量应分别按《建筑基桩检测技术规范》（JGJ 106—2003）附录G相应公式计算。

15）高应变检测报告应给出实测的力与速度信号曲线。

16）检测报告内容包括：

① 委托方名称，工程名称、地点，建设、勘察、设计、监理和施工单位，设计要求，检测目的，检测依据，检测数量，检测日期；

② 受检桩的桩号、桩位和相关施工记录；

③ 检测方法，检测仪器设备，检测过程叙述；

④ 与检测内容相应的检测结论；

⑤ 计算中实际采用的桩身波速值和 J_c 值；

⑥ 实测曲线拟合法所选用的各单元桩土模型参数、拟合曲线、土阻力沿桩身分布图；

⑦ 实测贯入度；

⑧ 试打桩和打桩监控所采用的桩锤型号、锤垫类型，以及监测得到的锤击数、桩侧和桩端静阻力、桩身锤击拉应力和压应力、桩身完整性以及能量传递比随入土深度的变化。

(JGJ 106—2003）附录B　混凝土桩桩头处理见3.2.59.4单桩竖向抗压静载试验检测C2-59-4。

(JGJ 106—2003）附录F　高应变法传感器安装

F.0.1　检测时至少应对称安装冲击力和冲击响应（质点运动速度）测量传感器各两个（传感器安装见图F.0.1）。冲击力和响应测量可采取以下方式：

1　在桩顶下的桩侧表面分别对称安装加速度传感器和应变式力传感器，直接测量桩身测点处的响应和应变，并将应变换算成冲击力。

2　在桩顶下的桩侧表面对称安装加速传感器直接测量响应，在自由落锤锤体 $0.5H_r$ 处（H_r 为锤体高度）对称安装加速度传感器直接测量冲击力。

F.0.2　在第F.0.1条第1款条件下，传感器宜分别对称安装在距桩顶不小于2D的桩侧表面处（D为试桩的直径或边宽）；对于大直径桩，传感器与桩顶之间的距离可适当减小，但不得小于1D。安装面处的材质和截面尺寸应与原桩身相同，传感器不得安装在截面突变处附近。

在第F.0.1条第2款条件下，对称安装在桩侧表面的加速度传感器距桩顶的距离不得小于 $0.4H_r$ 或1D，并取两者高值。

F.0.3　在第F.0.1条第1款条件下，传感器安装尚应符合下列规定：

1　应变传感器与加速度传感器的中心应位于同一水平线上；同侧的应变传感器和加速度传感器间的水平距离不宜大于80mm。安装完毕后，传感器的中心轴应与桩中心轴保持平行。

2　各传感器的安装面材质应均匀、密实、平整，并与桩轴线平行，否则应采用磨光机将其磨平。

3　安装螺栓的钻孔应与桩侧表面垂直；安装完毕后的传感器应紧贴桩身表面，锤击时传感器不得产生滑动。安装应变式传感器时应对其初始应变值进行监视，安装后的传感器初始应变值应能保证锤击时的可测轴向变形余量为：

1）混凝土桩应大于±1000$\mu\varepsilon$；

2）钢桩应大于±1500$\mu\varepsilon$。

F.0.4　当连续锤击监测时，应将传感器连接电缆有效固定。

(JGJ 106—2003）附录G　试打桩与打桩监控

G.1　试打桩

G1.1　选择工程桩的桩型、桩长和桩端持力层进行打桩时，应符合下列规定：

1 试打桩位置的工程地质条件应具有代表性。

2 试打桩过程中，应按桩端进入的土层逐一进行测试；当持力层较厚时，应在同一土层中进行多次测试。

G.1.2 桩端持力层应根据试打桩结果的承载力与贯入度关系，结合场地岩土工程勘察报告综合判定。

G.1.3 采用试打桩判定桩的承载力时，应符合下列规定：

1 判定的承载力值应小于或等于试打桩时测得的桩侧和桩端静土阻力值之和与桩在地基土中的时间效应系数的乘积，并应进行复打校核。

2 复打至初打的休止时间应符合《建筑基桩检测技术规范》（JGJ 106—2003）表 3.2.6 的规定。

G.2 桩身锤击应力监测

G.2.1 桩身锤击应力监测应符合下列规定：

1 被监测桩的桩型、材质应与工程桩相同；施打机械的锤型、落距和垫层材料及状况应与工程桩施工时间相同。

2 应包括桩身锤击拉应力和锤击压应力两部分。

G.2.2 为测得桩身锤击应力最大值，监测时应符合下列规定：

1 桩身锤击拉应力宜在预计桩端进入软土层或桩端穿过硬土层进入软夹层时测试。

2 桩身锤击压应力宜在桩端进入硬土层或桩周土阻力较大时测试。

G.2.3 最大桩身锤击拉应力可按下式计算：

$$\sigma_t=\frac{1}{2A}\left[Z\cdot V\left(t_1+\frac{2L}{c}\right)-F\left(t_1+\frac{2L}{c}\right)-Z\cdot V\left(t_1+\frac{2L-2x}{c}\right)-F\left(t_1+\frac{2L-2x}{c}\right)\right] \quad (G.2.3)$$

式中 σ_t——最大桩身锤击拉应力（kPa）；

x——传感器安装点至计算点的距离（m）；

A——桩身截面面积（m^2）。

G.2.4 最大桩身锤击压应力可按下式计算：

$$\sigma_p=\frac{F_{max}}{A} \quad (G.2.4)$$

式中 σ_p——最大桩身锤击压应力（kPa）；

F_{max}——实测的最大锤击力（kN）。

当打桩过程中突然出现贯入度骤减甚至拒锤时，应考虑与桩端接触的硬层对桩身锤击压应力的放大作用。

G.2.5 桩身最大锤击应力控制值应符合《建筑桩基技术规范》JGJ 94 的有关规定。

G.3 锤击能量监测

G.3.1 桩锤实际传递给桩的能量应按下式计算：

$$E_n=\int_0^{t_e}\cdot E\cdot V\cdot dt \quad (G.3.1)$$

式中 E_n——桩锤实际传递给桩的能量（kJ）；

t_e——采样结束的时刻（s）。

G.3.2 桩锤最大动能宜通过测定锤芯最大运动速度确定。

G.3.3 桩锤传递比应按桩锤实际传递给桩的能量与桩锤额定能量的比值确定；桩锤效率应安实测的桩锤最大动能与桩锤的额定能量的比值确定。

4.2.59.9 基桩声波透射法检测报告（C2-59-9）

实施要点

（1）基桩声波透射法检测方法适用于已预埋声测管的混凝土灌注桩桩身完整性检测，判定桩身缺陷的程度并确定其位置。

（2）现场检测

1）声测管埋设应按《建筑基桩检测技术规范》（JGJ 106—2003）附录 H 的规定执行。

2）现场检测前准备工作应符合下列规定：

① 采用标定法确定仪器系统延迟时间。

② 计算声测管及耦合水层声时修正值。

③ 在桩顶测量相应声测管外壁间净距离。

④ 将各声测管内注满清水，检查声测管畅通情况；换能器应能在全程范围内升降顺畅。

3）现场检测步骤应符合下列规定：

① 将发射与接收声波换能器通过深度标志分别置于两根声测管中的测点处。

② 发射与接收声波换能器以相同标高（图 C2-59-9*a*）或保持固定高差（图 C2-59-9*b*）同步升降，测点间距不宜大于 250mm。

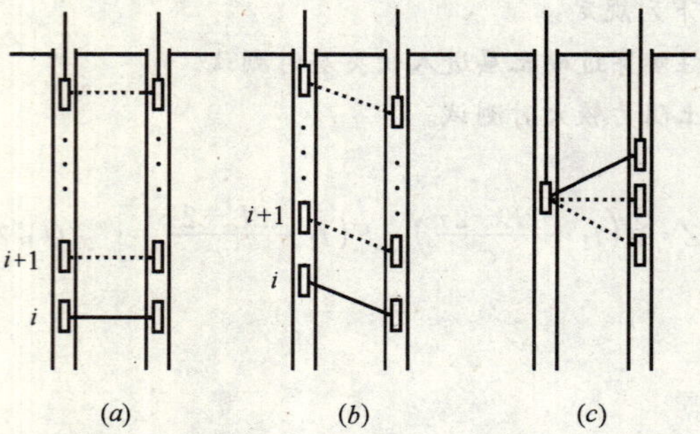

图 C2-59-9　平测、斜测和扇形扫测示意图

（*a*）平测；（*b*）斜测；（*c*）扇形扫测

③ 实时显示和记录接收信号的时程曲线，读取声时、首波峰值和周期值，宜同时显示频谱曲线及主频值。

④ 将多根声测管以两根为一个检测剖面进行全组合，分别对所有检测剖面完成检测。

⑤ 在桩身质量可疑的测点周围，应采用加密测点，或采用斜测（图 C2-59-9*b*）、扇形扫测（图 C2-59-9*c*）进行复测，进一步确定桩身缺陷的位置和范围。

⑥ 在同一根桩的各检测剖面的检测过程中，声波发射电压和仪器设置参数应保持不变。

（3）检测数据的分析与判定

1）各测点的声时 t_c、声速 v、波幅 A_p 及主频 f 应根据现场检测数据，按下列各式计算，并绘制声速-深度（v-z）曲线和波幅-深度（A_p-z）曲线，需要时可绘制辅助的主频-深度（f-z）

$$t_{ci}=t_i-t_0-t'$$

$$v_i=\frac{l'}{t_{ci}}$$

$$A_{pi}=20\lg\frac{a_i}{a_0}$$

$$f_i=\frac{1000}{T_i}$$

式中　t_{ci}——第 i 测点声时（μs）；

t_i——第 i 测点声时测量值（μs）；

t_0——仪器系统延迟时间（μs）；

t'——声测管及耦合水层声时修正值（μs）；

l'——每检测剖面相应两声测管的外壁间净距离（mm）；

v_i——第 i 测点声速（km/s）；

A_{pi}——第 i 测点波幅值（dB）；

a_i——第 i 测点信号首波峰值（V）；

a_0——零分贝信号幅值（V）；

f_i——第 i 测点信号主频值（kHz），也可由信号频谱的主频求得；

T_i——第 i 测点信号周期（μs）。

2）声速临界值应按下列步骤计算：

① 将同一检测剖面各测点的声速值 v_i 由大到小依次排序，即

$$v_1 \geqslant v_2 \geqslant \cdots \geqslant v_i \geqslant v_{n-k} \geqslant v_{n-1} \geqslant v_n \quad (k=0,1,2,\cdots)$$

式中 v_i——按序排列后的第 i 个声速测量值；

n——检测剖面测点数；

k——从零开始逐一去掉（C2-59-9a）v_i 序列尾部最小数值的数据个数。

② 对从零开始逐一去掉 v_i 序列中最小数值后余下的数据进行统计计算。当去掉最小数值的数据个数为 k 时，对包括 v_{n-k} 在内的余下数据 $v_1 \sim v_{n-k}$ 按下列公式进行统计计算：

$$v_0 = v_{\mathrm{m}} - \lambda \cdot s_{\mathrm{x}}$$

$$v_{\mathrm{m}} = \frac{1}{n-k}\sum_{i=1}^{n-k} v_i$$

$$s_{\mathrm{x}} = \sqrt{\frac{1}{n-k-1}\sum_{i=1}^{n-k}(v_i - v_{\mathrm{m}})^2}$$

式中 v_0——异常判断值；

v_{m}——$(n-k)$ 个数据的平均值；

s_{x}——$(n-k)$ 个数据的标准差；

λ——由表 C2-59-9-1 查得的与 $(n-k)$ 相对应的系数。

统计数据个数（$n-k$）与对应的 λ 值 **表 C2-59-9-1**

$n-k$	20	22	24	26	28	30	32	34	36	38
λ	1.64	1.69	1.73	1.77	1.80	1.83	1.86	1.89	1.91	1.94
$n-k$	40	42	44	46	48	50	52	54	56	58
λ	1.96	1.98	2.00	2.02	2.04	2.05	2.07	2.09	2.10	2.11
$n-k$	60	62	64	66	68	70	72	74	76	78
λ	2.13	2.14	2.15	2.17	2.18	2.19	2.20	2.21	2.22	2.23
$n-k$	80	82	84	86	88	90	92	94	96	98
λ	2.24	2.25	2.26	2.27	2.28	2.29	2.29	2.30	2.31	2.32
$n-k$	100	105	110	115	120	125	130	135	140	145
λ	2.33	2.34	2.36	2.38	2.39	2.41	2.42	2.43	2.45	2.46
$n-k$	150	160	170	180	190	200	220	240	260	280
λ	2.47	2.50	2.52	2.54	2.56	2.58	2.61	2.64	2.67	2.69

③ 将 v_{n-k} 与异常判断值 v_0 进行比较。当 $v_{n-k} \leqslant v_0$ 时，v_{n-k} 及其以后的数据均为异常，去掉 v_{n-k} 及其以后的异常数据；再用数据 $v_1 \sim v_{n-k-1}$ 并重复式（10.4.2-2）～式（10.4.2-4）的计算步骤，直到 v_i 序列中余下的全部数据满足：

$$v_i > v_0$$

此时，v_0 为声速的异常判断临界值 v_c。

④ 声速异常时的临界值判据为：

$$v_i \leqslant v_c$$

当式（10.4.2-6）成立时，声速可判定为异常。

3）当检测剖面 n 个测点的声速值普遍偏低且离散性很小时，宜采用声速低限值判据：

$$v_i < v_l$$

式中　v_i——第 i 测点声速（km/s）；

v_l——声速低限值（km/s），由预留同条件混凝土试件的抗压强度与声速对比试验结果，结合本地区实际经验确定。

当式（10.4.3）成立时，可直接判定为声速低于低限值异常。

$$A_m = \frac{1}{n}\sum_{i=1}^{n} A_{pi}$$

$$A_{pi} < A_m - 6$$

式中　A_m——波幅平均值（dB）；

n——检测剖面测点数。

当式（10.4.4-2）成立时，波幅可判定为异常。

4）当采用斜率法的 PSD 值作为辅助异常点判据时，PSD 值应按下列公式计算：

$$PSD = K \cdot \Delta t$$

$$K = \frac{t_{ci} - t_{ci-1}}{z_i - z_{i-1}}$$

$$\Delta t = t_{ci} - t_{ci-1}$$

式中　t_{ci}——第 i 测点声时（μs）；

t_{ci-1}——第 $i-1$ 测点声时（μs）；

z_i——第 i 测点深度（m）；

z_{i-1}——第 $i-1$ 测点深度（m）。

根据 PSD 值在某深度处的突变，结合波幅变化情况，进行异常点判定。

5）当采用信号主频值作为辅助异常点判据时，主频-深度曲线上主频值明显降低可判定为异常。

6）桩身完整性类别应结合桩身混凝土各声学参数临界值、PSD 判据、混凝土声速低限值以及桩身质量可疑点加密测试（包括斜测或扇形扫测）后确定的缺陷范围，按表 C2-59-2-3的规定和表 C2-59-9-2 的特征进行综合判定。

7）检测报告内容包括：

① 委托方名称，工程名称、地点，建设、勘察、设计、监理和施工单位，设计要求，检测目的，检测依据，检测数量，检测日期；

② 受检桩的桩号、桩位和相关施工记录；

③ 检测方法，检测仪器设备，检测过程叙述；

④ 与检测内容相应的检测结论；

⑤ 声测管布置图；

⑥ 受检桩每个检测剖面声速-深度曲线、波幅-深度曲线，并将相应判据临界值所对应的标志线绘制于同一个坐标系；

⑦ 当采用主频值或PSD值进行辅助分析判定时，绘制主频-深度曲线或PSD曲线；

⑧ 缺陷分布图示。

桩身完整性判定 **表 C2-59-9-2**

类 别	特 征
Ⅰ	各检测剖面的声学参数均无异常，无声速低于低限值异常
Ⅱ	某一检测剖面个别测点的声学参数出现异常，无声速低于低限值异常
Ⅲ	某一检测剖面连续多个测点的声学参数出现异常； 两个或两个以上检测剖面在同一深度测点声学参数出现异常；局部混凝土声速出现低于低限值异常
Ⅳ	某一检测剖面连续多个测点的声学参数出现明显异常； 两个或两个以上检测剖面在同一深度测点的声学参数出现明显异常； 桩身混凝土声速出现普遍低于低限值异常或无法检测首波或声波接收信号严重畸变

附录 H 声测管理埋设要点

H.0.1 声测管内径宜为50～60mm。

H.0.2 声测管应下端封闭、上端加盖，管内无异物；声测管连接处应光滑过渡，管口应高出桩顶100mm以上，且各声测管管口高度宜一致。

H.0.3 应采取适宜方法固定声测管，使之成桩后相互平行。

H.0.4 声测管埋设数量应符合下列要求：

1 $D \leqslant 800$mm，2根管。

2 $800\text{mm} < D \leqslant 2000$mm，不少于3根管。

3 $D > 2000$mm，不少于4根管。

式中 D——受检桩设计桩径。

H.0.5 声测管应沿桩截面外侧呈对称形状布置，按图H.0.5所示的箭头方向顺时针旋转依次编号。

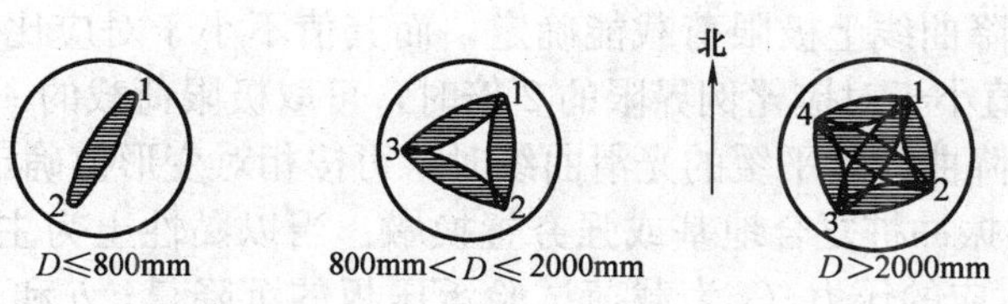

图 H.0.5 声测管布置图

检测剖面编组分别为：

1-2；

1-2，1-3，2-3；

1-2，1-3，1-4，2-3，2-4，3-4。

4.2.59.10 复合地基载荷试验（C2-59-10）

实施要点

复合地基载荷板大小的确定：对于多桩复合地基，板下的置换率必须等于工程桩的置换率；单桩复合地基载荷试验可采用圆板或方板，板的大小等于一根桩加固的地基面积。根据经验，单桩复合地基试验采用面积为$2m^2$的压板较为合适。单桩载荷试验采用圆板，其直径与桩径相等。压板底面高程应等同于建筑物基础底面高程，当承载力检测结果与实际情况不一致时应予以修正。

附：复合地基载荷试验要点

1. 本试验要点适用于单桩复合地基载荷试验和多桩复合地基载荷试验。

2. 复合地基载荷试验用于测定承压板下应力主要影响范围内复合土层的承载力和变形参数。复合地基载荷试验承压板压应具有足够刚度。单桩复合地基载荷试验的承压板可用圆形或方形，面积为一根桩承担的处理面积；多桩复合地基载荷试验的承压板可用方形或矩形，其尺寸按实际桩数所承担的处理面积确定。桩的中心（或形心）应与承压板中心保持一致，并与荷载作用点相重合。

3. 承压板底面标高应与桩顶设计标高相适应。承压板底面下宜铺设粗砂或中砂垫层，垫层厚度取 50～150mm，桩身强度高时宜取大值。试验标高处的试坑长度和宽度，应不少于承压板尺寸的 3 倍。基准梁的支点应设在试坑之外。

4. 试验前应采取措施，防止试验场地地基土含水量变化或地基土扰动，以免影响试验结果。

5. 加载等级可分为 8～12 级。最大加载压力不应小于设计要求压力值的 2 倍。

6. 每加一级荷载前后均应各读记承压板沉降量一次，以后每半个小时读记一次。当 1h 内沉降量小于 0.1mm 时，即可加下一级荷载。

7. 当出现下列现象之一时可终止试验：

（1）沉降急剧增大，土被挤出或承压板周围出现明显的隆起；

（2）承压板的累计沉降量已大于其宽度或直径的 6%；

（3）当达不到极限荷载，而最大加载压力已大于设计要求压力值的 2 倍。

8. 卸载级数可为加载级数的一半，等量进行，每卸一级，间隔半小时，读记回弹量，待卸完全部荷载后间隔 3h 读记总回弹量。

9. 复合地基承载力特征值的确定：

（1）当压力-沉降曲线上极限荷载能确定，而其值不小于对应比例界限的 2 倍时，可取比例界限；当其值小于对应比例界限的 2 倍时，可取极限荷载的一半；

（2）当压力-沉降曲线是平缓的光滑曲线时，可按相对变形值确定；

1）对砂石桩、振冲桩复合地基或强夯置换墩：当以黏性土为主的地基，可取 s/b 或 s/d 等于 0.015 所对应的压力（s 为载荷试验承压板的沉降量；b 和 d 分别为承压板宽度和直径，当其值大于 2m 时，按 2m 计算）；当以粉土或砂土为主的地基，可取 s/b 或 s/d 等于 0.01 所对应的压力。

2）对土挤密桩、石灰桩或柱锤冲扩桩复合地基，可取 s/b 或 s/d 等于 0.012 所对应的压力。对灰土挤密桩复合地基，可取 s/b 或 s/d 等于 0.008 所对应的压力。

3）对水泥粉煤灰碎石桩或夯实水泥土桩复合地基，当以卵石、圆砾、密实粗中砂为主的地基，可取 s/b 或 s/d 等于 0.008 所对应的压力；当以黏性土、粉土为主的地基，可取 s/b 或 s/d 等于 0.01 所对应的压力。

4）对水泥土搅拌桩或旋喷桩复合地基，可取 s/b 或 s/d 等于 0.006 所对应的压力。

5）对有经验的地区，也可按当地经验确定相对变形值。

按相对变形值确定的承载力特征值不应大于最大加载压力的一半。

10. 试验点的数量不应少于 3 点，当满足其极差不超过平均值的 30%时，可取其平均值为复合地基承载力特征值。

4.2.60 工程质量事故调（勘）查处理资料（C2-60）

4.2.60.1 工程质量事故报告（C2-60-1）

工程质量事故资料按 C2-9-1 执行。

4.2.60.2 建设工程质量事故调（勘）查处理资料（C2-60-2）

建设工程质量事故调（勘）查处理资料按 C2-9-2 执行。

Ⅲ 单位（子单位）工程安全和功能检验资料核查及主要功能抽查记录

4.3 单位（子单位）工程安全和功能检验资料核查及主要功能抽查记录（C3）

单位（子单位）工程安全和功能检验资料核查及主要功能抽查记录序目

资料报送编目	资料名称	应用表式编号	说明
C3	单位(子单位)工程安全和功能检验资料核查及主要功能抽查记录		
	建筑与结构		
C3-1	屋面淋水试验记录	C3-1	
C3-2	地下室防水效果检查记录	C3-2	
C3-3	有防水要求的地面蓄水试验记录	C3-3	
C3-4	建筑物垂直度、标高、全高测量记录	C3-4	
C3-5	抽气(风)道检查记录	C3-5	
C3-6	幕墙及外窗气密性、水密性、耐风压检测报告	C3-6	
C3-7	节能、保温测试记录	C3-7	
C3-8	室内环境检测报告	C3-8	
	给排水与采暖		
C3-9	给水管道通水试验记录	C3-9	
C3-10	暖气管道、散热器压力试验记录	C3-10	
C3-10-1	暖气管道压力试验记录	C3-10-1	
C3-10-2	散热器压力试验记录	C3-10-2	
C3-11	卫生器具满水试验记录	C3-11	
C3-12	消防管道、燃气管道强度、严密性试验记录	C3-12	
C3-12-1	消防管道强度试验记录	C3-12-1	
C3-12-2	燃气管道强度、严密性试验验收记录	C3-12-2	
C3-12-3	户内燃气设施强度/严密性试验记录	C3-12-3	
C3-13	排水干管通球试验记录	C3-13	
	电气		
C3-14	照明全负荷试验记录	C3-14	
C3-15	大型灯具承载牢固性试验记录	C3-15	
C3-16	避雷接地装置检测记录	C3-16	
C3-17	线路、插座、开关接地检验记录	C3-17	

续表

资料报送编目	资 料 名 称	应用表式编号	说 明
	通风与空调		
C3-18	通风、空调系统试运行记录	C3-18	
C3-19	风量、温度测试记录	C3-19	
C3-20	洁净室洁净度测试记录	C3-20	
C3-21	制冷机组试运行调试记录	C3-21	
	电梯		
C3-22	电梯运行记录	C3-22	
C3-23	电梯安全装置检测报告	C3-23	
	智能建筑		
C3-24	系统试运行记录	C3-24	
C3-25	系统电源及接地检测报告	C3-25	

注：单位（子单位）工程安全和功能检验资料核查及主要功能抽查检测多数是复查和验证性的。

建筑与结构

4.3.1 屋面淋水试验记录（C3-1）

1. 资料表式

屋面淋水试验记录 **表 C3-1**

工程名称			施工单位	
建筑面积			结构形式	
试水日期	年 月 日 时起 年 月 日 时止		试水部位	
试水简况：				
强制性条文执行：				
检查结果：				
评定意见： 年 月 日				
签字栏	监理(建设)单位	施 工 单 位		
		项目技术负责人	专职质检员	工 长

2. 实施要点

防水工程验收记录即防水工程试水记录。防水工程必须严格选择、认真认证检测，使用性能、质量可靠的防水材料，特别是新型防水材料并应采取相应的施工技术。凡有防水要求的建筑工程，工程完成后均应有蓄水、淋水或浇水试验。

（1）蓄水试验

凡浴室、厕所等有防水要求的房间必须进行蓄水检验。同一房间应做两次蓄水试验，分别在室内防水完成后及单位工程竣工后100％做蓄水试验。蓄水时最浅水位不得低于20mm，应为20～30mm。浸泡24h后撤水，检查无渗漏为合格。检查数量应为全部此类房间。检查时，应邀请建设单位参加并签章认可。

有女儿墙的屋面防水工程，能做蓄水试验的宜做蓄水试验。

（2）浇水试验

屋面工程一般均应有全部屋面的浇水试验，浇水试验应全面地同时浇水，可在屋脊处设干管向两边喷淋至少 2h，浇水试验后检验屋面有否渗漏。检查的重点是管子根部、烟囱根部、女儿墙根等凸出屋面部分的泛水及下口等细部节点。浇水试验的方法和试验后的检验都必须做详细的记录，并应邀请建设单位检查、签字。最好坚持二次浇水试验。浇水试验记录要存入施工技术资料施工记录中。

（3）淋水试验

空腔防水外墙板竣工后都应做淋水试验。淋水试验是用花管在所有外墙上喷淋，淋水时间不得小于 2h，淋水后检查外墙壁有无渗漏现象，应请建设单位参加并签认。

无条件做浇水试验的屋面工程，应做好雨季观察记录。每次较大降雨时，施工单位应邀请建设单位对屋面进行检查（重点查管了根部、烟囱根部、女儿墙根等凸出屋面部分的泛水及下口等细部节点处），检查有无渗漏，并做好记录，双方签认。经过一个雨季，如屋面无渗漏现象视为合格。

（4）防水工程试水前应检查的施工技术资料

① 原材料、半成品和成品的质量证明文件、分项工程质量验评资料，以及试验报告和现场检验记录；

② 应用沥青、卷材等防水材料、保温材料的防水工程的现场检查记录；

③ 混凝土自防水工程应检查混凝土试配、实际配合比、防水等级、试验结果等；

④ 施工过程中重大技术问题的处理记录和工程变更记录。

在检查以上资料的基础上，对防水工程进行蓄水或浇水试验，以检验防水工程的实际防水效果，并按上表填写防水工程验收记录，作为防水工程质量检查验收的依据。

4.3.2 地下室防水效果检查记录（C3-2）

1. 资料表式

地下室防水效果检查记录表 表 C3-2

<table>
<tr><td colspan="2">工程名称</td><td colspan="2"></td><td>检查日期</td><td></td></tr>
<tr><td colspan="2">工程编号</td><td colspan="2"></td><td>部　位</td><td></td></tr>
<tr><td colspan="2">检查内容和方法</td><td colspan="4"></td></tr>
<tr><td colspan="2">强制性条文执行</td><td colspan="4"></td></tr>
<tr><td colspan="2">检查结论</td><td colspan="4"></td></tr>
<tr><td colspan="2">复查结论</td><td colspan="4">复查人：　　　　年　月　日</td></tr>
<tr><td rowspan="2">签字栏</td><td rowspan="2">监理(建设)单位</td><td colspan="4">施　工　单　位</td></tr>
<tr><td>项目技术负责人</td><td>专职质检员</td><td colspan="2">工　长</td></tr>
</table>

2. 实施要点

(1) 防水混凝土所用的材料应符合下列规定：

1) 水泥品种应按设计要求选用，其强度等级不应低于 42.5 级，不得使用过期或受潮结块水泥；

2) 碎石或卵石的粒径宜为 5～40mm，含泥量不得大于 1.0%，泥块含量不得大于 0.5%；

3) 砂宜用中砂，含泥量不得大于 3.0%，泥块含量不得大于 1.0%；

4) 拌制混凝土所用的水，应采用不含有害物质的洁净水；

5) 外加剂的技术性能，应符合国家或行业标准一等品及以上的质量要求；

6) 粉煤灰的级别不应低于二级，掺量不大于 20%；硅粉掺量不应大于 3%，其他掺合料的掺量应通过试验确定。

(2) 防水混凝土的配合比应符合下列规定：

1) 试配要求的抗渗水压值应比设计值提高 0.2MPa；

2) 水泥用量不得少于 300kg/m^3；掺有活性掺合料时，水泥用量不得少于 280kg/m^3；

3) 砂率宜为 35%～45%，灰砂比宜为 1∶2～1∶2.5；

4) 水灰比不得大于 0.55；

5) 普通防水混凝土坍落度不宜大于 50mm，泵送时入泵坍落度宜为 100～140mm。

(3) 混凝土拌制和浇筑过程控制应符合下列规定：

1) 拌制混凝土所用材料的品种、规格和用量，每工作班检查不应少于两次。每盘混凝土各组成材料计量结果的偏差应符合表 C3-3-1 的规定。

混凝土组成材料计量结果的允许偏差（%）　　表 C3-3-1

混凝土组成材料	每盘计量	累计计量
水泥、掺合料	±2	±1
粗、细骨料	±3	±2
水、外加剂	±2	±1

注：累计计量仅适用于微机控制计量的搅拌站。

2) 混凝土在浇筑地点的坍落度，每工作班至少检查两次。混凝土的坍落度试验应符合现行《普通混凝土拌合物性能试验方法标准》GB/T 50080 的有关规定。

混凝土实测的坍落度与要求坍落度之间的偏差应符合表 C3-3-2 的规定。

混凝土坍落度允许偏差　　表 C3-3-2

要求坍落度(mm)	允许偏差(mm)
≤40	±10
50～90	±15
≥100	±20

(4) 防水混凝土抗渗性能，应采用标准条件下养护混凝土抗渗试件的试验结果评定。试件应在浇筑地点制作。

连续浇筑混凝土每 500m^3 应留置一组抗渗试件（一组为 6 个抗渗试件），且每项工程不得少于两组。采用预拌混凝土的抗渗试件，留置组数应视结构的规模和要求而定。

抗渗性能试验应符合现行《普通混凝土长期性能和耐久性能试验方法》GBJ 82 的有

关规定。

（5）防水混凝土的施工质量检验数量，应按混凝土外露面积每 $100m^2$ 抽查1处，每处 $10m^2$，且不得少于3处；细部构造应按全数检查。

（6）防水混凝土的抗压强度和抗渗压力必须符合设计要求。

（7）防水混凝土的变形缝、施工缝、后浇带、穿墙管道、埋设件等设置和构造，均须符合设计要求，严禁有渗漏。

（8）防水混凝土结构表面的裂缝宽度不应大于0.2mm，并不得贯通。

（9）防水混凝土结构厚度不应小于250mm，其允许偏差为＋15mm、－10mm；迎水面钢筋保护层厚度不应小于50mm，其允许偏差为±10mm。

（10）地下室防水效果检查要求

1）房屋建筑地下室检查围护结构内墙和底板：全埋设于地下的结构（地下商场、地铁车站、军事地下库等）除调查围护结构内墙和底板外，背水的顶板（拱顶）重点检查。

2）专业施工单位、总包施工单位、监理单位在工程施工质量验收前，必须进行地下防水工程防水效果检查，绘制“背水内表面的结构工程展开图”。详细标示：裂缝及渗漏水现象、经修补及堵漏的渗漏水部位、防水等级标准容许的渗漏水现象位置。

附：地下防水工程渗漏水调查与量测方法

1. 渗漏水调查

（1）地下防水工程质量验收时，施工单位必须提供地下工程“背水内表面的结构工程展开图”。

（2）房屋建筑地下室只调查围护结构内墙和底板。

（3）全埋设于地下的结构（地下商场、地铁车站、军事地下库等），除调查围护结构内墙和底板外，背水的顶板（拱顶）系重点调查目标。

（4）钢筋混凝土衬砌的隧道以及钢筋混凝土管片衬砌的隧道渗漏水调查的重点为上半环。

（5）施工单位必须在“背水内表面的结构工程展开图”上详细标示：

1）在工程自检时发现的裂缝，并标明位置、宽度、长度和渗漏水现象。

2）经修补、堵漏的渗漏水部位。

3）防水等级标准容许的渗漏水现象位置。

（6）地下防水工程验收时，经检查、核对标示好的“背水内表面的结构工程展开图”必须纳入竣工验收资料。

2. 渗漏水现象描述使用的术语、定义和标识符号，可按表附-1选用。

渗漏水现象描述使用的术语、定义和标识符号 表附-1

术语	定义	标识符号
湿渍	地下混凝土结构背水面，呈现明显色泽变化的潮湿斑或流挂水膜	#
渗水	水从地下混凝土结构衬砌内表面渗出，在背水的墙壁上可观察到明显的流挂水膜范围	○
水珠	悬垂在地下混凝土结构衬砌背水顶板（拱顶）的水珠，其滴落间隔时间超过1min，称水珠现象	◇
滴漏	地下混凝土结构衬砌背水顶板（拱顶）渗漏水的滴落速度，每分钟至少1滴，称为滴漏现象	▽
线漏	指渗漏成线或喷水状态	↓

3. 当被验收的地下工程有结露现象时，不宜进行渗漏水检测。

4. 房屋建筑地下室渗漏水现象检测

(1) 地下工程防水等级对“湿渍面积”与“总防水面积”（包括顶板、墙面、地面）的比例作了规定。按防水等级二级设防的房屋建筑地下室，单个湿渍的最大面积不大于 $0.1m^2$，任意 $100m^2$ 防水面积上的湿渍不超过1处。

(2) 湿渍的现象：湿渍主要是由混凝土密实度差异造成毛细现象或由混凝土容许裂缝（宽度小于0.2mm）产生，在混凝土表面肉眼可见的“明显色泽变化的潮湿斑”。一般在人工通风条件下可消失，即蒸发量大于渗入量的状态。

(3) 湿渍的检测方法：检查人员用干手触摸湿斑，无水分浸润感觉。用吸墨纸或报纸贴附，纸不变颜色。检查时，要用粉笔勾画出湿渍范围，然后用钢尺测量高度和宽度，计算面积，标示在“展开图”上。

(4) 渗水的现象：渗水是由于混凝土密实度差异或混凝土有害裂缝（宽度大于0.2mm）而产生的地下水连续渗入混凝土结构，在背水的混凝土墙壁表面肉眼可观察到明显的流挂水膜范围，在加强人工通风的条件下也不会消失，即渗入量大于蒸发量的状态。

(5) 渗水的检测方法：检查人员用干手触摸可感觉到水分浸润，手上会沾有水分。用吸墨纸或报纸贴附，纸会浸润变颜色。检查时，要用粉笔勾画出渗水范围，然后用钢尺测量高度和宽度，计算面积，标示在“展开图”上。

(6) 对房屋建筑地下室检测出来的“渗水点”，一般情况下应准予修补堵漏，然后重新验收。

(7) 对防水混凝土结构的细部构造渗漏水检测，尚应按本条内容执行。若发现严重渗水必须分析、查明原因，应准予修补堵漏，然后重新验收。

5. 钢筋混凝土隧道衬砌内表面渗漏水现象检测

(1) 隧道防水工程，若要求对湿渍和渗水作检测时，应按房屋建筑地下室渗漏水现象检测方法操作。

(2) 隧道上半部的明显滴漏和连续渗流，可直接用有刻度的容器收集量测，计算单位时间的渗漏量（如L/min或L/h等）。还可用带有密封缘口的规定尺寸方框，安装在要求测量的隧道内表面，将渗漏水导入量测容器内。同时，将每个渗漏点位置、单位时间渗漏水量，标示在“隧道渗漏水平面展开图”上。

(3) 若检测器具或登高有困难时，允许通过目测计取每分钟或数分钟内的滴落数目，计算出该点的渗漏量。经验告诉我们，当每分钟滴落速度3～4滴的漏水点，24h的渗水量就是1L。如果滴落速度每分钟大于300滴，则形成连续细流。

(4) 为使不同施工方法、不同长度和断面尺寸隧道的渗漏水状况能够相互加以比较，必须确定一个具有代表性的标准单位。国际上通用 $L/(m^2 \cdot d)$，即渗漏水量的定义为隧道的内表面，每平方米在一昼夜（24h）时间内的渗漏水立升值。

(5) 隧道内表面积的计算应按下列方法求得：

1) 竣工的区间隧道验收（未实施机电设备安装）

通过计算求出横断面的内径周长，再乘以隧道长度，得出内表面积数值。对盾构法隧道，不计取管片嵌缝槽、螺栓孔盒子凹进部位等实际面积。

2）即将投入运营的城市隧道系统验收（完成了机电设备安装）

通过计算求出横断面的内径周长，再乘以隧道长度，得出内表面积数值。不计取凹槽、道床、排水沟等实际面积。

6. 隧道总渗漏水量的量测

隧道总渗漏水量可采用以下 4 种方法，然后通过计算换算成规定单位：L/(m^2·d)。

(1) 集水井积水量测：量测在设定时间内的水位上升数值，通过计算得出渗漏水量。

(2) 隧道最低处积水量测：量测在设定时间内的水位上升数值，通过计算得出渗漏水量。

(3) 有流动水的隧道内设量水堰：靠量水堰上开设的 V 形槽口量测水流量，然后计算得出渗漏水量。

(4) 通过专用排水泵的运转计算隧道专用排水泵的工作时间，计算排水量，换算成渗漏水量。

4.3.3 有防水要求的地面蓄水试验记录（C3-3）

1. 资料表式

有防水要求的地面蓄水试验记录 表 C3-3

<table>
<tr><td>工程名称</td><td colspan="3"></td><td>编号</td><td colspan="2"></td></tr>
<tr><td>检查部位</td><td colspan="3"></td><td>检查日期</td><td colspan="2"></td></tr>
<tr><td rowspan="2">检查方式</td><td colspan="2">☐第一次蓄水</td><td>☐第二次蓄水</td><td>蓄水时间</td><td colspan="2">从__年__月__日__时
至__年__月__日__时</td></tr>
<tr><td colspan="2">☐淋水</td><td colspan="4">☐雨期观察</td></tr>
<tr><td colspan="7">检查方法及内容：</td></tr>
<tr><td colspan="7">检查结论：</td></tr>
<tr><td colspan="7">复查结论：

复查人：　　　　复查日期：</td></tr>
<tr><td rowspan="3">签字栏</td><td rowspan="2">施工单位</td><td rowspan="2"></td><td>专业技术负责人</td><td>专业质检员</td><td colspan="2">专业工长</td></tr>
<tr><td></td><td></td><td colspan="2"></td></tr>
<tr><td>监理或建设单位</td><td colspan="2"></td><td>专业工程师</td><td colspan="2"></td></tr>
</table>

注：防水工程试水检查记录应符合现行国家标准《建筑地面工程施工质量验收规范》GB 50209、《屋面工程质量验收规范》GB 50207 的有关规定。由施工单位填写的防水工程试水检查记录应一式三份，并由建设单位、监理单位、施工单位各保存一份。

2. 实施要点

有防水要求的地面蓄水试验方法见表 C3-1 实施要点中（1）蓄水试验。

4.3.4　建筑物垂直度、标高、全高测量记录（C3-4）

1. 资料表式

建筑物垂直度、标高观测记录　　　　表 C3-4

工程名称		编号	
施工阶段		观测日期	
观测说明（附观测示意图）：			
垂直度测量（全高）		标高测量（全高）	
观测部位	实测偏差(mm)	观测部位	实测偏差(mm)
结论：			

<table>
<tr><td rowspan="3">签字栏</td><td rowspan="2">施工单位</td><td rowspan="2"></td><td>专业技术负责人</td><td>专业质检员</td><td>施测人</td></tr>
<tr><td></td><td></td><td></td></tr>
<tr><td colspan="3">监理或建设单位</td><td>专业工程师</td><td></td></tr>
</table>

注：施工单位填写的建筑物垂直度、标高观测记录应一式三份，并应由建设单位、监理单位、施工单位各保存一份。

2. 实施要点

（1）施工过程中的垂直度测量：

1）测量次数，原则上每加高一层测量一次，整个施工过程不得少于4次。

2）轴线测量按基数及各层放线、测量与复测执行。

3）《高层建筑混凝土结构技术规程》JGJ 3—2002关于高层建筑施工竖向（垂直度）控制的规定：

① 竖向垂直度检查必须根据建筑平面布置的具体情况确定若干竖向控制轴线，并应由初始控制线向上投测。

② 轴线投测误差的层间测量偏差不应超过3mm；建筑物全高垂直度测量偏差不应超过$3H/10000$（H为建筑物总高度），且对应于不同高度范围的建筑物，其总高轴线投测偏差有不同的规定。

4）对结构构件（实体）施工垂直度偏差、标高的检测规定：

① 现浇混凝土结构墙柱构件垂直度允许偏差，层高≤5m，层间垂直度偏差不能大于8mm；层高＞5m，层间垂直度偏差不能大于10mm。

② 总高偏差不能大于$H/1000$及30mm（H为建筑物全高）。

5）施工过程中高层建筑必须严格控制轴线投测的竖向偏差，保证建筑物的垂直度偏差控制在规范的要求之内。

（2）竣工后的测量：

1）建筑物垂直度、标高、全高测量选定应在建筑物四周转角处和建筑物的凹凸部位。单位工程每项选定不应少于10点，其中前沿、背沿各4点，两个侧面各1点。

2）标高测量应按层进行，高层建筑可两层为一测定，多层建筑可一层为一测点，可按测点的平均差值填写。

3）建筑物垂直度、标高、全高测量必须由施工单位、专职测量人员进行，测量应在监理单位参加下共同进行。

4）建筑物的垂直度、标高、全高测量是建筑物已竣工，观感质量检查完成后对建筑物进行的测量工作，由施工单位测量，量测时项目监理机构派专业监理工程师参加，监督量测进行。

（3）填表说明

1）垂直度测量：应分别填写标准规定的垂直度测量允许偏差值和实际测量值，并应说明垂直度测量值平均值是否满足设计要求。

2）标高测量：应分别填写标准规定标高允许偏差值，并应说明标高测量值平均值是否满足设计要求。

3）全高测量：应分别填写标准规定的全高测量的允许偏差值，并应说明全高测量值平均值是否满足设计要求。

4）评价与建议：按实际测量结果，由施工、监理单位对测量结果与标准对照后作出评价，对测量结果不满足设计要求时，应由施工、监理单位提出处理建议，报建设单位后转设计部门处理。

4.3.5 抽气（风）道检查记录（C3-5）

1. 资料表式

建筑抽气（风）道、垃圾道检查记录 **表 C3-5**

工程名称							
施工单位						年 月 日	
检查部位和检查结果							
检查部位	主抽气(风)道		负抽气(风)道		垃圾道	检查人	复检人
	抽气道	风道	抽气道	风道			
签字栏	监理(建设)单位	施工单位					
		项目技术负责人		专职质检员		工长	

注：1. 主抽气（风）道可先检查，检查部位按轴线记录；负抽气（风）道可按户门编号记录。
2. 检查合格记√，不合格记×。

2. 实施要点

应做通（抽）风和漏风、串风实验。抽气道、风道都应 100％做通风检查，并做好自检记录。试验可在抽气道、风道进口处划根火柴，观察火苗的转向和烟的去向，即可判别是否通风，也可用其他适宜的方法进行。投抽气道、风道、垃圾道除应进行通风试验外，还应进行观感检查，两项检验均合格后才可验收。

垃圾道进行 100％检查，看其是否畅通，并做好记录。

4.3.6 幕墙及外窗气密性、水密性、耐风压检测报告（C3-6）

1. 资料表式

幕墙及外窗气密性、水密性、耐风压检测报告表　　表 C3-6

工程名称		试验时间	年　月　日	
幕墙类别		试验编号		
风压变形性能		雨水渗漏性能		
空气渗透性能		平面内变形性能		
性能结果评定	依据标准：			
签字栏	监理(建设)单位	施　工　单　位		
		项目技术负责人	专职质检员	工　长

注：风压变形、雨水渗漏、空气渗透、平面内变形性能均应附试验单位的试验报告单。

2. 实施要点

(1) 玻璃幕墙的安装施工要求

1) 一般规定

① 安装玻璃幕墙的钢结构、钢筋混凝土结构及砖混结构的主体工程，应符合设计和有关结构施工及质量验收规范的要求。

② 安装玻璃幕墙的构件及零附件的材料品种、规格、色泽和性能、应符合设计要求。

③ 玻璃幕墙的安装施工应单独编制施工设计方案。

④ 对幕墙结构设计应核查幕墙结构计算书。主要包括：位移、挠度计算；板材（玻璃）应力计算；横梁、立柱承载力计算；硅酮结构密封胶的强度验算；幕墙与主体结构连接件承载力计算。

2) 幕墙的安装施工

① 幕墙的施工测量应符合下列要求：

A. 幕墙分格轴线的测量应与主体结构的测量配合，其误差应及时调整不得积累；

B. 对高层建筑的测量应在风力不大于 4 级情况下进行，每天应定时对幕墙的垂直及立柱位置校核。

② 幕墙立柱的安装应符合下列要求：

A. 应将立柱先与连接件连接，然后连接件再与主体预件相连接，并应调整和固定。立柱安装标高偏差不应大于 3mm，轴线前后偏差不应大于 2mm，左右偏差不应大于 3mm；

B. 相邻两根立柱的距离偏差不应于 2mm。

③ 幕墙横梁安装应符合下列要求：

A. 应将横梁两端的连接件及弹性橡胶垫安装在立柱的预定位置，并应安装牢固，其接缝应严密；

B. 相邻两根横梁的水平标高偏差不应大于 1mm。同层标高偏差：当一幅幕墙宽度小于或等于 35m 时，不应大于 5mm；当一幅幕墙宽度大于 35m，不应大于 7mm；

C. 同一层的横梁安装应由下向上。当安装完一层高度时，应检查、调整、校正固定，使其符合质量要求。

④ 幕墙其他主要附件安装应符合下列要求：

A. 有热工要求的幕墙，保温部分宜从内向外安装。当采用内衬板时，四周应套装弹性橡胶密封条，内衬板与构件接缝应严密；内衬板就位后，应密封处理；

B. 固定防火保温材料应锚钉牢固，防火保温层应平整，拼接处不应留缝隙；

C. 冷凝水排出管及附件应与水平构件预留孔连接严密，与内衬板出水也连接处应设橡胶密封条；

D. 其他通气留横孔及雨水排出口等应按设计施工，不得遗漏；

E. 幕墙立柱安装就位、调整尖及时紧固。幕墙安装的临时螺栓等，在构件安装、就位调整、紧固后应及时拆除；

F. 现场焊接或高强螺栓紧固的构件固定后，应及时进行防锈处理，幕墙中与铝合金接触的螺栓及金属配件应采用不锈钢或轻金属制品；

G. 不同金属的接触面应采用垫片作隔离处理。

⑤ 幕墙玻璃安装应按下列要求进行：

A. 安装前应将表面尘土和污物擦拭干净。热反射安装应将镀膜面朝向室内，非镀膜面朝向室外。

B. 与构件不得直接接触。四周与构件凹槽底应保持一定空隙，每块下部应设不少于两块弹性定位垫块；垫块的宽度与槽口宽度应相同，长度不应小于 100mm；两边嵌入量及空隙应符合设计要求。

C. 四周橡胶条应按规定型号选用，镶嵌应平整，橡胶条长度宜比边框内槽口长 1.5%～2%，其断口应留在四角；斜面断开尖拼成预定的设计角度，并应用胶粘剂粘结牢固后嵌入槽内。

⑥ 幕墙四周与主体结构之间的缝隙，应采用防火的保温材料填塞；内外表面应用密封胶连续封闭，接缝应严密、不漏水。

⑦ 幕墙施工过程中应分层进行抗雨水渗漏性能检查：

A. 耐候硅酮密封胶的施工厚度应大于 3.5mm，施工宽度不应小于施工厚度的 2 倍；较深的密封槽口底部，应用聚乙烯发泡材料填塞；

B. 耐候硅酮密封胶在接缝内应形成相对两面粘结，并不得三面粘结。

⑧ 幕墙安装施工应对下列项目进行验收：

A. 构件与主体结构的连接节点的安装；

B. 幕墙四周、幕墙内表面与主体结构之间间隙节点的安装；

C. 幕墙伸缩缝、沉降缝、防震缝及墙面转角节点的安装；

D. 幕墙防雷接地节点的安装。

3）幕墙的安全要求

① 明框幕墙、半隐框幕墙和隐框幕墙，宜采用半钢化、钢化或夹层玻璃。

② 幕墙下部宜设置绿化带，入口处宜设置遮阳棚或雨罩。

③ 当楼面外缘无实体窗下墙时，应设防撞栏杆。

④ 幕墙与每层楼板、隔墙处的缝隙应采用不燃烧材料填充。

4）幕墙性能检验

幕墙检验项目包括：抗风压性能、水密性能、现场淋水试验、气密性能、热工性能、空气声隔声性能、平面内变形性能、振动台抗震性能、耐撞击性能、光学性能、承重力性能、防雷功能。

幕墙性能检验见 4.2.4.8-1 幕墙通用性能试验的相关内容。

5）幕墙工程验收

① 幕墙工程验收前应将其表面擦洗干净。

② 幕墙验收时应提交下列资料：

A. 设计图纸、文件、设计修改和材料代用文件；

B. 材料出厂质量证书，结构硅酮密封胶相容性试验报告及幕墙物理性能检验报告；

C. 预制构件出厂质量证书；

D. 隐蔽工程验收文件；

E. 施工安装自检记录。

③ 璃幕墙工程验收时应按要求进行隐蔽验收。

④ 幕墙工程质量验收应进行观感检验和抽样检验。并应以一幅幕墙为检验单元，每幅幕墙均应检验。

⑤ 幕墙观感检验应符合下列要求：

A. 明框幕墙框料应竖直横平；单元式幕墙的单元拼缝或隐框幕墙分格拼缝应竖直横平，缝宽应均匀，并符合设计要求；

B. 品种、规格与色彩应与设计相符，整幅幕墙的色泽应均匀，不应有析碱、发霉和膜脱落等现象；

C. 安装应正确；

D. 幕墙材料的色彩应与设计相符，并应均匀，铝合金料不应有脱膜现象；

E. 装饰压板表面平整，不应有肉眼可察觉的变形、波纹或局部压砸等缺陷；

F. 幕墙的上下边及侧边封口、沉降缝、伸缩缝、防震缝的处理及防雷体系应符合设计要求；

G. 幕墙隐蔽节点的遮封装修应整齐、美观；

H. 幕墙不得渗漏。

⑥ 幕墙工程抽样检验应符合下列要求：

A. 铝合金料及表面不应有铝屑、毛刺、油斑和其他污垢；

B. 应安装或粘结牢固，橡胶条和密封胶应嵌密实，填充平整；

C. 钢化玻璃表面不得有伤痕。

（2）填表说明

1）试验编号：指试验室的风压变形性能、雨水渗漏性能、控气渗透性能、平面内变形性能的试验编号。

2）风压变形性能：指幕墙性能试验的结果，即幕墙在风荷载标准值作用下，其立柱和横梁的相对挠度不应大于 $L/180$（L 为立柱和横梁两支点间的跨度），绝对挠度不得大于 20mm。

3）雨水渗漏性能：指幕墙雨水渗漏性能试验的结果，即幕墙在风荷载标准值除以 2.25 的风荷载作用下不应发生雨水渗漏。在任何情况下，幕墙开启部分的雨水渗漏压力应大于 250MPa。

4）空气渗透性能：指幕墙空气渗透性能试验的结果，即幕墙在有空调和采暖要求时，幕墙的空气渗透性能应在 10Pa 的内外压力差下，其固定部分的空气渗透不应大于 $0.10m^2/(m \cdot h)$，开启部分的空气渗透量不应大于 $2.5m^2/(m \cdot h)$。

5）平面内变形性能：指幕墙平面内变形性能试验的结果，即幕墙在平面内变形性能应符合下列要求：

① 平面内变形性能以建筑物的层间相对位移值表示。在设计允许的相对移范围内，幕墙不应损坏。

② 平面内变形性能应按不同结构类型弹性计算的位移控制的 3 倍设计。

4.3.7 节能、保温测试记录（C3-7）

1. 资料表式

节能、保温测试记录表　　C3-7

<table>
<tr><td colspan="2">工程名称</td><td colspan="2"></td><td>试验日期</td><td>年　月　日</td></tr>
<tr><td colspan="2">测试单位</td><td colspan="2"></td><td>测试面材质</td><td></td></tr>
<tr><td colspan="6">试验要求：
1. 墙体的保温性能：
2. 门窗的气密性：
3. 管道保温层厚度：
4. 供回水温度计、压力表、热表检测：</td></tr>
<tr><td colspan="6">强制性条文执行：</td></tr>
<tr><td colspan="6">试验情况记录：</td></tr>
<tr><td colspan="6">评定意见：</td></tr>
<tr><td rowspan="3">签字栏</td><td>监理（建设）单位</td><td colspan="4">施　工　单　位</td></tr>
<tr><td rowspan="2"></td><td>专业技术负责人</td><td colspan="2">质检员</td><td>试验员</td></tr>
<tr><td></td><td colspan="2"></td><td></td></tr>
</table>

注：保温性能、气密性应附检验单位的检测报告。

2. 实施要点

（1）节能、保温测试按《民用建筑热工设计规范》（GB 50176—93）和《民用建筑节能设计标准》（JGJ 26—95）执行。

（2）按照工程建设标准强制性条文规定节能、保温测试主要内容为：居住建筑和公共建筑外部客户的保温性能；居住建筑和公共建筑客户的气密性；采取供热管道最小保温层厚度测定；重建炉房、热力站和每个独立建筑物入口供回水温度计、压力表和热表检测、补水系统设置的水表的检测。

4.3.8 室内环境检测报告（C3-8）

1. 资料表式

室内环境检测报告表 C3-8

（ ）

<table>
<tr><td colspan="2">工程名称</td><td colspan="2"></td><td>测试时间</td><td>年 月 日</td></tr>
<tr><td colspan="2">监测部位或区段</td><td colspan="4"></td></tr>
<tr><td colspan="2">被测面材料质量</td><td colspan="4"></td></tr>
<tr><td>测试内容</td><td colspan="5"></td></tr>
<tr><td>强制性条文执行</td><td colspan="5"></td></tr>
<tr><td>测试结果</td><td colspan="5"></td></tr>
<tr><td>评定意见</td><td colspan="5"></td></tr>
<tr><td rowspan="3">签字栏</td><td colspan="2">监理（建设）单位</td><td colspan="3">施 工 单 位</td></tr>
<tr><td colspan="2" rowspan="2"></td><td>专业技术负责人</td><td>质检员</td><td>试验员</td></tr>
<tr><td></td><td></td><td></td></tr>
</table>

注：热工与节能测试、照明照度、隔声与噪声测试应附试验单位的检测报告。

2. 实施要点

室内环境检测报告应根据“工程建设标准强制性条文”按不同建筑物规定的有关内容进行检测。室内环境检测涉及内容较多，主要包括：室内环境污染控制检测、热工与节能、照明、隔声与噪声限制等。当前室内环境检测主要是对室内环境中的苯、甲醛、氨、氡、总挥发性有机化合物的检测。

（1）室内环境污染控制检测

1）依据标准

评定标准：《民用建筑工程室内环境污染控制规范》（GB 50325—2001）；《室内装饰装修材料 人造板及其制品中甲醛释放限量》（GB 18580—2001）；《室内装饰装修材料 溶剂型木器涂料中有害物质限量》（GB 18581—2009）；《室内装饰装修材料 内墙涂料中有害物质限量》（GB 18582—2008）；《室内装饰装修材料 胶粘剂中有害物质限量》（GB 18583—2008）；《室内装饰装修材料 木家具中有害物质限量》（GB 18584—2001）；《室

内装饰装修材料　壁纸中有害物质限量》（GB 18585—2001）；《室内装饰装修材料　聚氯乙烯卷材地板中有害物质限量》（GB 18586—2001）；《室内装饰装修材料　地毯、地毯衬垫及地毯胶粘中有害物质限量》（GB 18587—2001）；《混凝土外加剂中释放氨的限量》（GB 18588—2001）；《建筑材料放射性核素限量》（GB 6566—2001）。

检验标准：苯：《居住区大气中苯、甲苯、二甲苯卫生检验标准方法》（GB 11737—1989）；甲醛：《居住区大气中甲醛卫生检验标准方法》（GB/T 16129—1995）；氨：《公共场所空气中氨检验方法　靛酚蓝分光光度法》（GB/T 18204.25—2000）；氡：《民用建筑工程室内环境污染控制规范》（GB 50325—2001）；TVOC：《民用建筑工程室内环境污染控制规范》（GB 50325—2001）。

2）检验项目

苯、甲醛、氨、氡、总挥发性有机化合物（TVOC）。

3）取样要求

① 民用建筑工程及室内装修工程的室内环境质量验收应在工程完工至少 7d 以后、工程交付使用前进行。

② 应抽检有代表性的房间，抽检数量不得少于 5%，并不得少于 3 间。

③ 房间使用面积小于 $50m^2$ 时，设 1 个检测点；50～$100m^2$ 时，设 2 个检测点；$100m^2$ 以上时，设 3～5 个检测点。

④ 检测点应距内墙面不小于 0.5m，距楼地面的高度，0.8～1.5m。检测点应均匀分布，避开通风道和通风口。

⑤ 对采用集中空调的工程，测氡、甲醛、氨、苯、TVOC 时，应在空调正常运转的情况下进行。

⑥ 对自然通风的工程，测甲醛、氨、苯、TVOC 时，应在门窗关闭 1h 后进行；测氡时，应在门窗关闭 24h 后进行。

4）结果评定

民用建筑工程室内环境污染物浓度限量　　**表 C3-8-1**

检 测 项 目	Ⅰ类民用建筑工程	Ⅱ类民用建筑工程
甲醛(mg/m^3)	≤0.08	≤0.12
苯(mg/m^3)	≤0.09	≤0.09
氨(mg/m^3)	≤0.2	≤0.5
氡(Bq/m^3)	≤200	≤400
TVOC(mg/m^3)	≤0.5	≤0.6

注：1. 当室内环境污染物浓度的全部检测结果符合《民用建筑工程室内环境污染控制规范》（GB 50325—2001）规范的规定时，可判定该工程室内环境质量合格。

2. 当室内环境污染物浓度检测结果不符合本规范的规定时，应查找原因并采取措施进行处理，并可进行再次检测。再次检测时，抽检数量应增加一倍。室内环境污染物浓度再次检测结果全部符合《民用建筑工程室内环境污染控制规范》（GB 50325—2001）规范的规定时，可判定该工程室内环境质量合格。

5）室内环境检测由施工单位在工程竣工并经初检合格后根据设计要求、执行标准的要求对其进行检测或由施工单位委托专门测试单位对室内环境进行检测，并出具检测报告，费用由建设单位承担。

6）室内环境检测必须在建设单位组织单位工程竣工验收与备案之前测试完成，并已出具室内环境检测报告。

（2）热工、电气照明等的控制检测

1）热工与节能：《民用建筑节能设计标准》（JGJ 26—95）规定："……和每个独立建筑物入口应设置供回水温度计、压力表和热表（或热水流量计）。补水系统应设置水表。"对供热系统实行设置计量化表的量化管理方法。还规定了采暖供热管道最小保温层厚度等；

2）电气照明：

①《民用建筑照明设计标准》（GBJ 133—90）对不同建筑物规定了照明的照度标准；

② 照明灯具有功能为主和装饰为主之分，主要包括：吸顶灯、镶嵌灯、节能灯、荧光灯、壁灯、台灯、主灯、轨道灯等。

照明灯具应满足不同类型建筑标准规定照度标准值。

艺术照明（如歌舞厅照明、花园照明、广场照明、雕塑和纪念碑照明、喷泉照明、水中照明等）均应严格按设计要求施工和质量验收规范执行。

③ 智能照明控制系统，通常可以由调光模块、控制面板、液晶显示、触摸屏、智能传感器、偏抢插口、时针管理器、手持式编程器和PC监控机等部件组成。

④ 照明质量检查的注意事项：

照明质量的评价：应全面考虑和正确处理下列几项主要内容：a. 合适的照度：应不低于《建筑电气设计技术规范》推荐了照度值；b. 照明均匀度：应力求工作面与周围照度均匀；c. 适的亮度分布；d. 限制眩光；e. 源的显色性：采用显色指数高的光源；f. 照度的稳定性：灯具应设置在没有气流冲击的地方或采取牢固的吊装方式；g. 影闪效应的消除：应采取措施，降低影闪效应。

⑤ 照明的光度测量：a. 照度的测量：一般采用光检测器和微安表构成的照度计。室内照明的中等照度及高照度的测量，多采用简易或精密型的光电池式照度计，道路、广场的由低及高照度测量采用光电管式照度计，极微照度的测量应采用光电倍增管式照度计；b. 光通量的测量：通常用球形积分光度计；c. 亮度的测量；d. 光强的测量：主要应用直尺光度计进行。

3）隔声与噪声限制：《民用建筑隔声设计规范》（GBJ 118—88）规划了不同建筑物的允许噪声级标准。

建筑工程施工完成后，均应对室内环境的热工与节能、照明、隔声与噪声限制进行测试，应符合设计要求和规范规定，并出具检测报告。

（3）填表说明

1）表内的括号是指被测试的内容名称。诸如室内环境污染控制、照明设计等。

2）被测面材料质量：一般指被测面的材料性能质量。

3）测试内容：指检测要求的测试内容和实际的测试内容，如室内环境污染控制检测中应测苯、甲醛、氨、氡、总挥发性有机化合物（TVOC）；如检测内容不满足规范要求，应填写清楚。

4）测试结果：按实际测试结果填写，应规定是否满足设计要求，应填写实测数据。

给排水与采暖

4.3.9　给水管道通水试验记录（C3-9）

给水管道通水试验记录室内给排水系统通水试验记录按 C2-15-2-1 执行。

4.3.10　暖气管道、散热器压力试验记录（C3-10）

4.3.10.1　暖气管道压力试验记录（C3-10-1）

实施要点

（1）暖气管道压力试验记录按 C2-13-6 表式执行。

（2）暖气管道压力试验见工程质量控制资料核查—给排水与采暖资料“管道、设备强度试验、严密性试验记录”有关说明。

4.3.10.2　散热器压力试验记录（C3-10-2）

（1）散热器压力试验记录按 C2-13-8 表式执行。

（2）散热器压力试验见工程质量控制资料核查—给排水与采暖资料“管道、设备强度试验、严密性试验记录”有关说明。

（3）散热器试验方法

1）散热器组对后，整组出厂的散热器在安装之前应作水压试验。试验压力如设计无要求时，应为工作压力的 1.5 倍，但不小于 0.6MPa。试验时间为 2～3min，压力不降且不渗不漏。

2）辐射板在安装前应作水压试验；如设计无要求时，试验压力应为工作压力 1.5 倍，但不得小于 0.6MPa。试验压力下 2～3min 压力不降且不渗不漏。

3）散热器水压试验方法：

① 将散热器抬到试压台上，用管钳上好临时炉堵和临时补心，上好放气嘴，连接试压泵；各种成组散热器可直接连接试压泵。

② 试压时打开进水截门，往散热器内充水，同时打开放气嘴，排净空气，待水满后关闭放气嘴。

③ 加压到规定的压力值时，关闭进水截门，持续 5min，观察每个接口是否有渗漏，不渗漏为合格。如有渗漏用铅笔做出记号，将水放尽，卸下炉堵或炉补心，用长杆钥匙从散热器外部比试，量到漏水接口的长度，在钥匙杆上做标记。将钥匙从散热器对丝孔中伸入至标记处，接丝扣旋紧的方向拧动钥匙，使接口继续上紧或卸下换垫，如有坏片需更换。钢制散热器如有砂眼渗漏可补焊，返修好后再进行水压试验，直到合格。不能用的坏片要做明显标记（或用手锤将坏片砸一个明显的孔洞单独存放），防止再次混入好片中误组对。

④ 打开泄水阀门，拆掉临时丝堵和临时补心，泄净水后将散热器运到集中地点，补焊处要补刷二道防锈漆。

4）在安装太阳能集热器玻璃前，应对集热排管和上、下集热管做水压试验，试验压力为工作压力的1.5倍。

太阳能热水器的管路系统试压：

① 应在未做保温前进行水压试验，其压力值应为管道系统工作压力的1.5倍，最小不低于0.5MPa；

② 系统试压完毕后应做冲洗或吹洗工作，直至将污物冲净为止；

③ 热水器系统安装完毕，在交工前按设计要求安装温控仪表；

④ 按设计要求做好防腐和保温工作；

⑤ 太阳能热水器系统交工前进行调试运行，系统上满水，排除空气，检查循环管路有无气阻和滞流，机械循环检查水泵运行情况及回路温升是否均衡，做好温升记录，水通过集热器一般应温升3～5℃，符合要求后办理交工验收手续。

4.3.11 卫生器具满水试验记录（C3-11）

1. 资料表式

卫生器具满水试验记录表 表C3-11

<table>
<tr><td colspan="2">工 程 名 称</td><td colspan="2"></td><td>施工单位</td><td></td></tr>
<tr><td colspan="2">试验项目</td><td colspan="4"></td></tr>
<tr><td colspan="2">试验时间</td><td colspan="4">由　　日　　时　　分开始，至　　日　　时　　分结束</td></tr>
<tr><td>依据标准及要求</td><td colspan="5"></td></tr>
<tr><td>过程情况简述</td><td colspan="5"></td></tr>
<tr><td>评定意见</td><td colspan="5"></td></tr>
<tr><td rowspan="3">签字栏</td><td colspan="2">监理（建设）单位</td><td colspan="3">施　工　单　位</td></tr>
<tr><td colspan="2" rowspan="2"></td><td>专业技术负责人</td><td>质检员</td><td>试验员</td></tr>
<tr><td></td><td></td><td></td></tr>
</table>

2. 实施要点

(1) 卫生器具（如洗面盆、浴盆等）必须进行满水试验。如不进行满水试验，其溢流口、溢流管是否畅通将无从检查，同时可以检验卫生器具是否漏水。

(2) 现场测试项目必须是在测试现场进行。由施工单位的专业技术负责人牵头，专职质量检查员详细记录，建设单位代表和项目监理机构的专业监理工程师参加。

现场原始记录须经施工单位的技术负责人和专职质量检查员签字、建设监理单位的参加人员签字后方有效并归存，作为整理资料的依据以备查。

4.3.12　消防管道、燃气管道强度、严密性试验记录（C3-12）

4.3.12.1　消防管道强度试验记录（C3-12-1）

消防管道强度试验记录按 C2-13-15 表式执行。资料要求、实施要点按室内消防系统水压试验及消火栓试射试验记录执行。

4.3.12.2　燃气管道强度、严密性试验验收记录（C3-12-2）

1. 资料表式

燃气管道强度、严密性试验验收记录　　表 C3-12-2

施工单位：　　　　　　施验日期：　　年　　月　　日

<table>
<tr><td colspan="2">工程名称</td><td colspan="2"></td><td>压力级别及管径</td><td>______压 φ______</td></tr>
<tr><td colspan="2">接口作法</td><td colspan="2"></td><td>管道材质</td><td></td></tr>
<tr><td colspan="2">试验压力</td><td colspan="2"></td><td>允许压力降</td><td></td></tr>
<tr><td colspan="2">实际压力降</td><td colspan="2"></td><td>试验介质</td><td></td></tr>
<tr><td colspan="2">试验结果</td><td colspan="4"></td></tr>
<tr><td colspan="2">强制性条文执行</td><td colspan="4"></td></tr>
<tr><td colspan="2">处理意见</td><td colspan="4"></td></tr>
<tr><td colspan="2">备注</td><td colspan="4"></td></tr>
<tr><td rowspan="3">签字栏</td><td rowspan="3" colspan="2">监理（建设）单位</td><td colspan="3">施　工　单　位</td></tr>
<tr><td>专业技术负责人</td><td>质检员</td><td>试验员</td></tr>
<tr><td></td><td></td><td></td></tr>
</table>

2. 实施要点

（1）燃气管道严密性试验

1）试验范围应为引入管阀门至燃具前阀门之间的管道。

2）中压管道的试验压力为设计压力，但不得低于 0.1MPa，以发泡剂检验，不漏气为合格。

3）低压管道的试验压力不应低于 5kPa，居民用户试验时间为 15min，商业和工业用户试验时间为 30min，观察压力表（压力计）无压力降为合格。

（2）燃气管道强度试验

1）应在严密性试验合格后进行，试验前必须核查各项试验检测记录和现场安装焊接检查记录等，合格后方可进行强度试验。

2）试验范围为居民用户引入管阀门至燃气计量表进口阀门（含阀门）之间的管道，

或工业企业和商业用户引入管阀门至燃具接入管阀门（含阀门）之间的管道。

试验用介质宜为压缩空气，严禁用水。

3）当设计压力小于 10kPa 时，试验压力为 0.1MPa；当设计压力大于或等于 10kPa 时，试验压力为设计压力的 1.5 倍，在试验压力下稳压 0.5h，用发泡剂检查接头，不漏为合格；或稳压 1h，观察压力表，无压力降为合格。

4）当强度试验压力大于 0.6MPa 时，应在达到试验压力的 1/3 和 2/3 时各停 15min，用发泡剂检查所有接头，无泄漏，且观察压力表无降压、管道系统无变形和其他异常情况为合格。

（3）填表说明

1）压力级别及管径：指燃气管道严密性试验验收段的压力级制及燃气管道的管径，按施工图设计的压力级制及燃气管道的管径填写。

2）接口作法：指燃气管道严密性试验验收段管道的接口作法。

3）试验压力：指燃气管道严密性试验验收段管道的试验压力。

4）允许压力降：指燃气管道严密性试验验收段规范规定的管道的允许压力降。

5）实际压力降：指燃气管道严密性试验验收段验收时实测的管道实际压力降。

4.3.12.3 户内燃气设施强度/严密性试验记录（C3-12-3）

1. 资料表式

户内燃气设施强度/严密性试验记录　　表 C3-12-3

工程名称								
施工单位								
试验项目	□强度　□严密性			试验日期			年　月　日	
试验压力	kPa			允许压力降			kPa	
试验范围	楼　号							
	户数(户)							
	主立管(数量)							
	引入口(个)							
	燃气表(台)							
	燃气灶(台)							
	热水器(台)							
强度试验	试验压力(kPa)							
	检漏结果							
严密性试验	试验压力(kPa)							
	保压时间(min)							
	最大压力降(kPa)							
试验结论：								

监理(建设)单位	设计单位	施工单位		
		项目技术负责人	施工项目负责人	试验员

2. 实施要点

(1) 户内燃气设施强度/严密性试验见燃气管道强度、严密性试验验收记录（C3-14-1）的相关说明。

(2) 填表说明

1) 试验项目（强度、严密性）：是指强度试验或严密性试验，进行某种试验时在表内的方框内打√。

2) 试验范围：

① 楼号：按施工图设计图注的楼号填写。

② 户数（户）：指施工组织设计燃气管道强度严密性试验划分的户数。

③ 主立管（数量）：指燃气管道强度严密性试验范围内主立管的数量。

④ 引入口（个）：指燃气管道强度严密性试验的引入口，引入口数量按施工组织设计。

⑤ 燃气表（台）：指燃气管道强度严密性试验范围内户数的累计燃气表数量。

⑥ 燃气灶（台）：指燃气管道强度严密性试验范围内户数的累计燃气灶数量。

⑦ 热水器（台）：指燃气管道强度严密性试验范围内户数的累计热水器数量。

3) 强度试验：

① 试验压力（kPa）：指燃气管道强度试验的实际试验压力，试验压力应满足规范规定的要求。

② 检漏结果：指燃气管道强度试验完成后进行的检漏检查，按检查结果填写。

4) 严密性试验：

① 试验压力（kPa）：指燃气管道严密性试验的实际试验压力，试验压力应满足规范规定的要求。

② 保压时间（min）：指燃气管道严密性试验压力达到规范规定后的保持压力的持续时间，保压时间应满足规范规定的要求。

③ 最大压力降（kPa）：指燃气管道严密性试验段压力达到规范规定后，保持压力的持续时间完成后测试的管道最大压力降。

4.3.13　排水干管通球试验记录（C3-13）

排水干管通球试验记录室内排水管道通球试验记录按 C2-15-3 执行。

电　　气

4.3.14　照明全负荷试验记录（C3-14）

1. 资料表式

建筑物照明全负荷通电试运行记录 **表 C3-14**

工程名称：

<table>
<tr><td colspan="2">施工单位</td><td colspan="4"></td><td colspan="2">试运行日期</td><td colspan="3">年 月 日</td></tr>
<tr><td colspan="2">分部工程名称</td><td colspan="4"></td><td colspan="2">施工图号</td><td colspan="3"></td></tr>
<tr><td colspan="2" rowspan="2">盘柜编号
测试电流值(A)
时间(h)</td><td colspan="3"></td><td colspan="3"></td><td colspan="3"></td></tr>
<tr><td>a</td><td>b</td><td>c</td><td>a</td><td>b</td><td>c</td><td>a</td><td>b</td><td>c</td></tr>
<tr><td colspan="2"></td><td></td><td></td><td></td><td></td><td></td><td></td><td></td><td></td><td></td></tr>
<tr><td colspan="2"></td><td></td><td></td><td></td><td></td><td></td><td></td><td></td><td></td><td></td></tr>
<tr><td colspan="2"></td><td></td><td></td><td></td><td></td><td></td><td></td><td></td><td></td><td></td></tr>
<tr><td rowspan="3">照度检测</td><td>检测部位</td><td colspan="3"></td><td colspan="3"></td><td colspan="3"></td></tr>
<tr><td>设计值(lx)</td><td colspan="3"></td><td colspan="3"></td><td colspan="3"></td></tr>
<tr><td>实测值(lx)</td><td colspan="3"></td><td colspan="3"></td><td colspan="3"></td></tr>
<tr><td colspan="11">试验结果：</td></tr>
<tr><td rowspan="3">签字栏</td><td colspan="3">监理(建设)单位</td><td colspan="7">施 工 单 位</td></tr>
<tr><td colspan="3" rowspan="2"></td><td colspan="2">专业技术负责人</td><td colspan="3">质检员</td><td colspan="2">试验员</td></tr>
<tr><td colspan="2"></td><td colspan="3"></td><td colspan="2"></td></tr>
</table>

2. 实施要点

（1）电气照明器具通电安全试运行应完成：

1）电线绝缘电阻测试前电线的接续完成；

2）照明箱（盘）、灯具、开关、插座的绝缘电阻测试在就位前或接线前完成；

3）备用电源或事故照明电源作空载自动投切试验前拆除负荷，空载自动投切试验合格，才能做有载自动投切试验；

4）电气器具及线路绝缘电阻测试合格，才能通电试验；

5）照明全负荷试验必须在本条的 1）、2）、4）款完成后进行。

（2）电气照明动力试运行

调整和安全检查完成后方可进行试运行。试运行的时间应按有关规定或在承包合同中规定。试运行内容应按设计规范及有关标准要求，应对如：导线温升、负荷系数、保险丝熔断情况、空气开关整定值、接触器、断电器线圈的温升、电动机的温升、噪声、运转方向、通电的持续时间，电压、电流是否正常，电表运行是否正常，自动开关有无误动情况等情况进行检核。全负荷应不分层、段按供电系统进行。一般应按一个进户为一个单位，工程中的电气安装分部应全部参加试运行。试运行应从总开关开始供电，不应甩掉总箱，采用柜接入临时电源测试，因为这样做总箱、柜的性能无法接受考验。试运行期间所发生的问题均应准确记录，并应将质量问题和故障排除结果记录表内，记录电源、电压，照明每 8h 记录一次，照明满负荷试验一般不少于 24h。24h 共记录 4 次，动力约每小时记录一次，2h 共记录 3 次。

试运行应对一切设备、系统进行试验，主要包括：高低压电气装置及其保护系统。如电力变压器、高低压开关柜、电机、发电机组、蓄电池、具有自动控制的电机及电加热设备、各种音响、信号、监视系统、共用天线系统、计算系统、电扇、灯具、插座、报警系统等。

(3) 灯具、吊扇的通电试运行

灯具、吊扇、配电箱（盘）安装完毕，且各条支路的绝缘电阻摇测合格后，方允许通电试运行。通电后应仔细检查和巡视，检查灯具的控制是否灵活、准确；开关与灯具控制顺序相对应，吊扇的转向及调速开关是否正常；如果发现问题必须先断电，然后查找原因进行修复。

(4) 配电箱安装完毕后再进行一次通电前的检查。先进行绝缘测试并填写绝缘摇测记录，确认无误后按试运行程序逐一送电至用电设备，应如实记录通电运行情况，发现问题及时解决，经试运无误办理竣工验收后交付使用。

(5) 室外路灯全部安装完成后，应进行送电试灯，并进一步调整灯具的照射角度。

(6) 开关、插座的观察与通电检查：

1) 保证插座的接地（零）保护措施符合施工规范规定；

2) 安装位置正确，表面清洁，绝缘良好。

(7) 滑接线及软电缆的试运行和验收：

1) 滑接线及软电缆安装后，检查和清扫干净，用摇表摇测相间及相对地的绝缘电阻，电阻值应大于0.5MΩ，并做记录；

2) 检测符合要求即可送电空载运行。检查无异常现象后，再带负荷运行，滑触器在运行中与滑接线全程滑接平滑，无较大火花和异常现象后交付使用；

3) 验收时应提交的资料：交工验收单、设计变更及洽商记录、产品合格证和技术文件；安装记录、测试及运行记录。

(8) 高压开关送电验收：高压开关的送电验收应与其他设备一起进行。空载运行24h无异常现象，交付使用。

(9) 蓄电池的送电及验收：

1) 蓄电池二次充电后，经过对蓄电池电压、电解液相对密度、温度检查正常后交付使用；

2) 验收时应提交的资料：产品说明书及有关技术文件，蓄电池安装，充、放电记录，材料试验报告。

(10) 配电柜调试运行

配电柜安装完毕后再进行一次通电前的检查。先进行绝缘摇测并做好绝缘摇测记录，确认无误后按试运行程序逐一送电至用电设备。如实记录试运行情况，发现问题及时解决，经试运行无误，办理竣工验收后交使用单位。

(11) 公用建筑照明系统通电连续试运行时间应为24h，每隔2h做一次记录；民用住宅照明系统通电连续试运行时间应为8h，每隔2h做一次记录。

(12) 建筑物照明系统通电试运行应包括低压配电系统的全部照明回路。试验时所有照明灯具均应开启投入运行，连续试运行期间检查线路及灯具的可靠性（稳定性）和安全性，测试并记录试运行过程中的电压、电流等参数和运行状况（是否正常有无故障等）。

(13) 记录以低压配电系统的照明回路为单位填写。

(14) 填表说明

1) 被测系统：指照明全负荷试验被试的某系统。

2) 测试、检验情况：应分别填写测试、检验的实际情况。试运内容应根据规范标准、设计要求，如负荷系数、闸开关整定值、熔断器规格，导线电缆、低压电器（闸刀、继电器、接触器等）、电动机的温升，噪声、运转方向，继电保护、自控装置运作程序是否正常，线路、负荷通电的持续时间等情况认真填写。

3）测试检测结果：按实际试验结果填写。应说明是否满足设计要求和规范规定。

4.3.15 大型灯具承载牢固性试验记录（C3-15）

1. 资料表式

大型灯具承载牢固性试验记录表 表 C3-15

工程名称：

<table>
<tr><td>施工单位</td><td colspan="4"></td></tr>
<tr><td>楼　　层</td><td colspan="2"></td><td>试验日期</td><td></td></tr>
<tr><td>灯具名称</td><td>安装部位</td><td>数　　量</td><td>灯具自重(kg)</td><td>试验载重(kg)</td></tr>
<tr><td></td><td></td><td></td><td></td><td></td></tr>
<tr><td></td><td></td><td></td><td></td><td></td></tr>
<tr><td></td><td></td><td></td><td></td><td></td></tr>
<tr><td></td><td></td><td></td><td></td><td></td></tr>
<tr><td></td><td></td><td></td><td></td><td></td></tr>
<tr><td colspan="5">检查结论：</td></tr>
</table>

<table>
<tr><td rowspan="3">签字栏</td><td rowspan="2">监理(建设)单位</td><td colspan="3">施　　工　　单　　位</td></tr>
<tr><td>专业技术负责人</td><td>质检员</td><td>试验员</td></tr>
<tr><td></td><td></td><td></td><td></td></tr>
</table>

2. 实施要点

(1) 大型灯具系指单独建筑物或其中设有大型厅、堂、会议等用房需设有专用灯具；为装饰或专门用途而设置的重量或体量较大的大型花、吊灯具，其安装的牢固程度直接影响到使用功能及人身安全，安装前需对固定件、灯具连接部位按图纸要求进行复核，安装后对其牢固性进行试验，以保证满足使用功能及安全。

(2) 一般讲，灯具需加设专用吊杆或灯具重量在 30kg 以上的花灯、吊灯、手术无影灯等的大型灯具，即需进行牢固性试验。凡符合下列之一的灯具应作牢固性试验：

1）体积较大的多头花灯（吊灯），大型的花灯。

2）产品技术文件有要求的即灯具本身指明的。

3）设计文件有规定的或单独出图的。

4）监理（建设）单位或监督机构要求的。

大型灯具的牢固性试验由施工单位负责进行并填写“大型灯具牢固性试验记录”。

(3)《常用灯具安装》(965D469) 国标图集编制说明第五条第 6～7 款规定：

1）灯具重量超过 3kg 时，应预埋铁件、吊钩或螺钉进行固定。

2）软线吊灯限 1kg 以下，超过者应加吊链，固定灯具用的螺栓或螺钉应不少于 2 个。

特殊重量的灯具应考虑起吊或安装的预埋铁件，以固定灯具。

在砖或混凝土结构上安装灯具时，应预埋吊钩或螺栓，也可采用膨胀螺栓，其承装负载由设计确定允许承受拉（重）力。

（4）大型灯具承载试验方法

1）大型灯具的固定及悬挂装置，应按灯具重量的 2 倍做承载试验。

2）大型灯具的固定及悬挂装置，应全数做承载试验。

3）试验重物宜距地面 300mm 左右，试验时间为 15min。

（5）大型灯具的固定（悬吊）装置应全数逐个做牢固性试验并记录。照明灯具承载试验应由建设（监理）单位、施工单位共同进行检查。

（6）填表说明

1）试验过程与要求：指大型灯具类型及牢固性试验过程，应说明是否有违规范规定。

2）检验结果：指大型灯具牢固性试验的检测结果，应说明是否满足设计要求。

4.3.16　避雷接地装置检测记录（C3-16）

1. 资料表式

避雷接地装置检测记录　　　　**表 C3-16**

工程名称				施工单位			
施工图号：				检验日期：			
避雷装置	编号（部位）	材质	规格	长度（m）	埋深（m）	连接方式	防腐处理
接地及引线							
接地干线							
简图		设计电阻：　　Ω 测验电阻：　　Ω 仪表编号：				评定意见： 年　月　日	
签字栏	监理（建设）单位	施工单位					
		专业技术负责人		质检员		试验员	

2. 实施要点

（1）避雷装置检测的有关数据必须按设计要求办理。试验方法按施工图或规范要求执行。测试接地装置的接地电阻值必须符合设计要求。

（2）接地体、设备房预留接地点、工作接地点、建筑物基础和首层接地测试点、建筑转换层、高层建筑均压环、总等电位接地点、楼层等电位接地点和局部等电位接地点、建筑物屋面避雷带等，以及设备（装置、器具）导线等应按有关设计、设备技术文件和规范的要求，在不同的施工阶段进行实测，然后记录每一测点的接地电阻实测值。

（3）避雷接地装置检测前，应对其材质、规格、长度、埋深、连接方式、防腐处理等复检后进行。

（4）接地电阻测试记录填写应注意：

1）准确表达所属分部、子分部（系统）的名称。

2）准确表达接地类别和测试点的名称（部位）。

3）准确表达测试时的天气情况（晴、阴、雨及大气的相对湿度）。

4）设计要求的接地电阻值（Ω）应按有关设计文件或设备技术文件，或标准规范的要求填写。

（5）填表说明

1）避雷装置

① 编号（部位）：指避雷装置的编号或部位，如屋顶避雷带等。

② 材质：避雷装置所用材料品种及其质量，照实际填写。

③ 规格：避雷装置所用材料规格，如利用柱内钢筋作引下线∅20 等。

④ 长度：避雷装置被测段的长度。

⑤ 埋深：避雷装置接地的埋深，应满足设计要求。

⑥ 连接方式：指避雷装置的连接方式，如焊接等。

⑦ 防腐处理：指避雷装置采用何种防腐方法，如镀锌等。

2）接地及引线

① 编号（部位）：指避雷装置的接地编号，照实际填写。

② 其他同上 6 项中②、③、④、⑤、⑥、⑦。

3）接地干线：同 6 项说明。

4）设计电阻、测验电阻：分别按设计给定电阻值和测验结果填写。

5）仪表编号：指测试避雷装置所用的仪表编号，如 ZX—10、02851 等。

6）简图：避雷装置简图由施工单位绘制。

4.3.17 线路、插座、开关接地检验记录（C3-17）

1. 资料表式

线路、插座、开关接地检验记录表 表 C3-17

工程名称						日期					
线路接地	检验数量										
	符合要求										
	不符合要求										
插座接地	检验数量										
	符合要求										
	不符合要求										
开关接地	检验数量										
	符合要求										
	不符合要求										
评定意见	线路										
	插座										
	开关										

签字栏	监理(建设)单位	施工单位		
		专业技术负责人	质检员	记录人

2. 实施要点

(1) 线路、插座、开关接地均必须进行检验，并填写线路、插座、开关接地检验记录表。

(2) 应注意接地（PE）或接零（PEN）线在插座间不串联连接。

(3) 填表说明

1）线路接地、插座接地、开关接地：均指被试的线路接地、插座接地和开关接地。

2）评定意见：应分别填写线路、插座、开关根据测试结果的评定意见。

通风与空调

按给排水与采暖资料编制控检要求执行。

4.3.18 系统试运转调试记录（通用）(C3-18)

1. 资料表式

系统试运转调试记录（通用） 表 C3-18

<table>
<tr><td colspan="2" rowspan="2">工程名称</td><td colspan="2" rowspan="2"></td><td>编号</td><td colspan="2"></td></tr>
<tr><td>试运转调试时间</td><td colspan="2"></td></tr>
<tr><td colspan="2">试运转调试项目</td><td colspan="2"></td><td>试运转调试部位</td><td colspan="2"></td></tr>
<tr><td colspan="7">试运转调试内容：</td></tr>
<tr><td colspan="7">试运转调试结论：</td></tr>
<tr><td rowspan="3">签字栏</td><td rowspan="2">施工单位</td><td rowspan="2" colspan="2"></td><td>专业技术负责人</td><td>专业质检员</td><td>专业工长</td></tr>
<tr><td></td><td></td><td></td></tr>
<tr><td>监理或建设单位</td><td colspan="3"></td><td>专业工程师</td><td></td></tr>
</table>

注：系统试运转调试记录应符合现行国家标准《建筑给水排水及采暖工程施工质量验收规范》GB 50242、《通风与空调工程施工质量验收规范》GB 50243、《建筑节能工程施工质量验收规范》GB 50411 的有关规定。施工单位填写的系统试运转调试记录应一式四份，并应由建设单位、监理单位、施工单位及城建档案馆各保存一份。

2. 实施要点

通风、空调系统运行调试要求

1）系统调试所使用的测试仪器和仪表，性能应稳定、可靠，其精度等级及最小分度值应能满足测定的要求，并应符合国家有关计量法规及检定规程的规定。

2）通风与空调工程的系统调试，应由施工单位负责、监理单位监督，设计单位与建设单位参与和配合。系统调试的实施可以是施工企业本身或委托给具有调试能力的其他单位。

3）系统调试前，承包单位应编制调试方案，报送专业监理工程师审核批准；调试结束后，必须提供完整的调试资料和报告。

4）通风与空调工程系统无生产负荷的联合试运转及调试，应在制冷设备和通风与空气调节设备单机试运转合格后进行。空调系统带冷（热）源的正常联合试运转不应少于

8h；当竣工季节与设计条件相差较大时，仅做不带冷（热）源试运转。通风、除尘系统的连续试运转不应少于2h。

5）净化空调系统运行前应在回风、新风的吸入口处和粗、中效过滤器前设置临时用过滤器（如无纺布等），实行对系统的保护。净化空调系统的检测和调整，应在系统进行全面清扫，且已运行24h及以上达到稳定后进行。

洁净室洁净度的检测，应在全态或静态下进行或按合约规定。室内洁净度检测时，人员不宜多于3人，均必须穿与洁净室洁净度等级相适应的洁净工作服。

6）系统无生产负荷的联合试运转及调试应符合下列规定：

① 系统总风量调试结果与设计风量的偏差不应大于10%；

② 空调冷热水、冷却水总流量测试结果与设计流量的偏差不应大于10%；

③ 舒适空调的温度、相对湿度应符合设计的要求。恒温、恒湿房间内空气温度、相对湿度及波动范围应符合设计规定。

按风管系统数量抽查10%，不得少于1个系统。

7）防排烟系统联合试运行与调试的结果，（风量及正压）必须符合设计与消防的规定。

检查数量：抽查10%，不得少于2个楼层。

8）净化空调系统还应符合下列规定：

① 单向流洁净室系统的系统总风量调试结果与设计风量的允许偏差为0～20%，室内各风口风量与设计风量的允许偏差为15%。

新风量与设计新风量的允许偏差为10%。

② 单向流洁净室系统的室内截面平均风速的允许偏差为0～20%，且截面风速不均匀度不应大于0.25。

新风量和设计新风量的允许偏差为10%。

③ 相邻不同级别洁净空之间和洁净室与非洁净室之间的静压差不应小于5Pa，洁净室与室外的静压差不应小于10Pa。

④ 室内空气洁净度等级必须符合设计规定的等级或在商定验收状态下的等级要求；

高于等于5级的单向流洁净室，在门开启的状态下，测定距离门0.6m室内侧工作高度处空气含尘浓度，亦不应超过室内洁净度等级上限的规定。

调试记录全数检查，测点抽查5%，不得少于一点。

9）通风工程系统无生产负荷联动试运转及调试应符合下列规定：

① 系统联动试运转中，设备及主要部件的联动必须符合设计要求，动作协调、正确，无异常现象；

② 系统经过平衡调整，各风口或吸风罩的风量与设计风量的允许偏差不应大于15%；

③ 湿式除尘器的供水与排水系统运行应正常。

10）空调工程系统无生产负荷联动试运转及调试还应符合下列规定：

① 空气调节水系统应冲洗干净、不含杂物，并排除管道系统中的空气；系统连续运行应达到正常、平稳；水泵的压力与水泵电机的电流不应出现大幅波动。系统平衡调整后，各空气调节机组的水流量应符合设计的规定，允许偏差为20%。

② 各种自动计量检测元件和执行机构的工作应正常，满足建筑设备自动化（BA、

FA 等）系统对被测定参数进行检测和控制的要求。

③ 多台冷却塔并联运行时，各冷却塔的进、出水量应达到均衡一致。

④ 空调室内噪声应符合设计规定要求。

⑤ 有压差要求的房间、厅堂与其他相连房间之间的压差，舒适性空调正压为 0～25Pa；工艺性的空调应符合设计的规定。

⑥ 有环境噪声要求的场所，制冷、空调机组应按《采暖通风与空气调节设备噪声功率级的测定——工程法》GB 9068 的规定进行测定。洁净室内的噪声应符合设计的规定。

按系统数量抽查 10%，不得少于 1 个系统或 1 间。

11）通风与空调工程的控制和监测设备，应能与系统的检测元件和执行机构正常沟通，系统的状态参数应能正确显示，设备联锁、自动调节、自动保护应能正确动作。

按系统或监测系统总数抽查 30%，不得少于一个系统。

4.3.19　风量、温度测试记录（C3-19）

1. 执行表式：

风量、温度测试记录按 C2-27-1-10 执行。

2. 测试说明

（1）风管系统按其系统的工作压力（总风管静压）划分为三个类别，其要求应符合表 C3-19-1 的规定。

风管系统　　表 C3-19-1

系统类别	系统工作压力(Pa)	强度要求	密封要求	使用范围
低压系统	≤500	一般	咬口缝及连接处无孔洞及缝隙	一般空调及排气等系统
中压系统	>500 且≤1500	局部增强	连接面及四角咬缝处增加密封措施	1000 级及以下空气净化、排烟、除尘等系统
高压系统	>1500	特殊加固不得用按扣式咬缝	所有咬缝连接面及固定件四周采取密封措施	1000 级以上空气净化、气力输送、生物工程等系统

（2）系统风量测定应符合下列规定：

① 风管的风量一般可用皮托管和微压计测量。测量截面的位置应选择在气流均匀处，按气流方向，应选择在局部阻力之后，大于或等于 4 倍及局部阻力之前，大于或等于 1.5 倍圆形风管直径或矩形风管长边尺寸的直管段上；当测量截面上的气流不均匀时，应增加测量截面上的测点数量。

② 风管内的压力测量应采用液柱式压力计，如倾斜式、补偿式微压计。

③ 通风机出口的测定截面位置应按本条①款的规定选取。通风机测定截面位置应靠近风机。通风机的风压为风机进出口处的全压基。

风机的风量为吸入端风量和压出端风量的平均值，且风机前后的风量之差不应大于 5%。

（3）风口的风量可在风口或风管内测量。在风口测风量可用风速仪直接测量或用辅助风管法求取风口断面的平均风速，再乘以风口净面积得到风口风量值。

当风口与较长的支管段相连时，可在风管内测量风口的风量。

（4）风口处的风速如用风速仪测量时，应贴近格栅或网格，平均风速测定可采用匀速移动法或定点测量法等，匀速移动法不应少于3次，定点测量法的测点不应少于5个。

（5）系统风量调整宜采用“流量等比分配法”或“基准风口法”，从系统最不利环路的末端开始，最后进行总风量的调整。

附：漏光法检测与漏风量测试

1. 漏光法检测

（1）漏光法检测是利用光线对小孔的强穿透力，对系统风管严密程度进行检测的方法。

（2）检测应采用具有一定强度的安全光源。手持移动光源可采用不低于100W带保护罩的低压照明灯，或其他低压光源。

（3）系统风管漏光检测时，光源可置于风管内侧或外侧，但其相对侧应为暗黑环境。检测光源应沿着被检测接口部位与接缝作缓慢移动，在另一侧进行观察；当发现有光线射出，则说明查到明显漏风处，并做好记录。

（4）对系统风管的检测，宜采用分段检测、汇总分析的方法。在严格安装质量管理的基础上，系统风管的检测以总管和干管为主。当采用漏光法检测系统的严密性时，低压系统风管以每10m接缝，漏光点不大于2处，且100m接缝平均不大于16处为合格；中压系统风管每10m接缝，漏光点不大于1处，且100m接缝平均不大于8处为合格。

（5）漏光检测中对发现的条缝形漏光，应作密封处理。

2. 测试装置

（1）漏风量测试应采用经检验合格的专用测量仪器，或采用符合现行国家标准《流量测量节流装置》规定的计量元件搭设的测量装置。

（2）漏风量测试装置可采用风管式或风室式。风管式测试装置采用孔板作计量元件，风室式测试装置采用喷嘴作计量元件。

（3）漏风量测试装置的风机，其风压和风量应选择分别大于被测定系统或设备的规定试验压力及最大允许漏风量的1.2倍。

（4）漏风量测试装置试验压力的调节，可采用调整风机转速的方法，也可采用控制节流装置开度的方法。漏风量值必须在系统经调整后，保持稳压的条件下测得。

（5）漏风量测试装置的压差测定应采用微压计，其最小读数分格不应大于2.0Pa。

（6）风管式漏风量测试装置：

1）风管式漏风量测试装置由风机、连接风管、测压仪器、整流栅、节流器和标准孔板等组成（图附1-1）。

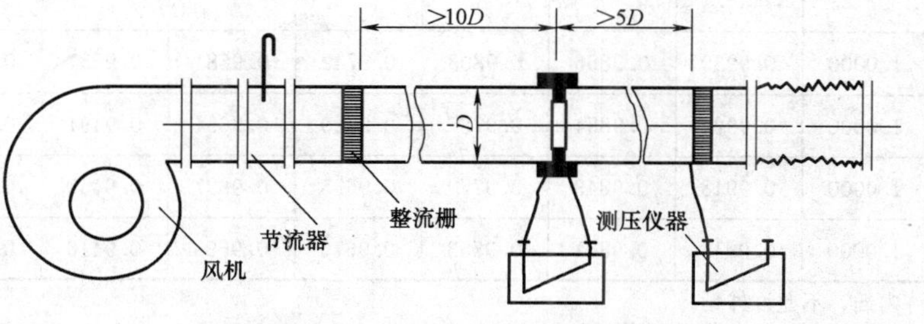

图附1-1 正压风管式漏风量测试装置

2）本装置采用角接取压的标准孔板。孔板β值范围为0.22～0.7（$\beta=d/D$）；孔板至前、后整流栅及整流栅外直管段距离，应分别符合大于10倍和5倍圆管直径D的规定。

3）本装置的连接风管均为光滑圆管。孔板至上游$2D$范围内其圆度允许偏差为0.3%；下游为2%。

4）孔板与风管连接，其前端与管道轴线垂直度允许偏差为1°；孔板与风管同心度允许偏差为0.015D。

5）在第一整流栅后，所有连接部分应该严密、不漏。

6）用下列公式计算漏风量

$$Q=3600\varepsilon\cdot\alpha\cdot A_{n}\sqrt{\frac{2}{\rho}\Delta P}$$

式中　Q——漏风量（m^3/h）；

ε——空气流束膨胀系数；

α——孔板的流量系数；

A_n——孔板开口面积（m^2）；

ρ—空气密度（kg/m^3）；

ΔP——孔板差压（Pa）。

7）孔板的流量系数与β值的关系由图附1-2确定，其适用范围应满足下列条件：

$10^5<Re<2.0\times10^6$

$0.05<\beta^2\leqslant0.49$

$50mm<D\leqslant1000mm$

在此范围内，不计管道粗糙度对流量系数的影响。

雷诺数小于10^5时，则应按现行国家标准《流量测量节流装置》求得流量系数α。

8）孔板的空气流速膨胀系数ε值可根据表附1-1查得。

9）当测试系统或设备负压条件下的漏风量时，装置连接如图附1-3的规定。

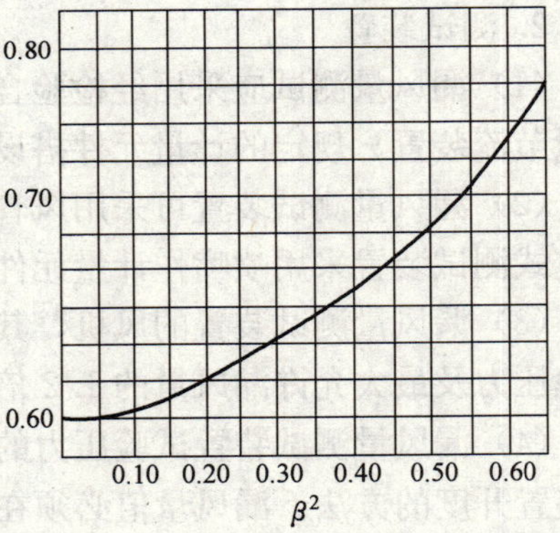

图附1-2　孔板流量系统图

采用角接取压标准孔板流速膨胀系数ε值（$K=1.4$）　表附1-1

β^4 \ P_2/P_1	1.0	0.98	0.96	0.94	0.92	0.90	0.85	0.80	0.75
0.08	1.0000	0.9930	0.9866	0.9803	0.9742	0.9681	0.9531	0.9381	0.9232
0.1	1.0000	0.9924	0.9854	0.9787	0.9720	0.9654	0.9491	0.9328	0.9166
0.2	1.0000	0.9918	0.9843	0.9770	0.9698	0.9627	0.9450	0.9275	0.9100
0.3	1.0000	0.9912	0.9831	0.9753	0.9676	0.9599	0.9410	0.9222	0.9034

注：本表允许内插，不允许外延。

P_2/P_1为孔板后与孔板前的全压值之比。

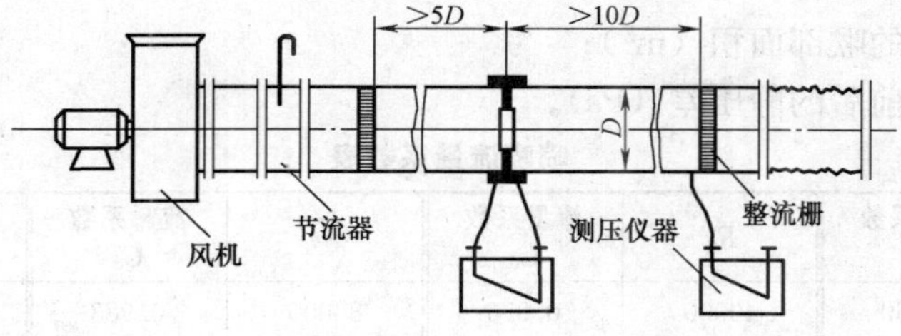

图附 1-3 负压风管式漏风量测试装置

（7）风室式源风量测试装置

1）风室式漏风量测试装置由风机、连接风管、测压仪器、均流板、节流器、风室、隔板和喷嘴等组成，如图附 1-4 所示。

2）测试装置采用标准长颈喷嘴（图附 1-5）。喷嘴必须按图附 1-4 的要求安装在隔板上，数量可为单个或多个。两个喷嘴之间的中心距离不得小于较大喷嘴喉部直径的 3 倍；任一喷嘴中心到风室最近侧壁的距离，不得小于其喷嘴喉部直径的 1.5 倍。

3）风室的断面面积不应小于被测定风量按断面平均速度小于 0.75m/s 时的断面积。风室内均流板（多孔板）安装位置应符合图附 1-4 的规定。

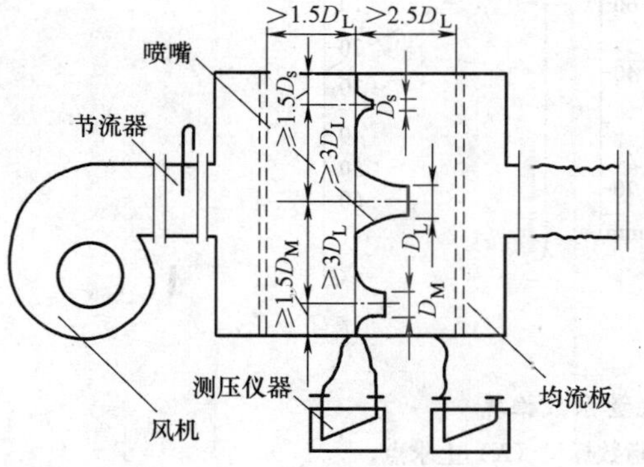

图附 1-4 正压风室或漏风量测试装置

注：D_S—小号喷嘴直径；D_M—中号喷嘴直径；D_L—大号喷嘴直径。

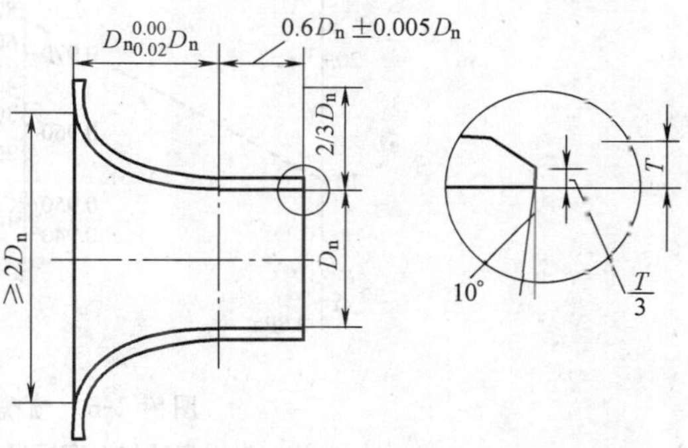

图附 1-5 标准长颈喷嘴

4）风室中喷嘴两端的静压取压接口，应为多个且均布于四壁。静压取压接口至喷嘴隔板的距离不得大于最小喷嘴喉部直径的 1.5 倍。然后，并联成静压环，再与测压仪器相接。

5）采用本装置测定漏风量时，通过喷嘴喉部的流速应控制在 15～35m/s 范围内。

6）本装置要求风室中喷嘴隔板后的所有连接部分，应严密、不漏。

7）用下列公式计算单个喷嘴风量

$$Q_n = 3600 C_d \cdot A_d \sqrt{\frac{2}{\rho} \Delta P}$$

多个喷嘴风量：$Q = \sum Q_n$（m^3/h）

式中 Q_n——单个喷嘴漏风量（m^3/h）；

C_d——喷嘴的流量系数（直径 127mm 以上取 0.99，小于 127mm，可按表附 1-2 或图附 1-6 查取)；

A_d——喷嘴的喉部面积（m^2）；

ΔP——喷嘴前后的静压差（Pa）。

喷嘴流量系数表　　表附 1-2

Re	流量系数 C_d	Re	流量系数 C_d	Re	流量系数 C_d	Re	流量系数 C_d
12000	0.950	40000	0.973	80000	0.983	200000	0.991
16000	0.956	50000	0.977	90000	0.984	250000	0.993
20000	0.961	60000	0.979	100000	0.985	300000	0.994
30000	0.969	70000	0.981	150000	0.989	350000	0.994

注：不计温度系数。

8）当测试系统或设备负压条件下的漏风量时，装置连接如图附 1-7 的规定。

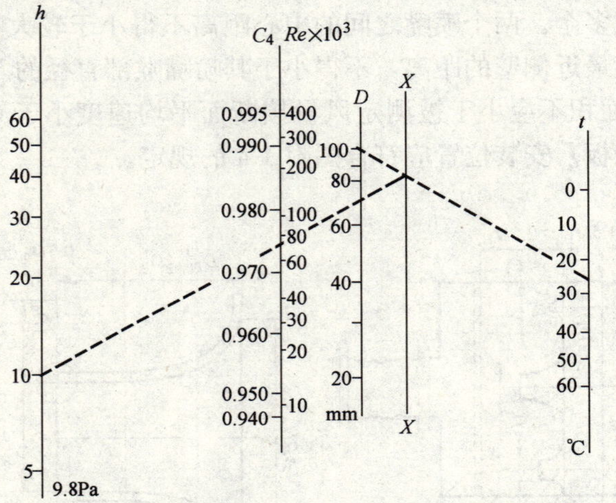

图附 1-6　喷嘴流量系数推算

注：先用直径与温度标尺在指数标尺（X）上求点，

再将指数与压力标尺点相连，可求取流量系数值。

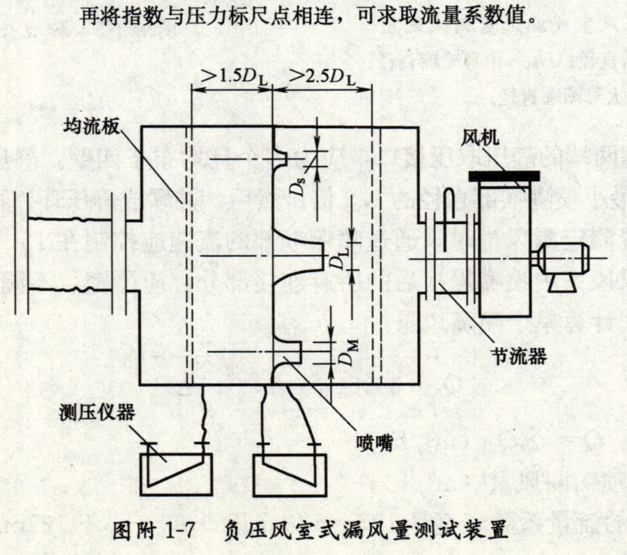

图附 1-7　负压风室式漏风量测试装置

3. 漏风量测试

（1）正压或负压系统风管与设备的漏风量测试，分正压试验和负压试验两类。一般可采用正压条件下的测试来检验。

（2）系统漏风量测试可以整体或分段进行。测试时，被测系统的所有开口均应封闭，不应漏风。

（3）被测系统的漏风量超过设计和（GB 50243—2002）规范的规定时，应查出漏风部位（可用听、摸、观察、水或烟检漏），做好标记；修补、完工后，重新测试，直至合格。

（4）漏风量测定值一般应为规定测试压力下的实测数值。特殊条件下，也可用相近或大于规定压力下的测试代替，其漏风量可按下式换算：

$$Q_0=(P_0/P)^{0.65}$$

式中 P_0——规定试验压力，500Pa；

Q_0——规定试验压力下的漏风量［$m^3/(h \cdot m^2)$］；

P——风管工作压力（Pa）；

Q——工作压力下的漏风量［$m^3/(h \cdot m^2)$］。

4.3.20 洁净室洁净度测试记录（C3-20）

实施要点

（1）洁净室洁净度测试记录表式按 C2-27-1-13 执行。

（2）洁净室洁净度检测应在空态或静态下进行或按合约规定。室内洁净度检测时，人员不宜多于 3 人，均必须穿与洁净室洁净度等级相适应的洁净工作服。

（3）净化空调系统还应符合下列规定：

1）单向流洁净室系统的系统总风量调试结果与设计风量的允许偏差为 0～20%，室内各风口风量与设计风量的允许偏差为 15%。

新风量与设计新风量的允许偏差为 10%。

2）单向流洁净室系统的室内截面平均风速的允许偏差为 0～20%，且截面风速不均匀度不应大于 0.25。

新风量和设计新风量的允许偏差为 10%。

3）相邻不同级别洁净室之间和洁净室与非洁净室之间的静压差不应小于 5Pa，洁净室与室外的静压差不应小于 10Pa。

4）室内空气洁净度等级必须符合设计规定的等级或在商定验收状态下的等级要求。

高于等于 5 级的单向流洁净室，在门开启的状态下，测定距离门 0.6m 室内侧工作高度处空气含尘浓度，亦不应超过室内洁净度等级上限的规定。

调试记录全数检查，测点抽查 5%，不得少于一点。

（4）净化空调系统的观感质量检查还应符合下列要求：

1）空气调节机组、风机、净化空气调节机组、风机过滤器单元和空气吹淋室等的安装位置应正确、固定牢固、连接严密，其偏差应符合（GB 50243—2002）规范有关条文的规定；

2）高效过滤器与风管、风管与设备的连接处应有可靠密封；

3）净化空气调节机组、静压箱、风管及送、回风口清洁，无积尘；

4）装配式洁净室的内墙面、吊顶和地面，应光滑、平整、色泽均匀、不起灰尘，地板静电值应低于设计规定；

5）送回风口、各类末端装置以及各类管道等与洁净室内表面的连接处，密封处理应可靠、严密。

附：洁净室测试方法

1. 风量或风速的检测

（1）对于单向流洁净室，采用室截面平均风速和截面积乘积的方法确定送风量。离高效过滤器 0.3m，垂直于气流的截面作为采样测试截面，截面上测点间距不宜大于 0.6m，测点数不应少于 5 个，以所有测点风速读数的算术平均值作为平均风速。

（2）对于非单向流洁净室，采用风口法或风管法确定送风量，做法如下：

1）风口法是在安装有高效过滤器的风口处，根据风口形状连接辅助风管进行测量。即用镀锌钢板或其他不产尘材料做成与风口形状及风口截面相同，长度等于 2 倍风口长边长的直管段，连接于风口外部。在辅助风管出口平面上，按最少测点数不少于 6 点均匀布置，使用热球式风速仪测定各测点的风速。然后，以求取的风口截面平均风速乘以风口净截面积求取测定风量。

2）对于风口上风侧有较长的支管段，且已经或可以钻孔时，可以用风管法确定风量。测量断面应位于大于或等于局部阻力部件前 3 倍管径或长边长，局部阻力部件后 5 倍管径或长边长的部位。

对于矩形风管，是将测定截面分割成若干个相等的小截面。每个小截面尽可能接近正方形，边长不应大于 200mm，测点应位于小截面中心，但整个截面上的测点数不宜少于3 个。

对于圆形风管，应根据管径大小，将截面划分成若干个面积相同的同心圆环，每个圆环测 4 点。根据管径确定圆环数量，不宜少于 3 个。

2. 静压差的检测

（1）静压差的测定应在所有的门关闭的条件下，由高压向低压，由平面布置上与外界最远的里间房间开始，依次向外测定。

（2）采用的微差压力计，其灵敏度不应低于 2.0Pa。

（3）有孔洞相通的不同等级相邻的洁净室，其洞口处应有合理的气流流向。洞口的平均风速大于等于 0.2m/s 时，可用热球风速仪检测。

3. 空气过滤器泄漏测试

（1）高效过滤器的检漏，应使用采样速率大于 1L/min 的光学粒子计数器。D类高效过滤器宜使用激光粒子计数器或凝结核计数器。

（2）采用粒子计数器检漏高效过滤器，其上风侧应引入均匀浓度的大气尘或含其他气溶胶尘的空气。对大于等于 0.5μm 尘粒，浓度应大于或等于 3.5×10^5Pc/m³；或对大于或等于 0.1μm 尘粒，浓度应大于或等于 3.5×10^7Pc/m³；若检测 D 类高效过滤器，对大于或等于 0.1μm 尘粒，浓度应大于或等于 3.5×10^9Pc/m³。

（3）高效过滤器的检测采用扫描法，即在过滤器下风侧用粒子计数器的等动力采样头，放在距离被检部位表面 20～30mm 处，以 5～20mm/s 的速度，对过滤器的表面、边框和封头胶处进行移动扫描检查。

（4）泄漏率的检测应在接近设计风速的条件下进行。将受检高效过滤器下风侧测得的泄露浓度换算成透过率，高效过滤器不得大于出厂合格透过率的 2 倍；D 类高效过滤器不得大于出厂合格透过率的 3 倍。

（5）在移动扫描检测工程中，应对计数突然递增的部位进行定点检验。

4．室内空气洁净度等级的检测

（1）空气洁净度等级的检测应在设计指定的占用状态（空态、静态、动态）下进行。

（2）检测仪器的选用：应使用采样速率大于 1L/min 的光学粒子计数器，在仪器选用时应考虑粒径鉴别能力，粒子浓度适用范围和计数效率。仪表应有有效的标定合格证书。

（3）采样点的规定：

1）最低限度的采样点数 N_L，见表附 1-1。

最低限度的采样点数 N_L 表 **表附 1-1**

测点数(N_L)	2	3	4	5	6	7	8	9	10
洁净区面积 A(m²)	2.1～6.0	6.1～12.0	12.1～20.0	20.1～30.0	30.1～42.0	42.1～56.0	56.1～72.0	72.1～90.0	90.1～110.0

注：1. 在水平单向流时，面积 A 为与气流方向呈垂直的流动空气截面的面积；

2. 最低限度的采样点数按公式 $N_L = A^{0.5}$ 计算（四舍五入取整数）。

2）采样点应均匀分布于整个面积内，并位于工作区的高度（距地坪 0.8m 的水平面），或设计单位、业主特指的位置。

（4）采样量的确定：

1）每次采样最少采样量见表附 1-2。

每次采样最少采样量 V_s（L）表 **表附 1-2**

洁净度等级	粒径					
	0.1μm	0.2μm	0.3μm	0.5μm	1.0μm	5.0μm
1	2000	8400	—	—	—	—
2	200	840	1960	5680	—	—
3	20	84	196	568	2400	—
4	2	8	20	57	240	—
5	2	2	2	6	24	680
6	2	2	2	2	2	68
7	—	—	—	2	2	7
8	—	—	—	2	2	2
9	—	—	—	2	2	2

2）每个采样点的最少采样时间为 1min，采样量至少为 2L。

3）每个洁净室（区）最少采样次数为 3 次。当洁净区仅有一个采样点时，则在该点至少采样 3 次。

4）对预期空气洁净度等级达到 4 级或更洁净的环境，采样量很大，可采用 ISO 14644—1 附录 F 规定的顺序采样法。

（5）检测采样的规定：

1）采样时采样口处的气流速度，应尽可能接近室内的设计气流速度。

2）对单向流洁净室，其粒子计数器的采样管口应迎着气流方向；对于非单向流洁净室，采样管口宜向上。

3）采样管必须干净，连接处不得有渗漏。采样管的长度应根据允许长度确定，如果无规定时，不宜大于1.5m。

4）室内的测定人员必须穿洁净工作服，且不宜超过3名，并应远离或位于采样点的下风侧静止不动或微动。

（6）记录数据评价

空气洁净度测试中，当全室（区）测点为2～9点时，必须计算每个采样点的平均粒子浓度C_i值、全部采样点的平均粒子浓度N及其标准差，导出95%置信上限值；采样点超过9点时，可采用算术平均值N作为置信上限值。

1）每个采样点的平均粒子浓度C_n应小于或等于洁净度等级规定的限值，见表附1-3。

洁净度等级及悬浮粒子浓度限值　　表附1-3

洁净度等级	大于或等于表中粒径D的最大浓度C_n(pc/m^3)					
	0.1μm	0.2μm	0.3μm	0.5μm	1.0μm	5.0μm
1	10	2	—	—	—	—
2	100	24	10	4	—	—
3	1000	237	102	35	8	—
4	10000	2370	1020	352	83	—
5	100000	237000	10200	3520	832	29
6	1000000	237000	102000	35200	8320	293
7	—	—	—	352000	83200	2930
8	—	—	—	3520000	832000	29300
9				35200000	8320000	293000

注：1. 本表仅表示了整数值的洁净度等级（N）悬浮粒子最大浓度的限值。

2. 对于非整数洁净度等级，其对应于粒子粒径D（μm）的最大浓度限值（C_n），应按下列公式计算求取。

$$C_n=10^N\times\left(\frac{0.1}{D}\right)^{2.08}$$

3. 洁净度等级定级的粒径范围为0.1～0.5μm，用于定级的粒径数不应大于3个，且其粒径的顺序级差不应小于1.5倍。

2）全部采样点的平均粒子浓度N的95%置信上限值，应小于或等于洁净等级规定的限值。即：

$$(N+t\times s/\sqrt{n})\leqslant \text{级别规定的限值}$$

式中　N——室内各测点平均含尘浓度，$N=\sum C_i/n$；

n——测点数；

s——室内各测点平均含尘浓度，N的标准差：$S=\sqrt{\frac{(C_i-N)^2}{n-1}}$；

t——置信度上限为95%时，单侧t分布的系数，见表附1-4。

***t*系数**　　表附1-4

点数	2	3	4	5	6	7～9
t	6.3	2.9	2.4	2.1	2.0	1.9

（7）每次测试应做记录，并提交性能合格或不合格的测试报告，测试报告包括以下内容：

1）测试机构的名称、地址；

2）测试日期和测试者签名；

3）执行标准的编号及标准实施日期；

4）被测试的洁净室或洁净区的地址、采样点的特定编号及坐标图；

5）被测洁净室或洁净区的空气洁净度等级、被测粒径（或沉降菌、浮游菌）、被测洁净室所处的状态、气流流型和静压差；

6）测量用的仪器的编号和标定证书；测试方法细则及测试中特殊情况；

7）测试结果包括在全部采样点坐标图上注明所测的粒子浓度（或沉降菌、浮游菌的菌落数）；

8）对异常测试值进行说明及数据处理；

5. 室内浮游菌和沉降菌的检测

（1）微生物检测方法有空气悬浮微生物法和沉降微生物法两种，采样后的基片（或平皿）经过恒温箱内37℃、48h的培养生成菌落后进行计数。使用的采样器皿和培养液必须进行消毒灭菌处理。采样点可均匀布置或取代表性地域布置。

（2）悬浮微生物法应采用离心式、狭缝式和针孔式等碰击式采样器，采样时间应根据空气中微生物浓度来决定，采样点数可与测定空气洁净度测点数相同。各种采样器应按仪器说明书规定的方法使用。

沉降微生物法，应采用直径为90mm培养皿，在采样点上沉降30min后进行采样，培养皿最少采样数应符合表附1-5的规定。

最少培养皿数 **表附 1-5**

空气洁净度级别	培养皿数	空气洁净度级别	培养皿数
<5	44	6	5
5	14	≥7	2

6. 制药厂洁净室（包括生物洁净室）室内浮游菌和沉降菌测试，也可采用按协议确定采样方案。

7. 用培养皿测定沉降菌，用碰撞式采样器或过滤采样器测定浮游菌，还应遵守以下的规定：

（1）采样装置采样前的准备及采样后的处理，均应在设有高效空气过滤器排风的负压实验室进行操作，该实验室的温度应为22±2℃；相对湿度应为（50±10）%；

（2）采样仪器应消毒灭菌；

（3）采样器选择应审核其精度和效率，并有合格证书；

（4）采样装置的排气不应污染洁净室；

（5）沉降皿个数及采样点、培养基及培养温度、培养时间按有关规范的规定执行；

（6）浮游菌采样器的采样率宜大于100L/min。

（7）碰撞培养基的空气速度应小于20m/s。

8. 室内空气温度和相对湿度的检测

（1）根据温度和相对湿度波动范围，应选择相应的具有足够精度的仪表进行测定。每次测定间隔不大于30min。

（2）室内测点布置：

1）送、回风口处；

2）恒温工作区具有代表性的地点（如沿着工艺设备周围布置或等距离布置）；

3）没有恒温要求的洁净室中心；

4）测点一般应布置在距外墙表面大于0.5m，离地面0.8m的同一高度上；也可以根据恒温区的大小，分别布置在离地不同高度的几个平面上。

（3）测点数应符合表附1-6的规定。

温、湿度测点数　　　　**表附1-6**

<table>
<tr><th>波动范围</th><th>室面积≤50m²</th><th>每增加20～50m²</th></tr>
<tr><td>$\Delta t=\pm0.5\sim\pm2$℃</td><td rowspan="2">5个</td><td rowspan="2">增加3～5个</td></tr>
<tr><td>$\Delta RH=\pm5\%\sim\pm10\%$</td></tr>
<tr><td>$\Delta t\leqslant\pm0.5$℃</td><td colspan="2" rowspan="2">点间距不应大于2m，点数不应少于5个</td></tr>
<tr><td>$\Delta RH\leqslant\pm5\%$</td></tr>
</table>

（4）有恒温恒湿要求的洁净室。室温波动范围按各测点的各次温度中偏差控制点温度的最大值，占测点总数的百分比整理成累积统计曲线。如90%以上测点偏差值在室温波动范围内，为符合设计要求；反之，为不合格。

区域温度以各测点中最低的一次测试温度为基准，各测点平均温度与超偏差值的点数，占测点总数的百分比整理成累计统计曲线，90%以上测点所达到的偏差值为区域温差，应符合设计要求。相对湿度波动范围可按室温波动范围的规定执行。

9. 单向流洁净室截面平均速度，速度不均匀度的检测

（1）洁净室垂直单向流和非单向流应选择距墙或围护结构内表面大于0.5m，离地面高度0.5～1.5m作为工作区。水平单向流以距送风墙或围护结构内表面0.5m处的纵断面为第一工作面。

（2）测定截面的测点数和测定仪器应符合表6.1.7.2-6的规定。

（3）测定风速应用测定架固定风速仪，以避免人体干扰。不得不用手持风速仪测定时，手臂应伸至最长位置，尽量使人体远离测头。

（4）室内气流流形的测定，宜采用发烟或悬挂丝线的方法，进行观察测量与记录。然后，标在记录的送风平面的气流流形图上。一般每台过滤器至少对应一个观察点。

风速的不均匀度 β_0 按下列公式计算，一般 β_0 值不应大于0.25。

$$\beta_0=\frac{s}{v}$$

式中　v——各测点风速的平均值；

s——标准差。

10. 室内噪声的检测

（1）测噪声仪器应采用带倍频程分析的声级计。

（2）测点布置应按洁净室面积均分，每 $50m^2$ 设一点。测点位于其中心，距地面1.1～1.5m高度处或按工艺需要设定。

4.3.21 制冷机组试运行调试记录（C3-21）

实施要点

（1）制冷机组试运行调试记录按C2-27-1-4执行（应在设计负荷下进行试运行）。

（2）制冷设备运行调试

1）参加空分设备试运转的人员，应经培训，并应熟悉成套空分设备的工艺流程，熟练掌握本岗位操作规程，合格后方可上岗操作。

2）成套空分设备试运转前，应具备下列条件：

① 分馏塔应经整体裸冷试验合格；

② 空压机应经试运转，其排气量、压力和温度应符合分馏塔的要求；

③ 各配套的机组、仪表控制系统、电气控制系统和安全保护装置等应符合试运转的要求。

3）成套空分设备的负荷试运转应符合下列要求：

① 在规定的介质、状态下进行；

② 无明显的漏气和漏液；

③ 各机组运转正常；

④ 安装单位应配合建设单位进行成套空分设备的负荷试运转，直到系统工况稳定后连续测定4h。

4）活塞式制冷压缩机和压缩机组的试运转：开启式压缩机出厂试验记录中的无空负荷试运转、空气负荷试运转和抽真空试验，均应在试运转时进行上述3项试验。

5）压缩机和压缩机组试运转前应符合下列要求：

① 气缸盖、吸排气阀及曲轴箱盖等应拆下检查，其内部的清洁及固定情况应良好；气缸内壁面应加少量冷冻机油，再装上气缸盖等；盘动压缩机数转各运动部件立转动灵活，无过紧及卡阻现象；

② 加入曲轴箱冷冻机油的规格及油面高度，应符合设备技术文件的规定；

③ 冷却水系统供水应畅通；

④ 安全阀应经校验、整定，其动作应灵敏、可靠；

⑤ 压力、温度、压差等继电器的整定值应符合设备技术文件的规定；

⑥ 点动电动机的检查，其转向应正确，但半封闭压缩机可不检查此项。

6）压缩机和压缩机组的空负荷试运转应符合下列要求：

① 应先拆去气缸盖和吸、排气阀组并固定气缸套；

② 启动压缩机并应运转10min，停车后检查各部位的润滑和温升，应无异常，然后应继续运转1h；

③ 运转应平稳，无异常声响和剧烈振动；

④ 主轴承外侧面和轴封外侧面的温度应正常；

⑤ 油泵供油应正常；

⑥ 油封处不应有油的滴漏现象；

⑦ 停车后，检查气缸内壁面应无异常的磨损。

7）压缩机的空气负荷试运转应符合下列要求：

① 吸、排气阀组安装固定后，应调整活塞的止点间隙，并应符合设备技术文件的规定；

② 压缩机的吸气口应加装空气滤清器；

③ 启动压缩机，当吸气压力为大气压力时，其排气压力，对于有水冷动的应为0.3MPa（绝对压力），对于无水冷却的应为0.2MPa（绝对压力），并应连续运转且不得少于1h；

④ 油压调节阀的操作应灵活，调节的油压应比吸气压力高0.15～0.3MPa；

⑤ 能量调节装置的操作应灵活、正确；

⑥ 压缩机各部位的允许温升应符合表C3-21-1的规定；

⑦ 气缸套的冷却水进口水温不应大于35℃，出口温度不应大于45℃；

⑧ 运转应平稳，无异常声响和振动；

⑨ 吸、排气阀的阀片跳动声响应正常；

压缩机各部位的允许温升值 **表C3-21-1**

检查部位	有水冷却(℃)	无水冷却(℃)
主轴承外侧面	≤40	≤60
轴封外侧面		
润滑油	≤40	≤50

⑩ 各连接部位、轴封、填料、气缸盖和阀件应无漏气、漏油、漏水现象；

⑪ 空气负荷试转后，应拆洗空气滤清器和油过滤器，并更换润滑油。

8）压缩机和压缩机组的抽真空试验应符合下列要求：

① 应关闭吸、排气截止阀，并开启放气通孔，开动压缩机进行抽真空；

② 曲轴箱压力应迅速抽至0.015MPa（绝对压力）；

③ 油压不应低于0.1MPa（绝对压力）。

9）压缩机和压缩机组的负荷试运转应在系统充灌制冷剂后进行。试运转中除应符合《通风与空调工程施工质量验收规范》（GB 50243—2002）的规定外（油温除外），尚应符合下列要求：

① 对使用氟利昂制冷剂压缩机，启动前应按设备技术文件要求将热曲轴箱中的润滑油加热；

② 运转中润滑油的油温，开启式机组不应大于70℃；半封闭机组不应大于80℃；

③ 最高排气温度应符合表C3-21-2的规定；

④ 开启式压缩机轴封处的渗油量不应大于0.5mL/h。

10）螺杆式制冷压缩机组的试运转

① 压缩机组的纵向和横向安装水平偏差均不应大于1/1000，并应在底座或与底座平行的加工面上测量。

② 压缩机组试运转前应符合下列要求：

a. 脱开联轴器，单独检查电动机的转向应符合压缩机要求；连接联轴器，其找正允许偏差应符合设备技术文件的规定；

b. 盘动压缩机应无阻滞、卡阻等现象；

c. 应向油分离器、贮油器或油冷却器中加注冷冻机油，油的规格及油面高度应符合设备技术文件的规定；

d. 油泵的转向应正确；油压宜调节至 0.15～0.3MPa（表压）；调节四通阀至增、减负荷位置；滑阀的移动应正确、灵敏，并应将滑阀调至最小负荷位置；

e. 各保护继电器、安全装置的整定值应符合技术文件的规定，其动作应灵敏、可靠。

压缩机的最高排气温度　　表 C3-21-2

制　冷　剂	最高排气温度(℃)
R717	150
R12	125
R22	145
R502	145

③ 压缩机组的负荷试运转应符合下列要求：

a. 应按要求供给冷却水；

b. 制冷剂为 R12、R22 的机组，启动前应接通电加热器，其油温不应低于 25℃；

c. 启动运转的程度应符合设备技术文件规定；

d. 调节油压宜大于排气压力 0.15～0.3MPa；精滤油器前后压差不应高于 0.1MPa；

e. 冷却水温度不应高于 32℃，压缩机的排气温度和冷却后的油温应符合表 C3-21-3 的规定；

f. 吸气压力不宜低于 0.05MPa（表压）；排气压力不应高于 1.6MPa（表压）；

g. 运转中应无异常声响和振动，并检查压缩机轴承体处的温升应正常；

h. 轴封处的渗油量不应大于 3mL/h。

压缩机的排气温度和冷却后的油温　　表 C3-21-3

制 冷 剂	排气温度(℃)	油温(℃)
R12	≤90	30～55
R22、R717	≤105	30～65

11）离心式制冷机组的试运转

① 机组试运转前应符合下列要求：

a. 应按设备技术文件的规定冲洗润滑系统；

b. 加入油箱的冷冻机油的规格及油面高度应符合技术文件的要求；

c. 抽气回收装置中压缩机的油位应正常，转向应正确，运转应无异常现象；

d. 各保护继电器的整定值应整定正确；

e. 导叶实际开度和仪表指示值，应按设备技术文件的要求调整一致。

② 机组的空气负荷试运转应符合下列要求：

a. 应关闭压缩机吸气口的导向叶片，拆除浮球室盖板和蒸发器上的视孔法兰，吸排气口应与大气相通；

b. 应按要求供给冷却水；

c. 启动油泵及调节润滑系统，其供油应正常；

d. 点动电动机的检查，转向应正确，其转动应无阻滞现象；

e. 启动压缩机，当机组的电机为通水冷却时，其连续运转时间不应小于0.5h；当机组的电机为通氟冷却时，其连续运转时间不应大于10min；同时检查油温、油压，轴承部位的温升，机器的声响和振动均应正确；

f. 导向叶片的开度应进行调节试验；导叶的启闭应灵活、可靠；当导叶开度大于40%时，试验运转时间宜缩短。

应按《制冷设备、空气分离设备安装工程施工及验收规范》(JBJ 30—96) 压缩机制冷系统试运转充灌制冷剂的有关规定充灌制冷剂。

③ 机组的负荷试运转应符合下列要求：

a. 接通油箱电加热器，将油加热至50～55℃；

b. 按要求供给冷却水和载冷剂；

c. 启动油泵、调节润滑系统，供油应正常；

d. 按设备技术文件的规定启动抽气回收装置，排除系统中的空气；

e. 启动压缩机应逐步开启导向叶片，并应快速通过喘振区，使压缩机正常工作；

f. 检查机组的声响、振动，轴承部位的温升应正常；当机器发生喘振时，应立即采取措施予以消除故障或停机；

g. 油箱的油温宜为50～65℃，油冷却器出口的油温宜为35～55℃。滤油器和油箱内的油压差，制冷剂为R11的机组应大于0.1MPa，R12机组应大于0.2MPa；

h. 能量调节机构的工作应正常；

i. 机组载冷剂出口处的温度及流量应符合设备技术文件的规定。

12）机组载冷剂出口处的温度及流量应符合设备技术文件的规定。

13）活塞式、螺杆式离心式压缩机为主机的压缩式制冷系统中附属设备及管道的安装。

① 制冷系统的附属设备如冷凝器、贮液器、油分离器、中间冷却器、集油器、空气分离器、蒸发器和制冷剂泵等的安装除应符合设计和设备技术文件的规定外，尚应进行气密性试验及单体吹扫；气密性试验压力，当设计和设备技术文件无规定时，应符合表C3-21-4的规定；

气密性试验压力（绝对压力）　　表C3-21-4

制　冷　剂	高压系统试验压力(MPa)	低压系统试验压力(MPa)
R717、R502	2.0	1.8
R22	2.5(高冷凝压力) 2.0(低冷凝压力)	1.8
R12	1.6(高冷凝压力) 1.2(低冷凝压力)	1.2
R11	0.3	0.3

② 吸、排气管道敷设时，其管道外壁之间的间距应大于200min；在同一支架敷设时，吸气管宜装在排气管下方。

③ 设备之间制冷剂管道连接的坡向及坡度当设计或设备技术文件无规定时，应符合表C3-21-5的规定。

制冷设备管道敷设坡向及坡度 **表 C3-21-5**

管道名称	坡向	坡度
压缩机进气水平管（氨）	蒸发器	≥3/1000
压缩机进气水平管（氟利昂）	压缩机	≥10/1000
压缩机排气水平管	油分离器	≥10/1000
冷凝器至贮液器的水平管	贮液器	1/1000～3/1000
油分离器至冷凝器的水平管	油分离器	3/1000～5/1000
机器间调节站的供液管	调节站	1/1000～3/1000
调节机器间的加气管	调节站	1/1000～3/1000

14）压缩式制冷系统试运转

① 制冷系统的设备及管道组装完毕后，应按下列程序充灌制冷剂：

a. 系统的吹扫排污；

b. 气密性试验；

c. 抽真空试验；

d. 氨系统保温前的充氨检漏；

e. 系统保温后充灌制冷剂。

② 制冷系统的吹扫排污应符合下列要求：

a. 应采用压力为 0.5～0.6MPa（表压）的干燥压缩空气或氮气按系统顺序反复多次吹扫，并应在排污口处设靶检查，直至无污物为止；

b. 系统吹扫洁净后，应拆卸可能积存污物的阀门，并应清洗洁净，重新组装。

③ 制冷系统的气密性试验应符合下列要求：

a. 气密性试验应采用干燥压缩空气或氮气进行；试验压力，当设计和设备技术文件无规定时，应符合表 C3-21-4 的规定。

b. 当高、低压系统区分有困难时，在检漏阶段，高压部分应按高压系统的试验压力进行；保压时，可按低压系统的试验压力进行。

c. 系统检漏时，应在规定的试验压力下，用肥皂水或其他发泡剂刷抹在焊缝、法兰等连接处检查，应无泄漏；系统保压时，应充气至规定的试验压力，在 6h 以后开始记录压力表读数，经 24h 以后再检查压力表读数，其压力降应按下式计算，并不应大于试验压力的 1%；当压力降超过以上规定时，应查明原因消除泄漏，并应重新试验，直至合格。

$$\Delta P = P_1 - \frac{273+t_1}{273+t_2}P_2$$

式中 ΔP——压力降（Pa）；

P_1——开始时系统中气体的绝对压力（MPa）；

P_2——结束时系统中气体的绝对压力（MPa）；

t_1——开始时系统中气体的温度（℃）；

t_2——结束时系统中气体的温度（℃）。

注：当压力降超过规定时，应查明原因消除泄漏，并应重新试验，直至合格。

④ 氨系统的充氨检漏应符合下列要求：

a. 抽真空试验后，对氨制冷系统，应利用系统的真空度向系统充灌少量的氨；当系统内的压力升至0.1～0.2MPa（表压）时，应停止充氨，对系统进行全面检查并应无泄漏。

b. 当发现有泄漏需要补焊修复时，必须将修复段的氨气放净，通大气后方可进行。

⑤ 充灌制冷剂，应遵守下列规定：

a. 制冷剂应符合设计的要求；

b. 应先将系统抽真空，其真空度应符合设备技术文件的规定，然后将装制冷剂的钢瓶与系统的注液阀接通，氟利昂系统的注液阀接通前应加干燥过滤器，使制冷剂注入系统，在充灌过程中按规定向冷凝器供冷却水或蒸发器供载冷剂；

c. 当系统内的压力升至0.1～0.2MPa（表压）时，应进行全面检查；无异常情况后，再继续充制冷剂，R11制冷剂除外；

d. 当系统压力与钢瓶压力相同时，方可开动压缩机，加快制冷剂充入速度；

e. 制冷剂入的总量应符合设计或设备技术文件的规定。

⑥ 制冷系统负荷试运转前的准备工作应符合下列要求：

a. 系统中各安全保护继电器、安全装置应经整定，其整定值应符合设备技术文件的规定，其动作灵敏、可靠；

b. 油箱的油面高度应符合规定；

c. 按设备技术文件的规定开启或关闭系统中相应的阀门；

d. 冷却水供给应正常；

e. 蒸发器中载冷剂液体的供给应正常；

f. 压缩机能量调节装置应调到最小负荷位置或打开旁通阀。

⑦ 制冷系统的负荷试运转应符合下列要求：

a. 制冷压缩机的启动和运转，应符合规范对温升、油温、充灌制冷剂等规定；

b. 对双级制冷系统应先启动高压级的制冷压缩机；

c. 压缩机启动后应缓缓开启吸气截止阀，调节系统的节流装置，其系统工作应正常；

d. 系统经过试运转，系统温度应能够在最小的外加热负荷下，降低至设计或设备技术文件规定的温度；

e. 运转中应按要求检查下列项目，并做记录：

——油箱的油面高度和各部位供油情况；

——润滑油的压力和温度；

——吸、排气压力和温度；

——进、排水温度和冷却水供给情况；

——载冷剂的温度；

——贮液器、中间冷却器等附属设备的液位；

——各运动部件有无异常声响，各连接和密封部位有无松动、漏气、漏油、漏水等现象；

——电动机的电流、电压和温升；

——能量调节装置的动作应灵敏，浮球阀及其他液位计的工作应稳定；

——各安全保护继电器的动作应灵敏、准确；

——机器的噪声和振动。

f. 停止运转应符合下列要求：(a) 应按设备技术文件规定的顺序停止压缩机的运转；(b) 压缩机停机后，应关闭水泵或风机以及系统中相应的阀门，并应放空积水。

⑧ 试运转结束后，应拆洗系统中的过滤器并应更换或再生干燥过滤器的干燥剂。

15）溴化锂吸收式制冷机组

① 机组就位后，其安装水平应在设备技术文件规定的基准面上测量，其纵向和横向安装水平偏差不应大于1/1000。

② 系统的气密性试验应符合下列要求：

a. 当采用氮气或干燥压缩空气进行试验时，试验压力应为0.2MPa（表压）；检查设备及管道无泄漏时，应保持压力24h；按标准2.42.5.5（3）的公式计算，压力降不应大于0.0665kPa；

b. 采用氟利昂进行试验时，应先将系统抽真空至0.265kPa并充入氟利昂气体至0.05MPa（表压）。然后，再充入氮气或干燥压缩空气至0.15MPa（表压），并用电子卤素检漏仪进行检查，其泄漏率不应大于2.03（Pa·mL)/s。

③ 系统抽真空试验应在气密性试验合格后进行；试验时，应将系统内绝对压力抽至0.0665kPa，关闭真空泵上的抽气阀门，保持压力24h；按压缩或制冷系统试运转③压力降的公式计算，压力的上升不应大于0.0266kPa。

④ 系统气密性试验和抽真空试验后，应按设备技术文件规定进行系统内部的冲洗。

⑤ 机组和管道绝热保温的材料、保温范围及绝热层的厚度应符合设计或设备技术文件的规定。

⑥ 制冷系统的加液应符合下列要求：

a. 按设备技术文件规定配制溴化锂溶液；配制后，溶液应在容器中进行沉淀，并应保持洁净，不得有油类物质或其他杂物混入；

b. 开动真空泵，应将系统抽真空至0.0665kPa以下绝对压力，当系统内部冲洗后有残留水分时，可将系统抽至环境温度相对应的水的饱和蒸汽压力，其压力可采用《制冷设备、空气分离设备安装工程施工及验收规范》(JBJ 30—96）规范附录一；

c. 加液连接管应采用真空胶管，连接管的一端应与规定的阀门连接，接头密封应良好；管的另一端插入加液桶与桶底的距离不应小于100mm，且应浸没在溶液中；

d. 开启加液阀门，应将溶液注入系统；溴化锂溶液的加入量应符合设备技术文件的规定，加液过程中，应防止将空气带入系统。

⑦ 制冷系统的试运转应符合下列要求：

a. 启动运转应按下列要求进行：

——应向冷却水系统供水和蒸发器供冷媒水；当冷却水低于20℃时，应调节阀门减少冷却水供水量；

——启动发生器泵、吸收器泵，应使溶液循环；

——应慢慢开启蒸汽或热水阀门，向发生器供水，对以蒸汽为热源的机组，应使机组先在较低的蒸汽压力状态下运转；无异常现象后，再逐渐提高蒸汽压力至设备技术文件的规定值；

——当蒸发器冷剂水液囊具有足够的积水后，应启动蒸发器泵，并调节制冷机，应使其正常运转；

——启动运转过程中应启动真空泵，抽除系统内的残余空气或初其运转产生的不凝性气体。

b. 运转中检查的项目和要求应符合下列规定：

——稀溶液、浓溶液和混合溶液的浓度、温度应符合设备技术文件的规定；

——冷却水、冷媒水的水量和进、出口温度差应符合设备技术文件的规定；

——加热蒸汽压力、温度和凝结水温度、流量或热水温度及流量应符合设备技术文件的规定；

——混有溴化锂的冷剂水相对密度不应超过1.04；

——系统应保持规定的真空度；

——屏蔽泵的工作应稳定，并无阻塞、过热、异常声响等现象；

——各安全保护继电器的动作应灵敏、正确，仪表的指示应准确。

电梯

按给排水与采暖资料编制控检要求执行。

4.3.22 电梯运行记录（C3-22）

1. 资料表式

电梯运行记录表　　表 C3-22

<table>
<tr><td colspan="2">工程名称</td><td colspan="2"></td><td colspan="2">分项工程名称</td><td></td></tr>
<tr><td colspan="2">电梯型号</td><td colspan="2"></td><td colspan="2">日　期</td><td></td></tr>
<tr><td>序号</td><td>种类</td><td colspan="4">检　查　项　目</td><td>评定意见</td></tr>
<tr><td>1</td><td>平衡系数</td><td colspan="4">按设备文件规定检查(一般取 0.4～0.5)</td><td></td></tr>
<tr><td>2</td><td rowspan="2">运行速度</td><td colspan="4">交流双速电梯在额定起重量时，实际升、降速度平均值对额定速度平均值的差值不应超过±3%</td><td></td></tr>
<tr><td>3</td><td colspan="4">直流快速、高速电梯在额定起重量时的实际升降速度的平均值对额定速度的差值不应超过±2%</td><td></td></tr>
<tr><td>4</td><td>称量装置</td><td colspan="4">按设备技术文件规定载重量限值检查，安全开关可靠</td><td></td></tr>
<tr><td>5</td><td>预负载</td><td colspan="3">轿厢位于底层，陆续平稳地载以额定起重量 150%(200%)，历时 10min</td><td>试验中各承重构件应无损坏，曳引绳在槽内应无滑移，制动器应可靠地刹紧</td><td></td></tr>
<tr><td rowspan="3">签字栏</td><td colspan="2" rowspan="2">监理(建设)单位</td><td colspan="4">施　工　单　位</td></tr>
<tr><td>专业技术负责人</td><td colspan="2">质检员</td><td>试验员</td></tr>
<tr><td colspan="2"></td><td></td><td colspan="2"></td><td></td></tr>
</table>

2. 实施要点

电梯运行记录是施工单位根据平衡、运行速度、称重装置、预负载等试验调整结果由施工单位提供的一份电梯试检验的综合调整试验报告。由施工方按调整试验结果，根据综合分析结果提出。

（1）机房

1）每台电梯应单设有一个切断该电梯最大负荷电流的主电源开关，主开关位置应能从机房入口处方便、迅速地接近，如几台电梯共用同一机房，各台电梯主电源开关应易于识别；

主开关不应切断下列供电电路：

① 轿厢照明和通风；

② 机房和滑轮间照明；

③ 机房内电源插座；

④ 轿顶与底坑的电源插座；

⑤ 电梯井道照明；

⑥ 报警装置。

2）每台电梯应配备供电系统断相、错相保护装置，该装置在电梯运行中断相也应起保护作用。

3）电梯动力与控制线路应分离敷设，从进机房电源起零线和接地线应始终分开，接地线的颜色为黄绿双色绝缘电线，除 36V 以下安全电压外的电气设备金属罩壳均应设有易于识别的接地端，且应有良好的接地。接地线应分别直接接至接地线柱上，不得互相串接后再接地。

4）线管、线槽的敷设应平直、整齐、牢固。线槽内导线总面积不大于槽净面积 60%；线管内导线总面积不大于管内净面积 40%；软管固定间距不大于 1m，端头固定间距不大于 0.1m。

5）控制柜、屏的安装位置应符合：

① 控制柜、屏正面距门、窗不小于 600mm；

② 控制柜、屏的维修侧距墙不小于 600mm；

③ 控制柜、屏与机械设备的距离不小于 500mm。

6）机房内钢丝绳与楼板孔洞每边间隙均应为 20～40mm，通向井道的孔洞四周应筑一高 50mm 以上的台阶。

7）曳引机承重梁如需埋入承重墙内，则支承长度应超过墙厚中心 20mm，且不应小于 75mm。

8）在电动机或飞轮上应有与轿厢升降方向相对应的标志。曳引轮、飞轮、限速器轮外侧面应漆成黄色。制动器手动松闸扳手漆成红色，并挂在易接近的墙上。

9）曳引机应有适量润滑油。油标应齐全，油位显示应清晰，限速器各活动润滑部位也应有可靠润滑。

10）制动器动作灵活，制动时两侧闸瓦应紧密，均匀地贴合在制动轮的工作面上，松闸时应同步离开，其四角处间隙平均值两侧各不大于 0.7mm。

11）限速器绳轮、选层器钢带轮对铅垂线的偏差均不大于 0.5mm，曳引轮、导向轮对铅垂线的偏差在空载或满载工况下均不大于 2mm。

12）限速器运转应平稳，出厂时动作速度整定封记应完好，无拆运痕迹，限速器安装位置正确、底座牢固，与安全钳联动时无颤动现象。

13）停电或电气系统发生故障时应有轿厢慢速移动措施，如用手动紧急操作装置，应能用松闸扳手松开制动器，并需用一个持续力去保持其松开状态。

（2）井道

1）每根导轨至少应有2个导轨支架，其间距不大于2.5m，特殊情况应有措施保证导轨安装满足GB 7588规定的弯曲强度要求。导轨支架水平度不大于1.5%，导轨支架的地脚螺栓或支架直接埋入墙的埋入深度不应小于120mm；如果用焊接支架，其焊缝应是连续的，并应双面焊牢。

2）当电梯冲顶时，导靴不应越出导轨。

3）每列导轨工作面（包括侧面与顶面）对安装基准线每5m的偏差均应不大于下列数值：轿厢导轨和设有安全钳的对重导轨为0.6mm；不设安全钳的T形对重导轨为1.0mm。

在有安装基准线时，每列导轨应相对基准线整列检测，取最大偏差值。电梯安装完成后检验导轨时，可对每5m铅垂线分段连续检测（至少测3次），测量值间的相对最大偏差应不大于上述规定值的2倍。

4）轿厢导轨和设有安全钳的对重导轨工作面接头处不应有连续缝隙，且局部缝隙不大于0.5mm。导轨接头处台阶用直线度为0.01/300的平直尺或其他工具测量，应不大于0.05mm；如超过应修平，修光长度为150mm以上，不设安全钳的对重导轨接头处缝隙不得大于1mm，导轨工作面接头处台阶应不大于0.15mm，如超差亦应校正。

5）两列导轨顶面间的距离偏差：轿厢导轨为$^{+2}_{0}$mm，对重导轨为$^{+3}_{0}$mm。

6）导轨应用压板固定在导轨架上，不应采用焊接或螺栓直接连接。

7）轿厢导轨与设有安全钳的对重导轨的下端，应支承在地面坚固的导轨座上。

8）对重块应可靠紧固，对重架若有反绳轮时其反绳轮应润滑良好，并应设有挡绳装置。

9）限速器钢丝绳至导轨导向面与顶面两个方向的偏差均不得超过10mm。

10）轿厢与对重间的最小距离为50mm，限速器钢丝绳和选层器钢带应张紧，在运行中不得与轿厢或对重相碰触。

11）当对重完全压缩缓冲器时的轿顶空间应满足：

① 井道顶的最低部件与固定在轿顶上设备的最高部件间的距离（不包括导靴或滚轮，钢丝绳附件和垂直滑动门的横梁或部件最高部分）与电梯的额定速度v（单位：m/s）有关，其值应不小于$(0.3+0.35v^2)$m。

② 轿顶上方应有一个不小于0.5m×0.6m×0.8m的矩形空间（可以任何面朝下放置），钢丝绳中心线距矩形体至少一个铅垂面距离不超过0.15m，包括钢丝绳的连接装置可包括在这个空间里。

12）封闭式井道内应设置照明，井道最高与最低0.5m以内各装设一灯外，中间灯距不超过7m。

13）电缆支架的安装应满足：

① 避免随行电缆与限速器钢丝绳、选层器钢带、限位极限等开关、井道传感器及对重装置等交叉；

② 保证随行电缆在运动中不得与电线槽、管发生卡阻；

③ 轿底电缆支架应与井道电缆支架平行，并使电梯电缆处于井道底部时能避开缓冲器，并保持一定距离。

14）电缆安装应满足：

① 随行电缆两端应可靠固定；

② 轿厢压缩缓冲器后，电缆不得与底坑地面和轿厢底边框接触；

③ 随行电缆不应有打结和波浪扭曲现象。

（3）轿厢

1）轿厢顶有反绳轮时，反绳轮应有保护罩和挡绳装置，且润滑良好，反绳轮铅垂度不大于1mm。

2）轿厢底盘平面的水平度应不超过3/1000。

3）曳引绳头组合应安全可靠，并使每根曳引绳受力相近，其张力与平均值偏差均不大于5%，且每个绳头锁紧螺母均应安装有锁紧销。

4）曳引绳应符合GB 8903规定，曳引绳表面应清洁，不粘有杂质，并宜涂有薄而均匀的ET极压稀释型钢丝绳脂。

5）轿内操纵按钮动作应灵活，信号应显示清晰，轿厢超载装置或称量装置应动作可靠。

6）轿顶应有停止电梯运行的非自动复位的红色停止开关，且动作可靠，在轿顶检修接通后，轿内检修开关应失效。

7）轿厢架上若安装有限位开关碰铁时，相对铅垂线最大偏差不超过3mm。

8）各种安全保护开关应可靠固定，但不得使用焊接固定，安装后不得因电梯正常运行的碰撞或因钢丝绳、钢带、皮带的正常摆动，使开关产生位移、损坏或误动作。

（4）层站

1）层站指示信号及按钮安装应符合图纸规定，位置正确，指示信号清晰、明亮，按钮动作准确无误，消防开关工作可靠。

2）层门地坎应具有足够的强度，水平度不大于2/1000，地坎应高出装修地面2～5mm。

3）层门地坎至轿门地坎水平距离偏差为$^{+3}_{0}$mm。

4）层门门扇与门扇，门扇与门套，门扇下端与地坎的间隙，乘客电梯应为1～6mm，载货电梯应为1～8mm。

5）门刀与门地坎，门锁滚轮与轿厢地坎间隙应为5～10mm。

6）在关门行程1/3之后，阻止关门的力不超过150N。

7）层门锁钩、锁臂及动接点动作灵活，在电气安全装置动作之前，锁紧元件的最小啮合长度为7mm。

8）层门外观应平整、光洁，无划伤或碰伤痕迹。

9）由轿门自动驱动层门情况下，当轿厢在开锁区域以外时，无论层门由于任何原因而被开启，都应有一种装置能确保层门自动关闭。

(5) 底坑

1) 轿厢在两端站平层位置时，轿厢、对重装置的撞板与缓冲器顶面间的距离，耗能型缓冲器应为150～400mm，蓄能型缓冲器应为200～350mm，轿厢、对重装置的撞板中心与缓冲器中心的偏差不大于20mm。

2) 同一基础上的两个缓冲器顶部与轿底对应距离差不大于2mm。

3) 液压缓冲器柱塞铅垂度不大于0.5%，充液量正确。且应设有在缓冲器动作后未恢复到正常位置时，使电梯不能正常运行的电气安全开关。

4) 底坑应设有停止电梯运行的非自动复位的红色停止开关。

5) 当轿厢完全压缩在缓冲器上时，轿厢最低部分与底坑底之间的净空间距离不小于0.5m，且底部应有一个不小于0.5m×0.6m×1.0m的矩形空间（可以任何面朝下放置）。

(6) 整机功能检验

1) 曳引检查

① 在电源电压波动不大于2%工况下，用逐渐加载测定轿厢上、下行至与对重同一水平位置时的电流或电压测量法，检验电梯平衡系数应为40%～50%，测量表必须符合电动机供电的频率、电流、电压范围。

② 电梯在行程上部范围内空载上行及行程下部范围125%额定载荷下行，分别停层3次以上，轿厢应被可靠地制停（下行不考核平层要求）；在125%额定载荷以正常运行速度下行时，切断电动机与制动器供电，轿厢应被可靠制动。

③ 当对重支承在被其压缩的缓冲器上时，空载轿厢不能被曳引绳提升起。

④ 当轿厢面积不能限制载荷超过额定值时，再需用150%额定载荷做曳引静载检查，历时10min，曳引绳无打滑现象。

2) 限速器安全钳联动试验

① 额定速度大于0.63m/s及轿厢装有数套安全钳应采用渐进式安全钳，其余可采用瞬时式安全钳；

② 限速器与安全钳电气开关在联动试验中动作应可靠，且使曳引机立即制动；

③ 对瞬时式安全钳，轿厢应载有均匀分布的额定载荷，短接限速器与安全钳电气开关，轿内无人，并在机房操作下行检修速度时，人为让限速器动作。复验或定期检验时，各种安全钳均采用空轿厢在平层或检修速度下试验。

对渐进式安全钳，轿厢应载有均匀分布125%的额定载荷，短接限速器与安全钳电气开关，轿内无人。并在机房操作平层或检修速度下行，人为让限速器动作。

以上试验轿厢应可靠制动，且在载荷试验后相对于原正常位置轿厢底倾斜度不超过5%。

3) 缓冲试验

① 蓄能型缓冲器仅适用于额定速度小于1m/s的电梯，耗能型缓冲器可适用于各种速度的电梯；

② 对耗能型缓冲器需进行复位试验，即轿厢在空载的情况下以检修速度下降将缓冲器全压缩，从轿厢开始离开缓冲器一瞬间起，直到缓冲器回复到原状，所需时间应不大于120s。

4）层门与轿门联锁试验

① 在正常运行和轿厢未停止在开锁区域内，层门应不能打开；

② 如果一个层门和轿门（在多扇门中任何一扇门）打开，电梯应不能正常启动或继续正常运行。

5）上下极限动作试验

设在井道上下两端的极限位置保护开关。它应在轿厢或对重接触缓冲器前起作用，并在缓冲器被压缩期间保护其动作状态。

6）安全开关动作试验

电梯以检修速度上下运行时，人为动作下列安全开关 2 次，电梯均应立即停止运行。

① 安全窗开关，用打开安全窗试验（如设有安全窗）；

② 轿顶、底坑的紧急停止开关；

③ 限速器松绳开关。

7）运行试验

① 轿厢分别以空载、50％额定载荷和额定载荷三种工况，并在通电持续率 40％情况下，到达全行程范围，按 120 次/h，每天不少于 8h，各启动、制动运行 1000 次，电梯应运行平稳、制动可靠、连续运行无故障。

② 制动器温升不应超过 60K，曳引机减速器油温升不超过 60K，其温度不应超过 85℃，电动机温升不超过 GB 12974 的规定。

③ 曳引机减速器，除蜗杆轴伸出一端渗漏油面积平均每小时不超过 150cm^2 外，其余各处不得有渗漏油。

8）超载运行试验

断开超载控制电路，电梯在 110％的额定载荷，通电持续率 40％情况下，到达全行程范围。启、制动运行 30 次，电梯应能可靠地启动、运行和停止（平层不计），曳引机工作正常。

（7）整机性能试验

1）乘客与病床电梯的机房噪声、轿厢内运行噪声与层、轿门开关过程的噪声应符合 GB 10058 规定要求。

2）平层准确度应符合 GB 10058 规定要求。

3）整机其他性能宜符合 GB 10058 有关规定要求。

（8）填表说明

1）电梯型号：照实际。

2）检查项目：按以下的检查项目进行。

① 平衡系数

② 运行速度

③ 称量装置

④ 预负载

注：调整试验包括：平衡系数、运行速度、称量装置、预负载等项。

4.3.23 电梯安全装置检测报告（C3-23）

电梯安全装置检测报告按 C2-35-1 执行。

智能建筑

按给排水与采暖资料编制控检要求执行。

4.3.24 系统试运行记录（C3-24）

1. 资料表式

<table>
<tr><th colspan="6">系统试运行记录　　表 C3-24</th></tr>
<tr><td colspan="2">工程名称</td><td colspan="2"></td><td>工程编号</td><td></td></tr>
<tr><td colspan="2">系统名称</td><td colspan="2"></td><td>检查日期</td><td>年　月　日</td></tr>
<tr><td colspan="2">试运行
内　容</td><td colspan="4"></td></tr>
<tr><td colspan="2">存　在
问　题</td><td colspan="4"></td></tr>
<tr><td colspan="2">试运行
结　论</td><td colspan="4"></td></tr>
<tr><td rowspan="3">签字栏</td><td rowspan="2">监理（建设）单位</td><td colspan="4">施　工　单　位</td></tr>
<tr><td colspan="2">专业技术负责人</td><td>质检员</td><td>试验员</td></tr>
<tr><td></td><td colspan="2"></td><td></td><td></td></tr>
</table>

注：系统试运行表式，当独立承建智能建筑工程时，也可按《工程质量验收技术文件一本通》中的 2.2.2 节中的系统试运行表式执行。

2. 实施要点

智能建筑系统试运行记录是根据“工程建设标准强制性条文”，按不同建筑物规定进行的智能建筑系统试运行的记录，以满足设计要求。

（1）智能建筑是以建筑为平台，兼备建筑设备、信息网络系统及通信网络系统，集结构、系统、服务、管理及它们之间的最优化组合，向人们提供一个安全、高效、舒适、便利的建筑环境。具有建筑的自动化功能、远程通信功能、信息网络系统功能及其支持系统。所谓支持系统是保证上述功能的设备、线路、系统能够有机可靠地有效运作。使建筑物内的电力、空调、照明、防火、防盗、运输设备等，实现建筑物综合管理自动化、远程通信和办公自动化。以达到提供良好的信息服务、提高工作效率和管理水平、提高人们生活质量的目的。

智能建筑的基本内涵是：以综合布线系统为基础，以计算机网络为桥梁，综合配置建筑内的各功能子系统，全面实现对通信系统、信息网络系统、大楼内各种设备（空调、供热、给排水、变配电、照明、电梯、消防、公共安全）等的综合管理。

（2）智能建筑中各智能化系统根据各类建筑的使用功能管理要求以及投资标准等，对智能建筑的各个智能化系统划分为甲、乙、丙三级，并对构成系统的配置和应用场合分别具体予以划档分级。各级均可有可扩性、开放性和灵活性。智能建筑的“系统”按有关评定标准确定。

我国民用建筑智能化只是智能建筑的一部分，建筑智能化才刚刚起步，功能尚不完备，需逐步加以完善。

（3）智能建筑的系统试运行应由施工单位的专业人员在建设单位、监理单位的共同参加下进行。

（4）资料要求和实施要点详单位（子单位）工程质量控制资料核查记录建筑智能化设备调试记录。

4.3.25 系统电源及接地检测报告（C3-25）

系统电源及接地检测报告按C3-34-1执行。

检测说明

（1）智能建筑的供配电系统

智能建筑的供配电系统用电设备种类多、耗电量大，按其功能分有：电力、照明、电梯、给排水、制冷、供热、空调、消防、通信、计算机等，智能化设备为必须连续不间断工作的重要负荷，供电可靠性和电源质量是保证智能化设备及其网络稳定工作的重要因素。

智能建筑供电应满足电源质量的要求，减少电压损失；防止电压偏移，一般规定电压值偏移应控制在±5%；抑制高次谐波；减少电能损耗，配电电压一般应采用10～35kV配电电压，注意三相系统中相电压的不平衡。

变压器选择应根据使用地方的环境、功能、变压器装机容量，按照计算的最佳负荷，选取时应略高于最佳功率，选择适用的变压器。

有功能要求的应设置自备应急电源装置。柴油发电机的容量通常按变压器容量的10%～20%（应由设计选定）。

智能化设备的供电方式通常有集中供电和分散供电两种，两者各有优缺点，而分散供电是今后的发展方向。

智能建筑供配电导线和电缆选择的一般区别为：

① 按使用环境和敷设方法选择导线和电缆的类型。

② 按机械强度和敷设方法选择导线和电缆的最小允许截面。

③ 按允许升温和敷设方法选择导线和电缆的截面。

④ 按电压损失和敷设方法校验导线和电缆的截面。

上述选择的导线和电缆具有几种不同规格的截面时，应选取其中截面较大的一种。

（2）计算机房的供电必须从技术措施中系统工作的稳定和可靠。增加电源进线滤波器，调压器的功率一般应大于计算机系统总容量的1.5～2倍才较为可靠。

保证计算机系统工作稳定、可靠，除保证供电方式外，还必须将接地装置设计、安装生产。如设备的安全保护接地、计算机系统的直流接地（必须按计算机说明要求做）等。施工安装中应注意的重要事项有：

① 在计算机系统中，建议单独设置设备保护接地，将其设置离机房坪外 1m 远的地方为好。

② 交流设备保护接地与直流接地不能室内混用，更不能共用接地装置。

③ 直流接地采用一点式接地。即在室内将计算机机柜的直流接地接到悬浮的地线网上。

(3) 接地检测详单位（子单位）工程质量控制资料核查记录建筑智能化接地检测部分。

5 优良工程评价技术文件

《建筑工程施工质量评价标准》（GB/T 50375—2006）的发布实施，为施工企业争创优良工程制订了“促进质量管理工作发展，统一评价基本指标和方法，鼓励和规范创优行为”的一部适时、系统、具体、简明、可操作性很强的标准。任何一个施工企业为争创优良工程都必须从加强施工技术管理入手，制定施工工艺、操作标准、质量环节控制、试（检）验、达标验收等实施过程中的相应技术制度和措施，并通过认真实践的落实，切实完成施工过程各环节的验收进行创优。创优必须明确以下几点：

（1）必须正确认识《建筑工程施工质量评价标准》（GB/T 50375—2006）标准对优良工程的定义。该标准的优良工程是指建筑工程质量在满足相关标准规定和合同约定合格基础上，经过评价在结构安全、使用功能、环境保护等内在质量、外表实物质量及工程资料方面，达到《建筑工程施工质量评价标准》（GB/T 50375—2006）规定的质量指标的建筑工程。这就是说创优工程是在工程质量合格基础上对建筑工程再按创优标准进行的评价验收。

（2）创优不是施工企业按照施工图根据“统一标准和相关专业规范”进行常规施工，施工前没有对质量达到优良标准的事先策划、没有质量目标、没有相应的施工措施、合同中也未明确创优约定，只是其施工结果认为工程质量不错或相对较好，就认为可以进行评价优良工程，这种认识是和《建筑工程施工质量评价标准》（GB/T 50375—2006）要求相悖的。施工企业承建的任何建筑工程凡是没有对创优工程进行事先策划、没有创优质量目标、没有相应的“争创”措施、合同中也未明确创优约定的建筑工程，是不能（不得）参加创优评价的。

（3）创优工程是在优良评价基础上进行施工的建筑工程。所谓“优良评价基础”是指创优工程是按《建筑工程施工质量评价标准》（GB/T 50375—2006）的标准要求进行过程和竣工质量验收的。也就是说在“统一标准和相关专业规范”的质量标准基础上制定了创优目标策划，按照目标要求制定施工工艺、操作标准、质量检查控制、试（检）验、达标验收等措施，实施和监控内容明确且在合同中明确约定各方责任的建筑工程。

（4）创优评价的工程应提供单位（子单位）合格工程的施工技术文件进行抽检

创优评价建筑工程应提单位（子单位）工程合格质量的施工技术文件包括：单位（子单位）工程质量验收技术文件、单位（子单位）工程质量控制技术文件、单位（子单位）工程安全和功能检验资料核查及主要功能抽查技术文件、单位（子单位）工程质量管理技术文件等，上述技术文件需经项目监理机构及有关单位核查确认并装订成册后，提交“优良工程评价验收单位”。

创优评价单位（子单位）工程实施过程中创优抽检的施工技术文件（资料），由“优良工程评价验收单位”提供其在施工过程中协同相关单位一起抽检，由“优良工程评价验收单位”暂行保存的施工技术文件（资料）。对于评价优良工程的施工技术文件

(资料)，不论是否被评价为优良工程，施工技术文件（资料）最后均将其并入总体施工文件中。

5.1　标准对创优评价的基本规定

5.1.1　评价基础

(1) 创优建筑工程质量最根本的起点要求应实施目标管理，施工单位工程开工前应制订质量目标，进行质量策划。实施创优良的工程，还应在承包合同中明确质量目标以及各方责任。

(2) 建筑工程施工质量应推行科学管理，强化工程项目的工序质量管理，重视管理机制的质量保证能力及持续改进能力。

(3) 建筑工程质量控制的重点应突出原材料、过程工序质量控制及功能效果测试。应重视提高管理效率及操作技能。

(4) 建筑工程施工质量优良评价应注重科技进步、环保和节能等先进技术的应用。

(5) 建筑工程施工质量优良评价，应在工程质量按《建筑工程施工质量验收统一标准》及其配套的各专业工程质量验收规范验收合格基础上评价优良等级。

5.1.2　创优评价的框架体系

(1) 建筑工程施工质量评价应根据建筑工程特点按工程部位、系统分为地基及桩基工程、结构工程、屋面工程、装饰装修工程及安装工程等五部分，其框架体系应符合图5.1.2的规定。

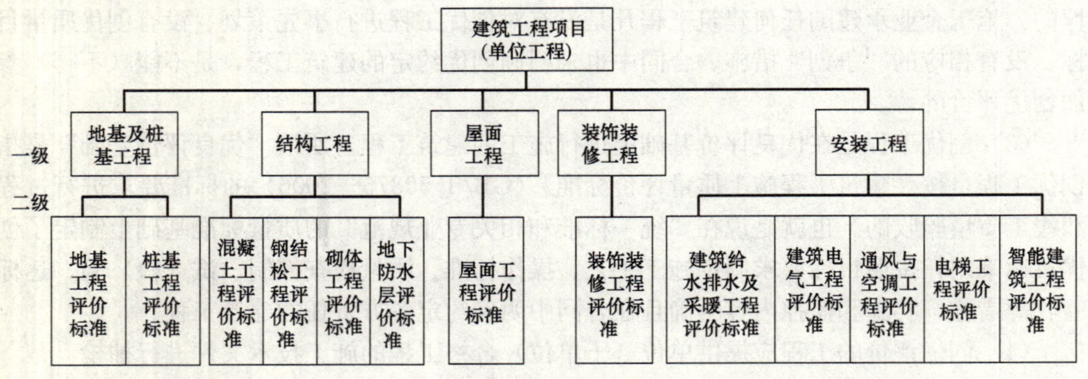

图5.1.2　施工阶段工程项目质量评价框架体系

(2) 每个工程部位、系统应根据其在整个工程中所占工作量大小及重要程度给出相应的权重值，工程部位、系统权重值分配应符合表5.1.2-1的规定。

(3) 每个工程部位、系统按照工程质量的特点，其质量评价应包括施工现场质量保证条件、性能检测、质量记录、尺寸偏差及限值实测、观感质量等五项评价内容。

每项评价内容应根据其在该工程部位、系统内所占的工作量大小及重要程度给出相应的权重值，各项评价内容的权重值分配应符合表5.1.2-2的规定。

工程部位、系统权重值分配表 表 5.1.2-1

工程部位＼权重分值	权重分值
地基及桩基工程	10
结构工程	40
屋面工程	5
装饰装修工程	25
安装工程	20

注：安装工程有五项内容：建筑给水排水及采暖工程、建筑电气、通风与空调、电梯、智能建筑工程各 4 分。缺项时按实际工作量分配但应为整数。

评价项目权重值分配表 表 5.1.2-2

序号	评价项目	地基及桩基工程	结构工程	屋面工程	装饰装修工程	安装工程
1	施工现场质量保证条件	10	10	10	10	10
2	性能检测	35	30	30	20	30
3	质量记录	35	25	20	20	30
4	尺寸偏差及限值实测	15	20	20	10	10
5	观感质量	5	15	20	40	20

注：1. 用各检查评分表检查评分后，将所得分值换算为本表分值，再按规定变为表 5.1.2-1 的权重量。
2. 地下防水层评价权重值没有单独列出，包含在结构工程中，当有地下防水层时，其权重值占结构工程的 5%。

(4) 每个检查项目包括若干项具体检查内容，对每一具体检查内容应按其重要性给出标准分值，其判定结果分为一、二、三，共三个档次。一档为 100%的标准分值；二档为 85%的标准分值；三档为 70%的标准分值。

(5) 建筑工程施工质量优良评价应分为工程结构和单位工程两个阶段分别进行评价。

(6) 工程结构、单位工程施工质量优良工程的评价总得分均应大于等于 85 分。总得分达到 92 分及其以上时，为高质量等级的优良工程。

5.1.3 评价规定

(1) 建筑工程实行施工质量优良评价的工程，应在施工组织设计中制定具体的创优措施。

(2) 建筑工程施工质量优良评价，应先由施工单位按规定自行检查评定，然后由监理或相关单位验收评价。评价结果应以验收评价结果为准。

(3) 工程结构和单位工程施工质量优良评价均应出具评价报告。

(4) 工程结构施工质量优良评价应在地基及桩基工程、结构工程以及附属的地下防水层完工，且主体工程质量验收合格的基础上进行。

(5) 工程结构施工质量优良评价，应在施工过程中对施工现场进行必要的抽查，以验证其验收资料的准确性。多层建筑至少抽查一次，高层、超高层、规模较大工程及结构较复杂的工程应增加抽查次数。

现场抽查应做好记录，对抽查项目的质量状况进行详细记载。

现场抽查采取随机抽样的方法。

(6) 单位工程施工质量优良评价应在工程结构施工质量优良评价的基础上，经过竣工验收合格之后进行。工程结构质量评价达不到优良的，单位工程施工质量不能评为优良。

(7) 单位工程施工质量优良的评价，应对工程实体质量和工程档案进行全面的检查。

5.1.4 评价内容

(1) 工程结构、单位工程施工质量优良评价的内容应包括工程质量评价得分，科技、环保、节能项目加分和否决项目。

(2) 工程结构施工质量优良评价应按《建筑工程施工质量评价标准》(GB/T 50375—2006) 标准第4～6章的评价表格，按施工现场质量保证条件、地基及桩基工程、结构工程的评价内容逐项检查。结合施工现场的抽样记录和各检验批、分项、分部（子分部）工程质量验收记录，进行统计分析，按规定对相应表格的各项检查项目给出评分。

(3) 单位工程施工质量优良评价应按《建筑工程施工质量评价标准》(GB/T 50375—2006) 标准第4～9章的评价表格，按各表格的具体项目逐项检查，对工程的抽查记录和验收记录，进行统计分析，按规定对相应表格的各项检查项目给出评分。

(4) 工程结构、单位工程施工质量内出现下列情况之一的不得进行优良评价：

1) 使用国家明令淘汰的建筑材料、建筑设备、耗能高的产品及民用建筑挥发性有害物质含量释放超过国家规定的产品。

2) 地下工程渗漏超过有关规定、屋面防水出现渗漏、超过标准的不均匀沉降、超过规范规定的结构裂缝，存在加固补强工程以及施工过程出现重大质量事故的。

3) 评价项目中设置否决项目，确定否决的条件是：其评价得分达不到二档，实得分达不到85％的标准分值；没有二档的为一档，实得分达不到100％的标准分值。设置的否决项目为：

地基及桩基工程：地基承载力、复合地基承载力及单桩竖向抗压承载力；

结构工程：混凝土结构工程实体钢筋保护层厚度、钢结构工程焊缝内部质量及高强度螺栓连接副紧固质量；

安装工程：给水排水及采暖工程承压管道、设备水压试验，电气安装工程接地装置、防雷装置的接地电阻测试，通风与空调工程通风管道严密性试验，电梯安装工程电梯安全保护装置测试，智能建筑工程系统检测等。

(5) 有以下特色的工程可适当加分，加分为权重值计算后的直接加分，加分只限一次。

1) 获得部、省级及其以上科技进步奖，以及使用节能、节地、环保等先进技术获得部、省级奖的工程，可加0.5～3分；

2) 获得部、省级科技示范工程或使用先进施工技术并通过验收的工程，可加0.5～1分。

(6) 评价项目内容

评价项目内容包括：施工现场质量保证条件；性能检测；质量记录；尺寸偏差及限值

实测；观感质量。其中的性能检测项目见表 5.1.4。

安全和功能检查项目 表 5.1.4

资料报送编目	资料名称	应用表式编号	说明
	建筑与结构		
1	屋面淋水试验记录		
2	地下室防水效果检查记录		
3	有防水要求的地面蓄水试验记录		
4	建筑物垂直度、标高、全高测量记录		
5	抽气(风)道检查记录		
6	幕墙及外窗气密性、水密性、耐风压检测报告		
7	建筑物沉降观测测量		
8	节能、保温测试记录		
9	室内环境检测报告		
	给排水与采暖		
1	给水管道通水试验记录		
2	承压管道、设备、水压试验		
3	卫生器具满水试验记录		
4	消火栓系统试射试验		
5	排水干管通球试验记录		
	电气		
1	照明全负荷试验		
2	大型灯具牢固性试验		
3	避雷接地电阻测试		
4	线路、插座、开关接地检验		
	通风与空调		
1	通风管道严密性试验		
2	风量、温度测试及系统试运行		
3	洁净室洁净度测试		
4	制冷机组试运行调试		
	电梯		
1	电梯运行		
2	电梯安全保护装置检测		
	智能建筑		
1	系统试运行		
2	系统电源及接地检测		

注：单位（子单位）工程安全和功能检验资料核查及主要功能抽查检测多数是复查和验证性的。

5.1.5 基本评价方法

建筑工程施工质量评价应根据建筑工程特点按工程部位、系统分为地基及桩基工程、结构工程、屋面工程、装饰装修工程及安装工程五部分。五个部分中每一个部分分别进行：性能检测、质量记录检查、尺寸偏差及限值实测检查、观感质量检查四项内容。

(1) 性能检测检查评价方法应符合下列规定：

检查标准：检查项目的检测指标（参数）一次检测达到设计要求及规范规定的为一

档，取100%的标准分值；按有关规范规定，经过处理后达到设计要求及规范规定的为三档，取70%的标准分值（性能检测无二档标准分值档）。

检查方法：现场检测或检查检测报告。

（2）质量记录检查评价方法应符合下列规定：

检查标准：材料、设备合格证（出厂质量证明书）、进场验收记录、施工记录、施工试验记录等资料完整、数据齐全并能满足设计及规范要求，真实、有效、内容填写正确，分类整理规范，审签手续完备的为一档，取100%的标准分值；资料完整、数据齐全并能满足设计及规范要求，真实、有效，整理基本规范，审签手续完备为二档，取85%的标准分值；资料基本完整并能满足设计及规范要求，真实、有效，内容审签手续基本完备的为三档，取70%的标准分值。

检查方法：检查资料的数量及内容。

（3）尺寸偏差及限值实测检查评价方法应符合下列规定：

检查标准：检查项目为允许偏差项目时，项目各测点实测值均达到规范规定值，且有80%及其以上的测点平均实测值小于等于规范规定值0.8倍的为一档，取100%的标准分值；检查项目各测点实测值均达到规范规定值，且有50%及其以上，但不足80%的测点平均实测值小于等于规范规定值0.8倍的为二档，取85%的标准分值；检查项目各测点实测值均达到规范规定的为三档，取70%的标准分值。

检查项目为双向限值项目时，项目各测点实测值均能满足规范规定值，且其中有50%及其以上测点实测值接近限值的中间值的为一档，取100%的标准分值；各测点实测值均能满足规范规定值范围的为二档，取85%的标准分值；凡有测点经过处理后达到规范规定的为三档，取70%的标准分值。

当允许偏差、限值两者都有时，取较低档项目的判定值。

检查方法：在各相关同类检验批或分项工程中，随机抽取10个检验批或分项工程，不足10个抽的取全部进行分析计算。必要时，可进行现场抽测。

（4）观感质量检查评价方法应符合下列规定：

检查标准：每个检查项目的检查点按“好”、“一般”、“差”给出评价，项目检查点90%及其以上达到“好”，其余检查点达到一般的为一档，取100%的标准分值；项目检查点“好”达到70%及其以上但不足90%，其余检查点达到“一般”的为二档，取85%的标准分值；项目检查点“好”达到30%及其以上但不足70%，其余检查点达到“一般”的为三档，取70%的标准分值。

检查方法：观察辅以必要的量测和检查分部（子分部）工程质量验收记录，并进行分析计算。

5.2　施工现场质量保证条件评价

5.2.1　施工现场质量保证条件检查评价项目

（1）施工现场应具备基本的质量管理及质量责任制度：

1）现场项目部组织健全，建立质量保证体系并有效运行；

2）材料、构件、设备的进场验收制度和抽样检验制度；

3）岗位责任制度及奖罚制度。

工程施工现场质量管理及质量责任制度审查内容按表 5.2.1-1 进行。

工程施工现场质量管理及质量责任制度审查表 **表 5.2.1-1**

序号	资料项目名称	资料文号批准情况	评价结果
1	项目部组织机构		
2	质量保证体系及运行		
3	材料、构件、设备进场验收制度		
4	抽样检验制度		
5	项目部人员分工及岗位责任制度		
6	奖罚制度		
评价结果： 评价人： 年 月 日			

注：如每个项目中有多项资料时可编顺序号。

质量管理和管理制度评价分为三个档次：一档为制度健全，能落实的；二档为制度健全，能基本落实的；三档为有主要质量管理及责任制度，能基本落实的。

（2）施工现场应配置基本的施工操作标准及质量验收规范：

1）建筑工程施工质量验收规范的配置；

2）施工工艺标准（企业、操作规程）的配置。

施工操作标准和质量验收规范的评价，操作标准齐全是指主要工序有施工操作标准（工艺标准、企业标准、操作工艺均可），主要工序是指影响结构安全、使用功能的工序，可由施工、监理或质量优良评价单位共同议定一个主要工序清单，可按工程主要工序明细表列记，工程主要工序明细表见表 5.2.1-2。

工程主要工序明细表 **表 5.2.1-2**

序号	主要工序名称	施工操作标准名称及编号
有操作标准工序的数量/主要工序数量＝ 检查人： 年 月 日		

（3）施工前应制定较完善的施工组织设计、施工方案。

施工组织设计、施工方案主要要求为：内容齐全、重点突出、有技术依据并说明其效果。

（4）施工前应制定质量目标及措施。

质量目标及措施主要要求为：重点是措施，措施应具体，可操作性强，重点环节和部位有重点措施。

5.2.2 施工现场质量保证条件检查评价方法

（1）施工现场质量保证条件应符合下列检查标准：

1）质量管理及责任制度健全，能落实的为一档，取100%的标准分值；质量管理及责任制度健全，能基本落实的为二档，取85%的标准分值；有主要质量管理及责任制度，能基本落实的为三档，取70%的标准分值。

2）施工操作标准及质量验收规范配置。工程所需的工程质量验收规范齐全、主要工序有施工工艺标准（企业标准、操作规程）的为一档，取100%的标准分值；工程所需的工程质量验收规范齐全、1/2及其以上主要工序有施工工艺标准（企业标准、操作规程）的为二档，取85%的标准分值；主要项目有相应的工程质量验收规范、主要工序施工工艺标准（企业标准、操作规程）达到1/4不足1/2为三档，取70%的标准分值。

3）施工组织设计、施工方案编制审批手续齐全、可操作性好、针对性强，并认真落实的为一档，取100%的标准分值；施工组织设计、施工方案、编制审批手续齐全，可操作、针对性较好，并基本落实的为二档，取85%的标准分值；施工组织设计、施工方案经过审批，落实一般的为三档，取70%的标准分值。

4）质量目标及措施明确、切合实际、措施有效性好，实施好的为一档，取100%的标准分值；实施较好的为二档，取85%的标准分值；实施一般的为三档，取70%的标准分值。

（2）施工现场质量保证条件检查方法应符合下列规定：

检查有关制度、措施资料，抽查其实施情况，综合进行判定。

（3）施工现场质量保证条件评分应符合表5.2.2的规定。

施工现场质量保证条件评分表　　　　**表5.2.2**

<table>
<tr><td colspan="2">工程名称</td><td colspan="2">施工阶段</td><td colspan="3">检查日期</td><td colspan="2">年　月　日</td></tr>
<tr><td colspan="2">施工单位</td><td colspan="2">评价单位</td><td colspan="5"></td></tr>
<tr><td rowspan="2">序号</td><td rowspan="2" colspan="2">检查项目</td><td rowspan="2">应得分</td><td colspan="3">判定结果</td><td rowspan="2">实得分</td><td rowspan="2">备注</td></tr>
<tr><td>100%</td><td>85%</td><td>70%</td></tr>
<tr><td>1</td><td>施工现场质量管理及质量责任制度</td><td>现场组织机构、质保体系，材料、设备进场验收制度、抽样检验制度，岗位责任制及奖罚制度</td><td>30</td><td></td><td></td><td></td><td></td><td rowspan="4"></td></tr>
<tr><td>2</td><td colspan="2">施工操作标准及质量验收规范配置</td><td>30</td><td></td><td></td><td></td><td></td></tr>
<tr><td>3</td><td colspan="2">施工组织设计、施工方案</td><td>20</td><td></td><td></td><td></td><td></td></tr>
<tr><td>4</td><td colspan="2">质量目标及措施</td><td>20</td><td></td><td></td><td></td><td></td></tr>
<tr><td>检查结果</td><td colspan="8">权重值10分。
应得分合计：
实得分合计：
施工现场质量保证条件评分$=\frac{实得分}{应得分}\times10=$
评价人员：　　　　年　月　日</td></tr>
</table>

5.3　地基及桩基工程质量评价

5.3.1　地基及桩基工程性能检测

5.3.1.1　地基及桩基工程性能检测

地基及桩基工程性能检测应检查的项目包括：地基强度、压实系数、注浆体强度；地基承载力；复合地基桩体强度（土和灰土桩、夯实水泥土桩测桩体干密度）；复合地基承载力；单桩竖向抗压承载力；桩身完整性。

5.3.1.2 地基及桩基工程性能检测检查评价方法

地基及桩基工程性能检测检查评价方法应符合下列规定：

1. 检查标准：

1）地基强度、压实系数、承载力；复合地基桩体强度或桩体干密度及承载力；桩基承载力。检查标准和方法为：检查项目的检测指标（参数）一次检测达到设计要求及规范规定的为一档，取100%的标准分值；按有关规范规定，经过处理后达到设计要求及规范规定的为三档，取70%的标准分值（现场检测或检查检测报告）。

2）桩身完整性。桩身完整性一次检测95%及其以上达到Ⅰ类桩，其余达到Ⅱ类桩时为一档，取100%的标准分值；一次检测90%及其以上，不足95%达到Ⅰ类桩，其余达到Ⅱ类桩时为二档，取85%的标准分值；一次检测70%及其以上不足90%达到Ⅰ类桩，且Ⅰ、Ⅱ类桩合计达到98%及以上，其余桩验收合格的为三档，取70%的标准分值。

2. 检查方法：检查有关检测报告。

5.3.1.3 地基及桩基工程性能检测检查参考用表

1. 土样密度试验记录

本表是为求得压实系数而对原位土进行检测，以其求得最优含水率和最大干密度时对土样密度进行试验的用表。

土样密度试验记录 **表 5.3.1.3-1**

工程编号____________ 试验者____________

试样编号____________ 计算者____________

试验日期____________ 校核者____________

试验序号	预估最优含水率______% 风干含水率______% 试验类别________										
	筒加试样质量(g)	筒质量(g)	试样质量(g)	筒体积(cm^3)	湿密度(g/cm^3)	干密度(g/cm^3)	盒号	湿土质量(g)	干土质量(g)	含水率(%)	平均含水率(%)
	(1)	(2)	(3)=(1)−(2)	(4)	(5)=(3)/(4)	$(6)=\frac{(5)}{(1)+0.01(10)}$		(7)	(8)	$(9)=\left(\frac{(7)}{(8)}-1\right)\times100$	(10)

检测单位(盖章) 年 月 日

2. 无侧限抗压强度试验

本表为测试复合地基桩体强度在地基处理后，在地基处理范围内的有效部位、深度内，按原状土试样制备检测其无侧限抗压强度试验时用表。

无侧限抗压强度试验记录　　表 5.3.1.3-2

工程编号＿＿＿＿＿＿　　试验者＿＿＿＿＿＿

试样编号＿＿＿＿＿＿　　计算者＿＿＿＿＿＿

试验日期＿＿＿＿＿＿　　校核者＿＿＿＿＿＿

试验初始高度 h_0 ＿＿＿＿ cm 试样直径 D ＿＿＿＿ mm 试样面积 A_0 ＿＿＿＿ cm^2 试样质量 m ＿＿＿＿ g 试样密度 ρ ＿＿＿＿ g/cm^3			量力环率定系数 c=N/0.01mm 原状试样无侧限抗压强度 q_u=kPa 重塑试样无侧限抗压强度 q'_u=kPa 灵敏度 S_t		
轴向变形（mm）	量力环读数（0.01mm）	轴向应变（%）	校正面积（cm^2）	轴向应力(kPa)	试样破坏描述
(1)	(2)	$(3)=\frac{(1)}{h_0}\times100$	$(4)=\frac{A_0}{1-(3)}$	$(5)=\frac{(2)\cdot C}{(4)}\times10$	

检测单位(盖章)　　年　月　日

3. 地基承载力试验

地基承载力试验是天然地基与复合地基等各种地基承载力，通常均应通过其原位载荷试验确定。应用浅层平板载荷试验确定浅部地基土层的承压板下应力主要影响范围内的承载力时，在同一土层参加统计的试验点不应少于 3 点。

地基承载力试验报告　　表 5.3.1.3-3

试验单位					报告编号		
委托单位					报告日期		
施工单位					委托日期		
地基处理工艺方法					试验方法		
地基承载力设计值(kPa)			载荷板尺寸（mm）		加荷方法		
点（桩）号	加荷级数	最大试验荷载(kN)	最大试验荷载下载荷板沉降(mm)	残余变形（mm）	地基承载力特征值(kPa)	检测日期	备注
检测依据							
检测结果							
备　注							
检测单位地址				联系电话			

检测单位(盖章)　　批准：　　审核：　　试验：　　年　月　日

4. 单桩竖向抗压静载试验

本表为单桩竖向抗压静载试验过程的记录报告表。

单桩竖向抗压静载试验报告 表 5.3.1.3-4

<table>
<tr><td colspan="2">检测单位</td><td colspan="6"></td><td colspan="4">工程地点</td><td colspan="4"></td></tr>
<tr><td colspan="2">建设单位</td><td colspan="6"></td><td colspan="4">设计单位</td><td colspan="4"></td></tr>
<tr><td colspan="2">试桩编号</td><td colspan="6"></td><td colspan="4">检测日期</td><td colspan="4"></td></tr>
<tr><td colspan="2">见 证 人</td><td colspan="6"></td><td colspan="4">见 证 号</td><td colspan="4"></td></tr>
<tr><td colspan="2">荷重传感器号</td><td colspan="6"></td><td colspan="4">压力表号</td><td colspan="4"></td></tr>
<tr><td colspan="2">千斤顶号</td><td colspan="6"></td><td colspan="4">百分表号</td><td colspan="4"></td></tr>
<tr><td rowspan="3">加荷次号</td><td rowspan="3">油压(MPa)</td><td rowspan="3">荷载(kN)</td><td rowspan="3">测读时间</td><td rowspan="3">间隔时间(min)</td><td colspan="8">位移计(百分表)读数(mm)</td><td colspan="3">沉降量(mm)</td></tr>
<tr><td colspan="2">1</td><td colspan="2">2</td><td colspan="2">3</td><td colspan="2">4</td><td rowspan="2">平均</td><td rowspan="2">本级</td><td rowspan="2">累计</td></tr>
<tr><td>读数</td><td>读数差</td><td>读数</td><td>读数差</td><td>读数</td><td>读数差</td><td>读数</td><td>读数差</td></tr>
<tr><td></td><td></td><td></td><td></td><td></td><td></td><td></td><td></td><td></td><td></td><td></td><td></td><td></td><td></td><td></td><td></td></tr>
<tr><td></td><td></td><td></td><td></td><td></td><td></td><td></td><td></td><td></td><td></td><td></td><td></td><td></td><td></td><td></td><td></td></tr>
<tr><td colspan="2">检测依据</td><td colspan="14"></td></tr>
<tr><td colspan="2">检测结果</td><td colspan="14"></td></tr>
<tr><td colspan="2">备 注</td><td colspan="14"></td></tr>
<tr><td colspan="2">检测单位地址</td><td colspan="6"></td><td colspan="3">联系电话</td><td colspan="5"></td></tr>
</table>

检测单位(盖章) 批准: 审核: 试验: 年 月 日

5. 单桩竖向抗压静载检测

本表为单桩竖向抗压静载试验检测单位出具试验结果的报告表。

单桩竖向抗压静载检测报告 表 5.3.1.3-5

工程名称: 编号:

<table>
<tr><td colspan="2">检测单位</td><td colspan="4"></td><td colspan="2">工程地点</td><td colspan="3"></td></tr>
<tr><td colspan="2">合同编号</td><td colspan="4"></td><td colspan="2">检测编号</td><td colspan="3"></td></tr>
<tr><td colspan="2">委托单位</td><td colspan="4"></td><td colspan="2">建设单位</td><td colspan="3"></td></tr>
<tr><td colspan="2">设计单位</td><td colspan="4"></td><td colspan="2">勘测单位</td><td colspan="3"></td></tr>
<tr><td colspan="2">施工单位</td><td colspan="4"></td><td colspan="2">建筑层数</td><td colspan="3"></td></tr>
<tr><td colspan="2">监理单位</td><td colspan="4"></td><td colspan="2">结构形式</td><td colspan="3"></td></tr>
<tr><td colspan="2">桩 型</td><td colspan="4"></td><td colspan="2">设计桩端持力层</td><td colspan="3"></td></tr>
<tr><td colspan="2">总桩数</td><td></td><td>检测桩数及比例(%)</td><td colspan="2"></td><td colspan="2">设计单桩竖向抗压承载力特征值(kN)</td><td colspan="3"></td></tr>
<tr><td>桩号</td><td>桩长(m)</td><td>桩径(mm)</td><td>扩大头直径(mm)</td><td>最大试验荷载(kN)</td><td>最大荷载下桩顶沉降(mm)</td><td>残余变形(mm)</td><td>单桩竖向抗压极限承载力(kN)</td><td>实测单桩竖向抗压承载力特征值(kN)</td><td>施工日期</td><td>检测日期</td></tr>
<tr><td></td><td></td><td></td><td></td><td></td><td></td><td></td><td></td><td></td><td></td><td></td></tr>
<tr><td></td><td></td><td></td><td></td><td></td><td></td><td></td><td></td><td></td><td></td><td></td></tr>
<tr><td colspan="2">检测依据</td><td colspan="9"></td></tr>
<tr><td colspan="2">检测结果</td><td colspan="9"></td></tr>
<tr><td colspan="2">备 注</td><td colspan="9"></td></tr>
<tr><td colspan="2">检测单位地址</td><td colspan="4"></td><td colspan="2">联系电话</td><td colspan="3"></td></tr>
</table>

检测单位(盖章) 批准: 审核: 试验: 年 月 日

6. 基桩高应变法检测

本表是采用高应变法检测基桩时，检测单位正式出具的检测报告用表。

基桩高应变法检测报告　　　　**表 5.3.1.3-6**

工程名称：　　　　　　　　　　　　　　　　　　　　编号：

<table>
<tr><td colspan="2">检测单位</td><td colspan="3"></td><td colspan="2">工程地点</td><td colspan="3"></td></tr>
<tr><td colspan="2">合同编号</td><td colspan="3"></td><td colspan="2">检测编号</td><td colspan="3"></td></tr>
<tr><td colspan="2">委托单位</td><td colspan="3"></td><td colspan="2">建设单位</td><td colspan="3"></td></tr>
<tr><td colspan="2">设计单位</td><td colspan="3"></td><td colspan="2">勘测单位</td><td colspan="3"></td></tr>
<tr><td colspan="2">施工单位</td><td colspan="3"></td><td colspan="2">结构形式</td><td colspan="3"></td></tr>
<tr><td colspan="2">监理单位</td><td colspan="3"></td><td colspan="2">设计桩端持力层</td><td colspan="3"></td></tr>
<tr><td colspan="2">桩　型</td><td colspan="3"></td><td colspan="2">设计单桩竖向抗压承载力特征值(kN)</td><td colspan="3"></td></tr>
<tr><td colspan="2">总桩数</td><td colspan="3"></td><td colspan="2">检测桩数及比例(%)</td><td colspan="3"></td></tr>
<tr><td>桩号</td><td>桩长(m)</td><td>桩径(mm)</td><td>扩大头直径(mm)</td><td>实测单桩竖向抗压极限承载力(kN)</td><td>锤重(kN)</td><td>贯入度(kN)</td><td>实测单桩竖向抗压承载力特征值(kN)</td><td>施工日期</td><td>检测日期</td></tr>
<tr><td></td><td></td><td></td><td></td><td></td><td></td><td></td><td></td><td></td><td></td></tr>
<tr><td></td><td></td><td></td><td></td><td></td><td></td><td></td><td></td><td></td><td></td></tr>
<tr><td></td><td></td><td></td><td></td><td></td><td></td><td></td><td></td><td></td><td></td></tr>
<tr><td colspan="2">检测依据</td><td colspan="8"></td></tr>
<tr><td colspan="2">检测结果</td><td colspan="8"></td></tr>
<tr><td colspan="2">备　注</td><td colspan="8"></td></tr>
<tr><td colspan="2">检测单位地址</td><td colspan="4"></td><td colspan="2">联系电话</td><td colspan="2"></td></tr>
</table>

检测单位(盖章)　　　批准：　　　审核：　　　试验：　　　年　　月　　日

7. 基桩高应变法检测现场记录

本表为基桩采用动测法时在提供的基桩高应变法检测报告后面应附的现场记录表之一。

基桩高应变法检测现场记录　　　　**表 5.3.1.3-7**

工程名称：　　　　　　　　　　　　　　　　　　　　编号：

<table>
<tr><td colspan="2">检测单位</td><td colspan="4"></td><td>工程地点</td><td colspan="4"></td></tr>
<tr><td colspan="2">合同编号</td><td></td><td colspan="2">检测编号</td><td></td><td>锤重(kN)</td><td></td><td colspan="2">检测日期</td><td></td></tr>
<tr><td colspan="11">现　场　设　定　值</td></tr>
<tr><td colspan="2" rowspan="2">表面积 A (cm²)</td><td colspan="2" rowspan="2">桩身材料质量密度 σ(kN/m³)</td><td colspan="2" rowspan="2">波速 c(m/s)</td><td rowspan="2">阻尼系数 J_c</td><td colspan="4">传感器标定系数</td></tr>
<tr><td>F_1</td><td>F_2</td><td>A_1</td><td>A_2</td></tr>
<tr><td colspan="2"></td><td colspan="2"></td><td colspan="2"></td><td></td><td></td><td></td><td></td><td></td></tr>
<tr><td>桩号</td><td>桩长(m)</td><td>测点下桩长(m)</td><td>入土深度(m)</td><td>接桩长度(m)</td><td>桩径(截面)(cm²)</td><td colspan="3">现场实测值</td><td>检测情况</td><td>备注</td></tr>
<tr><td rowspan="2"></td><td rowspan="2"></td><td rowspan="2"></td><td rowspan="2"></td><td rowspan="2"></td><td rowspan="2"></td><td>灌距(m)</td><td></td><td></td><td rowspan="2"></td><td rowspan="2"></td></tr>
<tr><td>贯入度(mm)</td><td></td><td></td></tr>
<tr><td rowspan="2"></td><td rowspan="2"></td><td rowspan="2"></td><td rowspan="2"></td><td rowspan="2"></td><td rowspan="2"></td><td>灌距(m)</td><td></td><td></td><td rowspan="2"></td><td rowspan="2"></td></tr>
<tr><td>贯入度(mm)</td><td></td><td></td></tr>
<tr><td colspan="2">检测依据</td><td colspan="9"></td></tr>
<tr><td colspan="2">检测结果</td><td colspan="9"></td></tr>
<tr><td colspan="2">备　注</td><td colspan="9"></td></tr>
<tr><td colspan="2">检测单位地址</td><td colspan="5"></td><td colspan="2">联系电话</td><td colspan="2"></td></tr>
</table>

检测单位(盖章)　　　批准：　　　审核：　　　试验：　　　年　　月　　日

8. 钻芯法检测现场操作记录

本表为基桩采用动测法检测，同时基桩工程采用桩端持力层钻芯检测时应进行的现场操作的报告表式之一。

钻芯法检测现场操作报告 表 5.3.1.3-8

工程名称： 编号：

检测单位						工程地点				
委托单位						建设单位				
设计单位						勘测单位				
施工单位						监理单位				
总桩数		检测桩数及比例(%)				检测日期			桩型	
桩号		孔号				桩长(m)			桩径(mm)	
时间		钻芯(m)			芯样编号	芯样长度(m)		残留芯样	芯样初步描述及异常情况记录	备注
自	至	自	至	计		总长	>10cm长度			
检测依据										
检测结果										
备注										
检测单位地址							联系电话			

检测单位(盖章) 批准： 审核： 试验： 年 月 日

9. 钻芯法检测芯样综合柱状图

本表为基桩采用动测法检测，同时基桩工程采用桩端持力层钻芯检测，必要时应在其“现场操作记录”后面还应附有的记录资料之一。

钻芯法检测芯样综合柱状图 表 5.3.1.3-9

工程名称： 编号：

检测单位				工程地点			
桩号			孔号	开孔时间		终孔时间	
施工桩长			设计桩径(mm)	桩顶标高(m)		成孔桩底标高(m)	
孔深(m)	层厚(m)	标高(m)	柱状图	桩身混凝土、持力层描述	芯样质量指标(%)	芯样强度(MPa) 深度(m)	备注
				1. 桩身混凝土 钻进深度，芯样连续性、完整性、胶结情况、表面光滑情况、断口吻合程度、骨料大小分布情况，以及气孔、空洞、夹泥、松散的情况			
				2. 沉渣 桩端混凝土与持力层接触情况、沉渣厚度			
				3. 持力层 持力层钻进深度，岩土名称、芯样颜色、结构构造、裂隙发育程度分层岩层应分层描述； 分层岩层应分层描述 强风化或土层时的动力触探或标贯结果			
检测依据							
检测结果							
备注							
检测单位地址					联系电话		

检测单位(盖章) 批准： 审核： 试验： 年 月 日

10. 基桩低应变法检测报告

本表系基桩采用低应变检测时检测单位出具的检测报告用表。

基桩低应变法检测报告　　表 5.3.1.3-10

工程名称：　　　　　　　　编号：

检测单位						工程地点		
合同编号						检测编号		
委托单位						建设单位		
设计单位						勘测单位		
施工单位						监理单位		
桩　型						桩身混凝土设计强度		
总 桩 数						检测桩端持力层		
检测桩数及比例(%)						检测日期		
见 证 人						见 证 号		
桩号	施工记录			施工日期	桩身波速(m/s)	施工记录		
	桩长(m)	桩径(mm)	扩大直径(mm)			检测结果	缺陷位置	类别
检测依据								
检测结果								
备　注								
检测单位地址						联系电话		

检测单位(盖章)　　批准：　　审核：　　试验：　　年　月　日

11. 地基与桩基工程性能检测说明

(1) 地基及桩基工程检测是桩基工程评价的否决项目。

(2) 对于基桩的检测方法和内容、检测程序、检测数量、验证与扩大检测、检测结果评价和检测报告以及桩身完整性类别，不同试验方法中的适范围、设备仪器、现场检测、检测数据分析与判定等均应执行《建筑基桩检测技术规范》(JGJ 106—2003) 的要求。

不同测试方法本书在基桩的检测资料中已有部分介绍可供参阅。

5.3.1.4　地基及桩基工程性能检测资料汇总

工程性能检测的汇总，包括检测报告、检测记录等，汇总统计表按资料名细记列，并按不同检测报告根据内容按标准规定做出判定，可借助表 5.3.1.4 进行。经过对资料的评价与判定，将其结果填入评分表。

地基及桩基工程性能检测资料汇总表 **表 5.3.1.4**

序 号	资 料 名 称		供判定内容	判定结果
1. 天然地基	(1)压实系数记录表及地基强度测定记录	①		
		②		
		③		
	(2)地基承载力检测报告	①		
		②		
		③		
2. 复合地基	(1)地基强度测定记录及桩体强度	①		
		②		
		③		
	(2)复合地基承载力检测报告	①		
		②		
		③		
3. 桩基	(1)桩身完整性检测报告	①		
		②		
		③		
	(2)单桩竖向抗压检测报告	①		
		②		
		③		

汇总人： 年 月 日

5.3.1.5 地基及桩基工程性能检测评分

地基及桩基工程性能检测评分表 **表 5.3.1.5**

<table>
<tr><td colspan="2">工程名称</td><td colspan="2"></td><td>施工阶段</td><td colspan="2"></td><td>检查日期</td><td colspan="3">年 月 日</td></tr>
<tr><td colspan="2">施工单位</td><td colspan="3"></td><td>评价单位</td><td colspan="5"></td></tr>
<tr><td rowspan="2">序号</td><td colspan="3" rowspan="2">检查项目</td><td rowspan="2">应得分</td><td colspan="3">判定结果</td><td rowspan="2">实得分</td><td rowspan="2">备注</td></tr>
<tr><td>100%</td><td>85%</td><td>70%</td></tr>
<tr><td rowspan="2">1</td><td rowspan="2">地基</td><td colspan="2">地基强度、压实系数、注浆体强度</td><td>50</td><td></td><td></td><td></td><td></td><td></td></tr>
<tr><td colspan="2">地基承载力</td><td>50</td><td></td><td></td><td></td><td></td><td></td></tr>
<tr><td rowspan="2">2</td><td rowspan="2">复合地基</td><td colspan="2">桩体强度、桩体干密度</td><td>(50)</td><td></td><td></td><td></td><td></td><td></td></tr>
<tr><td colspan="2">复合地基承载力</td><td>(50)</td><td></td><td></td><td></td><td></td><td></td></tr>
<tr><td rowspan="2">3</td><td rowspan="2">桩基</td><td colspan="2">单桩竖向抗压承载力</td><td>(50)</td><td></td><td></td><td></td><td></td><td></td></tr>
<tr><td colspan="2">桩身完整性</td><td>(50)</td><td></td><td></td><td></td><td></td><td></td></tr>
<tr><td>检查结果</td><td colspan="9">权重值 35 分。
应得分合计：
实得分合计：
地基及桩基工程性能检测评分＝$\frac{实得分}{应得分}\times 35=$
评价人员： 年 月 日</td></tr>
</table>

5.3.2 地基及桩基工程质量记录

地基及桩基工程质量记录主要按三种类型进行整理检查，不是对合格工程资料的全部检查，一是材料、构配件、设备等物资的出厂合格证书、进场验收记录及需要按规范要求进行复检的复试报告；二是施工记录；三是施工试验。核查的记录内容包括：施工的起止时间、操作要求、过程情况、质量记录，按此记录核查其数量、内容，数据的完整性、真实性、及时性，检查判定其质量等级。

5.3.2.1 地基及桩基工程质量记录检查项目

地基及桩基工程质量记录检查的项目包括：

1. 材料、预制桩合格证（出厂试验报告）及进场验收记录及水泥、钢筋复试报告。

2. 施工记录：

(1) 地基处理、验槽、钎探施工记录

(2) 预制桩接头施工记录

(3) 打（压）桩试桩记录及施工记录

(4) 灌注桩成孔、钢筋笼及混凝土灌注检查记录及施工记录

(5) 检验批、分项、分部（子分部）工程质量验收记录

3. 施工试验：

(1) 各种地基材料的配合比试验报告

(2) 钢筋连接试验报告

(3) 混凝土强度试验报告

(4) 预制桩龄期及强度试验报告

注：地基及桩基工程质量记录资料的相关表式与要求，本书在第三章工程质量记录资料中已有记述，可供参阅。工程质量记录资料的创优评价按 5.3.2.2 实施。

5.3.2.2 地基及桩基工程质量记录检查评价方法

材料、设备合格证（出厂质量证明书）、进场验收记录、施工记录、施工试验记录等资料完整、数据齐全并能满足设计及规范要求，真实、有效、内容填写正确，分类整理规范，审签手续完备的为一档，取100%的标准分值；资料完整、数据齐全并能满足设计及规范要求，真实、有效，整理基本规范，审签手续完备的为二档，取85%的标准分值；资料基本完整并能满足设计及规范要求，真实、有效，内容审签手续基本完备的为三档，取70%的标准分值（检查资料的数量及内容）。

5.3.2.3 地基及桩基工程质量记录资料汇总

工程质量记录的汇总，是按检验批、分项、分部（子分部）工程质量验收资料及其要求提供的材料合格证及进场验收记录、施工记录、施工试验资料，按表列出明细，可借助表 5.3.2.3 进行。经过对资料按标准规定的评价方法与判定，将其结果填入评分表。

地基及桩基工程质量记录资料汇总表 **表 5.3.2.3**

序 号	资料项目名称	份数	供判定内容	资料质量判定结果
1. 材料、预制桩合格证	材料合格证、进场验收记录及复试报告			
	预制桩合格证及进场验收记录			
2. 施工记录	地基处理记录			
	验槽记录			
	钎探记录			
	预制桩接头施工记录			
	打(压)桩记录及施工记录			
	灌注槽成孔、钢筋笼及混凝土灌注检查记录及施工记录			
	检验批验收记录			
	分项工程验收记录			
	分部(子分部)工程验收记录			
3. 施工试验	配合比试验报告			
	钢筋连接试验报告			
	混凝土强度试验报告			
	预制桩龄期及强度试验报告			

汇总人： 年 月 日

5.3.2.4 地基及桩基工程质量记录评分

地基及桩基工程质量记录评分表 **表 5.3.2.4**

工程名称		施工阶段		检查日期	年 月 日			
施工单位			评价单位					
序号	检查项目		应得分	判定结果			实得分	备注
				100%	85%	70%		
1	材料、预制桩合格证(出厂试验报告)及进场验收记录	材料合格证(出厂试验报告)及进场验收记录及钢筋、水泥复试报告	30					
		预制桩合格证(出厂试验报告)及进场验收记录	(30)					
2	施工记录	地基处理、验槽、钎探施工记录	30					
		预制桩接头施工记录	(10)					
		打(压)桩试桩记录及施工记录	(20)					
		灌注桩成孔、钢筋笼、混凝土灌注检查记录及施工记录	(30)					
		检验批、分项、分部(子分部)工程质量验收记录	10					
3	施工试验	灰土、砂石、注浆桩及水泥、粉煤灰、碎石桩配合比试验报告	30					
		钢筋连接试验报告	(15)					
		混凝土试件强度试验报告	(15)					
		预制桩龄期及试件强度试验报告	(30)					
检查结果	权重值35分。 应得分合计： 实得分合计： 地基及桩基工程质量评分$=\frac{实得分}{应得分}\times 35=$ 评价人员： 年 月 日							

5.3.3 地基及桩基工程尺寸偏差及限值实测

5.3.3.1 地基及桩基工程尺寸偏差及限值实测检查项目

地基及桩基工程尺寸偏差及限值实测应检查的项目包括：

(1) 天然地基基槽工程尺寸偏差及限值实测检查项目：基底标高允许偏差－50mm；长度、宽度允许偏差＋200mm、－50mm。

(2) 复合地基工程尺寸偏差及限值实测检查项目：桩位允许偏差：振冲桩允许偏差≤100mm；高压喷射注浆桩允许偏差≤$0.2D$；水泥土搅拌桩允许偏差＜50mm；土和灰尘挤密桩、水泥粉煤灰碎石桩、夯实水泥土桩的满堂桩允许偏差≤$0.4D$。

注：D 为桩体直径或边长。

(3) 打（压）入桩工程尺寸偏差及限值实测检查项目：桩位允许偏差应符合表5.3.3.1-1的规定。

预制桩（钢柱）桩位允许偏差　　**表 5.3.3.1-1**

序号	项　目	允许偏差(mm)
1	盖有基础梁的桩： (1)垂直基础梁的中心线 (2)沿基础梁的中心线	 $100+0.01H$ $150+0.01H$
2	桩数为1～3根桩基中的桩	100
3	桩数为4～16根桩基中的桩	1/2桩径或边长
4	桩数大于16根桩基中的桩： (1)最外边的桩 (2)中间桩	 1/3桩径或边长 1/2桩径或边长

注：H 为施工现场地面标高与顶设计标高和距离。

(4) 灌注桩工程尺寸偏差及限值实测检查项目：灌注桩允许偏差应符合表 5.3.3.1-2的规定。

灌注桩桩位允许偏差（mm）　　**表 5.3.3.1-2**

序号	成孔方法		1～3根、单排桩基垂直于中心线方向和群桩基础的边桩	条形桩基沿中心线方向和群桩基础的中间桩
1	泥浆护壁钻孔桩	D≤1000mm	$D/6$，且不大于100	$D/4$，且不大于150
		D＞1000mm	$100+0.01H$	$150+0.01H$
2	套管成孔灌注桩	≤500mm	70	150
		＞500mm	100	150
3	人工挖孔桩	混凝土护壁	50	150
		钢套管护壁	100	200

注：1. D 为桩径；
2. H 为施工现场地面标高与桩顶设计标高的距离。

(5) 实测项目依据资料汇总登记表

实测项目依据资料汇总登记表首先将抽取的检验批、分项工程质量验收表和实际抽查的实测表进行汇总登记，实测项目依据抽取的检验批、分项工程质量验收及实际抽测的实测记录进行汇总登记，根据标准规定判定其结果。

实测项目依据资料汇总登记表 表 5.3.3.1-3

序号	资料项目名称	份数	供判定内容	资料质量判定结果
1	地基工程质量验收记录			
2	地基处理分项工程验收记录			
3	打(压)入桩分项工程质量验收记录			
4	灌注桩分项工程质量验收记录			
5	实际抽查实测记录			

汇总人： 年 月 日

（6）实测项目数据摘录汇总表

实测项目数据摘录汇总表是在求得实测评分后，将表 5.3.3.1-3、表 5.3.3.1-4 附在表 5.3.3.3 后，作为附件，其各项原始质量验收记录可不附在后边，原始资料就放在原工程质量验收资料中，但要注明存放地点，以便查找。

实测项目数据摘录汇总表 表 5.3.3.1-4

序　号		项目偏差及限值	尺寸偏差及限值测量数值					数据分析
1. 地基		基底标高－50mm						
		基槽长、宽 ＋200mm，－50mm						
2. 复合地基		振冲桩桩位 ≤200mm						
		高压喷射桩桩位 ≤0.2D						
		水泥土桩桩位 ＜50mm						
		土和灰土桩桩位 ≤0.4D						
3. 打(压)桩		有基础梁桩垂直 中心线 100＋0.01H						
		沿中心线 150＋0.01H						
		1～3 根桩 100mm						
		4～16 根桩$\frac{1}{2}D$或边长						
		＞16 根桩边桩$\frac{1}{3}D$或边长						
		中间桩$\frac{1}{2}D$或边长						
4. 灌注桩	护壁钻孔	D≤1000，1～3 根，单排桩 垂直中心线 D/6 且≤100mm						
		沿中心线 D/4 且≤150mm						
		D＞1000mm 垂直中心线 100＋0.01H						
		沿中心线 150＋0.01H						
	套管成孔	D＜500mm，1～3 根单排 垂直中心线 70mm						

续表

序号		项目偏差及限值	尺寸偏差及限值测量数值					数据分析
4. 灌注桩	套管成孔	沿中心线 150mm						
		D>500mm，1～3 根单排垂直中心线 100mm						
	人工成孔	混凝土护壁垂直中心线 50mm						
		垂直中心线 150mm						
		钢套管护壁垂直中心线 50mm						
		沿中心线 150mm						
5. 实际抽查项目	抽查项目							

汇总人：　　　　　　　　年　　月　　日

5.3.3.2　地基及桩基工程尺寸偏差及限值实测检查评价方法

地基及桩基工程尺寸偏差及限值实测检查评价方法应符合第 5.1.5 基本评价方法中 (3) 的规定。

5.3.3.3　地基及桩基工程尺寸偏差及限值实测检查评分

地基及桩基工程尺寸偏差及限值实测评分表　　　　表 5.3.3.3

工程名称		施工阶段		检查日期	年　月　日		
施工单位		评价单位					
序号	检查项目	应得分	判定结果			实得分	备注
			100%	85%	70%		
1	天然地基标高及基槽宽度偏差	100					
2	复合地基桩位偏差	(100)					
3	打(压)桩桩位偏差	(100)					
4	灌注桩桩位偏差	(100)					
检查结果	权重值 15 分。 应得分合计： 实得分合计： 地基及桩基工程尺寸偏差及限值实测评分＝$\frac{实得分}{应得分}\times 10=$ 评价人员：　　　　年　月　日						

5.3.4　地基及桩基工程观感质量

5.3.4.1　地基及桩基工程观感质量检查项目

地基及桩基工程观感质量应检查的项目包括：

(1) 地基、复合地基：标高、表面平整、边坡等；

(2) 桩基：桩头、桩顶标高、场地平整等。

5.3.4.2 地基及桩基工程观感质量检查评价方法

地基及桩基工程观感质量检查评价方法应符合第5.1.5基本评价方法中(3)的规定。

5.3.4.3 地基及桩基工程观感质量检查辅助表

工程观感质量检查辅助表是对每个检查项目的检查点进行观察辅以必要的量测和检查分部（子分部）工程质量检查记录，按标准规定的“好”、“一般”、“差”给出评价，按标准规定的评价方法与判定，经分析计算判定，将其结果填入评分表。

地基及桩基工程观感质量检查辅助表 表5.3.4.3

序号	检查项目	检查点检查结果				检查资料依据		检查结果
		检查点数	好的点数	一般的点数	差的点数	分部(子分部)验收记录	现场检查记录	
1	基底标高、表面平整							
2	基槽边坡、支护安全							
3	天然地基基底土性情况							
4	复合地基处理(桩头及材料等)情况							
5	桩头、桩顶标高及桩位、场地平整等情况							

汇总人： 年 月 日

5.3.4.4 地基及桩基工程观感质量检查评分

地基及桩基工程观感质量评分表 表5.3.4.4

工程名称		施工阶段		检查日期	年 月 日			
施工单位			评价单位					
序号	检查项目		应得分	判定结果			实得分	备注
				100%	85%	70%		
1	地基、复合地基	标高、表面平整、边坡	100					
2	桩基	桩头、桩顶标高、场地平整	(100)					
检查结果	权重值5分。 应得分合计： 实得分合计： 地基及桩基工程观感质量评分 $=\frac{实得分}{应得分}\times5=$ 评价人员： 年 月 日							

5.4　结构工程质量评价

5.4.1　结构工程性能检测

5.4.1.1　结构工程性能检测应检查的项目

1. 混凝土结构工程

(1) 结构实体混凝土强度

(2) 结构实体钢筋保护层厚度

2. 钢结构工程

(1) 焊缝内部质量

(2) 高强度螺栓连接副紧固质量

(3) 钢结构涂装质量

3. 砌体工程

(1) 砌体每层垂直度

(2) 砌体全高垂直度

4. 地下防水层渗漏水

结构工程性能检测的创优评价主要是检查施工、监理单位提供的工程质量验收及施工试验记录，必要时可现场抽查并进行分析计算。评价标准按 5.4.1.2 的性能检验评分方法实施。

5.4.1.2　结构工程性能检测检查评分方法

结构工程性能检测检查评分方法应符合下列规定：

1. 混凝土结构工程

(1) 结构实体混凝土强度

(2) 结构实体钢筋保护层厚度检测

1) 混凝土结构实体混凝土强度评定表式见表 5.4.1.2-1。

混凝土结构实体混凝土强度评定　　　　**表 5.4.1.2-1**

序号	结构部位或构件名称	设计混凝土强度等级	标养试件强度评定	同条件养护试件强度评定 600℃·d 和 1.10 系数	采用非破损或局部破损检验结果
1	柱及框架				
2	梁、板				
评定结果		1. 同条件养护试件强度评定： (1)标养试件评定达到设计、规范规定； (2)同条件养护试件(600℃·d)×1.10 检验达到设计、规范规定 2. 采用非破损或局部破损检验方法评定： (1)标养试件评定达到设计、规范规定； (2)非破损或局部破损检验达到设计、规范规定			

汇总人：　　　　　　　　年　　月　　日

2）结构实体钢筋保护层厚度评定表式见表 5.4.1.2-2。

结构实体钢筋保护层厚度评定 **表 5.4.1.2-2**

序号	项目允许偏差	实测数据	判定情况
1. 梁类	＋10mm，－7mm (1.5 倍为＋15mm，－11mm)		①实测点 100%合格；②实测点 90%及以上合格；③实测点 80%及以上，不足 90%时再抽查同样数量实测点，按两次抽测点总和计算的合格率达到 90%及以上
2. 板类	＋8mm，－5mm (1.5 倍为＋12mm，－8mm)		①实测点 100%合格；②实测点 90%及以上合格；③实测点 80%及以上，不足 90%时再抽查同样数量实测点，按两次抽测点总和计算的合格率达到 90%及以上
评定结果		(1)梁类、板类实测点合格率都达到 100%时为一档；(2)梁类、板类实测点有一项达到 100%，但都达到 90%及以上时为二档；(3)梁类、板类实测点合格率当有一项是或两项是经过再抽样达到 90%及以上时为三档；(4)梁类、板类实测点当有实测值超过 1.5 倍允许偏差值时，不得评优良	

汇总人： 年 月 日

3）混凝土结构工程质量记录资料汇总表

工程质量记录的汇总，是按检验批、分项、分部（子分部）工程质量验收资料及其要求提供的材料合格证及进场验收记录、施工记录、施工试验资料，按表列出明细，可借助表 5.4.1.2-3 进行。经过对资料按标准规定的评价方法与判定，将其结果填入评分表。

混凝土结构工程质量记录资料汇总表 **表 5.4.1.2-3**

序号	资料项目名称	资料分数及编号	判定情况
1. 材料合格证、进场验收记录及复试报告	砂出厂合格证、进场验收记录		
	碎(卵)石出厂合格证、进场验收记录		
	掺合料出厂合格证、进场验收记录		
	外加剂出厂合格证、进场验收记录		
	水泥、钢材出厂合格证、进场验收记录		
	水泥、钢材复试报告		
	构件出厂合格证、进场验收记录		
	预应力锚夹器、连接器出厂合格证、进场验收记录及复试报告		
2. 施工记录	预拌混凝土出厂合格证及进场坍落度试验报告		
	混凝土施工记录		
	装配式结构吊装记录		
	预应力筋安装、张拉及灌浆记录		
	隐蔽工程验收记录		
	检验批质量验收记录		
	分项工程质量验收记录		
	分部(子分部)工程质量验收记录		
3. 施工试验	混凝土配合比试验报告		
	混凝土试件强度评定及混凝土试件强度试验报告		
	钢筋连接试验报告		

汇总人： 年 月 日

2. 钢结构工程

(1) 焊缝内部质量检测

检查标准：设计要求全焊透的一、二级焊缝采用无损探伤进行内部缺陷的检验，其质量等级、缺陷等级探伤比例应符合表5.4.1.2-4的规定。

当焊缝经检验后返修率≤2%进为一档，取100%的标准分值；2%<返修率≤5%时为二档，取85%的标准分值；返修率>5%时为三档，取70%的标准分值。所有焊缝经返修后，均应达到合格质量标准。

检查方法：检查超声波或射线探伤记录并统计计算。

一、二级焊缝质量等级及缺陷分级　　表5.4.1.2-4

焊缝质量等级		一级	二级
内部缺陷超声波探伤	评定等级	Ⅱ	Ⅲ
	检验等级	B级	B级
	探伤比例	100%	20%
内部缺陷射线探伤	评定等级	Ⅱ	Ⅲ
	检验等级	AB级	AB级
	探伤比例	100%	20%
注:探伤比例的计数方法应按以下原则确定:(1)对工厂制作焊缝,应按每条焊缝计算百分比,且探伤长度不小于200mm,当焊接长度不足200mm时,应对整条焊缝进行探伤;(2)对现场安装焊缝,应按同一类型、同一施焊条件的焊缝条数计算百分比,探伤长度应不小于200mm,并应不小于1条焊缝			

(2) 高强度螺栓连接副紧固质量检测

检查标准：高强度螺栓连接副终拧完成1h后，48h内应进行紧固质量检查，其检查标准应符合表5.4.1.2-5的规定。

高强度螺栓连接副紧固质量检测标准　　表5.4.1.2-5

紧固方法	判定结果	
	好的点	合格点
扭矩法紧固	终拧扭矩偏差 $\Delta T \leqslant 5\% T$	终拧扭矩偏差 $5\% T < \Delta T \leqslant 10\% T$
转角法紧固	终拧角度偏差 $\Delta\theta \leqslant 5°$	终拧角度偏差 $5° < \Delta\theta \leqslant 10°$
扭剪型高强度螺栓施工扭矩	尾部梅花头未拧掉比例 $\Delta \leqslant 2\%$	尾部梅花头未拧掉比例 $2\% < \Delta \leqslant 5\%$

注：T为扭矩法紧固时终拧扭矩值。

当全部高强螺连接副紧固质量检测点好的点达到95%及以上，其余点达到合格点时为一档，取100%的标准分值；当检测点好的点达到85%及以上，但不足95%，其余点达到合格点时为二档，取85%的标准分值；当检测点好的点不足85%，其余点均达到合格点时为三档，取70%的标准分值。

检查方法：检查扭矩法或转角法紧固检测报告并统计计算。

(3) 高强度螺栓连接副紧固质量检测汇总表

通常情况是检查施工单位和监理单位共同完成的检测报告，必要时也可以实际抽查验证一部分，或参加施工单位和监理单位进行的检测，以便了解检测的具体情况。不合格的应处理到合格，将检测报告中的数据进行汇总。

高强度螺栓连接副紧固质量检测汇总表 表 5.4.1.2-6

序号	检测方法	依据检测报告编号	实测数据	判定情况
1	扭矩法 $d=$			好的点 合格点
2	转角法 $d=$			好的点 合格点
3	施工扭矩 $d=$			好的点 合格点
评定结果		1. 全部高强螺栓连接副紧固质量检测好的点达到 95%及以上，其余为合格点时，为一档，取 100%的标准分值。 2. 全部高强螺栓连接副紧固质量检测好的点达到 85%及以上，但不足 95%，其余为合格点时为二档，取 85%的标准分值。 3. 全部高强螺栓连接副紧固质量检测好的点达不到 85%，其余点均达到合格点时为三档，取 70%的标准分值		

汇总人：　　　　年　月　日

(4) 钢结构涂装质量检测

1) 检查标准：钢结构涂装后，应对涂层干漆膜厚度进行检测，其检测标准应符合表 5.4.1.2-7 的规定。

钢结构涂装漆膜厚度质量检测标准 表 5.4.1.2-7

涂装类型	判定结果	
	好的点	合格点
防腐涂料	干漆膜总厚度允许偏差(Δ) $\Delta \leqslant -10\mu m$	干漆膜总厚度允许偏(Δ) $-10\mu m < \Delta \leqslant -25\mu m$
薄涂型防火涂料	涂层厚度(δ)允许偏差(Δ) $\Delta \leqslant -5\%\delta$	涂层厚度(δ)允许偏差(Δ) $-5\%\delta < \Delta \leqslant -10\%\delta$
厚涂型防火涂料	90%及以上面积应符合设计厚度，且最薄处厚度不应低于设计厚度的 90%	80%及以上面积应符合设计厚度，且最薄处厚度不应低于设计厚度的 85%

2）当全部涂装漆膜厚度检测点好的点达到95%及以上，其余点达到合格点时为一档，取100%的标准分值；当检测点好的点达到85%及以上，其余点达到合格点时为二档，取85%的标准分值；当检测点好的点不足85%，其余点均达到合格点时为三档，取70%的标准分值。

检查方法：用干漆膜测厚仪检查或检查检测报告，并统计计算。

3）钢结构涂装漆膜厚度检测汇总表

工程性能检测的汇总，包括检测报告、检测记录等，汇总统计表按资料名细记列，并按不同检测报告根据内容按标准规定做出判定，可借助表5.4.1.2-8进行。经过对资料的评价与判定，将其结果填入评分表。

钢结构涂装漆膜厚度检测汇总表　　　　**表5.4.1.2-8**

序　号	依据检测报告编号	实　测　数　据										判定情况
1. 防腐涂装												好的点 合格点
2. 薄涂型 防火涂装												好的点 合格点
3. 厚涂型 防火涂装												好的点 合格点
评定结果												

汇总人：　　　　　　　　年　　月　　日

4）钢结构工程质量记录资料汇总表

钢结构工程质量记录的汇总，是按检验批、分项、分部（子分部）工程质量验收资料及其要求提供的材料合格证及进场验收记录、施工记录、施工试验资料，按表列出明细，可借助表5.4.1.2-9进行。经过对资料按标准规定的评价方法与判定，将其结果填入评分表。

钢结构工程质量记录资料汇总表　　　　**表5.4.1.2-9**

序　号	资料项目名称	资料分数及编号	判定情况
1. 材料合格证、进场验收记录及复试报告	钢材出厂合格证、进场验收记录及复试报告		
	焊材出厂合格证、进场验收记录及复试报告		
	紧固连接件出厂合格证、进场验收记录及复试报告		
	加工件出厂检验证、进场验收记录		
	防火防腐涂料出厂合格证、进场验收记录		

续表

序　　号	资料项目名称	资料分数及编号	判定情况
2. 施工记录	焊接施工记录		
	构件吊装记录		
	预拼装构件检查记录		
	高强度螺栓连接副施工扭矩检验记录		
	焊缝外观及焊缝尺寸检查记录		
	柱脚及网架支座检查记录		
	隐蔽工程验收记录		
	检验批质量验收记录		
	分项工程验收记录		
	分部(子分部)工程质量验收记录		
3. 施工试验	螺栓最小荷载试验报告		
	高强度螺栓预拉力复试报告		
	高强度大六角头螺栓连接副扭矩系数复试报告		
	高强度螺栓连接摩擦面抗滑移系数检查报告		
	网架节点承载力试验报告		

汇总人：　　　　　　　　　　　　年　　月　　日

3. 砌体结构工程

检查标准：

(1) 砌体每层垂直度允许偏差≤5mm；

(2) 全高≤10m时，垂直度允许偏差≤10mm；全高>10m时，垂直度允许偏差≤20mm。

每层垂直度允许偏差各检测点检测值均达到规范规定值，且其平均值≤3mm时为一档，取100%的标准分值；其平均值≤4mm时为二档，取85%的标准分值；其各检测点均达到规范规定值时为三档，取70%的标准分值。

全高垂直度允许偏差各检测点检测值均达规范规定值，当层高≤10m时，其平均值≤6mm；当层高>10m时，其平均值≤12mm时为一档，取100%的标准分值；当层高≤10m时，其平均值≤8mm；当层高>10m时，其平均值≤16mm时为二档，取85%的标准分值；其各检测点均达到规范规定值时为三档，取70%的标准分值。

检查方法：尺量检查、检查分项工程质量验收记录，并进行统计计算。

(3) 砌体工程每层、全高垂直度汇总表

砌体工程每层、全高垂直度汇总是根据随机抽取的施工单位提供砌体工程的检验批、分项验收表核查，包括检测方法、抽检数量、测量数据等应符合规范规定。然后，核查有关检测数据进行汇总分析计算。

砌体工程每层、全高垂直度汇总表　　　　表 5.4.1.2-10

序号	检查项目	依据检验批、分项工程验收表编号	实测数据										判定情况
1	每层垂直度≤5mm												平均值：

续表

序号	检查项目		依据检验批、分项工程验收表编号	实测数据	判定情况
2	全高垂直度	全高≤10m ≤10mm			平均值：
		全高＞10m ≤20mm			
判定结果：(1)每层垂直度： (2)全高垂直度：					

汇总人：　　　　　　　　年　　月　　日

（4）砌体结构工程质量记录资料汇总表

砌体工程质量记录的汇总，是按检验批、分项、分部（子分部）工程质量验收资料及其要求提供的材料合格证及进场验收记录、施工记录、施工试验资料，按表列出明细，可借助表 5.4.1.2-11 进行。经过对资料按标准规定的评价方法与判定，将其结果填入评分表。

砌体结构工程质量记录资料汇总表　　　　**表 5.4.1.2-11**

序　　号	资料项目名称	资料分数及编号	判定情况
1. 材料出厂合格证及进场验收记录	水泥、砌块、外加剂出厂合格证及进场验收记录		
	水泥、砌块复试报告		
2. 施工记录	砌筑砂浆使用施工记录		
	隐蔽工程验收记录		
	检验批质量验收记录		
	分项工程质量验收记录		
	分部(子分部)工程质量验收记录		
3. 施工试验	砌筑砂浆配合比试验报告		
	砂浆试件强度试验报告		
	砂浆试件强度评定		
	水平灰缝砂浆饱满度检测记录		

汇总人：　　　　　　　　年　　月　　日

4. 地下防水层渗漏水检验的评定标准及检查方法

检查标准：无渗水，结构表面无湿渍的为一档，取 100％的标准分值；结构表面有少量湿渍，整个工程湿渍总面积不大于总防水面积的 1‰，单个湿渍面积不大于 0.1m^2，任意 100m^2 防水面积不超过 1 处的为三档，取 70％的标准分值。

检查方法：现场全面观察检查。

地下防水层质量记录资料汇总表

地下防水层工程质量记录的汇总，是按检验批、分项、分部（子分部）工程质量验收资料及其要求提供的材料合格证及进场验收记录、施工记录、施工试验资料，按表列出明细，可借助表 5.4.1.2-12 进行。经过对资料按标准规定的评价方法与判定，将其结果填入评分表。

地下防水层质量记录资料汇总表　　　　表 5.4.1.2-12

序　　号	资料项目名称	资料分数及编号	判定情况
1. 防水材料出厂合格证及进场验收记录	卷材、塑料板、涂料防水材料出厂合格证、进场验收记录		
	卷材、塑料板复试报告		
2. 施工记录	防水层施工记录		
	防水层质量验收记录		
3. 施工试验	涂料防水材料配合比试验报告		
	卷材胶结材料配合比试验报告		

汇总人：　　　　　　年　　月　　日

5.4.1.3 结构工程性能检测检查评分

结构工程性能检测检查评分表　　　　表 5.4.1.3

<table>
<tr><td colspan="3">工程名称</td><td colspan="2"></td><td>施工阶段</td><td colspan="2"></td><td>检查日期</td><td colspan="2">年　月　日</td></tr>
<tr><td colspan="3">施工单位</td><td colspan="3"></td><td>评价单位</td><td colspan="4"></td></tr>
<tr><td rowspan="2">序号</td><td colspan="4" rowspan="2">检查项目</td><td rowspan="2">应得分</td><td colspan="3">判定结果</td><td rowspan="2">实得分</td><td rowspan="2">备注</td></tr>
<tr><td>100%</td><td>85%</td><td>70%</td></tr>
<tr><td rowspan="2">1</td><td rowspan="2">混凝土</td><td colspan="3">实体混凝土强度</td><td>50</td><td></td><td></td><td>/</td><td></td><td></td></tr>
<tr><td colspan="3">结构实体钢筋保护层厚度</td><td>50</td><td></td><td></td><td></td><td></td><td></td></tr>
<tr><td rowspan="4">2</td><td rowspan="4">钢结构</td><td colspan="3">焊缝内部质量</td><td>(60)</td><td></td><td></td><td></td><td></td><td></td></tr>
<tr><td colspan="3">高强度螺栓连接副紧固质量</td><td>60</td><td></td><td></td><td></td><td></td><td></td></tr>
<tr><td rowspan="2">钢结构涂装</td><td colspan="2">防腐</td><td>20</td><td></td><td></td><td></td><td></td><td></td></tr>
<tr><td colspan="2">防火</td><td>20</td><td></td><td></td><td></td><td></td><td></td></tr>
<tr><td rowspan="3">3</td><td rowspan="3">砌体</td><td rowspan="3">砌体垂直度</td><td colspan="2">每层</td><td>50</td><td></td><td></td><td></td><td></td><td></td></tr>
<tr><td rowspan="2">全高</td><td>≤10m</td><td>50</td><td></td><td></td><td></td><td></td><td></td></tr>
<tr><td>>10m</td><td>(50)</td><td></td><td></td><td></td><td></td><td></td></tr>
<tr><td>4</td><td colspan="4">地下防水层渗漏水</td><td>(100)</td><td></td><td>/</td><td></td><td></td><td></td></tr>
<tr><td>检查结果</td><td colspan="10">权重值 30 分。
应得分合计：
实得分合计：
$$结构工程性能检测评分=\frac{实得分}{应得分}\times 10=$$
评价人员：　　　　年　月　日</td></tr>
</table>

注：1. 当一个工程项目中同时有混凝土结构、钢结构、砌体结构，或只有其中两种时，其权重值按各自在项目中占的工程量比例进行分配，但各项应为整数。当砌体结构仅为填充墙时，只能占 10%的权重值。其施工现场质量保证条件、质量记录、尺寸偏差及限值实测和观感质量的权重值分配与性能检测比例相同。
2. 当有地下防水层时，其权重值占结构权重值的 5%，其他项目同样按 5%来计算。

5.4.2 结构工程质量记录

结构工程质量记录包括：混凝土结构工程、钢结构工程、砌体结构工程、地下防水层等应检项目。

5.4.2.1 结构工程质量记录应检查的项目

(1) 混凝土结构工程

1) 材料合格证及进场验收记录

① 砂、碎（卵）石、掺合料、水泥、钢筋、外加剂等材料出厂合格证（出厂检验报告）、进场验收记录及水泥、钢筋复试报告。

② 预制构件合格证（出厂检验报告）及进场验收记录。

③ 预应力筋用锚夹具、连接器合格证（出厂检验报告）、进场验收记录及锚夹具、连接器复试报告。

2）施工记录

① 预拌混凝土合格证及进场坍落度试验报告

② 混凝土施工记录

③ 装配式结构吊装记录

④ 预应力筋安装、张拉及灌浆记录

⑤ 隐蔽工程验收记录

⑥ 检验批、分项、分部（子分部）工程质量质量验收记录

3）施工试验

① 混凝土配合比试验报告

② 混凝土试件强度评定及混凝土试件强度试验报告

③ 钢筋连接试验报告

结构工程的材料合格证及进场验收记录、施工记录、施工试验表式及其实施要点可参照本书建筑结构工程中的相关章节。

（2）钢结构工程

1）钢结构材料合格证（出厂检验报告）及进场验收记录。

① 钢材、焊材、紧固连接件材料合格证（出厂检验报告）、进场验收记录及钢材、焊接材料复试报告。

② 加工构件合格证（出厂检验报告）及进场验收记录。

③ 防腐、防火涂装材料合格证（出厂检验报告）及进场验收记录。

2）施工记录

① 焊接施工记录

② 构件吊装记录

③ 预拼装检查记录

④ 高强度螺栓连接副施工扭矩检验记录

⑤ 焊缝外观及尺寸检查记录

⑥ 柱脚及网架支座检查记录

⑦ 隐蔽工程验收记录

⑧ 检验批、分项、分部（子分部）工程质量验收记录

3）施工试验

① 螺栓最小荷载试验报告

② 高强螺栓预拉力复验报告

③ 高强度大六角头螺栓连接副扭矩系数复试报告

④ 高强度螺栓连接摩擦面抗滑移系数检验报告

⑤ 网架节点承载力试验报告

注：检查施工单位提供经项目监理机构核查确认的网架节点承载力试验报告。对建筑结构安全等级为一级，跨度 40m 及以上的钢网架结构公共建筑，且设计有要求时，应做网架节点承载力试验。焊接球节点应进行轴心拉、压承载力试验，其破坏荷载大于或等于 1.6 倍的设计承载力；螺栓球节点应按设计

指定规格的球的最大螺孔、螺纹进行抗拉强度保证荷载试验，当达到螺栓的设计承载力时，螺孔、螺纹及封板仍完好无损。保证载荷值可查 GB/T 3098—2000 中的表 7 粗牙螺纹、表 9 细牙螺纹。

(3) 砌体结构工程

1) 材料合格证（出厂检验报告）及进场验收记录

2) 施工记录

① 砌筑砂浆使用施工记录

② 隐蔽工程验收记录

③ 检验批、分项、分部（子分部）工程质量验收记录

3) 施工试验

① 砂浆配合比试验报告

② 水平灰缝砂浆饱满度检测记录

③ 砂浆试件强度评定及砂浆试件强度试验报告

(4) 地下防水层

1) 防水材料合格证、进场验收记录及复试报告

2) 防水层施工及质量验收记录

3) 防水材料配合比试验报告

5.4.2.2 结构工程质量记录检查评价方法

结构工程质量记录检查评价方法应符合《建筑工程施工质量评价标准》（GB/T 50375—2006）标准第 5.3.5.2 条的规定（即本书的第 5.1.5 基本评价方法中（2）条）。

5.4.2.3 结构工程质量记录检查评分

结构工程质量记录评分表 **表 5.4.2.3**

<table>
<tr><td colspan="3">工程名称</td><td>施工阶段</td><td></td><td colspan="3">检查日期</td><td colspan="2">年 月 日</td></tr>
<tr><td colspan="3">施工单位</td><td></td><td>评价单位</td><td colspan="5"></td></tr>
<tr><td rowspan="2">序号</td><td colspan="3" rowspan="2">检查项目</td><td rowspan="2">应得分</td><td colspan="3">判定结果</td><td rowspan="2">实得分</td><td rowspan="2">备注</td></tr>
<tr><td>100%</td><td>85%</td><td>70%</td></tr>
<tr><td rowspan="12">1</td><td rowspan="12">混凝土结构</td><td rowspan="3">材料合格证及进场验收记录</td><td>砂、碎(卵)石、掺合料、水泥、钢筋、外加剂合格证(出厂检验报告)、进场验收记录及水泥、钢筋复试报告</td><td>10</td><td></td><td></td><td></td><td rowspan="12"></td><td rowspan="12"></td></tr>
<tr><td>预制构件合格证(出厂检验报告)及进场验收记录</td><td>10</td><td></td><td></td><td></td></tr>
<tr><td>预应力锚夹具、连接器合格证(出厂检验报告)、进场验收记录及复试报告</td><td>10</td><td></td><td></td><td></td></tr>
<tr><td rowspan="6">施工记录</td><td>预拌混凝土合格证及进场坍落度试验报告</td><td>5</td><td></td><td></td><td></td></tr>
<tr><td>混凝土施工记录</td><td>5</td><td></td><td></td><td></td></tr>
<tr><td>装配式结构吊装记录</td><td>10</td><td></td><td></td><td></td></tr>
<tr><td>预应力筋安装、张拉及灌浆记录</td><td>5</td><td></td><td></td><td></td></tr>
<tr><td>隐蔽工程验收记录</td><td>5</td><td></td><td></td><td></td></tr>
<tr><td>检验批、分项、分部(子分部)工程质量验收记录</td><td>10</td><td></td><td></td><td></td></tr>
<tr><td rowspan="3">施工试验</td><td>混凝土配合比试验报告</td><td>10</td><td></td><td></td><td></td></tr>
<tr><td>混凝土试件强度评定及混凝土试件试件强度试验报告</td><td>10</td><td></td><td></td><td></td></tr>
<tr><td>钢筋连接试验报告</td><td>10</td><td></td><td></td><td></td></tr>
</table>

续表

工程名称		施工阶段		检查日期	年　月　日
施工单位			评价单位		

序号	检查项目			应得分	判定结果			实得分	备注
					100%	85%	70%		
2	钢结构	材料合格证及进场验收记录	钢材、焊材、紧固连接件原材料出厂合格证(出厂检验报告)及进场验收记录及钢材、焊接材料复试报告	10					
			加工件出厂合格证(出厂检验报告)及进场验收记录	10					
			防火、防腐涂装材料出厂合格证(出厂检验报告)及进场验收记录	10					
		施工记录	焊接施工记录	5					
			构件吊装记录	5					
			预拼装检查记录	5					
			高强度螺栓连接副施工扭矩检验记录	5					
			焊缝外观及焊缝尺寸检查记录	5					
			柱脚及网架支座检查记录	5					
			隐蔽工程验收记录	5					
			检验批、分项、分部(子分部)工程质量验收记录	5					
		施工试验	螺栓最小荷载试验报告	5					
			高强螺栓预拉力复验报告	5					
			高强度大六角头螺栓连接副扭矩系数复试报告	5					
			高强度螺栓连接摩擦面抗滑移系数复试报告	5					
			网架节点承载力试验报告	10					
3	砌体结构	材料合格证及进场验收记录	水泥、砌块、外加剂合格证(出厂检验报告)、进场验收记录及水泥、砌块复试报告	30					
		施工记录	砌筑砂浆使用施工记录	10					
			隐蔽工程验收记录	15					
			检验批、分项、分部(子分部)工程质量验收记录	15					
		施工试验	砂浆配合比试验报告	10					
			砂浆试件强度评定及砂浆试件试验报告	10					
			水平灰缝砂浆饱满度检测记录	10					
4	地下防水层	材料合格证及进场验收记录	防水材料合格证、进场验收记录及复试报告	(30)					
		施工记录	防水层施工及质量验收记录	(40)					
		施工试验	防水材料配合比试验报告	(30)					
检查结果	权重值25分。 应得分合计： 实得分合计： 结构工程质量记录评分$=\frac{\text{实得分}}{\text{应得分}}\times 25=$ 评价人员：　　　年　月　日								

5.4.3 结构工程尺寸偏差及限值实测

5.4.3.1 结构工程尺寸偏差及限值实测项目

结构工程尺寸偏差及限值实测项目应符合表 5.4.3.1 的规定。

结构工程尺寸偏差及限值实测项目表 **表 5.4.3.1**

<table>
<tr><th>序号</th><th colspan="4">项 目</th><th>允许偏差(mm)</th></tr>
<tr><td rowspan="6">1</td><td rowspan="6">混凝土结构</td><td rowspan="2">钢筋</td><td rowspan="2">受力钢筋受保护层厚度</td><td>柱、梁</td><td>±5</td></tr>
<tr><td>板、墙、壳</td><td>±3</td></tr>
<tr><td rowspan="4">混凝土</td><td rowspan="2">轴线位置</td><td>独立基础</td><td>10</td></tr>
<tr><td>墙、柱、梁</td><td>8</td></tr>
<tr><td rowspan="2">标高</td><td>层高</td><td>±10</td></tr>
<tr><td>全高</td><td>±30</td></tr>
<tr><td rowspan="4">2</td><td rowspan="4">钢结构</td><td rowspan="2">结构尺寸</td><td colspan="2">单层结构整体垂直度</td><td>$H/1000$,且≤25</td></tr>
<tr><td colspan="2">多层结构整体垂直度</td><td>($H/2500+10$),且≤50</td></tr>
<tr><td rowspan="2">网格结构</td><td colspan="2">总拼完成后挠度值</td><td>≤1.15 倍设计值</td></tr>
<tr><td colspan="2">屋面工程完成后挠度值</td><td>≤1.15 倍设计值</td></tr>
<tr><td rowspan="2">3</td><td rowspan="2">砌体结构</td><td>轴线位置偏移</td><td colspan="2">砖砌体、混凝土小型空心砌块砌体</td><td>10</td></tr>
<tr><td colspan="3">砌体表面平整度</td><td>5</td></tr>
<tr><td>4</td><td>地下防水层</td><td colspan="3">防水卷材、塑料板搭接宽度</td><td>−10</td></tr>
</table>

5.4.3.2 结构工程尺寸偏差及限值实测检查评价方法

结构工程尺寸偏差及限值实测检查评价方法应符合第 5.1.5 基本评价方法中（3）的规定。

实测项目数据摘录汇总分析表

尺寸偏差及限值实测的汇总，是根据施工单位提供经项目监理机构审核同意的相关同类检验批或分项工程质量验收记录，按标准规定在相应资料中随机抽取的工程质量验收资料中的尺寸偏差及限值，再将必要时现场实际抽查实测资料的数据进行汇总并分析计算。按表列出明细，可借助表 5.4.3.2 进行。经过对资料按标准规定的评价方法与判定，将其结果填入评分表。

实测项目数据摘录汇总分析表 **表 5.4.3.2**

<table>
<tr><th>序 号</th><th colspan="3">允许偏差及限值项目(mm)</th><th colspan="5">尺寸偏差及限值测量数值</th><th>数据分析</th></tr>
<tr><td rowspan="6">1. 混凝土结构</td><td colspan="2" rowspan="2">受力钢筋保护层厚度</td><td>柱、梁±5</td><td></td><td></td><td></td><td></td><td></td><td></td></tr>
<tr><td>板、墙、壳±3</td><td></td><td></td><td></td><td></td><td></td><td></td></tr>
<tr><td rowspan="4">混凝土</td><td rowspan="2">轴线位置</td><td>独立基础 10</td><td></td><td></td><td></td><td></td><td></td><td></td></tr>
<tr><td>墙、柱、梁 8</td><td></td><td></td><td></td><td></td><td></td><td></td></tr>
<tr><td rowspan="2">标 高</td><td>层高±10</td><td></td><td></td><td></td><td></td><td></td><td></td></tr>
<tr><td>全高±30</td><td></td><td></td><td></td><td></td><td></td><td></td></tr>
</table>

续表

序　号	允许偏差及限值项目(mm)	尺寸偏差及限值测量数值					数据分析
2. 钢结构	单层结构整体垂直度 $H/1000$，且≤25						
	多层结构整体垂直度($H/2500+10$)，且≤50						
	网格总拼完成后挠度值≤1.15倍设计值						
	网格屋面工程完成后挠度值≤1.15倍设计值						
3. 砌体结构	轴线位置偏移10						
	砌体表面平整度8						
4. 地下防水层	防水卷材、塑料板搭接宽度－10						

汇总人：　　　　　　　　年　月　日

5.4.3.3　结构工程尺寸偏差及限值实测检查评分

结构工程尺寸偏差及限值实测评分表　　　　表5.4.3.3

工程名称		施工阶段		检查日期	年　月　日
施工单位				评价单位	

<table>
<tr><td rowspan="2">序号</td><td colspan="4" rowspan="2">检　查　项　目</td><td rowspan="2">应得分</td><td colspan="3">判定结果</td><td rowspan="2">实得分</td><td rowspan="2">备注</td></tr>
<tr><td>100%</td><td>85%</td><td>70%</td></tr>
<tr><td rowspan="6">1</td><td rowspan="6">混凝土结构</td><td>钢筋</td><td>受力钢筋受保护层厚度</td><td>柱、梁　±5mm</td><td>20</td><td></td><td></td><td></td><td></td><td></td></tr>
<tr><td></td><td></td><td>板、墙、壳　±3mm</td><td>20</td><td></td><td></td><td></td><td></td><td></td></tr>
<tr><td rowspan="4">混凝土</td><td rowspan="2">轴线位置</td><td>独立基础　10mm</td><td>20</td><td></td><td></td><td></td><td></td><td></td></tr>
<tr><td>墙、柱、梁　8mm</td><td>20</td><td></td><td></td><td></td><td></td><td></td></tr>
<tr><td rowspan="2">标高</td><td>层高　±10mm</td><td>10</td><td></td><td></td><td></td><td></td><td></td></tr>
<tr><td>全高　±30mm</td><td>10</td><td></td><td></td><td></td><td></td><td></td></tr>
<tr><td rowspan="4">2</td><td rowspan="4">钢结构</td><td rowspan="2">结构尺寸</td><td colspan="2">单层结构整体垂直度 $H/1000$，且≤25mm</td><td>50</td><td></td><td></td><td></td><td></td><td></td></tr>
<tr><td colspan="2">多层结构整体垂直度 ($H/2500+10$)，且≤50mm</td><td>(50)</td><td></td><td></td><td></td><td></td><td></td></tr>
<tr><td rowspan="2">网格结构</td><td colspan="2">总拼完成后挠度值≤1.15倍设计值(mm)</td><td>50</td><td></td><td></td><td></td><td></td><td></td></tr>
<tr><td colspan="2">屋面工程完成后挠度值≤1.15倍设计值(mm)</td><td>(50)</td><td></td><td></td><td></td><td></td><td></td></tr>
<tr><td rowspan="2">3</td><td rowspan="2">砌体结构</td><td colspan="2">轴线位移</td><td>10mm</td><td>50</td><td></td><td></td><td></td><td></td><td></td></tr>
<tr><td colspan="2">砌体表面平整度</td><td>5mm</td><td>50</td><td></td><td></td><td></td><td></td><td></td></tr>
<tr><td>4</td><td>地下防水层</td><td colspan="3">卷材、塑料板搭接宽度　－10mm</td><td>(100)</td><td></td><td></td><td></td><td></td><td></td></tr>
<tr><td>检查结果</td><td colspan="10">权重值20分。
应得分合计：
实得分合计：　　结构工程尺寸偏差及限值实测评分＝$\frac{实得分}{应得分}\times 20=$
评价人员：　　　　年　月　日</td></tr>
</table>

5.4.4 结构工程观感质量

5.4.4.1 结构工程观感质量应检查的项目

(1) 混凝土结构工程观感质量检查项目

1) 露筋;

2) 蜂窝;

3) 孔洞;

4) 夹渣;

5) 疏松;

6) 裂缝;

7) 连接部位缺陷;

8) 外形缺陷;

9) 外表缺陷。

(2) 钢结构工程观感质量检查项目

1) 焊缝外观质量;

2) 普通紧固件连接外观质量;

3) 高强度螺栓连接外观质量;

4) 钢结构表面质量;

5) 钢网架结构表面质量;

6) 普通涂层表面质量;

7) 防火涂层表面质量;

8) 压型金属板安装质量;

9) 钢平台、钢梯、钢栏杆安装外观质量。

(3) 砌体工程观感质量检查项目

1) 砌筑留槎;

2) 组砌方法;

3) 马牙槎拉结筋;

4) 砌体表面质量;

5) 网状配筋及位置;

6) 组合砌体拉结筋;

7) 细部质量(脚手眼留置、修补、洞口、管道、沟槽留置、梁垫及楼板顶面找平、灌浆等)。

(4) 地下防水层

1) 表面质量;

2) 细部处理。

5.4.4.2 结构工程观感质量检查评价方法

结构工程观感质量检查评价方法应符合第 5.1.5 基本评价方法中(3)的规定。

1. 混凝土工程观感质量检查标准

混凝土工程观感质量检查标准　　表 5.4.4.2-1

名　称	现　　象	严重缺陷	一般缺陷
露筋	构件内钢筋未被混凝土包裹而外露	纵向受力钢筋有露筋	其他钢筋有少量露筋
蜂窝	混凝土表面缺少水泥砂浆而形成石子外露	构件主要受力部位有蜂窝	其他部位有少量蜂窝
孔洞	混凝土中孔穴深度和长度超过保护层厚度	构件主要受力部位有孔洞	其他部位有少量孔洞
夹渣	混凝土中夹有杂物且深度超过保护层厚度	构件主要受力部位有夹渣	其他部位有少量夹渣
疏松	混凝土中局部不密实	构件主要受力部位有疏松	其他部位有少量疏松
裂缝	缝隙从混凝土表面延伸至混凝土内部	构件主要受力部位有影响结构性能或使用功能的裂缝	其他部位有少量不影响结构性能或使用功能的裂缝
连接部位缺陷	构件连接处混凝土缺陷及连接钢筋、连接件松动	连接部位有影响结构传力性能的缺陷	连接部位有基本不影响结构传力性能的缺陷
外形缺陷	缺棱掉角、棱角不直、翘曲不平、飞边凸肋等	清水混凝土构件有影响使用性能或装饰效果的外形缺陷	其他混凝土构件有不影响使用功能的外形缺陷
外表缺陷	构件表面麻面、掉皮、起砂、沾污等	具有重要装饰效果的清水混凝土构件有外表缺陷	其他混凝土构件有不影响使用功能的外表缺陷

2. 钢结构工程观感质量检查标准

(1) 钢结构工程观感质量检查标准按以下说明判定。

焊缝外观质量。焊缝表面不得有裂纹、焊瘤；一、二级焊缝不得有气孔、夹渣、弧坑裂纹、电弧擦伤等缺陷；二、三级焊缝外观质量检查标准应符合表 5.4.4.2-2。

二级、三级焊缝外观质量标准（mm）　　表 5.4.4.2-2

项　目	允　许　偏　差	
缺陷类型	二　级	三　级
未焊满(指不足设计要求)	≤0.2+0.02t,且≤1.0	≤0.2+0.04t,且≤2.0
	每 100.0 焊缝内缺陷总长≤25.0	
根部收缩	≤0.2+0.02t,且≤1.0	≤0.2+0.04t,且≤2.0
	长度不限	
咬　边	≤0.05t，且≤0.5；连续长度≤100.0，且≤10%焊缝全长	≤0.1t 且≤1.0,长度不限
弧坑裂纹	—	允许存在个别长度≤5.0 的弧坑裂纹
电弧擦伤	—	允许存在个别电弧擦伤
接头不良	缺口深度≤0.05t,且≤0.5	缺口深度≤0.1t,且≤1.0
	每 1000.0 焊缝不应超过 1 处	
表面夹渣	—	深≤0.2t,长≤0.5t,且≤20.0
表面气孔	—	每 50.0 焊缝长度内允许直径≤0.4t,且≤3.0的气孔 2 个,孔距≥6 倍孔径
注:表内 t 为连接处较薄的板厚		

(2) 普通紧固件外观质量。普通紧固螺栓应牢固、可靠，外露丝扣不少于2扣，自攻钉、拉铆钉、射钉等规格尺寸与连接板材相匹配，间距、边距符合设计要求，与连接钢板紧固密贴，外观排列整齐。

(3) 高强度螺栓连接外观质量。扭剪型高强螺栓未扭掉梅花头的螺栓不应多于5%，并按规定进行扭检查。螺栓终拧后，外露丝扣2～3扣，可有10%的外露1扣或4扣。高强螺栓扩孔不应用气割扩孔，扩孔孔径不应大于1.2d。螺栓球节点，拧入螺栓球的螺纹长度不应小于1.0d，连接处不应出现间隙、松动等未拧紧情况。

(4) 钢结构表面质量。钢结构表面不应有疤痕、泥沙等污垢；主要构件上的中心线、标高基点等应标记齐全。

(5) 钢网架结构表面质量。网架支承垫块的种类、规格、摆放位置，支座锚栓应紧固，符合设计及规范要求，安装完成后节点及杆件表面应干净，不应有明显的疤痕、泥沙和污垢，应将所有螺栓球节点接缝用油腻子填嵌严密，并将多余的螺孔封口。

(6) 普通涂层表面质量。构件表面不应误涂、漏涂，涂层不应脱皮和返锈，涂层应均匀，无明显皱皮、滚坠、针眼和气泡等。设计有要求时，应测试涂层附着力，测试结果应符合设计要求，涂装后构件的标志、标记和编号应清晰、完整。

(7) 防火涂层表面质量。防火涂层不应有误涂、漏涂，涂层不应闭合，无脱层、空鼓、明显凹陷、粉化松散和浮浆、乳突等外观缺陷。

(8) 压型金属板安装质量。压型金属板、泛水板和包角板等应固定可靠、牢固，防腐涂料及密封材料敷设应完好，连接件数量、间距应符合设计规定及规范要求；压型金属板应在承重构件上可靠搭接，搭接长度应符合设计要求，且最小搭接长度应符合设计要求：截面高度＞70mm，为375mm；截面高度≤70mm时，屋面坡度＞1/10，为250mm；屋面坡度＞1/10，为200mm，墙面为120mm；组合楼板中压型金属板与主体结构的锚固支承长度应符合设计要求，且不小于50mm，端部锚固件连接应可靠，设计置位置应符合设计要求；屋面压型金属板安装平整、顺直，表面不应有残留物及污物，檐口和墙面下端应呈直线，不应有未经处理的锚钻孔洞。

(9) 钢平台、钢梯、钢栏杆安装质量。安装应符合《固定式钢直梯》GB 4053.1、《固定式钢斜梯》GB 4053.2、《固定式防护栏杆》GB 4053.3、《固定式钢平台》GB 4053.4等规范规定。在建筑工程中应用较少。

3. 砌体工程观感质量检查

该检查是在工程完成后施工现场的宏观质量检查，检查内容为砌筑过程中主要的工序质量。

(1) 砌筑留槎。能不留槎尽量不留槎，或将槎留在构造柱上。留槎留成斜槎，水平投影长度不应大于高度的2/3，不能留斜槎时，除转角处外，非抗震设防地区，可留直槎，应留成阳槎，不应留阴槎，但必须加设拉结筋，其数量为每120mm墙厚放1ϕ6拉结筋，间距沿高度不超过500mm，埋入长度每边均不小于500mm，对6度、7度设防地区不应小于1000mm，末端应有90°弯钩。

(2) 组砌方法。砖砌块摆放正确，上下错缝，内外搭接，柱不应有包心砌法。清水墙中长度小于等于300mm的通缝，每间房不能有3处及以上，且不在同一墙面上。

(3) 马牙槎拉结筋。构造柱与墙体连接处，应砌成马牙槎，马牙槎先退后进，预留的拉结筋数量、位置正确，施工中不应任意弯折。钢筋竖向移位不大于100mm，每一马牙槎沿高度方向尺寸偏差不超过 300mm，每一构造柱连接的钢筋竖向位移和马牙槎尺寸偏差不应超过 2 处。

(4) 砌体表面质量。墙体砌完后，每层及规定高度砌体，最上一皮砖应砌丁砖，水平缝应横平竖直、厚薄均匀，竖向灰缝不得有透亮、瞎缝、假缝。留置施工洞口应留出离墙 500mm，宽度应小于 1m；在 120mm 厚墙、料石清水墙和独立柱、过梁上、宽度小于 1m 的窗向墙上、梁及梁垫下 50mm 范围内等，不得设置脚手眼。补脚手眼应填满砂浆，不得用砖填塞；设计要求留置的洞口、沟槽等应正确留出，不应打凿墙体，超过 300mm 的洞口应加设过梁。墙体表面应整洁、平整。

(5) 网状配筋及位置。砌体有网状配筋时，钢筋位置应按设计要求放置，间距应符合设计要求，超过设计要求 1 皮砖厚的不得多于 1 处。

(6) 组合砌体拉结筋。水平灰缝内的钢筋应居中置于灰缝中，水平灰缝厚度应大于钢筋直径 4mm 以上。灰缝长度不宜小于 $50d$，且其水平或垂直弯折段的长度不宜小于 $20d$ 和 150mm；钢筋的搭接长度不应小于 $55d$。砌体外露面砂浆保护层的厚度不应小于 15mm。在潮湿环境或有化学侵蚀介质的环境中，砌体灰缝中的钢筋应采取防腐措施。竖向受力钢筋保护层应符合设计要求，拉结筋两端应设弯钩，拉结筋及箍筋的位置应符合设计要求。

(7) 细部质量，如脚手眼留置情况、洞口、管道埋设、沟槽留置、梁垫及楼顶面找平、灌浆、修补等情况，进行综合评价。综合检查分项工程、分部（子分部）工程质量验收记录或部分现场抽查，并综合分析。

4. 地下防水层观感质量检查标准按以下说明

地下防水层施工完成后，进行质量验收时必须检查的有以下内容：

(1) 表面质量。卷材防水层搭接缝应粘结牢固，密封严密，不得有皱折、翘边和鼓泡等缺陷；侧墙防水层保护层应与防水层粘结牢固、结合紧密、厚度均匀一致。塑料板防水层铺设应平顺，与基层固定牢固，不得有下垂和损坏现象，焊缝宜采用双条焊缝焊接，焊缝符合设计要求等。

(2) 细部处理。变形缝、施工缝、后浇带、穿墙管道、预埋件等细部构造符合设计要求，构造合理；止水带、遇水膨胀橡胶腻子等措施到位，没有渗漏；穿墙止水环安装正确；接缝处表面混凝土密实、干燥，密封材料填嵌严密。全面检查防水层质量验收记录，综合分析。

5. 结构工程观感质量检查辅助表

结构工程观感质量检查辅助表是对每个检查项目的检查点进行观察辅以必要的量测和检查分部（子分部）工程质量检查记录，按标准规定的"好"、"一般"、"差"给出评价，按标准规定的评价方法与判定，经分析计算判定将其结果填入评分表。

结构工程观感质量检查辅助表　　表 5.4.4.2-3

序号	检查项目	检查点检查结果				检查资料依据		检查结果
		检查点数	好的点数	一般的点数	差的点数	分部(子分部)验收记录	现场检查记录	
1. 混凝土工程	露筋							
	蜂窝							
	孔洞							
	夹渣							
	疏松							
	裂缝							
	连接部位缺陷							
	外形缺陷							
	外表缺陷							

续表

序号	检查项目	检查点检查结果				检查资料依据		检查结果
		检查点数	好的点数	一般的点数	差的点数	分部(子分部)验收记录	现场检查记录	
2. 钢结构工程	焊缝外观质量							
	普通紧固件连接外观质量							
	高强度螺栓连接外观质量							
	钢结构表面质量							
	钢网架结构外观质量							
	普通涂层表面质量							
	防火涂层表面质量							
	压型金属板安装质量							
	钢平台、钢梯、钢栏杆安装外观质量							
3. 砌体结构工程	砌筑留槎							
	组砌方法							
	马牙槎拉结筋							
	砌体表面质量							
	网状配筋及位置							
	组合砌体拉结筋							
	细部质量							
4. 地下防水层	表面质量							
	细部处理							

汇总人： 年 月 日

5.4.4.3 结构工程观感质量评分表

结构工程观感质量评分表 表5.4.4.3

工程名称			施工阶段		检查日期	年 月 日			
施工单位					评价单位				
序号	检查项目		应得分	判定结果			实得分	备注
				100%	85%	70%		
1	混凝土结构	露筋	10					
		蜂窝	10					
		孔洞	10					
		夹渣	10					
		疏松	10					
		裂缝	15					
		连接部位缺陷	15					
		外形缺陷	10					
		外表缺陷	10					
2	钢结构	焊缝外观质量	10					
		普通紧固件连接外观质量	10					
		高强度螺栓连接外观质量	10					
		钢结构表面质量	10					
		钢网架结构表面质量	10					
		普通涂层表面质量	15					
		防火涂层表面质量	15					
		压型金属板安装质量	10					
		钢平台、钢梯、钢栏杆安装外观质量						

续表

工程名称			施工阶段	检查日期		年　月　日		
施工单位				评价单位				
序号	检查项目		应得分	判定结果			实得分	备注
				100%	85%	70%		
3	砌体结构	砌筑留槎	20					
		组砌方法	10					
		马牙槎拉结筋	20					
		砌体表面质量	10					
		网状配筋及位置	10					
		组合砌体拉结筋	10					
		细部质量	20					
4	地下防水层	表面质量	(50)					
		细部质量	(50)					
检查结果	权重值 15 分。 应得分合计： 实得分合计： 结构工程观感质量评分＝$\frac{实得分}{应得分}$×15＝ 评价人员：　　　年　月　日							

5.5 屋面工程质量评价

屋面工程质量评价应检查屋面工程性能检测、屋面工程质量记录、屋面工程尺寸偏差及限值实测、屋面工程观感质量进行检查评价。

5.5.1 屋面工程性能检测

5.5.1.1 屋面工程性能检测应检查的项目

（1）屋面防水层淋水、蓄水试验

（2）保温层厚度测试

5.5.1.2 屋面工程性能检测检查评价方法

（1）检查标准：

1）防水层淋水或雨后检查，防水层及细部无渗漏和积水现象的为一档，取100%的标准分值；防水层及细部无渗漏，但局部有少量积水，水深不超过30mm的为二档，取85%的标准分值；经返修后达到无渗漏的为三档，取70%的标准分值。

2）保温层厚度抽样测试达到＋10%、－3%为一档，取100%的标准分值；抽样检测达到＋10%、－5%为二档，取85%的标准分值；抽样检测80%点达到要求＋10%、－5%，其余测点经返修达到厚度95%的为三档，取70%的标准分值。

（2）检查方法：检查检测记录。

5.5.1.3　屋面工程性能检测用表及说明

防水工程试水检查记录见本书第3章中3.3单位（子单位）工程安全与功能检验资料核查及主要功能抽查记录中的3.3.1屋面淋水试验记录表式及实施要点。

5.5.1.4　保温层厚度检测记录表

保温层厚度检测记录表　　**表5.5.1.4**

工程名称：

施工单位									
检查部位					检查日期		年　月　日		
检测工具	钢针及钢板尺								
检验方法及内容说明(附检测点平面图)：									
保温层厚度实测	1				6				
	2				7				
	3				8				
	4				9				
	5				10				
检验结果：									
参加人员	监理(建设)单位	施工单位							
		专业技术负责人			质检员		试验员		

5.5.1.5　屋面工程性能检测评分

屋面工程性能检测评分应符合表5.5.1.5的规定。

屋面工程性能检测评分表　　**表5.5.1.5**

工程名称		施工阶段				检查日期	年　月　日
施工单位						评价单位	
序号	检查项目	应得分	判定结果			实得分	备注
			100%	85%	70%		
1	屋面防水层淋水、蓄水试验	60					
2	保温层厚度测试	40					
检查结果	权重值30分。 应得分合计： 实得分合计：　　屋面工程性能检测评分$=\frac{实得分}{应得分}\times 30=$ 评价人员：　　年　月　日						

5.5.2　屋面工程质量记录

5.5.2.1　屋面工程质量记录应检查的项目

(1) 材料合格证（出厂检测报告）及进场验收记录

1）瓦及混凝土预制块出厂合格证（出厂试验报告）及进场验收记录；

2）防水卷材、涂膜防水材料、密封材料合格证（出厂试验报告）、进场验收记录及复试报告；

3）保温材料合格证（出厂试验报告）及进场验收记录。

（2）施工记录

1）卷材、涂膜防水层的基层施工记录；

2）天沟、檐沟、泛水和变形缝等细部做法施工记录；

3）卷材、涂膜防水层和附加层施工记录；

4）刚性保护层与卷材、涂膜防水层之间设置的隔离层施工记录；

5）隐蔽工程验收记录；

6）检验批、分项、分部（子分部）工程质量验收记录。

（3）施工试验

1）细石混凝土配合比试验报告；

2）防水涂料、密封材料配合比试验报告。

屋面工程的材料合格证（出厂检测报告）及进场验收记录、施工记录、施工试验表式及其实施要点，可参照本书第2章、第3章建筑屋面工程中的相关章节。

5.5.2.2　屋面工程质量记录资料汇总表

屋面工程质量记录的汇总，是按检验批、分项、分部（子分部）工程质量验收资料及其要求提供的材料合格证及进场验收记录、施工记录、施工试验资料，按表列出明细，可借助表5.5.2.2进行。经过对资料按标准规定的评价方法与判定，将其结果填入评分表。

屋面工程质量记录资料汇总表　　表5.5.2.2

序　号	资料项目名称	分数及编号	判定内容	判定情况
1. 材料合格证、进场验收记录	防水卷材出厂合格证、进场验收记录及复试报告			
	涂膜防水材料出厂合格证、进场验收记录及复试报告			
	密封材料出厂合格证、进场验收记录及复试报告			
	瓦材料出厂合格证、进场验收记录及复试报告			
	压型板板出厂合格证、进场验收记录及复试报告			
	保温材料出厂合格证、进场验收记录及复试报告			
2. 施工记录	基层施工记录			
	细部做法施工记录			
	卷材、涂膜防水层施工记录			
	附加层、隔离层施工记录			
	保温层施工记录			
	隐蔽工程验收记录			
	检验批质量验收记录			
	分项工程质量验收记录			
	分部(子分部)工程质量验收记录			
3. 施工试验	细石混凝土配合比试验报告			
	涂料防水、密封防水材料配合比试验报告			

汇总人：　　　　年　　月　　日

5.5.2.3 屋面工程质量记录评分表

屋面工程质量记录评分表 表 5.5.2.3

<table>
<tr><td>工程名称</td><td colspan="2"></td><td>施工阶段</td><td colspan="2"></td><td>检查日期</td><td colspan="2">年 月 日</td></tr>
<tr><td>施工单位</td><td colspan="5"></td><td>评价单位</td><td colspan="2"></td></tr>
<tr><td rowspan="2">序号</td><td colspan="2" rowspan="2">检 查 项 目</td><td rowspan="2">应得分</td><td colspan="3">判定结果</td><td rowspan="2">实得分</td><td rowspan="2">备 注</td></tr>
<tr><td>100%</td><td>85%</td><td>70%</td></tr>
<tr><td rowspan="3">1</td><td rowspan="3">材料合格证及进场验收记录</td><td>瓦及混凝土预制块合格证及进场验收记录</td><td>10</td><td></td><td></td><td></td><td rowspan="3"></td><td rowspan="3"></td></tr>
<tr><td>卷材、涂膜材料、密封材料合格证、进场验收记录及复试报告</td><td>10</td><td></td><td></td><td></td></tr>
<tr><td>保温材料合格证及进场验收记录</td><td>10</td><td></td><td></td><td></td></tr>
<tr><td rowspan="6">2</td><td rowspan="6">施工记录</td><td>卷材、涂膜防水层的基层施工记录</td><td>5</td><td></td><td></td><td></td><td rowspan="6"></td><td rowspan="6"></td></tr>
<tr><td>天沟、檐沟、泛水和变形缝等细部做法施工记录</td><td>5</td><td></td><td></td><td></td></tr>
<tr><td>卷材、涂膜防水层和附加层施工记录</td><td>10</td><td></td><td></td><td></td></tr>
<tr><td>刚性保护层与防水层之间隔离层施工记录</td><td>5</td><td></td><td></td><td></td></tr>
<tr><td>隐蔽工程验收记录</td><td>5</td><td></td><td></td><td></td></tr>
<tr><td>检验批、分项、分部(子分部)工程质量验收记录</td><td>10</td><td></td><td></td><td></td></tr>
<tr><td rowspan="2">3</td><td rowspan="2">施工试验</td><td>细石混凝土配合比试验报告</td><td>15</td><td></td><td></td><td></td><td rowspan="2"></td><td rowspan="2"></td></tr>
<tr><td>防水涂料、密封材料配合比试验报告</td><td>15</td><td></td><td></td><td></td></tr>
<tr><td colspan="2">检查结果</td><td colspan="7">权重值20分。
应得分合计:
实得分合计:
$$屋面工程质量记录评分=\frac{实得分}{应得分}\times 20=$$
评价人员: 年 月 日</td></tr>
</table>

5.5.3 屋面工程尺寸偏差及限值实测

5.5.3.1 屋面工程尺寸偏差及限值实测项目

屋面工程尺寸偏差及限值实测项目 表 5.5.3.1

<table>
<tr><td>序号</td><td colspan="2">检 查 项 目</td><td>尺寸要求、允许偏差(mm)</td></tr>
<tr><td>1</td><td colspan="2">找平层及排水沟排水坡度</td><td>1%~3%</td></tr>
<tr><td>2</td><td colspan="2">卷材防水层卷材搭接宽度</td><td>−10</td></tr>
<tr><td>3</td><td colspan="2">涂料防水层厚度</td><td>不小于设计厚度的80%</td></tr>
<tr><td rowspan="3">4</td><td rowspan="3">瓦屋面</td><td>压型板纵向搭接及泛水搭接长度、挑出墙面长度</td><td>≥200</td></tr>
<tr><td>脊瓦搭盖坡瓦宽度</td><td>≥40</td></tr>
<tr><td>瓦伸入天沟、檐沟、檐口的长度</td><td>50~70</td></tr>
<tr><td rowspan="2">5</td><td rowspan="2">细部构造</td><td>防水层贴入水落口杯长度</td><td>≥50</td></tr>
<tr><td>变形缝、女儿墙防水层立面泛水高度</td><td>≥250</td></tr>
</table>

5.5.3.2 屋面工程尺寸偏差及限值实测评价方法

屋面工程尺寸偏差及限值实测评价方法应符合第 5.1.5 基本评价方法中（3）的规定。

5.5.3.3 屋面工程尺寸偏差及限值数据汇总表

尺寸偏差及限值实测的汇总，是根据施工单位提供经项目监理机构审核同意的相关同类检验批或分项工程质量验收记录，按标准规定在相应资料中随机抽取的工程质量验收资料中的尺寸偏差及限值，再将必要时现场实际抽查实测资料的数据进行汇总并分析计算。按表列出明细，可借助表 5.5.3.3-1 进行。经过对资料按标准规定的评价方法与判定，将其结果填入评分表。

屋面工程尺寸偏差及限值数据汇总表 **表 5.5.3.3-1**

<table>
<tr><th>序 号</th><th>尺寸偏差及限值项目</th><th colspan="5">尺寸偏差及限值测量数值</th><th>数据分析</th></tr>
<tr><td>1</td><td>找平层及排水沟排水坡度1%～3%</td><td></td><td></td><td></td><td></td><td></td><td></td></tr>
<tr><td>2</td><td>卷材防水层卷材搭接宽度 −10mm</td><td></td><td></td><td></td><td></td><td></td><td></td></tr>
<tr><td>3</td><td>涂料防水层厚度不小于设计厚度的 80%</td><td></td><td></td><td></td><td></td><td></td><td></td></tr>
<tr><td rowspan="3">4</td><td>压型板纵向搭接及泛水搭接长度、挑出墙面长度≥200mm</td><td></td><td></td><td></td><td></td><td></td><td></td></tr>
<tr><td>脊瓦搭盖坡瓦宽度≥40mm</td><td></td><td></td><td></td><td></td><td></td><td></td></tr>
<tr><td>瓦伸入天沟、檐沟、檐口的长度 50～70mm</td><td></td><td></td><td></td><td></td><td></td><td></td></tr>
<tr><td rowspan="2">5</td><td>防水层贴入水落口杯长度 ≥50mm</td><td></td><td></td><td></td><td></td><td></td><td></td></tr>
<tr><td>变形缝、女儿墙防水层立面泛水高度≥250mm</td><td></td><td></td><td></td><td></td><td></td><td></td></tr>
</table>

汇总人： 年 月 日

卷材搭接宽度（mm） **表 5.5.3.3-2**

<table>
<tr><th colspan="2" rowspan="2">铺贴方法
卷材种类</th><th colspan="2">短边搭接</th><th colspan="2">长边搭接</th></tr>
<tr><th>满粘法</th><th>空铺、点粘、条粘法</th><th>满粘法</th><th>空铺、点粘、条粘法</th></tr>
<tr><td colspan="2">沥青防水卷材</td><td>100</td><td>150</td><td>70</td><td>100</td></tr>
<tr><td colspan="2">高聚物改性沥青防水卷材</td><td>80</td><td>100</td><td>80</td><td>100</td></tr>
<tr><td rowspan="4">合成高分子防水卷材</td><td>胶粘剂</td><td>80</td><td>100</td><td>80</td><td>100</td></tr>
<tr><td>胶粘带</td><td>50</td><td>60</td><td>50</td><td>60</td></tr>
<tr><td>单缝焊</td><td colspan="4">60，有效焊接宽度不小于 25</td></tr>
<tr><td>双缝焊</td><td colspan="4">80，有效焊接宽度 10×2＋空腔宽</td></tr>
</table>

5.5.3.4 屋面工程尺寸偏差及限值实测评分

屋面工程尺寸偏差及限值实测评分表　　表 5.5.3.4

<table>
<tr><td colspan="2">工程名称</td><td></td><td colspan="2">施工阶段</td><td></td><td>检查日期</td><td colspan="2">年　月　日</td></tr>
<tr><td colspan="2">施工单位</td><td colspan="4"></td><td>评价单位</td><td colspan="2"></td></tr>
<tr><td rowspan="2">序号</td><td rowspan="2" colspan="2">检 查 项 目</td><td rowspan="2">应得分</td><td colspan="3">判定结果</td><td rowspan="2">实得分</td><td rowspan="2">备 注</td></tr>
<tr><td>100%</td><td>85%</td><td>70%</td></tr>
<tr><td>1</td><td colspan="2">找平层及排水沟排水坡度</td><td>20</td><td></td><td></td><td></td><td></td><td rowspan="8"></td></tr>
<tr><td>2</td><td colspan="2">防水卷材搭接宽度</td><td>20</td><td></td><td></td><td></td><td></td></tr>
<tr><td>3</td><td colspan="2">涂料防水层厚度</td><td>(40)</td><td></td><td></td><td></td><td></td></tr>
<tr><td rowspan="3">4</td><td rowspan="3">瓦屋面</td><td>压型板纵向搭接及泛水搭接长度、挑出墙面长度</td><td>(40)</td><td></td><td></td><td></td><td rowspan="3"></td></tr>
<tr><td>脊瓦搭盖坡瓦宽度</td><td>(20)</td><td></td><td></td><td></td></tr>
<tr><td>瓦伸入天沟、檐沟、檐口的长度</td><td>(20)</td><td></td><td></td><td></td></tr>
<tr><td rowspan="2">5</td><td rowspan="2">细部构造</td><td>防水层伸入水落口杯长度</td><td>30</td><td></td><td></td><td></td><td rowspan="2"></td></tr>
<tr><td>变形缝、女儿墙防水层立面泛水高度</td><td>30</td><td></td><td></td><td></td></tr>
<tr><td>检查结果</td><td colspan="8">权重值 20 分。
应得分合计：
实得分合计：
屋面工程尺寸偏差及限值实测评分$=\frac{实得分}{应得分}\times 20=$
评价人员：　　　　年　月　日</td></tr>
</table>

5.5.4 屋面工程观感质量

5.5.4.1 屋面工程观感质量应检查的项目

(1) 卷材屋面

1) 卷材铺设质量；

2) 排气道设置质量；

3) 保护层铺设质量及上人屋面面层。

(2) 金属板材屋面金属板材铺设质量

(3) 平瓦及其他屋面铺设质量

(4) 细部构造

屋面工程的施工试验表式及其实施要点可参照本书第 3 章建筑屋面工程中的相关章节。

5.5.4.2 屋面工程观感质量检查评价方法

屋面工程观感质量检查评价方法应符合第 5.1.5 基本评价方法中（3）的规定。

5.5.4.3 屋面工程观感质量检查辅助表

屋面工程观感质量检查辅助表是对每个检查项目的检查点进行观察辅以必要的量测和

检查分部（子分部）工程质量检查记录，按标准规定的“好”、“一般”、“差”给出评价，按标准规定的评价方法与判定，经分析计算判定，将其结果填入评分表。

屋面工程观感质量检查辅助表　　　　表 5.5.4.3

<table>
<tr><th rowspan="2">序号</th><th rowspan="2" colspan="2">检查项目</th><th colspan="4">检查点检查结果</th><th colspan="2">检查资料依据</th><th rowspan="2">检查结果</th></tr>
<tr><th>检查点数</th><th>好的点数</th><th>一般的点数</th><th>差的点数</th><th>分部(子分部)验收记录</th><th>现场检查记录</th></tr>
<tr><td rowspan="3">1</td><td rowspan="3">卷材屋面</td><td>卷材铺设质量</td><td></td><td></td><td></td><td></td><td rowspan="3"></td><td></td><td rowspan="6"></td></tr>
<tr><td>排气道设置质量</td><td></td><td></td><td></td><td></td><td></td></tr>
<tr><td>保护层铺设质量及上人屋面层</td><td></td><td></td><td></td><td></td><td></td></tr>
<tr><td>2</td><td colspan="2">金属板材铺设质量</td><td></td><td></td><td></td><td></td><td></td><td></td></tr>
<tr><td>3</td><td colspan="2">平瓦及其他屋面铺设质量</td><td></td><td></td><td></td><td></td><td></td><td></td></tr>
<tr><td>4</td><td colspan="2">细部构造</td><td></td><td></td><td></td><td></td><td></td><td></td></tr>
</table>

汇总人：　　　　年　　月　　日

5.5.4.4　屋面工程观感质量检查评分

屋面工程观感质量检查评分应符合表 5.5.4.4 的规定。

屋面工程观感质量评分表　　　　表 5.5.4.4

<table>
<tr><td colspan="3">工程名称</td><td>施工阶段</td><td></td><td colspan="2">检查日期</td><td colspan="2">年　月　日</td></tr>
<tr><td colspan="3">施工单位</td><td colspan="2"></td><td colspan="2">评价单位</td><td colspan="2"></td></tr>
<tr><th rowspan="2">序号</th><th rowspan="2" colspan="2">检　查　项　目</th><th rowspan="2">应得分</th><th colspan="3">判定结果</th><th rowspan="2">实得分</th><th rowspan="2">备　注</th></tr>
<tr><th>100%</th><th>85%</th><th>70%</th></tr>
<tr><td rowspan="3">1</td><td rowspan="3">卷材屋面</td><td>卷材铺设质量</td><td>20</td><td></td><td></td><td></td><td rowspan="6"></td><td rowspan="6"></td></tr>
<tr><td>排气道设置质量</td><td>20</td><td></td><td></td><td></td></tr>
<tr><td>保护层铺设质量及上人屋面面层</td><td>10</td><td></td><td></td><td></td></tr>
<tr><td rowspan="2">2</td><td rowspan="2">瓦屋面</td><td>金属板材铺设质量</td><td>(50)</td><td></td><td></td><td></td></tr>
<tr><td>平瓦及其他屋面铺设</td><td>(50)</td><td></td><td></td><td></td></tr>
<tr><td>3</td><td colspan="2">细部构造</td><td>50</td><td></td><td></td><td></td></tr>
<tr><td>检查结果</td><td colspan="8">权重值 20 分。
应得分合计：
实得分合计：
屋面工程尺寸偏差及限值实测评分＝$\frac{实得分}{应得分}$×20＝
评价人员：　　年　月　日</td></tr>
</table>

5.6　装饰装修工程质量评价

5.6.1　装饰装修工程性能检测

5.6.1.1　装饰装修工程性能检测应检查的项目

(1) 外窗传热性能及建筑节能检测（设计有要求时）；

(2) 幕墙工程与主体结构连接的预埋件及金属框架的连接检测；

(3) 外墙块材镶贴的粘结强度检测；

(4) 室内环境质量检测。

装饰装修工程的施工试验表式及其实施要点，可参照本书第3章建筑装饰装修工程中的相关章节。

5.6.1.2 装饰装修工程性能检测检查评价方法

装饰装修工程性能检测检查评价方法应符合第5.1.5基本评价方法中（1）的规定。

5.6.1.3 幕墙预埋件及金属框架连接检查表

幕墙预埋件及金属框架连接检查表 表5.6.1.3

序号	检查项目	检查结果
1. 幕墙预埋件	(1)隐蔽工程检查记录：预埋件的数量、规格、位置及防腐处理情况 (2)幕墙安装前核对检查记录 (3)后置埋件拉拔试验报告	
2. 金属框架连接	(1)金属框与主体结构预埋件连接，单元幕墙连接和吊挂处铝型材壁厚≥5.0mm (2)立柱采用螺栓与角码连接，螺栓直径≥ϕ10mm；铝壁厚≥3.0mm；钢型材壁厚≥3.5mm (3)板材与金属框之间硅酮结构胶粘结宽度≥7.0mm	

汇总人： 年 月 日

5.6.1.4 装饰装修工程性能检测用表

(1) 外墙饰面砖粘结强度试验报告见外墙饰面砖粘结强度检测报告表C2-4-14-5。

(2) 室内环境质量检测结果

本表为室内环境质量检测报告后面应附的附表。

室内环境质量检测结果表 表5.6.1.4

测点编号	限量标准 / 抽样位置	氡 (Bq/m^3)	游离甲醛 (mg/m^3)	苯 (mg/m^3)	氨 (mg/m^3)	TVOC (mg/m^3)	评定
1							
2							
3							
4							
5							
6							
…							

注：标准限量依据《民用建筑工程室内环境污染控制规范》GB 50325—2001中对一类民用建筑工程室内环境污染物浓度限量的规定，除氡外，均以同步测定的室外空气相应值为空白值。

5.6.1.5 装饰装修工程性能检测评分

装饰装修工程性能检测评分应符合表5.6.1.5的规定。

装饰装修工程性能检测评分表　　表 5.6.1.5

<table>
<tr><td colspan="2">工程名称</td><td colspan="2"></td><td>施工阶段</td><td></td><td>检查日期</td><td colspan="2">年　月　日</td></tr>
<tr><td colspan="2">施工单位</td><td colspan="4"></td><td>评价单位</td><td colspan="2"></td></tr>
<tr><td rowspan="2">序号</td><td rowspan="2" colspan="2">检　查　项　目</td><td rowspan="2">应得分</td><td colspan="2">判定结果</td><td rowspan="2" colspan="2">实得分</td><td rowspan="2">备　注</td></tr>
<tr><td>100%</td><td>70%</td></tr>
<tr><td>1</td><td colspan="2">外窗传热性能及建筑节能检测（设计有要求时）</td><td>30</td><td></td><td></td><td colspan="2"></td><td rowspan="4"></td></tr>
<tr><td>2</td><td colspan="2">幕墙工程与主体结构连接的预埋件及金属框架的连接检测</td><td>20</td><td></td><td></td><td colspan="2"></td></tr>
<tr><td>3</td><td colspan="2">外墙块材镶贴的粘结强度检测</td><td>20</td><td></td><td></td><td colspan="2"></td></tr>
<tr><td>4</td><td colspan="2">室内环境质量检测</td><td>30</td><td></td><td></td><td colspan="2"></td></tr>
<tr><td>检查结果</td><td colspan="8">权重值 20 分。
应得分合计：
实得分合计：
装饰装修工程性能检测评分 $=\frac{\text{实得分}}{\text{应得分}}\times 20=$
评价人员：　　　年　　月　　日</td></tr>
</table>

5.6.2　装饰装修工程质量记录

5.6.2.1　装饰装修工程质量记录应检查的项目

（1）材料合格证及进场验收记录

1）装饰装修、节能保温材料合格证、进场验收记录；

2）幕墙的玻璃、石材、板材、结构材料合格证及进场验收记录，门窗及幕墙抗风压、水密性、气密性、结构胶相容性试验报告；

3）有环境质量要求的材料合格证、进场验收记录及复试报告。

（2）施工记录

1）吊顶、幕墙、外墙的面板（砖）、各种预埋件及粘贴施工记录；

2）节能工程施工记录；

3）检验批、分项、分部（子分部）工程质量验收记录。

（3）施工试验

1）有防水要求的房间地面蓄水试验记录；

2）烟道、通风道通风试验记录；

3）有关胶料配合比试验单。

装饰装修工程的材料合格证及进场验收记录、施工记录、施工试验表式及其实施要点，可参照本书建筑装饰装修工程中的相关章节。

5.6.2.2　装饰装修工程质量记录检查评价方法

装饰装修工程质量记录检查评价方法应符合第 5.1.5 基本评价方法中（2）的规定。

5.6.2.3　装饰装修工程质量记录资料汇总表

工程质量记录的汇总，是按检验批、分项、分部（子分部）工程质量验收资料及其要求提供的材料合格证及进场验收记录、施工记录、施工试验资料，按表列出明细，可借助表 5.6.2.3 进行。经过对资料按标准规定的评价方法与判定，将其结果填入评分表。

装饰装修工程质量记录资料汇总表 **表 5.6.2.3**

序 号	资料项目名称	资料分数及编号	判定情况
1. 材料出厂合格证及进场验收记录	墙面、隔墙顶棚材料出厂合格证及进场验收记录 地面材料出厂合格证及进场验收记录		
	保温材料出厂合格证、进场验收记录及导热系数测试报告		
	幕墙材料出厂合格证及进场验收记录		
	有环境质量要求材料、环保项目检测报告		
2. 施工记录	吊顶、幕墙、外墙饰面板(砖)、预埋件及粘贴施工记录		
	节能项目施工记录		
	检验批		
	分项工程		
	分部(子分部)工程		
3. 施工试验	有防水要求房间地面蓄水试验记录		
	烟道、通风道通风试验记录		
	有关胶料配合比试验单		

汇总人： 年 月 日

5.6.2.4 装饰装修工程质量记录评分表

装饰装修工程质量记录评分表 **表 5.6.2.4**

工程名称		施工阶段		检查日期	年 月 日
施工单位				评价单位	

序号	检查项目		应得分	判定结果 100%	判定结果 85%	判定结果 70%	实得分	备注
1	材料合格证、进场验收记录	装饰装修、节能保温材料合格证、进场验收记录	10					
		幕墙的玻璃、石材、板材、结构材料合格证及进场验收记录，门窗及幕墙抗风压、水密性、气密性、结构胶相容性试验报告	10					
		有环境质量要求的材料合格证、进场验收记录及复试报告	10					
2	施工记录	吊顶、幕墙、外墙饰面板(砖)、预埋件及粘贴施工记录	15					
		节能工程施工记录	15					
		检验批、分项、分部(子分部)工程质量验收记录	10					
3	施工试验	有防水要求的房间地面蓄水试验记录	10					
		烟道、通风道通风试验记录	10					
		有关胶料配合比试验单	10					
检查结果	权重值20分。 应得分合计： 实得分合计： 装饰装修工程质量记录评分$=\frac{实得分}{应得分}\times 20=$ 评价人员： 年 月 日							

5.6.3　装饰装修工程尺寸偏差及限值实测

5.6.3.1　装饰装修工程尺寸偏差及限值实测检查项目

装饰装修工程尺寸偏差及限值实测检查项目应符合表 5.6.3.1 的规定。

装饰装修工程尺寸偏差及限值实测检查项目表　　表 5.6.3.1

序号	子分部	检查项目	留缝限值、允许偏差(mm)	
			普通	高级
1	抹灰工程	立面垂直度	4	3
		表面平整度	4	3
2	门窗工程	门窗框正、侧面垂直度	2	1
3	幕墙工程	幕墙垂直度　幕墙高度≤30m	10	
		幕墙垂直度　30m<幕墙高度≤60m	15	
		幕墙垂直度　60m<幕墙高度≤90m	20	
		幕墙垂直度　幕墙高度>90m	25	
4	地面工程　整体地面	表面平整度	4	2
	地面工程　板块地面	表面平整度	4	1

5.6.3.2　装饰装修工程尺寸偏差及限值实测检查评价方法

装饰装修工程尺寸偏差及限值实测检查评价方法应符合第 5.1.5 基本评价方法中（3）的规定。

5.6.3.3　装饰装修工程实测数据汇总表

装饰装修尺寸偏差及限值实测的汇总，是根据施工单位提供经项目监理机构审核同意的相关同类检验批或分项工程质量验收记录，按标准规定在相应资料中随机抽取的工程质量验收资料中的尺寸偏差及限值，再将必要时现场实际抽查实测资料的数据进行汇总并分析计算。按表列出明细，可借助表 5.6.3.3 进行。经过对资料按标准规定的评价方法与判定，将其结果填入评分表。

装饰装修工程实测数据汇总表　　表 5.6.3.3

序　号	允许偏差及限值项目		尺寸偏差及限值实测数值	数据分析
1	抹灰工程	立面垂直度 4(3)mm		
		表面平整度 4(3)mm		
2	门窗框正侧面垂直度			
3	幕墙垂直度 幕墙高度≤30m，≤10mm 幕墙高度>30m、≤60m，≤15mm 幕墙高度>60m、≤90m，≤20mm 幕墙高度>90m，≤25mm			
4	地面工程	整体地面表面平整度 4(2)mm		
		板块地面表面平整度 4(1)mm		

汇总人：　　　　　　　　年　　月　　日

5.6.3.4 装饰装修工程尺寸偏差及限值实测评分

装饰装修工程尺寸偏差及限值实测评分表　　　表 5.6.3.4

<table>
<tr><td colspan="2">工程名称</td><td colspan="2"></td><td colspan="2">施工阶段</td><td></td><td>检查日期</td><td colspan="2">年　月　日</td></tr>
<tr><td colspan="2">施工单位</td><td colspan="5"></td><td>评价单位</td><td colspan="2"></td></tr>
<tr><td rowspan="2">序号</td><td colspan="2" rowspan="2">检　查　项　目</td><td rowspan="2">应得分</td><td colspan="3">判定结果</td><td rowspan="2" colspan="2">实得分</td><td rowspan="2">备　注</td></tr>
<tr><td>100%</td><td>85%</td><td>70%</td></tr>
<tr><td>1</td><td>抹灰工程</td><td>立面垂直度、表面平整度</td><td>30</td><td></td><td></td><td></td><td colspan="2"></td><td rowspan="4"></td></tr>
<tr><td>2</td><td>门窗工程</td><td>门窗框正、侧面垂直度</td><td>20</td><td></td><td></td><td></td><td colspan="2"></td></tr>
<tr><td>3</td><td>幕墙工程</td><td>幕墙垂直度</td><td>20</td><td></td><td></td><td></td><td colspan="2"></td></tr>
<tr><td>4</td><td>地面工程</td><td>表面平整度</td><td>30</td><td></td><td></td><td></td><td colspan="2"></td></tr>
<tr><td colspan="2">检
查
结
果</td><td colspan="8">权重值 10 分。
应得分合计：
实得分合计：
装饰装修工程尺寸偏差及限值实测评分 $=\frac{实得分}{应得分}\times 10=$
评价人员：　　年　月　日</td></tr>
</table>

5.6.4 装饰装修工程观感质量

5.6.4.1 装饰装修工程观感质量应检查的项目

(1) 地面；
(2) 抹灰；
(3) 门窗；
(4) 吊顶；
(5) 轻质隔墙；
(6) 饰面板（砖）；
(7) 幕墙；
(8) 涂饰工程；
(9) 裱糊与软包；
(10) 细部工程；
(11) 外檐观感；
(12) 室内观感。

装饰装修工程的施工试验表式及其实施要点可参照本书建筑装饰装修工程中的相关章节。

5.6.4.2 装饰装修工程观感质量检查评价方法

装饰装修工程观感质量检查评价方法应符合第 5.1.5 基本评价方法中（3）的规定。

5.6.4.3 装饰装修工程观感质量检查辅助表

工程观感质量检查辅助表是对每个检查项目的检查点进行观察辅以必要的量测和检查分部（子分部）工程质量检查记录，按标准规定的“好”、“一般”、“差”给出评价，按标准规定的评价方法与判定，经分析计算判定，将其结果填入评分表。

装饰装修工程观感质量检查辅助表　　**表 5.6.4.3**

序号	检查项目	检查点检查结果				检查资料依据		检查结果
		检查点数	好的点数	一般的点数	差的点数	分部(子分部)验收记录	现场检查记录	
1	地　面							
2	抹　灰							
3	门　窗							
4	吊　顶							
5	轻质隔墙							
6	饰面板(砖)							
7	幕　墙							
8	涂饰工程							
9	裱糊与软包							
10	细部工程							
11	外檐观感							
12	室内观感							

汇总人：　　　　年　月　日

5.6.4.4 装饰装修工程观感质量评分表

装饰装修工程观感质量评分表　　**表 5.6.4.4**

工程名称			施工阶段		检查日期		年　月　日	
施工单位					评价单位			
序号	检查项目		应得分	判定结果			实得分	备注
				100%	85%	70%		
1	地面	表面、分格缝、图案、有排水要求的地面的坡度	10					
2	抹灰	表面、护角、阴阳角、分格缝、滴水线	10					
3	门窗	固定、配件、位置、构造、密封等	10					
4	吊顶	图案、颜色、灯具设备安装位置、交接缝处理、吊杆龙骨外观	5					
5	轻质隔墙	位置、墙面平整、连接件、接缝处理	5					
6	饰面板(砖)	表面质量、排砖、勾缝嵌缝、细部	10					
7	幕墙	主要构件外观、节点做法、打胶、配件、开启密闭	10					
8	涂饰工程	分色规矩、色泽协调	5					
9	裱糊与软包	端正、边框、拼角、接缝	5					
10	细部工程	柜、盒、护罩、栏杆、花式等安装、固定和表面质量	5					
11	外檐观感	室外墙面、大角、墙面横竖线(角)及滴水槽(线)、散水、台阶、雨罩、变形缝和泛水等	15					
12	室内观感	面砖、涂料、饰物、线条及不同做法的交接过渡	10					
检查结果	权重值40分。 应得分合计： 实得分合计： 装饰装修工程观感质量评分＝$\frac{实得分}{应得分}\times 40=$ 评价人员：　　年　月　日							

5.7 安装工程质量评价

5.7.1 建筑给水排水及采暖工程质量评价

Ⅰ 建筑给水排水及采暖工程性能检测

5.7.1.1 建筑给水排水及采暖工程性能检测应检查的项目

(1) 生活给水系统管道交用前水质检测;
(2) 承压管道、设备系统水压试验;
(3) 非承压管道和设备灌水试验及排水干管管道通球、通水试验;
(4) 消火栓系统试射试验;
(5) 采暖系统调试、试运行、安全阀、报警装置联动系统测试。
安装工程的施工试验表式及其实施要点,可参照本书建筑安装工程中的相关章节。

5.7.1.2 生活净水水质检测表

生活净水水质检测表 表 5.7.1.2

项目		标准	检测值
感官性状	色	色度不超过 15 度,并不得呈现其他异色	
	浑浊度	不超过 3 度,特殊情况不超过 5 度	
	臭和味	不得有异臭、异味	
	肉眼可见物	不得含有	
一般化学指标	pH	6.5~8.5	
	总硬度(以碳酸钙计)	450mg/L	
	铁	0.3mg/L	
	锰	0.1mg/L	
	铜	1.0mg/L	
	锌	1.0mg/L	
	挥发酚类(以苯酚计)	0.002mg/L	
	阴离子合成洗涤剂	0.3mg/L	
	硫酸盐	250mg/L	
	氯化物	250mg/L	
	溶解性总固体	1000mg/L	
细菌学指标	细菌总数	100 个/mL	
	总大肠菌群	3 个/L	
	游离余氯	在与水接触 30min 后应不低于 0.3mg/L。 集中式给水除出厂水符合上述要求外,管网末梢水不应低于 0.05mg/L	
检测结果			

检测单位: 批准人: 审核人: 检测人: 年 月 日

5.7.1.3　建筑给水排水及采暖工程性能检测检查评价方法

建筑给水排水及采暖工程性能检测检查评价方法应符合第1.5.1条的规定。

5.7.1.4　建筑给水排水及采暖工程性能检测评分

建筑给水排水及采暖工程性能检测评分表　　表5.7.1.4

<table>
<tr><td colspan="2">工程名称</td><td></td><td colspan="2">施工阶段</td><td>检查日期</td><td colspan="2">年　月　日</td></tr>
<tr><td colspan="2">施工单位</td><td colspan="3"></td><td>评价单位</td><td colspan="2"></td></tr>
<tr><td rowspan="2">序号</td><td rowspan="2" colspan="2">检　查　项　目</td><td rowspan="2">应得分</td><td colspan="2">判定结果</td><td rowspan="2">实得分</td><td rowspan="2">备　注</td></tr>
<tr><td>100%</td><td>70%</td></tr>
<tr><td>1</td><td colspan="2">生活给水系统管道交用前水质检测</td><td>10</td><td></td><td></td><td></td><td></td></tr>
<tr><td>2</td><td colspan="2">承压管道、设备系统水压试验</td><td>30</td><td></td><td></td><td></td><td></td></tr>
<tr><td>3</td><td colspan="2">非承压管道和设备灌水试验、排水干管管道通球、通水试验</td><td>30</td><td></td><td></td><td></td><td></td></tr>
<tr><td>4</td><td colspan="2">消火栓系统试射试验</td><td>20</td><td></td><td></td><td></td><td></td></tr>
<tr><td>5</td><td colspan="2">采暖系统调试、试运行、安全阀、报警装置联动系统测试</td><td>10</td><td></td><td></td><td></td><td></td></tr>
<tr><td>检查结果</td><td colspan="7">权重值30分。
应得分合计：
实得分合计：
建筑给水排水及采暖工程性能检测评分 $=\frac{\text{实得分}}{\text{应得分}}\times 30=$
评价人员：　　年　月　日</td></tr>
</table>

Ⅱ　建筑给水排水及采暖工程质量记录

5.7.1.5　建筑给水排水及采暖工程质量记录应检查的项目

(1) 材料合格证及进场验收记录

1) 材料及配件出厂合格证及进场验收记录；

2) 器具及设备出厂合格证及进场验收记录。

(2) 施工记录

1) 主要管道施工及管道穿墙、穿楼板套管安装施工记录；

2) 补偿器预拉伸记录；

3) 给水管道冲洗、消毒记录；

4) 隐蔽工程验收记录；

5) 检验批、分项、分部（子分部）工程质量验收记录。

(3) 施工试验

1) 阀门安装前强度和严密性试验;

2) 给水系统及卫生器具交付使用前通水、满水试验;

3) 水泵安装试运转。

建筑给水排水及采暖工程的材料合格证及进场验收记录、施工记录、施工试验表式及其实施要点可参照本书建筑给水、排水及采暖工程中的相关章节。

5.7.1.6 建筑给水排水及采暖工程质量记录检查评价方法

建筑给水排水及采暖工程质量记录检查评价方法应符合第1.5.2条的规定。

5.7.1.7 建筑给水排水及采暖工程质量记录资料汇总表

工程质量记录的汇总，是按检验批、分项、分部(子分部)工程质量验收资料及其要求提供的材料合格证及进场验收记录、施工记录、施工试验资料，按表列出明细，可借助表5.7.1.7进行。经过对资料按标准规定的评价方法与判定，将其结果填入评分表。

建筑给水排水及采暖工程质量记录资料汇总表 **表5.7.1.7**

序　　号	资料项目名称	分数及编号	判定内容	判定情况
1. 材料合格证及进场验收记录	给水管材及配件出厂合格证及进场验收记录			
	排水管材及配件出厂合格证及进场验收记录			
	卫生器具出厂合格证及进场验收记录			
	设备出厂合格证及进场验收记录			
2. 施工记录	主要管道施工及管道穿墙、穿楼板套管安装施工记录			
	补偿器预拉伸记录			
	给水管道冲洗、消毒记录			
	隐蔽工程验收记录			
	检验批质量验收记录			
	分项工程质量验收记录			
	分部(子分部)工程质量验收记录			
3. 施工试验	阀门安装前强度和严密性试验			
	给水系统及卫生器具交付使用前通水、满水试验			
	水泵安装试运转			

汇总人:　　　　　　　　　　　　年　　月　　日

5.7.1.8 建筑给水排水及采暖工程质量记录评分表

建筑给水排水及采暖工程质量记录评分表　　表 5.7.1.8

工程名称			施工阶段			检查日期	年　月　日	
施工单位						评价单位		
序号	检查项目		应得分	判定结果			实得分	备注
				100%	85%	70%		
1	材料合格证、进场验收记录	材料及配件出厂合格证及进场验收记录	15					
		器具及设备出厂合格证及进场验收记录	15					
2	施工记录	主要管道施工及管道穿墙、穿楼板套管安装施工记录	5					
		补偿器预拉伸记录	5					
		给水管道冲洗、消毒记录	10					
		隐蔽工程验收记录	10					
		检验批、分项、分部（子分部）工程质量验收记录	10					
3	施工试验	阀门安装前强度和严密性试验	10					
		给水系统及卫生器具交付使用前通水、满水试验	10					
		水泵安装试运转	10					
检查结果	权重值 30 分。 应得分合计： 实得分合计： 建筑给水排水及采暖工程质量记录评分＝$\frac{实得分}{应得分}\times 30=$ 评价人员：　　年　月　日							

Ⅲ 建筑给水排水采暖工程尺寸偏差及限值实测

5.7.1.9 建筑给水排水采暖工程尺寸偏差及限值实测应检查的项目

(1) 给水、排水、采暖管道坡度按设计要求或下列规定检查：生活污水排水管道坡度：铸铁的为 5‰～35‰，塑料的为 4‰～25‰；给水管道坡度：2‰～5‰；采暖管道坡度：气（汽）水同向流动为 2‰～3‰，气（汽）水逆向流动为不小于 5‰；散热器支管的坡度为 1%，坡向利于排气和泄水方向。

(2) 箱式消火栓安装位置，按设计安装高度安装允许偏差：距地±20mm，垂直度 3mm。

(3) 卫生器具按设计安装高度安装允许偏差±15mm；淋浴器喷头下沿高度允许偏差±15mm。

5.7.1.10 建筑给水排水及采暖工程尺寸偏差及限值实测检查评价方法

建筑给水排水及采暖工程尺寸偏差及限值实测检查评价方法应符合表 5.7.1.10 规定。

尺寸偏差及限值实测的汇总，是根据施工单位提供经项目监理机构审核同意的相关同类检验批或分项工程质量验收记录，按标准规定在相应资料中随机抽取的工程质量验收资料中的尺寸偏差及限值，再将必要时现场实际抽查实测资料的数据进行汇总并分析计算。按表列出明细，可借助表5.7.1.10进行。经过对资料按标准规定的评价方法与判定，将其结果填入评分表。

尺寸偏差及限值实测控制值及实测值记录表　　表5.7.1.10

序　号	允许偏差及限值项目		尺寸偏差及限值实测数值					数据分析
1	生活污水	铸铁管道坡度5‰～35‰						
		塑料管道坡度4‰～25‰						
	给水管道	2‰～5‰						
	采暖管道	汽水同向流动2‰～3‰						
		汽水逆向流动＞5‰						
		热水器支管坡向排气、泄水方向1%						
2	箱式消火栓	距地高差±20mm						
		垂直度3mm						
3	卫生器具安装高度	±15mm						
	淋浴器下沿高度	±15mm						
4	现场抽查项目							

汇总人：　　　　年　月　日

5.7.1.11　建筑给水排水及采暖工程尺寸偏差及限值实测评分

建筑给水排水及采暖工程尺寸偏差及限值实测评分应符合表5.7.1.11的规定。

建筑给水排水及采暖工程尺寸偏差及限值实测评分表　　表5.7.1.11

工程名称		施工阶段			检查日期	年　月　日	
施工单位					评价单位		
序号	检　查　项　目	应得分	判定结果			实得分	备　注
			100%	85%	70%		
1	给水、排水、采暖管道坡度	50					
2	箱式消火栓安装位置	20					
3	卫生器具安装高度	30					
检查结果	权重值10分。 应得分合计： 实得分合计： 建筑给水排水及采暖工程尺寸偏差及限值实测评分＝$\frac{实得分}{应得分}\times10=$ 评价人员：　　年　月　日						

Ⅳ　建筑给水排水及采暖工程观感质量

5.7.1.12　建筑给水排水及采暖工程观感质量应检查的项目

(1) 管道及支架安装；

(2) 卫生洁具及给水配件安装；

(3) 设备及配件安装；

(4) 管道、支架及设备的防腐及保温；

(5) 有排水要求的设备机房、房间地面的排水口及地漏。

建筑给水排水及采暖工程的施工记录、施工试验表式及其实施要点可参照本书第3章建筑给水、排水及采暖工程中的相关章节。

5.7.1.13　建筑给水排水及采暖工程观感质量检查评价方法

建筑给水排水及采暖工程观感质量检查评价方法应符合5.1.5基本评价方法的相关的规定。

5.7.1.14　建筑给水排水及采暖工程观感质量检查辅助表

工程观感质量检查辅助表是对每个检查项目的检查点进行观察辅以必要的量测和检查分部（子分部）工程质量检查记录，按标准规定的"好"、"一般"、"差"给出评价，按标准规定的评价方法与判定，经分析计算判定将其结果填入评分表。

建筑给水排水及采暖工程观感质量检查辅助表　　**表 5.7.1.14**

序号	检查项目	检查点检查结果				检查资料依据		检查结果
		检查点数	好的点数	一般的点数	差的点数	分部(子分部)验收记录	现场检查记录	
1	管道及支架安装							
2	卫生洁具及给水配件安装							
3	设备及配件安装							
4	管道、支架及设备的防腐及保温							
5	有排水要求的设备机房、房间地面的排水口及地漏							

汇总人：　　　　年　　月　　日

5.7.1.15　建筑给水排水及采暖工程观感质量评分

建筑给水排水及采暖工程观感质量评分表　　**表 5.7.1.15**

工程名称		施工阶段		检查日期	年　月　日	
施工单位				评价单位		
序号	检查项目	应得分	判定结果			实得分	备注
			100%	85%	70%		
1	管道及支架安装	20					
2	卫生洁具及给水配件安装	20					
3	设备及配件安装	20					
4	管道、支架及设备的防腐及保温	20					
5	有排水要求的设备机房、房间地面的排水口及地漏	20					
检查结果	权重值20分。 应得分合计： 实得分合计： 建筑给水排水及采暖工程观感质量评分＝$\frac{实得分}{应得分}\times 20=$ 评价人员：　　年　　月　　日						

5.7.2 建筑电气安装工程质量评价

Ⅰ 建筑电气安装工程性能检测

5.7.2.1 建筑电气安装工程性能检测应检查的项目

（1）接地装置、防雷装置的接地电阻测试；

（2）照明全负荷试验；

（3）大型灯具固定及悬吊装置过载测试。

建筑电气安装工程的施工试验表式及其实施要点可参照本书第4章施工文件建筑中电气工程中的相关章节。

5.7.2.2 建筑电气安装工程性能检测检查评价方法

建筑电气安装工程性能检测检查评价方法应符合第1.5.1条的规定。

5.7.2.3 建筑电气安装工程性能检测评分

建筑电气安装工程性能检测评分应符合表5.7.2.3的规定。

建筑电气安装工程性能检测评分表　　表5.7.2.3

工程名称		施工阶段		检查日期	年　月　日	
施工单位				评价单位		
序号	检查项目	应得分	判定结果		实得分	备注
			100%	70%		
1	接地装置、防雷装置的接地电阻测试	40				
2	照明全负荷试验	30				
3	大型灯具固定及悬吊装置过载测试	30				
检查结果	权重值30分。 应得分合计： 实得分合计： 建筑电气安装工程性能检测评分$=\frac{实得分}{应得分}\times 30=$ 评价人员：　　年　月　日					

5.7.2.4 建筑电气安装工程性能的施工试验用表

（1）电气接地电阻测试记录见电气接地电阻测验记录表C2-20-2。

（2）绝缘电阻测试记录表式及实施要点见本书表C2-20-1。

（3）建筑物照明全负荷通电试运行记录见表C3-14。

（4）大型照明灯具吊环承载力试验记录见大型灯具牢固性试验记录表C3-15。

Ⅱ 电气安装工程质量记录

5.7.2.5 建筑电气安装工程质量记录应检查的项目

（1）材料、设备出厂合格证及进场验收记录

1）材料及元件出厂合格证及进场验收记录；

2）设备及器具出厂合格证及进场验收记录。

（2）施工记录

1）电气装置安装施工记录；

2）隐蔽工程验收记录；

3）检验批、分项、分部（子分部）工程质量验收记录。

（3）施工试验

1）导线、设备、元件、器具绝缘电阻测试记录；

2）电气装置空载和负荷运行试验记录。

建筑电气工程的材料、设备出厂合格证及进场验收记录、施工记录、施工试验表式及其实施要点可参照本书第4章建筑电气工程中的相关章节。

5.7.2.6　建筑电气工程质量记录检查评价方法

建筑电气工程质量记录检查评价方法应符合第1.5.2条的规定。

5.7.2.7　电气安装工程质量记录资料汇总表

电气安装工程质量记录的汇总，是按检验批、分项、分部（子分部）工程质量验收资料及其要求提供的材料合格证及进场验收记录、施工记录、施工试验资料，按表列出明细，可借助表5.7.2.7进行。经过对资料按标准规定的评价方法与判定，将其结果填入评分表。

电气安装工程质量记录资料汇总表　　　　**表5.7.2.7**

<table>
<tr><th>序　号</th><th colspan="2">资料项目名称</th><th>资料分数及编号</th><th>判定情况</th></tr>
<tr><td rowspan="8">1. 材料、设备出厂合格证及进场验收记录</td><td rowspan="4">材料及元件</td><td>电线电缆</td><td></td><td rowspan="8"></td></tr>
<tr><td>开关、插座、接线盒</td><td></td></tr>
<tr><td>灯具及附件</td><td></td></tr>
<tr><td>其他材料、元件</td><td></td></tr>
<tr><td rowspan="4">设备器具</td><td>电动机、加热器</td><td></td></tr>
<tr><td>高、低压成套配电柜</td><td></td></tr>
<tr><td>变压器等</td><td></td></tr>
<tr><td>其他设备、器具</td><td></td></tr>
<tr><td rowspan="5">2. 施工记录</td><td colspan="2">电气安装施工记录</td><td></td><td rowspan="5"></td></tr>
<tr><td colspan="2">隐蔽工程验收记录</td><td></td></tr>
<tr><td colspan="2">检验批质量验收记录</td><td></td></tr>
<tr><td colspan="2">分项工程质量验收记录</td><td></td></tr>
<tr><td colspan="2">分部(子分部)工程质量验收记录</td><td></td></tr>
<tr><td rowspan="2">3. 施工试验</td><td colspan="2">高、低压电气设备及布线系统交接试验记录</td><td></td><td rowspan="2"></td></tr>
<tr><td colspan="2">电气装置空载和负荷运行试验记录</td><td></td></tr>
</table>

汇总人：　　　　　　　　年　　月　　日

5.7.2.8 建筑电气安装工程质量记录评分表

建筑电气安装工程质量记录评分表　　　　表 5.7.2.8

<table>
<tr><td colspan="2">工程名称</td><td></td><td>施工阶段</td><td colspan="3"></td><td colspan="2">检查日期</td><td>年　月　日</td></tr>
<tr><td colspan="2">施工单位</td><td colspan="5"></td><td colspan="2">评价单位</td><td></td></tr>
<tr><td rowspan="2">序号</td><td colspan="2" rowspan="2">检查项目</td><td rowspan="2">应得分</td><td colspan="3">判定结果</td><td rowspan="2" colspan="2">实得分</td><td rowspan="2">备注</td></tr>
<tr><td>100%</td><td>85%</td><td>70%</td></tr>
<tr><td rowspan="2">1</td><td rowspan="2">材料、设备合格证、进场验收记录</td><td>材料及元件出厂合格证及进场验收记录</td><td>15</td><td></td><td></td><td></td><td rowspan="2" colspan="2"></td><td rowspan="7"></td></tr>
<tr><td>设备及器具出厂合格证及进场验收记录</td><td>15</td><td></td><td></td><td></td></tr>
<tr><td rowspan="3">2</td><td rowspan="3">施工记录</td><td>电气装置安装施工记录</td><td>10</td><td></td><td></td><td></td><td rowspan="3" colspan="2"></td></tr>
<tr><td>隐蔽工程验收记录</td><td>10</td><td></td><td></td><td></td></tr>
<tr><td>检验批、分项、分部（子分部)工程质量验收记录</td><td>20</td><td></td><td></td><td></td></tr>
<tr><td rowspan="2">3</td><td rowspan="2">施工试验</td><td>导线、设备、元件、器具绝缘电阻测试记录</td><td>15</td><td></td><td></td><td></td><td rowspan="2" colspan="2"></td></tr>
<tr><td>电气装置空载和负荷运行试验记录</td><td>15</td><td></td><td></td><td></td></tr>
<tr><td colspan="2">检查结果</td><td colspan="9">权重值 30 分。
应得分合计：
实得分合计：
建筑电气安装工程质量记录评分 $=\frac{\text{实得分}}{\text{应得分}}\times 30=$
评价人员：　　年　月　日</td></tr>
</table>

Ⅲ 建筑电气安装工程尺寸偏差及限值实测

5.7.2.9 建筑电气安装工程尺寸偏差及限值实测检查项目表

建筑电气安装工程尺寸偏差及限值实测检查项目表　　　　表 5.7.2.9

序号	项目	允许偏差
1	柜、屏、台、箱、盘安装垂直度	1.5‰
2	同一场所成排灯具中心线偏差	5mm
3	同一场所的同一墙面，开关、插座面板的高度差	5mm

5.7.2.10 建筑电气安装工程尺寸偏差及限值实测检查评价方法

建筑电气安装工程尺寸偏差及限值实测检查评价方法应符合第 5.1.5 基本评价方法中（3）的规定。

建筑电气安装工程尺寸偏差及限值实测的汇总，是根据施工单位提供经项目监理机构审核同意的相关同类检验批或分项工程质量验收记录，按标准规定在相应资料中随机抽取的工程质量验收资料中的尺寸偏差及限值，再将必要时现场实际抽查实测资料的数据进行汇总并分析计算。按表列出明细，可借助表 5.7.2.10 进行。经过对资料按标准规定的评价方法与判定，将其结果填入评分表。

建筑电气安装工程尺寸偏差及限值实测数据汇总表　　表 5.7.2.10

序　号	允许偏差及限值项目	尺寸偏差及限值实测数值					数据分析
1	柜、屏、台、箱、盘安装垂直度						
2	同一场所成排灯具中心线偏差						
3	同一场所的同一墙面，开关、插座面板的高度差						

汇总人：　　　　　　　年　　月　　日

5.7.2.11　建筑电气安装工程尺寸偏差及限值实测评分

建筑电气安装工程尺寸偏差及限值实测评分应符合表 5.7.2.11 的规定。

建筑电气安装工程尺寸偏差及限值实测评分表　　表 5.7.2.11

<table>
<tr><td colspan="2">工程名称</td><td colspan="2"></td><td colspan="2">施工阶段</td><td colspan="2">检查日期</td><td>年　月　日</td></tr>
<tr><td colspan="2">施工单位</td><td colspan="4"></td><td colspan="2">评价单位</td><td></td></tr>
<tr><td rowspan="2">序号</td><td rowspan="2">检　查　项　目</td><td rowspan="2">应得分</td><td colspan="3">判定结果</td><td rowspan="2">实得分</td><td rowspan="2" colspan="2">备　注</td></tr>
<tr><td>100%</td><td>85%</td><td>70%</td></tr>
<tr><td>1</td><td>柜、屏、台、箱、盘安装垂直度</td><td>30</td><td></td><td></td><td></td><td></td><td colspan="2" rowspan="3"></td></tr>
<tr><td>2</td><td>同一场所成排灯具中心线偏差</td><td>30</td><td></td><td></td><td></td><td></td></tr>
<tr><td>3</td><td>同一场所的同一墙面，开关、插座面板的高度差</td><td>40</td><td></td><td></td><td></td><td></td></tr>
<tr><td>检查结果</td><td colspan="8">权重值 10 分。
应得分合计：
实得分合计：
建筑电气安装工程尺寸偏差及限值实测评分＝$\frac{实得分}{应得分}\times 10=$
评价人员：　　　年　　月　　日</td></tr>
</table>

Ⅳ　建筑电气安装工程观感质量

5.7.2.12　建筑电气安装工程观感质量应检查的项目

（1）电线管（槽）、桥架、母线槽及其支吊架安装；
（2）导线及电缆敷设（含色标）；
（3）接地、接零、跨接、防雷装置；
（4）开关、插座安装及接线；
（5）灯具及其他用电器具安装及接线；
（6）配电箱、柜安装及接线。

建筑电气安装工程的施工记录、施工试验表式及其实施要点可参照本书建筑电气安装工程中的相关章节。

5.7.2.13 建筑电气安装工程观感质量检查评价方法

建筑电气安装工程观感质量检查评价方法应符合第 5.1.5 基本评价方法中（3）的规定。

5.7.2.14 建筑电气安装工程观感质量检查辅助表

建筑电气安装工程观感质量检查辅助表是对每个检查项目的检查点进行观察，辅以必要的量测和检查分部（子分部）工程质量检查记录，按标准规定的"好"、"一般"、"差"给出评价，按标准规定的评价方法与判定，经分析计算判定将其结果填入评分表。

建筑电气安装工程观感质量检查辅助表 表 5.7.2.14

序号	检查项目	检查点检查结果				检查资料依据		检查结果
		检查点数	好的点数	一般的点数	差的点数	分部(子分部)验收记录	现场检查记录	
1	电线管、桥架、母线槽及其支吊架安装							
2	导线及电缆敷设							
3	接地、接零、跨接、防雷装置							
4	开关、插座安装及接线							
5	灯具及其他用电器具安装及接线							
6	配电箱、柜安装及接线							

汇总人： 年 月 日

5.7.2.15 建筑电气安装工程观感质量评分

建筑电气安装工程观感质量评分应符合表 5.7.2.15 的规定。

建筑电气安装工程观感质量评分表 表 5.7.2.15

工程名称		施工阶段		检查日期		年 月 日
施工单位				评价单位		

序号	检查项目	应得分	判定结果			实得分	备注
			100%	85%	70%		
1	电线管(槽)、桥架、母线槽及其支吊架安装	20					
2	导线及电缆敷设(含色标)	10					
3	接地、接零、跨接、防雷装置	20					
4	开关、插座安装及接线	20					
5	灯具及其他用电器具安装及接线	20					
6	配电箱、柜安装及接线	10					
检查结果	权重值 20 分。 应得分合计： 实得分合计： 建筑电气安装工程观感质量评分＝$\frac{实得分}{应得分}$×20＝ 评价人员： 年 月 日						

5.7.3　通风与空调工程质量评价

Ⅰ　通风与空调工程性能检测

5.7.3.1　通风与空调工程性能检测应检查的项目

(1) 空调水管道系统水压试验；

(2) 通风管道严密性试验；

(3) 通风、除尘、空调、制冷、净化、防排烟系统无生产负荷联合试运转与调试。

通风与空调工程的施工试验表式及其实施要点可参照本书建筑通风与空调工程中的相关章节。

5.7.3.2　通风与空调工程性能检测检查评价方法

通风与空调工程性能检测检查评价方法应符合第5.1.5基本评价方法中（1）的规定。

5.7.3.3　通风与空调工程性能检测评分

通风与空调工程性能检测评分应符合表5.7.3.3的规定。

通风与空调工程性能检测评分表　　　　**表 5.7.3.3**

<table>
<tr><td>工程名称</td><td colspan="2"></td><td>施工阶段</td><td></td><td>检查日期</td><td colspan="2">年　月　日</td></tr>
<tr><td>施工单位</td><td colspan="4"></td><td>评价单位</td><td colspan="2"></td></tr>
<tr><td rowspan="2">序号</td><td rowspan="2">检　查　项　目</td><td rowspan="2">应得分</td><td colspan="2">判定结果</td><td rowspan="2">实得分</td><td rowspan="2" colspan="2">备　注</td></tr>
<tr><td>100%</td><td>70%</td></tr>
<tr><td>1</td><td>空调水管道系统水压试验</td><td>20</td><td></td><td></td><td></td><td rowspan="7" colspan="2"></td></tr>
<tr><td>2</td><td>通风管道严密性试验</td><td>30</td><td></td><td></td><td></td></tr>
<tr><td rowspan="5">3</td><td>通风、除尘系统联合试运转与调试</td><td>15</td><td></td><td></td><td></td></tr>
<tr><td>空调系统联合试运转与调试</td><td>15</td><td></td><td></td><td></td></tr>
<tr><td>制冷系统联合试运转与测试</td><td>(15)</td><td></td><td></td><td></td></tr>
<tr><td>净化空调系统联合试运转与调试</td><td>(10)</td><td></td><td></td><td></td></tr>
<tr><td>防排烟系统联合试运转与调试</td><td>15</td><td></td><td></td><td></td></tr>
<tr><td>检查结果</td><td colspan="7">权重值30分。
应得分合计：
实得分合计：
通风与空调工程性能检测评分＝$\frac{实得分}{应得分}$×30＝
评价人员：　　年　月　日</td></tr>
</table>

5.7.3.4 通风与空调工程性能检测用表

（1）________管道、设备强度试验、严密性试验记录表见表 C2-13-1。

（2）阀门强度和严密性试验记录见第 4 章通风与空调工程表 C2-25-4。

（3）风管漏光检测记录见表 5.7.3.4-1。

风管漏光检测记录 **表 5.7.3.4-1**

工程名称		试验日期	
系统名称		工作压力(Pa)	
风管级别		试验压力(Pa)	
系统接缝总长度(m)		每 10m 接缝为一检测段的分段数	
检测光源			
分段序号	实测漏光点数（个）	每 10m 接缝的允许漏光点数（个/10m）	结　论
合　计	总漏光点数（个）	每 100m 接缝的允许漏光点数（个/100m）	结　论
检测结果：			

参加人员	监理(建设)单位	施　工　单　位		
		专业技术负责人	质检员	试验员

（4）风管漏风检测记录见第 4 章风管及部件严密性试验记录表 C2-25-6。

（5）制冷机组、单元式空调机组试运转记录见表 C2-27-1-4。

（6）空调水系统试运转调试记录见空调工程水系统连续运行与调试记录表 C2-28-2-2。

（7）空调制冷系统试运转调试记录见表 C2-28-1。

（8）防排烟系统联合试运转记录见防排烟系统联合试运行及调试记录表 C2-28-3。

（9）通风空调系统无生产负荷联合试运转记录见表 5.7.3.4-2。

通风空调系统无生产负荷联合试运转记录　　表 5.7.3.4-2

<table>
<tr><td colspan="2">工程名称</td><td colspan="2"></td><td>试运转日期</td><td></td></tr>
<tr><td colspan="2">监理单位</td><td colspan="2"></td><td>施工执行标准
名称及编号</td><td></td></tr>
<tr><td colspan="2">试运转测试仪表
或设备精度等级</td><td colspan="2"></td><td>项目经理</td><td></td></tr>
<tr><td>项目</td><td>序号</td><td colspan="2">内　　　容</td><td>检查结果</td><td>判　　定</td></tr>
<tr><td rowspan="9">空调
工程</td><td>1</td><td colspan="2">总风量与设计值比较</td><td></td><td></td></tr>
<tr><td>2</td><td colspan="2">冷、热水总流量与设计值比较</td><td></td><td></td></tr>
<tr><td>3</td><td colspan="2">冷却水总流量与设计值比较</td><td></td><td></td></tr>
<tr><td>4</td><td colspan="2">舒适空调的温度、相对湿度</td><td></td><td></td></tr>
<tr><td>5</td><td colspan="2">恒温恒湿房间室内温湿度、相对湿度及波动范围</td><td></td><td></td></tr>
<tr><td>6</td><td colspan="2">空调机组水流量与设计值比较</td><td></td><td></td></tr>
<tr><td>7</td><td colspan="2">与 BA、FA 配合情况</td><td></td><td></td></tr>
<tr><td>8</td><td colspan="2">多台冷却塔进出水量均衡情况</td><td></td><td></td></tr>
<tr><td>9</td><td colspan="2">其他</td><td></td><td></td></tr>
<tr><td rowspan="7">洁净
空调
工程</td><td>1</td><td colspan="2">单向流洁净室系统总风量与设计值比较</td><td></td><td></td></tr>
<tr><td>2</td><td colspan="2">室内各风口风量与设计值比较</td><td></td><td></td></tr>
<tr><td>3</td><td colspan="2">系统总新风量与设计新风量的比较</td><td></td><td></td></tr>
<tr><td>4</td><td colspan="2">单向流洁净室平均风速及均匀度</td><td></td><td></td></tr>
<tr><td>5</td><td colspan="2">单向流洁净室内新风量与设计值比较</td><td></td><td></td></tr>
<tr><td>6</td><td colspan="2">洁净室间或洁净室与室外的静压差值</td><td></td><td></td></tr>
<tr><td>7</td><td colspan="2">室内洁净度测定</td><td></td><td></td></tr>
<tr><td rowspan="3">通风
工程</td><td>1</td><td colspan="2">各风口或吸风罩风量与设计值比较</td><td></td><td></td></tr>
<tr><td>2</td><td colspan="2">湿式除尘器供排水情况</td><td></td><td></td></tr>
<tr><td>3</td><td colspan="2">设备及主要部件的联动、自动调节、自动防护情况</td><td></td><td></td></tr>
<tr><td rowspan="4">防排
烟
工程</td><td>1</td><td colspan="2">系统总风量与设计值比较</td><td></td><td></td></tr>
<tr><td rowspan="2">2</td><td rowspan="2">正压送风的余压值测定</td><td>防烟楼梯间</td><td></td><td></td></tr>
<tr><td>消防楼梯间、封闭避难间</td><td></td><td></td></tr>
<tr><td>3</td><td colspan="2">其他</td><td></td><td></td></tr>
<tr><td colspan="6">试运转联动结果：</td></tr>
</table>

<table>
<tr><td rowspan="3">参加人员</td><td>监理（建设）单位</td><td colspan="3">施　　工　　单　　位</td></tr>
<tr><td rowspan="2"></td><td>专业技术负责人</td><td>质检员</td><td>试验员</td></tr>
<tr><td></td><td></td><td></td></tr>
</table>

Ⅱ　通风与空调工程质量记录

5.7.3.5　通风与空调工程质量记录应检查的项目

(1) 材料、设备出厂合格证及进场验收记录

1) 材料、风管及部件出厂合格证及进场验收记录；

2) 仪表、设备出厂合格证及进场验收记录。

(2) 施工记录

1) 风管及部件加工制作记录;

2) 风管系统、管道系统安装记录;

3) 防火阀、防排烟阀、防爆阀等安装记录;

4) 设备(含水泵、风机、空气处理设备、空调机组和制冷设备等)安装记录;

5) 隐蔽工程验收记录;

6) 检验批、分项、分部(子分部)工程质量验收记录。

(3) 施工试验

1) 空调水系统阀门安装前试验;

2) 设备单机试运转及调试;

3) 防火阀、排烟阀(口)启闭联动试验。

通风与空调工程的材料、设备出厂合格证及进场验收记录、施工记录、施工试验表式及其实施要点可参照本书建筑通风与空调工程中的相关章节。

5.7.3.6 通风与空调工程质量记录检查价方法

通风与空调工程质量记录检查价方法应符合第 5.1.5 基本评价方法中(2)的规定。

通风与空调工程质量记录的汇总,是按检验批、分项、分部(子分部)工程质量验收资料及其要求提供的材料合格证及进场验收记录、施工记录、施工试验资料,按表列出明细,可借助表 5.7.3.6 进行。经过对资料按标准规定的评价方法与判定,将其结果填入评分表。

通风与空调工程质量记录资料汇总表　　表 5.7.3.6

<table>
<tr><th>序　号</th><th>资料项目名称</th><th>资料分数及编号</th><th>判定情况</th></tr>
<tr><td rowspan="2">1. 材料、设备出厂合格证及进场验收记录</td><td>材料、风管及部件出厂合格证及进场验收记录</td><td></td><td rowspan="2"></td></tr>
<tr><td>设备出厂合格证及进场验收记录</td><td></td></tr>
<tr><td rowspan="8">2. 施工记录</td><td>风管及部件加工记录</td><td></td><td rowspan="8"></td></tr>
<tr><td>风管系统、管道系统安装记录</td><td></td></tr>
<tr><td>防火阀、防排烟阀、防爆阀等安装记录</td><td></td></tr>
<tr><td>设备(含水泵、风机、空气处理设备、空调机组和制冷设备等)安装记录</td><td></td></tr>
<tr><td>隐蔽工程验收记录</td><td></td></tr>
<tr><td>检验批工程质量验收记录</td><td></td></tr>
<tr><td>分项工程质量验收记录</td><td></td></tr>
<tr><td>分部(子分部)工程质量验收记录</td><td></td></tr>
<tr><td rowspan="3">3. 施工试验</td><td>空调水系统阀门安装前试验</td><td></td><td rowspan="3"></td></tr>
<tr><td>设备单机试运转及调试</td><td></td></tr>
<tr><td>防火阀、排烟阀(口)启闭联动试验</td><td></td></tr>
</table>

汇总人:　　　　年　　月　　日

5.7.3.7 通风与空调工程质量记录评分

通风与空调工程质量记录评分应符合表 5.7.3.7 的规定。

通风与空调工程质量记录评分表　　　　表 5.7.3.7

<table>
<tr><td colspan="2">工程名称</td><td colspan="2"></td><td>施工阶段</td><td colspan="2"></td><td>检查日期</td><td colspan="2">年　月　日</td></tr>
<tr><td colspan="2">施工单位</td><td colspan="5"></td><td>评价单位</td><td colspan="2"></td></tr>
<tr><td rowspan="2">序号</td><td colspan="2" rowspan="2">检　查　项　目</td><td rowspan="2">应得分</td><td colspan="3">判定结果</td><td rowspan="2">实得分</td><td colspan="2" rowspan="2">备　注</td></tr>
<tr><td>100%</td><td>85%</td><td>70%</td></tr>
<tr><td rowspan="2">1</td><td rowspan="2">材料、设备出厂合格证及进场验收记录</td><td>材料、风管及部件出厂合格证及进场验收记录</td><td>15</td><td></td><td></td><td></td><td></td><td colspan="2"></td></tr>
<tr><td>仪表、设备出厂合格证及进场验收记录</td><td>15</td><td></td><td></td><td></td><td></td><td colspan="2"></td></tr>
<tr><td rowspan="6">2</td><td rowspan="6">施工记录</td><td>风管及部件加工制作记录</td><td>5</td><td></td><td></td><td></td><td></td><td colspan="2"></td></tr>
<tr><td>风管系统、管道系统安装记录</td><td>10</td><td></td><td></td><td></td><td></td><td colspan="2"></td></tr>
<tr><td>防火阀、防排烟阀、防爆阀等安装记录</td><td>10</td><td></td><td></td><td></td><td></td><td colspan="2"></td></tr>
<tr><td>设备(含水泵、风机、空气处理设备、空调机组和制冷设备等)安装记录</td><td>5</td><td></td><td></td><td></td><td></td><td colspan="2"></td></tr>
<tr><td>隐蔽工程验收记录</td><td>5</td><td></td><td></td><td></td><td></td><td colspan="2"></td></tr>
<tr><td>检验批、分项、分部(子分部)工程质量验收记录</td><td>5</td><td></td><td></td><td></td><td></td><td colspan="2"></td></tr>
<tr><td rowspan="3">3</td><td rowspan="3">施工试验</td><td>空调水系统阀门安装前试验</td><td>10</td><td></td><td></td><td></td><td></td><td colspan="2"></td></tr>
<tr><td>设备单机试运转及调试</td><td>10</td><td></td><td></td><td></td><td></td><td colspan="2"></td></tr>
<tr><td>防火阀、排烟阀(口)启闭联动试验</td><td>10</td><td></td><td></td><td></td><td></td><td colspan="2"></td></tr>
<tr><td colspan="2">检查结果</td><td colspan="8">权重值 30 分。
应得分合计：
实得分合计：
$通风与空调工程质量记录评分=\frac{实得分}{应得分}\times 30=$
评价人员：　　　年　月　日</td></tr>
</table>

Ⅲ　通风与空调工程尺寸偏差及限值实测

5.7.3.8　通风与空调工程尺寸偏差及限值实测应检查的项目

(1) 风口尺寸允许偏差：圆形 $\phi\leqslant$250mm，0～－2mm；$\phi>$250mm，0～－3mm。矩形，边长＜300mm，0～－1mm；边长 300～800mm，0～－2mm；边长＞800mm，0～－3mm。

(2) 风口水平安装水平度偏差≤3/1000；风口垂直安装的垂直度偏差≤2/1000。

(3) 防火阀距墙表面的距离不宜大于 200mm。

5.7.3.9　通风与空调工程尺寸偏差及限值实测检查评价方法

检查项目为允许偏差项目时，项目各测点实测值均达到规范规定值，且有 80%及其以上的测点平均实测值小于等于规范规定值 0.8 倍的为一档，取 100%的标准分值；检查项目各测点实测值均达到规范规定值，且有 50%及其以上，但不足 80%的测点平均实测值小于等于规范规定值 0.8 倍的为二档，取 85%的标准分值；检查项目各测点实测值均达到规范规定的为三档，取 70%的标准分值。

检查项目为双向限值项目时，项目各测点实测值均能满足规范规定值，且其中有50%及其以上测点实测值接近限值的中间值的为一档，取100%的标准分值；各测点实测值均能满足规范规定值范围的为二档，取85%的标准分值；凡有测点经过处理后达到规范规定的为三档，取70%的标准分值。

当允许偏差、限值两项都有时，取较低档项目的判定值。

检查方法：在各相关同类检验批或分项工程中，随机抽取10个检验批或分项工程，不足10个的抽取全部进行分析计算；必要时，可进行现场抽测。

风口口径尺寸允许偏差检查用表见表5.7.3.9。

风口口径尺寸允许偏差表 **表5.7.3.9**

<table>
<tr><th>序号</th><th colspan="3">风口尺寸</th><th>允许偏差(mm)</th><th colspan="10">量测值(mm)</th></tr>
<tr><td rowspan="2">1</td><td rowspan="2">圆形风口</td><td rowspan="2">直径(mm)</td><td>≤250</td><td>0～−2</td><td></td><td></td><td></td><td></td><td></td><td></td><td></td><td></td><td></td><td></td></tr>
<tr><td>>250</td><td>0～−3</td><td></td><td></td><td></td><td></td><td></td><td></td><td></td><td></td><td></td><td></td></tr>
<tr><td rowspan="6">2</td><td rowspan="6">矩形风口</td><td rowspan="3">边长(mm)</td><td><300</td><td>0～−1</td><td></td><td></td><td></td><td></td><td></td><td></td><td></td><td></td><td></td><td></td></tr>
<tr><td>300～800</td><td>0～−2</td><td></td><td></td><td></td><td></td><td></td><td></td><td></td><td></td><td></td><td></td></tr>
<tr><td>>800</td><td>0～−3</td><td></td><td></td><td></td><td></td><td></td><td></td><td></td><td></td><td></td><td></td></tr>
<tr><td rowspan="3">对角线长度(mm)</td><td><300</td><td>≤1</td><td></td><td></td><td></td><td></td><td></td><td></td><td></td><td></td><td></td><td></td></tr>
<tr><td>300～500</td><td>≤2</td><td></td><td></td><td></td><td></td><td></td><td></td><td></td><td></td><td></td><td></td></tr>
<tr><td>>500</td><td>≤3</td><td></td><td></td><td></td><td></td><td></td><td></td><td></td><td></td><td></td><td></td></tr>
</table>

注：每检验批检查数量按类别、批分别抽查5%，不得少于1个。

5.7.3.10 通风与空调工程实测数据汇总表

通风与空调工程尺寸偏差及限值实测的汇总，是根据施工单位提供经项目监理机构审核同意的相关同类检验批或分项工程质量验收记录，按标准规定在相应资料中随机抽取的工程质量验收资料中的尺寸偏差及限值，再将必要时现场实际抽查实测资料的数据进行汇总并分析计算。按表列出明细，可借助表5.7.3.10进行。经过对资料按标准规定的评价方法与判定，将其结果填入评分表。

通风与空调工程实测数据汇总表 **表5.7.3.10**

<table>
<tr><th>序 号</th><th colspan="2">项目允许偏差值</th><th colspan="5">允许偏差测量数值</th><th>数据分析</th></tr>
<tr><td rowspan="2">1</td><td rowspan="2">风口口径尺寸</td><td>圆形</td><td></td><td></td><td></td><td></td><td></td><td></td></tr>
<tr><td>矩形</td><td></td><td></td><td></td><td></td><td></td><td></td></tr>
<tr><td rowspan="2">2</td><td rowspan="2">风口安装偏差</td><td>水平安装</td><td></td><td></td><td></td><td></td><td></td><td></td></tr>
<tr><td>垂直安装垂直度</td><td></td><td></td><td></td><td></td><td></td><td></td></tr>
<tr><td>3</td><td colspan="2">防火阀距墙表面的距离</td><td></td><td></td><td></td><td></td><td></td><td></td></tr>
</table>

汇总人： 年 月 日

5.7.3.11　通风与空调工程尺寸偏差及限值实测评分

应符合表 5.7.3.11 的规定。

通风与空调尺寸偏差及限值实测评分表　　表 5.7.3.11

工程名称		施工阶段	检查日期		年　月　日		
施工单位		评价单位					
序号	检查项目	应得分	判定结果			实得分	备注
			100%	85%	70%		
1	风口尺寸	40					
2	风口水平安装的水平度，风口垂直安装的垂直度	30					
3	防火阀距墙表面的距离	30					
检查结果	权重值 10 分。 应得分合计： 实得分合计： 通风与空调工程尺寸偏差及限值实测评分＝$\frac{实得分}{应得分}\times 10=$ 评价人员：　　年　月　日						

Ⅳ　通风与空调工程观感质量

5.7.3.12　通风与空调工程观感质量应检查的项目

(1) 风管制作；

(2) 风管及其部件、支吊架安装；

(3) 设备及配件安装；

(4) 空调水管道安装；

(5) 风管及管道保温。

通风与空调工程的施工记录、施工试验表式及其实施要点可参照本书通风与空调工程中的相关章节。

5.7.3.13　通风与空调工程观感质量检查评价方法

通风与空调工程观感质量检查评价方法应符合第 5.1.5 基本评价方法中（3）的规定。

通风与空调工程观感质量检查辅助表

工程观感质量检查辅助表是对每个检查项目的检查点进行观察，辅以必要的量测和检查分部（子分部）工程质量检查记录，按标准规定的“好”、“一般”、“差”给出评价，按标准规定的评价方法与判定，经分析计算判定将其结果填入评分表。

5.7.3.14　通风与空调工程观感质量评分

通风与空调工程观感质量评分应符合表 5.7.3.14 的规定。

通风与空调工程观感质量检查辅助表 表 5.7.3.13

<table>
<tr><th rowspan="2">序号</th><th rowspan="2" colspan="2">检查项目</th><th colspan="4">检查点检查结果</th><th colspan="2">检查资料依据</th><th rowspan="2">检查结果</th></tr>
<tr><th>检查点数</th><th>好的点数</th><th>一般的点数</th><th>差的点数</th><th>分部(子分部)验收记录</th><th>现场检查记录</th></tr>
<tr><td>1</td><td colspan="2">风管制作</td><td></td><td></td><td></td><td></td><td></td><td></td><td></td></tr>
<tr><td rowspan="3">2</td><td rowspan="3">风管及其部件、支吊架安装</td><td>风管</td><td></td><td></td><td></td><td></td><td></td><td></td><td></td></tr>
<tr><td>部件</td><td></td><td></td><td></td><td></td><td></td><td></td><td></td></tr>
<tr><td>支吊架</td><td></td><td></td><td></td><td></td><td></td><td></td><td></td></tr>
<tr><td rowspan="2">3</td><td rowspan="2">设备及部件安装</td><td>设备</td><td></td><td></td><td></td><td></td><td></td><td></td><td></td></tr>
<tr><td>部件</td><td></td><td></td><td></td><td></td><td></td><td></td><td></td></tr>
<tr><td rowspan="2">4</td><td rowspan="2">空调水管道安装</td><td>管道</td><td></td><td></td><td></td><td></td><td></td><td></td><td></td></tr>
<tr><td>设备</td><td></td><td></td><td></td><td></td><td></td><td></td><td></td></tr>
<tr><td rowspan="2">5</td><td rowspan="2">风管及管道保温</td><td>风管</td><td></td><td></td><td></td><td></td><td></td><td></td><td></td></tr>
<tr><td>管道</td><td></td><td></td><td></td><td></td><td></td><td></td><td></td></tr>
</table>

汇总人： 年 月 日

通风与空调工程观感质量评分表 表 5.7.3.14

<table>
<tr><td colspan="2">工程名称</td><td>施工阶段</td><td colspan="3">检查日期</td><td colspan="3">年 月 日</td></tr>
<tr><td colspan="2">施工单位</td><td>评价单位</td><td colspan="6"></td></tr>
<tr><td rowspan="2">序号</td><td rowspan="2">检查项目</td><td rowspan="2">应得分</td><td colspan="3">判定结果</td><td rowspan="2">实得分</td><td rowspan="2">备注</td></tr>
<tr><td>100%</td><td>85%</td><td>70%</td></tr>
<tr><td>1</td><td>风管制作</td><td>20</td><td></td><td></td><td></td><td></td><td rowspan="5"></td></tr>
<tr><td>2</td><td>风管及其部件、支吊架安装</td><td>20</td><td></td><td></td><td></td><td></td></tr>
<tr><td>3</td><td>设备及配件安装</td><td>20</td><td></td><td></td><td></td><td></td></tr>
<tr><td>4</td><td>空调水管道安装</td><td>20</td><td></td><td></td><td></td><td></td></tr>
<tr><td>5</td><td>风管及管道保温</td><td>20</td><td></td><td></td><td></td><td></td></tr>
<tr><td>检查结果</td><td colspan="7">权重值 20 分。
应得分合计：
实得分合计：
通风与空调工程观感质量评分＝$\frac{实得分}{应得分}\times 20$＝
评价人员： 年 月 日</td></tr>
</table>

5.7.4 电梯安装工程质量评价

Ⅰ 电梯安装工程性能检测

5.7.4.1 电梯安装工程性能检测应检查的项目

(1) 电梯、自动扶梯（人行道）电气装置接地、绝缘电阻测试；

(2) 层门与轿门试验；

(3) 曳引式电梯空载、额定载荷运行测试；

（4）液压式电梯超载和额定载荷运行测试；
（5）自动扶梯（人行道）制停距离测试。
电梯安装工程的施工试验表式及其实施要点可参照本书建筑电梯安装工程中的相关章节。

5.7.4.2　电梯安装工程性能检测检查评分方法

电梯安装工程性能检测检查评分方法应符合第1.5.1条的规定。

5.7.4.3　电梯安装工程性能检测评分

电梯安装工程性能检测评分应符合表5.7.4.3的规定。

电梯安装工程性能检测评分表　　表5.7.4.3

工程名称		施工阶段			检查日期	年　月　日	
施工单位					评价单位		
序号	检查项目	应得分	判定结果		实得分	备注	
			100%	70%			
1	电梯、自动扶梯(人行道)电气装置接地、绝缘电阻测试	30					
2	层门与轿门试验	40					
3	曳引式电梯空载、额定载荷运行测试	30					
4	液压电梯超载和额定载运行测试	(30)					
5	自动扶梯(人行道)制停距离测试	(30)					
检查结果	权重值30分。 应得分合计： 实得分合计： 电梯安装工程性能检测评分$=\frac{实得分}{应得分}\times 30=$ 评价人员：　　年　月　日						

5.7.4.4　电梯安装工程性能检测用表

（1）接地电阻测试记录表见表C2-20-2。
（2）绝缘电阻测试记录表见表C2-20-1。
（3）电缆敷设绝缘电阻测试记录见表5.7.4.4-1。

电缆敷设绝缘电阻测试记录　　表5.7.4.4-1

工程名称				施工日期						
分部工程名称				施工图号						
电缆编号	规格型号	起点	终点	敷设方式	电缆头形式	中间头数量	绝缘电阻(MΩ)			长度(m)
							相间	对零	对地	
电缆支架安装记录： 1)电缆支架最上至竖井顶部或楼板的距离为______m； 2)电缆支架最下至沟底或地面的距离为______m； 3)电缆支架间最小距离为______m。										
试验结果：										
参加人员	监理(建设)单位	施工单位								
		专业技术负责人		质检员		试验员				

(4) 电梯层门和开门机械试验记录见表 C2-35-10。

(5) 电梯运行试验记录见电梯负荷运行试验记录表 C2-35-2。

(6) 电梯运行试验曲线图见表 C2-35-3。

(7) 自动扶梯、自动人行道整机运行试验记录见表 5.7.4.4-2。

自动扶梯、自动人行道整机运行试验记录 **表 5.7.4.4-2**

<table>
<tr><td colspan="2">安装单位</td><td colspan="2"></td><td>试验日期</td><td colspan="2"></td></tr>
<tr><td>序</td><td colspan="5">检查内容及标准规定要求</td><td>检查结果</td></tr>
<tr><td>1</td><td colspan="5">在额定频率和额定电压下，梯级踏板或胶带的空载运行速度与额定速度之间允许偏差≤±5%</td><td></td></tr>
<tr><td>2</td><td colspan="5">扶手带的运行速度相对于梯级、踏板或胶带的速度允许偏差为 0～2%</td><td></td></tr>
<tr><td>3</td><td colspan="5">空载运行，梯级、踏板或胶带及出入口盖板上 1m 处所测的噪声值应≤dB(A)</td><td></td></tr>
<tr><td rowspan="7">4</td><td colspan="5">空载和有载下行的制停距离应在下列范围内：</td><td rowspan="7"></td></tr>
<tr><td colspan="2">额定速度(m/s)</td><td colspan="2">制停距离范围(m)</td><td>实测(m)</td></tr>
<tr><td colspan="2">0.50</td><td colspan="2">0.20～1.00</td><td></td></tr>
<tr><td colspan="2">0.65</td><td colspan="2">0.30～1.30</td><td></td></tr>
<tr><td colspan="2">0.75</td><td colspan="2">0.35～1.50</td><td></td></tr>
<tr><td colspan="2">0.90</td><td colspan="2">0.40～1.70(自动人行道)</td><td></td></tr>
<tr><td colspan="5">若额定速度在上述数值之间，制停距离用插入法计算；制停距离应从电气制动装置动作时开始测量</td></tr>
<tr><td>5</td><td colspan="5">各连接件、紧固件无松动，无异常响声，运行平稳；所有梯级、踏板或胶带应顺利通过梳齿板，与围裙板无刮碰现象；相邻梯级踏板与踢板的啮合过程无摩擦</td><td></td></tr>
<tr><td rowspan="2">6</td><td colspan="5">空载情况下，连续上下运行 2h，电动机、减速器温升≤60℃，油温≤80℃。各部件运行正常，不得有任何故障发生</td><td rowspan="2"></td></tr>
<tr><td colspan="5">手动或自动加油装置应油量适中，工作正常</td></tr>
<tr><td>7</td><td colspan="5">功能试验应根据制造厂提供的功能表进行，应齐全、可靠</td><td></td></tr>
<tr><td>8</td><td colspan="5">扶手带材质应耐腐蚀，外表面应光滑、平整，无刮痕，无尖锐物外露</td><td></td></tr>
<tr><td>9</td><td colspan="5">对梯级(踏板或胶带)、梳齿板、扶手带、护壁板、围裙板、内外盖板、前沿板及活动盖板等部位的外表面应清理</td><td></td></tr>
<tr><td rowspan="3">参加人员</td><td colspan="2">监理(建设)单位</td><td colspan="4">施工单位</td></tr>
<tr><td colspan="2" rowspan="2"></td><td>专业技术负责人</td><td colspan="2">质检员</td><td>试验员</td></tr>
<tr><td></td><td colspan="2"></td><td></td></tr>
</table>

Ⅱ 电梯安装工程质量记录

5.7.4.5 电梯安装工程质量记录应检查的项目

(1) 设备、材料出厂合格证、安装使用技术文件和进场验收记录

1) 土建布置图；

2) 电梯产品（整机）出厂合格证；

3）重要（安全）零（部）件和材料的出厂合格证及形式试验证书；

4）安装说明书（图）和使用维护说明书；

5）动力电路和安装电路的电气原理图、液压系统图（如有液压电梯时）；

6）装箱单；

7）设备、材料进场（含开箱）检查验收记录。

(2) 施工记录

1）机房（如有时）、井道土建交接验收检查记录

2）机械、电气、零（部）件安装隐蔽工程验收记录

3）机械、电气、零（部）件安装施工记录

4）分项、分部（子分部）工程质量验收记录

(3) 施工试验

1）安装过程的机械、电气零（部）件调整测试记录

2）整机运行试验记录

电梯安装工程的设备、材料出厂合格证、安装使用技术文件和进场验收记录、施工记录、施工试验表式及其实施要点，可参照本书建筑电梯安装工程中的相关章节。

5.7.4.6　电梯工程质量记录检查评价方法

电梯工程质量记录检查评价方法应符合第 1.5.2 条的规定。

5.7.4.7　电梯安装工程质量记录资料汇总表

电梯安装工程质量记录的汇总，是按检验批、分项、分部（子分部）工程质量验收资料及其要求提供的材料合格证及进场验收记录、施工记录、施工试验资料，按表列出明细，可借助表 5.7.4.7 进行。经过对资料按标准规定的评价方法与判定，将其结果填入评分表。

电梯安装工程质量记录资料汇总表　　　　表 5.7.4.7

序号	资料项目名称	分数及编号	判定内容	判定情况
1. 设备、材料合格证及进场验收记录	土建布置图			
	电梯(整机)出厂合格证			
	重要(安全)零(部)件合格证及形式试验报告			
	安装及使用维护说明书			
	动力电路图、安全电路的电气原理图、液压系统图			
	装箱单			
	设备、材料进场(含开箱)检查验收记录			
2. 施工记录	土建交接记录			
	安装隐蔽记录			
	驱动主机、导轨、门系统、安全部件、整机安装等施工记录			
	分项工程质量验收记录			
	分部工程(或单梯)质量验收记录			
3. 施工试验	安装过程的机械、电气零(部)件调试主电源开关切断使用情况检测记录			
	导轨安装基准线控制记录			
	电梯安全保护装置检验验收记录			
	自动扶梯、自动人行道检验验收记录			
	曳引式、液压式电梯、自动扶梯、自动人行道整机试运行记录			

汇总人：　　　　年　　月　　日

5.7.4.8 电梯安装工程质量记录评分

电梯安装工程质量记录评分应符合表5.7.4.8的规定。

电梯安装工程质量记录评分表 表5.7.4.8

工程名称		施工阶段		检查日期		年 月 日		
施工单位				评价单位				
序号	检查项目		应得分	判定结果			实得分	备注
				100%	85%	70%		
1	设备、材料出厂合格证、安装使用技术文件和进场验收记录	土建布置图	5					
		电梯产品(整机)出厂合格证	5					
		重要(安全)零(部)件和材料的出厂合格证及形式试验证书	5					
		安装说明书(图)和使用维护说明书	3					
		动力电路和安装电路的电气原理图、液压系统图(如有液压电梯时)	5					
		装箱单	2					
		设备、材料进场(含开箱)检查验收记录	5					
2	施工记录	机房、井道土建交接验收检查记录	10					
		机械、电气、零(部)件安装隐蔽工程验收记录	10					
		机械、电气、零(部)件安装施工记录	10					
		分项、分部(子分部)工程质量验收记录	10					
3	施工试验	安装过程的机械、电子零(部)件调整测试记录	15					
		整机运行试验记录	15					
检查结果	权重值30分。 应得分合计: 实得分合计: 电梯安装工程质量记录评分$=\frac{实得分}{应得分}\times 30=$ 评价人员: 年 月 日							

Ⅲ 电梯安装工程尺寸偏差及限值实测

5.7.4.9 电梯安装工程尺寸偏差及限值实测应检查的项目

(1) 层门地坎至轿厢地坎之间水平距离;

(2) 平层准确度;

(3) 扶手带的运行速度相对梯级、踏板或胶带的速度允许偏差。

5.7.4.10 电梯安装工程尺寸偏差及限值实测项目检查评价方法

电梯安装工程尺寸偏差及限值实测项目检查评价方法应符合下列规定:

(1) 检查标准:

1) 层门地坎至轿厢地坎之间的水平距离偏差为0～1mm,且最大距离≤35mm为一档,取100%的标准分值;偏差超过1mm,但不超过3mm的为三档,取70%的标准分值。

2) 平层准确度。

额定速度$v\leqslant 0.63$m/s的交流双速电梯和其他交直流调速方式的电梯:平层准确度偏差不超过±5mm的为一档,取100%的标准分值;偏差超过±5mm,但不超过±15mm的为三档，取 70％的标准分值。

0.63m/s＜额定速度 v≤1.0m/s 的交流双速电梯：平层准确度偏差不超过±10mm 的为一档，取 100％的标准分值；偏差超过±10mm，但不超过±20mm 的为二档，取 85％的标准分值；偏差超过±20mm，但不超过±30mm 的为三档，取 70％的标准分值。

3）扶手带的运行速度相对梯级、踏板或胶带的速度允许偏差：偏差值在 0～0.5％的为一档，取 100％的标准分值；偏差值在 0～(0.5～1)％的为二档，取 85％的标准分值；偏差值在 0～(1～2)％的为三档，取 70％的标准分值。

（2）检查方法：抽测和检查检查记录，并进行统计计算。

5.7.4.11　电梯安装工程尺寸偏差及限值实测汇总表

电梯安装尺寸偏差及限值实测的汇总，是根据施工单位提供经项目监理机构审核同意的相关同类检验批或分项工程质量验收记录，按标准规定在相应资料中随机抽取的工程质量验收资料中的尺寸偏差及限值，再将必要时现场实际抽查实测资料的数据进行汇总并分析计算。按表列出明细，可借助表 5.7.4.11 进行。经过对资料按标准规定的评价方法与判定，将其结果填入评分表。

电梯安装工程尺寸偏差及限值实测汇总表　　表 5.7.4.11

序　号	允许偏差及限值项目	尺寸偏差及限值实测数值					数据分析
1	层门地坎至轿厢地坎之间水平距离						
2	平层准确度						
3	扶手带的运行速度相对梯级、踏板或胶带的速度允许偏差						

汇总人：　　　　　　　　年　　月　　日

5.7.4.12　电梯安装工程尺寸偏差及限值实测评分

电梯安装工程尺寸偏差及限值实测评分应符合表 5.7.4.12 的规定。

电梯安装工程尺寸偏差及限值实测评分表　　表 5.7.4.12

<table>
<tr><td colspan="2">工程名称</td><td colspan="2"></td><td colspan="2">施工阶段</td><td>检查日期</td><td>年　月　日</td></tr>
<tr><td colspan="2">施工单位</td><td colspan="4"></td><td>评价单位</td><td></td></tr>
<tr><td rowspan="2">序号</td><td rowspan="2">检　查　项　目</td><td rowspan="2">应得分</td><td colspan="3">判定结果</td><td rowspan="2">实得分</td><td rowspan="2">备注</td></tr>
<tr><td>100％</td><td>85％</td><td>70％</td></tr>
<tr><td>1</td><td>层门地坎至轿厢地坝之间水平距离</td><td>50</td><td></td><td></td><td></td><td></td><td></td></tr>
<tr><td>2</td><td>平层准确度</td><td>50</td><td></td><td></td><td></td><td></td><td></td></tr>
<tr><td>3</td><td>扶手带的运行速度相对梯级、踏板或胶带的速度允许差</td><td>(100)</td><td></td><td></td><td></td><td></td><td></td></tr>
<tr><td>检查结果</td><td colspan="7">权重值 10 分。
应得分合计：
实得分合计：
电梯安装工程尺寸偏差及限值实测评分＝$\frac{实得分}{应得分}$×10＝
评价人员：　　　　年　月　日</td></tr>
</table>

Ⅳ 电梯安装工程观感质量

5.7.4.13 电梯安装工程观感质量应检查的项目

（1）曳引式、液压式电梯

1）机房（如有时）及相关设备安装；

2）井道及相关设备安装；

3）门系统和层站设施安装；

4）整机运行。

（2）自动扶梯（人行道）

1）外观；

2）机房及其设备安装；

3）周边相关设施；

4）整机运行。

电梯安装工程的施工记录、施工试验表式及其实施要点可参照本书建筑电梯安装工程中的相关章节。

5.7.4.14 电梯安装工程观感质量检查评价方法

电梯安装工程观感质量检查评价方法应符合第5.1.5基本评价方法中（3）的规定。

5.7.4.15 电梯安装工程观感质量检查辅助表

工程观感质量检查辅助表是对每个检查项目的检查点进行观察辅以必要的量测和检查分部（子分部）工程质量检查记录，按标准规定的“好”、“一般”、“差”给出评价，按标准规定的评价方法与判定，经分析计算判定，将其结果填入评分表。

5.7.4.16 电梯安装工程观感质量评分

电梯安装工程观感质量评分应符合表5.7.4.16的规定。

5.7.5 智能建筑工程质量评价

5.7.5.1 智能建筑工程性能检测应检查的项目

（1）系统检测；

（2）系统集成检测；

（3）接地电阻测试。

智能建筑工程的施工试验表式及其实施要点可参照本书第3章建筑智能建筑工程中的相关章节。

电梯安装工程观感质量检查辅助表　　　　表 5.7.4.15

序号	检查项目		检查点检查结果				检查资料依据		检查结果
			检查点数	好的点数	一般的点数	差的点数	分部(子分部)验收记录	现场检查记录	
1. 曳引式、液压式电梯	(1)机房及相关设备	机房及其环境							
		驱动主机及油压泵站							
		电梯装置(机房井道)							
	(2)井道及相关设备	井道及底坑							
		轿厢、对重、悬挂装置、随行装置及补偿器装置							
	(3)门系统及层站	门及门套							
		层门指示灯及召唤按钮							
	(4)整机运行								
2. 自动扶梯	(1)外观								
	(2)机房及其设备								
	(3)周边相关设施								
	(4)整机运行								

汇总人：　　　　年　月　日

电梯安装工程观感质量评分表　　　　表 5.7.4.16

工程名称		施工阶段		检查日期	年　月　日		
施工单位				评价单位			

序号	检查项目		应得分	判定结果			实得分	备注
				100%	85%	70%		
1	曳引式、液压式电梯	机房(如有时)及相关设备安装	30					
		井道及相关设备安装	30					
		门系统和层站设施安装	20					
		整机运行	20					
2	自动扶梯(人行道)	外观	(30)					
		机房及其设备安装	(20)					
		周边相关设施	(30)					
		整机运行	(20)					
检查结果	权重值20分。 应得分合计： 实得分合计： 电梯安装工程观感质量评分$=\dfrac{实得分}{应得分}\times 20=$ 评价人员：　　　　年　月　日							

5.7.5.2 智能建筑工程性能检测检查评价方法

智能建筑工程性能检测检查评价方法应符合下列规定：

(1) 检查标准：火灾自动报警、安全防范、通信网络等系统应由专业检测机构进行检测，按先各系统后系统集成进行检测。系统检测、系统集成检测一次检测主控项目达到合格，一般项目中不超过10%的项目（且不超过3项）经整改后达到合格的为一档，取100%的标准分值；主控项目有一项不合格或一般项目超过10%，不超过20%，且不超过5项，整改后达到合格的为三档，取70%的标准分值。

接地电阻测试一次检测达到设计要求的为一档，取100%的标准分值；经整改达到设计要求的为三档，取70%的标准分值。

(2) 检查方法：检查承包商及专业机构出具的检验报告并统计计算。

主观质量评价的主要技术指标及标准见表5.7.5.2。

主观质量评价的主要技术指标及标准 表5.7.5.2

序号	项目名称	测试频道	主观评价标准
1	系统输出电平(dBμV)	系统的所有频道	60～80
2	系统载噪比	系统总频道的10%且不少于5个,不足5个全检,且分布于整个工作频段的高、中、低段	无噪波,即无“雪花干扰”
3	载波互调比	系统总频道的10%且不少于5个,不足5个全检,且分布于整个工作频段的高、中、低段	图像中无垂直、倾斜或水平条纹
4	交扰调制比	系统总频道的10%且不少于5个,不足5个全检,且分布于整个工作频段的高、中、低段	图像中无移动、垂直或斜,即无“窜台”
5	回波值	系统总频道的10%且不少于5个,不足5个全检,且分布于整个工作频段的高、中、低段	图像无沿水平方向分布在右边一条或多条轮廓线,即无“重影”
6	色/亮度时延差	系统总频道的10%且不少于5个,不足5个全检,且分布于整个工作频段的高、中、低段	图像中色、亮信息对齐,即无“彩色鬼影”
7	载波交流声	系统总频道的10%且不少于5个,不足5个全检,且分布于整个工作频段的高、中、低段	图像中无上下移动的水平条纹,即无“滚道”现象
8	伴音和调频广播的声音	系统总频道的10%且不少于5个,不足5个全检,且分布于整个工作频段的高、中、低段	无背景噪声,如咝咝声、哼声、蜂鸣声和串音等

5.7.5.3 智能建筑工程性能系统检测

(1) 通信网络系统检测

通信网络系统检测项目记录表见表5.7.5.3-1。

(2) 信息网络系统检测

信息网络系统检测项目记录表见表5.7.5.3-2。

(3) 建筑设备监控系统工程检测

1) 空调与通风系统检测记录表见表5.7.5.3-3。

通信网络系统检测项目记录表　　表 5.7.5.3-1

<table>
<tr><td colspan="2">单位(子单位)工程</td><td colspan="2"></td><td>施工执行标准及编号</td><td></td></tr>
<tr><td colspan="2">施工单位</td><td colspan="2"></td><td>项目经理</td><td></td></tr>
<tr><td colspan="2">序号</td><td colspan="2">检测项目</td><td>检测记录</td><td>备注</td></tr>
<tr><td rowspan="7">1</td><td rowspan="7">程控电话系统</td><td colspan="2">硬件故障率</td><td></td><td rowspan="7"></td></tr>
<tr><td colspan="2">系统再启动</td><td></td></tr>
<tr><td colspan="2">计费差错率</td><td></td></tr>
<tr><td colspan="2">硬件原因再启动</td><td></td></tr>
<tr><td colspan="2">软件原因故障</td><td></td></tr>
<tr><td colspan="2">分群设备可靠性</td><td></td></tr>
<tr><td colspan="2">试运行模拟测试呼叫接通率，收费正确</td><td></td></tr>
<tr><td rowspan="8">2</td><td rowspan="8">卫星电视及有线电视</td><td colspan="2">系统输出电平</td><td></td><td rowspan="8"></td></tr>
<tr><td colspan="2">系统载噪比</td><td></td></tr>
<tr><td colspan="2">载波互调比</td><td></td></tr>
<tr><td colspan="2">交扰调制比</td><td></td></tr>
<tr><td colspan="2">回波值</td><td></td></tr>
<tr><td colspan="2">色/亮度时延差</td><td></td></tr>
<tr><td colspan="2">载波交流声</td><td></td></tr>
<tr><td colspan="2">伴音和调频广播声音</td><td></td></tr>
<tr><td rowspan="9">3</td><td rowspan="9">公共广播与紧急广播系统</td><td colspan="2">放声系统分布</td><td></td><td rowspan="9"></td></tr>
<tr><td rowspan="4">音质音量</td><td>最高输出电平</td><td></td></tr>
<tr><td>输出信噪比</td><td></td></tr>
<tr><td>声压级</td><td></td></tr>
<tr><td>频宽</td><td></td></tr>
<tr><td colspan="2">音响效果主观评价</td><td></td></tr>
<tr><td rowspan="3">系统功能</td><td>业务广播</td><td></td></tr>
<tr><td>背景音乐</td><td></td></tr>
<tr><td>紧急广播优先</td><td></td></tr>
</table>

汇总人：　　　　　　　　年　　月　　日

信息网络系统检测项目记录表 表 5.7.5.3-2

<table>
<tr><td colspan="2">单位(子单位)
工　　程</td><td colspan="2"></td><td>施工执行标准
及编号</td><td></td></tr>
<tr><td colspan="2">施工单位</td><td colspan="2"></td><td>项目经理</td><td></td></tr>
<tr><td colspan="2">序　号</td><td colspan="2">检　测　项　目</td><td>检测记录</td><td>备　注</td></tr>
<tr><td rowspan="12">1.
计
算
机
网
络
系
统</td><td>1</td><td colspan="2">网络设备连通性</td><td></td><td rowspan="2">执行规范第 5.3.4 条中规定</td></tr>
<tr><td>2</td><td colspan="2">路由检测</td><td></td></tr>
<tr><td rowspan="5">3</td><td rowspan="5">容错功能检测</td><td>故障判断</td><td></td><td rowspan="5">执行规范第 5.3.5 条中规定</td></tr>
<tr><td>自动恢复</td><td></td></tr>
<tr><td>切换时间</td><td></td></tr>
<tr><td>故障隔离</td><td></td></tr>
<tr><td>自动切换</td><td></td></tr>
<tr><td rowspan="5">4</td><td rowspan="5">网络管理功能检测</td><td>设备连接图</td><td></td><td rowspan="5">执行规范第 5.3.6 条中规定</td></tr>
<tr><td>自诊断</td><td></td></tr>
<tr><td>节点流量</td><td></td></tr>
<tr><td>广播率</td><td></td></tr>
<tr><td>错误率</td><td></td></tr>
<tr><td rowspan="16">2.
网
络
安
全
系
统</td><td rowspan="2">1</td><td rowspan="2">安全系统配置</td><td>防火墙</td><td></td><td rowspan="2">执行规范第 5.5.3 条中规定</td></tr>
<tr><td>防病毒</td><td></td></tr>
<tr><td rowspan="6">2</td><td rowspan="6">信息安全性</td><td>来自防火墙外模拟网络攻击</td><td></td><td rowspan="8">执行规范第 5.5.4 条中规定</td></tr>
<tr><td>对内部终端机访问控制</td><td></td></tr>
<tr><td>对公网络与控制网络的隔离</td><td></td></tr>
<tr><td>防病毒系统测试</td><td></td></tr>
<tr><td>入侵检测系统功能</td><td></td></tr>
<tr><td>内容过滤系统的有效性</td><td></td></tr>
<tr><td rowspan="2">3</td><td rowspan="2">应用系统安全性</td><td>身份认证</td><td></td></tr>
<tr><td>访问控制</td><td></td></tr>
<tr><td rowspan="3">4</td><td rowspan="3">物理层安全</td><td>安全管理制度</td><td></td><td rowspan="3">执行规范第 5.3.7 条中规定</td></tr>
<tr><td>中心机房的环境要求</td><td></td></tr>
<tr><td>涉密单位的保密要求</td><td></td></tr>
<tr><td rowspan="3">5</td><td rowspan="3">应用系统安全</td><td>数据完整性</td><td></td><td rowspan="3">执行规范第 5.3.8 条中规定</td></tr>
<tr><td>数据保密性</td><td></td></tr>
<tr><td>安全审计</td><td></td></tr>
</table>

注：本表内“规范”一词系指《建筑工程施工质量评价标准》GB/T 50375—2006。

空调与通风系统检测记录表　　表 5.7.5.3-3

<table>
<tr><td colspan="3">单位(子单位)工程</td><td colspan="3"></td></tr>
<tr><td colspan="3">施工单位</td><td>项目经理</td><td colspan="2"></td></tr>
<tr><td colspan="3">施工执行标准及编号</td><td colspan="3"></td></tr>
<tr><td colspan="4">检 测 项 目</td><td>检测记录</td><td>备 注</td></tr>
<tr><td rowspan="3">1</td><td rowspan="3">空调系统温度</td><td colspan="2">控制稳定性</td><td></td><td rowspan="19">检测数量为每类机组按总数 20%抽检，且不得少于 5 台，不足 5 台时全部检测，抽检设备全部符合设计要求时为检测合格。</td></tr>
<tr><td colspan="2">响应时间</td><td></td></tr>
<tr><td colspan="2">控制效果</td><td></td></tr>
<tr><td rowspan="3">2</td><td rowspan="3">空调系统相对湿度控制</td><td colspan="2">控制稳定性</td><td></td></tr>
<tr><td colspan="2">响应时间</td><td></td></tr>
<tr><td colspan="2">控制效果</td><td></td></tr>
<tr><td rowspan="3">3</td><td rowspan="3">新风量自动控制</td><td colspan="2">控制稳定性</td><td></td></tr>
<tr><td colspan="2">响应时间</td><td></td></tr>
<tr><td colspan="2">控制效果</td><td></td></tr>
<tr><td rowspan="3">4</td><td rowspan="3">预定时间表自动启停</td><td colspan="2">控制稳定性</td><td></td></tr>
<tr><td colspan="2">响应时间</td><td></td></tr>
<tr><td colspan="2">控制效果</td><td></td></tr>
<tr><td rowspan="3">5</td><td rowspan="3">节能优化控制</td><td colspan="2">控制稳定性</td><td></td></tr>
<tr><td colspan="2">响应时间</td><td></td></tr>
<tr><td colspan="2">控制效果</td><td></td></tr>
<tr><td rowspan="2">6</td><td rowspan="2">设备连锁控制</td><td colspan="2">正确性</td><td></td></tr>
<tr><td colspan="2">实时性</td><td></td></tr>
<tr><td rowspan="2">7</td><td rowspan="2">故障报警</td><td colspan="2">正确性</td><td></td></tr>
<tr><td colspan="2">实时性</td><td></td></tr>
</table>

汇总人：　　　　年　月　日

2）变配电系统检测记录表见表 5.7.5.3-4。

变配电系统检测记录表　　表 5.7.5.3-4

<table>
<tr><td colspan="2">单位(子单位)工程</td><td colspan="3"></td></tr>
<tr><td colspan="2">施工单位</td><td></td><td>项目经理</td><td></td></tr>
<tr><td colspan="2">施工执行标准及编号</td><td colspan="3"></td></tr>
<tr><td colspan="2">检 测 项 目</td><td>检测记录</td><td colspan="2">备 注</td></tr>
<tr><td>1</td><td>电气参数测量</td><td></td><td colspan="2" rowspan="3">各类参数按 20%抽检，且不得少于 20 点，被检参数合格率 100%时为检测合格</td></tr>
<tr><td>2</td><td>电气设备工作状态测量</td><td></td></tr>
<tr><td>3</td><td>变配电系统故障报警</td><td></td></tr>
<tr><td>4</td><td>高低压配电柜工作状态</td><td></td><td colspan="2" rowspan="6">各类参数全部检测，被检参数合格率 100% 时为检测合格</td></tr>
<tr><td>5</td><td>电力变压器温度</td><td></td></tr>
<tr><td>6</td><td>应急发电机组工作状态</td><td></td></tr>
<tr><td>7</td><td>储油罐液位</td><td></td></tr>
<tr><td>8</td><td>蓄电池组及充电设备工作状态(100%)</td><td></td></tr>
<tr><td>9</td><td>不间断电源工作状态</td><td></td></tr>
</table>

汇总人：　　　　年　月　日

3）公共照明系统检测记录表见表 5.7.5.3-5。

公共照明系统检测记录表 **表 5.7.5.3-5**

<table>
<tr><td colspan="3">单位(子单位)工程</td><td colspan="3"></td></tr>
<tr><td colspan="3">施工单位</td><td></td><td>项目经理</td><td></td></tr>
<tr><td colspan="3">施工执行标准及编号</td><td colspan="3"></td></tr>
<tr><td colspan="3">检测项目</td><td>检测记录</td><td colspan="2">备注</td></tr>
<tr><td rowspan="7">1</td><td rowspan="7">公共照明设备监控</td><td>公共区域1</td><td></td><td colspan="2" rowspan="8">1. 以光照度或时间表为依据，检测控制动作正确性
2. 按照明回路20%抽检，且不得少于10路，抽检合格率100%时为检测合格</td></tr>
<tr><td>公共区域2</td><td></td></tr>
<tr><td>公共区域3</td><td></td></tr>
<tr><td>公共区域4</td><td></td></tr>
<tr><td>公共区域5</td><td></td></tr>
<tr><td>公共区域6(园区景观)</td><td></td></tr>
<tr><td>公共区域7(园区景观)</td><td></td></tr>
<tr><td>2</td><td colspan="2">检查手动开关功能</td><td></td></tr>
</table>

汇总人：　　　　　　　　年　月　日

4）给排水系统功能检测记录表见表 5.7.5.3-6。

给排水系统功能检测记录表 **表 5.7.5.3-6**

<table>
<tr><td colspan="4">单位(子单位)工程</td><td colspan="3"></td></tr>
<tr><td colspan="4">施工单位</td><td></td><td>项目经理</td><td></td></tr>
<tr><td colspan="4">施工执行标准及编号</td><td colspan="3"></td></tr>
<tr><td colspan="4">检测项目</td><td>检测记录</td><td colspan="2">备注</td></tr>
<tr><td rowspan="6">1</td><td rowspan="6">给水系统</td><td rowspan="3">参数检测</td><td>液位</td><td></td><td colspan="2" rowspan="15">按系统50%数量抽检，且不得少于5点，被检系统合格率100%时为系统检测合格</td></tr>
<tr><td>压力</td><td></td></tr>
<tr><td>水泵运行状态</td><td></td></tr>
<tr><td colspan="2">自动调节水泵转速</td><td></td></tr>
<tr><td colspan="2">水泵投运切换</td><td></td></tr>
<tr><td colspan="2">故障报警及保护</td><td></td></tr>
<tr><td rowspan="6">2</td><td rowspan="6">排水系统</td><td rowspan="3">参数检测</td><td>液位</td><td></td></tr>
<tr><td>压力</td><td></td></tr>
<tr><td>水泵运行状态</td><td></td></tr>
<tr><td colspan="2">自动调节水泵转速</td><td></td></tr>
<tr><td colspan="2">水泵投运切换</td><td></td></tr>
<tr><td colspan="2">故障报警及保护</td><td></td></tr>
<tr><td rowspan="3">3</td><td rowspan="3">中水系统监控</td><td colspan="2">液位</td><td></td></tr>
<tr><td colspan="2">压力</td><td></td></tr>
<tr><td colspan="2">水泵运行状态</td><td></td></tr>
</table>

汇总人：　　　　　　　　年　月　日

5）热源和热交换系统检测项目记录表见表 5.7.5.3-7。

热源和热交换系统检测项目记录表　　表 5.7.5.3-7

<table>
<tr><td colspan="3">单位(子单位)
工　　程</td><td></td><td>施工执行标准
及编号</td><td colspan="2"></td></tr>
<tr><td colspan="3">施工单位</td><td></td><td>项目经理</td><td colspan="2"></td></tr>
<tr><td colspan="4">检　测　项　目</td><td colspan="2">检　测　记　录</td><td>备　注</td></tr>
<tr><td rowspan="5">1</td><td rowspan="5">热源系统</td><td colspan="2">参数检测</td><td colspan="2"></td><td rowspan="10">系统功能全部检测，被检系统合格率 100% 时为检测合格</td></tr>
<tr><td colspan="2">系统负荷调节</td><td colspan="2"></td></tr>
<tr><td colspan="2">预定时间表启停</td><td colspan="2"></td></tr>
<tr><td colspan="2">节能优化控制</td><td colspan="2"></td></tr>
<tr><td colspan="2">故障检测记录与报警</td><td colspan="2"></td></tr>
<tr><td rowspan="5">2</td><td rowspan="5">热交换系统</td><td colspan="2">参数检测</td><td colspan="2"></td></tr>
<tr><td colspan="2">系统负荷调节</td><td colspan="2"></td></tr>
<tr><td colspan="2">预定时间表启停</td><td colspan="2"></td></tr>
<tr><td colspan="2">节能优化控制</td><td colspan="2"></td></tr>
<tr><td colspan="2">故障检测记录与报警</td><td colspan="2"></td></tr>
<tr><td>3</td><td colspan="3">能耗计量与统计</td><td colspan="2"></td><td>满足设计要求时为合格</td></tr>
</table>

汇总人：　　　　　　　　　　年　　月　　日

6）冷冻和冷却水系统检测项目记录表见表 5.7.5.3-8。

冷冻和冷却水系统检测项目记录表　　表 5.7.5.3-8

<table>
<tr><td colspan="3">单位(子单位)
工　　程</td><td></td><td>施工执行标准
及编号</td><td colspan="2"></td></tr>
<tr><td colspan="3">施工单位</td><td></td><td>项目经理</td><td colspan="2"></td></tr>
<tr><td colspan="4">检　测　项　目</td><td colspan="2">检　测　记　录</td><td>备　注</td></tr>
<tr><td rowspan="6">1</td><td rowspan="6">冷冻水系统</td><td colspan="2">参数检测</td><td colspan="2"></td><td rowspan="12">系统功能全部检测，满足设计要求时为检测合格</td></tr>
<tr><td colspan="2">系统负荷调节</td><td colspan="2"></td></tr>
<tr><td colspan="2">预定时间表启停</td><td colspan="2"></td></tr>
<tr><td colspan="2">节能优化控制</td><td colspan="2"></td></tr>
<tr><td colspan="2">故障检测记录与报警</td><td colspan="2"></td></tr>
<tr><td colspan="2">设备运行联动</td><td colspan="2"></td></tr>
<tr><td rowspan="6">2</td><td rowspan="6">冷却水系统</td><td colspan="2">参数检测</td><td colspan="2"></td></tr>
<tr><td colspan="2">系统负荷调节</td><td colspan="2"></td></tr>
<tr><td colspan="2">预定时间表启停</td><td colspan="2"></td></tr>
<tr><td colspan="2">节能优化控制</td><td colspan="2"></td></tr>
<tr><td colspan="2">故障检测记录与报警</td><td colspan="2"></td></tr>
<tr><td colspan="2">设备运行联动</td><td colspan="2"></td></tr>
<tr><td>3</td><td colspan="3">能耗计量与统计</td><td colspan="2"></td><td>满足设计要求时为合格</td></tr>
</table>

汇总人：　　　　　　　　　　年　　月　　日

7）电梯和自动系统检测项目记录表见表 5.7.5.3-9。

8）系统实时性、可维护性、可靠性检测记录表见表 5.7.5.3-10。

9）建筑设备监控系统检测项目记录表见表 5.7.5.3-11。

电梯和自动系统检测项目记录表 表 5.7.5.3-9

单位(子单位)工　　程			施工执行标准及编号	
施工单位			项目经理	
检 测 项 目			检 测 记 录	备 注
1	电梯系统	电梯运行状态		各系统全部检测,合格率 100% 时为检测合格
		故障检测记录与报警		
2	自动扶梯系统	扶梯运行状态		各系统全部检测,合格率 100% 时为检测合格
		故障检测记录与报警		

汇总人：　　　　　　　　年　　月　　日

系统实时性、可维护性、可靠性检测记录表 表 5.7.5.3-10

单位(子单位)工程				
施工单位			项目经理	
施工执行标准及编号				
检 测 项 目			检测记录	备 注
1	关键数据采样速度	满足合同文件		10%扣检且不得少于 10 台,合格率达 90%为合格
		满足设备性能指标		
2	系统响应时间	满足合同文件		
		满足设备性能指标		
3	报警信号响应速度	满足合同文件		20%扣检且不得少于 10 台,合格率达 100%为合格
		满足设备性能指标		
4	应用软件在线编程和修改	在线编程及修改		对相应功能进行验证,功能得到验证或工作正常时为合格
		软件下载		
5	设备故障自检测	现场故障指标		
		工作站显示和报警		
6	网络通信故障自检测	网络故障指标		
		工作站显示报警		
7	系统可靠性(启停设备时)			
	电源切换为 UPS 供电时			
	中央站冗余主机自动投入时			

汇总人：　　　　　　　　年　　月　　日

(4) 火灾自动报警及消防联动系统工程检测

火灾自动报警及消防联动系统检测项目记录表见表 5.7.5.3-12。

(5) 安全防范系统检测项目评价

1) 综合防范功能系统检测记录表见表 5.7.5.3-13。

2) 安全防范综合管理系统检测记录表见表 5.7.5.3-14。

(6) 综合布线工程检测

建筑设备监控系统检测项目记录表　　表 5.7.5.3-11

单位(子单位)工程			
施工单位		项目经理	
施工执行标准及编号			
序号	检测项目	检测记录	备注
1	空调与通风系统功能检测		
2	变配电系统功能检测		
3	公共照明系统功能检测		
4	给排水系统功能检测		
5	热和热交换系统功能检测		
6	冷冻和冷却水系统功能检测		
7	电梯和自动扶梯系统功能检测		
8	系统实时性检测		
9	系统可维护功能检测		
10	系统可靠性检测		

汇总人：　　　　　　年　　月　　日

火灾自动报警及消防联动系统检测项目记录表　　表 5.7.5.3-12

单位(子单位)工程				
施工单位			项目经理	
施工执行标准及编号				
序号	检测项目		检测记录	备注
1	系统联运	与其他系统联动，系统应为独立系统		满足设计要求为检测合格
2	系统电磁兼容性防护			
3	火灾报警控制器人机界面	汉化图形界面		符合设计要求为检测合格
		中文屏幕菜单		
4	接口通信功能	消防控制室与建筑设备监控系统		符合设计要求为检测合格
		消防控制室与安全防范系统		
5	系统关联功能	公共广播与紧急广播共用		符合 GB 50166 有关规定
		安全防范子系统对火灾响应与操作		符合设计要求为检测合格
6	火灾探测器性能及安装状况	智能性		符合设计要求为检测合格
		普通性		
7	新型消防设施设置及功能	早期烟雾探测		符合设计要求为检测合格
		大空间早期检测		
		大空间红外图像矩阵火灾报警及灭火		
		可燃气体泄漏报警及联动		
检测意见： 监理工程师签字　　　　　　检测机构负责人签字 （建设单位项目专业技术负责人） 日期　　　　　　　　　　　　日期				

综合布线系统性能检测记录表见表 5.7.5.3-15。

综合防范功能系统检测记录表 表 5.7.5.3-13

单位(子单位)工程				
施工单位			项目经理	
施工执行标准及编号				
检测项目			检测记录	备注
1	防范范围	设防情况		综合防范功能符合设计要求时检测合格
		防范功能		
2	重点防范部位	设防情况		
		防范功能		
3	要害部门	设防情况		
		防范功能		
4	设备运行情况			
5	防范子系统之间的联动			
6	监控中心图像记录	图像质量		
		保存时间		
7	监控中心报警记录	完整性		
		保存时间		
8	系统集成	系统接口		
		通信功能		
		信息传输		
9				

汇总人： 年 月 日

安全防范综合管理系统检测记录表 表 5.7.5.3-14

单位(子单位)工程				
施工单位			项目经理	
施工执行标准及编号				
检测项目			检测记录	备注
1	数据信信接口	对子系统工作状态观测并核实		各项系统功能和软件功能全部检测，符合设计要求为合格，合格率100%时系统检测合格
		对各子系统报警信息观测并核实		
		发送命令时子系统响应情况		
2	综合管理系统	正确显示子系统工作状态		
		对各类报警信息显示、记录、统计情况		
		数据报表打印		
		报警打印		
		操作方便性		
		人机界面友好、汉化、图形化		
		对子系统的控制功能		
3				
4				

汇总人： 年 月 日

综合布线系统性能检测记录表 表 5.7.5.3-15

单位(子单位)工程				
施工单位			项目经理	
施工执行标准及编号				
检测项目			检测记录	备注
1	综合布线管理系统			执行规范第3.2.6条的规定合格，合格率100%时系统检测合格
	中文平台管理软件			
	硬件设备图			
	楼层图			
	干线子系统及配线子系统配置			
	硬件设施工作状态			
2	工程电气性能检测			执行规范第9.3.4条的规定
3	光纤特性检测			

汇总人： 年 月 日

注：本表内“规范”一词系指《建筑工程施工质量评价标准》GB/T 50375—2006。

5.7.5.4　智能建筑工程性能系统集成检测评价

(1) 系统集成工程验收记录表见表5.7.5.4-1。

系统集成工程验收记录表　　表5.7.5.4-1

<table>
<tr><td colspan="2">单位(子单位)工程</td><td colspan="3"></td></tr>
<tr><td colspan="2">施工单位</td><td></td><td>项目经理</td><td></td></tr>
<tr><td colspan="2">施工执行标准及编号</td><td colspan="3"></td></tr>
<tr><td colspan="3">检　测　项　目</td><td>检测记录</td><td>备注</td></tr>
<tr><td rowspan="2">1</td><td rowspan="2">系统的报警信息及处理</td><td>服务器端</td><td></td><td rowspan="6">各项检测应做到安全、正确、及时、无冲突,符合设计要求为合格,否则为不合格</td></tr>
<tr><td>有权限的客户端</td><td></td></tr>
<tr><td rowspan="2">2</td><td rowspan="2">设备联锁控制</td><td>服务器端</td><td></td></tr>
<tr><td>有权限的客户端</td><td></td></tr>
<tr><td rowspan="2">3</td><td rowspan="2">应急状态的联动逻辑检测</td><td>现场模拟火灾信号</td><td></td></tr>
<tr><td>现场模拟非法侵入</td><td></td></tr>
<tr><td>4</td><td colspan="2">综合管理功能</td><td></td><td rowspan="3">运用安全验证满足功能需求</td></tr>
<tr><td>5</td><td colspan="2">信息管理功能</td><td></td></tr>
<tr><td>6</td><td colspan="2">信息服务功能</td><td></td></tr>
<tr><td rowspan="3">7</td><td rowspan="3">视频图像接入时</td><td>图像显示</td><td></td><td rowspan="3">满足设计要求的为合格</td></tr>
<tr><td>图像切换</td><td></td></tr>
<tr><td>图像传输</td><td></td></tr>
<tr><td rowspan="6">8</td><td rowspan="6">系统冗余和容错功能</td><td>双机备份及切换</td><td></td><td rowspan="6">满足设计要求的为合格</td></tr>
<tr><td>数据库备份</td><td></td></tr>
<tr><td>备用电源及切换</td><td></td></tr>
<tr><td>通信链路冗余及切换</td><td></td></tr>
<tr><td>故障自诊断</td><td></td></tr>
<tr><td>事故条件下的安全保障措施</td><td></td></tr>
<tr><td>9</td><td colspan="2">与火灾自动报警系统相关性</td><td></td><td></td></tr>
<tr><td rowspan="2">10</td><td rowspan="2">系统可靠性维护</td><td>可靠性维护说明及措施</td><td></td><td rowspan="2">符合设计要求的为合格</td></tr>
<tr><td>设定系统故障检查</td><td></td></tr>
<tr><td rowspan="4">11</td><td rowspan="4">系统集成安全性</td><td>身份认证</td><td></td><td rowspan="4">符合设计要求的为合格</td></tr>
<tr><td>访问控制</td><td></td></tr>
<tr><td>信息加密和解密</td><td></td></tr>
<tr><td>抗病毒攻击能力</td><td></td></tr>
<tr><td rowspan="3">12</td><td rowspan="3">工程实施及质量控制记录</td><td>真实性</td><td></td><td rowspan="3">符合设计要求的为合格</td></tr>
<tr><td>准确性</td><td></td></tr>
<tr><td>完整性</td><td></td></tr>
</table>

汇总人:　　　　年　　月　　日

（2）防雷与接地系统检测记录表见表 5.7.5.4-2。

防雷与接地系统检测记录表 **表 5.7.5.4-2**

单位(子单位)工程				
施工单位			项目经理	
施工执行标准及编号				
检 测 项 目			检测记录	备注
1	防雷与接地系统引接	引接 GB 50303 验收合格的共用接地装置		执行 GB 50303 规范第 11.3.1 条
2	建筑物金属体作接地装置	接地电阻不应大于 1Ω		
3	采用单独接地装置	接地装置测试点的设置		执行 GB 50303 规范第 24.1.1 条
		接地电阻值测试		执行 GB 50303 规范第 24.1.2 条
		接地模块的埋设深度、间距和基坑尺寸		执行 GB 50303 规范第 24.1.4 条
		接地模块设置应垂直或水平就位		执行 GB 50303 规范第 24.1.5 条
4	其他接地装置	防过流、过压元件接地装置		其设置应符合设计要求，连接可靠
		防电磁干扰屏蔽接地装置		
		防静电接地装置		
5	等电位联结	建筑物等电位联结干线的连接及局部等电位箱间的连接		执行 GB 50303 规范第 27.1.1 条
		等电位联结的线路最小允许截面积		执行 GB 50303 规范第 27.1.2 条
6	防过流和防过压接地装置、防电磁干扰屏蔽接地装置、防静电接地装置	接地装置埋设深度、间距和搭接长度		执行 GB 50303 规范第 24.2.1 条
		接地装置的材质和最小允许规格		执行 GB 50303 规范第 24.2.2 条
		接地模块与干线的连接干线材质选用		执行 GB 50303 规范第 24.2.3 条
7	等电位联结	等电位联结的可接近裸露导体或其他金属部件、构件与支线的连接可靠，导通正常		执行 GB 50303 规范第 27.2.1 条
		需等电位联结的高级装修金属部件或零件等电位联结的连接		执行 GB 50303 规范第 27.2.2 条

汇总人： 年 月 日

5.7.5.5 智能建筑工程检测项目汇总表

工程性能检测的汇总，包括检测报告、检测记录等，汇总统计表按资料明细一列，并按不同检测报告根据内容按标准规定做出判定，可借助表 5.7.5.5 进行。经过对资料的评价与判定，将其结果填入评分表。

系统检测项目汇总表　　表 5.7.5.5

序　号	系统检测名称	达到设计要求判定档次	系统检测判定档次
1	通信网络系统		
2	信息网络系统		
3	建筑设备监控系统		
4	火灾自动报警及消防联动系统		
5	安全防范系统		
6	综合布线系统		

5.7.5.6　智能建筑工程性能检测评分

智能建筑工程性能检测评分应符合表 5.7.5.6 的规定。

智能建筑工程性能检测评分表　　表 5.7.5.6

<table>
<tr><td colspan="2">工程名称</td><td>施工阶段</td><td></td><td colspan="2">检查日期</td><td colspan="2">年　月　日</td></tr>
<tr><td colspan="2">施工单位</td><td colspan="2"></td><td colspan="2">评价单位</td><td colspan="2"></td></tr>
<tr><td rowspan="2">序号</td><td rowspan="2">检　查　项　目</td><td rowspan="2" colspan="2">应得分</td><td colspan="2">判定结果</td><td rowspan="2">实得分</td><td rowspan="2">备注</td></tr>
<tr><td>100%</td><td>70%</td></tr>
<tr><td>1</td><td>系统检测</td><td colspan="2">60</td><td></td><td></td><td></td><td></td></tr>
<tr><td>2</td><td>系统集成检测</td><td colspan="2">30</td><td></td><td></td><td></td><td></td></tr>
<tr><td>3</td><td>接地电阻测试</td><td colspan="2">10</td><td></td><td></td><td></td><td></td></tr>
<tr><td>检查结果</td><td colspan="7">权重值 30 分。
应得分合计：
实得分合计：
$$智能建筑工程性能检测评分=\frac{实得分}{应得分}\times 30=$$
评价人员：　　　年　月　日</td></tr>
</table>

5.7.5.7　智能建筑工程质量记录应检查的项目

（1）材料、设备、软件合格证及进场验收记录

1）材料出厂合格证及进场验收记录；

2）设备、软件出厂合格证及进场验收记录；

3）随机文件：设备清单、产品说明书、软件资料清单、程序结构说明、安装调试说明书、使用和维护说明书、装箱清单及开箱检查验收记录。

（2）施工记录

1）系统安装施工记录；

2）隐蔽工程验收记录；

3）检验批、分项、分部（子分部）工程质量验收记录。

（3）施工试验

1）硬件、软件产品设备测试记录；

2）系统运行调试记录。

智能建筑工程的材料、设备、软件合格证及进场验收记录、施工记录、施工试验表式及其实施要点，可参照本书第 4 章施工文件智能建筑中的相关章节。

5.7.5.8 智能建筑工程质量记录资料汇总表

智能建筑工程质量记录的汇总，是按检验批、分项、分部（子分部）工程质量验收资料及其要求提供的材料合格证及进场验收记录、施工记录、施工试验资料，按表列出明细，可借助表5.7.5.8进行。经过对资料按标准规定的评价方法与判定，将其结果填入评分表。

智能建筑工程质量记录资料汇总表　　表5.7.5.8

序号	质量记录名称	份数及编号	判定内容	判定情况
1. 材料、设备、软件合格证及进场验收记录	缆线、线槽、线管、支架、材料合格证、进场验收报告			
	硬件设备合格证及进场验收记录			
	软件出厂合格证及进场验收记录			
	随机文件			
2. 施工记录	系统安装施工记录			
	隐蔽工程验收记录			
	分项工程质量验收记录			
	子分部工程质量验收记录			
3. 施工试验	硬件试验记录			
	软件试验记录			
	系统试运行调试记录			

汇总人：　　　　年　月　日

5.7.5.9 智能建筑工程质量记录检查评价方法

智能建筑质量记录检查评价方法应符合第1.5.2条的规定。

智能建筑工程质量记录检查评分表　　表5.7.5.9

<table>
<tr><td colspan="2">工程名称</td><td></td><td>施工阶段</td><td></td><td colspan="2">检查日期</td><td colspan="3">年　月　日</td></tr>
<tr><td colspan="2">施工单位</td><td colspan="3"></td><td colspan="2">评价单位</td><td colspan="3"></td></tr>
<tr><td rowspan="2">序号</td><td colspan="2" rowspan="2">检　查　项　目</td><td rowspan="2">应得分</td><td colspan="3">判定结果</td><td rowspan="2">实得分</td><td rowspan="2">备注</td></tr>
<tr><td>100%</td><td>85%</td><td>70%</td></tr>
<tr><td rowspan="3">1</td><td rowspan="3">材料、设备、软件合格证及进场验收记录</td><td>材料出厂合格证及进场验收记录</td><td>10</td><td></td><td></td><td></td><td></td><td></td></tr>
<tr><td>设备、软件出厂合格证及进场验收记录</td><td>10</td><td></td><td></td><td></td><td></td><td></td></tr>
<tr><td>随机文件</td><td>10</td><td></td><td></td><td></td><td></td><td></td></tr>
<tr><td rowspan="3">2</td><td rowspan="3">施工记录</td><td>系统安装施工记录</td><td>15</td><td></td><td></td><td></td><td></td><td></td></tr>
<tr><td>隐蔽工程验收记录</td><td>10</td><td></td><td></td><td></td><td></td><td></td></tr>
<tr><td>检验批、分项、分部(子分部)工程质量验收记录</td><td>15</td><td></td><td></td><td></td><td></td><td></td></tr>
<tr><td rowspan="2">3</td><td rowspan="2">施工试验</td><td>硬件、软件产品设备测试记录</td><td>15</td><td></td><td></td><td></td><td></td><td></td></tr>
<tr><td>系统运行调试记录</td><td>15</td><td></td><td></td><td></td><td></td><td></td></tr>
<tr><td>检查结果</td><td colspan="8">权重值30分。
应得分合计：
实得分合计：
智能建筑工程质量记录评分＝$\frac{实得分}{应得分}\times 30=$
评价人员：　　　　年　月　日</td></tr>
</table>

5.7.5.10　智能建筑工程尺寸偏差及限值实测应检查的项目

（1）机柜、机架安装垂直度偏差≤3mm；

（2）桥架及线槽水平度≤2mm/m；垂直度≤3mm。

5.7.5.11　智能建筑工程尺寸偏差及限值实测检查评价方法

智能建筑工程尺寸偏差及限值实测检查评价方法应符合第 5.1.5 基本评价方法中（3）的规定。

5.7.5.12　智能建筑工程尺寸偏差及限值实测汇总表

智能建筑工程尺寸偏差及限值实测的汇总，是根据施工单位提供经项目监理机构审核同意的相关同类检验批或分项工程质量验收记录，按标准规定在相应资料中随机抽取的工程质量验收资料中的尺寸偏差及限值，再将必要时现场实际抽查实测资料的数据进行汇总并分析计算。按表列出明细，可借助表 5.7.5.12 进行。经过对资料按标准规定的评价方法与判定，将其结果填入评分表。

智能建筑工程尺寸偏差及限值实测汇总表　　**表 5.7.5.12**

<table>
<tr><th>序号</th><th>尺寸偏差及限值项目</th><th colspan="5">尺寸偏差及限值实测数据</th><th>数据分析</th></tr>
<tr><td rowspan="2">1</td><td rowspan="2">机柜、机架安装垂直度≤3mm</td><td></td><td></td><td></td><td></td><td></td><td rowspan="2"></td></tr>
<tr><td></td><td></td><td></td><td></td><td></td></tr>
<tr><td rowspan="4">2</td><td rowspan="2">桥架及线槽水平度≤2mm/m</td><td></td><td></td><td></td><td></td><td></td><td rowspan="4"></td></tr>
<tr><td></td><td></td><td></td><td></td><td></td></tr>
<tr><td rowspan="2">桥架及线槽垂直度≤3mm</td><td></td><td></td><td></td><td></td><td></td></tr>
<tr><td></td><td></td><td></td><td></td><td></td></tr>
</table>

汇总人：　　　　　　　　　　年　月　日

5.7.5.13　智能建筑工程尺寸偏差及限值实测评分

智能建筑工程尺寸偏差及限值实测评分应符合表 5.7.5.13 的规定。

智能建筑工程尺寸偏差及限值实测评分表　　**表 5.7.5.13**

<table>
<tr><td colspan="2">工程名称</td><td></td><td>施工阶段</td><td></td><td>检查日期</td><td colspan="3">年　月　日</td></tr>
<tr><td colspan="2">施工单位</td><td colspan="2"></td><td colspan="2">评价单位</td><td colspan="3"></td></tr>
<tr><td rowspan="2">序号</td><td rowspan="2" colspan="2">检　查　项　目</td><td rowspan="2">应得分</td><td colspan="3">判定结果</td><td rowspan="2">实得分</td><td rowspan="2">备注</td></tr>
<tr><td>100%</td><td>85%</td><td>70%</td></tr>
<tr><td>1</td><td colspan="2">机柜、机架安装垂直度偏差</td><td>50</td><td></td><td></td><td></td><td></td><td></td></tr>
<tr><td>2</td><td colspan="2">桥架及线槽水平度、垂直度</td><td>50</td><td></td><td></td><td></td><td></td><td></td></tr>
<tr><td>检查结果</td><td colspan="8">权重值 10 分。
应得分合计：
实得分合计：
智能建筑工程尺寸偏差及限值实测评分＝$\frac{实得分}{应得分}\times 10=$
评价人员：　　　　　　年　月　日</td></tr>
</table>

5.7.5.14 智能建筑工程观感质量应检查的项目

(1) 综合布线、电源及接地线等安装;
(2) 机柜、机架、配线架安架;
(3) 模块、信息插座等安装。

5.7.5.15 智能建筑工程观感质量检查评价方法

智能建筑工程观感质量检查评价方法应符合第5.1.5基本评价方法中(3)的规定。

5.7.5.16 智能建筑工程观感质量检查辅助表

智能建筑工程观感质量检查辅助表是对每个检查项目的检查点进行观察辅以必要的量测和检查分部(子分部)工程质量检查记录,按标准规定的"好"、"一般"、"差"给出评价,按标准规定的评价方法与判定,经分析计算判定将其结果填入评分表。

智能建筑工程观感质量检查辅助表 表5.7.5.16

序号	检查项目	检查点检查结果				检查资料依据		检查结果
		检查点数	好的点数	一般的点数	差的点数	分项、子分部验收记录	现场检查记录	
1	综合布线、电源及接地线等安装							
2	机柜、机架和配线架安装							
3	模块、信息插座等安装							

汇总人: 年 月 日

5.7.5.17 智能建筑工程观感质量评价

智能建筑工程观感质量评价应符合表5.7.5.17的规定。

智能建筑工程观感质量评分表 表5.7.5.17

工程名称		施工阶段		检查日期			年 月 日
施工单位		评价单位					
序号	检查项目	应得分	判定结果			实得分	备注
			100%	85%	70%		
1	综合布线、电源及接地线等安装	35					
2	机柜、机架、配线架安架	35					
3	模块、信息插座等安装	30					
检查结果	权重值20分。 应得分合计: 实得分合计: 智能建筑工程观感质量评分 $=\frac{\text{实得分}}{\text{应得分}}\times 20=$ 评价人员: 年 月 日						

5.8　单位工程质量综合评价

5.8.1　工程结构质量评价

（1）工程结构质量评价包括地基及桩基工程、结构工程（含地下防水层），应在主体结构验收合格后进行。

（2）评价人员应在结构抽查地基础上，按有关评分表格内容进行核查，逐项作出评价。

（3）工程结构凡出现《建筑工程施工质量评价标准》（GB/T 50375—2006）标准第3.4.4条规定否决项目之一的不得评优。

注：3.4.4　工程结构、单位工程施工质量内出现下列情况之一的不得进行优良评价：

1　使用国家明令淘汰的建筑材料、建筑设备、耗能高的产品及民用建筑挥发性有害物质含量释放超过国家规定的产品。

2　地下工程渗漏超过有关规定、屋面防水出现渗漏、超过标准的不均匀沉降、超过规范规定的结构裂缝，存在加固补强工程以及施工过程出现重大质量事故的。

3　评价项目中设置否决项目，确定否决的条件是：其评价得分达不到二档，实得分达不到85%的标准分值；没达二档的为一档，实得分达不到100%的标准分值。设置的否决项目为：

地基及桩基工程：地基承载力、复合地基承载力及单桩竖向抗压承载力；

结构工程：混凝土结构工程实体钢筋保护层厚度、钢结构工程焊缝内部质量高强度螺栓连接副紧固质量；

安装工程：给水排水及采暖工程承压管道、设备水压试验，电气安装工程接地装置、防雷装置的接地电阻测试，通风与空调工程通风管道严密性试验，电梯安装工程电梯安全保护装置测试，智能建筑工程系统检测等。

（4）工程结构凡符合《建筑工程施工质量评价标准》（GB/T 50375—2006）标准第3.4.5条特色工程加分项目的，可按规定在综合评价后直接加分。加分只限一次。

注：3.4.5　有以下特色的工程可适当加分，加分为权重值计算后的直接加分，加分只限一次。

1　获得部、省级及其以上科技进步奖，以及使用节能、节地、环保等先进技术获得部、省级奖的工程可加0.5～3分；

2　获得部、省级科技示范工程或使用先进施工技术并通过验收的工程可加0.5～1分。

（5）工程结构质量综合评价应符合下列规定：

工程结构质量综合评价评分应按表5.8.1.5进行。

工程结构评价得分应符合下式规定：

$$P_{结}=\frac{A+B}{0.5}+F$$

式中　$P_{结}$——工程结构评价得分；

A——地基与桩基工程权重值实得分；

B——结构工程权重值实得分；

F——工程特色加分；

0.5——地基与桩基工程、结构工程在工程权重值中占比例10%、40%之和。

工程结构质量综合评价表 **表5.8.1**

序号	检 查 项 目	地基与桩基工程评价得分		结构工程评价得分（含地下防水层）		备注
		应得分	实得分	应得分	实得分	
1	现场质量保证条件	10		10		
2	性能检测	35		30		
3	质量记录	35		25		
4	尺寸偏差及限值实测	15		20		
5	观感质量	5		15		
6	合计	(100)		(100)		
7	各部位权重实得分	A=地基与桩基工程评分×0.10=		B=结构工程评分×0.40=		
8	结构质量评分($P_{结}$)： 特色工程加分项目分值(F)： $P_{结}=\frac{A+B}{0.50}+F$ $P_{结}=\frac{A+(0.7B_1+0.2B_2+0.1B_3)}{0.5}+F$ $P_{结}=\frac{A+B}{0.5}\times0.95+G\times0.05+F$ 评价人员： 年 月 日					

(6) 当工程结构有混凝土结构、钢结构和砌体结构工程的两种或三种时，工程结构评价得分应是每种结构在工程中占的比重及重要程度来综合结构的评分。

如：有一工程结构中有混凝土结构、钢结构及砌体结构三种工程，其中混凝土结构工程量占70%，钢结构占15%、砌体（填充墙）占15%，按《建筑工程施工质量评价标准》(GB/T 50375—2006) 标准6.1.3条规定，按砌体工程只能占10%、混凝土工程占70%、钢结构占20%的比重来综合结构工程的评分。即：

$$P_{结}=\frac{A+(0.7B_1+0.2B_2+0.1B_3)}{0.5}+F$$

式中 B_1——混凝土结构工程评价得分；

B_2——钢结构工程评价得分；

B_3——砌体结构工程评价得分。

(7) 当有地下防水层时，工程结构评价得分应符合下式规定：

$$P_{结}=\frac{A+B}{0.5}\times0.95+G\times0.05+F$$

式中　G——地下防水层评价得分。

5.8.2　单位工程质量评价

（1）单位工程质量评价包括地基工程、结构工程（含地下防水层）、屋面工程、装饰装修工程及安装工程，应在工程竣工验收合格后进行。

（2）评价人员应在工程实体质量和工程档案资料全面检查的基础上，分别按在关表格内容进行查对，逐项作出评价。

（3）单位工程凡出现《建筑工程施工质量评价标准》（GB/T 50375—2006）标准第3.4.4条规定否决项目之一的不得评优。

注：3.4.4　工程结构、单位工程施工质量内出现下列情况之一的不得进行优良评价：

1　使用国家明令淘汰的建筑材料、建筑设备、耗能高的产品及民用建筑挥发性有害物质含量释放超过国家规定的产品。

2　地下工程渗漏超过有关规定、屋面防水出现渗漏、超过标准的不均匀沉降、超过规范规定的结构裂缝，存在加固补强工程以及施工过程出现重大质量事故的。

3　评价项目中设置否决项目，确定否决的条件是：其评价得分达不到二档，实得分达不到85%的标准分值；没达二档的为一档，实得分达不到100%的标准分值。设置的否决项目为：

地基及桩基工程：地基承载力、复合地基承载力及单桩竖向抗压承载力；

结构工程：混凝土结构工程实体钢筋保护层厚度、钢结构工程焊缝内部质量高强度螺栓连接副紧固质量；

安装工程：给水排水及采暖工程承压管道、设备水压试验，电气安装工程接地装置、防雷装置的接地电阻测试，通风与空调工程通风管道严密性试验，电梯安装工程电梯安全保护装置测试，智能建筑工程系统检测等。

（4）单位工程凡符合《建筑工程施工质量评价标准》（GB/T 50375—2006）标准第3.4.5条特色加工程加分项目的，可在单位工程质量评价后按规定值接加分。工程结构和单位工程特色加分，只限加一次，选取一个最大加分项目。

注：3.4.5　有以下特色的工程可适当加分，加分为权重值计算后的直接加分，加分只限一次。

1　获得部、省级及其以上科技进步奖，以及使用节能、节地、环保等先进技术获得部、省级奖的工程可加0.5～3分；

2　获得部、省级科技示范工程或使用先进施工技术并通过验收的工程可加0.5～1分。

（5）单位工程质量综合评价应符合下列规定：

单位工程质量评价评分应按表5.8.2.5进行。

单位工程质量评价评分应符合下式规定：

$$P_{竣}=A+B+C+D+E+F$$

式中　$P_{竣}$——单位工程质量评价得分；

C——屋面工程权重值实得分；

D——装饰装修工程权重值实得分；

E——安装工程权重值实得分；

F——特色工程加分。

（6）安装工程权重值得分计算与调整应符合下列规定：

安装工程包括五项内容，当工程安装项目全有时每项权重值为 4 分；当安装工程项目有缺项时可按安装项目的工作量进行调整，调整时总分值 20 分，但各项应为整数。

单位工程质量综合评价表 **表 5.8.2**

序号	检查项目	地基及桩基工程评价得分		结构工程评价得分(含地下防水层)		屋面工程评价得分		装饰装修工程评价得分		安装工程评价得分		备注
		应得分	实得分	应得分	实得分	应得分	实得分	应得分	实得分	应得分	实得分	
1	现场质量保证条件	10		10		10		10		10		
2	性能检测	35		30		30		20		30		
3	质量记录	35		25		20		20		30		
4	尺寸偏差及限值实测	15		20		20		10		10		
5	观感质量	5		15		20		40		20		
6	合计	(100)		(100)		(100)		(100)		(100)		
7	各部位权重值实得分	A=地基及桩基工程评分×0.10=		B=结构工程评分×0.40=		C=屋面工程评分×0.05=		D=装饰装修工程评分×0.25=		E=安装工程评分×0.20=		
8	单位工程质量评分($P_{竣}$)： 特色工程加分项目加分值(F)： $P_{竣}=A+B+C+D+E+F$ 评价人员： 年 月 日											

5.8.3 单位工程各项目评分汇总及分析

单位工程各工程部位、系统汇总应符合下列规定：

各项目评价得分应按表 5.8.3 进行汇总。

单位工程各项目评价得分汇总表 **表 5.8.3**

序号	检查项目	地基及桩基工程	结构工程(含地下防水层)	屋面工程	装饰装修工程	安装工程	合计	备注
1	现场质量保证条件							
2	性能检测							
3	质量记录							
4	尺寸偏差及限值实测							
5	观感质量							
	合计							

(1) 单位工程各部位、系统评分及分析应符合下列规定：

工程部位、系统的评价项目实际得分（即竖向中部分）相加，可根据得分情况评价分析工程部位、系统的质量水平程度。

(2) 单位工程各项目评价得分及评价分析应符合下列规定：

各工程单位、系统相同项目实际评价得分（即横向部分）相加，可根据得分情况评价分析项目的质量水平程度；各项目实际评价得分（即竖向部分）相加，可根据得分情况评价分析工程部位、系统的质量水平程度。

5.8.4　工程质量评价报告

(1) 工程结构、单位工程质量评价后均应出具评价报告，评价报告应由评价机构编制，应包括下列内容：

1) 工程概况。

2) 工程评价情况。

3) 工程竣工验收情况：附建设工程竣工验收备案表和有关消防、环保等部门出具的认可文件。

4) 工程结构质量评价情况及结果。

5) 单位工程质量评价情况及结果。

(2) 工程质量评价报告应符合下列要求：

1) 工程概况中应说明建设工程的规模、施工工艺及主要的工程特点、施工过程的质量控制情况。

2) 工程质量评价情况应说明委托评价机构，在组织、人员及措施方面所进行的准备工作和评价工作过程。

3) 说明建设、监理、设计、勘察、施工等单位的竣工验收评价结果和意见，并附评价文件。

4) 工程结构和单位工程评价应重点说明工程评价的否决条件及加分条件等审查情况。

5) 工程结构和单位工程质量评价得分及等级情况。

5.9　优良工程施工技术文件编制与应用

5.9.1　优良工程施工技术文件编制原则

(1) 创优评价工程的施工技术文件编制和合格工程质量验收时施工技术文件的编制，指导思想和原则是一致的。因此，创优评价的施工技术文件和合格工程可以只搞一份符合《建筑工程施工质量验收统一标准》（GB 50300—2001）和相关专业规范要求的资料。对于合格工程验收阶段形成的资料中没有包括的创优工程要求提送的资料时，可作为补充资料附在统一资料的后面。

(2) 创优评价工程的施工技术文件是在验收合格的基础上进行的。合格工程提送的施工技术文件必须是一份完整的施工技术文件。不能因为是合格工程提供的施工技术文件就可以不完整，对创优工程在合格验收阶段的资料检查时一定要注意资料的完整与齐全。

(3) 对按创优标准实施提供的合格工程施工技术文件，在创优验收阶段只是抽查而不是全部检查。

(4) 创优评价的施工技术文件和合格验收阶段的形成的施工技术文件不要重复编写。

(5) 创优评价的施工技术文件应能够在抽检中相互验证。

5.9.2 优良工程施工技术文件内容组成

施工技术文件的组成包括两个部分，一是施工单位根据创优规划和目标实施提供的合格验收阶段的施工技术文件；二是创优工程根据标准规定实施过程中在施工现场进行抽检、实测或者复测资料构成的补充施工技术文件。

5.9.2.1 合格验收阶段的施工技术文件

(1) 按创优评价工程提供的单位（子单位）合格工程的施工技术文件，是供创优工程评价时进行抽检的重要依据资料之一。该资料是按已制定的创优目标及措施实施并按《建筑工程施工质量验收统一标准》(GB 50300—2001) 的规定进行编制、整理、汇总的一套完整的施工技术文件，资料应系统、正确、齐全、完整。

(2) 按创优标准实施提供的完整的合格工程施工技术文件通常包括：

1) 工程质量验收技术文件。

2) 单位（子单位）工程质量记录资料：

①单位（子单位）工程质量控制资料检查记录；

②单位（子单位）工程安全和功能检验资料检查及主要功能抽查记录。

3) 工程质量管理技术文件。

4) 竣工图。

以上这四个部分通过汇整形成的才是一份完整的按创优评价策划的合格工程验收阶段的施工技术文件。

(3) 通过汇整形成的合格工程施工技术文件是该单位工程向当地建设工程档案管理单位报送的主要施工技术文件。

5.9.2.2 创优评价工程施工技术文件组成

创优评价工程施工技术文件的由以下两个部分组成：

(1) 创优评价工程施工技术文件应按《建筑工程施工质量评价标准》(GB/T 50375—2006) 要求编制其完工后的施工技术文件，依序汇总整理出一份完整的资料目录（见创优评价施工技术文件组排目录表）。依此作为创优工程抽检的依据资料，分别与合格验收阶段提供的工程质量验收记录资料、工程质量记录资料和工程质量管理技术资料对照。对应抽查已验收合格工程构成的施工技术文件，凡是对应抽检符合要求的，则作为创优评价工程施工技术文件的组成部分。凡是对应抽检不符合要求的，则应对其分析、权衡、判定工程是否能够评价为优良工程。构成创优评价工程施工技术文件的第一部分。

（2）工程实施过程中，在施工现场进行的抽检、实测或复测资料。这一部分资料是按《建筑工程施工质量评价标准》（GB/T 50375—2006）要求，由创优验收单位结合项目经理部的施工人员、监理人员共同按标准要求在施工现场进行的抽检、实测或复测资料。作为创优评价工程的第二部分施工技术文件，或称补充施工技术文件。

该资料的整理按创优标准的章次以序进行，这一部分资料可依序排在第一部分施工技术文件的后面。

两者相加合并后构成完整的优良工程施工技术文件。

这两部分资料经整理后则为创优评价工程完整的施工技术文件，是该单位工程向当地建设工程档案管理单位报送的施工技术文件，一并入档归存。

5.9.3　创优工程施工技术文件的检查控制原则

（1）《建筑工程施工质量评价标准》（GB/T 50375—2006）标准中界定的标准值，在工程实施中均按评价标准要求进行检查。《建筑工程施工质量评价标准》（GB/T 50375—2006）标准中未界定新的标准值时，按《建筑工程施工质量验收统一标准》（GB 50300—2001）和相关专业规范的标准值要求办理。

（2）所有被检资料必须保证其真实性，凡经检查确认为伪造施工技术文件时，该工程不得评价优良工程，并应对伪造资料进行澄清。

被检查资料从资料名称、品种、规格、记录内容、提供时间、质量等级、责任制签章等相关方面检查其资料的真实性。

（3）被检查工程质量验收资料应满足合格以上质量等级要求；被检查资料的材料合格证及进场验收记录、施工试验应满足设计要求，代表数量应满足施工规范的技术要求；被检查资料的施工记录应与工程质量验收资料的相关内容相吻合。

（4）被检查资料应提供资料数量和实际提供数量应基本一致，且应符合相应施工质量验收规范的要求。

（5）被检资料的执行标准应为现行国家标准、行业标准或经批准的企业标准。

（6）被检施工技术文件应是施工过程中形成的原件资料。对经过抄写整理的资料应进行复查和确认，确认无误后方可作为被检资料予以检查。

5.9.4　创优工程施工技术文件移交检查的建议

（1）创优工程的检验批、分项工程、分部（子分部）工程的合格质量评价的前提，必须是坚持按创优目标的规定进行施工的已完工程的检查和验收工程实体和据此形成的技术文件。

（2）施工单位按 GB 50300—2001 标准规定的验收程序由施工单位和监理（建设）单位对按创优策划实施的单位工程先进行合格质量评定。质量评定等级达到合格及其以上质量等级时，就可以提请进行优良工程质量评价。

（3）在符合上述两项要求的前提下，由于已在合同中明确为创优项目，工程验收结果已达到合格及其以上标准，且创优工程是在制定创优目标并经“建筑工程质量评价验收单位”同意后实施的工程项目，因此，创优工程施工技术文件整理与移交由施工、监理（建设）单位可直接向“建设工程施工质量评价验收单位”提送。

5.9.5 优良工程施工技术文件应用

优良工程施工技术文件的应用，根据创优评价施工技术文件编制要求：“施工技术文件和合格工程只搞一份资料；创优评价的施工技术文件和合格验收资料不重复编写；创优评价的施工技术文件在创优验收阶段对施工技术文件的抽检中可以相互验证”的编制原则。资料编制应根据：编制有据、系统有序、检查对照方便，使资料抽检时能够满足上述要求并能顺利进行。

5.9.5.1 优良工程施工技术文件编制

(1) 按照《建筑工程施工质量评价标准》(GB/T 50375—2006) 要求，编制一份“创优评价施工技术文件检查索引目录”。

(2) 施工单位应按照《建筑工程施工质量验收统一标准》(GB 50300—2001) 及其相关专业规范要求，编制提供一份合格质量验收阶段施工技术文件。

5.9.5.2 优良工程施工技术文件应用

5.9.5.2-1 优良工程质量记录资料的检查控制

优良工程质量记录资料是工程质量验收中是核心资料，是不可缺少的控制记录资料之一。记录主要包括：材料合格证及进场验收记录、施工记录、施工试验三个部分的内容。

(1) 材料合格证及进场验收记录

1) 检查内容与方法

① 检查创优规范规定应提材料的出厂合格证（出厂检验报告）及进场验收记录的名称、品种、规格、类别、数量、提供时间、原件或抄件、签章及责任制情况，检查其与该工程的符合性，与进场实际材料数量对比检查其提供数量是否真实，综合判定其正确性和真实性。

② 检查创优规范规定需要复试材料的试验报告。根据提供的复试试验报告的名称、品种、规格、类别、数量、提供时间、原件或抄件、签章及责任制情况进行检查，判定其正确性和真实性。

2) 检查执行标准与结果判定

① 检查创优规范规定应提材料的材料出厂合格证（出厂检验报告）执行规范的正确性，同时对结果判定进行确认。

② 检查创优规范规定需要复试材料的试验报告执行规范的正确性，同时对结果判定进行确认，应明确说明结果判定是符合规范要求或不符合规范要求。

(2) 施工记录

施工记录是施工过程的记录。记录施工过程中执行设计文件、操作工艺、质量标准和技术管理等的各自执行手段的实际完成情况的记录。十分强调的是其真实性和准确性。

施工记录可分为有专门记录表式的施工记录和没有专门表式的施工记录。有专门记录表式的施工记录是多年来根据施工实践形成的，这些表式有的取自于88标准及其以前规范中的施工记录附表。这些表式大多数都已应用多年，被多数施工单位所接受，应用也比较熟悉，能比较正确的反映应记录的施工记录内容；较困难的是没有专门表式的施工记录，应记录的内容由于涉及专业较多，内容面广且较为复杂，应记录内容通常包括：

施工用材料的质量控制；

施工工艺与操作规程执行；

强制性条文执行；

质量检查、验收与控制等。

现以砌体工程的砖砌体工程施工为例说明应检查或记录的内容：

1）施工用材料的质量控制

① 砌体用砖：检查及记录其砖的复试报告，其内容包括：品种、强度等级、检验内容、抽样规则、取样方法及数量是否符合设计和规范要求。保管与堆放不应混杂。

② 砌体用砂浆：检查及记录其胶体材料（水泥、生石灰等）、砂及其掺合料外加剂等的出厂合格证及复试报告。其内容包括：品种、强度等级、检验内容、抽样规则、取样方法及数量是否符合设计和规范要求。

③ 拉结筋及预埋件：检查及记录其钢筋级别、直径是否符合设计和规范要求。对其集中加工的拉结筋及预埋件应取样复试。

2）施工工艺与操作规程执行

① 检查及记录其施工工艺执行。主要包括：放线、立皮数杆、基层表面清理、砖的浇水湿润、组砌方法、排砖撂底、砂浆拌制、盘角、挂线、砌筑（转角处、丁字交接处、十字交接处、窗间墙）、留槎、门窗洞口侧面木砖预埋。

② 砖拱、过梁、檐口等砌筑用砖、砂浆强度等级、过梁底模板等。

③ 清水砖墙面勾缝等的清理、洒水湿润、勾缝深度及清扫墙面。

应记录其上述内容中的主要直接影响工程质量的工艺执行结果，直接影响创优工程观感质量的执行结果。

3）强制性条文执行

① 砌筑工程用砂浆强制性条文规定：

水泥进场使用前，应分批对其强度、安定性进行复验。检验批应以同一生产厂家、同一编号为一批。

当在使用中对水泥质量有怀疑或水泥出厂超过三个月（快硬硅酸盐水泥超过一个月）时，应复查试验，并按其结果使用。

不同品种的水泥，不得混合使用。

凡在砂浆中掺入有机塑化剂、早强剂、防冻剂等，应经检验和试配符合要求后，方可使用。有机塑化剂应有砌体强度的形式检验报告。

② **砖和砂浆的强度等级必须符合设计要求。**

③ **砖砌体的转角处和交接处应同时砌筑，严禁无可靠措施的内外墙分砌施工。对不**

能同时砌筑而又必须留置的临时间断处应砌成斜槎，斜槎水平投影长度不应小于高度的2/3。

对以上要求执行情况的结果及过程实施中出现的问题予以记录。

4）质量检查与控制

质量检查与控制均应按相应施工质量验收规范规定的质量标准检查验收其质量等级，对其质量等级验收结果及存在问题予以记录。对已产生的质量事故，必须予以详细记录。

注：1. 应记录内容是指上述内容的实施结果，以简明的文字形式记录，其对质量影响较大的主要部分，说明其与设计和施工规范的符合程度。

2. 对施工质量验收结果与施工记录检查存在明显差异时，应予以复查，看其质量是否存在隐患。

（3）施工试验

施工试验是施工过程中根据专业规范规定需要进行试验的项目，一般由具有相应资质的试验机构进行试验并出具的试（检）验报告，试（检）验机构在表式的应用上由于试（检）验机构实施者素质相对较高，应用也相对较为熟悉，除了个别从业者有意识违规造假之外，表式填写从多年来的检查结果看正确性较高。施工试验记录应检查内容与控制标准主要包括：

1）应试项目：项目试验应齐全。应试而未试的应视为施工试验记录不符合要求。

2）执行标准：应正确且为现行标准。执行标准不符合设计和规范要求时，应视为施工试验记录不符合要求。

3）试验方法：应按标准规定的试验方法进行。试验方法不正确的，应视为施工试验记录不符合要求。

4）结果判定：应满足设计和规范要求。

施工试验主要应检查其资料的真实性、正确性。

5.9.5.2-2 优良工程施工技术文件应用

（1）优良工程施工技术文件的检查，创优评价单位可通过对“创优评价施工技术文件检查索引目录表”和施工单位按照“《建筑工程施工质量验收统一标准》（GB 50300—2001）及其相关专业规范要求编制提供的合格质量验收阶段的施工技术文件”的学习相互对照检查其资料的真实性、正确性、完整性以及是否符合标准的质量和数量要求等。

（2）创优评价验收施工技术文件检查时，以索引目录作为抽检内容，逐一与合格质量验收阶段施工技术文件对照检查。

（3）创优工程实施中在施工现场进行的抽检、实测或复测资料。是按《建筑工程施工质量评价标准》（GB/T 50375—2006）要求，由创优验收单位结合项目经理部的施工人员、监理人员共同按标准要求在施工现场进行的抽检、实测或复测资料。可作为创优评价工程的补充施工技术文件。该部分资料按索引目录一一对照检查，按《建筑工程施工质量评价标准》（GB/T 50375—2006）进行检查评价。

（4）按《建筑工程施工质量评价标准》（GB/T 50375—2006）要求编写的创优评价施工技术文件检查索引目录和《建筑工程施工质量验收统一标准》（GB 50300—2001）及其相关专业规范要求提送的施工技术文件目录附后。

附1：创优评价施工技术文件检查评价索引目录表

创优评价施工技术文件检查评价索引目录表　　**表附1**

序号	资料名称		资料数量 应提	资料数量 实际	创优资料评价说明
	Ⅰ　施工现场质量保证条件				
1	施工现场质量管理及质量责任制度	现场组织机构、质保体系			
		材料、设备进场验收制度、抽样检验制度			
		岗位责任制及奖罚制度			
2	施工操作标准及质量验收规范配置				
3	施工组织设计、施工方案				
4	质量目标及措施				
	Ⅱ　地基及桩基工程质量评价				
	一、地基及桩基工程性能检测				
1	地基	地基强度			
		干密度			
		地基承载力			
2	复合地基	最大干密度 压实系数			
		桩体干密度			
		桩体强度			
		注浆体强度			
		复合地基承载力			
3	桩基	单桩竖向抗压承载力			
		桩身完整性			
	二、地基及桩基工程质量记录				
1	材料、预制桩合格证（出厂试验报告）及进场验收记录	砂、碎（卵）石、掺合料、水泥、钢筋、外加剂等材料合格证（出厂试验报告）			
		砂、碎（卵）石、掺合料、水泥、钢筋、外加剂等材料进场验收记录			
		钢筋复试报告			
		水泥复试报告			
		预制桩合格证（出厂试验报告）			
		预制桩进场验收记录			
2	施工记录	地基处理			
		(1)灰土地基施工记录			
		(2)砂和砂石地基施工记录			
		(3)粉煤灰地基施工记录			
		(4)强夯地基施工记录			
		(5)注浆地基施工记录			
		(6)振冲地基施工记录			
		(7)水泥土搅拌桩地基施工记录			
		(8)土和灰土挤密桩地基施工记录			
		(9)水泥粉煤灰碎石桩地基施工记录			
		(10)夯实水泥土地基施工记录			
		地基验槽			
		钎探施工记录			
		预制桩焊接接头（桩）施工记录			

续表

序号	资料名称		资料数量 应提	实际	创优资料评价说明
2	施工记录	预制桩硫磺胶泥接头(桩)施工记录			
		打(压)桩试桩记录			
		打(压)桩施工记录			
		灌注桩成孔施工记录			
		泥浆护壁成孔施工记录			
		干作业成孔施工记录			
		套管成孔施工记录			
		挖孔桩成孔及分填施工记录			
		钢筋笼安放施工记录			
		混凝土灌注检查记录			
		混凝土灌注施工记录			
		检验批工程质量验收记录			
		分项工程质量验收记录			
		分部(子分部)工程质量验收记录			
3	施工试验	灰土、砂石、注浆桩及水泥、粉煤灰、碎石桩配合比试验报告			
		钢筋焊接连接试验报告			
		混凝土试件强度试验报告			
		预制桩龄期及试件强度试验报告			
三、地基及桩基工程尺寸偏差及限值实测					
1	天然地基标高及基槽宽度偏差				
2	复合地基桩位偏差				
(1)	振冲地基桩位偏差实测				
(2)	水泥土搅拌桩地基桩位偏差实测				
(3)	土和灰土挤密桩地基桩位偏差实测				
(4)	水泥粉煤灰碎石桩地基桩位偏差实测				
(5)	夯实水泥土地基桩位偏差实测				
3	打(压)桩桩位偏差				
4	灌注桩桩位偏差				
(1)	泥浆护壁成孔桩位偏差				
(2)	干作业成孔桩位偏差				
(3)	套管成孔桩位偏差				
(4)	人工挖孔桩成孔及分填桩位偏差				
四、地基及桩基工程观感质量					
1	地基、复合地基:标高、表面平整、边坡工程观感质量检查记录				
2	桩基:桩头、桩顶标高、场地平整工程观感质量检查记录				
Ⅲ 结构工程质量评价					
一、结构工程性能检测					
1	混凝土	结构实体混凝土强度评定			
		结构实体钢筋保护层厚度检测			
		混凝土质量均质性控制			

续表

序号	资料名称		资料数量		创优资料评价说明
			应提	实际	
2	钢结构	焊缝内部质量			
		高强度螺栓连接副紧固质量			
		钢结构防腐涂装			
		钢结构防火涂装			
3	砌体	砌体每层垂直度			
		砌体全高垂直度≤10m			
		砌体全高垂直度>10m			
二、结构工程质量记录					
混凝土结构					
1	材料、预制桩合格证（出厂试验报告）及进场验收记录	砂、碎（卵）石、掺合料、水泥、钢筋、外加剂等材料合格证（出厂试验报告）			
		砂、碎（卵）石、掺合料、水泥、钢筋、外加剂等材料进场验收记录			
		钢筋复试报告			
		水泥复试报告			
		预制构件合格证（出厂试验报告）			
		预制构件进场验收记录			
		预应力锚夹具、连接器合格证（出厂检验报告）			
		预应力锚夹具、连接器进场验收记录			
		预应力锚夹具、连接器复试报告			
2	施工记录	预拌混凝土合格证			
		预拌混凝土进场坍落度试验报告			
		混凝土施工记录			
		装配式结构吊装记录			
		预应力筋安装、张拉及灌浆记录			
		隐蔽工程验收记录			
		检验批工程质量验收记录			
		分项工程质量验收记录			
		分部（子分部）工程质量验收记录			
3	施工试验	混凝土配合比试验报告			
		混凝土试件强度评定			
		混凝土试件试件强度试验报告			
		钢筋连接试验报告			
钢　结　构					
1	材料合格证及进场验收记录	钢材、焊材、紧固连接件原材料出厂合格证（出厂检验报告）			
		钢材、焊材、紧固连接件原材料进场验收记录			
		钢材、焊接材料复试报告			
		加工件出厂合格证（出厂检验报告）			
		加工件进场验收记录			
		防火、防腐涂装材料出厂合格证（出厂检验报告）			
		防火、防腐涂装材料进场验收记录			

续表

序号	资料名称		资料数量		创优资料评价说明
			应提	实际	
2	施工记录	焊接施工记录			
		构件吊装记录			
		预拼装检查记录			
		高强度螺栓连接副施工扭矩检验记录			
		焊缝外观及焊缝尺寸检查记录			
		柱脚及网架支座检查记录			
		隐蔽工程验收记录			
		检验批工程质量验收记录			
		分项工程质量验收记录			
		分部(子分部)工程质量验收记录			
3	施工试验	螺栓最小荷载试验报告			
		高强螺栓预拉力复验报告			
		高强度大六角头螺栓连委副扭矩系数复试报告			
		高强度螺栓连接摩擦面亢滑移系数复试报告			
		网架节点承载力试验报告			
砌体结构					
1	材料合格证及进场验收记录	水泥、砌块、外加剂合格证(出厂检验报告)			
		水泥、砌块、外加剂进场验收记录			
		水泥、砌块复试报告			
2	施工记录	砌筑砂浆使用施工记录			
		隐蔽工程验收记录			
		检验批工程质量验收记录			
		分项工程质量验收记录			
		分部(子分部)工程质量验收记录			
3	施工试验	砂浆试件强度评定			
		砂浆试件试验报告			
		水平灰缝砂浆饱满度检测记录			
地下防水层					
1	材料合格证及进场验收记录	防水材料合格证			
		防水材料进场验收记录			
		防水材料复试报告			
2	施工记录	防水层施工及质量验收记录			
3	施工试验	防水材料配合比试验报告			
三、结构工程尺寸偏差及限值实测					
混凝土结构					
1	钢筋	柱、梁的受力钢筋保护层厚度检测记录			
		板、墙、壳的受力钢筋保护层厚度检测记录			
2	混凝土	独立基础的轴线位置			
		墙、柱、梁的轴线位置			
		层高的标高			
		全高的标高			

续表

序号	资料名称		资料数量 应提	资料数量 实际	创优资料评价说明
	钢结构				
1	结构尺寸	单层结构整体垂直度			
		多层结构整体垂直度			
2	网格结构	总拼完成后挠度值			
		屋面工程完成后挠度值			
	砌体结构				
1	轴线位置偏移	砖砌体小型空心砌块砌体			
		混凝土小型空心砌块砌体			
2	砌体表面平整度				
	地下防水层				
1	防水卷材搭接宽度				
2	塑料板搭接宽度				
	四、结构工程观感质量				
1	混凝土结构工程观感质量检查记录				
2	钢结构工程观感质量检查记录				
3	砌体结构工程观感质量检查记录				
4	地下防水层工程观感质量检查记录				
	Ⅳ　屋面工程质量评价				
	一、屋面工程性能检测				
1	屋面防水层淋水、蓄水试验				
2	保温层厚度测试				
	二、屋面工程质量记录				
1	材料合格证及进场验收记录	瓦及混凝土预制块合格证			
		瓦及混凝土预制块进场验收记录			
		卷材、涂膜材料、密封材料合格证			
		卷材、涂膜材料、密封材料进场验收记录			
		卷材、涂膜材料、密封材料复试报告			
		保温材料合格证			
		保温材料进场验收记录			
2	施工记录	卷材、涂膜防水层的基层施工记录			
		天沟、檐沟、泛水和变形缝等细部做法施工记录			
		卷材、涂膜防水层和附加层施工记录			
		刚性保护层与防水层之间隔离层施工记录			
		隐蔽工程验收记录			
		检验批工程质量验收记录			
		分项工程质量验收记录			
		分部(子分部)工程质量验收记录			
3	施工试验	细石混凝土配合比试验报告			
		防水涂料配合比试验报告			
		密封材料配合比试验报告			

续表

<table>
<tr><th rowspan="2">序号</th><th rowspan="2" colspan="2">资 料 名 称</th><th colspan="2">资料数量</th><th rowspan="2">创优资料评价说明</th></tr>
<tr><th>应提</th><th>实际</th></tr>
<tr><td colspan="6">三、屋面工程尺寸偏差及限值实测</td></tr>
<tr><td>1</td><td colspan="2">找平层及排水沟排水坡度</td><td></td><td></td><td></td></tr>
<tr><td>2</td><td colspan="2">防水卷材搭接宽度</td><td></td><td></td><td></td></tr>
<tr><td>3</td><td colspan="2">涂料防水层厚度</td><td></td><td></td><td></td></tr>
<tr><td rowspan="3">4</td><td rowspan="3">瓦屋面</td><td>压型板纵向搭接长度泛水搭接长度、挑出墙面长度</td><td></td><td></td><td></td></tr>
<tr><td>脊瓦搭盖坡瓦宽度</td><td></td><td></td><td></td></tr>
<tr><td>瓦伸入天沟、檐沟、檐口的长度</td><td></td><td></td><td></td></tr>
<tr><td rowspan="2">5</td><td rowspan="2">细部构造</td><td>防水层伸入水落口杯长度</td><td></td><td></td><td></td></tr>
<tr><td>变形缝、女儿墙防水层立面泛水高度</td><td></td><td></td><td></td></tr>
<tr><td colspan="6">四、屋面工程观感质量</td></tr>
<tr><td rowspan="4">1</td><td rowspan="4">卷材屋面</td><td>卷材铺设质量</td><td></td><td></td><td></td></tr>
<tr><td>排气道设置质量</td><td></td><td></td><td></td></tr>
<tr><td>保护层铺设质量</td><td></td><td></td><td></td></tr>
<tr><td>上人屋面面层</td><td></td><td></td><td></td></tr>
<tr><td rowspan="3">2</td><td rowspan="3">瓦屋面</td><td>金属板材铺设质量</td><td></td><td></td><td></td></tr>
<tr><td>平瓦屋面</td><td></td><td></td><td></td></tr>
<tr><td>其他屋面</td><td></td><td></td><td></td></tr>
<tr><td>3</td><td colspan="2">细部构造</td><td></td><td></td><td></td></tr>
<tr><td colspan="6">Ⅴ 装饰装修工程质量评价</td></tr>
<tr><td colspan="6">一、装饰装修工程性能检测</td></tr>
<tr><td>1</td><td colspan="2">外窗传热性能及建筑节能检测(设计有要求时)</td><td></td><td></td><td></td></tr>
<tr><td>2</td><td colspan="2">幕墙工程与主体结构连接的预埋件及金属框架连接检测</td><td></td><td></td><td></td></tr>
<tr><td>3</td><td colspan="2">外墙块材镶贴的粘结强度检测</td><td></td><td></td><td></td></tr>
<tr><td>4</td><td colspan="2">室内环境质量检测</td><td></td><td></td><td></td></tr>
<tr><td colspan="6">二、装饰装修工程质量记录</td></tr>
<tr><td rowspan="9">1</td><td rowspan="9">材料合格证、进场验收记录</td><td>装饰装修、节能保温材料合格证</td><td></td><td></td><td></td></tr>
<tr><td>装饰装修、节能保温材料进场验收记录</td><td></td><td></td><td></td></tr>
<tr><td>幕墙的玻璃、石材、板材、结构材料合格证</td><td></td><td></td><td></td></tr>
<tr><td>幕墙的玻璃、石材、板材、结构材料进场验收记录</td><td></td><td></td><td></td></tr>
<tr><td>门窗抗风压、水密性、气密性试验报告</td><td></td><td></td><td></td></tr>
<tr><td>幕墙抗风压、水密性、气密性、结构胶相容性试验报告</td><td></td><td></td><td></td></tr>
<tr><td>有环境质量要求的材料合格证</td><td></td><td></td><td></td></tr>
<tr><td>有环境质量要求的材料进场验收记录</td><td></td><td></td><td></td></tr>
<tr><td>有环境质量要求的材料复试报告</td><td></td><td></td><td></td></tr>
<tr><td rowspan="5">2</td><td rowspan="5">施工记录</td><td>吊顶、幕墙、外墙饰面板(砖)、预埋件及粘贴施工记录</td><td></td><td></td><td></td></tr>
<tr><td>节能工程施工记录</td><td></td><td></td><td></td></tr>
<tr><td>检验批工程质量验收记录</td><td></td><td></td><td></td></tr>
<tr><td>分项工程质量验收记录</td><td></td><td></td><td></td></tr>
<tr><td>分部(子分部)工程质量验收记录</td><td></td><td></td><td></td></tr>
</table>

续表

序号	资料名称		资料数量		创优资料评价说明
			应提	实际	
3	施工试验	有防水要求的房间地面蓄水试验记录			
		烟道、通风道通风试验记录			
		有关胶料配合比试验单			
三、装饰装修工程尺寸偏差及限值实测					
1	抹灰工程	立面垂直度、表面平整度			
2	门窗工程	门窗框正、侧面垂直度			
3	幕墙工程	幕墙垂直度			
4	地面工程	表面平整度			
四、装饰装修工程观感质量					
1	地面	表面、分格缝、图案、有排水要求的地面的坡度			
2	抹灰	表面、护角、阴阳角、分格缝、滴水线			
3	门窗	固定、配件、位置、构造、密封等			
4	吊顶	图案、颜色、灯具设备安装位置、交接缝处理、吊杆龙骨外观			
5	轻质隔墙	位置、墙面平整、连接件、接缝处理			
6	饰面板(砖)	表面质量、排砖、勾缝嵌缝、细部			
7	幕墙	主要构件外观、节点做法、打胶、配件、开启密闭			
8	涂饰工程	分色规矩、色泽协调			
9	裱糊与软包	端正、边框、拼角、接缝			
10	细部工程	柜、盒、护罩、栏杆、花式等安装、固定和表面质量			
11	外檐观感	室外墙面、大角、墙面横竖线(角)及滴水槽(线)、散水、台阶、雨罩、变形缝和泛水等			
12	室内观感	面砖、涂料、饰物、线条及不同做法的交接过渡			
Ⅵ 安装工程质量评价					
一、建筑给水排水及采暖工程质量评价					
(一)建筑给水排水及采暖工程性能检测					
1	生活给水系统管道交用前水质检测				
2	承压管道、设备系统水压试验				
(1)	室内给水管道水压试验记录				
(2)	室内热水供应系统水压试验记录				
(3)	室内热水供应辅助设备(太阳能集热器、热交换器等)水压试验记录				
(4)	室内采暖系统水压试验记录				
(5)	低温热水地板辐射采暖系统水压试验记录				
(6)	散热器水压试验、金属辐射板水压试验记录				
(7)	室外给水管网水压试验记录				
(8)	室外供热管网水压试验记录				
(9)	建筑中水系统给水管网水压试验记录				
(10)	游泳池水加热系统水压试验记录				
(11)	阀门强度和严密性试验记录				
(12)	密闭水箱水压试验记录				
3	非承压管道和设备灌水试验及排水干管管道通球、通水试验				
(1)	室内给水管道及配件冲洗试验记录				

续表

序号	资料名称		资料数量		创优资料评价说明
			应提	实际	
(2)	室内热水管道及配件冲洗试验记录				
(3)	室内采暖管道及配件冲洗试验记录				
(4)	室外给水管网、消防管道冲洗试验记录				
(5)	室外供热管道及配件冲洗试验记录				
(6)	煤气管网的吹扫试验记录				
(7)	建筑中水系统及游泳池水系统管道冲洗试验记录				
(8)	室内给排水系统通水试验记录				
(9)	室内给水设备敞口水箱满水试验记录				
(10)	室内排水系统灌水试验记录				
(11)	雨水管道及配件灌水试验记录				
(12)	室内热水供应敞口水箱满水试验记录				
(13)	卫生器具满水、通水试验记录				
(14)	室外排水管网灌水和通水试验记录				
(15)	建筑中水系统及游泳池排水系统灌水、通水试验记录				
(16)	锅炉敞口箱、罐满水试验记录				
(17)	室内排水管道通球试验记录				
4	消火栓系统试射试验				
(1)	室外消防管道系统(含水泵接合器及室外消火栓)水压试验记录				
(2)	消火栓试射试验记录				
5	采暖系统调试、试运行、安全阀、报警装置联动系统测试				
(1)	采暖系统试运行调试记录				
(2)	烘炉检查记录				
(3)	煮炉检查记录				
(4)	锅炉报警及联动保护装置试验记录				
1)	锅炉用机械设备试运转记录				
2)	供热锅炉水压试验记录				
3)	锅炉和省煤器安全阀的定压和调整记录				
4)	锅炉辅助设备分汽缸(分水器、集水器)水压试验记录				
(5)	锅炉辅助设备热交换器水压试验记录				
(二)建筑给水排水及采暖工程质量记录					
1	材料合格证、进场验收记录	材料及配件出厂合格证			
		材料及配件进场验收记录			
		器具及设备出厂合格证			
		器具及设备进场验收记录			
2	施工记录	主要管道施工及管道穿墙、穿楼板套管安装施工记录			
		补偿器预拉伸记录			
		给水管道冲洗、消毒记录			
		隐蔽工程验收记录			
		检验批工程质量验收记录			
		分项工程质量验收记录			
		分部(子分部)工程质量验收记录			
3	施工试验	阀门安装前强度和严密性试验			
		给水系统及卫生器具交付使用前通水、满水试验			
		水泵安装试运转			

续表

序号	资料名称		资料数量		创优资料评价说明
			应提	实际	
(三)建筑给水排水及采暖工程尺寸偏差及限值实测					
1	给水、排水、采暖管道坡度				
2	箱式消火栓安装位置				
3	卫生器具安装高度				
(四)建筑给水排水及采暖工程观感评分					
1	管道及支架安装				
2	卫生洁具及给水配件安装				
3	设备及配件安装				
4	管道、支架及设备的防腐及保温				
5	有排水要求的设备机房、房间地面的排水口及地漏				
二、建筑电气安装工程质量评价					
(一)建筑电气安装工程性能检测					
1	接地装置、防雷装置的接地电阻测试				
2	照明全负荷试验				
3	大型灯具固定及悬吊装置过载测试				
(二)建筑电气安装工程质量记录评分					
1	材料、设备合格证、进场验收记录	材料及元件出厂合格证			
		材料及元件进场验收记录			
		设备及器具出厂合格证			
		设备及器具进场验收记录			
2	施工记录	电气装置安装施工记录			
		隐蔽工程验收记录			
		检验批工程质量验收记录			
		分项工程质量验收记录			
		分部(子分部)工程质量验收记录			
3	施工试验	导线、设备、元件、器具绝缘电阻测试记录			
		电气装置空载和负荷运行试验记录			
(三)建筑电气安装工程尺寸偏差及限值实测评分					
1	柜、屏、台、箱、盘安装垂直度				
2	同一场所成排灯具中心线偏差				
3	同一场所的同一墙面,开关、插座面板的高度差				
(四)建筑电气安装工程观感质量评分					
1	电线管(槽)、桥架、母线槽及其支吊架安装				
2	导线及电缆敷设(含色标)				
3	接地、接零、跨接、防雷装置				
4	开关、插座安装及接线				
5	灯具及其他用电器具安装及接线				
6	配电箱、柜安装及接线				
三、通风与空调工程质量评价					
(一)通风与空调工程性能检测					
1	空调水管道系统水压试验				

续表

<table>
<tr><th rowspan="2">序号</th><th rowspan="2" colspan="2">资 料 名 称</th><th colspan="2">资料数量</th><th rowspan="2">创优资料评价说明</th></tr>
<tr><th>应提</th><th>实际</th></tr>
<tr><td>2</td><td colspan="2">通风管道严密性试验</td><td></td><td></td><td></td></tr>
<tr><td>(1)</td><td colspan="2">制冷、空调、水管道气密性试验记录</td><td></td><td></td><td></td></tr>
<tr><td>(2)</td><td colspan="2">风管及部件严密性试验记录</td><td></td><td></td><td></td></tr>
<tr><td>3</td><td colspan="2">通风、除尘、空调、制冷、净化、防排烟系统无生产负荷联合试运转与调试</td><td></td><td></td><td></td></tr>
<tr><td>(1)</td><td colspan="2">设备单机试运转与调试记录</td><td></td><td></td><td></td></tr>
<tr><td>1)</td><td colspan="2">通风机、空调机组中的风机运行调试记录</td><td></td><td></td><td></td></tr>
<tr><td>2)</td><td colspan="2">水泵运行调试记录</td><td></td><td></td><td></td></tr>
<tr><td>3)</td><td colspan="2">冷却塔运行调试记录</td><td></td><td></td><td></td></tr>
<tr><td>4)</td><td colspan="2">制冷机组、单元式空调机组运行调试记录</td><td></td><td></td><td></td></tr>
<tr><td>5)</td><td colspan="2">电控防火、防排烟风阀(口)运行调试记录</td><td></td><td></td><td></td></tr>
<tr><td>6)</td><td colspan="2">风机、空调机组、风冷热泵运行调试记录</td><td></td><td></td><td></td></tr>
<tr><td>7)</td><td colspan="2">风机盘管机组运行调试记录</td><td></td><td></td><td></td></tr>
<tr><td>8)</td><td colspan="2">除尘器、空气过滤器和换热器运行调试记录</td><td></td><td></td><td></td></tr>
<tr><td>(2)</td><td colspan="2">空调系统联合试运转与调试</td><td></td><td></td><td></td></tr>
<tr><td>1)</td><td colspan="2">空调冷热水、冷却水总流量测试与调试记录</td><td></td><td></td><td></td></tr>
<tr><td>2)</td><td colspan="2">空调工程水系统连续运行与调试记录</td><td></td><td></td><td></td></tr>
<tr><td>3)</td><td colspan="2">空调系统设备(水泵、电机)连续运行与调整记录</td><td></td><td></td><td></td></tr>
<tr><td>4)</td><td colspan="2">各空调机组水流量测定与调整记录</td><td></td><td></td><td></td></tr>
<tr><td>5)</td><td colspan="2">各种自动计量检测元件和执行机构工作测定与调整记录</td><td></td><td></td><td></td></tr>
<tr><td>6)</td><td colspan="2">多台冷却塔联动运行冷却塔进、出水量测试与调整记录</td><td></td><td></td><td></td></tr>
<tr><td>7)</td><td colspan="2">空调室内噪声测定与调试记录</td><td></td><td></td><td></td></tr>
<tr><td>8)</td><td colspan="2">有压差房间、厅堂与相邻房间的压差调整记录</td><td></td><td></td><td></td></tr>
<tr><td>9)</td><td colspan="2">制冷、空调机组的环境噪声测定与调整记录</td><td></td><td></td><td></td></tr>
<tr><td>(3)</td><td colspan="2">净化空调系统联合试运行与调试记录</td><td></td><td></td><td></td></tr>
<tr><td>4</td><td colspan="2">通风空调系统无生产负荷联合试运转记录</td><td></td><td></td><td></td></tr>
<tr><td colspan="6">(二)通风与空调工程质量记录</td></tr>
<tr><td rowspan="4">1</td><td rowspan="4">材料、设备出厂合格证及进场验收记录</td><td>材料、风管及部件出厂合格证</td><td></td><td></td><td></td></tr>
<tr><td>材料、风管及部件进场验收记录</td><td></td><td></td><td></td></tr>
<tr><td>仪表、设备出厂合格证</td><td></td><td></td><td></td></tr>
<tr><td>仪表、设备进场验收记录</td><td></td><td></td><td></td></tr>
<tr><td rowspan="8">2</td><td rowspan="8">施工记录</td><td>风管及部件加工制作记录</td><td></td><td></td><td></td></tr>
<tr><td>风管系统、管道系统安装记录</td><td></td><td></td><td></td></tr>
<tr><td>防火阀、防排烟阀、防爆阀等安装记录</td><td></td><td></td><td></td></tr>
<tr><td>设备(含水泵、风机、空气处理设备、空调机组和制冷设备等)安装记录</td><td></td><td></td><td></td></tr>
<tr><td>隐蔽工程验收记录</td><td></td><td></td><td></td></tr>
<tr><td>检验批工程质量验收记录</td><td></td><td></td><td></td></tr>
<tr><td>分项工程质量验收记录</td><td></td><td></td><td></td></tr>
<tr><td>分部(子分部)工程质量验收记录</td><td></td><td></td><td></td></tr>
</table>

续表

序号	资料名称		资料数量 应提	资料数量 实际	创优资料评价说明
3	施工试验	空调水系统阀门安装前试验			
		设备单机试运转及调试			
		防火阀、排烟阀(口)启闭联动试验			
(三)通风与空调工程尺寸偏差及限值实测					
1	风口尺寸				
2	风口水平安装的水平度,风口垂直安装的垂直度				
3	防火阀距墙表面的距离				
(四)通风与空调工程观感质量					
1	风管制作				
2	风管及其部件、支吊架安装				
3	设备及配件安装				
4	空调水管道安装				
5	风管及管道保温				
四、电梯安装工程质量评价					
(一)电梯安装工程性能检测					
1	电梯、自动扶梯(人行道)电气装置接地、绝缘电阻测试				
2	层门与轿门试验				
3	曳引式电梯空载、额定载荷运行测试				
4	液压电梯超载和额定载运行测试				
5	自动扶梯(人行道)制停距离测试				
(二)电梯安装工程质量记录					
1	设备、材料出厂合格证、安装使用技术文件和进场验收记录	土建布置图			
		电梯产品(整机)出厂合格证			
		重要(安全)零(部)件和材料的出厂合格证			
		重要(安全)零(部)件和材料的形式试验证书			
		安装说明书(图)和使用维护说明书			
		动力电路和安装电路的电气原理图、液压系统图(如有液压电梯时)			
		装箱单			
		设备、材料进场(含开箱)检查验收记录			
2	施工记录	机房、井道土建交接验收检查记录			
		机械、电气、零(部)件安装隐蔽工程验收记录			
		机械、电气、零(部)件安装施工记录			
		检验批工程质量验收记录			
		分项工程质量验收记录			
		分部(子分部)工程质量验收记录			
3	施工试验	安装过程的机械、电气零(部)件调整测试记录			
		整机运行试验记录			
(三)电梯安装工程尺寸偏差及限值实测					
1	层门地坎至轿厢地之间水平距离				
2	平层准确度				
3	扶手带的运行速度相对梯级、踏板或胶带的速度差				

续表

<table>
<tr><th rowspan="2">序号</th><th colspan="2" rowspan="2">资 料 名 称</th><th colspan="2">资料数量</th><th rowspan="2">创优资料评价说明</th></tr>
<tr><th>应提</th><th>实际</th></tr>
<tr><td colspan="6">(四)电梯安装工程观感质量</td></tr>
<tr><td rowspan="4">1</td><td rowspan="4">曳引式、液压式电梯</td><td>机房(如有时)及相关设备安装</td><td></td><td></td><td></td></tr>
<tr><td>井道及相关设备安装</td><td></td><td></td><td></td></tr>
<tr><td>门系统和层站设施安装</td><td></td><td></td><td></td></tr>
<tr><td>整机运行</td><td></td><td></td><td></td></tr>
<tr><td rowspan="4">2</td><td rowspan="4">自动扶梯(人行道)</td><td>外观</td><td></td><td></td><td></td></tr>
<tr><td>机房及其设备安装</td><td></td><td></td><td></td></tr>
<tr><td>周边相关设施</td><td></td><td></td><td></td></tr>
<tr><td>整机运行</td><td></td><td></td><td></td></tr>
<tr><td colspan="6">五、智能建筑工程质量评价</td></tr>
<tr><td colspan="6">(一)智能建筑工程质量性能检测</td></tr>
<tr><td>1</td><td colspan="2">系统检测</td><td></td><td></td><td></td></tr>
<tr><td>2</td><td colspan="2">系统集成检测</td><td></td><td></td><td></td></tr>
<tr><td>3</td><td colspan="2">接地电阻测试</td><td></td><td></td><td></td></tr>
<tr><td colspan="6">(二)智能建筑工程质量记录</td></tr>
<tr><td rowspan="3">1</td><td rowspan="3">材料、设备、软件合格证及进场验收记录</td><td>材料出厂合格证及进场验收记录</td><td></td><td></td><td></td></tr>
<tr><td>设备、软件出厂合格证及进场验收记录</td><td></td><td></td><td></td></tr>
<tr><td>随机文件</td><td></td><td></td><td></td></tr>
<tr><td rowspan="5">2</td><td rowspan="5">施工记录</td><td>系统安装施工记录</td><td></td><td></td><td></td></tr>
<tr><td>隐蔽工程验收记录</td><td></td><td></td><td></td></tr>
<tr><td>检验批工程质量验收记录</td><td></td><td></td><td></td></tr>
<tr><td>分项工程质量验收记录</td><td></td><td></td><td></td></tr>
<tr><td>分部(子分部)工程质量验收记录</td><td></td><td></td><td></td></tr>
<tr><td rowspan="2">3</td><td rowspan="2">施工试验</td><td>硬件、软件产品设备测试记录</td><td></td><td></td><td></td></tr>
<tr><td>系统运行调试记录</td><td></td><td></td><td></td></tr>
<tr><td colspan="6">(三)智能建筑工程尺寸偏差及限值实测</td></tr>
<tr><td>1</td><td colspan="2">机柜、机架安装垂直度偏差</td><td></td><td></td><td></td></tr>
<tr><td>2</td><td colspan="2">桥架及线槽水平度、垂直度</td><td></td><td></td><td></td></tr>
<tr><td colspan="6">(四)智能建筑工程观感质量</td></tr>
<tr><td>1</td><td colspan="2">综合布线、电源及接地线等安装</td><td></td><td></td><td></td></tr>
<tr><td>2</td><td colspan="2">机柜、机架、配线架安架</td><td></td><td></td><td></td></tr>
<tr><td>3</td><td colspan="2">模块、信息插座等安装</td><td></td><td></td><td></td></tr>
</table>

创优评价施工技术文件检查索引目录表的说明

(1) 创优工程应按该标准进行逐项验收并达到优良质量标准。本书编写了“创优评价施工技术文件检查索引目录表”。创优工程可按此表的“创优卷册资料编号”和“相关卷册资料编号”互相对照检查。

(2) 创优评价施工技术文件检查索引目录表中的“创优卷册资料编号”为本书的序码编号，“相关卷册资料编号”是指《建筑工程施工质量验收统一标准》(GB 50300—2001)及相关专业规范要求的质量验收时应提资料：“单位(子单位)工程质量验收技术文件”、

"单位（子单位）工程质量控制资料检查记录"、"单位（子单位）工程安全和功能检验资料检查及主要功能抽查记录"在合格验收阶段资料的编号。

（3）表内标注的"技管"表示单位（子单位）工程质量管理技术文件；"验组"表示单位（子单位）工程质量验收技术文件；"控组"表示单位（子单位）工程质量记录技术文件中"单位（子单位）工程质量控制资料检查记录"；"安功组"表示单位（子单位）工程质量记录技术文件中"单位（子单位）工程安全和功能检验资料检查及主要功能抽查记录"。

附 2：合格质量竣工验收阶段应提资料目录

附 2-1：单位（子单位）工程质量验收技术文件

（1）《建筑工程施工质量验收统一标准》（GB 50300—2001）及相关专业规范。

1）单位（子单位）工程质量竣工验收记录

2）分部（子分部）工程质量验收记录

3）单位（子单位）工程观感质量检查记录

4）分项与检验批工程质量验收记录

（2）建筑工程单位（子单位）工程质量验收施工技术文件目录见《工程质量验收技术文件一本通》相关内容。

附 2-2：建筑工程质量记录技术文件（见第 4 章：单位（子单位）工程质量控制资料检查记录、单位（子单位）工程安全和功能检验资料核查及主要功能抽查记录）。

附 2-3：单位（子单位）工程质量管理技术文件见《安全与管理及竣工图技术文件一本通》相关内容。

6 工程文件组排、立卷及移交

6.1 施工文件的序列组排

6.1.1 序列组排建议

施工技术文件形成过程中的检查、搜集和整理的数量及内容要求，在（GB 50300—2001）中对其提出了统一要求，“编审手册”就是配合新标准、规范对施工技术文件编报要求而编写的。作者根据这一思路提出了建筑工程施工技术文件序列组排目录，同时提出了施工技术文件编制与核查的一些建议是：

（1）为了提高施工技术文件的编制与核查质量，作者建议单位工程质量记录资料按本书中的目录组排表序列进行编制与报送。对于组排目录表中没有名称及表式，而标准、规范或设计文件要求必报的技术文件，报送时可将应报资料排在各专业技术文件目录的后面，接着编号。

（2）单位工程施工技术文件的编制与核查是一项严肃、认真细致的工作，核查工作对施工企业的技术管理有一定的促进作用。编制与核查均需按标准的要求进行。

（3）施工技术文件的核查，主要是为了确保建筑物的强度、刚度、稳定性和使用功能，满足设计和规范的有关要求，工程质量验收资料、工程质量记录资料、工程质量管理资料均应同时核查，然后根据规定分别归档保存。

6.1.2 建筑工程施工技术文件排序

建筑工程施工技术文件组成的排序为：第一卷为工程质量验收技术文件；第二卷为工程质量记录技术文件（单位（子单位）工程质量控制资料、单位（子单位）工程安全和功能检验资料核查及主要功能抽查记录资料）；第三卷为建筑工程施工技术管理文件；第四卷为竣工图。

（1）工程质量验收技术文件（第一卷）包括：

1）单位工程内按各专业规范要求进行的检验批的验收记录；

2）单位工程内按各专业规范要求进行的分项工程的验收记录；

3）单位工程内各专业规范要求进行的分部（子分部）的验收记录；

4）单位（子单位）工程观感质量检查记录；

5）单位工程质量竣工验收记录。该竣工验收记录为初验记录资料（应用统一标准（GB 50300—2001）表 G-0-1-1 单位（子单位）工程质量竣工验收记录表式，只完成该表中除综合验收结论和参加验收各方的责任制签章以外的全部内容）。

注：1. 工程质量验收技术文件（第一卷），检验批的验收记录、分项工程的验收记录、分部（子分

部）的验收记录、工程观感质量检查记录、单位工程质量竣工验收记录。必须按以上顺序依序进行，报送资料逆向依序编整。

2. 初验记录资料是指单位（子单位）工程已经施工、监理单位根据标准或规范要求完成了工程质量的验收，还未经建设单位组织有关单位进行综合验收前完成的工程质量验收文件（资料）。

（2）工程质量记录技术文件（第二卷）包括：

工程质量记录资料通常包括：工程质量控制资料核查和工程安全与功能检验资料核查及主要功能抽查记录。这两个部分的资料统称为工程质量记录资料，是施工过程中形成的各个环节质量状况的基本数据和原始记录。这些资料是在建造过程中随着工程进度，根据工程需要，按照设计、规范要求进行的测试和检验。这些资料在形成过程中，经过施工、检测部门、监理、建设等环节的检审，有的通过见证取样、送样形成的，因此是真实的。这些资料是说明工程质量的一个重要组成部分，是工程技术资料的核心。

1）单位（子单位）工程质量控制资料。

完整的经检查验收合格确认的单位（子单位）工程质量控制资料反映了检验批从原材料到最终验收的各施工工序的操作依据、检查情况以及保证质量所必需的试（检）验等。

2）单位（子单位）工程安全和功能检验资料核查及主要功能抽查记录资料。

完整的经检查验收合格确认的单位（子单位）工程安全和功能检验资料核查及主要功能抽查资料反映了工程中涉及安全和使用功能在分部工程验收时应进行检验资料完整性复查，并对在分部工程补充进行的见证抽样报告等的，应进行检验资料的复核。

3）单位（子单位）工程质量控制资料、单位（子单位）工程安全和功能检验资料核查及主要功能抽查记录资料组排序列，分别按表 2.2 和表 2.3 组排送检。

（3）建筑工程施工技术管理文件（第三卷）包括：

1）建筑工程施工技术管理资料反映了施工企业在施工过程的管理中，从施工准备到工程交付使用的全过程中，为保证和提高工程质量所进行的各项组织与管理工作，在实施中制定和实施中形成的有关资料。诸如：工程开工报审、施工组织设计、技术交底、施工日志、工程预检、施工现场质量管理检查等。

2）建筑工程施工技术管理文件（第三卷）组排序列，分别按表 3.1 组排送检。

（4）竣工图（第四卷）包括：

竣工图反映了建筑工程在施工过程中和工程完成后，由建设单位组织设计、施工单位，在监理单位协助下，按照建筑工程完成的各专业（总图、建筑、结构、给排水、采暖、燃气、电气、通风与空调、电梯、工艺等）的实貌编制的工程施工图纸。其排序为：

1）工程总体布置图、位置图（地形复杂者应附竖向布置图）；

2）总图（室外）工程竣工图；

3）建筑专业竣工图；

4）结构竣工图；

5）装饰装修竣工图；

6）石墙竣工图；

7）给排水竣工图；

8）消防竣工图；

9）燃气竣工图；

10）电气竣工图；

11）建筑智能化竣工图（各弱电系统，如楼宇自控、保安监控、综合布线、共用电视天线等）；

12）采暖竣工图；

13）通风与空调竣工图；

14）电梯竣工图；

15）工艺竣工图等。

注：合理缺项除外。

6.2 工程文件的立卷及移交

6.2.1 工程文件归档范围

（1）对与工程建设有关的重要活动、记载工程建设主要过程和现状、具有保存价值的各种载体的文件，均应收集齐全（规划文件、建设文件、施工及监理文件、竣工图与竣工测量和竣工验收文件、声像资料等），整理立卷后归档。

工程档案应完整、准确、系统，字迹清楚，图面整洁，纸质优良，规格统一，相关责任制签章齐全。

（2）凡在本省行政区域内，新建、改建、扩建投资额在20万元或建筑面积在500平方米及其以上的建设工程资料均应归档。

（3）工程文件的立卷分类应符合《建设工程文件归档整理规范》（GB/T 50328—2001）附录D的要求。

6.2.2 归档文件的质量要求

（1）归档的工程文件应为原件。

（2）工程文件的内容及其深度必须符合国家有关工程勘察、设计、施工、监理等方面的技术规范、标准和规程。

（3）工程文件的内容必须真实、准确，与工程实际相符合。

（4）工程文件应采用耐久性强的书写材料，如碳素墨水、蓝黑墨水，不得使用易褪色的书写材料，如：红色墨水、纯蓝墨水、圆珠笔、复写纸、铅笔等。

（5）工程文件应字迹清楚，图样清晰，图表整洁，签字盖章手续完备。

（6）卷内目录、卷内备考表、案卷内封面应采用70g以上白色书写纸制作，统一采用A4幅面。

6.2.3 立卷的原则和方法

（1）立卷应遵循工程文件的自然形成规律，保持卷内文件的有机联系，便于档案的保管和利用。

(2) 一个建设工程由多个单位工程组成时，工程文件应按单位工程组卷。

(3) 立卷可采用如下方法：

1) 工程文件可按建设程序划分为工程准备阶段文件、监理文件、施工文件、竣工图、竣工验收文件5部分；

2) 工程准备阶段文件可按建设程序、专业、形成单位等组卷；

3) 监理文件可按单位工程、分部工程、专业、阶段等组卷；

4) 施工文件可按单位工程、分部工程、专业、阶段等组卷；

5) 竣工图可按单位工程、专业等组卷；

6) 竣工验收文件按单位工程、专业等组卷。

(4) 立卷过程中宜遵循下列要求：

1) 案卷不宜过厚，一般不超过40mm；

2) 案卷内不应有重份文件；不同载体的文件一般应分别组卷。

6.2.4 卷内文件的排列

(1) 文字材料按事项、专业顺序排列。同一事项的请示与批复、同一文件的印本与定稿、主件与附件不能分开，并按批复在前、请示在后，印本在前、定稿在后，主件在前、附件在后的顺序排列。

(2) 图纸按专业排列，同专业图纸按图号顺序排列。

(3) 既有文字材料又有图纸的案卷，文字材料排前，图纸排后。

6.2.5 案卷的编目

(1) 编制卷内文件页号应符合下列规定：

① 卷内文件均按有书写内容的页面编号。每卷单独编号，页号从“1”开始。

② 页号编写位置：单面书写的文件右下角；双面书写的文件，正面在右下角，背面在左下角。折叠后的图纸一律在右下角。

③ 成套图纸或印刷成册的科技文件材料，自成一卷的，原目录可代替卷内目录，不必重新编写页码。

④ 案卷封面、卷内目录、卷内备考表不编写页号。

⑤ 每个建设项目应设总目录卷，按卷顺序号登记排列。

(2) 卷内目录的编制应符合下列规定：

卷内目录内容：

① 序号：以一份文件为单位，用阿拉伯数字从1依次标注；

② 责任者：填写文件的直接形成单位和个人；有多个责任者时，选择两个主要责任者，其余用“等”代替；

③ 文件编号：填写工程文件原有的文号或图号；

④ 文件题名：填写文件标题的全称；

⑤ 日期：填写文件形成的日期；

⑥ 页次：填写文件在卷内所排的起始页号，最后一份文件填写起止页号；

⑦ 卷内目录排列卷内文件首页之前。

（3）卷内备考的编制应符合下列规定：

① 卷内备考表。

② 卷内备考表主要标明卷内文件的总页数、各类文件页数（照片张数），以及立卷单位对案卷情况的说明。

③ 卷内备考表排列在卷内文件的尾页之后。

（4）案卷封面的编制应符合下列规定：

案卷封面内容：

① 档号：应由分类号、项目号和案卷号组成。档号由档案保管单位填写。

② 档案馆代号：应填写国家给定的本档案馆的编号。档案馆代号由档案馆填写。

③ 案卷题名：应简明、明确地揭示卷内文件的内容。案卷题名应包括工程名称、专业名称、卷内文件的内容。

④ 编制单位：应填写案卷内文件的形成单位或主要责任者。

⑤ 起止日期：应填写案卷内全部文件形成的起止日期。

⑥ 保管期限：分为永久（永久保管）、长期（同该工程的使用寿命）、短期（20 年以下）三种期限。同一案卷内有不同保管期限的文件，该案卷保管期限应从长。

⑦ 密级：分为绝密、机密、秘密三种。同一案卷内有不同密级的文件，应以高密级为本卷密级。

⑧ 共几卷：工程文件的总卷数。

⑨ 第几卷：该卷的顺序号。

6.2.6 案卷装订

（1）案卷可采用装订与不装订两种形式。文字材料必须装订。既有文字材料，又有图纸的案卷应装订。装订应采用线绳三孔左侧装订法，要整齐、牢固，便于保管和利用。

（2）装订时必须剔除金属物。

6.2.7 卷盒、卷夹、案卷脊背

（1）案卷装具一般采用卷盒、卷夹两种形式。

1）卷盒的外表尺寸为 310mm×220mm，厚度分别为 20、30、40、50mm。

2）卷夹的外表尺寸为 310mm×220mm，厚度一般为 20～30mm。

3）卷盒、卷夹应采用无酸纸制作。

（2）案卷脊背内容包括档号，案卷题分。

6.2.8 工程文件的归档

（1）归档应符合下列规定：

1）归档文件必须完整、准确、系统，能够反映工程建设活动的全过程。

2）归档的文件必须经过分类整理，并应组成符合要求的案卷。

（2）勘察、设计、施工、监理等单位向建设单位移交档案时，应编制移交清单，双方签字、盖章。

6.2.9　工程档案的验收与移交

(1) 列入城建档案馆（室）档案接收范围的工程，建设单位在组织工程竣工验收前，应提请城建档案管理机构对工程档案进行预验收，并填报建设工程档案专项验收申请表。建设单位未取得城建档案管理机构出具的认可文件，不得组织工程竣工验收。

(2) 城建档案管理部门在进行工程档案预验收时，应重点验收以下内容：

1) 工程档案齐全、系统、完整；

2) 工程档案的内容真实、准确地反映工程建设活动和工程实际状况；

3) 工程档案整理立卷，立卷符合《建设工程文件归档整理规范》(GB/T 50328—2001) 的规定；

4) 竣工图绘制方法、图式及规格等符合专业技术要求，图面整洁，盖有竣工图章；

5) 文件的形成、来源符合实际，要求单位或个人签章的文件，其签章手续完备；

6) 文件材质、幅面、书写、绘图、用墨、托裱等符合要求。

(3) 停建、缓建建设工程的档案，暂由建设单位保管。

(4) 对改建、扩建和维修工程，建设单位应当组织设计、施工单位据实修改、补充和完善原工程档案。对改变的部位，应当重新编制工程档案，并在工程竣工验收后3个月内向城建档案馆（室）移交。

(5) 建设单位向城建档案馆（室）移交工程档案时，应办理移交手续，填写移交目录，双方签字、盖章后交接。城建档案馆应签发建设工程档案专项验收认可书。

6.2.9.1　建设工程档案验收认可书

建设工程档案验收申请表　　封页

×××建设厅制

申报单位(盖章) 内封

<table>
<tr><td>项目名称</td><td colspan="2"></td><td>工程地址</td><td colspan="2"></td></tr>
<tr><td rowspan="2">单位工程名称</td><td colspan="2" rowspan="2"></td><td rowspan="2">工程规模</td><td colspan="2">建筑面积:</td></tr>
<tr><td colspan="2">长　　度:</td></tr>
<tr><td>勘察单位</td><td colspan="2"></td><td>规划许可证号</td><td colspan="2"></td></tr>
<tr><td>设计单位</td><td colspan="2"></td><td>施工许可证号</td><td colspan="2"></td></tr>
<tr><td>施工单位</td><td colspan="2"></td><td>开工日期</td><td colspan="2"></td></tr>
<tr><td>监理单位</td><td colspan="2"></td><td>竣工日期</td><td colspan="2"></td></tr>
<tr><td>建设单位档案
资料员</td><td></td><td>联系电话</td><td></td><td>岗位证书号</td><td></td></tr>
<tr><td>施工单位档案
资料员</td><td></td><td>联系电话</td><td></td><td>岗位证书号</td><td></td></tr>
<tr><td>监理单位档案
资料员</td><td></td><td>联系电话</td><td></td><td>岗位证书号</td><td></td></tr>
<tr><td colspan="6">________城建档案管理机构:
本建设工程档案经我单位自行验收,认为符合有关规定,报请进行工程档案专项验收。

城建档案员:×××　　工程技术负责人:×××
　　　　　　　　　　工程总监理师:×××</td></tr>
</table>

填报日期:　　年　月　日

表列子项:

1) 工程地址:指工程项目的建设地点或征地地址。应按区(县)、街道(乡、路)、门牌号填写;外地工程应填写省、市(县)、街道(路)名。

2) 规划许可证号:是指当地城市规划主管部门对该建设工程核发的建设工程规划许可证的编号。

3) 施工许可证号:是指当地建设行政主管部门对该建设工程项目核发的施工许可证号。

建设单位建设工程档案自验情况

档案总计数量	文字　　页,图纸　　张;磁盘　　;照片　　张;录像　　盒
综合文件材料情况	
施工类文件材料情况	
监理类文件材料情况	
竣工图	
声像资料	

说明:建设工程档案验收申请表由建设单位负责填写,一式两份,建设单位、城建档案管理机构各存一份。书写材料应符合档案保管要求,字迹要清晰、工整。

建设工程档案验收意见书

工程项目名称	
单位工程名称	
验收意见	
备　注	

验收单位（签章）：
验收人：
验收组长：
验收日期：　　　年　　月　　日

填报说明：

1. 建设工程档案验收申请表由建设单位负责填写，一式四份，建设单位、城建档案管理机构、建设工程竣工备案部门及有关部门各存一份。

2. 建设工程档案验收合格后，方可进行竣工验收。

3. 建设单位在工程竣工验收合格后，应在6个月内向城建档案管理机构移交一套完整、准确、齐全的建设工程档案。书写材料应符合档案保管要求，字迹要清晰、工整。

建设工程档案专项验收认可书

（　　　）城档认字第　　号

________________：

你单位____________________建设工程档案经审查验收，符合国家、省有关工程档案规定，现予认可。

__________城建档案馆（处）

经办人：

核准人：

签发日期：　　　年　　月　　日

说明：此件一式四份，建设单位、城建档案管理机构、建设工程竣工备案部门及有关部门各存一份。

建设工程档案交接书

编号：　　　号

<table>
<tr><td colspan="2">建设工程档案移交单位</td><td colspan="4"></td></tr>
<tr><td colspan="2">建设工程项目名称</td><td colspan="4"></td></tr>
<tr><td colspan="2">建设工程规划许可证号</td><td colspan="4"></td></tr>
<tr><td colspan="2">工程地址</td><td colspan="4"></td></tr>
<tr><td colspan="2" rowspan="2">工程总投资</td><td rowspan="2">万元</td><td rowspan="2">工程规模</td><td colspan="2">建筑面积：</td></tr>
<tr><td colspan="2">长　　度：</td></tr>
<tr><td colspan="2">开工日期</td><td></td><td>竣工日期</td><td colspan="2"></td></tr>
<tr><td>移交建设工程档案情况</td><td colspan="5">＿＿＿兹向＿＿＿城建档案馆（室）移交＿＿＿建设工程档案共计＿＿＿，其中图纸＿＿＿卷/张，文字材料＿＿＿卷/页，照片＿＿＿，录像带＿＿＿，光盘＿＿＿盘。
附：建设工程档案移交目录一份，共＿＿＿页。</td></tr>
<tr><td colspan="3">移交单位（印章）

移交人（建设档案资料员签章）</td><td colspan="3">接收单位（印章）

接收人（签字）：</td></tr>
</table>

说明：1. 此件一式两份，一份由接收单位留存，一份由建设单位留存。建设单位凭此件查阅本建设工程档案。

2. 建设工程文件档案目录参见工程文件归档范围与保管期限表。

附：工程档案验收附件资料

附件1　×××建设工程档案移交责任书

＿＿＿＿＿＿市、县（区）　　　　　　编号：＿＿＿＿＿＿

根据《中华人民共和国档案法》、《中华人民共和国城乡规划法》、国务院《建设工程质量管理条例》、《×××建筑条例》、建设部《城市建设档案管理规定》和《城市地下管线工程档案管理办法》及《×××城市建设档案管理规定》等法规、规章的规定，为了确保在本省行政区域内进行各类房屋建筑及其附属设施的建造和与其配套的线路、管道、设备安装以及市政基础设施工程建设的建设单位（甲方）在工程项目竣工验收合格后，将一套齐全、完整、准确的建设工程档案原件向当地城建档案管理机构（乙方）移交，经双方协商一致签订本责任书。

一、甲方责任

1. 在领取建设工程规划许可证或建筑工程施工许可证前，应与工程所在地城建档案管理机构签订责任书并进行登记。

2. 配备经过专业培训的建设工程档案资料员，或者根据需要设置档案工作机构，专门负责工程档案的收集和整理工作。

3. 严格按照国家、省、市有关档案管理的规定、归档范围和质量要求，负责及时收集、整理建设项目各个环节、各种载体（纸质、声像、电子等）的文件资料，建立、健全建设项目档案。

4. 在组织工程竣工验收前，提请乙方对工程档案进行验收，并在建设工程竣工验收后，及时向城建档案管理机构移交一套符合规定的建设工程档案。

5. 施工、监理及竣工验收备案所用的各类表格、表式、文件的材质和书写材料要有利于长期保存。

二、乙方责任

1. 按照有关规定告知甲方建设工程档案归档范围和移交内容。应甲方要求进行现场业务指导，并对重点建设工程的档案进行跟踪管理。

2. 为甲方提供建设工程档案的专业培训、技术咨询，或应甲方委托进行相关的服务性工作。

3. 接到甲方建设工程档案验收申请后，5 个工作日内对工程档案进行验收，提出验收意见；对验收不合格的，提出整改意见，整改完毕，再予验收；验收合格后，出具建设工程档案验收认可书。

4. 接收建设工程档案，确保所收档案安全保管。

三、违约责任

1. 无故延期或不按规定向当地城建档案管理机构移交建设工程档案的，依据《中华人民共和国城乡规划法》第 67 条及国务院《建设工程质量管理条例》第 59 条和第 73 条规定予以处罚。

2. 城建档案管理机构及其工作人员不按规定进行建设工程档案验收的，或验收合格后不出具验收认可书的，由建设行政主管部门责令改正。

四、本责任一式两份，甲、乙双方各存档一份，自签字之日起生效。

附件：工程项目登记表

甲方单位（签章）　　　　乙方单位（签章）

经办人：　　　　经办人：

签订日期　　年　　月　　日

附件 2 工程项目登记表

工程项目登记表

<table>
<tr><td>建设单位名称</td><td colspan="2"></td><td>工程名称</td><td colspan="2"></td></tr>
<tr><td>建设单位地址</td><td colspan="2"></td><td>工程地址</td><td colspan="2"></td></tr>
<tr><td rowspan="2">建设单位法人代表</td><td rowspan="2" colspan="2"></td><td rowspan="2">工程规模</td><td colspan="2">建筑面积：</td></tr>
<tr><td colspan="2">长　　度：</td></tr>
<tr><td>建设单位联系人</td><td colspan="2"></td><td>投资(万元)</td><td colspan="2"></td></tr>
<tr><td>建设单位联系电话</td><td colspan="2"></td><td>结构类型</td><td colspan="2"></td></tr>
<tr><td>设计单位名称</td><td colspan="2"></td><td>建设工程规划许可证号</td><td colspan="2"></td></tr>
<tr><td>施工单位名称</td><td colspan="2"></td><td>开工时间</td><td colspan="2"></td></tr>
<tr><td>监理单位名称</td><td colspan="2"></td><td>竣工时间</td><td colspan="2"></td></tr>
<tr><td>建设单位档案资料员</td><td></td><td>联系电话</td><td></td><td>岗位证书号</td><td></td></tr>
<tr><td>施工单位档案资料员</td><td></td><td>联系电话</td><td></td><td>岗位证书号</td><td></td></tr>
<tr><td>监理单位档案资料员</td><td></td><td>联系电话</td><td></td><td>岗位证书号</td><td></td></tr>
<tr><td>其他需要说明的问题</td><td colspan="5"></td></tr>
</table>

登记日期　　年　　月　　日

附件 3　卷内目录式样

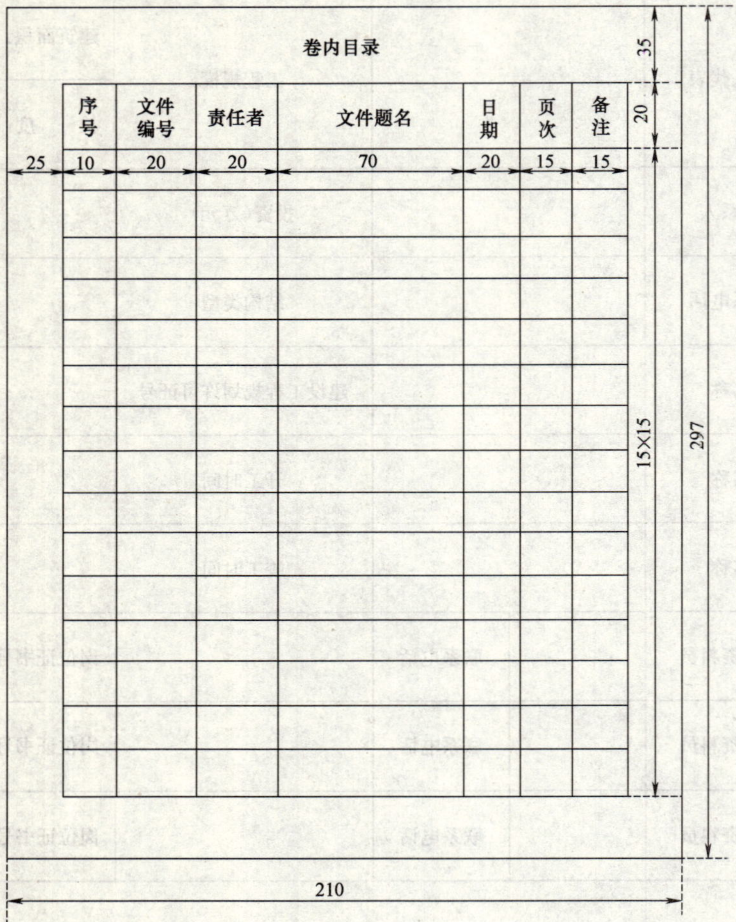

尺寸单位统一为:mm

比例1:2

附件 4 卷内备考表式样

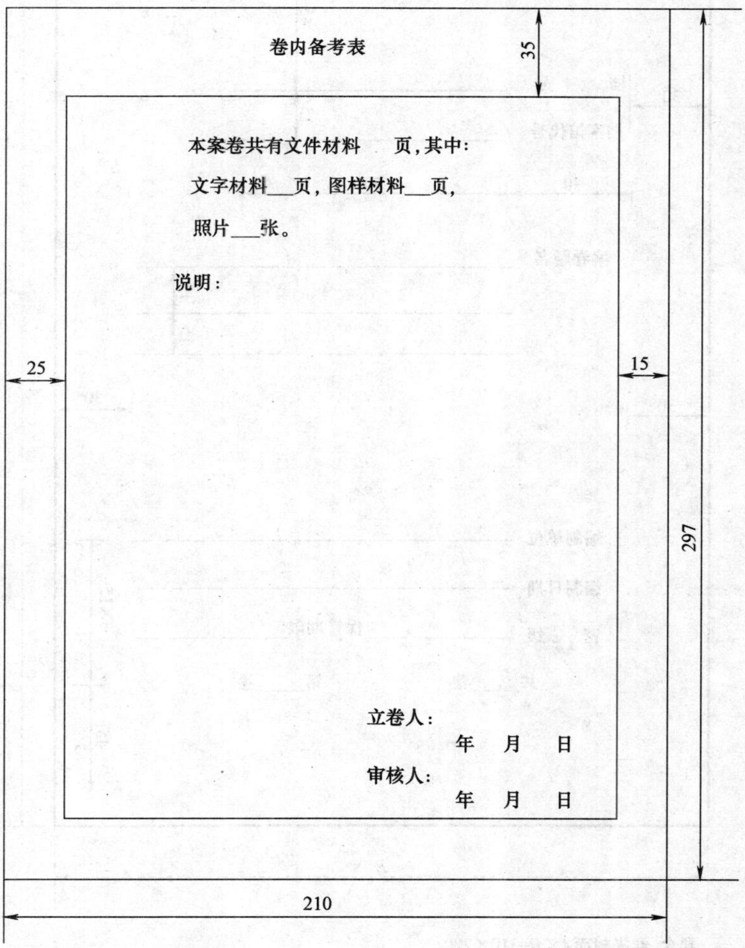

尺寸单位统一为：mm
比例1:2

附件 5　案卷封面式样

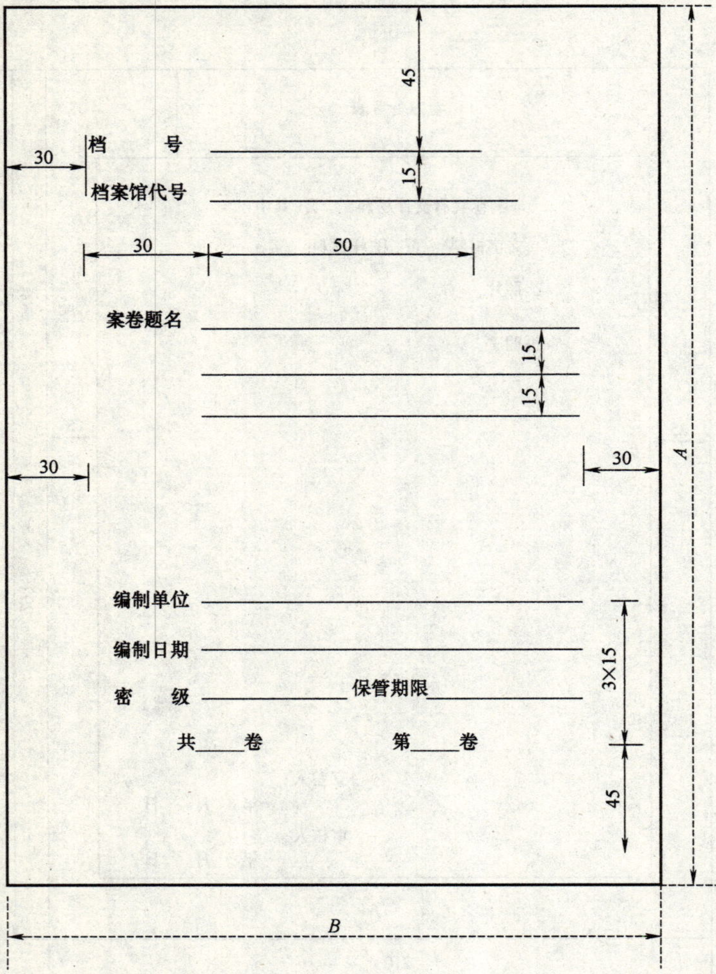

卷盒、卷夹封面$A \times B$=310×220
案卷封面$A \times B$=297×210
尺寸单位统一为：mm
比例1∶2

附件6　案卷脊背式样

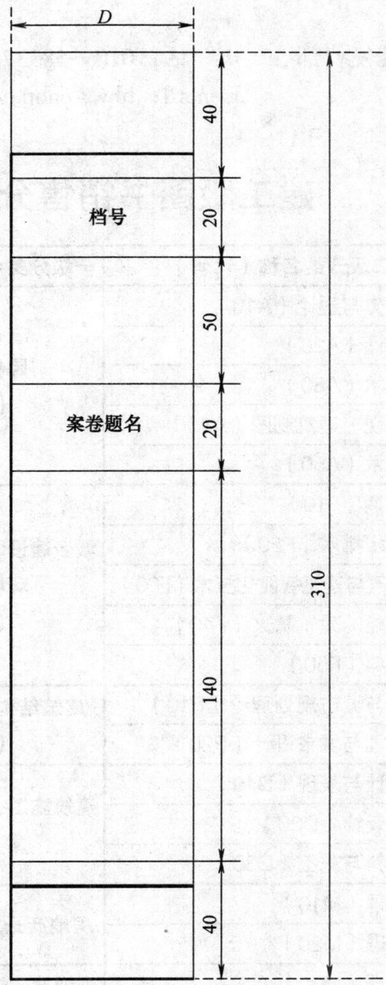

D=20、30、40、50mm
尺寸单位统一为:mm
比例1:2

尊敬的读者：

感谢您选购我社图书！建工版图书按图书销售分类在卖场上架，共设22个一级分类及43个二级分类，根据图书销售分类选购建筑类图书会节省您的大量时间。现将建工版图书销售分类及与我社联系方式介绍给您，欢迎随时与我们联系。

★建工版图书销售分类表（见下表）。

★欢迎登陆中国建筑工业出版社网站www.cabp.com.cn，本网站为您提供建工版图书信息查询，网上留言、购书服务，并邀请您加入网上读者俱乐部。

★中国建筑工业出版社总编室　电　话：010—58337016　传　真：010—68321361

★中国建筑工业出版社发行部　电　话：010—58337346　传　真：010—68325420

E-mail：hbw@cabp.com.cn

建工版图书销售分类表

一级分类名称（代码）	二级分类名称（代码）	一级分类名称（代码）	二级分类名称（代码）
建筑学（A）	建筑历史与理论（A10）	园林景观（G）	园林史与园林景观理论（G10）
	建筑设计（A20）		园林景观规划与设计（G20）
	建筑技术（A30）		环境艺术设计（G30）
	建筑表现·建筑制图（A40）		园林景观施工（G40）
	建筑艺术（A50）		园林植物与应用（G50）
建筑设备·建筑材料（F）	暖通空调（F10）	城乡建设·市政工程·环境工程（B）	城镇与乡（村）建设（B10）
	建筑给水排水（F20）		道路桥梁工程（B20）
	建筑电气与建筑智能化技术（F30）		市政给水排水工程（B30）
	建筑节能·建筑防火（F40）		市政供热、供燃气工程（B40）
	建筑材料（F50）		环境工程（B50）
城市规划·城市设计（P）	城市史与城市规划理论（P10）	建筑结构与岩土工程（S）	建筑结构（S10）
	城市规划与城市设计（P20）		岩土工程（S20）
室内设计·装饰装修（D）	室内设计与表现（D10）	建筑施工·设备安装技术（C）	施工技术（C10）
	家具与装饰（D20）		设备安装技术（C20）
	装修材料与施工（D30）		工程质量与安全（C30）
建筑工程经济与管理（M）	施工管理（M10）	房地产开发管理（E）	房地产开发与经营（E10）
	工程管理（M20）		物业管理（E20）
	工程监理（M30）	辞典·连续出版物（Z）	辞典（Z10）
	工程经济与造价（M40）		连续出版物（Z20）
艺术·设计（K）	艺术（K10）	旅游·其他（Q）	旅游（Q10）
	工业设计（K20）		其他（Q20）
	平面设计（K30）	土木建筑计算机应用系列（J）	
执业资格考试用书（R）		法律法规与标准规范单行本（T）	
高校教材（V）		法律法规与标准规范汇编/大全（U）	
高职高专教材（X）		培训教材（Y）	
中职中专教材（W）		电子出版物（H）	

注：建工版图书销售分类已标注于图书封底。